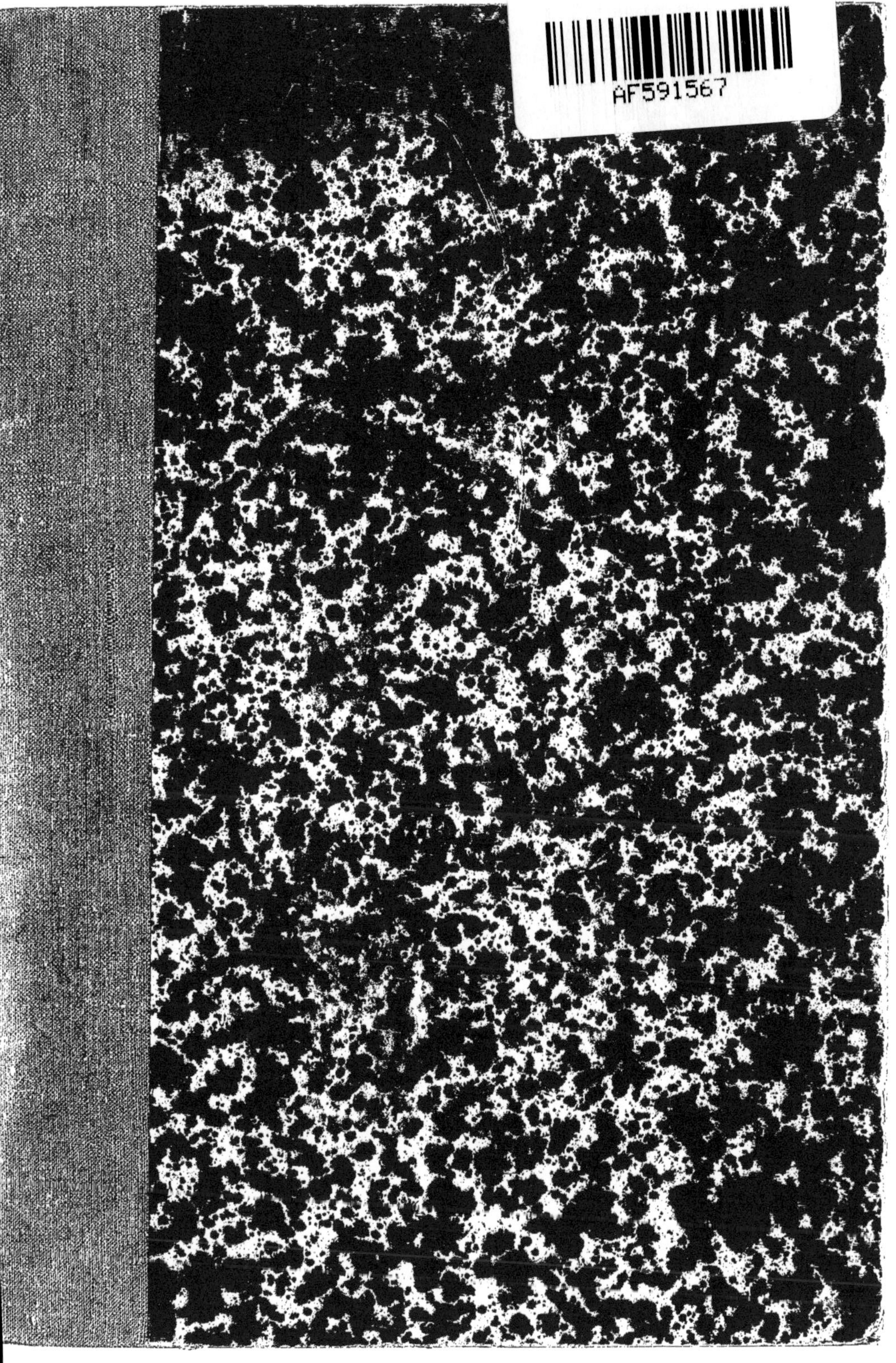

LOUIS FIGUIER
LES MERVEILLES DE LA SCIENCE
MAX DE NANSOUTY
OUTILLAGE MÉCANIQUE
par
MAX DE NANSOUTY
Ingénieur des Arts et Manufactures
PRÉFACE
de
M. ALFRED PICARD
Membre de l'Institut
Prix 15 fr.
Prix 15 fr.
Ancienne Librairie Furne
BOIVIN & Cie Editeurs
PARIS

LES MERVEILLES DE LA SCIENCE

OUTILLAGE MÉCANIQUE

DANS LA MÊME COLLECTION

Précédemment parus :

Chaudières et Machines à Vapeur. . . . 1 vol.
Électricité. . . . . 1 vol.
Moteurs. . . . . 1 vol.
Aérostation - Aviation. . . . . 1 vol.
Chemins de fer - Automobiles. . . . . 1 vol.

LOUIS FIGUIER — LES MERVEILLES DE LA SCIENCE — MAX DE NANSOUTY

Préface de M. Alfred PICARD, membre de l'Institut

OUTILLAGE MÉCANIQUE

PAR

MAX DE NANSOUTY

INGÉNIEUR DES ARTS ET MANUFACTURES

Ouvrage illustré de 528 figures dans le texte

PARIS

ANCIENNE LIBRAIRIE FURNE

BOIVIN & CIE, ÉDITEURS

5, RUE PALATINE (VIe)

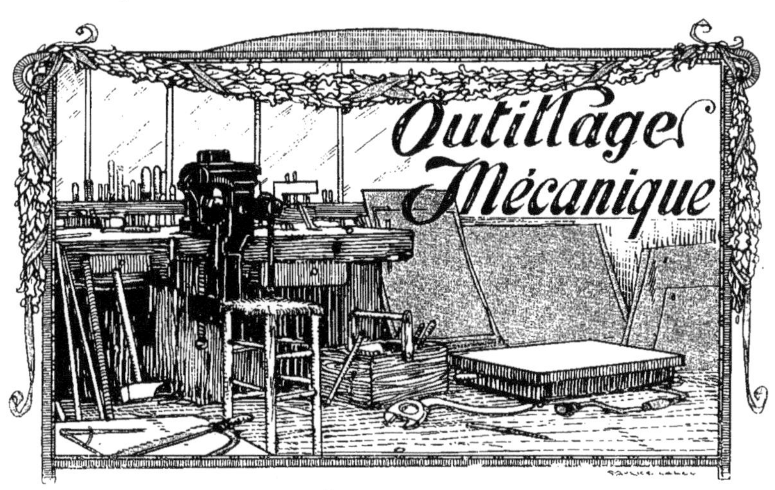

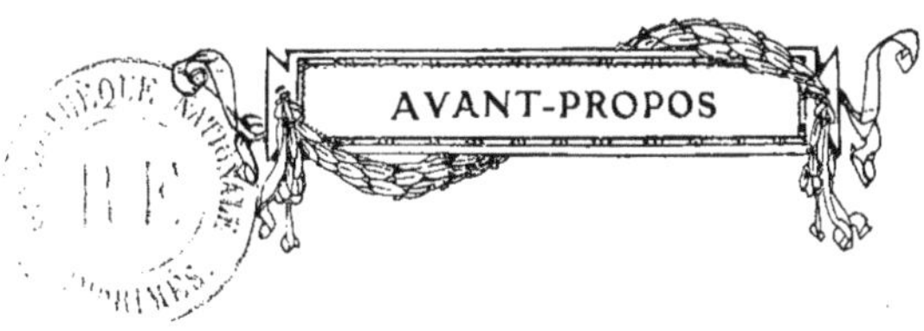

Nous avons vu, dans nos précédents Tomes, l'admirable production des mécanismes sur lesquels reposent, à l'heure actuelle, le fonctionnement des usines et l'industrie des transports sur terre et sur mer. Nous avons analysé le développement de la chaudière et de la machine à vapeur, montré les succès, sans cesse grandissants, de la machine électrique et du moteur électrique, étudié la perfection intense des moteurs fixes et mobiles de toute espèce, parmi lesquels la locomotive joue un rôle qui aura été énorme dans l'histoire du progrès humain. Nous avons vu enfin, en même temps que se créait l'automobile, les ballons dirigeables et les aéroplanes prendre leur magnifique essor.

A la base de cette œuvre grandiose de nos savants, de nos constructeurs, et de nos ouvriers, on trouve l'organe d'action par excellence, qui devait en permettre la réalisation : « la Machine-outil », et son propre outillage.

C'est à elle que nous allons consacrer les Tomes VI et VII de notre nouvelle série des *Merveilles de la Science* continuées et reconstituées.

Sans « la machine-outil », qui ne date pas encore de deux siècles, le grand monument industriel humain n'eût certainement pas pu être édifié.

« L'ouvrier du temps passé, — ainsi que l'a dit M. Alfred Picard dans le *Bilan d'un siècle,* — acharné à sa besogne, finissait, à la vérité, par arriver à son but. Mais il y arrivait comme le plus mince filet d'eau arrive à creuser son sillon dans la pierre. Que de force, d'adresse, de patience et de temps, il lui fallait dépenser! »

Une fois de plus, dans la nuit des temps, le besoin intense a créé l'organe victorieux.

Cet organe victorieux ce fut l'*outil*, sous toutes ses formes, d'abord tout élémentaire, emprunté à la nature elle-même sous l'aspect de pierres taillées et emmanchées dans du bois, ou, dans des parties de squelettes d'animaux. Humble et modeste outillage! grâce auquel l'être humain n'ayant pour lutter, dans un impitoyable « struggle for life », que son ingéniosité, osait aborder déjà des difficultés de labeur paraissant très au-dessus de ses forces. Bien que ce soit plutôt par curiosité que pour tout autre motif, il est intéressant de faire un bref retour historique et archéologique, sur ce vaillant début de l'industrie humaine.

La découverte du métal procura à l'homme la possibilité de se constituer des *outils proprement dits*, d'opposer véritablement la force intense et localisée à la résistance de la matière, de pouvoir percer, scier, aléser, fileter. Bientôt, nous le voyons recourir à la mécanique pour donner plus de rapidité et plus de précision à son travail : il combine des mécanismes élémentaires dont il est le propre moteur.

Fig. 1. - Age de la pierre : scie en silex.

Finalement se présente le moteur mécanique adapté à la mise en action de tout l'outillage préparé avec tant de soins et de peines, et ne demandant, pour centupler sa puissance effective, que *la force motrice* nécessaire.

Cette force motrice, d'abord fournie par la puissance hydraulique des cours d'eau, devait prendre tout son développement avec la découverte de la machine à vapeur. Nous en avons donné l'historique dans notre Tome I des *Merveilles de la Science.*

L'outil, sans cesser dès lors de se perfectionner, devient partie intégrante et agissante, organe principal, de toute une série de machines spéciales, que la force motrice mécanique anime et qui savent se prêter aux travaux d'ateliers les plus divers : ce sont les *machines-outils*.

D'une façon générale, l'introduction dans les ateliers de ces mécanismes essentiels eux-mêmes pour construire les moteurs qui les utilisent, a été une véritable révolution matérielle et sociale, et l'une des plus belles conquêtes de l'industrie moderne.

Elle a permis de fabriquer des pièces de dimensions jadis inabordables, d'apporter au travail de ces pièces une précision mathématique, de rendre ce travail beaucoup plus rapide et infiniment plus économique.

On peut discuter les conditions et les détails d'application du « Machinisme » qui a, d'ailleurs, plus d'admirateurs que de détracteurs : mais on ne peut mettre en doute sa nécessité absolue, dans le progrès actuel. Au point de vue philosophique, il a relevé, dans les plus nombreuses circonstances, la condition de l'ouvrier, en le dégageant d'un labeur pénible et ingrat, et en ne lui laissant, de plus en plus, conformément à la dignité humaine, que la partie de la tâche qui exige de l'intelligence, de la volonté, et du goût.

D'ailleurs, on peut dire que les machines-outils n'ont pas remplacé le travail manuel : elles ont créé *un mode de travail nouveau*, donné à l'homme une puissance nouvelle sur la matière : elles ont rendu l'effort infiniment plus efficace en le groupant, en le précisant, et en le maintenant semblable à lui-même pour une besogne déterminée.

La « machine-outil » est née en Angleterre, vers 1750, grâce à Bentham, Bramah, et Maudslay. Elle y resta à l'état d'exception, presque de curiosité, jusqu'au début du XIXe siècle; mais alors elle s'y fit connaître méthodiquement. La France, revenue à la paix depuis 1815, s'y intéressa. Vers 1825, les ateliers français commencèrent à se garnir de machines-outils anglaises, de tours, d'alésoirs, de machines à forer et à mortaiser.

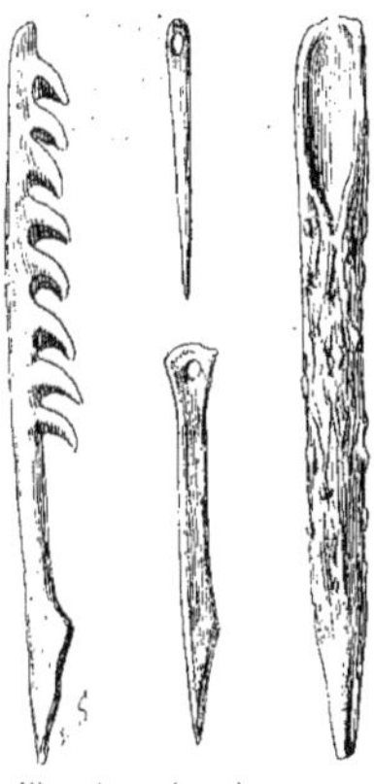
Fig. 2. — Age du renne : harpon, poinçon, aiguille, en esquilles d'os.

Chose plus favorable encore, nos ingénieurs, nos contremaîtres, nos ouvriers, se mirent à les perfectionner et à en combiner de nouvelles.

Dufrénoy, Élie de Beaumont, Coste, et Perdonnet, avaient fait tout d'abord connaître, et vulgarisé par leurs écrits, l'outillage britannique. En 1839, un Concours ouvert par la Société d'encouragement pour l'Industrie nationale, de Paris, montra les premières formes de la machine-outil française.

Fig. 3. — Outils de l'âge du fer.

Dès 1850, les machines de Pihet, de Calla, de Decoster, et de Ducommun, faisaient bonne figure devant celles des industriels anglais renommés, Schaap, Shanks, et Withworth.

L'Exposition universelle de 1867 mit en évidence des progrès fondamentaux. La « machine à fraiser » — dont nous aurons fort à parler au cours de cet ouvrage — montra ce que pouvait faire mécaniquement « la fraise », petit outil en forme de tronc de cône garni de saillies coupantes, que l'on mettait jusque-là en mouvement à la main au moyen de « l'archet ». Cette machine devait, une cinquantaine d'années plus tard, devenir une sorte de machine universelle entre les mains d'ouvriers intelligents et adroits. Elle réalisait la curieuse formule que donnait à ses opérateurs de Laboratoire l'illustre chimiste et savant Balard : « Un bon opérateur, disait-il, est celui qui peut percer un bouchon avec une lime plate, et limer le bouchon avec un foret. »

Mais continuons la série des progrès mécaniques.

Voici venir la « scie à lame sans fin », si précieuse pour le découpage du bois et qui devait devenir l'outil le mieux approprié pour le découpage du métal, capable de débiter des plaques de vingt-cinq millimètres d'épaisseur à la vitesse de quatre centimètres par minute. On en trouve l'historique méthodiquement mis en lumière dans les instructives collections du Conservatoire national des arts et métiers à Paris.

Vers la même époque, les « bâtis de machines » en fonte d'une seule pièce, inaugurés par Withworth, donnèrent une stabilité parfaite aux machines qui commençaient déjà à devenir, autant que possible, automatiques.

L'Exposition universelle, en 1878, montra un grand progrès dans l'art « du rivetage », c'est-à-dire d'assemblage des pièces au moyen de rivets. Ce fut la riveuse à air comprimé de Tweddell, à laquelle devaient succéder plus tard les riveuses à eau sous pression, et finalement les riveuses électriques actuelles.

D'une façon générale, à cette époque, — et nous ne parlons que de trente-cinq ans, — la « machine-outil », tout en prenant des formes plus fines, plus artistiques, gagnait en précision et en automaticité.

Fig. 4. — L'outillage mécanique actuel : machine à mortaiser.

C'est, d'ailleurs, ce qui a caractérisé son progrès pendant les vingt dernières années du XIXe siècle, et ce que l'on a pu constater successivement aux Expositions universelles de 1889 et de 1900.

Une grande émulation s'est produite entre les constructeurs européens et ceux des États-Unis. Les remarquables machines qu'ils ont établies ont exigé le concours de praticiens de premier ordre, tant pour leur conception que pour leur montage et leur réglage : mais, chose caractéristique, le résultat obtenu est si parfait que la complication n'est qu'apparente : des ouvriers ordinaires, simplement soigneux et propres, suffisent pour les faire fonctionner avec toute leur utilité. Or, ces travailleurs, mieux payés qu'auparavant, amenés à exercer surtout une sorte de service de surveillance et de mise au point exacte, font une besogne courante pour laquelle on eût pensé, jadis, devoir recourir à des praticiens exceptionnels. Ajoutons que d'excellents instruments de traçage, de mesure, et de vérification, ont été mis à la disposition des ateliers. On a recours aux appareils optiques pour constater et corriger au besoin les défauts de rectitude des lignes et des surfaces.

Enfin on tend, d'après un principe qui a fait tout d'abord ses preuves aux États-Unis, à réaliser le plus possible, l'*interchangeabilité* des pièces et des organes de machines.

Cette méthode, en simplifiant le montage, et en facilitant les réparations, apporte, en même temps, une grande économie dans les prix de revient. Nous en avons eu un témoignage absolument actuel dans ce fait que l'industrie de l'Automobilisme, cette belle industrie que nous avons décrite dans le Tome V des MERVEILLES DE LA SCIENCE[1], s'est affermie et a assuré son avenir par deux moyens opératoires principaux : en construisant, autant que possible, les machines-outils qui lui étaient nécessaires, et en s'efforçant de rendre ses organes et ses pièces de construction interchangeables.

Certains grands ateliers de construction mécanique à l'étranger, notamment ceux qui construisent des locomotives et qui en fournissent aux autres pays, ont montré le parti que l'on peut tirer de l'interchangeabilité pour l'établissement *par séries* des machines, des outils, et des moteurs spéciaux. Aux États-Unis, cette méthode porte le nom de *standardisation*.

1. Voir : MERVEILLES DE LA SCIENCE, tome V, *Automobilisme*.

Parmi les machines-outils auxquelles notre époque a donné une expansion remarquable, la première place appartient aux *machines à fraiser* et aux *machines à meuler*; les unes procèdent *en arrachant*, les autres *en usant* : elles ont, à elles deux, en combinant leurs intelligents efforts, des griffes et des dents. Par leurs dispositions et par la forme de leurs outils, les machines à fraiser se prêtent aux opérations les plus diverses et au travail des pièces les plus compliquées.

Fig. 5. — L'outillage mécanique actuel : forge portative à air comprimé. Marteau pneumatique.

Les meules d'*émeri* et de *carborundum*, sans lesquelles les *machines à fraiser* n'auraient pu bénéficier du développement auquel elles ont atteint, s'adaptent à l'affûtage de tous les outils ; elles sont l'auxiliaire puissant et docile des ateliers d'outillage, et elles y étendent leur zone d'action en suppléant à l'insuffisance de précision des outils coupants pour la confection des *pièces trempées*.

Le *moteur électrique*[1], de grande puissance relative, et de petites dimensions, en permettant la *commande individuelle* des machines-outils, a simplifié, régularisé, et rendu plus souple, le fonctionnement des ateliers naguère encore encombrés de courroies de transmission et astreints à une « solidarisation de mouvement » parfois fort gênante. La *dynamo,* abritée dans le bâti de la machine-outil qu'elle actionne, lui donne tout à la fois l'indépendance et la vitalité.

Parcourons rapidement, en attendant que nous le fassions en détail par la suite, un atelier de construction garni de machines-outils modernes, récentes, *up to date,* comme disent les Américains. Qu'y trouvons-nous?

D'abord les *tours,* horizontaux, verticaux, automatiques, à outils multiples.

Le *tour,* considéré pendant longtemps comme l'outil universel par excellence, tend à se spécialiser aux seuls travaux de tournage. Mais, en même temps, il est devenu d'une extrême simplicité de fonctionnement. Par l'adjonction d'un « harnais » de maniement facile, on évite au conducteur le calcul et la recherche des combinaisons de vitesses entre « l'avance du chariot » et « la rotation de la poupée ». Les jeunes ouvriers tourneurs ne connaissent plus le long apprentissage ni les difficultés patiemment surmontées à chaque instant par leurs anciens.

Les *machines à percer* sont d'une ingéniosité et d'une précision extraordinaires. Elles font à volonté des trous ronds ou polygonaux, chose qui paraissait, au début, un problème insoluble. Dans les machines d'usage général, l'outil tourne et la pièce reste fixe. Il en est autrement pour les perçages de grande longueur. De plus, afin de gagner du temps comme l'exigent les nécessités de l'industrie moderne, on a créé des machines qui peuvent percer simultanément, au « foret américain », un grand nombre de trous.

[1] Voir : MERVEILLES DE LA SCIENCE, Tome II, *Électricité*, ch. VI.

Il est aisé de concevoir à quelle exactitude on parvient ainsi, puisque, dès lors que la machine est parfaitement réglée, le perçage est nécessairement irréprochable.

Ensuite vient toute la série des *machines à aléser,* c'est-à-dire à polir intérieurement les tubes, à *tarauder,* ou creuser en spirale, à *mortaiser,* à *raboter,* à *scier les métaux,* à *tailler les engrenages :* ces derniers sont ainsi invariablement identiques et interchangeables, par catégories et par séries.

Nous avons déjà rendu hommage aux *machines à fraiser.* Il faut les admirer encore dans la souplesse de leurs mouvements automatiques, rectilignes, horizontaux ou inclinés. Le mouvement de montée et d'abaissement y est imprimé tantôt à « l'arbre porte-fraise », tantôt à « la table » de la machine; il semble, en vérité, qu'une complaisance laborieuse aide les différents organes à se concilier entre eux pour égratigner, dégauchir, façonner, polir, la matière asservie.

L'outillage des ateliers se complète par les *machines à meuler,* à *cisailler,* à *plier,* à *agrafer,* à *cintrer,* à *coudre,* à *laminer,* etc.

Enfin, on y a vu récemment pénétrer avec succès les *machines-outils portatives,* dans lesquelles la transmission de la force motrice se fait, par l'intermédiaire de *flexibles,* par l'*électricité,* par *la vapeur,* par *l'air comprimé,* ou par l'*eau sous pression.*

Ces machines donnent au personnel qui les utilise d'extrêmes facilités de travail.

Nous avons à considérer aussi, dans le grand progrès de ces machines spéciales, les *machines-outils à travailler le bois.*

Sans avoir atteint la multiplicité des fonctions des machines à travailler le métal, elles se sont aussi fort perfectionnées.

Les *scies circulaires* et à *lame sans fin,* les machines *à raboter, à percer, à mortaiser, à tenonner,* ont rendu le travail du bois plus simple, plus rapide, et plus précis.

La *toupie,* qui permet d'exécuter toutes sortes de moulures impossibles à pousser au rabot, joue dans une certaine mesure, pour les machines à travailler le bois, le rôle que la *fraise* joue pour celles qui travaillent les métaux. En combinant des *machines à raboter* et des *toupies,* on arrive aux machines à *raboter, bouveter,* et *moulurer sur quatre faces,* et spécialement aux *machines à faire le parquet.*

Cet outillage, au point de vue historique, date du XIXe siècle; il prend son origine dans les travaux de Navier, de Bentham, et de Brunel. Un Concours, ouvert en 1826 par la Société d'encouragement pour l'Industrie nationale, fut encore le point de départ de nombreux perfectionnements.

C'est en 1848, grâce à Périn, que la scie à lame sans fin, imaginée en 1811 par Touroude, entra dans la pratique. Elle a, peu à peu, éliminé pour différents usages, la scie circulaire, et elle rend d'immenses services dans les ateliers débitant des bois de formes variées. Lors de l'Exposition universelle de 1900, on a vu des machines « pour grumes », travaillant pour la charpente et le charronnage, marcher à la vitesse productrice de *2.400 mètres* par minute, en faisant un irréprochable labeur.

Fig. 6. — L'outillage mécanique actuel : machine à fraiser.

Que faut-il conclure, avant d'entrer dans l'analyse détaillée de ce coup d'œil d'ensemble sur l'un des plus importants chapitres de la Mécanique moderne?

Les machines-outils, avec leur outillage scientifiquement étudié, ont-elles remplacé le travail manuel?

Non! Mais, elles l'ont facilité en créant des moyens d'action nouveaux. Sans elles, des ouvriers si vigoureux, si nombreux, et si habiles que l'on puisse les imaginer, ne pourraient arriver à fabriquer les pièces énormes que réclame l'Industrie actuelle, ni surtout à leur donner le degré de précision qui leur est indispensable. Sans la machine-outil on n'aurait ni les puissantes locomotives qui sillonnent les voies ferrées, ni les belles machines de la navigation à vapeur qui parcourt les Océans : c'est dire que les rouages essentiels de la civilisation actuelle et des relations humaines feraient défaut. Nous voyons en cela un témoignage hautement philosophique de ce fait que, dans l'évolution ardente du progrès, tout se lie et s'enchaîne.

Si le perfectionnement de « la machine » est indispensable aux industriels qui s'en servent, on peut dire qu'il est aussi un élément certain de la fortune publique.

Voulons-nous savoir si tel ou tel pays jouit d'une prospérité croissante? Regardons le chiffre de ses importations de *matières nécessaires à l'industrie,* inscrit dans les statistiques que l'on publie régulièrement. Le chiffre paraît gros en général. Voilà qui est fâcheux, pensera le lecteur non averti : il a fallu payer à beaux deniers comptants ces matières qui ont franchi nos frontières?

Assurément! Elles ont payé un tribut à l'entrée. Mais regardons-les à la sortie dans le chapitre *Exportation des objets fabriqués,* et voyons la différence. Cette différence est bénéficiaire dans tout pays qui travaille et prospère; elle représente le bénéfice que l'élaboration et la transformation de la matière ont laissé dans les engrenages de ses machines, dans les rouages variés de son outillage. Perfectionnez les machines, vous augmenterez ce bénéfice : laissez-vous dépasser dans le progrès par un outillage plus récent, mieux combiné, plus ingénieux, tout aussitôt la différence bénéficiaire baissera comme baisserait un « appareil enregistreur » sensible marquant l'état plus ou moins grand d'activité industrielle du pays.

Nous allons donc examiner, en l'analysant dans la suite de cet ouvrage, de quoi se compose et comment fonctionne l'outillage moderne, duquel dépendent, en grande partie, les fluctuations heureuses de cette prospérité.

CHAPITRE I

HISTORIQUE

OUTILS ET ARMES EN SILEX. — OUTILS ET ARMES EN MÉTAL.
OUTILLAGES ET PROCÉDÉS PRIMITIFS APPLIQUÉS A LA PRODUCTION ET A LA FABRICATION :
du feu, — du pain, — des vêtements, — du langage écrit, — du sel, — du savon, — de la teinture, — du verre, — de la poterie.

Outils et armes en silex

L'homme a toujours cherché, depuis son origine, à se fabriquer des outils avec les matériaux que la nature lui a fournis, de sorte que l'on peut dire que les premiers spécimens *d'outils* remontent à l'époque même de l'apparition de l'homme sur la terre. C'est, en effet, à l'époque *quaternaire* que remontent à la fois les premiers outils que l'on possède, taillés par la main de l'homme, en même temps que les premières traces de l'existence de celui-ci.

On sait que l'histoire géologique de la Terre comprend plusieurs périodes : *primaire, secondaire, tertiaire, quaternaire,* se rapportant à des terrains d'âges et de natures différents. A chacune de ces périodes correspond l'existence d'espèces particulières d'animaux : la période primaire est celle des poissons et amphibies ; la période secondaire, celle des sauriens et des premiers mammifères ; la période tertiaire, celle des mammifères en général, et la période quaternaire, celle de l'homme.

Ce que l'on connait de l'homme, à cette période, nous le représente vivant en sauvage dans les forêts et aux bords des fleuves, s'abritant dans des huttes ou des cavernes, se nourrissant du produit de la chasse et de la pêche, et se vêtant de la peau des animaux qu'il avait tués. Les *outils* fabriqués par cet homme primitif se rapportent nécessairement à ses conditions particulières d'existence. Ce sont les pierres dures, les silex, qui furent les premiers matériaux utilisés par l'homme pour constituer son premier outillage, d'une importance capitale ; pendant bien longtemps les outils de l'homme furent des armes faites en pierre, et souvent munies de manches en bois, probablement durcis sous l'action du feu, ou constitués par des andouillers de cerfs ou de rennes. C'est la période dite de *l'âge de pierre,* époque de l'existence du grand ours, du mammouth, et du renne.

Au début de cette période, les silex étaient mis à une forme généralement pointue, par éclatement, c'est-à-dire qu'en frappant d'une façon méthodique sur des blocs de silex, les hommes séparaient certains fragments, suivant les couches naturelles de *clivage,* de manière à façonner grossièrement les armes dont ils avaient besoin. Après le silex éclaté vient la pierre taillée, qui dénote déjà un plus grand soin dans la confection de ces instruments, puis la pierre polie, qui présente une fabrication encore plus parfaite.

On a découvert, au cours de nombreuses fouilles que les savants archéologues ont faites sur tous les points du Monde, en vue de leurs recherches sur l'origine de l'humanité, une grande quantité de ces instruments, la plupart incomplets, mais permettant, néanmoins, par leur comparaison, de différencier les divers types se rapportant à des régions différentes.

Ils sont conservés dans certains musées spéciaux, comme le musée de Cluny, le musée d'Artillerie à Paris, et le musée des Antiquités nationales, installé dans le château de St-Germain, près de Paris, où l'on en trouve une collection remarquable.

Les silex taillés en éclats prennent soit la forme triangulaire : ils constituent alors des sortes de perçoirs, racloirs ou couteaux, noms sous lesquels on les désigne, soit la forme de hache. Les figures 7 et 8 montrent divers exemples de ces armes primitives. Certaines, parmi surtout les armes pointues, n'ont jamais dû porter de manches, car on retrouve, du côté opposé à la partie tranchante, le silex à l'état brut, peu éclaté, et qui semble avoir été laissé en cet état pour être pris à pleine main afin de se servir de l'instrument. D'autres, au contraire, surtout dans la forme de hache, ont reçu des manches que l'on a retrouvés ou dont on a bien nettement déterminé la place ou l'empreinte sur le silex.

Fig. 7. — Silex taillés par éclatement.

L'homme des cavernes, chassant le grand ours et le renne, s'était fabriqué des arcs, des flèches, et des javelots garnis, à leur extrémité, d'un silex taillé en pointe, en forme de lance, et fixé dans la tige en bois de ces flèches et javelots. Il existe, au musée de Saint-Germain, des vertèbres de rennes dans lesquelles sont encastrées des lames de silex provenant certainement du javelot d'un de ces chasseurs préhistoriques.

Au fur et à mesure que les années s'écoulent, l'homme perfectionne ses armes et ses outils, qu'il commence à utiliser pour le travail de la terre et du bois. Il se construit alors des abris montés sur pilotis au-dessus des lacs ou au bord des grands cours d'eau, pour se mettre mieux à l'abri des attaques des animaux sauvages. C'est la *période lacustre* ou période de la pierre polie, pendant laquelle les instruments prennent généralement la forme de haches en pierre finement polie.

Ces haches, que l'on nomme *celts*, ont des formes variées. Certaines sont munies d'un tranchant d'un côté et d'un bout pointu à l'autre extrémité; d'autres sont encastrées soit dans des manches en bois soit dans des andouillers de cerfs; d'autres, encore, étaient montées au bout d'un manche qu'elles traversaient de part en part (Fig. 8). On a trouvé un grand nombre de ces instruments, qui servaient ou d'armes ou d'outils, et qui différaient, suivant les cas, par le tranchant plus ou moins aigu qu'ils possédaient.

Les celts à tranchants aigus sont considérés comme instruments de travail, et ceux qui étaient émoussés, comme armes de guerre, pouvant être portées suspendues à la ceinture. On a trouvé également des haches de pierre dans lesquelles un trou était percé afin de pouvoir y adapter un manche.

On peut difficilement se figurer que l'homme ait pu, sans instruments métalliques, travailler ainsi les durs silex et les polir aussi soigneusement, après les avoir probablement *débités* dans une roche de grand volume et les avoir même percés. On sait, cependant, que certaines peuplades d'Amérique parviennent à percer des morceaux de cristal de roche de grande épaisseur en faisant rouler entre leurs mains, pendant un temps fort long qui peut atteindre des mois et même des années, une feuille de bananier remplie de sable humide et posée à la place du trou à percer. On peut aussi percer un trou dans la pierre dure à l'aide d'une tige de bois creux au centre de laquelle on verse du sable fin et que l'on fait tourner, en arrosant de temps à autre, avec de l'eau, la partie à perforer.

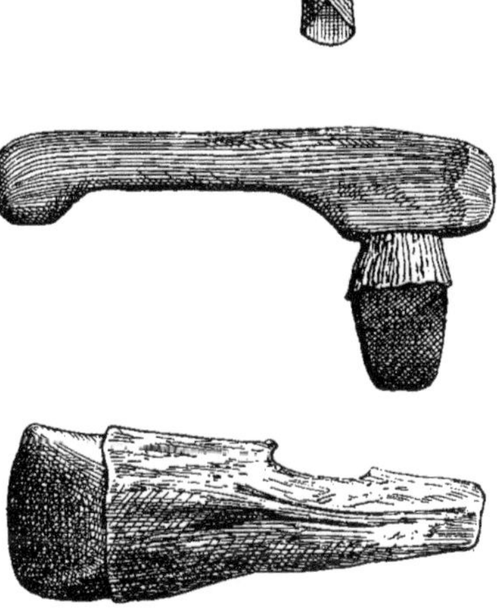

Fig. 8. — Haches de l'âge de la pierre polie.

Quoi qu'il en soit, les haches perforées, bien que moins nombreuses que les autres, n'en ont pas moins été retrouvées en spécimens multiples. L'un de ces spécimens, d'une forme vraiment remarquable (Fig. 9), a été découvert dans l'île de Guernesey. Cette hache a une longueur de vingt-neuf centimètres, et une largeur de sept centimètres; elle possède un tranchant à une extrémité, l'autre extrémité étant en forme de pointe, et elle porte un trou au milieu de sa longueur pour y placer le manche, trou qui a été percé avec une rectitude surprenante.

La période de la pierre polie fournit aussi des lames de pierre destinées à servir de couteaux, des pointes de flèches et de javelots qui sont confectionnées avec un tel soin qu'elles sont munies d'*oreillons* ou *barbes* qui rendent ces armes plus dangereuses, puisque une fois entrées dans les chairs elles ne peuvent s'en retirer qu'en occasionnant de plus graves blessures. Ces pointes barbelées, de flèches et de javelots, étaient plantées dans des fentes pratiquées dans les tiges en bois de ces armes, et y étaient assujetties au moyen de résine ou de gomme et d'une ligature.

Il semble, d'après des découvertes faites au fond de certaines cavernes, que les hommes qui avaient conservé l'usage des armes en pierres taillées furent détruits par ceux qui utilisaient les armes en pierre polie, car on a trouvé parmi les sépultures primitives des corps percés de ces dernières armes et ayant à leur côté leurs armes moins perfectionnées.

Outils et armes en métal

L'usage des métaux, pour confectionner les outils et les armes, devait, encore une fois, transformer profondément la valeur de ces instruments. C'est le bronze qui a été le premier métal employé pour remplacer la pierre. Le bronze était connu des hommes dès l'âge de la pierre taillée, mais l'homme, surtout en Gaule, ne connaissait pas les procédés métallurgiques employés déjà en Grèce et en Italie. Ces procédés primitifs consistaient à fondre et à marteler le bronze pour en fabriquer des instruments servant ou d'outils ou d'armes. D'ailleurs, dans le nord de l'Europe, dans les pays scandinaves, le travail du bronze a précédé de cinq cents ans la fabrication d'instruments en bronze de notre pays. On fixe à environ mille ans avant notre ère l'introduction de ce métal en Scandinavie. En Espagne, aussi, le métal fut employé avant de l'être dans notre pays, par suite de l'exploitation des mines d'or, d'argent et de cuivre faite par des émigrants venus d'Asie, où le cuivre était connu environ 3.000 ans avant notre ère.

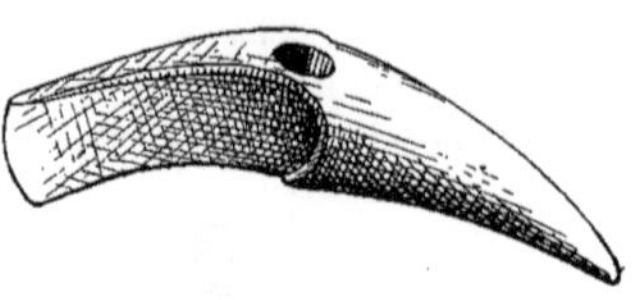

Fig. 9. — Hache perforée.

Ces métallurgistes primitifs avancent peu à peu vers le Nord en travaillant le cuivre, généralement allié avec de l'étain, en le fondant, le forgeant et même l'emboutissant pour obtenir des couteaux, des glaives, des épées, des casques et des chaudrons.

Il existe au musée d'Artillerie, à Paris, et au musée de Saint-Germain des épées à lames de bronze avec poignées et fourreaux, qui constituent de véritables chefs-d'œuvre de fabrication (Fig. 13). On y trouve également un grand nombre de poignards et de couteaux qui ne sont, en somme, que des épées dont la longueur de la lame a été réduite (Fig. 11). Puis, ce sont des extrémités de lances ou de javelots de formes très variées. La plupart de ces pointes sont fondues avec une habileté et une méthode remarquables. Une nervure est, le plus souvent, disposée au milieu de la lance, partant effilée de la pointe, pour se terminer avec sa plus grande largeur à la base de la lance. Un trou central, disposé suivant l'axe de la lance (Fig. 10) et se prolongeant parfois assez loin vers la pointe, est venu de fonte avec l'instrument, et sert à recevoir la hampe ou manche de l'arme. Ces fondeurs connaissaient déjà l'emploi des *noyaux* pour obtenir des trous *venus de fonte*. Certains bouts d'armes étaient tout simplement munis d'une *soie* ou *queue plate* qui, en se prolongeant du côté opposé à la pointe, permettait de placer les pièces dans une rainure pratiquée en bout de la hampe de l'arme pour l'y assujettir au moyen d'une ligature ou d'une bague métallique à douille, empêchant le bois de s'écarter.

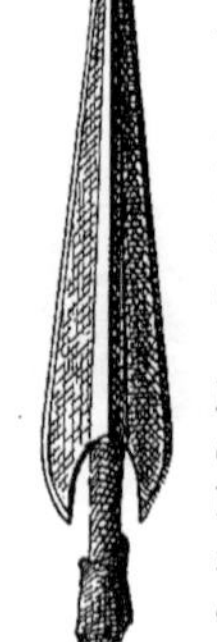

Fig. 10. — Tête de lance en bronze.

Parmi les lances à douille, on en a conservé qui sont montées encore à l'extrémité de leur hampe au moyen de rivets traversant à la fois la douille et la hampe.

Un grand nombre de haches en bronze ont été recueillies. Ces haches ou *celts* affectent d'abord la forme des haches en pierre polie et il semble même que certaines d'entre elles aient été fondues en se servant des modèles en pierre pour constituer les moules. Les formes en sont très variées, soit qu'elles soient établies avec les flancs parallèles, ou incurvés, concaves ou convexes, soit avec le tranchant en forme de croissant, soit avec des rebords relevés circulairement pour former une sorte de douille non fermée, destinée à recevoir le manche (Fig. 10 et 12). Certains modèles de *celts* sont munis de douilles constituées par un trou venu de fonte avec l'instrument.

Il est à remarquer que les douilles servant à recevoir un manche ne sont jamais faites en perçant un trou dans le métal, ce qui indique bien que les procédés de perçage des métaux n'étaient pas encore employés, alors que les procédés de fonderie permettaient d'obtenir des trous réguliers, en se servant de noyaux convenablement disposés, et que les procédés de battage et de martelage des métaux permettaient de donner aux pièces des rebords retournés pouvant faire office de douilles.

Fig. 11. — Types de couteaux en bronze.

Ces haches, munies de manches de formes différentes, devaient à la fois servir d'outils et d'armes, et quoiqu'il soit bien malaisé de déterminer la part de ces instruments, comme outils et comme armes, il est probable que c'est surtout comme instruments de travail qu'ils ont été utilisés.

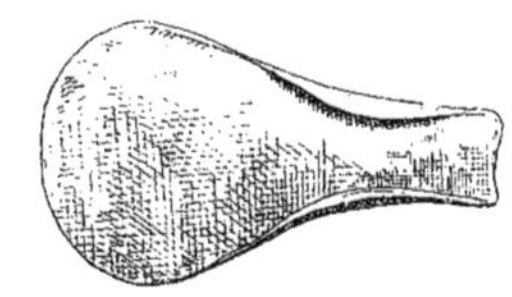

Fig. 12. — Haches en bronze.

En Gaule, entre la période de la pierre polie et la période du fer, la période du bronze n'a pas marqué son passage par des monuments se rapportant particulièrement à l'âge du bronze, comme les périodes précédentes qui se distinguent par des sépultures et dolmens et comme l'âge du fer qui est caractérisé par des tumulus spéciaux. C'est que le bronze et le fer ont été introduits en Gaule presque en même temps. D'ailleurs, on présume que certains cimetières de la Haute-Italie, des Pyrénées, du Haut-Rhin, qui appartiennent à la période du premier âge du fer sont contemporains ou plus anciens que les constructions lacustres de l'âge du bronze.

Dans son livre très documenté : *La Gaule avant les Gaulois*, M. Alexandre Bertrand, qui fut membre de l'Institut, donne aux bronzes primitifs, qu'ils soient danois, gaulois, italiens, une origine commune provenant des rapports commerciaux qui s'étaient établis, malgré la non-existence des routes, entre la Suède, le Danemark, la Hongrie, l'Italie, et la Gaule.

« Personne, ajoute M. Bertrand, ne conteste aujourd'hui l'antiquité de l'art de la métallurgie. Les fouilles exécutées en Égypte et en Chaldée en ont donné des preuves irréfutables. Je dis « l'art de la métallurgie » et non pas seulement l'art de travailler le bronze, parce qu'il est à peu près certain que l'art de travailler le fer est en Orient presque aussi ancien que l'art de fabriquer le bronze. S'il faut en croire le marbre de Paros, l'art de travailler le fer fut importé en Grèce 1881 ans avant notre ère. Les Hellènes apportaient ces précieux secrets d'Asie Mineure. Une vérité peu connue, mais démontrée aujourd'hui, est que la métallurgie fut, en Asie Mineure, dans l'origine, une industrie liée à l'existence de certaines tribus ou associations semi-religieuses, semi-guerrières. Le siège primitif de ces corporations, après avoir été la Haute-Chaldée, s'était concentré dans des montagnes de la Phrygie. Ces métallurgistes étaient considérés comme des enchanteurs et des magiciens.

La métallurgie fut donc longtemps un art secret. Les premiers métallurgistes vivaient forcément dans la montagne, à demeure fixe, à proximité des mines qu'ils exploitaient, loin des populations de la plaine en grande partie encore nomades, en dehors des grandes voies de migration et des grandes voies de caravanes.

« Ils paraissaient au milieu des populations pour y porter leurs trésors conquis par des procédés mystérieux. Un sentiment de terreur les entourait. Les légendes et contes populaires de l'Europe, et particulièrement des pays scandinaves, sont l'écho de ces antiques superstitions. »

Cependant, on perça plus tard le mystère, car à Athènes, au ve siècle, il fut établi des fabriques d'armes. Démosthène était d'une famille qui s'occupait de cette fabrication, tandis qu'à Rome, plus de cent ans avant, Numa avait fondé les premiers « collèges » où l'on s'occupait du travail du bronze.

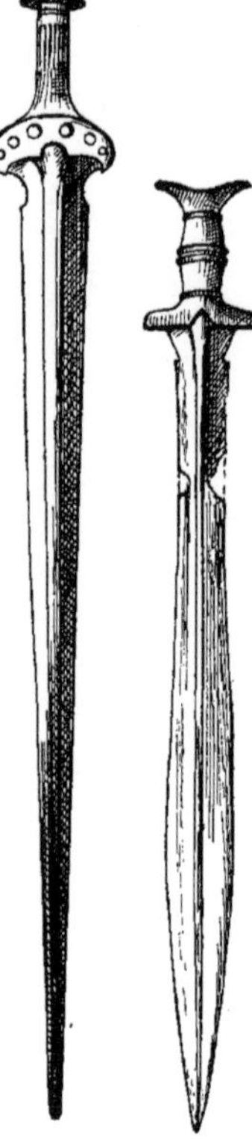

Fig. 13. — Types d'épées en bronze.

Ce qui explique, d'ailleurs, l'emploi presque exclusif du bronze, surtout en Europe, alors que le fer était également connu, c'est que le bronze était considéré comme un métal sacré à Rome et en Europe. Les prêtres sabins étaient obligés, en effet, de se couper la barbe et les cheveux avec un rasoir d'*airain;* chez les Étrusques, le périmètre des villes devait être tracé avec un soc d'*airain;* les instruments de fer ne pouvaient être introduits, sous peine de profanation, dans les enceintes et bois sacrés et on a retrouvé la mention de sacrifices expiatoires faits parce qu'un instrument de fer était entré dans un temple, pour graver des inscriptions, par exemple, ou encore dans un bois sacré pour y abattre des arbres que la foudre avait frappés.

Ces règles furent observées pendant fort longtemps et les Scandinaves maintinrent cet usage presque jusqu'à l'ère chrétienne. Cependant, certaines tribus guerrières, parmi lesquelles se trouvaient nos ancêtres, les *Galates,* dont l'esprit était moins religieux et plus pratique, adoptèrent, bien avant cette époque, le fer pour s'en construire des outils et surtout des armes.

Les épées, les poignards, les glaives ont des lames en fer. Certains de ces instruments ont les lames en fer et les poignées en bronze : on en trouve dont la poignée et le fourreau sont faits en or jaune. Les formes des lames varient.

Certaines, très effilées, sont remplies en leur milieu et portent une arête suivant leur axe (Fig. 13 et 14).

En plus de ces armes offensives on fabriqua, avec l'acier, des armes défensives : boucliers, cuirasses, casques, dont les musées de Saint-Germain et de l'Artillerie possèdent de curieux échantillons ayant appartenu aux Gaulois et découverts dans les nombreuses fouilles que l'on a effectuées sur toute l'étendue de notre pays.

Ainsi donc, dans notre pays, en Gaule,

au commencement de notre ère, et quelques années plus tard, lors de la conquête romaine, l'art de travailler le métal était surtout appliqué à fabriquer des armes offensives et défensives.

Cet art avait même atteint un degré de perfection qui étonne encore aujourd'hui lorsqu'on se trouve en présence de pièces, d'instruments, ou d'armes, comportant des applications de métal sur métal, assez souvent des ornements en métal précieux plaqués sur le corps en fer de l'objet. Parfois aussi, ce sont des *émaux champlevés*, c'est-à-dire des matières vitrifiées de couleurs diverses, encastrées dans des rainures pratiquées à même le métal et s'y trouvant serties.

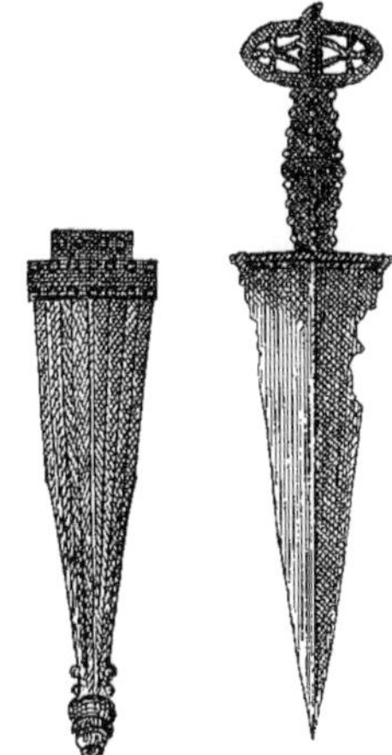

Fig. 14. — Poignard à lame en fer, et fourreau en bronze.

Après la conquête romaine, la Gaule, d'abord envahie par les Francs, fut constamment bouleversée, pendant de nombreux siècles, par des guerres extérieures ou des luttes intérieures. C'est donc surtout sur les armes que se portèrent les perfectionnements, et c'est pour cela que, parmi les nombreux instruments recueillis dans nos musées et se rapportant à l'industrie métallurgique de

Fig. 15. — Épée à lame en fer, et poignée en ivoire ciselé.

l'homme primitif, le plus grand nombre représentent des armes.

Cependant, au fur et à mesure que l'homme, tout en se défendant contre les animaux ou contre ses semblables, avançait dans la civilisation, il devait faire face à des nécessités pour lesquelles il s'ingéniait à établir des procédés nouveaux, et ces procédés, dans toutes les branches de l'industrie, furent les premières bases des industries si variées auxquelles nous devons, en grande partie, aujourd'hui, notre bien-être.

Ce but historique de l'outillage primitif ne serait pas complet, si nous ne disions quelques mots des outils et des procédés utilisés par l'homme, à l'aube même de sa vie industrielle, pour se créer des ressources nouvelles et répondre à ses besoins de plus en plus impérieux. C'est, en grande partie, parallèlement à la fabrication des outils et des armes que nous venons d'examiner, parfois, même, antérieurement, que ces procédés primitifs d'outillage industriel ont été employés, ainsi que nous allons le voir.

Production du feu La production du feu a été, de tout temps, considérée comme une des premières manifestations de l'activité humaine vers le progrès. Cependant l'usage du feu fut longtemps ignoré dans certaines contrées, et quoiqu'il puisse paraître étrange que l'homme ait pu vivre sans connaître le feu, plusieurs faits avérés prouvent que le feu était inconnu dans quelques pays, notamment, dans l'île de Ténériffe jusqu'au treizième siècle et dans les îles Mariannes jusqu'au seizième.

D'après Lahaye, lorsqu'on découvrit l'île de Ténériffe, au treizième siècle, on y trouva un petit peuple, les Gouanches, habitant cette île, qui n'avaient jamais vu de feu.

Au commencement du seizième siècle, lorsque les navigateurs espagnols découvrirent les îles Mariannes, ils incendièrent les cabanes des insulaires. Ceux-ci qui firent de cette manière désagréable connaissance avec le feu, prirent la flamme pour un *immense animal* qui dévorait leurs maisons.

Les études faites de nos jours sur les mœurs et les usages de l'homme préhistorique et les découvertes faites dans les cavernes qui furent habitées par l'homme primitif, permettent de connaître comment, à l'origine, il se procurait du feu.

Fig. 16. — Production du feu chez les Indiens du Nord de l'Amérique.

On a trouvé dans diverses cavernes de l'âge de pierre, des boules de pyrite (sulfure de fer) mélangées aux silex taillés qui constituaient à la fois les outils et les armes de l'homme, à cette époque. Or, un fragment de pyrite choqué par le silex, produit des étincelles. C'est ainsi, d'ailleurs, que les habitants de l'extrémité sud de l'Amérique méridionale, la Terre de Feu, obtiennent encore aujourd'hui du feu. La pyrite étant un minéral que l'on trouve dans tous les pays, il est très probable que les premiers hommes ont pu obtenir du feu par le choc de la pyrite et du silex.

L'oxyde rouge de fer dont il existe des roches entières, peut donner aussi du feu par son choc avec du silex, et on a trouvé près de Mâcon, dans un gisement préhistorique de l'âge de pierre, des fragments d'oxyde de fer qui, par le choc de silex taillés, trouvés dans le même gisement, produisaient des étincelles. Il est donc possible que l'homme de l'âge de pierre ait pu se procurer du feu en heurtant la pyrite et le silex.

On ne peut cependant rien affirmer de positif en l'absence de preuves absolues : mais si l'homme primitif n'a pas toujours employé ce moyen, il a certainement utilisé plus souvent, et plus facilement, celui qui sert encore à produire du feu chez certaines peuplades que la civilisation n'a pu encore atteindre.

C'est en frottant deux morceaux de bois l'un contre l'autre que ces peuplades obtiennent du feu. Dans l'Asie septentrionale, les Tongouses, les Kamschadales, certains habitants de l'Australie et de la Polynésie, se procuraient du feu par la friction de deux morceaux de bois; mais le procédé ne consistait pas, comme on le croit volontiers, à frotter un morceau de bois placé horizontalement avec un autre disposé verticalement qui était déplacé sur le premier avec vivacité. Il consistait à faire tourner rapidement le bout pointu d'un bâton dans une cavité pratiquée dans une pièce de bois sec, posée à plat sur le sol. Le mouvement rapide du bâton effilé était obtenu en le faisant rouler entre les doigts. Au bout de quelques instants, le bout du bâton frottant dans le trou de la planchette s'enflammait. On allumait alors des broussailles et des feuilles sèches préparées à l'avance.

Cette façon de produire le feu était générale chez les hommes primitifs. Les procédés pour faire tourner la baguette à enflammer étaient simplement différents.

En Polynésie, cette baguette était longue et flexible. En appuyant sur l'extrémité de la baguette, on lui faisait prendre la forme d'un arc et, en l'actionnant par le milieu à la façon d'un vilebrequin, on pouvait, sans trop d'effort, obtenir un mouvement rapide de la baguette.

Un autre procédé plus perfectionné était employé par les Indiens du nord de l'Amérique et par les Esquimaux du détroit d'Hudson. Ils enroulaient une sorte de lanière autour de la baguette de bois, puis tenant dans les mains les extrémités de cette lanière et les tirant alternativement, ils imprimaient au bâton un mouvement de rotation rapide (Fig. 16). Nous verrons plus loin que l'arçon ou l'*archet*, outil servant à percer des trous à la main, repose sur un principe semblable.

Voilà donc trois moyens *à friction* que certaines peuplades emploient encore pour produire du feu. Il faut y joindre le *briquet* de l'homme primitif. On a dit aussi que l'homme a pu connaître le feu par les phénomènes naturels. Il est certain que les volcans qui se sont allumés sous les yeux de l'homme préhistorique ont pu lui donner l'idée du feu, et cependant la peuplade des Gouanches, qui a si tard connu l'usage du feu, vivait au pied du volcan du Pic de Ténériffe. La foudre aussi a pu provoquer des incendies sous les yeux de l'homme primitif sans qu'il ait pu profiter du bienfait que lui envoyait la nature. Les incendies spontanés sont plus fréquents que ceux de la foudre. Les matières végétales imprégnées de corps gras, exposées à l'air, absorbent, en effet, l'oxygène avec assez de rapidité pour s'échauffer peu à peu et s'embraser, et l'on a des exemples assez nombreux de magasins à fourrages qui ont pris feu spontanément par suite de la fermentation de la matière végétale. On trouve encore des feux naturels soit dans les mines, soit dans les contrées pétrolifères : les feux naturels de Bakou qui brûlent sur la rive orientale de la mer Caspienne ont été entourés d'un temple par une peuplade, les Guèbres, qui étaient adorateurs du feu.

Voilà, sans doute, un grand nombre de sources naturelles de feu; mais il est peu probable que l'homme primitif en ait tiré grand parti. Il semble, d'ailleurs, que la grande difficulté qu'il ait rencontrée était moins de se procurer du feu que de le conserver. Les sauvages australiens qui habitaient Port-Jackson et qui avaient quelque peine à obtenir du feu par la friction du bois, le laissaient rarement éteindre. Ils portaient presque partout avec eux des tisons, même lorsqu'ils voyageaient dans leurs canots. Certains navigateurs rapportent, dans leurs relations de voyages, qu'en arrivant sur la côte d'une petite île de l'Océanie, ils trouvèrent ses derniers habitants dans un état voisin de l'agonie. Depuis quelques mois, ils avaient *perdu le feu* et il leur était impossible de le rallumer.

Voilà en quoi a consisté l'outillage primitif, bien peu développé, on le voit, destiné à obtenir du feu.

Fabrication du pain Une autre industrie d'importance capitale dont l'homme s'est préoccupé dès l'origine de la civilisation, a été l'obtention des farines et du pain. Les premiers hommes ont été, nous l'avons dit, chasseurs, pêcheurs et nomades. Plus tard, renonçant à la vie errante, ils se choisirent des habitations fixes et ne demandèrent plus exclusivement leur nourriture à la pêche ou à la chasse. Ils entreprirent des travaux d'ensemencement et de récolte, et formèrent des petits groupes qui se donnèrent un chef. Le désir de rendre la vie plus facile et plus agréable fit naître l'industrie chez l'homme primitif. Nous savons aujourd'hui qu'il connaissait le blé, qu'il l'écrasait pour manger la farine crue et délayée dans l'eau, ou encore cuite au feu. On a retrouvé dans quelques contrées des meules ayant servi aux hommes des premiers âges. Il existe au Musée de Saint-Germain une sorte de moulin primitif composé d'une pierre et d'un rouleau (Fig. 17). Certaines peuplades africaines se servent encore de moulins semblables. Le blé est placé sur la pierre, qui est creusée et inclinée légèrement, et le mouvement de rotation du rouleau déplacé sur cette pierre produit l'écrasement du blé : la farine provenant du broyage tombe sur une natte disposée sous la pierre.

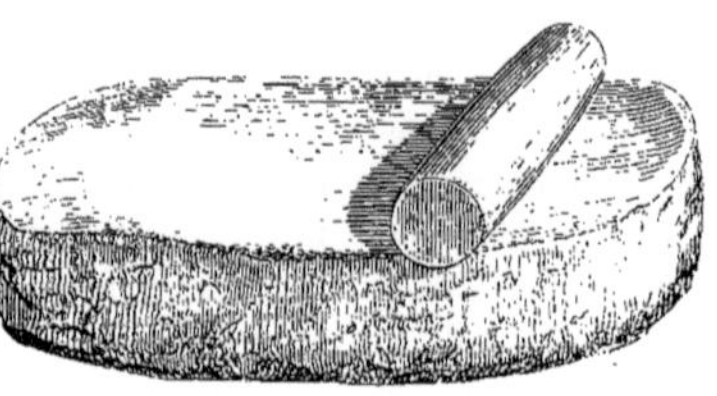
Fig. 17. — Moulin à blé de l'homme primitif.

On a découvert un moulin d'une autre forme. C'est une pierre circulaire creusée régulièrement suivant une forme concave. Le broyeur, en granit, a une forme sphérique. Les grains de blé devaient être déposés dans la sorte de cuvette ainsi formée et le broyeur, manœuvré en pilon, à la main, servait à les écraser. La farine était, dans ce cas, recueillie au fond de la cuvette.

On ne saurait mettre en doute que l'homme préhistorique n'ait fait usage de céréales pour son alimentation, car on a retrouvé du blé remontant à l'époque du bronze dans les stations lacustres de la Suisse, et en France, dans le Puy-de-Dôme. Du blé carbonisé se trouvait encore au milieu des cendres d'un foyer.

Les historiens de la Chine, contrée dont les annales remontent plus loin que celles de tous les autres pays, assurent que le blé y était déjà cultivé à une époque qui correspond à l'an 2822 avant notre ère.

Les Scythes offraient tous les ans des sacrifices aux dieux en leur donnant une charrue et un joug, une hache, et une coupe d'or, symbolisant les instruments servant à la culture et l'instrument de mesure.

Les anciens attachaient, d'ailleurs, une grande importance à la conservation du blé. Des excavations naturelles, fermées avec soin, servaient autrefois, dans les contrées montagneuses de la Chine, à la conservation des grains. Ces excavations nommées *silos*, ont été également utilisées par les Gaulois, les Bretons, les Germains, et les habitants de l'Ibérie ou Espagne, pour conserver leurs réserves de blé.

Les Romains conservaient aussi leurs grains dans des greniers et dans des *jarres*. Une série de ces jarres contenant 10 hectolitres chacune ont été découvertes aux environs de Lyon et une autre contenant 25 hectolitres est au musée de Nîmes. L'écrasement du blé, chez les anciens, était considéré comme un travail pénible et on en chargeait surtout les esclaves et les prisonniers.

Samson, prisonnier des Philistins, tourna la meule. Chez les Égyptiens, le soin de tourner la meule au blé était réservé aux criminels, auxquels on crevait les yeux avant de les soumettre à ce travail. Chez les Romains, la manœuvre de la meule était pratiquée par les prisonniers de guerre. Elle était également confiée à des esclaves et à des citoyens pauvres. Le poète comique Plaute, né en Ombrie vers l'an 254 avant notre ère, tournait la meule en méditant les comédies qui devaient lui donner la gloire.

Les Romains appelaient *pistores* ceux qui exerçaient la profession de moudre le blé. Le nom de *far*, donné au blé, fut l'origine du mot farine.

Fig. 18. — Moulin à blé chez les Romains.

Avant de moudre le blé, les Romains commençaient par le concasser dans un mortier. Pour cela, ils se servaient, selon Pline, d'un pilon terminé par une garniture de fer dont l'intérieur était creusé d'une cavité présentant l'aspect d'une étoile. Dans cette cavité s'engageait une tige en fer portant des nervures qui servaient à guider le mouvement du pilon dans le mortier et à protéger le grain contre des chocs trop violents. Pour rendre l'opération de mouture plus facile et la séparation des produits plus aisée, les grains étaient, au préalable, trempés dans l'eau, puis séchés au soleil.

Quelquefois, les pilons, de même que les meules, étaient mus par l'eau, suivant ce que rapporte Pline. On *blutait* les céréales ainsi mondées en se servant de tamis de cuir à larges mailles. Ce n'est qu'après cette espèce d'écorçage du blé et un léger concassage dans le pilon, que l'on passait le grain entre les meules, pour obtenir la farine.

Pline nous apprend aussi que par l'écrasement sous la meule du grain préalablement pilé et moulu, on obtenait plusieurs sortes de farines.

Les premières meules employées chez les Romains étaient des pierres plates, taillées en forme de disques, et roulant l'une sur l'autre. La meule mobile était manœuvrée à la main au moyen d'un manche qu'elle portait.

Les meules plates furent remplacées, chez les Romains, par l'assemblage d'un tronc de cône plein et d'un tronc de cône évidé. La mouture s'opérait entre la surface extérieure du premier et la surface intérieure du second. Le moulin à blé des Romains se composait de deux pierres (Fig. 18). Sur la pierre inférieure A se posait la pierre supérieure BC ayant une forme en double cône. On jetait le grain dans la partie creuse supérieure C et on imprimait un mouvement de rotation à la pierre BC, à la main, par l'intermédiaire des poignées. Le grain passant du cône supérieur dans le cône inférieur était alors écrasé entre la pierre supérieure et la pierre inférieure. Parfois, la pierre supérieure BC était disposée pour pouvoir être actionnée par la traction animale. Les poignées étaient remplacées par des bras de grande longueur auxquels on pouvait atteler un animal ou qui pouvaient être actionnées par l'homme (Fig. 19).

Plus tard, la mouture du blé fut faite à l'aide de moulins à vent et de moulins à eau. Les moulins à vent existaient en Bohême, dès le VIIIe siècle, et il paraît que le premier moulin à eau de ce pays fut construit en 718. Les moulins à eau appliqués à la mouture des grains ne commencèrent à se répandre en France que vers la fin du XVIe siècle. Mais ces premiers moulins ne pouvaient s'établir que sur des bateaux. Plus tard seulement, on parvint à les établir à demeure au bord des cours d'eau.

En 1742, un mécanicien des États-Unis, Olivier Evans, produisit une véritable révolution dans l'art de la meunerie, en assemblant six à huit meules sur une même plate-forme circulaire, nommée *beffroi*. La mouture américaine fut introduite en Angleterre au commencement du XIXe siècle, et bientôt après importée en France. En 1816, elle était pratiquée à Saint-Quentin par des Anglais, et en 1817, son usage commençait à se généraliser.

Tels sont sommairement les procédés dont on s'est servi pour la mouture des grains, depuis les temps les plus reculés jusqu'à nos jours, où les progrès de la meunerie ont suivi les progrès de la science.

La fabrication du pain a suivi aussi la loi du progrès. Chez l'homme préhistorique, comme de nos jours chez certaines peuplades sauvages, le pain s'obtenait en faisant cuire, soit sous la cendre, soit entre des pierres chauffées, de la farine délayée dans l'eau. A l'aide de bâtons mouillés, on retirait du foyer, dans le dernier procédé, une pierre chauffée; on coulait la pâte, formée par la farine et l'eau, sur la pierre chaude. On obtenait ainsi une espèce de galette mince sur laquelle on plaçait une autre pierre chaude. Sur la face supérieure de cette autre pierre, on versait une autre couche de pâte que l'on recouvrait comme la précédente d'une nouvelle pierre chaude, et ainsi de suite. Ce procédé de préparation du pain datant de l'âge préhistorique s'est conservé en Europe jusqu'au XVIIIe siècle, dans certaines parties de la Norwège.

Fig. 19. — Moulin à blé mû à l'aide d'un manège.

L'expédition de Macédoine fit connaître

aux Romains les procédés de panification que les Grecs avaient eux-mêmes empruntés à l'Asie, c'est-à-dire la fermentation de la pâte de farine par le levain. Une colonie grecque établie dans la partie méridionale des Gaules, aux environs de Marseille, avant l'occupation romaine, y avait apporté l'art de faire le pain qui fut ainsi connu dans cette contrée avant de l'être à Rome.

Le pain fut cuit plus tard dans des fours. et, au XIe siècle, les seigneurs s'étaient attribué le droit exclusif d'avoir des fours, comme d'avoir des moulins à blé. Ils forçaient jusqu'aux habitants des banlieues comprises dans leur seigneurie, à se servir de ces fours pour cuire leur pain. C'étaient ce que l'on appelait les *fours banals*.

La connaissance de la culture du blé et de la fabrication du pain ne put empêcher les famines de se succéder fréquemment au Moyen Age.

Pendant les guerres incessantes des seigneurs entre eux et des seigneurs contre le roi, l'incendie dévorait souvent moissons et villages. Les paysans enrôlés sous la bannière du roi et des seigneurs laissaient alors leurs champs en friche, et l'absence de communications rapides et régulières entre les pays producteurs du blé, ne permettait même pas de suppléer à prix d'argent aux maux de la disette. C'est pour cela qu'il y eut en France, du règne de Hugues-Capet à celui de Henri Ier, c'est-à-dire en moins de quatre-vingts ans, quarante-huit années de famine. L'herbe ne suffisant pas à apaiser la faim, on exhuma les cadavres des cimetières et on vendit publiquement de la chair humaine. Le XIIe siècle compte, en France, cinquante et une années de famine; ce fléau se manifesta également sous le règne de Louis XIV.

Les progrès heureusement accomplis dans les arts mécaniques, dans les moyens de transport, de communication et d'échanges, les perfectionnements apportés aux procédés de mouture et de panification, ont mis les populations à l'abri du retour de ces lamentables calamités.

Fabrication des vêtements

Parmi les nécessités impérieuses qui se sont imposées à l'homme primitif, en dehors de l'obligation de s'alimenter, s'est présentée celle de se donner un vêtement pour le protéger contre les intempéries des saisons. Pour cela, l'homme se couvrit, d'abord, des peaux à fourrures des animaux qu'il tuait. Le mammouth, le grand ours, les petits ruminants, lui fournissaient des dépouilles fourrées dont il se servait pour se défendre du froid. Plus tard, à l'époque du Renne, l'homme se couvrait de peaux de rennes et d'autres animaux qu'il tuait à la chasse, et on a découvert dans des stations préhistoriques un grand nombre de bois de renne entaillés à leur base. Cela semble bien indiquer que cette entaille n'a dû être faite que pour écorcher l'animal et enlever sa peau que l'on comptait utiliser. A cette époque l'homme savait déjà préparer les peaux d'animaux et enlever leurs poils. Les poils étaient ôtés de la peau à l'aide de grattoirs en silex dont on a trouvé de nombreux échantillons. La peau était probablement assouplie ensuite avec de la cervelle du renne et avec la moelle extraite de ses os. Elle était alors découpée et les morceaux ainsi obtenus étaient cousus les uns aux autres. Cette couture s'effectuait au moyen d'instruments, lesquels, coïncidence curieuse, sont presque semblables à ceux dont se servent encore de nos jours les Lapons pour le même usage. Des trous étaient percés dans la peau au moyen de poinçons en silex ou en os. Les aiguilles, faites en os ou en corne, recevaient des fils qui n'étaient autre chose que les fibres tendineuses du renne; en passant ces aiguilles dans les trous de la peau perforés à l'avance, on pouvait réunir les divers morceaux de cette peau.

Ainsi, l'homme primitif put se confectionner des vêtements et même des tentes pour se mettre à l'abri.

La fabrication du cuir, d'ailleurs, remonte à une époque très reculée, puisque les premiers historiens et poètes dont les écrits nous sont restés, en parlent dans leurs récits. Homère décrit le bouclier d'Ajax qui est muni de sept peaux de taureaux, que recouvre une lame d'airain. Le poète parle ailleurs des courroies qui attachent les casques aux cuirasses, de sorte qu'on en peut déduire que dix siècles avant l'ère chrétienne on savait préparer et corroyer les cuirs.

Les outres en peau étaient fort en usage chez les Grecs, et les peaux, travaillées ou non, servaient aussi de lit et de couche.

L'emploi du cuir ne fit que s'accroître avec le temps. L'art de travailler cette matière principalement destinée à la confection des chaussures se perfectionnait de plus en plus et les peaux teintées en diverses couleurs servirent à faire d'élégants cothurnes auxquels l'or, l'argent et les pierres fines servaient parfois d'ornement.

Si l'usage des cuirs et des peaux s'était répandu dans les contrées méridionales, par contre, les peuples du Nord faisaient surtout usage de fourrures.

Vers le IIIe siècle de l'ère chrétienne, les Romains recherchèrent les fourrures du Nord. Il s'établit alors une sorte d'échange de costumes entre les Romains et les peuples qu'ils appelaient *barbares* : les premiers adoptèrent les fourrures en usage, depuis un temps immémorial, dans les pays voisins de la mer Caspienne et de la mer Baltique, et les habitants des contrées arrosées par le Danube et le Rhin se vêtirent des étoffes de laine et des toiles fabriquées dans les manufactures de l'Empire romain.

Les vêtements de peaux furent d'un grand usage dans les temps de misère du Moyen Age.

Dès le VIe siècle, on fabriquait en France des gants de peau, encore grossiers, il est vrai. Plus tard, sous les Valois, les gants firent partie de l'habillement des seigneurs de la cour, puis l'industrie du cuir et des peaux prit une importance de plus en plus grande avec le perfectionnement de l'outillage.

Langage écrit

Avec la nécessité de pourvoir à son alimentation et celle de se fabriquer des vêtements, l'homme reconnut aussi la nécessité de correspondre avec ses semblables.

L'homme primitif ne connaissait pas l'écriture et il en était réduit à transmettre des communications verbales. Pour transmettre une nouvelle ou un ordre, il employait un *messager*. On remettait à ce messager un *signe* convenu pour que le destinataire pût être certain de l'authenticité de l'avis qu'il recevait.

Parfois, on taillait en deux parties un bâton, et ceux qui devaient se séparer en conservaient chacun un bout. Le messager emportait un des fragments du bâton, et si ce fragment s'adaptait au bout resté en la possession de celui à qui on le présentait, foi entière devait être accordée aux paroles du porteur.

La *taille*, dont se servent dans certaines contrées les boulangers, et dont une partie reste entre les mains du client, est une réminiscence de ce mode antique de correspondance.

Les encoches pratiquées sur les deux parties de la *taille* indiquent la quantité de marchandise livrée et le prix qui est dû.

Quelquefois, on se servait d'un disque de métal découpé inégalement, dont les deux parties rapprochées devaient former un tout.

On conçoit les difficultés de ces procédés de transmissions verbales, et ce fut avec une vive reconnaissance que l'on put employer un mode de correspondance plus sûr, la correspondance écrite, dans laquelle le destinataire recevait exactement la pensée transmise par la main même de son auteur.

La possibilité de transmettre la pensée fut

une très importante amélioration sociale, car les transactions commerciales entre tribus éloignées purent se développer. En outre, l'échange de correspondances permit d'apprendre d'un pays à l'autre des faits intéressants pour chacun.

Au début de l'écriture, les caractères étaient tracés tantôt sur une pierre, tantôt sur une planchette de bois, tantôt sur l'ivoire ou sur un métal.

C'est sur la pierre que les peuples anciens gravaient les faits les plus mémorables. On écrivit aussi sur des feuilles de palmier ou sur l'écorce de certains arbres. Plus tard, on utilisa de minces feuilles de plomb. On adopta, ensuite, de petites plaques d'ivoire, recouvertes d'une légère couche de cire, sur lesquelles on traçait les caractères à l'aide d'un poinçon qui, chez les Romains, reçut le nom de *style*. Les feuillets enduits de cire étaient généralement garnis, dans leur milieu, d'une sorte de bouton qui les empêchait d'adhérer entre eux, quand on les empilait en forme de livre.

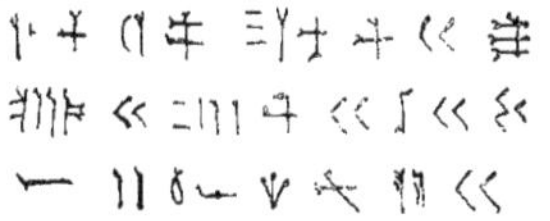

Fig. 20. — Inscription assyrienne en caractères cunéiformes, trouvée à Ninive, en Assyrie.

Ces tablettes avaient été, d'ailleurs, employées dès les temps héroïques. Homère nous apprend qu'on s'en servait avant le siège de Troie. Pendant longtemps elles restèrent d'un usage exclusif chez bien des peuples.

Chez les anciens Grecs, du temps de Pausanias, on conservait avec grand soin dans un temple des Muses, une très vieille copie du *Poème des jours* d'Hésiode, écrite sur une table de plomb.

Des briques de différentes dimensions, découvertes en Asie au commencement du XIXe siècle, parmi les ruines de Babylone, et qui ont été apportées à Paris et à Londres, présentent un grand nombre de caractères différents.

Parfois en Grèce, ainsi qu'à Rome, les actes importants se traçaient sur le cuivre ou l'airain. Les Anglais ont découvert dans les synagogues de plusieurs contrées de l'Inde, et notamment à Cochin dans l'Hindoustan, des tables de cuivre sur lesquelles avaient été consignés, pendant les VIIIe et IXe siècles de l'ère chrétienne, les dons et privilèges que les Juifs avaient obtenus d'un prince du Malabar.

Selon Plutarque, Solon écrivit ses lois sur des tablettes de bois. Dans la suite, on en grava plusieurs sur la pierre. Les édits du sénat romain étaient souvent inscrits sur des tablettes d'ivoire; mais le plus souvent on gravait sur l'airain les décisions et les décrets importants. L'incendie qui éclata à Rome, sous Vespasien, détruisit trois mille tables d'airain qui contenaient les lois, les traités, et les principaux actes politiques des Romains. On conserve à la Bibliothèque impériale de Vienne, un manuscrit hiéroglyphique mexicain dessiné sur soixante-cinq peaux de cerf. Les Péruviens suppléaient aux lettres par l'usage de certaines cordelettes de soie et de laine, nommées *quipos*, avec lesquelles ils se communiquaient des informations de toute nature. Des colliers de coquilles de mer de diverses couleurs, tenaient lieu de *quipos* aux sauvages du Canada.

Les premiers disciples de Mahomet gravèrent, dit-on, ses commandements sur des os d'épaules de mouton ou de chameau : on attachait ensemble un certain nombre de ces os pour avoir un recueil. Cet usage incommode disparut bientôt à la cour magnifique et policée des califes qui succédèrent à Mahomet.

Un procédé du même genre existait encore en Europe, au Moyen Age.

On cite divers actes importants écrits sur des *bâtons*, ou sur des *manches* de couteau. Sur un bâton pointu, muni d'un manche d'ivoire, et que l'on a conservé longtemps dans les archives de l'église Notre-Dame de Paris, on lisait des actes de donation.

L'invention et le perfectionnement de l'écriture furent une autre et puissante source de progrès intellectuel et moral dans les vieilles sociétés de l'Asie et de l'Europe.

On sait que la première forme de l'écriture fut le *hiéroglyphe,* dont on trouve de nombreux exemples chez les Égyptiens. A ce mode imparfait d'écriture succéda l'écriture symbolique. Puis les Phéniciens inventèrent les caractères de l'alphabet, dont Cadmus importa bientôt la connaissance en Grèce.

L'Odyssée et *l'Iliade*, composées par Homère, furent les premiers poèmes écrits. L'invention de l'écriture alphabétique imprima une activité puissante au commerce et à l'industrie antiques. L'emploi du papyrus et des parchemins pour recevoir les signes de l'écriture fut une découverte fondamentale pour la civilisation des peuples. Elle exerça la plus profonde influence sur la création des arts et des sciences, du commerce, et de l'industrie. Ce fut seulement à l'époque de la conquête de l'Égypte par Alexandre le Grand que les Grecs eurent connaissance du papyrus. Les Égyptiens utilisaient pourtant déjà cette plante depuis un grand nombre d'années, puisque Champollion le Jeune a vu des manuscrits sur papyrus qui remontent à quinze, seize, et même à dix-sept siècles avant l'ère chrétienne.

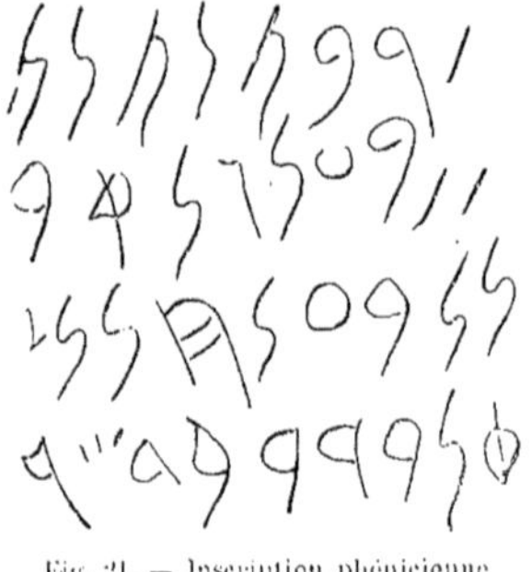

Fig. 21. — Inscription phénicienne découverte dans les ruines de Carthage.

Le papyrus est une plante qui poussait en abondance sur les rives du Nil. Elle était utilisée pour faire du papier, mais, d'après Pline, c'était la partie moyenne de la tige qui avait cette destination, et la partie supérieure, par suite de son peu de grosseur, ne pouvait être utilisée.

On coupait les parties des tiges ainsi choisies, en tronçons d'une longueur égale à la largeur que l'on voulait donner au papier; puis, à l'aide d'un instrument aigu, on enlevait successivement toutes les pellicules, qui, superposées en couches concentriques, constituent l'écorce de la plante. Plus on se rapprochait du cœur de la plante, plus les pellicules donnaient un bon papier. Ces membranes végétales étaient lavées, étendues sur une table et superposées en nombre déterminé, on les plaçait ensuite sous presse et on appliquait de nouvelles feuilles, placées en travers des premières, jusqu'à ce que l'épaisseur désirée fût atteinte. Les diverses pellicules se soudaient en séchant. Néanmoins, pour donner au papier une consistance plus grande, on l'enduisait d'une sorte de colle de pâte faite avec de la fleur de farine bouillie dans de l'eau légèrement vinaigrée. Après l'encollage, le papier était battu au marteau, encollé de nouveau, remis sous presse, et remartelé pour devenir complètement uni.

Ce procédé de fabrication du papier est décrit dans l'Histoire naturelle de Pline l'Ancien, célèbre naturaliste romain lequel périt en l'an 79, lors de l'éruption du Vésuve qui ensevelit les villes d'Herculanum et de Pompéi.

Le papyrus s'exporta d'Égypte en Italie et en Europe[1]. Plus tard, le parchemin, inventé à Pergame, vint lui faire concurrence.

En Asie, et particulièrement en Chine et au Japon, on était parvenu depuis longtemps à se servir de différentes substances végétales, surtout de bambou et de mûrier, pour fabriquer le papier.

En l'année 153 de l'ère chrétienne fut fa-

1. Il est de nouveau question actuellement d'utiliser le papyrus d'Égypte pour la fabrication des papiers.

briqué en Chine le premier papier fait avec des écorces d'arbre, des fils de chanvre, de la vieille toile, soumis à une longue ébullition de l'eau. Ces matières étaient ensuite broyées à l'aide d'un pilon et réduites en une bouillie qui formait la pâte à papier.

En Europe, le besoin d'une substance pouvant recevoir l'écriture devint de jour en jour plus grand, le papyrus et le parchemin ne suffisant plus.

C'est alors qu'apparaît en Orient le papier de coton qui remplace en Europe, vers le xe siècle, le papyrus. On parvient ensuite à fabriquer, en Espagne, du papier avec les résidus du linge et des vêtements, c'est-à-dire avec les chiffons. Cette industrie nouvelle se développa peu à peu et acquit finalement une importance de premier ordre.

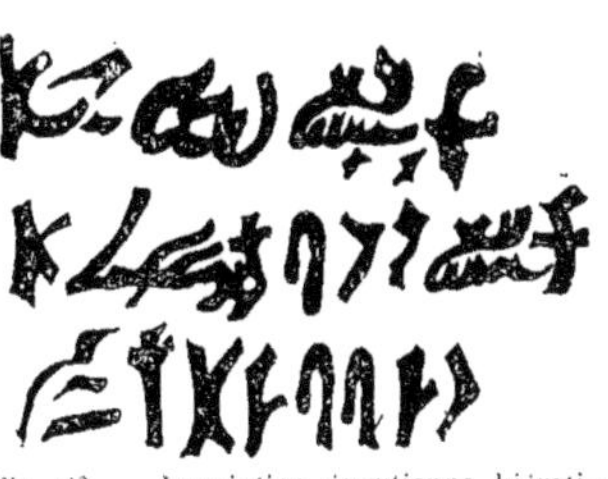

Fig. 22. — Inscription égyptienne hiératique qui contient les noms de trois Pharaons, d'après un papyrus de la Bibliothèque nationale.

Après la découverte de l'Imprimerie qui vient supprimer brusquement l'industrie des copistes, la fabrication du papier prend des proportions inattendues, car elle doit fournir des quantités considérables de feuilles de papier blanc pour tirer, à un grand nombre d'exemplaires, les livres que les copistes du Moyen Age mettaient un temps très long à reproduire une seule fois.

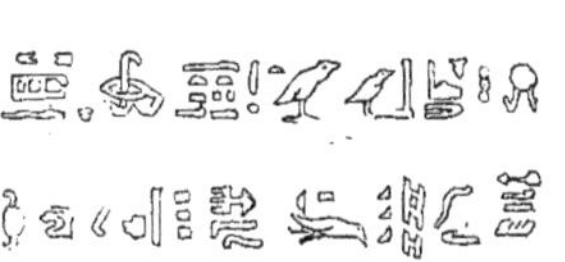

Fig. 23. — Hiéroglyphes égyptiens.

Ce n'est qu'à la fin du xviie siècle que l'on substitue la fabrication mécanique du papier à la fabrication à la main. Grâce à cette transformation, qui n'a été rendue réellement pratique qu'au xixe siècle, le papier se fabrique aujourd'hui économiquement dans tous les formats et avec toutes les épaisseurs désirées.

Voilà, rapidement résumée, la marche qu'a suivie l'industrie du papier depuis l'origine de la civilisation jusqu'à nos jours.

Quels étaient les instruments qu'employaient les anciens pour écrire ?

Ils se servirent, d'abord, d'un roseau taillé. Un auteur d'Alexandrie nous fait connaître les instruments à écrire en usage chez les Égyptiens lorsque, parlant des cérémonies de l'ancienne Égypte, il dit : « Ensuite venait le scribe sacré, portant des plumes sur la tête, un livre à la main, le canon (petit vase) dans lequel était la liqueur noire, et un jonc dont on se servait pour écrire. » Ce jonc devait être un roseau taillé.

Les Romains se servaient, pour écrire, d'un roseau, qu'on taillait avec un petit couteau ou canif. La règle, le compas, le canif, le grattoir, la boîte à poudre, étaient connus des anciens. A l'aide de la règle et du compas, on traçait des raies verticales, pour former des marges, ainsi que des raies horizontales, pour espacer uniformément les lignes et des raies courbes. On emprisonnait quelquefois chaque page dans un cadre d'encre colorée.

La pointe d'un style a longtemps servi pour rayer les pages. Le crayon a fait son apparition vers le xie siècle et ne s'est imposé qu'au xiiie.

Plus tard, on règlera souvent l'écriture avec des lignes à l'encre rouge, qu'on retrouve encore dans les livres imprimés du temps de Gutenberg.

Les Romains se servaient de *ciseaux* pour couper les feuillets de papyrus et les égaliser. Dans une épigramme de l'*Anthologie*, il est parlé « d'un encrier de plomb et d'une toile pour conserver les roseaux bien taillés et fendus en haut et au milieu, d'une pierre à aiguiser, et d'un large couteau à tailler les roseaux ».

Montfaucon, dans son livre *Antiquité expliquée*, décrit un encrier romain (Fig. 24). C'est un encrier de bois, en forme de pyramide, portant quatre trous destinés à recevoir les roseaux taillés. Le récipient qui contient l'encre est en bois. Les quatre angles de l'encrier sont plaqués de lames d'argent, ornées d'arabesques. On croit que cet encrier a appartenu à saint Denis, premier évêque de Paris.

Les figures annexes présentent neuf *styles* destinés à l'écriture. Une extrémité de ces styles est aiguë, pour tracer les caractères, l'autre est plane, pour effacer sur les tablettes. Quelques styles ont le bout façonné en « queue d'aronde ».

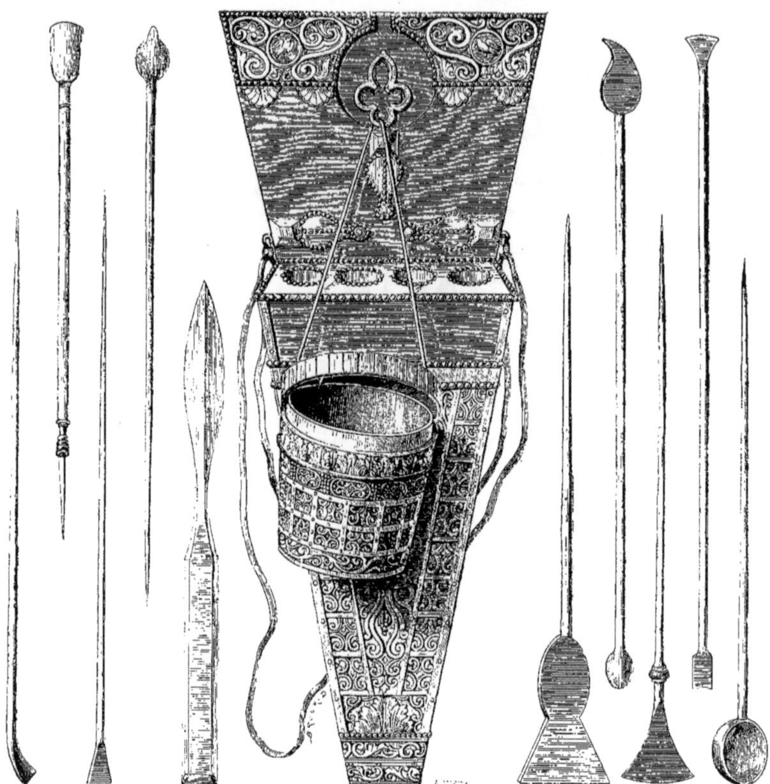

Fig. 24. — Styles et encriers romains.

Le *style* est toujours fort aigu, de sorte que les Romains, qui le portaient volontiers sur eux, s'en servaient parfois comme d'une arme. C'est de là qu'est venu, certainement, le mot *stylet*. César, attaqué par les sénateurs conjurés, blessa son premier agresseur avec son style à écrire.

Au Moyen Age, les styles de fer furent

remplacés par des tiges en os, parce qu'il arrivait trop souvent que les écoliers se battaient à coups de style. Avec le style, les Romains écrivaient sur les tablettes. Ces tablettes en cuivre, en ivoire ou en plomb, étaient entourées d'un cadre, ce qui permettait de placer sur elles une couche de cire. Quand on se servait, pour écrire, de tablettes enduites de cire, il fallait employer des poinçons très durs, des styles ou des burins de cuivre, d'airain, d'argent, de fer, d'or, d'ivoire, ou d'autres matières résistantes. Aussi trouve-t-on encore ces instruments en usage chez plusieurs peuples de l'Inde, notamment chez les peuplades sauvages de l'île de Ceylan. On effaçait les traits tracés sur les tablettes avec le côté plat du style.

Outre le style servant à écrire sur les tablettes, les Romains avaient des roseaux taillés pour écrire sur le papyrus. Certains roseaux provenant des marais du golfe Persique sont encore employés à cet usage en Orient.

Venu d'Égypte, l'usage des plumes à écrire s'introduisit en Europe dès les premiers siècles de l'ère chrétienne.

L'encre des anciens était beaucoup plus épaisse que la nôtre; elle ressemblait à l'encre dite aujourd'hui « de Chine ». On la composait principalement, comme celle-ci, avec du noir de fumée et de la poix ou de la gomme. Quelquefois, le noir de fumée était remplacé par de la lie de vin, du charbon broyé, de l'ivoire brûlé, ou d'autres matières noires.

Enfin, la liqueur que secrète un poisson, la *seiche,* liqueur dont on fait la couleur *sépia,* servait assez souvent d'encre.

Outre l'encre noire, les anciens se servaient d'une liqueur rouge pour écrire les titres et les grandes lettres. Ovide dit que le vermillon d'une certaine liqueur composée avec le cèdre, était employé pour tracer les lettres rouges. Les empereurs de Constantinople signaient habituellement leurs décrets avec une encre rouge faite avec du *cinabre,* qui est un sulfure rouge de mercure. L'or servait même, parfois, chez les Romains, à faire les grandes lettres qui ornent leurs manuscrits.

La composition de l'encre changea vers le VIIe siècle.

A quelques rares exceptions près, les chartes de tous les temps sont écrites à l'encre noire. Il s'agit du corps même de l'écriture, car les signatures sont généralement tracées à l'encre rouge.

Les encres de couleur et les encres métalliques furent spécialement destinées, au Moyen Age, à l'illustration des manuscrits. Les lettres initiales, les premières lignes, les notes marginales, les passages remarquables, les encadrements, les miniatures et surtout les titres, étaient ordinairement tracés en rouge : de là est venu le nom de *rubrique.*

L'écriture d'or a été fréquemment employée du VIIIe au Xe siècle. Par la suite, surtout depuis le XIIIe siècle, elle fut souvent remplacée par des feuilles d'or artistement appliquées.

L'argent en feuilles servait aussi à exécuter des lettres, mais par suite de l'altérabilité de ce métal, les lettres d'argent sont, en général, mal conservées. Les encres rouge et bleue sont celles qui ont été le plus en faveur pendant tout le Moyen Age.

Les anciens connaissaient, mais mettaient peu en pratique, l'art de décorer les livres d'enluminures. Dans le principe les ornements des manuscrits se composaient de broderies. Elles furent remplacées, pendant les VIIIe et IXe siècles, par des treillis, des tresses, des chaînettes qui donnèrent lieu aux lettres entrelacées. Après celles-ci vinrent les arabesques dont la mode dura au moins jusqu'au XIIe siècle.

De véritables vignettes embellirent les manuscrits à l'époque de la Renaissance. L'illustration des manuscrits par des miniatures avait commencé chez les Romains eux-mêmes. Les artistes byzantins s'étaient distingués dans cet art. Il ne s'introduisit en France qu'au temps de Charlemagne.

Le goût des enluminures survécut même à la découverte de l'Imprimerie. On continua jusqu'au règne de Louis XIV d'illustrer les manuscrits et les livres imprimés.

Nous avons pensé qu'il était nécessaire, dans l'historique de l'*outillage,* d'indiquer de quelle façon les premiers hommes s'étaient procuré du feu, du pain, des vêtements et de quoi transcrire et transmettre leur pensée. On croit assez volontiers que les sciences, les arts, et l'industrie, ne datent que de nos jours. C'est là une grande erreur. La Science et l'Industrie ne se sont pas formées, en effet, d'un seul coup, car, comme l'a dit Cicéron, « rien de ce qui existe ne s'est produit tout d'une venue; chaque chose a eu son origine et ses accroissements successifs ».

Elles ont leur origine dans un passé souvent lointain et il nous paraît toujours intéressant de remonter à cette origine pour déterminer ensuite tous les progrès qui ont été accomplis.

L'outillage des anciens ne pouvait avoir évidemment pour but que de se donner d'abord ce qui était nécessaire à leur existence, et puis ce qui pouvait développer leurs relations avec leurs semblables. Au fur et à mesure des progrès de la civilisation les nécessités devinrent plus nombreuses et, sans entrer dans le détail des diverses industries qui furent créées pour satisfaire à ces besoins de plus en plus impérieux, on peut toutefois citer les industries du sel, des savons, de la teinture, du verre, et de la poterie comme ayant des origines très anciennes et comme comportant, chacune, son outillage propre.

Fabrication du sel — Dans l'*Histoire naturelle* de Pline, qui est une véritable Encyclopédie industrielle et qui est l'exposé des connaissances que possédaient les anciens sur toutes sortes d'arts, d'industries et de métiers, on trouve que la fabrication du sel est l'une des premières des inventions réalisées pour le bien-être de l'homme. Il faut, en effet, que l'emploi du sel remontât bien haut chez les Romains, puisque Pline nous apprend qu'il existait à Rome une route qui s'appelait *Via salaria : route salée,* parce que les Sabins faisaient venir leur sel par cette route.

Un des premiers rois de Rome, Ancus Martius, fit au peuple une largesse de six mille boisseaux de sel. Presque tous les peuples de l'antiquité ont eu des marais salants. Dans l'île de Crète, sur la côte de l'Afrique et sur plusieurs points du littoral de l'Italie, et de l'Espagne, on produisait du sel dans des marais salants qui ne devaient pas beaucoup différer de ceux d'aujourd'hui : on faisait évaporer l'eau de mer à laquelle on mélangeait parfois de l'eau douce.

Les anciens accordaient des propriétés spéciales aux sels de différentes provenances. Les sels de Salamine, en Égypte, étaient les plus estimés pour l'usage médical : c'étaient des sels tirés de l'eau de mer. Parmi les sels provenant des eaux des étangs, on recherchait les sels de Tarente et de Phrygie, pour le même emploi. Les Romains appréciaient, comme nous, les qualités du sel pour les assaisonnements culinaires.

Fabrication du savon — La connaissance du savon remonte également à une haute antiquité, car plusieurs écrivains anciens le mentionnent. Théocrite et Pline en parlent et celui-ci dit « que le savon est une invention des Gaulois qui s'en servaient pour rendre les cheveux blonds. On le fait de suif et de cendres. Le meilleur se fait avec les cendres de hêtre et du suif de chèvre. Il en est de deux sortes, mou et liquide. L'un et l'autre sont employés chez les Germains, mais par les hommes, plus que par les femmes ».

En parlant des Gaulois comme les inventeurs du savon, Pline voulait certainement désigner les habitants du midi de la Gaule, partie baignée par la Méditerranée et qui était occupée par les *Massaliotes*, aujourd'hui Marseillais.

Galien fait connaître la manière dont les Gaulois fabriquaient le savon.

On le préparait avec de la graisse ou du suif, et du *sel lixiviel* qui n'est autre chose que le *carbonate de soude*. Ce sont là précisément les ingrédients actuels employés pour la fabrication du savon.

De Marseille, l'industrie du savon se propagea dans les autres colonies fondées par les Grecs et dans les possessions romaines.

Une preuve irrécusable de l'emploi industriel du savon dans l'Italie ancienne, a été acquise par la découverte d'une fabrique de savon à Pompéi. Dans cette ville de la Campanie, qui fut recouverte, en l'an 79 de notre ère, par les cendres du Vésuve, on a trouvé deux fabriques de savon et des débris de cette matière dans un assez bon état de conservation. On a trouvé des outils et des ustensiles servant à cette fabrication.

Plus tard, au XIIe siècle, Marseille eut dans la ville de Venise et la ville de Savone deux rivales dans la fabrication du savon, et cette circonstance a même fait attribuer, à tort, à la ville de Savone, la première fabrication du savon.

Teinture La teinture remonte aussi à l'enfance des sociétés humaines. Chez les Hébreux, en Égypte, en Perse, en Syrie, dans les Indes, l'art de la teinture fut mis en pratique de très bonne heure. On envoyait de Tyr au roi Salomon des étoffes teintes en pourpre, en écarlate, en cramoisi et en bleu.

Dans l'*Iliade*, Homère parle avec admiration des étoffes de toutes couleurs fabriquées à Sidon.

Pline, après avoir dit que les Égyptiens ont la prétention d'avoir inventé l'art de la peinture six mille ans avant que les Grecs en eussent la moindre connaissance, décrit un procédé de teinture dont les Égyptiens faisaient usage, et qui ressemblait à celui que nous employons pour les toiles peintes. On imprégnait les étoffes de certains *mordants* et on les plongeait dans un bain où elles acquéraient diverses couleurs. Mais Pline n'a pas jugé à propos de décrire les procédés de teinture usités de son temps chez les Romains ou les Grecs.

La *pourpre* se fabriquait chez les Indiens et chez les Phéniciens.

On la retirait des coquilles de deux mollusques marins que l'on trouvait dans la mer de Phénicie. On écrasait le coquillage et on jetait la chair dans l'eau chaude; on ajoutait un liquide au sel marin et on laissait macérer le mélange pendant trois jours dans un vase d'étain. On maintenait le tout à une chaleur modérée, en séparant de temps en temps les parties animales qui s'élevaient à la surface, et on faisait évaporer la décoction.

On faisait subir à l'étoffe différentes préparations avant de la teindre.

Quelques-uns la passaient à l'eau de chaux; d'autres lui donnaient un apprêt avec une espèce de *fucus*, d'algue, qui servait, comme quelques-uns de nos mordants, à rendre la couleur plus solide.

La très petite quantité de liqueur que l'on retirait de chaque coquillage, et la longueur du procédé de teinture, donnaient à la pourpre un prix si élevé, que du temps d'Auguste on payait mille deniers, valant environ 800 francs de notre monnaie, une livre de laine teinte en double pourpre de Tyr, et cent deniers, la pourpre violette.

Les procédés de l'art de la teinture passèrent de la Phénicie à la Grèce, et de la Grèce à Rome. Cependant les Romains réussissaient mal leurs teintures et l'Italie demandait à l'Orient ses belles étoffes teintes. Chez les Chinois, la teinture fut, à l'origine, un art qui se pratiquait dans la famille. Dès leur jeune âge, les enfants étaient habitués par leur mère à teindre leurs vêtements, et cette coutume fit répandre dans tout le pays la connaissance des procédés les plus divers des teintures.

La plupart des plantes tinctoriales étaient connues des Chinois et les teinturiers de Chine employaient les mordants pour favoriser l'application de certaines couleurs et pour les rendre plus solides. Chez les anciens Chinois, il n'y avait guère que le *carthame* qui eût un brillant comparable à celui de nos belles couleurs modernes ; les autres couleurs étaient plus ternes que ne le sont les nôtres.

Les procédés de teinture des Chinois ressemblent d'ailleurs beaucoup à ceux que nous employons encore aujourd'hui. Les étoffes étaient blanchies par la potasse ou le carbonate de potasse. La chaux, obtenue en calcinant les écailles d'huîtres, servait également à rendre la laine accessible aux couleurs. L'alun a été employé par les Chinois pour fixer l'indigo ; on avait remarqué que la couleur devenait ainsi plus stable et se fixait mieux. Les Chinois savaient parfaitement fixer le carthame avec de la vapeur, et en Égypte on employait, suivant Berthollet, des foulards teints en *rose carthame* résistant à l'action de la lumière, ce qui est difficilement obtenu aujourd'hui.

Fig. 25. — Verreries égyptiennes.

Fabrication du verre

La connaissance du verre par les hommes remonte aux temps préhistoriques.

Parmi tous les objets que l'on découvre dans les tombeaux les plus anciens ou dans les anciennes *habitations lacustres*, figurent assez souvent des grains de verre, espèces de perles grossières, constituées par un verre bleu ou noirâtre. La découverte du verre a dû être la conséquence naturelle de la fabrication du fer. Dans la métallurgie du fer, comme dans celle du bronze, les gangues des minerais qui servent à la fabrication du métal, produisent, sous l'influence de la chaleur, de véritables verres.

Les historiens de l'Antiquité grecque et romaine ont accrédité une légende qui attribue aux Phéniciens la découverte accidentelle du verre. Ce seraient des marchands de *natron* ou carbonate de soude qui auraient, par hasard, fabriqué, pour la première fois, du verre en faisant cuire leurs aliments sur le sable du rivage et en se servant de deux blocs de natron pour supporter leur marmite. L'action de la chaleur, déterminant la combinaison de la silice du sable avec la soude du natron, aurait produit une substance vitreuse, transparente et fusible, qui n'était autre chose que du verre.

Fig. 26. — Verrerie antique, chez les Égyptiens.

Cette légende ne paraît pas fondée, car la connaissance du verre fut certainement l'œuvre de l'industrie métallurgique rudimentaire des peuples primitifs.

Le verre était parfaitement connu des Égyptiens, des Grecs et des Romains.

Beaucoup de verreries existaient à Sidon et à Tyr, en Phénicie, et c'étaient les plus célèbres. Les premières verreries dont il ait été conservé des documents industriels irrécusables, sont celles de l'Égypte et particulièrement, celles qui étaient établies à Thèbes, où on fabriquait, ainsi qu'à Memphis, des verres colorés qui étaient exportés en grande quantité. Les fragments ou pièces de verre coloré ne sont pas rares dans les sarcophages égyptiens. On y trouve, également du verre parfaitement incolore, qui prouve que l'art de de fabriquer le verre était très perfectionné chez les Égyptiens. D'Égypte, la fabrication du verre gagna les îles de l'archipel grec, la Perse et, plus tard, l'Italie.

Le verre était fort cher, à Rome, du temps des premiers empereurs. Néron paya 6.000 sesterces, environ 1.200 francs, deux petites coupes de verre. Les Romains firent des progrès rapides dans cette nouvelle industrie. Ils fabriquaient avec le verre des objets de toute espèce : vases, flacons, urnes, amphores, boules, bouteilles, pots, en verre soufflé, moulé et taillé.

On a trouvé dans les ruines de Pompéi, des châssis métalliques vitrés. Ces châssis, en bronze, portaient des rainures dans lesquelles contient en grande partie de la silice, puis en proportions moindres de la soude, de la chaux, de l'alumine, de l'oxyde de fer et de manganèse, et des traces de cuivre.

Les Romains introduisirent en Gaule l'art de la verrerie.

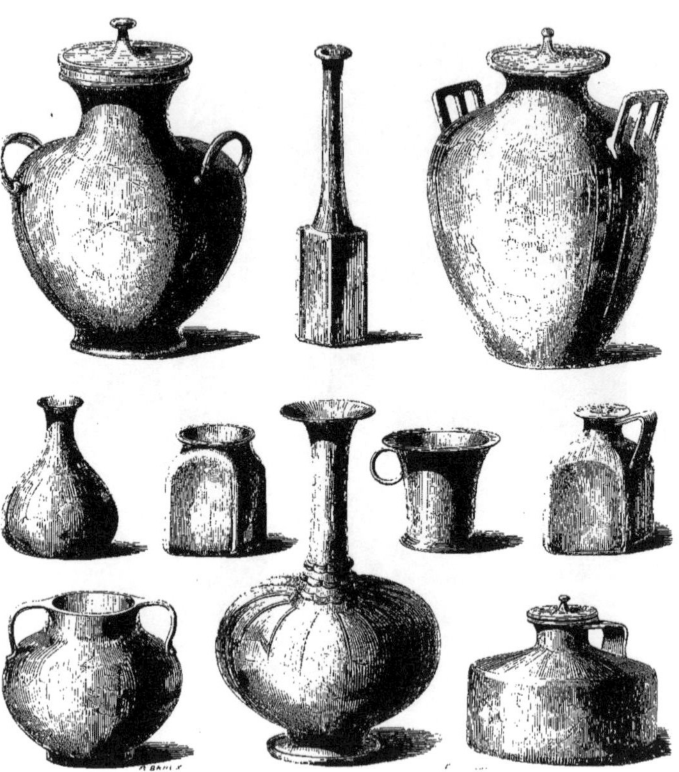

Fig. 27. — Verreries romaines.

les vitres étaient posées. Des boutons tournants se rabattaient sur les vitres pour les maintenir bien fixées (Fig. 28). Dans certains cas les vitres ont dû être coulées. Il est probable qu'on versait dans un cadre métallique de la grandeur de la vitre à obtenir, le verre en fusion que l'on avait extrait du creuset avec une cuiller. Le verre des vitres de Pompéi est d'une couleur vert bleuâtre. Il

Pendant le Moyen Age l'industrie verrière fut surtout exploitée dans les pays de l'Orient. Elle livrait d'admirables œuvres, des vases en verre coloré, rehaussés d'applications d'or, de peintures en émaux de couleur et d'ornements en filigrane de verre.

C'est Venise qui enleva à l'Orient le monopole important de la fabrication des verres artistiques en attirant, d'abord, les verriers byzantins et grecs. Pendant plusieurs siècles, elle exporta partout les productions variées de ses célèbres fabriques et s'enrichit considérablement à ce commerce. Vers la fin du XIIIe siècle, les verreries furent reléguées dans l'île de Murano, près de Venise, afin de faciliter la surveillance des ouvriers et des fabricants et tenir secret l'art de la fabrication.

Malgré toutes les précautions prises, l'industrie de la décoration du verre pénétra en Allemagne vers le XVIe siècle, et au XVIIe siècle le goût des verres émaillés fit place à celui des verres taillés et gravés. Cette fabrication se faisait en Bohême. Vers le milieu du XVIIe siècle, Colbert dota la France d'une fabrique de glaces qui fut installée à Tour-la-Ville près de Cherbourg. On y produisait des glaces par le procédé du soufflage employé à Venise. Plus tard, on substitua au procédé du soufflage, celui du coulage. Ce procédé, appliqué pour la première fois à la manufacture de Saint-Gobain, créée en 1691, permit d'obtenir des pièces d'une plus grande dimension. Enfin on découvrit en Angleterre une nouvelle espèce de verre à base de plomb : le *cristal*.

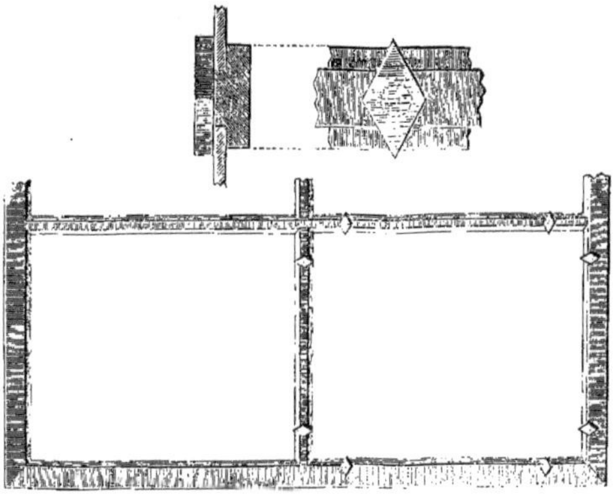

Fig. 28. — Châssis vitré de Pompéi.

L'industrie du verre et du cristal a fait des progrès considérables de nos jours. Le verre est, en effet, une substance dont personne ne saurait se passer ni dans la vie domestique ni dans la science.

Parmi les objets fabriqués avec le verre il faut citer les miroirs. Ils n'ont pas toujours été faits en verre. Les premiers miroirs furent composés d'un métal poli. On a trouvé dans les tombeaux égyptiens de véritables miroirs faits en bronze. Leur forme est ronde ou ovale ; leur surface est brillante et polie, et ils sont munis d'un manche plus ou moins ouvragé.

Pline dit que c'est à Sidon, en Phénicie, que furent inventés les miroirs de verre. Les Égyptiens employaient le verre à la confection des miroirs.

De l'Égypte, les miroirs en verre passèrent en Grèce et en Italie. On ne peut mettre en doute que les Grecs n'aient connu les miroirs de verre, d'après ce passage d'Aristote : « Si les métaux et les cailloux doivent être polis pour servir de miroirs, le verre et le cristal ont besoin d'être doublés d'une feuille de métal pour reproduire l'image du corps qu'on leur présente. » Cependant, les miroirs de verre ne paraissent être devenus que très tard d'un usage général chez les Grecs. On se servait chez eux, presque exclusivement de miroirs entièrement métalliques, composés d'une surface très réfléchissante. Les Grecs travaillaient fort bien les métaux, et la description du bouclier d'Achille, qu'Homère nous a laissée, le prouve suffisamment. Cet *airain*, si brillant qu'il éblouissait les combattants lorsqu'il composait des boucliers et des armes, servait également à fabriquer de resplendissants miroirs.

C'est pour la confection des miroirs que

fut inventé, à Corinthe, le *bronze blanc*. Cet alliage très réfléchissant, et susceptible de recevoir un beau poli, se composait de cuivre et d'étain, avec addition d'une certaine quantité d'arsenic. Chez les Grecs, les miroirs de métal n'affectaient pas la forme exclusivement ronde, propre aux miroirs de verre des Égyptiens. On en fit de carrés, mais le plus grand nombre étaient ovales, comme la figure humaine qu'ils devaient refléter. On les tenait à la main au moyen d'un manche.

Les Romains faisaient usage de miroirs de bronze, d'étain, de fer, ou, d'*obsidienne*, pierre noire qui revêt facilement un poli et un brillant extraordinaires. Mais un perfectionnement remarquable fut réalisé à Rome, dans cette branche d'industrie. Un grand artiste nommé Praxitèle, fabriqua, dit-on, le premier, des miroirs d'argent. Le beau pouvoir réflecteur dont jouit l'argent, fit promptement abandonner les anciens miroirs de fer, d'airain ou d'obsidienne.

Les miroirs d'argent étaient un grand objet de luxe chez les Romains. La plaque d'argent poli était entourée d'une bordure finement ciselée; le manche était un objet d'art que l'on recouvrait de pierres précieuses et qu'on enchâssait d'or. Pour entretenir le brillant poli du métal, une éponge saupoudrée de pierre ponce en poudre était attachée par un cordon à la bordure du miroir. Bientôt, le luxe augmentant toujours, les miroirs furent fabriqués en or. On en était à cette dernière limite du luxe, lorsqu'une invention nouvelle arriva des verreries de Sidon : les miroirs faits au moyen d'une lame de verre appliquée sur une lame d'étain ou d'argent. Les miroirs métalliques furent aussitôt abandonnés et les miroirs de verre furent fabriqués avec une grande perfection dans toute l'Italie, et surtout à Brindes et à Rome.

Fig. 29. — Verrerie de Murano.

Après la destruction de l'empire romain, Venise, seule, conserva la fabrication

Fig. 30. — Miroirs romains.

du verre et des miroirs. Les glaces de Venise acquirent une réputation universelle, elles se payaient littéralement leur poids d'or.

La Bohême, l'Allemagne, la France devaient, plus tard, fabriquer aussi, en même temps que le verre, des glaces à des prix beaucoup plus bas que celles de Venise, de sorte que le monopole indus-

Fig. 31. — Miroirs égyptiens.

triel de Venise fut profondément atteint dès le XVIe siècle et disparut totalement au XVIIIe.

Poterie L'industrie de la poterie fut, comme les industries dont nous venons d'examiner rapidement les progrès, une des premières créées par l'homme. Quand il fut parvenu à se fabriquer des armes pour combattre les animaux féroces, se défendre contre leurs attaques, et se procurer sa subsistance, lorsqu'il put se procurer des vêtements et des abris contre les intempéries des saisons, l'homme dut songer au moyen de conserver des liquides ou substances solides destinés à son repas du lendemain.

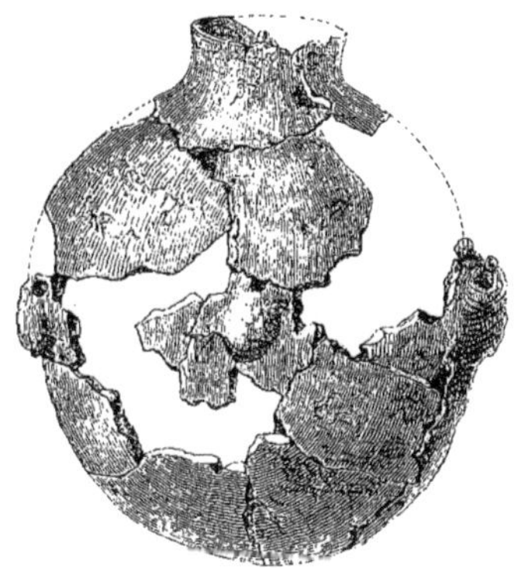

Fig. 32. — Poterie de l'âge du renne.

Platon fait remarquer que la poterie a dû être le premier des arts connus, parce qu'il n'est pas nécessaire de faire usage de métaux pour modeler et cuire des vases d'argile.

Les découvertes modernes concernant l'homme primitif nous montrent, dans chaque contrée, nos arrière-ancêtres réunis au bord des fleuves, et abrités dans des cavernes ou à l'ombre des grands rochers. Ils trouvaient là les conditions nécessaires à l'existence. En même temps que l'eau pour les usages de la vie, le gibier et le poisson pour la nourriture, les fleuves leur fournissaient de l'argile et du limon. Il suffit d'un premier essai heureux, dans lequel un morceau d'argile reçut, par l'empreinte des doigts, une forme creuse, pour conduire nos ancêtres à se fabriquer des écuelles destinées à contenir des liquides. On fit d'abord durcir ces vases au soleil. Mais bientôt, l'homme ayant fait la découverte du feu, l'une de ses premières conquêtes dans la lutte qu'il était appelé à soutenir contre la nature, les poteries furent cuites dans des foyers, au fond d'un trou creusé dans le sol. Enfin, un dernier progrès apprit aux hommes à cuire, avec plus d'avantage encore, les poteries, en les mélangeant avec des fragments de paille de graminées.

Nulle trace de poterie n'existe dans les grottes et cavernes que l'homme a habitées pendant la première période de son apparition, c'est-à-dire pendant l'époque « du grand ours et du mammouth ». On a trouvé des fragments de poterie appartenant certainement à l'époque du renne, avec lesquels on a reconstitué un vase (Fig. 32) qui est le monument le plus ancien connu jusqu'à ce jour de la céramique primitive.

Fig. 33. — Poterie de l'âge de la pierre.

A l'époque de la pierre polie, les objets en poterie sont extrêmement nombreux. La figure 33 en représente un spécimen qui a été cuit, sinon au soleil, du moins à un feu très insuffisant. Ces vases façonnés à la main étaient cuits dans des trous creusés en terre et remplis de branchages.

A l'époque du bronze, la poterie se distingue par une bien plus grande variété de formes et de contours. La plupart des vases ont des formes coniques à leur base, de sorte que pour les faire tenir debout, il fallait les enfoncer dans la terre ou les supporter sur des sortes d'anneaux munis de pieds.

A l'époque du fer, le tour à potier est inventé et l'art de la céramique commence à prendre son essor.

On a trouvé, en Égypte, des renseignements précis sur le mode de fabrication des poteries. Champollion a décrit des peintures qui furent trouvées dans les catacombes de Thèbes. Ces peintures, qui existaient 1900 ans avant notre ère, représentent les opérations du potier depuis le pétrissage de la pâte avec les pieds, jusqu'à l'enlèvement du four de la poterie cuite. En haut et à gauche, la figure 34 nous montre deux ouvriers *marchant la pâte,* c'est-à-dire la pétrissant avec les pieds. Les hiéroglyphes placés près du personnage de droite signifient : *ils foulent.*

A la suite, un ouvrier relève la pâte que son compagnon va porter aux tourneurs. Les hiéroglyphes indiquent cette double opération. En bas, la figure représente deux ouvriers tourneurs. Le tour égyptien, représenté sur cette figure, ressemble à celui que l'on nomme aujourd'hui *tournette* ou *roue du potier,* qui diffère sensiblement du *tour à pied.*

On voit le premier tourneur détacher de la masse de pâte la quantité nécessaire pour le vase qu'il veut faire, et le second façonner l'extérieur de la coupe avec l'index et le pouce opposés l'un à l'autre.

Le vase placé entre les deux ouvriers est évidemment destiné à contenir l'eau dans laquelle les potiers trempent leurs doigts, comme cela se pratique encore aujourd'hui, pour tenir, pendant le travail au tour, la pâte dans un état d'humidité convenable.

Ensuite, est représenté un four cylindrique à bouche latérale dans laquelle la cuisson va s'opérer. Un ouvrier alimente ce four avec un morceau de bois et les flammes sortent du four dans lequel sont enfermés les objets à cuire. La cuisson achevée, le feu éteint, nous assistons au défournement.

Le four cylindrique est représenté dans un autre sens. On ne voit plus que son ouverture supérieure dans laquelle le potier va prendre les objets cuits qu'il remet à son aide. L'inscription hiéroglyphique signifie : *il retire*.

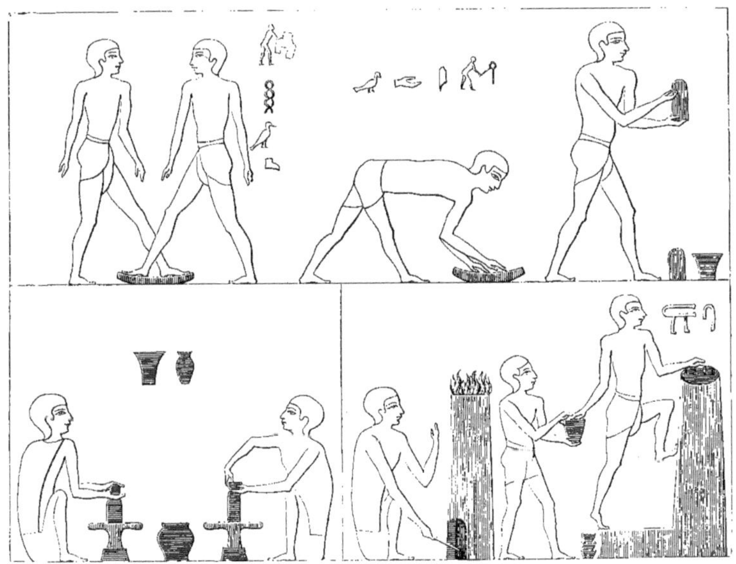

Fig. 31. — Les potiers de l'ancienne Égypte.
D'après des peintures trouvées dans les catacombes de Thèbes.

Les couleurs de ces peintures indiquent bien que, tant que les pièces ne sont pas cuites, elles sont d'une couleur grisâtre. Mais, après le défournement, elles ont la couleur rouge qui est celle des poteries cuites et particulièrement des anciennes poteries égyptiennes.

On possède peu de poteries de l'antique Égypte ayant un caractère usuel.

Cela tient à ce que les Égyptiens attachaient peu de prix à de pareils objets.

Ils se servaient de préférence, pour fabriquer leurs ustensiles, des métaux qu'ils travaillaient avec un art accompli. Certains vases à rafraîchir étaient cependant faits en terre cuite, mais la terre était aromatisée avec la myrrhe, le schénanthe, etc..., et elle parfumait le vin qu'on y versait. Ces substances odorantes devaient être introduites dans la pâte absorbante des vases après leur cuisson, car elles auraient été altérées par l'action du feu destiné à cuire les poteries.

Les briques ont dû être les premiers matériaux artificiels employés par les hommes lorsqu'ils ont commencé à bâtir dans des terrains d'alluvion. Le palais de Crésus, à Sardes, était construit, ainsi que d'autres, en petites briques très dures et de couleur rouge.

Des débris de briques *émaillées* ont été recueillis dans les ruines de Babylone.

Des fragments existent au musée de la

manufacture de Sèvres représentés par la figure 35. La pâte est semblable à celle des briques non cuites, c'est-à-dire grossière et de couleur gris sale, mais devenue rouge par la cuisson. Elle renfermait, avant d'être cuite, des tiges de graminées qui ont été brûlées, mais qui ont laissé leur empreinte dans la pâte. L'un des fragments porte une sorte de rosace en glaçure épaisse et blanche; l'autre, qui provient d'une des portes de Babylone, est vernissé en beau bleu et en beau jaune.

Fig. 35. — Briques émaillées de Babylone.

Les briques trouvées dans les villes les plus anciennes du monde sont plus grosses que les nôtres et un assez grand nombre n'ont pas été cuites. Ces briques crues étaient ordinairement placées dans l'intérieur des massifs de maçonnerie et, chose curieuse, elles étaient néanmoins couvertes d'inscriptions cunéiformes creusées sur la face intérieure, et par conséquent, invisibles de l'extérieur du monument.

Ces briques, simplement séchées au soleil, n'auraient pas eu une bien grande solidité; mais à l'argile dont elles étaient composées, on joignait de la paille hachée et même des fragments de jonc ou d'autres plantes de marais, ce qui ajoutait à leur consistance.

Si le tour à main du potier, ou *roue du potier,* ou encore *tournette,* était connu au temps d'Homère, le *tour à pied* eut pour inventeur un sculpteur athénien nommé Thalus ou Thalos, neveu de Dédale, qui vivait 1200 ans avant notre ère. On lui attribue aussi l'invention du ciseau, du compas et de la scie, dont l'arête dorsale d'un poisson lui aurait donné l'idée.

CHAPITRE II

MÉTAUX USUELLEMENT EMPLOYÉS DANS L'INDUSTRIE

MINERAIS DE FER.
FONTE. — HAUT FOURNEAU. — RÉDUCTION DU MINERAI. — MISE EN MARCHE D'UN HAUT FOURNEAU. — CLASSIFICATION DES FONTES. — FONTE MALLÉABLE.
FER. — AFFINAGE DE LA FONTE. — PUDDLAGE. — FER MARCHAND.
ACIER. — CONVERTISSEUR BESSEMER : Convertisseur acide. — Convertisseur basique. *— FOUR MARTIN-SIEMENS. — ACIER CÉMENTÉ. — ACIER CORROYÉ. — ACIER FONDU AU CREUSET. — ÉLECTROMÉTALLURGIE. — ACIERS SPÉCIAUX :* au nickel, — chromés, — au nickel chromé, — au tungstène, — rapides.
TRAVAIL DU FER ET DE L'ACIER.
MESURE DES TEMPÉRATURES ÉLEVÉES.
MÉTAUX DIVERS. — CUIVRE. — NICKEL. — ALUMINIUM. — ÉTAIN. — ZINC. — PLOMB. — PLATINE. — ARGENT. — OR.
ALLIAGES. — BRONZE. — LAITON.
SOUDURE DES MÉTAUX. — SOUDURE AUTOGÈNE.
ESSAIS DES MÉTAUX.
LABORATOIRE D'ESSAI DU CONSERVATOIRE DES ARTS ET MÉTIERS.

Nous avons, dans le chapitre précédent, en examinant *les origines de l'outillage appliqué par l'homme*, indiqué également les origines de quelques industries, parmi les plus utiles à l'homme primitif. Ces industries, auxquelles sont venues s'ajouter bien d'autres industries importantes, se sont développées en suivant les progrès de la civilisation et de la science. Nous n'avons pas à suivre, au cours de ce livre, le développement de ces industries diverses, mais il est certain que, de nos jours, toutes les industries sont pour ainsi dire dépendantes de l'*outillage* que l'on peut mettre en œuvre pour fabriquer les divers produits industriels. Et cet outillage est constitué par *les outils* de formes et de fonctions différentes et par *les machines-outils* de toutes catégories, grâce auxquels on peut construire économiquement et avec une précision et une perfection remarquables les machines utilisées dans toutes les industries.

L'*outillage* est donc à la base de toutes les industries modernes, et c'est à ce titre qu'il constitue un des éléments les plus essentiels du Progrès dont nous allons examiner l'état actuel.

Il importe, cependant, avant de décrire les très nombreux outils employés, d'indiquer les caractères, les particularités des différents *métaux* qui sont utilisés d'une façon usuelle, non seulement pour les fabriquer, mais encore pour fabriquer les divers objets industriels, afin que nous puissions bien déterminer à la fois, et les qualités des métaux destinés à constituer les outils, et les qualités de ceux qui sont destinés à être travaillés et façonnés par ces outils.

Minerais de fer

Parmi les métaux industriels, le fer vient en première ligne. Mais le fer, qui est extrait de minerais que l'on rencontre en quantité considérable dans la terre, peut se présenter sous trois états différents, suivant la quantité de carbone qu'il contient. Lorsque la proportion de carbone contenue dans le fer est de 2,5 à 5 %, on obtient les *fontes*. Lorsque la proportion de carbone varie de 0,5 à 1,5 %, on obtient les *aciers*. Les fers proprement dits ne contiennent qu'une faible proportion de carbone, environ 0,5 % au maximum.

Ces trois métaux, qui ne sont, en somme, que des variétés d'un même métal, le fer, ont cependant des propriétés bien différentes, qui déterminent leur mode d'emploi industriel.

En principe, le *fer* est malléable à froid et surtout à chaud. Il fond à environ 1600 degrés. Lorsque la proportion de carbone augmente dans la composition du fer, le métal devient de plus en plus *tenace*, c'est-à-dire plus difficile à rompre, et sa *malléabilité* diminue, c'est-à-dire qu'il est plus difficile à façonner au marteau. En outre, le degré de fusion devient de plus en plus faible à mesure que la proportion de carbone augmente.

On peut donc établir les différences essentielles qui distinguent le fer de l'acier et de la fonte.

L'*acier*, moins malléable et plus tenace que le fer, a un degré de fusion inférieur au fer. Il se soude aussi plus difficilement et, signe caractéristique très important, la *trempe*, opération primordiale dans la construction des outils et que nous examinerons en détail plus loin, a une action plus grande sur les aciers que sur les fers, et cette action est d'autant plus efficace que la proportion de carbone est moins importante et que, par conséquent, la ténacité est plus forte.

La *fonte* fond à environ 1.200 degrés. Elle n'a, en général, pas de malléabilité, sauf une fonte spéciale appelée *fonte malléable*, dont nous parlerons plus loin. Elle est de ce fait cassante et ne peut être utilisée qu'en la coulant, lorsqu'elle est encore en fusion, dans des *moules* auxquels on donne la forme des pièces à obtenir. La fonte, qui ne peut être travaillée au simple marteau, peut, néanmoins, être façonnée avec les divers outils qui *enlèvent* la matière sur sa surface.

La fonte, l'acier et le fer sont extraits des minerais de fer, que l'on soumet à des traitements successifs et appropriés, suivant le métal que l'on veut obtenir.

Ces minerais se trouvent dans la terre sous forme de combinaisons : carbonates, oxydes, silicates, etc., qui contiennent une plus ou moins grande proportion de fer. Ce sont, en général, les oxydes et les carbonates qui sont les minerais desquels on extrait, industriellement, le fer. La proportion de fer dans un minerai ne doit pas être inférieure à 20 % pour qu'il puisse être traité avec avantage. En outre, il convient que la *gangue*, c'est-à-dire la partie de minerai étrangère au métal ne contienne pas de produits qui, par le traitement du minerai, risqueraient d'incorporer au fer obtenu des produits accessoires tels que le phosphore, le soufre et le silicium, qui diminueraient ses qualités.

Par contre, il est certains produits provenant de la gangue qui peuvent améliorer la qualité du fer, par exemple, le *manganèse*.

Les minerais de fer *riches* contiennent plus de 55 % de fer; les *minerais moyens* de 45 à 55 %, puis viennent les *minerais inférieurs*, qui ne doivent pas toujours leur classification à la seule proportion de fer qu'ils contiennent, mais encore aux pro-

Fig. 36. — Mines de fer de Mazenay (Saône-et-Loire). — Puits Saint-Eugène.

duits accessoires nuisibles, tels que soufre et phosphore, qui diminuent la qualité du fer obtenu.

C'est en Suède, en Norvège, à l'île d'Elbe, en Algérie, en Espagne, que l'on trouve les minerais les plus riches. Ils contiennent souvent du *manganèse,* parfois du *zinc,* comme certains minerais du Canada et des États-Unis. Ce minerai est de l'*oxyde de fer magnétique* qui exerce son action sur l'aiguille aimantée. Il est appelé également *magnétite* ou *fer oxydulé*. Il a un aspect *noir* ou *brun foncé*.

Un autre minerai de fer, un peu moins riche que le précédent et que l'on trouve dans le Cumberland, en Angleterre, à l'île d'Elbe, en Espagne et en France, dans l'Ardèche, est du *peroxyde de fer,* dont l'aspect est d'une couleur brun-noir avec des reflets rouges. On l'appelle aussi *hématite,* ou *fer oxydé rouge :* c'est le *peroxyde de fer anhydre,* c'est-à-dire sans eau, tandis que le *peroxyde de fer hydraté,* qui par conséquent est combiné avec de l'eau, forme une autre catégorie de minerai que l'on rencontre en Angleterre, en Prusse, en Suède, en Laponie, et en France, dans les Pyrénées, en Franche-Comté, en Saône-et-Loire, à Alais et à Bessèges, dans les Landes. C'est le minerai de fer le plus répandu. Il a une couleur brune ou jaunâtre et est désigné parfois sous les noms d'*hématite brune* ou *hématite jaune*.

Dans l'Isère, la Savoie, les Pyrénées, à Saint-Étienne, Saint-Chamond, en Normandie, en Angleterre et en Westphalie, on rencontre du minerai de fer de couleur grisâtre qui est du *fer carbonaté*.

Pour rechercher les minerais, on emploie des méthodes diverses. Lorsque le minerai de fer est magnétique, comme dans certains gisements riches, on emploie un instrument nommé *boussole de mine;* il comporte, en principe, une aiguille aimantée qui se trouve déviée par la présence du minerai de fer magnétique.

D'autres instruments magnétiques, sortes de *magnétomètres,* sont également utilisés surtout en Suède, où se trouvent d'importants gisements de *magnétite*.

On pratique aussi, pour la recherche des minerais de fer, des *sondages*.

Ces sondages s'effectuent à l'aide de *perforatrices à diamant :* elles enlèvent dans le sol et à travers les roches, des *rondins* qui servent de *témoins*, que l'on peut analyser, et qui indiquent la composition du sol et la présence du métal. Ces perforatrices peuvent être mues, soit à la main, soit par des moteurs à pétrole ou électriques, suivant leur puissance. Certaines sont établies pour enlever des *rondins,* auxquels on donne généralement le nom de *carottes,* d'un diamètre pouvant atteindre 400 millimètres et pour perforer jusqu'à plus de 2.000 mètres de profondeur.

Pour extraire le minerai dans les mines, on fore des trous dans les roches qui le contiennent et on les désagrège à l'aide d'une matière explosive, généralement la dynamite, placée dans les trous ainsi percés. Le forage peut se faire à la main : on se sert pour cela de *manettes,* sortes de marteaux pesant environ 4 kilogrammes, de *fleurets* pesant environ 1 kilog., 5, sortes de *ciseaux* ayant une coupe appropriée à la roche et de marteau à percussion automatique.

On emploie aussi, pour le forage, des *perforatrices mécaniques,* actionnées soit par l'air comprimé soit électriquement.

Lorsque le minerai est extrait de la mine, on procède à un triage pour séparer les matières utiles des autres. Ce triage se fait souvent à la main; il s'effectue aussi à l'aide de *séparateurs magnétiques* qui ne retiennent que les parties métalliques des matières mélangées.

Le minerai est généralement cassé en menus morceaux avant d'être introduit dans le haut fourneau lorsque celui-ci a des dimensions réduites, ou encore, lorsque les blocs de minerais contiennent des matières inutiles dont on veut les débarrasser.

Le minerai est parfois lavé, lorsqu'il est mélangé avec du sable ou de l'argile. Le *lavage* consiste à tremper le minerai dans l'eau en le remuant de façon à le débarrasser de sa gangue argileuse ou sablonneuse.

Dans certains cas, lorsque le minerai contient, par exemple, une proportion trop grande d'arsenic ou de soufre, on procède à son *grillage,* opération qui a pour but, en le soumettant à l'action du feu, de lui enlever une grande partie de son soufre ou de son arsenic et de le rendre ainsi plus facilement réductible lorsqu'on le traite dans les hauts fourneaux.

Pour *réduire* le minerai, c'est-à-dire pour en tirer le métal qu'il contient, on peut procéder de deux façons : soit par la *réduction directe,* soit par la *fusion.* Dans les deux cas, cependant, on emploie un *agent réducteur* qui a pour fonction d'enlever l'oxygène du minerai, lequel est toujours un oxyde de fer, de façon que le métal puisse être obtenu seul. On emploie le carbone et l'oxyde de carbone comme agents réducteurs, parce qu'ils sont plus avides d'oxygène que le fer contenu dans le minerai.

Lorsqu'on traite le minerai par la *réduction directe,* on le met simplement en contact, à chaud, avec le produit réducteur. On obtient alors le métal sous forme de pâte spongieuse dans laquelle sont incorporées, en général, des matières étrangères en plus ou moins grande quantité, et il est nécessaire, pour débarrasser cette masse métallique de ses impuretés, de la marteler ou de la comprimer.

On conçoit que la méthode par réduction directe ne peut s'appliquer qu'à un minerai à la fois riche et pur, de sorte que c'est là une méthode très rarement utilisée et qui est pour ainsi dire partout remplacée par la méthode de la *réduction par fusion* du minerai.

Fonte Cette méthode consiste à faire fondre le minerai en réalisant dans un fourneau approprié une température suffisamment élevée. En procédant ainsi, le métal et les matières qui l'entourent, autrement dit la *gangue,* sont réduits à l'état liquide. On peut séparer le métal liquide de la plus grande partie des matières étrangères, mais le métal ainsi obtenu n'est pas du fer pur, il contient surtout une certaine proportion de carbone provenant des réactions diverses qui se produisent, pendant la fusion, entre l'agent réducteur et les oxydes du minerai. Le métal obtenu en réduisant le minerai de fer par la fusion est la *fonte,* que l'on peut transformer soit en fer, soit en acier, ainsi que nous le verrons plus loin.

La fonte peut, d'ailleurs, être directement employée pour fabriquer des pièces moulées.

La méthode de réduction du minerai par fusion, la seule, pour ainsi dire, employée, permet de réduire les minerais les moins riches en fer et contenant un grand nombre de matières étrangères : ces minerais se rencontrent en forte proportion, surtout en France.

La fusion du minerai nécessite non seulement une température élevée, mais encore l'addition de certaines matières désignées sous le nom de *fondants,* qui facilitent la fusion des substances étrangères.

Les fondants ont surtout pour fonction de transformer les *silicates simples,* contenus dans les minerais, en *silicates doubles,* en alliant à la silice un certain nombre de *bases.* Les silicates simples, en effet, sont, pour ainsi dire, infusibles, tandis que les silicates doubles et, en général, multiples, sont d'autant plus solubles qu'ils sont formés avec avec un plus grand nombre de *bases.* Rappelons que l'on appelle *base,* en chimie, une substance qui, combinée avec un *acide,* produit un *sel* et qu'un *sel,* est un composé dans lequel un métal remplace l'hydrogène contenu dans l'acide qui le constitue.

Les *fondants* employés pour la réduction,

par fusion, du minerai, sont de nature évidemment différente suivant la qualité du minerai.

Lorsque la gangue contient de la *chaux*, on emploie comme fondant de l'*argile*, qui est un silicate d'alumine, de sorte qu'on obtient un silicate double de chaux et d'alumine. Lorsque, au contraire, la gangue du minerai est argileuse, il convient, inversement, d'utiliser, comme fondant, de la chaux pour obtenir le silicate double d'alumine et de chaux fusible.

Si la gangue du minerai se trouvait être de la silice presque pure, il conviendrait d'employer comme fondant à la fois de l'argile et de la chaux : cette dernière est ajoutée généralement sous la forme de carbonate de chaux. On obtiendrait encore, dans ce cas, le même silicate double.

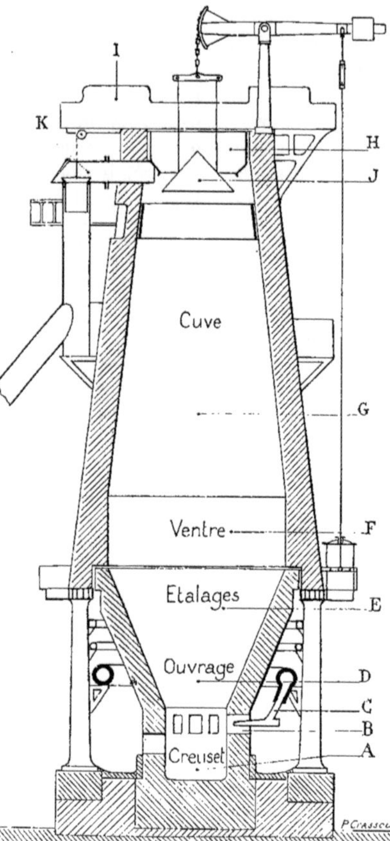

Fig. 37. — Coupe verticale d'un haut fourneau.

Pendant la réduction par la fusion, ce silicate double fond en même temps que le métal contenu dans le minerai, mais comme sa densité est légèrement plus faible que celle du métal, celui-ci se rend à la partie inférieure du fourneau, d'où on peut le retirer, tandis que le silicate double surnage à sa partie supérieure et c'est un résidu que l'on peut enlever lorsqu'on a sorti tout le métal liquide.

Ce résidu se nomme *laitier*. Toutefois, on le nomme aussi *scories* lorsque les *bases*, employées sont *métalliques*.

Haut fourneau La fabrication de la fonte par le procédé de la fusion s'effectue au moyen de *hauts fourneaux*.

Le haut fourneau est un four comportant une cuve, ou *creuset*, dans lequel on insuffle de l'air pour activer la combustion.

Il se compose d'un massif maçonné ayant la forme de deux troncs de cônes raccordés par leur grande base. Le tronc de cône inférieur a sa petite base disposée vers le pied du four. A cet endroit se trouve le *creuset* A, dans lequel viendront couler les produits de la fusion. Au-dessus du creuset sont percées des ouvertures B, par lesquelles des tuyères C soufflent de l'air sous pression qui a été, avant son admission dans le haut fourneau, chauffé par des appareils spéciaux. Au-dessus des ouvertures des tuyères, la maçonnerie du four s'évase. On lui donne, à cet endroit.

en D, le nom d'*ouvrage,* tandis que plus haut, en E, elle se nomme *étalage*. Cette dernière partie se raccorde avec la grande base du tronc de cône de la maçonnerie supérieure. La seconde partie du haut fourneau comprend le *ventre* F et la *cuve* proprement dite G. L'orifice supérieur de cette cuve se nomme *gueulard,* H. C'est par cet orifice qu'on charge le haut fourneau, en introduisant à l'intérieur les matières nécessaires à la réduction du minerai. Une plate-forme I, nommée *plate-forme de chargement,* est disposée au-dessus du gueulard pour permettre à des wagonnets contenant les matériaux d'arriver directement au-dessus de l'orifice de chargement.

Le *gueulard* est obturé par un cône de chargement J, nommé *cup and cone,* qui a pour fonction de retenir la charge au-dessus de lui et de ne la laisser tomber dans le fourneau qu'au moment propice, et par la manœuvre d'une commande spéciale. Le gaz produit dans le haut fourneau peut, de la sorte, être recueilli dans un conduit K et ne s'échappe pas dans l'atmosphère pendant le fonctionnement du haut fourneau, le cône de chargement formant obturateur. On sait que les gaz des hauts fourneaux sont utilisés pour produire de la force motrice.

Le creuset d'un haut fourneau possède un orifice, ou *trou de coulée,* disposé à sa partie inférieure, par lequel on fait couler le métal en fusion. Un autre orifice est pratiqué un peu au-dessous des ouvertures ou *chapelles* des tuyères, pour évacuer le *laitier,* résidu de la réduction par la fusion.

La maçonnerie des hauts fourneaux doit être faite avec des briques réfractaires, qui doivent non seulement résister à l'action du feu, mais encore à l'action corrosive provenant des diverses matières en fusion.

Le fond du creuset doit être fait avec les briques les plus dures. Ces briques *alumineuses* sont placées sur champ et disposées de façon que tous les joints soient recouverts. Il convient que ces briques, qui seront en contact avec le métal en fusion, soient aussi peu poreuses que possible, qu'elles résistent bien à l'action de la chaleur sans se déformer ni se fendre, ce qui provoquerait l'ouverture de fissures par lesquelles le métal liquide pourrait pénétrer dans le corps de maçonnerie, et même s'échapper au dehors.

Ces briques sont maintenues dans leur position par un *cerclage* extérieur constitué par une série de cercles en fer enserrant la maçonnerie.

L'*ouvrage* et les *étalages* sont des parties du haut fourneau soumises à une action très vive de la chaleur et à celle des laitiers qui tendent à corroder les briques et à les déformer.

Les briques formant l'*ouvrage,* qui sont placées immédiatement au-dessus des tuyères, supportent la plus grande température et sont sujettes à fondre, lors d'une marche active du haut fourneau. On place à cet endroit de la maçonnerie un dispositif de refroidissement obtenu par une circulation d'eau. Ce sont en général des boîtes réfrigérantes, faites en acier, qui sont logées dans les briques et qui sont munies de conduits dans lesquels l'eau circule en léchant les parois intérieures et en les refroidissant.

Pour la partie de maçonnerie constituant la cuve, les briques doivent être très compactes et homogènes, car si elles étaient poreuses, les gaz, les poussières et la vapeur d'eau produits pendant la marche du fourneau, pénétreraient dans les pores et dégraderaient les matériaux.

La hauteur des hauts fourneaux varie suivant le combustible qui est employé pour la réduction. Ces combustibles sont soit le coke, soit le charbon de bois. Les hauts fourneaux marchant au coke ont une hauteur d'environ 20 mètres, mais on porte, parfois, cette hauteur jusqu'à 30 mètres. Les hauts fourneaux marchant au charbon de bois ne dépassent pas 15 mètres, et leur moyenne est de 12 mètres. On ne peut atteindre dans ces appareils la hauteur des hauts fourneaux à coke, car les charges qu'ils pourraient contenir seraient trop lourdes pour le charbon de bois, qui se trouverait écrasé.

Pour charger un haut fourneau, on verse, par le gueulard, de façon à constituer des couches successives, le minerai mélangé avec le *fondant,* mélange appelé *lit de fusion,* et le combustible, soit coke soit charbon de bois. Pendant la marche du four, ces couches successives sont alternativement introduites dans la cuve, à des intervalles déterminés. Au fur et à mesure que la fusion s'opère, ces matériaux descendent dans le haut fourneau. En marche normale, ils descendent d'environ 1 mètre par heure. Par le bas, au contraire, arrive l'air qui facilite la combustion. Cet air pénètre dans le haut fourneau par les tuyères. Il est fourni par des machines soufflantes qui le compriment dans des conduits aboutissant aux diverses tuyères des hauts fourneaux.

Mais, sur son parcours, l'air traverse des appareils spéciaux, sortes de fours, qui portent sa température à plus de 800 degrés. Il est ainsi introduit dans le but d'activer la combustion, et ne refroidit pas le milieu avec lequel il prend contact. Sa pression, d'autre part, est suffisante pour traverser la masse de matériaux superposés. Elle correspond à environ $0^m,55$ d'eau pour les hauts fourneaux à charbon de bois et à $0^m,30$ de mercure pour les hauts fourneaux à coke.

Les gaz produits par suite de la combustion montent vers la partie supérieure du four, avec une vitesse d'environ 1 mètre par seconde. Ces gaz, comme nous l'avons dit, sont recueillis dans un conduit spécial et sont utilisés de diverses façons. Ils servent, généralement, à chauffer les chaudières qui produisent de la vapeur avec laquelle on actionne les machines soufflantes qui fournissent l'air sous pression. En outre, ces chaudières peuvent également alimenter les machines actionnant les monte-charges qui prennent les wagonnets de minerais au niveau du sol et les élèvent jusqu'à la plate-forme de chargement, d'où ils arrivent aisément au-dessus du gueulard.

On utilise ainsi des gaz qui seraient perdus, pour produire économiquement la force motrice nécessaire au fonctionnement normal du haut fourneau.

L'énergie que l'on peut tirer de ces gaz est, d'ailleurs, considérable. On compte, en effet, qu'il se produit environ 4.500 mètres cubes de gaz par tonne de coke employée. Or, d'après une étude présentée au Congrès de l'Industrie minérale de Douai, les hauts fourneaux français consomment annuellement 4.000.000 de tonnes de coke.

Si l'on tient compte que les 50 % environ de cette production de gaz sont utilisés pour fournir de l'air chaud sous pression, ainsi que nous l'avons dit, il reste encore environ 810.500 mètres cubes de gaz disponibles par heure, pouvant être utilisés pour produire de l'énergie à l'aide des moteurs à gaz; de sorte que l'on pourrait obtenir une puissance de 370.000 chevaux.

Réduction du minerai La consommation de coke par tonne de fonte produite, peut varier, suivant la nature de cette fonte, de 900 à 1.800 kilogrammes.

Si nous supposons un haut fourneau en fonctionnement, examinons les phénomènes qui s'y développent pour produire, comme résultat, la transformation du minerai en fonte.

L'air qui arrive dans l'appareil par les tuyères, quoique porté à une température déjà élevée, ne possède pas celle de la masse incandescente qu'il rencontre. Il lui faut donc remonter un peu dans le haut fourneau avant d'avoir atteint la température du four. La hauteur ainsi parcourue constitue la *zone préparatoire* (Fig. 39). Après cette zone, l'air rencontrant du carbone en excès, lui abandonne une partie de son

Fig. 38. — Vue d'ensemble de hauts fourneaux.

oxygène, ce qui forme de l'acide carbonique; mais cet acide carbonique, prenant contact avec une couche de charbon incandescent, se transforme en oxyde de carbone.

La zone qui suit la zone préparatoire est donc la *zone de combustion* du carbone. On la nomme *zone oxydante,* H G. Les deux zones réunies forment la *zone de combustion* E D, au-dessus de laquelle se trouve la *zone* de fusion D C et la zone de réduction Q B.

La température de la zone de combustion atteint 1.700 et 1.800 degrés.

En sens inverse de l'air et des gaz produits dans le haut fourneau, descendent les matériaux solides introduits par le gueulard. A partir de cet orifice de chargement, les matériaux s'échauffent de plus en plus, à mesure qu'ils descendent, et des réactions diverses se produisent, suivant la température à laquelle ils sont soumis, qui dépend évidemment de la hauteur de ces matériaux dans l'appareil.

A ces diverses réactions correspondent, dans la hauteur du haut fourneau, différentes zones qui ont leurs particularités.

A la partie supérieure de la cuve, audessous du gueulard, la température est la moins élevée. Les matières qui viennent d'être introduites dans le haut fourneau se dessèchent, perdent leur eau et, pour certaines, leur acide carbonique, leurs hydrocarbures, et, en général, les produits volatils. Ces matières en se séchant se calcinent: c'est la *zone de calcination* A B, pendant laquelle la température s'élève au fur et à mesure que les matériaux descendent.

Lorsque ces matériaux sont portés au rouge sombre, la *zone de réduction* B C commence.

Dans cette zone de réduction, qui comprend environ la moitié de la hauteur de la *cuve* et le *ventre,* le minerai est réduit d'une façon graduelle par l'oxyde de carbone. En outre, les fondants se décomposent et déterminent les réactions qui se continuent dans la zone suivante qui est la *zone de fusion* C D.

Cette zone, qui est comprise dans les *étalages,* comporte l'achèvement de la réduction du minerai, à l'aide du carbone du combustible, lequel se transforme en oxyde de carbone. Le fer se trouve alors à l'état spongieux, mélangé encore avec sa gangue. En prenant contact avec le charbon incandescent, il se *cémente,* c'est-à-dire qu'il

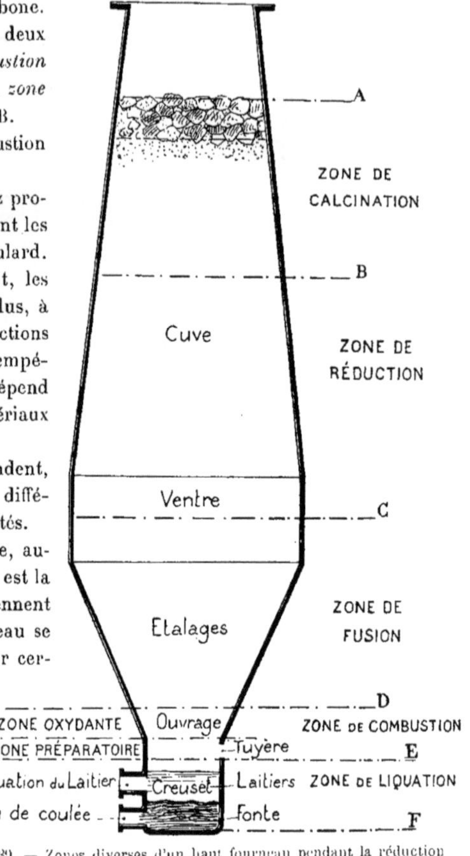

Fig. 39. — Zones diverses d'un haut fourneau pendant la réduction du minerai.

s'assimile une proportion de plus en plus grande de carbone et se transforme d'abord en acier, puis en fonte, lorsque la proportion de carbone assimilée est plus importante. En même temps, sous l'effet de la température, la masse spongieuse devient de plus en plus liquide, et lorsque le métal est à l'état de fonte, il est tout à fait liquide et coule dans le creuset.

D'autre part, l'action des fondants produit, ainsi que nous l'avons indiqué plus haut, avec les matières étrangères au métal, des silicates doubles, qui fondent également et coulent aussi dans le creuset. Ce sont les *laitiers,* qui surnagent au-dessus du métal liquide et l'empêchent de s'oxyder au contact de l'air arrivant par les tuyères. La zone comprenant le métal en fusion et les laitiers, c'est-à-dire la hauteur du creuset, est appelée *zone de liquation,* E F. Au-dessus de cette zone, sur la hauteur de l'*ouvrage,* se trouve la *zone de combustion* D E dont nous avons parlé d'abord. Dans cette zone sont compris les orifices des tuyères.

En arrivant en face des jets d'air sous pression, les matières sont, à ce moment, portées au rouge vif, de sorte que le carbone qui n'a pu se combiner avec l'oxygène du minerai, brûle. Cette zone est traversée par la fonte et par les laitiers qui tombent en gouttelettes.

Le creuset comporte, nous l'avons dit, un orifice d'évacuation des laitiers et un trou de coulée du métal. Les laitiers doivent être, en effet, évacués de temps à autre, pour qu'ils ne puissent atteindre les orifices des tuyères placées un peu au-dessus de leur niveau normal et les obstruer.

Le métal doit être aussi, plusieurs fois par jour, tiré du creuset par l'orifice de coulée. Cette coulée peut se faire de plusieurs manières, suivant les besoins de l'usine. Si la fonte peut être utilisée immédiatement, on la coule dans des moules préparés à l'avance pour obtenir des pièces à la forme désirée. C'est ce que l'on nomme le *moulage en première fusion.*

Ce n'est pas le cas général. Souvent, on laisse couler le métal liquide dans des rigoles ayant une section trapézoïdale ou demi-cylindrique et on le laisse refroidir. On obtient alors des morceaux de fonte que l'on nomme *saumons* ou *gueuses;* ils sont utilisés dans les fonderies après avoir été fondus une seconde fois au *cubilot.*

Lorsque l'usine métallurgique est installée pour produire *de l'acier,* on utilise le produit de la coulée pour alimenter les appareils spéciaux ou *convertisseurs.* Il est nécessaire, dans ce cas, d'avoir un nombre de hauts fourneaux suffisant pour fournir régulièrement de la fonte aux convertisseurs.

Lorsque l'allure d'un haut fourneau est réglée, il faut lui fournir des charges régulières de matières à intervalles égaux et déterminés, et l'air doit être aussi introduit dans l'appareil à une pression et à une température toujours identiques. La réduction du minerai et sa fusion s'opèrent alors régulièrement et d'une manière continue, La fonte et les laitiers se produisent avec régularité. L'aspect des laitiers permet de déterminer quelle est l'*allure* du haut fourneau.

En allure normale, les laitiers ne sont pas trop fluides et sont assez homogènes. Lorsqu'on ouvre le cône de chargement, il sort, par toute la section du gueulard, des gaz qui brûlent en donnant une flamme violacée, et une fumée blanche lorsqu'on les met au contact d'une barre de fer chauffée jusqu'au rouge vif.

Il est possible de faire marcher un haut fourneau à des allures différentes de l'allure normale. Lorsqu'on augmente la proportion de combustible par rapport à la proportion de minerai, les autres conditions de fonctionnement étant conservées, le haut fourneau marche à une *allure chaude.* La température de fusion est plus élevée et il en résulte que la fonte est plus carburée et plus siliceuse et les laitiers plus *basiques*. L'*allure très chaude* comporte une proportion de minerai encore moindre par rapport au combustible. La température est encore plus élevée et le feu se communique jusqu'aux matières que l'on introduit dans le gueulard. Cette allure peut offrir de graves inconvénients, car elle peut produire des engorgements.

Inversement, si le minerai est introduit dans le haut fourneau, en proportion plus grande que le combustible, la température de l'appareil s'abaisse : il marche à une *allure froide*. On obtient ainsi de la fonte contenant moins de carbone et la réduction du minerai s'effectue d'une manière moins complète. En exagérant l'*allure froide* on arrive à l'*allure crue*, qui peut provoquer un engorgement à la partie inférieure du fourneau.

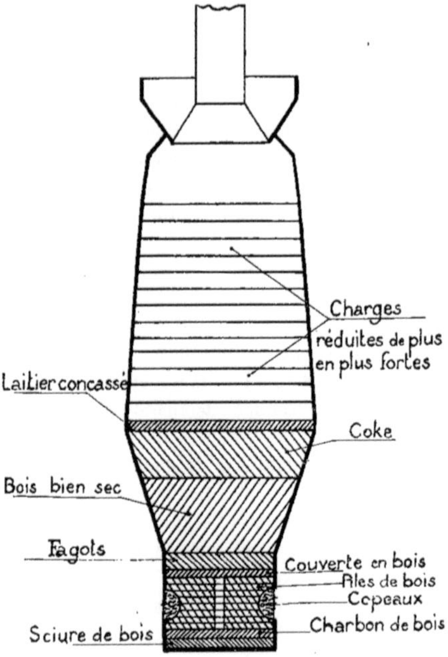

Fig. 10. — Dispositions prises pour la mise en marche d'un haut fourneau.

Mise en marche d'un haut fourneau

La mise en marche d'un haut fourneau et son entretien en marche normale nécessitent une grande expérience, pour ne pas détériorer l'appareil et pour en obtenir le rendement désiré.

D'une étude sur les hauts fourneaux, de M. Henrion, publiée dans le *Bulletin technologique* de la Société des anciens élèves des Écoles nationales d'arts et métiers, nous extrayons, à ce sujet, quelques documents instructifs. Avant de procéder au chargement d'un haut fourneau qui vient d'être construit ou remis en bon état, il convient de le sécher d'une façon progressive, afin que les maçonneries ne soient pas brusquement soumises à la température élevée de régime, ce qui risquerait de les détériorer. Le séchage du haut fourneau s'effectue en installant devant le creuset un petit four dans lequel on entretient du feu et disposé de façon que les gaz chauds pénètrent, par le trou de coulée du creuset, dans le haut fourneau. Toutes les ouvertures pratiquées dans le haut fourneau sont bouchées pendant le séchage, sauf le trou de coulée qui donne passage aux gaz de séchage et le gueulard par lequel ces gaz sont évacués. Au-dessus du gueulard est disposée une sorte de toiture qui empêche l'eau de pluie de tomber dans l'appareil.

Lorsque le séchage est effectué, on débouche les ouvertures normales du haut fourneau en enlevant le four à sécher et on laisse aérer le fourneau pour le débarrasser des gaz qui pourraient s'y trouver.

On procède alors au remplissage. On dispose d'abord sur la sole du creuset $0^m,10$ d'épaisseur de sciure de bois bien sèche.

On étend sur cette sciure 10 centimètres de charbon de bois en gros morceaux. On place ensuite, au-dessus, du bois de chauffage scié à longueur et on empile les bouts de bois jusqu'à ce que la couche dépasse le niveau supérieur des tuyères. Les bûches sont disposées par couches se croisant, pour donner de la solidité à la pile qui a une hauteur d'environ $1^m,50$ et on ménage un petit espace vide d'environ $0^m,35$ de largeur en face de chaque tuyère. On remplit ces espaces de copeaux.

Sur l'empilage de bois on met des fagots se croisant par couches successives puis on place, par lits successifs croisés, environ 10 mètres cubes de vieux bois sec scié à longueur. Par-dessus le bois, on dispose environ 10.000 kilogrammes de coke de grosseur moyenne, lequel est descendu dans le four, et non jeté du gueulard, afin ne pas détruire l'arrangement des couches inférieures. Sur le coke sont placés 6.000 kilos de *laitier* obtenu lors d'opérations précédentes, et qui a été concassé. On peut alors commencer à mettre dans le haut fourneau, du minerai mélangé avec le combustible et le fondant, ce qui constitue le *lit de fusion*. Mais la proportion de minerai et de combustible diffèrent des proportions de charge normale, car les premières charges placées sur la couche de laitier contiendront une proportion réduite de minerai par rapport à la quantité de combustible qui restera toujours la même. On augmente la quantité de minerai, par charge, au fur et à mesure que le niveau des produits s'élève dans le haut fourneau. Ces dispositions, on le comprend, ont pour but de faciliter l'allumage du fourneau et sa mise en train. Avant d'allumer le feu, on dispose plusieurs barres de fer cylindriques qui traversent l'appareil supérieur de chargement et qui reposent verticalement sur les matériaux contenus dans le fourneau. Ces barres faisant office de *témoins*, indiqueront la hauteur du niveau supérieur de la charge.

Pour mettre le feu, on laisse le gueulard ouvert, et, par conséquent, l'appareil de chargement doit être maintenu baissé; puis on allume, en même temps, les copeaux placés devant les chapelles des tuyères, qui ne sont pas encore mises en place. Tous les autres orifices inférieurs sont soigneusement bouchés. Le feu doit brûler régulièrement sur tous les points. Un manœuvre surveille sa marche à chacun des points et l'active s'il y a lieu, à l'aide de brindilles de bois. Si le tirage s'effectue difficilement, on jette par le gueulard, au-dessus des matériaux, quelques bottes de paille allumées. Quand le feu brûle régulièrement aux quatre orifices, on les bouche en ne laissant qu'une ouverture dont on peut faire varier les dimensions pour permettre de régler l'admission de l'air. On laisse brûler 24 heures, de façon que le haut fourneau s'échauffe progressivement, puis on procède au placement des tuyères dans leur *chapelle*. Ces tuyères sont placées horizontalement, après avoir été enduites, à leur extrémité qui va prendre contact avec le feu, d'un coulis de sable spécial, dit *sable de bouchage*, délayé dans l'eau. En outre, l'axe des tuyères ne sera pas dirigé vers le centre du fourneau pour éviter que les jets d'air de deux tuyères diamétralement opposées se rencontrent et viennent frapper normalement les parois. L'obliquité des tuyères tend à imprimer aux jets de vent un mouvement de giration.

Les espaces compris entre les tuyères et leur logement sont bouchés avec des déchets de briques et de terre glaise et le joint est fait extérieurement à l'aide de ciment mélangé avec de la limaille de fonte. Les trous de coulée de la fonte et des laitiers sont préparés et on commence à souffler de l'air dans le haut fourneau, par les tuyères. La pression de l'air soufflé sera d'abord faible et le débit de l'air réduit. Le vent introduit sera au début du vent froid, que l'on soufflera pendant 6 ou 8 heures. Puis on met en fonction les appareils destinés à produire de l'air chaud qui sera soufflé progressivement par les diverses tuyères. Ce n'est, généralement, qu'au bout d'un mois que la marche normale du haut fourneau est assurée avec la mise en service de tous les appareils à air chaud.

Le gaz provenant du haut fourneau, et dont on peut se servir pour alimenter les diverses machines employées dans les installations métallurgiques, se produit trois heures environ après le premier soufflage de vent froid. Il peut être, à ce moment, recueilli et utilisé.

Par suite du temps considérable qu'exige leur mise en marche normale, on n'arrête jamais le fonctionnement des hauts fourneaux, sauf dans les cas de force majeure, ou pour procéder à leur réfection. On peut cependant arrêter pendant trois ou quatre mois le fonctionnement d'un haut fourneau chargé, en le *bouchant* et en prenant des dispositions spéciales, et au bout de ce temps il est possible de le remettre progressivement en marche en prenant les précautions nécessaires.

Fig. 11. — Fonderie de fer : coulée de fonte dans un moule.

Classification des fontes Les fontes obtenues en réduisant le minerai de fer se divisent en deux grandes catégories : les *fontes ordinaires* et les *fontes spéciales*. Les *fontes ordinaires* sont celles qui ne contiennent aucun élément étranger ajouté systématiquement. Les *fontes spéciales*, au contraire, contiennent des matières étrangères qui leur ont été ajoutées, en proportions déterminées, pour les rendre utilisables dans certains cas spéciaux. Ces matières sont le plus souvent, le manganèse, le silicium, le chrome, le tungstène, etc.

Les fontes ordinaires peuvent se diviser, elles-mêmes, en deux catégories, suivant leur mode d'emploi : les fontes de *moulage* destinées à obtenir directement des pièces métalliques par coulée dans des moules, et les fontes d'*affinage* qui sont traitées, par des procédés que nous allons examiner, en vue d'obtenir le fer et l'acier.

On distingue dans les fontes ordinaires, les *fontes blanches*, les *fontes grises,* et une autre catégorie tenant le milieu entre ces deux fontes : les fontes dites *intermédiaires*.

La *fonte blanche* contient une proportion d'au moins 2,5 % de carbone. Ce carbone est *combiné* avec le fer, de sorte que la cassure de la fonte blanche a un aspect clair et ne comporte aucune trace noirâtre qui pourrait provenir du carbone imparfaitement dissous.

Dans la *fonte grise,* au contraire, la cassure n'a pas un aspect uniforme comme couleur. On trouve, en effet, au milieu de la matière métallique qui a une couleur claire, des sortes de paillettes de couleur foncée grises ou noirâtres qui donnent à l'ensemble de la cassure une couleur grise, d'où le nom que l'on donne à cette fonte. Ces paillettes proviennent du carbone qui, à l'état de *graphite*, s'est *mélangé* au métal sans se *combiner* avec lui. Une partie de carbone s'est, cependant, dissoute dans la fonte.

Le carbone qui est dissous dans la fonte, combiné avec elle, est nommé, en métallurgie, *carbone de trempe*. La fonte blanche contient donc plus de carbone de trempe que la fonte grise.

Lorsque la proportion de paillettes de graphite est considérable par rapport au métal, la fonte a une couleur plus foncée ; on la nomme la *fonte noire*.

Entre la fonte blanche et la fonte grise est la *fonte intermédiaire* qui a un aspect blanc mais porte des stries grises, ou qui, souvent, a un aspect gris, corrigé, par places, par une couleur plus claire. C'est évidemment un état du métal intermédiaire entre les deux fontes précédentes.

Les fontes grises contiennent toujours une certaine proportion de silicium, au moins 1 %, tandis que, généralement, les fontes blanches contiennent du manganèse, qui a la propriété de faciliter la solubilité du carbone dans le métal et de l'empêcher de rester à l'état de graphite.

Le silicium contenu en proportion de 1 à 1,5 % dans la fonte grise lui donne de la ténacité et la rend très propre à être employée comme fonte *de moulage*.

D'autre part, le manganèse contenu dans la fonte blanche lui donne des propriétés qui conviennent très bien pour l'*affinage*, c'est-à-dire pour la transformation de la fonte en fer et en acier.

Au point de vue industriel, voilà donc la différence essentielle qu'il y a lieu d'établir entre les fontes blanches et les fontes grises. Les fontes grises, contenant du silicium, sont surtout utilisées pour fabriquer des *pièces de machines* fondues, pièces que l'on peut aisément travailler à l'outil.

Les fontes blanches, au contraire, ne contenant pour ainsi dire que du carbone de trempe, sont dures et cassantes et se prêtent moins bien que les fontes grises à la confection de pièces de machines ; elles sont difficiles à travailler et se cassent facilement. Par contre, elles sont très avantageusement utilisées, pour l'obtention du fer et de l'acier, par les procédés d'*affinage*.

En plus du silicium et du manganèse, qui leur donnent des propriétés particulières, les fontes contiennent assez souvent du *soufre,* du *phosphore* et, parfois, de l'*arsenic*. La présence de ces produits, dans la fonte, lui donne aussi des caractères particuliers.

Le soufre diminue la qualité des fontes : pour la fonte de moulage, il provoque des *soufflures,* sortes de petites cavités qui se creusent au cœur du métal pendant le refroidissement, lequel se produit brusquement pour les fontes sulfureuses. Le *retrait* de ces fontes est, en outre, considérable, ce qui facilite la production des *soufflures*. On sait que le *retrait* est la quantité dont une pièce fondue se rétrécit, dans toutes ses dimensions, depuis le moment où elle a été coulée dans son moule jusqu'à son complet refroidissement.

La présence de soufflures dans des pièces mécaniques est très nuisible et force à rejeter ces pièces, dans la grande majorité des cas. Il faut alors ajouter à la perte de la pièce, la perte de la main-d'œuvre qui a pu être employée à la façonner avant de rencontrer les soufflures, qui sont souvent situées assez profondément dans l'épaisseur du métal. Les fontes sulfureuses se reconnaissent à des taches noirâtres, elles présentent à leur surface un aspect particulier qui leur a fait donner, dans les ateliers, le nom de *peau de crapaud*.

Le soufre des fontes d'affinage nuit à la qualité des fers et des aciers qui en proviennent. Les aciers se travaillent mal à chaud et la soudure du fer se fait difficilement.

Le phosphore ne nuit pas toujours à la qualité de la fonte.

Dans les fontes de moulage, par exemple, si la présence du phosphore tend à diminuer leur ténacité, par contre, elle favorise leur fusion, de sorte que lorsqu'on a à mouler une pièce délicate, comme les *fontes d'ornement*, qui n'exigent pas une grande résistance, on emploie, de préférence, des fontes phosphoreuses, lesquelles, grâce à leur fluidité, remplissent facilement tous les interstices et se moulent bien. On ne peut, d'autre part, les utiliser pour confectionner des pièces mécaniques, lesquelles ont besoin d'être résistantes.

Dans les fontes d'affinage, la présence du phosphore nuit à la qualité des fers que l'on obtient. Pour obvier aux inconvénients dus à la présence du soufre et du phosphore dans les fontes, on pratique plusieurs procédés tendant à les éliminer du métal.

On peut le faire en donnant au haut fourneau une allure appropriée et en employant des fondants spéciaux. On peut aussi obtenir la *déphosphoration* et la *désulfuration* des fontes en les traitant dans des fours ou *cubilots* spéciaux.

L'*arsenic* contenu dans la fonte est nuisible, mais on l'y trouve assez rarement.

Le fer obtenu avec de la fonte arsenicale est de mauvaise qualité : on peut cependant en tirer du bon acier, car le traitement, dans les fours spéciaux, nécessite une température qui permet à l'arsenic de s'éliminer.

Lorsque les fontes contiennent, en grande proportion, des produits étrangers, on leur donne, nous l'avons dit, le nom de *fontes spéciales*, et parmi elles on peut citer les fontes au *manganèse*, au *silicium*, au *chrome*, au *tungstène*. Ces fontes peuvent s'obtenir au haut fourneau en le faisant marcher à une allure déterminée et en l'alimentant avec diverses matières spéciales.

On peut incorporer ainsi à la fonte jusqu'à 80 % de manganèse.

Lorsque la fonte en contient de 5 à 25 % on lui donne le nom de *spiegel ;* au-dessus de 25 % de manganèse, le métal prend le nom de *ferro-manganèse*.

Les fontes au manganèse jouent un rôle très important dans la fabrication des aciers.

Le silicium peut entrer dans la fonte dans la proportion de 15 %, et la fonte se nomme alors *ferro-silicium*.

Les *ferro-chromes* et les *ferro-tungstènes* constituent les fontes spéciales au chrome et au tungstène et sont principalement utilisées pour obtenir les aciers spéciaux dans lesquels entrent ces deux corps.

Fonte malléable

Il est encore une espèce de fonte servant à fabriquer certaines catégories d'objets qui n'ont pas besoin d'être très résistants : c'est la *fonte malléable*. Cette fonte s'obtient par l'*affinage* de la fonte ordinaire. Nous allons voir plus loin que l'affinage de la fonte liquide permet d'obtenir le fer ; mais la fonte malléable résulte de l'affinage de la fonte solide, c'est-à-dire que l'on coule d'abord la fonte ordinaire dans les moules permettant d'obtenir les objets désirés, et ce sont ces objets ayant leur forme et leurs dimensions définitives que l'on traite pour transformer la fonte ordinaire avec laquelle ils sont fabriqués, en *fonte malléable*.

Pour cela, on dispose les différentes pièces dans des creusets en fonte en les superposant et en remplissant, dans ces creusets, les intervalles libres avec un *cément* spécial.

Ce cément est, assez souvent, du fer oxydé rouge auquel on ajoute de l'oxyde de zinc, de la chaux, ou d'autres produits, suivant la nature de la fonte à affiner. Les creusets A (Fig. 42) sont clos et placés dans un four B muni de deux grilles C, dont la température se maintient à environ 1.000 degrés, de façon à ne pas déformer les objets et à éliminer le carbone de la fonte. Ce carbone s'oxyde et brûle.

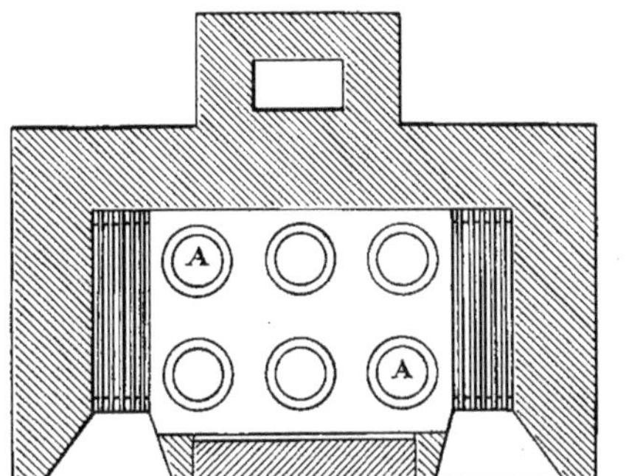

Fig. 42. — Four à creusets pour fonte malléable.

La fonte perd ainsi son *carbone de trempe* et devient plus souple. Le silicium et le manganèse s'oxydent également, de sorte que la fonte malléable obtenue après l'opération, si elle a des qualités de souplesse, de malléabilité, est d'autre part molle et ne peut être travaillée comme le fer, lorsqu'elle est portée au rouge vif. On fabrique cependant un grand nombre d'objets usuels en fonte malléable qui, grâce à leur souplesse, ne se cassant pas sous les chocs reçus pendant la manipulation courante, sont pourtant suffisamment résistants pour l'usage auquel on les destine, et sont obtenus économiquement.

L'opération d'affinage, c'est-à-dire le chauffage, dans le four, des creusets contenant les pièces, dure plusieurs jours : on compte trois jours pour des pièces dont l'épaisseur atteint 4 millimètres et cinq jours pour des épaisseurs de 6 millimètres. Il convient de laisser refroidir pendant vingt-quatre heures avant de défourner.

Fer. — Affinage de la fonte

L'*affinage* de la fonte est une opération qui consiste à la transformer en *fer* ou en *acier*. Cette opération, qui s'effectue sur la fonte liquide, a pour but d'éliminer de la fonte tous les corps qu'elle peut contenir, autres que le fer, de façon à ne conserver, autant que possible que celui-ci.

Les corps étrangers que contient la fonte ont pour l'oxygène une plus grande affinité que le fer, de sorte qu'en employant l'air comme agent d'oxydation on peut, grâce à l'oxygène qu'il contient, séparer le fer des corps étrangers. On emploie aussi des oxydes métalliques.

L'obtention de la fonte malléable provient, ainsi que nous l'avons dit, de l'affinage de la fonte ordinaire solide, procédé qui ne permet pas de transformer la fonte en fer pur. L'affinage proprement dit s'opère sur la fonte liquide.

Cette fonte étant, à l'état liquide, disposée dans un bassin de très faible hauteur, on la soumet à l'action d'un courant d'air qui oxyde les corps étrangers et les élimine successivement suivant leur degré d'affinité pour l'oxygène.

C'est, dans leur ordre chimique, le silicium, le manganèse, le phosphore, le soufre, le carbone, qui s'oxydent et s'éliminent.

Mais il faut, pour cela, assurer un contact permanent entre les diverses parties des éléments constituant la fonte et l'oxygène.

Pour faciliter les réactions, on peut effectuer un brassage énergique du métal en fusion. Cette opération de brassage a reçu le nom de *puddlage* et peut se faire soit à la main, soit mécaniquement. On peut aussi soumettre le métal à l'action d'un courant d'air oxydant, lequel, dans le *dispositif Bessemer,* traverse la masse en fusion en la brassant; ou encore, on mélange à la fonte des vieux fers que l'on fait fondre dans des fours spéciaux dont le *four Martin-Siemens* est le type.

Examinons ces divers procédés d'affinage.

Puddlage

L'affinage de la fonte par puddlage s'effectue dans des fours présentant des dispositions particulières. Suivant que le brassage du métal liquide s'effectue à la main ou mécaniquement, ces fours sont établis différemment. Pour le brassage à la main, on emploie le *four à réverbère* qui se compose d'un fourneau maçonné comportant un *foyer* A, une capacité B dans laquelle s'effectue l'opération d'affinage et nommée *laboratoire,* et un conduit C d'évacuation des produits de la combustion qui communique avec une cheminée D. Le conduit C faisant communiquer le four avec la cheminée a reçu le nom de *rampant*. Une grille E est établie dans le foyer et supportée par les barreaux F; au-dessous d'elle est le cendrier G, et en arrière, est maçonné un petit mur H, l'*autel,* qui sépare le combustible brûlé sur la grille du métal à affiner que l'on dispose sur la *sole* I du four. La sole est constituée par une plaque de fonte supportée par des piliers de façon que l'air puisse circuler au-dessous d'elle pour faciliter son refroidissement. En outre, ses parois sont constituées de manière à permettre une circulation d'eau de refroidissement. Une ouverture J, pratiquée sur la paroi latérale du four, sert à passer l'outil de brassage du métal en fusion et est appelée, pour cela, *porte de travail*. Une autre ouverture K percée sur la même paroi permet de surveiller la marche du feu.

Avant d'introduire dans le four le métal à affiner, on procède à une opération qui consiste à *glacer* la sole, suivant le terme que l'on emploie dans les usines métallurgiques. Pour cela, on place sur la sole une couche de ferraille, de riblons, et d'oxydes de fer, on allume le feu, et on fait fondre ces produits. On égalise le niveau des produits en fusion, sur la sole, en lissant la surface à l'aide d'un outil nommé *spadelle*.

On ajoute de nouvelles couches d'oxydes de fer et de vieux fer, en tenant la surface toujours lisse, jusqu'à ce que l'épaisseur des produits fondus atteigne environ 7 centimètres. On place alors sur la sole ainsi constituée la fonte à affiner, sous forme de *gueusets* pesant environ 30 kilos. On y ajoute des *scories* contenant une proportion de fer d'autant plus considérable que la fonte contient une plus grande proportion de carbone et de matières étrangères.

Puis, on active le feu de façon à produire la fusion rapide de ces matériaux, fusion que l'on peut obtenir au bout d'environ 20 minutes.

Lorsque la fusion est complète, la fonte à affiner forme une couche liquide placée entre les oxydes de fer en fusion répandus sur la sole et les scories liquides qui surnagent sur cette fonte. Il suffira de brasser énergiquement le tout, afin que le contact entre la fonte et les couches oxydantes devienne le plus intime possible, pour obtenir l'élimination, par oxydation, des matières étrangères contenues dans la fonte et pour produire *du fer*.

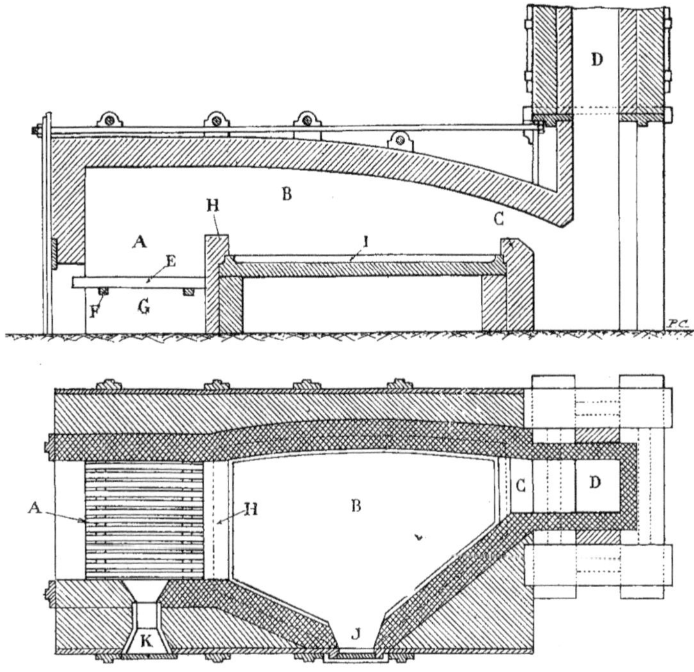

Fig. 43. — Four à reverbère.

Le brassage s'effectue au moyen d'un *ringard* en fer, sorte de crochet que l'ouvrier introduit dans le four par une ouverture percée dans le bas de la porte de travail et à l'aide duquel il remue constamment les matières en fusion. Au bout de cinq minutes environ de brassage continu, le crochet se trouve porté à une température qui ne permet plus de le tenir. De plus, la partie recourbée du crochet qui sert à brasser les produits en fusion, n'est plus assez rigide pour faire efficacement son office, car elle se trouve portée au rouge blanc. Il faut donc que l'ouvrier puddleur change de ringard toutes les cinq minutes. Il refroidit, en le trempant dans l'eau, celui qui vient de lui servir et il en prend un autre pour continuer, sans arrêt, le brassage du métal liquide. Pendant que l'ouvrier puddleur effectue son travail de brassage, fort sont réduits. Pendant cette opération, il ne se manifeste aucun bouillonnement dans le métal liquide, mais lorsque le carbone est ensuite réduit en formant, avec l'oxygène, de l'oxyde de carbone, le liquide bouillonne, et on en voit jaillir des petites flammes.

Au fur et à mesure que le carbone brûle, le brassage devient plus dur, car le fer décarburé tend à se figer. Il convient d'élever

Fig. 11. — Alimentation de fonte d'un four à puddler.

pénible, puisqu'il doit être continué pendant au moins une demi-heure et exécuté à une température très élevée, un aide-puddleur alimente de combustible le foyer et surveille la marche du four en le maintenant à la température convenable.

Des appareils spéciaux, dont nous parlerons plus loin, lui fournissent des indications précises.

Le brassage provoque les réactions et l'oxydation des corps étrangers dans l'ordre que nous avons indiqué : c'est d'abord le silicium, le manganèse et le phosphore, qui la température du four pour maintenir ce fer liquide le plus longtemps possible, afin de le décarburer complètement. Le fer s'épaissit alors de plus en plus ; le brassage ne peut plus s'effectuer ; l'opération est achevée. Le fer forme des petites masses spongieuses qui se soudent entre elles ; elles ont une couleur blanche et débordent des scories et résidus qui restent sur la sole du four.

Le fer obtenu ainsi en grumeaux spongieux doit être aussitôt sorti du four. On le divise en morceaux de 30 à 40 kilogrammes que l'on nomme *loupes*. Chaque loupe est portée à l'aide d'une brouette en métal sous un marteau-pilon nommé *cingleur,* et on procède à l'opération du *cinglage,* qui a pour but de battre la masse spongieuse pour la transformer en fer brut en la débarrassant des scories qu'elle contient.

Au début de l'opération, on frappe la loupe doucement pour la rendre plus homogène en resserrant ses diverses parties, puis, au fur et à mesure que les scories sont rejetées sous l'action des coups répétés du marteau, la masse de fer devient plus compacte; les coups de marteau sont donnés plus énergiquement et on obtient, à la fin de l'opération de *cinglage,* un bloc de fer chaud nommé *massiau,* que l'on passe, généralement tout de suite, dans un laminoir spécial, le *laminoir de puddlage,* qui le transforme en barres de section rectangulaire : c'est l'*ébauché de puddlage.*

Le fer brut ainsi obtenu peut avoir des particularités différentes suivant la conduite du puddlage. Lorsque les scories seront maintenues bien fluides dans le four à puddler et que la température du four sera élevée, on obtiendra du *fer à grain,* dû à la facilité avec laquelle ses diverses parties auront pu se souder entre elles sous l'influence de la température. D'autre part, la présence du manganèse facilite l'obtention du *fer à grain,* car il permet d'obtenir des scories liquides.

Lorsque, au contraire, les scories sont peu fluides, soit par suite de la qualité de la fonte affinée, soit par suite de la température peu élevée du four, soit encore par la façon dont l'opération a été conduite, on obtient du *fer brut nerveux.*

On est parfois obligé de réchauffer la masse de fer brut, après le puddlage, pour rendre l'opération du cinglage plus efficace. Cette opération se nomme *ballage*, et les fers obtenus sont les *fers ballés.*

Le *puddlage à la main* offrant l'inconvénient d'exiger un travail fatigant, et fort pénible, des ouvriers qui y sont employés, on a établi des fours réalisant mécaniquement et automatiquement le brassage du métal en fusion. Certains types de fours mécaniques comportent un ringard semblable à celui du four ordinaire. Ce ringard est manœuvré par l'intermédiaire d'un jeu de leviers et de bielles, et se déplace automatiquement pour brasser toute la masse en fusion. L'ouvrier doit, cependant, remplacer les ringards. D'autres fours sont disposés pour provoquer le brassage du métal liquide par la rotation de la cuve qui le contient.

Fer marchand

Le fer brut obtenu par l'opération du puddlage ne peut pas être employé industriellement, parce qu'il contient trop d'impuretés et ne forme pas une masse de dimensions suffisantes pour qu'on en puisse tirer les pièces diverses nécessaires à l'industrie.

On transforme le *fer brut* en *fer marchand,* en vue de son emploi industriel. Pour cela, on superpose une certaine quantité de barres de fer brut, coupées à longueurs égales et croisées par couches successives. Des *paquets* ainsi constitués sont ligaturés à l'aide de fils de fer et soumis, dans un *four à réchauffer,* à une température d'environ 1.500 degrés, qui porte le métal au *blanc soudant.* Les impuretés contenues dans le fer se liquéfient et se répandent dans le four en abandonnant le métal. Celui-ci est battu sous un *marteau-pilon,* opération qui en forme un bloc compact, composé de diverses parties parfaitement soudées les unes aux autres, duquel les scories sont rejetées par *le martelage.* On traite parfois le bloc de fer en le faisant passer entre les cylindres de *laminoirs.* Les résultats obtenus sont semblables en tant que qualité de fer : c'est le *fer marchand,* que l'on peut débiter en barres, en tôles, en profils variés.

Les paquets de fer brut peuvent donner, suivant la qualité du fer traité, un poids de fer marchand de 15, 20 et même 30 % plus faible.

L'affinage de la fonte, en vue d'obtenir du fer, peut, ainsi que nous l'avons indiqué, s'effectuer autrement qu'à l'aide des fours à puddler. On peut obtenir le brassage et l'oxydation de la fonte liquide par des jets d'air et par des appareils spéciaux : le *convertisseur Bessemer* et le *four Martin-Siemens.*

Comme dans l'industrie l'acier remplace de plus en plus le fer, ces divers procédés d'affinage qui peuvent donner du fer, sont plus spécialement utilisés pour produire de l'*acier,* qui n'est autre chose que du fer contenant une certaine proportion de carbone ou de la fonte incomplètement décarburée.

Nous allons examiner ces divers procédés appliqués à la fabrication de l'acier.

Acier L'acier, nous l'avons dit, est du fer contenant de 0,5 à 1,5 % de carbone. On peut obtenir de l'acier dans le four à puddler en ne décarburant pas complètement la fonte, mais cet acier, pour être utilisé industriellement, est généralement traité spécialement pour être *cémenté* et *corroyé,* c'est-à-dire carburé et rendu homogène dans toute sa masse. Ce procédé est peu employé. La fabrication de l'acier par l'affinage de la fonte à l'aide d'un simple courant d'air oxydant est également peu usuelle. On pratique surtout *l'affinage au bas-foyer* dans lequel la fonte à affiner est mélangée avec le combustible ; ce fut la méthode primitive en métallurgie, surtout appliquée en Suède, pour obtenir l'acier renommé de ce pays, parce que le combustible à employer, qui est le charbon de bois, se fabrique en grande quantité dans ce pays, grâce aux forêts que l'on rencontre aux endroits mêmes où l'on extrait le minerai et où on le traite pour en obtenir la fonte, le fer, et l'acier. Lorsque le charbon de bois doit être transporté sur de longs parcours, cette méthode devient onéreuse par suite du prix de revient de ce combustible. C'est pour cette raison qu'elle a été abandonnée d'une façon générale.

Disons, cependant, qu'elle consiste à placer dans un four la fonte à affiner, qui se trouve mélangée avec le charbon de bois employé comme combustible et avec des oxydes de fer destinés à faciliter l'oxydation. Une tuyère souffle de l'air sur les produits en fusion, pour aider à l'affinage. Le fer que l'on peut obtenir par ce procédé, est appelé *fer au bois,* c'est-à-dire produit à l'aide du charbon de bois. Il est très pur, mais son prix de revient est élevé. Le fer et l'acier de Suède ont été pendant longtemps produits de cette manière.

Aujourd'hui on traite, en général, les fontes par les procédés Bessemer ou Martin-Siemens, pour obtenir l'acier.

Convertisseur Bessemer Le convertisseur Bessemer est un grand four métallique d'une forme spéciale et pouvant prendre un mouvement oscillant. Il se compose d'un cylindre A (Fig. 45) formé de plaques de tôle d'acier rivées les unes sur les autres. Le diamètre du cylindre est d'environ 1 mètre 60 à 2 mètres. A la partie inférieure, le cylindre est terminé par une partie demi-sphérique ; à sa partie supérieure, il est muni d'un bec B portant une large ouverture. La hauteur du convertisseur varie de 3 à 5 mètres.

A l'intérieur de l'enveloppe d'acier formant la paroi extérieure de l'appareil, est disposée une garniture C de grande épaisseur, constituée en briques réfractaires ou en *pisé.*

Une frette circulaire D ceinture le convertisseur et porte deux tourillons E et F qui reposent sur deux paliers fixés sur un massif maçonné. L'appareil est donc supporté par les deux paliers et peut osciller, grâce à ses deux tourillons.

L'un des tourillons E porte, à sa partie centrale, un canal communiquant, d'une part, avec un conduit amenant le vent d'une machine à souffler, et, d'autre part, avec un tuyau qui aboutit à la partie inférieure du convertisseur.

Sur le second tourillon F est fixé un pignon denté engrenant avec une crémaillère que l'on manœuvre pour faire osciller le convertisseur.

La partie inférieure de l'appareil, à laquelle aboutit le conduit G d'air soufflé, est formée par une capacité métallique cylindrique H, qui reçoit l'air et qui est percée de trous, sur sa paroi supérieure. Au-dessus de cette boîte, un bloc de terre réfractaire portant une série de trous est disposé pour former le fond du revêtement intérieur. L'air arrivant sous pression peut donc pénétrer dans le convertisseur par sa partie inférieure. Cette partie, qui est plus particulièrement susceptible de se détériorer, peut aisément se changer en remplaçant la capacité métallique à air et sa garniture réfractaire supérieure.

La garniture en matière réfractaire qui forme la paroi intérieure du convertisseur, et qui est en contact avec le métal en fusion, influe, suivant sa nature, sur les résultats de l'affinage.

Lorsque la fonte à traiter contient du phosphore, la garniture en matière réfractaire peut être faite avec les matériaux habituels qui sont généralement siliceux. Lorsque les parois du convertisseur sont siliceuses, on désigne l'appareil sous le nom de *convertisseur acide*, avec lequel on peut donc affiner les fontes non phosphoreuses.

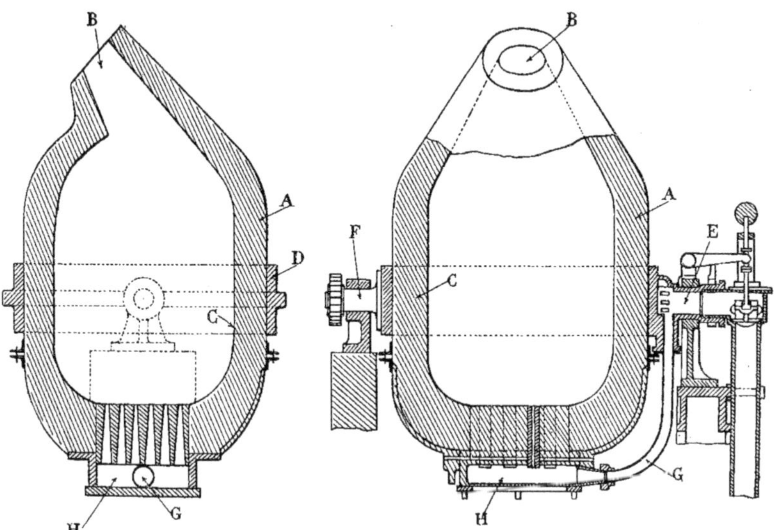

Fig. 15. — Convertisseur Bessemer. (Coupe verticale.)

Par contre, lorsque les fontes à affiner contiennent du phosphore, il est nécessaire de changer la nature du revêtement du convertisseur, car les parois siliceuses empêchent la formation des *phosphates*, par suite de la présence des *silicates acides*. On établit alors le revêtement avec des matériaux basiques comme la *magnésie*, et le convertisseur muni de ces parois se nomme *convertisseur basique*, plus particulièrement utilisé pour traiter les fontes phosphoreuses.

Convertisseur acide Pour procéder à l'opération d'affinage, on chauffe d'abord le convertisseur jusqu'au rouge blanc, puis, par la manœuvre de la crémaillère, on le fait osciller jusqu'à ce qu'il soit disposé horizontalement. Le bec et l'ouverture de chargement se présentent alors dans le prolongement d'une sorte de chêneau par lequel arrive la fonte. On introduit dans le convertisseur une charge de volume bien moindre que le volume du fourneau, puis on fait osciller celui-ci, pour le replacer verticalement, en ayant soin d'ouvrir, au commencement de la manœuvre, le conduit distribuant l'air sous pression. Cet air empêche le métal liquide de venir boucher les trous par lesquels il pénètre dans le fourneau. Lorsque le convertisseur est relevé, son bec est disposé sous la hotte d'une cheminée dans laquelle sont évacués les gaz brûlés, que l'on voit cependant sortir du gueulard, et qui permettent, suivant l'aspect qu'ils ont à leur sortie, de suivre la marche de l'opération.

La pression de l'air soufflé dans le convertisseur doit être suffisante pour qu'il traverse la masse métallique en fusion. Cette pression égale environ 1 atmosphère 1/2 à 2 atmosphères. La machine qui envoie l'air doit fournir, par minute, environ 25 à 30 mètres cubes d'air par tonne de fonte, ce qui correspond à une puissance d'environ 60 chevaux par tonne de fonte affinée, l'opération durant à peu près trente minutes.

Au début de l'opération, l'oxygène de l'air soufflé brûle le silicium. La silice ainsi formée ne produit aucune flamme, et il sort du gueulard du convertisseur des étincelles blanches et rouges provenant des parties métalliques entraînées par l'air sous pression. Dans cette période, dite *période des étincelles,* le manganèse s'oxyde un peu, mais le carbone ne s'oxyde pas encore.

L'opération continuant, l'aspect du col de la cornue change; ce sont des flammes qui jaillissent au bout d'un certain temps; elles sont, d'abord, d'une couleur jaune orange, avec des stries rouge et bleu, puis la flamme devient blanche et s'allonge, et les étincelles plus petites sortent sans interruption. Dans cette période d'affinage, dite *période des flammes,* le carbone de la fonte, au contact de l'oxygène, de l'air soufflé, et des oxydes de fer, brûle et se transforme en oxyde de carbone et acide carbonique. Le bruit provoqué par l'arrivée de l'air sous pression dans le convertisseur diminue d'intensité, pendant cette période, parce que la masse métallique est plus fluide, tandis que pendant la première période le bruit est beaucoup plus intense. Pendant la seconde période, le métal bouillonne par suite du dégagement des gaz.

Lorsque le bouillonnement cesse, le carbone est éliminé. La flamme prend une couleur blanc rose, le bruit de l'air augmente d'intensité, puis, au fur et à mesure que l'opération se poursuit, l'appareil rejette de la fumée blanche puis rouge. C'est la *période des fumées* à la fin de laquelle le fer s'oxyde et brûle.

Suivant la nature des fontes traitées, on arrête l'opération d'affinage à un moment déterminé par l'examen des flammes qui sortent du convertisseur.

On peut aussi procéder à l'examen des scories qui surnagent sur le métal. Pour cela, on fait osciller le convertisseur pour pouvoir y plonger une barre de fer.

Lorsque la scorie, très rapidement refroidie, a une couleur claire, c'est que le carbone n'est pas complètement éliminé, puis elle devient plus foncée lorsque le carbone disparaît et apparaît finalement de couleur noire.

On emploie assez souvent le *spectroscope* pour procéder à un examen méthodique des flammes et déterminer le point d'arrêt de l'opération. Cette méthode est basée sur l'apparition des raies colorées diverses ou leur disparition suivant la nature des

Fig. 46. — Installation d'une batterie de convertisseurs Bessemer.

flammes, et indique le point précis où il convient de terminer l'opération.

Un autre procédé consiste à prélever dans le convertisseur un échantillon de métal liquide, qui, coulé en petite quantité, est aussitôt forgé au marteau-pilon, refroidi, puis rompu pour examiner sa *cassure*. Ces opérations doivent être très rapidement menées. A cette condition, on peut, sans trop retarder l'opération d'affinage, avoir une indication exacte de la qualité du métal contenu dans le convertisseur, ce qui permet de juger de l'opportunité d'arrêter cette opération.

Lorsque l'affinage est terminé, le fer, ainsi que nous l'avons dit, est en partie oxydé; il faut donc, pour obtenir de l'acier, à la fois désoxyder et recarburer le métal. Pour cela, on ajoute au bain liquide du manganèse ou plutôt de la fonte contenant du manganèse. Ces *fontes manganésées* contiennent de 4 à 7 % de carbone, ce qui permet d'obtenir des aciers.

On ajoute ces fontes spéciales, soit en les introduisant directement dans le convertisseur que l'on ramène pour cela dans une position horizontale, soit en les mélangeant au métal liquide extrait du convertisseur et versé dans un récipient que l'on nomme *poche de coulée*.

La marche de l'opération d'affinage que nous venons d'examiner se rapporte à un *convertisseur acide*. Les aciers obtenus sont des *aciers durs*, les aciers doux et extra-doux ne pouvant se produire que difficilement par suite de la présence du silicium dans la fonte traitée, et dont l'acier conserve quelques traces qui lui donnent de la dureté.

Convertisseur basique Pour l'affinage des fontes phosphorées, on emploie le *convertisseur basique* : la marche de l'opération diffère de l'opération précédente. Les fontes traitées peuvent contenir jusqu'à 2,5 % de phosphore, environ 2 % de manganèse, une faible quantité de silicium et très peu de soufre.

Les convertisseurs basiques ont les mêmes dispositions que les convertisseurs acides; mais, ainsi que nous l'avons dit, le revêtement intérieur est basique.

Il est formé d'un *pisé* constitué par de la *dolomie*, ou carbonate de chaux et de magnésie, calcinée, pulvérisée et mélangée avec une proportion de goudron pouvant atteindre, en poids, 10 %.

Le mélange est appliqué par couches successives sur la paroi du convertisseur, au moyen de plaques en fer chauffées au rouge.

Les dimensions des convertisseurs basiques sont plus grandes, pour un même volume de métal à traiter, que celles des convertisseurs acides, en raison de la plus grande quantité de scories produites. Le bec est, en outre, plus relevé.

Pour mettre l'opération d'affinage en marche, on chauffe le convertisseur au rouge blanc, puis on verse, par le bec, de la chaux portée à une température élevée et on introduit la fonte à affiner. Le convertisseur est alors horizontal.

On le dispose verticalement en effectuant les mêmes manœuvres que pour l'opération que nous venons d'examiner. L'air est soufflé par la partie inférieure et l'affinage commence.

Il se produit d'abord, comme dans le convertisseur acide, la *périodes des étincelles*, pendant laquelle le silicium brûle. La silice qui se forme se combine en premier lieu avec la *base* contenue dans le revêtement et avec la chaux introduite dans le convertisseur. Il se forme des *silicates multiples*, le manganèse et le fer s'oxydant à cette période.

Pendant la *période des flammes*, le carbone brûle et se transforme en acide carbonique et en oxyde de carbone.

Le phosphore brûle ensuite et la flamme qui sort du gueulard se raccourcit et devient blanche. C'est la période du *sursoufflage*, pendant laquelle on continue à souffler de l'air dans l'appareil, malgré l'élimination du carbone. Le sursoufflage a pour objet de réduire et de brûler le phosphore.

Pendant cette période, la température devient très élevée dans le convertisseur; le manganèse achève de brûler en empêchant l'oxydation du fer et en permettant l'élimination du soufre.

Les fumées se montrent au gueulard du convertisseur : il est nécessaire alors d'arrêter l'opération. Il est très important de s'assurer que l'acier est complètement débarrassé du phosphore. Pour cela, on prélève dans le convertisseur un peu de métal, que l'on forge et que l'on refroidit rapidement, pour pouvoir observer l'aspect de sa cassure. Cette cassure doit être complètement homogène et on ne doit point trouver parmi les grains d'acier des paillettes qui indiquent que le phosphore n'a pas complètement disparu. Il faut continuer l'opération d'affinage jusqu'à ce que le phosphore soit complètement éliminé, car, dans la proportion de 1/1000, le phosphore contenu dans l'acier le rend *rouverin,* c'est-à-dire impossible à forger. Il se casse lorsqu'il est porté au rouge et se soude difficilement.

A la fin de l'affinage, il convient d'abord de faire écouler du convertisseur les scories qui forment une couche surnageant au-dessus du métal. On procède ensuite, au moyen de fontes manganésées, à la désoxydation du métal, qui s'est oxydé à la fin de l'opération.

En ajoutant des ferro-manganèses contenant une forte proportion de manganèse, on obtient des *aciers extra-doux* et *doux.*

Le traitement industriel de la fonte phosphoreuse par le convertisseur basique a été appliqué en 1878 par deux ingénieurs: Thomas et Gilchrist. On donne, en conséquence quelquefois, à ce système, le nom de procédé Thomas et le métal obtenu est nommé *métal Thomas.*

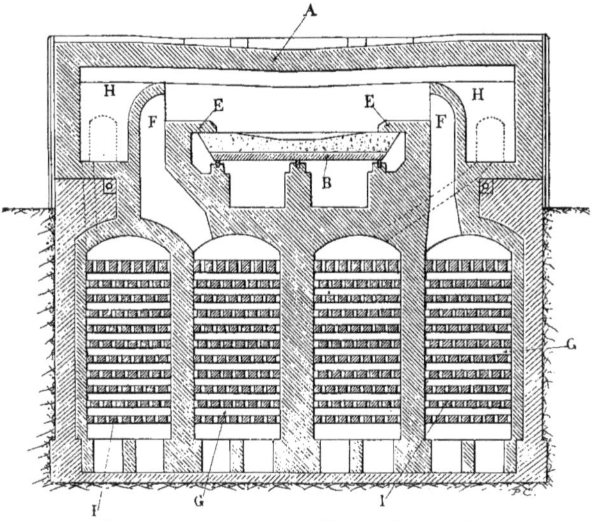

Ce procédé a permis d'utiliser, pour la production de la fonte, de l'acier, et surtout de l'acier doux, les minerais phosphoreux qui existent en gisements importants dans l'Est et le Nord de la France.

Fig. 47. — Four à acier Martin-Siemens. Coupe verticale.

Four Martin-Siemens La méthode d'affinage de la fonte à l'aide du four Martin-Siemens consiste, nous l'avons dit, à mélanger à la fonte à traiter, des vieux fers qui ont été déjà affinés, et à provoquer ainsi la répartition du carbone contenu dans la fonte dans une masse métallique plus importante. On peut, suivant les proportions des produits mélangés, obtenir des aciers de qualités différentes. On peut ajouter, aussi, de l'oxyde de fer mélangé à la fonte sous forme de minerai. L'oxygène de ce corps facilite l'élimination du silicium, du manganèse et du carbone, en les brûlant.

Le four Martin-Siemens comprend le four proprement dit et des chambres de réchauffage ou *régénérateurs* servant à porter à une haute température les gaz et l'air qui sont envoyés dans le four, afin d'y maintenir le métal très liquide et d'élever sa température entre 1.500 et 1.800 degrés.

Le four est disposé au-dessus des *régénérateurs*. C'est un four à réverbère dont la voûte A est surbaissée vers le milieu et comportant une sole B qui peut être constituée en matières différentes (Fig. 47); elle est faite en forme de cuvette dont la paroi inférieure possède une légère inclinaison du côté du trou de coulée C, placé sur un des flancs du four (Fig. 48), trou par lequel on extraira le métal liquide de l'appareil.

Sur l'autre côté du four sont disposées les portes de travail D. Les autels E maintiennent le métal sur la sole et au-dessus d'eux débouchent les conduits de gaz F provenant des réchauffeurs de gaz G. Au-dessus de ces conduits sont ménagées des ouvertures H aboutissant à la voûte du four, et par lesquelles l'air chaud provenant des régénérateurs d'air I pénètre dans le four.

Comme dans le convertisseur, la sole peut être *acide* ou *basique*, suivant que la fonte à affiner contient ou ne contient pas de phosphore. On peut aussi établir une *sole neutre*.

On dispose les revêtements particuliers devant former les soles diverses sur une plaque métallique reposant sur le massif maçonné.

La *sole acide* est constituée par des débris de briques réduits en poudre : du sable siliceux placé sur la plaque du four, porté à une température suffisante, provoque leur adhérence. On superpose ainsi plusieurs couches jusqu'à ce que la cuvette ait le profil convenable. On fait fondre ensuite des scories sur la sole pour en boucher toutes les fissures.

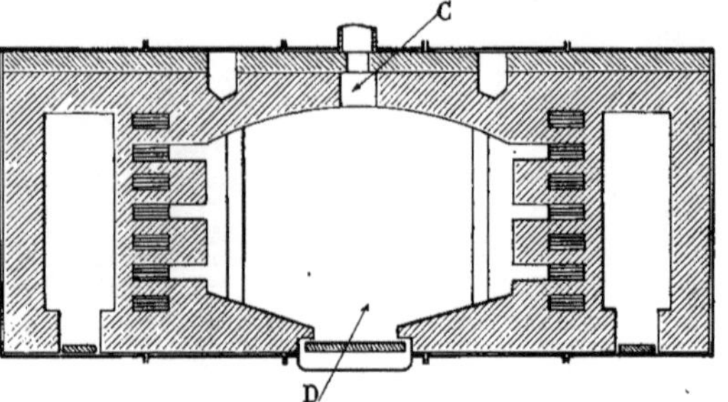

Fig. 48. — Four à acier Martin-Siemens. Coupe horizontale.

Pour la *sole basique*, on place par couches, comme dans le convertisseur, sur la plaque métallique, de la *dolomie*, qui est un carbonate naturel de chaux et de magnésie. Ce produit est calciné, pulvérisé, et mélangé avec du goudron.

La *sole neutre* est faite avec du minerai de chrome ou fer chromé qui supporte les températures élevées. De plus, elle résiste aussi bien à l'action des silicates acides qu'à celle des bases comme la magnésie ou la chaux, et c'est pour cela qu'on lui a donné le nom de *neutre*.

Pour procéder à l'affinage de la fonte, dans le four Martin-Siemens, on la place, en morceaux d'environ 40 kilos, et froide, sur la sole; on ajoute, suivant la qualité de la fonte, de la fonte manganésée si elle manque de manganèse. On admet dans le four de l'air et du gaz en proportions déterminées pour commencer à élever la température et on termine le chargement du four en ajoutant des vieux fers et des riblons.

Le gaz combustible brûle, sa combustion étant activée par l'air, et provoque la fusion des produits versés sur la sole du four. L'affinage se poursuit alors, comme dans le convertisseur, par l'oxydation successive des divers produits étrangers au fer. On peut suivre la marche de l'opération en prélevant, de temps à autre, à l'aide d'un petit récipient garni de terre réfractaire, du métal en fusion qui est traité, comme nous l'avons indiqué plus haut, par forgeage, puis plié et cassé, et on détermine, suivant la façon dont il se travaille, et suivant l'aspect de la cassure, le degré atteint dans l'affinage.

Comme dans l'affinage au convertisseur, on est obligé de pousser l'opération au delà du point qui donne la proportion convenable de carbone, afin d'éliminer complètement le silicium ; on évite les conséquences de cette opération, en faisant, après l'arrêt de l'affinage, des additions dans le bain liquide. Les produits ajoutés varient avec la qualité d'acier à obtenir. On ajoute du *spiegel,* qui est, ainsi que nous l'avons dit, de la fonte manganésée contenant cependant une assez grande proportion de carbone, pour obtenir de l'acier dur, et parfois du *ferro-manganèse,* pour obtenir des aciers doux. L'addition peut se faire dans le four même ou dans la poche dans laquelle on coule le métal.

Ce procédé d'affinage au four Martin-Siemens, est nommé procédé par *dilution,* mais on emploie aussi d'autres méthodes suivant les ressources dont disposent les usines métallurgiques. Lorsque les débris de fer déjà affiné et les riblons manquent, on les remplace par du minerai dans certaines régions : c'est le procédé d'affinage par *oxydation.*

On introduit le minerai dans le four lorsque la fusion des autres produits est complètement obtenue. Le bain liquide bouillonne sur toute sa surface lorsque la quantité ajoutée est suffisante. On renouvelle plusieurs fois l'addition de minerai, si cela est nécessaire, jusqu'à ce que les bulles d'oxyde de carbone ne se manifestent presque plus à la surface du bain, qui est, à ce moment, *décarburé.* Par l'analyse des échantillons de métal prélevés dans le four, on détermine le moment où l'opération doit prendre fin.

Les additions sont effectuées ensuite comme dans la méthode précédente.

Dans certaines usines, on emploie, au lieu de riblons ou de minerais, les blocs de fer ou *loupes* provenant des fours à puddler, et on les ajoute à la fonte à affiner dans les fours Martin-Siemens.

Dans les fours *à sole acide,* on traite surtout les fontes non phosphoreuses, ainsi que les fontes blanches contenant peu de carbone et peu de silicium.

Les fontes phosphoreuses sont affinées au four *à sole basique.* Le chargement des produits s'opère comme pour le four acide, mais on ajoute de la chaux pour faciliter la production de silicates.

Comme pour les convertisseurs, l'affinage au four acide produit des *aciers durs,* tandis que l'affinage au four basique donne des *aciers doux.*

Le procédé d'affinage par le four est d'un prix de revient plus élevé que le procédé par convertisseur Bessemer ; par contre, il permet d'obtenir des aciers contenant, en proportions bien déterminées, les produits convenables qui leur donnent des propriétés particulières, ainsi que nous le verrons plus loin en examinant les *aciers spéciaux.*

Il existe d'autres modèles de fours destinés à affiner la fonte. Le type que nous venons de décrire et l'examen de la marche de l'opération d'affinage, suffisent à établir le principe de la fabrication de l'acier au moyen des fours, qui ne diffèrent que par la variété des dispositions des différents organes.

Aciers cémentés. L'obtention de l'acier par les procédés Bessemer ou Martin Siemens oblige, ainsi que nous l'avons vu, à prolonger l'opération d'affinage au delà du point voulu par rapport à la proportion de carbone qu'il convient de laisser à l'acier, afin d'éliminer des corps étrangers pouvant nuire à la qualité du métal. Pour redonner à l'acier la proportion de carbone convenable, on doit effectuer des additions de produits divers; mais il est possible que l'action de ces produits, tout en rendant à l'acier sa bonne teneur en carbone, introduise dans le bain métallique des éléments étrangers pouvant nuire à la qualité de l'acier à obtenir. On a donc été conduit, en vue de produire de l'*acier pur,* c'est-à-dire de l'acier carburé en proportions convenables et exempt de toute autre matière étrangère, à rechercher d'autres procédés, et on a appliqué en grand le procédé de la *cémentation,* dont le principe était d'ailleurs connu depuis fort longtemps.

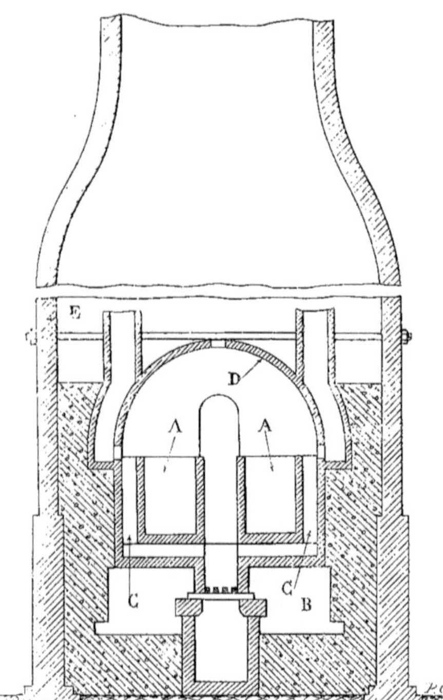

Fig. 19. — Four de cémentation. Coupe verticale.

Ce procédé consiste à mettre l'acier, soumis à une température qui le porte au *rouge-cerise clair,* en présence de charbon ou de corps contenant une grande proportion de carbone, tels que les gaz carburés. Le métal absorbe lentement le carbone en quantité d'autant plus considérable que l'opération dure plus longtemps. Cette opération doit se faire complètement à l'abri de l'air pour empêcher l'oxydation des produits.

L'acier obtenu par ce procédé se nomme *acier de cémentation.* Cet acier ne peut être utilisé qu'en lui donnant l'homogénéité nécessaire à son emploi. Pour cela, on le *corroie* ou on le fond au creuset.

Pour obtenir l'acier cémenté, on place le fer débité en barres dans des capacités A (Fig. 19) en forme de parallélipipède d'environ 4 mètres de long et 1 mètre de large, faites en briques réfractaires et placées, généralement, au nombre de deux dans un *four de cémentation* B. On dispose dans ces sortes de caisses des couches alternatives de barres métalliques et de *cément.* Celui-ci est, le plus souvent, constitué par du charbon de bois obtenu avec du chêne et réduit en petits morceaux. Il est mélangé, ordinairement, avec du charbon de même qualité provenant d'opérations précédentes et auquel on a fait subir un lavage.

Les deux caisses sont placées dans le four parallèlement et à faible distance l'une de l'autre. Des conduits maçonnés C sont disposés tout autour d'elles et répartissent, d'une manière régulière, la chaleur provenant du foyer. Une enveloppe maçonnée, formant voûte D au-dessus des caisses, complète la carapace du four qu'une double enveloppe E protège contre la déperdition de chaleur. La cheminée, par où s'échappent les gaz provenant du foyer, fait suite à cette double enveloppe.

Le fer et le cément étant disposés dans les caisses, par couches successives, de façon qu'une couche de cément se trouve au-dessous et au dessus, on remplit les espaces encore vides de ces caisses au moyen de sable fin dont on place une couche d'environ 20 centimètres au-dessus des produits. On allume alors le combustible sur le foyer du four et on l'alimente de façon à élever sa température progressivement jusqu'à ce qu'elle atteigne le rouge vif. Ce n'est qu'au bout de quelques jours, de 3 à 5, que ce résultat est atteint. On maintient, pendant un temps qui peut varier de 7 à 12 jours, la même température dans le four, pour que la cémentation ait le temps de s'effectuer.

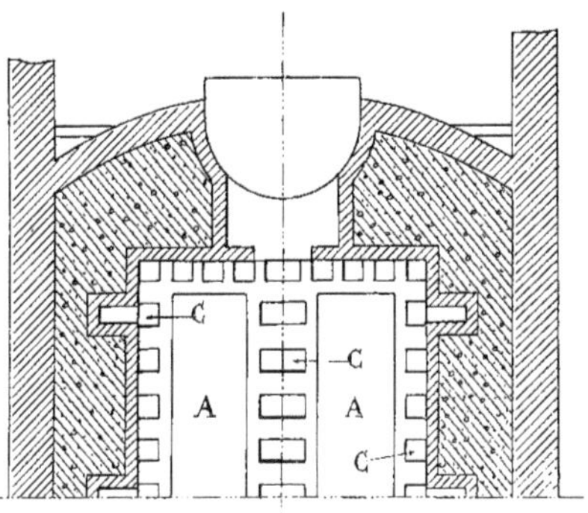

Fig. 56. — Four de cémentation. Coupe horizontale.

Le carbone s'incorpore progressivement dans le métal en proportion plus grande vers les couches extérieures que vers le cœur même de la pièce. Cette incorporation s'effectue lentement et nécessite une opération prolongée pour que la masse métallique tout entière subisse l'effet de la cémentation. La durée de cette opération est d'autant plus grande qu'on veut obtenir un acier plus carburé.

Lorsque la cémentation est terminée, on laisse refroidir le four en fermant la porte du foyer, ce qui nécessite de 5 à 8 jours, et c'est après le refroidissement complet, seulement, que l'on enlève l'acier contenu dans les caisses.

En raison de la qualité du fer employé qui est du *fer au bois* ou *puddlé de première qualité*, et de la longueur de l'opération de cémentation, les aciers cémentés sont d'un prix de revient élevé. Aussi ne sont-ils utilisés dans l'industrie que pour confectionner des pièces devant posséder des qualités particulières. Ces aciers de choix sont assez souvent employés pour fabriquer des outils.

Acier corroyé Les barres de fer qui ont été carburées dans le four, ont un aspect rugueux lorsqu'on les enlève des caisses de cémentation. Cet aspect a fait donner au métal obtenu le nom d'*acier poule*. Cet acier ne peut être employé directement car il n'est pas homogène, la carburation étant plus prononcée à la surface des barres qu'au milieu de leur épaisseur. En outre, il a une texture cristalline qui le rend fragile.

On lui fait subir l'opération du *corroyage* pour lui donner la texture et l'homogénéité nécessaires à son emploi. Pour cela, les barres d'acier cémenté sont divisées en morceaux d'environ 50 centimètres de longueur. Ces morceaux sont mis en paquets, par degrés de carburation semblables, ce qu'il est aisé de déterminer à l'aspect de la cassure.

On les ligature à l'aide de fils de fer, et le bloc ainsi formé est placé dans un four à réchauffer où le métal est porté au rouge blanc. On le forge alors à l'aide du marteau-pilon, pour lui donner de la consistance, et pour bien souder ensemble les divers éléments d'acier qui le composent. On étire ensuite le bloc pour lui donner une forme de barre.

On obtient ainsi l'*acier corroyé,* qui peut être directement utilisé. Pour augmenter encore la consistance et l'homogénéité de l'acier, on ressoude ensemble une seconde fois et, parfois, une troisième fois, les barres d'acier déjà corroyées, en les tronçonnant, en formant des paquets, et en les traitant par le martelage ou l'étirage après avoir été chauffés au four.

Acier fondu au creuset

On traite aussi par la fusion au creuset, l'acier de cémentation pour le rendre homogène et utilisable.

Pour cela, on place dans des creusets A (Fig. 51) de forme ovoïde, des charges d'environ 40 kilogrammes d'*acier poule* et on dispose ces creusets dans un four spécial B pour provoquer la fusion. On ajoute parfois à l'acier à traiter, des produits appropriés suivant la qualité d'acier que l'on veut obtenir.

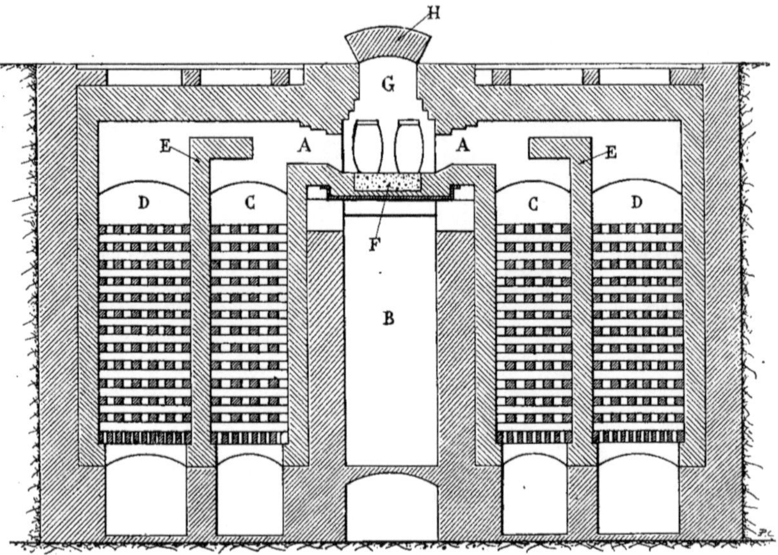

Fig. 51. — Fours à creusets à régénérateurs.

Les creusets sont faits en matière réfractaire composée, généralement, d'argile avec une proportion minime de coke réduit en poudre. On mélange aussi, parfois, à l'argile, du graphite en proportions égales, et on ajoute un peu de sable. Le creuset façonné est séché et soumis à la cuisson.

Le four dans lequel sont placés les creusets pour effectuer la fonte de l'acier, nommé, pour cela, *four à creusets,* a, généralement, une disposition permettant d'utiliser des combustibles gazeux. Les gaz sont produits par des gazogènes spéciaux, semblables à ceux qui alimentent les fours Martin-Siemens. Ils se réchauffent en traversant des régénérateurs C et brûlent dans le four pour le porter à une température élevée, leur combustion étant facilitée par une arrivée d'air réchauffé préalablement dans des régénérateurs spéciaux D accolés aux régénérateurs de gaz. Des cloisons maçonnées E séparent les divers organes constituant le four et forment les conduits de circulation de gaz et d'air.

Les creusets sont posés sur une cloison horizontale F placée à la partie supérieure du four, sur plusieurs rangées, au nombre d'environ vingt. Dans la voûte du four est ménagée une ouverture G longitudinale, fermée par des voussoirs H formant joints et que l'on peut aisément déplacer pour introduire les creusets dans le four ou les en retirer.

Chaque creuset contenant son chargement, est muni d'un couvercle, de sorte que lorsque sous l'action de la température du four les produits sont en fusion, les réactions ne s'effectuent qu'entre les matières introduites dans le creuset, en dehors du contact des éléments extérieurs. On peut ainsi déterminer la qualité d'acier que l'on obtiendra suivant les produits placés dans le creuset.

La durée de la fusion peut varier entre 4 et 8 heures. L'acier est obtenu sous forme de bain liquide au-dessus duquel surnage toujours une couche peu épaisse de scories.

L'opération de fusion étant terminée, on retire les creusets du four, à l'aide de pinces de forme appropriée, en enlevant les voussoirs. On débarrasse le bain métallique des scories qui sont à sa surface à l'aide d'un ringard en fer, autour duquel ces scories s'attachent. Puis on coule l'acier liquide, après avoir attendu pendant quelques instants, pour permettre à certains gaz contenus dans le bain de s'échapper. On obtient, après la coulée et le refroidissement, de l'*acier fondu au creuset*, qui est un acier de qualité supérieure, d'un prix de revient élevé. La coulée peut s'effectuer dans un moule ayant la forme de la pièce à obtenir ou dans des capacités spéciales faites en métal, qui donnent des *lingots* que l'on façonne, par les procédés de forgeage, aux dimensions déterminées.

Nous examinerons, dans la deuxième partie de ce livre, les procédés employés pour le moulage de l'acier en vue de l'obtention directe des pièces à leur forme.

Quant à la coulée, elle s'opère, le plus souvent, dans les récipients métalliques dont nous venons de parler, qui sont nommés *lingotières*. Ces lingotières, de formes diverses, sont placées sur une plate-forme tournante, de façon qu'elles se présentent successivement devant le trou de coulée dans le cas où l'acier est produit en quantité dans un four.

Pour l'acier fondu au creuset, lorsque le lingot à obtenir est d'un volume considérable, on verse le métal liquide, provenant de plusieurs creusets, dans une seule poche de coulée, et on peut de la sorte le couler d'un seul trait dans la lingotière. Une interruption dans la coulée, en vue de l'obtention d'un même lingot, offre en effet de sérieux inconvénients.

Électro-métallurgie

Les progrès faits dans la science électrique, d'une part, et, d'autre part, l'utilisation de plus en plus grande de l'énergie des innombrables chutes d'eau existant sur tous les points du globe et qui fournissent cette *houille blanche* qui offre tant de ressources, ont contribué à étendre le champ de la métallurgie. Il s'est créé, principalement dans les contrées où les chutes d'eau sont abondantes, des usines dans lesquelles l'acier est fabriqué électriquement, ainsi, d'ailleurs, que d'autres métaux, principalement l'aluminium et aussi de nombreux alliages.

C'est le *procédé électrométallurgique*, lequel diffère des procédés que nous venons d'examiner en ce que les combustibles, de quelque nature qu'ils soient, utilisés pour porter les fours à la température convenable, sont remplacés par le passage d'un courant électrique qui provoque au sein de la masse métallique à traiter, une élévation de température suffisante pour liquéfier les produits contenus dans le four et produire les réactions appropriées.

Nous avons, dans le deuxième volume des *Merveilles de la Science,* examiné le fonctionnement du four électrique et décrit ses diverses applications [1].

Nous avons décrit plusieurs systèmes de fours établis pour fabriquer l'acier, parmi lesquels les fours électriques Gin et Keller.

Rappelons que le four Gin est disposé pour effectuer, dans des capacités différentes, le chauffage du produit à traiter et l'opération d'affinage. Le courant utilisé a une intensité de 60.000 ampères et une tension de 120 volts; on dispose donc d'une énergie de 7.200 kilowatts qui permet de produire 250.000 kilos d'acier en 24 heures.

Le four comporte deux cuvettes B, au fond desquelles sont disposées deux électrodes formées d'un bloc d'acier doux cylindrique A, que supportent les parois maçonnées. On sait que les électrodes sont des organes placés en bout des conducteurs de courant électrique. Ces deux conducteurs de courant F et G, placés concentriquement, pour annuler la *self-induction* du circuit, aboutissent entre ces deux cuvettes et communiquent, par conséquent, respectivement, chacun avec une électrode par l'intermédiaire de manchons en bronze D sur lesquels les électrodes en acier A sont frettées à chaud.

Ces blocs d'acier sont munis d'une cavité C qui permet d'assurer une circulation d'eau réfrigérante et dont la forme est telle que la réfrigération est plus considérable au centre de la cuvette que sur les bords.

Le courant électrique étant fermé entre les deux électrodes par les matériaux métalliques que contiennent les cuvettes, provoque la fusion de ces matériaux, et le courant remplace bien dans ces fours les combustibles des fours que nous avons décrits.

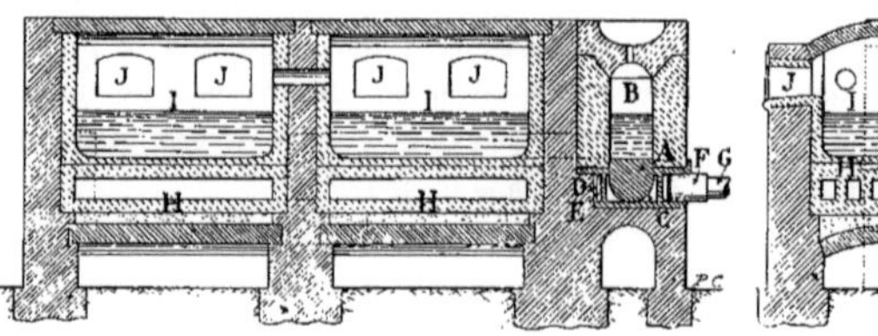

Fig. 52. — Four électrique Gin. Coupes.

Des canaux H, ménagés dans les parois du four, servent à la circulation du métal liquide en vue de son affinage. Des capacités I reçoivent la fonte brute qui y est introduite par les portes J. Des trous de coulée sont pratiqués dans les parois du four pour enlever les scories et couler le métal.

Lorsqu'on effectue la coulée du métal obtenu à la composition désirée, par sa circulation dans le four chauffé électriquement, il se produit, à travers tous les conduits du four, un déplacement de métal liquide dirigé vers l'orifice de coulée, de sorte qu'il arrive dans les cuvettes de prise de

1. Voir : Merveilles de la Science, Tome II, *Électricité*, p. 700 et suivantes.

courant contenant les électrodes, une quantité de fonte liquide équivalente à celle du métal coulé. En donnant des dimensions appropriées aux cuvettes et aux conduits, on peut faire fonctionner les fours d'une manière continue en les alimentant, par les ouvertures J, fermées par des portes de fonte brute, sans que la température varie dans les cuvettes où les diverses réactions s'effectuent d'une manière analogue à celle des autres fours.

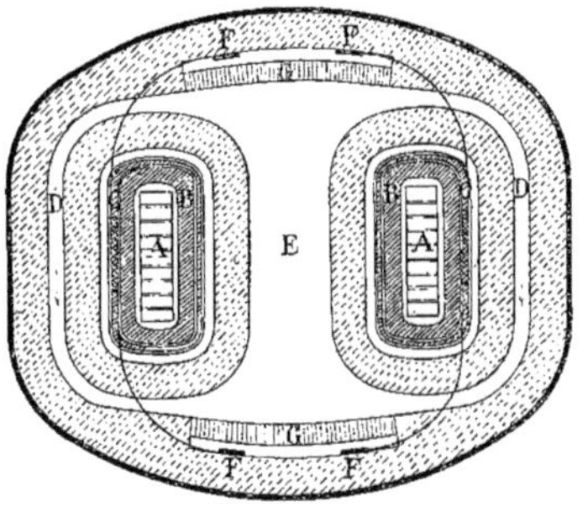

Fig. 53. — Four à induction. Coupe horizontale.

Le four électrique Héroult, employé dans les usines de Froges et de La Praz (Savoie), est à bascule et se manœuvre au moyen d'appareils à commande mécanique ou électrique. Les électrodes, en charbon, sont placées en bout de potences munies de dispositifs de réglage. Elles sont rendues solidaires des conducteurs de courant par des colliers de lames métalliques serrées fortement. On obtient, avec ce four, des aciers fins par l'affinage de la fonte.

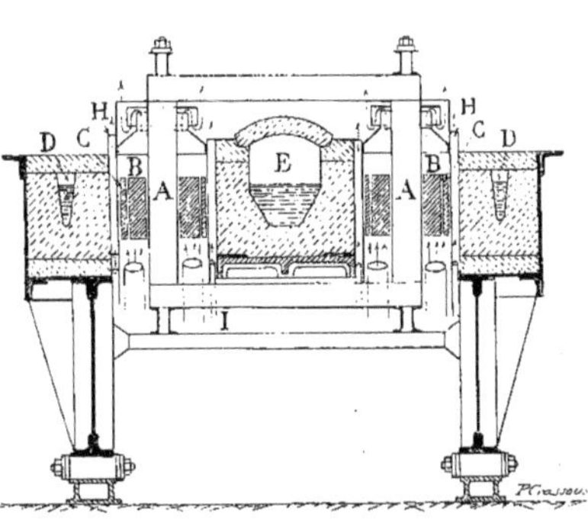

Fig. 54. — Four à induction. Coupe verticale.

Un four spécial, basé sur l'*induction*, comporte un transformateur à deux branches A (Fig. 53 et 54) sur chacune desquelles est disposé un enroulement primaire B, qui est l'enroulement inducteur, et un enroulement secondaire induit C. Les circuits primaires sont reliés à l'alternateur et le courant qui passe dans ces conducteurs engendre un courant induit dans le circuit secondaire : c'est ce courant à haute tension qui se transmet à la matière à traiter, laquelle est contenue dans des rigoles D entourant les noyaux des transformateurs. Des plaques métalliques F et une pièce également métallique G servent à établir la communication à travers la matière contenue dans le four.

Le four peut être basculé pour couler le métal liquide.

Un courant d'air froid arrivant par les tuyères I refroidit les enroulements de fil entourant les branches du transformateur.

La fonte liquide est versée dans le four par une porte placée derrière, et les charges solides et les autres produits à mélanger sont introduits par une autre porte.

Dans le four Keller, la *sole* forme une des *électrodes*. Comme la composition des soles exerce une influence sur le métal à obtenir, on ne peut les constituer en charbon, qui est un corps très bon conducteur, car, sous l'action de la chaleur, la sole carburerait le métal dans des proportions tout à fait indéterminées. C'est pour cela que la sole du four Keller se compose d'un *pisé*, armé par une série de barreaux de fer placés verticalement et d'une manière régulière, et solidaires d'une plaque métallique inférieure reliée à un des conducteurs du courant. Les espaces vides compris entre les barres verticales sont remplis avec un conducteur basique aggloméré, tel que la magnésie, lequel est fortement comprimé. La sole forme donc un bloc compact et conducteur, à froid, au moyen des barres métalliques, et à chaud, par l'intermédiaire du *pisé*, qui devient conducteur lorsqu'il est porté à une température élevée. Par suite de cette disposition, le four est mis en marche facilement et le courant électrique se répartit uniformément sur toute la surface de la sole; il s'établit, à travers le métal, entre celle-ci et une seconde électrode qui est suspendue verticalement à l'extrémité d'un des bras d'une potence double, laquelle porte, au bout de l'autre bras, une seconde électrode. On peut, de la sorte, remplacer rapidement une électrode usée par une autre en bon état, prête à fonctionner.

Le four se compose d'une capacité métallique fortement armaturée et portant, à l'intérieur, une garniture en parois réfractaires basiques. La carcasse du four est refroidie sur tout son pourtour par une circulation d'eau. La chambre de travail est évasée et porte une ouverture supérieure par laquelle passe l'électrode mobile.

La fusion du métal est ainsi obtenue et maintenue au moyen du courant électrique.

Fig. 55. — Four électrique Keller pour la fabrication et l'affinage de l'acier.

Le four peut être basculé; il pivote, en effet, autour d'un axe. Son pivotage est facilité par une série de galets servant de points d'appui. Le basculage s'effectue mécaniquement à l'aide d'un petit moteur spécial.

Le courant est amené à l'électrode mobile par un conducteur souple formé de deux paquets de lames métalliques minces, réunies en plusieurs points sur leur longueur, par une ligature.

Aciers spéciaux Les aciers obtenus par les procédés que nous avons examinés, ne contiennent que des quantités variables de carbone ou, parfois, des traces de silicium, de manganèse, ou encore de phosphore et de soufre, mais ces derniers corps y sont incorporés en de si faibles proportions, qu'ils ne changent pas le caractère que les aciers tiennent de leur proportion de carbone.

Ces aciers sont désignés, d'une façon générale, sous le nom d'*aciers ordinaires,* et on donne le nom d'*aciers spéciaux* aux aciers dans la composition desquels entrent certains corps, que l'on ajoute en quantités déterminées, au cours de la fabrication, pour donner à l'acier un caractère spécial. Ces aciers spéciaux trouvent leur emploi dans l'industrie pour la fabrication de pièces et d'outils ayant des destinations particulièrement prévues.

Les corps principaux que l'on ajoute à l'acier pour en faire des aciers spéciaux sont le *manganèse,* le *nickel,* le *chrome,* le *tungstène,* etc. On obtient ainsi les *aciers au manganèse,* les *aciers au nickel,* les *aciers chromés,* les *aciers au tungstène,* etc., qui ont des propriétés différentes les uns des autres : nous allons les examiner.

Aciers au manganèse Les aciers au manganèse se divisent en plusieurs catégories, suivant la proportion de manganèse qu'ils contiennent.

Les aciers ordinaires en contiennent moins de 1 %. Jusqu'à une proportion de 3 % on obtient des aciers doux. De 3,5 % à 14 %, ce sont des aciers durs, et pour une proportion plus grande pouvant atteindre 35 % de manganèse, on obtient des aciers que l'on ne peut pas travailler à froid.

Les aciers à faible proportion de manganèse sont plus résistants et plus tenaces que les aciers ordinaires. Ils ont une plus grande homogénéité ; au point de la vue de la trempe, par contre, ils sont moins sûrs que les aciers ordinaires et risquent de se détériorer plus facilement.

Les aciers à teneur moyenne de manganèse jusqu'à 14 % peuvent supporter une charge de rupture plus élevée, sont plus durs, mais sont, en même temps, très fragiles.

Pour une proportion plus forte de manganèse, l'acier devient encore plus dur et se travaille très difficilement à l'outil. Dans cette catégorie est compris l'acier *Hadfield,* du nom de son fabricant, de Sheffield, qui, avant que l'on connût les aciers au nickel, avait fabriqué cet acier au manganèse, lequel possède quelques propriétés analogues.

Ce type d'acier, au lieu de durcir par la trempe à l'eau comme l'acier ordinaire, s'adoucit, au contraire, et un réchauffage qui le porte au rouge vif suffit pour lui rendre sa dureté.

Aciers au nickel Ce sont des aciers dans lesquels entre une proportion variable de nickel. Cette proportion peut atteindre 50 %. Jusqu'à une teneur de 27 % environ de nickel, l'acier possède une limite d'élasticité considérable, sa charge de rupture est élevée : c'est de l'*acier dur.*

Lorsque la proportion de nickel dépasse 27 %, la résistance à la rupture de l'acier diminue, sa limite d'élasticité s'abaisse : c'est de l'*acier doux.*

Cet acier peut être *écroui,* c'est-à-dire rendu plus dur par martelage ou laminage, tandis que l'acier au nickel dur ne varie pas par l'écrouissage. Comme pour les aciers au manganèse, la trempe à l'eau a pour effet d'adoucir les aciers à haute teneur de nickel ; le *recuit,* dont nous nous occuperons au prochain chapitre, le fait aussi lorsqu'il est appliqué aux aciers ordinaires. Sur les aciers contenant jusqu'à 20 % de nickel, la trempe produit un léger effet durcissant, lorsqu'on les chauffe au rouge cerise clair.

Le *recuit,* c'est-à-dire le réchauffage de

l'acier, produit des effets différents suivant la température à laquelle il est effectué. Un recuit à haute température, vers 900 degrés environ, augmente la dureté de l'acier au nickel contenant au moins 10 % de nickel, mais sa limite élastique s'abaisse, c'est-à-dire qu'il se rompt plus facilement.

Le recuit à 400 degrés produit l'effet contraire : les aciers de 10 à 22 % de nickel s'adoucissent.

Les aciers au nickel possèdent d'autres propriétés qui ont été industriellement utilisées. Ces aciers sont naturellement *magnétiques :* ils influencent visiblement l'aiguille aimantée d'une boussole. Si on les chauffe à des températures déterminées, ils perdent leur magnétisme, et lorsqu'on les laisse refroidir, ils redeviennent magnétiques; mais le point de changement d'état n'est pas le même pour l'échauffement que pour le refroidissement, et la différence entre ces points est d'autant plus grande que la teneur en nickel se rapproche de 27 % pour laquelle elle est maximum. Pour cette proportion de nickel, l'acier perd le magnétisme qu'il possède à la température ordinaire, par suite de son échauffement, mais il ne le retrouve au refroidissement qu'à une température voisine de 0 degré.

A la température moyenne atmosphérique, l'acier au nickel, préalablement chauffé, ne possède plus aucune propriété magnétique. On le nomme acier *amagnétique.* Cet acier est utilisé pour fabriquer des pièces ne devant exercer aucune influence magnétique sur des pièces en fer voisines. C'est surtout dans les bateaux que cet acier trouve son emploi pour parer aux inconvénients dus à l'acier ordinaire qui tend par son magnétisme à fausser les indications de l'aiguille aimantée des *compas* ou *boussoles.*

L'acier amagnétique contient donc une proportion de nickel d'environ 25 à 27 %.

Parmi les aciers au nickel d'une teneur supérieure à 27 %, ceux qui en contiennent environ 30 % ont des propriétés particulières. Ils s'étirent à froid comme l'acier doux ordinaire, mais ils se travaillent difficilement à chaud ; ils sont résistants, se polissent bien et sont inoxydables. On peut en faire aisément des fils et des tubes.

Parmi ces aciers au nickel, M. Ch.-Ed. Guillaume, directeur adjoint du Bureau international des Poids et Mesures, à Sèvres (Seine), après des essais répétés, a établi un type sur lequel la variation de la température n'exerce pour ainsi dire aucune influence au point de vue de la dilatation. Cet acier au nickel a reçu le nom d'*acier invar,* parce qu'il ne varie pas de longueur. Il est utilisé notamment dans l'industrie horlogère, où la plus grande difficulté de réglage et d'obtention de la régularité de marche des montres et pendules provient de la dilatation variable des métaux employés, suivant la température à laquelle ils sont soumis.

On emploie aussi l'acier invar pour confectionner des fils et des instruments de mesure géodésiques qui donnent une précision remarquable : ainsi la mesure de longueur du tunnel du Simplon qui est d'environ 20 kilomètres, faite par M. Ch. Ed. Guillaume à l'aide de ces instruments, a donné entre la longueur obtenue en partant d'une extrémité, et celle obtenue en commençant par l'autre, une différence de 1 centimètre, l'unité de mesure étant constituée par un fil invar de 24 mètres de longueur.

Lorsque la proportion de nickel, dans l'acier, atteint 43 et 50 %, le métal a les mêmes variations de dilatation que le verre. On peut alors l'utiliser dans la fabrication des lampes à incandescence, où il remplace le platine dont le prix de revient est beaucoup plus élevé. On l'emploie aussi, avantageusement, pour fabriquer du *verre armé,* qui garde ainsi toujours sa forme primitive et ne tend pas à se disloquer comme cela se produirait si le verre et le métal servant d'armature possédaient des coefficients de dilatation différents.

Les applications des aciers au nickel sont, on le voit, fort variées, mais ce sont les aciers à faible teneur contenant 5 % de nickel et 2 % de manganèse et un peu de chrome, qui sont les plus employés dans l'industrie métallurgique et mécanique : on en fabrique des canons, des plaques de blindage pour cuirassés, des organes de machines auxquels on demande une dureté et une ténacité spéciales, et, parmi eux, des arbres principaux de moteurs ou de machines diverses.

Aciers chromés — En incorporant à l'acier une certaine proportion de chrome, on augmente sa résistance, tant que la proportion n'est pas trop grande ; sa dureté devient, aussi, plus considérable que celle de l'acier ordinaire. Le métal est très homogène et la cassure présente des grains d'une très grande finesse.

L'*acier chromé* se travaille à froid comme l'acier ordinaire, à duretés égales ; à chaud, il se travaille plus difficilement.

La trempe à l'eau a sur lui une action plus rapide et plus énergique que sur l'acier au carbone. L'acier devient alors très résistant, ce qui le fait employer pour la confection d'outils, qui sans être soumis à des chocs, fournissent un travail continu important, comme les limes, par exemple, ou les outils servant à tourner. L'acier chromé est également employé dans la fabrication des *obus de rupture.*

La cassure de l'acier chromé trempé présente des grains d'une telle finesse qu'elle a un aspect vitreux.

Lorsque la trempe est trop énergique, il peut se produire, au milieu même de la masse d'acier chromé, sans qu'il y ait aucune manifestation extérieure, des déchirures qui rompent l'homogénéité du métal et qui diminuent sa résistance. Ces sortes de creusures internes, que l'on nomme *tapures,* sont d'autant plus à redouter que rien n'indique leur présence, de sorte qu'une pièce qui en contient est exposée à se rompre parfois sous un effort normal.

Comme pour les aciers spéciaux précédents, l'acier chromé à faible teneur de chrome durcit lorsqu'on le trempe à une température de 850 degrés. Si on le *recuit* à une température de 900 degrés, il s'adoucit faiblement après quatre heures d'opération.

L'acier chromé à teneur moyenne de chrome est très dur, mais la trempe à 850 degrés, au lieu de le durcir, l'adoucit : le recuit à 900 degrés, pendant quatre heures, produit le même effet.

Il en est de même pour l'acier chromé contenant une plus forte proportion de chrome. mais celui-ci, qui possède une très grande dureté, devient très fragile et se casse facilement.

Aciers au nickel chromé — On a constaté que certains aciers au nickel, contenant une forte proportion de carbone, ne possèdent pas les propriétés mécaniques qu'on pouvait en attendre. Cela tient à ce que le carbone s'incorpore avec difficulté dans les aciers au nickel.

On y a remédié, dans une certaine mesure, en ajoutant à ces aciers du manganèse, qui est un meilleur dissolvant du carbone, mais on n'obtient de bons résultats que pour de faibles proportions de carbone. Comme le chrome dissout mieux encore le carbone que ne le fait le manganèse, on a été naturellement amené à mélanger du chrome aux aciers au nickel contenant une forte proportion de carbone, pour améliorer leurs propriétés mécaniques.

D'un autre côté, ainsi que nous l'avons dit plus haut, l'acier ne contenant que du chrome peut, par une trempe énergique, avoir des *tapures,* dont nous avons signalé les graves inconvénients. L'adjonction de nickel peut corriger ce défaut, car le nickel donne au métal de l'homogénéité et permet d'effectuer la trempe sans craindre des déchirures internes.

Les aciers au nickel chromé permettent donc de profiter des avantages que donnent à l'acier le nickel et le chrome qui y sont incorporés, tout en évitant les inconvénients qu'ils offrent, employés individuellement.

L'acier au nickel-chromé le plus utilisé contient de 1 à 2 % de chrome et de 2 à 3 % de nickel. Il est d'une grande dureté, résiste bien aux chocs, et durcit à la trempe sans qu'il se produise de fissures. On l'emploie généralement à la fabrication des plaques de blindage et pour confectionner des organes de machines qui doivent être à la fois durs et peu fragiles.

Fig. 36. — Atelier de finissage d'une plaque de blindage en acier au nickel chromé.

Aciers au tungstène La présence du tungstène dans l'acier lui donne des propriétés de dureté semblables à celles de l'acier chromé. Lorsque la proportion de tungstène n'est pas très forte, l'acier au tungstène prend la trempe, durcit, et sa cassure présente des grains d'une très grande finesse.

Certains aciers dans lesquels le tungstène entre dans la proportion de 10 à 13 % possèdent une dureté telle qu'ils peuvent être employés à fabriquer des outils effectuant leur travail sans qu'on soit obligé de les tremper. Ce sont les *outils à coupe rapide* à l'aide desquels on peut façonner, sur le tour, des pièces, à grande vitesse, sans que l'échauffement qui se produit en enlevant la matière, modifie la qualité de dureté de l'outil. Les aciers spéciaux employés pour faire ces outils à coupe rapide sont désignés sous le nom d'*aciers rapides*. Ils sont utilisés depuis peu de temps dans l'industrie mécanique et ont contribué, dans une large mesure, au changement des méthodes de travail et à l'augmentation de la production. Nous examinerons plus loin quelques propriétés de l'acier rapide, qui doit principalement sa qualité à la présence du tungstène.

Les aciers au tungstène à faible proportion de tungstène servent aussi à fabriquer des outils durcissant à la trempe. Avec des proportions de 0,8 % environ de tungstène, et 1,5 % de carbone, on confectionne des *filières*. Les aciers contenant une plus forte proportion de tungstène : 1 ou 2 %, servent à fabriquer des *ressorts* ayant une grande élasticité.

On a constitué certains autres aciers spéciaux, moins employés, en ajoutant, à l'acier, du molybdène, du cobalt, etc.

Aciers rapides Ces aciers ont des compositions variables, suivant les fabricants, qui tiennent, d'ailleurs, le plus souvent, cette composition secrète.

Ils contiennent, en général, de 0,5 à 0,7 % de carbone, de 3 à 5 % de chrome et de 13 à 20 % de tungstène. Ils ont la propriété de pouvoir fournir des outils très durs qui, malgré l'échauffement produit par leur travail, conservent leur dureté, ce qui ne se produit pas avec les outils en acier au carbone, dont la dureté diminue lorsque l'outil chauffe en travaillant. C'est ce qui oblige à limiter la vitesse des pièces à travailler pour les outils en acier ordinaire, si l'on veut éviter que ces outils ne se détrempent et ne s'usent rapidement.

Avec les outils en acier rapide, la vitesse des pièces peut être augmentée sans que l'échauffement qui en résulte offre un inconvénient. La différence entre les deux aciers est, on le voit, importante au point de vue du rendement des machines-outils employées.

Les outils en acier rapide ont ceci de particulier, qu'on peut les *tremper à l'air*. Pour cela, on les chauffe progressivement jusqu'au rouge-cerise; la partie de l'outil qui travaille est portée au blanc le plus vite possible, en la chauffant avec du coke ou de la houille grasse, puis l'outil est placé dans un courant d'air froid et sec jusqu'à ce qu'il soit complètement refroidi.

On trempe aussi les aciers rapides *à l'huile* et certains types peuvent aussi se tremper *à l'eau*. Nous nous étendrons plus longuement sur la trempe de ces diverses qualités d'acier dans le prochain chapitre.

Le forgeage des outils en acier rapide demande un soin tout particulier si l'on veut conserver au métal ses qualités. On le chauffe généralement jusqu'au rouge-cerise d'une façon régulière et en procédant lentement : on arrête l'arrivée du vent dans le feu de forge lorsque l'acier est porté au rouge sombre et celui-ci, laissé au feu, continue à se chauffer jusqu'au milieu même de sa masse et devient malléable. On le forge et on le termine pendant qu'il possède encore une température élevée.

Les aciers rapides, qui sont spécialement employés pour la fabrication des outils destinés à enlever rapidement de la matière, ne remplacent pas, dans la confection de tous les outils, les aciers ordinaires et surtout les *aciers au carbone*, que l'on obtient très purs par la *fonte au creuset* que nous avons examinée plus haut. Ces aciers au carbone constituent même des sortes d'aciers spéciaux, puisqu'ils doivent leurs qualités au carbone qui est, pour ainsi dire, incorporé exclusivement au fer, pour former ce type d'acier.

Avec les aciers au carbone on fabrique plus spécialement les outils destinés à recevoir des chocs et à trancher la matière à travailler, tels que burins, ciseaux, etc.

Travail du fer et de l'acier Le fer et l'acier, une fois obtenus en lingots, par les procédés que nous venons d'examiner, doivent être façonnés, travaillés, pour réaliser les pièces mécaniques que l'on désire obtenir. L'acier peut être fondu directement dans des moules ayant les formes et les dimensions convenables : mais, le plus souvent, c'est par forgeage et laminage qu'on lui donne la façon désirée. Ces opérations assurent en outre une plus grande homogénéité au métal et augmentent ses qualités résistantes.

Forgeage Le métal est travaillé à chaud, sa malléabilité étant plus grande à une température élevée qu'à la température atmosphérique.

Il convient donc de le réchauffer. Cette opération se fait, dans les ateliers peu importants, à la forge. Dans l'industrie métallurgique on se sert de fours à réchauffer, chauffés soit à la houille, soit à l'aide de gaz et comportant ou non des arrivées d'air sous pression.

Il convient que le métal soit échauffé progressivement jusqu'à une température d'environ 400 degrés pour éviter des déchirures internes ou *tapures*. Puis, on peut activer la chauffe : mais il ne faut pas, en général, dépasser la couleur rouge-cerise, car si on chauffe l'acier à une température voisine de la fusion, il se désagrège auparavant et risque de *brûler*. Il y a intérêt, cependant, à atteindre la limite extrême de chauffe à laquelle on peut arriver sans inconvénient, car l'opération de forgeage peut se continuer pendant un temps d'autant plus long que le métal est plus chaud. Au fur et à mesure qu'on le travaille, le métal se refroidit et il est souvent nécessaire, pour l'amener à sa forme définitive, de le réchauffer plusieurs fois de suite. Ces réchauffages successifs ont été nommés *chaudes*.

Le martelage du métal chaud doit se faire rapidement. En dehors du martelage à la main qui n'est employé que dans la petite industrie, le fer et l'acier sont forgés à l'aide d'outils spéciaux.

Nous nous proposons d'examiner plus loin, en détail, les procédés et les outils de forgeage. Nous indiquerons simplement ici les deux outils principaux utilisés pour forger les métaux : c'est le *marteau-pilon* et la *presse*.

Le *marteau-pilon* est un marteau mécanique. Il agit sur le métal par choc. C'est une masse pesante qui, remontée mécaniquement, à l'aide, généralement, de la vapeur, tombe d'une hauteur déterminée en provoquant l'aplatissement du métal. La masse qui représente le marteau reste la même pour un même marteau-pilon, mais la hauteur dont on la fait tomber est variable et peut être réglée à volonté. On peut ainsi faire varier le travail produit par le marteau pilon.

Les marteaux-pilons doivent être appropriés aux pièces qu'ils sont destinés à forger, c'est-à-dire que le poids de la masse formant pilon doit être proportionné au poids de la pièce qu'il martelle. En général, le poids de la masse est deux ou trois fois plus grand que le poids de la pièce.

On a établi un grand nombre de types de marteaux-pilons de puissances différentes appropriées au travail qu'ils doivent effectuer. On désigne les marteaux-pilons suivant le poids des masses qu'ils comportent.

Pour les grands travaux de forge que l'on exécute aux Usines du Creusot, on emploie un marteau-pilon de 100 tonnes, qui est muni, par conséquent, d'une masse ou pilon, faisant office de marteau, et pesant 100.000 kilogrammes.

Les effets du martelage du pilon peuvent être différents suivant les dispositions prises pour le forgeage. Lorsque l'*enclume* du marteau-pilon, c'est-à-dire la plaque sur laquelle repose la pièce à travailler, est un plan, le métal que l'on martelle s'allonge, s'étire. On en forme ainsi une barre de section rectangulaire et cette opération se nomme l'*étirage*.

Pour obtenir une barre de métal forgé ayant une forme spéciale, la forme cylindrique, par exemple, on donne à l'*enclume* A (Fig. 58) et à la panne du pilon, qui est la partie prenant contact avec l'enclume,

Fig. 57. — Un marteau-pilon de 100 tonnes.

des formes convenables, qui sont demi-cylindriques pour les deux pièces, dans le cas supposé. Ces pièces à formes spéciales, qui donnent au métal forgé le profil approprié, sont nommées *étampes*, et l'opération de forgeage correspondante se nomme *étampage*.

On emploie aussi la *presse* pour effectuer les opérations de forgeage. Dans cet outil, le métal à travailler est comprimé progressivement entre deux pannes, dont l'une, placée à la partie inférieure, est fixe et supporte le lingot à façonner, et dont l'autre est solidaire d'un piston qui peut prendre un mouvement alternatif vertical, lent et progressif, par la pression d'une colonne d'eau comprimée s'exerçant sur le piston.

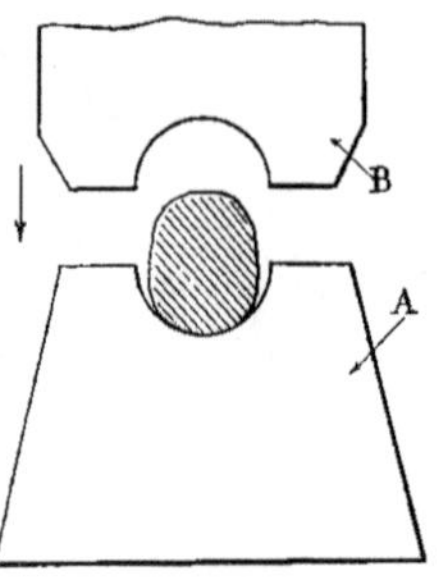

Fig. 58. — Enclume et panne de pilon.

On voit que les procédés de forgeage par le marteau-pilon ou par la presse sont bien différents; les premiers effectuent leur travail par choc, par martelage, tandis que les presses opèrent par compression lente et progressive et sans choc. Les deux procédés sont efficaces et le choix de l'un ou de l'autre dépend des conditions dans lesquelles on se trouve pour établir le forgeage, et de la grosseur des lingots à forger.

Les chocs des marteaux-pilons produisent des ébranlements répétés qui nécessitent des fondations robustes pour supporter l'outil. Si le terrain ne permet pas de faire des fondations solides, ou si leur établissement devait être trop onéreux, on emploie la presse, dont la manœuvre n'occasionne aucun ébranlement et ne demande pas des fondations aussi résistantes.

Pour forger les lingots de grandes dimensions, la presse convient mieux que le marteau-pilon, car elle comprime le métal dans toute son épaisseur, tandis que l'effet du marteau-pilon est superficiel. En outre, le forgeage d'une pièce demande moins de *chaudes* pour être mise à la forme à l'aide de la presse, qu'en employant le marteau-pilon et, à ce titre, la presse est d'un emploi plus économique que le marteau-pilon.

Laminage Le *laminage* est un procédé de travail du métal qui permet d'obtenir directement des pièces à une épaisseur déterminée, comme des plaques de tôle, par exemple, ou ayant un profil spécial sur toute leur longueur comme les fers à T, les fers à U, etc.

Au lieu de forger le lingot, on fait passer le métal à profiler entre des cylindres animés d'un mouvement de rotation et ayant une section de forme appropriée aux profils que l'on veut obtenir. Ces cylindres et leur mécanisme de commande sont supportés par un même bâti et l'outil ainsi constitué se nomme *laminoir*.

Les cylindres de laminoir sont commandés au moyen de dispositifs à engrenage. Ils sont disposés deux par deux, parallèlement, et ont entre eux un écartement variable qui peut être réglé mécaniquement pour obtenir des pièces d'épaisseurs ou de formes différentes.

Lorsque les pièces à laminer sont des tôles, c'est-à-dire des plaques d'acier planes ayant une même épaisseur sur toute leur surface, les cylindres du laminoir ont leur génératrice rectiligne. Ces génératrices, qui prennent contact avec la matière, constituent ce que l'on nomme la *table*. Elles ne sont pas toujours rectilignes. Lorsque le laminoir doit fabriquer des pièces de forme spéciale ou profilées, les deux cylindres portent des cannelures disposées de façon que dans celles qui sont pratiquées sur un des cylindres s'emboîtent des saillies ménagées sur l'autre, et réciproquement. Entre les saillies et les cannelures se trouvent des espaces vides qui représentent les épaisseurs que la pièce à profiler devra posséder. Les cylindres ayant des mouvements de rotation dans des sens inverses, la barre de métal engagée à l'arrière, entre ces deux cylindres, reçoit un mouvement de progression en avant qui l'oblige à passer entre les espaces laissés libres entre ces cylindres, et le métal prend ainsi la forme déterminée par les positions respectives des saillies et des cannelures des cylindres de laminoirs.

Mesure des températures élevées

Nous avons vu, dans l'examen des divers procédés de fabrication de l'acier, que l'évaluation de la température des fours servant aux différentes opérations, a une importance capitale au point de vue de la marche de ces opérations. Il a donc fallu établir des méthodes capables d'indiquer facilement et d'une manière exacte, les températures des fours.

Ces températures, variables jusqu'à 1.500 degrés environ, ne peuvent, en effet, être appréciées avec les instruments ordinaires qui indiquent la température. On emploie, généralement, deux sortes d'appareils, basés, les uns sur le rayonnement lumineux émis par les corps lorsqu'ils sont portés à une haute température : c'est la *méthode optique;* les autres, sur des phénomènes thermo-électriques. Cette catégorie comprend les *pyromètres thermo-électriques* qui indiquent directement la température par le déplacement d'une aiguille devant un cadran divisé.

La *méthode optique* comporte un examen, à l'œil, de la couleur du milieu dont on doit mesurer la température, et la comparaison de cette couleur avec une couleur-étalon.

Lorsque des corps solides sont portés à une température élevée, le rayonnement produit par ces corps se manifeste vers 500 degrés, en laissant percevoir à l'œil des rayons rouges qui, au fur et à mesure que la température augmente, changent de couleur, deviennent successivement jaunes, verts, et bleus.

Ces diverses couleurs correspondant à des températures déterminées, on peut, inversement, à l'aide d'appareils spéciaux, déterminer la température par la couleur des corps chauffés.

Certains instruments mesurent la température par l'intensité du rayonnement. Ce sont des *photomètres* et l'un des plus employés est le *pyromètre optique Le Chatelier.* Il se compose, en principe, d'un système optique permettant de viser le corps incandescent dont on veut connaître la température, et la flamme d'une lampe-étalon d'intensité lumineuse bien connue.

Sur le parcours des rayons lumineux est disposé un *diaphragme iris,* appelé encore *œil de chat* qui s'ouvre ou se ferme à volonté, progressivement, par une manœuvre simple.

Pour effectuer une mesure de température, on vise avec la lunette, à la fois le corps incandescent et la flamme de la lampe-étalon, ce qui se fait aisément, par suite de la disposition d'un miroir incliné à 45 degrés. On peut ainsi comparer les teintes du corps et de la flamme. Si elles ne sont pas identiques, on manœuvre le diaphragme iris jusqu'à ce que l'on soit arrivé à égaliser les teintes. A ce moment, un index solidaire du diaphragme indique une division en face de laquelle on trouve, sur un tableau correspondant, la valeur de la température du corps incandescent ou du foyer.

Les *pyromètres thermo-électriques* sont basés sur ce principe que lorsqu'on chauffe le point de soudure de deux métaux différents, il se produit, à travers les deux métaux, un courant électrique dirigé de l'extrémité froide vers l'extrémité chaude et dont la force électromotrice varie avec la température. On peut donc, par la mesure de la force électromotrice, au moyen d'un galvanomètre gradué en *millivolts*, connaître directement, par l'indication de l'aiguille, la température cherchée.

Les divers assemblages de métaux différents et soudés que l'on nomme *couples*, ne donnent pas des courants thermo-électriques de valeurs égales. Suivant le degré de température que l'on veut mesurer, le couple varie, comme composition. Pour les températures au-dessous de 600 degrés, on peut utiliser un couple formé de fer et de cuivre, puis de fer et de constantan, métal spécial.

Pour les températures élevées, on emploie un couple thermo-électrique constitué par deux fils, l'un fait en platine pur, l'autre en platine *rhodié* ou *iridié*, c'est-à-dire contenant une certaine proportion de rhodium ou d'iridium.

C'est le couple qui est employé dans le pyromètre thermo-électrique Le Chatelier, pyromètre qui diffère essentiellement du pyromètre optique.

Nous avons, dans le premier volume des *Merveilles de la Science*[1], décrit ce pyromètre. Rappelons que les deux fils, l'un en platine, l'autre en platine iridié, sont soudés à l'or à une extrémité et isolés l'un de l'autre sur leur longueur, par une enveloppe en terre réfractaire A (Fig. 59) protégée par une enveloppe cylindrique en fer B, terminée par une poignée C. Chacun des fils s'attache, par son extrémité opposée à la soudure, à une borne portée par la poignée, et les deux bornes sont reliées à celles d'un galvanomètre D, dont l'aiguille se déplace devant un cadran dont les divisions représentent des degrés de température.

La *canne* du pyromètre est introduite dans la capacité dont on veut connaître la température, de façon que l'extrémité portant la soudure, soit seule soumise à la chaleur. Il se produit, à travers le couple métallique, un courant, lequel, en passant dans le galvanomètre, provoque la déviation de l'aiguille; cette déviation indique la température de la capacité.

On apprécie les températures d'une façon moins précise, mais cependant suffisamment approchée, dans un grand nombre de cas, en observant certains phénomènes et en se basant sur des points de repère déterminés, parmi lesquels la couleur que prend le métal que l'on réchauffe après la trempe, par exemple, est un des plus importants.

Un autre procédé consiste à se servir de bois en barre ou en sciure pour déterminer la température à laquelle se trouve portée une pièce métallique.

Lorsqu'on applique, en le frottant, un morceau de bois sec sur un bout de métal chaud, si la température du métal n'atteint pas 350 degrés, l'adhérence du bois, sur le métal, est semblable à celle que l'on constate lorsque le métal est froid; mais vers 350 degrés, le bois n'adhère plus au métal et glisse sur lui lorsqu'on le frotte. C'est un point de repère qui détermine une température d'environ 350 degrés et on la désigne par l'appellation *bois glissant*.

La sciure de bois, répandue sur du métal qui n'atteint pas la température de 400 de-

Fig. 59. — Pyromètre thermo-électrique Le Chatelier.

1. Voir : MERVEILLES DE LA SCIENCE. T. I, *Chaudières et Machines à vapeur*, p. 215.

grés, roussit sans produire de la fumée; à 400 degrés, elle produit, lorsqu'elle est projetée sur le métal, de la fumée; à 450 degrés elle s'enflamme. On peut donc apprécier ces deux températures suivant les phénomènes qui se produisent, que l'on désigne, pour 400 degrés, sous le nom de *bois fumant* et pour 450 degrés de *bois brûlant*.

En partant de ces observations de diverses natures, on a établi un tableau utilisé dans l'industrie mécanique, dans lequel diverses appellations correspondent à des températures sensiblement déterminées.

Il est utile de connaître ces désignations et les températures correspondantes. Voici les principales :

Jaune paille	225 degrés.
Fusion de l'étain	230°
Gorge de pigeon	255°
Bleu indigo	280°
Bleu	300°
Bois glissant	350°
Bois fumant	400°
Fusion du zinc	430°
Bois brûlant	450°
Rouge sombre naissant	500°
Rouge sombre naissant avancé	550°
Rouge très sombre	600°
Rouge sombre	650°
Rouge sombre avancé	700°
Rouge cerise naissant	800°
Rouge cerise sombre	850°
Rouge cerise	900°
Rouge cerise clair	950°
Rouge cerise très clair	1.000°
Jaune	1.100°
Jaune très clair	1.200°
Blanc	1.300°
Blanc soudant	1.400°
Blanc éblouissant	1.500°

On voit que les couleurs que peut prendre le métal, à mesure que la température varie, occupent une grande place dans la détermination de cette température : certaines de ces couleurs, comme le rouge sombre et le rouge cerise, sont classées avec les désignations : *naissant*, *sombre*, *avancé*, ou *clair*, qui indiquent les variations de ton de même couleur depuis le moment où elle commence à paraître, à *naître*, pour ainsi dire, jusqu'à son plein épanouissement.

Les fontes, fers et aciers, sont les métaux les plus couramment employés dans l'industrie mécanique. C'est pour cela que nous avons jugé nécessaire, en indiquant les particularités diverses de ces métaux suivant leur composition, de donner un aperçu des procédés métallurgiques employés pour les obtenir.

Un certain nombre d'autres métaux sont également employés industriellement. Nous allons indiquer sommairement leurs propriétés.

Cuivre Après les aciers, les fontes, et les fers, le cuivre est le métal le plus couramment utilisé. Son importance est d'autant plus grande que deux de ses alliages, le bronze et le laiton, servent à confectionner un grand nombre d'organes de machines.

Le cuivre a une couleur rouge. Sa densité est de 8,9, ce qui, on le sait, indique que le décimètre cube de ce métal pèse 8 kilos 900 grammes. Il fond entre 1.000 et 1.100 degrés. En se refroidissant, le cuivre coulé dans un moule se rétrécit dans tous les sens, et ses dimensions subissent un *retrait* de 11 millimètres par mètre. Nous verrons plus loin comment on procède pour tenir compte de ce retrait afin d'obtenir des pièces fondues ayant des dimensions déterminées.

Le cuivre est très malléable à froid. On peut aisément le laminer et le transformer en lames de faible épaisseur; on l'étire en fils de toutes dimensions. Il peut s'écrouir lorsqu'on le martelle : il devient alors plus dur, mais, par contre, il devient, aussi, cassant. En le chauffant au rouge et en le trempant dans l'eau froide on lui redonne sa malléabilité. Le cuivre a un *grain* très fin et terne.

On l'emploie pour fabriquer des tubes destinés à divers usages, comme, par exemple, les tubes de chaudières pour locomotives.

On utilise ainsi sa propriété d'être un métal excellent conducteur de la chaleur, ce qui d'ailleurs le fait employer également à confectionner certains ustensiles de cuisine.

Ce métal est très bon conducteur de l'électricité : à ce titre il est précieux pour l'industrie électrique, qui l'emploie sous forme de conducteurs de tous diamètres et sous forme de lames de sections variées.

Le cuivre renferme environ 99,5 % de cuivre métallique, le reste comprenant des corps étrangers tels que fer, plomb, soufre, arsenic, oxyde de cuivre, etc. Il est généralement mou, mais par son alliage avec d'autres métaux, sa dureté augmente, de sorte qu'on emploie plus couramment ses alliages que le cuivre pur pour fabriquer des pièces mécaniques. En outre, comme le cuivre pur est d'un prix relativement élevé, ses alliages avec des métaux plus courants permettent d'obtenir des métaux moins coûteux.

Le cuivre est extrait de minerais dont le principal est le sulfure de cuivre nommé *chalcosine*, mélangé souvent avec le sulfure de fer et ne contenant pas plus de 8 % de cuivre. Certains minerais contiennent du carbonate et du silicate de cuivre, d'autres, de l'oxyde de cuivre que l'on peut aisément transformer en cuivre. Ces derniers minerais sont rares.

Comme le minerai le plus répandu est le *sulfure de cuivre* qui contient du fer, on soumet ce minerai à un *grillage* pour en éliminer une certaine partie de soufre, puis on le fond. La fusion a pour objet de séparer le minerai en deux parties : l'une comportant presque tout le cuivre et peu de fer, dans laquelle tout le soufre est resté, car le soufre a une plus grande affinité pour le cuivre que pour le fer. La seconde partie de la masse traitée est un composé de la silice contenue dans la gangue, ou d'autres produits, avec la plus grande partie du fer contenu dans le minerai. Cette seconde partie est considérée comme une *scorie* que l'on enlève, car elle ne contient pour ainsi dire pas de cuivre.

La première partie, qui est essentiellement un sulfure de cuivre, est nommée *matte*. On peut réduire la présence du fer dans cette partie à son minimum, en procédant à un grillage initial qui en élimine le soufre, de façon à ne laisser dans le minerai que le soufre nécessaire pour absorber le cuivre. Cette élimination n'est pas toujours aisée à faire. Il s'ensuit que lorsque la matte contient un peu de fer, il est nécessaire de la soumettre à un second grillage et à une autre fusion. Les mêmes phénomènes que nous venons d'analyser se répètent et on obtient un sulfure plus riche en cuivre. La scorie, qui peut contenir une faible partie de cuivre, est conservée et est mélangée, dans le traitement du minerai, avec la composition de teneur sensiblement la même en cuivre. On réitère les opérations de grillage et de fusion jusqu'à ce que l'on obtienne un produit assez riche en cuivre.

On élimine alors le soufre en soumettant la matte à un grillage suivi d'une fusion, opération nommée *rôtissage* : elle donne du cuivre brut, désigné sous le nom de *cuivre noir*. Ce cuivre doit ensuite être *affiné* pour donner le cuivre employé dans l'industrie. Pour effectuer le *grillage* du minerai, on se sert de fours à réverbère, dont la partie qui reçoit le minerai et qui se nomme, nous l'avons dit, *laboratoire*, est spacieuse. La marche du four doit être réglée pour obtenir une température modérée. Le minerai, répandu sur la sole du four en petits morceaux, doit être remué pour faciliter l'élimination du soufre. La fusion s'effectue dans des fours différents disposés pour obtenir une température plus élevée.

Le *rôtissage*, ou opération finale, qui consiste à produire le cuivre brut, s'opère dans des fours semblables à ceux de fusion, mais dans lesquels la température peut être portée à un degré encore plus élevé. Au commencement de l'opération, on introduit de l'air dans le four, sur la sole duquel sont placés les *saumons* de cuivre obtenus par les fusions précédentes. Pendant plusieurs heures on maintient une température peu élevée correspondant au rouge sombre; c'est le dernier grillage, qui s'opère en provoquant l'élimination presque complète du soufre, laquelle s'achève lorsque, en activant le feu, on produit la fusion. Un bouillonnement se manifeste, produit par le dégagement d'acide sulfureux. On procède à la coulée du cuivre liquide, que l'on obtient sous forme de lingots nommés *saumons*. Il reste des scories sous forme pâteuse que l'on recueille.

Le cuivre ainsi obtenu est brut. Il est nécessaire de l'affiner. Pour cela, on peut employer deux procédés : le procédé *métallurgique* ou le procédé *par électrolyse*.

Le premier procédé, pour lequel on emploie un four semblable à celui qui a servi pour le *rôtissage*, consiste à éliminer, par une première opération, le soufre et les autres produits ou métaux contenus dans le cuivre brut et, ensuite, à réduire l'oxyde de cuivre restant, pour obtenir le cuivre industriel.

Ces deux opérations s'effectuent à la suite l'une de l'autre, dans le même four, et on suit les progrès de l'affinage en prélevant des échantillons liquides dans le four, en faisant refroidir ces échantillons, et en les cassant : c'est à l'aspect et à la texture de la cassure, que l'on reconnaît le degré d'avancement de l'affinage.

La première opération dure environ vingt heures, et on obtient du *cuivre rosette* ne contenant aucune impureté, mais dans lequel se trouve de l'oxyde de cuivre. On le *raffine*, pour éliminer l'oxyde, en ajoutant au bain métallique débarrassé des scories, du poussier de charbon. Le charbon absorbe l'oxygène et on facilite cette absorption en brassant le bain avec des tiges de bois vert qui influent, pour la réduction de l'oxygène, dans le même sens que le charbon. L'examen de la cassure indique le degré d'avancement du raffinage et permet de déterminer le moment où le cuivre peut être coulé en lingots pour être industriellement utilisé.

Pour affiner le cuivre par le *procédé électrolytique*, on utilise l'effet d'un courant électrique parcourant deux conducteurs dont une des extrémités plonge dans un bain de *sulfate de cuivre* contenant un excès d'acide.

Le bout d'un des conducteurs est le *pôle positif* et porte la masse de cuivre brut à affiner : c'est l'*anode*.

A l'extrémité de l'autre conducteur qui constitue la *cathode*, ou *pôle négatif*, on obtient du cuivre affiné sous forme de lames minces.

Nickel Le nickel est un métal d'une couleur blanche, pouvant recevoir un très beau poli persistant, car il a la propriété d'être inoxydable. Sa densité est de 8,6. Il est plus tenace et plus dur que le fer et aussi un peu plus malléable et plus ductile. Le nickel se prête bien aux opérations de forgeage. Il fond vers 1.500 degrés.

On trouve ce métal, sous forme de minerai, dans des mines, dont certaines, de grande importance, sont situées en Nouvelle-Calédonie.

Les minerais sont très variés. On rencontre des sulfures, des carbonates, des arséniures, des oxydes de zinc qui contiennent, généralement, du nickel en petite quantité. Le minerai le plus répandu est un *silicate de magnésie et de nickel*.

Il faut soumettre le minerai de nickel à des opérations successives, pour le débarrasser des matières étrangères qu'il contient toujours en quantité considérable. On obtient à la suite de ces traitements de l'*oxyde de nickel* dont il faut éliminer l'oxygène pour avoir le nickel pur.

Pour réduire l'oxyde de nickel, on le

mélange avec du poussier de charbon et de la mélasse, et on place le tout dans un malaxeur, de façon à constituer une pâte épaisse : on la divise pour obtenir, à l'aide de moules, des blocs de formes diverses. Ces blocs sont ensuite placés dans des creusets en terre réfractaire, dans lesquels on jette du poussier de charbon, et les creusets sont mis dans un four pour effectuer une cuisson qui a pour objet de réduire l'oxyde de nickel en l'éliminant à l'aide du charbon.

Il existe aussi un procédé de réduction de l'oxyde de nickel, à l'aide de l'*hydrogène*.

Les blocs ayant subi l'opération du *grillage* peuvent être utilisés pour être incorporés à d'autres métaux, principalement à l'acier, comme nous l'avons indiqué. Si on veut obtenir le nickel destiné à être employé seul, on provoque la fusion des blocs et on coule le métal.

Pour réduire l'oxyde de nickel, on emploie aussi le *traitement électrométallurgique*, qui comporte un *four électrique* dans lequel on place l'oxyde de nickel auquel on ajoute de la silice et du carbone. La réaction du siliciure obtenu sur l'oxyde additionné de chaux, élimine le silicium. L'affinage s'effectue ensuite pour obtenir le nickel pur, et il peut être fait dans le même four électrique comportant les dispositions appropriées, comme par exemple dans le four électrique Gin que nous avons décrit plus haut.

En dehors de l'emploi du nickel comme métal d'alliage, on l'utilise encore pour rendre inoxydables certains métaux, tels que le fer, en les recouvrant d'une mince couche de nickel. Cette opération qui se nomme *le nickelage* s'effectue par la galvanoplastie (Fig. 61) en plaçant dans un bain composé de sulfate ou de chlorure double de nickel et d'ammoniaque les pièces à nickeler, et faisant circuler un courant électrique dans un conducteur aboutissant à ces pièces et portant, à son autre extrémité, un bloc de nickel. Les objets à nickeler doivent être auparavant parfaitement nettoyés et surtout dégraissés.

On peut aussi employer ce métal en feuilles minces pour *plaquer* des tôles de fer, par exemple, en les recouvrant sur leurs deux faces d'une couche inoxydable. Cette opération s'effectue par laminage en disposant la tôle entre les deux plaques de nickel, et en portant le tout à une température élevée. Les trois épaisseurs de métal sont soudées, de la sorte, les unes aux autres, et on peut, économiquement, fabriquer un grand nombre d'objets résistants puisqu'ils peuvent avoir une épaisseur convenable, et inoxydables, puisqu'ils sont recouverts intérieurement et extérieurement, d'une couche de nickel. Cela constitue un véritable *plaquage*.

Aluminium L'aluminium est un métal dont l'emploi se répand de plus en plus dans l'industrie mécanique. Il a, en effet, le grand avantage d'être léger : sa densité est, à l'état fondu, de 2,56, ce qui, pour un même volume, lui donne un poids environ trois fois plus faible que celui du fer. C'est un métal d'une couleur blanc-bleuté. Il fond à 650 degrés environ ; il est malléable, ductile, et peut s'écrouir ; il se forge à chaud, se lamine en feuilles minces et se moule parfaitement.

L'aluminium est inoxydable, ce qui le rend propre, comme le nickel, à être utilisé pour la fabrication de toutes sortes d'ustensiles. Il se polit très bien. La difficulté rencontrée pour le souder à lui-même ou avec d'autres métaux, a longtemps retardé son développement industriel ; mais les procédés de soudure modernes, que nous examinerons plus loin, permettent de résoudre ce problème.

L'acide sulfurique et l'acide nitrique étendus d'eau n'ont aucune action sur l'aluminium à froid ; mais l'acide nitrique le dissout quand il est bouillant. L'acide chlorhydrique attaque très peu l'aluminium

Fig. 60. — Presse hydraulique à forger, de la puissance de 6.000 tonnes.

bien pur, mais détériore rapidement l'aluminium de qualité moyenne couramment vendu dans le commerce.

Le physicien anglais Davy, en 1807, fit des essais intéressants pour préparer l'aluminium, mais ses recherches ne furent pas couronnées de succès. C'est en 1854, que Bunsen et Sainte-Claire Deville purent, les premiers, séparer l'aluminium des *sels* fondus de ce métal. Ils l'obtinrent par le procédé qui consiste à décomposer, par le sodium, le chlorure double d'aluminium et de sodium, en ajoutant de la *cryolithe* qui est un fluorure naturel double d'alumine et de soude. La cryolithe fait office de fondant pendant la réduction, que l'on effectue à l'aide d'un four à reverbère. On procède successivement à plusieurs fusions des matières recueillies pour obtenir de l'aluminium pur. Les *procédés électrolytiques* et l'*électro-métallurgie* ont complètement transformé la fabrication de l'aluminium.

Fig. 61. — Un bain de galvanoplastie disposé pour le nickelage.

Par l'électrolyse de la cryolithe fondue dans une cuve chauffée à environ 1.000 degrés et mélangée avec du chlorure de sodium, on obtient de l'aluminium en gouttelettes à l'électrode négative. Les électrodes sont en charbon aggloméré et trempent dans la cuve contenant le mélange en fusion. On fait passer un courant dans le circuit comportant les électrodes; l'aluminium produit à la *cathode* ou électrode négative, est recueilli dans un récipient placé dans la cuve, sous cette électrode. L'intensité du courant continu nécessaire est variable et peut atteindre 1.400 ampères, le voltage étant maintenu le plus bas possible, à 5 à 6 volts environ.

Pour avoir une production continue d'aluminium, on ajoute au bain en fusion de l'*alumine anhydre* ou du *fluorure d'aluminium.*

Certains fours électriques sont constitués de façon que la cuve elle-même constitue l'électrode négative. Cette cuve est alors métallique et garnie d'un revêtement intérieur en graphite. Elle est reliée directement à une extrémité du conducteur électrique et une seule électrode en charbon, reliée à la seconde extrémité, plonge dans la cuve.

L'action du courant, dans le four électrique, agit, par la chaleur qu'il produit, en fondant les fluorures en même temps qu'il détermine le dégagement du fluor sur l'électrode positive qui plonge dans le bain. Le fluor, mis en liberté, prend contact avec l'alumine, que l'on ajoute constamment au bain pour qu'il n'y ait aucun arrêt dans la production, et il se forme du fluorure d'aluminium qui se dissout, de l'oxyde de carbone qui se dégage; finalement l'aluminium liquide se dépose au fond de la cuve, d'où on l'extrait en le coulant dans de petits moules.

Tel est le principe de la fabrication électrique de l'aluminium. Les usines qui le produisent emploient des procédés qui, tout en étant basés sur ce principe, diffèrent sur un grand nombre de points de détails, d'ailleurs très importants; chaque usine conserve secrètes sa méthode de préparation des bains, leur composition, celle des produits traités, et même la constitution des électrodes.

La production d'aluminium obtenue au four électrique peut être évaluée à environ 200 kilogrammes pour une puissance de 1 cheval mis en œuvre et par an.

L'aluminium peut former, avec d'autres métaux, des alliages ayant des propriétés particulières. Les métaux utilisés en général pour former ces alliages sont le cuivre, le fer, le zinc, le plomb. Il s'amalgame avec le mercure. Le bronze d'aluminium, alliage de bronze et d'aluminium à 10 %, est très employé pour fabriquer un grand nombre d'objets, d'ustensiles, et même de bijoux qui ont une belle couleur jaune-rouge, d'un grand éclat, semblable à celle du *vermeil*. Avec addition de phosphore, le bronze d'aluminium sert à fabriquer des conducteurs électriques.

Le prix de l'aluminium a progressivement diminué au fur et à mesure des progrès effectués dans les méthodes de fabrication. En effet, lorsque Sainte-Claire Deville commença l'exploitation de son procédé, le kilogramme d'aluminium coûtait près de 3.000 francs; un an plus tard, en 1856, le prix du kilo était réduit à 375 francs, ce qui était encore un prix fort élevé.

Avec les perfectionnements des méthodes de fabrication, ce prix tombait à 125 francs le kilo en 1862. Le traitement électrométallurgique vint contribuer à abaisser encore ce prix, et en 1880, au début de la nouvelle fabrication, le kilo valait 90 francs, puis 20 francs en 1900, et aujourd'hui, on le trouve à environ 3 francs le kilogramme.

La baisse considérable du prix de l'aluminium explique son emploi de plus en plus répandu dans l'industrie, où sa légèreté est fort appréciée.

Étain L'étain est un métal d'une couleur blanc d'argent. Il est très brillant lorsqu'il est pur; mélangé avec d'autres matières, il a un aspect plus mat. Sa densité est de 7,29. Il fond à la température relativement basse de 228 degrés. Ce degré de fusion, le plus faible entre ceux de tous les métaux ordinairement employés dans l'industrie mécanique, a permis de l'utiliser pour effectuer des soudures entre pièces métalliques, et la quantité d'étain employée dans ce but est considérable.

L'étain a une structure cristalline, de sorte que, lorsqu'on le ploie, on entend un bruit particulier qui est nommé *cri de l'étain*.

Ce métal a la propriété d'être presque inaltérable au contact de l'air, à froid. A la longue, il se recouvre d'une légère couche oxydante qui le ternit un peu. Fondu, il s'oxyde facilement.

On extrait l'étain de minerais qui sont généralement de l'oxyde d'étain, nommé *cassitérite*. Le minerai d'étain est rare : on le trouve en Angleterre, en Allemagne, dans la Saxe, en Espagne, et en Bohême, en Chine, au Pérou, en Bolivie, et en Australie.

La quantité d'étain contenue dans le minerai est toujours faible. Il faut donc procéder à des opérations successives pour obtenir un composé plus riche en étain et débarrassé de la plus grande partie des matières étrangères que contient le minerai. Le *grillage* s'effectue dans un four à réverbère et la *réduction* dans un *four à manche* comportant une sorte de cuve de grande hauteur dans laquelle on verse par couches successives le minerai et du charbon. On active la combustion dans la cuve à l'aide d'un jet d'air sous pression. L'étain produit s'accumule au fond de la cuve. On le reçoit dans deux récipients superposés; il abandonne les scories, dans le premier, et s'écoule dans le second.

Le métal ainsi obtenu doit être affiné en

le chauffant dans un four à réverbère. L'étain pur fond d'abord et est recueilli, tandis que les autres produits restent dans le four et sont retirés ensuite. L'étain est très employé, dans l'industrie métallurgique, pour former des alliages avec un grand nombre de métaux. L'alliage le plus important est *le bronze,* qui est formé de cuivre et d'étain.

On l'utilise aussi, nous l'avons dit, pour effectuer des soudures. On en recouvre certains métaux oxydables pour les rendre inaltérables sous l'action des agents atmosphériques. Cette opération se nomme *étamage*. Elle s'effectue généralement en plongeant l'objet à étamer dans un bain d'étain, mais on peut aussi, après avoir décapé parfaitement l'objet et l'avoir chauffé, étendre sur lui, en frottant, une couche d'étain qui fond et recouvre le métal d'une mince couche inoxydable.

Le *fer-blanc* n'est autre chose qu'une plaque de tôle de fer ou d'acier doux étamée.

Sous forme de feuilles très minces, l'étain est utilisé pour mettre à l'abri de l'air, en les enveloppant, certains produits alimentaires. Ces feuilles sont obtenues en réduisant, par laminage, les lingots d'étain en plaques, successives, dont l'épaisseur est de plus en plus réduite.

Lorsque cette épaisseur est très faible, on met la plaque à affaiblir entre deux autres plaques d'épaisseur plus grande et on martelle le tout régulièrement.

La plaque intermédiaire s'amincit encore et peut atteindre, sans se déchirer, une épaisseur extrêmement faible. Par moulage, l'étain sert à fabriquer des objets d'art, des vases, etc., dont l'ensemble est désigné sous le nom de *poterie d'étain.*

Zinc Le zinc est un métal d'une couleur blanc-bleuté. Sa densité est de 7,15 ; il fond à 410 degrés environ, et au-dessus de 1.000 degrés il se volatilise.

Le zinc doit son emploi très étendu à sa propriété d'être peu altérable, soit par l'eau, soit par les agents atmosphériques.

Les minerais de zinc les plus répandus sont *le sulfure,* désigné sous le nom de *blende* et *le carbonate,* que l'on appelle *calamine;* ce dernier fournit un zinc très pur lorsqu'il ne contient pas de silicate. La présence de silice dans le minerai de zinc rend son traitement difficile et onéreux.

Le minerai de zinc est d'abord grillé, pour ce qui concerne la blende, dans des fours disposés pour recueillir l'acide sulfureux qui se dégage et qui sert à la fabrication de l'acide sulfurique, ou bien on le calcine lorsqu'il s'agit de la calamine. Après grillage ou calcination, on réduit le minerai en le traitant mélangé avec un poids deux fois plus faible de coke ou de charbon maigre. Le mélange est placé dans des creusets en terre réfractaire, qui sont introduits dans un four où la réduction s'opère par la chaleur.

Le produit de la réduction contient en grande partie du zinc, mais, en outre, il contient d'autres matières parmi lesquelles se trouvent assez souvent des métaux, fer, plomb, plus pesants que le zinc. Pour débarrasser le zinc de ces substances, on affine les produits de réduction en les liquéfiant dans un four à réverbère. Les métaux lourds vont au fond, sur la sole ; le zinc surnage ; on le recueille à l'aide d'une grande cuiller.

Le zinc entre dans la composition de nombreux alliages, dont les principaux sont le *laiton* qui est formé de cuivre et de zinc et le *maillechort* contenant du cuivre, du zinc, et du nickel, employé dans la fabrication de certains instruments et, en fil étiré, dans l'industrie électrique, pour confectionner des *résistances*.

Le zinc n'est pas très tenace ; il est peu malléable à froid ; mais il le devient davantage lorsqu'il est porté à une température plus élevée. On l'emploie volontiers pour recouvrir les toitures, parce qu'il est léger et peu altérable.

On l'utilise aussi pour fabriquer un grand nombre d'ustensiles et de récipients, et l'une de ses plus importantes applications consiste à rendre certains métaux inoxydables par la *galvanisation*.

La galvanisation a pour objet de recouvrir les métaux d'une couche de zinc, qui les protège contre l'action des agents atmosphériques et de l'eau. Elle s'applique surtout aux fils et aux tôles de fer ou d'acier.

Pour galvaniser des objets, on doit, au préalable, les recuire et les décaper soigneusement. Puis on les trempe dans un bain de zinc fondu. Il ne faut pas laisser séjourner longtemps l'objet dans le bain de zinc, car le zinc attaquerait le métal pour former un alliage; il suffit que l'objet à galvaniser soit porté à la température du bain pour qu'il se dépose sur toute sa surface une couche de zinc protectrice.

Plomb Le plomb est un métal d'une densité élevée, qui varie de 11,1 à 11,5, suivant qu'il contient plus ou moins d'impuretés. Il a une couleur gris bleuté. Sa ténacité et sa ductilité n'ont qu'une faible valeur : c'est un *métal mou*. Il fond à environ 340 degrés. En le chauffant au rouge sombre, il produit des vapeurs en grande quantité; chauffé au rouge vif, à la température de 1.600 à 1.800 degrés, il entre en ébullition. Au contact de l'air, le plomb se recouvre d'une couche de couleur grisâtre, qui est un sous-oxyde de plomb et qui laisse, lorsqu'on le frotte sur du papier, une trace noirâtre.

Tous les sels de plomb — parmi lesquels un des plus connus, le *carbonate de plomb*, nommé *céruse* ou *blanc de plomb* et très employé en peinture — sont vénéneux[1]. Le plomb est extrait de minerais dont le plus répandu est un *sulfure* nommé *galène*. Ce minerai se trouve surtout en Angleterre, en Saxe et en France. Il contient, parfois, d'autres sulfures métalliques et souvent de l'argent. On rencontre, en France, dans la Lozère, le Finistère et le Puy-de-Dôme, des mines de plomb argentifère.

Les galènes contiennent une proportion de plomb pouvant varier entre 30 et 80 %, et on distingue, suivant leur teneur en plomb, les *galènes pauvres* et les *galènes riches*.

Avant de procéder au traitement des minerais de plomb, on les broie afin de pouvoir les débarrasser d'une grande partie de la gangue qui contient les impuretés; puis on les soumet à un *grillage*, que l'on fait suivre d'une réduction ou d'une *réaction*. On peut aussi le traiter par *précipitation*, par *fusion*, par *rôtissage*. Les produits obtenus par ces divers procédés doivent subir une opération d'affinage, pour que le plomb métallique puisse être recueilli.

Il faut, aussi, dans le traitement du plomb, procéder à la *désargentation* du minerai, opération qui consiste à en extraire l'*argent* qu'il contient.

Les procédés *par grillage et réduction* et *par rôtissage* sont les plus employés. Le premier consiste à placer le minerai dans un four à réverbère et à le chauffer pour en éliminer les produits les plus gênants, tels que le soufre ou la silice. La température est progressivement élevée pour obtenir ce résultat, sans toutefois qu'elle puisse atteindre un degré provoquant la fusion. L'opération du *grillage* donne de l'oxyde de plomb mélangé avec des silicates et une petite quantité de sulfate. C'est ce produit que l'on réduit pour en obtenir du plomb métallique. Cette opération de *réduction* s'effectue dans un four à cuve, dans lequel on charge, par couches successives, le minerai grillé, du charbon, des *fondants* calcaires et des *oxydes de fer*. Un courant d'air à faible pression est envoyé dans le four pour aider à la réduction, par l'action de son oxygène.

1. La peinture à la céruse a été interdite par une récente réglementation officielle, en raison des accidents qu'elle causait, et qui faisaient partie des accidents imputables au plomb que les hygiénistes groupent sous terme des « accidents du *saturnisme* ».

La fusion s'opère dans un four; le plomb est reçu à l'état liquide dans un creuset inférieur; au-dessus de lui surnage une *matte* compacte formée de sulfure de plomb et de sulfure de fer; puis, au-dessus de la matte, sont les *scories*. Ces scories sont évacuées par des orifices particuliers disposés à une certaine hauteur sur la paroi du four. La matte et le métal fondu sont coulés par un orifice inférieur dans une lingotière où ils se superposent, la matte, plus légère, restant toujours à la partie supérieure. Une tige, que l'on enfonce dans la matte lorsqu'elle commence à se solidifier, permet, après refroidissement complet, de l'enlever, d'un bloc, de la lingotière et de la séparer du plomb métallique qui peut alors être utilisé. Les mattes et les scories recueillies sont utilisées pour une opération de réduction ultérieure et mélangées au chargement des produits dans le four à cuve.

Pendant l'opération de réduction, une certaine quantité de plomb peut se volatiliser par suite de la température élevée que l'on doit maintenir dans le four. On recueille les vapeurs sortant du four dans des capacités où elles se condensent, et on obtient des poussières contenant une grande proportion de plomb, desquelles on l'extrait.

Le procédé de traitement du minerai de plomb par *rôtissage* consiste à griller le minerai, à le fondre et à le brasser. Le brassage permet d'éliminer, presque complètement, le soufre que contient le minerai, en facilitant l'action de l'oxygène de l'air sur la masse en fusion.

Le *rôtissage* s'effectue dans des *fours à réverbère* dont la sole est inclinée pour que le plomb liquide s'écoule de lui-même vers le creuset. Il reste, généralement, malgré la fusion de la plus grande partie des produits, quelques résidus compacts qui contiennent du plomb. Pour en extraire ce plomb, on procède à des opérations nommées *ressuages,* qui consistent à ajouter du charbon sur la sole du four pendant que l'on active le tirage.

On traite aussi le minerai de plomb par fusion après l'avoir mélangé avec le combustible et à l'aide d'un courant d'air qui entretient la combustion : c'est le procédé de *fusion au bas foyer*.

Le procédé par *précipitation* ne comporte pas d'opération de grillage. On ajoute au minerai de plomb de la fonte et du fer. Ces oxydes de fer forment, avec le soufre du minerai, des *mattes* de sulfure de fer, et le plomb est obtenu à l'état métallique. Cette méthode donne lieu à des déchets et est onéreuse. On l'utilise lorsqu'on veut recueillir, en plus du plomb, certains autres métaux contenus en assez grande proportion dans le minerai traité.

Pour retirer l'argent du plomb argentifère, on fait fondre le plomb qui a d'abord subi toutes les opérations, y compris celle d'affinage. Puis on fait refroidir lentement le liquide. Il se dépose d'abord, au fond du creuset, des cristaux de plomb contenant très peu d'argent, tandis que le métal liquide en contient une plus grande proportion. On enlève avec une *écumoire* ces cristaux de plomb au fur et à mesure qu'ils se forment, laissant dans le creuset le métal le plus riche en argent. Après une suite d'opérations successives, et en traitant de la même façon les cristaux de plomb successivement enlevés, on obtient d'une part du plomb contenant de 1 à 1,8 % d'argent et, d'autre part, du plomb métallique marchand.

Le plomb argentifère, dit plomb de coupelle, est alors fondu dans une cuve et soumis à l'action d'un courant d'air; il se forme de l'oxyde de plomb fondu qui s'écoule et, l'opération se poursuivant, tout cet oxyde s'élimine et l'argent apparaît brusquement. Cette opération se nomme *coupellation*. Le plomb obtenu par un des procédés précédents est impur. Il contient encore un peu de cuivre, du fer, du zinc, etc. Il convient donc de l'affiner. Pour cela, on le fait fondre dans un four à réverbère ; on facilite l'oxydation du bain en maintenant un courant d'air dans le four et on brasse le mélange en le maintenant *au rouge sombre* pendant plusieurs jours, en ayant soin d'enlever au fur et à mesure les scories qui surnagent. Le plomb, qui est plus lourd que les autres produits, reste sur la sole et est recueilli à la fin de l'opération.

Le plomb est utilisé, dans le bâtiment, en feuilles ou en tuyaux, pour recouvrir les toits, pour faire des gouttières, des conduites d'eau et de gaz. On s'en sert surtout pour confectionner des bacs destinés à contenir certains acides, comme l'acide sulfurique, qui ne l'attaquent pas. Il est employé pour la fabrication des balles, des plombs fusibles employés dans les coupe-circuit, etc.

Le plomb peut s'allier avec un grand nombre de métaux. Son alliage avec l'étain, qui est le plus répandu de ses alliages, sert aux plombiers pour effectuer les soudures et pour confectionner certains ustensiles. Avec l'étain et le bismuth il forme un alliage très fusible. L'alliage de plomb, d'antimoine et de régule est employé à la fabrication des caractères d'imprimerie. Le plomb contenant une très faible quantité d'arsenic devient dur. Il s'allie difficilement avec le fer, le cuivre, le zinc, le nickel.

Platine Le platine est un métal précieux employé principalement dans l'industrie électrique et dans la bijouterie. Il est d'une couleur blanc-gris. C'est le plus lourd des métaux : sa densité est de 21,7 environ. Il est mou, très tenace, ductile et malléable. Il fond à 1775° et ne s'oxyde à aucune température. L'acide azotique et l'acide chlorhydrique ne l'attaquent pas séparément, mais l'*eau régale,* qui est un mélange de ces deux acides, attaque facilement le platine.

Le platine a été découvert, vers 1735, dans la Colombie équatoriale, dans des sables contenant de l'or. On le trouve dans des roches contenant aussi de l'or et du diamant. Il est toujours mélangé avec certains autres métaux et principalement avec l'iridium, le rhodium, le palladium, le ruthénium, l'osmium.

Les principaux gisements de platine se trouvent en Colombie, à Bornéo, au Brésil, et surtout dans l'Oural.

On l'extrait des alluvions des rivières qui traversent les roches platinifères nommées *dunites.* Ces roches en contiennent sous forme de grain ou de parcelles cristallisées, mais en quantité trop faible pour que son extraction directe de ces roches puisse être faite avantageusement. C'est pour cela qu'on traite les alluvions des rivières qui ont traversé ces roches. Ces alluvions formant généralement l'ancien lit de la rivière se composent de couches de sable à leur partie la plus profonde, puis d'une couche de gravier disposée au-dessus et d'une couche supérieure de terre. On trouve le platine dans les couches de sable. Ce sable est extrait et lavé. Le minerai plus lourd est recueilli. On le soumet à l'action de l'eau régale qui dissout d'abord l'or et la presque totalité des autres métaux que contient le platine. L'eau régale concentrée dissout ensuite ce qui reste du minerai. On fait évaporer la solution, puis on ajoute de l'eau et du chlorure d'ammonium pour précipiter le platine que contient le minerai à l'état de *chloroplatinate.* Soumis à la calcination, ce produit donne du platine à l'état spongieux qui a la propriété de retenir dans sa masse poreuse une grande quantité de gaz, de l'hydrogène, par exemple. On le désigne sous le nom de *mousse de platine* dont on se sert pour provoquer l'allumage, à distance, du gaz ou des mélanges tonnants.

Le chloroplatinate est ensuite fondu dans un four en chaux. La chaux agissant sur les oxydes des différents métaux contenus dans le produit, permet d'obtenir le platine. On obtient ainsi le platine du commerce qui est ensuite purifié par un traitement à l'acide azotique étendu d'eau, lequel dissout les métaux étrangers, puis par l'eau régale qui le dissout lui-même.

Le platine est employé pour la confection d'organes ou d'ustensiles devant résister à la chaleur et ne s'oxydant pas. Les contacts d'interrupteurs de courant électrique, marchant à une fréquence rapide et donnant des étincelles chaudes, sont faits en platine. Ces contacts permettent un fonctionnement de longue durée sans être remplacés. Le platine sert aussi à faire des creusets ou des récipients utilisés pour produire soit une fusion à haute température, soit des réactions à l'aide d'acides qui n'ont aucune action sur lui.

Allié avec une certaine proportion de rhodium ou d'iridium variant de 10 à 25 %, le platine devient très dur et s'use difficilement. Cet alliage a reçu des applications multiples dans l'industrie pour la confection de contacts électriques, des cannes de pyromètres, ainsi que nous l'avons vu, des bouts de style et des pointes de plumes de stylographes, etc...

La production du platine est très faible et son prix est élevé, environ 7.500 francs le kilogramme.

Or L'or est, comme le platine, un métal précieux, mais moins employé que lui dans l'industrie. Il entre surtout dans la confection des bijoux et des monnaies.

Il est contenu dans un grand nombre de minerais métalliques et principalement dans ceux de plomb, de cuivre, et d'argent, mais on le trouve surtout cristallisé dans des roches et sous forme de grains et de paillettes. Le sable de certaines rivières en contient.

L'or se trouve surtout aux États-Unis, au Canada, au Mexique, dans l'Amérique du Sud, en Chine, au Japon, aux Indes, en Sibérie, en Australie, au Congo, au Transvaal. La Nouvelle-Calédonie possède quelques filons aurifères et, en France, quelques fleuves et rivières charrient des paillettes d'or, mais en quantité très faible et non exploitable; ce sont la Garonne, le Rhône, l'Ardèche, l'Hérault, le Gardon, etc.

L'or a une couleur jaune. C'est un métal brillant, tenace, très ductile et très malléable. On peut le marteler pour obtenir des feuilles d'une épaisseur excessivement faible pouvant atteindre 1/10.000 de millimètre. Sa densité est de 19,3. Il fond à 1035 degrés en prenant une couleur verdâtre. Il est inoxydable dans l'eau et dans les acides. Un mélange de quatre parties d'acide chlorhydrique et d'une partie d'acide nitrique dissout l'or. Ce mélange a été appelé, pour cela *eau régale,* l'or étant considéré comme le roi des métaux.

Pour retirer l'or du minerai, on broie les produits qui le contiennent, puis, on les lave dans des sortes de caniveaux au fond desquels ont été aménagées des aspérités. L'or, par son poids, gagne le fond des caniveaux où il se trouve arrêté par les aspérités. On peut alors soit le fondre avec des minerais de plomb, dont on le sépare par coupellation, soit l'*amalgamer,* c'est-à-dire le faire dissoudre par le mercure et éliminer ensuite celui-ci de l'amalgame par distillation. On peut aussi le dissoudre par le chlore ou le cyanure de potassium, puis traiter les produits obtenus pour précipiter l'or.

Un autre procédé consiste à l'obtenir par électrolyse en employant des électrodes positives en fer et des électrodes négatives en plomb. L'or se dépose sur la cathode en plomb qui est ensuite traitée pour l'en retirer.

L'or obtenu est ensuite affiné pour en retirer les parcelles d'autres métaux qu'il contient encore, comme l'argent, le cuivre, l'iridium.

Argent L'argent, autre métal précieux, a une valeur beaucoup moins grande que le platine et l'or. Sa couleur est blanche. Sa densité est de 10,3;

Fig. 62. — Usines du Creusot. — Installation d'un groupe de grands laminoirs.

il est très ductile et très malléable. Son point de fusion est à environ 1.000 degrés.

On trouve l'argent sous forme de cristaux, principalement au Mexique, en Norvège, en Bolivie. On le rencontre aussi dans les minerais de plomb et de cuivre, sous forme de sulfure. Le sulfure d'argent existe également à l'état pur et on peut en extraire le métal ; on trouve enfin du chlorure d'argent en assez grande quantité.

Nous avons indiqué, dans la métallurgie du plomb, le moyen employé pour extraire l'argent du plomb argentifère par le procédé de *coupellation;* on le retire, par un procédé semblable, du cuivre qui en contient. Pour extraire l'argent du minerai, on broie ce minerai et on procède à son grillage après lui avoir ajouté du sel marin. On obtient des chlorures de tous les métaux contenus dans le minerai, y compris du chlorure d'argent. Les produits lavés et placés dans un tonneau contenant des débris de fer, sont soumis, par le mouvement de rotation du tonneau autour d'un axe horizontal, à un brassage qui provoque la mise en liberté de l'argent que contiennent les chlorures d'argent : le fer placé dans le tonneau remplace l'argent dans ces chlorures. Pour séparer l'argent du mélange, on ajoute du mercure. Il se forme un *amalgame d'argent* que l'on recueille, et après distillation pour en éliminer le mercure, l'argent est isolé. L'argent du commerce n'est pas pur; il contient du cuivre et, parfois, une petite quantité d'or et de platine.

Par l'affinage on le débarrasse successivement de chacun des métaux étrangers. Cette opération s'effectue à l'aide de réactions chimiques et on obtient, d'une part, des produits que l'on traite spécialement pour en retirer les divers métaux, et d'autre part, l'argent pur ou *argent vierge*.

L'argent a de nombreuses applications. En dehors de son emploi pour la fabrication des monnaies, il est utilisé dans la confection des bijoux. Il sert à argenter divers métaux, c'est-à-dire à les recouvrir d'une mince couche d'argent qui leur donne l'aspect de ce dernier métal. En photographie, l'argent joue un rôle important, par suite des propriétés spéciales de sensibilité du bromure d'argent. Dans l'industrie électrique, l'argent, qui est un métal très bon conducteur de l'électricité, sert à assurer un bon contact entre des pièces métalliques qui sont munies de *grains* ou de pastilles d'argent aux seuls points où doivent s'effectuer soit la rupture soit la fermeture du courant.

Les monnaies d'argent sont fabriquées avec un alliage d'argent et de cuivre. Allié à l'or, l'argent forme, suivant la quantité qui y est contenue, soit de *l'or jaune,* soit de *l'or pâle,* soit de *l'or vert.* Un alliage d'argent et de palladium sert à la fabrication de certaines pièces d'instruments de topographie et de marine. Avec le cuivre et l'or, l'argent forme un alliage appelé *doré.* En recouvrant l'argent d'une légère couche d'or, destinée à empêcher son oxydation, on obtient le *vermeil.*

Métaux divers

En plus des métaux ordinairement utilisés dans l'industrie et que nous venons d'examiner, il en existe d'autres dont l'emploi est moins courant et avec lesquels on se trouve, pour cette raison, moins familiarisé. La plupart de ces métaux, d'ailleurs, possèdent des propriétés telles qu'ils ne sont pour ainsi dire jamais employés seuls, mais ils donnent, lorsqu'ils entrent dans la composition de certains alliages spéciaux, des caractères particuliers et différents à ces alliages, qui en justifient l'emploi. Parmi ces métaux, citons le chrome, le tungstène, l'iridium, le rhodium, le molybdène, le cobalt, le palladium, l'osmium, etc. Nous avons signalé, dans la métallurgie des divers métaux que nous avons examinés, les propriétés spéciales que possèdent ces différents alliages.

Quelques alliages de métaux usuels sont

très employés dans l'industrie et, à ce titre, il nous paraît utile d'en examiner particulièrement deux des plus répandus : le *bronze* et le *laiton*.

Bronze Le bronze est, en principe, un alliage de cuivre et d'étain. Pratiquement, on ajoute à cet alliage des quantités assez faibles d'autres métaux pour donner au bronze à obtenir des propriétés spéciales suivant l'usage auquel on le destine.

Le bronze a une densité et une dureté plus grandes que celles des deux métaux, cuivre et étain, qui le constituent. Jusqu'à une proportion d'environ 35 % d'étain ajoutée au cuivre, le bronze a une résistance et une dureté de plus en plus considérables à mesure que la teneur en étain est plus grande. Lorsque la proportion d'étain dépasse, dans l'alliage, 35 %, la dureté et la résistance du bronze ainsi obtenu diminuent. Il devient cassant et ne peut être que difficilement employé.

Le bronze est plus fusible que le cuivre et sa fusibilité est d'autant plus grande que la proportion d'étain est plus importante. Par contre, plus la teneur en étain est considérable dans le bronze, moins celui-ci est malléable, de sorte qu'à partir d'environ 6 % d'étain, le bronze ne peut plus être façonné au marteau, soit à chaud, soit à froid. On le fond et on le coule dans des moules pour obtenir les pièces à la forme voulue, pièces qui peuvent être, ensuite, travaillées, soit à la lime, soit aux diverses machines-outils : tours, machines à percer, à fraiser, etc.

On peut donc dire qu'en principe, le bronze n'est pas malléable, car il contient presque toujours plus de 6 % d'étain. Par la trempe, cependant, il acquiert une plus grande malléabilité, contrairement aux aciers ordinaires, dont la malléabilité est complètement supprimée par la trempe.

On a mis à profit cette particularité donnée au bronze par la trempe, dans la fabrication de certains objets et instruments, comme les cymbales, les gongs, les médailles, etc.

Le bronze est connu depuis les temps les plus reculés. Nous avons vu, au commencement de ce livre, l'emploi qu'en faisait l'homme primitif. Le bronze a servi, plus tard, et pendant fort longtemps, à fabriquer les canons. La composition de ce *bronze des canons* était de 90 % de cuivre et de 10 % d'étain. C'était un alliage de métaux très purs qui permettait d'obtenir des pièces d'artillerie très résistantes.

Il existe une très grande variété de bronzes, suivant les proportions de cuivre et d'étain qu'ils contiennent et suivant les quantités d'autres métaux ajoutés à l'alliage.

Un bronze avec lequel on fabrique les cloches, parce qu'il a une très grande sonorité, se compose de 78 à 82 % de cuivre et de 22 à 18 % d'étain. Ce bronze, qui contient parfois un peu de plomb ou du zinc, est appelé *bronze des cloches*.

Avec des proportions à peu près semblables de cuivre et d'étain, on obtient le *bronze sonore* avec lequel on confectionne les *cymbales* et les *tam-tams*, instruments de faible épaisseur dont la fabrication est facilitée, ainsi que nous l'avons dit, par la trempe du bronze qui l'adoucit et le rend plus malléable.

Lorsque le bronze contient environ 66 % de cuivre et 33 % d'étain, il devient très dur mais, en même temps, cassant. Il peut prendre un très beau poli et est utilisé, en conséquence, pour faire des miroirs métalliques qui ont une couleur blanche. Il entre aussi dans la fabrication des télescopes. On ajoute parfois à ce bronze du platine, de l'antimoine, et du zinc, pour obtenir un poli plus fin. Cet alliage se compose de 57,8 % de cuivre, de 27,2 % d'étain, de 10,8 % de platine, de 3 % de zinc et de 1,2 % d'antimoine.

Les bronzes contenant, en plus du cuivre et de l'étain, un certain nombre d'autres métaux, ont des applications nombreuses. Avec du plomb et du zinc, on obtient le *bronze d'art* servant à mouler les statues. Il a un grain très fin, et est très fusible, ce qui le rend propre à la reproduction des œuvres d'art. Il est moins résistant, plus fragile, mais ne s'oxyde pas à l'air. Le bronze d'art contient de 77 à 94 % de cuivre, de 1 à 12 % d'étain, de 3 à 19 % de zinc, de 1 à 10 % de plomb et on ajoute encore, parfois, un peu de fer et de nickel.

Le bronze servant à faire la monnaie de billon, appelé *bronze des monnaies,* contient 95 % de cuivre pur, 4 % d'étain et 1 % de zinc. Il est un peu malléable à froid et sa malléabilité est augmentée par la trempe pour la fabrication des monnaies.

Le bronze est très employé pour la confection de nombreuses pièces de machines. Dans ces divers emplois, la composition du bronze varie avec l'usage auquel on destine les pièces confectionnées.

Le bronze ordinaire, *industriel,* contient de 80 à 90 % de cuivre, de 6 à 12 % d'étain et de 2 à 4 % de zinc. Dans les ateliers de l'artillerie, on emploie un bronze formé de 90 % de cuivre, 6 % d'étain et 4 % de zinc, dit *bronze mécanique*. Le bronze industriel est le plus ordinairement utilisé. Les agents atmosphériques n'exercent presque aucune action sur lui; il a une dureté et une résistance qui permettent de l'employer à la confection des pièces frottantes des machines; on en fait des coussinets, des têtes de bielles, des soupapes, des robinets, etc.

Le frottement des pièces en acier sur des pièces en bronze est plus faible que le frottement de deux pièces en acier et le *grippage* est moins à craindre. Pour ces raisons, les arbres en acier sont supportés, le plus souvent, par des paliers munis de coussinets en bronze, dans lesquels ils tournent.

On emploie aussi, pour des affectations particulières, des *bronzes spéciaux,* parmi lesquels les principaux sont le *bronze au plomb,* le *bronze d'aluminium,* le *bronze au manganèse,* le *bronze phosphoreux.*

Le *bronze au plomb* est surtout employé pour fabriquer des coussinets supportant des arbres tournant à grande vitesse, et risquant, par conséquent, de s'échauffer considérablement. Ces bronzes contiennent de 10 à 20 % de plomb. Voici la composition de quelques types employés dans les ateliers et qui ont donné, aux essais, des résultats satisfaisants : l'un des types contient 79,7 % de cuivre, 10 % d'étain, 9,5 % de plomb, 0,8 % de phosphore; le second est constitué par 82,2 % de cuivre, 10 % d'étain 7 % de plomb, 0,8 % d'arsenic; le troisième comporte 77 % de cuivre, 10,5 % d'étain, 12,5 % de plomb.

On a constaté que l'augmentation de la proportion de plomb dans un bronze dont la proportion d'étain reste constante, ne change pas sensiblement la dureté de l'alliage tant que la teneur en étain est inférieure à 14 % et que la teneur en plomb ne dépasse pas 10 %. Par contre, lorsque la proportion d'étain dépasse 14 %, la dureté de l'alliage diminue au fur et à mesure que la proportion de plomb augmente.

Le *bronze d'aluminium* est un alliage de cuivre et d'aluminium dans lequel le cuivre entre dans la proportion de 90 à 95 % et l'aluminium dans la proportion de 10 à 5 %. Ce bronze est très ductile et malléable; il peut se forger, s'étirer, et se ciseler facilement; il peut également se mouler aisément. Il est tenace, d'une grande dureté, et très élastique, au point que dans l'industrie horlogère et électrique, on l'emploie pour confectionner des ressorts de montres, de pendules, et d'appareils de mesure. On s'en sert aussi dans la fabrication d'instruments de Physique, d'Astronomie, d'objets et ustensiles divers, de tubes sans soudure, etc... Il a la couleur de l'or.

Le moulage du bronze d'aluminium et sa préparation offrent quelques difficultés qui sont dues à son oxydation facile et à son retrait considérable. Pour obtenir cet alliage on doit d'abord n'employer que du cuivre et de l'aluminium très purs. Dans un creuset en graphite, on fond le cuivre, qui a été chauffé auparavant pour le débarrasser de son humidité. Lorsque la fusion s'est effectuée, on brasse le tout, avec une tige en graphite, car l'aluminium tend à rester à la surface. En chauffant jusqu'au rouge blanc, on obtient du bronze d'aluminium que l'on coule en ayant le soin de ne pas faire cette opération à une trop haute température et de ne pas laisser séjourner trop longtemps le métal liquide dans le creuset avant la coulée, de crainte d'avoir des *soufflures* dans le métal moulé.

On coule, d'ailleurs, le métal d'abord en barres; puis il est refondu pour être coulé dans les moules de formes diverses pour obtenir les pièces désirées. Pour les moulages, la proportion de cuivre doit être de 90 % et celle de l'aluminium de 10 %. Pour obtenir des pièces de faible épaisseur, par laminage, la teneur d'aluminium est réduite à 8 %.

Le *bronze au manganèse* s'obtient en ajoutant une petite quantité de manganèse à l'alliage de cuivre et d'étain. Cette opération a pour but de donner au métal obtenu une plus grande homogénéité, ainsi qu'une ténacité et une dureté plus considérables. On peut, en le chauffant au rouge, laminer et forger le bronze au manganèse.

Pour le préparer, on fond ensemble du bronze avec du cuivre contenant du manganèse. La proportion de manganèse est toujours très faible; son action est désoxydante et améliore, en outre, les propriétés mécaniques. Les formules de bronze au manganèse sont diverses suivant les fabricants. L'une d'elles, employée pour obtenir le *métal Parsons* utilisé dans les ateliers de la marine pour la fabrication de certaines pièces, est la suivante : le cuivre entre dans l'alliage dans la proportion de 58 %, le zinc 38,5 %, l'étain 1 %, l'aluminium 1 %, le fer 1 %, le manganèse 0,5 %.

Les bronzes au manganèse résistent d'une façon remarquable à l'action de l'eau de mer, des agents chimiques divers, des eaux alcalines, de la vapeur à haute pression. Ces précieuses qualités les font utiliser pour des applications diverses et nombreuses.

Les hélices de navires, les gouvernails, les arbres d'hélices, les tiges de pistons, des frettes, des entretoises de locomotives, et un grand nombre de pièces de machines et de turbines à vapeur sont faits en *bronze au manganèse,* avec addition de proportions déterminées d'autres métaux, destinés à améliorer la qualité de l'alliage.

Le *bronze phosphoreux* est un bronze contenant une faible quantité de phosphore. Pour l'obtenir, on ajoute au bronze ordinaire du phosphure de cuivre. Le bronze phosphoreux est très dur et très tenace. Sa résistance au frottement est considérable et c'est pour cela qu'une de ses principales applications consiste à l'employer dans la fabrication des coussinets de paliers et de bielles, des tiroirs de distribution, des tiges de pistons, etc. Il est plus cassant que le bronze ordinaire et est d'une couleur rouge rappelant celle de l'or.

Il existe un grand nombre de compositions de bronze phosphoreux. L'une d'elles, qui donne pour les plus gros moulages, une résistance à la traction dépassant 24 kilogrammes par millimètre carré, et un allongement de 20 % sur une longueur de 50 millimètres, comporte : cuivre 90 %, étain 9,4 %, phosphore 0,6 %. C'est cette composition qui a été imposée par l'Amirauté anglaise pour la confection de certaines pièces du premier cuirassé *Dreadnought,* qui devait être le type de toute une série de navires de guerre puissamment armés et de fort tonnage.

Lorsque le bronze phosphoreux doit être spécialement utilisé pour la fabrication de coussinets, on lui donne une teneur en phosphore de 0,8 à 1 %.

On fabrique aussi du *bronze siliceux,* qui

est plutôt un cuivre siliceux qu'un bronze ; car pour l'obtenir, c'est surtout au cuivre que l'on ajoute du silicium, la proportion d'étain étant très réduite. Cet alliage, nommé cependant *bronze siliceux,* est principalement employé pour fabriquer des fils télégraphiques et téléphoniques, par suite de sa grande résistance à la rupture, de sa ténacité bien supérieure à celle du cuivre, et de sa bonne conductibilité, qui, tout étant inférieure à celle du cuivre, est supérieure à celle du fil de fer qui offrirait la résistance mécanique convenable.

Laiton Le laiton est un alliage de cuivre et de zinc. Sa densité est d'environ 8,55. Il a une couleur jaune, est très ductile, peut être travaillé aisément à froid par laminage ou étirage : on le réduit en feuilles minces et en fils de faibles diamètres. L'adjonction du zinc au cuivre a pour effet d'augmenter la dureté de l'alliage et sa fusibilité, et jusqu'à une teneur d'environ 50 % de zinc, la dureté du laiton augmente avec la proportion de zinc. Au delà de cette proportion, le laiton devient fragile et cassant.

Le laiton contient assez souvent du fer, de l'étain, du plomb. Ces divers éléments peuvent diminuer la qualité de l'alliage, en modifiant soit sa dureté, soit sa malléabilité. Le laiton destiné à la confection de pièces de machines doit se composer de cuivre et de zinc purs.

Pour obtenir l'alliage, on place dans des creusets du cuivre et du carbonate de zinc ou *calamine,* ou du cuivre et du sulfate de zinc ou *blende.* Ces creusets sont disposés dans un four de façon à être complètement entourés de coke. La combustion du coke provoque la fusion des produits et le laiton liquide est coulé dans des lingotières métalliques.

Le laiton ordinairement employé dans l'industrie contient de 70 à 60 % de cuivre et de 30 à 40 % de zinc. On l'utilise pour remplacer le bronze, qui est plus coûteux, dans la confection des pièces de machines qui n'ont à effectuer qu'un travail peu considérable et qui n'ont à supporter aucun frottement.

La trempe n'agit pas sur le laiton ; mais le travail de laminage, d'étirage, de martelage, l'écrouit en augmentant sa raideur. On peut, en le chauffant à faible température, en le *recuisant,* comme on dit en terme d'atelier, lui rendre sa malléabilité.

Le laiton sert à fabriquer les douilles de cartouches avec une proportion de 77 % de cuivre et de 33 % de zinc, à la confection des fusées avec une proportion de 60 % de cuivre et de 40 % de zinc, et parfois un peu de plomb. Il est employé également pour fabriquer divers objets : garnitures ou parures à bas prix. La proportion de zinc est moindre, dans ce cas : elle est de 15 à 18 % environ.

Bronzage et cuivrage de l'acier Le bronze et le cuivre peuvent être utilisés pour protéger des pièces en acier ou en fer contre la rouille, en recouvrant ces pièces d'une couche assez mince de métal protecteur. Pour effectuer ce recouvrement, on opère comme pour étamer ou galvaniser le fer, opérations qui consistent à le recouvrir d'une couche d'étain ou de zinc, et qui peut se faire soit par immersion du fer dans un bain de métal approprié en fusion, soit par *électrolyse,* procédé dans lequel le métal protecteur se dépose sur le fer par l'action d'un courant électrique.

Pour bronzer et cuivrer le fer, il convient, pour procéder par immersion, d'éviter l'oxydation de la couche de métal de recouvrement, au moment où la pièce en fer ou en acier traitée est retirée du bain liquide. Pour cela, les fabricants ajoutent au bain un liquide spécial dont ils conservent la formule secrète. Ce liquide est versé dans le métal : bronze ou cuivre, alors que sa fusion, qui s'effectue dans un creuset, est devenue complète.

Les pièces en acier ou en fer qu'on doit avoir le soin, auparavant, de décaper soigneusement, sont alors trempées dans le bain en fusion, puis retirées. En les sortant du creuset, la couche de métal, qui adhère sur toute la surface de la pièce, est protégée contre l'oxydation de l'air par le liquide ajouté, qui, surnageant au-dessus du métal en fusion, forme une couche protectrice sur l'objet au fur et à mesure qu'il est retiré du creuset. Après le refroidissement, la pièce peut être facilement nettoyée pour enlever les traces du liquide protecteur et le métal de recouvrement prend sa teinte naturelle polie et brillante.

Les applications du fer ou de l'acier cuivré ou bronzé peuvent être nombreuses. On peut ainsi donner à des objets ou à des ustensiles estampés, des formes quelconques, ainsi qu'un aspect plus brillant et plus propre; en principe, tous les fils de fer destinés à former des clôtures, des réseaux, des treillages peuvent être cuivrés ou bronzés pour les mettre à l'abri de la rouille; il en est de même des lames et d'un grand nombre d'autres objets de formes diverses.

Alliages divers

Un certain nombre d'autres alliages se rapprochant du bronze ou du laiton, mais qui contiennent en proportions différentes d'autres métaux, sont employés industriellement. Ils portent assez souvent un nom spécial donné par le fabricant.

Parmi ces alliages, citons le *métal Muntz*, composé d'environ 59,8 % de cuivre; 39,6 % de zinc et 0,6 % de plomb.

Le *métal Delta* contient 55 % de cuivre, 41 % de zinc et 4 % de fer. La proportion de fer de cet alliage varie de 2 à 4 %. Ce métal est plus malléable que le laiton ordinaire, aux températures élevées; il possède aussi une plus grande ténacité.

Le *bronze pour robinets* comprend environ 86 % de cuivre; 7 % d'étain; 6 % de zinc; 0,94 % de plomb; 0,06 % de fer.

Le *bronze pour coussinets* est composé de 82,8 % de cuivre; de 12,5 à 14,5 % d'étain; de 2,5 à 4,5 % de zinc; de 1 % de plomb; de 0,06 % de fer.

Le *métal Roma* est un laiton contenant en faible quantité de l'aluminium, de l'étain, du manganèse, et une proportion de 60 % de cuivre et de 38 % de zinc. Ce métal est très résistant : il est très malléable à chaud et très peu à froid.

On peut, en l'étirant, obtenir des barres d'une grande résistance, à texture compacte et très homogène.

Le *métal pour soudures* se compose de plomb et d'étain en proportions variables, suivant le degré de fusibilité qu'on lui demande.

Le *métal pour brasures* a une composition différente : c'est une sorte de laiton dont la fusibilité a été augmentée par l'addition au cuivre, d'autres métaux: il est formé de 85 % de cuivre; 14,65 % de zinc; 0,3 % de plomb et 0,05 de fer.

D'autres alliages employés industriellement comportent une très petite quantité de cuivre ou n'en contiennent même pas. Le *métal antifriction*, dont on garnit les coussinets de paliers pour éviter l'échauffement produit par l'arbre qui y tourne, ne contient que de 5 à 8 % de cuivre. Il contient, en outre, environ 10 % d'antimoine, un peu de plomb, de l'étain et du zinc.

Le *métal Monel* est un alliage de nickel, dans la proportion de 60 % de cuivre, 33 %; de fer, 6,5 % et d'aluminium, 0,50 %.

Le métal pour *caractères d'imprimerie* est un alliage de plomb et d'antimoine dans les proportions de 76 % environ de plomb et 24 % d'antimoine.

Le *métal anglais* est un alliage de 90 parties d'étain et 10 d'antimoine.

Le *métal Darcet*, qui fond à 94 degrés et que l'on utilise, pour faire des caractères d'imprimerie et des bouchons fusibles de chaudières, se compose de 50 % de bismuth, 31,5 % de plomb, et 18,5 % d'étain.

Soudure des métaux Quoique les diverses pièces constituant un mécanisme soient, le plus souvent, montées les unes sur les autres et assujetties par des vis ou des boulons, il est parfois nécessaire de réunir certaines parties d'une même pièce pour n'en former, pour ainsi dire, qu'une seule, sans qu'on ait à craindre le dévissage des organes de liaison. C'est par la *soudure* des diverses parties de la pièce que l'on obtient ce résultat.

La *soudure* consiste à interposer entre deux métaux une composition spéciale que l'on fait fondre, et qui, en adhérant à la fois à chacun d'eux, les réunit et les rend solidaires l'un de l'autre. Ce procédé de soudure est le procédé ordinaire, le plus ancien, le plus connu et très employé dans les ateliers. Un autre procédé plus moderne, et qui a pris une extension considérable grâce aux intéressantes applications qu'il reçoit, est la *soudure autogène* dont nous allons nous occuper plus loin.

Parmi les compositions fusibles employées pour faire des soudures, l'alliage de plomb et d'étain, ou *métal pour soudures,* est le produit le plus employé.

Lorsque le plomb domine dans l'alliage, on a la *soudure maigre,* utilisée surtout par les plombiers. Quand, au contraire, c'est l'étain qui entre en proportion plus grande dans l'alliage, on a la *soudure grasse,* qui est plus spécialement utilisée dans la mécanique. Une composition comportant 2 parties d'étain et 1 de plomb est nommée *soudure au tiers.* Ces diverses soudures sont, le plus souvent, désignées dans les ateliers de mécanique sous le nom général de *soudures à l'étain.*

Elles servent à rendre solidaires deux pièces qui ne sont pas soumises à des efforts considérables ou à des chocs violents tendant à les séparer. Dans ce dernier cas, on emploie, suivant les conditions de résistance à remplir, ou la *soudure à l'argent* ou la *brasure.*

La soudure à l'argent s'effectue à l'aide d'une composition fusible, comprenant 7 parties d'argent et 1 partie de cuivre, ce qui fait qu'on la désigne quelquefois sous le nom de *soudure à huit.*

Pour souder deux pièces à l'étain, il est nécessaire, après les avoir convenablement ajustées, de nettoyer, de décaper soigneusement les surfaces destinées à être mises en contact par la soudure. On emploie, pour cela, de l'acide chlorhydrique, ou *esprit de sel,* dans lequel on a fait dissoudre de petits morceaux de zinc ; c'est donc du *chlorure de zinc* que l'on obtient ainsi. L'acide chlorhydrique est étendu d'eau et on lui ajoute aussi du chlorhydrate d'ammoniaque, ou *sel ammoniac,* en poudre, qui se dissout également.

Quand la soudure se fait au fer, ce *fer à souder*, qui est en cuivre (Fig. 64), après avoir été chauffé, est, sur sa partie taillée à angle aigu et formant arête vive, décapé avec le même liquide, puis *étamé,* ce qui s'effectue en le passant sur la *soudure* d'étain. Le liquide à décaper sert, en même temps, de *fondant,* de sorte qu'en faisant glisser le fer à souder chaud sur le *bâton de soudure,* une couche de cet alliage se dépose sur le fer sur chacune des faces, de chaque côté de l'arête. Après avoir mis sur le joint quelques gouttes de *fondant,* on passe doucement le fer chaud sur les pièces. Celles-ci s'échauffent : l'étain pris par le fer reste adhérent, d'abord, aux deux pièces, puis s'insinue entre elles dans tous les interstices. On peut, à l'aide du fer, faire couler de l'étain lorsque les intervalles à remplir sont assez importants. Le refroidissement assure, par l'intermédiaire de la soudure, la solidarité des pièces.

On peut aussi souder certaines pièces sans l'aide du fer. On chauffe, pour cela, d'abord, les pièces à assembler, puis on les

Fig. 63. — Le travail du fer : lamineurs au travail.

décape avec l'esprit de sel et on les étame en promenant sur les surfaces à souder le bâton de soudure. Cette soudure fond et s'étale sur la pièce, en couche mince. Après refroidissement, les deux pièces à souder, ainsi préparées, sont montées l'une sur l'autre aux places respectives qu'elles doivent définitivement occuper ; puis elles sont maintenues en position par un moyen quelconque, soit à l'aide de deux serre-joints métalliques, soit au moyen de ligatures de fil de fer. On les chauffe ensuite de façon que l'étain répandu sur les surfaces fonde, et on laisse refroidir. La soudure est faite.

Lorsque, au contraire, les pièces à souder sont de très petites dimensions et fragiles, l'emploi du fer à souder n'est pas facile et offre quelques inconvénients ; on peut alors procéder à la soudure en faisant dissoudre, dans de l'huile, du *sel ammoniac*. On ajoute de la soudure d'étain réduite en limaille, et on enduit les pièces à assembler dont les parties en contact auront été, au préalable, parfaitement nettoyées et décapées. Il suffit ensuite de chauffer les deux pièces à la flamme d'un bec de gaz ou d'une *lampe à alcool ;* la soudure en limaille fond, se répand entre les pièces, et les rend solidaires après refroidissement.

Le *fondant* employé pour effectuer les soudures n'est pas toujours l'*esprit de sel* [1]. Ce produit, qui a une action très efficace dans l'opération de soudure, offre, en effet, l'inconvénient, par suite de sa volatilité, d'attaquer les métaux se trouvant dans son voisinage et surtout le fer. Il convient, pour éviter cela, de boucher hermétiquement le flacon qui le contient, lorsqu'on s'en est servi, et de nettoyer parfaitement les pièces après soudure.

On peut aussi employer d'autres produits comme fondants soit : la résine, la stéarine ou même de la bougie ou de l'huile. Ils n'offrent pas le même inconvénient que l'esprit de sel et leur action, tout en étant légèrement plus faible, est néanmoins suffisante.

Parfois, certaines pièces soudées doivent être soumises, après leur assemblage, à un réchauffage, comme, par exemple, dans le cas où il faut les recouvrir de vernis ou les émailler. La soudure à l'étain ne saurait alors convenir, car sa fusibilité est trop grande et les pièces soudées pourraient, lors de l'opération de réchauffage, se séparer de la soudure en fondant. Il est préférable, dans ce cas, d'employer la composition de *soudure à l'argent* qui nécessite une température plus élevée pour être fondue.

La soudure d'un grand nombre de métaux peut se faire de ces diverses façons. Cependant pour les grosses pièces en fer ou en cuivre qui ne sont pas soudées par une opération de forge, on emploie presque toujours la *brasure*. C'est ainsi que sont assemblées les diverses parties du cadre d'une bicyclette et certains organes d'automobiles et de machines variées. On *brase* aussi certaines pièces de faibles dimensions, lorsqu'elles doivent résister à des efforts de séparation assez importants.

La composition servant à *braser*, et nommée *brasure*, est un alliage comprenant de 25 à 53 % de cuivre et 75 à 48 % de zinc ; la *brasure* s'emploie en petits grains obtenus en faisant couler l'alliage fondu dans de l'eau froide après l'avoir divisé en un grand nombre de particules en le faisant passer sur un balai. On peut aussi employer le laiton coupé en petits morceaux de faible épaisseur placés sur le joint des pièces à braser.

Pour *braser* deux pièces, on décape soigneusement les surfaces à souder ; on peut même les apprêter en les laissant *sur le coup de lime ;* on les assemble dans la position qu'elles doivent définitivement occuper en les rendant solidaires soit par des rivets, des

1. Nous conservons, à dessein, ces termes *sel ammoniac* et *esprit de sel*, qui sont les termes d'atelier correspondant en chimie au *chlorhydrate d'ammoniaque* et à l'*acide chlorhydrique*.

vis, ou des ligatures en fil de fer. On place de la brasure sur un des côtés du joint et on ajoute du *borax* qui joue le rôle de *fondant*. Les pièces sont mises sur un feu de forge. On chauffe énergiquement au début de l'opération, puis, au fur et à mesure qu'elle se poursuit, on chauffe plus lentement en envoyant de l'air, à coups moins rapides, sur le foyer, jusqu'à ce que la brasure disposée sur les pièces se mette à fondre. On facilite cette fusion, en plaçant au-dessus des pièces à souder un peu de bois qui s'enflamme et qui contribue à chauffer la brasure. On peut aussi obtenir le même résultat en rabattant la flamme sur les pièces à l'aide d'une pelle ou d'une plaque métallique quelconque. Aussitôt que la brasure est en fusion, on arrête l'envoi du vent sur le foyer; on jette, sur toute la longueur du joint, du borax en poudre; on laisse couler la brasure dans toutes les directions en inclinant la pièce en tous sens; puis on enlève les pièces du feu et on laisse refroidir. On peut, pour la refroidir, tremper la pièce directement dans l'eau, sauf dans le cas où elle est en acier, ce qui lui donnerait, par la trempe, une dureté qui nuirait aux opérations ultérieures de façonnage. D'une façon générale, on brase de l'acier avec de l'acier, du fer avec du fer, de l'acier et du fer, du fer et de la fonte, du fer et du cuivre rouge, du cuivre et du cuivre, du cuivre et du laiton.

Fig. 61. – Fer à souder.

Soudure de l'aluminium Presque tous les métaux usuels peuvent se souder ou se braser. Un seul, l'aluminium, est très difficile à souder aux autres métaux et à lui-même. C'est cette particularité qui a limité pendant longtemps l'emploi de l'aluminium dans l'industrie. On soude actuellement l'aluminium par le procédé de *soudure autogène,* et aussi par divers autres procédés qui ne nécessitent que l'outillage utilisé pour la soudure ordinaire à l'étain que nous venons d'examiner.

La possibilité de souder facilement et efficacement l'aluminium, a, depuis longtemps, préoccupé les industriels. En 1859, on avait déjà cherché à réaliser cette soudure en employant le zinc comme métal de liaison. Tous les essais restèrent longtemps infructueux.

En 1900 figuraient, à l'Exposition universelle de Paris, des objets en aluminium soudés par la méthode Heraens, qui consiste à ramollir les pièces à souder en les portant à la température de 550 degrés environ et à procéder à ce moment à leur soudure par martelage, à la façon dont on soude le fer par forgeage. Ce procédé et quelques autres, basés sur le même principe, ne fournissaient pas la solution pratique désirée. On essaya de la soudure ordinaire, mais il se produit à la surface de l'aluminium chauffé, une oxydation qui provoque la formation d'un pellicule d'*alumine* laquelle n'adhère pas bien au métal et qui, étant infusible à la température où l'aluminium fond, ne peut pas se souder et s'interpose entre les pièces à souder, empêchant ainsi la soudure ou la rendant défectueuse.

On a eu l'idée de gratter cette couche d'oxyde d'aluminium pour mettre le métal à nu et souder ensuite. C'est une opération très délicate qu'on a cherché à réaliser mécaniquement, et même électriquement, en reliant l'un des pôles du circuit électrique aux pièces à souder, l'autre pôle étant constitué par une électrode en charbon. La tension du courant est de 6 à 8 volts. L'inventeur du procédé explique l'action du courant électrique par un phénomène d'électrolyse qui décompose l'oxyde d'aluminium et facilite la soudure des pièces.

La soudure de l'aluminium par un procédé semblable à celui de la soudure ordinaire a donné lieu à un grand nombre de formules, dont certaines sont tenues secrètes. Un très petit nombre de ces procédés donnent des résultats convenables, la plupart donnent une soudure qui se désagrège à la longue et ne tient pas.

Un des procédés qui a, d'après des notes d'ateliers, produit des résultats assez satisfaisants pour la soudure de l'aluminium au cuivre, au laiton, et au bronze, consiste à étamer d'abord les deux métaux à souder, en prenant comme fondant la *stéarine,* puis, après avoir nettoyé les surfaces et les avoir rapprochées, à souder à la façon ordinaire en employant de la soudure contenant 67 % d'étain et 33 % de plomb, et en prenant comme fondant du *chlorure de zinc.*

Il est possible de reconnaître assez facilement si une soudure faite sur l'aluminium peut se conserver sans se désagréger lorsqu'elle est placée dans certaines conditions. On trempe les pièces soudées dans de l'eau acidulée chaude, et on voit généralement se dégager des bulles. Ce sont des bulles d'hydrogène mis en liberté par l'effet d'une réaction électrolytique qui se produit entre l'aluminium et l'alliage composant la soudure.

Cet alliage, qui forme liaison, se décompose et se désagrège. Si les pièces soudées n'ont à supporter qu'un faible effort dans des conditions normales, la soudure sera suffisamment résistante. Si les pièces doivent être exposées aux intempéries atmosphériques ou être trempées dans l'eau et surtout dans l'eau de mer, la soudure sera insuffisante et se désagrégera par action électrolytique locale. On a recours, dans ce cas, à la *soudure autogène,* qui donne des résultats tout à fait satisfaisants, en soudant directement le métal à lui-même, mais qui nécessite un outillage un peu plus compliqué.

Soudure autogène des métaux

La soudure autogène ne s'applique pas spécialement à l'aluminium ; elle s'applique à tous les métaux. Elle consiste à assembler, à rendre solidaires, les métaux, en provoquant une fusion des parties à réunir, incomplète, mais suffisante cependant pour que les molécules métalliques puissent se souder les unes aux autres et faire corps. La *soudure autogène,* comme son nom l'indique, s'applique surtout à des parties d'un même métal que l'on soude, mais ses procédés d'emploi se sont étendus à la soudure de deux métaux différents.

Il existe, entre la soudure autogène et la soudure ordinaire à l'étain, ou la brasure, une différence essentielle. Dans ces deux dernières sortes de soudures, on interpose un alliage de métaux divers entre les deux métaux à souder, tandis que dans la soudure autogène il n'y a aucune interposition de métal étranger. La liaison s'effectue entre les seules molécules des métaux à souder. On conçoit que ce dernier genre de soudure puisse constituer un moyen très efficace de jonction entre les pièces à assembler. C'est pour cela qu'elle est employée pour souder de fortes pièces pouvant résister à des efforts considérables, les métaux ainsi réunis ne formant plus, pour ainsi dire, qu'une seule pièce.

La soudure autogène peut s'effectuer par des procédés différents : la *soudure par forgeage* est une méthode de soudure autogène. Nous nous occuperons de ces procédés de forgeage au cours de ce livre. Nous allons examiner, à cette place, les diverses méthodes de soudure autogène proprement dite, qui ont été appliquées jusqu'à ce jour : *soudure électrique, aluminothermie, soudure au gaz à l'eau, soudure au chalumeau oxhydrique, soudure au chalumeau oxyacétylénique, soudure au chalumeau oxygaz.*

La soudure électrique, appliquée dès l'année 1886, utilise la chaleur produite par un courant électrique pour provoquer la fusion des métaux le long des parties à assembler et effectuer leur soudure.

La soudure électrique peut être faite par plusieurs procédés. Les pièces à souder A et B, (Fig. 65) peuvent être disposées sur un banc métallique C, auquel est relié l'un des pôles du circuit, tandis que l'autre pôle est constitué par une électrode en charbon D que l'on déplace au-dessus des pièces à assembler, sur le joint. Il se produit entre le charbon et ces pièces un arc qui ferme le circuit électrique et dont la chaleur fond le métal. En maintenant les pièces solidement appuyées l'une contre l'autre et en laissant progressivement refroidir, les pièces sont reliées de façon à n'en former qu'une.

Il est possible aussi de relier chacune des pièces A et B (Fig. 66) avec un des pôles du circuit, et en faisant passer dans ce circuit un courant d'une grande intensité, on produit, en bout des pièces appliquées l'une contre l'autre, qui sont ordinairement des barres ou des tubes, une série d'*arcs* qui produisent la fusion du métal et de la soudure.

Un troisième procédé de soudure électrique consiste à relier les deux pôles du circuit à deux charbons A et B (Fig. 67) placés en V l'un par rapport à l'autre, et dont les pointes sont rapprochées de façon qu'un arc puisse jaillir entre elles. On promène cet arc, en déplaçant les charbons, au-dessus du joint formé par les pièces à souder, D et E, lesquelles sont maintenues appliquées l'une contre l'autre. Pour utiliser d'une façon complète la chaleur produite par cet arc, on place entre les charbons un électro-aimant C qui crée un champ magnétique produisant un léger *soufflage de l'arc* vers les pièces.

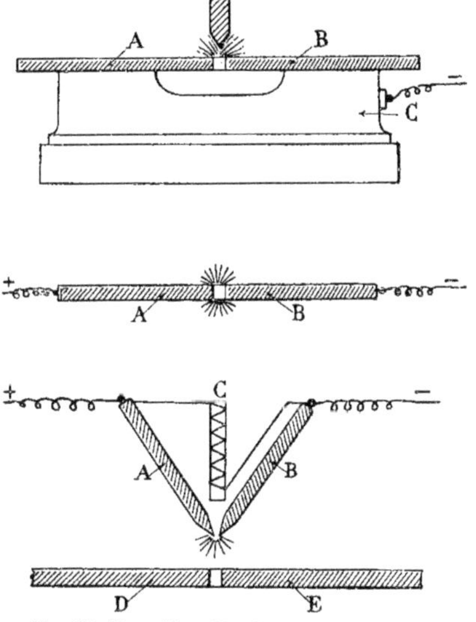

Fig. 65 à 67. — Dispositifs de soudure électrique.

L'*aluminothermie* est un procédé de soudure autogène basé sur la propriété que possède l'aluminium de produire, par sa réaction sur un oxyde métallique, une chaleur suffisante pour fondre les métaux à assembler. Ce procédé, appliqué pour la première fois en 1897 par le Dr Goldschmitt, consiste à maintenir les pièces à souder bien appliquées l'une contre l'autre et à placer sur le joint un mélange d'aluminium et d'oxyde métallique auquel on a donné le nom de *thermite* et qui est inflammable. La réaction, en s'opérant, provoque la fusion des métaux.

Ce procédé est employé notamment pour souder bout à bout les rails des tramways.

La soudure autogène *au gaz à l'eau* s'effectue à l'aide de la chaleur que produit la combustion d'un mélange d'air et de gaz, ce dernier étant obtenu par un procédé qui consiste à décomposer la vapeur d'eau par son contact avec du charbon incandescent; de là son nom de *gaz à l'eau*. En prenant une proportion de gaz de 1 volume, mélangé avec 2 volumes 4 d'air, on obtient, par la combustion du mélange, une température de 2.000 degrés environ. C'est au bout d'un *chalumeau* que le mélange brûle, ce qui permet de diriger le jet et de le déplacer le long du joint des pièces à souder. Ce procédé nécessite, en outre, un *gazogène*, appareil producteur du gaz à l'eau, muni d'un ventilateur pour insuffler de l'air, un épurateur de gaz, nommé *scrubber*, et un gazomètre.

Les divers procédés que nous venons de citer, et qui ont été employés au début de l'application industrielle de la soudure autogène, ne sont, pour ainsi dire, plus employés. Ils ont été remplacés par des procédés plus récents, qui sont tout à la fois plus économiques et plus pratiques, et qui comportent tous des chalumeaux en bout desquels on fait brûler des gaz divers constitués par un mélange d'oxygène avec de l'*hydrogène*, de l'*acétylène*, ou du *gaz d'éclairage*; de là les différentes dénominations des chalumeaux et des procédés employés.

La soudure par *chalumeau oxhydrique* utilise de l'oxygène et de l'hydrogène. Ces gaz, que l'on trouve, dans le commerce, comprimés à une pression de 120 à 150 kilogrammes dans des tubes transportables, produisent, par leur combustion, une température de 2.000 degrés. Le nombre de calories fournies par la combustion complète de 1 mètre cube de mélange est de 2.600 environ et on doit fournir 384 litres 6 d'hydrogène et 96 litres 15 d'oxygène pour obtenir 1.000 calories. Il est facile de trouver ainsi le prix de revient du mélange oxhydrique pour 1.000 calories, suivant le prix courant du mètre cube d'oxygène et d'hydrogène.

On peut aussi pour une installation fixe, produire l'oxgène et l'hydrogène en décomposant l'eau, *par électrolyse*, en ses deux éléments, puis on comprime ces deux gaz, à faible pression (à peine quelques kilos), pour alimenter les chalumeaux. Ce procédé, qui nécessite un matériel onéreux et une installation parfaitement établie, par suite du danger que présente le rapprochement des deux canalisations de gaz oxygène et hydrogène, n'est presque jamais appliqué. On préfère, généralement, alimenter les chalumeaux avec de l'oxygène et de l'hydrogène contenus dans les tubes.

Dans les *chalumeaux oxyacétyléniques*, on utilise la combustion d'un mélange d'oxygène et d'acétylène. L'oxygène est pris dans les tubes qui le contiennent sous pression et que l'on trouve dans le commerce; l'acétylène peut être produit par un générateur, sur place, lorsqu'il s'agit d'une installation fixe; lorsqu'il s'agit d'une installation portative, on peut utiliser des bouteilles d'*acétylène dissous* que l'on trouve également dans le commerce et qui contiennent ce gaz dissous dans l'acétone, laquelle imprègne une matière spongieuse. La pression moyenne dans ces bouteilles d'acétylène dissous est d'environ 10 kilos.

Le *chalumeau oxyacétylénique* fournit une température de 3.000 degrés; le nombre de calories produites par la combustion complète de 1 mètre cube de mélange combustible est d'environ 14.000, et les quantités des deux gaz nécessaires pour obtenir 1.000 calories sont de 66 litres 66 d'acétylène et 86 litres 66 d'oxygène.

Dans les *chalumeaux oxygaz*, on utilise la combustion de l'*oxygène* et du *gaz d'éclairage*. L'oxygène est toujours pris dans les tubes et le gaz sur les canalisations de distribution. La température produite par la combustion de ce mélange gazeux au bout du chalumeau est de 1.600 degrés environ; le nombre de calories fournies par un mètre cube de mélange gazeux est de 5.500 et la quantité de chacun des gaz à fournir pour obtenir 1.000 calories est de 181 litres 81 de gaz et 121 litres 21 d'oxygène.

Les trois sortes de chalumeaux précédents employés pour la soudure autogène ont des avantages réels, lorsqu'ils sont utilisés dans des conditions bien étudiées.

Le chalumeau oxhydrique, qui donne une température moindre que le chalumeau oxyacétylénique, et dont le jet a une vitesse moins grande, est surtout utilisé pour les pièces de faible épaisseur, pour souder les tôles minces, par exemple. L'habileté de l'ouvrier intervient alors moins, car avec le jet du *chalumeau oxyacétylénique*, si on prolonge trop son action sur un des points, on risque de fondre le métal par places et de faire des trous. L'action moins rapide du chalumeau oxhydrique permet d'éviter cet inconvénient.

Par contre, le *chalumeau oxyacétylénique* s'applique, de préférence, aux tôles épaisses, et, en général, aux pièces de grande masse. L'action rapide de ce chalumeau permet de ne chauffer que les parties intéressées des pièces à souder, sans réagir sensiblement sur les parties voisines. Le jet est, en outre, bien limité et peut être réglé pour donner son action maximum. La flamme produite par la combustion du mélange doit, en effet, pour cela, être formée d'un dard de couleur blanche occupant le centre, ayant un contour nettement limité et se trouvant entouré d'une sorte de flamme très peu colorée. Lorsque la flamme n'est pas bien réglée, ces particularités disparaissent et ne se reproduisent que pour un réglage convenable sans grande variation. Cela permet l'utilisation maximum du mélange combustible d'oxygène et d'acétylène. Ces particularités ne se manifestent pas dans les deux autres types de chalumeaux. Cependant, la flamme du chalumeau oxygaz peut se régler plus facilement que celle du chalumeau oxhydrique.

La soudure par chalumeau oxygaz, dont le prix de revient des 1.000 calories est inférieur au prix de revient des deux autres types, ne peut évidemment être effectuée que sur les lieux où se trouvent une usine à gaz et des canalisations appropriées. Dans ce cas, la dépense même d'installation est, pour ainsi dire nulle pour amener le gaz au chalumeau. Il n'en est pas de même des deux autres procédés qui nécessitent soit des tubes contenant le gaz sous pression ou dissous, soit des installations de générateurs.

D'autre part, la température relativement basse donnée par le chalumeau oxygaz ne permet pas de souder rapidement et aisément des pièces de grande épaisseur ou de grande masse. En effet, les parties avoisinant celles qui sont à souder, s'échauffent considérablement, et occasionnent une déperdition de chaleur en même temps qu'une gêne pour l'ouvrier qui effectue le travail. En outre, comme le gaz d'éclairage n'est pas toujours très pur, on risque d'obtenir parfois une soudure imparfaite.

On voit donc que, suivant les circonstances et suivant le genre de travaux que l'on a à effectuer, on peut avantageusement employer l'un des trois types de soudures autogènes précédents, que l'on désigne, comme nous l'avons fait, par le nom des chalumeaux employés.

Les installations portatives de chalumeau oxhydrique ou oxyacétylénique ont le grand avantage de pouvoir être utilisées partout : mais le prix de revient des 1.000 calories produites est plus élevé que celui des 1.000 calories fournies par une installation fixe comportant un générateur d'acétylène. Par contre, le prix de l'installation est, dans ce dernier cas, plus élevé que le prix d'une installation volante.

Là encore il convient donc d'adopter le système qui répond le mieux aux circonstances et aux conditions de travail.

Dans les trois systèmes d'installation de soudure autogène que nous examinons, les deux gaz employés comme mélanges combustibles peuvent arriver tous deux *sous pression* dans le chalumeau au bout duquel ils brûlent ; ou l'un d'eux seulement, généralement l'oxygène, arrive sous forte pression et entraîne l'autre gaz qui n'a qu'une pression de quelques centimètres d'eau.

Dans le premier cas, qui est celui de l'installation oxhydrique, dans laquelle on utilise de l'oxygène et de l'hydrogène à 120 ou 150 kilos de pression par centimètre carré, et celui de l'installation oxyacétylénique par acétylène dissous, dans laquelle l'oxygène est à forte pression et l'acétylène à une pression de 10 kilos par centimètre carré, il est nécessaire de placer sur les conduits respectifs d'oxygène, d'hydrogène, et d'acétylène aboutissant aux chalumeaux, des appareils qui ont pour fonction de ramener la pression des gaz à une valeur convenable pour leur utilisation. Ce sont les *mano-détendeurs,* qui comportent généralement chacun un *manomètre* et qui sont établis pour fonctionner suivant la valeur des pressions initiales et des pressions à obtenir. Il peut se produire, lorsque les deux gaz n'ont pas la même pression en arrivant au chalumeau, ou encore, par suite d'un fonctionnement défectueux de l'appareil détendeur, ou pour toute autre cause, un *retour de flamme* dans le chalumeau, accident qui peut être très dangereux. Pour obvier à cet inconvénient, on emploie différents dispositifs de sécurité.

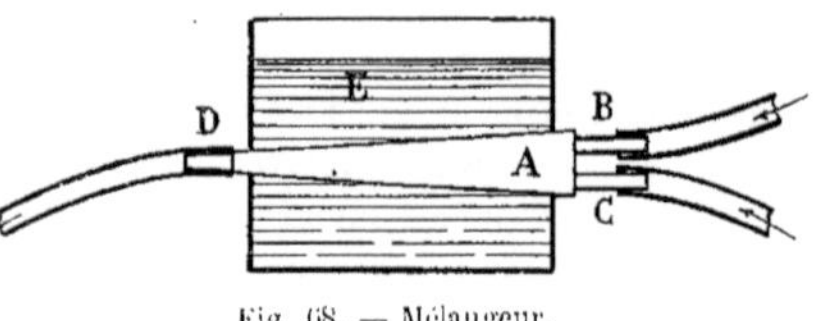

Fig. 68. — Mélangeur.

Mélangeur L'un d'eux, nommé *mélangeur* (Fig. 68) se compose d'un tube ayant la forme d'un cône A, à la base duquel aboutissent les deux conduits B et C par lesquels arrivent l'oxygène et le gaz combustible. Le mélange s'effectue dans ce tube qui ne possède qu'un seul orifice de sortie D, communiquant avec le chalumeau. Le tube conique est placé dans un récipient E rempli d'eau. Cette eau baigne les parois extérieures du tube et contribue à le refroidir, de sorte que si un *retour de flamme* se produit dans le chalumeau, la combustion gagne vers l'arrière, du côté du mélangeur; mais, arrivée au tube conique, elle s'arrête par suite du refroidissement des gaz, dû à la présence de l'eau dans le récipient E. L'arrivée des gaz, qui continue par les conduits B et C, chasse vers l'avant ceux qui ont été produits par le retour de flamme, et le chalumeau peut de lui-même se rallumer lorsque le mélange combustible arrive à son extrémité encore rouge. Cette disposition est employée dans les appareils oxhydriques.

Dans les appareils oxyacétyléniques, on dispose, sur le conduit d'acétylène, une cloison formée d'une matière poreuse qui a pour fonction d'empêcher la flamme de revenir dans ce conduit. En outre, on ménage presque en bout du chalumeau une petite chambre dans laquelle s'effectue le mélange combustible en proportions voulues. Si un retour de flamme se produit, au fur et à mesure que cette flamme se propage vers l'arrière, elle rencontre un mélange contenant une quantité de moins en moins grande d'acétylène. L'explosion diminue d'intensité en se propageant, s'amortit, et finalement s'éteint; elle se trouve ainsi localisée, et le danger du retour de flamme est évité.

Lorsque l'installation de soudure autogène comprend un des gaz fourni à forte pression, et l'autre à faible pression, celui-ci est entraîné par l'autre dans le chalumeau pour que le mélange combustible possède, à la sortie, la vitesse nécessaire à l'entretien de la régularité de la flamme. C'est l'oxygène provenant des tubes où il est comprimé de 120 à 150 kilos par centimètre carré, qui est détendu à l'aide d'un mano-détendeur, à la pression de 1 kilo à 1 k. 500 et admis dans le chalumeau pour entraîner soit l'acétylène, soit le gaz d'éclairage, suivant les installations, fourni par des générateurs avec une pression de quelques centimètres d'eau seulement.

Les deux gaz formant le mélange combustible sont amenés au chalumeau avec des pressions très différentes, et il peut arriver, par suite d'une avarie ou d'un fonctionnement défectueux, qu'un refoulement de l'oxygène dans les conduits de gaz à faible pression, se produise, ce qui ne laisserait pas que d'être fort dangereux. Pour éviter ce refoulement, on interpose sur le conduit du gaz combustible une soupape de sécurité spéciale. Cette soupape est hydraulique et se place le plus près possible du chalumeau. Elle est interposée entre celui-ci et l'appareil générateur.

Soupape hydraulique de sécurité La *soupape hydraulique de sécurité* (Fig. 69) est constituée par un récipient A dans lequel plonge verticalement, à sa partie centrale, un conduit B par lequel arrive le gaz provenant du gazogène. Un robinet, placé à la partie supérieure, permet de régler la circulation du gaz, qui pénètre dans le récipient A par la partie inférieure du tube, lequel porte une sorte de cloche C munie d'orifices sur tout son pourtour. Le récipient contient de l'eau jusqu'à un certain niveau déterminé par le placement sur la paroi du récipient, d'un robinet de jauge D. Un second conduit E, concentrique au conduit d'amenée de gaz, plonge dans l'eau d'une *faible quantité* et porte, à sa partie supérieure, un petit réservoir F muni d'un couvercle percé d'orifices sur son pourtour.

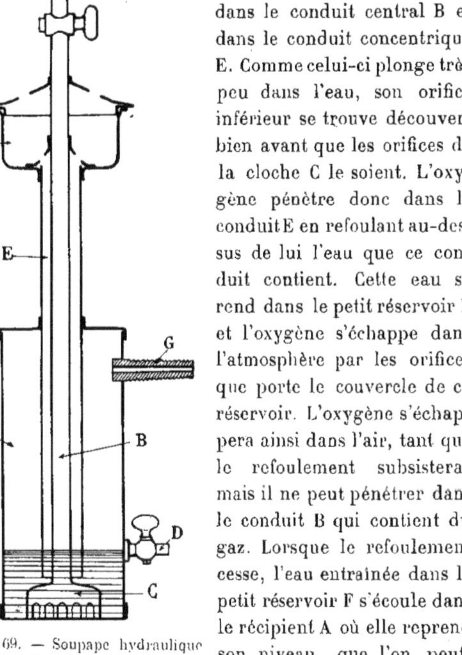

Fig. 69. — Soupape hydraulique pour les chalumeaux de sécurité.

En marche normale, le gaz arrivant par le conduit central B passe par les orifices de la cloche C, traverse l'eau, et pénètre dans le récipient A, d'où il gagne, par l'ajutage G, le chalumeau. Lorsqu'un refoulement d'oxygène se produit par le chalumeau, cet oxygène pénètre dans le récipient A par l'ajutage G. En raison de sa pression, il provoque la montée de l'eau, contenue dans ce récipient, à la fois dans le conduit central B et dans le conduit concentrique E. Comme celui-ci plonge très peu dans l'eau, son orifice inférieur se trouve découvert bien avant que les orifices de la cloche C le soient. L'oxygène pénètre donc dans le conduit E en refoulant au-dessus de lui l'eau que ce conduit contient. Cette eau se rend dans le petit réservoir F et l'oxygène s'échappe dans l'atmosphère par les orifices que porte le couvercle de ce réservoir. L'oxygène s'échappera ainsi dans l'air, tant que le refoulement subsistera, mais il ne peut pénétrer dans le conduit B qui contient du gaz. Lorsque le refoulement cesse, l'eau entraînée dans le petit réservoir F s'écoule dans le récipient A où elle reprend son niveau, que l'on peut, d'ailleurs toujours régler, et le fonctionnement normal recommence, sans que le refoulement ait occasionné d'autres inconvénients qu'une légère perte d'oxygène.

Chalumeaux Il existe une grande variété de chalumeaux, ne différant entre eux, le plus souvent, que par des dispositions de détail et de réglage de la flamme. Le type des chalumeaux varie, cependant, suivant l'usage que l'on veut en faire, soit qu'on les utilise pour la soudure, pour le découpage, ou pour des travaux spéciaux tels que le *dérivetage* des tôles, consistant à enlever les rivets qui les maintiennent. Voici quelques-uns de ces types de chalumeaux.

Chalumeau Picard Ce chalumeau (Fig. 70) se compose d'un corps cylindrique A servant à le manœuvrer et protégeant les deux conduits B et C d'oxygène et de gaz. Ces deux conduits communiquent respectivement avec deux ajutages D et E reliés par des tuyaux de caoutchouc aux récipients contenant l'oxygène et le gaz combustible, qui est, dans ce cas, de l'acétylène. Cet acétylène est amené par le conduit C, dans une petite capacité circulaire ménagée dans la tête F du chalumeau et entourant un ajutage conique G, par lequel arrive l'oxygène provenant du conduit B. L'orifice de l'ajutage peut être plus ou moins obturé par une aiguille qui est manœuvrée à l'aide d'un bouton moleté H. Une butée de la tige portant l'aiguille limite sa course. Aucun dispositif de réglage n'est placé sur le conduit d'acétylène.

L'oxygène, arrivant par l'ajutage conique G, débouche dans un canal divergent et provoque l'entraînement de l'acétylène se trouvant dans la petite capacité circulaire de la tête. Le mélange s'effectue et sort par la buse de sortie I avec une grande vitesse, par suite de la forme convergente du conduit central vers cet orifice. Le fonctionnement de la tête du chalumeau est sensiblement le même que celui de l'injecteur du type Giffard. Ce chalumeau peut être muni de buses de dimensions différentes pouvant fournir de 25 à 150 litres d'acétylène à l'heure. Il n'est utilisé en général que pour souder des pièces de faible épaisseur.

Ce type de chalumeau à réglage d'oxygène, et à débit réglable par la buse, a été établi par divers constructeurs et en différents modèles.

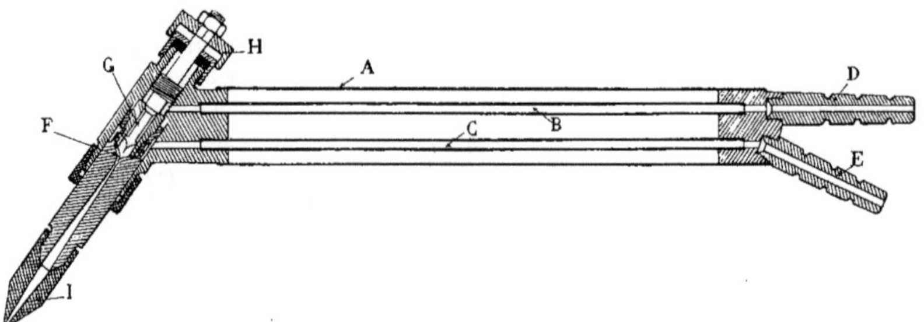

Fig. 70. — Chalumeau oxyacétylénique Picard.

Chalumeau Cayron Contrairement au précédent, ce chalumeau porte un dispositif de réglage placé sur le conduit d'arrivée d'acétylène. Il se compose de deux ajutages A et B (Fig. 71) que l'on relie, par des tuyaux en caoutchouc, aux récipients d'oxygène et d'acétylène. L'oxygène arrive par le conduit placé en face du divergent C. L'acétylène, qui arrive par le conduit B, se rend, par un petit canal perpendiculaire D, dans une petite capacité annulaire entourant l'extrémité conique de l'ajutage à oxygène. Une vis-pointeau E, manœuvrée par un bouton moleté F, obture plus ou moins l'orifice du conduit d'acétylène. L'oxygène, par suite de sa pression et de la vitesse qu'il prend, entraîne l'acétylène, dont le débit est réglé par la manœuvre de la vis-pointeau. La buse de sortie G du chalumeau est reliée au corps de ce chalumeau par un tube de grande longueur, ce qui facilite l'emploi de l'appareil.

Dans les chalumeaux destinés à couper les pièces ou à dériveter les tôles, le principe du fonctionnement est le même, les deux conduits qui amènent l'oxygène et l'acétylène pouvant être munis l'un ou l'autre d'un dispositif de réglage.

Mais, en outre, ces types de chalumeaux portent un tuyau indépendant par lequel on peut faire arriver seulement l'oxygène vers le bout du chalumeau, en manœuvrant soit une vis-pointeau, soit un levier qui obture et découvre respectivement les orifices convenables des conduits de l'appareil.

On manœuvre donc normalement le chalumeau pour chauffer la partie à enlever ou à découper, puis, quand le métal est rouge, on arrête l'arrivée du mélange combustible en manœuvrant les organes appropriés, et on laisse l'oxygène arriver seul par son conduit indépendant en bout du chalumeau. Cet oxygène brûle très rapidement le métal rougi. On obtient ainsi soit une découpure, soit l'enlèvement du rivet sur lequel le jet du chalumeau a été dirigé.

Opération de soudure

Pour effectuer la *soudure autogène* d'un métal en employant un chalumeau, il faut avant tout, en principe, que le réglage du chalumeau soit convenablement établi, de façon que l'oxygène ne s'écoule pas en excès, ce qui aurait pour résultat de brûler le métal au lieu de le maintenir en fusion, et que la vitesse d'écoulement du mélange ne soit pas trop grande pour éviter une fusion trop rapide. Il convient aussi que le gaz employé soit bien pur pour obtenir une soudure parfaite. On chauffe dès lors progressivement, à l'aide du chalumeau, les parties de la pièce à souder, et lorsque le métal commence à fondre, on rapporte goutte à goutte du métal, en fondant avec le chalumeau une petite baguette de ce métal. C'est ce que l'on nomme le *métal d'apport* qui se soude intimement avec les parties en fusion et produit la liaison des deux parties de la pièce. Lorsqu'on peut effectuer l'opération de soudure sur les deux parois des pièces à assembler, la qualité de la soudure est plus grande; cela peut se faire assez souvent lorsqu'il s'agit de *tôles à souder*.

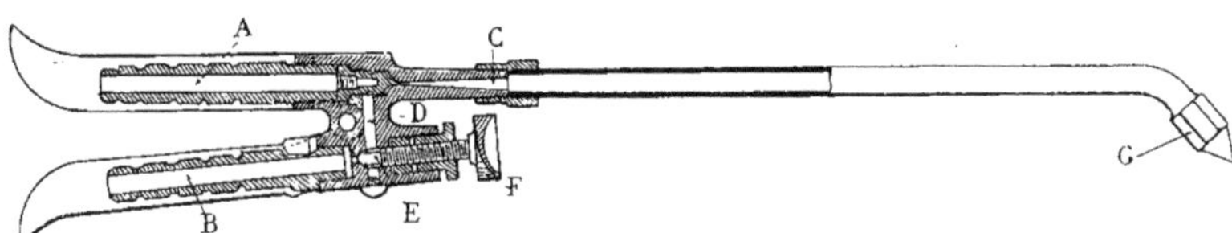

Fig. 71. — Chalumeau oxyacétylénique Cayron.

Lorsque la soudure est terminée, on peut, pour lui donner de la consistance, de la solidité, écrouir un peu le métal rapporté en le martelant, et ensuite recuire la pièce pour donner au métal de l'homogénéité.

Comme pour la soudure ordinaire, l'aluminium est le métal qui se prête le plus difficilement à la *soudure autogène*. On le soude, cependant, d'une façon très satisfaisante. La difficulté de la soudure autogène de l'aluminium tient à la production, par le chauffage, d'une couche d'oxyde d'aluminium ou *alumine,* qui empêche l'adhérence des parties à assembler. C'est la même cause qui rend si délicate et si difficile à réussir la soudure ordinaire de l'aluminium lui-même.

Soudure autogène de l'aluminium

Dans la soudure autogène de ce métal, on procède différemment, pour éviter l'inconvénient dû à la présence de la couche d'alumine, suivant que les pièces à souder ont une grande ou une faible épaisseur.

Dans le premier cas, si nous supposons que les deux parties à souder A et B (Fig. 72) sont, comme cela se pratique généralement, munies d'un chanfrein et placées bout à bout, pendant l'opération de soudure, la baguette C de *métal d'apport*, qui est en aluminium pur, plonge au fur et à mesure que le métal fond dans le bain liquide et remplit la cuvette formée par les chanfreins.

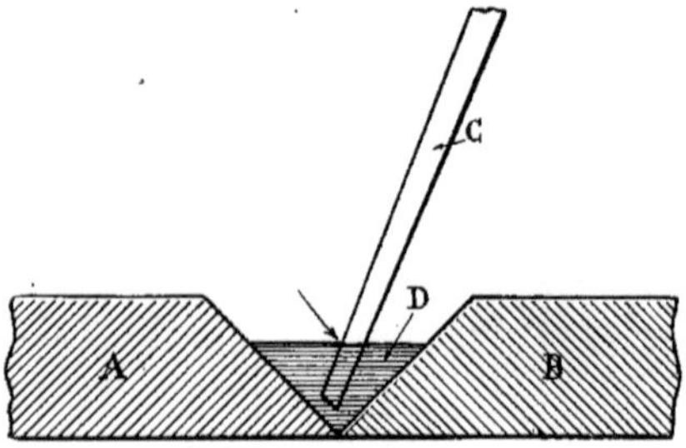

Fig. 72 — Soudure autogène de l'aluminium. Pièce de grande épaisseur.

Par suite de la grande épaisseur des pièces, la baguette peut se maintenir dans le bain en traversant la couche d'oxyde D et si l'on a le soin de diriger la flamme du chalumeau sur la baguette, au point où elle traverse l'oxyde, on peut fondre la baguette d'apport sans fondre l'oxyde, car le point de fusion de cet oxyde est bien plus élevé que le point de fusion de l'aluminium. En réalité, la couche initiale d'oxyde protège le métal, qui, en fondant au-dessous d'elle, remplit petit à petit la cuvette formée par les chanfreins, et la baguette fond ainsi sans contact avec l'air et sans que le métal d'apport s'oxyde. Lorsque la cuvette est remplie de métal d'apport, les deux pièces A et B sont réunies, sur toute leur épaisseur, par de l'aluminium; la soudure est faite. La soudure autogène de pièces minces d'aluminium offre plus de difficulté. Il convient, dans ce cas, d'éliminer la couche d'oxyde, et, pour cela, on fait agir sur elle certaines compositions qui la rendent volatile à la température de fusion du métal ou encore très fluide et légère. En outre, ces combinaisons déposent sur la soudure une sorte de vernis qui les protège contre le contact de l'air.

Le fondant employé a des compositions diverses. Une des formules de cette composition comprend 60 parties de *chlorure de potassium* pour 12 parties de *chlorure de sodium*, 4 parties de *bisulfate de potassium*, et 20 parties de *chlorure de lithium*. Ce mélange de sels est fondu dans un creuset de platine, puis broyé dans un mortier : en ajoutant de l'eau, on forme une pâte que l'on emploie telle quelle; on peut aussi employer le fondant en poudre.

L'*Office central de l'acétylène* indique deux autres formules qui donnent de bons résultats. L'une comporte, 42 parties de *chlorure de potassium*, 70 parties de *chlorure de lithium*, 58 parties de *chlorure de sodium* et entre 2 et 3 parties de *fluorure de potassium*. Dans la seconde formule, la proportion de chlorure de sodium seule varie : elle est de 30 parties; les autres sels conservent leurs mêmes quantités. Lorsque les sels sont employés en poudre, ils doivent être bien desséchés et mis bien soigneusement à l'abri de l'air. Pour effectuer la soudure, on déplace le chalumeau sur le joint des pièces à assembler afin de les réchauffer, puis on place de la pâte ou de la poudre le long de ce joint. On chauffe ensuite, jusqu'à la fusion, la *baguette d'apport* d'aluminium, et on la plonge dans la poudre en continuant à chauffer. Le fondant fond d'abord, l'aluminium ensuite, en dessous, de sorte que le mélange de sels, tout en protégeant ce métal contre l'oxydation, ne prend pas contact avec les points de soudure.

Applications de la soudure autogène La soudure autogène a reçu des applications multiples et de grande importance. On l'emploie, d'une façon générale, dans les travaux de chaudronnerie et de tôlerie, pour souder les plaques de tôles, de fer et d'acier; pour raccorder les tuyauteries, pour la pose des tubulures et des brides; pour boucher les soufflures existant dans certaines pièces importantes, fondues en fonte, en acier, ou en laiton; pour assembler les diverses parties des châssis d'automobiles, les cadres de bicyclettes; pour réunir des câbles électriques, des tubes, pour réparer les tôles de chaudières; pour souder des pièces en cuivre rouge et en laiton. Les mêmes chalumeaux sont, en outre, utilisés pour séparer des plaques assemblées, en faisant sauter les rivets; pour découper des tôles et des poutrelles, etc.

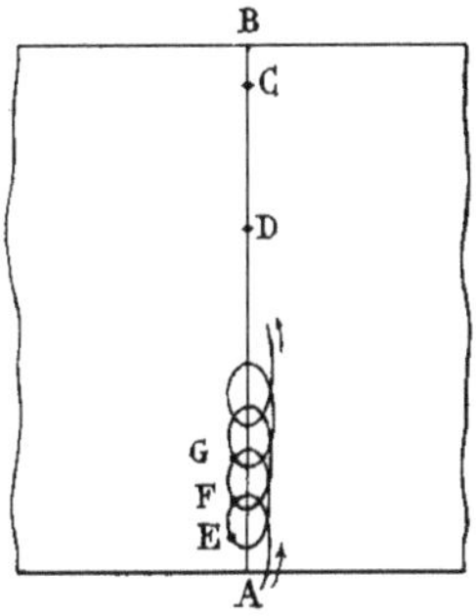

B C D G F E A

Fig. 73. — Soudure de deux tôles placées bout à bout.

La soudure autogène des tôles qui peut remplacer, dans bien des cas, le rivetage, s'effectue aisément en prenant certaines dispositions spéciales, destinées à faciliter l'opération et à assurer la solidité de la soudure. En principe, pour assembler deux tôles par la soudure autogène, on commence par faire, le long de la ligne d'assemblage A, B (Fig. 73) de distance en distance, des *points de soudure* C D, etc., qui réunissent ainsi les deux pièces sur leur longueur, en ces divers points. Puis on dirige le dard du chalumeau successivement sur des points différents de cette longueur en E, F, G, etc. On laisse, pour chacun des points, l'action du chalumeau s'exercer jusqu'à ce que le métal soit fondu en ce point. Il se forme ainsi une sorte de petit bain liquide local, formé du métal de chacune des pièces et qui détermine la liaison entre elles. En opérant successivement de la même façon en chacun des points, que l'on choisit assez rapprochés les uns des autres, on provoque la fusion de tout le métal le long de la ligne de joint. Les différents bains liquides ainsi produits, en chacun des points, forment des sortes de bourrelets qui se chevauchent : l'habileté de l'ouvrier soudeur consiste à donner à la soudure un aspect général sensiblement uniforme, les pièces à assembler se trouvant réunies comme si elles n'en formaient qu'une.

Les tôles que nous venons de prendre comme exemple sont supposées placées dans le prolongement l'une de l'autre, mais il se présente un grand nombre de cas où les tôles à assembler font entre elles des angles variables. Suivant les épaisseurs des tôles, on les prépare, pour faciliter la soudure, en pratiquant sur les bords à raccorder des chanfreins de formes appropriées. Les tôles minces n'ont besoin d'aucune préparation.

Lorsqu'il s'agit de souder deux tôles minces disposées à angle droit, on peut opérer de deux façons : en plaçant les deux tôles dans la position représentée en haut de la figure 74 ou en les disposant comme l'indique, en bas, la figure même. Dans le premier cas, la soudure peut se faire le long du joint des pièces A et B, sans apport de métal supplémentaire, par le déplacement du chalumeau le long de ce joint, de la façon que nous avons indiquée plus haut. Cette soudure se fait, à la fois, facilement et rapidement.

Dans le second cas, il convient de se servir d'une baguette de métal d'apport que l'on fond pour remplir le vide C existant entre les deux pièces à assembler. Le métal d'apport fondu constitue, en même temps, la liaison homogène qui rend absolument solidaires les deux pièces. On obtient dans un cas, comme pièce finie, une équerre C (74) dont l'angle extérieur est vif, et dans l'autre cas, une équerre D dont l'angle extérieur, formé entièrement par le métal d'apport, se trouve naturellement arrondi.

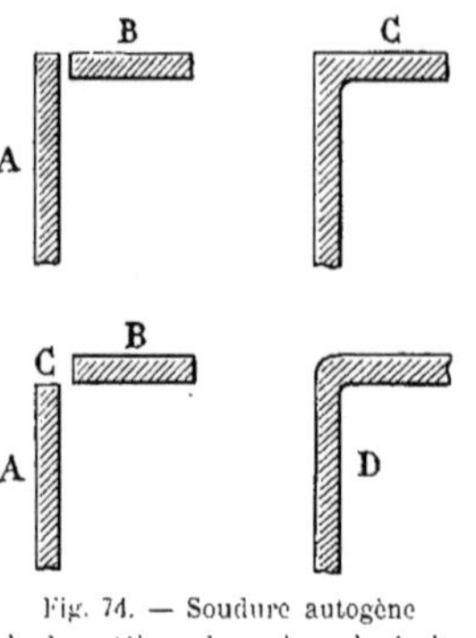

Fig. 74. — Soudure autogène de deux tôles minces à angle droit.

L'angle que font les pièces peut être plus petit ou plus grand que 90 degrés, et ces cas se présentent assez souvent lorsqu'il s'agit de souder des fonds à des cylindres, par exemple pour constituer des réservoirs. Suivant que ces fonds sont convexes ou concaves, l'angle que font les tôles est obtus ou aigu. Dans le premier cas, on peut placer les pièces comme l'indique la figure 75 en remplissant le vide avec du métal d'apport, ou comme le représente l'autre figure, en raccordant les surfaces avec du métal d'apport.

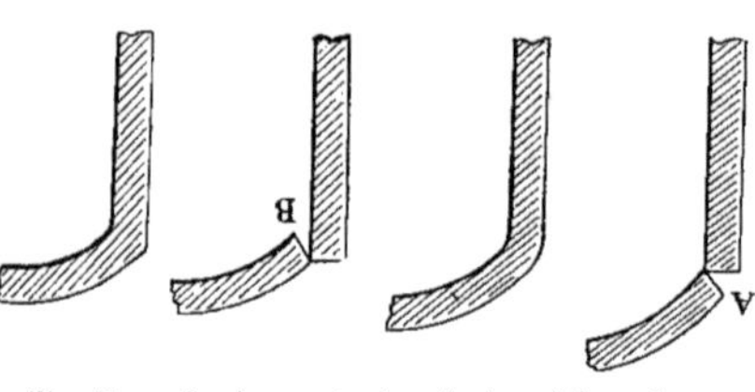

Fig. 75. — Soudure autogène de deux tôles minces faisant un angle obtus (fond convexe).

On obtient, avec cette dernière disposition, une épaisseur plus grande de métal aux joints et une solidité plus considérable.

Dans le cas où le fond est concave, on place les deux pièces côte à côte (Fig. 76) et on soude au chalumeau, sans employer du métal d'apport. La pièce obtenue après soudure a la forme indiquée par la figure.

Lorsque les tôles atteignent une épaisseur dépassant 3 ou 4 millimètres, il est bon de pratiquer, le long des bords à souder, des *chanfreins* qui facilitent l'opération de soudure. Ces chanfreins, sortes de plans inclinés, doivent, le plus possible, intéresser toute l'épaisseur du métal, permettant ainsi d'interposer, entre les pièces, du métal d'apport qui réunit ces pièces sur toute leur épaisseur.

Deux pièces placées dans le prolongement l'une de l'autre A et B (Fig. 77) doivent porter, à leur point de jonction, des chanfreins qui déterminent un vide C que l'on remplit avec du métal d'apport.

Pour deux tôles placées à angle droit, on peut employer les trois dispositions représentées par la figure 79. La disposition A donne, après soudure, une équerre à angle arrondi; les deux autres dispositions B et C donnent, après soudure, une équerre à angle vif. Il est préférable, d'ailleurs, d'employer les dispositions A et B.

Pour la soudure d'un fond convexe, lorsque l'angle que font les tôles est obtus, on emploie les deux dispositions de la figure 78, qui permettent d'atteindre, avec le chalumeau, le métal dans toute son épaisseur. Dans un cas, la pièce finie possède un bord arrondi; dans l'autre cas, elle possède un angle plus vif.

Pour rapporter un fond concave les tôles faisant un angle aigu (Fig. 80), le chanfrein ménagé sur chacune des pièces placées côte à côte permet de couler du métal d'apport dans l'espace vide ainsi créé et de consolider la soudure.

Il peut se présenter un autre cas, dans lequel l'opération de soudure est plus difficile à effectuer. C'est celui où les deux tôles doivent former, une fois assemblées, deux angles droits (Fig. 74). On peut préparer les deux pièces comme l'indiquent les dispositifs A et B ou, s'il est possible, suivant les dispositions C et D. On se rend compte, à l'examen de ces dispositions, de l'avantage, au point de vue de la solidité, de celles où la plaque médiane s'engage dans l'autre, sur toute son épaisseur.

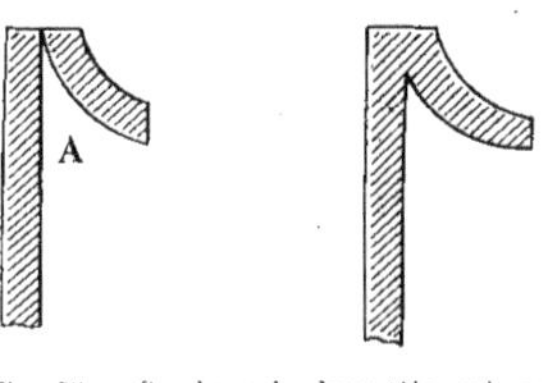

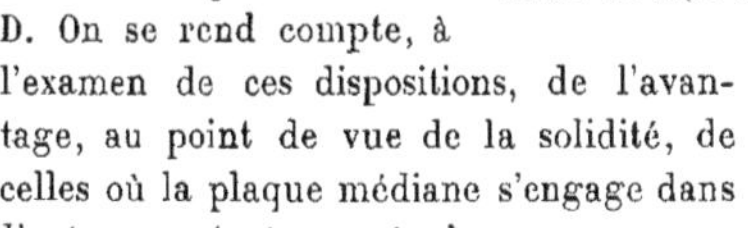

Fig. 76. — Soudure de deux tôles minces faisant un angle aigu (fond concave).

Les applications de la soudure autogène sont, nous l'avons dit, très nombreuses.

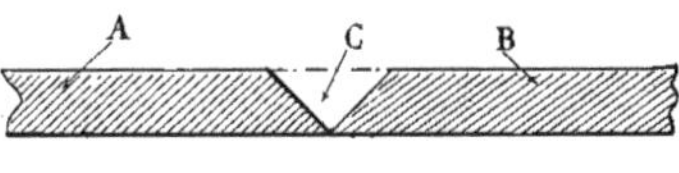

Fig. 77. — Soudure autogène de deux tôles épaisses placées bout à bout.

En dehors des exemples que nous venons de donner, en voici quelques autres, pris parmi un grand nombre d'autres usuels.

En chaudronnerie, la soudure autogène est très employée pour confectionner des

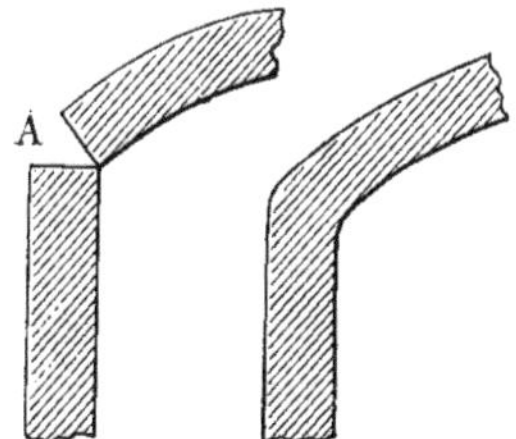

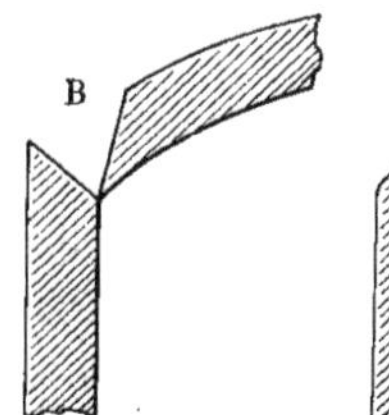

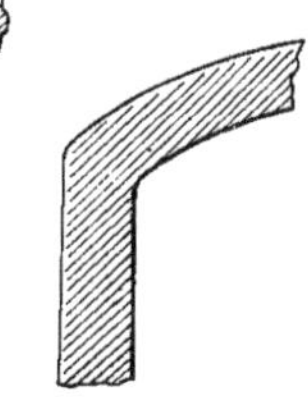

Fig. 78. — Soudure autogène de tôles épaisses, placées à angle obtus.

réservoirs ou des récipients divers. La figure 82 représente un type de réservoir destiné à recevoir de l'air comprimé et utilisé, soit pour mettre en route, automatiquement, de forts moteurs à gaz, soit dans les chemins de fer. Ces réservoirs sont constitués par une plaque de tôle A, roulée en forme de cylindre. Le corps cylindrique est obtenu en soudant, suivant la génératrice de ce cylindre, les deux bords longitudinaux de la plaque de tôle roulée. On rapporte ensuite, à chacun des bouts de ce cylindre, des fonds B et C, qui ont, par emboutissage, reçu la forme appropriée et qui peuvent être munis des tubulures nécessaires à la compression ou à la distribution de l'air. Ces fonds sont soudés, à l'aide du chalumeau, sur tout leur pourtour, aux parois du corps cylindrique Le réservoir est ainsi constitué.

Les canalisations de vapeur, de gaz, d'air comprimé, qui doivent, en principe, être bien étanches, pour éviter la perte des fluides, sont aisément réunies, au moyen de la soudure autogène, avec les diverses tubulures qu'elles doivent comporter. Nos dessins montrent un exemple des assemblages variés que l'on peut obtenir, sans surépaisseur et avec des raccordements parfaitement étanches, des tubulures rapportées.

Un autre exemple, donné, comme les deux précédents, par la *Revue de la soudure autogène,* est encore plus caractéristique : c'est un collecteur de vapeur, représenté par la figure 83, dont les diverses pièces sont assemblées par la soudure au-

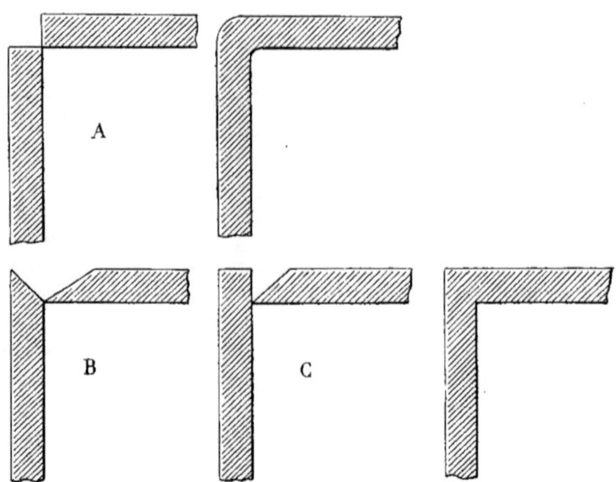

Fig. 79. — Soudure autogène de deux tôles épaisses placées à angle droit.

togène. Le corps cylindrique A est formé d'une tôle roulée et soudée bord à bord longitudinalement. Un des fonds B, convexe, et un second fond C, concave, sont soudés respectivement à chacun des bouts du corps cylindrique. Ces trois pièces forment le réservoir. Sur une génératrice du corps cylindrique, différente de la génératrice de soudure, sont percés divers orifices par lesquels l'eau ou la vapeur doivent circuler. Sur ces orifices sont disposées des tubulures D, E, F, soudées au chalumeau sur le corps cylindrique. Une autre tubulure G, destinée à recevoir un tampon de fermeture autoclave, est également soudée sur le collecteur. Le collecteur se trouve ainsi complètement construit sans qu'il entre un seul rivet dans l'assemblage de ses diverses pièces.

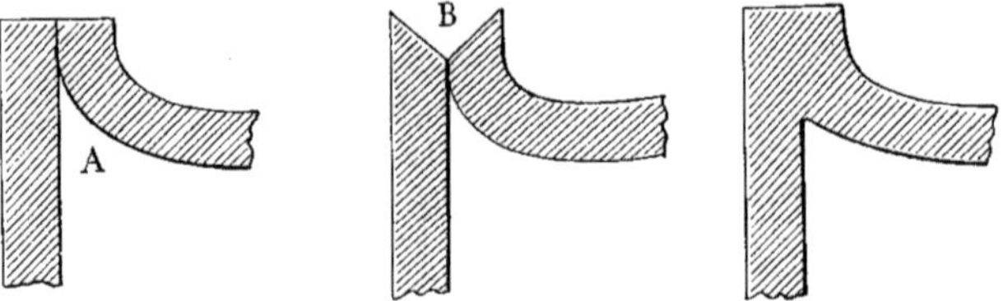

Fig. 80. — Soudure autogène de tôles épaisses placées à angle aigu.

La soudure autogène est aussi très employée dans la construction automobile; on l'utilise pour la fabrication de carters, des ponts-arrière composés de pièces diverses soudées les unes aux autres et formant l'enveloppe de protection du mécanisme de commande différentiel des roues motrices.

On se sert également de la soudure autogène pour effectuer, sur place, des réparations importantes de pièces de machines qu'il serait, parfois, peu commode de remettre facilement en bon état par d'autres procédés. On l'applique assez souvent sur les bateaux pour réparer les avaries se produi-

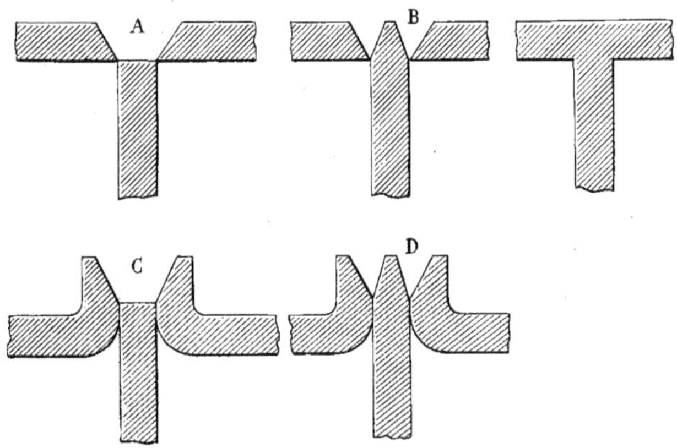

Fig. 81. — Soudure autogène de tôles épaisses placées perpendiculairement.

sant à des organes difficilement démontables, et qui doivent être remis le plus rapidement possible, parfois avec les seuls moyens du bord, en bon état de fonctionnement. On l'emploie également dans les usines, pour réparer nombre de pièces, principalement en fer, en acier, en fonte, pour boucher des fissures se produisant dans des bâtis de machines et même pour ressouder des consoles cassées, pour assembler des bouts d'arbre rompu, etc.

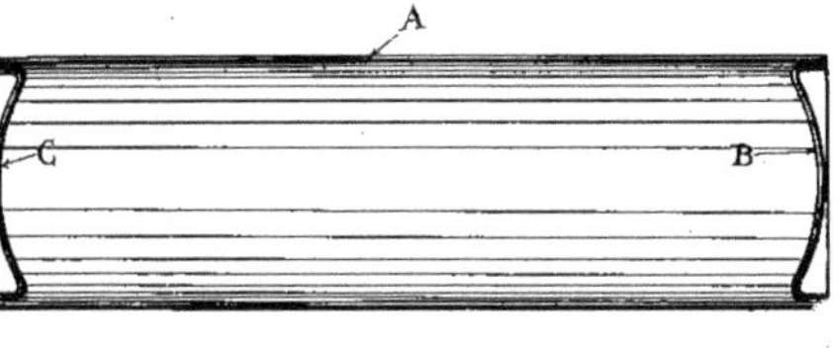

Fig. 82. — Application de la soudure autogène. Réservoir à air comprimé.

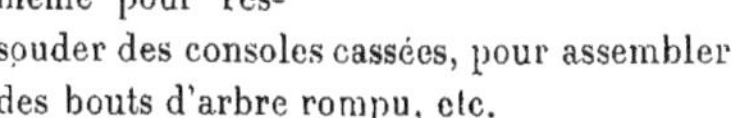

Pris comme moyen de découpage, le chalumeau oxhydrique ou acétylénique permet d'obtenir à un prix de revient modéré des pièces de formes compliquées. Les deux exemples représentés par les figures 84 et 86 indiquent tout le parti que l'on peut tirer de ce procédé de découpure.

Un arbre à vilebrequin A, par exemple (Fig. 84), est découpé, à sa forme, dans une plaque de tôle d'acier B C D E ayant une épaisseur convenable. Cette opération remplace le forgeage de la pièce, laquelle, dans ce cas, aurait dû être tirée d'un *lopin* d'acier d'assez gros diamètre, ce qui aurait nécessité un travail plus long et plus onéreux que l'opération de découpage au chalumeau. Il va sans dire que l'arbre ainsi préparé est ensuite usiné, comme il devrait l'être, d'ailleurs, s'il était forgé.

Le longeron de locomotive A (Fig. 86), muni d'ouvertures et d'encoches de formes diverses, a été découpé au chalumeau dans dans une tôle d'acier B C D E de 30 millimètres d'épaisseur, d'une longueur de 16 mètres 80 et d'une largeur de 1 mètre 40.

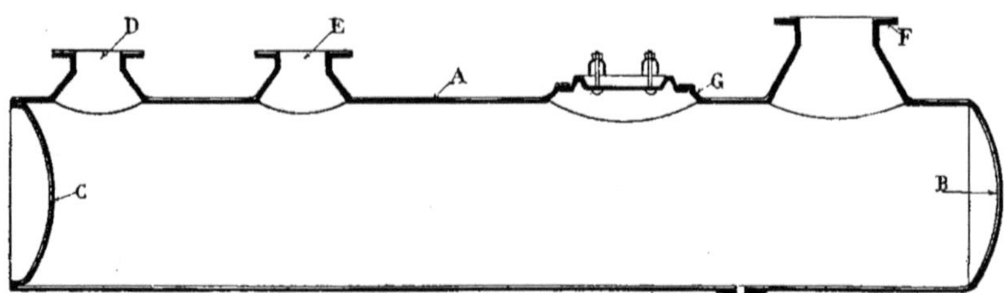

Fig. 83. — Application de la soudure autogène. Collecteur de vapeur.

Essais des métaux

Les métaux doivent pouvoir, suivant leur mode d'emploi, répondre à certaines conditions de résistance à la traction, à la flexion, à la compression, ou encore résister à l'usure provenant du frottement; ils doivent posséder une ténacité et une dureté suffisantes pour ne pas se déformer sous des efforts déterminés et, en outre, ils doivent pouvoir se prêter, sans se détériorer et sans que leur qualité en soit amoindrie, aux diverses transformations qu'ils sont parfois obligés de subir avant leur utilisation.

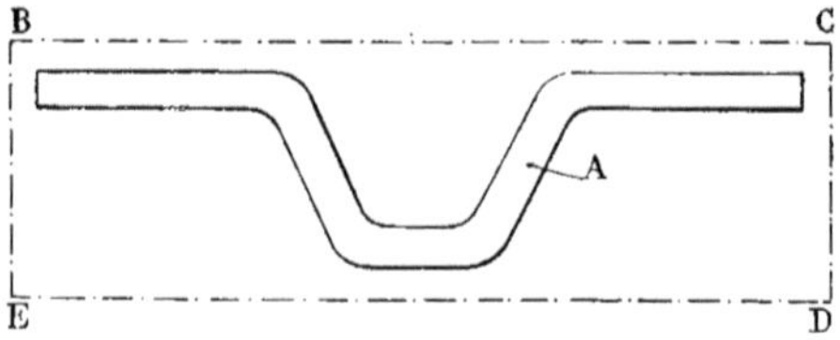

Fig. 84. — Découpage au chalumeau d'un arbre à vilebrequin.

Il importe, en conséquence, de savoir, avant d'employer les métaux à la confection de pièces ou d'outils, quelles sont exactement les qualités qu'ils possèdent et à quel degré : pour cela, il est nécessaire de *les essayer*.

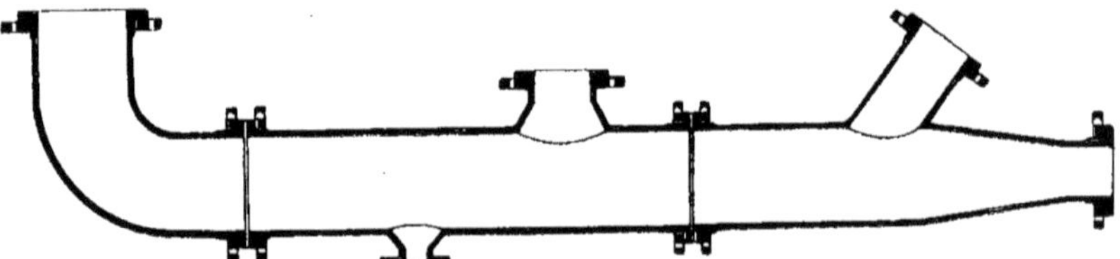

Fig. 85. — Application de la soudure autogène. Canalisation de vapeur.

Les essais des métaux ont donc une très grande importance : les méthodes utilisées pour effectuer ces essais reposent sur des principes différents.

On peut toutefois, d'une façon générale, classer les essais en quelques grandes catégories : les essais chimiques, les essais micrographiques, les essais mécaniques, et les essais pratiques. Les essais mécaniques et les essais pratiques sont les deux genres d'essais que l'on peut le plus facilement et le plus efficacement employer dans les ateliers, et c'est sur eux que nous nous étendrons le plus. Nous indiquerons, cependant, en quoi consistent les essais micrographiques et comment on les effectue.

Essais chimiques

Quant aux essais chimiques, ce sont des essais spéciaux

permettant de doser exactement les corps que contiennent principalement les fontes, les fers et les aciers, tels que carbone, silicium, soufre, phosphore, manganèse, etc. Les dosages qui s'effectuent, surtout au moment de la fabrication même des aciers pour connaître exactement leur composition, sont faits à l'aide de produits chimiques employés comme réactifs. Le dosage du carbone, par exemple, est obtenu en attaquant le métal essayé par le bichlorure de cuivre et le chlorure de potassium. Le carbone mis en liberté est transformé en acide carbonique et on peut ainsi le doser soit en volume, soit en poids.

Pour doser le silicium, on attaque le métal par l'acide azotique afin d'oxyder les divers éléments composant le métal; puis on transforme les oxydes en sulfates en traitant par l'acide sulfurique. On chauffe pour éliminer l'acide azotique, on refroidit, on ajoute de l'eau et, après traitement du résidu par l'acide chlorhydrique pur, on obtient de la silice hydratée débarrassée des autres matières étrangères. Le poids de la silice ainsi obtenue permet de déterminer le poids du silicium.

Le dosage du soufre s'effectue en attaquant le métal par des acides non oxydants. Le soufre se transforme en hydrogène sulfuré. On dose ce gaz par des procédés divers et on connaît la teneur en soufre.

Pour doser le phosphore, on traite le métal par l'acide azotique. Le résidu ainsi obtenu est alors calciné. Il reste du *phosphomolybdate d'ammoniaque,* dont on peut connaître la teneur en phosphore.

Le manganèse est dosé en traitant le métal par l'acide azotique, qui en oxyde les divers éléments. On sépare le graphite et la silice que l'on rend insoluble par calcination. Puis on transforme l'oxyde de manganèse en bioxyde, en employant le chlorate de potasse; on sépare le bioxyde, on le calcine et on peut en déduire le poids du manganèse.

Les essais chimiques sont, on le voit, fort spéciaux et nécessitent des laboratoires très bien installés et outillés. On ne les utilise généralement que dans les grandes industries métallurgiques pourvues de ces laboratoires et possédant le personnel nécessaire de chimistes.

Essais micrographiques Ces sortes d'essais sont basés sur l'examen de la structure du métal. La structure physique d'un lingot d'acier a été définie par le métallurgiste russe Tchernoff à l'examen de la cassure d'un lingot de ce métal. En partant de la surface pour se diriger vers le centre, on trouve généralement dans ce lingot, d'abord une *couche prismatique* formée d'un grand nombre de prismes irréguliers, assemblés et placés perpendiculairement à la surface. Par suite du peu de liaison de ces prismes, les lingots qui possèdent cette couche prismatique sont cassants.

Après la couche prismatique vient une couche composée de grains affectant la forme de polygones irréguliers. A cette *couche granulée* fait suite une épaisseur de métal compacte qui a un aspect luisant et homogène. Enfin, vers le centre, le métal devient friable et, cela, d'autant plus qu'on se rapproche davantage du centre du lingot. De l'examen de cette structure phy-

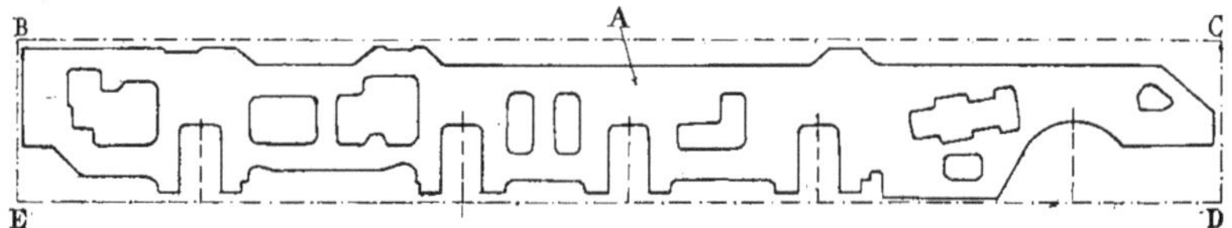

Fig. 86. — Découpage au chalumeau d'un longeron de locomotive.

sique de l'acier, Tchernoff déduit que pour supprimer les couches prismatiques et la porosité centrale, on doit donner à la *lingotière* un mouvement de rotation rapide, pendant que l'on effectue la coulée : le mouvement doit être très rapide, surtout au début de la coulée, pour décroître progressivement. On changera même le sens du mouvement de rotation lorsque le métal entraîné commencera à tourner. La solidification de l'acier s'opère par couches unies et de formes irrégulières en partant de la surface. On arrête le mouvement de rotation lorsque le centre du lingot s'est solidifié.

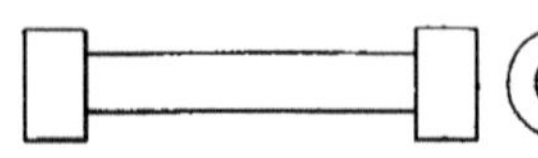
Fig. 87. — Barreau d'essai cylindrique.

Cet exemple indique le parti que l'on peut tirer, au point de vue de l'amélioration des qualités du métal, de l'examen de la structure physique du métal, de l'acier entre autres.

D'autres méthodes ont été appliquées, basées sur ce même examen. Celle des *essais micrographiques* consiste, en principe, à procéder, à l'aide du microscope, à l'examen du métal dont une coupe a été préalablement *polie et attaquée par un réactif*. La métallographie microscopique, étudiée par MM. Osmond et Le Chatelier, est très utilement employée dans les traitements des aciers.

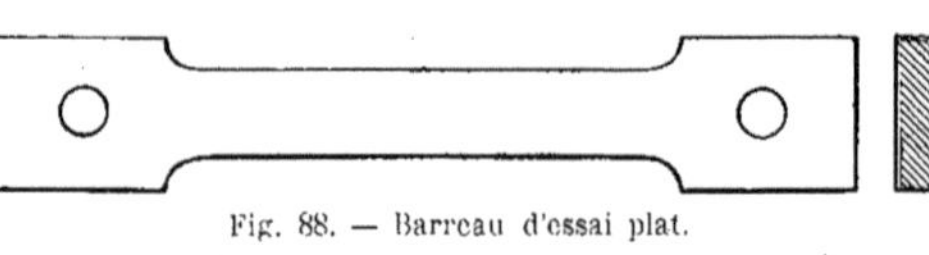
Fig. 88. — Barreau d'essai plat.

Pour polir le métal, d'après M. Osmond, on dégrossit d'abord l'échantillon à la meule ou à la lime, puis on rend la surface de plus en plus polie en employant du papier émeri de grains de plus en plus fins, et en croisant les traits; on termine avec du *rouge d'Angleterre*, dit *rouge à l'or*, ou du *rouge à l'oxalate*. Pour cela, on répand du rouge sur un disque de drap à poil ras fixé sur le plateau horizontal d'une machine à polir. On fait tourner le plateau à 1.000 à 2.000 tours par minute, à l'aide d'une manivelle, en humectant le drap avec de l'eau, de temps à autre. Il est évidemment possible d'employer un tour à polir commandé mécaniquement.

Après le polissage, on effectue successivement trois opérations : on répand sur un parchemin humide, fixé et bien tendu sur une planche de bois dur, du rouge dont on enlève les parties qui n'ont pas pénétré dans les pores du parchemin, en faisant couler sur lui de l'eau et en le brossant. On se sert ensuite de ce parchemin ainsi préparé et qui ne porte qu'une très faible couche de rouge, pour frotter la surface métallique déjà polie, en ajoutant pendant l'opération quelques gouttes d'eau. Les parties les plus dures de l'échantillon métallique apparaissent comme si elles étaient en relief.

La seconde opération a pour but d'augmenter l'effet de la poudre servant au polissage, par l'emploi d'un liquide dont l'action devient de plus en plus efficace au fur et à mesure que le frottement s'exerce. On emploie, comme réactif, de l'infusion de racine de réglisse mélangée avec du sulfate.

La troisième opération consiste à attaquer le métal sur sa surface. On efface les traces qu'ont pu laisser apparentes les deux opérations précédentes, en repassant le métal au rouge. Puis on applique des couches successives de teinture d'iode en employant environ une goutte de liquide par centimètre carré. On lave ensuite à l'alcool, puis on sèche. L'attaque peut s'effectuer au moyen d'autres réactifs, parmi lesquels l'*acide picrique* en solution alcoolique à 5 %, le *picrate de soude* en solution sodique à 25 %, porté à l'ébullition.

Par l'emploi et l'action des réactifs, certaines parties du métal prennent une teinte de couleur appropriée, tandis que d'autres parties ne se colorent pas. De plus, certaines parties se colorent avant d'autres.

L'examen micrographique de ces diverses parties du lingot permet de déterminer la *structure physique* de l'acier, les zones différentes, telles que nous les avons indiquées, étant caractérisées par des colorations diverses ou par une non-coloration.

On peut ainsi *classer* les aciers servant à la confection des nombreux outils et leur donner l'emploi qui leur convient.

Essais mécaniques Les essais mécaniques sont ceux qui sont le plus généralement employés d'une façon courante. Ils s'effectuent de diverses façons, et ces différentes méthodes d'essais mécaniques correspondent aux qualités exigées des métaux par suite de leurs applications variées. Les essais se font, soit à chaud, soit à froid. Les *essais à chaud* n'ont d'autre but que de déterminer, à l'aide d'un échantillon de métal, les changements qui peuvent l'affecter par suite des transformations successives qu'on lui fait subir en le chauffant.

Les *essais à froid* comprennent les *essais de traction,* les *essais de choc,* les *essais de fragilité,* les *essais de dureté.* Ces essais s'effectuent sur des échantillons pris dans le métal à examiner et nommés *éprouvettes.*

Les essais de traction consistent à soumettre l'échantillon de métal à des efforts progressifs de traction qui sont mesurés par un *dynamomètre.* On déduit des résultats obtenus pendant l'opération la qualité du métal essayé.

On a mécaniquement procédé à des essais de traction, plutôt qu'à des essais de flexion ou de torsion, parce qu'on admet que ces diverses sortes d'efforts, appliqués à une même pièce, ont entre eux des rapports déterminés et que l'essai de traction est le plus aisé à réaliser.

Les essais de traction se font à l'aide d'appareils ou de machines, après avoir préparé d'une façon spéciale les échantillons ou *barreaux d'épreuve.* Ces barreaux ont des formes et des dimensions bien déterminées, car des formes et des dimensions quelconques peuvent faire varier les résultats numériques obtenus dans les essais.

On prend, par un travail à froid, l'échantillon dans le corps du métal à essayer; le travail à chaud risquerait en effet, de modifier la qualité du métal. Lorsque le métal à essayer se présente en grande masse ou sous forme de barre cylindrique, on découpe dans ce métal un barreau cylindrique muni à chacune de ses extrémités d'une sorte de tête d'un diamètre plus grand que celui du corps du barreau (Fig. 87). Ces deux renflements sont utilisés pour maintenir le barreau d'épreuve dans les mâchoires de la machine effectuant la traction. Les dimensions en longueur et en diamètre à donner à ces pièces sont variables suivant la nature des métaux. Elles ont entre elles un rapport déterminé et sont indiquées pour chacun des appareils servant à faire les essais.

Lorsqu'il s'agit de tôles ou de fers profilés, l'échantillon, appelé *barrette,* conserve généralement l'épaisseur de ces tôles ou de ces fers profilés. La section des barrettes prises dans les tôles est rectangulaire (Fig. 88). On ménage en bout de ces échantillons une largeur plus grande pour permettre leur fixation sur les appareils d'essais.

Le prélèvement des barreaux influe, suivant la place de la pièce où on l'opère, sur les résultats obtenus aux essais de traction. Le métal n'étant pas homogène, les barreaux pris dans le sens de la longueur de la pièce donnent des résultats supérieurs à ceux obtenus sur les barreaux pris dans le sens perpendiculaire, ou en *travers.* De même, les échantillons prélevés vers la surface donnent également de meilleurs résultats que ceux qui sont prélevés au centre de la pièce.

Si un barreau prélevé en n'importe quel point de la pièce est, avant l'essai, forgé, puis recuit, il donne des résultats supérieurs à tous les précédents et si on trempe le barreau à l'eau, à 950 degrés, puis qu'on le fasse revenir à 650 degrés, l'augmentation de résistance ne s'en trouve pas très accrue, tandis qu'elle serait plus considérable pour un barreau pris dans une pièce de métal de petites dimensions, et forgé, ce barreau étant comme le précédent *trempé* et *revenu*.

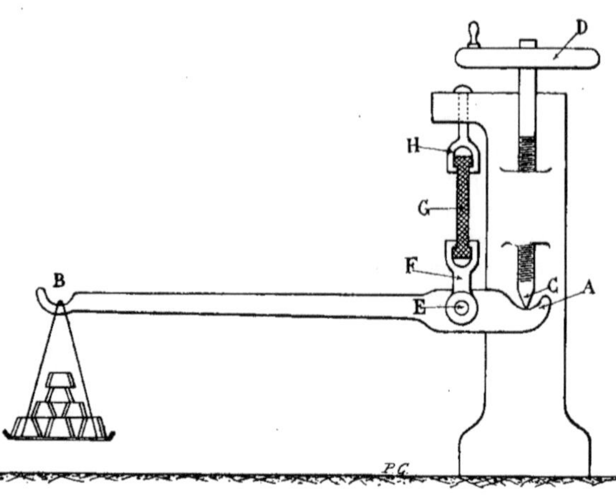

Fig. 89. — Machine d'essai à la traction à levier.

Les appareils servant à effectuer les essais de traction sont basés sur des principes différents. Les uns sont des *machines à leviers;* d'autres sont des *machines à manomètre*. Voici quelques indications sur leur fonctionnement.

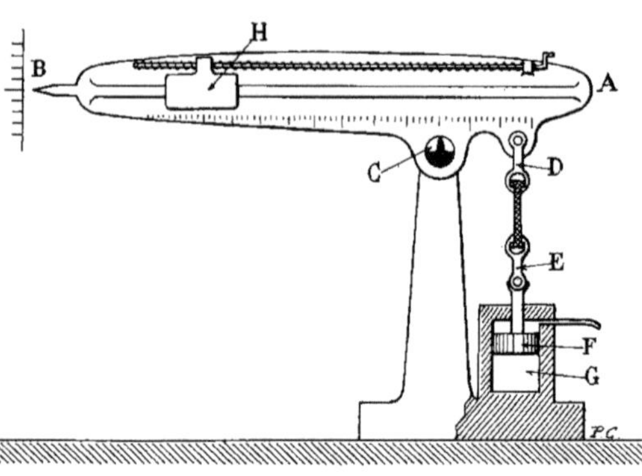

Fig. 90. — Machine d'essai à la traction, type romaine.

La machine à levier représentée par la figure 189 se compose d'un levier AB dont l'extrémité A s'appuie sur le bout d'une vis C pouvant être manœuvrée à l'aide d'un volant D. C'est le point de pivotage du levier, qui porte, à son autre extrémité, un plateau suspendu, dans lequel on peut placer des poids. En un point E pris sur le levier du côté du point de pivotage, est articulée une mâchoire F dans laquelle est engagé l'échantillon à essayer G. Une seconde mâchoire H soutenant le barreau à son autre extrémité est fixée au bâti de la machine. En plaçant successivement sur le plateau de la machine des poids de plus en plus forts, on provoque l'oscillation du levier autour du point C et l'allongement de l'échantillon. Au fur et à mesure que cet allongement se produit, le levier tend à s'obliquer. Pour le ramener dans une position sensiblement horizontale et en équilibre, on fait descendre la vis C en la manœuvrant à l'aide du volant D. Connaissant la valeur des poids placés sur le plateau, on détermine aisément à chaque instant la valeur de l'effort produit, car cet effort est proportionnel au poids et au rapport du grand bras de levier A B au petit bras, ce qui s'exprime par la formule $E = P \times \frac{AB}{AE}$.

Cette machine, qui a des qualités de simplicité et de robustesse, ne permet pas, cependant, de réaliser la progression régulière des efforts à transmettre au barreau, par suite de l'addition brusque de poids dans le plateau.

C'est ce qui a conduit à la modifier en lui adjoignant un dispositif de levier semblable à celui de la *romaine*, et pour cette raison cette machine a été appelée *romaine* (Fig. 90).

Le levier AB, articulé au point C, porte une mâchoire, en D, qui maintient l'échantillon à une extrémité, tandis que la seconde mâchoire E est rendue solidaire soit d'un dispositif de réglage à vis, soit d'un piston F pouvant se déplacer dans un cylindre G par l'action de la pression hydraulique. Un poids H se déplaçant longitudinalement sur le levier, soit à la main, soit à l'aide d'un système à vis, permet de soumettre le barreau à des efforts régulièrement progressifs, le déplacement s'effectuant d'une manière uniforme. Une échelle graduée permet de lire, à chaque instant, l'effort exercé. On maintient le levier dans sa position horizontale, en admettant dans le cylindre, au-dessus du piston, de l'eau sous pression, au fur et à mesure que le barreau s'allonge. Le réglage de l'arrivée de l'eau donne la position d'équilibre. Cette machine est assez souvent employée.

Certaines machines fondées sur le même principe comportent plusieurs leviers articulés successivement les uns sur les autres. Par suite de l'inégalité des branches de ces leviers, le *rapport de multiplication* devient d'autant plus grand que le nombre de leviers est plus considérable. La sensibilité de la machine augmente en conséquence ; on peut n'employer qu'un faible poids pour un effort considérable et ne donner à ce poids qu'un déplacement minime pour rendre cet effort bien progressif.

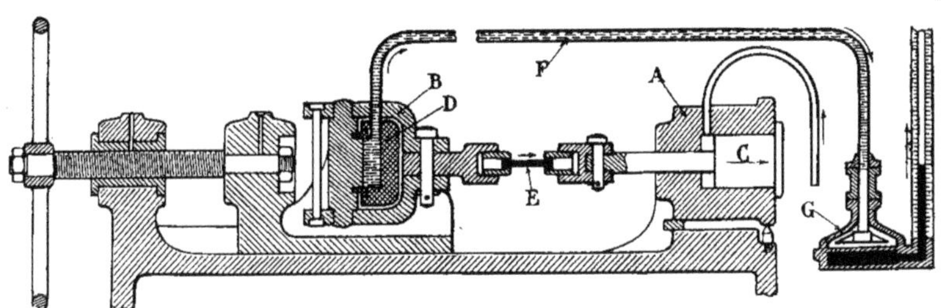

Fig. 91. — Machine d'essai à manomètre Maillard.

Parmi les autres types de machines, la *machine à manomètre Maillard* est une des plus intéressantes. Elle se compose de deux corps de pompes A et B, dans lesquels peuvent se mouvoir respectivement deux pistons C et D de diamètres différents. Chacun de ces pistons est rendu solidaire d'une mâchoire tirant sur le barreau E (Fig. 91).

Les mâchoires sont articulées sur les pistons et un des corps de pompe B est aussi articulé autour de pivots horizontaux. Ces dispositions ont pour objet d'éviter des réactions obliques pendant la traction sur le barreau.

Chacun des cylindres reçoit de l'eau. L'un, le cylindre A, reçoit de l'eau sous pression qui pousse le piston C vers l'extérieur en tirant sur le barreau.

L'effort ainsi exercé sur ce barreau se transmet à l'autre piston et l'eau contenue dans le second corps de pompe se trouve ainsi comprimée et refoulée par le conduit F. La pression de cette eau est transmise au plateau d'un *manomètre différentiel* G qui, par ses indications, donne, à chaque instant, la valeur de l'effort exercé sur l'échantillon.

Toutes ces machines servant aux essais de traction doivent, bien entendu, être soigneusement *tarées,* pour que les indications chiffrées qu'elles donnent, correspondent très exactement aux efforts réellement exercés.

Pendant qu'on exerce sur le *barreau-échantillon* un effort de plus en plus considérable, il se passe une série de phénomènes qu'il est utile d'analyser. Les barreaux sont, ainsi que nous l'avons dit, très exactement mis aux dimensions voulues; puis on trace aux environs de chaque tête, un trait de repère. Ces deux traits de repère sont placés à une distance, l'un de l'autre, bien exactement connue.

L'observation de l'allongement du barreau, que l'on peut aisément suivre en mesurant la distance de plus en plus grande qui sépare les deux traits de repère, permet de constater qu'au commencement de l'opération l'allongement est proportionnel à l'effort et qu'il est faible jusqu'à une certaine valeur de la traction comptée en kilos par millimètre carré de section.

En outre, si on cesse d'exercer l'effort, l'échantillon reprend sa longueur primitive. Dans ce cas, le barreau n'a donc pas subi une déformation définitive; il est *élastique,* mais pour un certain effort, cette élasticité est détruite et le barreau subit une déformation qu'il conserve : la *limite élastique* ou *d'élasticité* du métal est atteinte; la valeur de sa résistance change et, en effet, sous un effort croissant progressivement, l'allongement devient très grand et augmente plus rapidement que cet effort. Si on supprime, à ce moment, l'effort, le barreau ne reprend plus sa forme initiale : il s'est allongé et sa déformation est *permanente.*

Cette déformation se répartit d'abord également sur toute la longueur du barreau, c'est-à-dire que pour un barreau cylindrique, par exemple, au fur et à mesure que le barreau s'allonge sous un effort croissant, le diamètre de ce barreau diminue régulièrement sur toute la longueur.

Cependant, il arrive un moment, si on continue d'exercer une action de traction toujours plus grande, où il se produit, en un point de la longueur du barreau, un affaiblissement de diamètre : la génératrice du cylindre s'infléchit, et même si on supprime la traction, l'étranglement du barreau s'accentue; il se rompt au point où la section a le plus faible diamètre. La déformation précédant la rupture se nomme *striction.*

Il est donc possible par l'essai de traction de connaître pour un métal déterminé, l'effort correspondant à la *limite élastique* de ce métal, et, par là, de déterminer la charge maximum exprimée en kilos, qu'il peut supporter, par millimètre carré de section, sans se déformer. Cette charge est désignée par E dans les formules ordinairement employées pour les calculs de résistance des matériaux.

On peut aussi déterminer la charge maximum que supporte, par millimètre carré de section, un métal avant la rupture. Cette charge, représentée par R, est la *résistance à la rupture.*

En outre, l'essai donne la valeur de l'allongement total du barreau. Cet allongement, désigné par la lettre A, est compté en %, c'est-à-dire pris par rapport à cent longueurs initiales de l'échantillon. On peut enfin connaître la *striction;* elle est égale au rapport de deux valeurs dont l'une est la différence des sections initiales et d'étranglement après rupture et l'autre est la section initiale; en d'autres termes, la striction est le rapport entre la diminution de section et la section initiale.

Il est indispensable, pour obtenir la mesure exacte de ces diverses valeurs, de bien observer les déformations successives du *barreau d'essai*. La mesure de la *limite élastique* est surtout difficile à effectuer, car, en principe, il faudrait recourir à une série de tâtonnements pour déterminer le moment exact où le barreau commence à ne plus revenir à la forme primitive. Ce serait un procédé trop long, et, en pratique, on détermine le commencement de la déformation en observant la variation de l'allongement. Tant que cet allongement est proportionnel aux efforts de traction, la limite élastique n'est pas atteinte. Aussitôt que cet allongement se met à croître très rapidement par rapport à l'effort exercé, ce qui s'observe aisément par la position du levier de la machine, par exemple, on est averti que la limite élastique est atteinte; sa valeur peut donc être déterminée. La résistance à la rupture se mesure par la valeur de l'effort de traction exercé au moment où le barreau se sectionne. Cette valeur se déduit, suivant le type de machines, des poids ajoutés, ou des lectures faites sur les graduations de ces machines.

L'allongement est déterminé en notant la différence de longueur existant entre les deux points de repère après et avant la cassure. Pour cela, on accole exactement les deux parties du barreau sectionné et on mesure la distance qui sépare les points de repère, après allongement, par conséquent. Comme la distance initiale de ces points de repère était bien déterminée, on trouve aisément la différence. Pour la mesure de la *striction*, il suffit de mesurer exactement, avec un *pied à coulisse* ou un *palmer*, les dimensions de la section d'étranglement, la section initiale étant connue.

Les essais de traction sont complétés par des *essais de choc* et des *essais de ployage*. Ces genres d'essais (Fig. 92 et 93) ont pour but de faire subir aux échantillons, prélevés sur la pièce de métal à éprouver, une flexion que l'on accentue progressivement jusqu'à la ployure des deux parties du barreau. Au fur et à mesure que la flexion s'opère, le métal placé au point de flexion, au *coude*, est soumis à des efforts qui tendent à le *criquer*. Il apparaît, en effet, sur la face externe du barreau, au point de ployage, des craquelures, et parfois la pièce se rompt avant que ses deux parties puissent être ramenées l'une contre l'autre. C'est la plus ou moins grande facilité du métal à se ployer sans se rompre qui indique la qualité de ce métal.

Essais de choc — Les *essais de choc* complètent les essais de traction parce qu'un métal ayant donné un allongement considérable lors de ces essais de traction peut, cependant, être fragile, c'est-à-dire se rompre par suite d'un choc de faible valeur. Les essais de choc ont donc pour but d'éprouver le métal au point de vue de sa fragilité. Ces essais donnent la valeur de la non-fragilité, qui est nommée *résilience*, et s'effectuent à l'aide d'appareils nommés *moutons*. Après avoir prélevé, dans le métal à essayer, un barreau de section généralement carrée, on place cet échantillon sur *l'enclume* du mouton, en le faisant reposer sur deux *couteaux* disposés sur cette enclume à une distance connue l'un de l'autre. Un poids que l'on fait tomber d'une hauteur de plus en plus grande sur le barreau, entre les deux points d'appui, provoque, au bout d'un certain nombre de coups frappés de hauteurs différentes, ou sa rupture, ou une inflexion. La machine comportant l'enclume et le poids mobile est un *mouton*. Le poids peut être aisément remonté et libéré, pour produire le choc, par un dispositif à déclenchement.

Suivant les effets produits par les chocs répétés du poids, on en déduit si le métal répond aux conditions de recette déterminées, au point de vue résilience, comme par exemple, l'obtention dans certains cas, d'une flèche atteignant au maximum une valeur déterminée avant que la rupture se produise, ou encore la nécessité d'avoir une flèche minimum avant cette rupture.

On pratique parfois les essais par chocs sur des barreaux de section rectangulaire qui, au lieu d'être posés sur des couteaux, sont fixés par une seule extrémité, le mouton retombant sur l'autre et provoquant son ployage. On emploie également des *moutons rotatifs* pour les essais par choc. On se sert, pour cela, d'échantillons entaillés. Chaque échantillon est placé sur le mouton rotatif, de façon que l'entaille se trouve sous un couteau placé à la périphérie d'un volant auquel on imprime un mouvement de rotation d'une vitesse connue. C'est le choc du couteau sur l'éprouvette qui produit d'un seul coup sa rupture, par suite de l'affaiblissement provenant de l'entaille. La valeur de l'effort produit est donnée soit par une lecture directe sur une échelle divisée, soit par une courbe tracée par un appareil enregistreur. Elle est égale à la perte de puissance vive du volant.

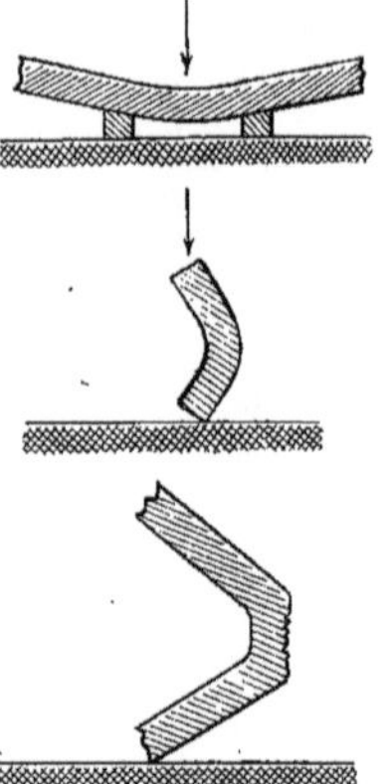
Fig. 92. — Essais de ployage.

Essais de dureté

Les méthodes d'essais par traction ont l'inconvénient d'être longues et coûteuses et de ne donner que des résultats incomplets sur la qualité du métal. Les essais par chocs, qui déterminent l'inverse de la fragilité, permettent de connaître un élément de plus qui *définit* d'une façon plus précise le métal. Il manquait, pour compléter le cycle des expériences sur la qualité des métaux, les *essais de dureté*. Les ingénieurs métallurgistes se sont déjà depuis quelques années préoccupés de perfectionner les méthodes d'essais, et en 1900 un ingénieur suédois, M. Brinell, présenta la méthode d'*essai à la bille* qui a été, depuis, employée et perfectionnée par d'autres ingénieurs parmi lesquels M. Guillery, ingénieur des Arts et Métiers, qui a établi une méthode très intéressante et des appareils fort ingénieux pour essayer les métaux.

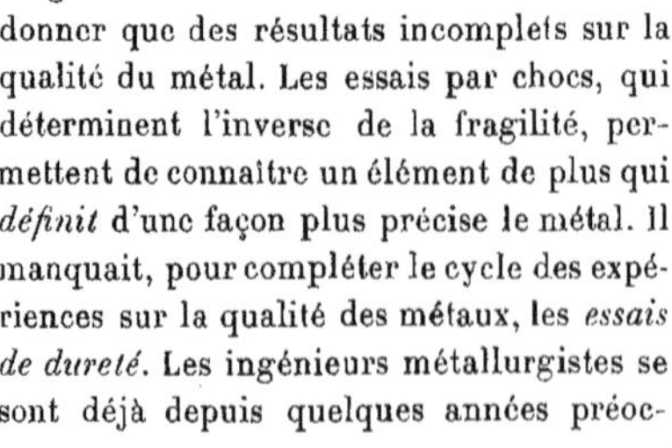
Fig. 93. — Essai de ployage.

Méthode de Brinell

Les essais de dureté par la méthode à bille Brinell, consistent à enfoncer dans le métal à essayer, une bille soumise à une pression déterminée. La bille produit dans le métal une empreinte sphérique. Le rapport entre la pression à laquelle est soumise la bille et la surface de la calotte sphérique formant l'empreinte de la bille, détermine la dureté du métal.

En outre, il existe entre la charge de rupture à la traction et la valeur de la dureté une relation constante. Brinell a trouvé que cette charge de rupture égale le chiffre représentant la dureté, multiplié par 0,34.

L'essai de dureté à l'aide de l'appareil à billes s'effectue soit sur un échantillon de métal prélevé, soit sur la pièce de métal elle-même. Il suffit de polir légèrement la place où doit se produire l'empreinte. La seule opération un peu délicate consiste à mesurer bien exactement le diamètre de l'empreinte pour en déduire d'abord la surface de la calotte sphérique, puis la dureté et la résistance à la rupture.

Des barèmes préalablement établis donnent, d'ailleurs, pour chaque appareil utilisé, toutes ces valeurs d'après le diamètre de l'empreinte.

Les billes employées doivent être évidemment faites en métal très dur pour qu'elles ne puissent se déformer. Ce sont des billes qui ont, généralement, un diamètre de 10 millimètres.

Appareil à bille, fixe M. Guillery, en appliquant la méthode d'essai Brinell, avait établi des appareils à billes dont la figure 94 représente le type fixe. Cet appareil, composé d'une boîte cylindrique A, renferme une série de rondelles-ressorts Belleville B, qui y sont comprimées sous une pression légèrement inférieure à 3.000 kilos. Les rondelles reposent sur le fond rapporté de la boîte et portent, à leur partie supérieure, une douille C, supportant la bille D. La tension des rondelles appuie donc la douille C contre le couvercle de la boîte et la bille reste à une position constante tant qu'un effort d'au moins 3.000 kilos ne s'exerce pas verticalement sur elle. L'appareil est complété par un étrier E, fixé à la boîte, d'un côté, par une lame élastique F pouvant fléchir; de l'autre côté, la branche d'étrier est solidaire de la partie excentrée d'un axe G, sur lequel est fixé un levier H. Lorsqu'on manœuvre le levier, l'axe G oscille, et sa partie excentrée tend à faire pivoter l'étrier autour de la ligne de flexion de sa lame élastique F. La traverse supérieure de l'étrier s'abaisse donc, entraînant la vis I muni d'un volant à une extrémité, et d'une pièce d'appui J, à l'autre. Cette pièce d'appui est montée à rotule au bout de la vis pour que son mouvement soit libre dans tous les sens. Si l'on interpose exactement, entre cette pièce d'appui et la bille, le métal à essayer, en faisant manœuvrer le levier, on fait parcourir, grâce à l'excentrique, à la pièce d'appui, au métal, et à la bille, une course assez faible pour laquelle la charge qui presse la bille contre le métal a une valeur tarée de 3.000 kilogrammes, donnée par la compression des rondelles-ressorts.

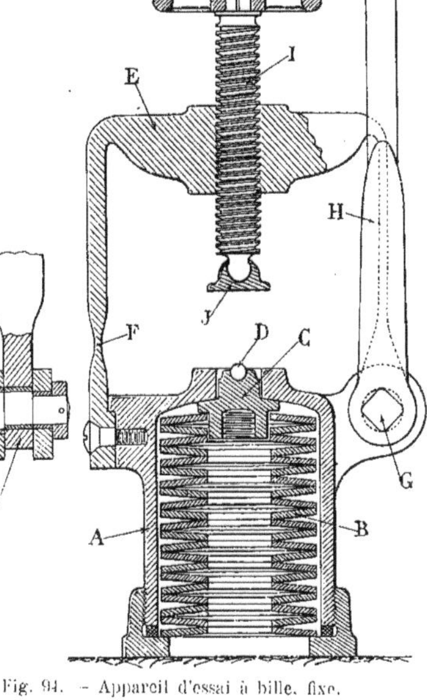

Fig. 94. — Appareil d'essai à bille, fixe.

Par conséquent, pour faire un essai, on place le levier verticalement. On dispose en faisant descendre ou monter la vis, la pièce à essayer entre la bille et la pièce d'appui, puis on abaisse le levier. La bille pénètre dans le métal et les rondelles fléchissent d'une quantité correspondant à une charge de 3.000 kilos. On relève le levier et on le ramène dans sa position verticale. Il s'est produit entre la pièce d'appui et la pièce à essayer un jeu égal à la profondeur de l'empreinte de la bille dans le métal. Pour compenser ce jeu, on replace, par la manœuvre de la vis, la pièce d'appui sur le métal. Si, au premier coup de levier, la bille laissait son empreinte définitive dans le métal, l'opération serait ainsi achevée, mais il faut plusieurs coups de levier successifs pour obtenir cette empreinte. Chaque fois, on procède à un réglage de la pièce d'appui, au moyen de la vis, pour compenser les enfoncements successifs de la bille. Lorsqu'après un certain nombre de coups de levier on ne peut plus tourner la vis, c'est que l'enfoncement de la bille dans le métal a atteint sa valeur maximum, et cela sous une pression de 3.000 kilogrammes, exactement tarés. Le diamètre mesuré de l'empreinte permet, la pression étant connue, de trouver le chiffre de dureté et, par suite, la valeur de la charge de rupture à la traction.

Appareil à bille, portatif

Un autre appareil à bille portatif a été également établi pour des essais de dureté à effectuer principalement sur des métaux portés à haute température. Il est constitué par un corps cylindrique A, contenant des rondelles-ressorts E superposées et comprimées, de façon que, pour la course maximum de la bille, la charge soit égale à 750 kilos. La bille B, de 5 millimètres, est fixée en bout d'une pièce C poussée par les rondelles vers le bas. La partie supérieure de l'outil est formée d'un chapeau D contre lequel butent les rondelles E, intérieurement, et disposé pour recevoir en bout le choc d'un marteau. Pour procéder aux essais à l'aide de cet appareil, on fait reposer la bille sur le métal à essayer, puis on frappe à coups de marteau sur le chapeau. La bille pénètre dans le métal, par suite de la pression des rondelles, d'une quantité de plus en plus grande sous les coups successifs de marteau, et lorsque l'empreinte a une profondeur telle que le bout inférieur de l'appareil porte sur la pièce à essayer, cette empreinte est celle qui correspond à la charge 750 kilos. On possède ainsi les éléments de détermination du chiffre de dureté.

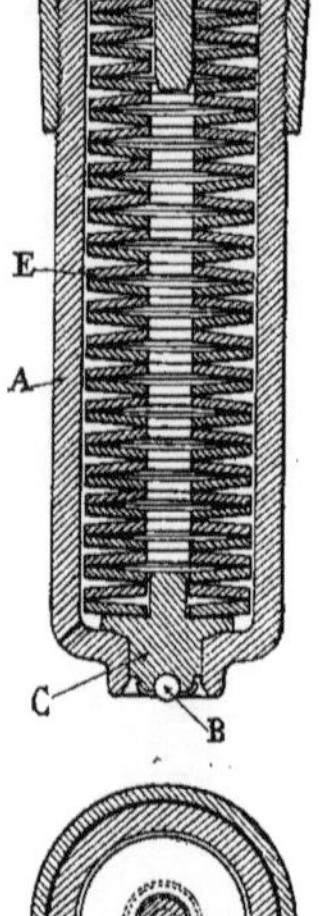

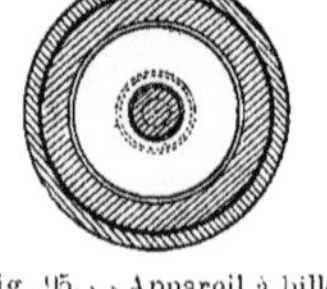

Fig. 95. — Appareil à bille portatif.

Ces appareils et quelques autres établis de façon semblable, offrent, d'après M. Guillery, certains inconvénients consistant dans la difficulté de bien suivre l'opération d'enfoncement de la bille par suite du champ d'action limité du levier, dans la difficulté de manœuvre de ce levier ainsi que du réglage des rondelles, pour une tare bien exactement déterminée.

Appareil d'essai à bille Guillery

Pour supprimer ces inconvénients, M. Guillery a construit des appareils reposant sur le même principe, mais possédant des dispositions spéciales permettant la lecture directe du chiffre de dureté sans qu'il soit nécessaire d'effectuer la mesure des empreintes, opération toujours délicate.

Cet appareil, à lecture directe, se compose d'un ensemble élastique A (Fig. 97) formé de rondelles-ressorts maintenues en place par des joues et une tige centrale. Ce matelas élastique est taré, à l'aide d'outils spéciaux, avant d'être placé dans l'appareil. Il repose, par un couteau B, en deux parties, placé à sa partie inférieure, sur un levier C, qui peut osciller sur un couteau D. Ce levier cintré possède une branche verticale à l'extrémité de laquelle agit une came E, montée sur un axe F solidaire du levier de commande G. Lorsqu'on fait osciller le levier de manœuvre, on provoque la rotation de l'axe F et de la came E qu'il porte. Cette came pousse la branche verticale du levier C vers la droite. Ce levier, oscillant autour de son couteau D, soulève par l'intermédiaire du couteau, en deux parties B, le matelas élastique. Si une pièce à essayer est interposée entre la pièce d'appui H placée à la partie supérieure de ce matelas et la bille I, placée en bout d'une vis J, la bille pénètre dans la pièce en marquant son empreinte. La course totale que l'on peut donner au matelas élastique par la manœuvre du levier est de 1 millimètre 5; les rondelles fléchissent tant que la pénétration de la bille n'a pas atteint sa valeur maximum. A ce moment, l'empreinte correspond à la charge représentée par la tension des rondelles.

La vis a des filets de section spéciale, dont le flanc supérieur est droit, de façon à pouvoir résister plus facilement que le flanc incliné, à l'effort de butée effectué sur la bille. La douille servant d'écrou à la vis est, pour cette même raison, munie de *repos* multiples.

La vis est manœuvrée par un tambour moleté K, disposé de façon que lorsqu'on fait descendre la vis, l'entraînement puisse cesser lorsque la vis se trouve bloquée à sa partie inférieure et, au contraire, pour que cet entraînement soit permanent lorsqu'on remonte la vis. Pour cela, le tambour K, en tournant dans un certain sens, entraine, par friction, à l'aide de rondelles-ressorts, un plateau portant une clavette qui entraîne la vis dans son mouvement de rotation. Lorque la vis bute, le tambour continue à tourner, mais la vis et le plateau à clavette restent immobiles. Ce sont les rondelles-ressorts qui glissent sur le plateau sans l'entraîner.

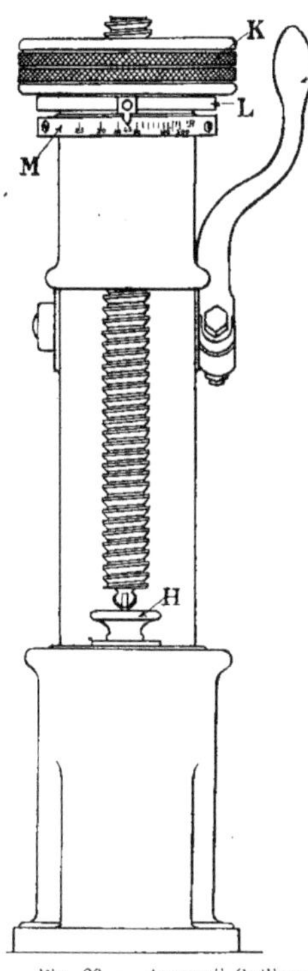

Fig. 96. — Appareil Guillery.

Dans le sens de rotation inverse, c'est-à-dire lorsque la vis monte, le tambour K provoque l'entraînement du plateau porte-clavette par l'intermédiaire d'une bille qui se trouve coincée pendant ce mouvement et l'entraînement est continu.

Le plateau porte-clavette est muni d'un curseur L portant un index. Ce curseur participe au mouvement de rotation du plateau, mais bien qu'il soit monté à frottement un peu dur, sur ce plateau, on peut, cependant, le déplacer à la main pour disposer l'index en face du point de départ d'une graduation tracée sur un secteur fixe. Ce secteur M est solidaire d'un bâti N sur lequel sont montées toutes les pièces de l'appareil. Ce bâti, en forme de col de cygne, est creux à l'intérieur, de façon que tous les organes de commande puissent s'y loger; il est fermé, à l'arrière, par une plaque de tôle.

Pour effectuer un essai, on place le métal à éprouver sur la pièce d'appui H, on descend la vis en tournant le tambour K jusqu'à ce qu'il y ait glissement. On place alors l'index du curseur en face du point de départ de la graduation et on manœuvre le levier. La bille pénètre dans le métal. On replace le levier à sa position primitive et, pour compenser l'enfoncement de la bille, on fait descendre la vis jusqu'à ce que la bille bute de nouveau. On répète la manœuvre du levier jusqu'à ce que la bille ait fait son empreinte totale dans le métal, empreinte qui correspond à la charge donnée par le matelas élastique. On s'aperçoit que cette empreinte est maximum lorsque, après la manœuvre du levier, la vis reste bloquée et ne peut plus descendre.

La course que la vis a effectuée pour compenser, au fur et à mesure, le jeu produit par l'enfoncement de la bille, représente évidemment la flèche de la calotte sphérique produite par l'empreinte. Or la vis ayant un pas bien exactement déterminé, cette flèche correspond à un angle de rotation bien déterminé également, du tambour de commande K, du plateau porte-clavette et de l'index. On pourra donc, par le déplacement de l'index sur la graduation fixe, connaître non seulement la flèche de l'empreinte, mais encore la surface de la calotte sphérique, et, comme l'effort du matelas élastique est constant, on pourra chiffrer cette graduation directement en valeurs de la dureté du métal essayé. Une correction est apportée à la graduation théorique, par suite du relevage des bords de l'empreinte pendant l'essai.

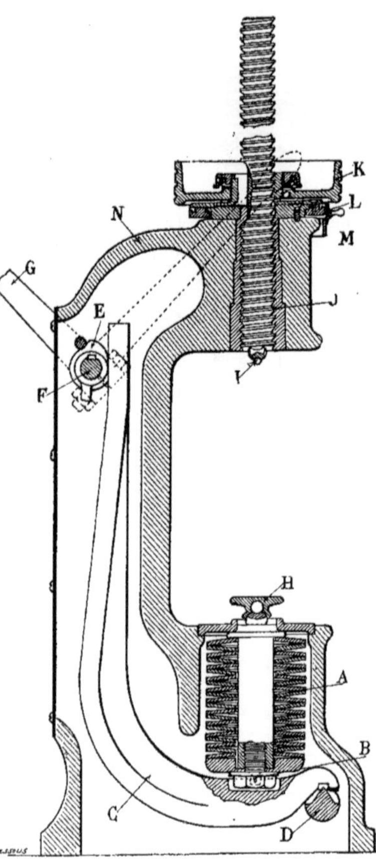

Fig. 97. — Appareil à bille Guillery. — Coupe verticale.

Cet ingénieux appareil, qui donne une lecture directe, permet d'effectuer aisémen et rapidement les essais de la dureté. D'autres appareils, fonctionnant d'une manière identique, ont été établis en plusieurs types répondant à des essais de dureté de métaux spéciaux ou de pièces particulières.

Pour remplacer les essais de traction et les essais au choc effectués comme nous l'avons indiqué, et qui offrent certains inconvénients, M. Guillery préconise, outre l'appareil à bille que nous venons de décrire, et qui indique le chiffre de dureté, un autre appareil destiné à mesurer la limite élastique et un mouton rotatif dynamométrique mesurant la *résilience.*

Ces divers appareils sont construits dans les ateliers Malicet et Blin, à Aubervilliers, près de Paris.

Essais pratiques — Il est un autre genre d'essais que l'on peut effectuer indépendamment de ceux que nous venons d'indiquer et qui permettent de déterminer pratiquement, sans avoir besoin de faire des mesures très exactes, si les qualités des fers ou, plus souvent, des aciers, conviennent bien aux emplois que l'on veut en faire.

D'une étude de M. Cinille publiée dans la *Revue pratique des industries métallurgi-*

ques, nous extrayons les divers renseignements suivants au sujet de ces essais.

Les fers et aciers provenant des fours à puddler peuvent être soumis à différents essais pour contrôler la bonne marche de la fabrication. Dans l'*épreuve de rabattement*, on porte un morceau de métal d'épreuve au blanc soudant; on sépare, à la tranche, une extrémité de l'éprouvette sur une longueur d'environ une fois et demie sa largeur. On replie au marteau les deux parties ainsi séparées et on examine l'aspect de la ployure.

Dans les essais à froid, on effectue une *épreuve de texture* qui consiste à pratiquer au *burin* ou à la *tranche* des entailles dans la barre à essayer, puis à les rompre en employant le marteau à main ou le marteau-pilon. A l'examen, la cassure doit présenter un grain demi-fin avec arrachements et le nerf doit être blanc, allongé et ne doit porter aucune trace de scories.

L'*épreuve de pliage* consiste à plier des barrettes de section rectangulaire ayant une épaisseur de 10 millimètres, une largeur de 40 et une longueur de 150.

Le pliage est fait à l'étau en les serrant au tiers environ de leur longueur. On observe l'aspect de la ployure au fur et à mesure qu'on l'effectue.

Les *épreuves de traction* des fers et aciers puddlés se font à l'aide d'éprouvettes cylindriques calibrées, ayant un diamètre de 25 millimètres 57 et une longueur, entre repères, de 165 millimètres.

On fait à chaud des *épreuves de perçage de trous*. Pour cela, on fait chauffer le fer au blanc soudant et on perce, à l'aide d'un poinçon conique, deux trous dont le diamètre est égal à la moitié ou aux trois quarts de la longueur du barreau. Ces trous sont espacés de 10 millimètres et les cloisons qui les séparent ne doivent porter aucune crique lorsque le métal est de bonne qualité.

L'essai des outils est aussi très intéressant. Voici comment on peut procéder pour quelques-uns d'entre eux.

Les *burins* sont essayés sur de l'acier demi-dur recuit, de 14 millimètres d'épaisseur et offrant 20 kilog. de résistance. On pratique au burin un chanfrein incliné à 45 degrés sur toute la longueur du barreau d'essai et on pèse la quantité de métal enlevée avant de procéder à l'affûtage du burin. C'est ce poids de métal qui indique la qualité du burin.

Pour les *bédanes*, on opère de la même façon en pratiquant en travers de la barre d'acier de 50 kilos de résistance, des saignées de 1 centimètre de profondeur.

Les *forets* sont essayés à la machine à percer. On leur fait percer une tôle d'acier d'une résistance égale à 50 kilos. On tient compte du nombre de trous que l'on peut percer avant d'affûter le foret, de sa vitesse de rotation et d'avancement dans le métal.

Pour les *tarauds*, on les essaye en taraudant des écrous en acier fondu, recuits, ayant une hauteur égale au diamètre du taraud et percés d'un trou convenablement alésé au diamètre voulu. Le plus ou moins grand nombre d'écrous taraudés avec le même taraud, avant que ses filets soient émoussés, indique la plus ou moins bonne qualité du métal.

L'essai des poinçons se fait à l'aide d'une poinçonneuse, sur des tôles d'acier de 50 kilos de résistance ayant une épaisseur égale au diamètre du poinçon. On tient compte du nombre de trous poinçonnés avant que le poinçon ait besoin d'être affûté.

Pour essayer les outils de *tours*, on doit leur donner une section déterminée et un certain angle de coupe suivant un calibre établi. Ces outils sont essayés en tournant un cylindre en acier demi-dur recuit pour offrir 50 kilos de résistance à la traction. On augmente la profondeur de coupe et l'avancement de l'outil de façon à user sa pointe. Ce sont les résultats obtenus avec les divers outils essayés qui servent de termes de comparaison pour déterminer les meilleurs.

Lorsque les outils sont en acier rapide, l'essai consiste à user l'outil au bout d'une durée de 20 minutes en donnant la profondeur de coupe et l'avance appropriées. On compare ensuite les résultats obtenus avec les divers outils.

Pour les limes, on essaye l'acier avec lequel on les fabrique, en le chauffant et en le trempant à l'eau. En le rompant, à froid, l'examen de la cassure indique la qualité du grain du métal. Si cet examen n'est pas concluant, on polit le métal et on l'attaque à l'acide picrique ou au *nitrophénol* pour déterminer la structure et la composition de l'acier.

A quelques autres outils plus spéciaux correspondent des essais particuliers.

Pour essayer les *tranches à froid* employées pour cisailler le fer, on fait, avec ces outils, des entailles dans de l'acier à 50 kilos de résistance. Pour cela on donne, en frappant avec un marteau de 6 à 7 kilos, 3 volées de 25 coups chacune sur la tranche pour faire une entaille; mais, entre ces volées, on essaye la tranche sur une autre partie de la barre en faisant une entaille de 25 coups. L'entaille principale doit avoir une profondeur de 25 millimètres environ; les autres entailles pratiquées sur la barre ont, environ 8 millimètres de profondeur. On relève le nombre de coups donnés jusqu'à ce que le tranchant de l'outil ait besoin d'être remis en état.

Les essais de *marteaux* s'effectuent en frappant avec les bords de la tête et de la panne du marteau sur un acier très dur.

Les *marteaux de maçon* sont essayés sur une pierre très dure, généralement en granit. Les *bouchardes* sont également essayées sur un bloc de granit très dur.

Les *fleurets de mines* sont éprouvés sur de la pierre dure et on relève la profondeur du trou que l'on peut percer avant que l'outil soit ébréché.

Les *haches, hachettes, herminettes, merlins,* doivent pouvoir trancher des pointes de 3 à 5 millimètres de diamètre sans être affûtés.

Les *serpes, hache-paille, couperets, croissants,* sont essayés sur du chêne, des nœuds de sapin ou sur les angles d'une barre de fer carrée de 30 à 40 millimètres de côté.

Laboratoire d'essais du Conservatoire national des Arts et Métiers de Paris

Le Conservatoire national des Arts et Métiers de Paris qui possède une collection remarquable d'instruments, d'outils et de machines de toutes sortes, a été doté en 1900, à la suite d'une convention passée entre le ministre du Commerce, la Chambre de commerce de Paris et sa propre administration, d'un laboratoire d'essais, dont l'utilité s'est affirmée par des essais de plus en plus intéressants effectués pour un grand nombre d'industriels.

Le laboratoire d'essais, dirigé par un savant ingénieur, M. Cellerier, comprend un personnel de 56 personnes et se divise en cinq sections. La première section comporte les *essais de physique;* la seconde, *les métaux;* la troisième, les *matériaux de construction;* la quatrième, les *machines;* la cinquième, la *chimie*. Chacune des sections a à sa tête un *chef,* aidé par un *assistant.*

La section de *physique* s'occupe des mesures de longueurs, des mesures métrologiques diverses, des poids-balances, des mesures de masses ou densités, des pèse-liquides, des vérifications de compteurs, des étalonnages de compteurs d'eau et des compteurs à gaz, des thermomètres, des pyromètres, du pouvoir calorifique des houilles, des manomètres et baromètres, des objectifs et obturateurs, des indices de réfraction et essais optiques divers, de la photométrie, des appareils de chauffage, des mesures thermiques diverses, des isolants calorifiques, des ébullioscopes, de la

Fig. 98. — Fours Martin-Siemens. — Vue d'ensemble.

perméabilité des tissus à l'hydrogène, etc...

En 1911, cette section a reçu 807 demandes d'essais.

La section des *métaux*, celle qui nous intéresse plus particulièrement, a reçu, en 1911, 959 demandes d'essais.

Ces essais se rapportent à des *tractions statiques à température ordinaire* d'éprouvettes, fils et bandes métalliques, de câbles métalliques, de chaînes, de crochets, tendeurs, et pièces similaires, et, en outre, de courroies de cordages et ficelles, de tissus et de caoutchouc.

Ils comportent, aussi, des tractions statiques à chaud, compressions statiques, flexions statiques, des torsions, des flexions ou tractions par choc, des essais de dureté, des essais d'usure, des fusions, des essais micrographiques, des essais de métaux au frottement, des essais d'huile, etc.

La troisième section, celle des matériaux de construction, a reçu en 1911, 263 demandes d'essais. Ces essais s'effectuent sur les ciments, la chaux, les briques, les tubes, les hourdis, les céramiques, les peintures, etc. On fait, en outre, des essais de compression de cubes, de briques, de piliers en béton armé, des essais de traction et de flexion, des essais de gélivité, de fusibilité, d'usure, de densité et de poids spécifiques, ainsi que des essais de planchers en construction mixte fer et béton et des essais de briques, chaux et mâchefers, etc.

Dans la quatrième section, celle des *machines*, le nombre de demandes d'essais faites en 1911 a été de 444. Ces essais se rapportent aux autoclaves et bouteilles à oxygène et leurs accessoires, aux moteurs thermiques, aux générateurs à haute et basse pression, aux moteurs à vapeur et aux condenseurs, aux hélices aériennes et aux appareils d'aviation, aux organes de transmission, aux turbines hydrauliques, pompes, gros compteurs d'eau, aux voitures automobiles, et à leur suspension, aux appareils de mesure : tachymètres, moulinets, anémomètres ; aux carburateurs, aux ventilateurs compresseurs, etc.

La section de chimie rend aussi de grands services en effectuant des essais et des analyses dont le nombre s'est élevé à 388 en 1911, sur les combustibles, les matières lubrifiantes, les métaux et les alliages, les matériaux de construction, les verres, les eaux d'alimentation de chaudières, les gaz industriels, les caoutchoucs, etc.

Il convient de remarquer que les essais se rapportant à l'électricité, qui devraient dépendre de la section de physique, ne sont pas compris dans les travaux de cette section, et de même, les machines électriques ne sont pas comprises dans les essais de la quatrième section, celle des machines, de sorte que tous les essais concernant l'électricité ne sont pas effectués au laboratoire même d'essais du Conservatoire des Arts et Métiers. Il y a à cela plusieurs raisons : d'abord, ces essais seraient en trop grand nombre et nécessiteraient une installation spéciale qui manque encore à ce laboratoire, et, ensuite, ces essais tout particuliers sont effectués au Laboratoire central d'électricité, qui comporte plus particulièrement l'outillage spécial nécessaire pour les faire.

Les industriels, les commerçants et les particuliers peuvent soumettre à l'essai, en les confiant au Laboratoire du Conservatoire des Arts et Métiers, les produits bruts ou manufacturés de toutes sortes, les divers appareils, machines, métaux et instruments variés.

Le personnel du Laboratoire d'essais est astreint au secret professionnel.

CÉMENTATION. — RECUIT. — TREMPE. — REVENU.

Les aciers utilisés pour la fabrication des outils de toutes sortes, doivent subir, au préalable, certains traitements ayant pour objet de leur donner à la fois la souplesse et la dureté nécessaires, suivant l'usage auquel on les destine, et en vue d'effectuer convenablement le travail qu'on leur impose.

Ces divers traitements, qui comprennent la *cémentation*, le *recuit*, la *trempe*, le *revenu*, ont une influence capitale sur la qualité de l'outil : il nous paraît, en conséquence, utile d'indiquer dans un chapitre spécial, en quoi ils consistent et comment on les applique.

Cémentation La *cémentation* est une opération qui consiste à transformer la surface d'une pièce en fer ou en acier doux, qui ne prend pas la *trempe*, en un acier susceptible d'être utilement trempé. Pour cela, on *carbure* la couche extérieure de la pièce par une addition de carbone.

Nous avons vu précédemment, dans la métallurgie du fer et de l'acier, que l'on obtient les aciers dits de *cémentation* en carburant le fer, mais dans ce cas, toute la masse d'acier se trouve cémentée, tandis que la cémentation appliquée aux pièces mécaniques transforme simplement leur couche extérieure et permet de donner à ces pièces, au point de vue de leur utilisation, les mêmes qualités que possèdent les aciers de cémentation, dont le prix de revient est plus élevé. La cémentation offre, en outre, cet autre avantage : le *cœur* de la pièce, n'étant pas cémenté, ne se modifie pas par la trempe ; le métal reste donc souple et n'est pas cassant, quoique sa surface extérieure, qui est carburée, puisse acquérir, par la trempe, des qualités de dureté appropriées au travail qu'on lui demande.

Pour cémenter un acier, il est très utile d'en connaître la composition exacte, car cet acier contient, en plus du fer et du carbone, d'autres métaux ou métalloïdes, lesquels, quoique en proportions très faibles, peuvent empêcher le carbone de s'assimiler au fer. La présence du silicium, par exemple, dans un acier, empêche sa cémentation, car il précipite le carbone à l'état de *graphite*. Comme il est très difficile de déterminer la composition des fers et aciers à cémenter, on prend, pour les livrer à la cémentation, des types *du commerce* de composition sensiblement constante et connue. D'ailleurs, ainsi que nous allons le voir, on place, dans le récipient servant à la cémentation, des *témoins*, pièces faites du même métal que celui que l'on cémente et que l'on peut aisément enlever pendant le cours de l'opération, afin de contrôler si la cémentation s'effectue et quel en est son degré.

La cémentation des pièces mécaniques en

fer ou en acier s'effectue en les chauffant, pendant un temps plus ou moins long et à l'abri de l'air, dans un récipient bien clos, après avoir placé dans ce récipient certaines matières qui facilitent la carburation.

Les matières ajoutées sont fort diverses, et, dans les ateliers, les produits employés sont d'une très grande variété et ne sont pas toujours judicieusement choisis. Un grand nombre de méthodes de cémentation se sont ainsi établies par la force de l'habitude. Elles donnent toutes, ou presque toutes, un certain résultat dû, le plus souvent, au tour de main de l'ouvrier, résultat jugé parfois suffisant, quoique souvent médiocre, et la plupart de ces méthodes gagneraient certainement à être transformées et établies un peu plus scientifiquement.

C'est ainsi qu'on emploie dans certains ateliers, comme agents de cémentation, du *crottin*, des *fèves concassées*, et nombre d'autres produits.

En réalité, c'est le *charbon de bois* qui doit constituer l'agent de cémentation le plus sérieux, car il fournit une contribution importante de carbone pur. On emploie aussi le *carbonate de baryte* qui produit une cémentation rapide. On peut ajouter, pour hâter l'opération de cémentation en facilitant l'assimilation du carbone, un *hydrocarbure* spécial, et aussi de la *corne pulvérisée*.

Lorsqu'on emploie le carbonate de baryte, il convient que son mélange avec les autres produits devant constituer l'agent de cémentation soit fait en proportions absolument déterminées, pour que l'opération de cémentation soit convenablement faite. D'une façon générale, le mélange des divers produits employés doit être parfaitement réalisé et offrir la plus grande homogénéité. Sans cela, on risque d'obtenir, sur les pièces à cémenter, une couche de cémentation tout à fait irrégulière, de sorte que les pièces, après la trempe, peuvent être inutilisables.

On emploie encore dans certains ateliers du vieux cuir, pour cémenter, de la *savate*, suivant le terme d'atelier. Cet emploi est de plus en plus abandonné, car non seulement le cuir carbonisé ne donne qu'une petite quantité de carbone, mais, en outre, comme on utilise le plus souvent de vieilles chaussures, il faut soigneusement en enlever tous les clous, les œillets, agrafes, etc., qui pourraient y être fixés, si l'on ne veut pas risquer de mélanger au carbone nécessaire à la cémentation, d'autres produits pouvant affecter la qualité de l'acier que l'on cémente.

On ajoute aussi, parfois, du *prussiate jaune* ou *rouge de potassium* pour aider à la pénétration du carbone dans l'acier. Il ne semble pas que cet emploi soit bien justifié.

On emploie de préférence la *suie* au *cuir* pour activer la cémentation. La suie, il est vrai, peut donner naissance à une plus grande quantité de carbone, mais il est assez difficile de la mélanger intimement avec les autres produits pour obtenir un cément bien homogène et donnant des résultats bien réguliers.

Un grand nombre de *poudres à cémenter* sont vendues toutes préparées pour effectuer la cémentation. Ces poudres contiennent, pour une grande part, du charbon de bois spécial ou du carbonate de baryte mélangés intimement avec divers autres produits pouvant activer la cémentation. En général, ces poudres sont préparées suivant la composition de l'acier à la cémentation duquel elles sont employées, de sorte qu'elles donnent, parfois, de bons résultats lorsqu'il s'agit de certains types d'aciers, et de mauvais résultats pour d'autres. Il est donc indispensable, pour faire un bon emploi d'une *poudre à cémenter*, de demander au fabricant à quel genre d'acier elle correspond, ce qui est, d'ailleurs, presque toujours indiqué dans le mode d'emploi du produit.

Lorsqu'on possède le cément approprié, on effectue l'opération de cémentation en préparant, d'abord, la caisse qui contient les pièces à cémenter.

Cette caisse doit être parfaitement étanche et on doit, si elle est faite en plusieurs pièces, avoir le soin de bien boucher les joints pour que l'opération de carburation puisse s'effectuer à l'abri de l'air. On fait les joints à l'aide d'argile bien triturée en *lutant* aussi parfaitement que possible les parois intérieures de la caisse à cémenter.

Au-dessus des pièces couchées sur le premier lit de cément, on dispose un second lit de matière à cémenter, en ayant le soin de bien remplir exactement tous les vides et en tassant cette matière.

On continue de placer, dans la caisse, les unes au-dessus des autres, des couches successives de pièces à traiter et de cément, jusqu'à ce que la caisse soit complètement remplie et que le lit supérieur de cément ait une épaisseur égale au premier lit de cément qui a été répandu sur le fond de la boîte. On tasse énergiquement tout ce que contient la caisse, de façon même que le couvercle ne puisse se fermer qu'en appuyant sur lui. Cette pression a pour but de ne laisser aucune partie vide dans la caisse. Il convient que tout le volume de la boîte à cémenter soit parfaitement rempli, soit par les pièces à cémenter, soit par le cément; il faut éviter avec soin de laisser des espaces vides. Il ne reste plus, dès lors pour rendre la caisse complètement étanche, qu'à luter le couvercle sur la boîte avec de l'argile

Fig. 99. — Atelier pour la fonte des éléments de coupoles cuirassées.

On répand, ensuite dans le fond de la caisse un lit de *cément,* c'est-à-dire une couche de produit utilisé pour la cémentation, en le disposant de façon bien homogène, et en remplissant tous les vides. On dispose alors les pièces à traiter, sur ce premier lit de cément, en ayant le soin de les espacer pour qu'elles puissent être enveloppées aisément par le gaz carburant. On proportionne ces espaces libres au volume des pièces à cémenter, de sorte que, plus les pièces sont volumineuses, plus les intervalles à ménager entre elles doivent être considérables.

convenablement triturée, pour boucher tous les joints.

Les *témoins* ou *éprouvettes* disposés pour suivre la marche de la cémentation, et qui sont des pièces faites en acier semblable à celui des pièces que l'on traite, doivent, nécessairement, tout en pénétrant dans la boîte pour recevoir la cémentation au même titre que les autres, pouvoir déborder hors de la caisse afin que l'on puisse les en extraire et les examiner. Les orifices par où les témoins passent à travers les parois de la caisse de cémentation, doivent être soigneusement lutés avec de l'argile pour éviter les fuites de gaz.

Une fois la préparation de la caisse effectuée de la façon que nous venons d'indiquer, on place cette caisse dans un four spécial qui doit marcher à une température bien régulière. Les modèles de fours à cémenter sont multiples. Il en est à *charbon,* d'autres *à gaz,* analogues en principe à ceux que nous allons décrire plus loin. Ils sont généralement munis de registres régulateurs destinés à régler la température ou à la répartir sur certains points de la caisse à cémenter, ce qui peut être nécessaire, dans certains cas.

En maintenant la température régulière, l'opération de cémentation se poursuit dans des conditions favorables. Pour contrôler la marche de cette opération, on effectue des essais sur les témoins disposés dans la caisse. Pour cela, on retire, lorsque le temps de l'opération paraît suffisant, une *éprouvette* sans enlever la caisse du four; on se sert, pour cela, de tenailles. On *trempe* cette pièce, puis on la casse. L'examen de la cassure indique nettement l'épaisseur de la cémentation. Si le degré de pénétration de carbone dans l'acier est jugé insuffisant, on laisse la cémentation se poursuivre pendant un temps plus considérable et on répète, sur les autres éprouvettes d'essai, disposées sur la caisse, la même opération que pour la première. On suit ainsi l'augmentation progressive de l'épaisseur de la partie cémentée et, avec un peu de pratique, on arrive aisément à déterminer, d'une façon tout à fait exacte, le point d'arrêt de la cémentation pour un acier et pour des pièces déterminées.

Il convient, lorsqu'on retire des témoins pour juger de la marche de l'opération, d'aveugler les trous de passage qui sont ainsi découverts, et qui laisseraient échapper le gaz. On effectue généralement ce bouchage en introduisant, dans l'orifice laissé libre, une autre pièce de dimensions semblables à celle que l'on a ôtée. Cette pièce forme ainsi un tampon.

La cémentation peut s'effectuer à l'aide de gaz comprimés. En 1909, cette question a fait l'objet d'une étude intéressante aux Forges Saint-Jacques, à Montluçon. D'autres essais de cémentation de l'acier ont été faits à l'aide de l'acide carbonique sous pression. Ces essais, effectués avec un appareil à chauffage électrique, ont porté sur six sortes d'acier et on a déduit des expériences faites, que l'épaisseur de la couche de cémentation et la proportion de carbone qu'elle contient augmentent proportionnellement à la pression de l'acide carbonique que l'on utilise. D'un autre côté, la rapidité de la cémentation dépend de la vitesse du courant d'acide carbonique. Cette rapidité est d'autant moins grande que la vitesse du courant l'est davantage.

Recuit L'opération du *recuit* a pour objet de chauffer une pièce à une température déterminée, qui est celle qui correspond généralement au *rouge cerise clair,* et à la laisser ensuite refroidir doucement.

Cette opération s'effectue pour rendre le métal plus homogène, pour égaliser, en quelque sorte, les propriétés du métal soit à la surface, soit au centre de la pièce.

Lorsque la pièce est forgée, l'opération de forge peut rarement être faite dans une seule et unique *chaude,* et même, dans ce cas, il est évident que les diverses parties de cette pièce sont travaillées à des températures différentes. Les effets du forgeage sont donc différents non seulement entre la partie centrale et la surface, mais encore en divers points de cette surface. Le recuit sert à régulariser ces effets en ramenant le métal à une dureté sensiblement uniforme. On le nomme le recuit après forgeage.

Lorsque certaines pièces sont étirées ou laminées, que ce soient des fils étirés ou des tubes, il est indispensable de les recuire pour leur redonner de la souplesse, car sans cela elles se rompraient, même sous une légère déformation. Les recuits s'effectuent, dans ce cas, entre les diverses opérations de laminage ou d'étirage qui doivent porter les pièces à la forme et à l'épaisseur désirées.

Les opérations de recuit s'effectuent dans des fours spéciaux, ayant des dimensions appropriées pour que les pièces à traiter puissent y être introduites tout entières afin que l'opération soit conduite régulièrement.

Ces fours possèdent généralement plusieurs foyers dans lesquels on brûle de la houille. La circulation des gaz est établie pour que les pièces à recuire soient enveloppées de toutes parts par la chaleur qu'ils produisent en vue d'assurer un échauffement régulier.

Suivant les dimensions des pièces, l'opération du recuit doit être conduite de façons différentes. Lorsque les pièces sont importantes, il est bon de chauffer d'abord doucement et d'augmenter progressivement la température du four. On évite ainsi les *criques* et les *tapures* qui risqueraient de se produire. Le refroidissement de la pièce doit être d'abord rapide pour que la texture du métal prenne sa forme normale, et pour cela on ouvre en premier lieu les portes du four, pendant un temps déterminé correspondant à ce refroidissement rapide. C'est évidemment par la pratique que l'on acquiert l'expérience nécessaire pour juger du temps et du degré de refroidissement.

On ferme ensuite les portes du four pour que les pièces se refroidissent lentement. On peut encore obtenir le même résultat en disposant les pièces dans de la chaux ou dans des cendres.

Les fils étirés et les tôles laminées sont disposés, pour l'opération du recuit, dans des caisses métalliques parfaitement étanches, afin qu'aucune oxydation ne puisse se produire. Ces pièces sont placées les unes au-dessus des autres dans les caisses. Ces caisses, mises ensuite dans des fours, sont chauffées en augmentant progressivement la température jusqu'à ce qu'on atteigne celle qui correspond au recuit, ce que l'on peut contrôler à l'aide de pyromètres.

Pour faire refroidir les pièces, on sort les caisses des fours, on ouvre, pendant un certain temps, les caisses pour opérer un refroidissement rapide, puis on les referme et on laisse le refroidissement s'effectuer complètement.

Les opérations de recuit précédentes s'appliquent aux pièces obtenues par forgeage, laminage ou étirage. Mais le recuit intéresse d'autres sortes de pièces, souvent moins volumineuses, mais pour lesquelles il est également indispensable.

Les pièces moulées, faites en acier fondu, doivent être recuites pour que les tensions moléculaires du métal qui se produisent, par suite de la coulée et du refroidissement de ces pièces dans les moules, soient supprimées et qu'elles puissent être travaillées ensuite sans se déformer.

Les outils divers doivent être recuits avant d'être trempés. Comme leurs dimensions ne sont, en général, pas très importantes, ce recuit peut s'effectuer dans de petits fours que l'on alimente soit avec du coke, soit avec du gaz.

Ces fours servent, généralement, à la fois pour recuire, pour chauffer en vue de la trempe, et pour faire *revenir*. Ils sont disposés pour que la température puisse se maintenir régulière et puisse être réglée.

Le four à coke est alimenté avec du coke concassé en morceaux réguliers un peu plus gros qu'une noix. Il comporte une grille sur laquelle le combustible brûle et un *moufle*, disposé à l'intérieur; le moufle est une sorte de capacité en terre réfractaire qui protège les pièces du contact direct de la flamme. Un dôme surmontant le four proprement dit est muni d'une ouverture par laquelle le combustible est jeté, de l'extérieur, sur la grille. A l'intérieur, le dôme porte un registre placé sur l'orifice de la cheminée d'évacuation des gaz brûlés, ce qui permet de régler la température du four.

Les fours à gaz peuvent être alimentés soit au gaz riche, soit au gaz pauvre. L'allumage est évidemment plus rapide que celui des fours à coke, et on peut plus aisément obtenir la régularité du chauffage.

Trempe

La *trempe* consiste à abaisser plus ou moins brusquement la température d'une pièce en la trempant dans un bain approprié. La *Commission des méthodes d'essai* donne de la trempe cette définition : « La trempe consiste à faire passer plus ou moins rapidement un métal d'une température déterminée à une température inférieure en le plongeant dans un bain fluide. » Pour effectuer la trempe d'une pièce, il faut la chauffer dans un four qui peut être semblable aux fours employés pour obtenir le recuit, et à une température qui doit être en rapport avec la nature de l'acier. Cette température peut varier du rouge sombre naissant au rouge cerise très clair pour les aciers ordinaires, mais au fur et à mesure que l'acier devient plus dur, les limites des températures convenant à une bonne trempe sont de plus en plus rapprochées.

L'opération de la trempe est une opération très importante et qu'il est nécessaire de savoir pratiquer convenablement, pour obtenir des divers outils employés dans les ateliers, une utilisation rationnelle. On ne saurait donc trop prendre de précautions pour réaliser une trempe parfaite.

En principe, lorsqu'une pièce doit être trempée tout entière et qu'elle a des dimensions importantes, il convient d'abord de lui faire subir l'opération du *recuit*, qui s'effectue ainsi que nous venons de l'indiquer plus haut. Cette opération préalable, qui comporte, bien entendu, le refroidissement de la pièce, a pour objet de donner de l'homogénéité au métal, dont les tensions moléculaires peuvent être différentes suivant le travail de forge qu'il a subi.

On la chauffe ensuite, comme toutes les pièces à tremper. Ce chauffage doit être très régulier, de façon que toutes les parties de la pièce puissent être portées à la même température. Les fours employés sont disposés pour assurer ce chauffage régulier. La plupart d'entre eux peuvent servir à recuire, mais on établit, parfois, des fours spéciaux destinés à chauffer des pièces de grandes dimensions, comme des arbres de transmission, des tubes de canons, etc. Ces fours sont, le plus souvent, disposés verticalement pour éviter la déformation des pièces de grande longueur, qui ne manquerait pas de se produire si elles étaient placées horizontalement.

Le chauffage doit être fait sans que le combustible soit en contact avec les pièces à tremper. Il convient donc, lorsqu'on emploie de la houille comme combustible, de protéger les pièces en les plaçant dans une cornue en terre réfractaire introduite dans le four. On peut également les disposer dans un tube de fer que l'on place au milieu du combustible. Ce tube métallique sert non seulement à empêcher le contact des flammes avec les pièces à tremper, mais encore à régulariser la température. Il importe de ne pas remplacer le tube en fer par un tube en fonte, car cette

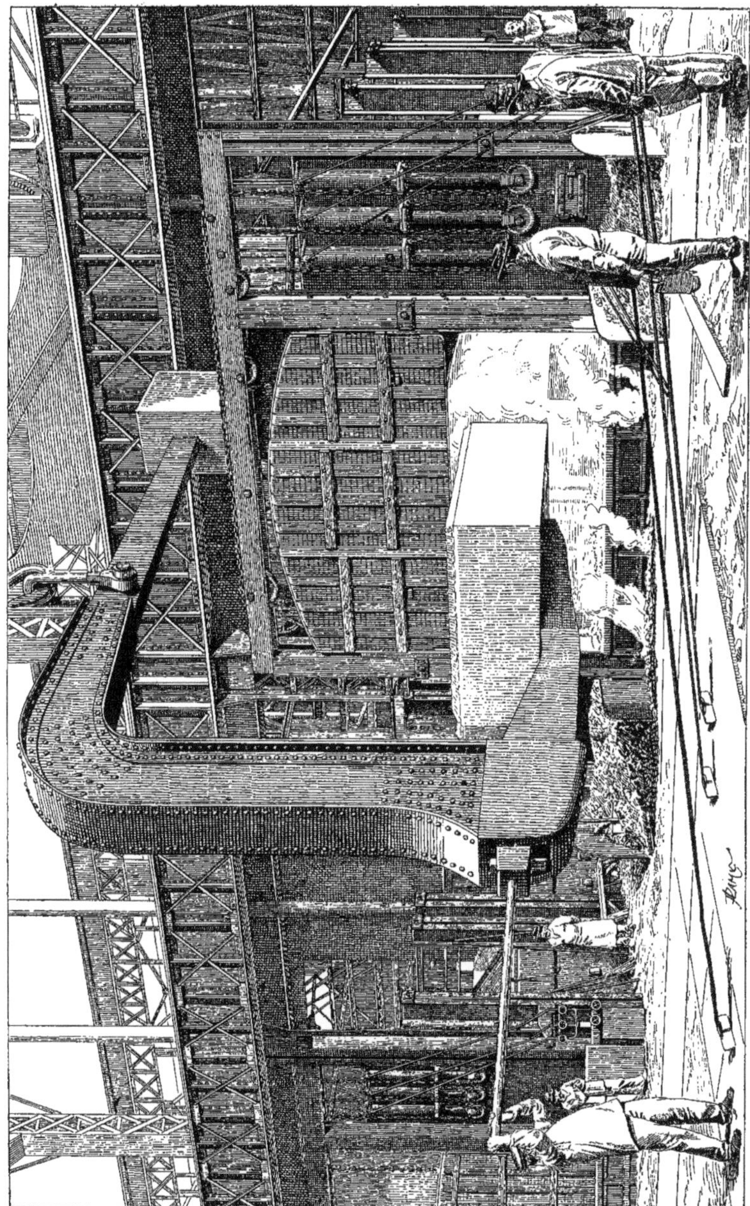

Fig. 100. — Fours à recuire. Lingot de 50 tonnes.

fonte pourrait contenir soit du phosphore, soit du soufre, qui nuiraient à l'opération de la trempe.

Certains fours destinés à réchauffer des petites pièces, en vue de la trempe, sont disposés pour fournir un écoulement continu, c'est-à-dire que les pièces, pendant leur passage dans le four et par suite de leurs dimensions réduites, ont le temps de se chauffer progressivement jusqu'à la température convenable ; on les introduit à une extrémité du four où la température est réduite, et elles sortent à l'autre extrémité à une température favorable à leur trempe. Les pièces retirées du four à réchauffer sont plongées dans un liquide. C'est l'opération de la trempe proprement dite.

Les liquides utilisés pour la trempe sont nombreux et la nature de ces liquides a une grande influence sur les résultats de trempe obtenus et sur les effets qu'elle produit sur les pièces traitées. C'est la *trempe à l'eau* qui est la plus employée. Elle doit être utilisée en volume considérable par rapport à celui des pièces à tremper. De la sorte, elle conserve pendant longtemps, sensiblement la même température, malgré la trempe successive de quelques pièces, et le refroidissement de ces pièces trempées s'effectue toujours rapidement.

Plus l'eau est à faible température, plus la pièce trempée, qui est toujours chauffée à une température constante, est *trempée dure*. C'est la différence de température entre le métal et le liquide qui détermine le degré d'énergie de la trempe, de sorte que, pour obtenir une trempe très énergique on emploie un courant d'eau très froide.

L'huile est aussi très employée pour la trempe, mais la trempe que l'on obtient est *douce* et correspond à une trempe à l'eau, celle-ci se trouvant portée à environ 70 degrés. Par contre, la trempe à l'huile a une valeur sensiblement constante, quelle que soit la température du bain.

Il est possible, lorsqu'on veut obtenir une trempe douce, d'utiliser l'analogie de la trempe à l'huile avec la trempe à l'eau chauffée à 70 degrés. On évite ainsi les frais occasionnés par l'emploi de l'huile. On n'a qu'à maintenir l'eau de trempe à une température constante de 70 degrés pour obtenir, sur les pièces trempées, les mêmes effets que ceux de la trempe à l'huile.

Lorsque la pièce, portée au rouge cerise, est plongée dans le bain de trempe, on doit l'agiter rapidement dans ce bain pour éviter des échauffements locaux du liquide, ce qui pourrait produire, dans sa masse, des courants dirigés des parties froides vers les parties chaudes et qui nuiraient à la régularité de la trempe. Il convient, en outre, de la plonger très rapidement dans le bain pour que toutes les parties de la pièce soient refroidies, pour ainsi dire, en même temps, ou dans le laps de temps le plus réduit possible, afin de régulariser les effets de la trempe. Il faut, enfin, en plongeant les pièces dans le liquide, les orienter d'une façon appropriée pour éviter des déformations.

Pour les pièces longues, comme les cisailles, par exemple, les couteaux de machines à couper le papier, ou tout autre produit, les tôles, etc., on doit les tremper pour que la pièce touche le bain sur tous les points à la fois dans le sens de la longueur et, de plus, en la présentant sur champ, par rapport au bain, c'est-à-dire en la plongeant verticalement suivant son épaisseur.

Les outils de grande longueur sont trempés en bout, c'est-à-dire plongés verticalement dans le bain, par une extrémité. C'est ainsi que sont trempés les *tarauds*, les *forets*, les *alésoirs*, les *fraises hélicoïdales* longues. Ces pièces, une fois plongées dans le liquide, doivent être agitées verticalement de bas en haut et de haut en bas.

Pour certains outils, comme les outils de

raboteuses, de mortaiseuses, de tours, et pour les burins, on les trempe aussi verticalement sur la plus grande longueur possible, mais on les agite, dans le bain, d'une façon modérée et dans tous les sens.

Les outils des machines à fraiser, ou *fraises,* servant soit à défoncer, soit à tailler les roues d'engrenage, doivent aussi être trempés verticalement, sur champ. Ces pièces sont laissées dans le bain jusqu'à complet refroidissement, et c'est pour cela que les bassins contenant le liquide à tremper sont munis d'une cloison intermédiaire, qui est généralement en bois, sur laquelle viennent reposer les pièces que l'on trempe en les jetant dans le récipient. On retire ces pièces lorsque le refroidissement est complet.

On peut tremper en projetant le liquide sur la pièce au lieu de plonger cette pièce dans le bain de liquide. Cette sorte de trempe, que l'on nomme *trempe par aspersion,* donne des effets plus énergiques que la trempe *par immersion.* On la réalise à l'aide d'un appareil spécial qui permet d'envoyer, sur la pièce à tremper, un certain nombre de jets de liquide dirigés perpendiculairement à sa surface, de façon que la pièce soit complètement mouillée. On conçoit qu'au fur et à mesure que le liquide prend contact avec le métal chaud, il se forme de la vapeur qui, dans le cas de la trempe par aspersion, se trouve éliminée immédiatement par le jet renouvelé de liquide froid, tandis que dans la trempe par immersion cette élimination s'effectue moins facilement et oblige à agiter la pièce dans le bain. Il en résulte que la trempe par aspersion est plus énergique que la trempe par immersion. On ne doit, pour cette raison, ne l'employer qu'à bon escient, pour éviter les *tapures*, déchirures internes du métal qui diminuent sa solidité. On doit, en effet, proportionner les jets, comme intensité, aux dimensions des épaisseurs des pièces trempées, de façon à donner, sur toute la surface de ces pièces, une régularité suffisante de trempe et à éviter les tensions anormales qui provoquent les *tapures.*

En dehors de l'eau et de l'huile, bien d'autres substances sont utilisées pour la trempe. On emploie, pour donner à la trempe une plus grande énergie, soit de l'eau à laquelle on a mélangé de l'acide sulfurique, de la glace, et du sel, pour abaisser sa température, soit d'autres mélanges réfrigérants, de l'eau acidulée, etc.

Lorsqu'on veut, au contraire, obtenir une trempe moins énergique, on plonge les pièces dans un bain constitué par un métal maintenu à l'état liquide ou par un alliage. On utilise ainsi, comme bain de trempe, le *plomb*, le *zinc*, l'*étain.* Suivant que la température du bain est plus ou moins élevée, la trempe a une énergie de moins en moins grande.

A la différence de la trempe faite dans des bains de métal liquide que l'on a porté à une certaine température et maintenu dans cet état, dans un bain de mercure, la trempe peut s'effectuer à la température normale. On peut ainsi faire varier l'énergie de la trempe dans d'assez grandes proportions, quoique par l'emploi d'un bain métallique liquide.

On trempe aussi au *prussiate de potassium,* principalement dans le cas où les pièces ne doivent être trempées qu'à la surface. On emploie, généralement, un mélange de *prussiate jaune* et de *prussiate rouge,* par parties égales. Ce mélange est répandu sur les pièces à tremper sous forme de poudre, les pièces étant soumises à un feu très doux. On les saupoudre plusieurs fois en les replaçant au fur et à mesure sur le feu, puis on trempe la pièce dans un bain ordinaire. La surface extérieure de cette pièce est seule trempée. On utilise cette trempe pour durcir les parties des *calibres* soumises à des frottements répétés pouvant provoquer leur usure. Ces calibres conservent ainsi leurs dimensions, l'opération de trempe n'ayant sur eux aucun effet de déformation puisqu'elle ne s'exerce qu'à la surface, le cœur du métal conservant sa même structure.

Double trempe Certaines pièces, faites en métal peu homogène, ne supportent pas une trempe énergique sans se déformer et sans qu'il se produise des tapures ou des déchirures. Pour leur donner, cependant, la dureté nécessaire, en évitant ces déchirures, on les soumet à une *double trempe*. Après les avoir fait recuire, on leur fait subir, d'abord, une première opération de trempe. Cette opération s'effectue de façon à obtenir une trempe douce : on utilise, pour cela, un bain d'huile ou un bain de métal liquide, comme le plomb en fusion, par exemple. Le métal se trouve, de la sorte, préparé, sans qu'il se soit produit des tapures, à subir la seconde opération de trempe, qui s'effectue à la façon ordinaire.

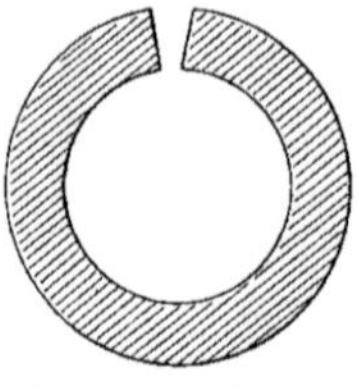

Fig. 101. – Trempe intérieure.

Cette seconde trempe peut alors être énergique, les deux opérations ayant successivement modifié sans brusquerie la tension du métal.

Le procédé de double trempe est parfois employé pour donner à des pièces, faites en métal bien homogène, une plus grande dureté et pour augmenter les effets de la trempe.

Trempe intérieure Les pièces creuses, comme les arbres, les tubes, les frettes, qui doivent être trempées, peuvent subir soit une *trempe extérieure* soit une *trempe intérieure*.

Lorsque la surface extérieure est seule trempée, par suite du refroidissement des couches externes, tandis que les couches internes restent encore chaudes, il se produit à l'intérieur, une dilatation, qui provoque une tension de ces couches, tandis que les couches externes, mises par le refroidissement dans l'impossibilité de suivre les variations de la dilatation, se compriment. Il y a donc, dans ce cas, tension à l'intérieur et compression à l'extérieur. Lorsque, au contraire, on effectue la trempe de la pièce par l'intérieur, soit en faisant écouler dans la pièce forée à cet effet un courant d'eau rapide, soit en procédant par aspersion, on provoque l'effet inverse, c'est-à-dire que les couches internes, d'abord refroidies, se déformant peu, sont comprimées, tandis que les couches externes, encore chaudes, se contractent en se refroidissant et, ne pouvant diminuer de diamètre, supportent des efforts de tension.

L'inégalité de trempe des surfaces intérieure et extérieure d'une pièce forée provoque donc des déformations différentes sur ces surfaces, déformations qu'il est aisé de mettre en évidence en sectionnant la pièce de façon à découper une bague et à la fendre d'un trait de scie. Lorsque la trempe est plus énergique à l'extérieur qu'à l'intérieur, la fente prend la forme indiquée sur la figure 102, c'est-à-dire qu'elle a une dimension plus grande vers le centre que vers la périphérie. Cela tient à la tension des couches internes et à la compression des couches externes.

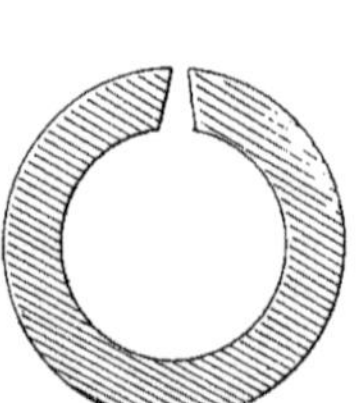

Fig. 102. – Trempe extérieure.

Lorsque la trempe est plus accusée à l'intérieur qu'à l'extérieur, le trait de scie offre, au contraire, une plus grande dimension vers la périphérie que vers le centre (Fig. 101), parce que la tension est plus grande à l'extérieur. Dans le cas où la trempe se trouve régulièrement répartie, l'équilibre moléculaire est maintenu, et le trait de scie a la même dimension dans toute l'épaisseur du métal.

Il devient ainsi possible d'obtenir, suivant le cas, des pièces forées à surfaces intérieure ou extérieure dures, soit indépendamment l'une de l'autre, soit simultanément.

Trempe par compression

Il existe un procédé de trempe particulier, qui est obtenu par une sorte de travail de forgeage et qui, à ce titre, peut être considéré plutôt comme un écrouissage que comme une trempe. C'est la *trempe par compression,* qui consiste à comprimer le métal, à chaud, à une pression telle que les molécules métalliques ne puissent plus être resserrées. On obtient ainsi un grain excessivement fin et une dureté comparable à celle que donne la trempe. La compression de l'acier, chauffé au préalable au rouge cerise clair, s'effectue à l'aide de la presse hydraulique, à une pression qui peut atteindre 1.000, 2.000 et 3.000 kilogrammes par centimètre carré. Cette pression est maintenue jusqu'à ce que le refroidissement du métal soit complet.

Effets de la trempe

La trempe des aciers provoque une *augmentation de la dureté*, une *augmentation de la résistance* et une *diminution de l'allongement* de ces métaux. Il résulte, de ces diverses transformations, des déformations qui se manifestent sous des formes différentes et d'une intensité telle qu'elles peuvent, parfois, provoquer la rupture de la pièce. On comprend, en effet, que quand une pièce trempée a une épaisseur assez grande, la surface extérieure se refroidit complètement, tandis que les couches intérieures restent encore chaudes et ne se refroidissent qu'après. Il en résulte que lorsque les couches internes se refroidissent, les couches externes ont déjà pris leur forme définitive et ne peuvent, par conséquent, pas se plier au mouvement de contraction ; elles subissent un effet de compression, tandis qu'au contraire les couches internes supportent un effort de tension.

Ces divers effets combinés peuvent provoquer sur la pièce de graves défauts : *déchirures* ou *tapures*. Ces inconvénients se produisent d'autant moins facilement que le métal trempé est plus doux, que la trempe est moins énergique, que les pièces offrent moins d'angles vifs et ont plus de régularité d'épaisseur.

Pour les aciers doux, il se produit une simple déformation. Pour les aciers plus durs, dont l'allongement est peu important, si la trempe est trop énergique, elle risque de provoquer des déchirures internes. De même lorsque les pièces possèdent des angles, des pointes, et ont une forme irrégulière, le refroidissement s'effectue plus rapidement dans les parties minces, et une trempe énergique peut produire des ruptures ou des déchirures dans les pièces.

Il ne faut donc employer la trempe énergique qu'avec circonspection et il ne faut, cependant, rien négliger pour donner aux pièces à tremper le maximum de dureté compatible avec leur solidité. C'est par l'utilisation de bains de trempe différents que l'on peut obtenir les résultats désirés, et c'est surtout l'expérience qui guide les opérations de trempe, lesquelles diffèrent suivant le métal employé, suivant les formes des pièces, et suivant l'emploi que l'on veut en faire.

Les effets de la trempe sont variables avec l'épaisseur des pièces. Si on prend, par exemple, deux barres cylindriques de diamètres différents et qu'on les soumette exactement au même traitement de trempe, la barre la plus petite possédera une trempe plus énergique que l'autre. Cela tient à ce que la rapidité du refroidissement est plus grande dans la faible barre que dans la grosse, par suite de la masse de matière moins considérable qui doit se refroidir. Il convient donc, lorsqu'une pièce a un grand diamètre ou une grande épaisseur, de la chauffer à la température maximum, sans toutefois *la brûler,* afin que l'écart entre cette température et celle du bain de trempe soit le plus grand possible.

En principe, lorsqu'on veut donner par la trempe, à un acier qui n'est pas sujet aux tapures, la plus grande résistance, on doit le tremper le plus énergiquement possible; puis, s'il est trop fragile, on diminue sa fragilité par l'opération du *revenu* que nous allons examiner plus loin.

Le chauffage des pièces destinées à la trempe s'effectue, nous l'avons dit, dans des fours dont on trouvera plus loin quelques types. Les bassins ou récipients qui contiennent les bains de trempe peuvent être faits soit en bois, en grès, en tôle, en fonte avec des parois d'épaisseur suffisante pour résister aux chocs pouvant se produire pendant l'opération de trempe.

La pièce ou l'atelier où s'effectue la trempe et que l'on nomme généralement *chambre de trempe,* doit être sombre. Il importe, en effet, que des rideaux ou des volets soient disposés pour pouvoir tamiser et diminuer considérablement la lumière, afin de voir bien exactement la couleur que les pièces à tremper prennent pendant leur chauffage. Cela a une importance capitale, car c'est par la *couleur de la pièce* qu'on détermine le plus souvent sa température, laquelle, pour obtenir une bonne trempe, ne peut varier qu'entre d'étroites limites.

Cette température ne peut être inférieure à 700 degrés, car, au-dessous, la trempe ne produirait pour ainsi dire aucun effet; au delà de 800 ou de 850 degrés, les résultats obtenus sont identiques. C'est donc entre 700 et 800 degrés, généralement, que la trempe donne les effets les plus appréciables, mais il faut tenir compte, en outre, de la qualité de l'acier. Certains aciers, au creuset par exemple, acquièrent une résistance à la traction d'autant plus grande que la température de trempe est plus élevée, mais seulement pour des pièces de petites dimensions.

Par contre, lorsqu'il s'agit d'aciers durs, les températures trop élevées donnent de mauvais résultats pour la trempe.

Les récipients contenant les bains de trempe doivent être placés à proximité des fours de réchauffage, pour éviter de faire parcourir aux pièces à tremper, un chemin trop long avant d'être plongées dans le bain. Il convient, d'autre part, de ne pas trop rapprocher le bain du four pour éviter le réchauffage du liquide de trempe, ce qui diminuerait l'énergie de cette trempe. Il faut aussi qu'il n'y ait aucun courant d'air dans la chambre de trempe, car les pièces se refroidiraient entre leur sortie du four et leur immersion dans le bain.

Les pièces trempées que l'on ne laisse pas au fond du récipient pour compléter leur refroidissement, comme on le fait parfois, ne doivent pas être posées sur des supports froids aussitôt qu'elles sont sorties du bain de trempe. Il y aurait des inconvénients à les placer sur des plaques métalliques, par exemple. On doit leur laisser reprendre progressivement leur température normale. Le plus souvent, dans les installations d'ateliers de trempe, on dispose un bac contenant de l'huile froide, et les pièces, une fois trempées et sorties du bain de trempe, sont jetées dans le récipient à huile, où elles finissent de se refroidir. En sortant de ce dernier récipient, les pièces sont mises dans des caisses contenant de la sciure de bois, où elles abandonnent l'huile qui les recouvre et où elles se sèchent. Un bain de potasse, contenu dans un bac spécial, est aussi utilisé pour nettoyer complètement les pièces qui doivent subir l'opération du revenu.

Les bains de trempe doivent, le plus possible, conserver une température constante, appropriée à la qualité et aux dimensions des pièces à tremper. Il convient donc de surveiller cette température, ce qui se fait aisément à l'aide d'un thermomètre à flotteur,

On peut baisser la température du bain en admettant à la partie inférieure du récipient du liquide froid, tandis que l'excédent s'écoule par un conduit de trop-plein placé à la partie supérieure. Il est nécessaire, pour donner à la masse liquide une température uniforme, de brasser le bain pour mélanger intimement le liquide froid et le liquide chaud.

Certains bacs à tremper sont disposés de façon à permettre la circulation d'un courant d'eau froide dans un serpentin placé dans le liquide. Au réglage de la circulation d'eau correspond le réglage de la température du bain.

Trempe des outils

Les outils destinés à travailler les métaux doivent posséder une *dureté* suffisante pour entamer ou déformer la matière ouvrée sans se déformer eux-mêmes ou s'user. Ils doivent posséder, en outre, une grande résistance, c'est-à-dire n'être pas fragiles, pour ne pas se rompre pendant qu'ils travaillent.

Ces deux qualités primordiales d'un bon outil, *dureté* et *non-fragilité*, sont obtenues, la première par la trempe, la seconde par le *revenu*.

La trempe des outils dépend de la nature de l'acier employé. On utilise le plus souvent des morceaux d'acier de section carrée, rectangulaire, ou circulaire, ou même ayant un profil déterminé. Ces barres sont obtenues soit par laminage, soit par martelage ou corroyage; on emploie également de l'acier fondu au creuset, et aussi des aciers spéciaux contenant du chrome, du tungstène, etc., ou des *aciers rapides* que l'on tend à utiliser de plus en plus.

Ces divers aciers sont traités différemment au point de vue de la trempe, de sorte qu'il est avantageux, dans un atelier, d'adopter le plus possible une ou deux qualités d'acier à outils seulement, de façon à procéder aux opérations de trempe d'une façon invariable, ce qui contribue à donner aux divers outils une grande régularité au point de vue de la dureté. En opérant de la même manière pour le *revenu*, on obtient des outils ayant des qualités constamment semblables, ce qui est très important pour la régularité de la fabrication de pièces mécaniques déterminées.

Le chauffage des outils avant la trempe s'effectue, de préférence, dans des fours comportant un moufle, de façon à éviter le contact des gaz brûlés et du métal. Il faut bien surveiller l'opération et retirer les outils lorsqu'ils ont atteint la couleur rouge cerise pour les plonger dans le bain de trempe. La température à laquelle sont portés les outils n'est mesurée, généralement, par aucun instrument. C'est l'appréciation de la couleur de la pièce qui remplace la mesure thermique. La pratique de l'ouvrier trempeur supplée, dans des conditions le plus souvent suffisantes, à l'emploi d'un pyromètre.

On chauffe parfois certains outils, peu délicats, directement dans un feu de forge avant de les tremper, sans que le contact du combustible exerce une influence appréciable sur la nature du métal.

On peut également, lorsque l'outil a de petites dimensions, le chauffer au chalumeau à gaz.

Certains outils, comme les fraises, les molettes, les scies circulaires, etc., qui doivent travailler sur toute leur périphérie, sont trempés en entier dans le bain. D'autres, comme les burins, les bédanes, les ciseaux à bois ou à pierre, etc., ne doivent posséder de la dureté qu'à leur extrémité tranchante et ne sont, pour cela, trempés qu'en partie.

On ne chauffe ces outils que sur une faible longueur du côté de leur extrémité à durcir. On trempe cette extrémité seulement, sans plonger dans le bain toute la partie qui a été chauffée. On sort l'outil du bain et on nettoie le bout trempé en le frottant avec du grès pour enlever la couche oxydée et décaper le métal. La partie de l'outil qui a été chauffée et qui n'a pas été plongée dans le bain contribue par sa chaleur à augmenter la température du bout de l'outil sorti du

Fig. 103. — Four à gaz américain (Fenwick frères).

bain et cet outil passe successivement par les *couleurs du revenu* que nous indiquerons plus loin. Lorsque la couleur convenable est atteinte, on replonge l'outil tout entier dans le bain et la trempe est effectuée. La trempe partielle des outils permet donc d'éviter l'opération de chauffage spéciale, constituant le *revenu*, en utilisant la chaleur emmagasinée par la partie de l'outil qui n'a pas été plongée dans le bain.

Les bains de trempe varient suivant l'usage des outils. L'eau est assez souvent utilisée. On l'emploie pour tremper les outils ordinaires et peu délicats, tels que burins, ciseaux, tournevis, etc. Pour certains outils : les scies, les ciseaux, et certaines pièces, comme les ressorts, la trempe s'effectue dans un bain d'huile ou, parfois, de plomb en fusion. Les forets d'horloger sont trempés en les enfonçant dans du plomb, après les avoir chauffés au rouge cerise.

Les filières et les matrices, qui doivent recevoir une trempe énergique, sont trempées au jet.

On trempe les limes et les râpes en les recouvrant, avant de les mettre au feu, d'une sorte d'enduit destiné à protéger les dents, parfois délicates, de ces outils, contre l'action du feu. Puis, après chauffe, ces outils sont plongés dans un récipient contenant de l'eau à laquelle on a ajouté du *sel ammoniac* ou encore de l'*eau salée*.

Pour les outils comportant des lames minces, comme les couteaux, tranchets, et autres instruments employés en chirurgie, on emploie, comme bain de trempe, de l'eau contenant de la *chaux* ou de l'*eau de savon*. Lorsqu'on plonge l'outil dans le bain, il se recouvre d'une couche de chaux ou de savon très légère, mais cependant suffisante pour modérer un peu l'action de la trempe et éviter des déformations et des tapures dans l'acier de faible épaisseur constituant l'outil.

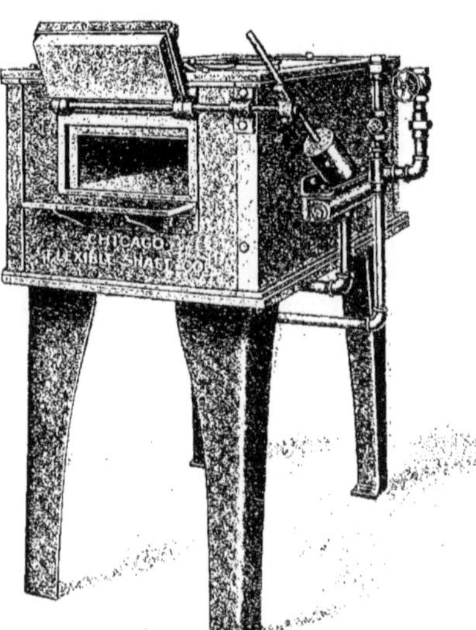

Fig. 104. — Four à gaz à cémenter et à recuire (Fenwick frères).

Trempe des aciers rapides

Les *aciers rapides* étant de plus en plus utilisés pour la

confection des outils, il est utile d'indiquer comment on doit les tremper. Ces aciers varient suivant les fabricants, et la méthode de trempe diffère d'après la composition du métal. Ces méthodes sont généralement indiquées par les fabricants.

M. Breuil, du Laboratoire d'essais du Conservatoire des Arts et Métiers, à Paris, a étudié le traitement à faire subir aux aciers rapides pour les adapter à la confection d'outils. Nous extrayons de cette intéressante étude, divers renseignements utiles sur les multiples méthodes de traitement et de trempe des aciers rapides.

Pour les *aciers Bœhler,* avec lesquels on peut confectionner des outils de tour, de raboteuse, des forets, on chauffe *au blanc,* en ayant le soin de ne provoquer aucune formation de croûte et de ne pas atteindre le point de fusion. On refroidit ensuite dans un courant d'air froid, ou même simplement à l'air. La trempe est ainsi effectuée. Pour les fraises, tarauds, mèches, filières, faits avec le même acier, il convient de chauffer le métal également au blanc et de tremper dans l'*huile de poisson.*

Les *aciers Boreas de Bœhler* doivent être chauffés lentement et régulièrement. Les outils sont forgés au *rouge cerise.* A partir du rouge sombre, on supprime l'arrivée de vent et on laisse l'outil au feu pour qu'il puisse s'échauffer à cœur et devenir ductile. On peut ainsi le forger. Pour le tremper, on le place, lorsqu'il a une couleur rouge sombre, dans un courant d'air très vif. La trempe ne doit pas avoir lieu à l'eau.

Les outils en acier rapide *Gessop* doivent être pris en coupant la longueur voulue dans une barre chaude. L'outil est forgé à sa forme en chauffant l'acier au *jaune serin* et en maintenant cette couleur pendant toute l'opération du forgeage. On peut ter-

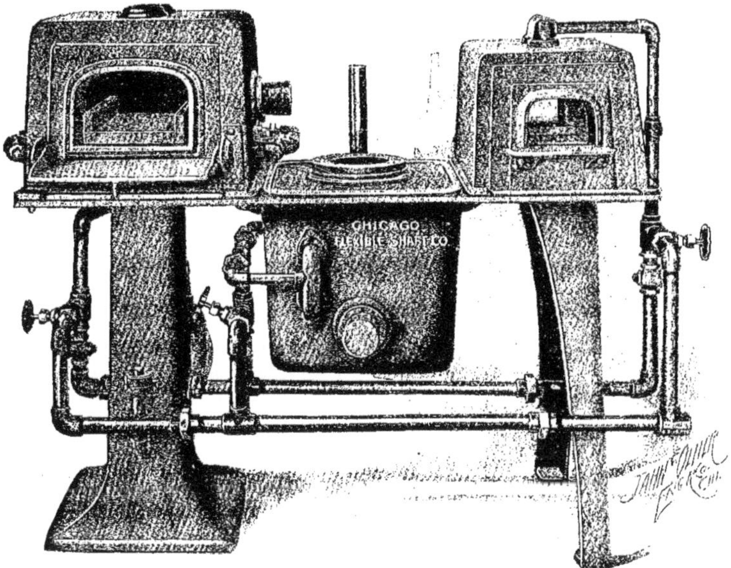

Fig. 105. — Four à gaz américain type *combinaison* (Fenwick frères).

miner l'outil en le *meulant,* alors qu'il est encore chaud, à l'aide d'une meule sèche. Puis on le laisse noircir dans un endroit sec. L'outil étant ainsi préparé, pour le tremper, on le place dans un feu de coke suffisamment approvisionné pour que le métal puisse atteindre sa température avant que le combustible soit consumé et qu'il recouvre toujours la tuyère qui amène le vent, afin d'éviter le contact direct de l'air avec l'outil. Le feu doit être clair et chauffer seulement l'extrémité de l'outil qui doit travailler. Le bec est chauffé au blanc jusqu'à son point de fusion, puis on le présente à un courant d'air froid et sec jusqu'à son complet refroidissement. On peut également tremper dans l'huile légère, très peu visqueuse. Il faut veiller à ne pas mouiller l'outil avec de l'eau tant qu'il est encore chaud. Ce n'est qu'après son refroidissement qu'on peut l'affûter à la meule d'émeri, sur laquelle on laisse couler un abondant filet d'eau pour éviter l'échauffement de l'acier, ce qui pourrait donner lieu à un *revenu* qui diminuerait la dureté de l'outil. Pour les tarauds, les alésoirs, les mèches, etc., on les chauffe au jaune clair et on les trempe dans l'huile, en les tenant le plus possible, pendant ces opérations, à l'abri de l'air pour éviter l'oxydation.

Les *aciers auto-trempants de Bethléem* se forgent, pour donner leur forme aux outils, en chauffant lentement et à cœur, au *rouge cerise clair,* jusqu'au *jaune.* Il est bon de ne pas forger au-dessous de la couleur rouge cerise. Le recuit avant la trempe se fait en chauffant lentement jusqu'au rouge cerise et en faisant refroidir le métal dans de la chaux chaude et sèche. L'outil est découpé à chaud dans une barre ainsi recuite.

Pour tremper l'outil, on le chauffe lentement au rouge cerise et on porte sa pointe au blanc aussi vite que possible, en la chauffant dans un feu de coke ou de houille grasse, puis on le place dans un courant d'air froid et sec jusqu'à ce qu'il soit complètement refroidi. La trempe à l'huile est préférable à la trempe à l'air.

L'*acier Capital* se forge à la couleur *rouge ordinaire,* en ayant le soin de ne pas le marteler lorsqu'il est trop froid. Il est préférable de le réchauffer. Pour tremper l'outil, on porte son bec au blanc et on le plonge dans l'huile où on le laisse refroidir. On peut aussi le tremper dans un courant d'air. Une variété de cet acier rapide se trempe à l'eau.

L'*acier Crescent,* traité comme les aciers précédents, pour façonner l'outil doit être trempé en le chauffant au *jaune.* Si sa dureté paraît trop grande, on peut le faire *revenir au bleu,* en le chauffant dans de la cendre chaude. C'est un des rares aciers rapides utilisés après être revenus au bleu.

L'*acier Midrale* est chauffé au blanc et trempé à l'air. Celui qui sert à faire les tarauds, les alésoirs, les lames de fraise, etc., est chauffé lentement jusqu'au *rouge cerise* seulement, dans un four à gaz ou dans un feu de forge couvert; puis la trempe s'effectue dans un bain de plomb porté au blanc. Au bout d'un temps variant d'une demi-minute à trois minutes, suivant le volume de l'outil, celui-ci se trouvera à la température du plomb. On le retire alors et on le plonge dans un bain d'huile dans lequel on le maintient suffisamment longtemps pour que, placé ensuite sur un support sec, il puisse se réchauffer sans qu'aucune couleur de revenu apparaisse. Lorsque l'outil n'est trempé que sur une partie de sa longueur, on ne maintient la pièce dans le bain d'huile que jusqu'au moment où la partie qui ne plonge pas cesse d'être rouge, cela pour éviter les criques.

L'*acier Allen* se forge au-dessus du *rouge cerise.* Pour tremper l'outil, on le chauffe au blanc et on le refroidit dans l'air. On peut aussi le tremper dans de l'eau à 65 degrés ou de l'huile à 27 degrés centigrades.

Dans les variétés d'aciers rapides que nous venons d'énumérer, les procédés de forgeage sont assez semblables, la façon de chauffer avant la trempe et de tremper différant surtout. Presque tous ces aciers se trempent à l'air, mais la trempe au bain d'huile est plus particulièrement recommandée. On peut aussi tremper à l'eau bouillante. Cette trempe donne de bons résultats, la température de l'eau restant constante et l'ébullition provoquant un brassage du bain qui facilite la régularité du refroidissement de l'outil trempé.

Les autres bains de trempe sont des bains d'huile de poisson, de colza, de baleine, et des bains de plomb. On emploie quelquefois la *trempe mixte*, qui consiste à commencer à refroidir l'outil dans un bain d'huile ou dans un courant d'air, puis à terminer son refroidissement dans un second bain d'huile froide.

Les courants d'air servant à la trempe sont produits par des souffleries qui envoient l'air sous pression. Ces courants d'air n'ayant pas une régularité absolue, on leur préfère assez souvent les bains d'huile pour effectuer une trempe bien homogène.

Les outils longs en acier rapide doivent être trempés verticalement dans le bain et on doit les y maintenir jusqu'à ce qu'ils soient assez refroidis pour que l'on puisse les prendre avec la main, à moins qu'on ne les soumette à plusieurs bains de trempe. Les aciers rapides trempés doivent être refroidis le plus rapidement possible au-dessous de ce que MM. White et Taylor ont appelé la *zone de fragilité*. Cette zone est comprise entre 760 degrés et 930 degrés, et la trempe des outils en acier rapide s'effectue à une température dépassant 1100 degrés.

Cette trempe est effectuée par MM. Withe et Taylor en plongeant les pièces dans un bain constitué par 1.650 kilos de plomb fondu à une température de 640 degrés. La température de ce bain ne doit pas dépasser 675 degrés, sinon la trempe est défavorable. Il faut, autant que possible, que la température du bain reste constante et, pour cela, un conduit refroidisseur, dans lequel circule un courant d'eau froide, est placé dans le bain et permet d'opérer le réglage de la température.

Au-dessous de 675 degrés, l'outil peut supporter sans inconvénient, jusqu'au complet refroidissement, les variations de température.

La mesure de la température de ce bain de trempe est observée à l'aide d'un *pyromètre* comportant un tube dans lequel est pratiqué un trou qui permet de viser le bain de plomb. Dans ce tube est disposée une petite lampe électrique dont on compare l'éclat avec celui du bain, pour juger si la température de ce bain est bonne.

En général, l'acier rapide chauffé à une température voisine de son point de fusion acquiert la trempe même par simple refroidissement à l'air. Cette trempe lui donne moins de dureté, néanmoins, que celle qui s'effectue au courant d'air vif. On peut donc déduire de cela que c'est non seulement le refroidissement rapide, mais encore l'élévation de température de ces aciers avant la trempe qui leur donne leur propriété particulière de dureté.

L'examen au microscope d'un acier rapide bien trempé, montre qu'il est constitué par une pâte uniforme formée de grains polyédriques. Le métal non trempé, par contre, se présente sous forme d'une masse homogène englobant des granules blancs très fins. M. Carpenter, pour expliquer les transformations moléculaires des aciers rapides trempés admet qu'il faut, le plus possible, réaliser la dissolution de ces granules dans la masse métallique en portant le métal à haute température, car c'est aux environs du point de fusion que cette dissolution est le plus intense et elle se maintient plus ou moins facilement suivant que le refroidissement a lieu plus ou moins vite.

Avant la trempe, le recuit des aciers rapides a une grande importance. On prélève, en effet, pour faire des outils, des longueurs de métal dans des barres d'acier qui ont été fournies sans que l'on connaisse exactement la nature du métal. En forgeant directement des outils et en les trempant, on risque de rencontrer une partie de métal peu homogène, qui donnera un outil mal trempé. Par le recuit du tronçon destiné à faire l'outil, on donne de l'homogénéité au métal.

En outre, on l'adoucit, et le forgeage des outils à leur forme s'en trouve facilité. Ce recuit s'effectue dans un four à moufle, où la pièce est chauffée à une température d'environ 700 degrés pendant un temps variant de 12 à 14 heures suivant son volume. Lorsque l'outil est complètement façonné, après l'opération de forgeage, on le fait recuire avant de le tremper, pour redonner au métal l'homogénéité qu'a pu lui enlever le travail de martelage.

Après la trempe, il faut enlever, sur les outils à acier rapide, à l'extrémité qui a été chauffée à très haute température, quelques millimètres de métal, parce que cette partie de l'outil, qui a été décarburée, ne peut plus posséder la dureté que l'on attend de l'outil. Cette partie de métal s'enlève à la meule d'émeri, en ayant bien soin de laisser couler sur la pièce un courant d'eau d'une façon continue, pour l'empêcher de chauffer. Pour plus de sécurité, il est même préférable de faire cette opération sur la meule en grès ordinaire mouillée.

Le chauffage des outils en acier rapide en vue de leur forgeage peut s'effectuer, lorsque les outils n'ont pas de grandes dimensions, à un feu de forge, en prenant les dispositions et les précautions que nous avons précédemment indiquées. Lorsque les dimensions sont importantes il vaut mieux employer un four pour obtenir la régularité du chauffage.

Pour le chauffage en vue de la trempe, l'emploi du four est pour ainsi dire indispensable si l'on veut obtenir la régularité de température désirable pour avoir une bonne trempe.

Le *coke* et *l'anthracite* sont employés pour chauffer les fours dont certains types comportent une alimentation continue de combustible. Le *gaz* est aussi employé comme combustible, mais il faut éviter que les pièces à tremper soient en contact avec la flamme.

Pour les outils à tremper ayant une certaine longueur, comme les tarauds et les alésoirs, on emploie des fours disposés de façon à pouvoir placer ces pièces verticalement, car, placées horizontalement sur des supports dans le four, elles risquent de se voiler leur propre poids, en se chauffant.

On emploie aussi des *fours électriques*. Comme il est très important de ne pas laisser l'acier, quelle que soit sa nature, en contact avec l'oxygène de l'air lorsqu'on le porte à haute température, afin d'éviter l'oxydation des outils en acier rapide, on les chauffe en les maintenant plongés dans des bains maintenus à une température élevée. Le bain de plomb qui peut être difficilement porté à la température de trempe des aciers rapides, soit 1150 degrés, se prête mal à cette opération, parce qu'il s'oxyde considérablement à haute température. On a essayé d'autres métaux qui donnent des résultats semblables à ceux du plomb.

On emploie de préférence, comme bain, un sel chimique fondu, par exemple le *chlorure de baryum*, dont la température de fusion est voisine de la température de trempe de l'acier rapide. On le chauffe dans un récipient en ajoutant, pour empêcher les fumées, du carbonate de soude, en petite quantité. On plonge ensuite les pièces à tremper dans le bain liquide et on les y maintient jusqu'à ce qu'elles aient la température désirée. Leur chauffage s'effectue ainsi très régulièrement. En sortant les pièces de ce bain pour les plonger dans le bain de trempe, elles se recouvrent d'une couche de sel qui les met à l'abri du contact de l'air et les protège contre l'oxydation pendant le passage d'un bain à l'autre. Dans le bain de trempe la pellicule de sel se détache et le métal apparaît, aussi net qu'avant son chauffage.

Il est possible d'effectuer le chauffage des outils en plusieurs fois et de commencer la chauffe soit au feu de forge, soit au bain de plomb, pour la terminer dans le bain de chlorure de baryum, qui lui donne à la fois la température et la régularité de chauffe.

mis en communication avec un récipient D. Des plombs fusibles E et des commutateurs F sont placés sur le circuit. Un rhéostat de réglage G complète l'installation.

Le récipient contient du carbonate de soude. En plongeant l'extrémité de l'outil dans le récipient, on ferme le circuit; le courant passe en fondant le carbonate; la partie de l'outil qui y plonge s'échauffe et on prolonge le passage du courant jusqu'à ce que l'outil ait atteint la température convenable. On le sort alors du bain et on le trempe, soit en l'exposant à un courant d'air, soit en le plongeant dans un bain d'huile

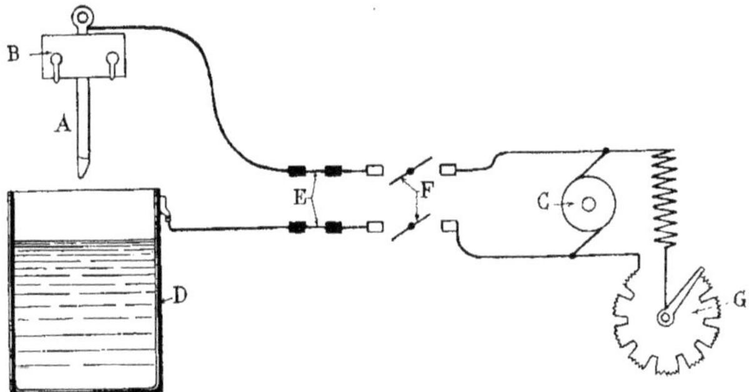

Fig. 106. — Dispositif de trempe à chauffage électrique.

Dans ce cas, on peut ne chauffer à température élevée que la surface extérieure de la pièce, en ne la laissant que peu de temps dans le dernier bain, de sorte que le cœur du métal ne subit pas les effets de la trempe comme la partie extérieure de l'outil. Celui-ci est ainsi moins fragile.

Le *chauffage électrique* est aussi employé, soit pour fondre le sel des bains de réchauffage, soit pour porter l'outil à la température convenable. Les ateliers Armstrong et Whitworth emploient divers procédés spéciaux de ce genre. Pour tremper l'extrémité d'un outil, on place cet outil A (Fig. 106) dans un support B que l'on met en communication, par un conducteur approprié avec un des pôles d'une dynamo C. L'autre pôle est

de colza ou d'huile de baleine, ou dans un mélange des deux.

Un autre procédé consiste à placer l'outil à chauffer A (Fig. 107) sur un banc métallique B qui est mis en communication avec un des pôles d'une dynamo C. L'autre pôle communique, par un conducteur souple, avec une électrode en charbon D munie d'une poignée isolante qui permet de la manœuvrer aisément.

Pour chauffer un outil à son extrémité, on place l'électrode en charbon sur cette extrémité. Le circuit se trouve ainsi fermé; le courant passe et l'arc qui se produit entre l'électrode et l'outil chauffe celui-ci et le porte à une température convenable pour la trempe.

Revenu L'opération du *revenu* consiste à chauffer une pièce, après qu'elle a été trempée, à une température qui doit toujours être inférieure à celle qu'il a été nécessaire d'atteindre pour effectuer la trempe. On laisse ensuite refroidir la pièce lentement, ou on la refroidit rapidement, suivant les cas. Le *revenu* s'effectue pour diminuer l'effet de la trempe au point de vue de la suppression des tensions internes du métal. On obtient, de la sorte, par le revenu, à la fois une diminution de la dureté et une diminution de la fragilité de l'outil. Un revenu approprié, appliqué judicieusement à un outil, permet de l'adapter, dans les meilleures conditions possibles, au travail qu'il doit effectuer. Il convient donc de se rappeler que plus la température du revenu est élevée, plus la dureté du métal traité diminue, mais plus sa résistance augmente.

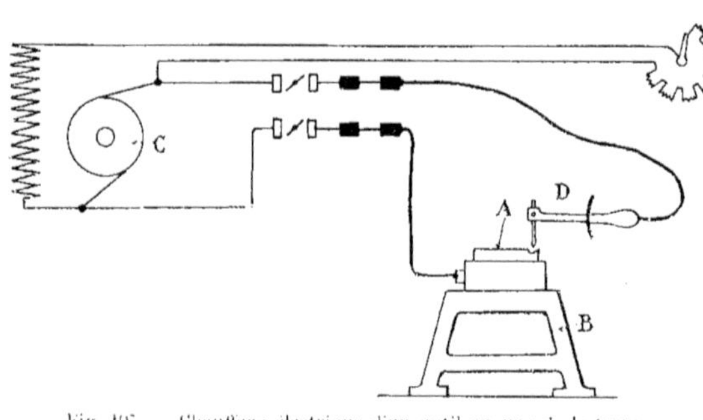

Fig. 107. Chauffage électrique d'un outil en vue de la trempe.

En faisant varier, par le revenu, ces deux propriétés du métal dans des limites que l'on s'impose, on donne à l'outil son utilisation maximum. La trempe et le revenu constituent donc deux opérations extrêmement importantes et qu'il faut particulièrement soigner pour obtenir un bon outillage pouvant s'adapter avec le plus grand rendement possible à l'emploi qui lui est destiné. Ainsi, un outil à travailler le bois sera, de la sorte, trempé et revenu à une température plus élevée qu'un outil destiné à travailler les métaux et surtout l'acier. On donnera donc à l'outil à bois une dureté moindre qu'à l'outil à métaux, mais cependant bien suffisante pour effectuer le travail qu'on lui demande ; par contre, sa fragilité sera moindre, il sera plus élastique, se prêtera davantage à la vitesse très grande du travail du bois et résistera à des à-coups.

Il ne faut pas confondre le revenu avec *le recuit*. Le revenu est, si l'on veut, une sorte de recuit, mais après trempe ; il ne s'applique qu'aux pièces qui ont été trempées et la température à laquelle on l'effectue n'atteint jamais la température de trempe. Si cela se produisait, l'opération de revenu serait une véritable opération de recuit, laquelle, nous le savons, a pour objet de supprimer les tensions moléculaires du métal : on supprimerait ainsi tous les effets de la trempe.

D'après ce qui précède, le succès d'une opération de revenu dépend essentiellement de la température à laquelle on porte la pièce trempée. Comme la trempe, ainsi que nous l'avons vu, s'effectue à des températures correspondant à des couleurs variant du rouge sombre naissant au blanc, en passant par le rouge sombre, le rouge cerise naissant, le rouge cerise, le rouge cerise clair, le jaune et le jaune clair, les températures du revenu devront correspondre à une couleur n'atteignant pas le rouge sombre naissant. Il ne serait pas bien facile, dès lors, d'apprécier cette température par la couleur de la pièce, si on n'avait recours à un procédé spécial qui est basé sur les couleurs que prend la couche d'oxyde, très faible, qui se forme sur le métal lorsqu'on le chauffe après la trempe.

Ces couleurs sont le *jaune paille,* qui correspond à une température d'environ 225 degrés; le *jaune,* à 235; le *jaune foncé,* à 250; le *brun rouge,* à 275 degrés; le *pourpre,* appelé aussi *gorge de pigeon,* à 300; le *violet,* à 325; le *bleu violacé,* à 338; le *bleu,* à 350, et le *gris,* à 400 degrés.

Pour procéder à l'opération de revenu, on emploie plusieurs méthodes. Si l'outil qui a été trempé n'a été plongé que par son extrémité dans le bain de trempe, la chaleur qu'il possède encore est, le plus souvent, suffisante pour effectuer le revenu. On nettoie soigneusement à l'aide d'une brosse ou de grès, la couche d'oxyde pour apprécier exactement la couleur, puis, on laisse la chaleur interne de l'outil gagner l'extrémité qui a été trempée. Cette extrémité se colore en passant successivement par les teintes que nous venons d'indiquer. On arrête le revenu à la couleur désirée, en replongeant, à ce moment, l'outil dans l'eau mais en entier cette fois, pour le refroidir complètement.

On peut, encore, lorsque l'outil a été plongé complètement dans le bain pour le tremper, le réchauffer en le plaçant sur une pièce préalablement portée au rouge. Par contact, la chaleur de cette pièce se communique à l'outil et les couleurs du revenu apparaissent. On arrête l'opération en séparant les pièces et en refroidissant l'outil, soit à l'air, soit en le plongeant dans l'eau.

Ce procédé s'emploie parfois pour faire revenir des *fraises* en les enfilant, en séries, par leur trou central, sur une barre de fer portée au rouge.

Lorsque la température du revenu doit être très bien observée pour donner à des outils délicats une dureté et une résistance bien déterminées, on emploie un autre procédé qui donne plus de précision que celui qui consiste à estimer la température par les couleurs. On utilise des bains d'huile ou des bains métalliques qui sont exactement portés à la température désirée, ce que l'on contrôle aisément avec un appareil de mesure. En plongeant dans ces bains les outils à traiter, on est certain que la température du revenu sera bien celle du bain.

On emploie aussi des *bains salins* qui sont constitués par le mélange de divers sels qui ont un point de fusion nettement déterminé.

Le mélange d'azotate de sodium et d'azotate de potassium dans la proportion de 54 % pour le premier et de 46 % pour le second, fond à 220 degrés.

Ce même mélange, formé, par parties égales, fond à 145 degrés, mais le point de fusion de ce mélange peut varier de quantités connues suivant la proportion de chacun des sels qu'il contient. On ne peut pas, avec ces bains, atteindre une température de revenu de 400 degrés. Si on veut pousser cette température jusqu'à 500 degrés, on peut utiliser un mélange comportant 1 partie de *chlorure de sodium,* 1 partie de *chlorure de potassium,* 2 parties de *chlorure de calcium fondu,* 1 partie de *chlorure de baryum hydraté,* 3 parties de *chlorure de strontium hydraté.*

Lorque les pièces à faire revenir ont des dimensions importantes, on les place dans des fours semblables à ceux que l'on emploie pour l'opération du recuit ou pour le chauffage en vue de la trempe. Il faut, dans ce cas, régler l'allure du four, de façon que la température maximum qu'il peut prendre ne soit jamais supérieure à la température de revenu de la pièce. On peut ainsi laisser à la pièce le temps de prendre, en tous ses points, la température convenable, sans crainte de dépasser celle qui convient à l'opération du revenu.

Le revenu dépend, nous l'avons dit, de la température : mais il convient de faire entrer en ligne de compte la durée du revenu. Il est possible, en effet, d'obtenir, par une durée prolongée d'un revenu à une certaine température, les mêmes résultats qu'avec un revenu rapide à une température plus élevée.

C'est ce que des expériences de MM. Guillet et Portevin ont mis en évidence. Une série de petits échantillons en acier ayant été placés dans un récipient métallique plongé dans un bain de sels à température constante, on a retiré ces divers échantillons les uns après les autres en les laissant, par conséquent, pendant des temps différents sous l'action du revenu. La température intérieure du récipient étant de 275 degrés, on a pu obtenir sur les divers échantillons d'acier toutes les couleurs du revenu depuis le jaune jusqu'au bleu. Le brun rouge a été obtenu après une opération qui a duré 2 minutes; le pourpre, après 15 minutes; le violet, après 1 heure; le bleu, après 2 heures.

On peut conclure de cette expérience que la couleur ne définit pas la température, puisque pour une température constante de 275 degrés on a pu obtenir la couleur bleue qui correspond à 325 degrés. Cependant, il faut remarquer qu'à partir de la couleur pourpre, les couleurs ne se modifient que très lentement par suite de la durée de l'opération, ce qui donne les mêmes résultats qu'une opération plus rapide à une température supérieure. On admet donc que pour un acier trempé, la teinte définit le *degré de revenu* de la pièce, c'est-à-dire le retour plus ou moins rapide d'un acier trempé vers son état d'équilibre. Ce degré de revenu dépend ainsi non seulement de la température, mais encore du temps pendant lequel le métal est resté soumis à cette température.

En résumé, c'est bien la couleur obtenue, d'une façon plus ou moins rapide, qui détermine le caractère et le degré de revenu. D'autres expériences ont permis, d'ailleurs, de contrôler ce fait exactement.

Revenu des outils

Une grande quantité d'outils, après avoir subi la trempe, sont revenus au *jaune paille*. Le métal, qui possède encore une grande dureté, acquiert ainsi une certaine résistance au choc qui le rend moins fragile et propre à être utilisé pour le travail des métaux durs. Lorsque le revenu est poussé un peu plus loin, au jaune foncé, la dureté, tout en étant encore considérable, est moins grande que dans le cas précédent; par contre, la résistance a augmenté. On donne ce revenu aux outils destinés à travailler les métaux moins durs que l'acier, comme, par exemple, le cuivre, le laiton, etc.

Si l'on donne aux outils le *revenu bleu*, on diminue encore la dureté, mais on augmente considérablement la résistance au choc. Ce revenu convient pour les outils à travailler le bois, les tournevis, les scies, pour certains ressorts, etc. Voici, d'ailleurs, pour chacune des couleurs de revenu, les outils principaux ou les pièces essentielles qui les reçoivent pour être appropriés à leur fonction. Le revenu *jaune paille*, qui s'applique, nous l'avons dit, à un grand nombre d'outils, convient plus spécialement aux *fraises* pour le fer et l'acier, aux *outils à graver l'acier*, aux *gros alésoirs* et aux *gros tarauds*, aux *tarauds pour machines*, aux *têtes de marteaux légers*, aux *crochets de tours* légers, aux *matrices* destinées au tréfilage du fer et de l'acier, etc.

Au *jaune foncé* sont revenus, sensiblement dans l'ordre de teinte croissante, les *outils à raboter* l'acier ordinaire, les *peignes à fileter*, les *outils à travailler l'ivoire*, les *ciseaux à froid* pour le travail de la fonte, les *rasoirs*, *les outils à raboter le fer*, les *outils à graver le bois*, les *poinçons*, les machines, les *forets* ordinaires pour le travail de la fonte, les *couteaux* pour machines à couper le papier.

Au *brun rouge*, on fait revenir les *tarauds* et les *coussinets* pour filières, les *mèches demi-rondes*, les *lames de cisailles*, les *outils pour percer les rochers durs* et les *outils à tailler les pierres dures*, les *couteaux* pour *découper le cuir*, les *couteaux pour profiler des moulures*, les *forets américains*, les *alésoirs de chaudronnerie*, les *tranches à froid*, etc., etc. Le revenu *pourpre gorge de pigeon* convient aux *outils* à tailler les *pierres tendres,* aux *forets* pour le travail du *fer,* aux *gouges,* au *fleurets de mine* ordinaires, aux *fers pour rabots,* aux *outils de machines à mortaiser le fer,* aux *canifs et couteaux de poche,* aux *forets* pour travailler le *cuivre,* aux *outils de cordonnier, de tonnelier,* aux *instruments de chirurgie,* aux *haches,* aux *bouterolles.*

Le revenu *violet* est employé pour les couteaux tranchants, les outils de menuisier, *ciseaux et mèches à bois,* les *scies* pour *l'os* et l'*ivoire.*

Le *bleu violacé* est donné aux *gros tournevis,* aux *burins* et *bédanes* pour le travail de l'acier, aux *scies* pour *bois durs,* aux *ressorts* ayant une *faible course,* aux *aiguilles,* aux *outils de fond* pour les *mines,* etc.

Le *bleu* convient aux *burins* et *bédanes* destinés au travail du *fer forgé,* aux *ciseaux* pour *raboter* et *moulurer* le *bois tendre,* aux *outils* de *jardinage,* aux *forets,* aux *vrilles,* aux *poinçons à main,* aux *petits tournevis.*

Enfin le revenu *gris* est donné en général aux outils et aux pièces qui doivent conserver une élasticité assez grande sans se déformer. Ce sont les *ressorts à grande course,* les *ressorts en spirale* et certaines *scies* à *bois* qui sont dénommées *demi-trempe.*

La pratique du revenu acquiert, dans chaque atelier, une grande importance et complète la pratique de la trempe, ces deux opérations étant conduites pour donner aux outils employés la dureté et la résistance appropriées au travail qu'ils ont à effectuer.

Fig. 108. — Atelier de montage des coupoles cuirassées.

Fours Nous avons vu, au cours de ce chapitre, que les opérations de recuit, de trempe, de revenu, et même de cémentation, peuvent s'effectuer dans des fours spéciaux semblables, dont on règle l'allure pour l'approprier à l'opération que l'on exécute.

Nous allons décrire quelques types de ces fours employés généralement dans les ateliers.

Parfois, on utilise simplement, dans certains ateliers, le feu de forge ou le chalumeau à gaz pour recuire, chauffer les outils en vue de leur façonnage et de leur trempe, ou pour les faire revenir.

Les petites forges destinées à ces usages, qui peuvent être même des forges portatives, sont munies d'un dispositif à soufflerie pour entretenir la combustion du foyer. Le combustible employé est le charbon de bois. On le dispose de façon à former une voûte au-dessus de l'outil à chauffer et à ce que l'air soufflé n'arrive pas au contact du métal. Le feu doit être poussé modérément, dès le début de la chauffe, lorsque le métal est encore froid, pour éviter des tapures, puis activé, au fur et à mesure que l'outil s'échauffe, surtout lorsqu'il a pris la couleur rouge. On rend, à partir de ce moment, son chauffage le plus uniforme possible en vue de la trempe. Nous avons dit plus haut que cette opération doit être faite dans une pièce sombre afin d'apprécier exactement la couleur du métal chaud. Il convient même d'éviter non seulement les effets de la lumière du jour, mais encore ceux du feu de la forge pour que l'appréciation puisse être exacte. Il existe un grand nombre de modèles de forges d'atelier. Celle dont la figure 100 représente une vue d'ensemble, comporte au lieu d'une soufflerie, un dispositif de tirage par aspiration réalisé à l'aide d'un conduit souterrain. Ce type de forge comprend un bac à combustible et un bac à eau servant à la trempe.

Les *chalumeaux à gaz,* avec lesquels on peut chauffer des petites pièces en vue de la trempe, sont disposés avec une soufflerie d'air, de sorte que cet air active la combustion du gaz, lequel brûle en bout du chalumeau, rétrécit la largeur de la flamme, et provoque, par aspiration, un débit de gaz plus considérable. Le bec Bunsen, souvent employé, permet de produire une température qui est d'autant plus élevée que le diamètre et le débit du gaz sont plus considérables et que l'air arrive en plus grande quantité. Lorsque le bec a son intensité normale, il se produit, à la partie inférieure de la flamme, un cône bleuâtre et vert. La pièce à chauffer doit être placée légèrement au-dessus de ce cône, à quelques millimètres, la température obtenue dans cette position étant la température maximum. Parmi les fours d'atelier, il en est de petits qui sont transportables et qui sont facilement utilisables. Un certain nombre, tout en n'étant pas très encombrants, ont cependant des dimensions permettant de traiter des pièces en série.

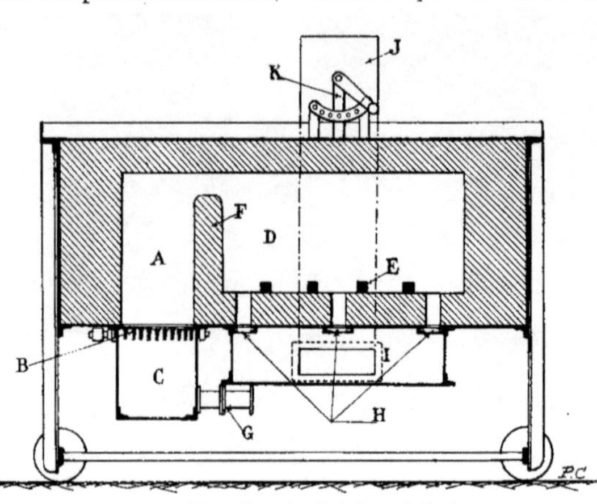

Fig. 109. — Four à sole à foyer latéral.

En principe, les fours doivent permettre une opération rapide, être disposés pour ne causer aucune perturbation dans la qualité du métal, ne pas demander une surveillance de tous les instants, être munis d'un réglage capable de donner une uniformité de chauffage, et enfin permettre la mesure exacte de la température.

Four à sole

(Fig 109.) Les fours les plus simples sont ceux qui comportent une simple *sole* sur laquelle on place les pièces à chauffer. Ce four à sole (Fig. 109) possède un foyer A, fait en briques réfractaires, dans lequel brûle le combustible, que l'on place sur une grille B. Une porte placée latéralement par rapport à l'ensemble du four donne accès au foyer et permet de charger la grille. Un cendrier C reçoit les de travail D du four et une boite à fumée I placée sous la sole. Cette boîte communique elle-même avec une cheminée J qui est munie d'un registre K permettant de régler son tirage.

Par suite de l'arrivée de l'air par le conduit aboutissant au cendrier, la combustion s'effectue sur la grille; les gaz chauds montant dans le foyer, passent par dessus l'autel, se répandent dans la chambre de travail

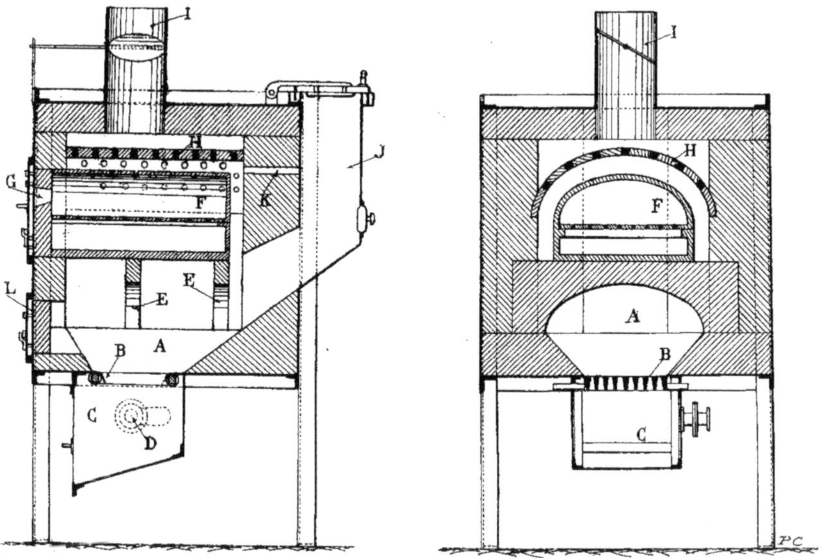

Fig. 110 et 111. — Four à moufle à coke.

résidus qui ne sont pas consumés. La chambre D du four, faite en briques réfractaires, comprend une sole E sur laquelle on dispose les pièces à chauffer. La sole est séparée du foyer par une cloison F, l'*autel*, dont l'extrémité supérieure s'élève presque jusqu'au plafond du four. Dans le cendrier aboutit une canalisation d'air soufflé. Cet air active la combustion, et son arrivée est réglée par la manœuvre d'une vanne G disposée sur le conduit. Des carneaux H établissent la communication entre la chambre en chauffant les pièces qui y sont disposées, et, par les carneaux H, gagnent la boîte à fumée I d'où ils pénètrent dans la cheminée J. En réglant la vanne G et le registre K de la cheminée, on donne au four une allure appropriée au chauffage à obtenir des pièces qui y sont placées.

Ce four est simple, mais il offre l'inconvénient de laisser en contact les gaz produits par la combustion et les matériaux qui sont traités dans le four, ce qui peut, dans certains cas, affecter la qualité du métal.

Il en existe des types dans lesquels le combustible employé est du gaz d'éclairage.

Fours à moufle Le *four à moufle* n'a pas l'inconvénient de mettre les matières et le combustible en contact. Celui dont les figures 110 et 111 représentent les coupes longitudinale et transversale, est alimenté avec du combustible solide qui est, généralement, du coke concassé en morceaux de la grosseur d'un œuf. On emploie surtout du *coke de fonderie* ou du coke métallurgique, mais non du coke d'usine à gaz.

Le four à moufle se compose d'un foyer A comportant une grille B, au-dessous de laquelle est disposé un cendrier C, dans lequel aboutit le conduit d'air soufflé dont une vanne D règle l'arrivée. Au-dessus du foyer, supporté par des cloisons E, se trouve le moufle F, sorte de capacité fermée à laquelle une porte G donne accès de l'extérieur, et dont la paroi supérieure est disposée en forme de voûte. C'est dans cette capacité que sont placées les pièces à traiter. Elles sont chauffées par les gaz chauds qui circulent autour des parois du moufle, sans, toutefois, prendre contact avec les pièces qu'il contient.

Les gaz provenant du foyer sont canalisés pour réchauffer les parois du moufle, en les léchant à l'extérieur par des ouvertures ménagées entre les supports E et par une voûte H concentrique à celle du moufle et percée d'ouvertures par lesquelles ces gaz gagnent la cheminée I. Cette cheminée est munie d'un registre servant à régler le tirage. A l'arrière du four est disposée une sorte de trémie de chargement J, fermée, à sa partie supérieure, par un couvercle que l'on ouvre pour remplir la trémie de combustible.

Au fur et à mesure que la combustion s'effectue dans le foyer, le combustible descend et alimente le feu. Un évent K fait communiquer la partie supérieure de la trémie et l'intérieur du four, et permet l'évacuation des gaz provenant de la distillation du combustible en réserve dans la trémie. Une porte L, placée au-dessous de

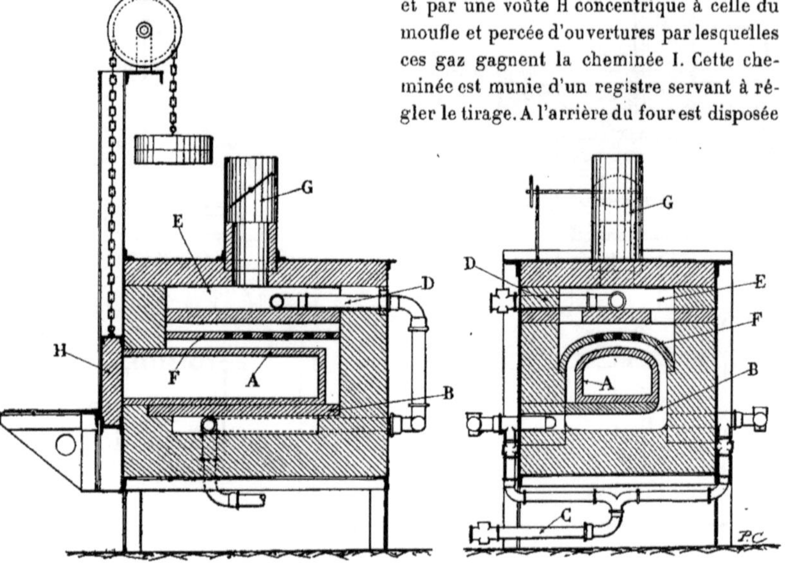

Fig. 112 et 113. — Four à moufle au gaz.

la porte G donnant accès à l'intérieur du moufle, permet de surveiller le foyer.

Le four à moufle utilisant comme combustible le gaz d'éclairage, est disposé comme l'indiquent les figures 112 et 113.

Le moufle A, en terre réfractaire, est disposé sur un support B au-dessous duquel débouche le conduit de gaz. Ce conduit C se divise en deux branches aboutissant latéralement sous le moufle. Un conduit d'air D sous pression est placé à la partie supérieure du four. L'air arrivant par ce conduit se réchauffe dans la capacité E, puis est injecté au-dessous du moufle où il active la combustion du gaz. Le four porte, au-dessus du moufle, une voûte F servant à canaliser les gaz brûlés qui, passant par des ouvertures pratiquées dans cette voûte, puis, par le *récupérateur* E, gagnent la cheminée G. Un registre placé sur la cheminée permet de régler le tirage.

Les pièces à traiter sont placées dans le moufle, auquel on a accès de l'extérieur, au moyen d'une porte H qui peut pivoter autour de charnières ou, comme dans le type représenté par les figures 112 et 113, glisser verticalement entre deux guides, équilibrée par un contrepoids, dispositif qui permet de maintenir aisément la porte à une hauteur quelconque. On construit aussi des fours à moufle à *combustibles liquides* et des fours *électriques*. Les combustibles liquides employés peuvent être soit du goudron, soit des huiles spéciales, soit du pétrole. La forme du four ne diffère pas beaucoup de celle du four à combustibles solides. Une disposition spéciale du foyer permet d'admettre facilement et de brûler le combustible liquide : un conduit d'air sous pression amène à cet effet, sur ce combustible, de l'air soufflé qui active la combustion.

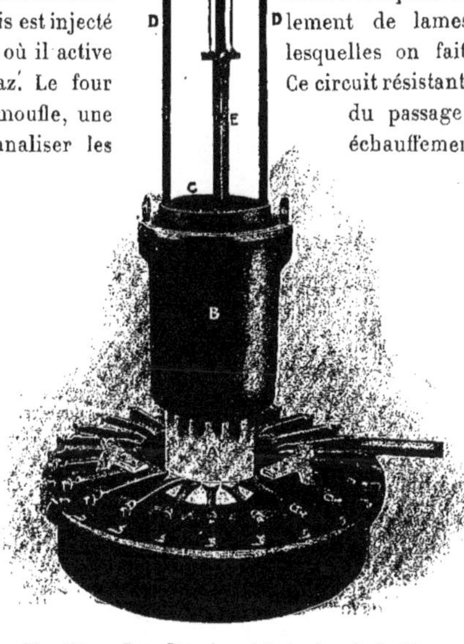

Fig. 114. — Four Brayshaw à bain de sels fusibles. Disposition intérieure.

Les *fours électriques* sont constitués de diverses façons. Ils comprennent, en principe, des tubes ou des moufles autour desquels est disposé un enroulement de lames conductrices dans lesquelles on fait passer le courant. Ce circuit résistant s'échauffe, par suite du passage du courant, et cet échauffement produit l'élévation de température du four.

Certains de ces fours sont à *tube mobile;* ils sont disposés soit verticalement, soit horizontalement; d'autres comportent *un creuset.*

Le four électrique *à induction* de Dolter, qui est alimenté par un courant alternatif de 110 volts, d'une intensité de 30 ampères, peut porter les pièces à traiter à une température de 1.000 à 1.100 degrés, en quelques minutes. Il comporte un moufle *en nickel.*

Les fours électriques sont d'un emploi très aisé mais, en général, ils sont, au point de vue de l'exploitation, plus coûteux que les autres.

Les fours spéciaux destinés à maintenir

liquides des sels fusibles qui servent, ainsi que nous l'avons dit, à chauffer régulièrement certains aciers, sont constitués d'une façon particulière.

Le *four à bains de sels fusibles Brayshaw* représenté par les figures 114 à 116 est chauffé par le gaz d'éclairage, à l'aide de deux séries de brûleurs.

Il se compose d'une cuvette en fonte, au centre de laquelle est disposé un cylindre de terre réfractaire A (Fig. 114), supportant un creuset B, fait en fonte spéciale. Ce creuset a un diamètre de 300 millimètres et 500 millimètres de hauteur. Une enveloppe cylindrique, faite en tôle de fer, entoure le creuset; elle a une hauteur suffisante pour que le plateau C, étant remonté au-dessus du creuset, puisse recevoir aisément les pièces à traiter, qui y sont introduites par une porte mobile verticalement placée à l'avant du four.

Fig. 115. — Four Brayshaw à bain de sels fusibles. (Fenwick frères.)

L'enveloppe en tôle est garnie intérieurement d'un revêtement en matière réfractaire d'une grande épaisseur. Elle est fermée à sa partie supérieure par un couvercle en deux parties, fait en briques réfractaires et consolidé par des armatures métalliques. Dans le couvercle sont percés deux trous, donnant passage à deux tiges cylindriques D, en acier, supportant le plateau C. Ces deux tiges sont rendues solidaires, à leur partie supérieure au moyen d'une traverse munie d'un crochet; l'ensemble est suspendu par l'intermédiaire d'une chaîne passant sur des poulies et portant un contrepoids permettant le réglage en hauteur.

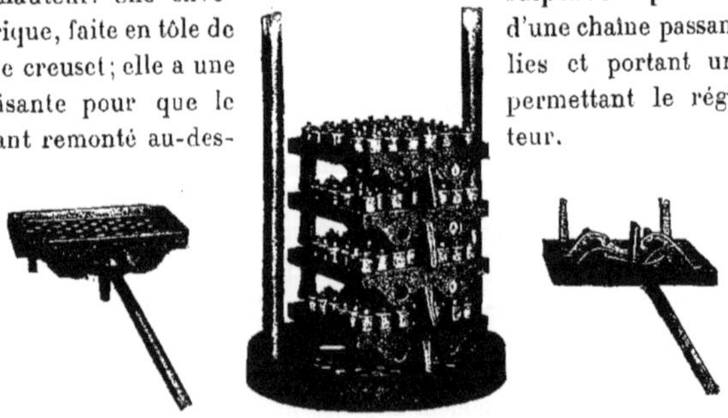

Le plateau est perforé et reçoit les pièces à chauffer, ou des plateaux intermédiaires sur lesquels on les dispose. Au centre du plateau est percé un trou de dimension suffi-

Fig. 116. — Plateau et tige de suspension du four Brayshaw à bain de sels fusibles.

sante pour donner le passage d'un *pyromètre* qui donne la température exacte du bain de sels.

Les deux séries de brûleurs sont constituées, la première, par vingt-quatre brûleurs Bunsen, à tirage naturel, la seconde, par quatre brûleurs de grande dimension sous pression et par un carburateur.

Un ventilateur fournit de l'air sous une pression de 80 à 100 grammes.

Les sels sont placés dans le creuset. On allume les deux séries de becs pour les fondre et pour porter le bain à une température de 800 à 900 degrés, au maximum. Le plateau, sur lequel ont été disposées les pièces, est descendu dans le bain où le chauffage s'effectue. Les gaz brûlés montent à la partie supérieure de l'enveloppe extérieure et s'échappent par deux conduits aboutissant à une cheminée commune, munie d'un registre de réglage.

L'arrivée du gaz aux brûleurs est réglée au moyen de vannes qui sont manœuvrées par des manettes se déplaçant sur des secteurs gradués.

CHAPITRE IV

PETIT OUTILLAGE

OUTILS DE SERRAGE

CONSIDÉRATIONS GÉNÉRALES. — OUTILS DE SERRAGE. — ÉTAUX.
MORDACHES : en cuivre, — en plomb, — en peau.
TAILLE DES MORS.
ÉTAUX DIVERS : fixe, — tournant, — à rotule, — à chaud, — à hautes mâchoires, — à chanfrein, — complémentaire.
ÉTAUX A MAIN : avec manche, — à mors parallèles, — à goupilles, — à trou central.
ÉTAUX A AGRAFES : à mors parallèles.
ÉTAUX PARALLÈLES : fixe, — tournant, — à serrage instantané, — à mors combiné.
ÉTABLIS : fixe, — roulant.
PRESSES. — SERRE-JOINTS.

Petit outillage

Nous avons précédemment indiqué les divers métaux employés, d'une façon générale, dans l'industrie, pour confectionner soit les pièces mécaniques soit les outils qui servent à les travailler. Nous avons aussi examiné les opérations diverses de recuit, de cémentation, de trempe, et de revenu, qu'il convient de donner à ces outils pour les rendre aptes à produire le travail auquel ils sont destinés. Nous allons maintenant examiner les diverses sortes d'outils employés dans l'industrie des métaux et du bois. Nous nous occuperons d'abord des *outils à métaux* et, parmi ceux-ci, de ceux qui constituent ce que l'on appelle généralement le *petit outillage,* réservant pour une autre partie de cet ouvrage, les outils à travailler le bois et les machines-outils proprement dites.

Le *petit outillage,* s'il comprend, en principe, tous les outils à main, comporte aussi quelques machines simples qui font pour ainsi dire partie de l'outillage d'ajusteur et qui sont, en général, montées, soit sur un établi, soit sur un support qui peut être aisément déplacé. Ces petites machines ne sont pas, en terme d'atelier, comprises dans la dénomination de *machines-outils.* Ce terme s'applique surtout aux machines importantes capables de réaliser automatiquement un travail que l'on ne pourrait effectuer ni aussi économiquement, ni aussi rapidement, ni aussi facilement à la main.

Parmi les outils constituant le petit outillage, on peut faire un classement par catégories, suivant l'usage auquel on les destine.

Nous allons, successivement, dans chacune des catégories, examiner ceux qui sont le plus généralement utilisés, en commençant par les outils destinés à maintenir fixées, à serrer les pièces à façonner, et que nous avons groupés dans la catégorie des *outils de serrage*.

Outils de serrage

Cette catégorie d'outils comprend les organes pouvant assurer un serrage de pièces destinées à être travaillées à la main. Ce sont les *étaux*, les *presses* et les *serre-joints* avec les organes qui, le plus souvent, les supportent, les *établis*.

Étaux

Les étaux sont des outils comportant deux *mors* entre lesquels, par une manœuvre appropriée, on peut serrer les pièces à ouvrer. Les étaux sont de formes et de dimensions diverses et les types en sont très nombreux. L'étau le plus connu et le plus employé est l'*étau à pied,* appelé le plus souvent *étau d'ajusteur*.

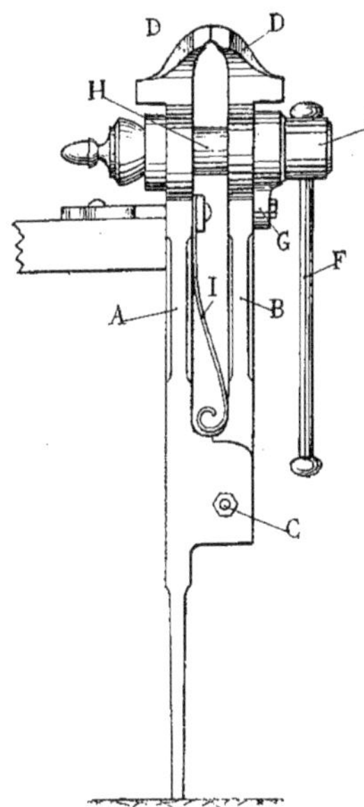

Fig. 117. — Étau.

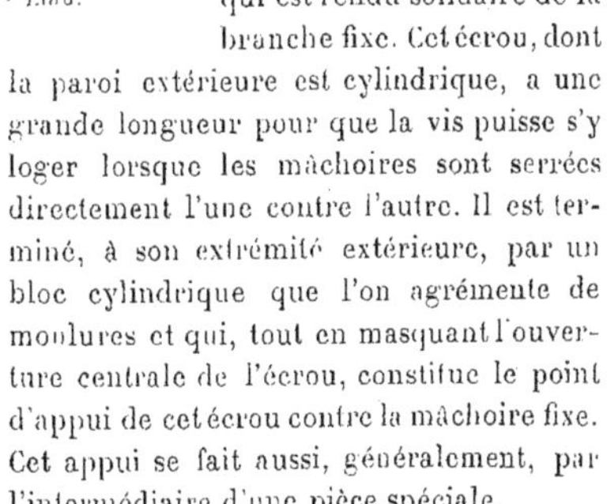

Il se compose de deux branches (Fig. 117) dont l'une A est maintenue fixée par une bride à l'établi qui lui sert de support, cette branche étant prolongée, à sa partie inférieure, par une tige qui repose sur le sol. La branche fixe est munie d'une chape dans laquelle s'ajuste la partie inférieure de la branche mobile B. Un boulon C sert de pivot à cette branche qui oscille autour de lui. Les deux branches de l'étau ont des formes appropriées qui, tout en leur donnant un aspect de légèreté, leur conservent néanmoins une solidité suffisante.

Elles portent chacune, à leur extrémité supérieure, une mâchoire D, en acier. Les flancs verticaux des mâchoires se faisant face sont *taillés,* c'est-à-dire qu'ils portent une série de petites cannelures qui déterminent des saillies servant à empêcher la pièce de glisser pendant qu'on la travaille, lorsqu'elle est serrée dans l'étau.

En plaçant la pièce à façonner entre les deux faces verticales de la mâchoire de l'étau, et en rapprochant la mâchoire mobile de la mâchoire fixe, on immobilise cette pièce assez solidement pour qu'on puisse effectuer sur elle les diverses opérations de façonnage sans que la pièce bouge.

Pour assurer le serrage de la pièce et, par conséquent, le rapprochement des deux mâchoires, on donne à une vis E un mouvement de rotation à l'aide d'une tige F formant levier et passant librement à travers un bloc cylindrique constituant la tête de la vis. Ce bloc prend appui, par l'intermédiaire d'une pièce spéciale G, sur la branche mobile de l'étau. La vis, à filets carrés, pénètre dans un écrou H, qui est rendu solidaire de la branche fixe. Cet écrou, dont la paroi extérieure est cylindrique, a une grande longueur pour que la vis puisse s'y loger lorsque les mâchoires sont serrées directement l'une contre l'autre. Il est terminé, à son extrémité extérieure, par un bloc cylindrique que l'on agrémente de moulures et qui, tout en masquant l'ouverture centrale de l'écrou, constitue le point d'appui de cet écrou contre la mâchoire fixe. Cet appui se fait aussi, généralement, par l'intermédiaire d'une pièce spéciale.

Un ressort I, à lame, placé entre les deux branches, maintient leur écartement, qui leur est donné par l'intermédiaire de la vis et de l'écrou.

Pour serrer une pièce, on écarte les branches, en tournant le levier dans un certain sens, jusqu'à ce que les *mors* permettent le libre passage de cette pièce, puis, en la maintenant appliquée contre le mors fixe et en lui donnant l'inclinaison convenable, on tourne le levier en sens inverse. La vis, rentrant dans l'écrou, rapproche la branche mobile de la branche fixe; la pièce à travailler se trouve prise entre les deux mâchoires et y est maintenue d'autant plus solidement que le serrage de la vis est plus énergique. Il convient, évidemment, que ce serrage soit proportionné à la pièce à serrer, de façon à ne pas la déformer par le serrage. En outre, comme les mors portent des séries de cannelures pour immobiliser la pièce, les saillies qu'elles déterminent s'impriment d'autant plus profondément dans le métal que le serrage est plus efficace. Il importe donc, pour éviter les inconvénients pouvant provenir de ce fait, ou de limiter l'action du serrage pour ne pas laisser sur la pièce des traces trop profondes, tout en lui donnant une immobilité suffisante, ou d'interposer entre les mors et la pièce à serrer des organes intermédiaires qui, par leur nature, puissent exercer un serrage suffisant sur la pièce par une de leurs faces lisse, l'autre face étant maintenue contre le mors par les saillies qui s'y encastrent. Ces pièces intermédiaires sont appelées *mordaches*.

Mordaches Les *mordaches* se font, généralement, soit en cuivre, soit en plomb. Les deux sortes de mordaches ont la même forme, mais les premières ont une épaisseur plus réduite que les autres. La figure **118** représente des mordaches en cuivre, la figure **119**, des mordaches en plomb. Les faces verticales A sont interposées entre les mors B de l'étau et la pièce à serrer C; la partie courbe de la mordache qui épouse la forme du dos du mors, sert à empêcher la mordache de tomber lorsqu'on écarte les mors de l'étau. On emploie les mordaches en cuivre lorsque, tout en voulant protéger les faces de la pièce à travailler, on doit réaliser un serrage assez énergique de cette pièce, pour permettre de faire sur elle un effort un peu considérable pour la façonner, soit à la *lime*, soit même au *burin*. Les mordaches en plomb sont utilisées lorsque la pièce à travailler ne demande qu'un effort minime. On les emploie, généralement, pour serrer dans l'étau les pièces à polir.

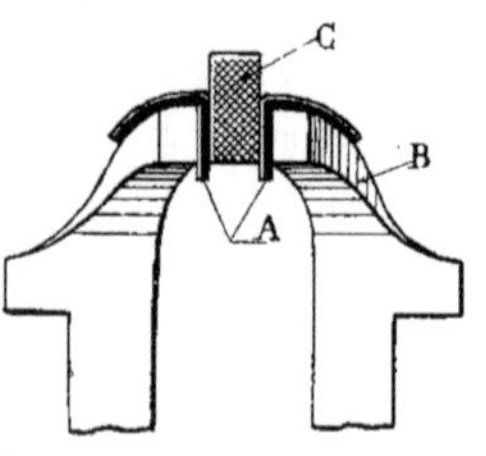

Fig. 118. — Mordaches en cuivre.

Pour les pièces délicates et de dimensions réduites, les mordaches en plomb sont parfois remplacées par deux bandes de peau (Fig. 120). rectangulaires, plaquées chacune contre un des mors et maintenues contre eux par l'enfoncement des saillies des mors dans la matière. On frotte, le plus souvent, la face plaquant contre les mors avec de la cire jaune, ce qui facilite l'adhérence de la peau sur le métal. Pour placer ces bandes sur l'étau, on les dispose chacune sur un mors, puis on serre l'étau fortement, les deux bandes appuyant l'une contre l'autre. Les saillies des mors s'incrustent dans chacune d'elles et si l'on sépare les branches, une bande adhère à chacun des mors. On emploie, pour confectionner ces bandes, généralement de la peau de buffle.

L'*étau d'ajusteur* se fixe sur un établi, à une hauteur convenable pour que l'ouvrier puisse limer ces pièces sans aucune gêne. Nous verrons, plus loin, les rapports qui doivent exister entre la hauteur à donner à l'étau, à partir du sol, jusqu'au mors et la taille de l'ouvrier qui l'emploie. Généralement, les étaux d'ajusteurs ont une hauteur qui varie entre 1m,02 et 1m,05 depuis le sol jusqu'à la partie supérieure des mors. Le pied de l'étau est encastré dans un bloc de bois fixé au sol, dans lequel il pénètre d'environ 3 centimètres.

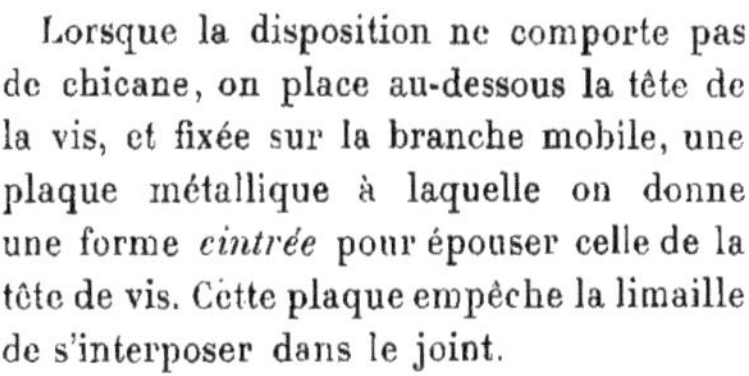

Fig. 119. — Mordaches en plomb.

On dispose, assez souvent, sur un même établi, une rangée d'étaux. On les place suivant la longueur de l'établi, de façon à conserver entre eux un espace suffisant pour permettre à chaque ouvrier de se déplacer à volonté dans tous les sens, sans gêner ses voisins. En outre, les mors des étaux sont presque toujours à la même hauteur, de sorte que l'on peut serrer, dans plusieurs étaux à la fois, des pièces de grande longueur. On doit veiller, dans la fixation d'un étau sur un établi, à ce que la branche fixe soit placée verticalement. Pour vérifier la rectitude de cette position, on serre contre les branches de l'étau une règle plate de peu d'épaisseur, placée dans le sens vertical, et on contrôle, à l'aide d'un fil à plomb, sa direction, qui doit coïncider exactement avec la verticale.

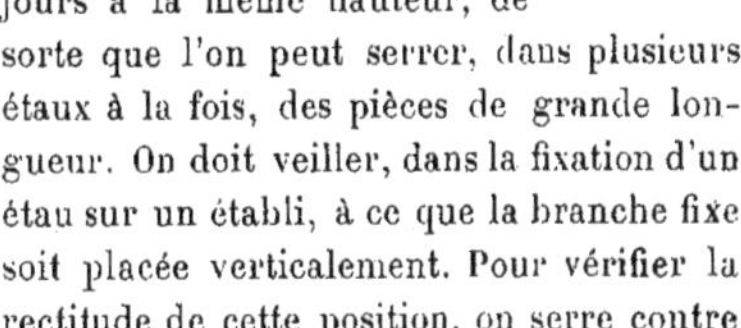

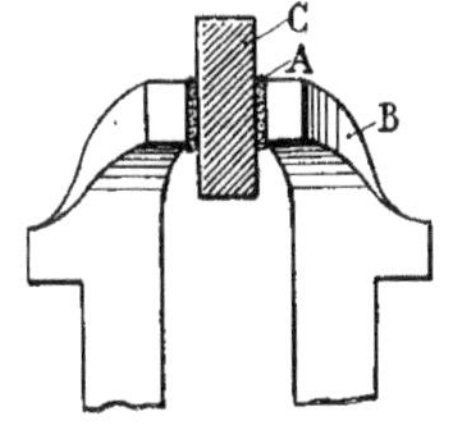

Fig. 120. — Mordaches en peau.

L'écrou de l'étau recevant la vis doit être assez long pour que, malgré l'écartement des mâchoires, la vis soit protégée contre la limaille qui tombe des pièces que l'on travaille. La tête de la vis doit également être protégée contre la chute de limaille, afin qu'elle ne s'introduise pas dans le joint pour se répandre, ensuite le long de la vis. Les étaux reçoivent, le plus souvent, des dispositions appropriées pour éviter cet inconvénient. Il en est ainsi pour l'étau que nous avons décrit plus haut, où la pièce G *forme chicane*.

Lorsque la disposition ne comporte pas de chicane, on place au-dessous la tête de la vis, et fixée sur la branche mobile, une plaque métallique à laquelle on donne une forme *cintrée* pour épouser celle de la tête de vis. Cette plaque empêche la limaille de s'interposer dans le joint.

La vis de l'étau doit être lubrifiée avec de la graisse ou du suif.

Les mors de l'étau sont généralement trempés *dur*. Toutefois, lorsque les étaux sont destinés à serrer, le plus souvent, des pièces en acier trempé, qui ont, par conséquent, une grande dureté, il faut, pour éviter la détérioration des mors, ou *écaillage*, les recuire légèrement; on peut aisément procéder à cette opération, sans démonter l'étau. Pour cela, on serre les mâchoires l'une contre l'autre et on place au-dessus, librement posée à plat, une barre de fer rougie. La partie supérieure des mors se trouve seule ainsi recuite par suite de la chaleur que leur communique la barre rougie. La taille des mors conserve sa dureté, mais le recuit donné à la tranche supérieure permet d'éviter les éclats.

Taille des mors

La taille des mors s'effectue avant la trempe, après que la branche a été forgée, les faces de la mâchoire dressées à la lime, et raccordées après serrage l'une contre l'autre. On fait la taille *au burin*. Cet outil, que nous décrirons plus loin, est maintenu entre les extrémités du pouce, de l'index et du majeur, et incliné à environ 45 degrés du côté opposé à l'opérateur. Le mors étant solidement maintenu dans un étau, on imprime dans la matière, en frappant sur le burin, et en le déplaçant au fur et à mesure, une succession de rainures également espacées : les rainures sont inclinées d'environ 50 degrés par rapport à l'arête longitudinale du mors (Fig. 121). On commence la taille par l'angle du mors le plus éloigné de l'opérateur et en avançant vers lui. Cette opération doit s'effectuer après avoir frotté légèrement la partie du mors à tailler avec de l'huile. Lorsque la taille est terminée d'un côté, on enlève à l'aide d'une lime douce les bavures qui ont pu se produire, puis on reprend la taille en sens inverse, de façon à former sur le mors *un quadrillé*. Cette seconde opération s'effectue en donnant aux rainures que l'on fait à l'aide du burin, une inclinaison de 15 degrés par rapport à l'arête supérieure du mors (Fig. 121). On enlève les bavures à la lime douce et on trempe alors les mors. Pour cela, on les chauffe au charbon de bois jusqu'après la couleur rouge cerise et on les trempe à l'eau, en plongeant, d'abord, le dos du mors, l'arête étant maintenue dans une direction horizontale, puis, en enfonçant au fur et à mesure la mâchoire jusqu'à ce que la partie taillée plonge, à son tour, dans le liquide.

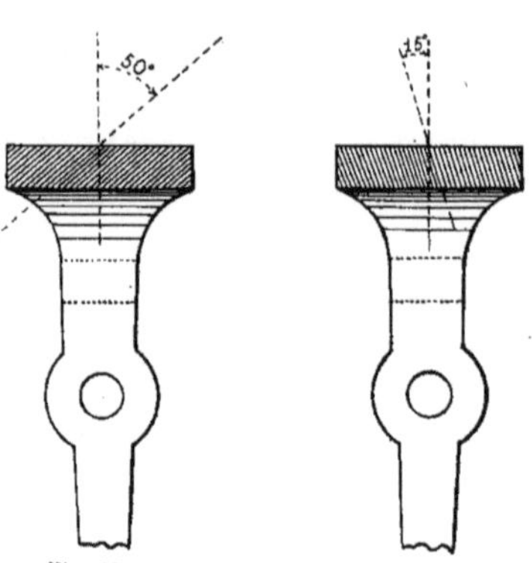

Fig. 121. — Taille des mors d'un étau.

Étaux divers Les *étaux à pied d'ajusteur* ont des dispositions diverses. Les *étaux fixes* (Fig. 122) sont montés contre l'établi par une bride à section rectangulaire qui assujettit sur lui, d'une façon rigide, la longue branche de l'étau. Les étaux *tournants* ou *pivotants* (Fig. 123) sont rendus solidaires de l'établi par des brides demi-rondes qui tout en les maintenant dans une position verticale, leur permettent un mouvement de rotation autour de leur pied. Ce type d'étau facilite le serrage et la disposition de certaines pièces en vue de leur façonnage.

Fig. 122. — Étau à pied fixe.

L'étau fixe ou l'étau tournant peuvent comporter une *boîte d'étau*, c'est-à-dire un écrou de vis, dont la face d'appui postérieure peut être plane ou courbe. Dans le premier cas, ce sont des étaux ordinaires; dans le second cas, ce sont des *étaux à rotule*.

Dans l'étau ordinaire, la boîte conservant toujours la même position, par rapport à la branche fixe, par suite de sa face d'appui plane, reste horizontale, quelle que soit l'ouverture des mâchoires. Il s'ensuit qu'au fur et à mesure que la branche mobile s'écarte, l'appui de la vis, sur cette branche, devient de plus en plus oblique par rapport à la surface d'appui. La tête de vis ne touche que par sa partie supérieure et le serrage de la pièce s'effectue difficilement.

Pour remédier à cet inconvénient, on monte généralement les boîtes d'étaux à rotule (Fig. 124 et 125). Les appuis de l'écrou sur la branche fixe et de la tête de vis sur la branche mobile, au lieu d'être des surfaces planes, sont courbes, de telle façon que lorsque la branche mobile s'écarte, la vis et son écrou peuvent se placer

Fig. 123. — Étau à pied, tournant.

automatiquement dans une position pour laquelle les deux appuis se font sur toute la surface des rotules. Le serrage, peut ainsi être efficace.

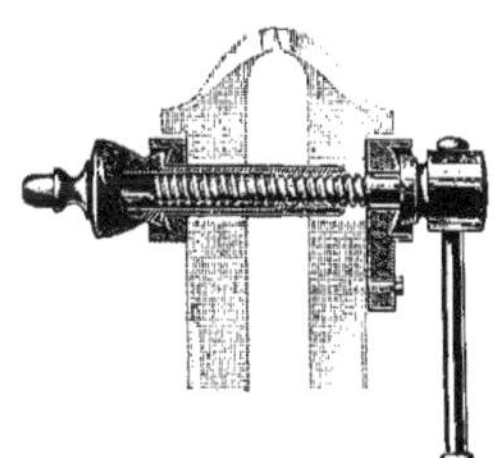

Fig. 124. — Étau à rotule, fermé.

Suivant les usages auxquels on les destine, les étaux ont une largeur plus ou moins grande de mâchoires et leurs poids sont proportionnés à ces dimensions. Pour des mâchoires de 80 millimètres de large, l'étau pèse environ 8 kilos; pour des mâchoires de 100^{mm}, le poids est d'environ 15 kilos; pour des mâchoires de 150^{mm}, l'étau pèse 40 kilos et pour une largeur de mâchoires de 200^{mm}, le poids de l'étau est de 90 kilogrammes.

Les étaux nommés *étaux à chaud,* servent à serrer des pièces chauffées. Les mors ont des dimensions plus considérables,

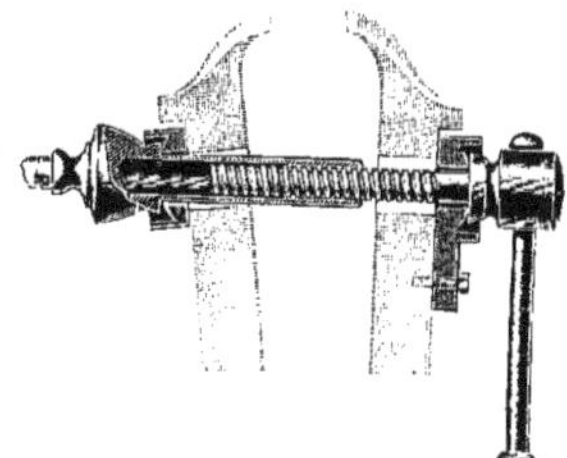

Fig. 125. — Étau à rotule, ouvert.

les étaux sont plus robustes et ont un poids plus grand que celui des étaux ordinaires.

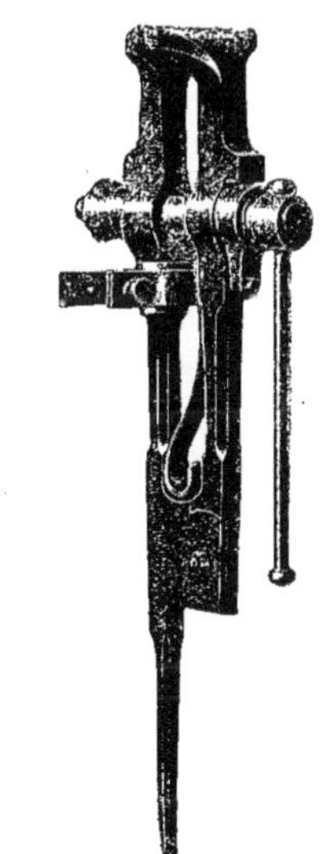

Fig. 126. — Étau à hautes mâchoires.

Pour serrer des pièces qui ont, en largeur et en longueur, des dimensions importantes, on emploie quelquefois des étaux spéciaux à *hautes mâchoires* (Fig. 126). Ces étaux permettent de serrer les pièces avec moins de porte-à-faux que les étaux ordinaires, c'est-à-dire, plus près de leur arête supérieure, ce qui facilite leur façonnage en les empêchant de vibrer sous le coup d'outil.

Pour serrer des pièces de formes et de dimensions particulières, on emploie quelquefois des petits étaux intermédiaires que l'on serre entre les branches de l'étau à pied, et c'est entre les mâchoires de ces petits étaux spéciaux que l'on place la pièce à maintenir. C'est donc par la manœuvre de la vis ordinaire de l'étau à pied qu'est assuré le serrage de la pièce entre les mâchoires du petit étau intermédiaire.

L'*étau à chanfrein* et l'*étau complémentaire* sont des organes de serrage spéciaux, que l'on peut placer entre les mâchoires d'un étau à pied.

L'*étau à chanfrein* (Fig. 127) se compose de deux courtes branches A et B dont l'oscillation autour d'un axe C permet l'écartement. Un ressort à lame D tend à maintenir cet écartement. Les mors E et F, disposés à la partie supérieure des branches, ont leur face taillée inclinée. Cette inclinaison, qui est généralement de 45 degrés, permet de serrer, entre les mâchoires, les pièces à *chanfreiner*, qui présentent ainsi leur arête vive à l'outil. On abat cette arête pour faire le *chanfrein* en burinant ou en limant horizontalement, comme cela se pratique avec un étau ordinaire. C'est donc l'inclinaison des mors qui détermine l'inclinaison du chanfrein le long de l'arête de la pièce. L'étau à chanfrein est placé entre les mors de l'étau à pied, et repose sur leur arête supérieure par des saillies qu'il porte. On maintient la pièce posée entre ses mâchoires et on effectue le serrage en manœuvrant la vis de l'étau à pied.

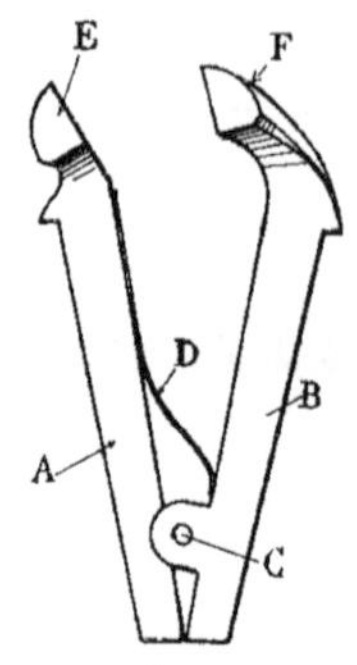

Fig. 127. — Étau à chanfrein.

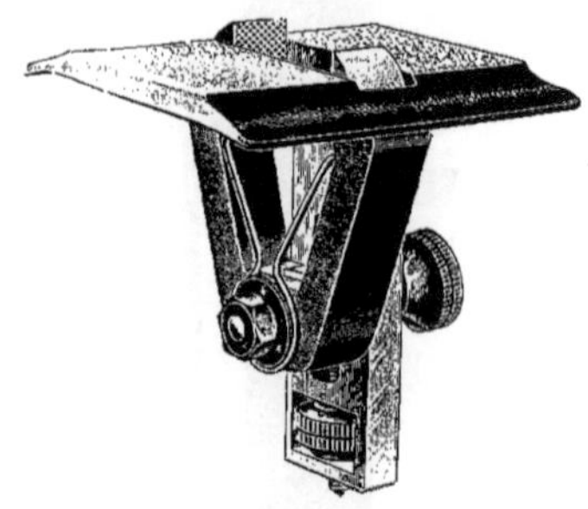

Fig. 128. — Étau complémentaire Kolb. (Forges de Vulcain.)

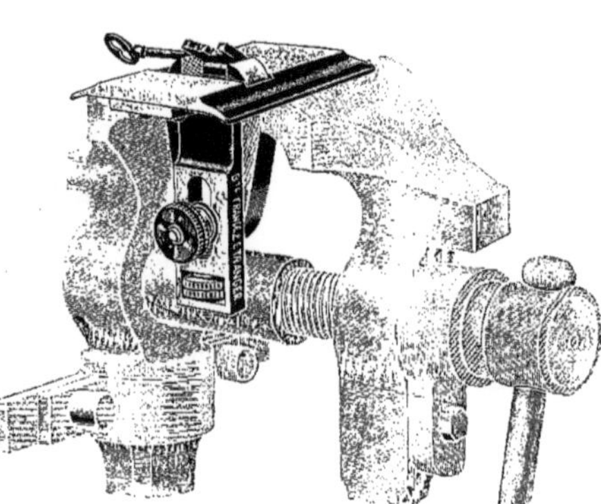

Fig. 129. — Emploi de l'étau complémentaire avec l'étau ordinaire.

L'*étau complémentaire* est un petit étau, permettant le serrage de pièces délicates; on peut le placer entre les branches d'un étau quelconque, de plus grandes dimensions, à l'aide duquel on effectue le serrage.

Un étau ordinaire, pouvant servir à façonner des organes d'assez grandes dimensions, ne peut convenir pour assurer le serrage de petites pièces délicates qui doivent cependant être maintenues pour être travaillées. C'est à l'aide de l'étau complémentaire qu'on serre ces pièces sans les détériorer.

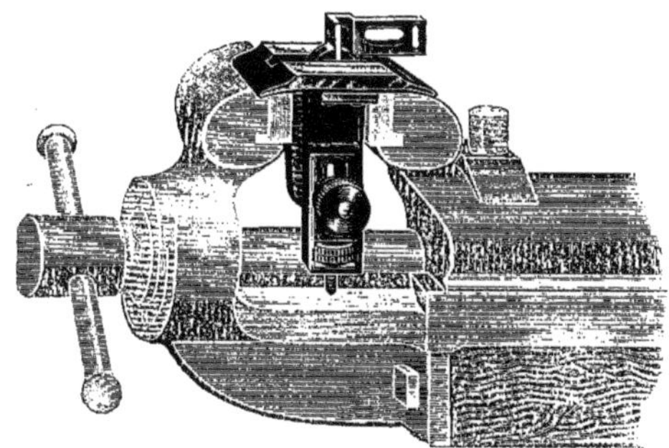

Fig. 130. — Emploi de l'étau complémentaire avec un étau à mors parallèles.

L'*étau complémentaire Kolb,* des Forges de Vulcain, à Paris (Fig. 128) se compose d'un petit étau comportant deux branches, à la partie supérieure desquelles sont taillés des mors à face verticale. L'oscillation de ces deux branches autour d'un axe horizontal permet leur écartement, lequel est assuré par un ressort en fil métallique.

Une plate-forme horizontale est rendue solidaire de ces deux branches par une coulisse verticale munie d'un réglage à vis. Lorsque cette plate-forme repose sur les mors d'un étau ordinaire, on peut, avant serrage, régler la hauteur des mâchoires du petit étau pour l'approprier à la pièce à façonner. Pour cela, on fait tourner le bouton inférieur qui manœuvre la vis de réglage verticale. Cette vis provoque le déplacement de l'axe d'articulation des branches du petit étau, dans le sens vertical. Lorsque la hauteur des mâchoires au-dessus de la plate-forme horizontale est suffisante, on serre le bouton latéral placé au bout de l'axe d'articulation. Ce serrage immobilise la plate-forme par rapport aux mors du petit étau. On n'a donc qu'à faire reposer la plate-forme sur les mâchoires de l'étau ordinaire, à disposer la pièce à serrer entre les mors de l'étau complémentaire et à en effectuer le serrage en manœuvrant la vis du gros étau; les mâchoires de celui-ci, en rapprochant les branches du petit étau, assurent ce serrage.

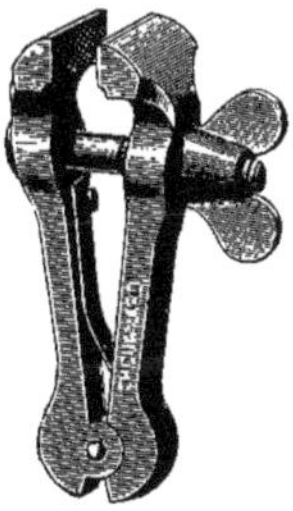

Fig. 131. — Étau à main.

Fig. 132. — Étau à main à mors parallèles avec manche.

Étaux à main Il existe aussi un grand nombre d'autres types d'étaux qui remplacent l'étau à pied dans différents cas spéciaux. Parmi eux on peut citer les *étaux à main* à l'aide desquels on assure le serrage de pièces que l'on travaille en tenant l'étau d'une main et l'outil de l'autre.

L'étau à main (Fig. 131) est semblable, comme forme, à l'étau ordinaire, sauf pour les dimensions qui sont réduites et pour le pied qui est supprimé.

Les deux branches oscillent autour d'un axe, et portent des mors taillés à leur partie supérieure. Elles sont maintenues écartées par un *ressort-lame* et on peut les rapprocher par le serrage d'un *écrou à oreilles* qui est disposé en bout d'une vis. Cette vis a sa tête encastrée dans l'une des branches et disposée de façon que la vis ne puisse pas tourner. En donnant à l'écrou à oreilles un mouvement de rotation, on le visse ou on le dévisse, et comme il appuie sur une des branches de l'étau, il provoque le rapprochement ou l'écartement des branches suivant le sens de son mouvement.

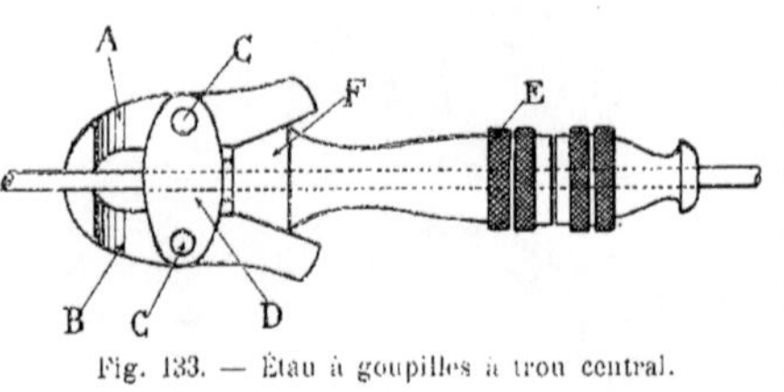

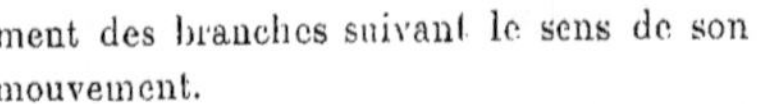
Fig. 133. — Étau à goupilles à trou central.

Les étaux à main sont munis, parfois, de manches. Cette disposition permet de les tenir plus aisément pour effectuer le travail de la pièce qui s'y trouve serrée.

Certains étaux à main sont disposés pour permettre un serrage uniforme quel que soit l'écartement des mors. Pour cela, le mors mobile se déplace parallèlement à lui-même : c'est un étau à *mors parallèles* dont nous trouverons plus loin des exemples comme étau ordinaire.

L'étau à mors parallèles représenté par la figure 132 est muni d'un manche. Une vis solidaire de l'un des mors traverse librement l'autre, et la manœuvre d'un écrou à oreilles permet de rapprocher les deux mâchoires. Pour assurer le guidage du mors mobile et son déplacement parallèlement à l'autre, une tige cylindrique est placée entre les branches de l'étau au-dessous de la vis.

Les petits étaux à main munis d'un manche (Fig. 133) sont, le plus souvent, employés pour façonner des goupilles et pour leur donner la forme et les dimensions appropriées aux trous qui doivent les recevoir. C'est pour cela que ces étaux sont aussi appelés *étaux à goupilles*. Ils portent au milieu de la longueur de chaque mors une petite encoche demi-circulaire, qui sert à orienter et à maintenir la tige métallique servant à faire la goupille. Cette tige se trouve aussi placée dans l'axe longitudinal de l'étau. La partie qui déborde des mors est placée sur un support, l'étau étant disposé horizontalement, et pendant qu'avec la lime on enlève sur la tige la matière qui est en excédent pour atteindre les dimensions voulues, on donne à l'étau que l'on tient avec l'autre main par le manche, un mouvement de rotation alternativement dans les deux sens et en faisant varier la position, de sorte que toute la périphérie de la goupille puisse être travaillée à la lime.

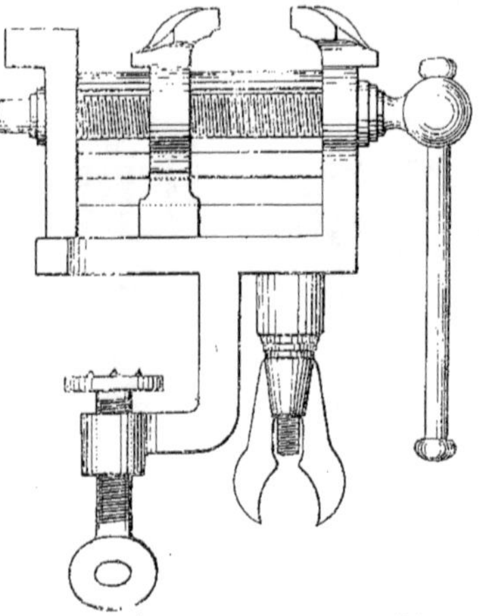

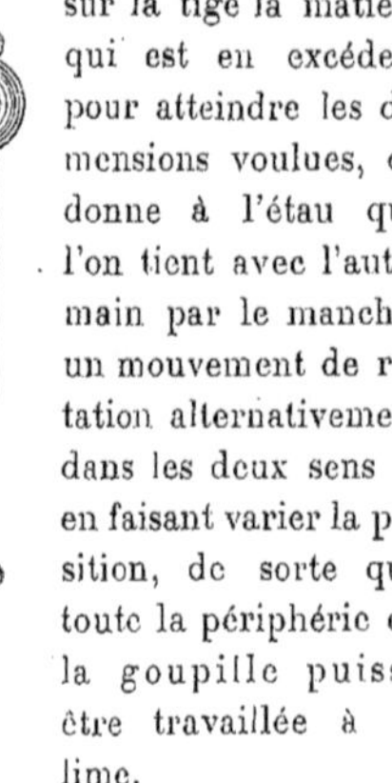

Fig. 134. — Étau à agrafes à mors parallèles.

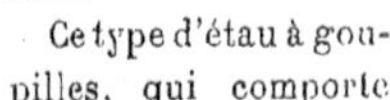

Ce type d'étau à goupilles, qui comporte une vis, ne permet pas de placer entre les mors une tige de grande longueur. Le modèle représenté par la figure 133, est un type américain ; il est disposé pour pouvoir être traversé dans toute sa longueur, y compris le manche. Les mors A et B sont articulés chacun sur un axe C porté par une pièce intermédiaire D.

Un manchon conique F, que l'on peut faire tourner à la main à l'aide d'un moletage pratiqué sur le manche, écarte, au fur et à mesure qu'il s'avance vers le bout de l'étau, les extrémités arrière des deux branches et provoque le serrage des deux mors. La vis dans laquelle se visse le manchon conique et ce manchon faisant corps avec le manche, portent, à leur partie centrale, un trou qui donne passage à la tige à travailler serrée entre les mors.

Étaux à agrafes Ces sortes d'étaux, tout en étant destinés à serrer des pièces de faibles dimensions, diffèrent des étaux à main en ce qu'ils sont munis d'un dispositif qui permet de les fixer sur un établi, une table, une planche, etc., de sorte que l'étau se trouve ainsi immobilisé, et que l'on peut tenir à deux mains l'outil, ou les outils, servant au façonnage.

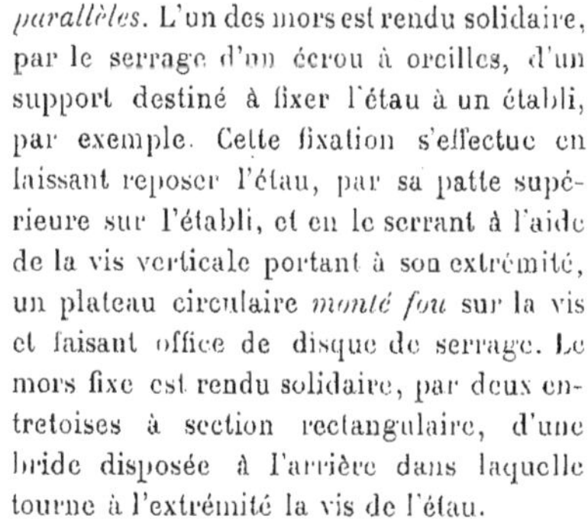
Fig. 135. — Étau à agrafes.

Les types d'étaux à agrafes sont nombreux. L'étau ordinaire (Fig. 135) comporte deux branches d'étau de faible longueur, ayant les mêmes dispositions que celles de l'étau à pied, mais de dimensions beaucoup plus réduites. L'une des branches peut osciller autour d'un axe, et une vis, se mouvant dans la boîte d'étau servant d'écrou, provoque le serrage des mâchoires, tandis qu'un ressort-lame les écarte lorsque l'on manœuvre la vis en sens inverse. La branche fixe de l'étau porte deux pattes. La patte supérieure, formant plate-forme est munie, parfois, de pointes destinées à pénétrer dans le support de l'étau, lorsque celui-ci est en bois. La patte inférieure porte un trou taraudé, formant l'écrou d'une vis que l'on peut manœuvrer à l'aide d'une petite manette. La vis, verticale, est munie à sa partie supérieure d'un disque portant des pointes. Ce disque peut tourner librement à l'extrémité de la vis.

Pour immobiliser l'étau à agrafes sur son support, on le fait d'abord reposer sur ce support par la patte supérieure, puis, en faisant tourner la vis verticale, on bloque le disque denté contre la face inférieure du support, et, par un serrage approprié, on assure la fixation de l'étau.

L'étau à agrafe ordinaire, comme l'étau à pied ordinaire, ne peut donner pour toutes les dimensions de pièces un serrage uniforme, par suite de l'obliquité que prennent les branches, l'une par rapport à l'autre, obliquité qui devient de plus en plus grande au fur et à mesure que la pièce serrée a une dimension plus considérable.

Pour obtenir, avec l'étau à agrafes, un serrage uniforme, quelle que soit la dimension de la pièce, jusqu'à une limite déterminée, on emploie l'étau à *agrafes à mors parallèles*. L'un des mors est rendu solidaire, par le serrage d'un écrou à oreilles, d'un support destiné à fixer l'étau à un établi, par exemple. Cette fixation s'effectue en laissant reposer l'étau, par sa patte supérieure sur l'établi, et en le serrant à l'aide de la vis verticale portant à son extrémité, un plateau circulaire *monté fou* sur la vis et faisant office de disque de serrage. Le mors fixe est rendu solidaire, par deux entretoises à section rectangulaire, d'une bride disposée à l'arrière dans laquelle tourne à l'extrémité la vis de l'étau.

Cette vis, dont la tête forme appui sur le mors fixe, est manœuvrée par une tige cylindrique se mouvant librement à travers cette tête. Le second mors de l'étau, qui se déplace au fur et à mesure que l'on fait tourner la vis vers l'avant ou vers l'arrière, suivant le sens de rotation de cette vis, porte, à mi-hauteur, un trou fileté servant d'écrou à la vis.

Comme ce mors ne peut tourner par suite de son ajustage dans les entretoises qui lui servent de guides, il se déplace lorsqu'on donne à la vis un mouvement de rotation. On construit un certain nombre d'autres modèles d'étaux à agrafes à mors parallèles.

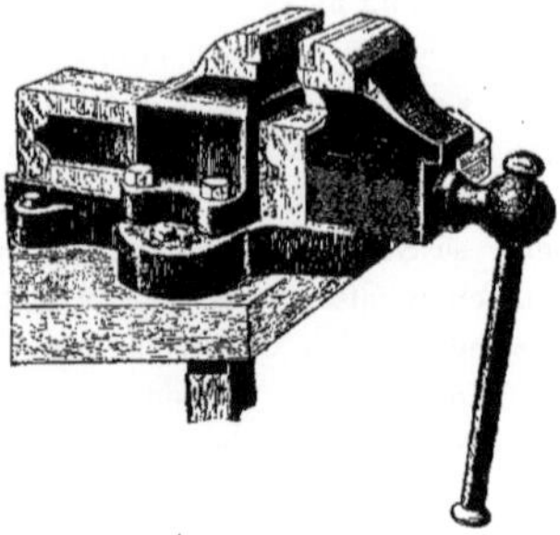

Fig. 136. — Étau parallèle ordinaire fixe.

Étaux parallèles — Les *étaux parallèles* sont destinés à remplacer les étaux à pied, pour le serrage de pièces de dimensions ordinaires, lorsque les dimensions de ces pièces, qui doivent être prises entre les mors, sont toutefois assez importantes pour que l'obliquité des branches de l'étau ordinaire offre un inconvénient au point de vue du serrage.

Il existe une grande variété d'étaux parallèles.

Le type ordinaire comporte un socle (Fig. 136) qui porte des pattes d'attache destinées à fixer l'étau à plat sur un établi. L'un des mors de l'étau est rendu solidaire du socle et demeure, par conséquent, fixe. Il est dégagé, à sa partie inférieure, pour laisser le passage à une pièce de section rectangulaire qui est solidaire du mors mobile et qui sert au guidage de ce mors lors de son déplacement. Le socle porte, masqué par cette pièce, un écrou fixe. Un vis se vissant dans cet écrou appuie, par sa tête, sur le mors mobile, de sorte qu'en serrant la vis, on rapproche les deux mâchoires et qu'en la desserrant, on peut permettre à ces mâchoires de s'écarter.

Dans les étaux parallèles ordinaires, les uns sont fixes, c'est-à-dire qu'ils conservent toujours la position dans laquelle on les a d'abord fixés sur l'établi. D'autres sont disposés de façon à pouvoir être orientés dans tous les sens. Ce sont les *étaux parallèles tournants* (Fig. 137) qui sont munis d'un pivot solidaire d'une plate-forme serrée sur l'établi. Autour de ce pivot peut osciller l'étau, que l'on place ainsi dans toutes les positions convenables. Un dispositif spécial de serrage permet d'immobiliser l'étau lorsqu'il est orienté. Les autres organes de l'étau sont semblables à ceux de l'étau parallèle ordinaire.

Fig. 137. — Étau parallèle tournant.

Un certain nombre d'étaux parallèles comportent une disposition permettant de procéder très rapidement au rapprochement des mâchoires (Fig. 138). Comme la vis de l'étau est filetée à un pas généralement faible, il faudrait la faire tourner pendant un temps assez long pour effectuer le serrage des mâchoires lorsqu'elles se trouvent très écartées. Le dispositif de *serrage instantané*, permet de rapprocher les mâchoires en les poussant l'une contre l'autre, sans se servir de la vis. On parachève le serrage à l'aide de cette vis.

Les dispositifs permettant le serrage instantané sont réalisés de diverses façons, mais en principe, ils sont établis pour que la manœuvre d'une manette ou d'un petit levier que l'on fait osciller, provoque le débrayage de l'écrou et de la vis, les deux organes n'étant plus solidaires, on peut tirer ou pousser l'un des mors que l'on déplace aisément, de façon à l'amener au contact de la pièce à placer entre les mâchoires. On remet ensuite la manette ou le levier dans une position correspondant à l'embrayage de la vis et de l'écrou, et on assure le serrage définitif de la pièce à l'aide de la vis de l'étau à laquelle on imprime un mouvement de rotation.

Fig. 138. — Étau parallèle à serrage instantané.

Le type d'étau représenté par la figure 139 est un *étau parallèle à mors combinés*. Il comporte deux paires de mâchoires : deux des mâchoires destinées à serrer les pièces ordinaires, sont planes et semblables à celles de tous les étaux. Les deux autres mâchoires, diamétralement opposées, ont une forme cintrée, et servent à serrer les tubes que l'on peut avoir besoin de maintenir en vue de leur façonnage. Une vis que l'on manœuvre à l'aide d'une tige passant à travers sa tête, permet de déplacer les deux mâchoires extérieures qui sont faites d'une seule pièce. Les deux autres mâchoires intérieures sont aussi prises dans un même bloc.

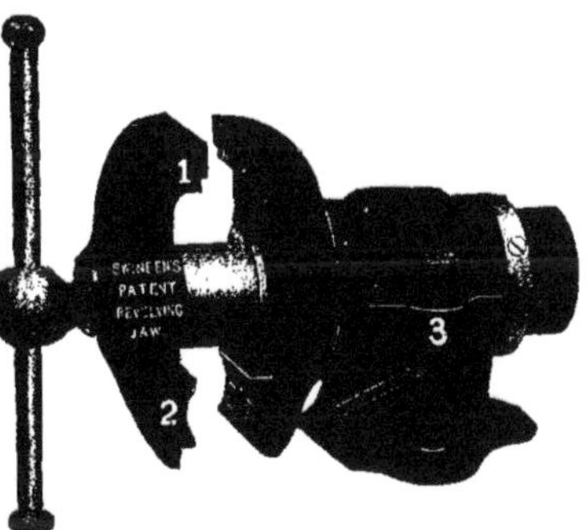

Fig. 139. — Étau parallèle à mors combinés.

Les mâchoires intérieures et les mâchoires extérieures sont orientées de façon qu'elles se présentent toujours bien en face les unes des autres, quel que soit leur écartement. En outre, l'ensemble des mordaches peut osciller dans le bloc fixe de l'étau, de sorte que l'on peut disposer les pièces serrées sous un angle quelconque pour faciliter leur façonnage. Pour permettre l'inclinaison des mors, le bloc fixe, formant palier, est fendu horizontalement suivant l'axe du tourillon et une petite vis rend solidaire les deux parties ainsi formées dans le palier. Lorsqu'on veut orienter les mors de l'étau, on desserre la petite vis : le tourillon tourne alors librement dans le bloc fixe. On place, à la main, les mors de l'étau dans la position qu'ils doivent occuper, puis on serre la vis, qui en rapprochant les deux parties du palier bloque le tourillon et, par conséquent, immobilise les mordaches dans la position qu'on leur a donnée.

On construit encore une grande variété d'étaux, pour la plupart à mors parallèles, destinés à serrer les pièces qui doivent être façonnées sur les machines-outils. On trouvera la description de ces divers étaux, dans une autre partie de cet ouvrage, lors de l'examen de ces machines-outils.

Établis Les divers étaux que nous venons d'examiner, sauf les étaux à main, sont fixés sur un bâti qui a, le plus souvent, la forme d'un meuble et que l'on nomme *établi*.

L'établi de mécanicien (Fig. 140) est une sorte de table en bois, faite, généralement, en hêtre. Elle est constituée par un plateau supporté par quatre pieds.

Le plateau, de grande épaisseur, porte, sur sa face avant, un bloc de bois destiné à assurer la fixation de l'étau. L'étau, nous

Fig. 140. — Établi ordinaire.

l'avons dit, est fixé par une bride, soit carrée, pour un étau qui ne varie pas de position, soit demi-circulaire pour un étau pivotant. Aux deux faces latérales et à la face longitudinale arrière de l'établi, sont fixées des planchettes formant saillie au-dessus du plateau et qui servent à retenir, sur l'établi, les pièces et outils qui y sont déposés. L'établi, tout en servant de support à l'étau, permet de placer, à portée de la main, les outils dont on se sert le plus souvent et les pièces à façonner.

Il est muni d'un tiroir dans lequel se trouve tout l'outillage particulier dont peut avoir besoin l'ouvrier mécanicien; les outils plus spéciaux font partie de l'outillage général que comporte tout atelier un peu important.

Généralement, les établis sont disposés pour recevoir deux étaux : ce sont des *établis doubles* comportant deux tiroirs.

On emploie (Fig. 141) dans certains cas des établis qui diffèrent des établis ordinaires de mécanicien. Ce sont des supports d'étaux constitués par une colonne en fonte solidaire d'une large base, le plus souvent triangulaire. La colonne porte, à sa partie supérieure un plateau métallique rectangulaire sur lequel est fixée la bride d'étau et servant à déposer les outils.

Le socle de l'établi est muni, dans certains types, sur l'une des faces du triangle qu'il forme, soit d'un rouleau, soit de deux galets, permettant de déplacer facilement l'ensemble de l'établi et de l'étau (Fig. 141). Le sommet du triangle opposé aux galets, peut recevoir un *boulon* ou un *tire-fond* servant à immobiliser l'établi sur le plancher de l'atelier.

Il convient qu'un établi soit disposé, d'une façon générale, sur un sol bien aplani jusqu'à 1 mètre ou 1 mètre 50 en avant de lui, pour que l'ouvrier garde toujours une position normale par rapport à la pièce qu'il travaille, quelle que soit, d'ailleurs, l'orientation qu'il peut être obligé de prendre pour la façonner.

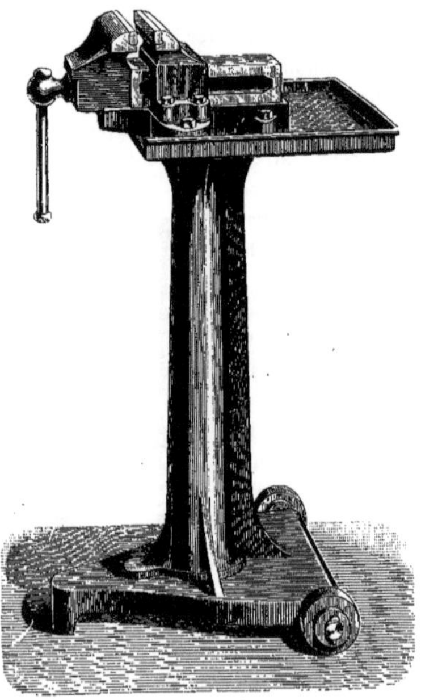

Fig. 141. — Étau monté sur établi roulant.

Il est préférable de disposer en avant de l'établi, pour aplanir le sol, des planches ou des lames de parquet et c'est sur elles que l'on fixe le bloc de bois servant de support ou de crapaudine à la tige de l'étau à pied.

Presses En dehors des étaux, il est d'autres outils servant au serrage des pièces destinées à être travaillées à la main : ce sont les *presses* et les *serre-joints*.

Il existe un certain nombre de modèles de presses servant à des fonctions diverses. Celles qui sont représentées par les figures 142 à 144, sont plus particulièrement utilisées par les ouvriers mécaniciens et sont appelées *presses d'outilleurs*, indiquant ainsi que ce sont des outils de précision.

La presse d'outilleur, dont la figure 142 représente l'ensemble, est une sorte de petit étau amovible, dont la mâchoire fixe A fait corps avec le corps même de la presse qui est

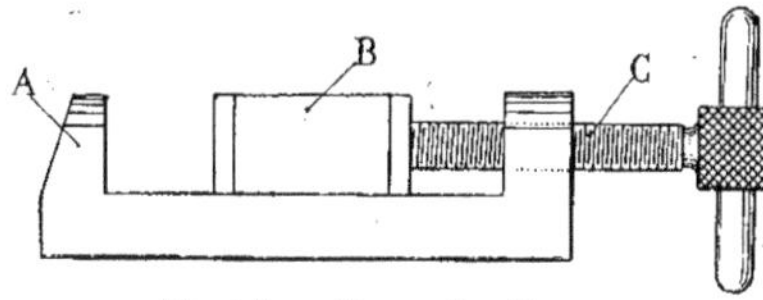

Fig. 142. — Presse d'outilleur.

en forme d'U. La mâchoire mobile B est un bloc qui s'appuie sur le socle lui servant de guide dans son déplacement.

Ce déplacement est provoqué par la manœuvre d'une vis C à laquelle une des branches de l'U sert d'écrou et qui peut tourner, en bout, dans le bloc mobile. La pièce à travailler est serrée entre les deux mâchoires.

Un autre genre de presses d'outilleurs, les *presses Brown et Sharper* sont constituées par deux bras A et B (Fig. 143) reliés par une vis C. Les deux bras ont, à une de leurs extrémités, une forme en bec effilé de façon à pouvoir prendre les pièces à serrer même sous un épaulement. L'un des bras porte à l'autre extrémité un trou taraudé, qui reçoit une autre vis D dont l'extrémité, opposée à la tête, vient appuyer à l'extrémité du second bras.

Pour serrer une pièce, on la place entre les becs des bras que l'on rapproche en manœuvrant la vis centrale C. On complète

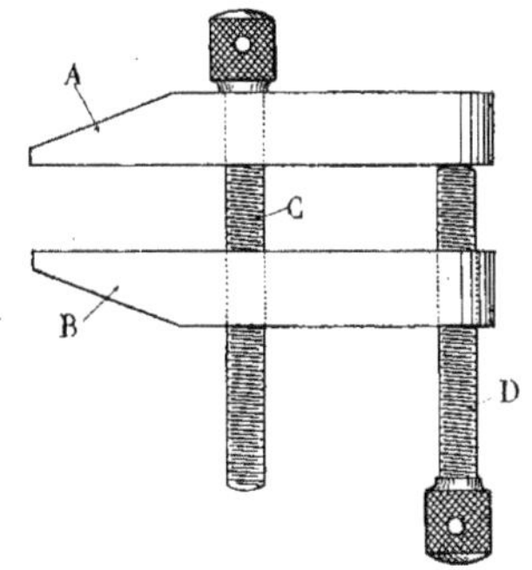

Fig. 143. — Presse d'outilleur Brown et Sharper.

le serrage en bloquant la pièce entre les becs au moyen de la vis D, qui, en tendant à écarter les extrémités opposées des bras, rapproche ces becs et assure l'immobilisation de la pièce serrée.

Les *presses d'outilleurs Billings* (Fig. 144) sont basées sur le même principe que les presses précédentes. La forme et les dimensions sont différentes.

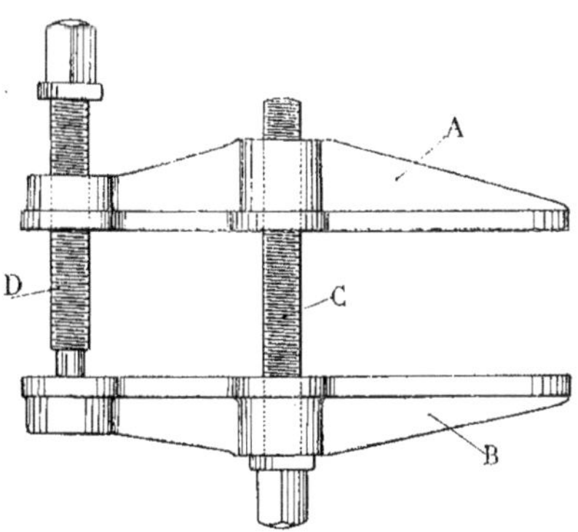

Fig. 144. — Presse d'outilleur Billings.

Serre-joints Les serre-joints sont des sortes de presses de formes spéciales. Ces formes rappellent celles des serre-joints servant aux menuisiers et aux ébénistes à maintenir des planches serrées les unes contre les autres; le nom de serre-joints que l'on a donné à ces sortes de presses vient de cette similitude de formes.

Un serre-joint se compose, en principe, d'un corps A fait en forme de C, dont une branche porte un trou taraudé dans lequel se visse une vis C et dont l'autre branche est munie d'un petit plateau B sur lequel on place la pièce à serrer qui se trouve ainsi immobilisée entre ce plateau et la vis que l'on serre. On interpose, généralement, entre le bout de la vis et la pièce, une cale intermédiaire qui protège cette pièce contre l'empreinte que peut produire le bout de la vis par suite du serrage.

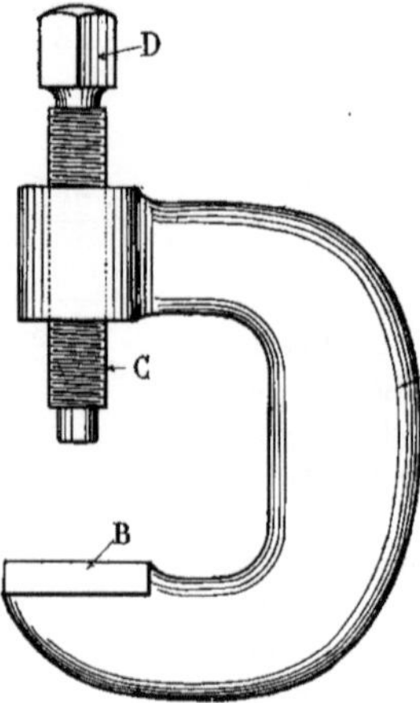

Fig. 145. — Serre-joints.

La tête D de la vis de serrage reçoit des formes diverses. Elle peut avoir une forme carrée, ou être en forme d'anneau, de tête de clef, ou porter des oreilles. L'autre extrémité de la vis par laquelle s'effectue le serrage est souvent disposée pour éviter l'interposition d'une cale; pour cela, une douille termine la vis et cette douille, tournant librement en bout de la vis, porte un petit disque qui prend contact avec la pièce à maintenir et qui ne tourne pas lorsqu'on serre la vis.

CHAPITRE V

OUTILS DE DRESSAGE

LIMES. — TAILLE. — TREMPE.

TYPES DIVERS DE LIMES : à grosse taille, — bâtarde, — demi-douce, — douce, — extra-douce.

LIMES : des une, — plate bâtarde, — à champs arrondis, — demi-ronde, — triangulaire, — carrée, — ronde, — feuille de sauge, — à couteau, — en coin, — à onglets, — pilier, — coudées, — fraiseuses.

MANCHES DE LIMES.

BROSSES A LIMES.

MODE D'EMPLOI DES LIMES.

GRATTOIRS. — GRATTAGE.

BURINS.

BÉDANES.

MARTEAUX.

Outils de dressage — Les outils à main de dressage comprennent les outils, autres que les machines, dont on se sert pour dresser les faces des pièces à travailler. Ces outils sont : les *limes*, les *grattoirs*, les *burins*, les *bédanes*, et il convient d'y ajouter les *marteaux*, qui sont indispensables pour effectuer le dressage à l'aide des burins et des bédanes.

Nous allons examiner successivement chacune de ces catégories d'outils.

Limes — Les *limes* sont des outils portant des petites saillies, formant dents, qui servent à enlever de la matière sous forme de limaille sur les pièces à façonner, et permettent ainsi de dresser les diverses faces de ces pièces.

Les limes sont faites en acier de très bonne qualité. Elles ont une épaisseur plus grande au milieu qu'aux extrémités, doivent être bien droites, être taillées le plus régulièrement possible, et être bien trempées, de façon à posséder une dureté suffisante pour effectuer le travail auquel elles sont destinées.

Les limes ont des formes très variées que nous allons indiquer ci-après, mais quelles que soient leurs formes, les opérations essentielles qu'elles doivent subir sont la *taille* et la *trempe*.

La lime doit, d'abord, être façonnée à la forme qui convient, puis on effectue la taille et on la trempe ensuite.

Taille des limes — La taille, pour la plupart des limes, peut s'effectuer soit à la main, soit à la machine. Cette opération consiste à disposer, sur toute la surface de la lime, un réseau de stries qui forment, en s'entrecroisant, une série d'aspérités, lesquelles rabotent le métal que l'on soumet à l'action de la lime.

Pour effectuer à la main la taille d'une lime, on emploie un burin approprié.

La lime est immobilisée et repose sur un support en plomb, destiné à amortir les chocs provoqués par les coups de marteau donnés sur le burin à tailler. On incline le burin d'environ 45 degrés, du côté opposé à l'opérateur, par rapport à une ligne verticale; en outre, la tranche du burin est inclinée par rapport à l'axe même de la lime, de façon que les stries soient obliques par rapport à cet axe.

On prend le burin entre le pouce, l'index, et le majeur, puis on frappe sur lui après l'avoir placé dans la position que nous venons d'indiquer. On imprime ainsi, en travers de la lime, un petit sillon qui fait une faible saillie du côté de l'opérateur, par la position même que l'on donne au burin C'est cette saillie qui est utilisée comme *guide* et comme *repos* pour tailler la strie suivante, en déplaçant successivement le burin, en l'avançant vers soi, et en s'appuyant, au fur et à mesure, sur la saillie déterminée par la strie précédente, on arrive à faire sur la lime une succession de rainures parallèles qui se trouvent également espacées.

La pratique et l'habileté de l'ouvrier qui taille les limes interviennent, pour une large part, dans la régularité de l'opération de la taille, laquelle s'effectue, avec un peu d'expérience, d'une façon très rapide.

Cette opération offre d'autant plus de difficultés que le grain de la taille est plus fin. On l'exécute en graissant légèrement la lime avec de l'huile.

Lorsque la première série de stries est achevée, on enlève les bavures, puis on en refait une seconde série qui croise la première, en opérant de la même façon. La lime se trouve alors prête à être trempée.

La taille à la main exige, des ouvriers qui la pratiquent, une grande dextérité et une grande habileté pour que les efforts, transmis par le marteau au burin qui entame la lime, restent toujours constants et donnent une taille régulière. Il est donc naturel que l'on ait songé à remplacer la taille des limes à la main, par la *taille mécanique*, qui peut procurer toute la régularité désirable.

Les machines à tailler les limes comportent, en principe, un mécanisme qui réalise, par des chocs successifs obtenus automatiquement, les stries en travers de la lime. D'autre part, le déplacement nécessaire à l'obtention des stries parallèles s'effectue en faisant avancer la lime, le mécanisme de taille restant dans une position constante. Cet avancement réalisé mécaniquement au moyen d'une vis qui reçoit un mouvement de rotation de vitesse appropriée et d'un écrou solidaire du plateau supportant la lime, est parfaitement régulier; les stries ont, de la sorte, entre elles un écartement constant, ce qu'il est toujours plus difficile d'obtenir par la taille à la main, surtout lorsqu'il s'agit d'une taille à stries très rapprochées.

Les limes qui, par suite d'un travail prolongé, ont perdu leurs qualités, sont usées, et ne *mordent* plus sur le métal, peuvent être remises en bon état de fonctionnement. Pour cela, on les *retaille*, en les soumettant à un traitement semblable à celui des limes neuves; on les passe d'abord au feu pour les détremper et les recuire, puis on procède à la taille de la façon que nous avons indiquée et on les trempe ensuite.

Trempe des limes La seconde opération importante à faire subir à la lime après la taille est la *trempe*.

Les limes doivent être trempées très dur. Le mode de trempe diffère suivant que les limes sont faites soit en acier fondu soit en acier chromé. Nous avons dit précédemment que pour effectuer la trempe des aciers durs, parmi lesquels on peut ranger l'acier chromé, il ne faut pas chauffer l'outil à une trop haute température. Cette température doit être strictement observée, et est généralement indiquée par le fournisseur pour chaque qualité de métal.

Pour les limes en acier non spécial, il faut, pour obtenir une trempe très énergique, employer un bain très réfrigérant. On en effectue donc généralement la trempe dans l'eau salée, ou dans l'eau contenant du *sel ammoniac*. On a le soin, avant de placer la lime dans le feu en vue de la trempe, de la recouvrir d'un enduit qui a pour objet de préserver les dents taillées contre l'action du feu.

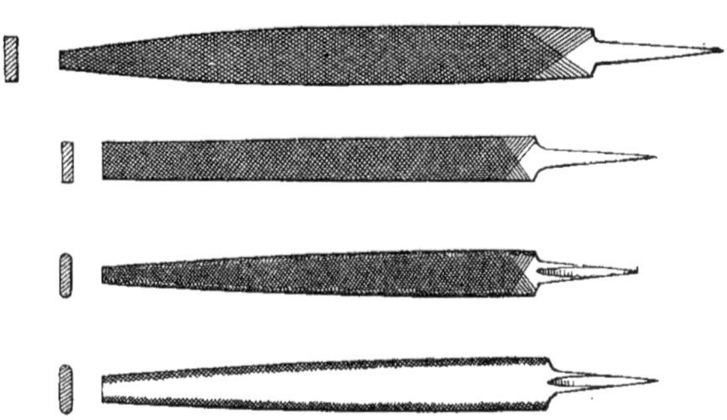

Fig. 146 à 149. — Lime des une. — Lime plate bâtarde. — Lime plate pointue à champs arrondis. — Lime à champs seuls taillés.

Types divers de limes

Les nombreux types de limes, qui diffèrent surtout par leur forme, peuvent être classés en six catégories suivant le degré de finesse de la taille. En descendant de la plus grosse taille à la plus fine, on trouve les limes à *grosse taille*, les limes *bâtardes*, les *demi-bâtardes*, les *demi-douces*, les *douces* et les *extra-douces*.

D'une façon générale, les dimensions des limes sont d'autant plus importantes que la taille est plus grosse. Comme, d'autre part, les limes se vendent souvent en paquets, enveloppées dans des tresses de paille, le paquet contient un plus ou moins grand nombre de limes suivant que ces limes ont des dimensions plus ou moins importantes. Il en résulte donc que moins le paquet contient de limes, plus la taille est grosse, et c'est cette particularité qui a été utilisée pour désigner le *grain* de quelques catégories de limes.

La lime qui a la plus grosse taille et qui a été appelée longtemps, assez improprement, dans un grand nombre d'ateliers, *lime d'Allemagne*, forme à elle seule un paquet. On la désigne pour cela, assez souvent par l'expression *lime des une*, ce qui veut dire lime de *une* au paquet.

Cette lime est plate (Fig. 146), légèrement plus épaisse, au milieu de sa longueur, d'une largeur plus faible à l'extrémité qu'au milieu, et munie, à l'autre extrémité, d'une partie pointue destinée à recevoir le manche.

Une autre lime de une au paquet, dont la taille est encore plus grosse que la lime précédente, est le *carreau*, qui est peu utilisé dans les ateliers de mécanique et qui sert, surtout, à dégrossir les pièces en enlevant beaucoup de matière. Le carreau a une section carrée, mais les dimensions de ce carré sont plus grandes vers le milieu que vers les extrémités.

Les limes de *deux au paquet*, appelées *limes des deux*, et celles de *trois au paquet*, nommées *limes des trois*, ont une taille plus fine. Ce sont les limes *demi-bâtardes* et *bâtardes* (Fig. 147).

Si on considère le nombre des stries effectuées par chaque centimètre pour donner la taille à ces limes, on trouve que le *carreau* en possède de 4 à 5, la *lime des une* de 6 à 7, *la lime des deux* de 7 à 9, la *lime des trois* de 9 à 11. Après les limes bâtardes viennent, au point de vue du grain de taille, les *limes demi-douces,* qui possèdent environ de 13 à 15 stries par centimètre; puis les *limes douces* qui en ont de 16 à 18 et les limes *extra-douces* qui en ont un bien plus grand nombre.

Chacune de ces sortes de limes est employée pour effectuer un travail bien déterminé, qui est, évidemment, de plus en plus précis et fini, au fur et à mesure que la taille devient plus serrée.

Les diverses formes données aux limes sont également appropriées à la forme des pièces à façonner, la taille pouvant, d'ailleurs, varier de grosseur indépendamment de ces formes spéciales.

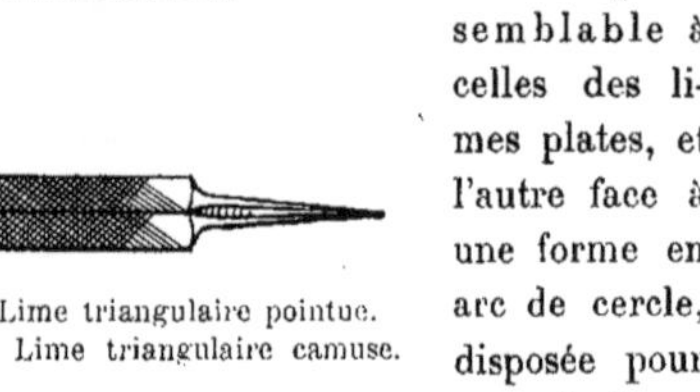

Fig. 150 à 153. — Lime demi-ronde. Lime triangulaire pointue. Lime triangulaire largeur constante. Lime triangulaire camuse.

Voici, au point de vue de la forme, les principales limes qui sont utilisées dans les ateliers de mécanique.

En dehors de la lime plate, des une à grosse taille, que nous venons d'examiner (Fig. 146) et qui a une forme un peu effilée, on trouve la lime plate bâtarde qui a la même largeur sur toute sa longueur (Fig. 147).

La lime plate pointue peut avoir les champs arrondis (Fig. 148) ainsi, d'ailleurs, que la lime plate à largeur constante. Ces limes sont utilisées lorsque les pièces à façonner possèdent des arrondis qu'il faut conserver et que le champ plat de la lime pourrait entamer pendant l'opération de dressage.

Les limes plates possèdent le plus souvent des champs plats, et sur les deux champs, un seul est, généralement, taillé. Le second reste lisse, de sorte que lorsqu'on est obligé de limer dans un coin d'une pièce, on peut, soit se servir du champ taillé pour enlever de la matière sur les deux côtés perpendiculaires de cette pièce, soit du champ non taillé dans le cas où l'un des côtés ne doit pas être entamé.

On trouve aussi des limes plates qui ne sont taillées que sur les champs seulement (Fig. 149) ces champs étant arrondis. Ces limes sont d'un emploi tout spécial et destinées principalement aux façonnages des mortaises.

La lime *demi-ronde* (Fig. 150) possède une face plane semblable à celles des limes plates, et l'autre face à une forme en arc de cercle, disposée pour pouvoir limer dans les parties arrondies et cintrées des pièces à travailler.

La *lime triangulaire* (Fig. 151) a une section en forme de triangle. Dans le sens de la longueur, cette lime peut avoir plusieurs formes. Elle est soit pointue, soit d'une largeur égale sur toute sa longueur (Fig. 152).

Ce dernier type porte parfois un chanfrein à l'extrémité : on la nomme alors *lime triangulaire camuse* (Fig. 153).

La lime triangulaire est appelée communément dans les ateliers *tiers-point,* ou encore *lime trois-quarts.*

Elle sert à façonner des pièces de formes spéciales comportant des angles ou des rainures. En outre, on l'emploie surtout pour affûter les dents des lames de scie. Ces lames de scie sont trempées, mais on leur donne un revenu qui diffère suivant l'usage que l'on doit faire de la scie, et le revenu est d'autant plus poussé vers le bleu que la lame est destinée à entamer de la matière moins dure. Les lames de scies à bois sont, de la sorte, plus *revenues* et moins dures que les lames de scies à métaux. Pour affûter les lames de scies à bois, on emploie des tiers-points en acier fondu, ne comportant généralement qu'une seule taille, et pour affûter les lames de scies à métaux, on emploie des tiers-points à deux tailles et faits, le plus souvent, en acier chromé, afin qu'ils possèdent la dureté nécessaire pour limer la lame de scie.

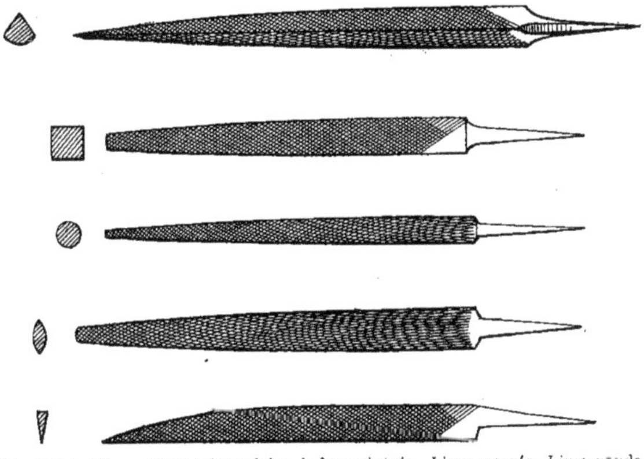

Fig. 154 à 158. — Lime triangulaire à face cintrée. Lime carrée. Lime ronde. Lime à feuille de sauge. Lime à couteau.

Une lime triangulaire de forme spéciale (Fig. 154) comporte deux faces planes et la troisième a une forme circulaire, de sorte que cette lime peut, à la fois, être utilisée comme tiers-point avec ses deux faces planes, et comme lime demi-ronde en utilisant sa face courbe. Une telle lime peut être utile dans une trousse de monteur pour remplacer, avec un moindre poids et un moindre volume, plusieurs limes spéciales.

La *lime carrée* (Fig. 155) a une section de forme carrée, mais les dimensions de cette section diminuent depuis le milieu de la lime jusqu'à son extrémité. La lime carrée est, en effet, généralement pointue. Elle est utilisée pour dresser les faces d'un trou carré ou rectangulaire.

La *lime ronde* (Fig. 156) a une section circulaire. Elle est également pointue et sert à agrandir ou à rectifier la position des trous ronds. On lui donne couramment, dans les ateliers, le nom de *queue de rat*.

On emploie aussi des limes à section ovale dans certains cas spéciaux : ce sont les *queues de rat ovales*.

En dehors de ces limes usuelles, il en existe encore un grand nombre d'autres spéciales qui ont également leur utilité dans quelque cas particuliers.

La *lime feuille de sauge* (Fig. 157) a ses deux faces cintrées et permet d'enlever de la matière sur des courbes à grands rayons.

La *lime d'entrée* est une petite lime plate et pointue servant à donner de l'entrée à un trou ayant des angles vifs ou à une mortaise. Elle a, pour cette raison, une très faible épaisseur.

La *lime à couteau* (Fig. 158), que l'on nomme aussi *lime à refendre*, a une forme spéciale rappelant celle d'un couteau. Elle est effilée vers son extrémité, et sa section est un triangle isocèle dont un des côtés a une très petite dimension par rapport à celles des deux autres.

Une lime à même section, mais ayant une largeur uniforme sur toute sa longueur, est appelée *lime en coin* (Fig. 159). Ces limes permettent de dresser, dans une pièce, des faces formant entre elles des angles très aigus.

Une autre lime plate nommée *lime à onglets* (Fig. 160), a une section en forme de parallélogramme, c'est-à-dire que les champs ne forment pas avec les faces de la lime des angles droits. Ces limes sont utilisées pour enlever de la matière sur une face, sans toucher à une autre face de la pièce qui peut être disposée à angle droit, par exemple. Des limes de même forme, mais extra-douces, sont employées par les horlogers, qui les appellent *limes à pivots*. Elles servent à dresser les portées des pivots sans toucher à la partie circulaire de ces pivots et à les polir, ceux-ci étant montés sur un petit tour.

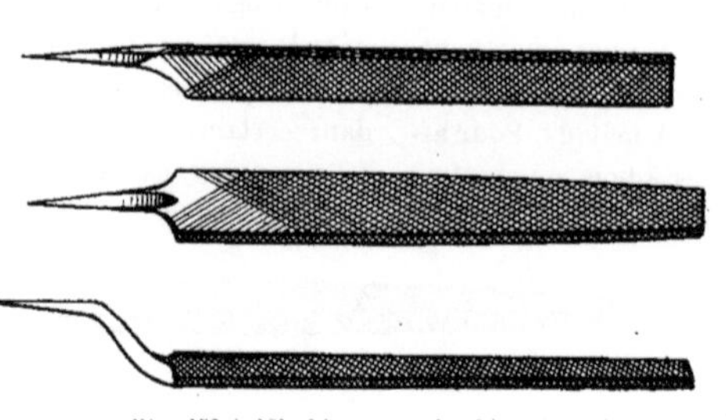

Fig. 159 à 161. Lime en coin. Lime à onglets. Lime coudée.

La *lime pilier* est une lime plate, mince, de peu de largeur, cette largeur restant constante d'un bout à l'autre de la lime.

La *lime barrette droite* a une section en forme de triangle à large base, ce qui lui donne une faible épaisseur.

Les *limes barboches* sont des limes demi-rondes spéciales, servant, généralement à l'affûtage des lames de scies à bois et ne comportant qu'une taille.

On emploie aussi des *limes coudées* lorsque la surface à dresser a une grande dimension. Cette lime (Fig. 161) ne diffère des limes ordinaires que par la forme relevée que l'on donne à son extrémité recevant le manche.

La lime se trouve ainsi coudée à cette extrémité d'une quantité suffisante pour que le manche, et la main qui le tient, puissent sans inconvénient, se trouver au-dessus du plan de la surface à dresser pendant le travail de dressage.

On a établi des *limes fraiseuses* (Fig. 162) qui se différencient des limes précédentes par la forme donnée aux stries constituant la taille. Ces stries, au lieu d'être droites, comme dans les limes ordinaires et d'être inclinées par rapport aux bords de la lime, sont circulaires et disposées symétriquement par rapport à la largeur de la lime.

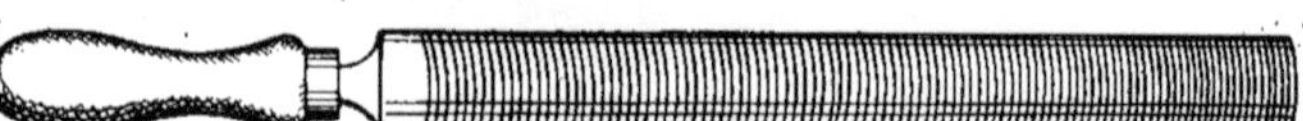

Fig. 162. — Lime fraiseuse.

Ces limes enlèvent plus de matière que les autres et s'encrassent moins facilement.

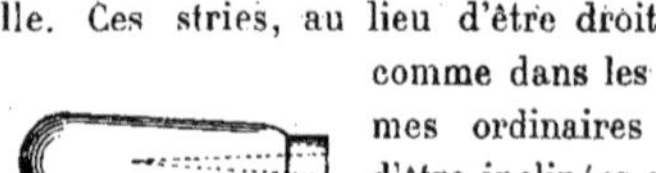

Fig. 163 et 164. — Manche de lime en poire. Manche de lime droit.

Manches de limes

Les manches de limes se font en bois. Ils ont généralement deux formes, soit *en poire* (Fig. 163), soit *droits* (Fig. 164). Les manches droits servent, le plus souvent, pour les limes de grandes dimensions et comportent un fort *arrondi* à leur extrémité ; les manches en poire se placent sur les limes plus petites, mais cette règle n'a rien d'absolu, car le manche droit est presque actuellement le seul employé, quelle que soit la dimension de la lime.

Il importe avant tout, en dehors de la question de forme, que le manche soit bien lisse et n'offre aucune aspérité, pour éviter pendant le travail des froissements de la peau et la formation d'*ampoules* dans le creux de la main. Les manches de limes sont munis de viroles en fer du côté de la lime, qui ont pour objet de consolider ces manches et de les empêcher de se fendre lorsqu'on emmanche la lime.

Fig. 165. — Ouvrier démanchant la lime. Fig. 166. — Ouvrier emmanchant la lime.

Pour placer le manche à une lime, ce que l'on nomme, en terme d'atelier, *emmancher une lime*, il convient de prendre quelques précautions. Il faut, d'abord, que le trou fait dans le manche pour recevoir la queue pointue de la lime, soit approprié à la dimension de la lime. Il doit suffire de donner quelques petits coups sur ce manche pour l'enfoncer d'une quantité qui lui permette de tenir solidement. Il faut éviter de frapper trop fort sur le manche pour le mettre dans sa position, car les plats que l'on pourrait ainsi créer sur le bois provoquent la formation d'*ampoules* dans la main lorsqu'on se sert de l'outil. En outre, on peut, en frappant trop fort, ou casser la queue de la lime, ou fendre le manche.

Il est nécessaire aussi que la queue de la lime pénètre presque en entier dans le manche. Une lime insuffisamment emmanchée peut se rompre à son extrémité recevant le manche à la suite d'un effort un peu supérieur à l'effort normal. De plus, pendant le travail, la lime risque de sortir de son manche, ce qui peut être dangereux.

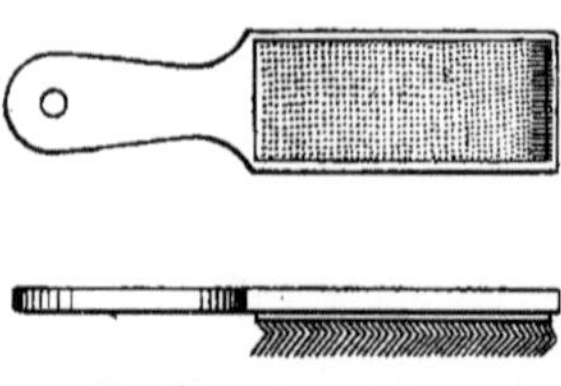

Fig. 167. — Brosse à lime.

Pour ôter le manche d'une lime, la *démancher*, on tient, d'une main, cette lime par le manche, et avec l'autre main on frappe à petits coups répétés sur l'extrémité du manche du côté de la lime, à l'aide d'un marteau et d'un objet quelconque. La lime se sépare ainsi du manche. On peut aussi, en tenant le manche de la lime avec une main et la lime avec l'autre, présenter la lime verticalement entre les mors d'un étau, le manche en haut, et cogner doucement la partie inférieure du manche contre l'étau. La lime en se séparant du manche reste dans une main, tandis que le manche reste dans l'autre.

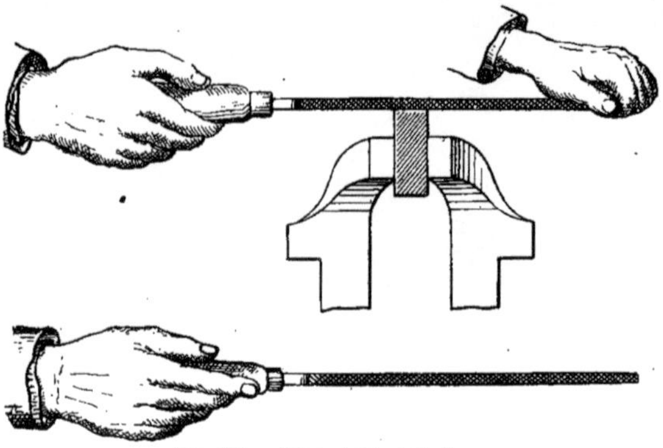

Fig. 168. — Bonne tenue de la lime.
Fig. 169. — Mauvaise tenue de la lime.

Brosses à limes Les limes, et principalement celles qui ont des tailles fines, comme les limes demi-douces et les limes douces, s'encrassent quelquefois. La limaille que l'on enlève sur le métal travaillé, reste, en effet, en partie dans les stries et provoque, sur la face que l'on lime, des rayures, parfois profondes, qui nuisent à l'aspect et à l'utilisation de la pièce. Il faut donc, aussitôt que l'encrassement se produit, y remédier en ôtant les grains de limaille qui restent enfoncés entre les dents de la lime. Pour cela, on se sert de *brosses à limes*. Ces brosses (Fig. 167) sont constituées par une bande de *carde* semblable à celles que l'on emploie dans les filatures, montée sur une planchette en bois munie d'une poignée. La bande de carde se compose d'une série de dents métalliques formées par des brins de fil de fer fin, qui sont supportés par une bande de cuir. Les brins sont plantés verticalement dans le cuir ou, parfois, sont obliqués à leur extrémité pour mieux résister à l'opération du brossage. La bande de cuir supportant le peigne est fixée sur la planchette assez souvent des deux côtés, soit par collage, soit à l'aide de clous.

Pour enlever la limaille restée entre les dents de la lime, on passe, à diverses reprises, la brosse sur les deux faces de la lime en suivant la direction des stries. Les brins métalliques de la brosse, dans ces mouvements, entraînent les grains de limaille qui peuvent y être engagés. Lorsque l'adhérence de ces grains est trop forte pour qu'ils puissent être enlevés par un brossage, on emploie une pointe à tracer pour décrasser les stries de la lime ou encore une mince plaque de métal peu dur, comme le cuivre ou le laiton.

Fig. 170-171. — Les deux positions de l'ouvrier croisant le trait à la lime.

L'encrassement des limes se produit surtout lorsqu'on travaille un fer *pailleux*. Pour y remédier, on verse quelques gouttes d'huile sur la lime ou sur la pièce à travailler. Lorsqu'il s'agit d'une lime à polir, l'huile empêche non seulement l'encrassement de se produire, mais encore facilite le polissage. Lorsqu'on ne veut pas employer de l'huile, on peut éviter les encrassements des limes douces en les frottant, avant de s'en servir, avec du blanc, de la *craie*.

Mode d'emploi des limes. Avant de se servir d'une lime, il convient d'abord, de vérifier sa rectitude et son emmanchement. Nous savons comment doit être monté son manche; quant à sa rectitude, on la vérifie en la *visant* à l'œil : on voit immédiatement si la lime est droite; si elle ne l'est pas, si elle est tordue ou gondolée il faut la rejeter.

La lime à grosse taille et la lime bâtarde, servant à enlever de la matière, doivent être tenues le manche dans la main droite, et la main gauche placée à l'autre extrémité de la lime. Le manche doit être bien enveloppé avec tous les doigts, le pouce étant placé longitudinalement au-dessus, et il doit être bien maintenu dans la paume doigts rabattus, serrant le bout de la lime.

La pièce ayant été serrée dans l'étau de façon que la face à dresser se présente le plus possible horizontalement, on donne à la lime une série de mouvements de va-et-

Fig. 172 — Croisement du trait à la lime (1re position).

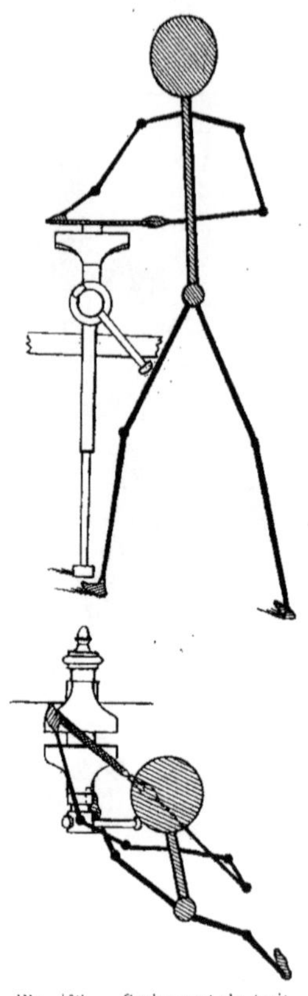

Fig. 173. — Croisement du trait à la lime (2e position).

de la main (Fig. 168). Il faut éviter de placer l'index le long du manche (Fig. 169). C'est une mauvaise tenue qui diminue l'effort que l'on peut donner à l'outil.

La main gauche, qui est placée sur l'extrémité de la lime opposée au manche, doit reposer par la paume sur cette extrémité, le pouce étant en travers et les quatre vient qui enlèvent, à chaque passe, un peu de matière sous forme de limaille.

Pour limer convenablement et avec la moindre fatigue, on doit tenir le corps légèrement penché en avant et appuyé sur la jambe gauche qui doit être un peu pliée (Fig. 172). Le pied gauche est placé contre le pied de l'étau ; le pied droit se trouve écarté en arrière de 50 à 60 centimètres; la jambe droite est maintenue sensiblement tendue. La lime doit être poussée dans toute sa longueur, mais le mouvement du corps doit être très faible, tandis que les bras doi-

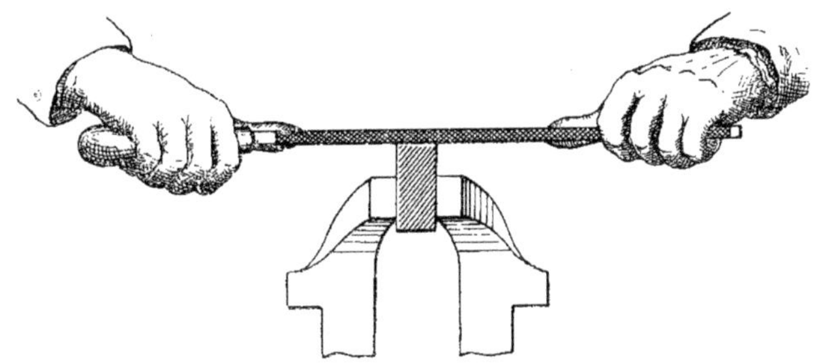

Fig. 174. — Tenue de la lime pour tirer de long.

vent donner à la lime la plus grande partie de son déplacement.

La face plane dressée à la lime ne doit pas être limée toujours dans le même sens, car les petites ondulations que l'on peut donner à la lime pendant le travail produisent de légères saillies qui se trouvent rectifiées lorsqu'on *croise le trait*. Pour croiser le trait à la lime, on se place alternativement dans des directions différentes par rapport à la pièce qui reste fixe. Il faut donc se placer d'abord à la gauche de l'étau, par exemple, et limer obliquement par rapport à la pièce; puis, après avoir limé dans cette direction sur toute la surface à dresser, on se place à droite de l'étau et on lime également sur toute la surface de la pièce dans une autre direction oblique, qui coupe la première sous un certain angle. Les traits marqués par la lime sur la surface travaillée se croisent suivant cet angle. Ce sont les *traits croisés*, qui permettent de faire disparaître les petites imperfections provenant des ondulations de la lime pendant le travail.

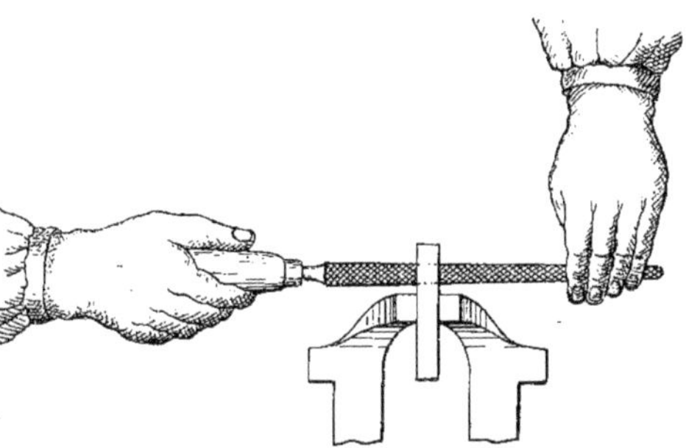

Fig. 175. — Tenue de la lime queue de rat.

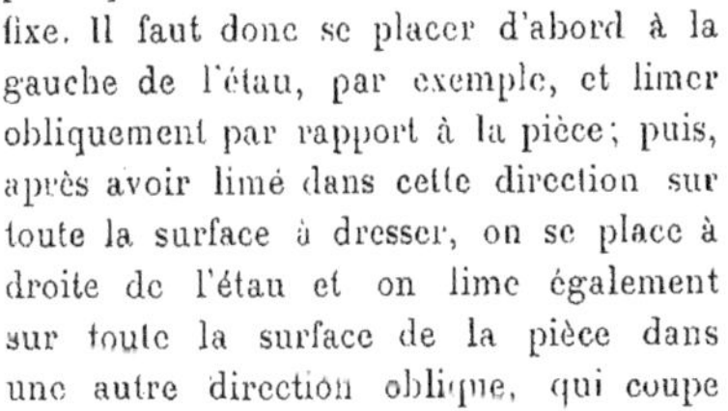

Pour *dégrossir la pièce* que l'on façonne, on se sert de la lime à grosse taille que l'on emploie ainsi que nous venons de l'indiquer. Au fur et à mesure que l'on s'approche de la dimension que l'on veut obtenir, on travaille la pièce avec une lime de grains de plus en plus fins. C'est ainsi qu'après la *la lime des une*, on continue le dressage à l'aide de la *lime bâtarde;* puis, on se sert de la *lime demi-douce* et de la *lime douce*. Avec ces diverses limes, on a le soin de croiser toujours les traits, et la surface du métal travaillé devient ainsi de plus en plus polie.

Les limes autres que celle à grosse taille, laquelle a pour fonction d'enlever de la matière, et qui ont pour but de donner successivement à la surface travaillée un aspect de plus en plus *fini,* se manœuvrent de la même façon que la *lime des une.* La tenue de ces limes doit être la même, au moins quant à

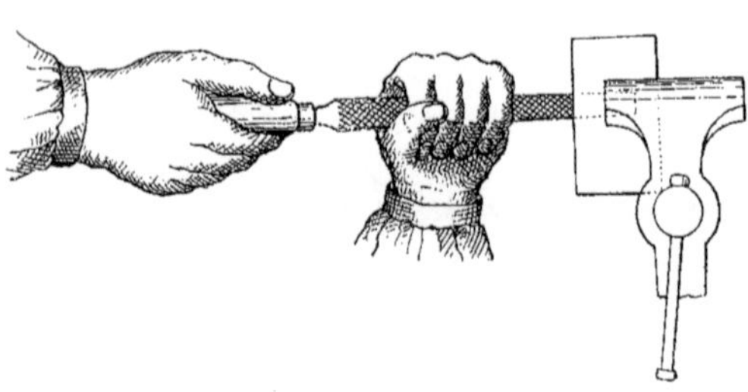

Fig. 176. — Tenue d'une lime travaillant dans un trou borgne.

la main droite qui doit toujours être placée dans la même position. La main gauche, par contre, peut reposer la paume à plat sur l'extrémité de la lime, laquelle n'a pas besoin d'être maintenue aussi solidement que la lime à dégrossir, puisqu'elle n'a pas une grande quantité de matière à enlever.

Dans certains cas, on ne se contente pas de polir la surface de la pièce en croisant les traits à la lime douce. On procure à cette surface un aspect régulier en donnant à tous

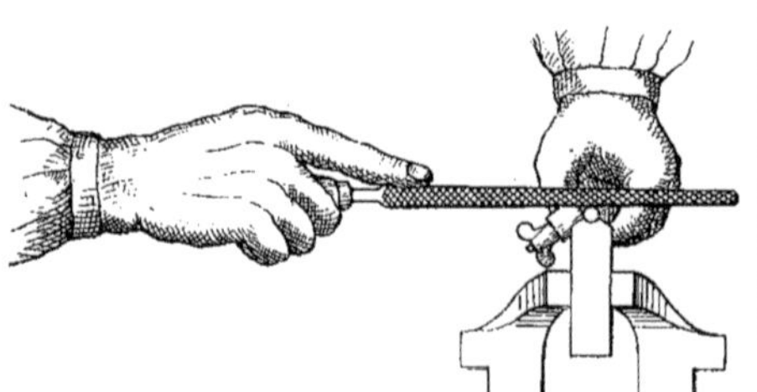

Fig. 178. — Tenue d'une lime à goupilles.

les traits des directions parallèles suivant la plus grande dimension de la pièce. C'est ce que l'on appelle *tirer de long.* Pour *tirer de long* (Fig. 174) on se sert d'une lime très douce que l'on manœuvre d'une façon toute différente de la façon ordinaire que nous avons indiquée plus haut. La lime à tirer de long est prise solidement entre les deux mains placées chacune à une extrémité, les deux pouces étant allongés le long du champ de la lime. La lime est déplacée non pas en la poussant dans le sens de sa longueur, mais parallèlement à elle-même et dans son sens transversal. On la promène ainsi sur la pièce serrée à l'étau et dans le sens de la longueur de cette pièce. Il faut avoir soin, en tirant de long, de verser, de temps à autre quelques gouttes d'huile, soit sur la lime, soit sur la pièce, pour obtenir une surface bien

Fig. 177. — Tenue d'une lime coudée.

polie et d'un aspect agréable à l'œil.

Certaines limes spéciales doivent être tenues de façons particulières. La lime ronde, ou *queue de rat,* et, en général, les limes de faibles sections doivent être tenues délicatement de la main gauche sans trop appuyer sur elles, de crainte de les casser (Fig. 175). La main droite, cependant, doit toujours être disposée de la même façon pour tenir le manche.

Lorsqu'on se sert d'une lime destinée à travailler soit dans une rainure, soit dans un trou (Fig. 176) sans qu'elle puisse passer au delà et être saisie à son extrémité, on utilise, pour le travail, l'extrémité de la lime sur laquelle s'appuie ordinairement la main gauche;

il est donc nécessaire de tenir la lime autrement. On tient le manche d'une manière toujours semblable avec la main droite, mais on place la main gauche un peu en avant de la main droite, en saisissant la lime à pleine main, et on lui donne un mouvement de va-et-vient de course nécessairement limitée, mais cependant suffisante pour effectuer le travail.

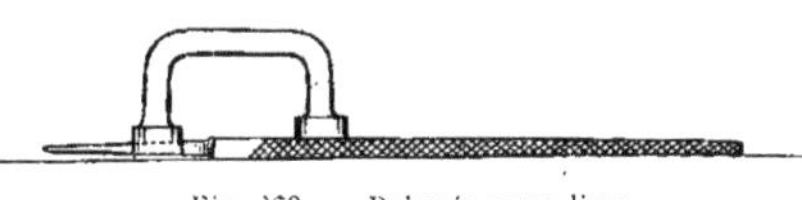

Fig. 179. — Poignée pour lime.

Lorsque la lime sert à travailler une goupille, comme la main gauche est utilisée pour tenir l'étau à main dans lequel se trouve serrée cette goupille, la lime n'est plus tenue que par la main droite (Fig. 178). On allonge alors l'index le long de la lime pour lui donner un appui suffisant, les autres doigts de la main droite serrant le manche de la lime. Dans ce cas, la goupille est appuyée sur un support serré entre les mors de l'étau et comportant une petite encoche demi-circulaire qui oriente la goupille et la maintient pendant qu'on la travaille, en donnant à l'étau à main dans lequel elle est serrée, des mouvements alternatifs de rotation.

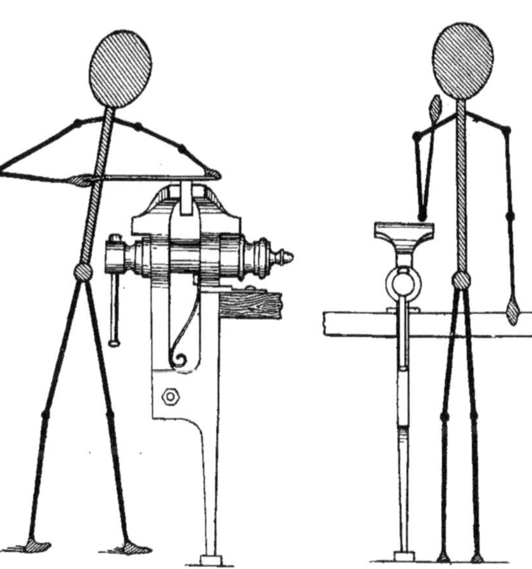

Fig. 180 et 181. — Étau trop haut. — Bonne hauteur d'étau.

Pour dresser à la lime de grandes surfaces, comme celle d'un marbre, d'un banc de tour, ou d'un bâti de machine, il est nécessaire d'employer une lime coudée, de façon que la main droite tenant la lime puisse, dans le mouvement de va-et-vient qu'on lui imprime, passer très librement au-dessus de la pièce sans risquer de la heurter. La main gauche est appuyée à plat sur l'extrémité de la lime (Fig. 177).

Lorsqu'on n'a pas de lime coudée, on peut employer une lime plate ordinaire, à condition qu'elle soit munie d'un manche spécial qui, lui, doit être coudé. Le manche comprend la poignée en bois et une pièce métallique intermédiaire dans laquelle le manche est assujetti à sa partie supérieure et qui porte, à sa partie inférieure, une sorte de douille percée à sa partie centrale d'un trou de forme appropriée, dans lequel vient s'ajuster et se coincer la queue de la lime.

Parfois, le manche a la forme d'une poignée métallique (Fig. 179) emmanchée sur la queue de la lime à un bout et s'appliquant, par l'autre, sur le plat de cette lime.

Il ne suffit pas, pour limer convenablement, d'observer les principes que nous venons d'indiquer plus haut. Encore faut-il que la hauteur de l'étau employé soit proportionnée à la hauteur de l'ouvrier qui s'en sert, autrement il lui serait impossible d'appliquer judicieusement ces principes.

Fig. 182 et 183. — Bonne hauteur d'étau. Étau trop haut.

Pour qu'un étau ait la hauteur qui convienne à l'ouvrier qui s'en sert, il faut que celui-ci, ayant replié l'avant bras verticalement contre le bras, la main étant placée sous le menton (Fig. 181 et 182), il ait son coude placé à quelques centimètres au-dessus de la tranche supérieure des mors de l'étau. Ce moyen pratique de déterminer la hauteur de l'étau se justifie parce que l'on peut considérer le bras comme une sorte de bielle conduisant l'avant-bras qui doit se mouvoir d'une façon sensiblement horizontale. Normalement, donc, l'avant-bras doit passer librement un peu au-dessus des mors de l'étau lorsque le bras occupe une position sensiblement verticale. Les quelques centimètres de différence existant entre la hauteur du coude et celle de l'étau sont destinés à compenser l'abaissement du coude lorsque l'ouvrier a pris sa position normale pour limer. A ce moment, en effet, la hauteur du coude est moindre, par suite de l'écartement des jambes.

Lorsque l'étau est trop haut, l'ouvrier est

obligé de relever les avant-bras et les épaules et d'écarter les coudes du corps (Fig. 180 et 183). Cette position est défectueuse, car elle ne permet pas l'utilisation normale de tout l'effort donné, et produit rapidement la fatigue.

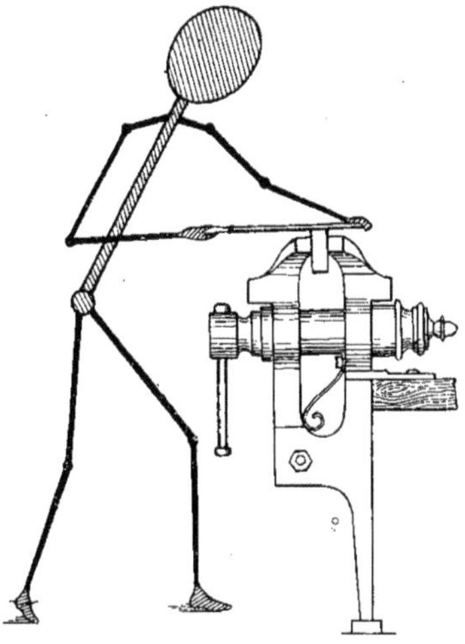

Si l'étau est trop bas, l'ouvrier est obligé de pencher le corps et de fléchir d'une façon anormale sur les jambes (Fig. 184 et 190). C'est également une position défectueuse et fatigante qui incite à donner à la lime son mouvement alternatif, en balançant le corps d'une façon exagérée.

Fig. 181. — Étau trop bas.

Il est donc très important d'approprier la hauteur de l'étau à la taille de l'ouvrier, pour obtenir les meilleurs résultats de dressage à l'aide de la lime.

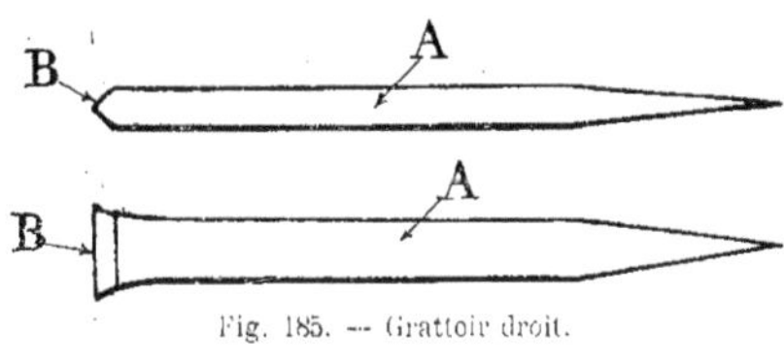

Fig. 185. — Grattoir droit.

Grattoir Le *grattoir* est un outil de dressage que l'on emploie pour terminer une pièce et l'ajuster avec toute la précision désirable. On s'en sert surtout pour finir les bancs de tours, les surfaces ajustées des bâtis de machines et des chariots, pour dresser les *marbres*, les règles, etc...

Le grattoir ordinaire est constitué par une lame plate A (Fig. 185) dont une extrémité B est terminée en pointe, à la façon d'une lime, de manière à pouvoir recevoir un manche. L'autre extrémité, avec laquelle s'effectue le travail, est généralement élargie. L'arête coupante a, dans le sens transversal, une forme légèrement cintrée pour que le grattoir ne porte pas à la fois sur tous les points dans le sens de sa largeur. Dans le sens vertical, cette arête est formée par l'intersection de deux biseaux faisant, chacun, avec la verticale, un angle d'environ 3 degrés. On fait porter l'arête sur la surface à dresser et, par des poussées successives de l'outil, on gratte la matière aux diverses places où elle se trouve en excédent pour réaliser l'ajustage. Il faut donc, suivant la forme donnée au bec du grattoir, l'incliner plus ou moins par rapport à la surface à dresser, pour lui donner la coupe nécessaire. La course donnée au grattoir peut être grande lorsqu'on commence l'opération de dressage, mais, au fur et à mesure que cette opération se poursuit, cette course devient de plus en plus réduite et vers la fin, lorsque l'ajustage est prêt d'être réalisé, elle consiste à ôter une très faible quantité de matière en des points de surface peu étendue.

Fig. 186. — Grattoir cintré.

Les grattoirs plats ont des formes diverses, caractérisées par la façon dont est constituée la partie coupante. Cette extrémité de l'outil peut être droite (Fig. 185) ou cintrée (Fig. 186). L'arête coupante est placée dans le sens transversal de la lame. Parfois, la section du bout du grattoir a une forme spéciale. Les sections indiquées par la figure 189 se rapportent à des grattoirs servant à finir l'ajustage des portées d'arbres ou des coussinets. Les arêtes latérales sont inclinées par rapport à l'arête transversale, pour permettre d'atteindre dans les angles sans mordre à la fois sur les deux faces perpendiculaires de la pièce.

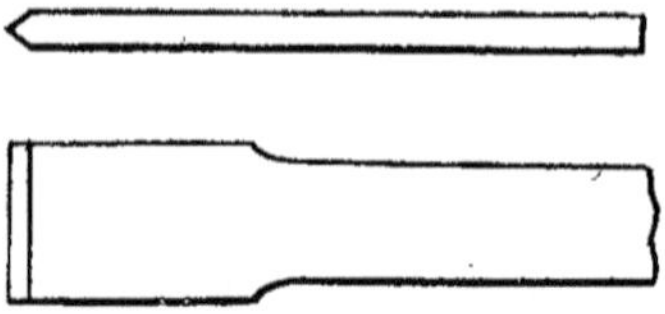

Fig. 187. — Bec de grattoir.

On donne aussi aux grattoirs une forme triangulaire semblable à celle des tiers-points. Les arêtes coupantes sont alors les extrémités des trois arêtes longitudinales et le grattoir se manœuvre en lui donnant un mouvement alternatif de droite à gauche et vice-versa.

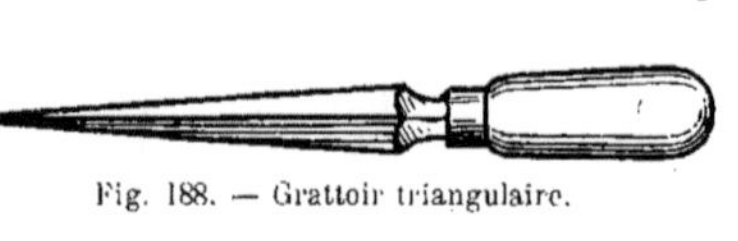

Fig. 188. — Grattoir triangulaire.

Les grattoirs plats et les grattoirs triangulaires sont quelquefois confectionnés, dans les ateliers, en donnant à l'extrémité de limes plates et de tiers-points la forme voulue pour obtenir la coupe et en les affûtant.

Pour affûter le grattoir triangulaire, on passe successivement sur la *meule* ou sur une *pierre à huile,* les trois faces formant le triangle, de façon à rendre bien vives les arêtes formant l'intersection de ces faces. Pour affûter le grattoir plat, on meule les deux faces ou on les passe sur la pierre à huile, puis on présente le grattoir en bout sur la meule ou sur la pierre en l'inclinant successivement, soit à droite, soit à gauche, pour obtenir les deux biseaux inclinés d'environ 3 degrés dont l'intersection forme l'arête coupante.

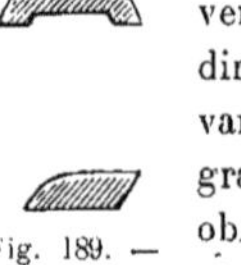

Fig. 189. — Sections de grattoirs pour portées d'arbres.

Grattage Lorsqu'une pièce de grande surface est dressée au grattoir, on lui donne, à la fin de l'opération de dressage, un aspect particulier pour satisfaire l'œil. Pour cela, on gratte d'une façon régulière, soit en poussant simplement le grattoir devant soi en lui donnant toujours même course et en le déplaçant latéralement toujours de la même quantité. On a ainsi sur la surface de la pièce des parties moirées qui donnent des reflets régulièrement répartis. C'est l'aspect *floconneux*, comme on le désigne en terme d'atelier.

En donnant au grattoir une sorte de mouvement saccadé qui lui imprime un tremblement au fur et à mesure qu'on le pousse, on obtient un aspect différent de la surface, c'est l'aspect *givré.*

On *gratte* encore en manœuvrant le grattoir d'abord de la gauche vers la droite en lui donnant un mouvement curviligne, puis de la droite vers la gauche en conservant le même mouvement. On gratte ensuite dans une direction perpendiculaire, droit devant soi, et on termine en donnant au grattoir un mouvement rectiligne, obliqué successivement vers la droite et vers la gauche. Cet ensemble de traits croisés au grattoir donne à la surface dressée un aspect agréable à l'œil.

Pour dresser une surface plane au grattoir avec toute la précision désirable, on se sert d'un marbre parfaitement dressé : c'est le *marbre étalon* sur la surface duquel on répand de la poudre rouge délayée dans un peu d'huile. On pose ensuite le marbre sur la surface à dresser et on frotte légèrement les deux pièces l'une contre l'autre. En enlevant le marbre, on remarque, sur la pièce à dresser, un certain nombre de points sur lesquels s'est déposée la poudre rouge du marbre. Ces points sont évidemment ceux qui font saillie sur la surface à dresser.

En enlevant au grattoir les traces rouges laissées par le marbre, on atténue et on fait disparaître ces saillies. On recommence la même opération de frottement du marbre sur la pièce après avoir régularisé sur le marbre la couche de poudre rouge. On gratte encore sur les points saillants et, au fur et à mesure que l'opération de dressage se poursuit par le grattage, les points de la surface travaillée retenant la couleur rouge du marbre deviennent de plus en plus nombreux jusqu'au moment où, les deux pièces se superposant exactement, la couche de rouge se trouve répartie régulièrement sur toute la surface de la pièce à dresser. L'opération du dressage est alors terminée.

Fig. 190. — Étau trop bas.

Pour obtenir un *marbre étalon,* lorsqu'on n'a aucune surface parfaitement dressée pouvant être utilisée comme *surface type,* il faut dresser simultanément trois marbres. Un *marbre* est une sorte de table métallique de forme généralement rectangulaire, comportant une grande surface bien plane. Des nervures convenablement disposées servent à maintenir la rigidité et la rectitude de la surface dressée.

Nous verrons, d'ailleurs, plus loin, la disposition de ces nervures. Les trois marbres employés pour en établir un sont successivement frottés les uns contre les autres, en employant du rouge pour déterminer les points à retoucher. Il est essentiel, pour établir une vraie surface plane, que les marbres servant à cette opération, soient au nombre de trois. En effet, avec deux marbres seulement, on pourrait réaliser un ajustage parfait des deux surfaces, sans que ces surfaces soient bien planes, car une faible saillie de l'un des marbres pourrait s'adapter parfaitement à une dépression de même valeur de l'autre marbre, de sorte que malgré l'apparence d'un dressage convenable, les deux surfaces comporteraient l'une un léger creux, l'autre une légère bosse. L'emploi du troisième marbre décèle ces imperfections, car même si, par extraordinaire, ce troisième marbre parvenait à être ajusté exactement avec l'un des deux autres, il ne le serait plus avec le second, puisqu'il ne pourrait à la fois coïncider exactement avec celui portant une saillie et avec celui portant un creux.

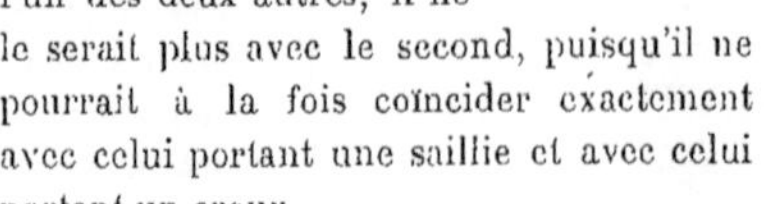

Fig. 191. — Burin.

Ce n'est que lorsque les trois surfaces des marbres coïncident en tous les points sur toute leur étendue que ces surfaces sont planes. On voit donc la nécessité de dresser trois surfaces pour en obtenir une parfaitement dressée, lorsqu'on n'a aucune surface type de comparaison.

On emploie le même procédé pour obtenir une *règle droite étalon*.

Burin. — Le *burin* est aussi un outil de dressage, mais plus spécialement utilisé pour le dégrossissage des surfaces à dresser, le dressage définitif s'effectuant à l'aide de la lime ou du grattoir.

Le burin est fait en acier. Il a la forme d'une lame plate, dont les *champs*, au lieu d'être vifs, sont arrondis. Une extrémité des burins est élargie et porte le tranchant; l'autre extrémité est rétrécie, a une forme conique, et sert à recevoir les coups de marteau : c'est la *tête du burin*.

La partie du burin qui est élargie a ses deux faces inclinées vers l'extrémité formée par un double biseau. C'est l'intersection des deux biseaux qui détermine l'arête coupante. Les deux biseaux font entre eux un angle qui varie suivant la nature du métal que l'on doit travailler avec le burin. Cet angle est d'autant plus aigu que le métal à enlever est moins dur.

Pour le bronze, par exemple, l'angle des deux biseaux est d'environ 45 degrés; pour le fer, cet angle est de 60 degrés, pour la fonte et l'acier, de 70 degrés environ. C'est en dressant parfaitement les biseaux, chacun dans son plan, que l'on donne à leur intersection, c'est-à-dire au tranchant, la netteté et la rectitude nécessaires pour obtenir une bonne coupe.

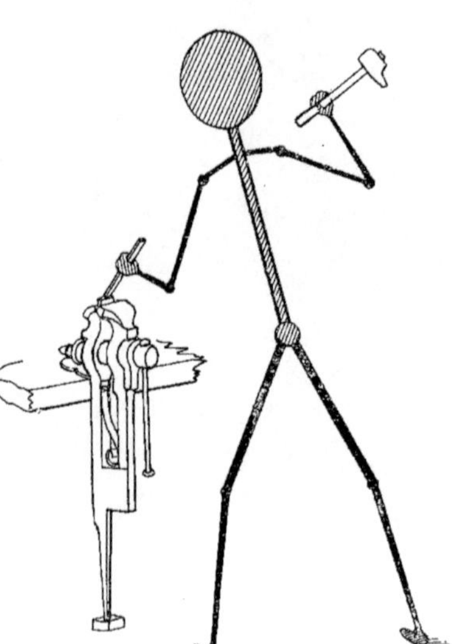

Fig. 192. — Position normale pour buriner.

Pour se servir du burin, on le maintient solidement avec la main gauche, en le serrant à pleine main, mais en laissant cependant au poignet et à l'avant-bras toute la liberté pour pouvoir dégager le burin de l'entaille, après chacun des coups de marteau. Le marteau étant tenu dans la main droite, on frappe sur la tête du burin, lequel est présenté le tranchant appliqué sur la surface à travailler et avec une inclinaison qui varie suivant l'épaisseur de matière que l'on veut enlever.

On dégage légèrement le burin à chaque coup, pour qu'on puisse apercevoir l'entaille que l'on fait et on applique immédiatement le burin contre la matière pour recevoir le coup de marteau.

Le marteau, tout en étant solidement maintenu par l'extrémité du manche, doit être mis en action par le mouvement de l'avant-bras et du poignet qui doit se mouvoir très librement. Le bras ne prend qu'un très faible mouvement et le corps doit rester fixe. Il convient d'éviter le balancement désagréable et défectueux de tout le corps que l'on remarque surtout chez les apprentis. Ce balancement n'augmente nullement l'effort transmis au burin et produit une plus grande fatigue.

Fig. 193. – Bonnes positions pour buriner.

Il faut aussi, et ce conseil s'adresse spécialement aux débutants, éviter les contorsions et les diverses grimaces, qui n'influent en rien ni sur la quantité ni sur la qualité du travail effectué.

Lorsque le burin est utilisé pour travailler le fer, on humecte le tranchant pour faciliter sa coupe. Certains ouvriers le font avec de la salive, en portant le burin à la bouche. Il est préférable d'humecter le burin avec de l'eau ou de l'huile en disposant à côté de soi, sur l'établi, un petit godet contenant l'un ou l'autre de ces liquides.

Si le métal à buriner est cassant, comme le bronze ou la fonte, il faut avoir le soin de faire, tout autour de la surface à travailler, des chanfreins, soit à la lime, soit même au burin, de façon que les *éclats* qui peuvent se produire lorsqu'on arrive au bout de la *passe* n'intéressent, au maximum, que la hauteur du chanfrein, c'est-à-dire qu'ils soient compris dans l'épaisseur de matière à enlever. La pièce, de la sorte, ne se trouve pas abîmée sur ses angles, ce qui suffirait parfois pour la mettre hors de service.

On peut encore, pour éviter les éclats, ne pas pousser le burin jusqu'à l'arête d'arrière de la surface travaillée. On termine la passe un peu avant et la matière qui reste à enlever est ôtée en burinant du côté opposé, c'est-à-dire de l'arrière vers l'avant, ce qui s'effectue aisément avec un peu de pratique.

Le burin est façonné dans une barre plate étirée, ayant comme section la forme convenable, les *champs* étant arrondis pour que l'on puisse prendre l'outil à pleine main sans se blesser, ce qui se produirait si les angles étaient vifs. On le forge en élargissant et en amincissant l'extrémité qui doit porter le tranchant et en ayant le soin de ne pas trop le chauffer, de crainte de *brûler* le métal. On termine d'ailleurs l'opération de forge en battant presque à froid les plats de la partie élargie pour donner de la raideur au métal. La tête est ensuite forgée à la forme, et terminée également presque à froid.

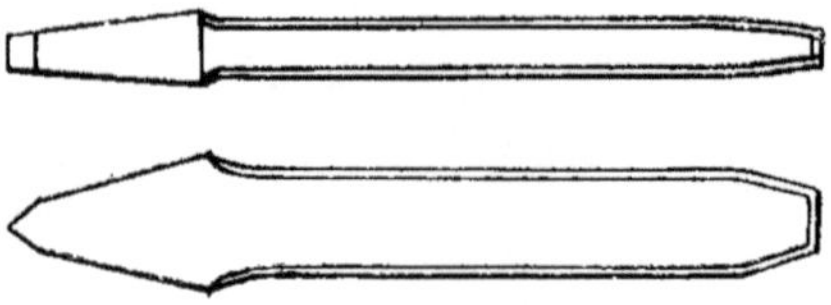

Il faut veiller à ce que le burin soit forgé bien droit, c'est-à-dire que la tête et le tranchant se trouvent bien placés dans l'axe de la barre plate ayant servi à le confectionner.

L'opération de trempe du burin a une grande importance au point de vue de la bonne utilisation de l'outil.

Pour tremper un burin, on chauffe la partie élargie au rouge cerise, puis on le plonge dans l'eau verticalement, par le tranchant, d'une longueur d'environ 3 centimètres. On retire aussitôt le burin de l'eau et on nettoie rapidement un des plats trempés de façon à voir apparaître la couleur du revenu. La partie du burin qui n'a pas été plongée dans l'eau et qui a conservé une certaine température réchauffe, en effet, la partie trempée et ce réchauffage produit le revenu. Les diverses couleurs de revenu que nous avons précédemment indiquées apparaissent successivement, et lorsqu'on a atteint la couleur que l'on désire, on plonge une seconde fois le burin dans l'eau, mais en entier, cette fois, pour le refroidir complètement. Le burin est ainsi trempé et prêt à être utilisé.

Les couleurs de revenu données aux burins varient suivant la dureté du métal à buriner. Pour travailler l'acier et la fonte, on leur donne la couleur *jaune paille foncé;* pour le fer, on leur donne la couleur *gorge de pigeon*. Il convient évidemment de donner au burin, par la trempe et le revenu, la dureté nécessaire appropriée à la dureté du métal à travailler, mais il ne faut pas le tremper *trop sec* inutilement, car l'outil est alors plus cassant et risque de se détériorer plus facilement. Le burin, ainsi appelé par tous les mécaniciens, est parfois nommé *ciseau à froid* dans certains corps de métiers.

Fig. 194. — Bédane.

Bédane Le bédane (Fig. 194) est, en quelque sorte, un burin d'une forme spéciale dont le tranchant est très rétréci et n'a qu'une largeur variant de 4 à 10 millimètres, tandis que le tranchant du burin a une largeur moyenne de 30 millimètres.

L'arête coupante du bédane est déterminée par l'intersection des deux biseaux du tranchant, mais cette arête, au lieu d'être, comme dans le burin, placée dans le sens de la largeur du corps de l'outil, est disposée dans le sens de l'épaisseur. Cette disposition donne à l'outil une grande solidité et lui permet de supporter des chocs considérables.

Pour se servir du bédane, on doit donc le tenir en main placé *sur champ*, au lieu de le tenir *à plat* comme le burin.

Le bédane est utilisé pour creuser, dans

certaines pièces, des rainures étroites que l'on ne pourrait pas faire au burin, par suite de la trop grande largeur de son tranchant.

Le bédane sert aussi à faciliter le travail de dressage au burin d'une grande surface. Pour cela, on pratique avec le bédane des *saignées* parallèles, écartées régulièrement les unes des autres, la distance séparant ces saignées étant légèrement plus grande que la largeur du burin. Cela permet d'enlever aisément au burin l'épaisseur de matière comprise entre deux saignées consécutives.

Le bédane se forge en prenant les mêmes précautions que pour le burin ; il se trempe de la même façon et les couleurs de revenu sont les mêmes, appropriées à la dureté du métal à travailler.

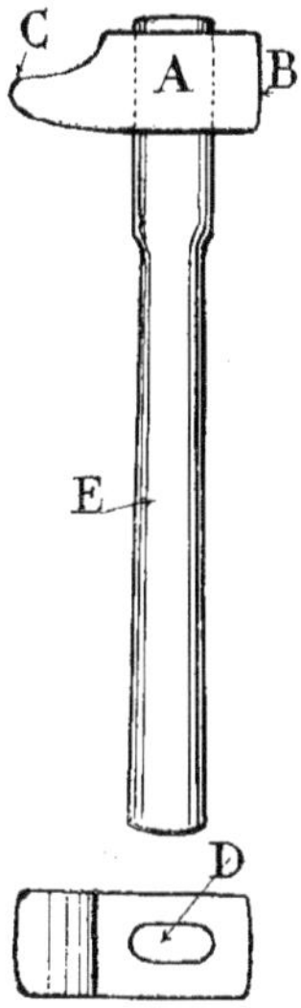

Marteau

Le *marteau* est un outil qui est utilisé pour frapper, d'une façon générale, sur des pièces, soit à froid pour les dresser, soit à chaud pour les forger, soit sur les burins et les bédanes pour enlever de la matière.

Fig. 195. — Marteau.

Les marteaux sont encore employés pour river et pour effectuer un très grand nombre d'autres opérations. Le marteau est un outil des plus utiles. Nous examinerons plus loin ceux qui sont plus spécialement destinés à la forge.

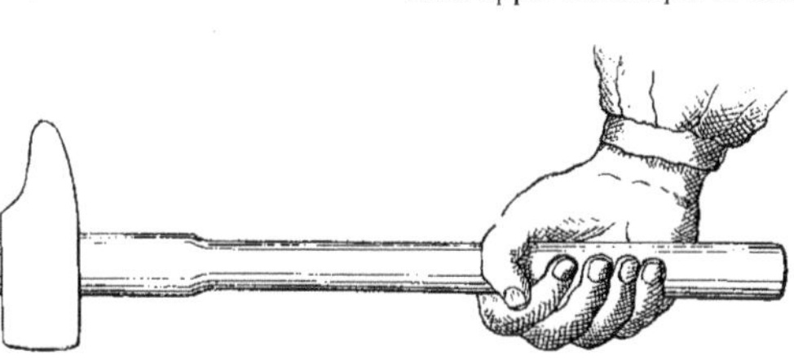

Fig. 196. — Tenue du marteau.

Le marteau d'ajusteur est fait en acier. Il est constitué par une masse A (Fig. 195), de section rectangulaire sur une partie de sa longueur. A l'une de ses extrémités, le bloc métallique offre une surface presque plane B, à laquelle on donne toujours un léger arrondi et avec laquelle on frappe : c'est *la tête du marteau.*

L'extrémité opposée a une forme différente. Cette extrémité est rétrécie et effilée et se termine par un bout C, arrondi régulièrement en forme de demi-cercle sur toute la largeur de la masse : c'est la *panne du marteau.*

Vers le milieu de la longueur de la masse est percé un trou D, de forme elliptique, foré perpendiculairement, dans le sens de l'épaisseur du marteau. Ce trou, appelé *œil du marteau,* sert à recevoir le manche E de l'outil.

Le marteau doit être trempé à ses extrémités seulement, qui doivent être assez dures pour ne pas *se mater* sous les chocs répétés qu'elles reçoivent. On effectue la trempe des deux bouts en faisant chauffer une seule fois la masse du marteau et en trempant successivement, sur une petite longueur, chaque extrémité dans l'eau. Cette opération doit s'effectuer rapidement. La couleur de revenu apparaît lorsque le marteau est enlevé de l'eau. Lorsque le revenu est de la couleur *gorge de pigeon,* on plonge le marteau tout entier dans l'eau, mais à plusieurs reprises, de façon que la partie de la masse dans laquelle se trouve l'œil ne se trouve pas trempée : cela offrirait l'inconvénient de rendre le marteau trop cassant.

Les *masses* des marteaux ont des poids différents suivant l'emploi que l'on veut faire de l'outil. Le *marteau à buriner* a un poids moyen de 800 grammes ; le *rivoir* a un poids moitié moins grand et des petits marteaux de 150 grammes sont utilisés pour des travaux de précision.

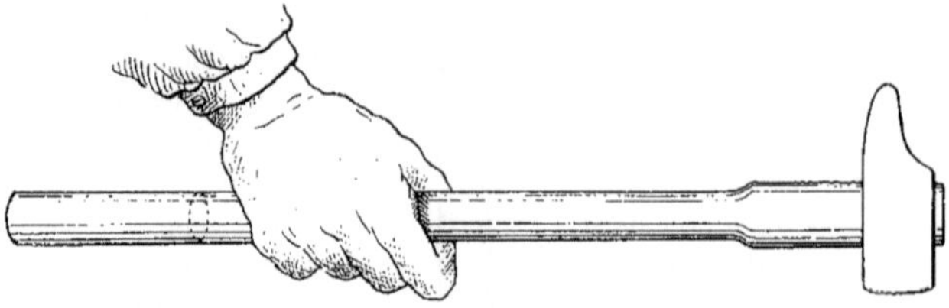

Fig. 197. — Marteau à manche trop long.

Les manches des marteaux sont en bois dur, généralement du *cornouiller*.

Le manche a un forme spéciale ; il est légèrement rétréci vers la masse, mais la partie qui s'ajuste dans *l'œil* est, au contraire élargie. Pour qu'un manche, même convenablement ajusté, soit rendu bien solidaire de la masse du marteau, on enfonce, en bout, dans le manche, un coin métallique qui, en pénétrant dans le bois, applique solidement ce bois contre les parois métalliques de l'œil et immobilise le manche. Le manche doit être bien poli. Cette opération s'effectue aisément, soit avec du verre à vitre, soit avec du papier de verre. Il convient de faire disparaître les aspérités des manches de marteaux, car elles provoquent des *ampoules*.

Le manche du marteau doit être tenu à quelques centimètres de son extrémité. Il ne doit pas être trop court, ce qui diminuerait l'effort transmis, et il ne doit pas être trop long, car la partie qui dépasserait de la main, en arrière, pourrait venir, pendant le travail heurter l'avant-bras et gêner le mouvement de l'ouvrier (Fig. 197).

Marteaux pneumatiques

Le travail effectué à la main, à l'aide du marteau, et d'une façon continue, est fatigant et n'est pas rapide.

Pour accélérer et pour rendre plus efficace l'action du burinage, du matage et du rivetage, dans certains travaux particuliers, comme, par exemple, les constructions de charpentes métalliques, on a établi des marteaux mécaniques, de faible poids et de petit volume que l'on manœuvre aisément à la main sans effort. Ces marteaux,

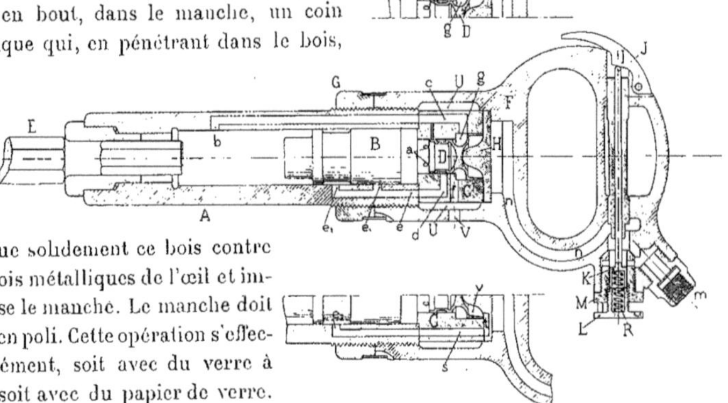

Fig. 198. — Marteau pneumatique Bonvillain Ronceray. — Coupes.

actionnés par de l'air comprimé, sont les *marteaux pneumatiques*. Il en existe un grand nombre de types, comportant en principe un cylindre dans lequel peut se mouvoir librement un piston poussé alternativement en avant et en arrière par la pression de l'air comprimé et à l'aide d'un dispositif de distribution convenablement établi.

Dans sa course vers l'avant de l'outil, le piston frappe soit sur la queue d'un burin, soit sur la matière même, pour la mater, soit sur le bout d'un rivet pour effectuer une rivure, de la même façon qu'un marteau ordinaire manœuvré à la main, mais avec cette différence que le piston mû par l'air comprimé peut frapper plus fort tout en donnant un grand nombre de coups par minute.

Le marteau pneumatique servant à buriner et à mater construit par les ateliers Bonvillain et Ronceray se compose d'un corps cylindrique A (Fig. 198), muni, à une de ses extrémités, d'une poignée, et portant à son autre extrémité le burin E, dont la queue est maintenue dans une douille.

Dans le corps cylindrique A peut se mouvoir librement un piston B portant une large gorge et dont l'extrémité avant, de plus faible diamètre, vient frapper sur le bout du burin sous l'action de l'air comprimé. La distribution d'air comprimé qui arrive dans l'outil par la tubulure *m* s'effectue à l'aide d'un mécanisme monté dans la poignée, de conduits convenablement disposés et d'une valve de distribution D dont nous allons examiner le rôle.

Le mécanisme, logé dans la poignée se compose d'une gâchette I, sorte de levier articulé autour d'un axe, sur lequel l'ouvrier qui se sert du marteau appuie avec le pouce pour le faire osciller. La gâchette pousse, par son extrémité, une tige cylindrique J guidée sur une grande longueur par un canon métallique et portant, à l'autre bout, une valve K qui se déplace, en suivant le mouvement de la tige, devant une série d'orifices communiquant avec la tubulure d'amenée de l'air comprimé. Une douille M, rapportée dans la poignée, porte ces orifices d'admission et sert de coulisse à la valve d'admission K. Un bouchon L est fixé au bout de cette douille et sert de point d'appui à un ressort à boudin R qui s'applique, d'autre part, dans le fond de la valve d'admission. Ce ressort, qui se trouve comprimé lorsque la gâchette, abaissée par le pouce, fait avancer la tige J vers le bouchon L, ramène cette tige et la gâchette dans leur position normale lorsqu'on cesse d'apppuyer sur cette dernière. Pour cette position de la tige, la valve d'admission obture les lumières pratiquées dans la douille. Quand on a poussé la tige en appuyant sur la gâchette, ces lumières se trouvent démasquées et l'air comprimé, arrivant par le raccord *m*, suit un conduit *n n* pratiqué dans la poignée, puis par un un autre canal *o a*, ayant son orifice sur la pièce fixe H qui sert de butée à la soupape D, cet air comprimé pénètre dans la capacité qui sépare le piston B de la soupape D. Si on suppose ce piston placé dans la position de la figure 198, c'est-à-dire prêt à commencer sa course vers l'avant, l'air comprimé, en arrivant sur sa face arrière, poussera ce piston vers l'outil en lui faisant parcourir la longueur du cylindre. En avançant, le piston refoule l'air contenu en avant de lui dans le cylindre. Cet air, empruntant le conduit *b c*, arrive dans la boîte contenant la soupape D et, par une gorge circulaire *g* pratiquée autour de cette valve, arrive, par le canal *f*, dans l'espace annulaire U, puis s'échappe dans l'atmosphère par des orifices V pratiqués sur le pourtour de la paroi extérieure de l'outil.

Des lumières débouchant dans le cylindre sont successivement découvertes pendant l'avancement du piston vers l'avant. Lorsque l'orifice e^3 est découvert, l'air comprimé, tout en continuant à pousser le piston, peut arriver en suivant les conduits *s* et *t* sur la face arrière de la soupape D, face qui a le plus grand diamètre. Cette soupape est poussée vers l'avant par l'air sous pression; sa paroi cylindrique arrière obture l'orifice du conduit *b c*. L'échappement de l'air contenu en avant du piston ne peut plus se produire. En outre, la paroi cylindrique de petit diamètre qui est en avant de la soupape, obture le conduit *o a* derrière le piston.

L'admission de l'air comprimé moteur se trouve ainsi supprimée. Mais, à ce moment, le piston a presque atteint l'extrémité de sa course et malgré l'introduction de l'air sous pression dans le cylindre, vers sa face avant, lorsque ce piston est à peu de distance de sa fin de course, il n'en arrive pas moins sur l'outil en produisant un choc qui permet d'effectuer le travail de burinage.

L'air comprimé qui a été envoyé sur sa face avant, provoque alors son retour en arrière. Cet air arrivant, comme pour la phase précédente, par les conduits *nn* et *oa*, gagne l'avant du cylindre par la gorge de la soupape D (Fig. 199) pratiquée sur son petit diamètre et par un canal X et le conduit *b* qui aboutit vers l'avant. Le canal X, de très petit diamètre, ne permet sur l'avant du piston qu'une admission d'air réduite qui est tout juste suffisante pour le ramener en arrière. Au moment où le piston commence sa course de retour, des lumières e_2 et e_1 débouchant dans le cylindre sont découvertes. Ces lumières font communiquer le cylindre avec l'atmosphère par le conduit *e*, la grande gorge de la soupape, le canal *f*, l'espace annulaire U, et les orifices V.

Au fur et à mesure que le piston avance vers l'arrière, les orifices e_3, e_2 et e_1, sont successivement fermés. Lorsque l'orifice e_2 est obstrué, l'échappement de l'air contenu dans le cylindre en arrière du piston ne peut plus s'effectuer que par l'orifice e_1. Cet échappement se trouve ainsi retardé. L'obturation de l'orifice e_3 ne permet plus de renvoyer de l'air sur la grande face arrière de la soupape. Cette face est, au contraire, mise en communication avec l'atmosphère lorsque la gorge du piston est en face des orifices e_3 et e_2. Les conduits *t* et *s* communiquent donc, à ce moment, avec le conduit *e*, *d*, et *f*, et par suite avec l'extérieur.

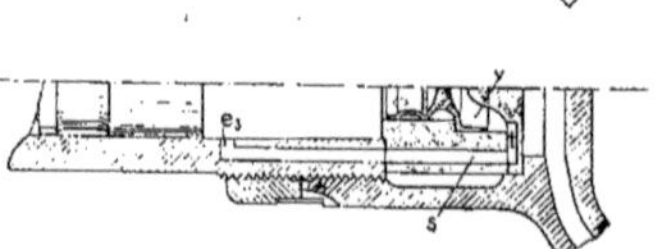

Fig. 199. — Marteau pneumatique Bonvillain-Ronceray. — Détail de distribution.

Il en résulte que lorsque le piston a recouvert l'orifice e_1, l'échappement de l'air ne peut plus se produire et la dernière partie de la course du piston vers l'arrière sert à comprimer l'air encore contenu dans le cylindre.

La pression de cet air, appliquée sur la petite face de la soupape, la fait déplacer automatiquement vers l'arrière, de sorte qu'elle occupe sa position initiale pendant que le piston se replace aussi dans sa position initiale où nous l'avons supposé prêt à commencer sa course active vers l'avant. Le mouvement de la soupape, en découvrant les lumières d'admission de l'air comprimé vers l'arrière du cylindre, provoque une nouvelle course du piston vers l'avant, et les différentes phases de la distribution se répètent ainsi successivement.

Pour faire cesser le fonctionnement de l'outil, on cesse d'appuyer sur la gâchette. La valve d'admission, sous l'action du ressort à boudin, reprend sa position de repos et intercepte l'arrivée de l'air comprimé dans le cylindre.

L'agent moteur étant supprimé, l'outil reste inactif.

La poignée est fixée sur le cylindre par vissage, et pour empêcher son desserrage pendant que l'outil travaille, on a disposé un contre-écrou G qui la bloque sur le cylindre. Un ressort ayant une forme de bague est interposé entre le contre-écrou et la douille de la poignée; un ergot, dont il est muni, s'engage dans des crans qui se font face, pratiqués sur les deux pièces. Elles sont ainsi rendues solidaires.

Des essais effectués avec un frappeur pneumatique de ce type ont permis de pratiquer une saignée au bédane d'une largeur de 10 m/m, de 27 m/m de profondeur, de 250 de longueur, en 16 minutes, dans une plaque de blindage d'acier au tungstène d'une résistance de 90 kilog. par centimètre carré. Le poids de la matière enlevée a été de 530 grammes et la consommation d'air employé à la pression de 5 kilog. 3/4 a été de 730 litres. Au cours d'autres essais, l'outil, en consommant en moyenne 53 litres 50 d'air comprimé à 6 kilos 1/2, a donné une moyenne de 600 coups à la minute.

Les *riveurs pneumatiques* présentent des dispositions semblables à celles des burins pneumatiques. Leur fonctionnement est assuré par une distribution identique, mais le piston est rendu solidaire de la *bouterolle*, pièce qui sert à écraser le bout du rivet pour former sa tête. Cette bouterolle est naturellement placée à l'extérieur et en bout de l'outil.

Du côté de la poignée, une disposition spéciale de sûreté est établie pour éviter que l'outil ne puisse être mis en marche inopportunément. Pour cela, à la gâchette ordinaire de commande est adjointe une gâchette de sûreté B (Fig. 200), laquelle, poussée par un ressort à boudin *r*, immobilise la gâchette A par un enclenchement approprié lorsque l'outil est au repos. Il est impossible, dans cette position, de manœuvrer la gâchette A par inadvertance. Pour que l'outil fonctionne, il faut le prendre par sa poignée. On abaisse, ainsi automatiquement, la gâchette B, laquelle libère la gâchette A, que l'on peut alors manœuvrer, ce qui provoque la mise en marche du riveur.

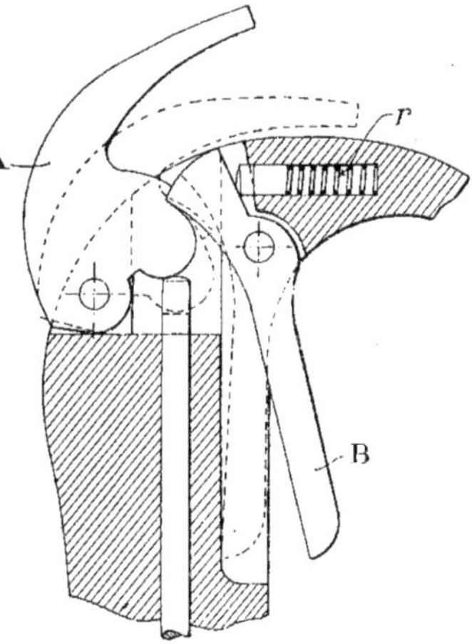

Fig. 200. — Riveur pneumatique Bonvillain-Ronceray. — Dispositif de sécurité.

Certains marteaux pneumatiques comportent un piston mobile et une soupape de distribution. Les dispositions ne sont pas les mêmes que dans le modèle précédent, mais le principe du fonctionnement ne change pas. L'air comprimé arrivant par une tubulure, se rend dans le cylindre par des canaux pratiqués dans la poignée, lorsque la gâchette abaissée présente la tige cylindrique dans une position telle que les lumières d'admission sont débouchées. La distribution dans le cylindre s'opère par le jeu d'une soupape, et l'air comprimé, successivement admis en arrière et en avant du piston, provoque son mouvement alternatif, tandis que la soupape est, elle-même, déplacée automatiquement à chaque course du piston.

Un dispositif d'arrêt comporte une boîte de distribution, munie, sur sa périphérie, de dents de rochet et d'un cliquet d'arrêt poussé par un ressort.

dent des dispositifs un peu différents, leur fonctionnement reposant sur le même principe. Dans ces appareils, une soupape mobile assure automatiquement la distribution de l'air comprimé d'un côté ou de l'autre d'un piston suivant les lumières qu'elle masque ou découvre pendant son mouvement.

L'admission d'air comprimé dans la poignée s'effectue par l'abaissement d'une gâ-

Fig. 201. — Riveur pneumatique Bonvillain et Ronceray. Vue d'ensemble.

Il existe un autre outil, plus léger, qui est muni d'une poignée ouverte et ne comporte pas de soupape.

La mise en marche de cet outil s'effectue toujours en appuyant sur une gâchette, ce qui permet de découvrir les lumières de distribution de la poignée. Les conduits sont disposés dans le corps cylindrique de l'outil, de façon que la distribution soit assurée par la manœuvre même du piston qui se déplace d'un mouvement alternatif dans le cylindre.

D'autres marteaux pneumatiques possè-

chette et provoque la mise en marche de l'outil.

Ces types de marteaux établis pour buriner et pour river, peuvent donner 2.000 coups par minute.

Les outils pneumatiques à main sont très utiles et peuvent rendre de grands services dans certains cas particuliers où ils remplacent avantageusement, au point de vue rapidité et économie, le travail de burinage ou de rivetage effectué à la main à l'aide du marteau ordinaire.

CHAPITRE VI

OUTILS DE PERÇAGE ET D'ALÉSAGE

Outils de perçage

Le perçage consiste à pratiquer, dans les diverses pièces à façonner, des trous de diamètres et de longueurs différents, pour permettre le passage de vis ou bien de boulons servant au serrage de la pièce, ou encore d'axes et d'arbres destinés à supporter des organes du mécanisme.

Suivant leur destination, les trous ont besoin d'être réalisés avec une plus ou moins grande précision. Lorsqu'ils servent au passage de vis ou de boulons, ils peuvent avoir un diamètre très légèrement supérieur à ceux de ces organes; il y a, dans les trous, un peu de *jeu,* suivant l'expression habituellement employée dans les ateliers.

Lorsque les trous servent à recevoir des broches fixes ou des arbres mobiles, il faut que l'ajustage de ces pièces dans les trous soit convenablement effectué pour assurer le bon fonctionnement des organes. Les trous doivent avoir, dans ce cas, des dimensions bien déterminées, et ces dimensions leur sont données à l'aide des *outils d'alésage* que nous examinerons plus loin.

Le plus ancien outil de perçage à main est certainement l'*archet,* que l'homme primitif employait sous une forme très rudimentaire.

L'ensemble du dispositif de perçage à l'aide de l'archet est désigné sous le nom d'*arçon.* Il comprend l'*archet* proprement dit, muni d'une *corde,* la *bobine* ou *boîte à foret* et la *conscience.*

L'*archet* (Fig. 203) est un outil composé d'une tige métallique de faible section qui est flexible et qui porte, à une extrémité, un œillet permettant d'attacher une corde et dont l'autre bout est muni d'un manche. Un second œillet, placé sur la tige, à côté du manche, sert à fixer l'autre extrémité de la corde déjà reliée à un bout de la tige. Comme cette tige est flexible, on peut donner à la corde une tension déterminée. Cette corde s'enroule sur un seul tour, autour de la *boîte porte-foret,* dont l'axe est disposé suivant une direction perpendiculaire à la direction de la corde.

La boîte porte-foret ou bobine d'archet (Fig. 204) se compose d'un axe métallique portant, fixée au milieu de sa longueur, une bobine en bois autour de laquelle s'enroule la corde de l'archet. Une extrémité de l'axe métallique est percée d'un trou destiné à recevoir un foret, sorte de mèche servant à percer. Une partie plate est ménagée sur la tête de la boîte à foret, au-dessous du trou, et c'est l'extrémité du foret, qui a une forme appropriée (Fig. 205), qui vient s'appliquer contre ce *plat.* De la sorte, le foret une fois engagé dans la tête de la boîte, est bien rendu solidaire de cette boîte dans le sens de rotation.

Fig. 202. — Ouvrier manœuvrant l'archet.

L'autre extrémité de l'axe de la bobine se termine en pointe arrondie et vient se placer dans une des alvéoles pratiquées sur la conscience. La *conscience* (Fig. 206) est une plaque de tôle cintrée, ayant une forme soit rectangulaire, soit ovale, et portant à son centre une surépaisseur destinée à recevoir les encoches où viendra se loger le bout de l'axe de la bobine.

On comprend la manœuvre : la conscience étant appliquée sur la poitrine de l'ouvrier, la bobine disposée perpendiculairement se trouve maintenue, d'une part par son bout arrondi engagé dans la conscience et d'autre part par la pointe du foret qui est appliquée sur la pièce à percer, serrée elle-même dans l'étau. L'archet, placé perpendiculairement à la bobine, est saisi de la main droite par son manche et manœuvré transversalement, à la façon dont on manœuvre un archet de violon. Comme la corde de l'archet est enroulée sur la bobine, le mouvement de va-et-vient transversal que l'on donne à l'archet provoque le mouvement de rotation de la bobine dans les deux sens. Un seul sens de rotation est utilisé pour enlever de la matière à l'aide du foret.

En actionnant l'archet d'un mouvement continu et en appuyant uniformément sur la conscience, le foret pénètre petit à petit dans la matière et perce un trou.

La corde qui provoque la manœuvre de la bobine s'use assez rapidement.

Pour y remédier, on la garnit souvent de fil de fer afin qu'elle résiste davantage à l'usure. La tige métallique de l'archet est parfois constituée en deux parties reliées vers le milieu de la longueur par une articulation.

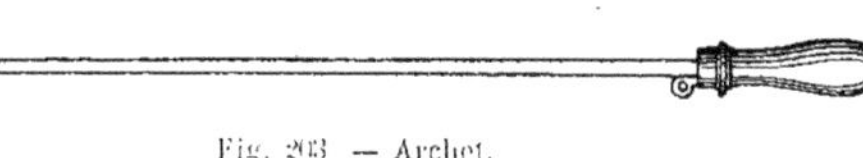

Fig. 203 — Archet.

Cette disposition permet de replier cette tige lorsqu'on a à transporter l'archet et à le loger dans une boite à outils.

Fig. 204 et 205. Bobine d'archet. Foret d'archet.

L'*arçon* n'est plus très souvent employé, car, ainsi que nous l'avons dit, une partie seulement du mouvement de rotation de la bobine est utilisé. Ce mouvement n'est pas continu et il en résulte une perte de temps.

Drille La *drille* est un autre outil à percer qui est simple, mais qui ne permet, comme l'arçon, qu'un mouvement alternatif de rotation et ne convient qu'au perçage des trous de petites dimensions.

La drille (Fig. 207) se compose d'une tige métallique portant des filets de vis dont le pas est très allongé, ce qui oblige à en faire une vis à plusieurs filets.

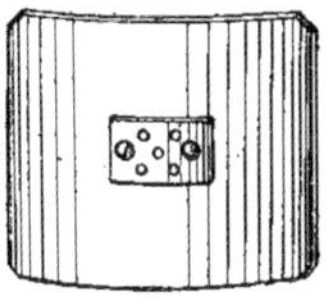

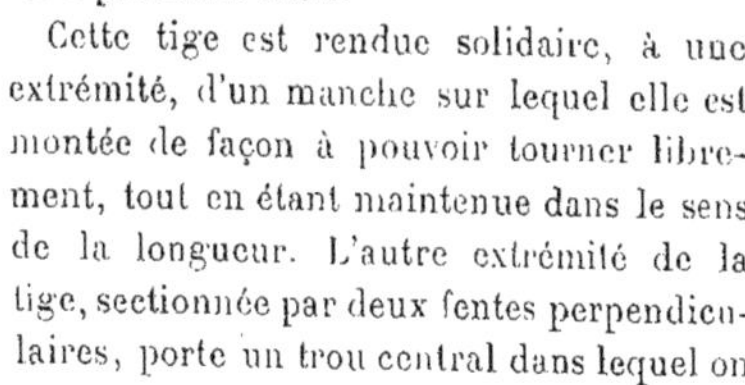

Fig. 206. — Conscience.

Cette tige est rendue solidaire, à une extrémité, d'un manche sur lequel elle est montée de façon à pouvoir tourner librement, tout en étant maintenue dans le sens de la longueur. L'autre extrémité de la tige, sectionnée par deux fentes perpendiculaires, porte un trou central dans lequel on engage le foret. A sa partie extérieure, la tige a une forme conique et porte un filetage. En vissant, en bout, un écrou sur ce filetage, on provoque le rapprochement des petites mâchoires déterminées par les fentes; ce sont ces mâchoires qui serrent le foret et l'immobilisent.

Un écrou mobile est ajusté sur la vis à pas allongé. En prenant avec une main cet écrou et en lui donnant un mouvement alternatif rectiligne successivement dirigé vers les deux extrémités de l'outil, on provoquera, si on appuie avec l'autre main sur le manche de la drille, le mouvement de rotation de la tige métallique porte-foret et, par conséquent, le mouvement de rotation du foret tantôt dans un sens, tantôt en sens inverse. Un seul sens de mouvement est utilisé pour effectuer le perçage.

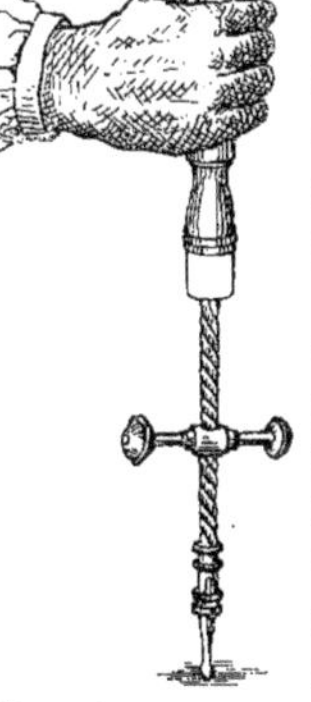

Fig. 207. — Drille.

L'écrou de manœuvre est, parfois, remplacé par une sorte de poignée comportant aussi un écrou et qui peut être, par suite de sa disposition, plus facilement maintenue au cours du travail.

Le trou central percé à une extrémité de la tige destiné à recevoir le foret, peut avoir une forme spéciale tendant à rendre le foret solidaire de l'outil dans le sens du mouvement de rotation sans avoir recours à un serrage énergique de l'écrou d'immobilisation du foret sur la tige.

Le manche des drilles est assez souvent disposé pour contenir un certain nombre de forets de diamètres différents. Un couvercle vissé en bout du manche immobilise ces forets pendant qu'on utilise l'outil.

Vilebrequin. Le vilebrequin est un outil de perçage qui, contrairement aux deux outils précédents, permet d'effectuer un travail de perçage continu.

Le vilebrequin ordinaire (Fig. 208) se compose d'une tige en acier, deux fois coudée, qui forme comme une sorte de petit arbre muni d'une manivelle constituée par les deux coudes. L'une des extrémités de la tige porte un trou dans lequel on place la mèche servant à percer. Cette mèche est rendue solidaire de l'outil par le serrage d'une vis à oreilles.

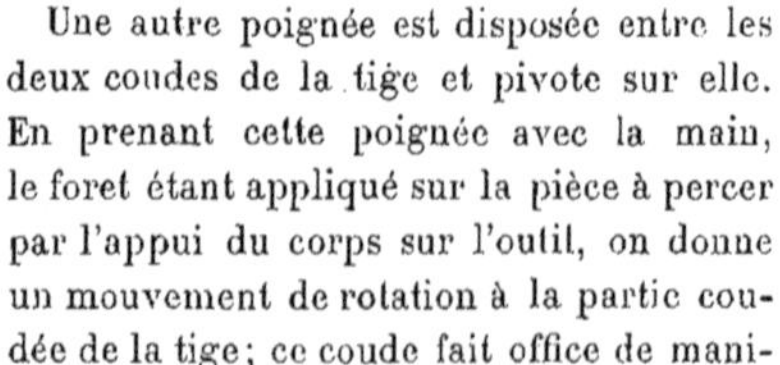

Fig. 208. — Vilebrequin.

L'autre extrémité de la tige placée dans le même axe, c'est-à-dire dans le prolongement de la mèche, peut tourner dans une poignée que l'on immobilise en la saisissant avec une main et en l'appliquant contre le corps.

Une autre poignée est disposée entre les deux coudes de la tige et pivote sur elle. En prenant cette poignée avec la main, le foret étant appliqué sur la pièce à percer par l'appui du corps sur l'outil, on donne un mouvement de rotation à la partie coudée de la tige; ce coude fait office de manivelle et provoque la rotation, autour du même centre, de la partie qui porte la mèche. Celle-ci effectue un travail effectif pendant tout le mouvement de rotation de la tige.

Pour qu'un vilebrequin ne demande qu'un faible effort de manœuvre, il convient que le pivotage de la tige dans la poignée de tête offre le moins de frottement possible. On a donc monté la poignée de façon que la tige s'appuie en bout contre une *crapaudine*, sorte de butée métallique sur laquelle s'effectue le pivotage. On a également établi des pivotages à roulement à billes. A cet effet, la tige porte, du côté de la poignée de tête, une bague (Fig. 209) butant contre une portée de la tige et solidaire de cette tige. Une douille ajustée sur la tige à la suite de la bague est fixée à la poignée en bois par des vis. On interpose entre la bague et la douille une série de billes et on règle l'écartement de ces deux pièces par la collerette qui est placée en bout de la tige. La poignée en bois étant immobilisée, le vilebrequin tourne en pivotant sur la rangée de billes, sur lesquelles s'exerce également l'effort que l'on fait en appuyant l'outil contre la pièce à percer.

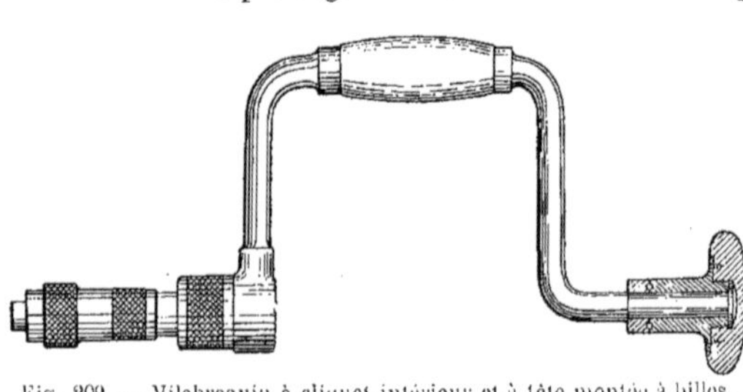

Fig. 209. — Vilebrequin à cliquet intérieur et à tête montée à billes.

La partie recevant la mèche, au lieu de porter un simple trou est munie le plus souvent d'un *mandrin*, organe servant à serrer des forets de dimensions différentes. Le mandrin comporte généralement deux mâchoires (Fig 210) articulées de façon à pouvoir s'écarter à volonté. Le bec des mâchoires comporte une partie conique sur laquelle s'appuie la surface intérieure également conique d'un écrou constituant la partie extérieure et manœuvrable du mandrin. Lorsque cet écrou est desserré, les mâchoires peuvent s'écarter l'une de l'autre. On introduit entre elles le bout de l'outil servant à percer, puis on serre l'écrou qui, en appuyant sur les plans inclinés, resserre les mâchoires et immobilise la mèche.

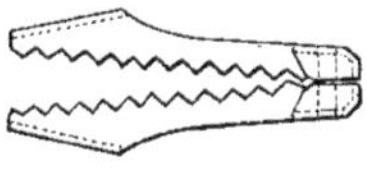

Fig. 210. — Mâchoire de mandrin.

Les mâchoires sont, parfois, munies de dents destinées à bien pincer la mèche et à l'empêcher de tourner pendant le travail de perçage.

Les vilebrequins ont des formes et des dimensions très variées.

Un de leurs types, très utile lorsqu'on n'a pas la place suffisante pour donner au vilebrequin un tour complet de rotation, comporte un dispositif *à cliquet*. Lorsqu'il s'agit, en effet, de percer un trou dans l'angle d'une pièce ayant, par exemple, des parois de grandes dimensions, il est difficile de faire effectuer à la tige du vilebrequin une rotation complète pour percer d'une façon continue. La poignée de manœuvre vient, le plus souvent, se heurter à l'une ou à l'autre paroi. On peut, dans certains cas, remédier à cet inconvénient en plaçant en bout du vilebrequin, une *rallonge* (Fig. 211), qui est simplement une tige intermédiaire serrée dans le vilebrequin et portant à l'autre bout un mandrin maintenant la mèche.

Fig. 211. — Rallonge de vilebrequin.

La rallonge, en écartant le vilebrequin de la pièce à percer, peut permettre de le manœuvrer d'une façon continue.

Le dispositif à cliquet adapté au vilebrequin permet de donner au foret un mouvement de rotation par à-coups successifs. La tige du vilebrequin est, en effet, reliée au mandrin serrant la mèche par l'intermédiaire d'un cliquet. Ce cliquet est solidaire de la tige et s'engage dans les dents d'une roue dentée qui, elle, est solidaire du mandrin. En faisant tourner la tige dans un sens, le cliquet entraîne la mèche qui perfore. Lorsque la tige du vilebrequin se heurte à une paroi trop rapprochée sans qu'on puisse terminer le tour, on ramène la tige en sens inverse par un mouvement d'oscillation de retour. Pendant ce retour, la mèche n'est pas actionnée, car le cliquet glisse sur la pente des dents de la roue à rochet, et ce n'est qu'en redonnant un autre mouvement d'oscillation dans le sens opposé que le cliquet entraîne de nouveau la roue dentée et fait travailler la mèche.

Certains vilebrequins sont munis d'un cliquet à droite et d'un cliquet à gauche, ce qui permet de leur donner des mouvements d'oscillation soit vers la droite, soit vers la gauche, suivant les obstacles qui s'opposent au mouvement de rotation continu.

Porte-forets à engrenages

Le vilebrequin est peu employé dans les ateliers de mécanique par suite de son encombrement et du peu de vitesse que l'on peut donner à l'outil. On se sert, de préférence, comme outil à percer à main, du *porte-forets à engrenages*. La manivelle du vilebrequin se trouve remplacée, dans le porte-forets, par deux roues d'engrenage, dont l'une est actionnée par une poignée à laquelle on imprime un mouvement de rotation et dont l'autre commande le mandrin porte-outil.

La commande du foret, au lieu d'être directe, comme dans le vilebrequin, s'effectue donc par l'intermédiaire des deux roues d'engrenage, et on comprend que, suivant le rapport des diamètres des deux roues, la vitesse de l'outil peut varier, tout en donnant à la manivelle de commande la même vitesse de rotation.

Les porte-forets à engrenages sont munis d'une *poignée d'appui* ou d'une *conscience,* suivant que les trous à percer sont de petits ou de grands diamètres et que le métal est plus facile ou plus dur à travailler.

Les premiers, à poignée d'appui, sont plus spécialement désignés sous le nom de *porte-forets à main.*

Le porte-forets ordinaire, à main, se compose d'un petit bâti A (Fig. 212), ajouré, supportant les organes de l'outil. Une roue d'engrenage conique B, d'un grand diamètre peut tourner autour d'un axe C, fixé vers le milieu de la longueur de ce bâti. Un levier D, muni d'une poignée E, est solidaire de la roue d'engrenage B, de sorte que l'on commande la rotation de cette roue autour de son axe en faisant tourner le levier D que l'on saisit par la poignée. La roue B engrène avec une autre roue conique F dont le diamètre est beaucoup plus petit. Cette roue est montée sur un axe qui pivote, d'une part, dans un palier G faisant corps avec le petit bâti et, d'autre part, dans un autre palier placé au bout de ce bâti A. En dehors du bâti, cet axe est rendu solidaire du *mandrin* H qui porte le foret. A l'extrémité opposée, le bâti est muni d'une douille qui sert de support à la poignée d'appui I.

En prenant l'outil d'une main par la poignée I, tout en appuyant le foret sur la pièce à percer, et en faisant tourner, de l'autre main, par la poignée E, le levier D, on provoque la rotation continue du foret par l'intermédiaire des deux roues d'engrenage conique. Pour un tour de la roue B, la petite roue et le foret feront un nombre de tours d'autant plus grand que le rapport des diamètres des roues sera, lui aussi, plus grand.

Le mandrin H comporte généralement trois mors que l'on rapproche en vissant l'écrou extérieur. De la sorte, le foret introduit au centre du mandrin est serré par trois points, ce qui le centre parfaitement et le maintient solidement.

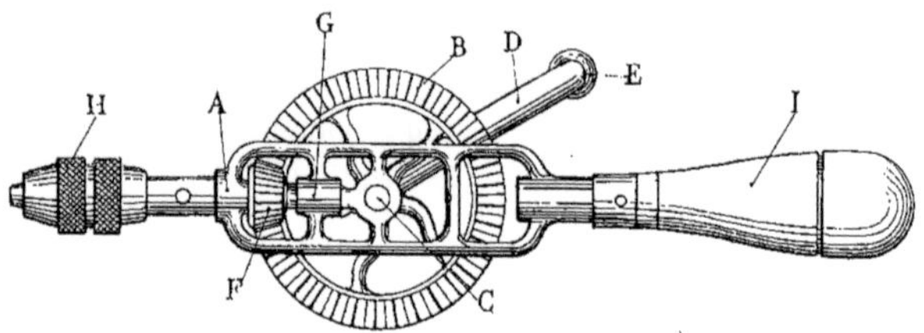

Fig. 212. — Porte-forets à engrenages.

La poignée d'appui I est faite assez souvent en bois et a la forme indiquée sur la figure 213. Elle est parfois métallique et de forme cylindrique. Les poignées, quelle que soit leur nature ou leur forme, sont généralement évidées et fermées, en bout par un couvercle vissé ou tenu de façons diverses. On place à l'intérieur de la poignée une série de forets de diamètres différents que l'on emporte ainsi aisément pour les avoir facilement sous la main.

Une poignée latérale, qui est démontable, peut se visser dans le bout de l'axe C, solidaire du bâti. On peut donc tenir et appuyer l'outil soit par la poignée d'appui I, soit par la poignée latérale.

Dans le modèle de porte-forets que nous venons d'examiner, l'axe de la roue doit être assez long pour que cette roue, par suite de son grand rayon, soit bien guidée et tourne toujours dans un même plan sans *voiler*. Le gauchissement de cette roue se trouve, en effet, facilité par l'effort que l'on fait sur la poignée E en imprimant le mouvement de rotation. Pour remédier à l'inconvénient provenant de ce porte-à-faux, on munit le porte-forets d'un second pignon conique placé dans le bâti symétriquement au premier et dont l'axe tourne dans la douille de la poignée et, en avant, dans un palier porté par une nervure transversale.

Ce second pignon n'actionne aucun organe, mais il sert constamment d'appui à la grande roue conique, par suite de son engrènement avec elle, en un point diamétralement opposé au pignon de commande du foret. Cette disposition évite le gauchissement de la roue et régularise son engrènement et son action.

Lorsque le travail à effectuer avec le porte-forets est important, il est muni, à la place de la poignée d'appui, d'une *conscience*, plaque métallique cintrée qui permet de l'appliquer sur la poitrine et de faire un plus grand effort de pression sur le forets Le bâti du porte-forets a une forme appropriée et la conscience est rapportée à son extrémité et y est fixée. Dans ce cas, l'outil est maintenu en position par une poignée latérale, placée perpendiculairement à l'axe du bâti.

Ces sortes de porte-forets sont munis assez souvent d'une disposition permettant de donner au foret deux vitesses pour une même vitesse de la poignée et du levier de commande. On peut ainsi utiliser l'outil pour percer des trous soit dans des métaux tendres, comme le laiton, par exemple, en donnant au foret sa plus grande vitesse, soit dans des métaux plus durs, comme le fer ou l'acier, où sa vitesse doit être plus faible.

Le dispositif de changement de vitesse est réalisé à l'aide de deux paires de roues d'engrenage (Fig. 213). La manivelle de commande est solidaire d'une double roue à dents coniques, l'une de grand diamètre et l'autre, concentrique à la première, d'un diamètre plus réduit. Ces deux roues font corps ensemble et engrènent respectivement avec deux pignons coniques disposés à l'intérieur d'une chape formée par le bâti.

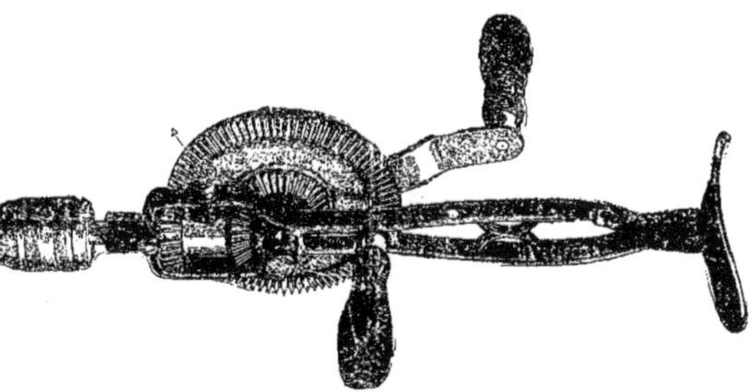

Fig. 213. — Porte-forets à conscience, deux vitesses. (Glaenzer et Perreaud.)

L'axe qui porte le mandrin sert de broche à ces deux pignons, mais l'un d'eux seulement peut être en prise avec cet axe pour l'actionner, pendant que l'autre tourne *fou* sur lui et n'agit pas.

Suivant donc que l'un des deux pignons commande le foret, la vitesse de ce foret varie, car ces pignons qui ont des diamètres égaux engrènent avec des roues de diamètres différents. Lorsque c'est la roue extérieure qui commande, la vitesse du foret est plus rapide que lorsque la commande est transmise par la roue conique intérieure.

On peut, à volonté, provoquer le changement de vitesse en manœuvrant un bouton moleté fixe, placé sur un cylindre qui sépare les pignons. Le mouvement d'oscillation du bouton produit le déplacement, sur l'axe, d'une sorte de griffe solidaire du mouvement de rotation de cet arbre.

Lorsque cette griffe est poussée vers un des pignons, elle s'engage dans les encoches qu'il porte et ce pignon devient le pignon de commande qui actionne l'axe porte-foret; l'autre pignon tourne simplement sur l'axe sans l'entraîner. Suivant donc que le bouton de manœuvre sera manœuvré dans un sens ou dans l'autre, l'un ou l'autre pignon transmettra le mouvement, et la vitesse du foret sera plus ou moins grande.

Support de porte-forets

On a construit, pour rendre les porte-forets fixes et solidaires soit d'un établi, soit d'un petit bâti indépendant, des *supports* qui permettent d'immobiliser le porte-forets et d'effectuer le perçage des trous avec plus de sûreté et plus d'aisance, comme on le fait avec une machine à percer fixe.

Les supports de porte-forets ont des formes appropriées aux outils qu'ils doivent recevoir. Celui qui est représenté par la figure 214, et qui peut supporter le porte-forets ordinaire ou celui à deux vitesses, se compose d'un bâti A portant à sa partie supérieure deux bras B et C, aux extrémités desquels est fixé, en deux points, le porte-forets. Cet outil est immobilisé sur chacun des bras par une vis à oreilles que l'on peut aisément serrer ou desserrer à la main.

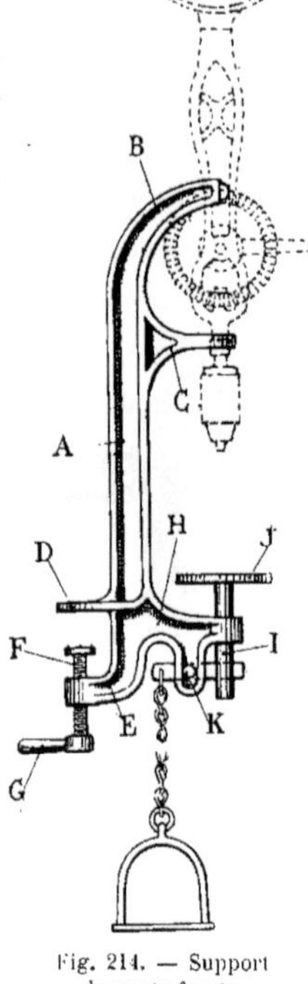

Fig. 214. — Support de porte-forets.

Le porte-forets est ainsi fixé sur son support, de façon que son axe soit disposé verticalement.

A la partie inférieure du support, une patte D fait saillie de façon à s'appliquer sur l'établi ou sur le bâti de soutien. Au-dessous de cette patte s'en trouve une seconde E, à l'extrémité de laquelle se visse une tige filetée F portant, en bout, un disque de serrage, et à sa partie inférieure une petite manette de manœuvre G. Les deux pattes ont entre elles un écartement suffisant pour permettre de placer le support sur le bord d'un établi, par exemple. On assure sa fixation en manœuvrant la manette G qui fait avancer la vis F vers le haut et applique le petit disque qu'elle porte en bout contre la paroi inférieure du meuble, tandis que la patte D repose sur la paroi supérieure.

Le support A, pouvant être ainsi immobilisé, porte en outre, à sa partie inférieure, une branche H qui est dirigée vers l'avant, à l'extrémité de laquelle peut coulisser verticalement une tige cylindrique I munie d'un plateau J. Le déplacement de la tige et du plateau sont produits par l'oscillation d'un petit levier pivotant autour d'un axe K porté par une chape solidaire de la branche H. Une extrémité du levier s'articule sur la tige cylindrique; l'autre extrémité est rendue solidaire soit d'une poignée que l'on peut manœuvrer à la main, soit d'une chaîne reliée à une pédale, dans le cas où l'on veut effectuer la manœuvre du levier au pied.

La pièce à percer est placée sur le plateau J, dont le centre est disposé sur la ligne verticale formant l'axe du porte-foret.

En donnant à la manivelle du porte-foret un mouvement de rotation continu, on produit la rotation du foret et, en appuyant sur la pédale, on fait monter le plateau J et la pièce qu'il supporte, au fur et à mesure que la matière est enlevée par le foret. L'opération de perçage ne nécessite, dans ce cas, que l'emploi d'une main et d'un pied. La seconde main maintient la pièce en place et appliquée sur le plateau.

Le support de porte-forets n'est, en somme, qu'un bâti de petite machine à percer d'établi, dont le mécanisme actif est constitué par le porte-forets.

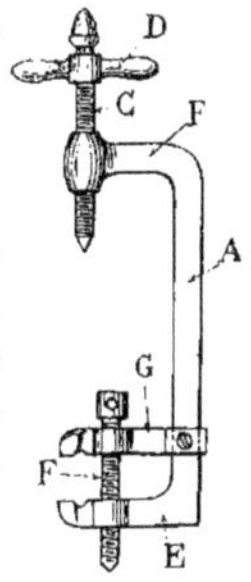

Perceuses portatives Les outils à percer que nous venons d'examiner sont essentiellement des outils portatifs, les porte-forets seuls pouvant être cependant immobilisés à l'aide de supports appropriés.

Fig. 215. — Outil de perçage portatif en C.

Il existe d'autres outils de perçage portatifs, lesquels, généralement employés pour des travaux demandant un certain effort, sont disposés, pour cela, de façon à pouvoir être immobilisés sur place pour effectuer le perçage. Ce sont les *perceuses portatives*, appelées aussi *foreuses* portatives, ou, encore, dans les ateliers, simplement C, nom qui provient de la forme d'un certain type de ces outils, semblable à celui que représente la Figure 215. Ces appareils à percer sont, le plus souvent, employés dans les gros travaux de montage sur place, soit de charpente, de serrurerie, de chaudronnerie ou d'équipement de voies de chemins de fer.

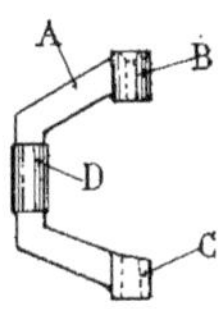

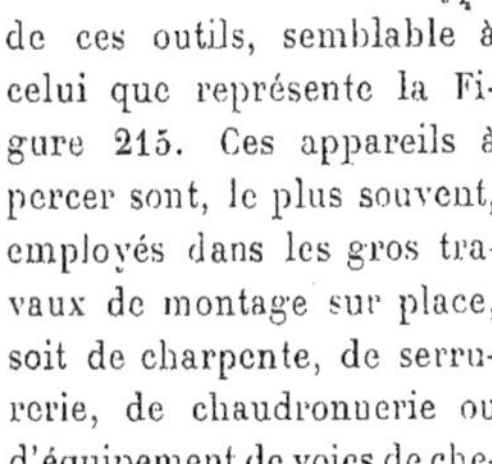

Fig. 216. — Vilebrequin en C.

L'outil de perçage portatif en C (Fig. 215) se compose d'un bâti A formé d'une simple barre coudée à chacune de ses extrémités, de sorte que l'ensemble de l'appareil a un peu l'aspect de la lettre C. La branche supérieure F, porte, à son extrémité, une douille filetée dans laquelle peut se mouvoir une vis C, terminée, à sa partie supérieure par un volant ou par une barre de manœuvre D.

La branche inférieure E reçoit, aussi, une vis F qui sert à serrer contre cette branche formant mors, un autre mors G articulé sur la barre verticale. L'outil à percer se fixe sur un support quelconque que l'on dispose et que l'on serre entre les deux mors. Le mors supérieur peut être aisément déplacé et son écartement de la branche inférieure est approprié à l'épaisseur du support sur lequel il est fixé. Un certain nombre de trous sont, pour cela, percés sur la barre verticale et servent à recevoir l'axe d'oscillation du mors mobile. En changeant cet axe de trou, on fait varier l'écartement des mors.

Le C, outil à percer, ainsi constitué, peut se fixer sur la pièce même dans laquelle il s'agit de percer des trous; si cette pièce est une poutre en fer, par exemple, ou une cornière, mais il faut, évidemment, que la forme de la pièce se prête à un serrage au-dessous du plan sur lequel doit s'effectuer le perçage.

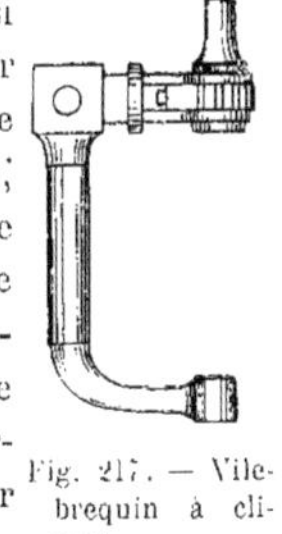
Fig. 217. — Vilebrequin à cliquet.

Le complément indispensable du C qui n'est, en somme, qu'un support, est le *vilebrequin,* mais un vilebrequin spécial, différent de celui que nous avons examiné plus haut. Ce vilebrequin, en effet, est constitué par une barre coudée A (Fig. 216), dont une extrémité porte un mamelon B muni, à son centre, d'un dégagement conique dans lequel s'engage le bout inférieur de la vis C du support en C. L'extrémité opposée C du vilebrequin est percée d'un trou dans le même axe que le trou du mamelon B et dans lequel se place la queue du foret. Une poignée D, mobile autour de son axe, sert à saisir le vilebrequin pour le manœuvrer. En appuyant la pointe du foret sur la pièce à percer et en engageant la partie supérieure du vilebrequin en bout de la vis C, le vilebrequin se trouve maintenu et on peut commencer à tourner pour percer le trou. Au fur et à mesure que le travail s'effectue, on provoque la descente du foret dans le trou et sa pression sur le métal, en tournant d'une petite fraction de tour le volant ou la barrette de manœuvre D. La vis descend d'une faible quantité et, par son extrémité inférieure conique, pousse sur le vilebrequin sans modifier la direction verticale de son axe, et provoque l'enfoncement du foret.

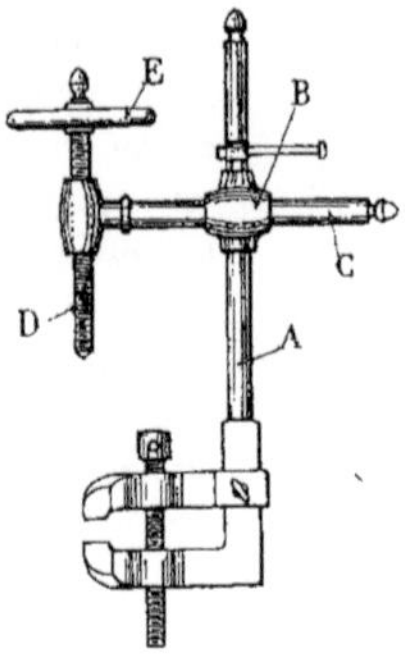

Fig. 218. — Outil de perçage portatif à colonne et à étau.

Ce vilebrequin permet de donner au foret un mouvement continu de rotation ; mais, dans certains cas, la place réduite dont on dispose, ne laisse pas au vilebrequin toute sa liberté de manœuvre. On emploie alors des vilebrequins spéciaux à cliquet (Fig. 217) remplissant le même office que les vilebrequins à cliquet que nous avons signalés plus haut, tout en ayant une forme différente. On imprime à la poignée de ce vilebrequin une succession d'oscillations d'une amplitude appropriée à la place dont on dispose, et à chaque mouvement, le cliquet, sautant un plus ou moins grand nombre de dents de la roue à rochet, provoque, à son retour, le mouvement de rotation du foret.

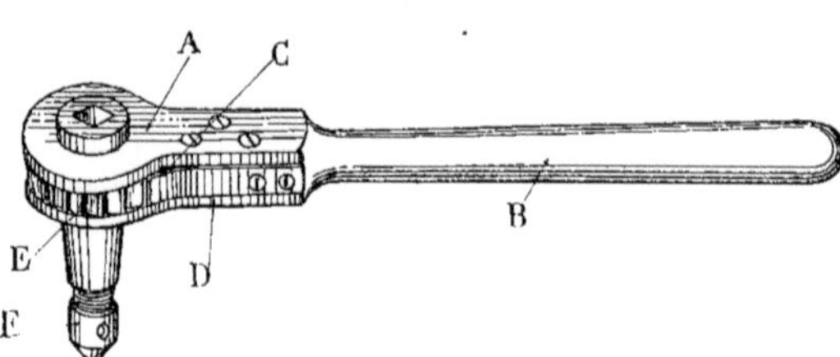

Fig. 219. — Cliquet à rochet.

Certains vilebrequins sont munis de deux cliquets pour pouvoir, à volonté, tourner à droite ou à gauche.

L'outil à percer portatif que nous venons de décrire, offre l'inconvénient de ne comporter aucun réglage de la position du foret, autre que celui qui est fourni par son serrage sur le support, réglage bien réduit. Il faut pouvoir déplacer aisément la pièce à percer et la mettre en position convenable sous l'outil à forer. Mais lorsque les pièces sont lourdes et de grandes dimensions, le réglage doit pouvoir s'effectuer à l'aide de l'outil à percer lui-même. C'est pour cela que l'outil précédent a été modifié en remplaçant sa barre verticale et sa branche supérieure horizontale par une colonne cylindrique verticale A (Fig. 218) portant, à son extrémité inférieure, deux mors d'étau exactement semblables à ceux du C ordinaire.

Sur la colonne verticale peut coulisser une double douille B que l'on appelle *grenouille*. Les deux douilles ont leurs axes disposés dans des directions perpendiculaires. L'une des douilles s'ajuste sur la colonne et l'autre reçoit un bras cylindrique horizontal C, en bout duquel est placée la vis D munie du volant E qui sert à la manœuvrer.

La double douille permet donc un double réglage. A l'aide de la douille verticale, on peut, en effet, faire monter ou descendre le bras horizontal et, par conséquent, éloigner ou rapprocher le foret de la pièce à percer.

On peut, en outre, donner au bras un mouvement de rotation autour de la colonne servant d'axe et l'orienter dans la direction convenable.

A l'aide de la douille horizontale, on peut faire glisser le bras horizontal soit vers la droite, soit vers la gauche, pour venir placer l'outil au-dessus du point où le travail doit s'effectuer.

Une vis de serrage, placée sur chacune des douilles, permet d'immobiliser tous les organes lorsque la position convenable est obtenue.

Les types d'outils à percer du même genre sont très variés. Le pied a des formes diverses qui sont adaptées aux emplois que l'on veut faire des outils, et qui permettent de les serrer sur des pièces de formes spéciales pour en faciliter le perçage.

Cliquet à rochet Le cliquet à rochet est une autre sorte d'outil à percer, simplifié et robuste, que l'on utilise également pour percer des trous dans des pièces qu'il est impossible de déplacer pour venir les porter sous une machine à percer d'atelier. Le cliquet à rochet s'installe donc sur la pièce elle-même ou à proximité, de façon à pouvoir percer, sur place, les trous désirés.

Cet outil est assez souvent employé pour percer des trous dans les rails de chemin de fer ou de tramways.

Le cliquet ordinaire se compose d'une chape A (Fig. 219), terminée par une tige B, de section circulaire, faisant office de manche et servant à effectuer la manœuvre de perçage. La chape est solidaire d'un cliquet C qui est articulé autour d'un axe qui la traverse. Ce cliquet est sollicité par un ressort D, à s'appuyer sur les dents d'une roue à rochet E disposée entre les joues de la chape et rendue solidaire d'un axe perpendiculaire à la tige de manœuvre qui *tourillonne* dans les deux joues de la chape. Cet axe porte, d'un côté, une vis F terminée par un pivot conique, et, de l'autre côté, un trou permettant de fixer le foret. En faisant appuyer le pivot conique contre un support fixe de forme appropriée, et en appliquant le foret contre la pièce à percer, on peut effectuer le perçage des trous en donnant à la tige de manœuvre un mouvement alternatif de va-et-vient. Chaque double mouvement d'aller et retour provoque la rotation de la roue à rochet et du foret pendant une fraction de tour. En répétant ces mouvements, on enlève, au fur et à mesure, la matière, et on perce le trou. Pour cela, il faut aider à l'enfoncement du foret en donnant, de temps en temps, à la vis-pivot un mouvement de rotation, ce qui s'exécute à l'aide de trous percés dans sa tête, dans lesquels on peut enfoncer une broche de manœuvre. La vis, tournant dans son écrou, pratiqué au bout de l'axe de la roue à rochet, l'écarte et oblige le foret à s'enfoncer dans la matière.

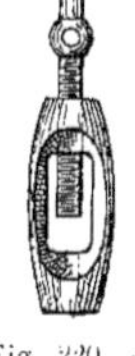
Fig. 220. — Manchon pour cliquet.

Ces sortes de cliquets sont appelés aussi *cliquets à canon*. La tête de la vis est disposée de façons diverses pour que sa manœuvre soit plus aisée. Elle a parfois une forme hexagonale et l'appui du foret contre le métal s'effectue, dans ce cas, à l'aide d'une clef à écrous qui s'ajuste sur la tête à six pans et qui permet de lui donner le mouvement de rotation provoquant l'enfoncement de l'outil à percer.

Le cliquet à rochet comporte quelquefois deux cliquets disposés un de chaque côté de la chape : ils permettent de changer le sens du mouvement *produisant* la rotation du rochet et du foret. Ce mouvement peut être obtenu, soit vers la droite soit vers la gauche, suivant le cliquet que l'on met en prise.

On adapte assez souvent aux *cliquets à canon* des manchons destinés à augmenter la longueur de l'axe portant le foret.

Le manchon (Fig. 220) est une pièce intermédiaire entre la vis-pivot et le foret. Une extrémité du manchon reçoit la vis, l'autre, le foret.

La perte de temps provenant d'un seul mouvement utile sur les deux mouvements d'aller et retour du *cliquet à canon*, a fait rechercher un dispositif grâce auquel on pût donner un mouvement continu de rotation au foret, tout en conservant le mouvement alternatif de va-et-vient de la tige de manœuvre. Pour cela, le canon portant le foret est solidaire d'un pignon d'engrenage conique engrenant avec deux roues à dents coniques en des points diamétralement opposés. Ces deux roues sont donc placées, par rapport à l'axe, une de chaque côté du pignon denté.

Lorsqu'on manœuvre la tige dans un certain sens, c'est une des roues coniques qui commande la rotation du pignon; lorsqu'on déplace la tige en sens inverse, c'est l'autre roue qui commande le pignon, et comme ces roues sont disposées de côté et d'autre de l'axe, deux mouvements en sens inverse produisent le mouvement du pignon dans le même sens, de sorte que chacune des roues fait effectuer la moitié de la rotation de ce pignon.

Fig. 221. — Cliquet à mouvement continu. (Glaenzer et Perreaud.)

Le foret tourne ainsi d'un mouvement continu (Fig. 221).

Machines à percer d'établi Ces outils à percer, quoique appelés le plus souvent machines à percer, peuvent être considérés comme faisant partie du petit outillage. La plupart de ces machines se manœuvrent d'ailleurs à la main; d'autres, en petit nombre, sont actionnées par pédale. Elles peuvent se monter aisément sur un établi pour être à la portée du mécanicien ajusteur et peuvent être commandées par courroie, en utilisant la force motrice de l'atelier ou celle d'un petit moteur électrique spécial. Certaines machines à percer sont disposées pour être facilement déplacées. Elles comprennent leur propre moteur, soit électrique soit pneumatique, et elles sont maintenues à deux mains pour effectuer l'opération de perçage.

La *machine à percer d'établi* manœuvrée à la main se compose d'un bâti (Fig. 222), muni, à sa partie inférieure, d'une patte s'appuyant sur l'établi ou sur le support de la machine et d'une griffe placée en-dessous de la patte servant à serrer le bâti. Un axe vertical tourne dans deux paliers disposés aux extrémités de deux bras du bâti. Cet axe supporte, à son extrémité inférieure, un mandrin dans lequel on place l'outil. A l'extrémité supérieure de l'arbre est claveté un volant qui tourne, par conséquent, avec l'arbre, et qui sert à régulariser son mouvement de rotation.

L'arbre reçoit ce mouvement de rotation d'une manivelle placée sur le côté et que l'on manœuvre à la main. Deux roues d'engrenage à dents coniques transmettent le mouvement de la manivelle à l'arbre porte-forets. Comme dans les porte-forets à engrenage que nous avons décrits, les diamètres des roues et des pignons varient suivant la vitesse que l'on veut donner à l'outil, pour une même vitesse de rotation de la manivelle.

Ces vitesses sont appropriées à la nature du métal à travailler.

Comme il peut être utile de percer des trous dans des métaux de nature différente avec une même machine, on dispose ses organes pour obtenir des vitesses différentes de l'outil. Ces dispositions sont semblables à celles qui sont employées pour réaliser le changement de vitesse dans les porte-forets. Ce sont deux roues dentées coniques, solidaires de la manivelle de commande, qui actionnent alternativement, à volonté, deux pignons calés sur l'arbre porte-outil. La vitesse de cet arbre et de l'outil est grande ou faible, suivant que la commande est transmise par la roue de grand diamètre ou par l'autre.

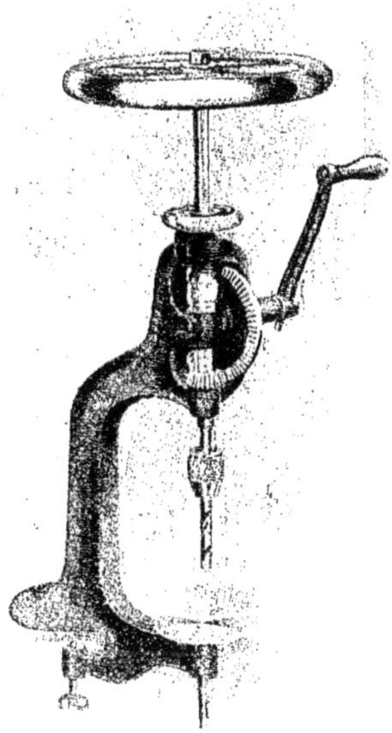

Un plateau circulaire, destiné à servir de support à la pièce à percer, est placé sur la branche inférieure du bâti. Ce plateau est muni d'une queue cylindrique qui coulisse dans une douille formée par l'extrémité de cette branche. On peut monter ou descendre le plateau à volonté, une vis de serrage immobilise sa tige dans la position désirée.

Un petit volant, placé sur la tige porte-outil au-dessous du grand, permet, par sa manœuvre, de faire descendre la tige porte-forets. C'est donc en donnant, de temps à autre, un petit mouvement circulaire à ce volant, qu'on fait enfoncer le foret dans la matière pour percer le trou.

La plupart des machines à percer de ce type sont munies, sur le petit volant, d'un écrou dont la fonction consiste à immobiliser le petit volant par son serrage et à produire ainsi la descente automatique de l'outil. La tige qui supporte cet outil, tournant d'une façon continue dans un écrou immobile, descend au fur et à mesure qu'elle effectue son mouvement de rotation. Les *pas* de la vis et de l'écrou sont établis de façon à donner au foret un enfoncement réduit à chaque tour de l'outil, compatible avec la dureté du métal travaillé.

Fig. 222. — Machine à percer à main. (Glaenzer et Perreaud.)

Certaines machines à percer d'établi ont leur arbre porte-forets immobile dans le sens vertical. Cet arbre, évidemment animé d'un mouvement de rotation, peut être actionné de la façon ordinaire et prendre une ou deux vitesses. C'est le plateau inférieur portant la pièce à percer qui est rendu réglable en hauteur Pour cela, un levier muni d'une poignée et manœuvré à la main, appuie, par l'extrémité opposée à la poignée, sur le bout inférieur de la tige du plateau. Le levier oscille autour d'un axe fixe placé entre les deux extrémités de la tige de façon à déterminer des bras inégaux, le plus long étant du côté de la poignée. En provoquant à la main l'oscillation du levier, on rapproche du foret le plateau et la pièce qu'il supporte, et on provoque l'enfoncement de celui-ci dans la matière, au fur et à mesure qu'il l'enlève. Avec un peu d'expérience, on apprécie fort bien la valeur de la pression que l'on doit exercer sur le foret avec le levier, pour percer un trou avec une rapidité appropriée à la nature du métal et à la vitesse de rotation de l'outil.

Lorsque la machine à percer d'établi est commandée par un petit moteur spécial, qui est dans ce cas généralement électrique, ou lorsqu'on utilise, pour l'actionner, la force motrice de l'atelier, la manivelle de commande est remplacée par une poulie sur laquelle est montée une courroie, enroulée, d'autre part, autour d'une autre poulie recevant son mouvement de l'agent moteur. Cette courroie est ordinairement peu large, car l'effort à transmettre est peu important pour une machine à percer d'établi. La courroie est même, assez souvent, une *corde à boyaux* à section circulaire assez semblable à celle que l'on emploie pour transmettre le mouvement dans les machines à coudre.

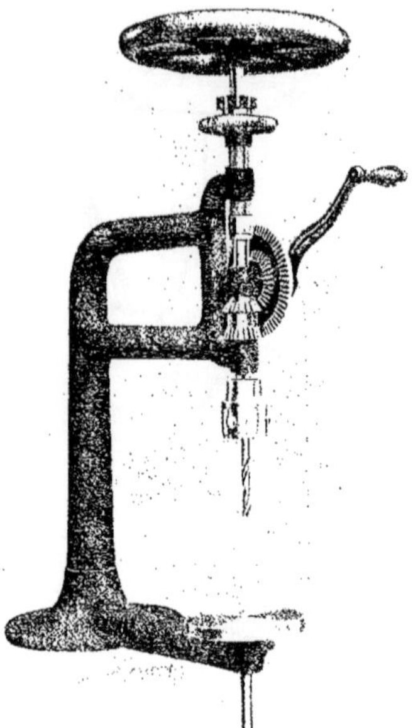

Fig. 223. — Machine à percer à main, à deux vitesses. (Glaenzer et Perreaud.)

L'entraînement de la poulie par la courroie remplace la commande à la main et permet de maintenir et d'orienter d'une main la pièce que l'on perce, tandis qu'avec l'autre main on agit sur le levier qui déplace le plateau, ou sur le petit volant qui fait déplacer verticalement le foret.

La machine à percer commandée mécaniquement par poulies peut comporter des variations de vitesse multiples, sans aucune complication et sans nécessiter plusieurs trains de roues d'engrenage. Sur l'axe de commande se trouve claveté, non pas une poulie, mais un *cône de commande* comportant une série de poulies de diamètres différents.

Ces poulies étagées, fondues d'une seule pièce, sont au nombre de deux, trois, quatre, suivant que l'on veut obtenir deux, trois ou quatre vitesses différentes de l'outil. L'axe de commande de la machine, dans le cas où il est perpendiculaire à l'arbre porte-forets, peut donc commander cet arbre par un simple train d'engrenages, quelle que soit la vitesse que l'on veut lui donner, le changement de vitesse étant réalisé par les poulies. Il convient, pour cela, qu'une autre série de poulies de diamètres différents et appropriés aux vitesses à obtenir soit disposée sur la machine ou sur la transmission motrices.

La commande de la machine à percer d'établi par poulies et courroies a permis de simplifier encore les organes de la machine et de supprimer les engrenages coniques de commande, nécessaires lorsque l'arbre d'attaque est latéral. Pour cela, on dispose le cône de poulies de commande à la partie supérieure de l'arbre porte-forets où il est claveté. Il n'existe donc aucun intermédiaire entre ces poulies et l'arbre. Les organes sont moins nombreux et le frottement à vaincre moins considérable. Par contre, comme les poulies de commande se trouvent, dans ce cas, disposées horizontalement, il est généralement nécessaire, pour assurer un enroulement convenable de la courroie sur ces poulies, de disposer des galets de renvoi servant à guider la courroie et à lui donner la direction voulue. Ces galets sont montés chacun sur un axe rendu solidaire du bâti de la machine et sur lequel ils peuvent tourner librement.

La descente de l'arbre porte-forets, au lieu de s'effectuer à l'aide d'un volant, peut être réalisée au moyen d'un levier composé d'une simple tige cylindrique droite, solidaire de l'organe qui commande le déplacement de l'arbre dans le sens vertical (Fig. 224). Cet organe est parfois un pignon denté, dont l'axe est disposé dans le sens perpendiculaire à l'arbre de l'outil et qui engrène avec une douille dentée formant crémaillère, dans laquelle tourne l'arbre porte-forets.

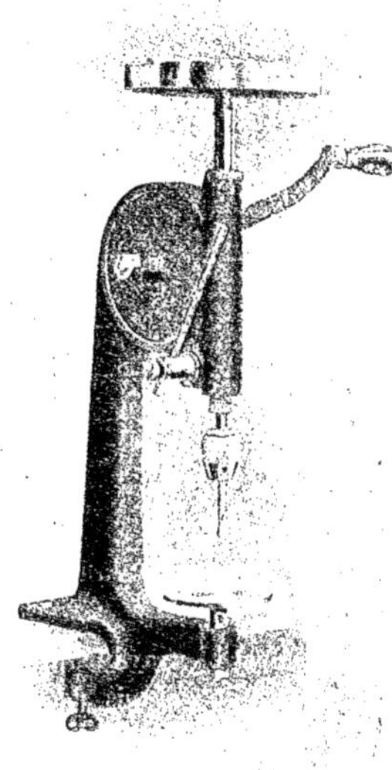

Fig. 224. — Machine à percer à main rapide. (Glaenzer et Perreaud.)

Un simple mouvement de bascule donné à la tige cylindrique servant à la manœuvre, fait descendre le foret et l'appuie sur la pièce à percer. On maintient la pression nécessaire au perçage en appuyant d'une façon permanente sur la tige.

On *sent* ainsi le travail effectué par le foret et on peut activer le perçage dans la limite de résistance du foret. Ce dispositif est établi sur certaines machines-outils à percer à commande mécanique, que l'on a désignées, pour cela, sous le nom de *sensitives*.

Nous trouverons dans notre Tome suivant, consacré aux *machines-outils*, la description détaillée de ces machines à percer, parmi celles qui sont mues mécaniquement et qui sont installées d'une façon fixe.

Les petites machines à percer commandées mécaniquement et qui, étant portatives, peuvent être utilisées aisément, et dans presque tous les cas, par l'ouvrier mécanicien, font partie, pour ainsi dire, de son outillage à main.

La *machine à percer électrique portative* (Fig. 225) est une de ces machines. Elle comporte un petit moteur électrique enfermé dans une enveloppe métallique, dont l'arbre commande la rotation de l'arbre porte-forets. Cet arbre déborde d'un côté de la machine et reçoit un mandrin serrant l'outil. Du côté opposé est adaptée, assez souvent, une *conscience*, qui permet, en l'appliquant sur la poitrine, de faire pression sur l'outil pour percer les trous. Des poignées latérales sont parfois disposées pour maintenir en position la machine à percer et pour guider le foret en lui donnant une direction convenable.

L'enveloppe extérieure de la perceuse ne met à jour aucun organe en mouvement, sauf évidemment l'arbre porte-forets. Une prise de courant est simplement établie sur cette carapace pour recevoir une broche double de communication du modèle ordinairement employé pour l'éclairage électrique. Il est donc facile de se brancher sur une prise de courant de lampe électrique et on met ainsi en marche, sans difficulté, la machine à percer.

Cette machine peut remplacer avantageusement, dans un grand nombre de cas, les dispositifs portatifs de perçage que nous avons précédemment décrits, à rochet ou à vilebrequin, pour forer sur place des trous dans des pièces déjà montées, difficiles à déplacer, à la condition toutefois qu'on puisse trouver à proximité une canalisation électrique capable de fournir l'énergie nécessaire au fonctionnement de la machine.

Il est possible d'adapter à la perceuse électrique portative, à la place de la conscience, un dispositif permettant de provoquer l'avancement du foret à l'aide d'un moyeu mécanique. C'est, généralement, une vis à laquelle on donne des mouvements de rotation successifs à l'aide d'un petit volant ou d'une manette qui, en avançant dans un écrou fixe, pousse sur l'arbre porte-forets et produit son déplacement.

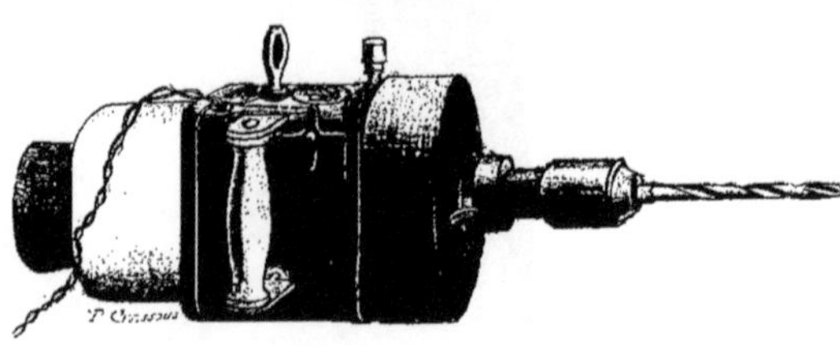

Fig. 225. — Machine à percer électrique portative.

Il existe aussi des machines à percer portatives mues par l'air comprimé.

Ces machines pneumatiques comportent généralement trois cylindres, dont les pistons sont actionnés par l'air comprimé à l'aide d'une petite distribution appropriée. Les trois pistons, par l'intermédiaire de bielles et de manivelles calées à 120 degrés l'une de l'autre, commandent la rotation de l'arbre portant le foret.

Cet arbre est établi pour pouvoir se déplacer longitudinalement malgré son mouvement de rotation. Le déplacement, qui peut être produit soit à l'aide d'un levier, soit à l'aide d'une manette ou par l'intermédiaire d'un cliquet, provoque l'avancement du foret dans la matière et détermine le perçage du trou.

Mandrin porte-forets Le mandrin porte-forets est un organe intermédiaire entre l'arbre de la machine à percer et l'outil qui effectue le perçage. C'est une pièce qui se rapporte au bout de l'arbre, sur lequel elle peut aisément se monter et que l'on peut aussi démonter facilement.

Le mandrin est muni de griffes entre lesquelles le foret est solidement maintenu, pour participer sans glisser au mouvement de rotation de l'arbre de la machine pendant le forage de la matière.

Les mandrins ont des formes et des dispositions variées.

Pour recevoir des forets de petits diamètres, destinés par conséquent, à effectuer un faible travail, on emploie des mandrins en laiton munis de griffes en acier (Fig. 226). La queue de ces mandrins qui s'engage dans l'arbre de la machine à percer est ronde ou carrée. Une partie cylindrique du mandrin portant un moleté permet de serrer ou de desserrer les griffes qui maintiennent le foret. Ce cylindre moleté fait corps avec une sorte d'écrou se vissant sur le corps même du mandrin et dont la partie extrême a ses parois intérieures de forme conique. Lorsqu'on visse l'écrou, les parois appuient sur les plans inclinés des griffes et les rapprochent d'autant plus que l'on enfonce davantage l'écrou. On peut ainsi immobiliser le foret entre les griffes. Pour le sortir du mandrin, on dévisse l'écrou : les mâchoires s'écartent et le foret glisse.

Les petits mandrins en laiton ne conviennent pas pour les travaux de précision.

On emploie, pour effectuer des perçages précis, des mandrins en acier (Fig. 227) soigneusement tournés et centrés, munis de trois griffes semblables qui, en se rapprochant, centrent parfaitement le foret tout en l'immobilisant.

Le foret doit évidemment être, pour son compte, très bien centré, c'est-à-dire que la queue cylindrique qui s'engage entre les griffes du mandrin doit avoir le même axe que la partie coupante de l'outil.

Fig. 226. — Mandrin porte-forets.

Le mandrin porte extérieurement un moleté à l'aide duquel on effectue le serrage du foret à la main. Les griffes sont maintenues écartées les unes des autres par des ressorts intérieurs, de sorte que, pendant le serrage, les ressorts sont comprimés, et qu'ils écartent automatiquement les griffes, permettant le dégagement immédiat de l'outil, aussitôt que le mandrin est desserré.

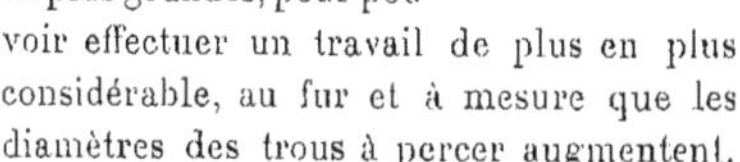

Fig. 227. — Mandrin porte-forets à tige. (Forges de Vulcain.)

Les dimensions des mandrins varient avec les diamètres des forets que l'on veut utiliser et ces dimensions deviennent de plus en plus grandes, pour pouvoir effectuer un travail de plus en plus considérable, au fur et à mesure que les diamètres des trous à percer augmentent.

Parmi les mandrins, il en est quelques-uns qui comportent des dispositions particulières que nous allons indiquer.

Le *mandrin Almond* est établi pour que la partie moletée tourne sur elle-même sans se déplacer longitudinalement. Ce sont les griffes intérieures qui sortent du mandrin ou qui y pénètrent suivant que l'on tourne le cylindre de manœuvre dans l'un ou dans l'autre sens.

Pour cela, le cylindre de manœuvre A (Fig. 228), dont la paroi extérieure porte un moleté sur toute sa surface, est maintenu bridé dans le sens longitudinal par une gorge circulaire pratiquée dans le corps même B du mandrin, dans laquelle s'engage une couronne filetée C, fixée au cylindre de manœuvre A. La paroi intérieure de la couronne a une forme conique et porte un filetage. Le mandrin est muni de trois griffes D disposées dans des logements placés à 120 degrés l'un de l'autre.

Ces logements servent de guides aux griffes et ont une inclinaison telle que des filets pratiqués sur une face de ces griffes viennent s'engager exactement dans le pas de vis conique établi sur la couronne C. Lorsqu'on fait tourner le cylindre de manœuvre, comme celui-ci ne peut pas se déplacer longitudinalement, ce sont les trois griffes qui sont sollicitées à se mouvoir soit vers l'extérieur soit vers l'intérieur du mandrin, suivant le sens de rotation que l'on donne au cylindre de manœuvre. Dans le premier cas, les becs des griffes s'écartent. On engage entre elles la queue du foret, puis on manœuvre le cylindre moleté en sens contraire de façon à rapprocher les becs de griffes. Lorsque le serrage est complet le cylindre ne peut plus être manœuvré.

Un autre type de mandrin, comportant des dispositions semblables à celles du mandrin précédent, est le *mandrin Jacobs*, qui peut cependant, tout en étant manœuvré à la main, être actionné à l'aide d'une clef spéciale permettant d'obtenir un serrage plus énergique.

La clef est une broche cylindrique (Fig. 229) portant, à une extrémité, une broche transversale servant à sa manœuvre, et vers l'autre extrémité, un pignon denté à dents coniques. La clef se termine du côté du pignon par une partie cylindrique pouvant s'engager dans des trous percés sur la partie fixe du mandrin. Lorsqu'on engage cette tige dans un des trous, le pignon conique engrène avec une roue dentée taillée sur le bord du cylindre de manœuvre du mandrin. Ce cylindre porte un moletage permettant de le manœuvrer à la main, mais lorsqu'on se sert de la clef, on provoque la rotation de ce cylindre par la rotation de la clef et du pignon qu'elle porte, grâce au dispositif d'engrenage. Les griffes se manœuvrent de la même façon que dans le mandrin Almond et on comprend que lorsqu'elles sont actionnées par la clef, on obtient un serrage du foret plus énergique que le serrage obtenu à la main. Quand le serrage est assuré, on enlève la clef que placée en travers du corps du mandrin et ne le débordant pas. Cette vis, immobilisée dans le sens longitudinal, provoque par sa rotation le déplacement de mâchoires engrenées avec elle et produit le serrage ou le desserrage du foret.

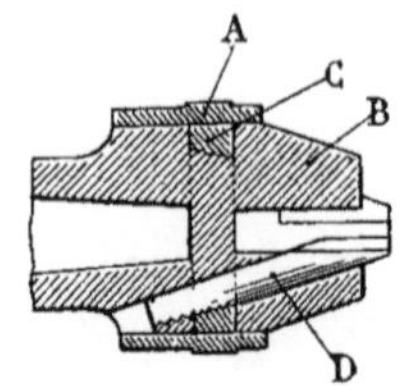

Fig. 228. — Mandrin Almond.

Un autre type de mandrin, donnant un très bon serrage sans l'aide de clef et un centrage automatique et précis, est le mandrin porte-forets complètement cylindrique appelé généralement *mandrin suédois*.

Il se compose d'un corps cylindrique A (Fig. 230 et 231), contenant tous les organes. Dans ce cylindre, dont la paroi extérieure servant à la manœuvre est moletée, est fixée une pièce circulaire B portant sur sa paroi intérieure trois évidements à courbes excentrées par rapport au centre E du mandrin.

Trois galets C s'appuient chacun contre un de ces évidements et contre trois pièces D qui maintiennent leur écartement. Au centre du mandrin se place la queue du foret E qui passe par un large trou pratiqué

Fig. 229. — Mandrin porte-forets Jacobs.

l'on pose sur le tablier de la machine ou de l'établi et que l'on emploie aussi pour le desserrage.

Quelques mandrins, de types différents des deux précédents, sont manœuvrés aussi à l'aide de clefs. Ces clefs, généralement à bouts carrés, s'engagent dans des trous de même forme creusés au centre d'une vis sur la face avant du mandrin, et qui est tenu entre les trois galets.

Le foret étant supposé placé dans la position indiquée par la figure 230, le sens de marche de l'arbre de la machine est celui de la flèche.

Il est aisé de se rendre compte que le mouvement dirigé dans ce sens tend à rapprocher les galets du foret et à assurer son serrage, par suite de la forme de la courbe formant l'évidement. Lorsqu'on veut desserrer le foret, on tourne le mandrin dans le sens inverse de la flèche. Les galets prennent contact dans les évidements avec des points plus éloignés du centre. Ils tendent donc à s'écarter du centre et par conséquent du foret; celui-ci, n'étant plus maintenu, sort sans effort du mandrin.

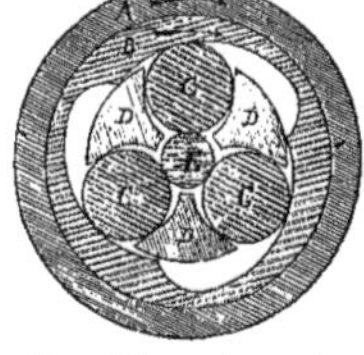

Fig. 230. — Coupe du mandrin automatique suédois.

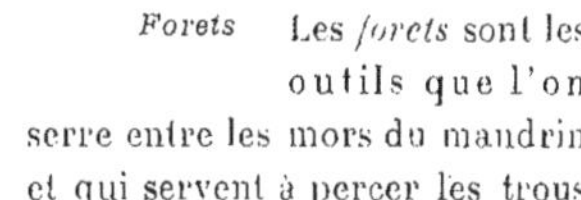

Pour le placer dans le mandrin, on tourne d'abord celui-ci dans le sens inverse du mouvement de rotation de la machine pour pouvoir engager aisément la queue du foret, puis on donne au mandrin un mouvement de rotation en sens contraire, qui produit le coincement des galets contre le foret et le serrage de cet outil, serrage qui est maintenu assuré par la rotation même de l'arbre porte-forets. Telles sont les diverses périodes de la manœuvre.

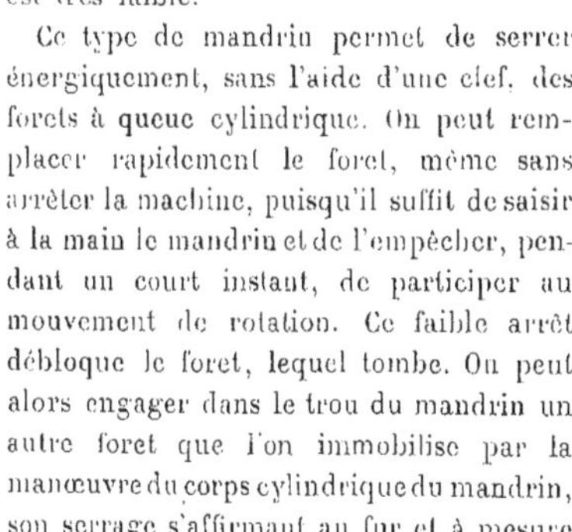

Fig. 231. — Mandrin automatique suédois. Vue d'ensemble.

Les galets et les pièces qui les séparent sont faits en acier. Ils sont trempés et rectifiés soigneusement après la trempe pour pouvoir donner un bon centrage et un serrage efficace. L'usure de ces pièces est très faible.

Ce type de mandrin permet de serrer énergiquement, sans l'aide d'une clef, des forets à queue cylindrique. On peut remplacer rapidement le foret, même sans arrêter la machine, puisqu'il suffit de saisir à la main le mandrin et de l'empêcher, pendant un court instant, de participer au mouvement de rotation. Ce faible arrêt débloque le foret, lequel tombe. On peut alors engager dans le trou du mandrin un autre foret que l'on immobilise par la manœuvre du corps cylindrique du mandrin, son serrage s'affirmant au fur et à mesure que sa pression sur la matière et la résistance qu'il rencontre augmentent.

On construit un grand nombre d'autres types de mandrins pouvant serrer des forets et des mèches et être utilisés soit pour percer des trous à l'aide de machines spéciales à percer, soit à l'aide d'un tour. Nous examinerons quelques-uns de ces mandrins dans la description des *machines-outils*.

Forets

Les *forets* sont les outils que l'on serre entre les mors du mandrin et qui servent à percer les trous en enlevant de la matière, par suite de leur mouvement de rotation. On leur donne aussi le nom de *mèches*, quoique ce nom soit plus particulièrement employé pour désigner les outils à percer le bois et certains outils spéciaux, généralement de diamètres importants, utilisés pour percer le métal.

Les forets ont des formes diverses. La *tête* du foret est la partie coupante qui s'engage dans le métal en le forant; la *queue* est la partie opposée du foret qui s'engage entre les griffes du mandrin. Ce sont les dispositions diverses données à la tête et à la queue du foret qui différencient les différents types de ces outils à percer.

Foret à langue d'aspic

Le foret ordinaire a sa tête façonnée comme l'indique la figure 232. Le corps A du foret, qui est cylindrique, est aplati à une extrémité B pour former cette tête. Les flancs aplatis sont inclinés et le bout pointu est l'intersection des deux génératrices de coupe qui font un angle d'environ 100 degrés. Cet angle doit être divisé en deux parties exactement égales par l'axe du foret qui passe par la pointe extrême. La largeur de la partie aplatie du foret est égale au diamètre du trou à percer, et cette dimension doit aussi être bien exactement divisée en deux parties égales par l'axe du foret, car, s'il en était autrement, l'un des bords du foret entamerait la matière sur un rayon plus grand que l'autre bord, ce qui agrandirait le trou et le déformerait.

Il est indispensable que dans un foret le corps cylindrique soit bien droit, et que son axe, passant par la pointe du foret, soit exactement la bissectrice de l'angle des génératrices de coupe et partage la largeur de la tête en deux parties rigoureusement égales.

Pour faciliter le travail du foret et le dégagement des copeaux en arrière des génératrices de coupe, par rapport au sens de mouvement du foret, on donne, dans le sens de l'épaisseur de la tête, une inclinaison d'environ 7 degrés à partir de la pointe tout le long des génératrices de coupe.

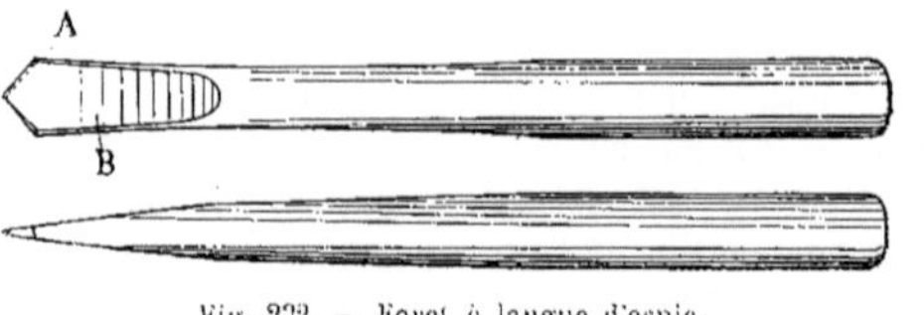

Fig. 232. — Foret à langue d'aspic.

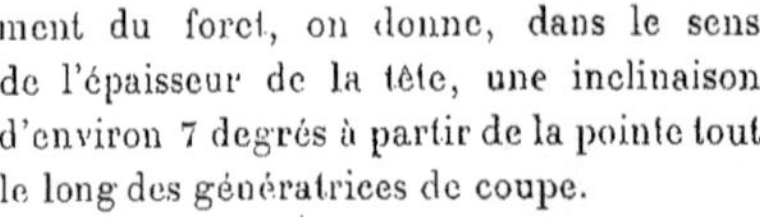

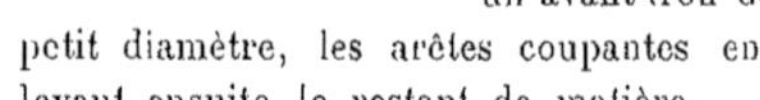

Cette inclinaison doit être donnée dans un sens tel que l'arête de coupe se présente toujours en avant lorsque le foret est animé d'un mouvement de rotation ayant le même sens que celui des aiguilles d'une montre.

Ce genre de foret est nommé *foret à langue d'aspic*.

Les flancs de la tête du foret qui font suite aux deux arêtes de coupe dans le sens de l'axe de l'outil, doivent être parfaitement cylindriques et centrés par rapport à l'axe du foret. Ils sont exactement distants d'une longueur égale au diamètre du foret. La hauteur de cette partie cylindrique doit être égale au moins au diamètre du foret. Elle est ensuite dégagée au fur et à mesure que l'on s'éloigne de la pointe.

On pratique, parfois, sur un des plats de la tête du foret (celui qui est dirigé vers l'avant par rapport au sens de rotation), une gorge destinée à donner à l'outil une plus grande facilité de coupe et permettant le dégagement du copeau.

Les forets à langue d'aspic ne donnent pas une grande précision, mais pour certains travaux n'exigeant pas une précision extrême, ils fournissent un bon rendement, car on peut percer rapidement des trous dans des métaux comme la fonte de fer ou le laiton. Ces forets sont peu fragiles.

Foret à téton

Le *foret à téton*, appelé aussi *foret à centre*, comporte, au lieu d'une pointe formant son extrémité, une sorte de mamelon, de *téton* A (Fig. 233), qui est pointu et qui perce d'abord, lorsqu'on fait travailler le foret, un avant-trou de petit diamètre, les arêtes coupantes enlevant ensuite le restant de matière.

Ces arêtes B ont une direction bien perpendiculaire à l'axe du foret. Il importe qu'elles soient exactement dans le prolongement l'une de l'autre pour qu'elles attaquent la matière à enlever en même temps de chaque côté de l'axe du foret. On donne cependant, parfois, une légère inclinaison aux arêtes coupantes, de façon que ce soit la partie extérieure de l'arête qui s'enfonce d'abord dans le métal; les autres parties de l'arête, qui sont les plus rapprochées de l'axe du foret, touchent successivement le métal et l'enlèvent, au fur et à mesure que le foret descend. Cette disposition facilite le débouchage du trou, car les pointes extérieures des arêtes traversent les premières en perçant la matière, en même temps que le téton. Le trou se trouve ainsi aisément débouché par la chute d'une rondelle de très faible épaisseur, sans que l'on ait à faire effort sur le foret pour enlever cette dernière cloison. On évite de la sorte la rupture du téton et parfois du foret.

Les arêtes coupantes portent une *dépouille* du côté opposé à la coupe, c'est-à-dire que dans le sens de leur épaisseur, leur *champ* est incliné par rapport aux faces planes du foret pour faciliter le dégagement du copeau et la coupe. Le téton est formé par quatre plans inclinés.

Les deux plans inclinés pratiqués dans le sens des plats du foret ont pour but de former la pointe du téton. Les deux autres plats sont destinés à assurer sa coupe et le dégagement des copeaux, de sorte qu'en réalité l'extrémité du téton n'est pas une pointe, mais une ligne formée par l'intersection des quatre plans inclinés, ce qui rend le téton plus robuste.

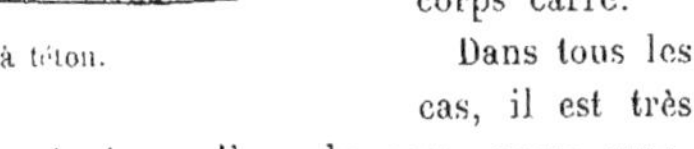

Fig. 233. Foret à téton.

On peut pratiquer une gorge sur le plat du foret pour aider au dégagement des copeaux.

Le foret à téton est employé de préférence au foret à langue d'aspic pour percer des trous avec une grande précision; mais il faut que ce genre de foret soit façonné parfaitement, c'est-à-dire que le téton soit parfaitement centré et que les arêtes coupantes soient bien symétriques par rapport à l'axe du foret et à la pointe du téton. Ce façonnage, pour être parfait et rapide, s'effectue mécaniquement, à la machine à fraiser, ce qui permet de donner exactement aux chanfreins les inclinaisons voulues. On termine le foret par son affûtage à la meule après la trempe.

Les forets à langue d'aspic et à téton sont trempés après avoir été chauffés au rouge cerise, mais pas en entier. On procède pour leur trempe comme pour les burins, c'est-à-dire qu'on trempe d'abord simplement l'extrémité de l'outil; on le sort de l'eau et on nettoie rapidement le plat du foret pour suivre la gamme des couleurs du revenu. Les parties encore chaudes du foret provoquent, en effet, l'apparition de ces couleurs. Quand le téton prend une couleur gorge de pigeon, on plonge le foret tout entier dans l'eau pour terminer l'opération de trempe.

Lorsque l'épaisseur du foret est faible, les couleurs de revenu apparaissent très rapidement sur les flancs du foret, tandis qu'elles arrivent beaucoup plus lentement sur le téton. On peut, dans ce cas, refroidir légèrement les côtés du foret pour retarder l'effet du revenu de façon que les couleurs du revenu, des plats, et du téton soient sensiblement les mêmes lorsqu'on plonge le foret en entier dans l'eau.

Les forets dont nous parlons ont tantôt le corps cylindrique, tantôt le corps carré.

Dans tous les cas, il est très important que l'axe du corps passe exactement par la pointe du foret pour que celui-ci *tourne bien rond.*

La queue du foret doit être aussi exactement dans le prolongement du corps.

Cette queue peut être à section carrée ou à section circulaire ; mais dans le sens de la longueur, la queue est inclinée et sa section diminue au fur et à mesure qu'on se rapproche de son extrémité.

Les queues sont donc généralement coniques. Certains forets ont cependant des queues cylindriques que l'on peut saisir et maintenir solidement entres les griffes de certains mandrins.

Nous examinerons plus loin les formes coniques données aux queues des forets le plus ordinairement utilisés.

Foret hélicoïdal Les forets à langue d'aspic et les forets à téton sont de plus en plus délaissés dans les ateliers de constructions mécaniques et remplacés par le *foret hélicoïdal,* appelé aussi *foret américain* ou *mèche américaine,* car c'est en Amérique que la fabrication et l'emploi de ces outils ont pris d'abord une plus grande extension.

Le foret hélicoïdal (Fig. 234) est formé d'un corps cylindrique, bien exactement tourné sur toute sa longueur, mais d'un diamètre légèrement plus faible du côté de la queue, pour faciliter son entrée dans un trou de grande longueur et son dégagement. Dans ce corps cylindrique sont pratiquées, symétriquement par rapport à l'axe, deux rainures hélicoïdales dans lesquelles se logent les copeaux de métal au fur et à mesure que l'on perce, et qui constituent des canaux servant au dégagement de ces copeaux. Les intersections de ces rainures et du corps cylindrique forment les génératrices de coupe qui sont évidemment disposées en avant dans le sens du mouvement. En arrière de ces génératrices, le corps du foret, au lieu de conserver exactement sa section circulaire est, le plus souvent, dégagé.

Fig. 234. — Foret hélicoïdal.

On laisse, dans le sens de la section transversale perpendiculaire à l'axe, une partie cylindrique de quelques millimètres (2 ou 3), à partir de la génératrice de coupe, puis, la courbe limitant le corps du foret se rapproche du centre au fur et à mesure qu'elle s'éloigne de cette génératrice. Ce dégagement a pour objet d'empêcher le foret de *talonner* dans le trou pendant le perçage. Seules, les deux parties cylindriques de faible largeur et qui forment les arêtes de coupe frottent sur les parois du trou.

Les deux rainures hélicoïdales pratiquées le long du foret, ont, d'un côté, une forme rectiligne et de l'autre côté une forme courbe (Fig. 237). C'est l'arête formée par la partie rectiligne qui est l'arête de coupe. Le foret tourne donc dans un sens tel que cette arête se présente toujours en avant et coupe la matière.

Les deux rainures, qui ont une grande profondeur, ne laissent au foret, dans son milieu et sur toute la longueur, qu'une faible épaisseur. Cette épaisseur est, dans certains types de forets hélicoïdaux, augmentée progressivement de dimension en allant de la pointe vers la queue : les rainures sont pratiquées de façon que leur profondeur soit plus faible au fur et à mesure qu'on se rapproche de la queue de l'outil ; mais pour conserver une section de dégagement constante des copeaux, on donne à la rainure une plus grande largeur lorsque sa profondeur diminue. La section du conduit qu'elle constitue peut, de la sorte, être la même sur toute la longueur du foret.

La pointe du foret est formée par deux parties coniques formant un angle qui varie, suivant les fabricants, de 115 à 120 degrés. Dans un grand nombre de forets américains, cet angle est de 118 degrés. Il importe que les arêtes inclinées soient bien exactement symétriques par rapport à la pointe du sommet, de même inclinaison, de même longueur, et soient également bien rectilignes. Il est indispensable aussi que l'angle que fait la nappe conique avec la génératrice longitudinale de coupe du foret soit assez aigu pour que le bec de coupe soit toujours plus bas, lorsque le foret est vertical, que le bec d'arrière (Fig. 237).

L'angle de coupe ainsi donné convient parce qu'il détermine vers l'arrière, par rapport au sens du mouvement, un dégagement favorable au travail rationnel de l'outil. Si, au contraire, cet angle était obtus et le bec d'arrière plus bas que le bec coupant d'avant, le foret *talonnerait* et travaillerait mal.

La valeur de l'angle de coupe a donc une très grande importance. On peut facilement apprécier la rectitude de cet angle en examinant l'inclinaison que prend la ligne d'intersection des deux parties coniques, en bout du foret, par rapport aux génératrices longitudinales de coupe.

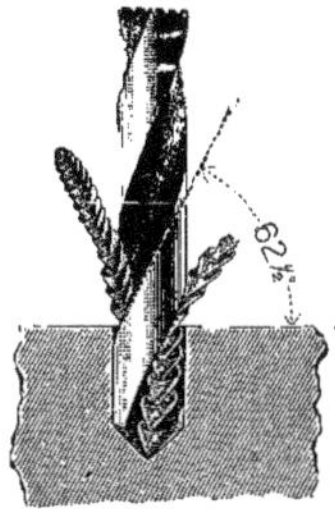

Fig. 235. — Foret hélicoïdal en travail.

Pour cela, on regarde le foret en bout, du côté de sa pointe, et pour qu'il ait une coupe correcte, il faut que la ligne d'intersection GH (Fig. 238) fasse avec les arêtes de coupe A et C un angle pouvant varier de 125 à 130 degrés.

Une inclinaison semblable à celle que prend la ligne d'intersection de la figure 239 est trop grande. L'angle de coupe est trop aigu et le foret a *trop de coupe*, ce qui est un inconvénient, car le foret tend toujours à *s'engager* d'une manière excessive.

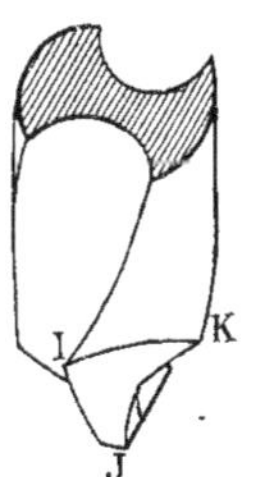

Fig. 236. Tête de foret hélicoïdal.

Lorsque, au contraire, l'inclinaison de la ligne d'intersection est moins grande, comme cela est indiqué sur la figure 240, l'angle de coupe est insuffisant; le dégagement à l'arrière l'est également et le foret risque de talonner.

Pour donner à l'extrémité coupante des forets l'angle et les dimensions convenables, on emploie un *calibre* (Fig. 241) dans lequel deux arêtes forment entre elles l'angle voulu. En posant une arête le long du corps du foret, l'autre doit exactement coïncider avec la partie inclinée de la pointe, si cette partie possède l'inclinaison convenable. En outre, comme une face du calibre porte des divisions dont le zéro est placé au sommet de l'angle, on peut mesurer, en même temps, la longueur de l'arête, et vérifier si la seconde arête du foret a bien exactement cette même longueur.

Par suite de la nécessité de donner à l'extrémité du foret une forme et des dimensions bien déterminées et précises, le foret américain est difficile à affûter bien convenablement à la main. De plus, cette opération d'affûtage à la main, qui peut donner lieu à quelques tâtonnements, demande parfois un peu de temps. Pour éviter ces inconvénients, on affûte les forets hélicoïdaux mécaniquement à l'aide de machines spécialement disposées pour cet usage.

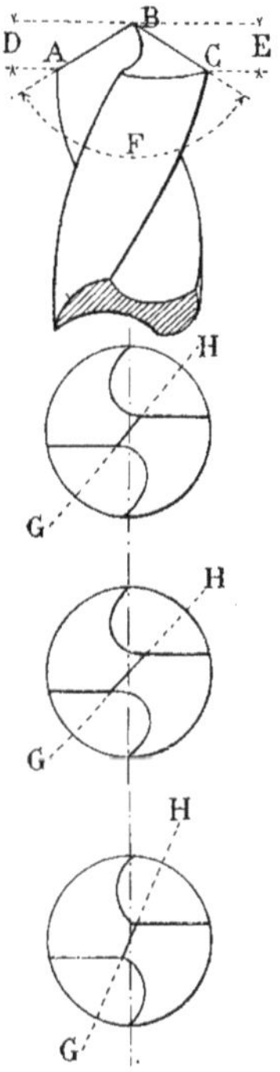

Fig. 237 à 240. — Dispositions de coupe de foret hélicoïdal.

Machines à affûter les forets hélicoïdaux

Ces machines, dont nous allons décrire quelques types, peuvent être classées en deux catégories : les machines fonctionnant à sec et les machines fonctionnant à l'eau. Les premières ont un encombrement plus réduit que les secondes et se construisent en plusieurs modèles suivant l'importance des forets à affûter.

Les machines à affûter petit modèle peuvent se monter sur un établi et peuvent être munies d'une commande soit à main soit mécanique.

Dans le premier cas, c'est à l'aide d'une manivelle que l'on donne un mouvement de rotation à la meule servant à effectuer l'affûtage; dans le second cas, une petite poulie recevant, par courroie, son mouvement de rotation d'une transmission de l'atelier ou d'un petit moteur quelconque, commande le mouvement de la meule.

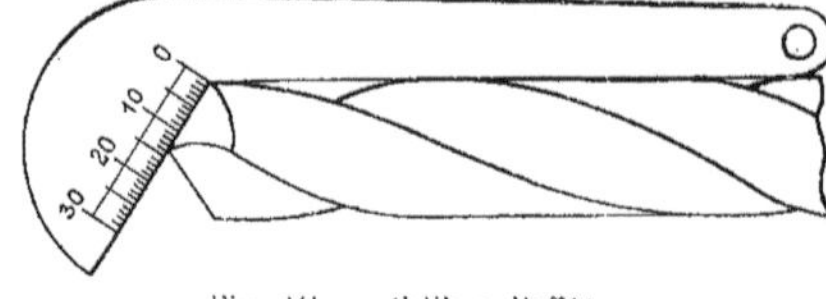

Fig. 241. — Calibre d'affûtage.

D'autres types de machines à affûter à sec sont montées sur colonne et comportent des dispositifs de renvoi de transmission et d'autres dispositifs de réglage pour affûter correctement les forets de différents diamètres, pour donner à l'âme du foret une épaisseur variable et pour l'amincir du côté de la pointe.

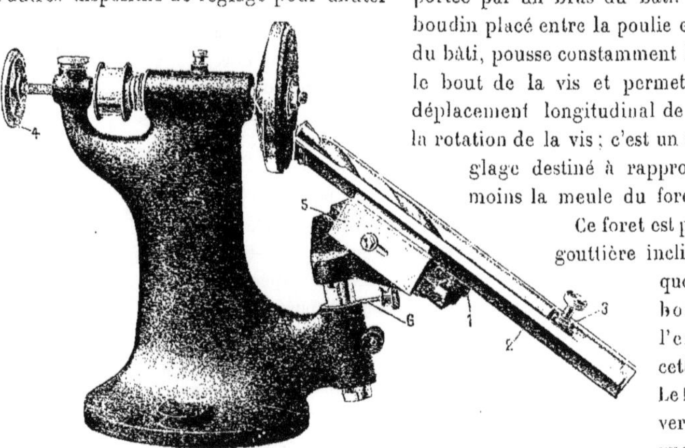

Fig. 242. — Machine à affûter les mèches hélicoïdales. (Forges de Vulcain.)

La machine représentée par la figure 242 est un petit modèle des Forges de Vulcain, à Paris, actionnée mécaniquement. Elle comporte un petit bâti en fonte, muni, à sa partie inférieure, d'un socle servant à fixer la machine sur un établi ou sur un support quelconque. La partie supérieure du bâti supporte un arbre horizontal qui tourne dans un long palier. Sur cet arbre est calée une poulie recevant un mouvement de rotation par l'intermédiaire d'une courroie. A l'autre extrémité, l'arbre porte une meule qui lui est solidement fixée par le serrage d'un écrou disposé en bout de l'arbre. Le mouvement de rotation de la poulie se transmet donc à la meule. L'arbre qui porte ces deux pièces peut se déplacer longitudinalement dans son palier par la manœuvre d'une vis actionnée par un volant 4, supportée par un bras du bâti. Un ressort à boudin placé entre la poulie et l'autre bras du bâti, pousse constamment l'arbre contre le bout de la vis et permet d'obtenir le déplacement longitudinal de la meule par la rotation de la vis; c'est un moyen de réglage destiné à rapprocher plus ou moins la meule du foret à affûter.

Ce foret est placé dans une gouttière inclinée, de façon que sa tête déborde un peu l'extrémité de cette gouttière. Le foret s'appuie, vers l'arrière, sur une butée 3 qui peut coulisser dans la gouttière et qui est immobilisée par le serrage d'un bouton. Lorsque la face verticale de la meule viendra prendre contact avec la tête du foret, elle enlèvera de la matière sur la partie de la tête qu'elle touchera puisque le foret ne peut pas se déplacer vers l'arrière. Le foret pourra donc être ainsi affûté; mais, pour que l'affûtage s'effectue convenablement, il faut pouvoir déplacer le foret devant la meule en lui donnant à la fois un mouvement de rotation sur lui-même et un mouvement d'oscillation de droite à gauche, et inversement. On fait tourner à la main le foret sur lui-même afin de présenter à la meule les deux arêtes de coupe de la tête en le faisant rouler dans la gouttière.

Le mouvement d'oscillation est obtenu à l'aide d'un chariot 1 supportant la gouttière et l'outil. L'ensemble est mobile autour d'un axe, de sorte que l'on peut produire le mouvement oscillant.

Un organe 5 permet, par son déplacement, de faire varier l'angle de coupe du foret. Lorsqu'on pousse cette pièce vers l'avant du foret, l'angle de coupe augmente; il diminue, au contraire, lorsque la pièce est déplacée vers l'arrière. Une broche 6 sert à régler la hauteur du support.

Fig. 243. – Machine à affûter les mèches hélicoïdales, à sec. (Forges de Vulcain.)

La machine représentée par la figure 238 est une machine à colonne travaillant à sec. Cette machine comporte des organes permettant d'obtenir une grande précision dans l'affûtage. Un dispositif automatique de réglage du porte-forets par rapport à la meule est réalisé à l'aide d'une butée spéciale et, suivant le diamètre du foret, le bras qui le supporte est placé automatiquement à la position correspondante, pour que les arêtes tranchantes de la pointe soient toujours inclinées à 118 degrés environ.

L'arbre qui porte la meule est en acier et tourne dans des paliers coniques comportant un dispositif permettant de compenser le jeu. La meule est fixée sur un plateau par une bride en fer circulaire.

Pour régler la position des organes en vue d'affûter un foret déterminé, on place d'abord l'aiguille *d* (Fig. 244), de façon que sa pointe affleure le plan vertical de travail de la meule. Pour cela on règle sa butée à vis. On fait ensuite coulisser horizontalement le bras cylindrique B du support du foret qui est guidé dans une douille fendue solidaire du bâti. Une manette permet, par sa manœuvre, de bloquer ou de desserrer ce bras suivant les besoins. Le déplacement du bras cylindrique dans la douille est mesuré par le déplacement d'un index qui est fixé sur ce bras à l'extrémité arrière, opposée au support du foret. Cet index *a* doit être amené en face de la division indiquant le

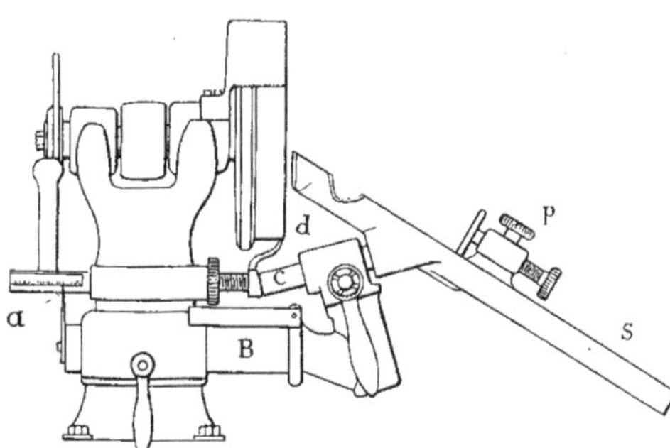

Fig. 244. — Dispositif de réglage pour machine à affûter les forets hélicoïdaux.

diamètre du foret. Le bras cylindrique est alors immobilisé par le serrage de la manette qui le bloque dans sa douille.

La gouttière porte-forets, S est munie d'une queue cylindrique *c* qui s'engage

Fig. 245. — Machine à affûter, à l'eau, les mèches hélicoïdales. (Forges de Vulcain.)

dans une autre douille placée à la partie supérieure du bras mobile B. On fait coulisser cette tige *c* dans sa douille, de façon que son extrémité vienne s'appuyer contre la butée portant l'aiguille *d*. Il ne reste plus qu'à placer le foret dans son support-gouttière en appliquant l'extrémité à affûter contre la meule et en faisant appuyer l'autre bout contre une butée P. Le foret se trouve ainsi convenablement placé, par rapport à son diamètre, pour recevoir, pendant l'opération d'affûtage, l'angle de coupe normal.

Pour effectuer son affûtage, on le maintient dans la gouttière en appuyant sur lui à l'aide de la main gauche, et on donne au porte-forets, avec la main droite, un mouvement d'oscillation pendant que la meule tourne; on affûte ainsi un des plans inclinés de la pointe. Pour affûter l'autre plan symétrique, on fait tourner le foret d'un demi-tour dans la gouttière et on recommence l'opération.

Une machine à affûter du même système comporte les organes nécessaires pour établir un jet d'eau continu sur la meule. C'est à l'aide d'une pompe centrifuge que la circulation d'eau est obtenue. L'eau utilisée est recueillie dans un plateau fixé sur le montant de la machine et employée de nouveau.

Fig. 246. — Machine à affûter, à sec, les forets américains. (Fenwick, frères.)

On emploie l'affûtage à circulation d'eau lorsqu'on craint que l'action de la meule n'échauffe trop considérablement le foret et ne risque de le détremper. Le courant d'eau sert à maintenir une température normale pour laquelle le foret ne peut se recuire.

La machine *American* de la *maison Fenwick*, à Paris, dont la figure 246 représente l'ensemble, comporte quelques dispositions spéciales.

Le foret est placé dans un support en fonte, en forme de V, dont le pivot est conique pour compenser le jeu qui pourrait

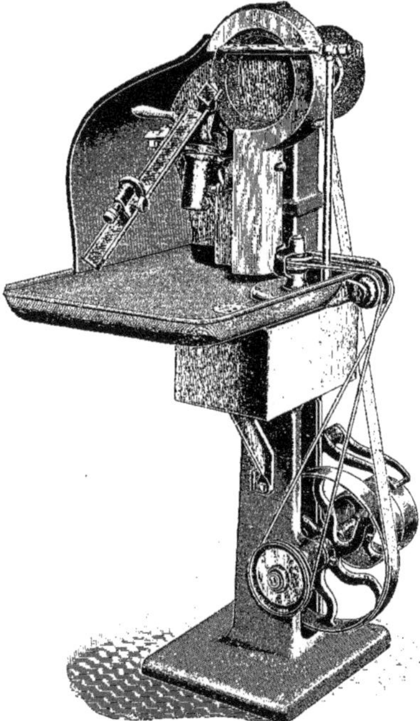

Fig. 247. - Machine à affûter, à l'eau, les forets américains. (Fenwick, frères.)

se produire à la suite des oscillations répétées. L'extrémité du support, du côté de la meule, est échancré pour permettre de maintenir aisément, à l'aide du pouce de la main gauche, les forets même de très petits diamètres.

Dans le support peut coulisser une butée sur laquelle s'appuie l'extrémité arrière du foret. On immobilise la butée sur le support en serrant une vis placée sur le côté de cette pièce. On peut, alors, à l'aide d'une autre vis disposée à l'arrière, faire appliquer le foret contre la meule et produire son avancement au fur et à mesure que l'affûtage se poursuit.

Au bout du support, du côté de la pointe du foret, est disposé un guide qui vient automatiquement orienter la lèvre du foret, quel que soit son diamètre, et, en l'appliquant contre une paroi du support, l'empêche de tourner pendant l'opération d'affûtage (Fig. 248 et 249).

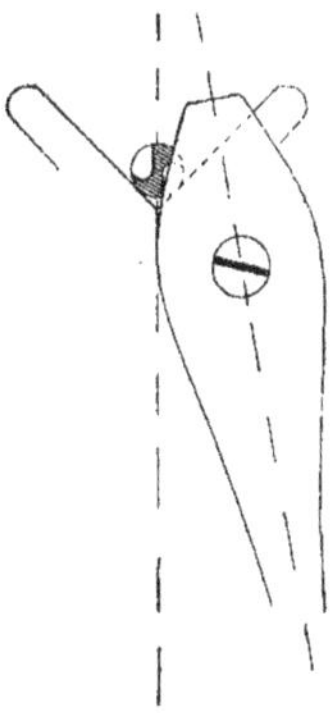

Fig. 248. — Guide de la lèvre du foret.

La machine comporte un dispositif de réglage pour placer le support du foret à une distance appropriée suivant le diamètre de ce foret. Pour cela, un bec mobile peut toujours se placer dans le plan de travail de la meule, et il est, dans cette position, immobilisé.

Un autre bec est porté par le bras supportant le pivot du porte-forets. En réglant ces becs pour les divers diamètres des forets, on place donc automatiquement l'axe d'oscillation du porte-forets à une distance convenable par rapport à la meule.

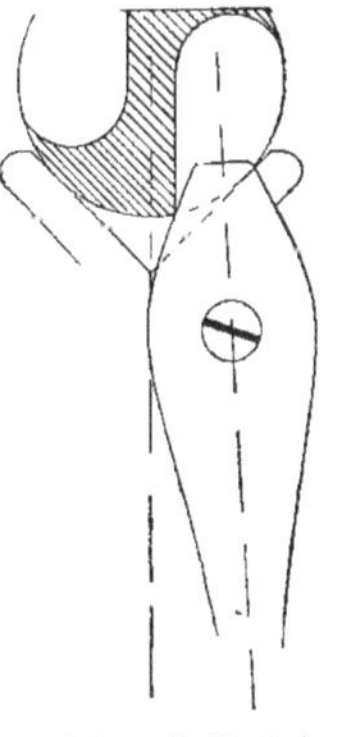

Fig. 249. — Guide de la lèvre du foret.

Le support du foret coulisse sur une plate-forme portant le tourillon et vient s'appliquer contre une butée qui l'arrête et qui empêche l'extrémité de la gouttière de venir toucher contre la meule (Fig. 250). C'est la pointe du foret seule qui doit évidemment prendre contact avec la meule.

La meule servant à affûter est constituée par une couronne faite en *corindon* ou en *émeri,* encastrée, vers l'arrière, dans un cylindre métallique muni d'une queue filetée qui permet de le monter solidement sur l'arbre de la machine avec lequel il doit faire corps. Ce cylindre-support n'intéresse qu'une faible partie de l'épaisseur de la meule, de sorte qu'on peut user celle-ci sur presque toute son épaisseur. Cette disposition, qui peut prévenir aussi l'éclatement de la meule, est celle qui est généralement employée dans ces machines à affûter.

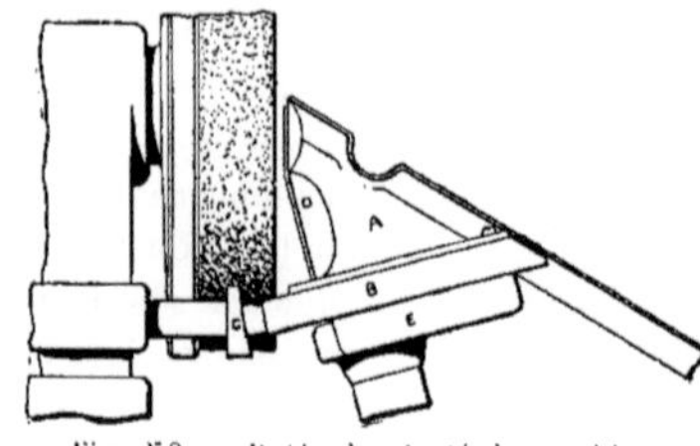

Fig. 250. — Butée de sûreté de machine à affûter.

Il est parfois nécessaire de diminuer à la pointe du foret, l'épaisseur de l'âme de l'outil pour l'aider à pénétrer plus facilement dans la matière. Il faut pour procéder à cette opération approfondir les deux rainures hélicoïdales vers la pointe du foret. Cette opération, qui ne serait pas aisée à réaliser à la main, peut être facilement effectuée au moyen d'un dispositif spécial établi sur la machine. Ce dispositif se compose d'une meule de faible épaisseur montée sur l'arbre de la machine, à l'extrémité opposée à celle de la meule à affûter. Cette meule peut s'engager dans la rainure du foret, et en appuyant celui-ci sur un support approprié, fixé sur un des côtés du bâti de la machine, on peut diminuer l'épaisseur de l'âme de l'outil à la pointe.

Le type de machine *American* disposée pour l'affûtage à l'eau comporte, en plus des organes de la machine précédente, une pompe centrifuge à axe vertical qui réalise la circulation d'eau. Cette pompe, qui se trouve amorcée d'une façon permanente, puise l'eau dans un réservoir et la refoule dans un conduit aboutissant contre la meule à la pointe du foret. Le débit de l'eau est réglable à l'aide d'un robinet. L'eau qui est projetée contre la meule est recueillie dans une sorte de grande cuvette placée au-dessus du réservoir dans lequel elle se déverse. Le réservoir est composé de deux compartiments, l'un recevant les copeaux, les débris de la meule, et les diverses matières étrangères, l'autre ne contenant que l'eau décantée et purifiée. C'est dans ce compartiment que la pompe puise l'eau refoulée dans la conduite et sur l'outil à affûter.

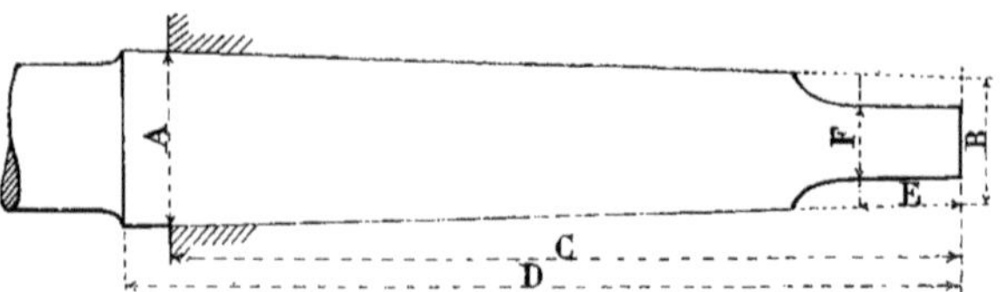

Fig. 251. — Cône pour queue de foret.

Un protecteur est disposé sur une grande partie de la périphérie de la meule et une plaque de protection est placée sur le côté de la machine pour empêcher les projections d'eau sur le sol pendant l'opération d'affûtage.

Cette machine est munie d'un arbre de transmission commandé par un arbre moteur de l'atelier à l'aide d'une courroie et par l'intermédiaire d'une petite poulie calée sur lui. Une autre poulie, folle sur l'arbre, permet de *débrayer* la machine et de l'arrêter en faisant passer sur elle, à l'aide d'une fourchette, la courroie de commande. Sur l'arbre est claveté une autre poulie de plus grand diamètre donnant, par courroie, le mouvement de rotation à l'arbre supérieur portant la meule. Une poulie à gorge, fixée en bout de l'arbre inférieur de transmission, actionne, par l'intermédiaire de galets de renvoi, la pompe centrifuge à axe vertical.

Certaines machines à affûter les forets hélicoïdaux comportent un petit moteur électrique servant à les actionner.

Queues des forets hélicoïdaux Comme pour les forets ordinaires que nous avons précédemment examinés, on donne des formes diverses à l'extrémité des forets hélicoïdaux opposée à la pointe et qui pénètre dans le mandrin. La queue du foret est parfois de section carrée, mais, dans le sens longitudinal, ses faces sont inclinées, l'extrémité de la queue ayant les plus petites dimensions. Ces forets sont surtout utilisés pour être montés dans les vilebrequins, les rochets et certaines machines à percer.

Les *forets à queue cylindrique* sont très employés, un grand nombre de mandrins se prêtant bien à leur serrage énergique. Certains de ces forets portent parfois, sur la queue cylindrique, une ou deux rainures longitudinales dans lesquelles viennent se loger les clavettes de mandrins de types spéciaux : mandrins à une ou deux clavettes.

On utilise aussi des *forets à queue conique* qui ne nécessitent pas l'emploi d'un mandrin et que l'on engage directement dans un manchon portant un trou de même forme conique. L'angle du cône est tel que lorsque la queue du foret est entrée à fond dans son logement conique, le foret est rendu complètement solidaire de son manchon, et, par conséquent, de l'arbre de la machine. On emploie généralement, dans les ateliers, le type de *cône Morse* pour établir les queues de forets et les manchons. Un autre type de cône : le *cône américain* se rencontre aussi sur certains forets.

Voici les dimensions de deux séries de forets établis respectivement avec le *cône morse* et le cône américain.

Forets à cône Morse

NUMÉRO DU FORET	A	B	C	D	E	F
	millim.	millim.	millim.	millim.	millim.	millim.
1	12,06	8,96	61,9	68.3	8	5,2
2	17,78	14,04	74,6	81	9	6,3
3	23,83	19,19	93,6	100	14	8
4	31,27	25,17	117,4	130	16	12
5	44,4	36.57	149	162	19	16
6	63,35	52,42	209,5	222	25	19

L'inclinaison des génératrices du cône varie dans cette série de 50/1000 à 52/1000.

Forets à cône américain

NUMÉRO DU FORET	A	B	C	D	E	F
	millim.	millim.	millim.	millim.	millim.	millim.
1	10,12	7,23	59	62	8	4,8
2	13,56	10.07	67,5	71,5	9,5	5,6
3	18,11	14,3	84	89	13	8
4	22,85	18,54	87	92	16	9,5
5	31,27	25,32	114	120	19	12

Le bout du cône du foret est terminé par un tenon aplati dont les dimensions sont

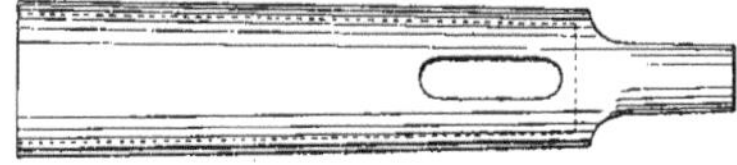

Fig. 252. — Douille pour manchon.

aussi indiquées dans les tableaux précédents. C'est en effectuant une poussée sur l'extrémité de ce tenon que l'on dégage le foret de son manchon. Pour cela, celui-ci porte, vers le bout du foret, une rainure longitudinale qui le traverse de part et d'autre; on engage dans cette rainure une cale en forme de coin qui appuie, d'une part, sur le tenon du foret et, d'autre part, contre la paroi supérieure de la rainure.

En frappant en bout de la cale pour l'enfoncer, on provoque le dégagement du foret du logement de son manchon.

On a établi des *chasse-forets* comportant à la fois la cale en forme de coin et une petite masse placée en bout, masse qui est mobile et constamment ramenée vers l'arrière de l'outil par un ressort. En poussant brusquement, à la main, cette masse contre le bout de la cale, on provoque l'enfoncement de celle-ci comme on l'obtiendrait à l'aide d'un marteau.

Fig. 254. — Manchon pour foret.

Les manchons sont parfois munis de queues coniques (Fig. 254) semblables à celles des forets. On les monte sur la machine, par l'intermédiaire de douilles portant un trou conique approprié (Fig. 247); la rainure sert à chasser le manchon.

Les forets hélicoïdaux sont établis pour les deux sens de mouvement de rotation, soit à droite, soit à gauche. Les rainures hélicoïdales sont, évidemment, dans ces deux types de forets, inclinées dans des sens contraires et les arêtes tranchantes de la pointe disposées dans le sens convenable.

Fig. 253. — Foret hélicoïdal à droite.

Certains forets hélicoïdaux sont munis de dispositifs permettant un écoulement automatique d'huile vers la pointe du foret pendant le travail même de perçage (Fig. 255 et 257). Ces dispositifs consistent en une série de petites cannelures pratiquées longitudinalement dans les rainures hélicoïdales, ou encore, en un tube encastré dans une petite rainure hélicoïdale pratiquée sur le pourtour du foret parallèlement aux deux autres grandes rainures. Ce tube partant de la queue débouche à la pointe du foret.

Fig. 255. — Foret à tube d'huile à queue cylindrique. (Fenwick, frères.)

Fig. 256. — Foret à rainure droite.

Fig. 257. — Foret à tube d'huile à queue conique.

En provoquant une arrivée d'huile à la partie supérieure du foret, cette huile s'écoule dans le trou où le foret est engagé, sans se répandre inutilement tout autour. Ces forets sont surtout utiles lorsque le trou à percer est profond, l'huile que l'on verserait sur les côtés avec les forets ordinaires, ne pouvant atteindre que difficilement le fond par suite de l'accumulation des copeaux métalliques dans les grandes rainures hélicoïdales.

Certains mandrins sont disposés pour alimenter d'huile ces forets spéciaux.

Un autre type spécial de foret à rainures est surtout utilisé pour percer des trous dans des métaux ayant peu de dureté, comme le cuivre ou le laiton, par exemple. Dans ces forets, les rainures, au lieu d'avoir une forme hélicoïdale comme dans les forets précédents, sont en ligne droite et pratiquées longitudinalement (Fig. 256). Elles sont aussi au nombre de deux et diamétralement opposées. Ce genre de rainure permet un dégagement plus facile des copeaux métalliques et, par cela même, permet de procéder plus rapidement à l'opération de perçage dans un métal tendre.

Certains forets sont munis d'encoches pratiquées sur la queue (Fig. 258), pour assurer leur serrage dans un mandrin spécial. Ce *mandrin à* double clavette (Fig. 260) porte, à l'intérieur, deux clavettes qui se rapprochent ou qui s'écartent par la manœuvre du corps extérieur du mandrin. En se rapprochant, elles s'engagent dans les encoches en forme de V du foret et l'immobilisent par serrage.

Fig. 258. — Foret à encoches longitudinales sur la queue.

Le mandrin lubrificateur (Fig. 259) comporte une bague extérieure qui doit pouvoir être immobilisée pendant l'opération de perçage. Une petite tubulure reçoit un conduit souple qui amène l'huile au mandrin et, de là, au foret, cette huile pouvant être refoulée sous pression soit par une petite pompe, soit par un réservoir placé en charge.

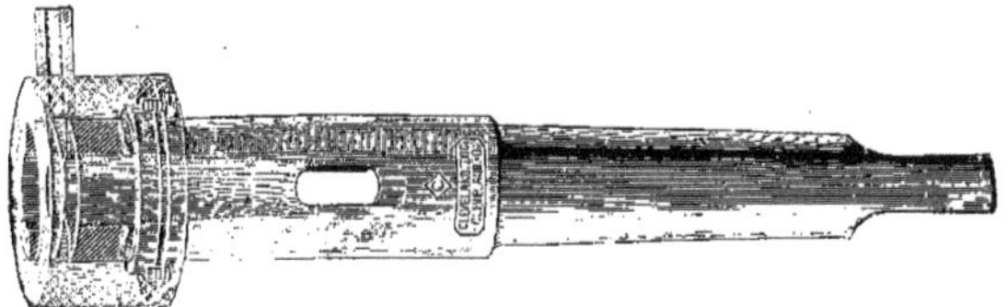

Fig. 259. — Mandrin lubrificateur. (Fenwick, frères.)

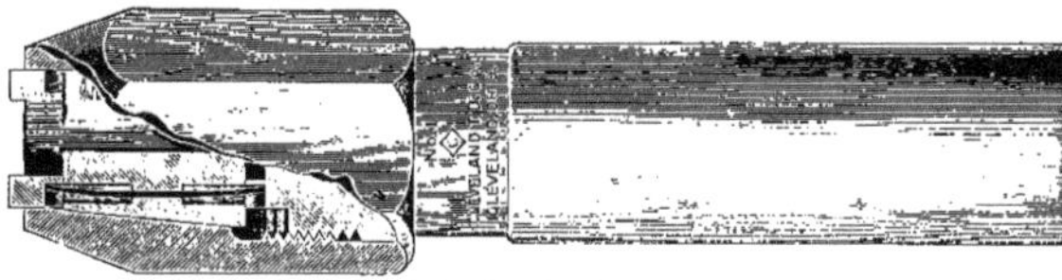

Fig. 260. — Mandrin à double clavette. (Fenwick, frères.)

Outils d'alésage — Lorsqu'un trou percé à l'aide d'un foret doit avoir un diamètre bien déterminé, il est nécessaire, pour obtenir la précision désirable, de percer le trou avec un foret de diamètre légèrement plus faible et de donner à ce trou son diamètre réel à l'aide d'un autre outil établi pour cela : c'est l'*outil d'alésage* ou *alésoir*.

L'*alésoir*, passé dans le trou déjà percé, enlève la matière qui est en trop, régularise la forme du trou et rend ses parois bien unies et propres, en conséquence, à faciliter l'ajustage d'un axe.

L'alésoir ordinaire est un outil (Fig. 261) dont la partie active, c'est-à-dire celle qui doit *aléser* le trou, est formée par une série de cannelures longitudinales pratiquées sur le corps de l'outil. Ce corps comporte, vers son extrémité, une partie conique suivie d'une partie cylindrique. On donne, assez souvent, à la partie conique, un tiers de la longueur du corps, la partie cylindrique constituant les deux autres tiers.

Une partie cylindrique, dont le diamètre est plus petit que celui du fond des cannelures, prolonge la partie cylindrique du corps de l'alésoir et celui-ci est terminé par une queue, généralement de forme carrée, qui s'engage dans un logement pratiqué dans un outil, lequel, par un mouvement de rotation imprimé soit à la main, soit à l'aide de la machine, fait passer le corps de l'alésoir d'un bout à l'autre à travers le trou.

Fig. 261. — Alésoir.

Fig. 262. — Alésoir à pans.

A côté de cet alésoir du type courant ont été établis des alésoirs d'un grand nombre de modèles dont la forme est appropriée au degré de précision que l'on désire obtenir dans l'alésage des trous.

Fig. 263. — Alésoir à rainures, à bout fileté.

Les cannelures longitudinales ne sont taillées que sur une partie du pourtour du corps de l'alésoir, et elles ont une forme telle, qu'elles déterminent des arêtes qui sont tranchantes lorsqu'on donne à l'alésoir un mouvement de rotation manœuvré dans un certain sens.

Fig. 264. — Équarrissoir.

La partie du corps d'alésoir qui ne porte pas de cannelures s'applique contre la paroi du trou, tandis que les arêtes tranchantes enlèvent la matière au fur et à mesure que l'alésoir s'enfonce.

Pour des trous qui sont venus presque à leur dimension, soit de fonte dans certaines pièces, soit directement poinçonnés et qui ne nécessitent pas l'emploi du foret, on utilise des alésoirs de dégrossissage dont les figures 261 à 263 représentent diverses formes. On peut établir, sur le corps de l'alésoir, des *pans* sur la moitié de son pourtour, des rainures longitudinales étant creusées sur chacune des faces pour faciliter le dégagement des copeaux (Fig. 262).

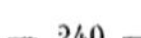

On pratique aussi, dans d'autres types, des rainures longitudinales droites tout autour du corps cylindrique et dont la forme donne, aux arêtes tranchantes ainsi formées, une bonne coupe appropriée à une opération de dégrossissage (Fig. 262).

Les extrémités de ces deux alésoirs sont coniques afin que l'on puisse les engager facilement dans les trous à aléser, lesquels ont toujours un diamètre un peu plus faible que le diamètre à obtenir. On pratique, parfois, un filetage en bout de l'alésoir, sur la partie conique. Sur cette longueur, l'alésoir fait office de *taraud,* c'est-à-dire qu'au fur et à mesure qu'on le tourne, il crée dans les parois du trou des filets de vis de faible profondeur, mais suffisants cependant pour provoquer son enfoncement régulier. L'avancement de l'alésoir est ainsi obtenu sans faire un grand effort de poussée et avec une grande régularité.

Un autre alésoir de dégrossissage comporte quatre rainures hélicoïdales, formant sur le pourtour du corps quatre arêtes tranchantes.

Les alésages plus précis sont effectués avec des alésoirs pouvant comporter les dispositions de bouts filetés et de cannelures droites multiples, mais ces outils, après avoir été trempés, sont *rectifiés,* c'est-à-dire mis à leurs vraies dimensions à l'aide d'une machine à rectifier comportant une petite meule en *corindon* ou en *émeri* qui tourne à une très grande vitesse et qui, en frottant sur le pourtour trempé de l'alésoir, lui donne ses dimensions exactes en faisant disparaître les petites déformations pouvant provenir de l'opération de trempe.

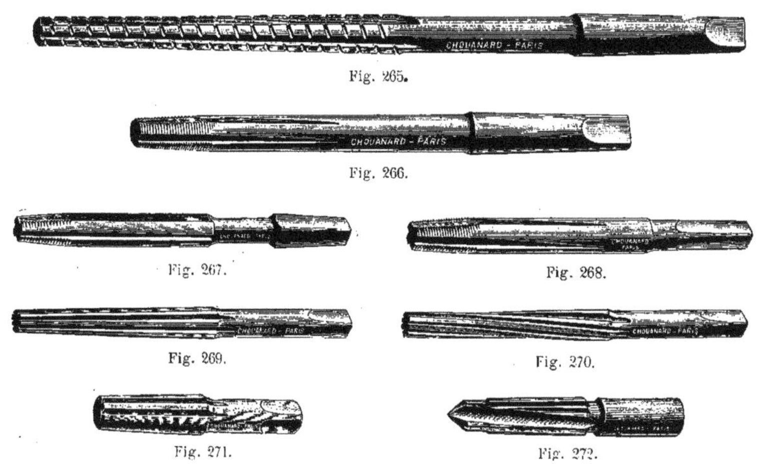

Fig. 265.

Fig. 266.

Fig. 267.

Fig. 268.

Fig. 269.

Fig. 270.

Fig. 271.

Fig. 272.

Alésoirs divers pour chaudronniers. (Forges de Vulcain.)

Certains alésoirs *broutent* dans les trous, c'est-à-dire que leur disposition de coupe ou la nature de la matière provoquent des petites aspérités ou petits ressauts sur les parois du trou qui ne sont pas, de la sorte très *lisses.*

C'est un grand inconvénient qui détruit, en grande partie, les avantages de l'opération d'alésage. Pour éviter le *broutage,* on espace les rainures de l'alésoir qui déterminent les arêtes tranchantes d'une façon irrégulière.

Un certain nombre d'alésoirs sont établis de cette façon.

Les alésoirs se font en *acier fondu* supérieur et en *acier rapide*.

Les alésoirs pour travaux spéciaux sont nombreux. Les figures 265 à 272 représentent ceux qui sont utilisés en chaudronnerie. Ils comportent soit des cannelures droites ou hélicoïdales, soit des bouts filetés, et leur queue est carrée ou conique à cône Morse. Certains portent des stries qui servent à enlever sans un grand effort une grande quantité de matière dans les trous. Ces alésoirs sont, pour cela, très coniques.

Un autre type d'alésoir (Fig. 271) a une forme conique qui est exactement celle que doit avoir le trou alésé. Il s'emploie pour l'alésage des trous percés dans les plaques tubulaires de chaudières. L'alésoir représenté par la figure 272 a sa pointe disposée comme celle d'un foret, de sorte que l'on peut tout à la fois percer et aléser le trou. Cet outil est également utilisé pour obtenir des trous coniques dans les plaques tubulaires de chaudières.

Il existe aussi des alésoirs coniques pour aléser les trous de goupilles, des alésoirs à cinq faces, c'est-à-dire à cinq plans qui déterminent, par leur intersection, cinq arêtes tranchantes. On donne à ces alésoirs le nom d'*équarrissoirs* (Fig. 264). On trouve également dans l'outillage des alésoirs coniques donnant directement aux trous alésés l'inclinaison du cône Morse, ou encore des alésoirs pour robinetterie donnant au corps du robinet la forme conique convenable pour recevoir le boisseau.

Les alésoirs pour la chaudronnerie et pour la robinetterie n'ont pas besoin d'avoir la précision que l'on exige des alésoirs servant au travail des pièces mécaniques, lesquelles sont beaucoup plus délicates.

Dans ce dernier cas, on emploie même, en dehors des alésoirs ordinaires que nous avons examinés plus haut, des alésoirs dans lesquels le diamètre du trou à aléser peut varier dans de certaines limites, évidemment assez restreintes. Ces types d'alésoirs sont nommés *alésoirs extensibles* et comportent diverses dispositions.

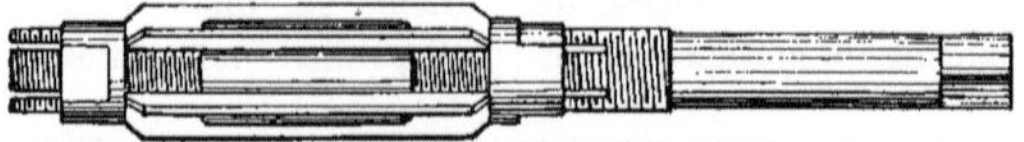

Fig. 273. — Alésoir extensible à lames.

L'*alésoir extensible à lames* (Fig. 273) se compose d'une tige cylindrique munie, à une extrémité, d'un carré ou d'un cône servant à la manœuvre de l'outil. L'autre bout est fileté sur une grande longueur, de façon à recevoir deux écrous. C'est entre ces deux écrous que sont serrées des lames, au nombre de cinq, entrées dans des rainures longitudinales pratiquées sur la partie filetée. Ces rainures sont inclinées par rapport à l'axe de l'alésoir, et convergent vers l'extrémité filetée. Les lames, étant bien maintenues entre les écrous, forment les tranchants de l'outil, et suivant que ces lames sont immobilisées plus ou moins loin du bout fileté, le diamètre du trou alésé est plus ou moins grand.

Fig. 274. — Alésoir extensible au milieu.

Pour déplacer les lames le long de l'alésoir, on dévisse l'écrou placé du côté de la queue et on visse celui qui est du côté opposé. Les lames avancent ainsi dans leur rainure en progressant vers la queue. Comme le fond des rainures est incliné, les lames prennent aussi une position inclinée, et elles s'écartent d'autant plus de l'axe de l'alésoir qu'elles s'avancent davantage vers la queue. Le diamètre du trou, recevant l'alésoir augmente suivant ce déplacement.

Les alésoirs extensibles à lames sont employés lorsqu'on a des trous de différents diamètres à aléser, mais dont les dimensions ne varient cependant que dans des limites assez réduites. Un même outil permet ainsi d'aléser, par exemple, des trous depuis 12 jusqu'à 14 millimètres. C'est un outil qui peut être très utile lorsqu'on effectue un montage de machines en dehors de l'atelier.

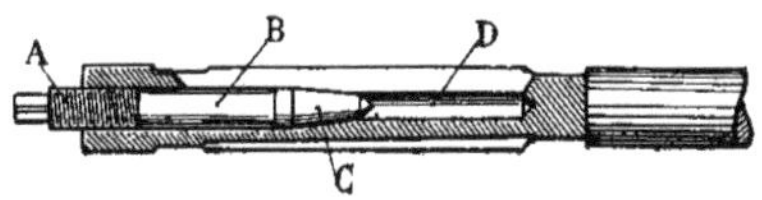

Fig. 275. — Coupe d'alésoir extensible au milieu.

D'autres types d'alésoirs extensibles sont établis dans un ordre d'idées différent. Certains, comme les alésoirs extensibles à *broche centrale* (Fig. 276) peuvent avoir, au maximum, une variation de diamètre d'environ trois dixièmes de millimètres, tandis que d'autres ne prennent une extension maximum que d'environ 1/100 de la valeur de leur diamètre, soit pour un alésoir de 10 millimètres une variation possible de 1/10 de millimètre. Dans ces derniers alésoirs, l'extensibilité est obtenue par la manœuvre d'une petite vis A placée en bout (Fig. 275). Cette vis se prolonge dans un trou central foré dans l'alésoir, par une tige B portant une partie conique C qui s'appuie sur une paroi également conique du trou central D. Les rainures pratiquées longitudinalement sur le corps de l'alésoir pour déterminer les arêtes tranchantes, débouchent dans le trou central, sauf toutefois aux deux extrémités de l'outil. Chaque arête peut donc ainsi, sous la pression de la partie conique de la tige solidaire de la vis, s'écarter d'une faible quantité de l'axe de l'alésoir, et c'est cet écart, lequel se produit également pour chacune des arêtes, qui provoque l'augmentation de diamètre. Dans ces types d'alésoirs, l'augmentation de diamètre n'a lieu que vers le milieu de la longueur des arêtes coupantes, et on comprend que cette augmentation ne soit pas considérable. Ces alésoirs, d'ailleurs, ne sont pas établis pour aléser des trous de diamètres différents. Ce sont des alésoirs de *rectification* qui doivent donner des trous d'un diamètre bien déterminé, et le dispositif d'extensibilité qu'ils comportent, a pour objet de permettre de redonner à l'alésoir son vrai diamètre lorsque, par suite d'affûtage, ce diamètre est devenu légèrement plus faible.

Pour éviter que ces alésoirs de rectification ne soient employés comme des alésoirs ordinaires pour enlever une grande quantité de matière dans certains trous, ils sont munis, à leur extrémité, d'une partie cylindrique faisant corps avec l'alésoir, laquelle doit pouvoir pénétrer, d'abord, dans le trou à aléser, avant que les arêtes de l'outil puissent effectuer leur travail. Or cette partie cylindrique a un diamètre très voisin du diamètre réel de l'alésoir; il en résulte que le travail imposé à l'alésoir sera de peu d'importance, suffisant pour donner au trou la rectitude convenable, mais ne risquant pas, toutefois, de nuire à la rectitude de l'outil, comme cela pourrait se produire si on lui imposait un travail excessif.

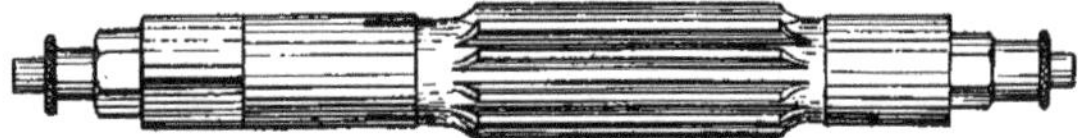
Fig. 276. — Alésoir à broche centrale.

Les *alésoirs extensibles à broche centrale*

(Fig. 276) sont basés sur le même principe que les alésoirs précédents, mais c'est une broche traversant, à sa partie centrale, l'alésoir de bout en bout, qui sert à faire varier le diamètre de l'alésoir. Deux écrous, placés chacun à une extrémité de la broche, servent à la déplacer longitudinalement et à l'immobiliser dans la position convenable. Une partie cylindrique d'un diamètre plus faible d'environ 2/10 de millimètre que le diamètre réel de l'alésoir, est disposée en bout de l'alésoir, dont la variation possible de diamètre est de 3/10 de millimètre.

Il ne serait pas prudent, toutefois, d'user de l'extensiblité maximum de l'alésoir en une seule passe; on risquerait, en effet, d'abîmer l'outil. Il vaudrait mieux, si on se trouvait obligé d'enlever 3/10 de millimètre de matière dans un trou, effectuer ce travail en faisant trois *passes* d'alésoir et en ôtant, à chacune des passes, 1/10e seulement de matière. Il est préférable même de préparer le trou à un diamètre suffisamment approché, soit directement par perçage, soit à l'aide d'un alésoir ordinaire.

Tous les alésoirs que nous venons d'examiner sont des *alésoirs à main*. Il en existe un certain nombre d'autres types destinés à se monter sur diverses machines-outils. Nous examinerons ces alésoirs lors de la description des machines-outils.

Les alésoirs à main ont une de leurs extrémités de forme carrée destinée à recevoir l'outil servant à les manœuvrer. Cet outil est désigné sous le nom de *tourne-à-gauche*. Nous trouverons les différents modèles de *tourne-à-gauche* au chapitre suivant, car ils servent à la fois à la manœuvre des *alésoirs* et des *tarauds*.

CHAPITRE VII

OUTILS DE FILETAGE

SYSTÈMES DE FILETAGE : International, — français, — Whitworth ou anglais, — Sellers ou américain, — Briggs pour tubes, — Thury.
TARAUDS.
FILIÈRES : simple, — à coussinets, — droite, — oblique, — à anneau, — Grant, — pour tubes.
PEIGNES.
APPAREILS A TARAUDER : Appareil Errington.
CALIBRES DE VÉRIFICATION DE FILETAGE.
TOURNE-A-GAUCHE.

Outils de filetage

Les *outils de filetage* sont des outils servant à effectuer soit dans des trous, soit sur des tiges, des filets qui permettent de visser ces tiges dans les trous. La tige filetée prend, d'une façon générale, le nom de *vis,* et la pièce portant le trou se nomme *écrou.*

Les vis et les écrous tiennent une place très importante dans l'industrie mécanique; de sorte que les outils de filetage occupent une place de premier rang dans l'outillage mécanique. Ces outils qui sont le *taraud,* le *peigne,* et la *filière,* pour l'outillage à main, diffèrent lorsqu'il s'agit d'effectuer le filetage au tour, et en général, à l'aide de la machine-outil. Nous n'allons examiner à cette place que les outils à main : *taraud, peigne, filière.*

Il importe, auparavant, que nous indiquions quels sont les principaux systèmes de filetage qui sont utilisés en mécanique. Le filet d'une vis peut avoir, en effet, des formes diverses, ainsi que nous allons le voir et, en outre, les pas des différentes vis peuvent aussi varier de longueur pour des diamètres semblables.

Ces diversités de formes de filets et de pas, qui se sont établies successivement, par suite de l'extension progressive des procédés de fabrication mécanique, ont le grave inconvénient de ne pas permettre un approvisionnement rationnel de pièces de rechange, puisqu'ils obligent à recourir, pour des appareils déterminés, aux séries de vis et d'écrous du fabricant même de ces appareils, alors que d'autres organes de même nature que l'on pourrait avoir aisément à sa disposition ne peuvent être utilisés si le pas et la forme des filets diffèrent.

La perturbation créée de ce fait dans le montage et les réparations des organes mécaniques a été si grande, qu'on a songé à unifier les systèmes de filetage.

Système de filetage international (S.I.)

C'est dans un congrès international, qui s'est tenu à Zurich du 2 au 4 octobre 1898, que les principales nations industrielles ont adopté un système de filetage dans lequel les pas et les formes de filet ont reçu des dimensions nettement déterminées, et c'est ce système de filetage, nommé *système international,* qui est mis en vigueur de plus en plus dans les ateliers du monde entier. Les avantages de l'emploi d'un système unique de filetage sont tellement considérables, qu'il convient de hâter le plus possible, dans tous les pays, la diffusion et l'adoption du système international.

Le système de *filetage international* est, à de très petites modifications près, le système de *filetage français* établi en 1894 par la Société d'Encouragement pour l'Industrie nationale de Paris.

On sait que le *pas* d'une vis est mesuré par le déplacement d'un point pris sur le filet de la vis, et dans un sens parallèle à son axe, pour un tour de cette vis.

Le pas est, en somme, mesuré par la longueur dont une vis pénètre dans un écrou fixe, ou la longueur dont elle en sort, quand on lui fait effectuer une rotation d'un tour dans un sens ou dans l'autre.

Le *système international* envisage une série normale de vis variant d'un diamètre de 6 millimètres à un diamètre de 80 millimètres. Ces vis ont les diamètres ci-dessus indiqués, auxquels correspondent des pas qui sont inscrits en regard.

Les diamètres inscrits dans le tableau ci-dessous sont ceux qui doivent être normalement employés à l'exclusion des autres. Toutefois, lorsqu'il est absolument nécessaire de donner aux vis un diamètre intermédiaire, ce qui ne doit être fait qu'exceptionnellement, on donne, comme pas, à cette vis intermédiaire, la même valeur que le pas de la vis dont le diamètre est immédiatement inférieur. Si, par exemple on voulait établir une vis d'un diamètre de 35 $^{m}/_{m}$, on lui donnerait un pas de 3 $^{m}/_{m}$, 5 qui est celui qui correspond, dans le tableau ci-dessous, à la vis normale de 33 immédiatement inférieure.

Pour répondre aux besoins de l'industrie mécanique de précision et de certaines industries électriques, la Société d'Encouragement pour l'industrie nationale, de Paris, a adopté également l'extension du système de filetage international aux vis dont les diamètres varient de 6 à 1 $^{m}/_{m}$. Voici les diamètres normaux adoptés, avec les pas correspondants.

Système de filetage international

DIAMÈTRES	PAS	DIAMÈTRES	PAS	DIAMÈTRES	PAS	DIAMÈTRES	PAS	DIAMÈTRES	PAS
6	1,0	14	2,0	30	3,5	52	5.0	76	6,5
7	1,0	16	2,0	33	3,5	56	5,5	80	7,0
8	1,25	18	2,5	36	4,0	60	5.5		
9	1,25	20	2,5	39	4,0	64	6.0		
10	1,5	22	2,5	42	4,5	68	6,0		
11	1,5	24	3,0	45	4,5	72	6,5		
12	1,75	27	3,0	48	5,0				

DIAM.	PAS	DIAM.	PAS	DIAM.	PAS	DIAM.	PAS
5,5	0,90	4	0,75	2,5	0,45	1,5	0,35
5	0,90	3,5	0,60	2	0,45	1,25	0,25
4,5	0,75	3	0,60	1,75	0,35	1	0,25

On remarquera que les diamètres de 6 à 1 $^{m}/_{m}$ varient par demi-millimètres et que les pas sont les mêmes pour les vis ayant un nombre entier de millimètres et pour les vis d'un diamètre plus grand de 0 m/m, 5. Cette série a été ainsi établie pour permettre, lors de réparations d'organes de machines, d'augmenter légèrement, sans en changer le pas, le diamètre des trous taraudés, percés, à l'origine, au diamètre entier de millimètres et que des manipulations successives ont progressivement agrandi.

Si, par exemple, un trou a été percé, lors de la construction de la pièce, à un diamètre de 3 m/m et taraudé au pas de 0 m/m, 60 pour recevoir une vis de 3 m/m, il est possible, par suite de démontages et de remontages nombreux de cette vis, qu'un certain jeu ait pu se produire : la vis ballotte dans son trou et ses filets ne s'appuient pas, sur toute leur hauteur, sur les filets de l'écrou ; le montage de cette vis est défectueux et son serrage peut n'être pas efficace. Il convient donc de la remplacer lorsque le jeu atteint une certaine valeur. On la remplacera, dans ce cas, par une vis de 3 m/m, 5 qui a le même pas que la vis de 3. Le filet de vis pratiqué dans l'écrou ayant aussi ce même pas, il suffira de passer dans cet écrou le taraud de 3 m/m, 5 pour que la vis de 3 m/m, 50 s'ajuste exactement dans le nouveau trou taraudé. Cette disposition pratique rend aisé le remplacement des vis ayant pris trop de jeu.

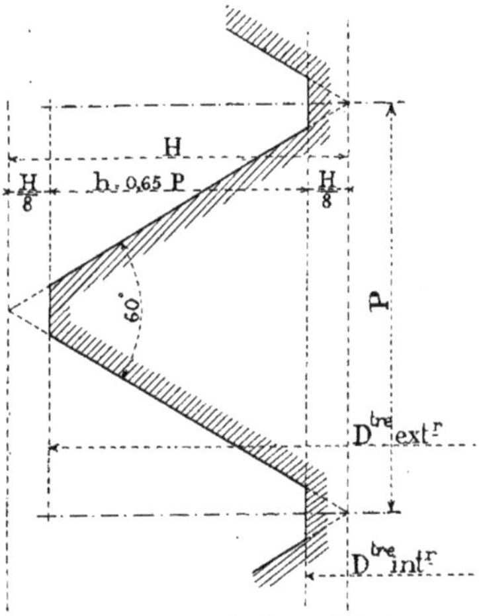

Dans le système de filetage international, le filet de la vis a une forme triangulaire dont les flancs font un angle de 60 degrés (Fig. 277) ; mais le filet ne se termine pas à angle vif, car la vis serait ainsi trop fragile et trop sujette à se détériorer. Le filet a été tronqué, à son sommet, de façon à créer une partie plate à l'extrémité du filet, un *témoin,* ainsi que cela se désigne en terme d'atelier. De même, le filet a été aussi tronqué dans le fond vers l'axe de la vis. La hauteur de la partie enlevée pour créer le témoin est de 1/8 de la hauteur totale du triangle formant le filet, mesurée entre ses extrémités pointues.

Cette hauteur est généralement désignée par H et la hauteur des deux parties tronquées est égale à $\frac{H}{8}$.

Fig. 277. — Forme du filet. — Série internationale S. I.

La véritable hauteur du filet de vis est donc égale à la longueur h. On désigne cette hauteur en fonction du pas de la vis qui est mesuré par la longueur P, et $h = 0,6495$ P. En pratique, on compte que la profondeur $h = 0,65$ P.

La vis ayant un filet dont le profil est indiqué par la figure 277 a donc, en réalité, comme diamètre extérieur, la distance D mesurée entre les deux témoins extérieurs de la vis, et comme diamètre intérieur, le diamètre d mesuré entre les témoins intérieurs.

Pour les filets de vis faits en *creux,* dans les écrous par exemple, on a limité la hauteur de la partie tronquée au 1/16 de la hauteur totale du filet, mais on a laissé aux constructeurs la possibilité d'approfondir le filet jusqu'à l'angle vif, en recommandant toutefois de donner au fond du filet un profil légèrement arrondi. Il importe, en tous cas, qu'il existe un certain jeu entre la vis et le fond du filet de l'écrou. Ce jeu, d'après les valeurs des parties tronquées que nous venons d'indiquer, est donc de $\frac{11}{16}$.

Les formes et les dimensions des têtes de vis ont été aussi déterminées dans le système de filetage international. Pour les têtes à forme hexagonale ou *tête à six pans,* et les têtes cylindriques, le diamètre de la tête a une valeur double du diamètre du corps de la vis, tandis que la hauteur de la tête a la même valeur que le diamètre de la vis.

Lorsque la tête de vis a une forme conique, l'angle formé par les génératrices inclinées de la tête est de 84 degrés et l'extrémité de la tête est terminée par une petite partie cylindrique de faible hauteur, dont le diamètre est également le double du diamètre de la vis.

hauteurs de filet qui sont toujours des nombres décimaux.

Pour faciliter le perçage des avant-trous de taraudage, on emploie des forets spéciaux auxquels on a donné les diamètres convenables et que l'on désigne sous le nom de *forets pour trous taraudés,* en y ajoutant la valeur du diamètre réel de taraudage. De la sorte, un foret pour avant-trou taraudé de 3 m/m, par exemple, est un foret dont le diamètre est de 2 m/m, 22. Voici, pour les vis utilisées en petite mécanique, depuis 6 m/m de diamètre jusqu'à 1 m/m, les diamètres respectifs des avant-trous qu'il faut percer pour obtenir le taraudage convenable et qui représentent les diamètres intérieurs des vis destinées à ces trous.

Trous de taraudage pour petites vis.

Diamètres extérieurs.	6	5,5	5	4,5	4	3,5	3	2,5	2	1,75	1,5	1,25	1
Diamètres intérieurs.	4,7	4,33	3,83	3,525	3,025	2,72	2,22	1,915	1,415	1,295	1,045	0,925	0,675

Les fentes des vis ont une largeur égale au pas de la vis.

Pour les écrous à six pans, leur diamètre est le double du diamètre du trou taraudé, et leur hauteur est égale au diamètre de ce trou.

Pour pratiquer dans un écrou un trou taraudé destiné à recevoir une vis d'un diamètre déterminé, on perce d'abord un trou ordinaire qui est appelé *trou lisse,* et c'est en passant ensuite le *taraud* dans le trou ainsi préparé, que l'on creuse les filets tout autour de la périphérie du trou percé. Ce trou, qui n'est en somme qu'un *avant-trou* de taraudage, ne doit pas avoir, on le comprend, le diamètre extérieur de la vis qu'il doit recevoir. Il faut qu'il soit percé à un diamètre plus faible, correspondant au diamètre du fond du filet pratiqué sur la vis. Ces diamètres, que l'on nomme *diamètres intérieurs,* n'ont pas, comme dimensions, des nombres entiers de millimètres, puisque, pour les obtenir, on doit retrancher des diamètres extérieurs, chiffrés ordinairement en nombres entiers, les deux

Quoique le système de filetage international tende à se répandre plus en plus, on emploie encore les divers autres systèmes de filetage qui étaient établis et usités avant l'unification des filetages, et c'est pour cela que nous croyons utile d'indiquer leurs caractéristiques.

Le système international, que l'on désigne en abrégé par S. I., est dérivé, en grande partie, du système de filetage français que l'on désigne par S. F. De légères modifications lui ont été simplement apportées à la demande du Comité d'action suisse, au congrès international de Zurich, modifications qui se rapportent au pas des vis de 8 m/m et de 12 m/m de diamètre qui ont été légèrement augmentés.

Système de filetage français S. F.

Le *système de filetage français* a été établi, en 1894, par la Société d'encouragement pour l'Industrie Nationale. Il ne s'applique qu'aux *vis mécaniques* ayant un diamètre égal ou supérieur à 6 m/m servant à assembler, dans la construction mécanique, les divers organes des machines. Les vis de plus petites dimensions ou les vis spéciales, soit micrométriques, soit de commande de mouvement dans les machines-outils, ainsi que les vis faites sur des tubes et les vis à bois n'étaient pas comprises dans ce système d'unification des filetages.

Le filet des vis mécaniques intéressées a la forme d'un triangle équilatéral dont le côté est égal au pas. L'angle que forment les flancs du filet est donc de 60 degrés. Le triangle est tronqué à partir du sommet et à partir de la base d'une quantité égale au huitième de la hauteur, de sorte que la hauteur réelle du filet est, comme dans le système international, égale au pas multiplié par 0,65.

Le diamètre des vis doit être pris sur l'extérieur des filets après troncature.

Le système français de filetage comprend une série normale de vis principales dont les diamètres sont des chiffres pairs et dont les pas croissent de demi en demi-millimètre en commençant par le pas de 1 m/m qui correspond à la vis de 6 m/m de diamètre.

On a donné à ces vis principales un numéro d'ordre, et le tableau suivant indique, pour chacun des numéros, les diamètres et les pas de vis correspondants.

Système de filetage français S. F.

NUMÉROS	DIAMÈTRES	PAS	NUMÉROS	DIAMÈTRES	PAS	NUMÉROS	DIAMÈTRES	PAS
0	6	1	7	42	4,5	14	96	8
1	10	1,5	8	48	5	15	106	8,5
2	14	2	9	56	5,5	16	116	9
3	18	2,5	10	64	6	17	126	9,5
4	24	3	11	72	6,5	18	136	10
5	30	3,5	12	80	7	19	148	10,5
6	36	4	13	88	7,5			

Entre les vis principales indiquées dans le tableau précédent, on peut intercaler d'autres vis intermédiaires dont les diamètres doivent être exprimés par un nombre entier de millimètres, et, de préférence, par des nombres pairs. Le pas de ces vis intermédiaires est le même que le pas de la vis principale indiquée dans le tableau et qui lui est immédiatement inférieure.

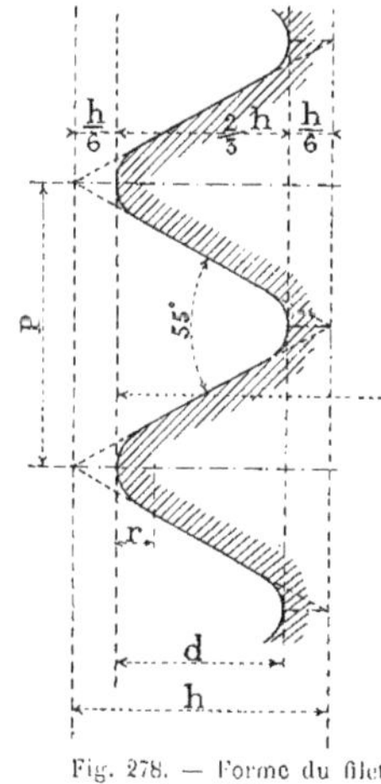

Fig. 278. — Forme du filet. système Whitworth.

Le système de filetage Whitworth

Le système de filetage *anglais*, ou *système Whitworth*, est un système très ancien, qui a été établi par le mécanicien anglais Whitworth et adopté en Angleterre en 1841.

Dans ce système de filetage, le filet (Fig. 278) a la forme d'un triangle isocèle dont les deux flancs font un angle de 55 degrés. Ce triangle est tronqué à son sommet et à sa base par deux droites menées parallèlement à l'axe de la vis à une distance du sommet et de la base égale au sixième de la hauteur totale du triangle; mais la partie tronquée, au lieu de rester plate, comme dans le système international et dans le système français, a reçu une forme arrondie tant au sommet du filet que dans le fond.

Le diamètre extérieur de la vis est mesuré entre les sommets arrondis des filets et le diamètre intérieur entre les creux également arrondis des filets.

Système de filetage anglais ou Whitworth.

DIAMÈTRES EN POUCES	NOMBRE DE FILETS AU POUCE	DIAMÈTRES EN MILLIMÈTRES	PAS EN MILLIMÈTRES	DIAMÈTRES EN POUCES	NOMBRE DE FILETS AU POUCE	DIAMÈTRES EN MILLIMÈTRES	PAS EN MILLIMÈTRES
1/8	40	3.174	0.635	1 5/8	5	41,274	5,079
5/32	32	3.968	0.793	1 3/4	5	44,449	5,079
3/16	24	4,762	1.058	1 7/8	4 1/2	47,624	5,644
7/32	24	5.556	1.058	2	4 1/2	50.799	5,644
1/4	20	6.349	1.269	2 1/8	4 1/2	53.973	5.644
5/16	18	7.937	1.411	2 1/4	4	57,148	6,350
3/8	16	9,524	1,587	2 3/8	4	60.323	6.350
7/16	14	11.112	1.814	2 1/2	4	63,498	6,350
1/2	12	12.699	2.116	2 5/8	4	66.672	6,350
9/16	12	14.287	2.116	2 3/4	3 1/2	69,848	7,257
5/8	11	15.874	2,309	2 7/8	3 1/2	73,023	7.257
11/16	11	17,462	2,309	3	3 1/2	76,198	7,257
3/4	10	19.049	2,539	3 1/8	3 1/2	79.372	7.257
13/16	10	20,637	2,539	3 1/4	3 1/4	82,547	7,815
7/8	9	22.224	2,822	3 3/8	3 1/4	85,723	7,815
15/16	9	23,812	2.822	3 1/2	3 1/4	88,898	7.815
1	8	25.399	3,175	3 5/8	3 1/4	92,073	7.815
1 1/8	7	28.574	3.628	3 3/4	3	95,248	8,466
1 1/4	7	31.749	3.628	3 7/8	3	98,423	8,466
1 3/8	6	34,924	4.233	4	3	101,598	8,466
1 1/2	6	38,099	4.233				

Série de filetage Whitworth pour tubes.

DÉSIGNATION DES TUBES EN POUCES	DIAMÈTRES EN MILLIMÈTRES		DIAMÈTRES EXTÉRIEURS DES FILETAGES		DIAMÈTRES AU FOND DU FILET		NOMBRE DE FILETS PAR POUCE	PAS EN MILLIMÈTRES
	INTÉRIEUR	EXTÉRIEUR	EN POUCES	EN MILLIMÈTRES	EN POUCES	EN MILLIMÈTRES		
1/8	5	10	0,382	9,70	0,336	8,53	28	0,907
1/4	8	13	0,518	13,16	0,451	11.45	19	1,336
3/8	12	17	0,656	16,66	0,589	14,96	19	1.336
1/2	15	21	0,826	20,98	0,735	18.67	14	1,814
5/8	17	23	0,902	22,91	0,811	20,60	14	1,814
3/4	21	27	1,011	26,44	0.950	24,13	14	1,814
7/8	24	31	1,189	30,20	1,098	27,89	14	1,814
1	26	34	1,309	33.25	1,193	30,30	11	2,318
1 1/8	29	38	1,492	37,90	1,376	34,95	11	2,318
1 1/4	33	42	1,650	41,91	1,534	38,96	11	2.318
1 3/8	36	45	1,745	44,32	1,622	41,38	11	2,318
1 1/2	40	49	1,882	47.85	1,766	44,85	11	2.318
1 5/8	43	52	2,022	51,36	1.906	48,41	11	2,318
1 3/4	46	55	2.160	54,86	2,044	51,92	11	2,318
1 7/8	48	58	2,245	57,02	2,129	54,08	11	2,318
2	50	60	4,347	59,61	2,231	56,67	11	2,318
2 1/4	60	70	2,587	65,71	2,471	62,76	11	2,318
2 1/2	66	76	3,000	76,20	2.884	73,25	11	2,318
2 3/4	72	82	3,247	82,47	3,131	79,53	11	2,318
3	80	90	3,485	88,52	3,369	85.57	11	2.318

Le pas des vis dans le système Whitworth est désigné par le nombre de filets contenus dans un *pouce* de longueur. Le *pouce anglais* est une mesure de longueur qui vaut 25 $^{m}/_{m}$, 3995. En outre, le diamètre est indiqué en *fraction de pouce.*

On trouvera à la page précédente le tableau des vis du système Whitworth donné en mesures anglaises, avec, en regard, les dimensions métriques correspondantes.

Le système Whitworth a été appliqué aux filetage est conique, l'inclinaison des génératrices étant de 6.25 %.

Voir à la page précédente la série de filetage Whitworth s'appliquant aux tubes.

Système de filetage Sellers ou américain

Ce système de filetage, qui est très employé aux États-Unis, a été établi par un constructeur de Philadelphie, William Sellers, et adopté en 1864 par le *Franklin Institute.*

Système de filetage américain ou Sellers.

DIAMÈTRES EN POUCES	NOMBRE DE FILETS AU POUCE	DIAMÈTRES EN MILLIMÈTRES	PAS EN MILLIMÈTRES	DIAMÈTRES EN POUCES	NOMBRE DE FILETS AU POUCE	DIAMÈTRES EN MILLIMÈTRES	PAS EN MILLIMÈTRES
1/8	40	3,174	0,635	1 3/4	5	44,449	5,079
5/32	36	3,968	0,705	1 7/8	5	47,624	5,079
3/16	32	4,762	0,793	2	4 1/2	50,799	5,644
7/32	28	5,556	0,907	2 1/4	4 1/2	57,148	5,644
1/4	20	6,349	1.269	2 1/2	4	63,498	6,350
5/16	18	7,937	1,411	2 3/4	4	69,848	6,350
3/8	16	9,524	1,587	3	3 1/2	76,198	7,257
7/16	14	11,112	1,814	3 1/4	3 1/2	82,547	7,257
1/2	13	12,699	1,953	3 1/2	3 1/4	88,898	7,815
9/16	12	14,287	2,116	3 3/4	3	95.248	8,466
5/8	11	15,874	2,309	4	3	101,598	8,466
3/4	10	19,049	2,539	4 1/4	2 7/8	107,948	8,834
7/8	9	22,224	2,822	4 1/2	2 3/4	114,297	9,236
1	8	25,399	3,175	4 3/4	2 5/8	120,647	9,676
1 1/8	7	28,574	3,628	5	2 1/2	126,997	1,015
1 1/4	7	31,740	3,028	5 1/4	2 1/2	133,347	1,015
1 3/8	6	34,924	4,233	5 1/2	2 3/8	139,697	1,069
1 1/2	6	38,099	4,233	5 3/4	2 3/8	146,047	1,069
1 5/8	5/2	41,274	4,618	6	2 1/4	152,397	1,128

tubes. La forme du filet est seule semblable à celle des vis mécaniques, mais les dimensions adoptées diffèrent essentiellement de celles de la série mécanique précédente. Ces tubes parmi lesquels les *tubes* servant aux canalisations de *gaz d'éclairage* aux *raccords de freins,* ou aux canalisations d'eau, etc., sont assez employés un peu partout, même en dehors de l'Angleterre, et il peut être utile de connaître les particularités de leur taraudage. Sur certains tubes, le plus grand nombre, le filetage est effectué cylindriquement; sur d'autres tubes, le

Le filet a la forme d'un triangle équilatéral qui est tronqué, au sommet et à la base, par des lignes droites menées parallèlement à l'axe de la vis à une distance de ce sommet et de cette base égale au huitième de la hauteur totale du filet. La profondeur du filet est égale au pas multiplié par 0.6495. On remarquera que cette forme est exactement celle du filet de vis du système international.

Par contre, les dimensions données aux diamètres et aux pas sont exprimées en pouces, comme dans le système Whitworth, ou

Système de filetage Briggs, pour tubes.

DÉSIGNATION DES TUBES EN POUCES	DIAMÈTRES EN m/m		NOMBRE DE FILETS PAR POUCE	PAS EN MILLIMÈTRES	LONGUEUR DE FILETAGE EN MILLIMÈTRES	DIAMÈTRE AU FOND DU FILET EN MILLIMÈTRES
	INTÉRIEURS	EXTÉRIEURS				
1/8	6.858	10,287	27	0,940	4,826	8,33
1/4	9,245	13,716	18	1,411	7,366	11,51
3/8	12,547	17,145	18	1,411	7,620	15,08
1/2	15,824	21,336	14	1,814	9,906	18,25
3/4	20,929	26,670	14	1,814	10,160	23,81
1	26,619	33,401	11 1/2	2,208	12,954	30,16
1 1/4	35,053	42,164	11 1/2	2,208	13,716	37,30
1 1/2	40,894	48,260	11 1/2	2,208	13,970	43,65
2	52,501	60,325	11 1/2	2,208	14,732	55,56
2 1/2	62,687	73,025	8	3,175	22,606	68,26
3	77,901	88,900	8	3,175	24,130	84,14
3 1/2	90,119	101,600	8	3,175	25,400	96,84
4	102,260	114,300	8	3,175	26,670	109,54
4 1/2	114,503	127,000	8	3,175	27,940	122,24
5	128,143	141,300	8	3,175	29,464	136,54
6	154,051	168,275	8	3,175	32,004	163,51
7	178,384	193,675	8	3,175	34,544	188,91
8	202,742	219,075	8	3,175	37,084	214,31
9	228,600	246,075	8	3,175	39,878	241,31
10	254,482	273,050	8	3,175	42,672	268,29

anglais, avec lequel il a de nombreux points communs.

Le tableau de la page précédente indique les diamètres et les pas de vis employés dans ce système de filetage.

Système de filetage Briggs Ce système de filetage se rapporte spécialement aux tubes en fer forgé et aux tubes de chaudières. Il a été établi en 1862 par l'Américain Robert Briggs et adopté par les constructeurs de tubes des États-Unis au Congrès de Pittsburg en 1886, et au Congrès de New-York en 1889.

Dans les ateliers de construction européens, ce système de filetage est également employé, surtout dans le façonnage des tubes servant aux installations de chauffage, soit à l'eau chaude, soit à la vapeur, etc.

Le filet de vis (Fig. 279) a la forme d'un triangle équilatéral dont les flancs font, par conséquent, un angle de 60 degrés. Le triangle est tronqué à son sommet et à sa base de façon que la hauteur utile du filet soit les 4/5 de la valeur du pas. Le sommet et le fond du filet sont arrondis. Le filetage a la forme conique et son inclinaison est de 6.25 % ou de 1/16.

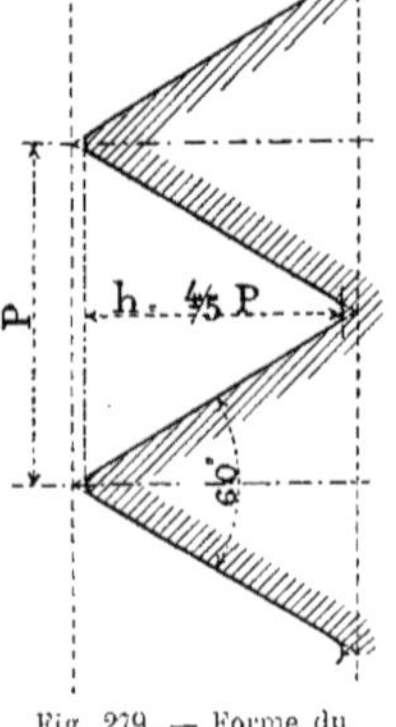

Fig. 279. — Forme du filet pour tubes. — Système Briggs.

Le tableau ci-dessus indique les diamètres des tubes et les pas de vis correspondants.

Système de filetage Thury Ce système de filetage s'applique aux vis de faibles diamètres et plus spécialement aux vis dites *horlogères*, qui sont employées, comme leur nom l'indique, plus particulièrement dans les travaux d'horlogerie.

Lorsque ce système de filetage fut établi, en 1878, par M. Thury pour la *Société des Arts de Genève*, il comportait les vis mécaniques dont le diamètre était inférieur à 6 m/m. Ce système avait été adopté, en 1897, par la *British Association* de Londres, et recommandé par la *Société d'Encouragement pour l'Industrie nationale de Paris.*

Après le congrès de Zurich de 1898, qui établit le système de filetage international, la Société d'Encouragement de Paris étendit, ainsi que nous l'avons dit précédemment, ce système aux vis mécaniques entre les diamètres de 6 m/m et 1 m/m : nous avons donné le tableau des valeurs des pas correspondant à ces diamètres.

La série de filetage Thury n'est donc plus employée pour les vis comprises entre 6 m/m et 1 m/m de diamètre. Cette série se raccorde sensiblement avec la série internationale à partir des vis de 1m/m de diamètre, ces vis ayant un pas de 0.25 dans la série internationale et un pas de 0.23 dans la série Thury. De la sorte, le système de filetage Thury est conservé pour les vis comprises entre 1 m/m et 0 m/m, 25 de diamètre, et c'est ce qui constitue la véritable série de vis horlogères, les vis ayant des diamètres compris entre 1m/m et 6 m/m s'appliquant surtout à la mécanique de précision et à certaines industries électriques.

Nous donnons ci-dessus, à titre de document, le tableau de la série complète de vis du système Thury, tel qu'il a été primitivement établi, son application se trouvant limitée, ainsi que nous venons de le dire, aux diamètres de 1 m/m à 0 m/m, 25.

Le filet de cette série de filetage a une forme triangulaire (Fig. 280). Le triangle formant la section du filet a son sommet arrondi et l'arc de cercle qui le termine a un rayon égal à 1/6 du pas. Le fond du filet est terminé également par un arrondi dont le rayon est égal à 1/5 du pas. On donne parfois aux deux arrondis le même rayon, que l'on fait égal, dans ce cas, à 2/11 du pas, c'est-à-dire tenant le milieu entre les arrondis précédents. La profondeur du filet entre les arrondis a une valeur égale aux 3/5 du pas.

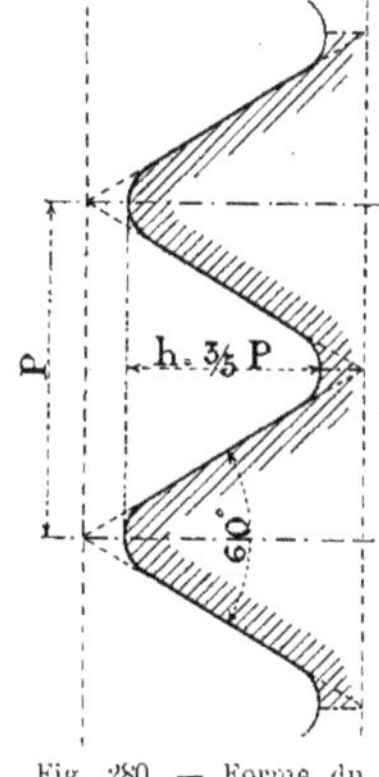

Fig. 280. — Forme du filet pour tubes. — Système Thury.

Les vis faisant partie de cette série de filetage ont reçu un numéro et les diamètres et les pas sont exprimés en millimètres ou fractions de millimètres.

Tels sont les principaux systèmes de filetage encore utilisés dans les ateliers de mécanique des diverses parties du monde. Il est à souhaiter que l'emploi du système international, en se généralisant de plus en plus, vienne réaliser l'unité de filetage qui serait avantageuse à tous les points de vue.

Système de filetage Thury.

N°	DIAMÈTRE	PAS	N°	DIAMÈTRE	PAS	N°	DIAMÈTRE	PAS
0	6	1	9	1,9	0,39	18	0,62	0,15
1	5,3	0,9	10	1,7	0,35	19	0,54	0,14
2	4,7	0,81	11	1,5	0,31	20	0,48	0,12
3	4,1	0,73	12	1,3	0,28	21	0,42	0,11
4	3,6	0,66	13	1,2	0,25	22	0,37	0,098
5	3,2	0,59	14	1	0,23	23	0,33	0,089
6	2.8	0,53	15	0,9	0,21	24	0,29	0,080
7	2,5	0,48	16	0.79	0,19	25	0,25	0,072
8	2,2	0,43	17	0,70	0,17			

Taraud Le *taraud*, ainsi que nous l'avons dit, est un outil de filetage. Il sert à faire les filets dans les trous, pour constituer des écrous.

Le taraud est une tige de forme cylindrique ou conique, suivant les cas, sur laquelle on a fileté une vis ayant un diamètre et un pas bien déterminés et dont le filet a la forme convenable. Sur cette tige, on pratique des rainures longitudinales, le plus souvent droites, mais, parfois, hélicoïdales. Ces rainures déterminent, comme dans les alésoirs, des arêtes tranchantes qui sont constituées, dans le taraud, par une succession de filets. Ces filets successifs en faisant leur place dans le métal, et en progressant d'une quantité régulière déterminée par le pas du taraud, créent la vis intérieure qui formera l'écrou.

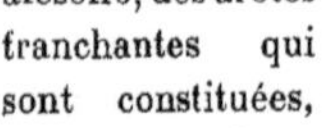

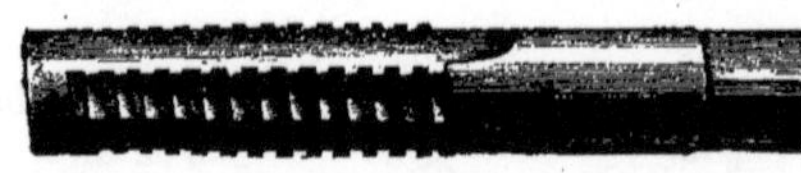

Fig. 281. — Taraud ébaucheur pour écrous à filets carrés.

Les rainures faites sur le taraud servent non seulement à donner la coupe, mais encore à permettre le dégagement des copeaux.

Fig. 282. — Taraud intermédiaire pour écrous à filets carrés.

Les tarauds doivent être nécessairement faits en très bon acier et être très bien trempés, de façon à éviter le plus possible l'usure et à leur conserver leur forme et leurs dimensions normales.

Pour tarauder un trou, on emploie plusieurs tarauds de formes différentes. Il est nécessaire, en effet, que le premier taraud que l'on passe dans le trou soit conique, à son extrémité, pour pouvoir pénétrer dans ce trou. Nous avons dit, en effet, plus haut, qu'un trou destiné à recevoir un taraudage doit être percé à un diamètre égal au diamètre pris au fond du filet de la vis qu'il doit recevoir. Le cône du taraud doit être tel que le plus petit diamètre soit au plus égal au diamètre pris au fond des filets du taraud. L'extrémité d'attaque du taraud aura les filets complètement enlevés, et ces filets seront de moins en moins tronqués au fur et à mesure que le diamètre de la partie conique se rapprochera du diamètre extérieur du taraud. Cette partie conique, faite sur presque toute la longueur de l'outil, est parfois égale aux 2/3 de la longueur filetée, lorsqu'il s'agit du *taraud ébaucheur* (Fig. 282), taraud que l'on passe le premier dans le trou pour former les filets. C'est le *taraud conique*, disposé pour enlever progressivement de la matière, en creusant les filets de plus en plus, au fur et à mesure qu'on l'enfonce. L'enfoncement du taraud se produit, on le comprend, automatiquement, comme se produit l'enfoncement, dans un écrou fixe, d'une vis que l'on tourne.

Lorsque le taraudage de l'écrou n'exige pas une très grande précision, on peut se contenter de passer dans le trou un simple taraud conique; le filet se trouve ainsi suffisamment formé pour être utilisé. Mais lorsqu'il s'agit de taraudages de précision, il est nécessaire de passer plusieurs tarauds dans le trou. On fait suivre le taraud ébaucheur d'un autre taraud, soit *demi-conique*, soit *cylindrique*, qui enlève très peu de matière et dont le rôle consiste à régulariser la forme des filets (Fig. 281).

Les filets peuvent en effet être légèrement déformés après le passage du taraud ébaucheur par suite de l'usure de ce taraud auquel on demande un travail considérable.

Le *taraud finisseur*, qui n'est pour ainsi dire qu'un taraud de rectification, s'use beaucoup moins et permet un travail plus précis.

Lorsqu'un trou ne traverse pas, de part en part, la pièce sur laquelle il est percé, on dit que le trou est *borgne*. Pour tarauder un trou borgne, on ne peut pas employer le taraud conique, car les trous borgnes ayant généralement peu de profondeur, l'extrémité du taraud toucherait dans le fond du trou avant que le filet soit complètement formé. On emploie d'abord le *taraud demi-conique* pour ébaucher le taraudage. Ce taraud ne porte une partie conique que sur une petite longueur, à son extrémité, de façon à permettre de former le filet avant qu'il touche au fond du trou.

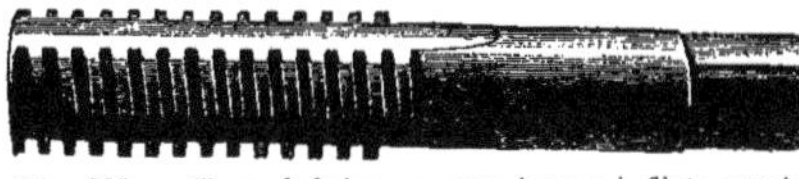

Fig. 283. — Taraud finisseur pour écrous à filets carrés.

Toutefois, les filets supérieurs seuls peuvent être suffisamment formés, tandis que ceux du fond le sont de moins en moins, au fur et à mesure qu'on se rapproche de ce fond. Pour donner à tous les filets la forme et la régularité désirables, on passe ensuite un taraud complètement cylindrique. Ce taraud pénètre facilement dans le trou taraudé grâce aux premiers filets formés, puis il enlève progressivement de la matière sur les filets qui suivent pour leur donner la forme convenable et, lorsque son extrémité bute contre le fond du trou, le filet est régulièrement creusé sur toute la longueur du trou borgne.

Fig. 284. — Coupe d'un taraud.

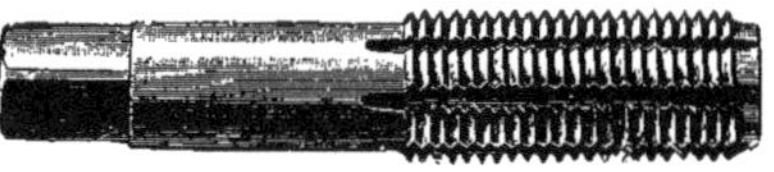

Fig. 285. — Taraud-mère pour écrou à filets triangulaires.

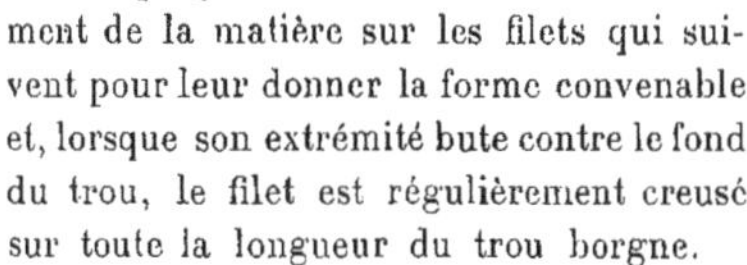

Les tarauds que nous venons d'examiner peuvent être affûtés en remettant à vif l'arête coupante des filets. Cette opération peut se faire aisément à l'aide d'une meule que l'on déplace longitudinalement dans les rainures du taraud.

Pour éviter de diminuer le diamètre du taraud par suite de plusieurs affûtages successifs, on donne à la section de l'outil la forme représentée par la figure 284. Le nombre de rainures est de 4. La forme de ces rainures donne à l'arête ayant la forme du filet, une *coupe* convenable pour creuser dans le métal à tarauder. On voit que la matière ainsi enlevée peut se répandre dans la rainure sans gêner l'opération de taraudage. Les rainures servent ainsi au dégagement des copeaux produits pendant le travail.

Les arêtes tranchantes du taraud sont dégagées vers l'arrière. On ne conserve, en effet, à l'arête, qu'une petite longueur cylindrique sur le pourtour du taraud. Pour atteindre la rainure suivante, l'arête s'incline légèrement vers l'arrière. Ce dégagement facilite la manœuvre du taraud, parce qu'il empêche l'arête extérieure du filet de *talonner* en arrière, c'est-à-dire de toucher sur la paroi du trou en même temps que la partie coupante, ce qui pourrait provoquer des irrégularités dans le trou taraudé.

Lorsqu'on affûte le taraud, on enlève une très faible quantité de matière tout le long de l'arête coupante en agrandissant légèrement la rainure. Tant que la matière ôtée pour l'affûtage n'intéresse pas la partie inclinée du filet, le diamètre du taraud reste le même, puisque la petite partie cylindrique qu'il porte a tous ses points également distants du centre. On peut donc procéder à plusieurs affûtages avant que cette partie cylindrique ait complètement disparu, le taraud ne conservant plus, à partir de ce moment, son même diamètre si on lui fait subir d'autres opérations d'affûtage.

Un autre type de taraud, nommé *taraud-mère* (Fig. 285), sert à tarauder les filières ou les coussinets qu'elles portent. Les tarauds-mères sont donc des outils de précision, puisque les filières doivent être établies très exactement pour permettre le filetage convenable des vis des tarauds cylindriques, portant le plus souvent des rainures hélicoïdales.

Tous ces tarauds sont manœuvrés à la main. On fabrique d'autres tarauds destinés à être employés avec les machines à tarauder.

Fig. 286. — Taraud pour entretoises de locomotives. (Forges de Vulcain.)

Fig. 287. — Taraud pour entretoises de locomotives avec douille réglable. (Forges de Vulcain.)

Fig. 288. — Taraud pour entretoises avec deux parties filetées. (Forges de Vulcain.)

Pour certains travaux, on utilise des tarauds à main de formes spéciales. Parmi eux sont les tarauds employés pour fileter les trous percés dans les entretoises de locomotives. Certains portent à leur extrémité un dispositif pouvant constituer un alésoir qui donne au trou à tarauder le diamètre convenable, avant que la partie formant taraud s'y engage (Fig. 286). Ces tarauds ont une grande longueur, pour que l'on puisse atteindre le trou à tarauder dans les entretoises sans être gêné, à l'extérieur, pour la manœuvre du taraud.

D'autres tarauds, établis pour le même usage, sont munis d'une douille mobile sur la partie lisse (Fig. 287). Cette douille, qui peut être rendue solidaire du taraud par une goupille à vis, est filetée et sert de guide au taraud dans certains cas, par exemple lorsqu'on doit tarauder un trou dans le prolongement d'un autre, les deux trous étant percés sur deux plaques séparées par un intervalle libre.

La douille de réglage est placée, sur le taraud, à une distance proportionnée à cet intervalle, et en l'enfonçant, à la façon d'une vis, dans le trou déjà taraudé, on donne au taraud la progression convenable pour effectuer le taraudage du second trou. Les filets des deux trous, quoique se trouvant interrompus par l'écartement des plaques, se font suite, comme si le trou n'avait aucune interruption; cela permet de visser à la fois la même pièce dans les deux plaques.

Dans les entretoises de locomotives ainsi disposées, on visse les tubes constituant le faisceau de la chaudière ou encore des tirants de consolidation.

Lorsque les trous placés dans le prolongement l'un de l'autre ont des taraudages de diamètres différents, le taraud employé porte deux parties filetées, chacune au diamètre convenable (Fig. 288). Le pas est le même pour les deux parties et les filets se font suite, de sorte qu'en tournant le taraud, on peut procéder à l'opération de taraudage à la fois dans les deux trous de différents diamètres.

Pour diminuer, dans certains cas, le frottement produit par le passage du taraud dans le trou à grand diamètre, et principalement pour les métaux tels que le cuivre, le laiton, le fer, l'acier doux, on emploie des tarauds spéciaux, dans lesquels les rainures longitudinales qui y sont pratiquées, ont une grande largeur. La longueur des filets en prise se trouve ainsi réduite et l'effort nécessaire pour manœuvrer le taraud est moins considérable.

En outre, dans ces tarauds, du *système Echols,* on supprime, sur chacune des rangées de dents formées par les filets successifs, un des filets sur deux, mais cette suppression est faite de façon que, sur chacune des rangées, les creux ainsi créés soient en face de dents de la rangée voisine.

Cette disposition diminue encore l'effort à donner au taraud, sans nuire à la continuité du taraudage.

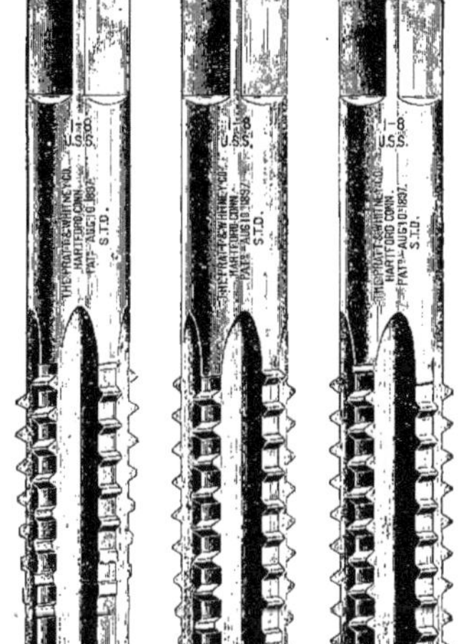

Fig. 289-290. — Jeu de tarauds Echols. (Fenwick, frères.)

Il existe encore des *tarauds-alésoirs,* qui sont des tarauds ordinaires à main, dont le bout a été disposé pour former alésoir, comme sur le taraud pour entretoises de locomotives, que nous avons signalé plus haut.

Les tarauds à gaz sont très courts et portent le filetage qui est employé pour les tubes servant pour la canalisation de gaz.

Les tarauds sont parfois munis de filets soit carrés soit rectangulaires, au lieu de filets triangulaires. Ce genre de taraud est assez peu employé.

La trempe des tarauds est une opération qui doit être faite avec beaucoup de soin. On doit chauffer les pièces à cœur et lentement *jusqu'au rouge cerise foncé.* Le chauffage peut s'effectuer sur un feu de forge au charbon de bois ou sur un feu de houille bien pris, mais de préférence on place les tarauds à chauffer dans le moufle d'un four, posés sur une plaque de tôle. Le chauffage est ainsi plus régulier sur tout le pourtour des pièces.

On trempe ensuite les tarauds, soit dans l'eau, soit dans le liquide de trempe qui peut varier suivant les cas et suivant le métal que le taraud doit travailler.

La trempe s'effectue en plongeant complètement le taraud dans le liquide, mais en ayant le soin de faire émerger du bain, avant le refroidissement complet, la partie lisse du taraud qui porte la tête carrée de manœuvre. La partie filetée est maintenue dans le bain jusqu'à complet refroidissement.

En procédant de cette manière, on donne à la partie active de l'outil une grande dureté, tandis que la partie lisse a une dureté moindre. Il est nécessaire qu'il en soit ainsi, car cette partie sur laquelle s'exerce l'effort de manœuvre se casserait trop facilement.

La trempe partielle qu'on lui donne suffit à la raidir tout en ne la rendant pas trop fragile, et permet de ne pas donner une limite trop nette entre cette partie et la partie trempée dur, ce qui aurait l'inconvénient de provoquer la rupture de l'outil précisément à cette ligne de démarcation.

Lorsque la trempe est achevée, on polit les surfaces, et on fait *revenir* le taraud en le posant sur du grès chaud.

La couleur de revenu qui convient pour les tarauds est *le jaune paille*, mais on apprécie, assez souvent, la dureté obtenue à l'aide d'une lime que l'on essaie de faire mordre en un point du taraud n'intéressant pas sa forme extérieure.

Fig. 291. — Filière à gaz.

Lorsque la couleur ou la dureté sont convenables, on plonge le taraud dans de l'eau froide à la surface de laquelle on a versé une couche d'huile. On le retire avant le refroidissement complet, lequel s'effectue à l'air, en le plaçant verticalement pour le laisser égoutter.

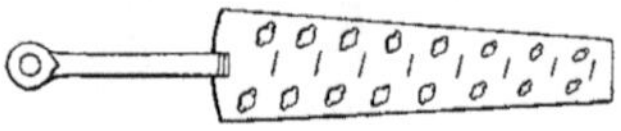

Fig. 292. — Filière à truelle.

Filières La *filière* est l'outil de taraudage qui sert à creuser des filets de vis sur des tiges. On constitue ainsi des vis qui s'ajustent dans les trous filetés faits à l'aide des tarauds, ainsi que nous venons de le voir.

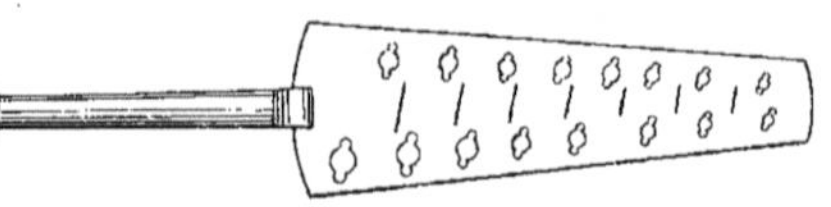

Fig. 293. — Filière à truelle, à manche coudé.

Les filières peuvent être établies pour être manœuvrées soit à la main, soit par une machine.

Nous ne nous occuperons, à cette place, que des premières.

La *filière à main simple* se compose d'une plaquette (Fig. 291) au travers de laquelle a été percé un trou que l'on a taraudé au pas convenable.

Pour créer, sur le pourtour de ce trou, des arêtes coupantes, on perce plusieurs autres trous dont les centres forment soit les sommets d'un triangle, soit ceux d'un carré. Les intersections de ces divers trous avec le trou taraudé produisent des arêtes ayant comme sections une succession de filets qui creusent le métal au fur et à mesure que la filière avance le long de la tige travaillée, en effectuant le filet.

Lorsque la filière est engagée sur la tige, il suffit de la tourner pour qu'elle avance automatiquement, à chacun des tours, d'une longueur égale au pas de la vis. C'est pour pouvoir lui donner ce mouvement de rotation que la filière doit être munie d'un ou de plusieurs bras formant les leviers de manœuvre. La filière simple représentée par la figure 291, qui est une filière pour appareils d'éclairage au gaz, possède un seul bras, effilé à la façon de la queue d'une lime et pouvant recevoir un manche en bois sur lequel on exerce l'effort de manœuvre nécessaire pour faire tourner la filière. L'effort ainsi appliqué est peu considérable.

D'autre part, la filière ainsi constituée ne comporte aucun réglage, et lorsqu'elle s'use, le diamètre du trou augmente, et le filet de la vis obtenue n'a plus la profondeur normale.

On a donc établi les filières de façon à pouvoir aisément les manœuvrer et avec des dispositifs de réglage appropriés.

Cependant, certaines filières destinées à des travaux demandant peu de précision, ou employées pour les taraudages de tiges de petits diamètres, ne comportent pas de réglage.

On a même établi sur une seule plaque toute une série de trous de diamètres différents à l'aide desquels on peut, avec le même outil, fileter une série de vis dont les diamètres varient. Ce sont des *filières à truelles* (Fig. 292 et 293), ainsi appelées parce qu'elles sont faites en forme de truelles. Le corps plat de la filière, qui a une forme trapézoïdale, porte les séries de trous taraudés dont chacun constitue, pour ainsi dire, une filière. La poignée métallique est recourbée et est rendue solidaire du corps. Cette poignée sert à manœuvrer l'outil. La poignée est parfois aussi plate et fait suite au corps.

Fig. 294. — Filières à coussinet rond. (Glaenzer et Perreaud.)

Cette disposition est surtout donnée aux filières d'horlogers et de bijoutiers.

Filière simple

Les *filières à main*, ordinairement employées dans l'industrie mécanique, comportent une partie composée de deux bras pour que leur manœuvre puisse s'effectuer plus aisément à l'aide des deux mains (Fig. 295). Au milieu de la longueur des bras, une partie élargie de la pièce est disposée pour recevoir le corps de la filière : c'est la *cage* de la filière. La forme de la cage varie avec le genre de *corps* de filière que l'on emploie. Ce corps a parfois une forme cylindrique ; dans ce cas, la cage a une forme ronde : un repos est ménagé pour que le corps repose bien à plat à une position déterminée et une vis latérale immobilise le corps dans la cage et le rend solidaire des bras.

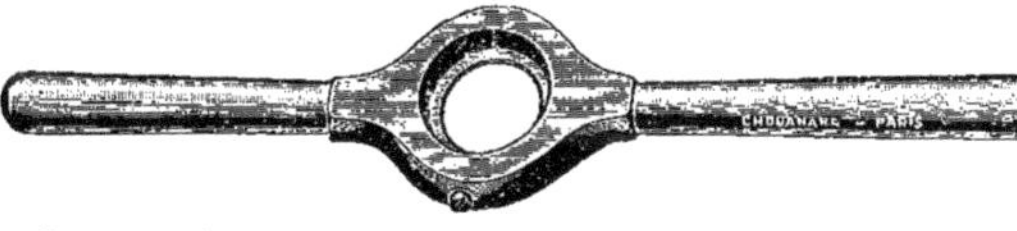

Fig. 295. — Cage de filière à coussinet ajustable. (Forges de Vulcain.)

Lorsque le corps de la filière est établi sans réglage, il est obtenu de la même façon que la filière simple que nous avons examinée plus haut, c'est-à-dire que trois ou quatre trous percés suivant son épaisseur, déterminent les arêtes tranchantes. Ces corps de filières non réglables, que l'on fait ronds ou carrés, sont aussi nommés *lunettes à tarauder* ou encore *coussinets-lunettes*.

Filière à coussinets

On construit des corps de filières, cylindriques, qui comportent un dispositif de réglage. Ce dispositif consiste à rendre le corps légèrement extensible en le fendant sur toute son épaisseur, en un seul point de sa périphérie. Le trou percé dans le corps, du côté diamétralement opposé à la fente, diminue suffisamment l'épaisseur du métal en ce point pour permettre une certaine élasticité aux deux branches ainsi formées du corps de la filière. C'est cette élasticité que l'on utilise pour procéder au réglage. Les moyens employés pour obtenir le réglage sont divers.

On peut le réaliser à l'aide d'une seule vis conique que l'on enfonce dans un trou percé dans l'axe de la fente (Fig. 296). La vis traverse alors la cage, de façon à pouvoir être abordée et manœuvrée facilement de l'extérieur. Quand on l'enfonce, elle écarte légèrement les deux branches du corps, et le taraudage effectué avec la filière dans cette position a un diamètre légèrement plus grand : c'est un filetage *libre*. Lorsque la vis est desserrée, les deux branches, par leur élasticité naturelle, se rapprochent, et le filetage effectué est dit *serré*. On peut donc, dans une certaine limite, régler le diamètre de ces filetages.

Dans certains types de filières à corps cylindrique, le réglage s'effectue à l'aide de trois vis, au lieu d'une seule. A la vis

Fig. 296. — Coussinet de filière. (Forges de Vulcain.)

disposée dans l'axe de la fente sont adjointes deux autres vis, placées à droite et à gauche de la première. Pour écarter les branches on fait agir la vis centrale, et pour les rapprocher on actionne les deux vis latérales. En outre, le blocage des trois vis dans une position quelconque du corps de filière lui assure une position bien déterminée et invariable.

Filière droite Certaines filières comportent deux coussinets au lieu d'un seul, comme le type que nous venons d'examiner. Ce type de filière est l'un des plus anciens. La filière est constituée par une cage rectangulaire, évidée à sa partie centrale, de façon à pouvoir recevoir deux coussinets (Fig. 298).

Les coussinets sont guidés et orientés dans la cage au moyen d'une rainure en forme de V pratiquée sur chacun des champs (Fig. 297) et chacune de ces rainures s'ajuste sur une saillie à deux pans inclinés pratiquée sur chaque côté longitudinal de la cage et à l'intérieur de celle-ci. Vers une extrémité de la cage, cette saillie est supprimée sur une longueur au moins égale à la longueur du coussinet, de manière à pouvoir introduire successivement les deux coussinets dans la cage.

Chacun des coussinets porte la moitié du trou taraudé, à travers lequel on a pratiqué

Fig. 297. — Coussinet de filière.

des rainures déterminant les arêtes de coupe.

Lorsque les deux coussinets sont rapprochés l'un de l'autre, ils ne forment, pour ainsi dire, qu'un seul corps permettant d'effectuer le travail de filetage sur une tige cylindrique. L'un des coussinets est enfoncé dans la cage jusqu'à buter contre une des parois transversales. Ce coussinet reste immobile tandis que l'autre coulissant sur les saillies à *dos d'âne* qui lui servent de guides, peut être écarté ou rapproché du premier. Cette disposition permet de donner un grand écartement aux coussinets lorsqu'on commence l'opération du filetage ; afin de faciliter cette opération et, au fur et à mesure qu'elle se poursuit et que le filet se forme dans la tige, on rapproche les coussinets, jusqu'au moment où ils se touchent, position pour laquelle les filets de la vis ont la forme et les dimensions convenables.

Fig. 298. — Filière droite à coussinets. (Glaenzer et Perreaud.)

C'est à l'aide d'une vis butant sur le coussinet mobile, que l'on rapproche ce coussinet de l'autre. On donne à cette vis un petit mouvement de rotation après chacune des *passes* de filetage pour mordre de plus en plus sur la tige à fileter.

Dans la filière à cage rectangulaire du type ancien, la vis de serrage est solidaire d'un des bras de manœuvre de cette filière de la cage, porte une tête munie d'un trou servant à son serrage.

On construit aussi une filière à coussinets, comportant deux vis de serrage placées sur chacun des bouts de la cage, dont les axes sont dans le prolongement l'un de l'autre et disposés perpendiculairement à la direction des deux bras qui font corps avec la cage.

Fig. 299. — Filière oblique à coussinets. (Glaenzer et Perreaud.)

et le termine du côté de la cage. Un trou percé dans un mamelon porté par ce bras sert à effectuer le serrage de la vis en se servant d'une broche. Le second bras est fixé à demeure à l'autre extrémité de la cage.

Pour rendre la vis de serrage indépendante du bras de manœuvre et éviter l'inconvénient de l'effort exercé transversalement sur cette vis avec la disposition précédente, pendant l'opération de filetage, on a construit des filières dites *obliques,* alors que la filière précédente est nommée *filière droite.*

Filière oblique La *filière oblique* (Fig. 299) comporte une cage rectangulaire, semblable, comme disposition, à la cage de la filière droite, mais placée obliquement par rapport à la direction des bras de manœuvre. Ces deux bras font corps invariablement avec la cage, et la position oblique de la cage permet de disposer une vis de serrage du coussinet mobile, indépendante.

Cette vis, placée sur un des petits côtés

Chacun des coussinets est réglable individuellement par rapport à l'autre.

Filière à anneau Pour les taraudages de vis de petits diamètres, on emploie une filière appelée parfois *filière à anneau.* On la nomme ainsi parce qu'elle porte à l'une de ses extrémités un bras très court, terminé par un anneau et servant à la manœuvre (Fig. 300). La cage a une forme de rectangle allongé et peut recevoir une série de coussinets.

Fig. 300. — Filière à anneau et à coussinets.

L'un de ces coussinets est bloqué dans le fond de la cage, et les autres peuvent être serrés à l'aide d'une vis portant une tête à oreille permettant le serrage à la main.

On établit ces filières pour réaliser cinq ou six diamètres différents de filetage; le nombre de coussinets est respectivement, pour ces deux cas, de six et de sept. Entre deux coussinets voisins sont percés, moitié sur chacun d'eux, les trous taraudés de diamètres progressivement croissants servant au filetage des tiges.

Filière Grant Parmi les filières à main comportant des dispositions spéciales, il convient de citer la *filière Grant*. Cette filière, fabriquée par les ateliers américains Pratt et Whitney, est constituée par quatre lames démontables et réglables à une extrémité desquelles est établi le filetage. Ce sont ces lames qui forment les arêtes tranchantes permettant d'effectuer le filet sur les vis.

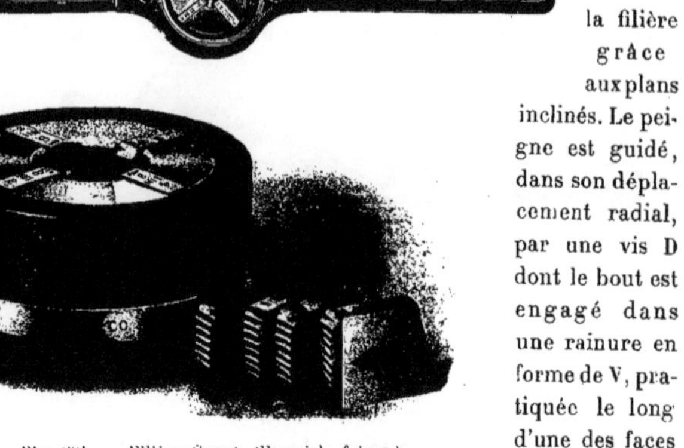

Fig. 301. — Filière Grant. (Fenwick, frères.)

La filière comporte un noyau cylindrique A (Fig. 302) muni d'une collerette sur laquelle sont disposées deux vis H, aux extrémités d'un diamètre, et deux autres vis E placées aux extrémités d'un diamètre perpendiculaire. Ces quatre vis servent pour le réglage, ainsi que nous allons le voir.

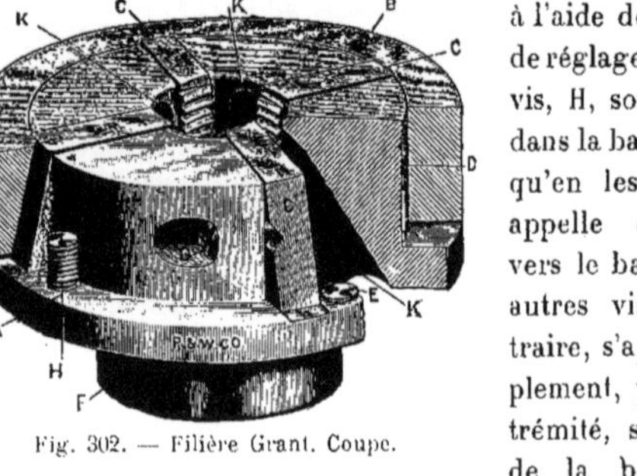

Fig. 302. — Filière Grant. Coupe.

Dans le noyau cylindrique A sont pratiquées quatre rainures passant toutes à son centre, dans lesquelles se logent les lames servant au taraudage. Ces lames, ou *peignes*, portent un filet de vis à une de leurs extrémités et ont leur autre extrémité inclinée par rapport à l'axe vertical de la filière. Une bague cylindrique B est ajustée sur le noyau et porte sur sa paroi intérieure quatre encoches à plan incliné, dans lesquelles viennent se placer les extrémités obliques des peignes, de sorte que lorsqu'on provoque la descente de la bague cylindrique sur le noyau, cette bague, par suite de son mouvement, pousse chaque peigne vers le centre de la filière grâce aux plans inclinés. Le peigne est guidé, dans son déplacement radial, par une vis D dont le bout est engagé dans une rainure en forme de V, pratiquée le long d'une des faces latérales du peigne. On peut donc, en donnant à la bague cylindrique un déplacement vertical de haut en bas, ou inversement, diminuer ou augmenter le diamètre à tarauder. Ce déplacement est obtenu à l'aide des quatre vis de réglage. Deux de ces vis, H, sont taraudées dans la bague, de sorte qu'en les vissant on appelle cette bague vers le bas. Les deux autres vis, au contraire, s'appuient simplement, par leur extrémité, sur le champ de la bague et se vissent sur la collerette. Elles forment deux butées pour limiter la descente de la bague cylindrique et pour l'immobiliser. La manœuvre de ces quatre vis permet donc le réglage du diamètre de taraudage.

Chacun des peignes peut, au fur et à mesure qu'il s'use, être affûté.

Pour cela, on donne, à la meule une passe dans le sens de la hauteur du peigne contre le filet. L'arête coupante est ainsi remise à vif sans toucher en rien à la forme du filet qui reste constante et au pas de la vis qui ne change pas. On peut affûter un grand nombre de fois chaque peigne puisqu'on ne lui enlève, à chaque opération, qu'une faible partie de son épaisseur. Cette disposition permet une bonne utilisation des peignes, qu'il est d'ailleurs possible de remplacer par des peignes neufs après une usure complète.

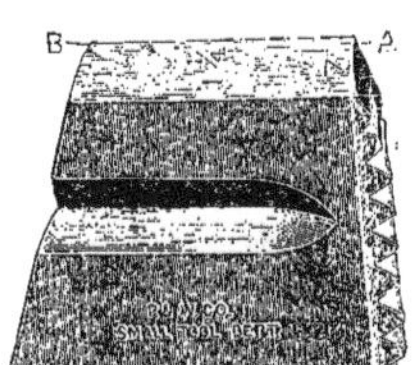

Fig. 303. — Peigne de filière Grant, neuf.

s'engageant dans deux encoches appropriées. Les ergots sont fixés à deux boutons moletés débordant sur la face supérieure de la cage, de sorte qu'en repoussant vers l'extérieur ces deux boutons, guidés chacun par une rainure, on libère le corps de filière qui sort de la cage et on peut le remplacer par un autre corps comportant des filets de formes et de pas différents.

Filières pour tubes

Les filières destinées à fileter les tubes diffèrent des filières ordinaires pour vis. Les tubes peuvent avoir, en effet, des diamètres très différents et comporter le même pas de vis. Les filières pour tubes, sont, pour cela,

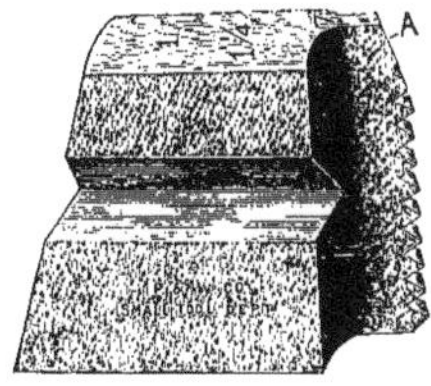

Fig. 304. — Peigne de filière Grant, après de nombreux affûtages.

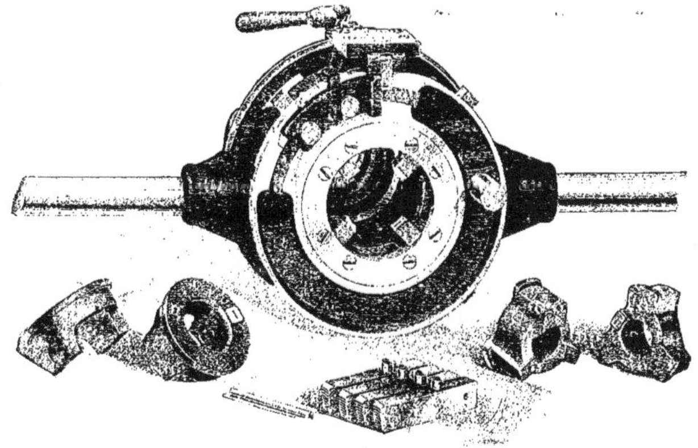

Fig. 305. — Filière à tarauder les tubes système Buckeye. (Forges de Vulcain.)

Le corps de la filière ainsi constitué est placé dans une cage circulaire munie de deux bras servant à la manœuvre (Fig. 301). Le corps est rendu solidaire de la cage au moyen de deux ergots débordant, par l'action de ressorts, à l'intérieur de la cage et

établies de façon qu'on puisse effectuer avec un seul outil des filetages sur des tubes de diamètres variables.

En principe, ce genre de filière se compose d'une cage cylindrique, en forme de couronne, dont le diamètre intérieur a une dimension suffisante pour passer librement sur le plus gros tube à fileter. La cage est munie de deux et parfois de quatre bras qui servent à manœuvrer la filière. Dans la cage sont disposées des lames portant, en bout, le filetage, et ces sortes de peignes sont mobiles dans la cage, réglables, et peuvent être changés. Une couronne mobile portée par la cage et munie d'un petit bras permet, par son mouvement de rotation, d'effectuer le réglage des lames-coussinets. On place la couronne dans la position qui correspond au diamètre du tube à fileter en amenant en face d'un index le chiffre gravé sur la couronne, lequel indique le diamètre du tube. Dans cette position, les peignes sont disposés pour effectuer le filet de vis sur le tube. Ce filetage s'obtient en une seule passe. Lorsque l'opération est terminée, c'est-à-dire lorsque la longueur du filet est atteinte, on donne à la couronne un mouvement de rotation en sens inverse; ce mouvement dégage les peignes du filet et on peut retirer rapidement la filière du tube sans avoir l'obligation de la dévisser, ce qui est beaucoup plus long.

Fig. 306. — Filière Buckeye, en position de travail.

Certaines filières à tubes sont établies pour que les peignes puissent suivre la forme du tube tout en creusant le filet. On peut ainsi fileter une partie conique d'un tube à laquelle on a donné cette forme pour assurer un bon joint, par exemple.

Fig. 307. — Coussinet de filière Buckeye.

Les filières à tubes s'emploient surtout pour le filetage des tubes à gaz et des tubes servant aux installations de chauffage à vapeur ou à eau chaude.

Peignes

Il existe d'autres outils que la filière pour fileter à la main des tiges cylindriques : ce sont les *peignes,* qui ne permettent pas d'obtenir un filetage de précision, mais qui sont cependant utilisés pour les travaux devant être rapidement menés et d'un prix de revient peu élevé, comme les pièces de robinetterie, d'appareillage à gaz et électrique, etc.

Un peigne (Fig. 308) est constitué par une lame portant, à une extrémité, un pas de vis qui sert à fileter ; elle est terminée en pointe à l'autre bout pour recevoir un manche. Le pas de vis est quelquefois pratiqué sur un côté pour faciliter le filetage de certaines pièces de formes spéciales.

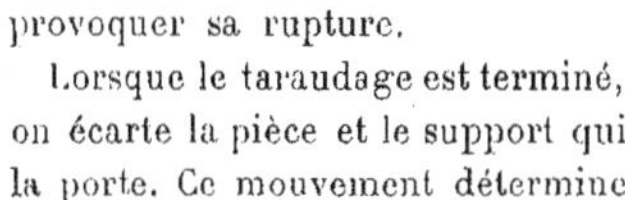

Fig. 308. - Peignes.

Il est nécessaire, pour fileter au peigne, de monter la pièce à travailler sur un tour qui peut être un tour au pied ou un tour d'ajusteur. On promène le peigne le long de la pièce qui tourne, sur toute la longueur du filet à obtenir, en recommençant plusieurs fois l'opération jusqu'à ce que la profondeur du filet soit atteinte. Le peigne est guidé à la main et repose sur un support devant lequel tourne la pièce.

Appareils à tarauder Les outils que nous venons d'examiner se manœuvrent tous à la main. On emploie aussi des machines à tarauder automatiques pour effectuer du *travail en série*, c'est-à-dire sur une grande quantité de pièces semblables. Ces machines seront décrites dans la partie de cet ouvrage traitant des machines-outils, mais il existe des petites machines à tarauder que l'on peut aisément mettre à la disposition des ajusteurs pour leur faciliter le travail et que l'on peut considérer comme faisant partie du petit outillage à main.

Fig. 309. - Appareil à tarauder et à goujonner. (Schutte.)

On peut également mettre à la disposition des ajusteurs des appareils spéciaux peu encombrants et pratiques que l'on peut disposer sur des machines à percer à la place des forets, et qui servent à effectuer automatiquement les taraudages : ce sont les *appareils à tarauder* (Fig. 309).

Les petites machines à tarauder et fileter (Fig. 310) peuvent se fixer soit sur une table ou établi, soit sur une console contre un mur et sont établies pour pouvoir travailler horizontalement, ou verticalement. Elles se composent d'un bâti muni d'un socle et supportant un axe en bout duquel est placé un mandrin serrant le taraud. L'axe reçoit un mouvement de rotation par l'intermédiaire d'une poulie de transmission actionnée par courroie et d'un train de roues d'engrenage.

Ces engrenages sont disposés pour obtenir aisément le changement de marche.

La pièce à tarauder est montée sur un support placé en face du taraud, support que l'on peut déplacer longitudinalement pour amener la pièce contre le taraud. On effectue son taraudage en la poussant contre le taraud et en l'enfonçant au fur et à mesure que ce taraud tourne. Une butée réglable du côté du taraud limite la profondeur de taraudage et empêche le taraud de venir buter, par exemple, dans le fond d'un trou, ce qui pourrait provoquer sa rupture.

Lorsque le taraudage est terminé, on écarte la pièce et le support qui la porte. Ce mouvement détermine un déclenchement dans le mécanisme de commande par engrenages et l'axe portant le taraud prend un mouvement de rotation dirigé dans le sens contraire du mouvement précédent. Il sort donc automatiquement, en se dévissant, du trou qu'il vient de tarauder, et la vitesse que lui impriment les engrenages est une vitesse accélérée plus rapide que la vitesse de travail. Le temps que met le taraud à sortir du trou est le plus écourté possible, afin que l'opération de taraudage ne prenne que le temps minimum.

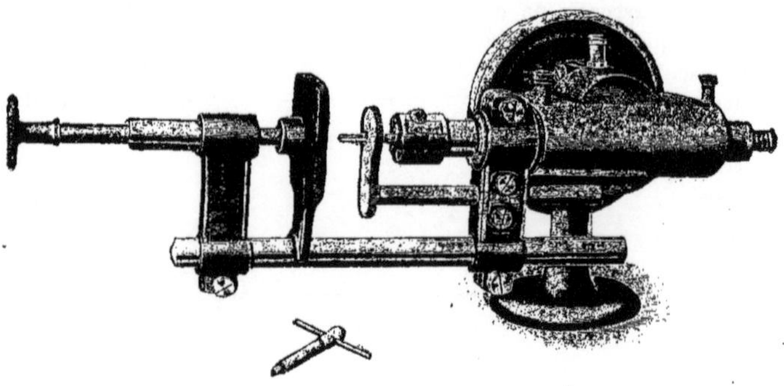

Fig. 310. — Taraudeuse. (Glaenzer et Perreaud.)

Appareil Errington Parmi les appareils à tarauder, l'appareil Errington est un des plus connus.

Cet appareil (Fig. 311) est muni d'une queue conique qui permet de le monter dans le porte-foret d'une machine à percer. La queue de l'appareil qui prend, lorsqu'on met la machine à percer en marche, un mouvement de rotation, actionne, par un train d'engrenages, l'axe porte-mandrin en bout duquel est serré le taraud. Un autre train d'engrenages disposé dans le corps de l'appareil donne au taraud un mouvement de rotation en sens inverse. Ce mouvement de retour est à vitesse accélérée.

Fig. 311. — Appareil à tarauder Errington.

Le corps de l'appareil ne tourne pas; il est immobilisé contre le bâti de la machine à percer, par une tige qui s'y trouve vissée. Une tige-butée que l'on peut déplacer dans une douille pour la rendre réglable, limite la descente du taraud et règle ainsi la profondeur de taraudage.

Pour tarauder, on donne au taraud, qui possède un mouvement de rotation, un mouvement de descente, en appuyant légèrement sur le levier de manœuvre de la machine à percer, tout en laissant le taraud s'engager et s'enfoncer normalement, suivant son pas, dans le trou. Lorsque la profondeur de taraudage est atteinte, l'axe porte-taraud remonte par sa butée sur la tige réglable. Ce mouvement provoque un déclenchement à l'intérieur du corps de l'appareil, et c'est le train d'engrenage de retour qui actionne l'arbre. Ce retour s'effectue rapidement.

On peut, au lieu de faire descendre l'arbre de la machine à percer à l'aide d'un levier, remonter le plateau de la machine sur lequel se trouve la pièce, vers le taraud; l'abaissement de ce plateau après l'opération de taraudage provoque également le changement de sens de rotation du taraud à la vitesse accélérée. Un autre type d'appareil à tarauder Errington est établi pour produire l'entraînement par friction au lieu de comporter un entraînement à engrenages.

Divers autres systèmes d'appareils à tarauder ont été établis; ils sont tous conçus sur des principes analogues à ceux de l'appareil précédent.

Calibres de vérification de filetage

Pour vérifier le diamètre et le pas des filetages effectués soit sur des tiges, soit dans des écrous, on a établi des outils de contrôle qui sont les *jauges de pas* (Fig. 312-315) destinées à vérifier des tiges filetées et les calibres de précision : *tampons* et *bagues filetées* pour les travaux exigeant une exécution particulièrement soignée.

Fig. 312. Jauge de pas Whitworth Reinecker. (Forges de Vulcain.)

Les jauges de pas sont constituées par des séries de lames pouvant tourner autour de pivots placés aux extrémités d'un manche et se replier, à la façon des lames de canif, entre les deux flasques formant ce manche. L'outil comporte un grand nombre de lames : généralement quinze pour le pas international, vingt-deux pour le système de filetage français, vingt-quatre et vingt-six pour le système Whitworth. Chaque lame porte une série de filets ayant les dimensions correspondantes au pas pour lequel ils ont été établis, de sorte qu'en présentant la lame sur la tige filetée que l'on désire contrôler, on peut voir immédiatement si le filet que l'on a effectué sur cette pièce a la forme voulue et si le pas a sa valeur exacte. Chacune des lames porte des filets de dimensions et de pas différents des autres et l'indication gravée du pas représenté et du diamètre de la vis correspondante. Le même outil permet donc, en se servant de la lame appropriée, de contrôler tous les pas ordinairement employés.

Les calibres de filetage qui s'appliquent à une construction plus précise se composent d'une tige-type filetée, constituant le tampon, et d'un écrou-type taraudé constituant la bague. Ces deux pièces sont établies avec la plus grande précision. Elles sont en acier et trempées. Elles portent une partie moletée permettant de les tenir aisément à la main et de les manœuvrer. La tige sert de calibre pour les taraudages des écrous et la bague sert à contrôler le filetage des vis. Il est possible, de la sorte, de fabriquer des écrous et des vis en série se montant tous parfaitement les uns sur les autres.

Fig. 313. — Jauge de pas S. I. Reinecker. (Forges de Vulcain.)

Il suffit pour cela de régler la machine à fileter ou à tarauder, de façon à ce que les premières pièces travaillées s'ajustent sur les deux cadres *mâle* et *femelle*. Le réglage effectué, toutes les pièces qui suivent sont semblables. Il convient, toutefois, de tenir compte de l'usure possible de l'outil, et les calibres sont employés utilement, en cours de fabrication, pour indiquer si les conditions de réglage de la machine sont restées les mêmes.

Tourne-à-gauche

Le *tourne-à-gauche* est un outil indispensable pour ef-

effectuer le taraudage à la main : il sert à manœuvrer le taraud. La filière est, ainsi que nous l'avons vu, généralement munie de deux bras qui permettent de l'actionner ; le taraud n'en porte pas, mais sa tête est

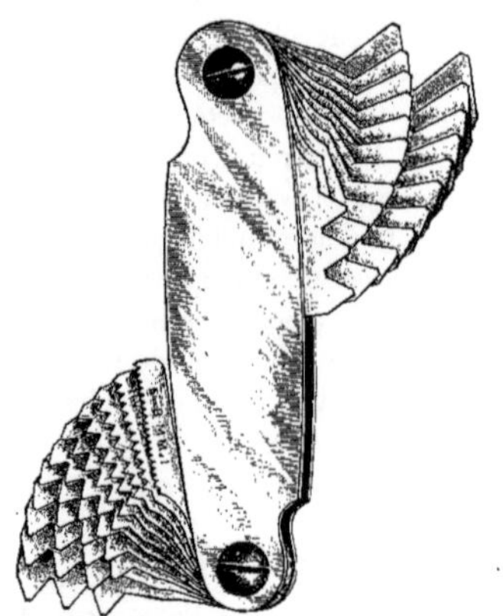

Fig. 314. — Jauge de pas. (Forges de Vulcain.)

façonnée pour recevoir le tourne-à-gauche, qui représente pour ainsi dire les deux bras amovibles du taraud. Le tourne-à-gauche (Fig. 316) se compose de deux tiges, généralement de forme conique, placées dans le prolongement l'une de l'autre et reliées par une partie aplatie de plus grandes dimensions, dans laquelle sont pratiqués divers trous carrés. Chacun peut s'adapter sur la tête d'un taraud, de sorte que le taraud est ainsi rendu solidaire du tourne-à-gauche dont les deux tiges servent de bras de manœuvre. Il est donc possible avec un même tourne-à-gauche de manœuvrer successivement plusieurs tarauds.

Pour les tarauds ayant le filet incliné à droite, ce qui est la grande majorité des cas, le tourne-à-gauche se manœuvre en tirant une poignée avec la main droite, tout en poussant l'autre avec la main gauche. C'est peut-être de là que vient le nom de cet outil qui, en réalité, dans le cas supposé, semble aussi tourner vers la droite. Le sens du mouvement de rotation n'est exactement défini qu'en disant qu'il est dirigé dans le même sens que celui des aiguilles d'une montre. Les modèles de tourne-à-gauche sont nombreux. Ils sont tous établis pour permettre de manœuvrer le plus grand nombre possible de tarauds. Certains d'entre eux portent, entre les deux poignées, au lieu d'une partie plate comme le précédent, un renflement cylindrique sur la périphérie duquel sont pratiqués des trous carrés de grandeurs différentes, servant chacun pour actionner quelques tarauds (Fig. 316).

Pour adapter plus aisément le tourne-à-gauche aux dimensions, qui peuvent être très variables, des têtes de tarauds, on a songé à le munir d'un coussinet réglable, qui permet de faire varier la dimension du trou dans des limites très larges (Fig. 316). Ce tourne-à-gauche est constitué par les deux bras de manœuvre entre lesquels est disposée une cage, généralement de forme rectangulaire. Dans cette cage, on introduit

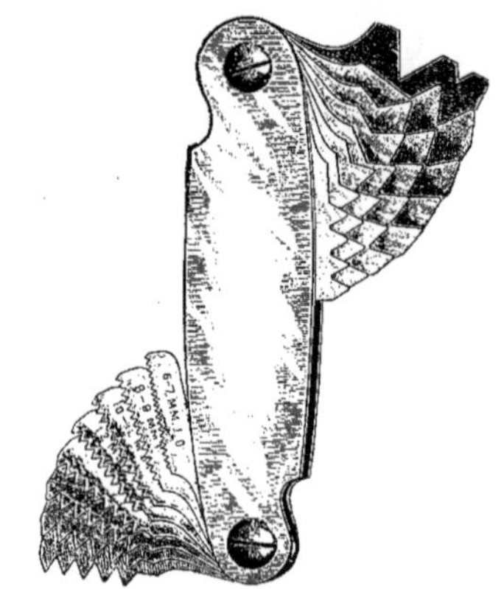

Fig. 315. — Jauge de pas. (Forges de Vulcain.)

un premier coussinet destiné à venir buter contre une de ses parois transversales et qui est maintenu en position par des guides en forme de V. Le coussinet, qui est mobile, coulisse sur ces guides, et il est bloqué contre la tête à serrer à l'aide d'une vis constituée, assez souvent, par la poignée elle-même.

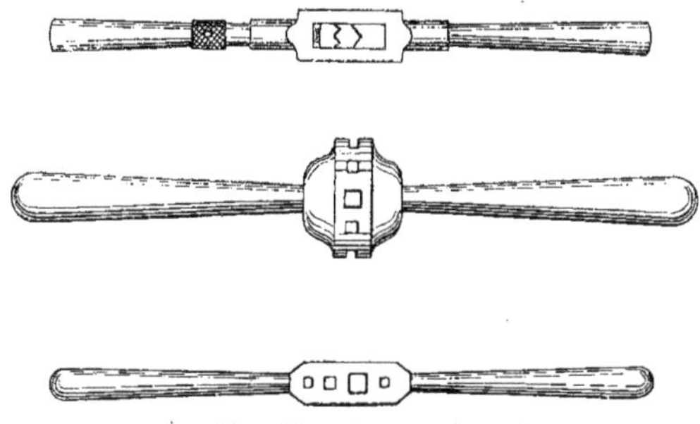

Fig. 316. — Types de tourne-à-gauche.

Pour que les têtes carrées des tarauds puissent être énergiquement serrées entre les coussinets, on donne aux champs des coussinets qui se font face, une forme en V, dont les branches forment un angle droit, de façon que, quel que soit l'écartement des coussinets, les quatre côtés de la tête du taraud viennent s'appuyer exactement sur les quatre branches des deux V

En serrant la vis de la poignée, on bloque le coussinet mobile contre la tête du taraud et celle-ci se trouve immobilisée entre les deux coussinets.

OUTILS DE TRAÇAGE

POINTE A TRACER. — POINTEAU. — RÈGLE. — ÉQUERRE. — RAPPORTEUR D'ANGLE. — MARBRE. — TRUSQUIN. — COMPAS. — NIVEAU. — FIL A PLOMB. — SUPPORTS EN V. — ÉQUERRES DE MONTAGE. — CALES. — BRIDES ET CRAMPONS DE SERRAGE.

Traçage Le *traçage* consiste à déterminer sur des *pièces brutes*, c'est-à-dire non travaillées, ou sur des pièces incomplètement façonnées, soit le contour que ces pièces doivent avoir, une fois terminées, soit la place des trous à y percer, ou tout autre tracé utile au travail de façonnage de ces pièces.

Pour tracer une pièce, on frotte sa surface avec de la *craie*, lorsque cette pièce a de faibles dimensions, afin que le trait que l'on tracera soit bien visible ; ce trait se détache ainsi en noir sur un fond blanc. Pour les pièces importantes, on emploie du blanc que l'on étend au pinceau sur les surfaces de la pièce ou, parfois, lorsque ses dimensions sont trop considérables, sur les parties seules qui doivent recevoir des traits ou qui doivent porter des indications.

Les pièces à tracer se placent, lorsque leurs dimensions le permettent, sur un marbre en fonte qui doit être très bien dressé. Lorsque la pièce est trop grande, on la trace en se servant d'un plateau de base tout spécial ou en constituant cette base à l'aide de règles ou de marbres permettant de servir de plans de repère.

Les outils utilisés pour le traçage sont : la *pointe à tracer*, le *pointeau*, la *règle*, l'*équerre*, le *rapporteur d'angle*, le *marbre*, le *trusquin*, le *compas*, le *niveau*, le *fil à plomb*. On emploie aussi, dans certains cas spéciaux, des *supports en* V, des *équerres de montage* et des *cales* pour maintenir les pièces dans une bonne position, et on se sert de *brides* et de *crampons* pour les serrer lorsque cela est nécessaire.

Nous allons examiner ces divers outils en indiquant leur mode d'emploi.

Pointe à tracer La *pointe à tracer* est une tige en acier effilée en forme de pointe qui sert à tracer, sur les pièces métalliques, des traits servant de repères pour leur confection. La pointe à tracer est en acier et doit être trempée pour qu'elle ne s'use pas trop rapidement. La pointe à tracer ordinaire (Fig. 317) est une simple tige cylindrique droite dont une extrémité est terminée en pointe. Le cône formant cette pointe a une forme très allongée et la tige de la pointe à tracer a un diamètre très petit, de façon qu'on puisse aisément, en appuyant l'outil contre une règle, voir l'extrémité de la pointe et suivre son tracé. Souvent, l'extrémité de la pointe à tracer opposée à celle qui est effilée est recourbée à angle droit et effilée également pour

Fig. 317. — Pointe à tracer ordinaire.

servir de pointe à tracer dans certains cas.

On construit aussi des pointes à tracer plus robustes, faites d'un bout d'acier plat effilé à ses extrémités et tordu en son milieu : c'est la *pointe à torsade* (Fig. 318).

Fig. 318. — Pointe à tracer à torsade.

On établit aussi des pointes à tracer en plusieurs pièces. Ce type de pointe à tracer se compose d'un corps A (Fig. 319) d'un diamètre suffisant pour pouvoir être aisément manipulé. Sur sa partie extérieure, ce corps porte un moletage qui permet de saisir l'outil et de le tenir facilement.

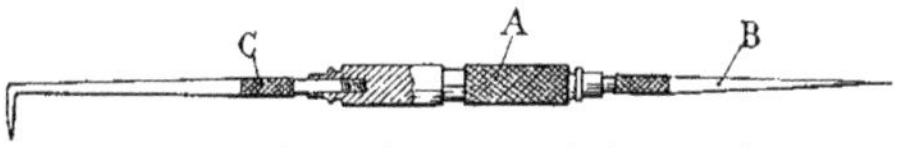

Fig. 319. — Pointe à tracer en plusieurs parties.

A chaque extrémité du corps est disposé un trou taraudé. Ces deux trous servent à recevoir les deux parties de la pointe à tracer qui sont l'une et l'autre constituées par une tige cylindrique vissée à demeure dans le corps. Généralement, l'une des tiges se termine par une pointe droite, l'autre, par une pointe en forme de crochet. Lorsque l'une ou l'autre de ces pointes est usée ou cassée, on peut la remplacer facilement sans changer les autres parties. On fabrique aussi des pointes à tracer dites de poche (Fig. 320). Cet outil se compose d'un manche creux A, moleté à l'extérieur et portant à une de ses extrémités un petit mandrin B qui est destiné à serrer la tige portant la pointe C et à l'immobiliser.

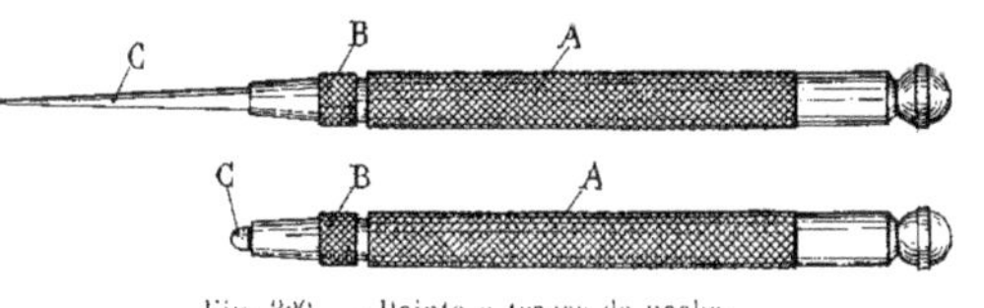

Fig. 320. — Pointe à tracer de poche.

Lorsqu'on se sert de l'outil, cette tige est serrée de façon que la pointe soit à l'extérieur. Elle peut être retournée de façon à se loger dans le manche sur une grande partie de sa longueur, lorsqu'on veut placer l'outil dans la poche. L'extrémité effilée ne risque pas ainsi de blesser celui qui porte l'outil et se trouve elle-même protégée par le manche métallique dans lequel elle est enfoncée.

Pointeau Le *pointeau* est un outil qui sert à marquer, par l'apposition d'une succession de points, la direction de certains traits tracés sur des pièces, lorsque ces traits, par suite des manipulations nécesaires à l'usinage de la pièce, sont exposés à s'effacer.

Le pointeau est, en principe, une tige cylindrique A (Fig. 132), terminée à un bout par un cône ayant un angle d'environ 80 degrés et dont l'autre extrémité C est disposée pour qu'on puisse frapper dessus à l'aide d'un marteau.

On appuie la pointe de l'outil sur la pièce, au point exact que l'on veut repérer, puis on donne sur l'extrémité opposée, c'est-à-dire sur la tête du pointeau, un léger coup de marteau. On marque ainsi un point sur la pièce. Une succession de points, qui peuvent être plus ou moins espacés suivant la forme de la ligne à conserver, sont ainsi marqués sur la pièce et indiquent généralement le contour extérieur que doit avoir cette pièce une fois terminée. Lorsque les points déterminent les positions des axes sur les pièces et qu'ils sont pointés en pleine matière, il convient de ne pas les marquer trop profondément, car ils risqueraient d'apparaître encore après le dressage définitif de la face qui les porte.

Les coups de pointeau donnés pour indiquer les centres des trous peuvent, au contraire, être marqués plus profondément. C'est avec le plus grand soin qu'il faut pointer le centre des trous, car c'est de ce pointage que dépend la position du trou percé, le foret suivant exactement la direction donnée par le coup de pointeau.

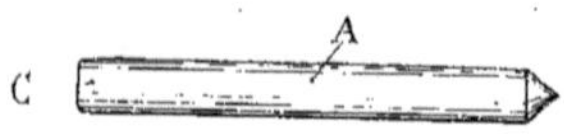

Fig. 321. — Pointeau.

Le pointeau, au lieu d'être une simple tige cylindrique, a parfois une forme particulière (Fig. 322). L'extrémité A, qui porte la pointe, est dégagée à un diamètre plus faible que le diamètre du corps et a une forme conique. Le corps cylindrique B, plus gros que les extrémités, porte un moleté et la tête C, formée par une partie cylindrique lisse, est parfois arrondie, et parfois aplatie et munie d'un chanfrein. On donne quelquefois au corps du pointeau une forme octogonale.

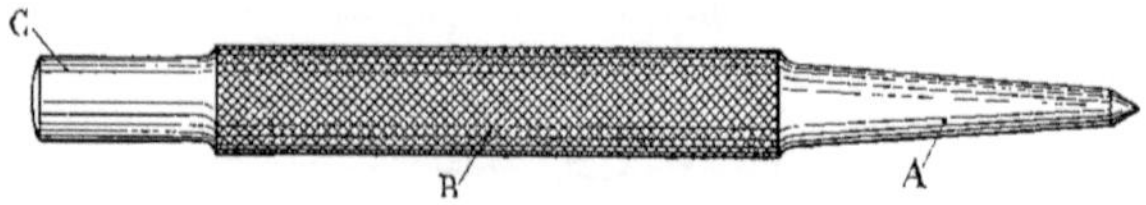

Fig. 322. — Pointeau ordinaire.

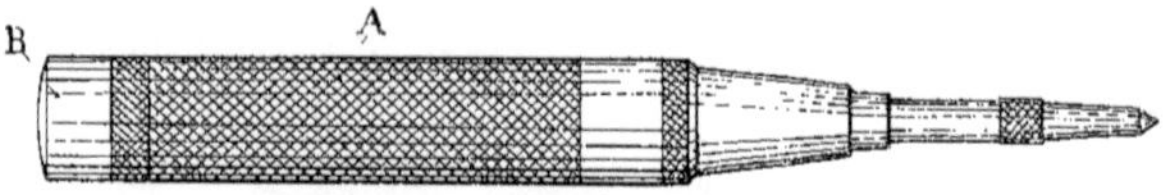

Fig. 323. — Pointeau automatique.

Le pointeau ordinaire est celui qui est le plus généralement employé. Cependant, pour les travaux de précision, on se sert d'un pointeau automatique avec lequel on n'a pas besoin d'employer le marteau pour pointer les trous. On peut, avec une seule main, tenir le pointeau par son corps et effectuer la manœuvre qui permet de marquer le point. L'autre main maintient la pointe bien en place au point exact que doit occuper le trou. Le coup donné pour marquer le point ne peut, de la sorte, déplacer le pointeau de sa position, ce qui arrive fréquemment lorsqu'on pointe en frappant à l'aide d'un marteau. C'est pour cela que, pour pointer, on frappe d'abord un premier coup très légèrement sur la tête du pointeau, puis, on vérifie si le point ainsi obtenu est bien à la place qu'il doit occuper; on rectifie alors sa position, s'il y a lieu, ou on marque à la même place le point plus profondément lorsque la position est bonne.

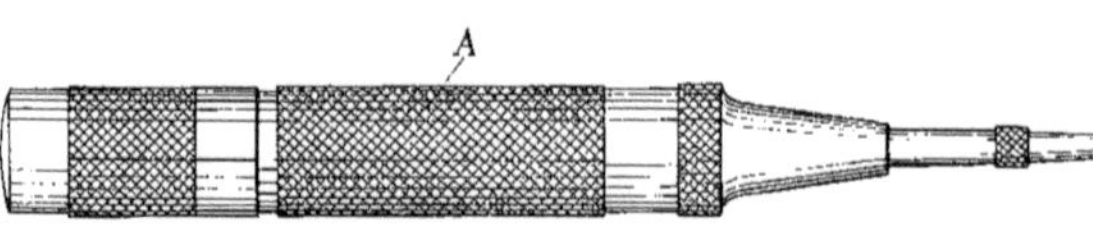

Fig. 324. — Pointeau automatique à réglage.

Le pointeau automatique comporte un corps cylindrique A creux (Fig. 323) dans lequel est disposé un ressort muni d'un dispositif d'enclenchement et de déclenchement à la façon d'un mécanisme de fusil. Lorsqu'en appuyant avec un doigt sur le bout B mobile du pointeau, on provoque le déclenchement du ressort, celui-ci, par son action sur une petite masse mobile, la lance contre la partie supérieure de la pointe et celle-ci, frappée comme elle le serait par un marteau, marque un point sur la pièce. Une pression suffit pour armer de nouveau le pointeau qui est ainsi tout prêt pour un autre pointage.

Le pointeau automatique, qui se prête, ainsi que nous l'avons dit, plus particulièrement aux travaux de précision, a l'avantage de donner aux points marqués une profondeur constante, puisque le choc a toujours la même valeur, dépendant simplement du mécanisme intérieur quelle que soit la pression exercée sur la tête pour produire le déclenchement.

Il existe des pointeaux automatiques dans lesquels on peut régler la profondeur du trou qui est pointé. Pour cela, la tête du pointeau est munie d'une partie mobile (Fig. 324) dont la manœuvre permet de déplacer le petit marteau intérieur et de faire varier la détente du ressort. Plus on allonge la course du marteau, plus le coup frappé est fort, et plus la pointe du pointeau s'enfonce dans la matière.

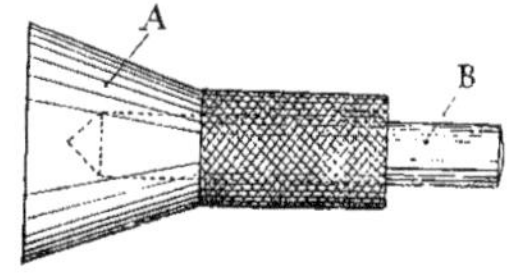

Fig. 325. — Pointeau à centrer.

On emploie cette sorte de pointeau lorsqu'on peut avoir à marquer des points sur des pièces d'inégale dureté. Le réglage permet de donner aux points marqués sur les pièces dures la même profondeur que ceux qui sont pointés sur les autres.

Un autre type de pointeau, appelé *pointeau à centrer* (Fig. 325), sert à pointer rapidement le centre d'une pièce circulaire. C'est un pointeau ordinaire B muni, du côté de la pointe, d'un cône A formant une sorte d'entonnoir. On présente la pièce circulaire en face de l'entonnoir qui vient s'appliquer sur tout son pourtour par sa paroi intérieure. Si l'outil est placé bien perpendiculairement par rapport à la pièce à pointer, la pointe qui occupe par construction le centre du cône marque sur la pièce un point qui est exactement placé au centre de la circonférence qui la limite.

Règle

La *règle* est un outil métallique fait en forme de parallélipipède, à section rectangulaire, dont les faces doivent être parfaitement planes et rectilignes et qui sert à tracer des lignes droites sur les pièces ou, encore, qui est utilisé pour vérifier la rectitude des diverses faces de ces pièces.

Les règles sont faites généralement en acier. Elles sont très bien dressées sur leurs faces, et sont mises parfaitement de largeur et d'épaisseur. La règle ordinaire est le simple parallélipipède rectangle en acier (Fig. 326).

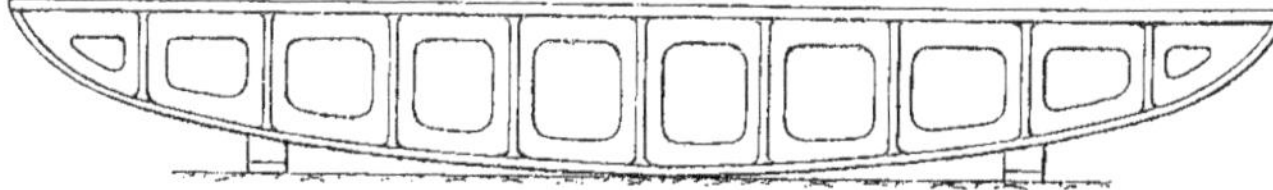
Fig. 326. — Règle ordinaire.

Les règles de précision sont faites en acier fondu et terminées au grattoir sur toutes leurs faces.

Lorsque les règles ont une grande longueur, elles doivent être munies de nervures pour les empêcher de fléchir en leur milieu. Ces règles, dont la figure 327 représente un type, sont spécialement destinées au dressage et à la vérification de la rectitude de pièces de grandes dimensions, telles que marbres, bancs de tours ou de machines, outils divers, etc.

Fig. 327. — Règle de dressage.

Ces règles se font en fonte de fer. Une seule des faces larges peut être utilisée; l'autre est solidaire de la nervure sur toute sa longueur. Cette nervure est constituée par une paroi de faible épaisseur dont le profil est en forme de courbe lui donnant une grande largeur au milieu et aboutissant aux extrémités de la règle. Une succession de petites nervures verticales sont disposées sur la longueur pour entretoiser la règle. Des trous sont percés dans les parois de la nervure pour alléger l'outil.

On donne aussi aux règles de dressage de grande longueur un profil en forme de double T. Ces règles sont en acier fondu.

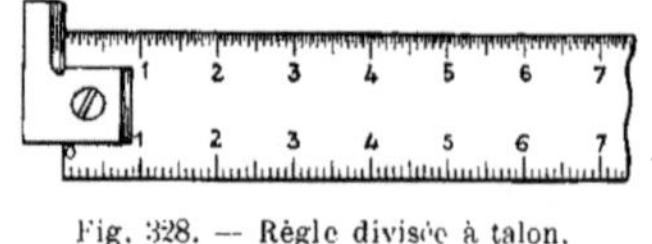

Fig. 328. — Règle divisée à talon.

En dehors des règles plates ordinaires, on fabrique aussi des règles plates graduées qui permettent non seulement de tracer ou de vérifier, mais encore de porter des longueurs sur les pièces intéressées ou de les contrôler. Les règles divisées peuvent être rigides ou flexibles.

Les règles rigides portent parfois un et même deux biseaux sur lesquels sont gravés les divisions et les chiffres correspondants. Cette disposition permet de lire plus aisément la longueur mesurée en facilitant la coïncidence des traits tracés sur la pièce et ceux de la règle.

On monte quelquefois, en bout des règles, une petite équerre formant talon (Fig. 328) qui sert d'appui pour effectuer des mesures soit à partir de l'extrémité des pièces, soit à partir de la paroi d'un trou.

Les règles flexibles ont une faible épaisseur et sont constituées par une sorte de lame en acier formant ressort portant généralement sur une des faces une division métrique. Ces divisions, faites en millimètres sur un des côtés longitudinaux, sont assez souvent établies en demi-millimètres sur l'autre côté.

Équerre L'*équerre* est un instrument servant à tracer des traits perpendiculaires sur une pièce, ou à vérifier si deux faces d'une pièce font entre elles un angle droit. C'est ce que désigne l'expression *mettre les faces d'équerre* couramment employée dans les ateliers. L'équerre simple (Fig. 329) qui se fait en acier, se compose de deux branches A et B dont la largeur est égale à plusieurs fois l'épaisseur. Ces deux branches sont façonnées de telle sorte que l'angle intérieur et l'angle extérieur de l'équerre aient très exactement 90 degrés, soit la valeur d'un angle droit. Le sommet de l'angle intérieur est dégagé par un petit trou percé suivant toute l'épaisseur et par un mince trait de scie. On peut ainsi présenter l'équerre contre deux faces qui doivent être perpendiculaires sans que l'arête formant l'intersection de ces deux faces, et qui peut être très aiguë, vienne toucher dans le coin de l'équerre.

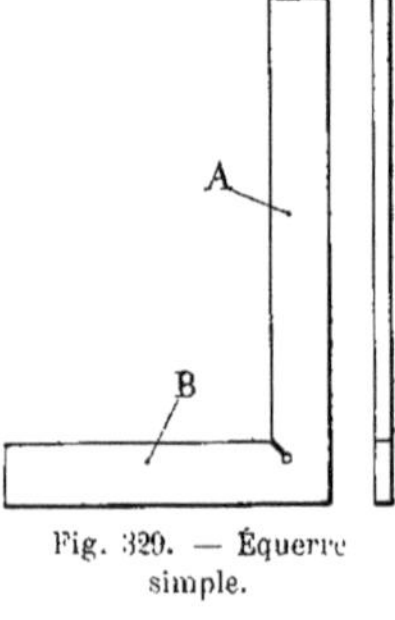

Fig. 329. — Équerre simple.

L'équerre doit être faite avec le plus grand soin, à un angle exactement égal à 90 degrés. Pour s'assurer qu'une équerre a ses deux branches bien perpendiculaires, on applique une branche de l'équerre sur une partie bien droite qui reste immobile, une règle, par exemple. On trace un trait sur une feuille de papier ou une feuille métallique placée sous l'équerre en suivant bien soigneusement la direction de l'autre branche. Puis on retourne l'équerre, en laissant appliquée sur la règle la même face de la même branche. Cette branche se trouve ainsi placée du côté opposé. En présentant la branche perpendiculaire le long du trait précédemment tracé, il faut, si l'équerre est exactement faite, que ce trait suive parfaitement la direction de cette branche. Sinon l'équerre est *trop ouverte* lorsque le trait coupe la face de la branche, ou *trop fermée* lorsque le trait s'éloigne de cette face. Dans le premier cas, l'angle est plus grand que 90 degrés; dans le second cas, il est plus petit.

On munit parfois l'équerre simple d'un chapeau. Ce chapeau A (Fig. 330) est une semelle formée d'une plaque bien dressée, de largeur et d'épaisseur régulières, sur laquelle l'équerre B est fixée, au milieu de sa largeur. Pour donner à cette fixation la rectitude et la solidité convenables, on pratique dans le chapeau une rainure peu profonde dans laquelle s'engage une branche de l'équerre. *L'équerre à chapeau* doit non seulement répondre à la rectitude demandée à une équerre simple, mais encore il faut que son chapeau soit disposé bien perpendiculairement à la branche qui ne le porte pas. L'équerre à chapeau est en effet ordinairement employée en appliquant le chapeau contre une surface de la pièce, l'équerre reposant sur une autre surface disposée perpendiculairement à la première. On peut ainsi tracer aisément des traits parallèles sur cette dernière surface en faisant glisser l'équerre qui reste guidée grâce à son chapeau-guide et garde sa bonne position.

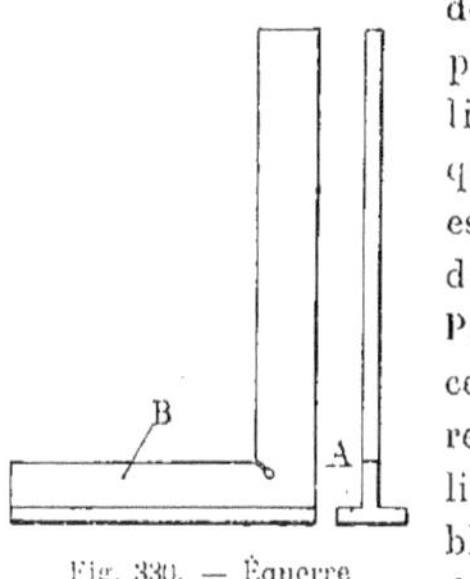

Fig. 330. — Équerre à chapeau.

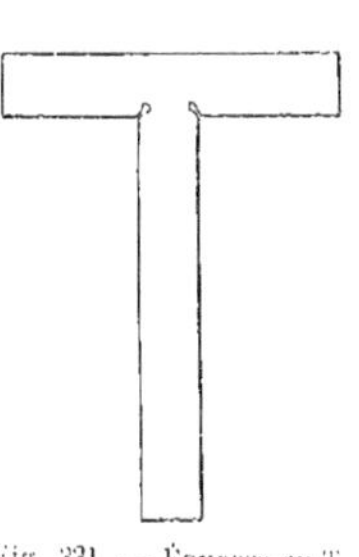
Fig. 331. — Équerre en T.

On donne aussi aux équerres la forme d'un T (Fig. 331) qui constitue une sorte de double équerre. Généralement, les deux branches du T sont solidaires l'une de l'autre ne formant qu'un seul morceau; mais certains T ont une de leurs branches mobile par rapport à l'autre. La branche mobile est maintenue fixée contre l'autre par serrage. Le réglage de la branche mobile permet, dans certains cas, de contrôler la perpendicularité de deux faces d'une pièce lorsqu'une de ces faces a peu de hauteur et, par sa disposition, ne permet pas l'emploi d'une équerre simple dont les branches peuvent être trop longues.

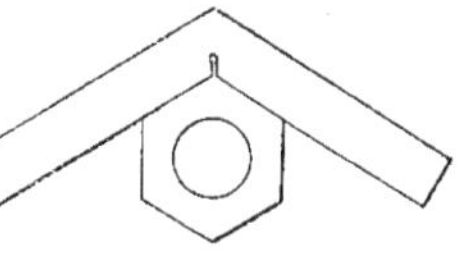
Fig. 332. — Équerre à six pans.

On construit aussi des équerres à T dont la branche transversale est disposée pour former chapeau, c'est-à-dire qu'elle est en saillie sur l'autre branche et permet de déplacer l'instrument le long d'une surface, à la façon de l'équerre à chapeau.

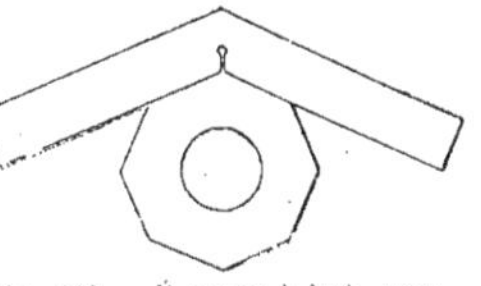
Fig. 333. — Équerre à huit pans.

En principe, une équerre donne un angle droit, mais, par extension, on a donné le nom d'équerres à des instruments servant à vérifier des angles d'une valeur différente de 90 degrés. On fait des équerres comportant un angle de 120 degrés et de 135 degrés. Elles sont appelées *équerres à six pans* et *équerres à huit pans*. Les premières (Fig. 332), servent à vérifier les angles que font les faces d'une pièce qui a la forme d'un polygone régulier et qui en comporte six; les autres (Fig. 333)

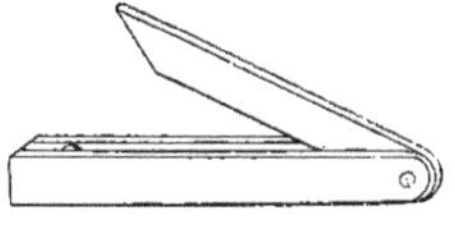
Fig. 334. — Fausse équerre.

sont destinées à vérifier les angles des faces d'un polygone à huit pans.

Parmi les pièces ayant la forme d'un polygone à six faces, les plus répandues sont les écrous dits *écrous à six pans*. Les pièces à huit pans sont moins employées que celles à six pans, mais elles sont toutefois utilisées en mécanique.

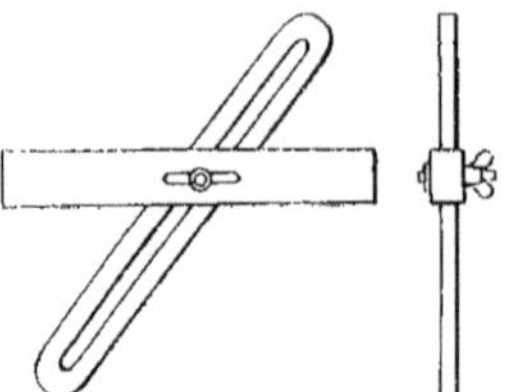

Fig. 335. — Fausse équerre.

joues de laquelle peut pivoter la seconde branche, qui a par conséquent une épaisseur plus faible que celle de la première branche.

L'axe d'oscillation placé à l'extrémité des branches doit être bien ajusté, et être un peu dur pour que la branche mobile conserve la position oblique qu'on lui donne. Cette équerre sert à reporter un angle quelconque sur une série de faces ou de pièces. On place, pour cela, l'équerre à l'angle voulu et on vérifie, avec elle, les angles des autres faces à contrôler.

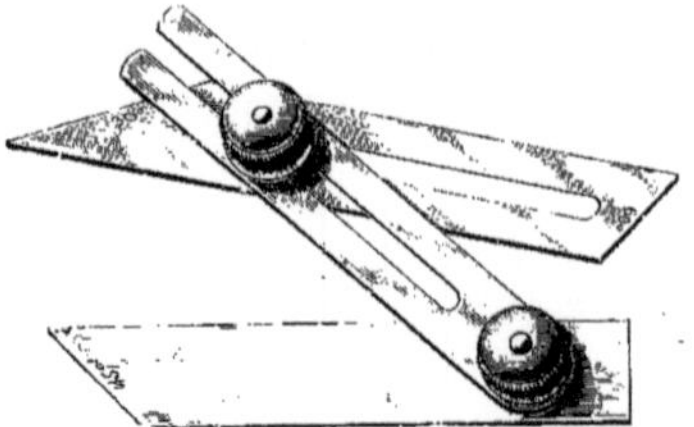

Fig. 336. — Fausse équerre à combinaisons multiples. (Forges de Vulcain.)

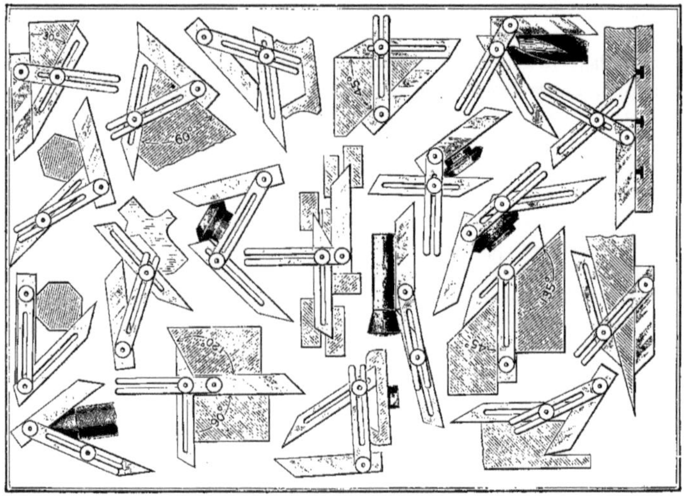

Fig. 337. — Mesures d'angles diverses faites avec la fausse équerre à combinaisons multiples.

Un autre genre d'équerre permettant d'obtenir un angle variable est la *fausse équerre*. Il existe plusieurs types de fausses équerres.

La *fausse équerre simple* comporte une branche formant fourche (Fig. 334) entre les

Une autre fausse équerre est constituée par des lames pivotantes et mobiles (Fig. 335). On désigne assez souvent la fausse équerre sous le nom de *sauterelle*.

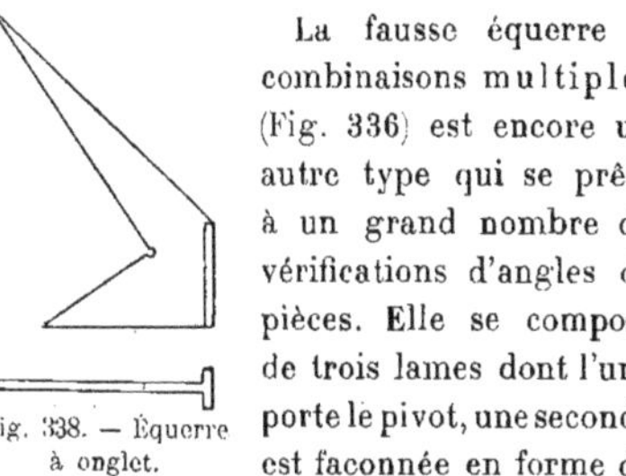

Fig. 338. — Équerre à onglet.

La fausse équerre à combinaisons multiples (Fig. 336) est encore un autre type qui se prête à un grand nombre de vérifications d'angles de pièces. Elle se compose de trois lames dont l'une porte le pivot, une seconde est façonnée en forme de fourche, et la troisième, munie d'un bouton réglable, porte une rainure permettant le déplacement et l'inclinaison variable des lames.

La figure 337 indique un certain nombre de combinaisons que l'on peut faire avec cette équerre pour mesurer des angles de valeur très variable.

On construit, outre les équerres précédentes, une grande variété d'autres équerres, parmi lesquelles on peut citer l'*équerre à onglet* (Fig. 338) servant à vérifier l'angle des pièces comportant un ajustage à onglet; l'*équerre à centrer*, permettant de déterminer rapidement le centre d'une pièce cylindrique, l'*équerre à branches graduées*, l'*équerre à deux branches démontables*, l'*équerre à combinaisons multiples*, etc.

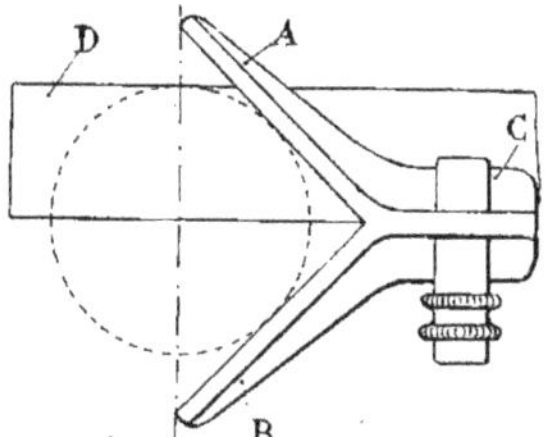

Fig. 339. — Équerre à centrer.

L'*équerre à centrer* (Fig. 339) se compose d'une équerre dont les deux branches A et B sont disposées à angle droit et sont munies d'une queue C portant une vis permettant le serrage de l'équerre sur une règle D. L'équerre est fixée sur la règle de façon qu'un des côtés de cette règle soit exacte-

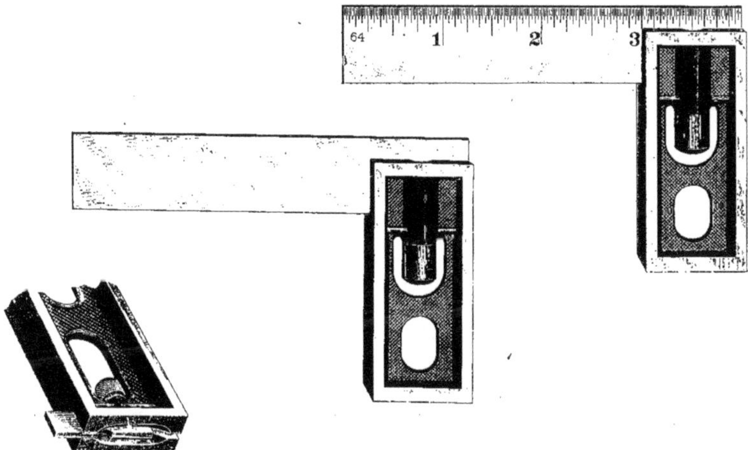

Fig. 340. — Equerres à branches mobiles. (Forges de Vulcain.)

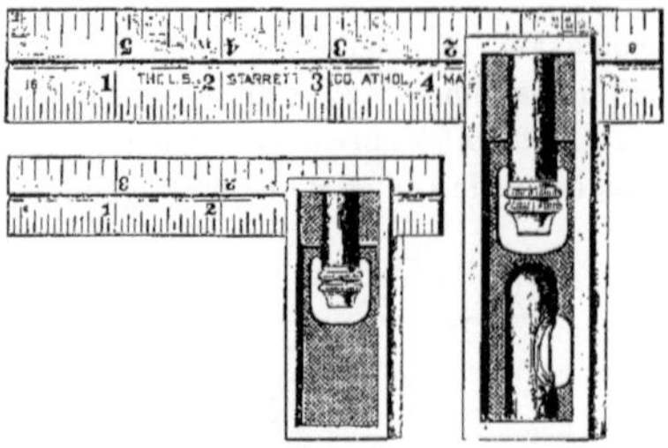

Fig. 341. — Équerres à branches mobiles. (Glaenzer et Perraud.)

ment placé dans la direction de la bissectrice de l'angle formé par cette équerre. Cette ligne divisant ainsi l'angle en deux parties parfaitement égales, si on place une pièce cylindrique de manière à l'appliquer contre les deux branches de l'équerre, tout en la faisant buter, en bout, contre la règle, le côté de la règle aura exactement la direction d'un diamètre, que l'on peut aisément tracer sur la pièce à l'aide d'une pointe à tracer, en suivant le côté de la règle. En faisant tourner la pièce tout en la maintenant appliquée contre l'équerre et contre la règle, on peut tracer un second diamètre qui coupe le premier au centre même de cette pièce. Pour plus de sûreté, on trace un certain nombre d'autres diamètres et les diverses intersections déterminent nettement la place du centre de la circonférence limitant la pièce.

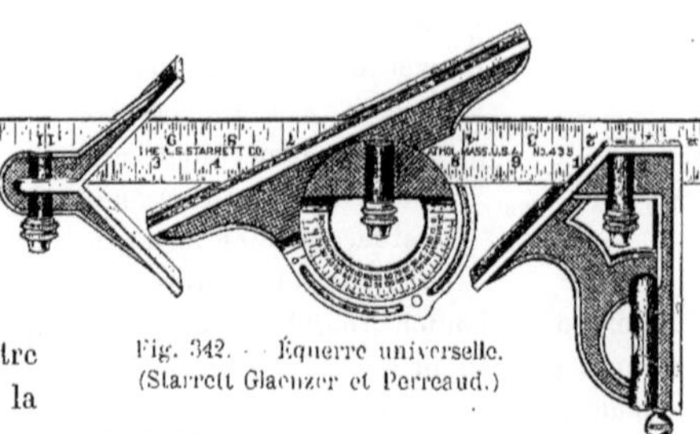

Fig. 342. — Équerre universelle. (Starrett Glaenzer et Perraud.)

L'équerre à deux branches démontables (Fig. 340) est formée par une lame qui s'engage dans une rainure pratiquée dans la seconde branche laquelle porte un écrou à ressort permettant de fixer la lame. Parfois, la lame est munie d'une rainure longitudinale pratiquée au milieu de sa largeur et servant de guide pour la déplacer sur l'autre branche, laquelle porte un tenon s'ajustant dans cette rainure (Fig. 341). Cette disposition permet de constituer une équerre double en laissant déborder la lame de chaque côté de son support.

On munit quelquefois le sup-

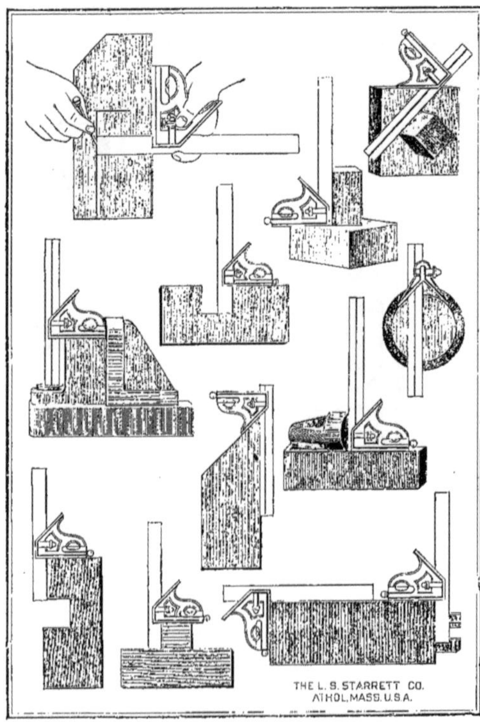

Fig. 343. — Applications diverses de l'équerre universelle Starrett.

port d'un niveau, pour pouvoir lui donner une position bien horizontale, la lame donnant alors exactement la direction verticale. Le flanc du support du côté extérieur est aussi parfois creusé, pour qu'il puisse être appliqué sur une pièce cylindrique, un arbre, par exemple.

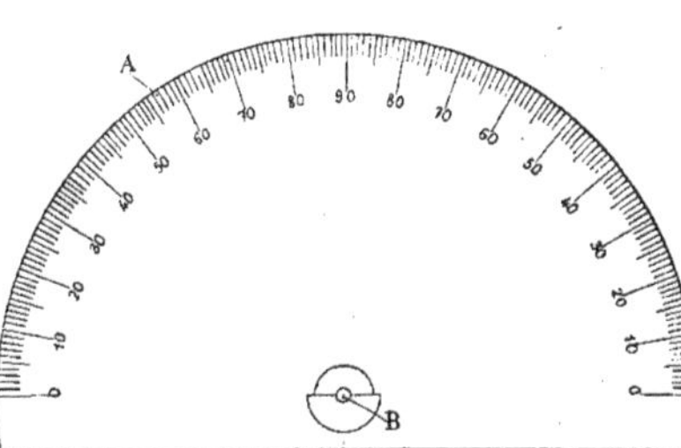

Fig. 344. — Rapporteur.

On peut, en pratiquant à la lame, en bout, un biseau d'un angle déterminé, utiliser l'équerre comme équerre à six pans et équerre à huit pans.

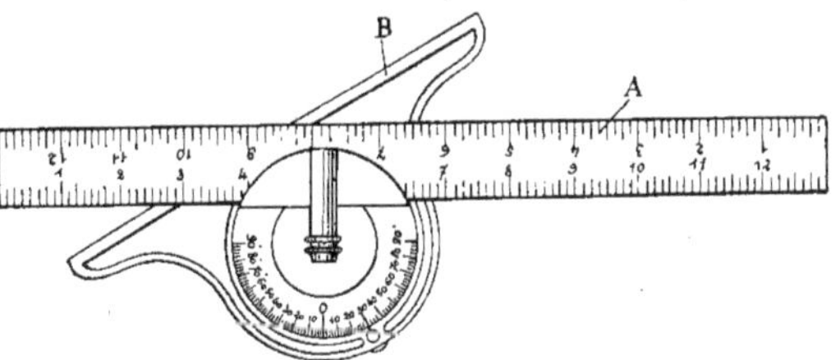

Fig. 345 — Rapporteur à règle.

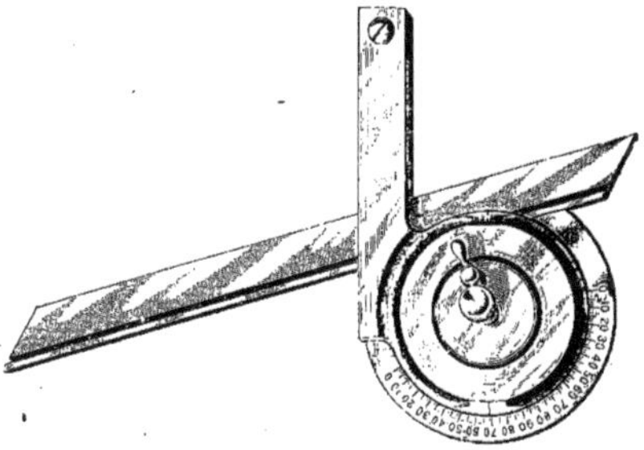

L'équerre *à combinaisons multiples* ou *universelle* (Fig. 342) est constituée par une règle sur laquelle on peut fixer, à l'aide d'un écrou, qui agit sur un dispositif à ressort, une série d'organes accessoires qui constituent soit une équerre simple, une équerre à cen-

Fig. 346. — Rapporteur d'angles universel. (Forges de Vulcain.)

trer, une équerre à T, une équerre à onglet, un niveau, un rapporteur d'angles.

Rapporteur d'angles — Le *rapporteur d'angles* est un instrument à l'aide duquel on peut aisément tracer sur une pièce un angle déterminé.

Le *rapporteur simple* (Fig. 344) se compose d'une plaque métallique A ayant une forme demi-circulaire et portant, sur la demi-circonférence, une graduation en degrés. Au centre de la circonférence, est disposé un tourillon B servant à placer la *fausse équerre* qui permettra de prendre un angle quelconque pour le reporter sur la pièce à tracer ou à façonner.

Ce rapporteur est donc surtout utilisé par l'intermédiaire des fausses équerres.

Mais on emploie aussi des rapporteurs d'angles donnant directement la valeur des angles. Ce type de rapporteur (Fig. 345) se compose d'une règle A sur laquelle on serre une pièce B comportant elle-même un cercle divisé en degrés et une semelle solidaire d'une couronne enveloppant ce cercle et pouvant pivoter autour de lui. Un trait, tracé sur la couronne, indique l'angle que forme la direction de la semelle avec la direction de la règle.

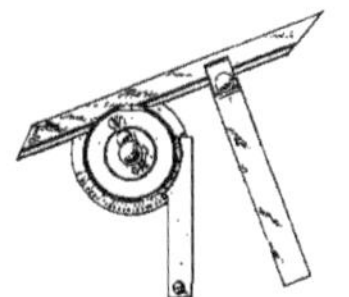
Fig. 347. — Rapporteur d'angles universel. (Forges de Vulcain.)

Le *rapporteur d'angles universel* (Fig. 346

et 347) permet un très grand nombre de combinaisons de mesures d'angles. Il se compose d'un disque portant une graduation de 0 à 90 degrés à droite et à gauche de l'axe et sur lequel est serrée, par la manœuvre d'un tourillon excentrique, une lame qui

Fig. 348. — Applications du rapporteur d'angles universel. (Forges de Vulcain.)

peut être disposée à n'importe quel angle et coulisser sur toute sa longueur. Un index ou un vernier, porté par un disque solidaire d'une autre branche, permet de régler l'instrument à l'angle voulu.

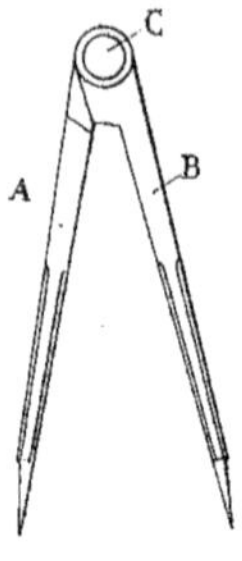

La figure 348 montre quelques-unes des nombreuses applications que peut recevoir le rapporteur universel.

Fig. 349. — Compas.

Compas. Le *compas* est un instrument servant à tracer des circonférences ou des lignes courbes régulières sur les pièces. Le compas est, dans ce cas, considéré comme un instrument *de traçage*. Mais il est aussi très employé comme instrument *de mesure* ou de *vérification*. Il comporte alors des dispositions particulières. Nous examinerons dans le prochain chapitre cette dernière catégorie de compas.

Le compas servant à tracer se compose, en principe, de deux branches A et B (Fig. 349) articulées à une de leurs extrémités C et terminées, à leur autre extrémité,

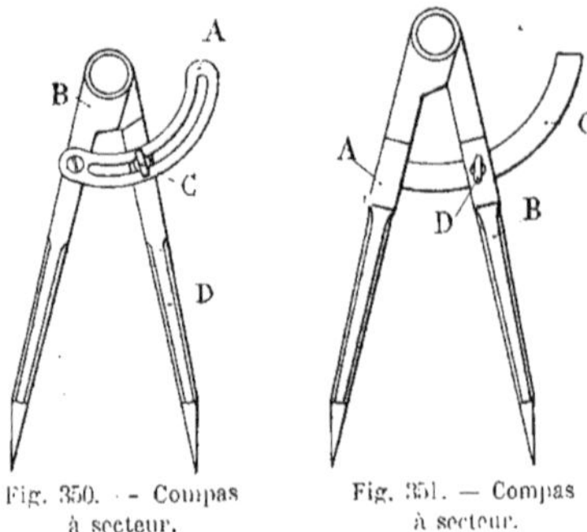

Fig. 350. — Compas à secteur.

Fig. 351. — Compas à secteur.

en forme de pointe. Pour se servir du compas, on place l'une des pointes dans le centre, déjà pointé sur la pièce, de la circonférence à tracer, et en faisant frotter l'autre pointe sur la surface de cette pièce, on trace une circonférence. On donne au compas une ouverture plus ou moins grande suivant le rayon de la circonférence à tracer, en écartant ses branches d'une plus ou moins grande quantité.

L'oscillation des branches s'effectue autour d'un axe qui doit être monté un peu serré sur ces branches, dont l'une porte une mortaise et l'autre un tenon. Ce serrage permet aux branches de rester dans la position où on les a placées pendant qu'on effectue l'opération de traçage.

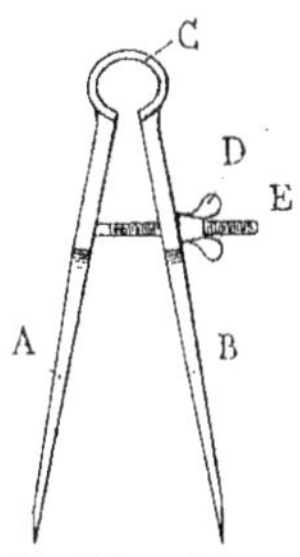

Fig. 352. — Compas à ressort.

On munit certains compas d'un dispositif d'immobilisation des branches à la position convenable, ce qui permet de donner de la douceur à l'articulation et de placer sans effort les branches à leur écartement.

Le dispositif d'arrêt consiste en un secteur A (Fig. 350) fixé sur l'une des branches B et portant au milieu de sa largeur une rainure dans laquelle s'engage le corps d'une vis C solidaire de l'autre branche D. La vis est munie d'une tête en forme de tête de vis à violon, permettant de la manœuvrer aisément à la main. En desserrant la vis, on peut écarter facilement les branches. Lorsque les pointes ont été placées à une distance correspondant au rayon de la circonférence à tracer, on serre la vis, dont la portée applique le secteur contre la branche qui n'est pas normalement fixée à ce secteur, et les deux branches sont ainsi immobilisées l'une par rapport à l'autre, le secteur servant, pour ainsi dire, d'entretoise rigide.

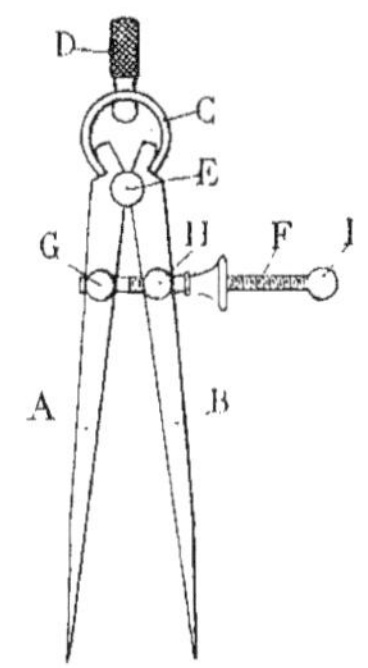

Fig. 353. — Compas à ressort Starrett.

Lorsque le secteur est muni d'une rainure, il est disposé en saillie sur les faces des branches. Parfois, le secteur est disposé différemment sur les branches. Une surépaisseur établie sur chacune d'elles A et B (Fig. 351) permet, d'une part, de fixer le secteur C au milieu même de cette épaisseur, sur une branche, et, d'autre part, de pratiquer une rainure dans l'autre. Le secteur, en s'engageant dans cette rainure, permet l'oscillation des deux branches. Pour immobiliser la branche libre B, on serre une vis D portée par cette branche qui, par l'intermédiaire d'une lamelle en acier que l'on désigne sous le nom de *paillette,* fait serrage sur la face plate du secteur et empêche ainsi les branches de s'écarter. Certains compas à tracer sont munis de pointes mobiles, c'est-à-dire que les pointes, au lieu d'être constituées par les extrémités même des branches qui ont été effilées, sont des pièces rapportées. Ce sont des tiges cylindriques ayant un petit diamètre, qui sont pointues à une extrémité et qui peuvent se loger dans une douille terminant chacune des branches.

Une vis immobilise chaque pointe dans sa douille. Cette disposition est semblable à celle de certains compas servant à dessiner, et destinée à rendre aisé le changement du crayon ou de la mine utilisés. Tous ces compas sont appelés *compas droits* parce que leurs branches sont droites.

Une autre catégorie de compas droits est celle des *compas à ressort.*

C'est un instrument dont les deux branches A et B (Fig. 352) sont rendues solidaires à une de leurs extrémités, non pas par un axe servant de pivot, mais par une lame amincie C ayant une forme curviligne et formant ressort. Les deux branches et la lame-ressort forment de la sorte une seule pièce. La tension du ressort tend à écarter les branches l'une de l'autre.

Pour les rapprocher, on manœuvre un *écrou à oreilles* D se vissant sur une vis E solidaire de l'une des branches et traversant l'autre sur une partie élargie. L'écrou appuie, par sa couronne, sur cette dernière branche et la rapproche de l'autre. La tension de la lame-ressort maintient la branche mobile d'autant plus fermement appliquée contre l'écrou que l'écartement des branches est plus faible. Cette tension suffit à assurer un écartement déterminé entre les branches.

Les compas à ressort *Starrett* comportent des dispositions différentes des précédentes. Les deux branches A et B (Fig. 353) sont réunies à leur partie supérieure par une lame-ressort C, qui porte un bouton D servant à la manœuvre; mais le pivotage s'effectue autour d'un axe cylindrique E encastré mi-partie dans chacune des branches. Une tige filetée F, fixée dans un plot G solidaire d'une des branches, traverse un second plot H placé sur l'autre branche et se prolonge vers l'extérieur. Elle est munie, en bout, d'un arrêtoir I limitant la course de l'écrou. Cet écrou se visse sur la tige, et en appuyant sur le second plot H il provoque le rapprochement des branches.

L'écrou est constitué en deux parties réunies par un ressort, de sorte que lorsqu'on veut écarter rapidement les branches pour leur faire effectuer une grande course, on n'a qu'à faire pression avec deux doigts sur la partie moletée des deux demi-écrous. Le ressort se tend laissant bâiller les deux parties filetées de l'écrou qui ne sont donc plus en prise avec la vis. L'écrou recule alors rapidement sous l'action de la tension du ressort-lame, en glissant sur la tige sans qu'on soit obligé de lui donner un nombre considérable de tours pour que les branches aient l'écartement désiré. Ce dispositif peut, dans un travail de traçage permanent de circonférences, diminuer assez sensiblement le temps employé à ce traçage.

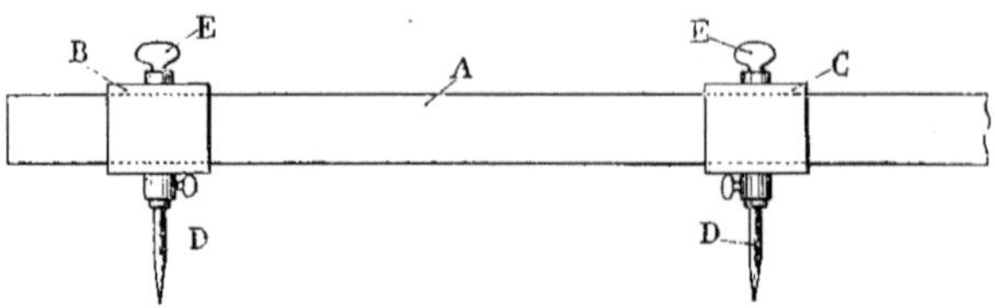

Fig. 354. — Compas à verge.

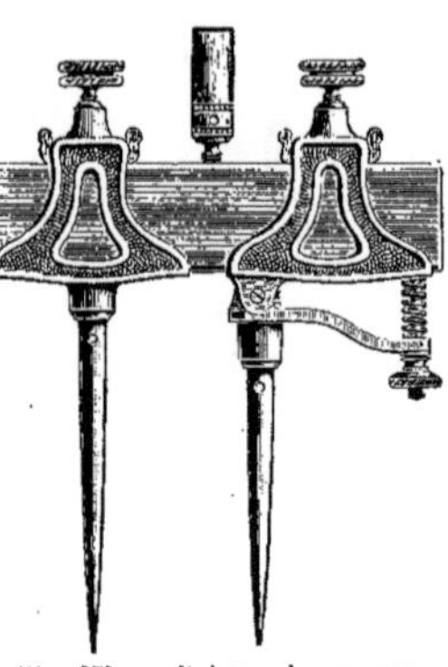

Fig. 355. — Pointes de compas à verge. (Forges de Vulcain.)

Pour tracer des circonférences ayant un grand diamètre, les compas ordinaires que nous venons d'examiner ne peuvent convenir, car l'écartement de leurs branches n'a pas une amplitude suffisante. On emploie, dans ce cas, un *compas à verge*. Ce compas se compose d'une tige métallique ou verge A (Fig. 354) sur laquelle peuvent se déplacer deux supports B et C munis chacun d'une pointe D. La verge est assez souvent une règle plate en acier de longueur convenable; parfois, la verge est constituée par un tube également en acier. Les coulisseaux portant les pointes ont une forme appropriée à la section de la verge, sur laquelle ils peuvent se déplacer.

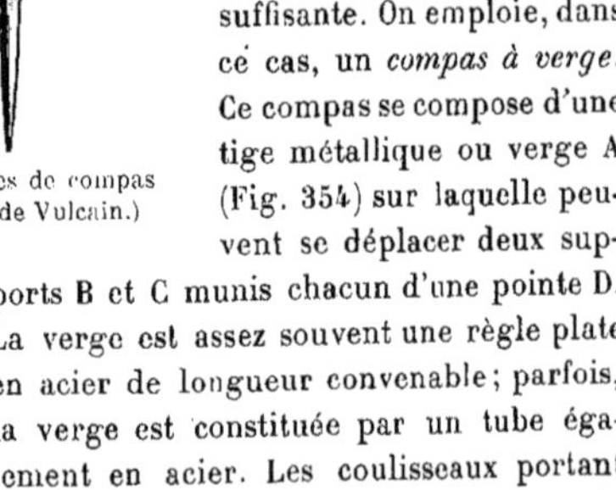

Ils sont immobilisés sur la verge à la place qui convient (place dépendant du rayon de la circonférence à tracer), par le serrage d'une paillette à l'aide d'une vis E. Les pointes peuvent être de la même pièce que les coulisseaux, ou être rapportées. Dans ce dernier cas, elles sont rendues solidaires de ces coulisseaux par le serrage d'une vis.

Certaines pointes sont rendues réglables pour permettre de prendre exactement des dimensions déterminées. Ce réglage, qui consiste à déplacer une des pointes d'une très faible quantité, peut s'effectuer, soit en déplaçant, à l'aide d'une vis, la pointe seule sur le coulisseau, soit en donnant un mouvement de rotation à une douille excentrée qui la porte, soit en faisant osciller la douille-support verticale autour d'un pivot horizontal servant d'axe, par l'intermédiaire d'un bras de levier actionné par une vis : dans ce dernier cas un ressort à boudin fait office de ressort de rappel (Fig. 355 et 356).

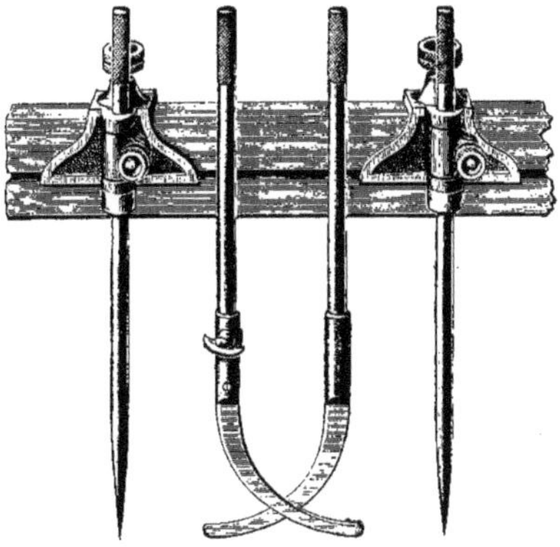

Fig. 356. — Pointes de compas à verge. (Forges de Vulcain.)

Marbres Pour effectuer un traçage convenable des pièces diverses, il est nécessaire de poser ces pièces sur leurs faces différentes contre une surface bien plane et bien régulièrement dressée, sur un *plan,* comme on dit parfois en terme d'atelier. Ce plan est le *marbre*.

Le marbre (Fig. 357) est un outil de traçage fait en fonte de fer et comportant une surface très soigneusement dressée. Pour poser le marbre, soit sur l'établi, soit sur un support quelconque, on le munit de pieds. Ces pieds sont rendus solidaires de la plaque de fonte constituant la surface plane, par l'intermédiaire de nervures qui forment autour du marbre, généralement de forme rectangulaire, une ceinture métallique. Ces nervures servent, en outre, à raidir la plaque et à l'empêcher de se cintrer sous son propre poids, lorsque la distance entre les pieds est assez grande. D'ailleurs, on munit, en outre, le marbre d'un réseau de nervures destinées à consolider, en tous ses points, la plaque horizontale. On comprend, en effet, que les marbres, qui sont soigneusement dressés au grattoir, doivent être mis à l'abri de la moindre variation due à la flexion de la plaque formant le plan de base, variation qui aurait pour résultat de fausser tous les tracés qui seraient effectués avec un outil semblable.

Fig. 357. — Marbre. (Forges de Vulcain.)

Pour finir le dressage d'un marbre au grattoir, il faut se servir de deux autres marbres que l'on dresse en même temps, en les présentant successivement les uns sur les autres pour déterminer les petites saillies qu'ils présentent. Ces saillies sont rendues apparentes par les traces de rouge qui restent sur le marbre présenté, lorsqu'on le le frotte sur un des deux autres préalablement enduit d'une couche de couleur rouge. Ce *rouge* est obtenu en délayant de la poudre rouge, ou de la *sanguine* dans un peu d'huile.

On enlève, à l'aide du grattoir, au fur et à mesure qu'elles apparaissent, les traces de rouge, qui s'étendent de plus en plus, et lorsque les surfaces des trois marbres présentés successivement les uns sur les autres portent des taches rouges en tous les points, c'est que les trois surfaces comparées sont parfaitement planes.

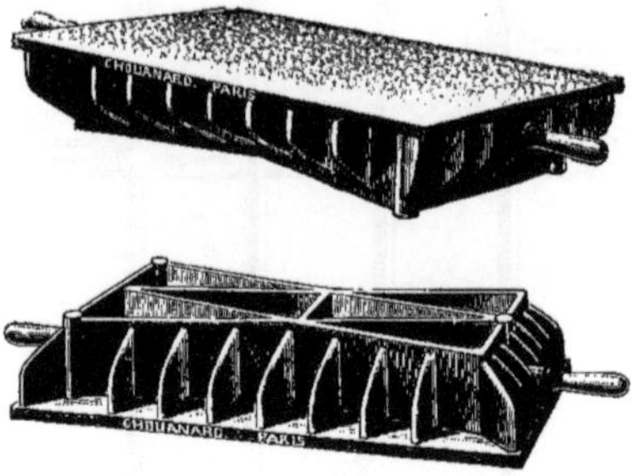

Fig. 358. — Marbre avec poignées. (Forges de Vulcain.)

Il est nécessaire, ainsi que nous l'avons expliqué précédemment, d'employer trois marbres pour faire un dressage parfait, car en n'effectuant l'opération qu'avec deux seulement, on risquerait d'ajuster exactement une saillie de l'un dans un creux porté par l'autre et, dans ces conditions, aucune des deux surfaces des marbres ne serait plane. Les marbres, qui ont presque toujours, ainsi que nous l'avons dit, une forme rectangulaire, se font parfois circulaires.

Certains marbres ne comportent pas de poignées; on peut les saisir et les déplacer à l'aide des saillies que forme le plateau supérieur sur les nervures; d'autres sont munis de poignées (Fig. 358).

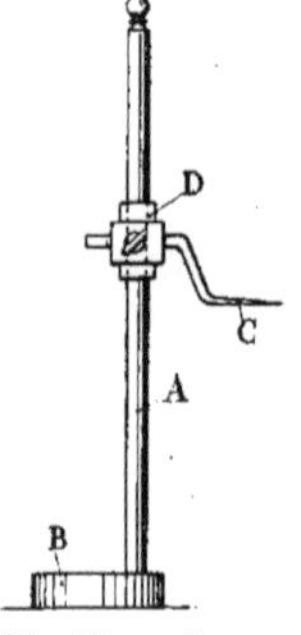

Fig. 359. — Trusquin ordinaire.

Les marbres destinés à dresser des pièces lourdes que l'on ne peut déplacer facilement ou des surfaces que l'on ne peut poser sur un plan, sont de petites dimensions et peuvent aisément se transporter. Ils sont munis au-dessous du plateau portant la surface plane, d'une ou de plusieurs poignées servant à les transporter et à les déplacer sur les surfaces à vérifier.

On se sert de ces marbres à la façon dont on emploie les fers à repasser. Ils sont surtout utilisés pour le dressage des *glaces de tiroirs* dans la construction des machines à vapeur, pour le dressage des bancs de tours, des plateaux et des chariots de machines-outils, etc. Pour dresser et vérifier la rectitude des glissières de machines-outils, on emploie également des marbres qui ont la forme de règles prismatiques dont la section est triangulaire, les trois faces de ces marbres étant parfaitement dressées. Une poignée est fixée à chaque extrémité de l'outil.

Les règles de dressage munies d'une nervure longitudinale et d'une série de nervures transversales, sont des marbres dont le plateau dressé, a une faible largeur.

Les bords des marbres qui forment leur périphérie, sont aussi très bien dressés et sont disposés perpendiculairement à la surface plane principale, ce qui permet d'employer les équerres à chapeau ou à T. Avec les marbres, on emploie souvent un outil de traçage spécial appelé *trusquin*.

Trusquin Le *trusquin* est, en principe, une pointe à tracer montée sur un support muni d'un pied parfaitement dressé, qui peut se déplacer facilement sur toute la surface plane du marbre. On trace ainsi, à des hauteurs que l'on peut rendre variables, des plans parfaitement parallèles au plan du marbre, et on peut porter la trace de ces plans, à l'aide de la pointe à tracer de l'outil, sur les pièces qui sont posées sur le marbre. Le trusquin ordinaire (Fig. 359) se compose d'une tige cylindrique A disposée verticalement sur un socle horizontal B qui est le *pied* ou le *patin* du trusquin. Ce patin doit être lourd, de façon à assurer la stabilité de l'outil pendant son emploi. Il est assez souvent cylindrique, parfois rectangulaire. La tige verticale est placée vers le bord du patin, pour pouvoir l'approcher le plus possible de la pièce à tracer. La pointe peut ainsi n'avoir que le minimum de *porte-à-faux*. Cette pointe C est fixée par une vis dans un support D en forme de douille. Ce support peut coulisser le long de la tige verticale A, de façon à donner à l'extrémité de la pointe la hauteur désirée. Elle est maintenue fixée en position par le serrage d'une autre vis qui l'immobilise contre la tige verticale.

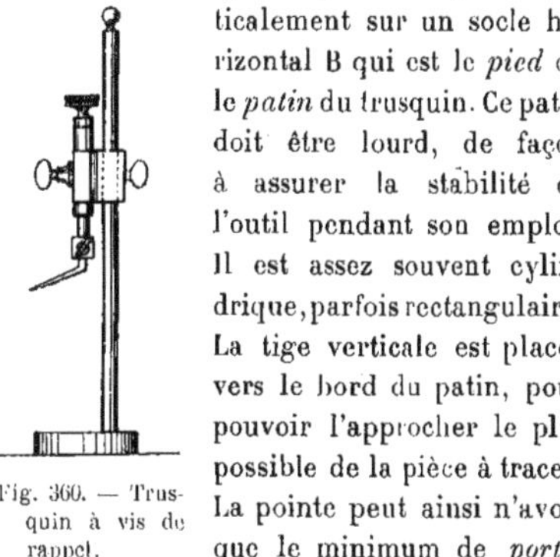

Fig. 360. — Trusquin à vis de rappel.

Lorsqu'on veut tracer sur une pièce une ligne parallèle au plan du marbre et des lignes parallèles entre elles, à un écartement déterminé, on cale la pièce sur le marbre en donnant à la ligne choisie comme ligne de base la direction voulue, puis on règle la hauteur de la pointe du trusquin pour les différentes dimensions à porter, et après avoir immobilisé cette pointe après réglage, on promène le trusquin sur le marbre en ayant le soin de maintenir le patin toujours bien appliqué contre la surface du marbre et on trace un trait sur la pièce avec l'extrémité de la pointe qui s'y appuie. On peut ainsi tracer facilement, sur des pièces de formes irrégulières, des lignes d'axes sur diverses parties interrompues de ces pièces, ces différents tronçons de ligne droite se trouvant bien exactement dans le prolongement les uns des autres.

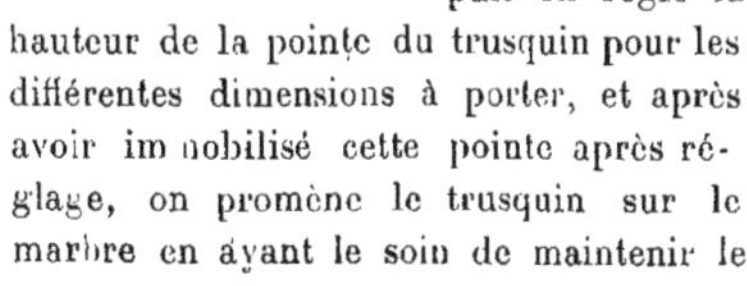

Fig. 361. — Trusquin à vernier.

Le trusquin est un instrument de traçage très utile, indispensable même pour tracer des pièces compliquées ou importantes, depuis les pièces de précision de dimensions réduites jusqu'aux bâtis de machines. Les types de trusquins sont nombreux et sont appropriés à la précision du traçage que l'on peut avoir à effectuer.

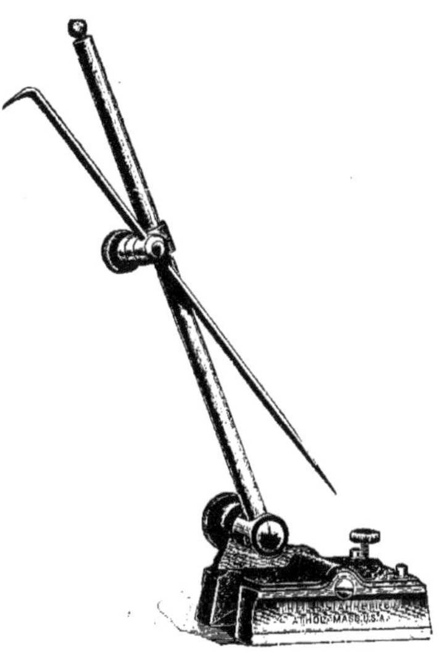

Fig. 362. — Trusquin universel. (Glaenzer et Perreaud.

Pour donner une plus grande précision au réglage de la pointe, on provoque son déplacement à l'aide d'une vis de rappel (Fig. 360), après avoir effectué un premier réglage approché, en déplaçant la douille-support de la pointe, comme dans le trusquin ordinaire.

La pointe peut être actionnée en vue du réglage final par un tout autre dispositif, soit à bascule, comprenant un petit levier ramené par un ressort, soit à l'aide d'un secteur denté oscillant manœuvré par un bouton.

Certains trusquins sont munis d'une tige portant une graduation et comportent un vernier (Fig. 361). La graduation et le curseur sur lequel est le vernier, qui se déplace sur la tige et qui est solidaire de la pointe à tracer, sont disposés de façon que l'extrémité de la pointe soit à une hauteur du marbre sur lequel repose l'outil, correspondant au zéro du vernier du curseur. On peut, de la sorte, porter rapidement et très exactement, des hauteurs différentes sur la pièce à tracer. Pour ne pas retarder le déplacement du curseur qui est actionné par une vis de rappel, ce curseur est muni d'un dispositif permettant de le débrayer et de le déplacer rapidement à la main pour l'amener tout près du point choisi. Pour effectuer de nouveau l'embrayage du curseur, on lui donne sa position exacte en manœuvrant le bouton de rappel.

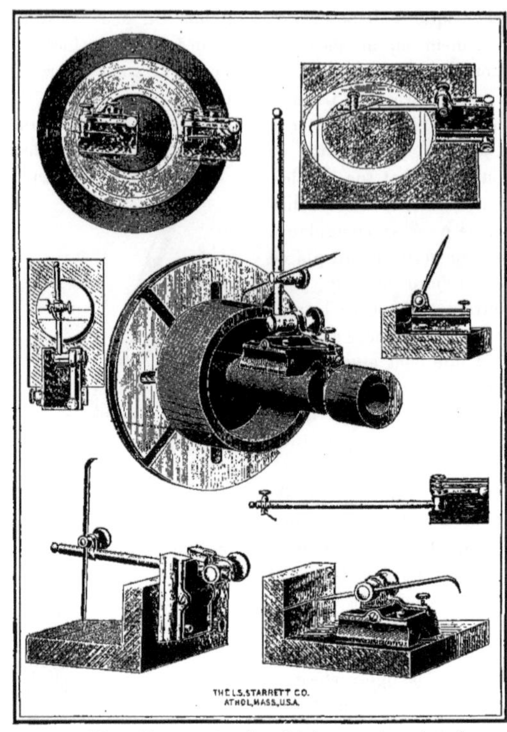

Fig. 363. — Divers modes d'emploi du trusquin universel.

Certains trusquins ont leur patin ou semelle muni d'une rainure en forme de V sur leur face inférieure. Cette rainure permet de disposer l'outil sur des pièces cylindriques comme des arbres, par exemple, et de le déplacer sur toute leur longueur en traçant, à l'aide de la pointe, des lignes sur les organes solidaires de ces pièces cylindriques.

D'autres types portent un dispositif à rotule (Fig. 362) qui rend la tige-support mobile et inclinable en dehors de l'inclinaison que peut prendre la tige sur sa douille-support. Ce trusquin universel, dit américain, est employé pour tracer les pièces à formes irrégulières.

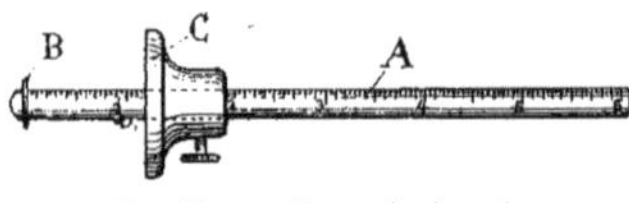

Fig. 364. — Trusquin à main.

Il existe des *trusquins à main* qui ne comportent pas de patin. Ces trusquins ne sont pas employés avec le marbre. Ils servent à tracer sur une pièce des lignes plus ou moins espacées, en prenant pour base une face déjà dressée de la pièce. Le trusquin à main (Fig. 364) se compose d'une tige A sur laquelle est serrée, à une extrémité, la pointe à tracer B, et portant une douille C mobile et réglable sur la tige. La douille est munie d'une embase plate dont une face est maintenue appliquée sur la base dressée de la pièce. En promenant l'outil ainsi posé tout le long de cette face, la pointe trace à la distance voulue sur la pièce, un trait qui a une direction parallèle à celle de la face dressée. La tige du trusquin à main est parfois graduée, ce qui permet de porter immédiatement les dimensions entre l'extrémité de la pointe et la face servant de base.

Fig. 365. — Support en V à une entaille.

Supports de traçage divers

Les pièces ayant une ou plusieurs surfaces planes peuvent être facilement tracées sur le marbre, mais certaines ayant des formes soit cylindriques, soit irrégulières, nécessitent des supports spéciaux pour être disposées convenablement en vue du traçage. Parmi ces supports, le support en V sert au traçage des pièces cylindriques. C'est un parallélipipède rectangulaire (Fig. 365) parfaitement dressé sur ses six faces qui doivent être bien *d'équerre* les unes par rapport aux autres. Sur l'une des faces est pratiquée une entaille de grande largeur en forme de V. Les deux faces formant le V doivent, aussi, être parfaitement dressées. C'est sur elles que s'appuient les deux génératrices opposées des pièces cylindriques supportées. On peut faire tourner les pièces cylindriques dans le V sans changer la position du centre de ces pièces, ce qui permet de tracer, sur leur surface extérieure, des traits parallèles à l'axe longitudinal des pièces et de déterminer ainsi des positions de trous et de rainures de clavettes, par exemple, ayant des orientations diverses.

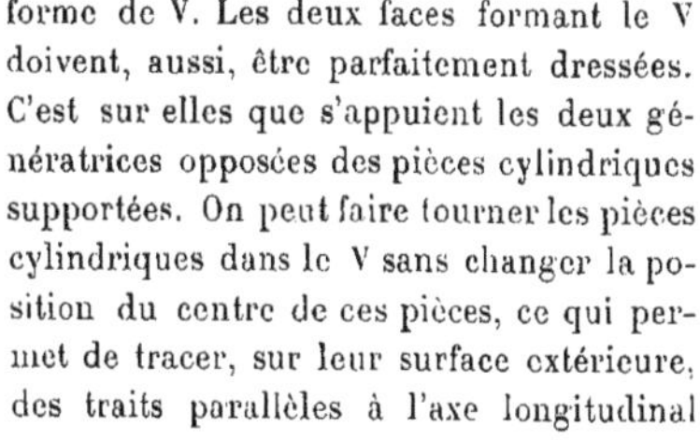

Lorsque la pièce cylindrique est courte, on peut la supporter avec un seul V par une de ses extrémités et en effectuant le traçage sur la partie de la pièce qui déborde du support. Lorsque la pièce est longue, on la supporte sur deux V, exactement semblables, recevant chacun une extrémité de la pièce. On trace entre les deux supports.

Le V ordinaire ne porte qu'une entaille. On fabrique des V portant plusieurs entailles, deux ou quatre (Fig. 366), de dimensions différentes permettant de recevoir des pièces cylindriques de diamètres variés.

Les cales de toutes formes servent aussi à supporter, à *caler* les pièces sur le marbre pour aider à leur traçage. Ces cales peuvent avoir la même épaisseur sur toute leur longueur, être échelonnées par fraction de millimètre, et porter chacune l'indication exacte de son épaisseur.

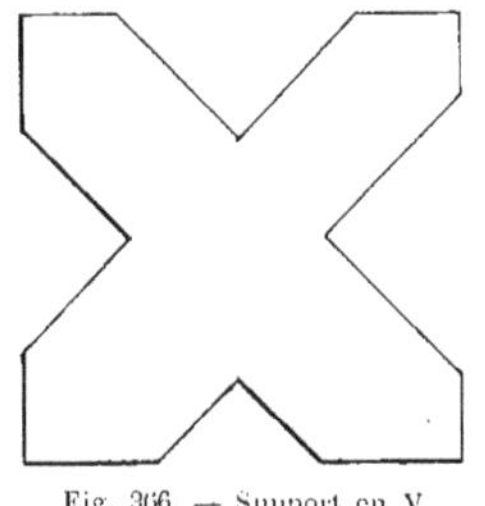

Fig. 366. — Support en V à quatre entailles.

Les cales ont aussi, assez souvent, une forme *en coin*. On place la cale en coin sous la pièce à supporter en l'enfonçant plus ou moins jusqu'à ce que cette pièce occupe la position convenable qui permet le traçage.

Les *équerres de montage*, employées généralement pour supporter les pièces sur les machines-outils, peuvent être, aussi, utilisées pour le traçage des pièces sur le marbre. Ces équerres, en fonte, sont munies de nervures et de rainures. Elles s'appliquent, par une de leurs faces, sur le marbre, l'autre face servant de point d'appui ou de support à la pièce à tracer. Des brides de serrage et des crampons, que nous examinerons en détail lors de la description des machines-outils, peuvent être utilisés pour fixer les pièces sur les équerres.

Niveaux Pour le traçage des pièces de grandes dimensions, il peut être nécessaire, pour disposer certaines faces ou arêtes de la pièce, soit horizontalement, soit verticalement, de se servir d'instruments spéciaux permettant d'obtenir soit une direction horizontale, soit une direction verticale. Ces instruments sont les *niveaux* et les *fils à plomb*.

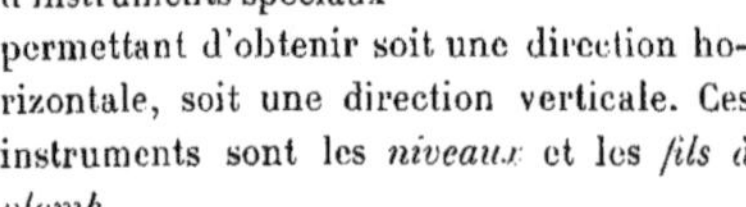

Fig. 367. — Niveau.

Un niveau (Fig. 367) se compose, en principe, d'une *fiole* en verre ayant une forme cintrée. La fiole est presque complètement remplie de liquide, un petit espace est simplement réservé pour l'air. Cet air, sous forme de *bulle*, occupe toujours la partie supérieure de la fiole cintrée et c'est la position de cette bulle d'air qui détermine l'inclinaison de la pièce qui supporte le niveau, par rapport à un plan horizontal. Lorsque le niveau est placé sur un plan horizontal, la bulle doit prendre place entre deux traits gravés sur le verre. Lorsqu'on veut disposer une pièce horizontalement, on cale la pièce de façon que, lorsque le niveau est posé sur elle, cette bulle soit à égale distance des deux traits gravés. La face sur laquelle s'appuie le niveau est alors horizontale.

Pour permettre au niveau de se poser aisément sur les pièces à orienter, on enferme la fiole en verre dans une enveloppe métallique munie d'une large embase. La fiole est scellée dans l'enveloppe, et le niveau est, au préalable, réglé pour que la bulle occupe la position médiane, entre les traits, lorsque le niveau repose, par son embase, sur un plan horizontal.

L'enveloppe du niveau portant la fiole a des formes variées. La semelle est munie parfois d'une rainure en forme de V, pour que le niveau puisse se poser sur des pièces cylindriques. On vérifie ainsi l'horizontalité des arbres de transmission.

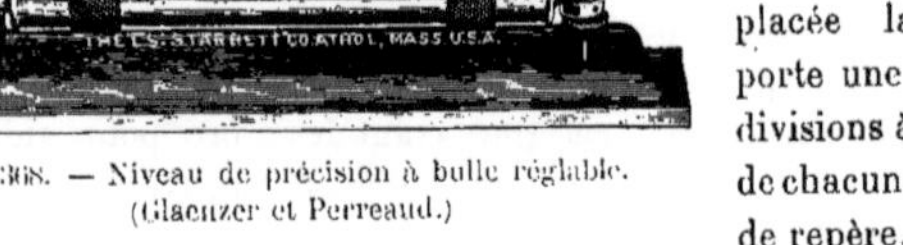

Fig. 368. — Niveau de précision à bulle réglable. (Glaenzer et Perreaud.)

La fiole du niveau, au lieu de porter simplement deux traits gravés indiquant les limites entre lesquelles doit être placée la bulle, porte une série de divisions à la suite de chacun des traits de repère, qui servent à apprécier aisément les déplacements de la bulle dans l'un et l'autre sens et de régler rapidement l'horizontalité de la pièce supportant le niveau.

Fig. 369. — Niveau à deux fioles. (Glaenzer et Perreaud.)

Certains niveaux, au lieu d'être munis d'une fiole scellée dans l'embase, possèdent un dispositif de réglage de la fiole par rapport à la semelle (Fig. 368). Cette disposition permet, en contrôlant de temps à autre la rectitude du niveau, de corriger les écarts qui auraient pu se produire.

La fiole du niveau est, parfois, une capacité circulaire fermée à la partie supérieure par une paroi de verre à forme sphérique. La bulle d'air a, dans ce cas, une forme circulaire et se place toujours à la partie supérieure du niveau lorsque celui-ci repose sur un plan horizontal. C'est le *niveau sphérique,* qui permet d'obtenir directement une orientation horizontale dans le sens de la longueur et de la largeur de la surface considérée.

Quelques types de niveaux sont munis de plusieurs bulles. Dans les niveaux à deux bulles (Fig. 369) deux fioles sont disposées dans des plans parallèles, perpendiculairement l'une par rapport à l'autre, l'une des fioles dans le sens de la longueur, par exemple, l'autre dans le sens de la largeur. Ces niveaux affectent parfois la forme d'une équerre dont chacune des branches porte un niveau; ils ont leur utilité pour placer horizontalement certaines pièces de machines, lors de leur montage sur place.

Fig. 370. — Niveau à trois bulles Roch. (Forges de Vulcain.)

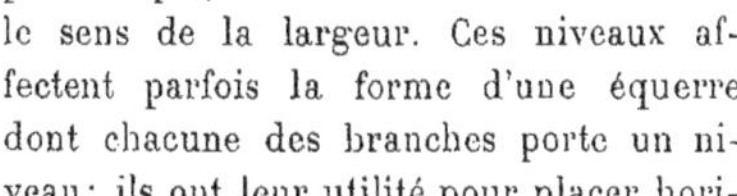

Il existe aussi des niveaux à trois bulles (Fig. 370), dont deux sont disposées comme dans le niveau précédent, la troisième étant placée dans un plan perpendiculaire au plan des deux autres, de sorte que lorsque les deux premières bulles indiquent, par leur position au milieu de leur fiole, un plan horizontal, la troisième bulle détermine la position verticale. En appliquant en effet la semelle du niveau sur une paroi verticale d'un organe, c'est cette troisième bulle qui indique, par sa position entre les traits de repère, si la direction de la paroi est bien perpendiculaire au plan horizontal.

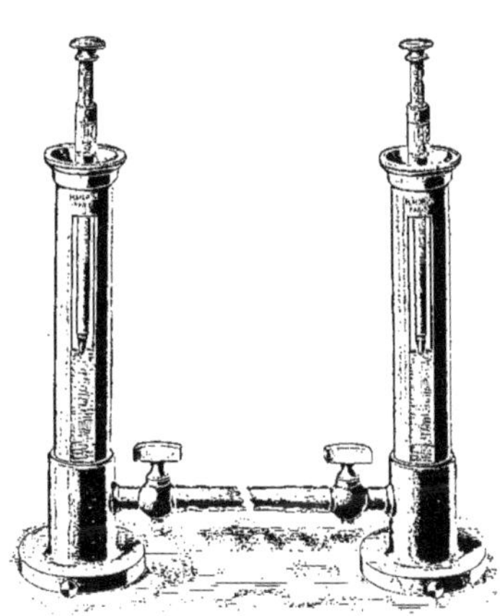

Fig. 371. — Niveau d'eau Morin. (Forges de Vulcain.)

Quelques niveaux sont construits pour indiquer les angles d'inclinaison; la fiole est rendue solidaire d'un cadran mobile dans une couronne (Fig. 372). On déduit, de l'angle d'inclinaison que l'on est obligé de donner au niveau pour placer la bulle entre les traits de repère, l'angle d'inclinaison de la pièce supportant le niveau. Cet angle se lit directement sur le cadran divisé. De même, si on rend mobile, dans un cadre-support ou sur une semelle la fiole du niveau en l'articulant, par exemple, à une de ses extrémités, par l'intermédiaire de sa garniture, et en disposant à l'autre bout un index se déplaçant devant un secteur gradué, on peut mesurer directement l'angle d'inclinaison de la pièce qui supporte le niveau. On n'a, pour cela, qu'à placer la fiole de façon que la bulle soit horizontale; l'index de cette fiole indique sur le secteur l'angle d'inclinaison de la pièce.

Pour effectuer le montage des machines de grandes dimensions et des arbres de transmission, on emploie un niveau d'eau spécial. L'un de ces niveaux, le niveau Morin (Fig. 371) se compose de deux récipients en verre, cylindriques et disposés verticalement. Ces récipients sont réunis, à leur partie inférieure, par un tube de caoutchouc qui peut avoir une grande longueur.

En versant de l'eau dans un récipient, cette eau prend, dans l'autre, le même niveau, lorsque ces deux récipients reposent sur un même plan horizontal. Des tiges verticales traversant les couvercles des récipients, et divisées sur leur longueur, indiquent la hauteur du niveau de l'eau dans chaque vase. Pour cela, on amène leur extrémité inférieure au niveau du liquide et on lit le chiffre qui se présente devant un vernier fixe solidaire du couvercle.

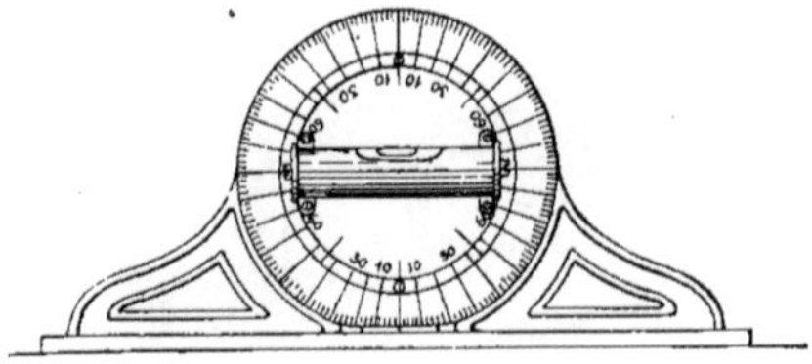

Fig. 372. — Niveau à cadran.

Pour placer sur un même plan horizontal, par exemple, deux faces d'un même bâti ayant de grandes dimensions, ou deux faces de deux bâtis différents ou d'organes éloignés, on place un récipient sur chacune des faces et on cale la pièce de façon qu'en affleurant les deux tiges avec le niveau de l'eau dans chacun des vases, on lise le même chiffre sur les deux verniers. A ce moment, les deux plans d'eau, les deux semelles des récipients et, par conséquent, les deux faces qui les supportent sont situés sur un même plan horizontal. On peut, aussi, par la différence des lectures des tiges verticales graduées, placées dans les récipients, connaître la différence de niveau des deux surfaces intéressées.

Fig. 373. — Fil à plomb.

Fil à plomb Le *fil à plomb* est simplement utilisé pour indiquer une direction verticale. On ne l'emploie que rarement pour effectuer les opérations de traçage, sauf dans le cas de pièces de grandes dimensions, comme les bâtis de machines, et dans le cas de montage de ces machines ou de transmissions.

Le fil à plomb se compose d'une masse métallique A (Fig. 373) fixée en bout d'un fil B ou d'une ficelle. En tenant le fil à son extrémité supérieure et en laissant pendre librement le poids attaché à l'autre bout, la direction du fil indique exactement la direction de la verticale.

Les fils à plomb diffèrent par la forme et les dimensions des masses attachées au bout des fils. Parfois, le poids est un simple morceau de fonte cylindrique ou ayant une forme en tronc de cône; dans les fils à plomb plus précis, les poids sont en laiton et ont une forme conique, la pointe étant placée à la partie inférieure. Cette pointe, assez souvent rapportée, est en acier pour qu'elle puisse résister plus facilement aux chocs qu'elle peut recevoir. En faisant coïncider la pointe du poids avec un point déterminé, on obtient la ligne verticale passant par ce point. Cette ligne est donnée par la position du fil.

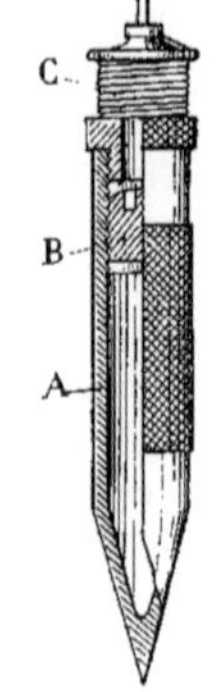

Fig. 374. — Fil à plomb à mercure.

Certains fils à plomb sont munis d'une enveloppe de protection qui consiste en un fourreau métallique se vissant sur le corps du fil à plomb et enfermant la pointe. Ce fourreau n'est placé sur le fil à plomb que lorsque celui-ci est au repos; on l'enlève pour se servir de l'outil. Le fil est rendu solidaire de la masse métallique par l'intermédiaire d'un bouton C, vissé sur la masse à sa partie supérieure. Ce bouton porte un trou vertical et est muni d'une petite cavité permettant de loger le nœud que l'on fait en bout du fil pour qu'il puisse supporter le poids tout en lui laissant sa liberté de mouvement.

Un type de fil à plomb est muni d'un poids ayant la forme d'un cylindre de petit diamètre et de longueur assez grande terminé par une partie conique en acier. Il est plein et porte, à sa partie supérieure, un bouton servant à attacher le fil qui est en soie. Parfois, tout en conservant la même forme extérieure, le cylindre A (Fig. 374) est creux. On verse alors du mercure à l'intérieur, pour lui donner, à encombrement égal, un poids plus considérable. Un bouchon intérieur vissé B empêche le mercure de sortir du cylindre et un bouton supérieur C sert d'attache au fil de suspension qui est en soie.

OUTILS DE MESURE ET DE VÉRIFICATION

OUTILS DE MESURE. — MÈTRE. — DÉCIMÈTRE. — PIED A COULISSE. — JAUGE. — PALMER. — COMPAS.
OUTILS DE VÉRIFICATION. — CALIBRE. — JAUGE. — BAGUE. — TAMPON.

Mètre C'est l'instrument de mesure employé pour porter ou pour mesurer des longueurs, sur des pièces de grandes dimensions. Les mesures ainsi effectuées n'ont pas toujours une grande précision.

Le mètre est l'unité de mesure de longueur dans le *système métrique*, employé en France et dans un grand nombre d'États. Sa valeur est égale à la dix-millionième partie du quart du méridien terrestre.

Fig. 375. — Mètre pliant.

Le mètre ordinairement employé est le *mètre pliant* (Fig. 375). Il se compose de dix branches articulées les unes aux autres, chacune d'elles ayant une longueur de 10 centimètres. Lorsqu'on replie les unes sur les autres les dix branches, la longueur de l'instrument se trouve réduite à environ 13 centimètres, son épaisseur étant égale à dix fois l'épaisseur d'une branche. Ces dimensions permettent de porter aisément le mètre dans la poche. On développe ses branches lorsqu'on veut s'en servir.

Le mètre pliant se fait en bois, assez souvent en buis, en ivoire, en baleine; on le fait aussi en métal, en acier, en laiton, en aluminium.

On l'établit également en cinq branches au lieu de dix, chacune des branches ayant, par conséquent, une longueur de 20 centimètres.

Pour faciliter la tenue du mètre pliant, on place aux articulations des branches, des paillettes formant ressort qui, en appuyant légèrement sur les branches développées, les maintiennent dans le prolongement les unes des autres assez solidement pour qu'en tenant le mètre à une de ses extrémités, on puisse le diriger sur toute sa longueur et le placer facilement le long de la pièce à mesurer. On constitue parfois un instrument de mesure à l'aide de dix branches de 20 centimètres : c'est le *double-mètre*.

Quelquefois, au contraire, on donne à l'instrument une longueur de 50 centimètres seulement, en lui conservant toujours dix branches : c'est le *demi-mètre* et chacune des branches n'a qu'une longueur de 5 centimètres. Pour porter, avec plus de précision

en cuir. Ces instruments sont le plus généralement utilisés pour effectuer des relevés topographiques et sont très peu employés en mécanique.

Décimètre Pour mesurer des dimensions réduites, en ligne droite, on se sert du *décimètre*. Le décimètre est la dixième partie du mètre et vaut, par

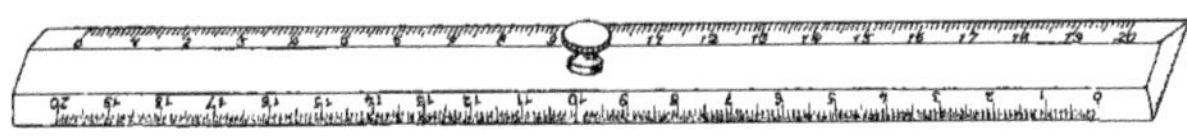

Fig. 376. — Double-décimètre.

qu'avec le mètre pliant, des longueurs sur des parties droites, on peut utiliser des mètres faits d'une seule pièce, qui ne sont, en somme, que des sortes de règles soit en bois, soit métalliques, qui portent, sur une ou sur plusieurs faces, des divisions en décimètres, en centimètres, et en millimètres. Certains mètres droits faits en bois portent simplement une garniture métallique soit en fer, soit en laiton, garniture placée sur les arêtes, disposée pour pouvoir effectuer aisément la mesure et portant les divisions et les chiffres qui y correspondent.

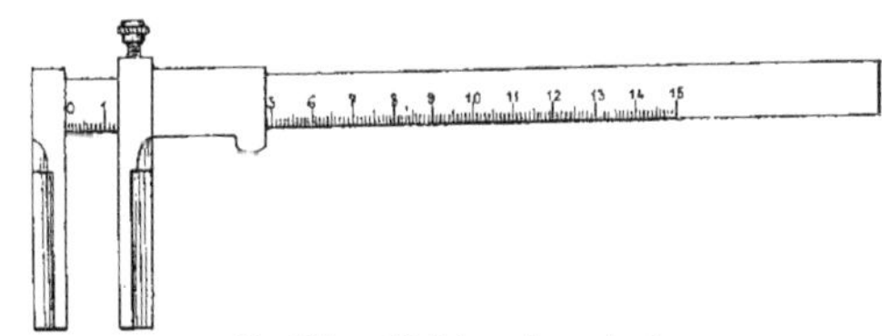

Fig. 377. — Pied à coulisse simple.

On construit sous cette forme des demi-mètres, des mètres, et des doubles-mètres.

On emploie aussi des doubles-mètres à *ruban* qui sont constitués par une lame en acier de faible épaisseur graduée en millimètres sur chacune des faces et qui peut s'enrouler dans une boite circulaire métallique munie d'un ressort qui provoque l'enroulement automatique lorsqu'on appuie sur un bouton. On construit aussi des mesures à ruban de plus grandes longueurs, 10 mètres et 20 mètres. Les rubans sont en acier ou en étoffe, et la gaine circulaire est

conséquent, 10 centimètres ou 100 millimètres.

Le décimètre, que l'on fait en bois, en ivoire, ou en métal, est généralement plat et porte un ou deux biseaux sur lesquels sont effectuées les graduations et la gravure des chiffres. La division est faite sur l'un des biseaux en millimètres et, sur l'autre, en demi-millimètres.

On emploie cependant, le plus souvent, le *double-décimètre* qui est une mesure ayant 20 centimètres de longueur.

Le double-décimètre se fait aussi en bois et en métal avec, généralement, deux biseaux portant les divisions en millimètres et en demi-millimètres, et les chiffres (Fig. 376). Un bouton fixé sur la face supérieure, au milieu de la longueur, permet de le manipuler aisément. Parfois, le bouton est remplacé par une arête longitudinale arrondie, formant saillie sur l'instrument et permettant de le saisir.

Pied à coulisse Pour effectuer des mesures avec une plus grande précision qu'avec le mètre et le décimètre, on emploie un instrument très répandu dans tous les ateliers, dans lesquels il est désigné sous le nom de *pied à coulisse* et qui est aussi appelé soit *mesure à coulisse,* soit *calibre à coulisse*. Le pied à coulisse le plus simple, ou pied ordinaire (Fig. 377), se compose d'une réglette à section rectangulaire munie, à une extrémité, d'une branche formée par une plaquette disposée à angle droit avec la réglette. Celle-ci porte des divisions chiffrées généralement par centimètres, et sur elle peut coulisser une seconde branche qui est également disposée à angle droit avec la réglette. Pour assurer le guidage de cette branche mobile et la maintenir constamment dans sa position perpendiculaire, on l'a rendue solidaire d'une coulisse munie d'une saillie à l'extrémité opposée à la branche, saillie qui sert à la manœuvrer. La coulisse porte, à sa partie supérieure, un bouton mobile formant la tête d'une vis servant à l'immobiliser à la place convenable. La vis de serrage n'appuie pas directement sur le champ de la réglette, car elle marquerait son empreinte sur différents points dans sa longueur et détruirait ainsi sa rectitude. On interpose entre le bout de la vis et la réglette une petite lame-ressort sur laquelle la vis appuie toujours au même point et qui se plaque à plat sur la réglette et l'immobilise par frottement. Cette lame-ressort, appelée *paillette,* est rendue solidaire de la coulisse par une de ses extrémités, son extrémité libre s'appuyant contre le bout de vis et servant de cale de serrage.

Dans le pied à coulisse ordinaire, la division de la réglette a son zéro, c'est-à-dire son point de départ, au droit même de la face intérieure de la branche fixe, de sorte que pour effectuer une mesure, on place la pièce entre les branches du pied à coulisse, en l'appliquant contre la branche fixe et, lorsque sa forme s'y prête, contre la réglette.

Puis on fait appuyer la branche mobile contre la pièce et on l'immobilise en serrant la vis d'arrêt; on peut alors séparer le pied à coulisse et la pièce, et on lit sur la réglette la dimension de cette pièce, qui est donnée par la division qui correspond à la face interne de la branche mobile. Cette façon de procéder à la lecture des dimensions ne permet pas, il convient de le dire, de les apprécier avec une grande précision.

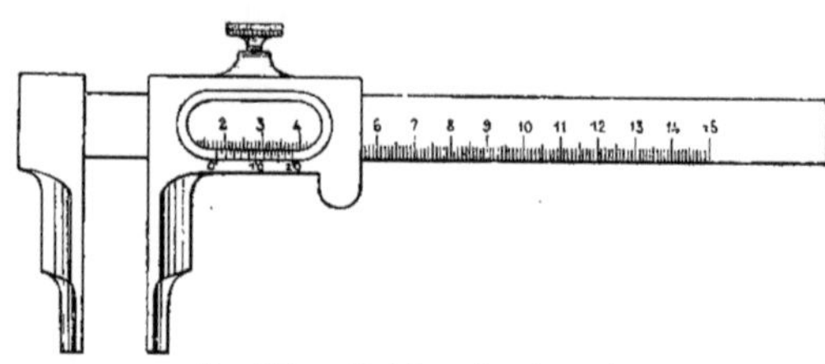

Fig. 378. — Pied à coulisse à vernier.

C'est en ajoutant un *vernier* au pied à coulisse (Fig. 178) que l'on augmente la précision de la lecture.

Le vernier consiste en une division supplémentaire tracée sur la coulisse même, dans laquelle on pratique, dans ce cas, une ouverture rectangulaire. Le côté inférieur de cette ouverture est muni d'un fort biseau sur lequel est gravée la division formant le vernier.

Lorqu'on veut apprécier le dixième de millimètre, le vernier a, comme longueur, la longueur de *neuf divisions* de la réglette, et cette longueur de vernier est elle-même divisée en dix parties égales, qui sont généralement chiffrées : 0, 5 et 10, le zéro étant placé vers la branche mobile (Fig. 378). Lorsque le zéro du vernier coïncide exactement, par exemple, avec une division de la réglette, le dix du vernier est exactement placé en face de la neuvième division de la réglette, qui suit celle qui est en face du zéro. Les autres divisions du vernier ne correspondent pas avec celles de la réglette ; elles sont décalées, par rapport à elles, de quantités inégales et qui croissent en allant vers le dix du vernier.

Pour apprécier la dimension d'une pièce avec un pied à coulisse muni d'un *vernier au dixième,* on prend, comme avec un pied ordinaire, la pièce entre les deux branches du pied, et après avoir immobilisé la branche réglable à l'aide de la vis, on regarde d'abord à quoi correspond le zéro du vernier. Si ce zéro se trouve exactement en face d'une division de la réglette, c'est que la dimension de la pièce mesurée a, comme mesure, un nombre exact de millimètres. Si ce zéro n'est pas en face d'un trait, on lit d'abord la dimension correspondant au trait de la réglette placé immédiatement *en avant* du zéro : on a ainsi le nombre entier de millimètres que comporte cette dimension. On apprécie ensuite la fraction de millimètre supplémentaire, cette fraction étant exprimée en dixièmes de millimètres. Pour cela, on cherche le trait du vernier qui coïncide exactement avec un trait de la réglette, et et le chiffre correspondant à ce trait du vernier indique le nombre de dixièmes de millimètres qu'il convient d'ajouter au nombre exact de millimètres déjà lu pour avoir la dimension complète, à moins d'un dixième de millimètre près, de la pièce mesurée.

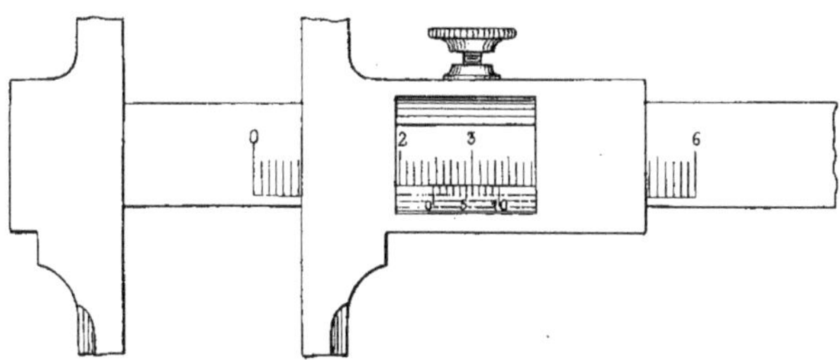

Fig. 379. — Exemple de lecture avec vernier au dixième.

Si, par exemple, le vernier se trouve placé dans la position représentée sur la figure 379, on lira d'abord, comme nombre entier de millimètres, le chiffre 24, puis, en cherchant la division du vernier qui est placée exactement en face d'une division de la réglette, on trouvera 6 ; ce chiffre indique le nombre de dixièmes de millimètres supplémentaire, de sorte que la pièce mesurée aura une dimension de 24 millimètres 6.

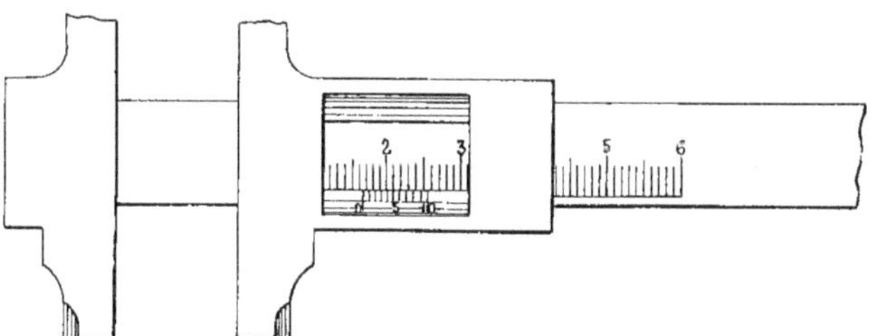

Fig. 380. — Exemple de lecture avec vernier au dixième.

Si aucune des divisions du vernier ne correspond à une division de la réglette, on prend les deux divisions qui sont comprises entre deux traits de la réglette. Si l'espacement est le même en avant et en arrière, c'est que la coïncidence a lieu au milieu des deux divisions du vernier et on ajoute alors au dixième correspondant au trait d'avant, un demi-dixième. Si les espacements sont différents, on apprécie leur valeur et on ajoute au dixième représenté par le trait d'avant, la fraction de dixième appréciée.

Dans le cas représenté par la figure 380, on lirait 16 millimètres, puis 4 dixièmes de millimètre, et comme le trait correspondant à 4 dixièmes ne coïncide pas exactement avec un trait de la réglette, on apprécie, par la valeur de l'écart en avant et en arrière de ce trait, par rapport aux traits de la réglette, que c'est un trait placé à mi-distance entre 4 et 5 dixièmes qui coïnciderait avec un trait de la réglette s'il était tracé exactement entre les deux traits encadrant ceux du vernier. Il faut donc lire, comme dimension de la pièce, 16 millimètres 4 dixièmes plus un demi-dixième, soit 16^{mm},45. On apprécierait ainsi facilement, avec un peu de pratique, 16^{mm},425 ou 16^{mm},475 si les espacements en avant ou en arrière des traits du vernier au lieu d'être égaux étaient eux-mêmes dans la proportion de 1 à 2, soit d'un côté, soit de l'autre.

On peut donc, avec un peu d'expérience, apprécier à l'aide d'un pied à coulisse muni d'un vernier au dixième, les dimensions des pièces à un centième de millimètre près.

Cependant, pour faciliter la lecture lorsqu'on désire une précision encore plus grande, on emploie des verniers au vingtième et au cinquantième de millimètre.

Le *vernier au vingtième* (Fig. 381) comporte vingt divisions dont la longueur totale est exactement égale à la longueur de 19 divisions de la réglette du pied.

Lorsque les deux branches du pied sont bien appliquées l'une contre l'autre, le zéro du vernier correspond au chiffre 0 de la réglette, et le 20 du vernier correspond au chiffre 19 de la réglette. La longueur du vernier de 0 à 20 est divisée en vingt parties égales; chacune des divisions représente un vingtième de millimètre lorsqu'on fait la lecture de la dimension d'une pièce. Le vernier au vingtième de millimètre est assez souvent chiffré en vingtièmes, c'est-à-dire qu'il porte les chiffres 0, 5, 10, 15 et 20 en face des traits correspondant à l'origine du vernier, à la cinquième division, à la dixième, à la quinzième et à la dernière. De même qu'avec le vernier au dixième, on effectue la lecture de la dimension, en prenant, comme chiffre entier, le chiffre de la division de la réglette qui précède le zéro du vernier; puis on cherche le trait du vernier qui correspond exactement à un des traits de la réglette et on lit sur le vernier la division correspondante : le chiffre

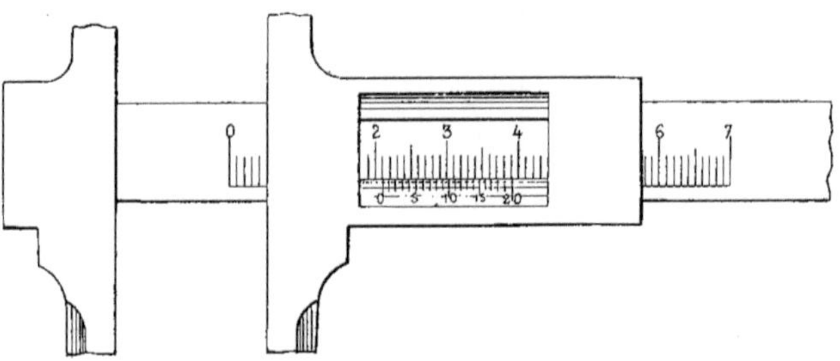

Fig. 381. — Exemple de lecture avec vernier au vingtième.

de cette division indique le nombre de vingtièmes de millimètres qu'il faut ajouter au nombre entier de millimètres déjà obtenu pour avoir la mesure complète. On trouve un nombre exact de vingtièmes de millimètre lorsque les deux traits du vernier et de la réglette coïncident bien exactement; mais il est possible que la coïncidence se produise entre deux traits; on apprécie alors de la façon que nous avons indiquée pour la lecture avec vernier au dixième, la fraction de vingtième qu'il faudrait ajouter pour obtenir la coïncidence.

Si, par exemple, on a à faire une lecture, le pied à coulisse étant dans la position indiquée par la figure 381, on lira d'abord comme chiffre entier de millimètres, 21, puis, comme le trait 12 du vernier coïncide exactement avec un trait de la réglette, on ajoutera ces 12/20 au nombre 21 et on aura, comme nombre total représentant la dimension de la pièce : 21 millimètres et 12 vingtièmes.

La chiffraison du *vernier au vingtième* effectuée comme nous venons de l'indiquer nécessite une petite opération de calcul mental pour ramener les vingtièmes obtenus à un nombre décimal, car c'est ainsi que toutes les dimensions des pièces sont indiquées sur les dessins. En réalité, cette petite opération consiste simplement à diviser par 2 le nombre de vingtièmes obtenus pour transformer ce nombre en dixièmes. Dans le cas considéré plus haut on aurait donc comme dimension de la pièce 21 millimètres 6 dixièmes ou, plus simplement, $21^{mm},6$. Si on avait obtenu 13 vingtièmes, par exemple, on lirait $21^{mm},65$ centièmes.

Pour éviter de recourir à cette division par 2, qui peut être parfois la cause d'erreurs, on chiffre le vernier au vingtième d'une façon spéciale, de façon à le transformer en *vernier au dixième,* mais dans lequel les demi-dixièmes peuvent être facilement appréciés, un trait étant tracé pour chaque demi-dixième. Le vernier, appelé alors *vernier au demi-dixième* (Fig. 382) est ainsi constitué : il comporte toujours 20 divisions ayant une longueur égale à 19 divisions de la réglette, mais ces divisions sont chiffrées simplement 0, 5 et 10, le 0 et le 10 correspondant aux divisions extrêmes. De 0 à 5 et de 5 à 10, le vernier comporte 10 divisions, mais cinq de ces divisions ont un trait plus long que celui des cinq autres; les traits longs correspondent aux dixièmes et les traits courts aux demi-dixièmes. On lit donc directement, avec ce vernier, le nombre de dixièmes et le nombre de demi-dixièmes, de sorte que dans le premier cas choisi plus haut, on lirait directement $21^{mm},6$ dixièmes et dans le second cas 21^{mm} et 6 dixièmes et demi, c'est-à-dire $21^{mm},65$ centièmes.

On voit que le vernier *au vingtième de millimètre* permet d'apprécier avec une plus grande précision les dimensions des pièces.

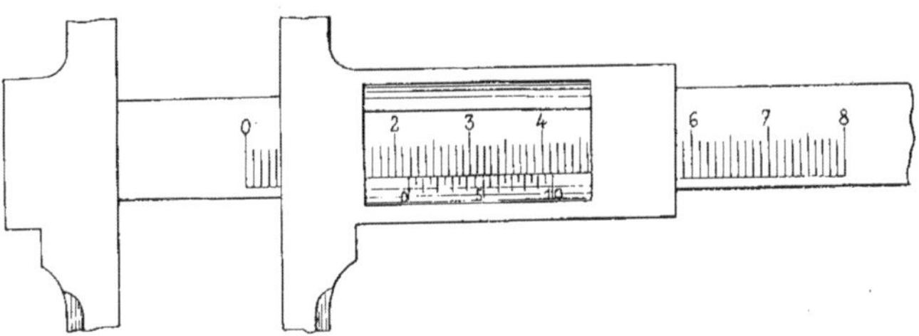

Fig. 382. — Exemple de lecture avec vernier au demi-dixième.

Avec le *vernier au cinquantième,* la précision est encore augmentée. Ce vernier (Fig. 383) est constitué par une division faite, sur le vernier, en parties égales et dont la longueur totale a la même valeur que la longueur de 49 divisions de la réglette, de sorte que lorsque les branches du pied sont bien exactement appliquées l'une contre l'autre, le zéro du vernier correspond au zéro de la réglette, et la dernière, qui est la cinquantième, à la 49e division de la réglette.

Les verniers au cinquantième ne s'emploient que sur les pieds à coulisse de grande précision et dont la fabrication, par conséquent, doit être particulièrement soignée.

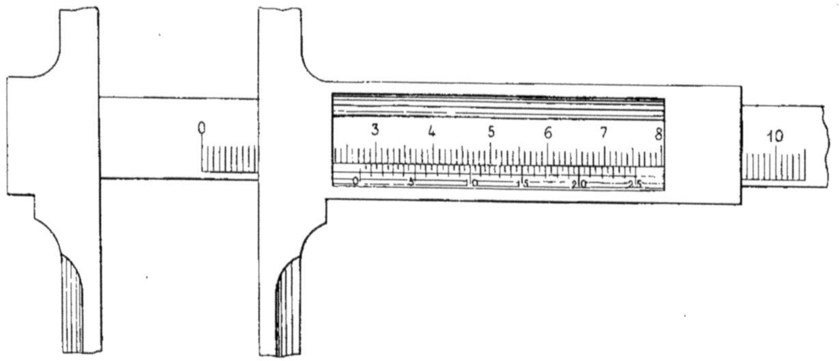

Fig. 383. — Vernier au cinquantième.

Certains verniers au cinquantième sont chiffrés 0, 5, 10, 15, 20 et 25 (Fig. 383). On lit alors des vingt-cinquièmes. Pour traduire immédiatement la lecture en nombre décimal, on chiffre parfois le vernier au cinquantième de 0 à 10, chacun des chiffres désignant la cinquième division à la suite de la précédente. Ces chiffres correspondent ainsi à des dixièmes de millimètres qu'on peut lire directement. Entre les traits correspondant aux chiffres, sont tracées cinq divisions correspondant chacune à 1/50 de millimètre, soit 2 centièmes.

La lecture se fait en cherchant les deux traits du vernier et de la réglette qui coïncident. On lit d'abord comme nombre entier de millimètres, ainsi que pour les autres verniers, le chiffre de la réglette précédant immédiatement le zéro du vernier, puis on lit sur le vernier le nombre de dixièmes et, s'il y a lieu, le nombre de centièmes pris à raison de 2 pour chacun des traits intermédiaires.

Dans la position du pied à coulisse représentée par la figure 383, on lirait 27 millimètres comme nombre entier, et 11 vingt-cinquièmes 1/2, car c'est le troisième trait tracé après le chiffre 10 qui coïncide avec un trait de la réglette. Les 11 vingt-cinquièmes 1/2 valent 23 cinquantièmes ou 46 centièmes, et on lit comme nombre complet 27^{mm},46.

Les pieds à coulisse à vernier ont leur vernier disposé sur un chanfrein pratiqué sur la coulisse de l'instrument. La coulisse est généralement munie d'une ouverture dont la longueur varie suivant le type de vernier employé, le vernier au 1/10 ayant une longueur de 9 millimètres, celui au 1/20, une longueur de 19 millimètres et celui au 1/50, une longueur de 49 millimètres.

La coulisse est parfois, dans certains types de pieds, ouverte sur toute sa longueur en avant, lorsqu'elle porte un vernier au 1/50.

Les pieds à coulisse ont une grande variété de formes. Ce sont surtout les dispositions, les dimensions et les formes des branches qui diffèrent dans les différents types d'instruments. Les deux branches du pied à coulisse ordinaire muni d'un vernier sont établies de façon que les becs, ou extrémités de ces branches, aient exactement une dimension de 10 millimètres, entre les deux faces extérieures, lorsque les branches sont appliquées l'une contre l'autre. Cette disposition permet de mesurer le diamètre des trous égaux ou supérieurs à 10 millimètres. Pour cela, on applique les becs qui ont une section de forme triangulaire contre les parois du trou en faisant glisser la coulisse sur la réglette. En ajoutant au chiffre lu sur le vernier 10^{mm}, on obtient la dimension de ce trou.

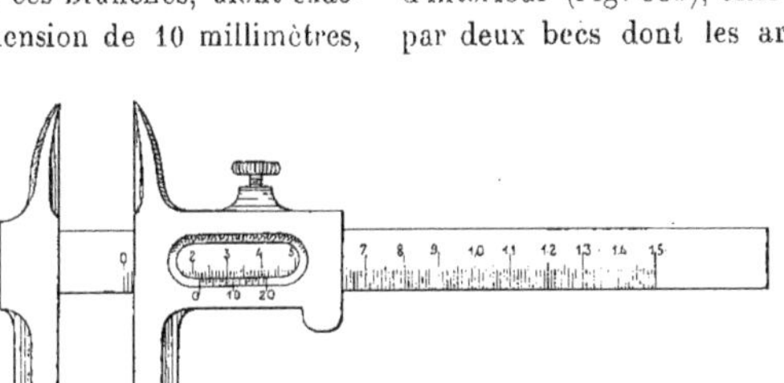

Fig. 384. — Pied avec becs en pointe.

Parfois, les branches sont prolongées de l'autre côté de la réglette et ont des formes spéciales appropriées à l'utilisation que l'on veut faire de l'outil. Elles ont soit une forme en pointe, soit une forme dite d'intérieur, soit une forme cintrée. Les *becs en pointe* (Fig. 384), qui sont dégagés sur leur face intérieure, permettent, par suite de l'arête qu'ils présentent sur cette face dans toute sa hauteur, de mesurer les épaisseurs de la matière comprise entre les parois de trous voisins, par exemple, et de prendre aussi des dimensions dans certains cas où les becs ordinaires de plus grande largeur ne pourraient être utilisés.

Lorsque les branches supérieures sont disposées pour prendre des dimensions d'intérieur (Fig. 385), elles sont terminées par deux becs dont les arêtes extérieures formées par un chanfrein se trouvent exactement dans le prolongement des faces intérieures des branches normales du pied, de sorte que lorsqu'on veut mesurer le diamètre d'un trou, on applique les deux arêtes des becs supérieurs contre les parois du trou et on lit directement sur le pied la dimension du trou. Il n'est pas nécessaire, dans ce cas, d'ajouter 10 millimètres au chiffre indiqué pour avoir la vraie mesure, ainsi qu'on est obligé de le faire lorsqu'on se sert des becs inférieurs. Le simple examen de la figure 385 indique nettement la raison de cette différence.

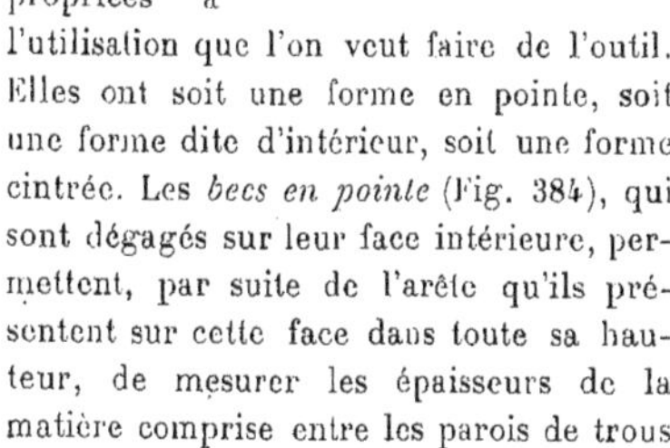

Fig. 385. — Pied à branches d'intérieur.

Les branches supérieures à forme cintrée (Fig. 386) permettent de prendre des mesures dans des parties de pièces en creux, lorsque ces pièces portent de chaque côté du creux des parties en saillie. Ces saillies peuvent alors se loger dans la partie cintrée des branches sans les toucher et ce sont les becs qui appuient sur la pièce à la place favorable. Les faces intérieures de ces becs supérieurs ont une faible largeur et appliquent exactement l'une contre l'autre, de la même façon que les faces des branches inférieures, lorsque le vernier indique le zéro. On donne aux pieds à coulisse munis de branches ainsi incurvées, le nom de *pieds à anneaux* ou à *boucle*.

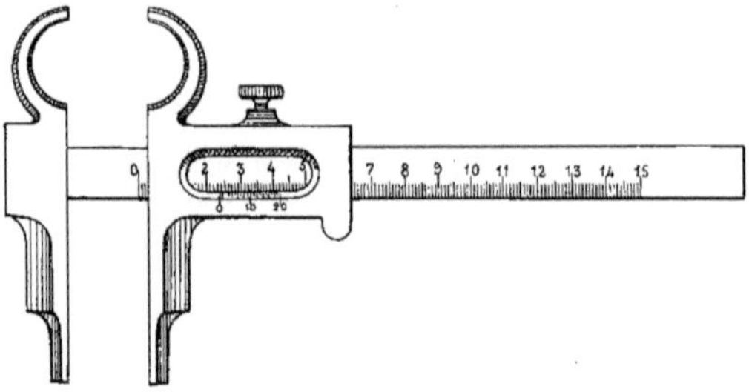

Fig. 386. — Pied à branches cintrées.

Tous les pieds à coulisse, quelle que soit la forme donnée à leurs branches, peuvent être munis d'un dispositif de rappel. Pour cela, la coulisse porte à son extrémité inférieure un mamelon dans lequel se trouve fixée une tige filetée (Fig. 387). Une chape que l'on immobilise sur la réglette à l'aide

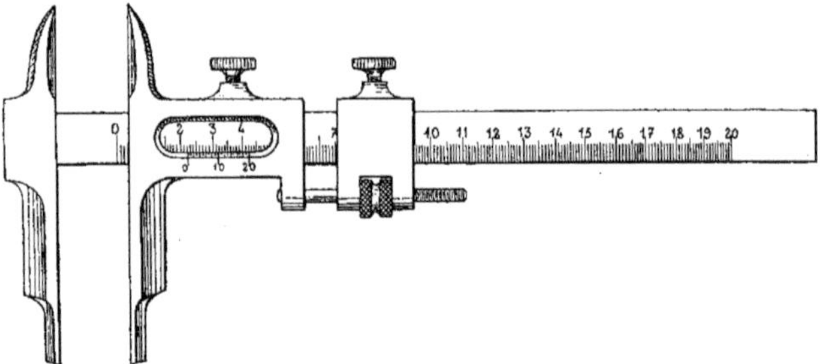

Fig. 387. — Pied à dispositif de rappel.

d'un bouton de serrage, emprisonne un écrou moleté qui se visse sur la tige filetée.

Pour effectuer une mesure à l'aide du rappel, on dévisse d'abord les deux boutons de la coulisse et de la chape, puis, à la main, on place les branches du pied à la dimension approchée de la pièce à mesurer. On serre alors le bouton de la chape, l'immobilisant ainsi sur la réglette et on laisse celui de la coulisse desserré. On peut dès lors, en faisant tourner l'écrou moleté emprisonné dans la chape, approcher doucement la branche mobile contre la paroi de la pièce, car l'écrou qui est immobilisé longitudinalement provoque l'avancement de la vis et, par conséquent, de la coulisse dont elle est solidaire. On obtient, par ce procédé, une précision plus grande de serrage des branches contre les parois de la pièce.

Quelques pieds ont des formes particulières. Le pied à coulisse *Colombus* (Fig. 388) est muni, en plus des deux branches inférieures, de becs supérieurs, permettant d'effectuer directement des mesures d'intérieur. Ce sont des *becs d'intérieur* dont nous avons, plus haut, indiqué l'utilité. Il comporte une coulisse munie d'un vernier généralement au 1/10; on peut lui adapter une vis de rappel à chape. Sur la face d'arrière de la réglette peut coulisser une lamelle portant un bec en bout, et qui sert à mesurer des profondeurs. Pour cela, on applique l'extrémité de la réglette sur la face supérieure de la pièce et en faisant manœuvrer la coulisse, on provoque la plongée, dans le creux, de la lamelle. Lorsque celle-ci bute au fond, on lit directement sur le vernier la mesure de la profondeur.

Les pieds à coulisse de précision système *Roch* (Fig. 389) comportent une coulisse

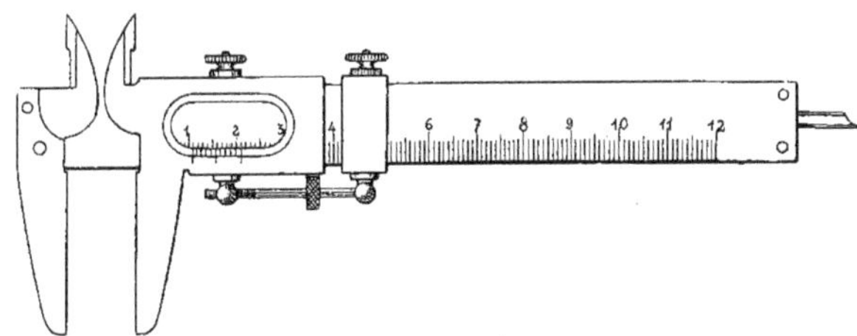

Fig. 388. — Pied à coulisse Colombus.

complètement ouverte sur le devant. Cette coulisse, ajustée à frottement doux sur la réglette du pied, est venue de forge avec la branche mobile du pied. Un large biseau, pratiqué sur la face inférieure de la coulisse, porte le vernier, généralement au 1/50. Ce vernier est divisé en 50 parties égales et

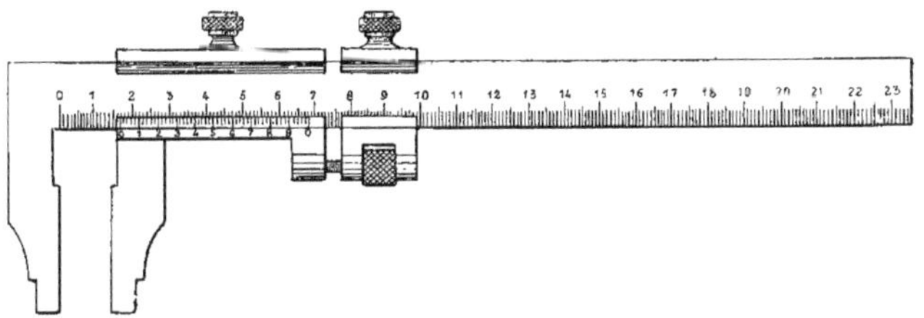

Fig. 389. — Pied à coulisse Roch.

est chiffré, de 5 en 5 divisions, à partir du 0 : 1, 2, 3, 4, etc. Les divisions correspondant à ces chiffres indiquent des dixièmes de millimètre, et chacune des divisions intermédiaires correspond à 1/50 ou 2/100.

Une vis, dont la tête est un bouton moleté, permet d'immobiliser la coulisse. La réglette divisée du pied forme une seule pièce venue de forge avec la branche qui la termine.

Ce pied peut être muni d'un dispositif de rappel à vis, semblable à celui que nous avons indiqué plus haut. On adapte aussi parfois à la coulisse un système de rappel *à excentrique,* dont le bouton de manœuvre est placé à côté du bouton de serrage de cette coulisse. Un autre bouton, permettant de bloquer le support de l'excentrique, est placé en avant.

Le pied peut comporter aussi des branches prolongées à la partie supérieure de la réglette et munies de becs semblables à ceux que nous avons examinés. Les becs sont quelquefois disposés avec des chanfreins intérieurs formant un angle assez aigu pour permettre la mesure des diamètres de vis au fond des filets.

Dans les pieds à coulisse, l'une des faces, celle qui est en avant du côté du vernier, est divisée en millimètres et chiffrée par centimètres. Le zéro de cette division correspond exactement au zéro du vernier lorsque les deux branches du pied sont bien appliquées l'une contre l'autre. La seconde face de la réglette de l'instrument porte aussi généralement des divisions en millimètres, chiffrées par centimètres, mais le point de départ de ces divisions, c'est-à-dire le zéro, coïncide exactement avec l'arête formant l'extrémité de la réglette du côté opposé aux branches.

Il est possible, par suite de cette disposition, de prendre certaines mesures de profondeur, lorsque la forme des pièces le permet. Pour cela, on applique cette extrémité de la réglette contre la paroi inférieure du trou ou de la partie creuse, et on abaisse la coulisse jusqu'à ce que son rebord bute contre la face supérieure de la pièce.

En lisant sur la face arrière de la réglette, le chiffre correspondant à la division indiquée par l'arête de la coulisse, on obtient la mesure de profondeur cherchée.

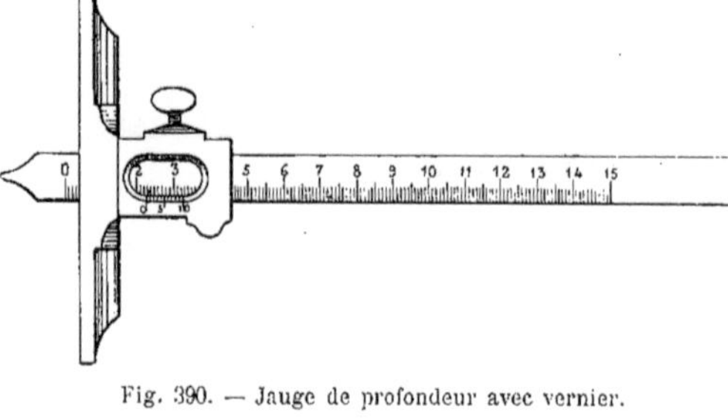

Fig. 390. — Jauge de profondeur avec vernier.

Jauge Les *jauges* sont des instruments de mesure plus spécialement utilisés pour apprécier des dimensions de profondeurs ou des dimensions intérieures. De là, deux catégories de jauges : les *jauges de profondeur* et les *jauges d'intérieur*.

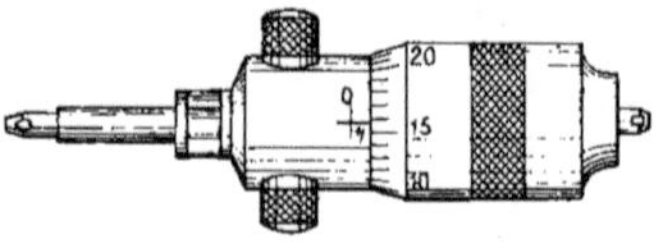

La jauge de profondeur (Fig. 390) se compose, en principe, d'une règle graduée et chiffrée à la façon de la réglette du pied à coulisse. Sur cette règle peut se déplacer une coulisse qui affecte des formes diverses et qui comporte une embase de grande largeur. C'est cette embase que l'on applique sur la face supérieure de la pièce portant un creux dont on désire connaître la profondeur. On fait mouvoir la lame divisée dans la coulisse ainsi immobilisée et lorsque l'extrémité de la lame touche le fond, on lit, au droit de l'embase, sur la règle, la profondeur indiquée en millimètres et, parfois, en demi-millimètres. La coulisse est munie d'un bouton permettant de l'immobiliser sur la règle divisée après avoir effectué la mesure ; on peut ainsi déplacer la jauge pour lire aisément la dimension obtenue.

L'extrémité de la lame divisée qui appuie au fond des creux, est, le plus souvent, terminée par deux parties obliques qui ne laissent qu'une faible surface d'appui en bout de cette lame, ce qui facilite l'emploi de la jauge.

Fig. 391. — Jauge d'intérieur.

La coulisse est, parfois, munie d'un vernier (Fig. 390). Dans ce cas, lorsque l'embase est exactement placée sur le même plan que le bout de la lame, le zéro du vernier doit coïncider avec le zéro de cette lame, tandis que lorsque la coulisse n'a pas de vernier, le zéro de la lame est exactement placé à son extrémité.

Certaines jauges de profondeur, au lieu de comporter une lame divisée, de section rectangulaire, sont munies d'un tube cylindrique sur lequel se meut la coulisse qui est en forme de douille portant à une extrémités deux becs dans le prolongement l'un de l'autre qui forment l'embase d'appui. Sur le tube sont tracés les divisions et les chiffres correspondants et la douille porte le vernier.

On a donné aux jauges de profondeur des formes très variées. Certaines ont été munies d'un dispositif à vis micrométrique qui permet d'effectuer les mesures avec une très grande précision. Ce dispositif est semblable à celui qui est employé pour la plupart des jauges d'intérieur et pour les palmers que nous examinerons plus loin.

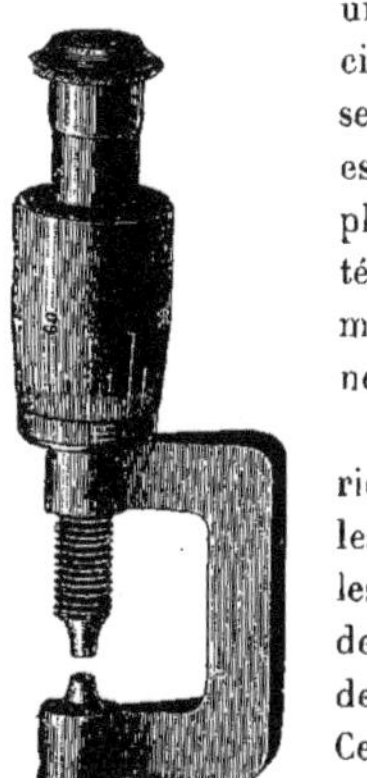

Fig. 392. — Palmer à friction. (Forges de Vulcain.)

Les jauges d'intérieur servent à mesurer les dimensions entre les parois intérieures des pièces et souvent des diamètres de trous. Ce type de jauge se compose, en principe, d'une tige cylindrique (Fig. 391), munie d'une extrémité de forme conique, sur laquelle peut se déplacer, en étant parfaitement guidée, une coulisse tubulaire ayant aussi, à une de ses extrémités, une forme conique. En appliquant l'une des pointes de la jauge contre la paroi d'un trou, par exemple, et en faisant coulisser la partie mobile de l'outil de façon à appliquer le second bout contre l'autre paroi, la longueur totale de la jauge donnera exactement le diamètre du trou mesuré. Cette dimension se lit directement sur l'instrument.

La jauge ordinaire d'intérieur comporte un vernier au 1/10. Pour mesurer des dimensions avec une précision plus grande, on munit les jauges d'un dispositif à vis micrométrique qui permet d'apprécier assez facilement le 1/100 de millimètre. Comme ce dispositif ne permet pas de donner une course considérable à la partie mobile de l'instrument, certaines jauges comportent des *rallonges*. Ce sont des tiges indépendantes qui ont une longueur connue bien déterminée, et que l'on visse en bout de la tige principale de la jauge. On sait ainsi la longueur exacte que l'on ajoute à l'instrument, et on peut faire l'appoint, à l'aide du dispositif micrométrique, pour connaître avec précision la dimension cherchée.

Palmer Le *palmer* est un instrument de mesure de précision que l'on emploie dans certains cas, à la place du pied à coulisse. On désigne couramment cet instrument dans les ateliers sous le nom de *palmer* : c'est, en réalité, une coulisse de mesure *système Palmer*.

Il se compose d'un corps métallique généralement en acier, ayant la forme d'un U (Fig. 392). L'une des branches de l'U, porte à son extrémité une vis dont le bout, qui dépasse à l'intérieur de l'U, sert de butée fixe à la pièce que l'on veut mesurer.

L'autre branche porte la butée mobile qui est placée exactement en face de la butée fixe, les axes longitudinaux de ces deux butées étant parfaitement dans le prolongement l'un de l'autre.

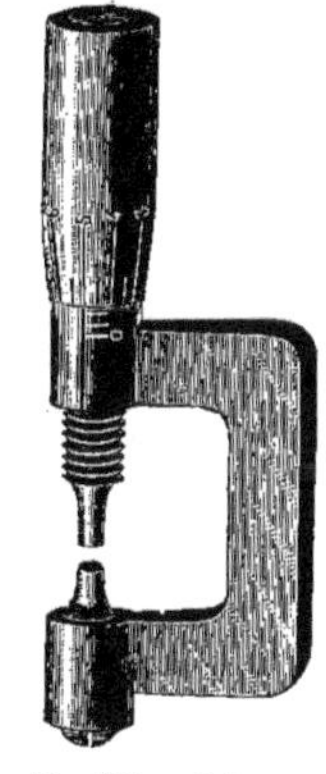

Fig. 393 — Palmer. (Forges de Vulcain.)

La butée mobile est constituée par une vis ajustée avec la plus grande précision dans une douille de grande longueur portée par la branche de l'U. Cette vis a un pas de 1/2 ou de 1 millimètre, de sorte que pour chacun des tours qu'on lui fait effectuer, son extrémité intérieure, qui sert de butée, se déplace de 1/2 ou de 1 millimètre vers la butée fixe ou en sens inverse, suivant le sens que l'on donne à la rotation de cette vis.

Un manchon faisant corps avec la vis enveloppe la douille du palmer servant d'écrou à la vis. Ce manchon sert à manœuvrer la vis : pour cela, on lui imprime un mouvement de rotation dans le sens convenable. Étant solidaire de la vis, il se déplace longitudinalement et on utilise ce déplacement pour effectuer les mesures.

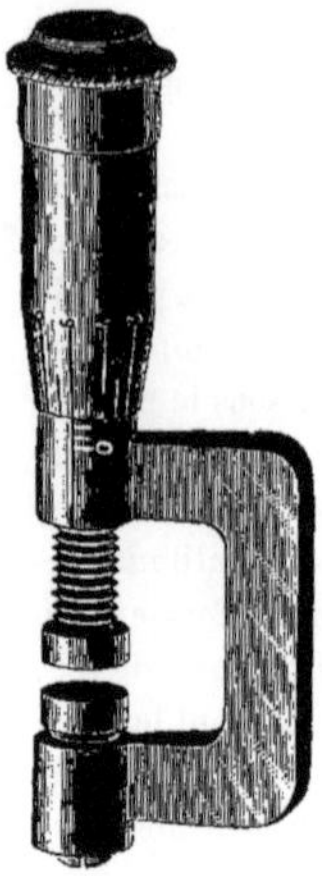

Fig. 394. — Palmer à plateaux. (Forges de Vulcain.)

Lorsque les deux butées du palmer sont appliquées l'une contre l'autre, la tranche intérieure du manchon coïncide exactement avec le zéro de l'instrument. Lorsque la vis, supposée à un pas de 1 millimètre, a fait un tour en se déplaçant vers l'extérieur, les deux butées sont exactement distantes de 1 millimètre et la tranche du manchon coïncide alors avec le trait 1 tracé sur la douille de la branche à une distance du zéro égale à 1 millimètre. Des traits successifs sont tracés à la suite les uns des autres sur la douille et sont exactement espacés de 1 millimètre. On peut donc apprécier aisément en millimètres la distance qui sépare les butées, c'est-à-dire la dimension de la pièce qui est serrée entre ces butées. Il serait malaisé d'apprécier les fractions de millimètres si on se servait simplement de la tranche du manchon pour effectuer la lecture. Pour donner à cette lecture toute la précision désirable, on donne à l'extrémité intérieure du manchon une forme conique et on trace sur ce cône un vernier soit au 1/10, au 1/20 et souvent au 1/100 de millimètre.

Dans le cas où la vis a un pas de 1^{mm}, comme un tour du manchon correspond à un déplacement de 1^{mm}, si celui-ci porte une division en 1/10, entre chacune de ces divisions, le déplacement de la vis sera égal au 1/10 de 1^{mm}. Une *ligne de foi* longitudinale est tracée sur la douille fixe qui porte les divisions en millimètres. Au zéro, la tranche du manchon coïncide avec le zéro de la douille et le trait zéro du vernier coïncide avec la ligne de foi. Dans cette position, les deux butées appuient exactement l'une contre l'autre.

Il résulte de cette disposition que pour faire une lecture, après avoir placé la pièce à mesurer entre les deux butées qui doivent bien appliquer sans effort sur les surfaces de cette pièce, on lit d'abord à l'aide de la tranche du manchon le nombre entier, toujours représenté par le chiffre correspondant au trait de la douille qui est découvert. Si le zéro du vernier coïncide exactement avec la ligne de foi le nombre entier de millimètres lu représente la dimension de la pièce. Lorsque la tranche du manchon est placée entre deux divisions, on ajoute au nombre entier de millimètres lu sur la douille, la fraction qui est donnée par le vernier. C'est le chiffre du vernier qui se trouve en face de la ligne de foi qui représente cette fraction, exprimée soit en dixièmes soit en vingtièmes, en cinquantièmes ou en centièmes, suivant la division portée par le vernier.

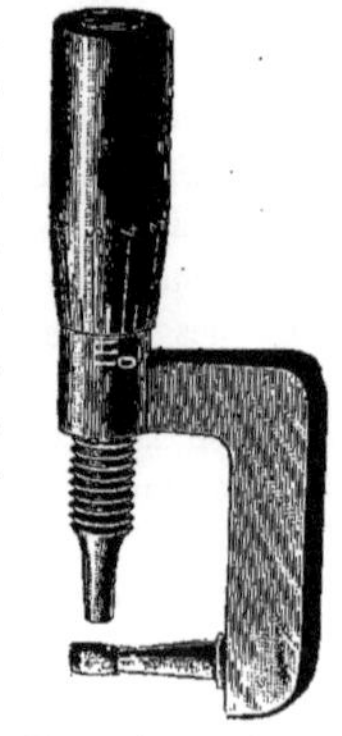
Fig. 395. — Palmer pour tubes. (Forges de Vulcain.)

La lecture à faire, par exemple, sur le palmer représenté par la figure 393, supposé muni d'un vernier au dixième, est de 2 millimètres 5 dixièmes parce que le 2e millimètre est découvert par la branche du manchon et que le trait du vernier portant le chiffre 5 coïncide avec la ligne de foi.

Si le vernier portait d'autres subdivisions, on déterminerait aussi aisément les fractions de millimètres, mais avec une approximation plus grande, en cherchant le trait qui correspond à la ligne de foi, et on pourrait trouver une dimension exprimée en centièmes de millimètres et en fractions de centièmes.

Plus le pas de la vis du palmer est petit, plus la précision que l'on peut obtenir dans la lecture est grande, puisqu'un tour de la vis ne donne qu'un déplacement plus faible qui, cependant, se trouve subdivisé en un même nombre de parties égales par le vernier. Les appréciations portent donc sur les dimensions, plus réduites, ce qui augmente le degré de précision de la lecture. Le palmer, servant généralement à mesurer avec une très grande précision les dimensions des pièces, doit être manœuvré avec soin. Il faut, en faisant tourner la vis, l'appliquer bien exactement sur la surface de la pièce, mais il ne faut pas *forcer*, c'est-à-dire serrer inconsidérément, car on risquerait soit de créer un léger plat sur la pièce, si elle était faite en matière peu résistante, soit de provoquer un effort de la vis dans son écrou qui pourrait déterminer, après un certain nombre de manœuvres semblables, un peu de jeu, ce qui fausserait toutes les lectures. Il faut donc éviter de serrer la vis mobile sur la pièce et se contenter de venir l'y appliquer délicatement.

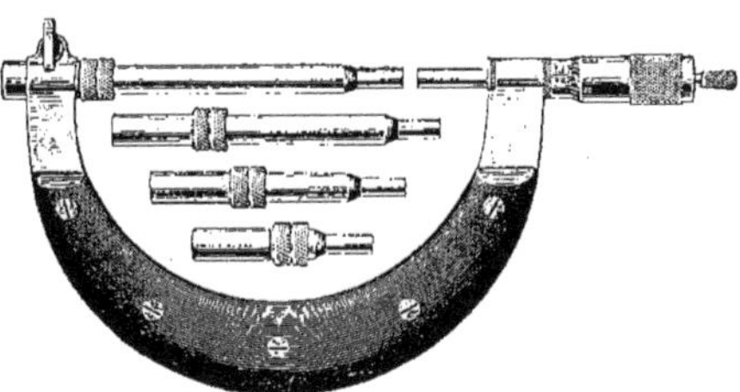

Fig. 396. — Palmer en C. (Forges de Vulcain.)

Fig. 397. — Palmer d'intérieur. (Forges de Vulcain.)

La plupart des palmers sont disposés pour parer à l'inconvénient du serrage. Ils portent un bouton de manœuvre qui actionne la vis et son manchon par l'intermédiaire d'un dispositif à friction (Fig. 394). Ce dispositif comporte des organes frottants qui entraînent facilement dans leur rotation la vis et le manchon tant que le bout de la vis peut se déplacer librement. Lorsque cette extrémité vient s'appliquer contre la surface de la pièce à mesurer, les organes frottants n'entraînent plus la vis ni le manchon.

On peut donc continuer à tourner le bouton de manœuvre sans inconvénient. Pour faire la lecture, puisque l'effort n'est pas transmis directement, on n'a qu'à tourner le bouton de manœuvre jusqu'à ce que le manchon s'immobilise ; on lit, à ce moment, de la façon que nous avons indiquée, la dimension cherchée.

Le dispositif à friction du palmer permet donc de faire des lectures en donnant aux pressions de la vis sur la pièce des valeurs toujours égales, ce qui est une bonne condition d'emploi de l'instrument.

Lorsqu'on veut mesurer spécialement des matériaux ayant une faible dureté, comme le cuir, le carton, etc., on munit chaque butée du palmer d'un petit plateau (Fig. 395) de façon que, par suite du serrage, ces butées ne s'enfoncent pas dans la matière, comme le feraient des butées ordinaires de petite superficie.

Pour mesurer les épaisseurs de tubes, le palmer porte une butée fixe de forme spéciale. Cette butée a une forme convexe, de façon à ne toucher qu'en un point sur la paroi du tube, ce point se trouvant exactement en face de la butée mobile, ce qui permet de mesurer exactement l'épaisseur du tube (Fig. 396).

Les branches de l'U du palmer ont une longueur plus ou moins grande suivant les dimensions et les formes des pièces à mesurer.

Certains palmers, que l'on emploie plus particulièrement pour mesurer le diamètre extérieur des tubes, ont un corps de forme circulaire (Fig. 396) et l'ouverture entre les butées est d'autant plus grande que les tubes à mesurer ont un diamètre plus important. L'une des butées est fixe; l'autre butée est mobile et elle est disposée comme celle des palmers que nous venons d'examiner : elle peut comporter un dispositif à friction et on y ajoute souvent un écrou de blocage qui permet d'immobiliser la butée à la dimension qui a été obtenue.

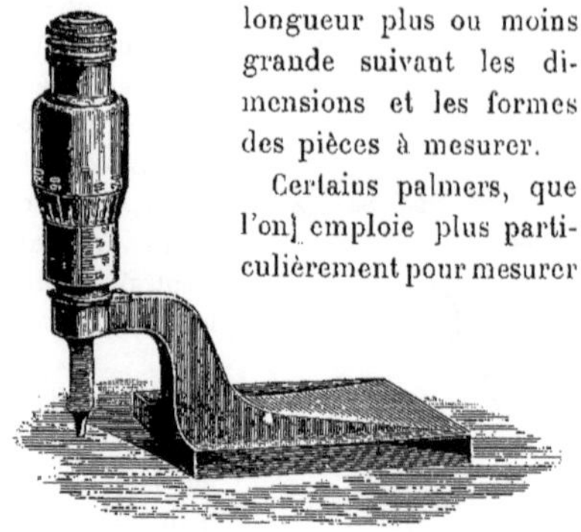

Fig. 398. — Palmer de profondeur. (Forges de Vulcain.)

Le corps de ce type de palmer peut être fendu et rendu rigide à l'aide de nervures épousant les formes de la pièce. On le constitue aussi par une tôle d'acier découpée à la forme et portant, sur chacune des faces, une garniture en fibre qui lui est fixée par des vis. C'est par cette garniture qu'on prend l'instrument lorsqu'on s'en sert, afin d'éviter le contact direct des mains avec le corps en acier de l'outil, ce qui pourrait provoquer une certaine dilatation due à la chaleur transmise par le corps.

Pour éviter l'achat d'une série de palmers de forme circulaire ayant des ouvertures variables, on peut se munir d'une série de broches de rechange, qui permettent l'emploi d'un seul corps de palmer ayant évidemment la plus grande ouverture. Les broches, qui ont chacune une longueur très exactement déterminée, se montent du côté de la butée fixe et un écrou d'arrêt permet de les immobiliser en position.

Avec des longueurs diverses de broches, on peut donc mesurer des diamètres de tubes ayant une grande variation.

On a établi aussi des palmers spéciaux pour mesurer les diamètres intérieurs des tubes. Ces palmers qui sont des sortes de jauges, ne comportent pas de branches. Ils sont constitués par un corps cylindrique (Fig. 397), portant à une de ses extrémités une butée fixe et à l'autre extrémité une butée mobile avec le manchon de manœuvre qui se déplace sur le corps cylindrique de la même façon que sur les palmers précédents.

On construit également des *palmers de profondeur*. Ce palmer (Fig. 398), ne comporte qu'une seule butée qui est mobile et

Fig. 399. — Support de palmer. (Forges de Vulcain.)

constituée à la façon ordinaire. La butée fixe est le marbre sur lequel repose l'embase de l'instrument. Cette embase, assez lourde pour que l'outil se maintienne bien solidement sur le marbre, est solidaire d'un bras dont l'extrémité porte la douille-écrou de la butée mobile. Ce palmer sert à mesurer exactement la hauteur des pièces que l'on pose sur le marbre et des diverses saillies qu'elles peuvent comporter. On en peut déduire la distance qui sépare ces saillies, ce qui est parfois très utile, et ce qui n'est pas toujours facile à apprécier à l'aide d'un pied à coulisse ou d'un palmer de forme ordinaire.

Lorsque les pièces à mesurer sont de très petites dimensions, on fixe le palmer sur un support (Fig. 399), de façon à pouvoir se servir des deux mains pour effectuer les mesures. Une main sert à maintenir la pièce bien exactement placée entre les deux butées du palmer et l'autre main manœuvre la vis mobile. Le support se compose d'une embase un peu lourde, portant deux branches verticales à l'extrémité desquelles peut osciller, autour d'un axe, une mâchoire en deux pièces, entre lesquelles on serre, à l'aide d'un bouton, le palmer par la partie inférieure du corps en U.

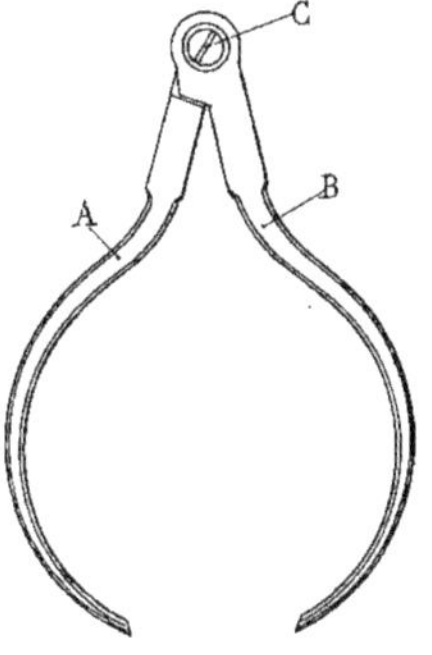

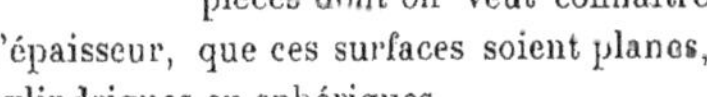
Fig. 400. — Compas d'épaisseur.

Les palmers, qui sont des outils de grande précision, doivent être manipulés avec beaucoup de soin. Il faut les entretenir toujours légèrement gras et on doit les enfermer, lorsqu'on a fini d'effectuer les mesures, dans leur boîte ou leur écrin, afin de les mettre à l'abri de la poussière, de l'humidité et des chocs qu'ils pourraient recevoir.

Compas — *Le compas,* qui est surtout un instrument de traçage, est aussi employé comme instrument de mesure, et plus spécialement comme outil de comparaison.

Le compas, en effet, utilisé comme instrument de mesure, ne donne pas directement la dimension cherchée. Il permet seulement de prendre exactement cette longueur entre ses branches, mais il est nécessaire, pour en connaître la valeur, de mesurer cet écartement à l'aide d'un pied à coulisse ou d'un palmer.

Le compas servant d'appareil de mesure ou de comparateur est muni de branches qui ont des formes différentes de celles du compas à tracer.

Les branches de celui-ci sont nécessairement effilées pour permettre le traçage, tandis que dans l'autre type de compas, les extrémités des branches sont disposées pour faire office de butées et s'appliquent sur les surfaces des pièces à mesurer.

C'est à ce dernier type qu'appartient le *compas d'épaisseur,* qui est très employé dans les ateliers. Ce compas, auquel on donne des formes diverses, se compose, en principe, de deux branches incurvées A et B (Fig. 400), pouvant osciller autour d'un axe C placé à une extrémité. Les extrémités opposées des branches ont une forme qui permet de les appliquer exactement sur les surfaces des pièces dont on veut connaître l'épaisseur, que ces surfaces soient planes, cylindriques ou sphériques.

Le compas d'épaisseur peut être utilisé pour mesurer l'épaisseur ou la largeur d'une pièce, à la condition que ces dimensions n'aient pas de trop grandes valeurs. Dans ce cas, on obtient la cote cherchée en mesurant l'écartement des deux pointes du compas à l'aide d'un instrument de mesure quelconque.

On peut aussi s'en servir comme outil de comparaison et, dans ce cas, on donne aux branches un écartement correspondant à la dimension à obtenir, et lorsqu'on usine des pièces qui doivent avoir cette dimension, on présente le compas sur ces pièces et on retouche les surfaces intéressées, jusqu'à ce que leur écartement soit exactement le même que celui des extrémités des branches.

Le compas d'épaisseur ordinaire ne comporte aucun dispositif permettant d'immobiliser les branches dans leur position de réglage. L'articulation est alors rendue un peu dure, pour que les branches ne puissent pas facilement varier de leur position.

Il est plus sûr, lorsqu'on a des mesures de précision à porter, d'employer un compas muni d'une vis de blocage (Fig. 401). Cette vis A, munie d'une tête à oreilles, se visse dans l'une des branches B, et immobilise, le plus souvent, l'autre branche C en appuyant sur une lame cintrée, ou secteur D, solidaire de cette seconde branche.

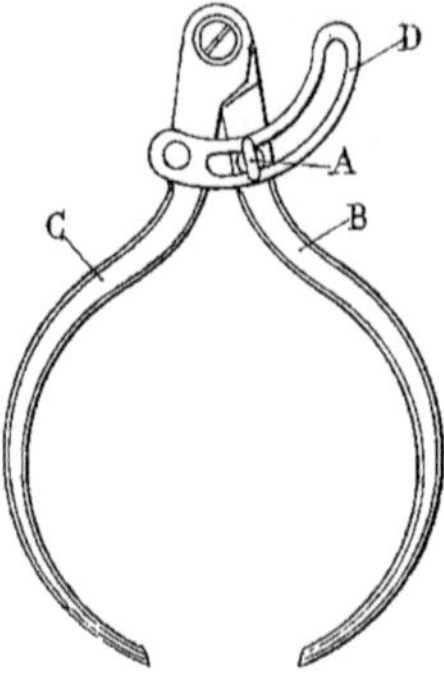

Fig. 401. — Compas d'épaisseur à arrêt.

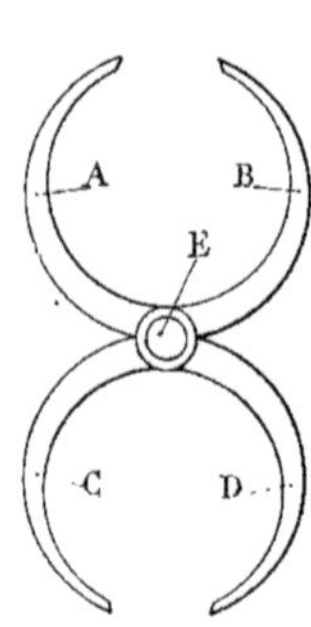

Fig. 402. — Compas en huit.

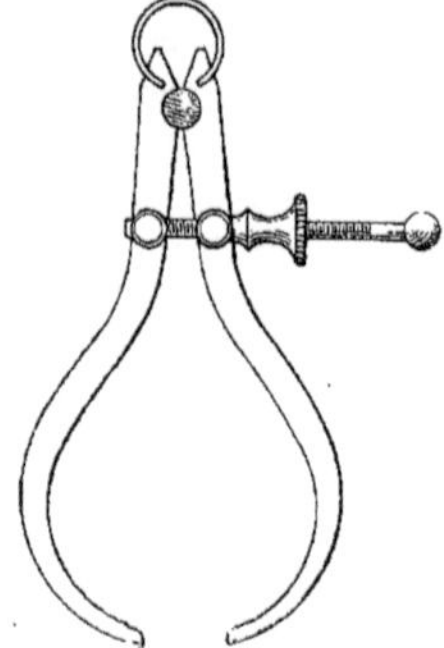

Fig. 403. — Compas d'épaisseur à ressort.

On donne aussi au compas d'épaisseur des dispositions d'articulation à ressort et de réglage d'écartement des branches semblables à celles que nous avons déjà examinées dans les compas à tracer; la forme des becs, en bout des branches, est simplement appropriée à l'usage que l'on veut faire du compas (Fig. 403).

Le compas d'épaisseur *en forme de huit* (Fig. 402), est formé de branches A B et C D ayant, de chaque côté de l'axe d'articulation E, qui se trouve placé au milieu de leur longueur, une forme demi-circulaire. Lorsque les extrémités des branches se touchent, l'instrument ressemble à un 8, ce qui lui a valu le nom sous lequel on le désigne dans les ateliers.

Les compas d'épaisseur sont désignés aussi sous le nom de *compas d'extérieur*, parce qu'ils servent à mesurer les dimensions extérieures des pièces.

Il existe d'autres compas disposés pour effectuer des mesures intérieures, par exemple, le diamètre d'un trou ou la distance entre deux parois intérieures d'une capacité quelconque. Ces compas sont nommés, pour cela, *compas d'intérieur* A (Fig. 405), et sont généralement connus dans les ateliers sous le nom de *compas maître de danse*, nom qu'ils tiennent de la forme générale des branches munies, en bout, de becs qui débordent extérieurement et dont la forme a une certaine ressemblance avec la silhouette des jambes d'un danseur.

Les becs A et B du *compas maître de danse* font saillie à l'extérieur des branches C et D, pour qu'on puisse aisément introduire l'instrument dans le creux à mesurer; l'extrémité des becs, seule, devant appuyer contre les parois dont on veut connaître l'écartement. La mesure prise avec ce compas a donc, comme valeur, l'écartement des becs, mesuré entre les deux parties extrêmes de ces becs. La mesure de cet écartement peut se faire facilement à l'aide d'un pied à coulisse. On voit la différence essentielle qui existe dans l'appréciation des dimensions relevées avec le compas d'extérieur et le compas d'intérieur, car avec le premier, la mesure cherchée doit être prise entre les extrémités intérieures des becs.

Les *compas d'épaisseur* et les *compas maître de danse* peuvent être munis d'un dispositif permettant de régler exactement l'écartement des branches à l'aide d'une *vis micrométrique*. Ce dispositif consiste en une petite branche auxiliaire A (Fig. 406) que le

On ajoute parfois à ce type de compas une seconde branche auxiliaire de faible longueur, qui se trouve immobilisée par le serrage de l'écrou, la grande branche du compas correspondante pouvant osciller librement (Fig. 404). Cette seconde branche auxiliaire porte une butée qui sert de repère à la grande branche.

Lorsqu'il faut prendre une dimension d'épaisseur dans une partie creuse, le diamètre d'un tourillon, qui n'est abordable, qu'en bout, par exemple, il est nécessaire d'écarter les branches pour retirer le compas (Fig. 404);

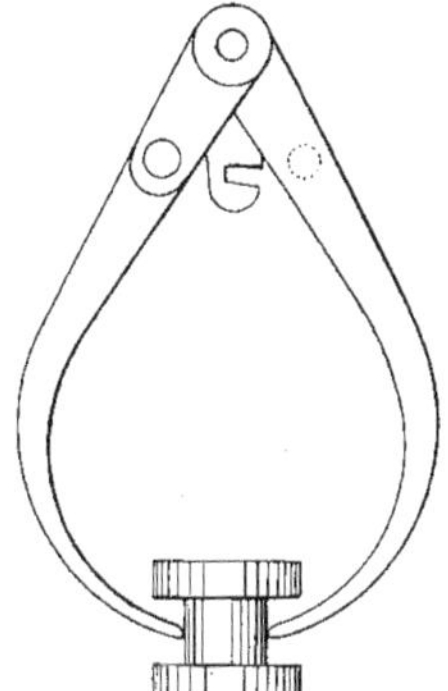

Fig. 404. — Compas rapporteur à repère.

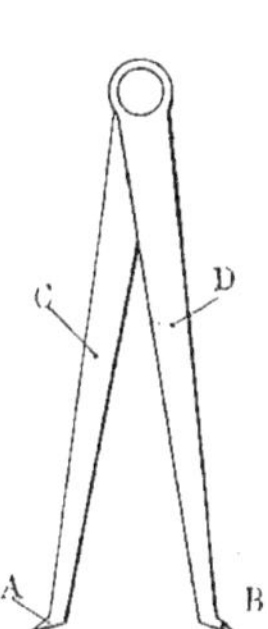

Fig. 405. — Compas d'intérieur.

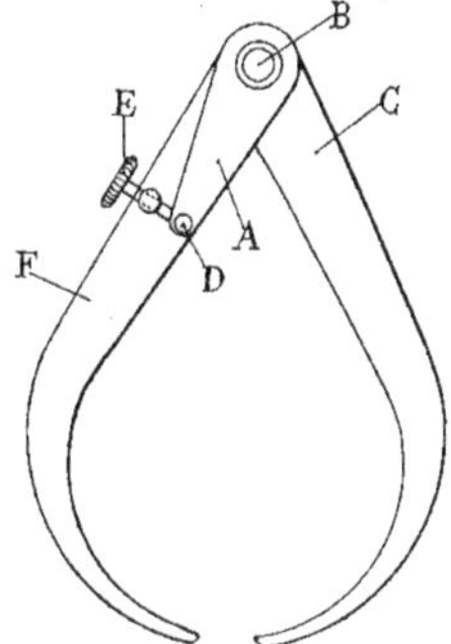

Fig. 406. — Compas d'extérieur à vis de rappel.

serrage de l'écrou supérieur B rend solidaire d'une des branches C du compas. La courte branche auxiliaire porte un écrou D dans lequel se visse une vis E rendue solidaire de la branche mobile F du compas. Cette branche qui peut, malgré le serrage de l'écrou D, osciller librement autour de l'axe d'articulation supérieur, est donc déplacée, malgré le serrage de cet écrou, par rapport à la branche fixe C, par la manœuvre de la vis. Cette disposition permet, après un réglage approximatif de l'écartement des branches, suivi du serrage de l'écrou supérieur, de parfaire le réglage exact pour obtenir avec précision la dimension cherchée.

la dimension mesurée ne pourrait ainsi être conservée si le compas ne portait pas le *dispositif à butée et repère*. Avec ce dispositif, on prend l'épaisseur en faisant buter la courte branche auxiliaire contre la grande branche du compas; on serre l'écrou supérieur, ce qui immobilise la courte branche dans la position convenable. Il est alors possible d'écarter la grande branche pour dégager le compas de la pièce, puis, en ramenant cette grande branche contre la butée de la branche auxiliaire, on replacera le compas dans la position qu'il occupait au moment où on effectuait la mesure que l'on pourra ainsi exactement déterminer. Ce type de compas est le *compas rapporteur à repère Starrett.*

Outils de vérification En dehors des appareils de mesure que nous venons de décrire, les ateliers de construction mécanique utilisent des outils de vérification et de contrôle qui permettent à la fois d'exécuter des pièces en série ayant les mêmes dimensions et rendues, de la sorte, *interchangeables,* et de perdre moins de temps qu'en mesurant, pour chacune d'elles, après chaque opération, la dimension de la pièce à l'aide d'un pied à coulisse, par exemple.

Les principaux outils de vérification et de contrôle sont les *calibres,* les *jauges,* les *gabarits,* les *bagues,* les *tampons.*

Calibre Les *calibres* sont des pièces métalliques, faites en acier dur et trempées à leurs parties frottantes, qui sont disposées pour apprécier des dimensions bien déterminées et invariables, soit extérieures, soit intérieures. De là, les calibres d'intérieur et les calibres d'extérieur.

Le *calibre d'extérieur* se compose, en principe, de deux branches A et B (Fig. 407) formant une même pièce avec le corps du calibre C et servant à le saisir pour effectuer la vérification de la mesure sur la pièce travaillée. Les calibres peuvent avoir des formes très variées; celle que représente la figure est une de celles qui sont le plus courantes. Les faces intérieures des deux branches sont très bien dressées et leur écartement est réglé avec la plus grande précision à la dimension qui est gravée sur le corps du calibre. Les extrémités des branches sont trempées pour éviter l'usure.

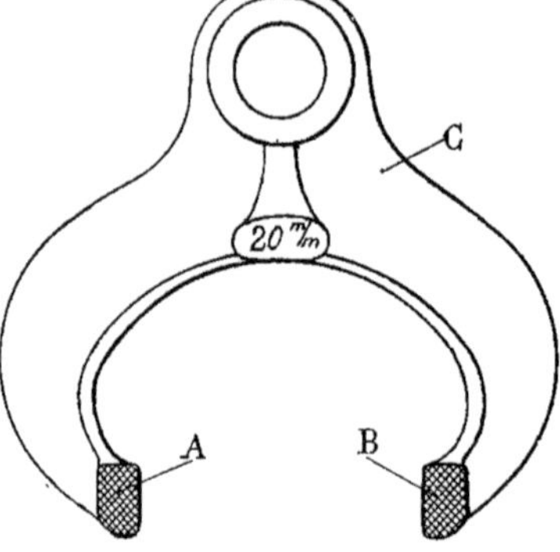

Fig. 407. — Calibre d'extérieur.

Si le calibre est établi, par exemple, pour une dimension de 20 millimètres, l'écartement entre les faces des branches sera exactement égal à 20 millimètres et lorsqu'on vérifiera une pièce usinée devant avoir 20 millimètres d'épaisseur ou de diamètre, il faudra pour que la pièce soit utilisable, qu'elle entre exactement, sans jeu, entre les branches du calibre.

La disposition de ce genre de calibre ne permet de vérifier que les dimensions extérieures de la pièce. Pour contrôler les dimensions intérieures on emploie le *calibre d'intérieur.*

Ce calibre ne comporte pas de branches. Il est constitué par une pièce en acier de forme rectangulaire (Fig. 408), dont les bords longitudinaux A et B sont parfaitement dressés et mis bien exactement parallèles. La distance mesurée entre ses deux faces a une dimension gravée sur le corps du calibre C, qui porte parfois une queue percée d'un trou servant à faciliter son emploi. Les champs des bords dressés ne sont pas plats : on leur donne une forme arrondie, pour que la vérification d'une mesure intérieure puisse s'effectuer aisément.

On constitue parfois d'une seule pièce le calibre d'intérieur et le calibre d'extérieur de même dimension. Le corps du calibre est commun ; une extrémité porte les branches formant calibre d'extérieur, l'autre, les champs longitudinaux dressés, formant le calibre d'intérieur.

Les calibres simples d'intérieur ou d'extérieur, tout en facilitant la vérification des dimensions des pièces, ne permettent pas d'apprécier les approximations avec lesquelles ces dimensions sont obtenues.

Si nous reprenons, en effet, notre calibre d'extérieur de 20^{mm} considéré plus haut, nous pouvons bien dire qu'une pièce qui pénètre entre les branches du calibre n'a pas plus de 20^{mm}, mais il nous sera impossible d'apprécier le jeu de cette pièce dans le calibre si elle y pénètre facilement. Ce jeu, quoique minime, doit cependant être limité pour que les pièces confectionnées soient *interchangeables,* c'est-à-dire puissent être mises à la place les unes des autres sans retouches.

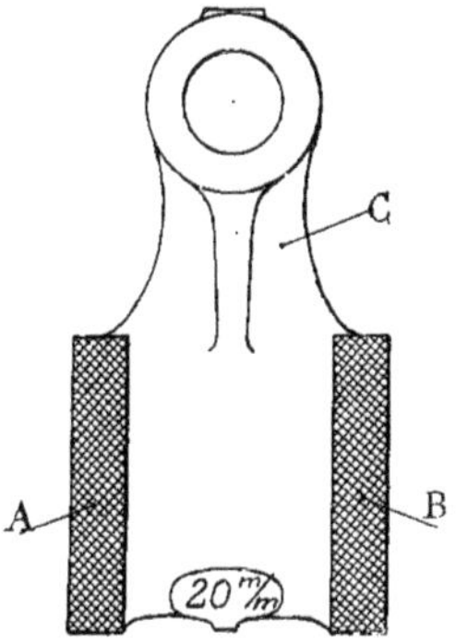

Fig. 408. — Calibre d'intérieur.

On a établi, en vue de la confection des pièces interchangeables, des calibres doubles nommés *calibres de tolérance.* Ces calibres sont, comme les précédents, soit extérieurs, soit intérieurs.

Le *calibre de tolérance d'extérieur* se compose d'un corps en acier A (Fig. 409), comportant, à chaque extrémité, deux branches B C, D E constituant un calibre. L'outil est donc un *calibre double.* Les écartements des branches n'ont pas les mêmes dimensions à chaque extrémité. L'une des dimensions est égale à la dimension réelle à obtenir, augmentée de la valeur de la tolérance donnée ; l'autre dimension est égale à la dimension réelle diminuée de la tolérance.

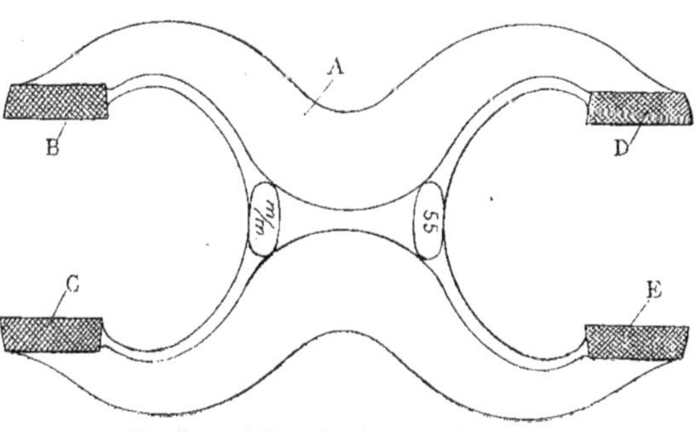

Fig. 409. — Calibre de tolérance d'extérieur.

Si le calibre est établi pour une dimension de 20^{mm} et si nous supposons que la tolérance admise pour l'obtention de cette dimension sur les pièces à usiner soit égale à 1/100 de millimètre en plus et en moins, d'un côté du calibre, les branches auront un écartement de $20^{mm},01$ et de l'autre côté cet écartement sera égal à $19^{mm},99$. On conçoit qu'il est indispensable que ces écartements soient bien exactement à leur mesure, ce qui indique le soin qu'il faut apporter à la confection de ces calibres et la précision qu'il convient de réaliser.

Le mode d'emploi du *calibre double de tolérance* est facile.

On présente successivement la pièce entre les deux paires de branches. Pour que la pièce ait la dimension convenable comprise entre la tolérance minimum et la tolérance maximum imposées, il faut qu'elle puisse pénétrer entre deux des branches formant une extrémité du calibre double et qu'elle ne puisse pas rentrer entre les deux branches placées à l'autre extrémité.

On est assuré, de cette façon, en conservant l'exemple précédent, que la pièce a moins de $20^{mm},01$ ou, tout au moins, a exactement cette dimension, puisqu'elle pénètre entre les branches qui ont cet écartement, et que, d'autre part, elle a plus de $19^{mm},9$, puisqu'elle ne pénètre pas entre les branches qui ont entre elles cette distance.

Il convient donc, en façonnant la pièce, de la contrôler, au fur et à mesure, avec le calibre le plus grand et de la faire pénétrer le plus juste possible entre les branches de ce calibre, car si la pièce entre dans le calibre opposé, qui n'a, dans le cas considéré, que deux centièmes de différence, elle ne peut plus être utilisée, sa dimension étant trop faible.

Les calibres de tolérance sont très utiles pour la vérification avant magasinage des pièces qui doivent être interchangeables. Un employé quelconque peut procéder à cette vérification qui consiste simplement à n'accepter que les pièces entrant à une extrémité du calibre et n'entrant pas à l'autre.

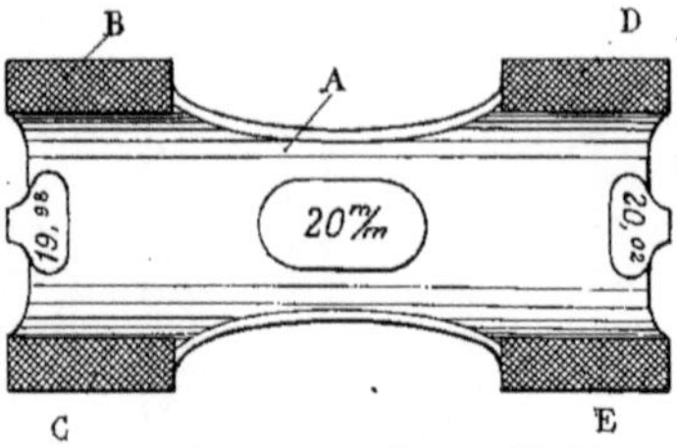

Fig. 410. — Calibre de tolérance d'intérieur.

Le *calibre de tolérance d'intérieur* (Fig. 410), comporte sur un même corps A deux calibres d'intérieur semblables à celui que nous avons examiné plus haut. Chacun de ces calibres B C, D E forment une extrémité de l'outil. La distance qui sépare les bords extérieurs B et C d'une extrémité a une valeur de 19,98, pour le calibre de 20^{mm} avec tolérance de 0,02 en plus ou en moins, et une valeur de 20,02 à l'autre extrémité, entre les bords D et E.

Pour qu'un trou contrôlé avec ce calibre ait une dimension convenable, il faut que le calibre de 19,98 puisse pénétrer dans ce trou et que le calibre opposé, de 20,02, n'y pénètre pas.

Les calibres de tolérance ont, parfois, des formes différentes. Le calibre d'extérieur peut comporter, sur une seule paire de branches, les deux ouvertures maximum et minimum (Fig. 411). A l'entrée des branches, la distance, entre elles, est maximum, c'est-à-dire qu'elle comporte la dimension réelle augmentée de la tolérance. En arrière, les branches sont moins écartées : c'est l'écartement minimum, c'est-à-dire la dimension réelle, moins la tolérance. Pour qu'une pièce contrôlée à l'aide de ce calibre soit bonne, il faut qu'elle pénètre entre les branches à l'entrée du calibre et soit arrêtée, en arrière, par suite de la diminution de l'écartement de ces branches. Une creusure indique nettement la séparation, sur chaque branche, du calibre maximum et du calibre minimum.

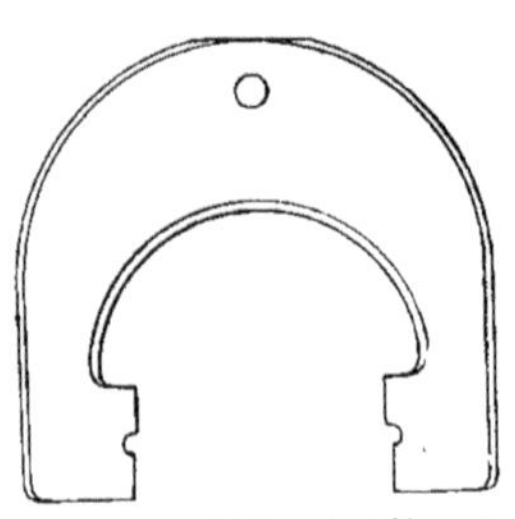
Fig. 411. — Calibre de tolérance d'extérieur à deux branches.

Le calibre de tolérance d'intérieur peut aussi être établi de façon semblable. L'écartement, à l'extrémité, entre les faces de l'outil, est minimum, tandis qu'il est maximum en arrière, les deux calibres étant séparés par une rainure de chaque côté. On peut ainsi vérifier la dimension d'un trou d'un seul coup, sans retourner le calibre bout pour bout : il suffit, pour que le trou ait la dimension voulue, que le bout du calibre pénètre dans le trou et que la partie qui suit ne puisse y pénétrer.

Les calibres de tolérance exigent une grande précision et leurs becs ou leurs parties frottantes doivent être *trempés dur*, de façon que malgré l'emploi répété du calibre, l'usure ne soit pas sensible sur ces parties frottantes.

Pour remédier à l'inconvénient provenant de cette usure, qu'il n'est pas toujours possible d'éviter, on construit des calibres réglables dans lesquels on peut corriger la variation d'écartement des surfaces servant à la mesure.

Dans le *calibre Roch* (Fig. 412), les mâchoires sont fixées sur le corps de l'outil par le serrage de boulons. La largeur du corps de l'outil correspond exactement aux dimensions que doivent avoir les mâchoires, qui sont ainsi dressées du même coup avec leurs surfaces d'appui sur le corps. Lorsque les becs s'usent, on démonte les mâchoires; on rectifie les surfaces d'appui pour les faire coïncider avec les nouvelles surfaces des becs et puisque le corps de l'outil n'a pas varié de largeur, en remontant les branches sur ce corps et en les serrant avec les boulons, on redonne au calibre les dimensions exactes qu'il doit posséder : maximum d'un côté, minimum de l'autre.

Fig. 412. — Calibre Roch. (Forges de Vulcain.)

D'autres calibres réglables ont une forme en C et portent deux paires de touches. Les touches disposées aux extrémités des branches du C ont entre elles l'écartement maximum, c'est-à-dire l'écartement réel augmenté de la tolérance. Les touches placées en arrière ont entre elles l'écartement minimum. Pour compenser l'usure qui peut se produire sur les touches, on rend réglables les deux touches placées sur une même branche, les deux touches disposées sur la branche opposée étant fixes. On peut, de la sorte, toujours régler l'écartement respectif des deux paires de touches pour leur conserver la dimension rigoureuse qu'elles doivent avoir.

On a établi des calibres spéciaux pour contrôler la forme et les dimensions des *filets de vis :* nous les avons précédemment examinés. On a aussi construit des *calibres de filetage.*

Il existe également des calibres permettant de contrôler les épaisseurs et la dimension des *congés* et des *arrondis.* Ce sont des calibres ayant la forme des calibres des filets de vis et constitués par une série de lamelles articulées, à chaque extrémité du corps de l'outil, autour d'un tourillon, et pouvant être repliées entre les deux flasques du calibre ou être développées, à la façon des lames de couteaux.

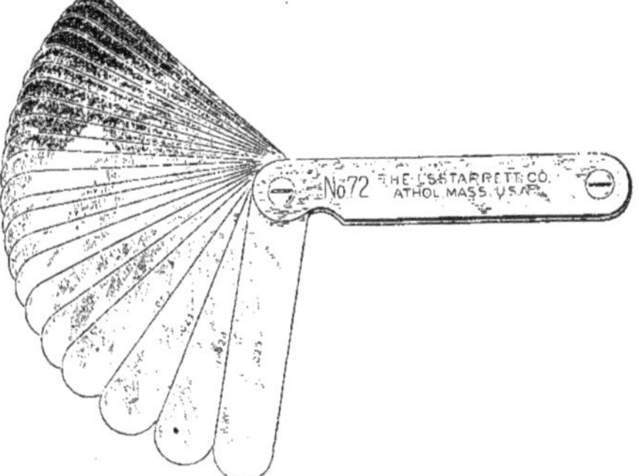

Fig. 413. — Jauge d'épaisseur. (Glaenzer et Perreaud.)

Dans le *calibre d'épaisseur* (Fig. 413), les lamelles ont des épaisseurs différentes qui varient de l'une à l'autre d'une faible quantité, bien déterminée.

Dans les *calibres pour congés et arrondis* (Fig. 414), une série de lames porte, en bout, des arrondis convexes de rayons différents servant à contrôler les dimensions des congés pratiquées sur les pièces. L'autre série porte, à l'extrémité, des arrondis concaves permettant de contrôler les rayons des saillies arrondies.

Un autre type de calibre, d'un genre tout spécial, a été établi pour le contrôle des instruments de mesure utilisés dans les ateliers et pour servir, par conséquent, de mesure-étalon : c'est le *calibre étalon à combinaisons Johansson*. Ce calibre comporte, en réalité, tout un jeu de pièces différentes en forme de parallélipipèdes, qui constituent chacune un véritable calibre simple.

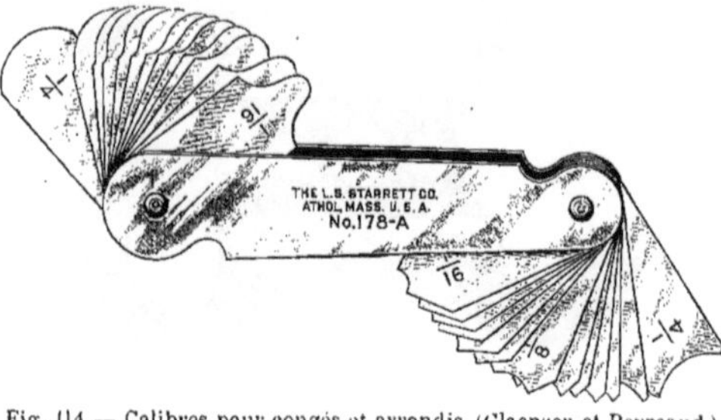

Fig. 414. — Calibres pour congés et arrondis. (Glaenzer et Perreaud.)

Les faces de chaque pièce sont si parfaitement dressées qu'il est possible, en appliquant les pièces les unes contre les autres, de les rendre solidaires par simple adhérence, sans qu'il soit nécessaire de les maintenir par un serrage.

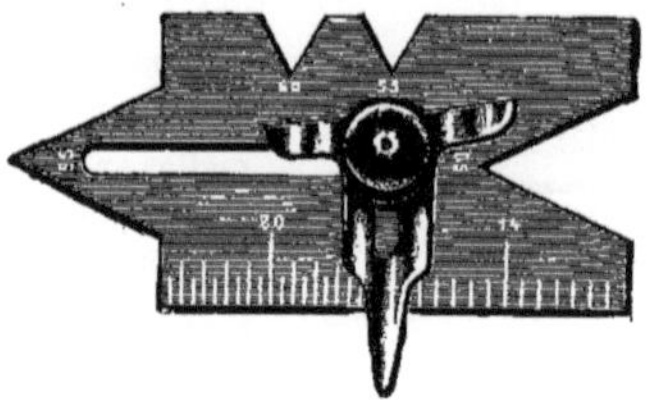
Fig. 415. — Calibre d'outilleur. (Glaenzer et Perreaud.)

En plus du dressage parfait des faces de chaque pièce, ses dimensions sont rigoureusement établies, de sorte qu'en superposant, par exemple, plusieurs unités, on peut obtenir un calibre formant, en quelque sorte, une seule pièce et dont la dimension est égale à la somme des dimensions de chacune des unités qui la composent. On peut ainsi, en constituant plusieurs jeux de pièces de dimensions différentes, obtenir, avec un nombre relativement réduit d'organes, un très grand nombre de calibres de grandes dimensions correspondant aux combinaisons qu'il est possible de faire avec les différentes pièces composant chaque jeu.

En utilisant des becs spéciaux dressés aussi parfaitement que les pièces composant les jeux, on peut obtenir *des calibres-étalons* que l'on peut employer comme *tampons, calibres à fourche,* comme *calibres de tolérance,* et même comme *calibres de traçage* en se servant de montures spécialement établies.

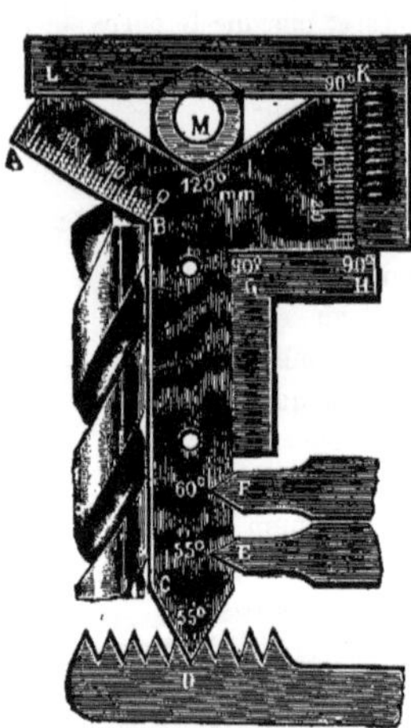
Fig. 416. — Calibre d'outilleur. (Glaenzer et Perreaud.)

Certains calibres destinés spécialement

aux outilleurs (Fig. 415 et 416) sont constitués pour permettre de contrôler l'angle de coupe des outils usuellement employés : forets, tarauds, peignes, outils et pointes de tours, angles d'écrons à six ou huit pans, etc, etc.

Jauges On donne à quelques calibres spécialement établis en vue d'emplois particuliers, le nom de *jauges*. Les jauges, en forme de tiges arrondies à leur extrémité, servent à contrôler des dimensions intérieures, soit entre des faces parallèles, soit entre les parois de pièces cylindriques. Certaines jauges de cette catégorie sont réglables et peuvent être utilisées pour le contrôle de dimensions différentes.

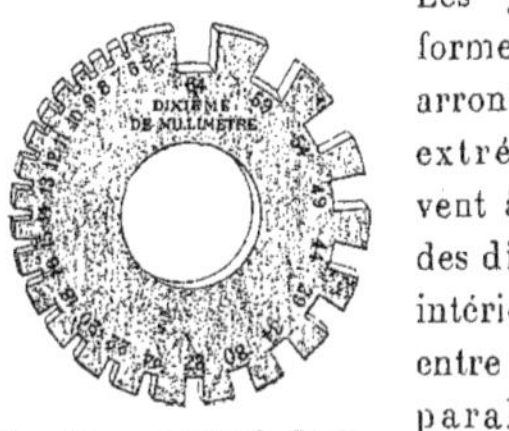

Fig. 417. — Jauge de Paris. (Glaenzer et Perreaud.)

La *jauge de Paris* est un calibre utilisé principalement pour vérifier les diamètres de fils métalliques. Cette jauge est constituée par un disque (Fig. 417) muni, sur son pourtour, de crans ayant des ouvertures variables qui ont, entre elles, des différences très faibles, un, deux, ou quelques dixièmes de millimètres. La dimension de l'ouverture est indiquée en dixièmes de millimètres par un chiffre gravé sur le calibre en face de chaque ouverture.

En présentant la jauge sur le fil à mesurer, on détermine aisément quel est le cran dans lequel le fil pénètre exactement et on obtient ainsi son diamètre. La graduation est parfois faite, sur *la jauge de Paris,* en numéros qui correspondent à des diamètres déterminés.

La jauge est quelquefois constituée par deux disques (Fig. 418) au lieu d'un disque simple. Ces deux disques portent chacun des crans de dimensions différentes et sont rendus solidaires l'un de l'autre par un petit axe cylindrique autour duquel ils peuvent osciller, de sorte que lorsqu'on ne se sert pas du calibre, on peut replier l'un des disques contre l'autre, ce qui permet de diminuer ainsi l'encombrement de l'outil.

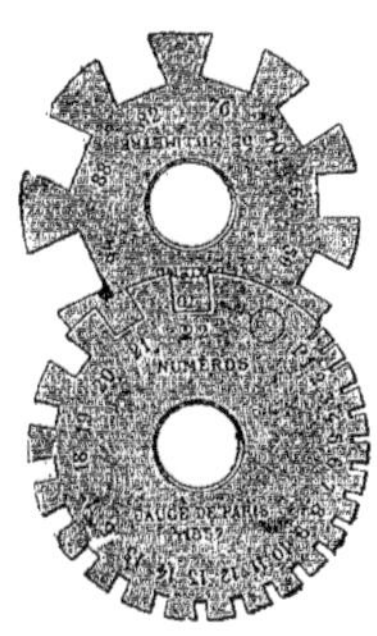

Fig. 418. — Jauge double circulaire. (Glaenzer et Perreaud.)

On établit aussi des jauges droites, constituées par une règle portant des crans sur un côté et parfois sur les deux. Ces crans, comme dans la jauge circulaire, ont une dimension bien déterminée, dont la valeur est gravée sur le plat de la règle en face de chacun d'eux. Pour diminuer l'encombrement de la jauge droite, on la constitue quelquefois en deux parties (Fig. 419), réunies par un axe autour duquel elles oscillent. On peut ainsi replier les deux parties l'une sur l'autre.

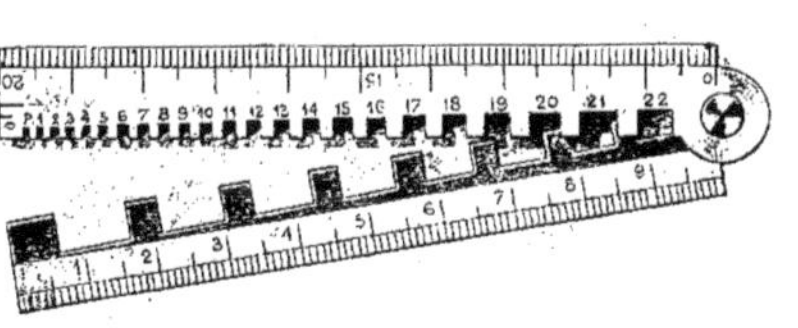

Fig. 419. — Jauge double droite. (Glaenzer et Perreaud.)

Tampons et bagues Ce sont des calibres de vérification destinés à faciliter l'usinage des axes cylindriques et leur ajustage dans les trous qui doivent les recevoir.

Le *tampon* est un bloc cylindrique, terminé par une petite poignée également cylindrique, portant un moleté. Le cylindre faisant office de calibre est mis à un diamètre rigoureusement déterminé. Il est trempé et rectifié après la trempe : on lui donne, de la sorte, la dureté et la précision nécessaires. La valeur du diamètre du bloc cylindrique est gravée sur le tampon.

La *bague* est un disque en acier portant en son centre un trou de diamètre rigoureusement établi, dont la valeur est gravée sur une face du disque.

La bague est trempée et rectifiée et porte, qu'il s'ajuste très exactement dans la bague, à la façon dont le tampon lui-même s'y ajuste.

Si, ensuite, on donne au trou qui doit recevoir l'axe une dimension telle que le tampon y pénètre sans jeu, on aura réalisé l'ajustage rigoureux de l'axe dans le trou, sans présenter l'une des deux pièces sur l'autre. C'est surtout en vue d'obtenir des *pièces interchangeables* que l'emploi des tampons et des bagues se recommande, car il est possible de fabriquer des axes destinés

Fig. 420. — Tampons et bagues. (Glaenzer et Perreaud.)

sur son pourtour, un moleté servant à faciliter sa manœuvre en aidant à la maintenir serrée dans la main.

Le *tampon* et la *bague* établis pour la même dimension doivent s'ajuster exactement l'un dans l'autre (Fig. 420). Le tampon, après nettoyage des deux pièces et après un léger graissage, doit pouvoir être introduit dans la bague en le faisant avancer progressivement en lui imprimant un mouvement de rotation.

Pour utiliser le tampon et la bague en vue de l'ajustage d'un axe dans son trou, on tourne l'axe et on le termine de façon à s'ajuster dans des trous pratiqués sur des pièces qu'on ne peut pas avoir en sa possession, comme, par exemple, des pièces de machines déjà livrées en des lieux divers. Et il est aussi possible d'obtenir des trous dans lesquels puissent s'ajuster rigoureusement des axes déjà fabriqués et que l'on ne peut, pour une raison quelconque, avoir en main.

On construit des *tampons et des bagues de tolérance* : les tampons sont constitués par une tige portant à chacun de ses bouts une partie cylindrique rectifiée à la dimension convenable. L'une des extrémités a un diamètre égal au diamètre à obtenir, augmenté de la tolérance; l'autre a un diamètre égal au diamètre réel, diminué de la tolérance. En présentant successivement chacune des extrémités du tampon ainsi constitué devant le trou à contrôler, on

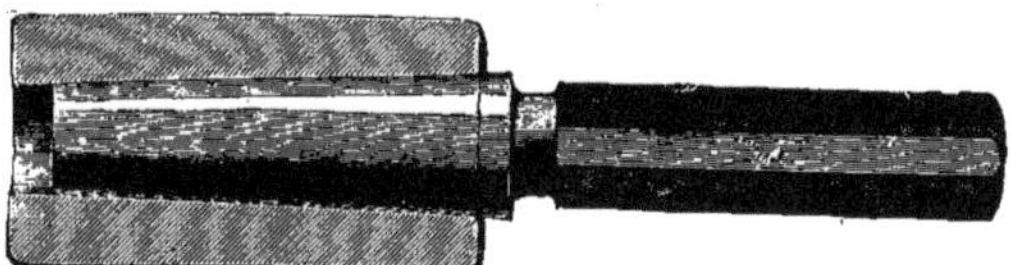

Fig. 421. — Tampons et bagues coniques. (Glaenzer et Perreaud.)

détermine aisément si ce trou a été exécuté à la dimension convenable : il suffit, pour cela, qu'une extrémité du tampon pénètre dans le trou et que l'autre n'y rentre pas.

A chacune des extrémités du tampon correspond une bague de même dimension, de sorte que les deux bagues constituent deux calibres de tolérance pour les axes cylindriques qui doivent pénétrer dans le trou contrôlé par le tampon.

On a établi des tampons et des bagues coniques (Fig. 421) pour vérifier les queues coniques d'outils divers et les douilles qui sont destinées à les recevoir sur les différentes machines utilisées dans l'industrie mécanique.

Le *tampon* et la *bague conique* ont des longueurs plus grandes que celles des tampons et des bagues cylindriques.

OUTILS DIVERS

TOURNEVIS. — PINCES. — TENAILLES. — CLEFS. — SCIES A MÉTAUX. — MEULES. — CHASSE-GOUPILLES. — POINÇONS. — COUPE-BOULONS. — COUPE-TUBES. — CISAILLES.

Outils divers En dehors des outils que nous venons de décrire et qui ont pu être classés en groupes divers, correspondant, comme emploi, à des catégories bien déterminées, il est un certain nombre d'autres outils qui, tout en ne pouvant être classés dans une de ces catégories, ont pourtant une utilité incontestable et doivent figurer dans le matériel d'outillage de l'ouvrier mécanicien.

Nous allons examiner ces divers outils.

Tournevis Parmi eux le *tournevis* est un des plus employés. Cet outil sert à *tourner les vis,* c'est-à-dire à les serrer ou à les desserrer. Les têtes de vis sont munies d'une fente, rainure pratiquée suivant un diamètre, et c'est en introduisant le tournevis dans cette rainure qu'on rend celui-ci solidaire de la vis, de sorte qu'en donnant au tournevis un mouvement de rotation, on provoque la rotation de la vis et, par conséquent, son vissage et son dévissage suivant le sens dans lequel cette rotation s'effectue.

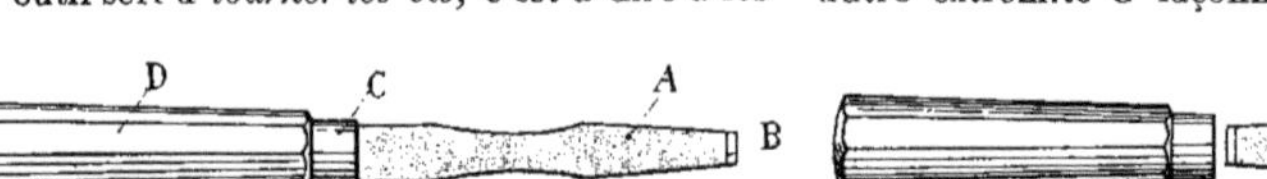

Fig. 422. — Tournevis.

Fig. 423. — Tournevis double.

Comme la fente pratiquée sur la tête de la vis a une largeur réduite, le tournevis (Fig. 422) est constitué par une lame A ayant une faible épaisseur à son extrémité, de façon à pouvoir pénétrer dans cette fente. Cette extrémité B est taillée en biseau ayant une forme très allongée et le bout ne doit pas former une arête tranchante ; il doit avoir une certaine épaisseur pour que le tournevis une fois engagé dans la rainure de la tête, sur une certaine profondeur, remplisse exactement cette rainure. On évite ainsi d'abîmer la fente de la vis. La lame constituant le tournevis a son autre extrémité C façonnée en forme de pointe, de façon à pouvoir recevoir un manche D. Parfois, cette extrémité est disposée pour pénétrer dans une rainure. Le tournevis peut alors servir à serrer plusieurs catégories de vis de dimensions différentes (Fig. 423), mais il est nécessaire, pour cela, de changer le manche de côté suivant le type de la vis que l'on a à serrer : c'est le *tournevis double.*

Les manches ont des formes diverses. On

leur donne assez souvent une forme octogonale, pour qu'ils offrent une prise suffisante lors du serrage de la vis. Ils sont parfois ronds, comme les manches des limes, et ils portent quelquefois deux plats parallèles destinés à faciliter la manœuvre de l'outil (Fig. 424).

Certains tournevis sont constitués par une tige cylindrique munie d'un manche et aplatie à l'autre extrémité pour former la tête qui s'engage dans la rainure de la vis (Fig. 424). Cette tige peut avoir une grande longueur permettant d'atteindre aux vis disposées dans des creux. Il existe, d'ailleurs, des *rallonges* pour tournevis (Fig. 426), qui sont utilisées pour le même office. Ce sont des tiges métalliques pouvant prolonger la longueur du tournevis par leur interposition entre cet outil et la vis à serrer.

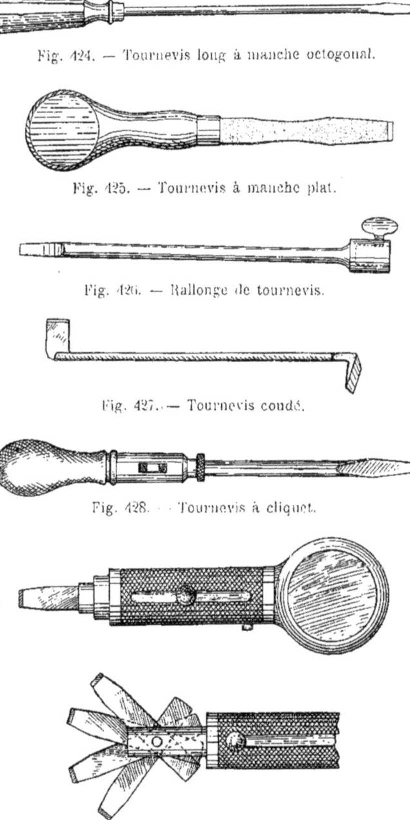

Fig. 424. — Tournevis long à manche octogonal.

Fig. 425. — Tournevis à manche plat.

Fig. 426. — Rallonge de tournevis.

Fig. 427. — Tournevis coudé.

Fig. 428. — Tournevis à cliquet.

Fig. 429. — Tournevis de poche.

Pour faire tourner certaines vis peu aisément abordables, on utilise des *tournevis coudés* (Fig. 427), qui peuvent être manœuvrés dans un espace de hauteur réduite : la manœuvre de ce genre de tournevis s'effectue en lui donnant un déplacement circulaire après avoir engagé le bout de la lame coudée dans la fente de la tête de vis. On munit aussi certains tournevis à longues tiges de dispositifs *à cliquets*. Le tournevis à cliquet à droite et à gauche (Fig. 428) porte un taquet pouvant se mouvoir dans une rainure pratiquée dans le manche. Pour procéder au vissage, on pousse ce taquet du côté de la tige ; en le poussant, au contraire, du côté de la poignée, on procède au dévissage. Une molette, que l'on manœuvre à la main, facilite le déplacement du taquet.

On construit des *tournevis de poche* (Fig. 429) comportant un certain nombre de lames de dimensions différentes qui peuvent successivement, en oscillant autour d'un axe, être disposées pour être utilisées, et que l'on replie ensuite pour diminuer l'encombrement de l'outil et pour pouvoir le placer aisément dans la poche.

On donne d'ailleurs aux tournevis bien d'autres formes et d'autres dispositions appropriées à l'usage que l'on en veut faire.

Pinces — La *pince* est un outil qui sert à prendre des pièces que l'on ne pourrait saisir avec les doigts et qui permet soit de les mettre en place, soit de leur donner une forme spéciale, soit de les visser, de les mettre à longueur, etc. La pince peut donc être employée à de multiples usages et on lui donne des formes différentes appropriées à ses divers modes d'emploi.

En principe, une pince est constituée par deux leviers A et B (Fig. 430) articulés, oscillant autour d'un axe commun C. Chacun des leviers a des branches de longueurs inégales. La longue branche, généralement de forme cintrée, est disposée pour pouvoir être aisément manœuvrée à la main. Les courtes branches D et E sont destinées à pincer la pièce. On prend donc dans la main les deux longues branches pour se servir de l'outil. Leur forme facilite sa manipulation et on peut l'ouvrir, le fermer, serrer les becs, donner un mouvement de torsion, ou même couper le métal.

On comprend que les types de pinces soient caractérisés surtout par la forme spéciale des branches courtes ou *becs,* les longues branches conservant généralement la même forme qui est celle qui convient le mieux à la facilité de préhension et de manœuvre de l'outil.

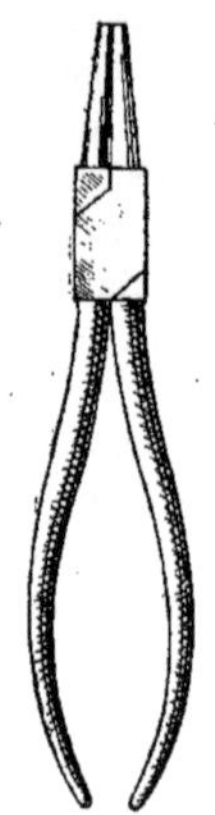

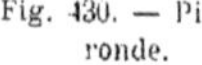

Fig. 430. — Pince ronde.

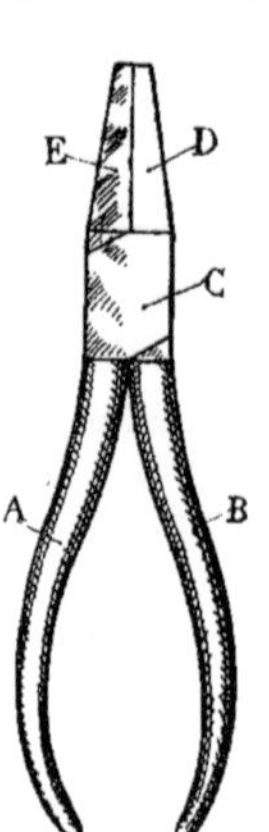

Fig. 431. — Pince plate.

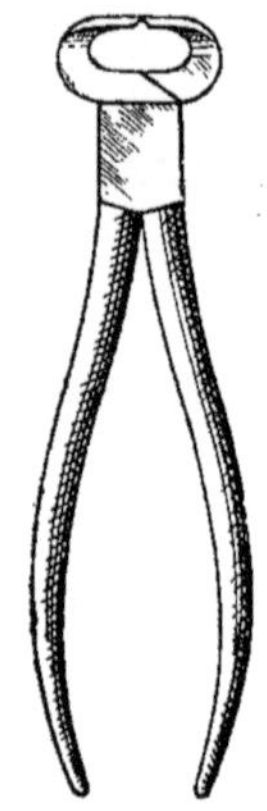

Fig. 432. — Pince coupante droite.

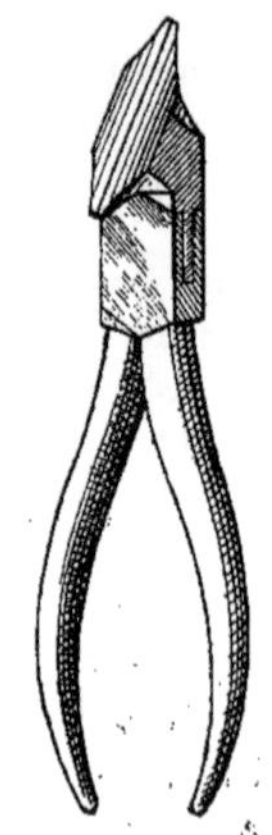

Fig. 433. — Pince coupante oblique.

Les *pinces plates* (Fig. **431**) ont les becs aplatis et les faces intérieures de ces becs sont, le plus souvent, garnies de stries comme celles des mors des étaux, mais moins saillantes. On peut avec ces pinces, couder jusqu'à l'angle droit une lame de faible épaisseur, serrer des écrous, des tiges vissées, etc.

Dans les *pinces rondes* (Fig. **430**) les becs sont arrondis et ont une forme conique. Ces pinces sont surtout utilisées pour donner à des fils métalliques des formes courbes. Les électriciens les emploient pour donner à l'extrémité des fils conducteurs une forme en *œillet* pour faciliter le serrage de ces fils, sur les tiges de communication qui sont destinées à les recevoir.

Certaines pinces sont simplement disposées pour couper le métal, fil ou lame, dont les dimensions ne sont évidemment pas trop considérables. Ce sont les *pinces coupantes* (Fig. **432**). Les becs de ces pinces sont courts, cintrés, et les deux arêtes qui viennent au contact lorsque la pince est fermée, sont déterminées par un biseau fait longitudinalement sur chacun des becs. Si on interpose, entre ces arêtes, un fil ou une lame de faibles dimensions, et si en serrant dans la paume de la main les deux longues branches on provoque leur rapprochement, on tend à rapprocher jusqu'au contact les arêtes des becs, et le métal est d'abord entamé, puis sectionné.

Pour permettre de sectionner des pièces difficiles à atteindre en employant la pince coupante ordinaire, on donne parfois aux becs de ces pinces coupantes une certaine obliquité par rapport à la direction des branches (Fig. 433).

On a, pour des emplois spéciaux, disposé la pince pour qu'elle puisse à la fois servir de pince plate et de pince coupante (Fig. 434). Dans ce cas, les becs ont, à leur extrémité, une forme plate, et les arêtes tranchantes sont placées latéralement.

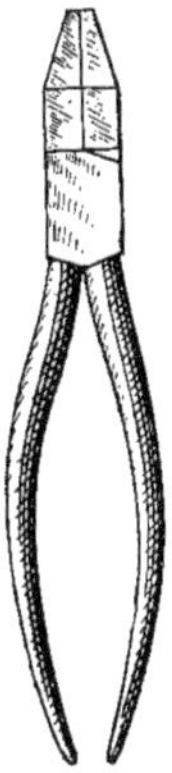

Fig. 434. — Pince plate et coupante.

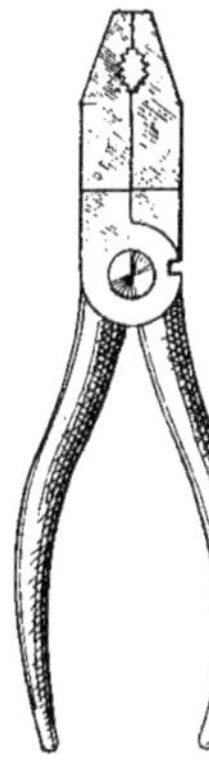

Fig. 435. — Pince universelle.

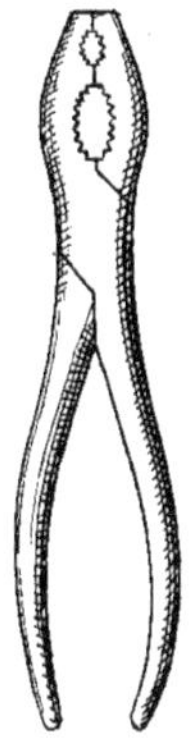

Fig. 436. — Pince à gaz.

Les *pinces à gaz* (Fig. 436) sont destinées à permettre le vissage ou le dévissage des tubes et des becs à gaz. Elles comportent, entre les petites branches formant le bec, un espace vide déterminé par les faces intérieures incurvées de ces petites branches.

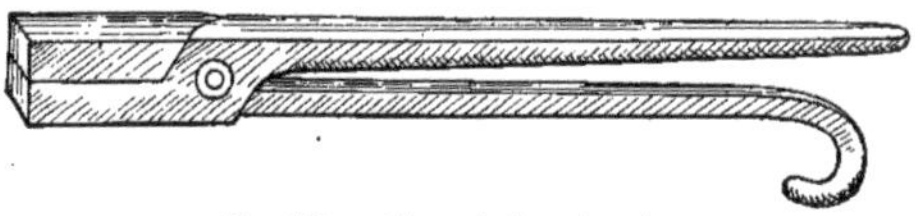

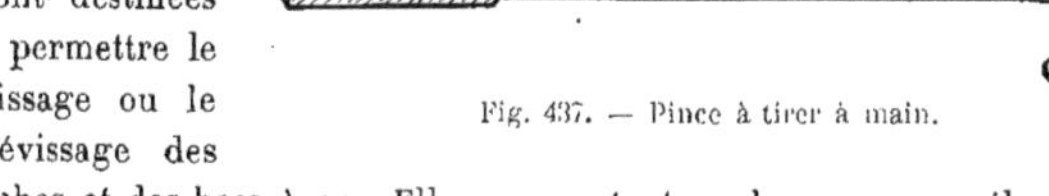

Fig. 437. — Pince à tirer à main.

Ces faces sont garnies de stries et permettent de serrer, sans qu'il puisse y avoir de glissement, les organes à visser ou à dévisser.

Certaines pinces à gaz portent deux espaces vides de dimensions différentes qui sont utilisés respectivement pour manœuvrer des pièces de divers diamètres.

La *pince universelle* (Fig. 435) comporte, outre le dispositif de pince plate, et de pince coupante, celui de la pince à gaz. On la munit aussi d'une petite encoche sur chaque branche qui permet de sectionner aisément un fil métallique introduit dans ces encoches lorsqu'elles sont placées en face l'une de l'autre. Le sectionnement s'effectue en appuyant sur les branches : ce mouvement déplace les encoches et chacune d'elles, entraînant le bout de métal qu'elle reçoit, l'éloigne de l'autre, provoquant ainsi la rupture entre les deux sections du fil métallique.

Les pinces servant aux ouvriers monteurs électriciens sont garnies, sur chacune des longues branches, d'un isolant en caoutchouc ou en ébonite.

Certains types de pinces sont établis pour que le serrage entre les becs s'effectue parallèlement.

Il existe aussi des pinces spécialement construites pour *tirer* du fil métallique destiné à être calibré ou à recevoir une section spéciale par son passage à travers des trous pratiqués dans des filières. Ces pinces maintiennent solidement le fil et ont des formes différentes suivant qu'elles sont utilisées comme pinces à *tirer à main* (Fig. 437) ou pinces à *tirer au banc* (Fig. 438). Ces dernières, actionnées mécaniquement, sont munies d'un anneau triangulaire servant à maintenir le fil bien serré entre les branches.

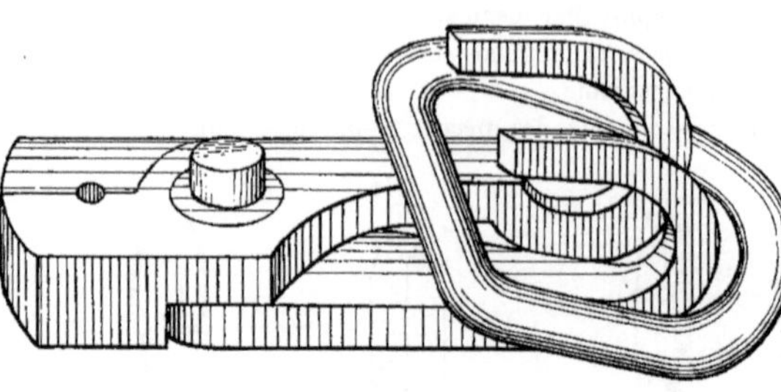

Fig. 438. — Pince à tirer au banc.

On construit une très grande variété de modèles de pinces.

Dans les *ateliers de petite mécanique,* où l'on a souvent à manipuler des pièces de dimensions fort réduites, on emploie, pour prendre ces pièces, des pinces spéciales nommées *presselles* ou *brucelles* (Fig. 439), qui sont constituées par deux lames plates réunies à une extrémité, de façon que par leur élasticité elles tendent à s'écarter légèrement à leur autre bout. C'est par ces bouts, auxquels on donne une forme en pointe, que l'on saisit les pièces. Ces sortes de pinces font surtout partie de l'outillage de l'horloger.

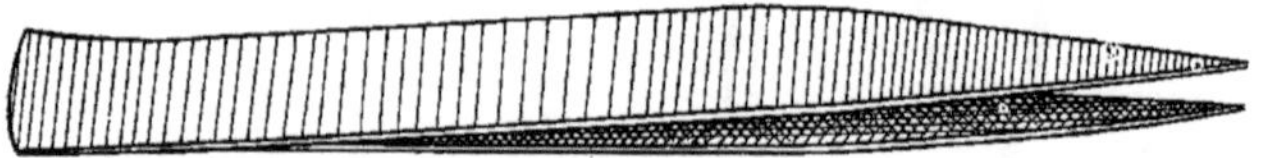

Fig. 439. — Presselle.

Tenailles Les *tenailles* (Fig. 440) sont des sortes de pinces comportant deux mâchoires recourbées entre lesquelles on peut emprisonner une pièce métallique que l'on veut arracher de sa position. Les tenailles s'emploient surtout pour enlever des clous plantés dans le bois. C'est un outil très répandu que tout le monde connaît. Dans la tenaille ordinaire les arêtes des mâchoires sont déterminées par un seul biseau formant un angle peu aigu.

D'autres types de tenailles, les *tenailles coupantes,* comportent, au contraire, des arêtes déterminées par des biseaux formant des angles très aigus, de sorte que, par suite du serrage, la tenaille sectionne la pièce métallique prise entre ses mâchoires. La tenaille coupante fait le même office que la pince coupante.

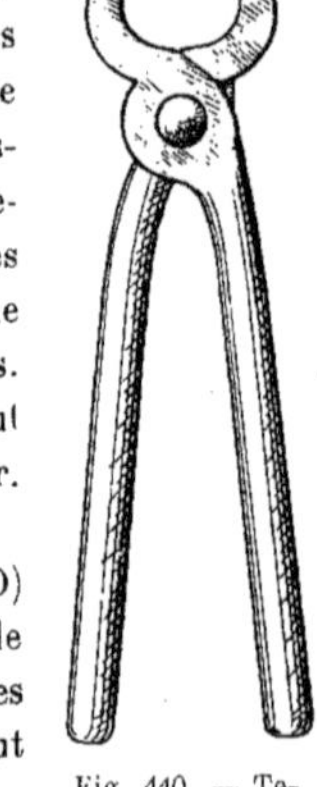

Fig. 440. — Tenaille.

Clefs Le montage des organes mécaniques les uns sur les autres, afin de constituer un appareil ou une machine, se fait à l'aide de vis et de boulons. Pour serrer les vis on se sert de tournevis. Pour serrer les boulons et les écrous, on se sert de *clefs* que nous allons examiner.

Les écrous sont le plus généralement de forme hexagonale. La *clef simple* (Fig. 441) est une pièce métallique A munie à une extrémité d'une tête en fourche B entre les deux courtes branches de laquelle s'engage l'écrou. L'écartement des deux branches correspond exactement à la distance qui sépare deux faces parallèles de l'écrou hexagonal ou écrou à six pans. La queue de la clef, constituée par une tige de plus ou moins grande longueur, sert à la manœuvre.

La clef est donc une sorte de levier dont la manœuvre demande d'autant moins d'effort que la longueur de la queue est plus grande.

Fig. 441. — Clef à écrous.

Le fond de la tête en forme de fourche est parfois arrondi, mais assez souvent on lui donne une forme angulaire. L'angle formé est égal à celui que forment les faces de l'écrou à six pans, c'est-à-dire qu'il vaut 120 degrés. Lorsqu'on engage l'écrou dans la tête de la clef, il peut venir prendre exactement sa place en butant contre le fond de la tête, disposition qui permet de le serrer ou de le desserrer sans risquer d'abîmer ses arêtes.

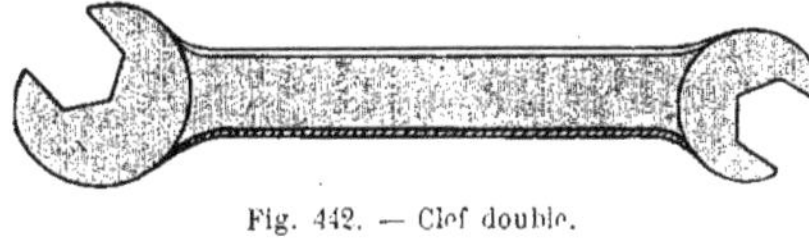
Fig. 442. — Clef double.

Avec ce type de clef, il est indispensable d'en avoir autant de sortes qu'il y a de dimensions d'écrous. Pour diminuer ce nombre de moitié on fait des *clefs doubles* (Fig. 442), qui comportent à chacune de leurs extrémités une tête en forme de fourche. Ces deux fourches ont des dimensions différentes et correspondent, chacune, à un type d'*écrou à six pans*.

Les clefs sont faites en acier et les fourches sont trempées et polies. Certaines sont estampées et munies de nervures. Les corps des clefs ont des formes droites ou courbes.

Pour pouvoir, avec une même clef, manœuvrer un certain nombre d'écrous de dimensions différentes, on rend mobile l'une des branches de la mâchoire. On peut ainsi donner un écartement variable aux deux branches et emprisonner un écrou de dimension quelconque, dans les limites, bien entendu, des dimensions de la clef.

Parmi les divers types de clefs à branche mobile se trouvent les *clefs à molette*. Une seule de ces clefs remplit l'office de plusieurs clefs doubles à fourche.

La *clèf à molette* ordinaire d'atelier (Fig. 443) se compose d'une tête A ne comportant qu'une seule branche fixe B. Cette tête est solidaire du corps de la clef C qui a, généralement, une forme recourbée et qui sert à la manœuvrer. Dans la tête est pratiquée une rainure D qui sert de guide à la branche mobile E de la tête et une ouverture dans laquelle est immobilisé longitudinalement une sorte de tambour mobile F taillé sur sa surface en forme de vis. Cette vis engrène avec une série de dents pratiquées sur la face intérieure de la branche mobile E, de sorte que lorsque l'on fait tourner le tambour F, la branche mobile, guidée longitudinalement dans la rainure D, se rapproche ou s'écarte de la branche fixe de la tête, suivant qu'on donne au tambour un mouvement de rotation dans un certain sens ou en sens inverse. Le tambour mobile se manœuvre aisément à l'aide du pouce et de l'index, un des doigts s'appuyant sur lui sur une

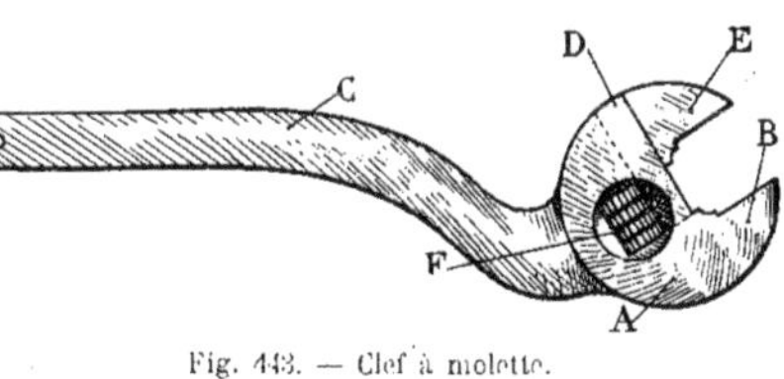

Fig. 443. — Clef à molette.

face de la clef, l'autre prenant contact avec lui sur l'autre face.

Lorsque les deux branches de la fourche emprisonnent l'écrou, on donne du *serrage* à l'aide du tambour moleté, pour que pendant qu'on tournera l'écrou les branches ne puissent s'écarter, car l'inconvénient de la clef à molette réside précisément dans la difficulté de maintenir entre les deux branches de la tête un écartement constant pendant la manœuvre de l'écrou, inconvénient qui n'est pas à redouter avec la clef à mâchoires fixes.

Une autre sorte de clef à mâchoire mobile est la *clef anglaise*, dont le type est représenté par la figure 444. La mâchoire mobile A est guidée entre deux branches de la mâchoire fixe B, qui emprisonne à son extrémité un écrou cylindrique C, tout en lui permettant de tourner. Le mouvement de rotation est donné à cet écrou au moyen de la poignée D qui a une section polygonale destinée à faciliter le mouvement de manœuvre. La mâchoire mobile est prolongée vers l'intérieur de la clef par une vis E qui s'engage dans l'écrou. Lorsqu'à l'aide de la poignée, on donne à l'écrou un mouvement de rotation, on provoque le déplacement longitudinal de la vis et la mâchoire mobile se rapproche ou s'éloigne de la mâchoire fixe suivant le sens dans lequel s'effectue le mouvement de rotation de l'écrou. Le serrage des deux branches de la clef contre l'écrou peut être énergique.

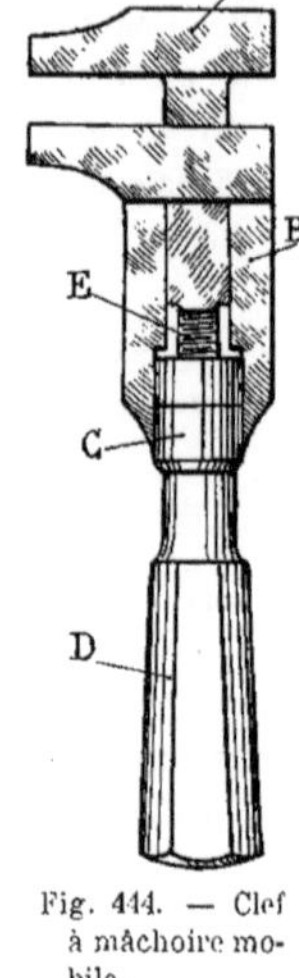

Fig. 444. — Clef à mâchoire mobile.

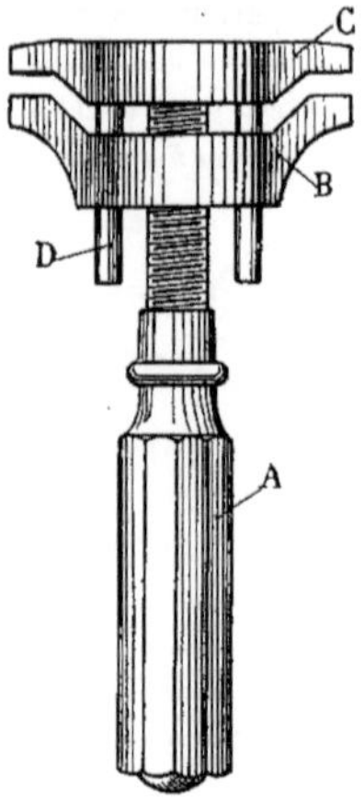

Fig. 445. — Clef à mâchoire mobile *La Populaire*.

La clef à mâchoires mobiles a reçu des formes très variées. La clef *La Populaire* comporte les deux mâchoires mobiles. La poignée A (Fig. 445) est solidaire d'une double vis, l'une s'engageant dans une des mâchoires B formant écrou, l'autre dans la seconde mâchoire C. Le pas de l'une des vis est à droite, tandis que le pas de l'autre vis est à gauche. La mâchoire C porte, fixées sur elle, deux tiges cylindriques D qui pénètrent dans des trous pratiqués sur la mâchoire B. Les deux mâchoires ne peuvent ainsi tourner et sont guidées par ces tiges qui provoquent leur déplacement parallèle. Par suite de la double vis à pas de sens contraires, le mouvement de rotation de la poignée provoque le déplacement rapide des mâchoires l'une vers l'autre ou en sens inverse.

On donne aux becs des mâchoires des formes diverses pour pouvoir serrer toutes sortes d'écrous ou de pièces de sections spéciales. On dispose, parfois, sur la vis qui fait suite à la poignée, un *écrou de blocage*. Lorsque la pièce est serrée, on visse l'écrou, qui s'applique contre la mâchoire B et fait office alors de contre-écrou empêchant les mâchoires de s'écarter pendant qu'on se sert de la clef.

On a établi, surtout à l'usage des cyclistes et des automobilistes, des clefs à molette (Fig. 446) peu encombrantes et relativement légères, dont les dispositions diffèrent quelque peu entre elles, mais qui sont toutes basées sur le même principe de fonctionnement.

Parmi le grand nombre d'autres types de

clefs, on peut citer les *clefs à trous,* les *clefs à cliquet,* les *clefs en tubes et à douille,* les *clefs à ergots, à béquille.*

La *clef à trous* comporte un trou hexagonal de la dimension de l'écrou à six pans à serrer. Lorsque la clef est double, un trou hexagonal est pratiqué à chaque extrémité de la clef. Ces deux trous n'ont pas, évidemment, les mêmes dimensions, afin que la clef puisse servir à manœuvrer deux sortes d'écrous.

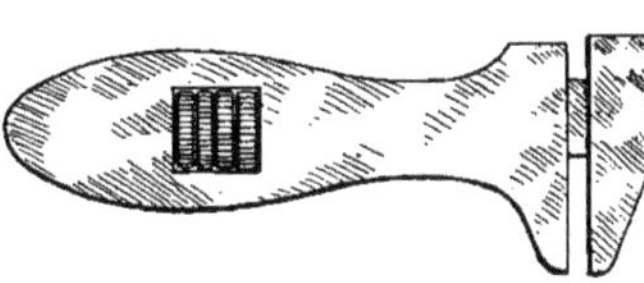

Fig. 446. — Clef anglaise à molette.

Ces clefs à trous comportent parfois un dispositif à cliquet (Fig. 447). La bague formant roue à rochet et munie de dents peut tourner dans la tête de la clef et porte, à sa partie centrale, le trou hexagonal destiné à recevoir l'écrou. Un cliquet solidaire du corps de la clef et se déplaçant avec lui, engrène successivement avec les diverses dents de la roue à rochet, au fur et à mesure qu'on imprime à la clef un mouvement d'oscillation dans des sens opposés : c'est la *clef à cliquet*. Il est possible ainsi de serrer un écrou à bloc sans enlever la clef pendant toute l'opération de serrage. On n'a qu'à donner à la clef un mouvement de va-et-vient dans des sens contraires, après l'avoir engagée dans l'écrou à serrer. Cette disposition permet de ne pas détériorer les faces et les arêtes de l'écrou.

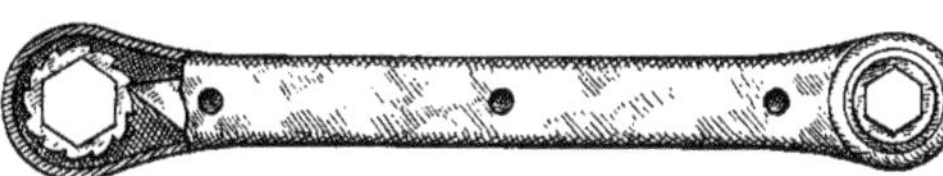

Fig. 447. — Clef double à trous et à cliquet.

On peut employer, avec la clef à cliquet, des rallonges afin de pouvoir serrer des écrous qui sont difficilement abordables. Ces rallonges sont des pièces comportant une extrémité dont la forme extérieure est un hexagone. Cette extrémité s'engage dans le trou à six pans de la clef, ce qui rend cette rallonge solidaire du rochet de la clef. L'autre extrémité de la rallonge est constituée par une partie tubulaire également en forme d'hexagone qui s'adapte sur l'écrou à serrer. De la sorte, en manœuvrant la clef, on serre l'écrou et, suivant que la longueur de la rallonge est plus ou moins grande, on peut aborder un écrou plus ou moins profondément enfoncé dans une partie creuse d'un bâti, par exemple, ou d'une pièce quelconque.

En donnant aux rallonges la longueur et, à l'extrémité recevant l'écrou, les dimensions appropriées, l'autre extrémité restant la même, on peut, en se servant de la même clef à rochet, serrer des écrous de dimensions différentes et placés à des profondeurs variables.

La *clef en tube* est constituée par un tube cylindrique en acier dont une ou deux extrémités ont reçu une forme hexagonale (Fig. 448). Dans le premier cas, la clef est simple, dans le second, elle est double. Le trou hexagonal ainsi pratiqué aux extrémités de cette clef permet de saisir l'écrou en bout et de le serrer ou de le desserrer en tournant la clef tubulaire. Pour aider à ce mouvement de rotation, on dispose, en travers du tube formant le corps de la clef, une tige débordant de chaque côté qui peut être saisie pour effectuer la manœuvre.

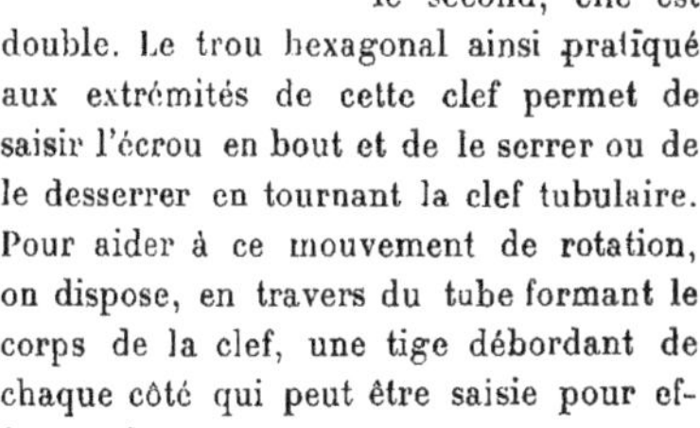

Fig. 448. — Clef en tube double.

Certaines clefs en tubes ont une de leurs extrémités recourbée : c'est alors la *clef coudée* (Fig. 449), tandis que la clef tubulaire ordinaire est nommée *clef droite*. Dans la clef coudée, un des trous hexagonaux est placé dans une direction perpendiculaire à la direction de l'autre. Ces clefs tubulaires sont aussi appelées *clefs à douilles*.

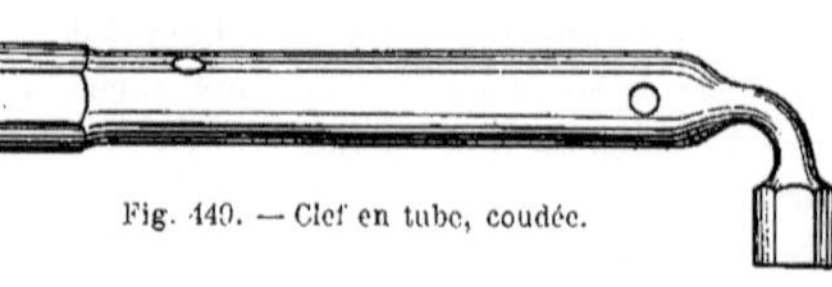

Fig. 449. — Clef en tube, coudée.

Parfois, la *clef à douille* a une forme différente. Elle se compose d'une douille comportant un trou hexagonal, octogonal, ou carré, solidaire d'un levier formant poignée sur lequel on agit pour manœuvrer la clef.

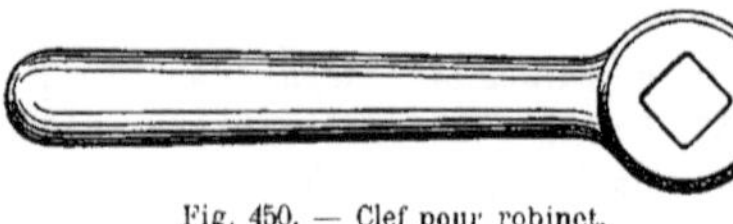

Fig. 450. — Clef pour robinet.

La *clef pour robinets* (Fig. 450) est une sorte de clef à douille comportant un trou carré et une poignée de section circulaire et de forme conique.

La *clef à ergot* (Fig. 451) est constituée par un levier muni à une extrémité d'une branche en forme de demi-cercle au bout de laquelle est fixé un ergot cylindrique. Ce type de clef sert à manœuvrer les pièces cylindriques que l'on peut avoir à serrer ou à desserrer. Ces pièces sont percées de trous cylindriques sur leur périphérie, et en engageant l'ergot successivement dans ces divers trous, la branche circulaire de la clef s'appuyant sur le pourtour cylindrique de la pièce, on peut donner à cette pièce un mouvement de rotation.

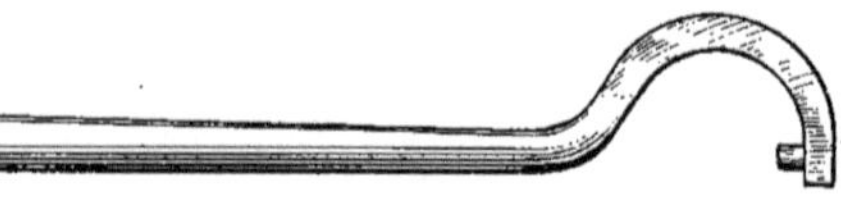

Fig. 451. — Clef à ergot.

La *clef à béquille* (Fig. 452) est une clef à douille dont l'extrémité porte un trou carré ou à six pans et dont le corps cylindrique est muni, à son autre extrémité, d'une autre tige cylindrique disposée transversalement. Cette tige sert à la manœuvre de la clef que l'on emploie pour tourner des pièces demandant un certain effort et, généralement, disposée dans des parties creuses.

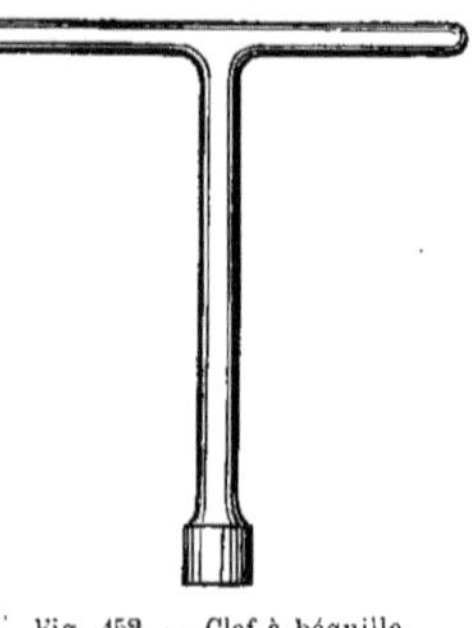

Fig. 452. — Clef à béquille.

Scies à métaux La *scie à métaux* sert à sectionner à la main des pièces métalliques. Elle se compose d'une *lame* de scie et d'une *monture* (Fig. 453). La lame de scie A est en acier et trempée. Elle est munie de dents sur un des champs. Ces dents, de forme triangulaire, sont déviées successivement à droite et à gauche pour donner *de la voie* à la lame, ce qui sert à faciliter son passage à travers le métal à scier. La lame porte, à chacune de ses extrémités, un trou qui sert à la fixer à la monture.

La monture B de la scie est une pièce métallique ayant la forme d'un U, munie à une extrémité d'une poignée C. L'autre extrémité porte une sorte de douille D dans laquelle s'engage la tige de fixation de la lame. Par un de ses bouts, la lame est rendue solidaire de la tige : elle pénètre dans une fente pratiquée dans la tige et un petit axe cylindrique réunit les deux pièces. Un écrou E se vissant sur l'extrémité extérieure de la tige sert à tendre la lame de scie lorsque celle-ci est complètement assujettie à la monture. Pour cela, le bout de la lame disposé du côté de la poignée est rendu solidaire de la tige de cette poignée par un autre petit axe cylindrique. Les lames de scies sont, de la sorte, facilement interchangeables.

Les montures de scies ont des formes variées et sont munies de dispositions diverses dont certaines permettent de donner à la lame des inclinaisons différentes par rapport à la monture, ce qui est parfois très utile pour scier des pièces ayant des formes encombrantes ou spéciales.

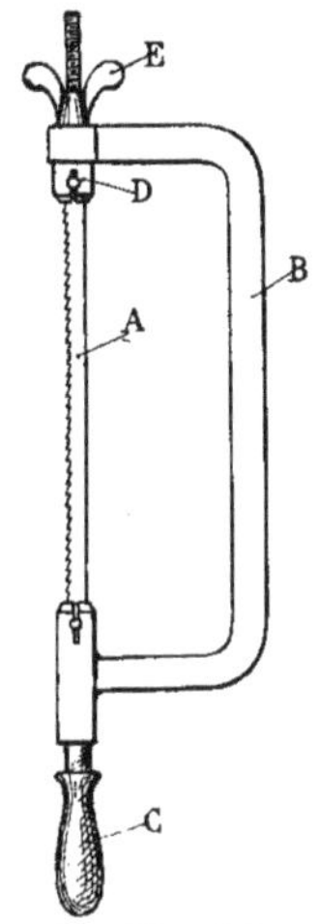

Fig. 453. — Scie à métaux.

Meules La *meule* est un outil qui est indispensable dans un atelier. Elle sert à affûter les divers outils qui y sont utilisés. Elle peut servir aussi à enlever, sur certaines pièces, une petite quantité de matière pour leur donner, à l'aide de cette rectification, la forme et les dimensions convenables. Ces dernières meules sont actionnées mécaniquement, ainsi d'ailleurs qu'un grand nombre de meules à affûter d'atelier. Ces meules, qui tournent généralement à grande vitesse, sont obtenues par la compression d'une composition spéciale; on les désigne sous le nom général de meules d'émeri. Nous trouverons ces sortes de meules dans la description des machines-outils. Nous n'examinerons ici que les meules ordinairement employées pour affûter la plus grande quantité des outils que nous avons précédemment décrits.

La meule ordinaire d'atelier est la *meule en grès*. C'est une pierre constituée par l'agglomération d'une grande quantité de grains de quartz. Elle a une grande dureté et l'outil frotté sur elle s'use, ce qui permet de donner à son tranchant une régularité qui détermine la netteté de *l'arête de coupe*.

Pour donner plus rapidement le biseau tranchant à l'outil, on donne à la meule un mouvement de rotation, au lieu de frotter l'outil sur elle. La meule a pour cela une forme circulaire. A son centre est fixé un axe métallique que l'on dispose sur deux tourillons portés par le support de l'outil. Une des extrémités de l'axe débordant du support est disposée pour recevoir une manivelle, de sorte que l'on peut aisément faire tourner la meule à la main : on n'a qu'à appuyer l'outil sur la périphérie de la meule qui tourne pour effectuer son affûtage.

Fig. 454. — Meule à main. (Glaenzer-Perreaud.)

Le support de la meule est le plus souvent disposé en forme d'*auge*. On verse de l'eau dans ce récipient et la meule, en tournant, entraîne cette eau qui coule sur l'outil que l'on affûte et le maintient froid tout en facilitant le meulage. On dispose aussi, parfois, un *capuchon* qui enveloppe, vers l'arrière, la moitié de la partie supérieure débordante de la meule et empêche les projections d'eau pendant le fonctionnement de l'outil.

La meule munie d'une manivelle est la *meule à main* (Fig. 454). Cette meule nécessite la présence de deux personnes pour effectuer l'affûtage d'un outil.

L'outil, en effet, doit être tenu à deux mains par l'une d'elles pour être convena-

Fig. 455. — Meule à pédale. (Glaenzer.)

blement affûté, l'autre tournant simplement la meule.

Pour obvier à cet inconvénient, on a établi des meules pouvant être mises en action à l'aide du pied. Ce sont les *meules à pédales* (Fig. 455) que l'ouvrier qui affûte peut lui-même commander tout en maintenant son outil à deux mains.

La *pédale* est une planchette en bois pouvant osciller à une extrémité autour d'un axe fixe et solidaire d'une tige métallique tourillonnant, à sa partie supérieure, sur le maneton d'une petite manivelle fixée sur l'axe de la meule. Le pied peut se reposer sur la planchette et lui donner un mouvement d'oscillation qui est transformé, par l'intermédiaire de la bielle et de la manivelle, en un mouvement de rotation imprimé à l'axe de la meule.

Le support de la meule à pédale comporte une auge recevant de l'eau et un petit bâti reposant sur le sol et portant le dispositif d'articulation de la pédale.

Dans les ateliers où l'on peut aisément disposer de la force motrice, on actionne la meule mécaniquement. L'axe solidaire de la meule (Fig. 456) porte à une de ses extrémités deux poulies dont l'une est fixée sur lui, tandis que l'autre peut *tourner folle*, c'est-à-dire sans l'entraîner. Lorsqu'on n'a pas à se servir de la meule, on dispose la courroie de commande de la meule sur la poulie folle; la meule ne tourne pas. Lorsqu'on veut se servir de la meule, on fait glisser, à l'aide d'une fourchette spécialement établie pour cela, la courroie de la poulie folle sur la poulie fixée sur l'axe de la meule, et celle-ci est entraînée dans le mouvement de rotation donné par la courroie.

Les *meules en émeri* ou en *corindon* sont mues mécaniquement, ce qui permet de leur imprimer une grande vitesse de rotation.

Fig. 456. — Meule actionnée mécaniquement. (Glaenzer.)

Les meules doivent être toujours parfaitement centrées, c'est-à-dire *tourner bien rond* autour de leur axe. Les outils à affûter portent ainsi constamment sur la périphérie de la meule, ce qui facilite la régularité de l'affûtage, et celle-ci se trouve de la sorte toujours bien équilibrée.

Lorsque, par l'usage, une meule ne tourne pas bien rond, on doit *la dresser,* c'est-à-dire *la tourner* en enlevant la matière formant les saillies pour lui donner une concentricité parfaite. On a créé des outils destinés à dresser les meules (Fig. 457 et 458). Certains de ces outils sont établis pour être manœuvrés à la main ; d'autres sont des appareils qui se montent sur le bâti de la meule et qui, manœuvrés par l'intermédiaire de dispositifs mécaniques, permettent un dressage bien régulier.

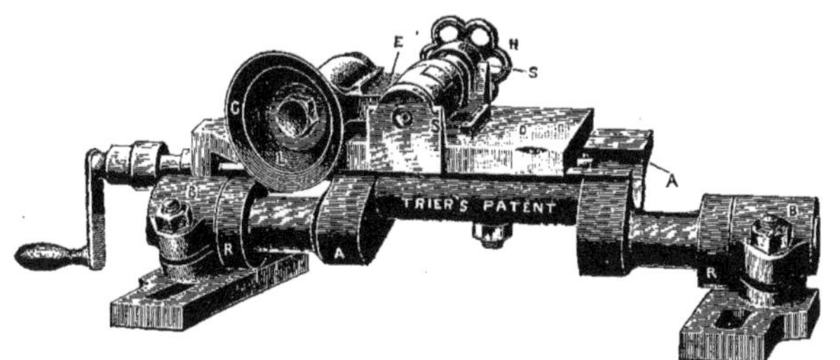

Fig. 457. — Appareil à dresser les meules en grès. (Glaenzer et Perreaud.)

Pierre à huile

On emploie aussi pour affûter certains outils à main, les grattoirs, par exemple, des pierres spéciales que l'on nomme *pierres à huile.* La pierre à huile est une pierre dure, généralement placée dans une sorte de boîte de laquelle elle déborde pour permettre de passer l'outil dans tous les sens sur sa surface supérieure.

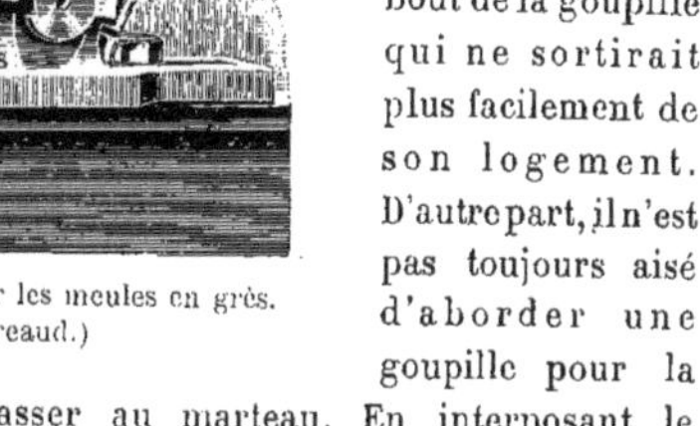

Fig. 458. — Appareil à dresser les meules en grès. (Glaenzer et Perreaud.)

Pour affûter l'outil, on verse sur la pierre quelques gouttes d'huile, ce qui donne au *fil* du tranchant une grande finesse.

La pierre à huile sert moins à affûter des outils qu'à leur donner, après leur affûtage à la meule, le dernier coup de repassage destiné à affiner leur tranchant.

Chasse-goupille

Le *chasse-goupille* (Fig. 459) est un outil qui est utilisé pour sortir les goupilles de leur trou. Les goupilles débordent généralement de chaque côté de la pièce où elles sont engagées. Si on frappait directement sur leur extrémité à l'aide du marteau, on pourrait *mater* le bout de la goupille qui ne sortirait plus facilement de son logement. D'autre part, il n'est pas toujours aisé d'aborder une goupille pour la chasser au marteau. En interposant le chasse-goupille, l'opération peut s'effectuer.

Le chasse-goupille a l'aspect d'un pointeau ordinaire, avec cette différence que son extrémité, au lieu d'être terminée en pointe comme celle du pointeau, porte une surface plane de section circulaire. C'est cette extrémité que l'on applique sur le bout de la goupille. En frappant sur l'autre extrémité du chasse-goupille ayant une forme appropriée pour recevoir les coups de marteau, on agit sur la goupille, soit pour l'enfoncer, soit pour la sortir.

Les *chasse-pointes* ont une forme semblable à celle des *chasse-goupilles*.

Fig. 459. — Chasse-goupilles.

Poinçon Le poinçon est assez peu utilisé comme outil à main. On l'emploie, le plus souvent, avec les machines-outils, à poinçonner, à perforer, à découper, le travail à effectuer exigeant, dans ces cas, une force que l'on ne peut obtenir à la main.

Cependant, le poinçon à découper soit des disques ou des rondelles dans des matières métalliques peu résistantes ou dans des matières diverses, telles que papier, carton, cuir, caoutchouc, etc., peut être un outil à main.

Pour découper des disques, le poinçon est muni, à une extrémité, d'une partie cylindrique portant un biseau, le diamètre extérieur de cette partie cylindrique correspondant au diamètre du disque à obtenir. L'autre extrémité du poinçon est disposée pour recevoir des coups de marteau. On pose le poinçon, la partie affûtée reposant sur la matière à découper, et en frappant sur l'autre bout, on provoque l'enfoncement de l'outil dans la matière et la séparation d'un disque de cette matière.

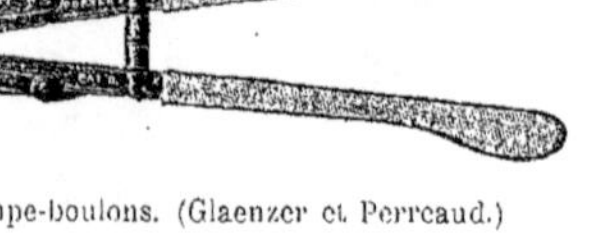

Fig. 460. — Coupe-boulons. (Glaenzer et Perreaud.)

Le poinçon à découper des rondelles porte à une extrémité deux parties circulaires affûtées et concentriques, de sorte que la partie découpée de la matière est une couronne. Ces types de poinçons sont désignés couramment sous le nom d'*emporte-pièces*.

Il existe des poinçons spéciaux sur lesquels sont gravés, en bout, et en relief, des lettres ou des chiffres que l'on imprime en creux sur les pièces mécaniques à repérer. Ces poinçons sont appelés *marques à frapper*.

La taille donnée aux lettres et aux chiffres des poinçons diffère de forme suivant que ces outils sont destinés à marquer des pièces métalliques ou des pièces en bois. C'est en frappant sur l'extrémité opposée, à l'aide d'un marteau, que l'on imprime les marques.

Les marques à frapper peuvent être constituées autrement que par une lettre ou un chiffre. Elles comportent parfois un mot entier représentant, soit une indication à apposer sur des appareils, soit une marque de fabrique.

Ces marques spéciales sont disposées pour être apposées à la main, c'est-à-dire en frappant à l'aide d'un marteau, ou à l'aide d'une machine spéciale : la *machine à marquer*.

Coupe-boulons Ce sont des outils servant à mettre à leur longueur les boulons, en les sectionnant d'un seul coup à leur extrémité. Cette opération, faite ainsi rapidement, évite la perte de temps occasionnée par un affleurage du boulon soit à la lime, soit à une autre machine-outil appropriée.

Le coupe-boulons (Fig. 460) est une sorte de cisaille comportant deux mâchoires tranchantes, que l'on peut à volonté rapprocher ou écarter en agissant sur deux leviers formant les manches de l'outil. Ces leviers ne commandent pas directement les mâchoires coupantes, comme dans les pinces coupantes, par exemple, ou les tenailles.

L'outil est disposé pour que la commande s'effectue par l'intermédiaire de plusieurs leviers, de sorte que l'effort que l'on exerce à la main sur les poignées se trouve multiplié par les rapports des différents bras de leviers et devient suffisant pour cisailler les boulons qui offrent, par suite de leur diamètre relativement considérable, une grande résistance au sectionnement.

Les coupe-boulons ont des mâchoires droites ou obliques. Ce dernier type est utilisé pour couper les boulons, les rivets, et en général les tiges cylindriques ou les lames de certaine épaisseur, qui sont disposés dans un angle et difficiles à aborder avec l'outil à mâchoires droites.

Coupe-tubes

Le *coupe-tubes* est basé sur un principe différent du coupe-boulons. Ce n'est pas, comme ce dernier, une sorte de cisaille à mâchoires. Le

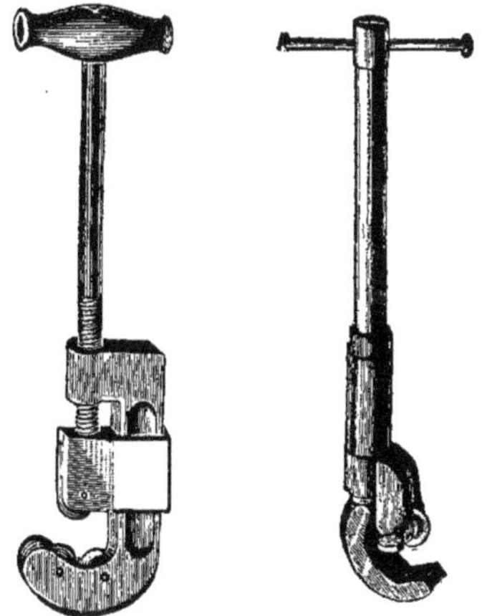

Fig. 461. — Coupe-tubes à trois molettes. Fig. 462. — Coupe-tubes simple. (Forges de Vulcain.)

coupe-tubes simple (Fig. 462) est constitué par un levier, portant en bout une branche courbe qui s'applique sur la périphérie du tube et prend appui sur lui. Une douille pouvant coulisser sur la tige cylindrique du levier, porte une *molette* qui tourbillonne autour d'un axe supporté par les deux flasques de la chape terminant cette douille. La molette, taillée en biseau sur son pourtour, s'applique aussi sur la périphérie du tube en

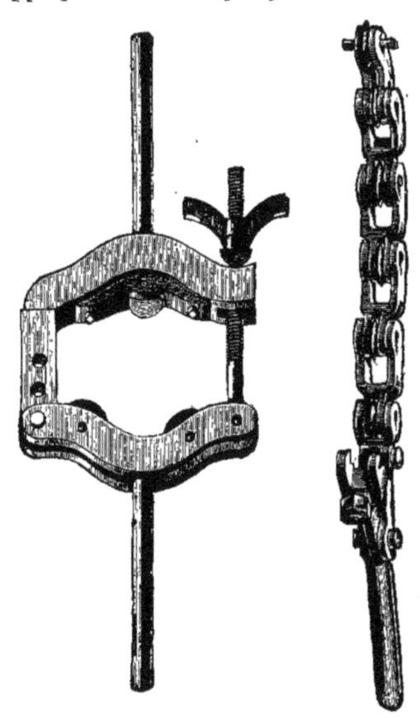

Fig. 463. — Coupe-tubes à trois molettes. Fig. 464. — Coupe-tubes à trois maillons. (Forges de Vulcain.)

un point opposé aux points d'appui de la branche courbe. Si à l'aide de la tige du levier, munie généralement à son extrémité d'une poignée transversale, on donne à l'outil un mouvement de va-et-vient en le déplaçant tout autour du tube, on entame la matière avec la molette, on creuse un sillon circulaire dont la profondeur augmente au fur et à mesure que la molette est appuyée de plus en plus énergiquement contre le tube.

On peut provoquer l'avancement de la molette en manœuvrant un écrou qui fait déplacer la douille porte-molette contre la branche courbe de l'outil.

Les dimensions de ce type de coupe-tubes varient suivant les diamètres et les épaisseurs des tubes qu'il s'agit de sectionner.

On a établi des coupe-tubes de formes diverses. Le modèle à trois molettes (Fig 461) comporte deux molettes tourillonnant sur des axes solidaires de la branche recourbée du levier. La troisième est supportée par une chape mobile pouvant se déplacer le long de la branche droite de l'outil. Cette branche est retournée en équerre du côté opposé à la branche courbe et porte un trou taraudé dans lequel peut se visser une tige solidaire de la chape porte-molette. Cette tige est munie à son autre extrémité d'une poignée. L'outil s'emploie de la même manière que le précédent; mais ce sont trois molettes au lieu d'une qui creusent le sillon de sectionnement dans l'épaisseur du tube. L'enfoncement des molettes est obtenu par la manœuvre de la tige filetée, que l'on fait tourner à l'aide de sa poignée, ce qui provoque le déplacement de la molette mobile.

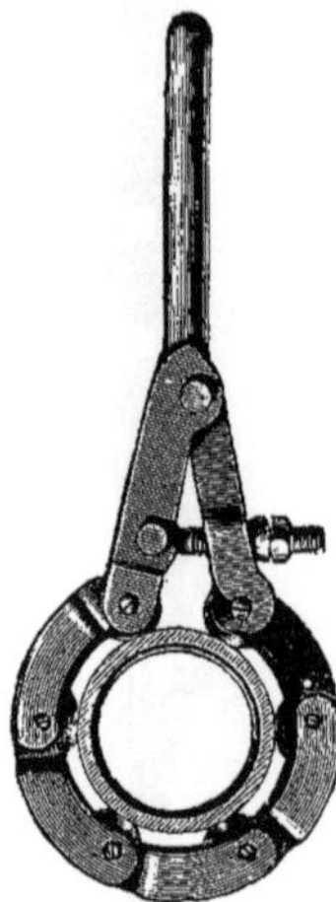

Fig. 465. — Coupe-tubes à maillons. (Forges de Vulcain.)

Pour des tubes de diamètres importants, on ne peut employer les coupe-tubes précédents, qui ont des dimensions trop réduites. On donne alors à l'outil à sectionner d'autres formes, comme celle du coupe-tube représenté par la figure 463, et qui est constitué par deux supports de molettes, reliés d'un côté par une branche articulée, et de l'autre par une tige filetée servant, par la manœuvre d'un écrou, à assurer le serrage des molettes. Celles-ci, au nombre de trois, sont disposées l'une dans l'un des supports et les deux autres dans le second. Deux tiges, fixées chacune sur un support, permettent de manœuvrer l'outil.

Des coupe-tubes ayant un plus grand nombre de molettes sont employés pour des tubes de grandes dimensions. Les chapes des molettes sont des sortes de maillons de chaîne de forme spéciale (Fig. 464 et 465). L'un des bouts de la chaîne est rendu solidaire, par un tourillon, d'une branche du coupe-tubes, faisant corps avec la poignée. L'autre bout de chaîne s'adapte à l'extrémité de la seconde branche de l'outil. Cette seconde branche, articulée sur la première, peut en être rapprochée ou éloignée par le serrage ou le desserrage d'un écrou porté par une vis de rappel. En rapprochant les deux branches, on détermine le serrage des molettes contre le tube et, par conséquent, leur enfoncement en pleine matière, au fur et à mesure de la manœuvre de l'outil.

Fig. 466. — Coupe-tubes à couteaux. (Forges de Vulcain.)

D'autres coupe-tubes portent de véritables *outils à saigner*, semblables à ceux que l'on emploie sur les tours pour sectionner le métal (Fig. 466). Ces *couteaux,* généralement au nombre de trois, sont disposés pour être parfaitement centrés automatiquement et reçoivent une avance automatique.

Cisaille La *cisaille à main* (Fig. 467) est une sorte de ciseau servant à couper du métal. L'épaisseur des lames que l'on peut découper à la main est relativement faible mais cependant, dans bien des cas, la cisaille est d'une grande utilité. Elle se compose de deux leviers articulés, en un point de leur longueur, autour d'un tourillon. Chaque levier est formé de deux branches, l'une longue, destinée à être actionnée à la main, l'autre, plus courte, portant une arête tranchante. On place le métal à cisailler entre les deux tranchants des courtes branches et en appuyant sur les longues branches pour les rapprocher, on produit le cisaillement de la pièce qui est sectionnée en deux tronçons par le glissement des deux tranchants l'un contre l'autre.

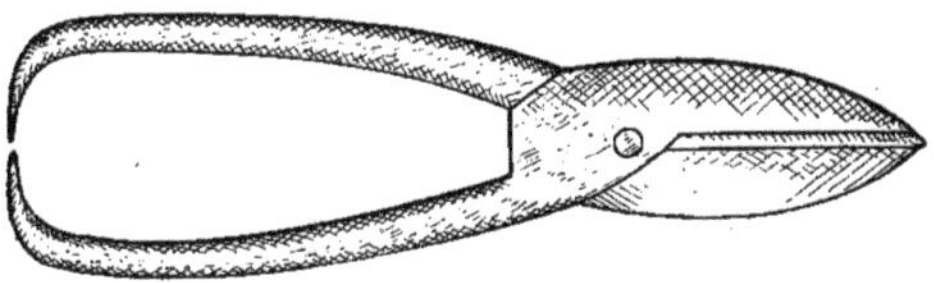

Fig. 467. — Cisaille.

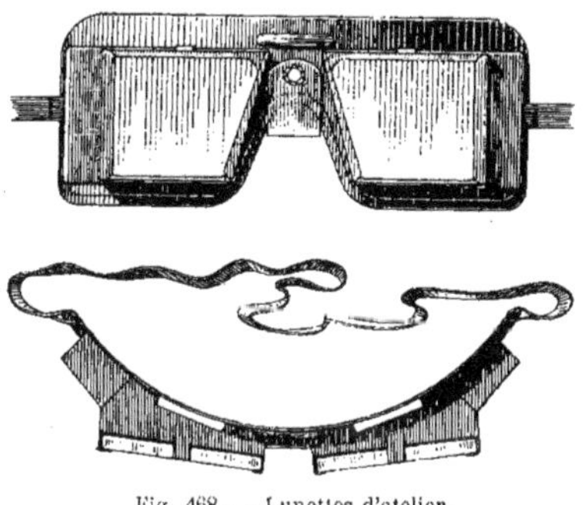

Fig. 468. — Lunettes d'atelier.

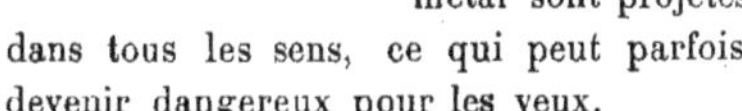

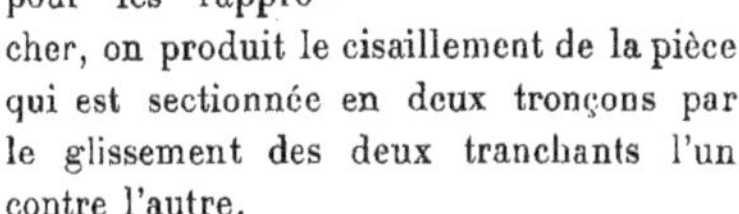

Les cisailles comportent, parfois, un ressort-lame destiné à écarter automatiquement les branches de manœuvre lorsqu'on les libère. Les mâchoires sont, de la sorte, ouvertes également d'une façon automatique, ce qui peut faciliter le travail à effectuer et le rendre plus rapide.

Il existe une grande variété de cisailles de formes et de dimensions diverses.

Un certain nombre d'autres outils ou accessoires divers sont utilisés dans les ateliers de mécanique par les ouvriers ajusteurs. Le *fer à souder,* les *tas,* sortes de petites enclumes servant à redresser des pièces, à les marteler, principalement à froid, à les river, etc., font partie de ces outils.

La *poudre d'émeri,* la *toile* et le *papier d'émeri* leur servent soit à roder des organes, soit à polir les diverses pièces confectionnées.

Dans certains genres de travaux, on emploie aussi des *lunettes* et des *masques.* Les lunettes servent à protéger les yeux contre les projections de copeaux ou d'éclats métalliques survenant pendant le façonnage des pièces.

Lorsqu'on burine de la fonte, par exemple, il est utile de se munir de lunettes, car les débris et les éclats de métal sont projetés dans tous les sens, ce qui peut parfois devenir dangereux pour les yeux.

Lorsqu'on tourne à grande vitesse des métaux, les copeaux peuvent aussi occasionner des blessures aux yeux. On les évite en portant des lunettes. Les forgerons se protègent souvent contre la projection d'étincelles, par des lunettes, ou par des *masques* en toile métallique, qui assurent la protection de tout le visage.

CHAPITRE XI

OUTILS D'HORLOGERIE

OUTILS DE SERRAGE, — DE DRESSAGE, — DE PERÇAGE ET D'ALÉSAGE, — DE FILETAGE, — DE TRAÇAGE, — DE MESURE ET VÉRIFICATION. — OUTILS DIVERS.

Outillage d'horlogerie Pour compléter la description de l'outillage à main, ou petit outillage, il nous paraît utile d'indiquer brièvement les principaux organes spéciaux qui constituent l'outillage d'horlogerie.

Cet outillage, en effet, a de nombreux points communs avec l'outillage utilisé dans la mécanique de précision et complète, en quelque sorte, l'outillage mécanique à main que nous nous sommes proposé d'examiner dans ce volume.

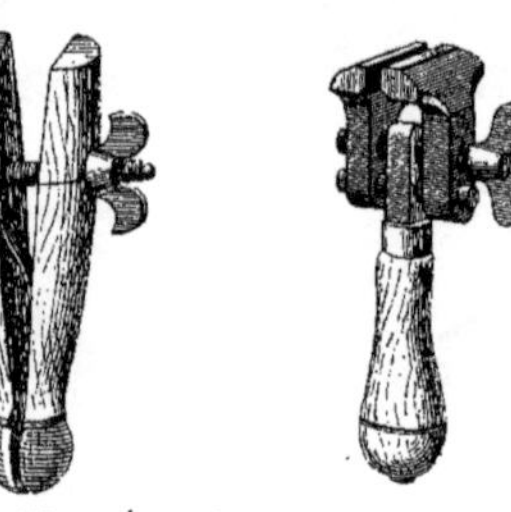

Fig. 469. — Étaux à main. (Moynet et Cie)

L'outillage d'horlogerie, comme l'outillage mécanique proprement dit, peut être subdivisé en plusieurs catégories suivant la fonction des outils. En principe, ces outils sont évidemment de dimensions plus réduites que ceux que nous avons examinés, et qui ont des fonctions semblables. Nous leur conserverons la même classification.

Outils de serrage Les étaux destinés à serrer les pièces d'horlogerie sont principalement des *étaux à agrafes,* semblables à ceux que nous avons précédemment examinés. Ils peuvent comporter un *mors articulé* autour d'un axe, comme dans l'étau ordinaire, ou ils peuvent avoir un dispositif à *mors parallèles.* Ces étaux se fixent facilement sur un établi, ne sont pas encombrants et possèdent des mors qui conviennent pour le serrage de pièces de faibles dimensions. Certains de ces étaux sont munis de pattes servant à les assujettir au moyen de vis sur les établis. Les *étaux parallèles tournants* sont aussi utilisés.

On emploie aussi beaucoup l'étau à main de petite dimension : soit l'*étau à main ordinaire,* soit l'étau à main à *mors parallèles* et *à manche en bois,* soit l'étau *à goupilles* avec trou central. Tous ces genres d'étaux sont parfois utilisés dans la mécanique, surtout dans la mécanique de précision. En horlogerie, on emploie une autre catégorie d'étaux nommés *étaux à queue,* qui comportent, comme manche, une queue métallique servant à tenir et à manœuvrer l'étau (Fig. 470). Ces manches ont des formes hexagonales ou octogonales; ils sont parfois cannelés ou constitués par des tiges destinées à recevoir des manches en bois, principalement *buis* ou *ébène*.

L'étau proprement dit, placé à l'extrémité du manche, est un petit étau à main à branche oscillante. L'oscillation de la branche peut s'effectuer autour d'un axe ou par suite de la flexion d'une lame-ressort réunissant les deux branches. Le serrage des mors se fait par la manœuvre d'un écrou à oreilles monté sur la vis de l'étau.

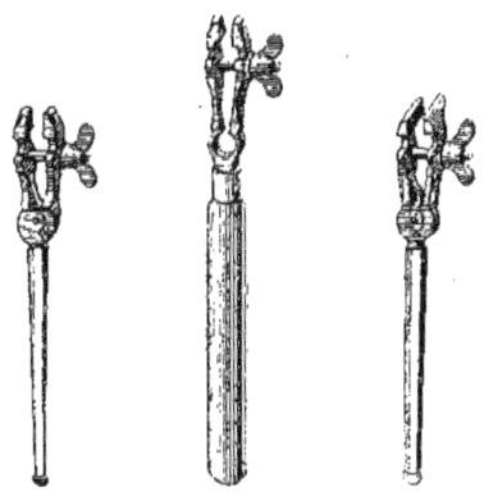

Fig. 470. — Étaux à queue. (Moynet et Cie.)

Certains étaux d'horlogers sont tout en bois (Fig. 469). Les deux branches sont formées chacune par un bout de bois. Ces deux branches sont articulées à une extrémité au moyen d'une charnière, ou parfois elles sont libres et sont simplement mises en contact. Une vis semblable à celles des étaux ordinaires à main les réunit à l'autre extrémité et la manœuvre d'un écrou sert à rapprocher ou à écarter les deux branches.

Établis

L'établi de l'horloger diffère de l'établi du mécanicien. L'horloger, en effet, n'a pas de grands efforts à exercer pour façonner ses pièces; il travaille assez souvent assis, tandis que le mécanicien, par suite même du travail qu'il doit effectuer, travaille debout.

Fig. 471. — Établi d'horloger. (Moynet et Cie.)

L'établi de l'horloger, en outre, doit non seulement supporter l'étau, mais, le plus souvent, porte, fixé sur lui, un petit tour manœuvré à l'aide d'une pédale, outil très utile pour le façonnage des divers axes ou pivots d'horlogerie.

L'établi d'horloger (Fig. 471), généralement fait en hêtre, se compose d'un plateau de forte épaisseur, sur lequel sont montés l'étau et le tour. A une extrémité, le plateau est muni de pieds qui le supportent en reposant sur le sol; à l'autre extrémité est disposé une sorte de coffre comportant une série de tiroirs. Entre le coffre et les pieds de l'établi se trouve, sous le plateau, une partie creuse dans laquelle l'ouvrier horloger étant assis peut loger ses jambes. La paroi transversale qui réunit les deux pieds reçoit le palier-support de la poulie-volant qui actionne le tour à l'aide d'une petite courroie à section circulaire. Cette poulie-volant est elle-même actionnée par une pédale articulée que l'horloger manœuvre au pied. Une bielle, constituée par une tige métallique, sert d'organe intermédiaire.

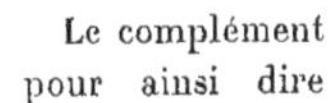

Le complément pour ainsi dire indispensable de l'établi d'horloger est le *tabouret*, qui comporte le plus souvent un siège, que l'on peut à volonté monter ou descendre par suite de son montage à vis sur le pied triangulaire qui lui sert de support.

Outils de dressage Les outils de dressage, qui comprennent principalement les *limes,* ne sont en réalité, en horlogerie, que des outils d'ajustage, car la matière à enlever sur les organes de pendules ou de montres pour procéder à leur montage est de peu d'importance.

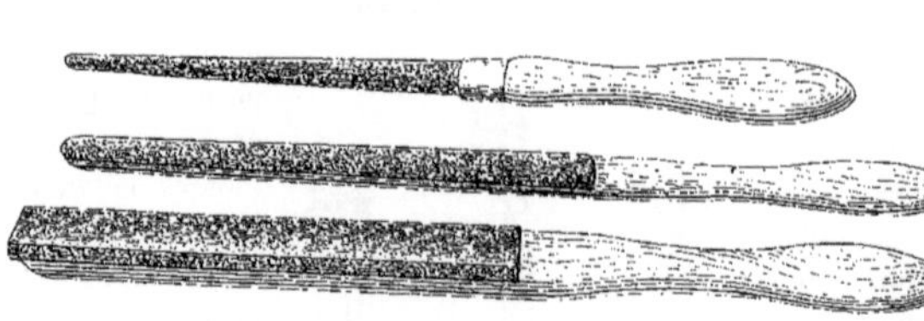

Fig. 172. — Limes en émeri. (Moynet et Cie.)

On n'emploie donc pas en horlogerie des limes à dégrossir semblables à celles que nous avons examinées antérieurement. On emploie des limes-couteaux, à fendre, feuille de sauge, que nous connaissons. Mais, en outre, pour les travaux tout particuliers des pièces d'horlogerie on a créé un grand nombre d'autres limes de faibles dimensions, mais dont les formes sont appropriées à la fonction de ces limes.

Les *limes à pivots* ont des sections diverses, soit en forme de parallélogramme, comme la lime à pivot simple et la lime à pivot à rabattre, soit à rainures.

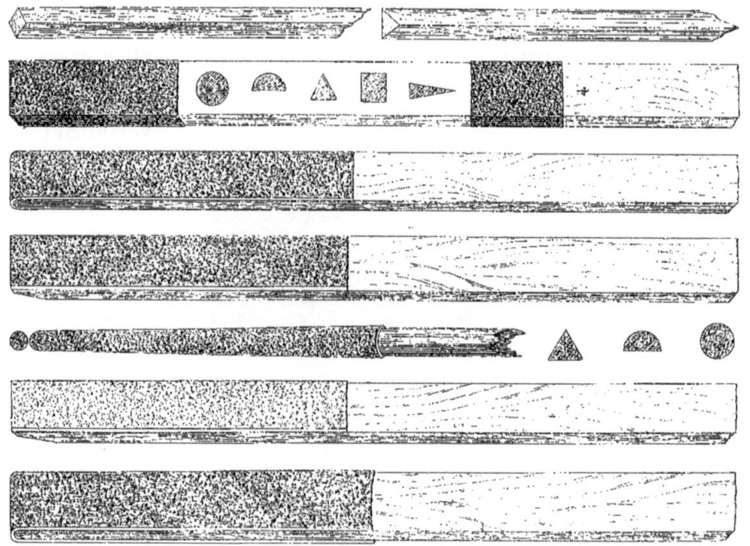

Fig. 173. — Cabrons. (Moynet et Cie.)

peu les limes *bâtardes,* mais, par contre, on se sert le plus souvent de limes *demi-douces, douces* et *très douces.*

Les formes des limes employées sont très variées. On y trouve des limes plates, rondes, carrées, demi-rondes, triangulaires,

Les *limes barettes* ont une section triangulaire et ont le dos à côtes ou le dos rond ; de même la *lime à arrondir,* qui possède une face plane et une face courbe, à dos rond ou à dos à côtes.

Les *limes piliers* sont des limes plates,

de section rectangulaire et de peu d'épaisseur. On emploie aussi des limes spéciales dites *limes aiguilles*. Ce sont des limes très effilées ayant une section ronde, ovale, rectangulaire, triangulaire, demi-ronde, etc. Les *limes aux échappements* sont destinées à retoucher les organes d'échappement. Les *limes aux rochets* ont des sections variées comportant des angles et des becs permettant de rectifier la forme des dents des rochets. Les *limes aux yeux de ressorts*, très effilées à une extrémité et larges à l'autre bout, servent à façonner et retoucher les trous faits dans les ressorts.

On utilise également, en horlogerie, des *limes diamantées*. Ce sont des limes très dures qui servent à retoucher les organes en acier des pendules et des montres, tels que les roues d'ancre, les fourchettes, les roues de cylindres, etc.

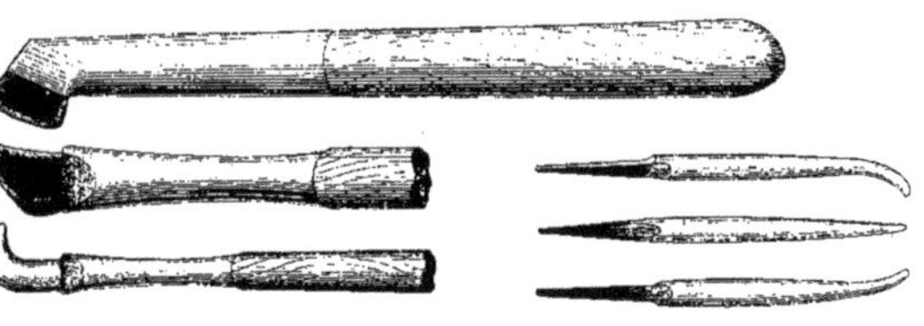

Fig. 474. — Brunissoirs. (Moynet.)

Pour effectuer le polissage, on a établi des limes de formes diverses et de compositions spéciales. Certaines sont en émeri avec manche en bois (Fig. 472).

On se sert aussi de *cabrons* (Fig. 473) pour polir. Le *cabron* est constitué par une planchette plate dont les faces larges bien dressées peuvent recevoir soit du papier émeri, soit de la peau ordinaire, de la peau de buffle ou de veau. Le papier ou les peaux sont rendus solidaires de la planchette au moyen de cire jaune dont on frotte les parties devant s'appliquer les unes sur les autres. On peut ainsi remplacer facilement, pendant l'opération du polissage, soit la feuille de papier émeri usée soit les peaux rapportées sur la planchette. Cette planchette a une extrémité façonnée en forme de manche servant à prendre l'outil pour le manœuvrer. Elle comporte le plus souvent deux faces planes, mais on lui donne aussi, en dehors de cette section rectangulaire, soit une section triangulaire, soit une section circulaire ou demi-circulaire.

Les *brosses à limes* d'horlogerie ont la forme des brosses que nous avons déjà décrites. Ce sont des cardes fixées sur des planchettes en bois munies d'un manche.

Pour le polissage, on emploie aussi les brunissoirs (Fig. 474). Ce sont des outils ayant la forme de limes, mais dont les faces sont taillées très fin, ou le plus souvent ne portent aucune taille. En frottant ces outils sur les organes à polir, on donne aux surfaces de ces pièces un poli très brillant qui persiste pendant longtemps : c'est ce que l'on appelle le *brunissage* des pièces. Les brunissoirs ont des sections diverses, comme celles des différentes limes que nous avons examinées. Ils sont droits ou courbes. Certains sont constitués par des pierres dures, *agates* ayant une forme et une section appropriées, placées à l'extrémité d'un manche.

Burins Les *burins* d'horloger ne ressemblent pas aux burins de mécanicien. Il n'est jamais nécessaire, en effet, d'enlever sur les pièces d'horlogerie une grande épaisseur de matière exigeant l'emploi du burin de mécanicien. Par contre, pour effectuer certains montages, il faut pouvoir enlever de légers copeaux de métal autrement qu'avec des limes, qui ne pourraient remplir cet office. On emploie, dans ce cas, des *burins* qui sont formés par des tiges d'acier munies d'un manche et portant à l'autre extrémité un bec effilé. C'est ce bec taillé en biseau qui sert à trancher la matière.

Les sections des burins sont variées et appropriées à leur emploi. Dans le sens de la longueur, ils sont généralement droits, mais on les fait aussi cintrés ou même comportant un décrochement, ce qui leur a fait donner le nom de *burin baïonnette*.

Il existe aussi des burins pour les tours, qui sont de véritables petits outils qui s'emploient sur les appareils de tournage pour effectuer des opérations diverses. Ces burins s'utilisent montés dans des porte-burins serrés eux-mêmes sur le support dont est muni le tour.

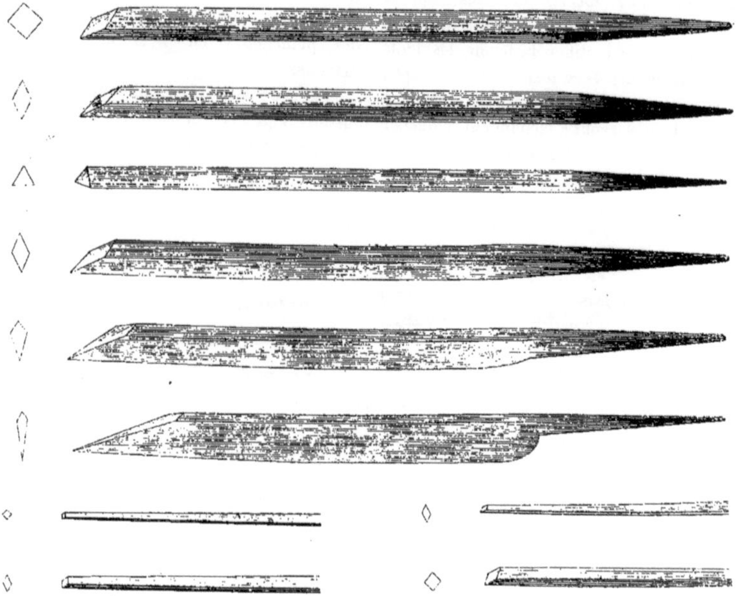

Fig. 475. — Burins. (Moynet.)

Grattoir Les grattoirs employés en horlogerie ont, le plus souvent, des sections triangulaires dont les dimensions sont différentes. Ces grattoirs ont leur extrémité effilée et sont munis d'un manche à leur autre bout.

Certains portent des évidements sur leurs faces planes.

Quelques grattoirs ont une section demi-circulaire.

Marteau Le *marteau* d'horloger n'est pas, comme le marteau de mécanicien, utilisé pour frapper sur les burins, mais il est indispensable pour le travail de montage de l'ouvrier horloger. Il est de faibles dimensions et est muni, le plus souvent, d'une tête cylindrique ou conique et d'une panne plate. Cette panne aplatie a parfois son arête extrême arrondie, et parfois cette arête est effilée : c'est la panne tranchante. L'extrémité de la tête ayant une section circulaire est aplatie, ou encore légèrement bombée (Fig. 476 et 477).

Un autre outil utilisé pour frapper et dresser des surfaces est le *maillet*. Le maillet est constitué par une masse en bois munie d'un manche également en bois. La masse, qui

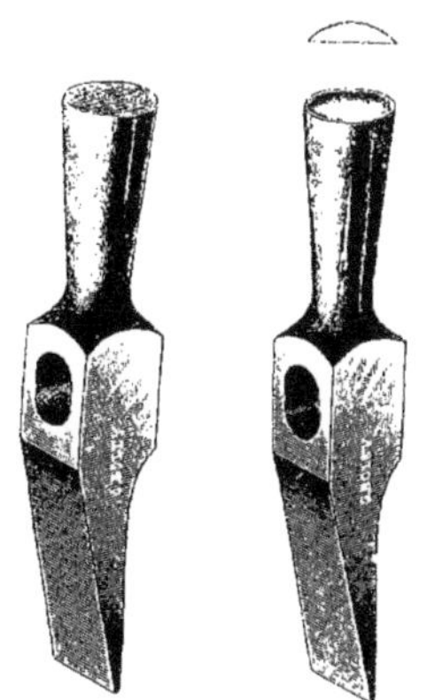

Fig. 476. — Marteaux. (Moynet.)

doit être dure, est faite le plus souvent en *buis*. On la fait aussi en bois de *gaïac*, bois d'une grande dureté, en *buffle* et même en *ivoire* pour quelques petits maillets.

Outils de perçage et d'alésage L'*archet* et la *drille* sont des outils à percer assez souvent employés en horlogerie où que les drilles que nous avons examinées (Fig. 478), ont parfois des dispositions particulières pour faciliter leur manœuvre. Une traverse en bois est établie sur l'axe et un petit balancier est disposé pour régulariser le mouvement (Fig. 479).

Les *vilebrequins* sont semblables à ceux que nous connaissons : vilebrequin ordinaire, vilebrequin à cliquet, et sont peu em-

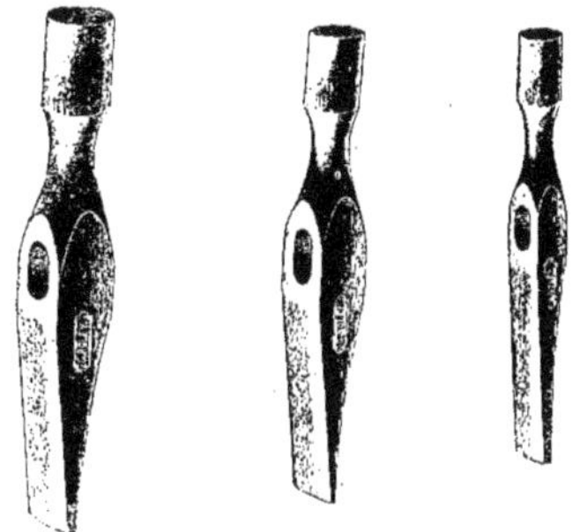

Fig. 477. — Marteaux Boley. (Moynet.)

ployés. Les *porte-forets* à engrenages sont également des outils à percer dont on se sert en hologerie. On utilise surtout les machines à percer, le plus souvent actionnées à la main, parfois au pied, rarement mécaniquement.

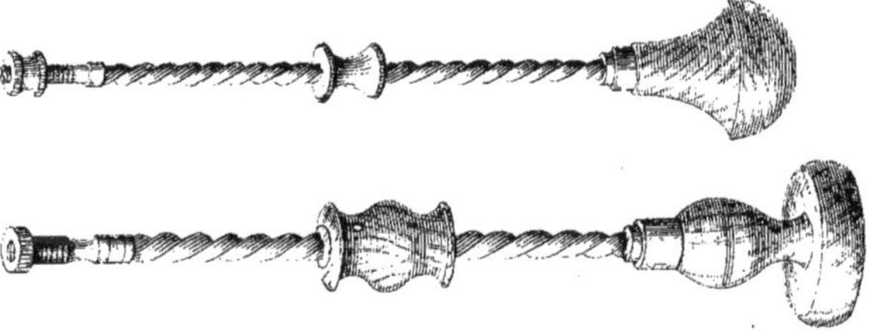

Fig. 478. — Drilles. (Moynet.)

les dimensions des trous sont généralement peu importantes.

L'arc de l'archet est en *baleine* et porte des garnitures métalliques permettant de fixer la corde faite *en boyaux*.

Les *drilles*, basées sur le même principe

Les *machines à percer à main* peuvent se fixer sur un établi et sont munies d'une manivelle permettant de donner le mouvement de rotation à l'axe porte-forets. Ce mouvement est transmis par l'intermédiaire de roues d'engrenage, et un dispositif spécial permet de donner à l'axe porte-foret plusieurs vitesses en le faisant actionner par le train d'engrenage approprié. La machine à percer est munie d'un volant de grand diamètre le plus souvent horizontal, qui régularise le mouvement de rotation. Un second volant, disposé, soit verticalement, soit horizontalement, permet, par sa manœuvre, de faire monter ou descendre l'axe porte-forets et, par conséquent, de percer des trous dans des pièces posées sur un support fixe.

Ce support, solidaire de la machine, peut être un *étau* entre les mâchoires duquel la pièce est serrée. On peut déplacer ces mâchoires d'étau, suivant la dimension de la pièce qu'il faut percer, pour que les trous soient bien forés à leur place. Parfois, un *plateau* remplace l'étau. Dans ce cas, la pièce à percer n'est pas fixée sur son support. Elle est simplement appliquée sur lui et maintenue avec la main pendant l'opération de perçage.

Certaines machines comportent à la fois l'étau et le plateau. Le corps de la machine est formé par une colonne sur laquelle peut tourner le support portant d'un côté l'étau, de l'autre, le plateau. Ce support peut aussi être réglé en hauteur, une vis l'immobilisant par serrage, lorsque la position convenable est obtenue.

La *machine à percer à pédale* comporte un bâti métallique sur lequel sont montés la pédale et son axe oscillant, la roue de commande et son axe. La roue de grand diamètre sert de volant et actionne, par l'intermédiaire d'une petite courroie, l'axe porte-forets de la machine qui est fixée sur le bâti. Un levier muni d'un contrepoids permet, par son oscillation, de déplacer verticalement l'axe porte-forets pour effectuer le perçage des trous. Le long de la colonne formant le corps de la machine peut se déplacer le support des pièces qui est immobilisé par le serrage d'une vis dont la tête est munie d'une manette.

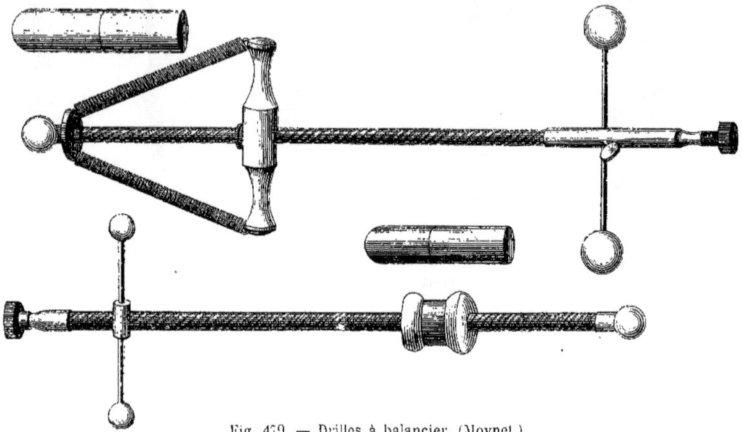

Fig. 479. — Drilles à balancier. (Moynet.)

Les outils d'alésage sont des *alésoirs* ayant des formes semblables à celles des alésoirs que nous avons décrits, mais dont les dimensions sont plus faibles. Les rainures sont droites dans le sens de la longueur de l'outil, ou elles sont disposées en hélice. Les queues des alésoirs sont soit cylindriques, soit coniques, et sont terminées par un carré ou par deux plats permettant de manœuvrer l'outil à l'aide du *tourne-à-gauche* ou d'un outil de serrage approprié.

Pour les trous de très faibles dimensions, on emploie des alésoirs effilés à pans et des *équarrissoirs* de sections diverses, à nombre de pans variable.

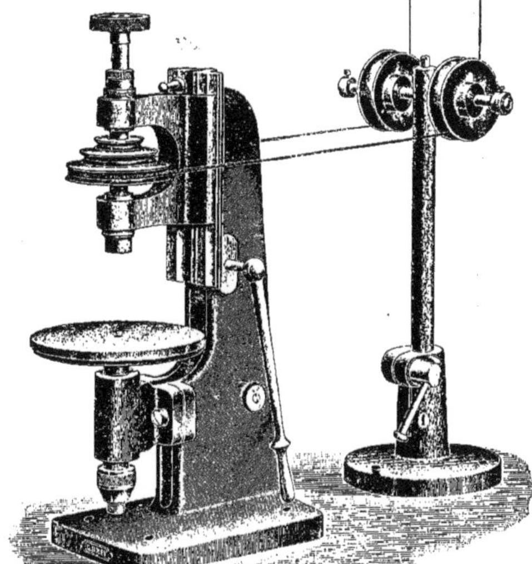

Fig. 480. — Machine à percer à plateau mobile et renvoi de mouvement. (Moynet.)

Outils de filetage

Ces outils, *tarauds* et *filières*, sont constitués de la même façon que ceux que nous avons précédemment examinés, mais on leur donne, pour leur emploi en horlogerie, les dimensions réduites appropriées.

Les tarauds sont courts et de faibles diamètres. Les filières de diverses formes sont, le plus souvent, du type *truelle* que nous avons décrit. Dans une même lame d'acier sont percés un certain nombre de trous de diamètres différents servant chacun à effectuer le taraudage d'une tige de dimension différente des autres. Le nombre de trous ainsi percés sur la filière atteint 38 ; on peut, avec le même outil, fileter 38 tiges de différentes grosseurs.

On emploie aussi la *filière à anneau*, à coussinets multiples, qui permet également de fileter des tiges de dimensions différentes, les coussinets pouvant être, en cas d'usure, aisément démontés et remplacés. Les filières à deux coussinets à cage droite ou oblique sont aussi utilisées ; nous avons précédemment examiné ces types de filières.

Outils de traçage

Les *outils de traçage* sont moins employés dans la confection des pièces d'horlogerie que dans celle des pièces mécaniques. On utilise cependant certains outils de traçage tels que les *pointes à tracer*, les *pointeaux*, les *règles* et les *équerres*, les *compas* et des *trusquins* à main.

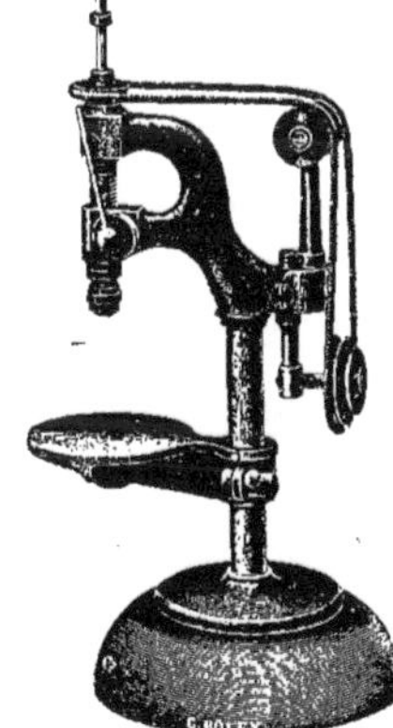

Fig. 481. — Machine à percer rapide. (Moynet.)

Ces outils ne diffèrent de ceux que nous connaissons que par leurs dimensions plus réduites.

Il existe pourtant, parmi les modèles de compas à pointes semblables à ceux que nous avons décrits, un type spécial nommé *compas à pompe* ou compas aux traits. Ce compas (Fig. 482) comporte un tube vertical faisant office de manche, terminé, à sa partie inférieure, par une pointe qui peut être réglée en hauteur par son glissement dans le manche. Une branche disposée perpendiculairement au tube sert de glissière à un coulisseau portant la seconde pointe. La manœuvre d'un bouton permet de régler l'écartement de cette pointe mobile par rapport à l'autre pointe qui conserve une position invariable dans le sens longitudinal.

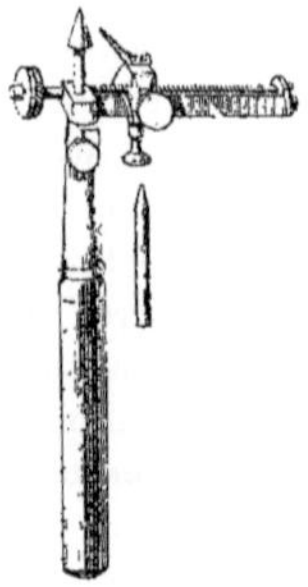

Fig. 482. — Compas à pompe. (Moynet.)

Outils de mesure et de vérification

Parmi ces outils figurent, à côté des *compas de mesure* que nous avons examinés : les *compas d'épaisseur* ordinaire, *maître de danse* ou *à ressort,* compas en huit, certains compas spéciaux. Quelques compas d'épaisseur sont munis d'un arc divisé permettant de lire directement la dimension cherchée (Fig. 483). Cet arc, solidaire d'une des branches, est disposé à l'extrémité opposée à celle qui est utilisée par la mesure. L'autre branche porte un index, ou un autre arc, qui se déplace devant le premier, au fur et à mesure que l'on fait varier la position respective des branches, par leur oscillation autour de l'axe-tourillon du compas. L'index peut être muni d'un *vernier au dixième,* ce qui permet d'apprécier exactement la dimension de la pièce mesurée. Il existe aussi des *compas de proportion* qui servent à déterminer les diamètres respectifs des roues d'engrenage et des pignons qui engrènent avec elles pour des rapports définis.

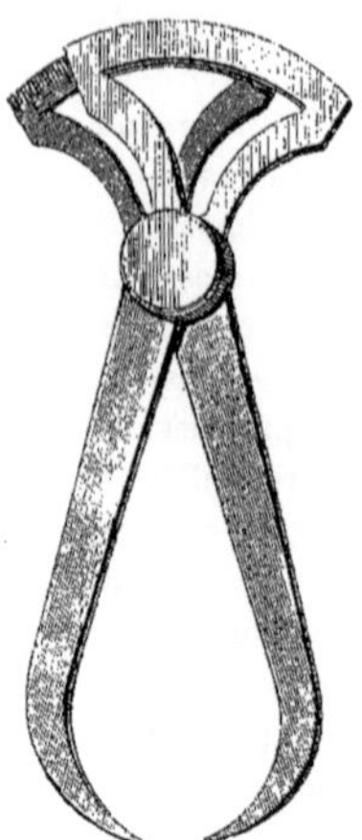

Fig. 483. — Compas d'épaisseur à division. (Moynet.)

Le *compas aux engrenages* (Fig. 484) est une autre sorte de compas destiné à mesurer avec précision les dimensions des roues taillées à l'extérieur et au fond des dents.

Les *pieds à coulisse* de divers systèmes et, plus particulièrement les pieds à coulisse de précision, sont employés par les horlogers. Les *palmers* ou *micromètres* figurent aussi dans leur outillage, qui comporte, en outre, une grande variété de *calibres* différant sensiblement de ceux que l'on emploie pour la vérification des pièces mécaniques.

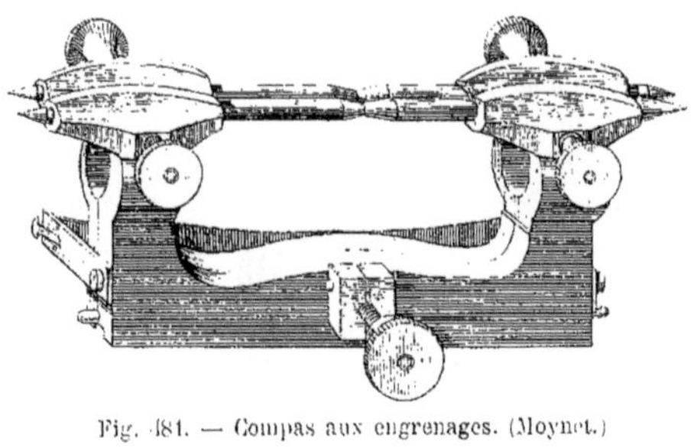

Fig. 484. — Compas aux engrenages. (Moynet.)

Pour vérifier le diamètre des tiges, on utilise des calibres formés d'une plaque métallique dans laquelle sont percés une grande quantité de trous calibrés de diamètres bien déterminés (Fig. 485). Ces diamètres varient entre eux de un dixième de millimètre et dans certains calibres cette variation n'est que de un demi-dixième, soit un vingtième de millimètre ou encore de cinq centièmes de millimètre. En engageant la tige dont on veut connaître le diamètre dans le trou correspondant, on peut ainsi trouver à moins de cinq centièmes de millimètre près, sa dimension.

Un autre type de calibre pour la mesure des tiges cylindriques est constitué par une plaque munie d'une fente en forme de coin. En introduisant la tige dans la fente et en la poussant vers le sommet du coin, elle s'arrête en face d'un trait qui indique, en quart de dixième de millimètre, le diamètre de cette tige.

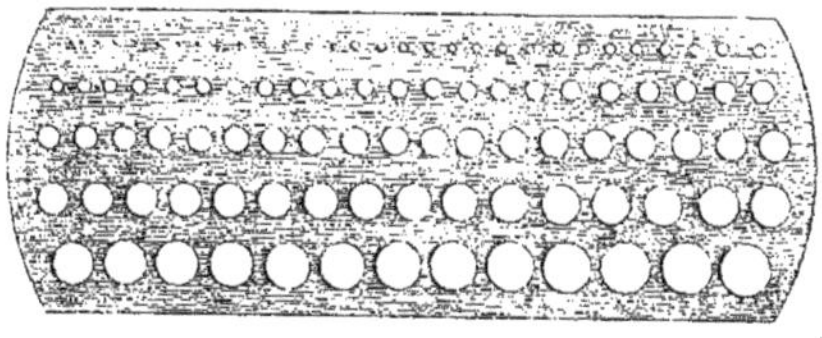

Fig. 185. — Calibre pour tiges. (Variation de 1/10 de millimètre.) (Moynet.)

D'autres *calibres d'épaisseur* ou *jauges* sont semblables à ceux que nous avons cités précédemment et qui sont constitués par un ou plusieurs disques portant, sur leur périphérie, une succession d'encoches de grandeurs variables, bien calibrées, permettant d'effectuer la mesure ou la vérification des dimensions des tiges, axes, ressorts, et pièces diverses d'horlogerie. Ces jauges se font également droites et pouvant se replier pour diminuer leur encombrement.

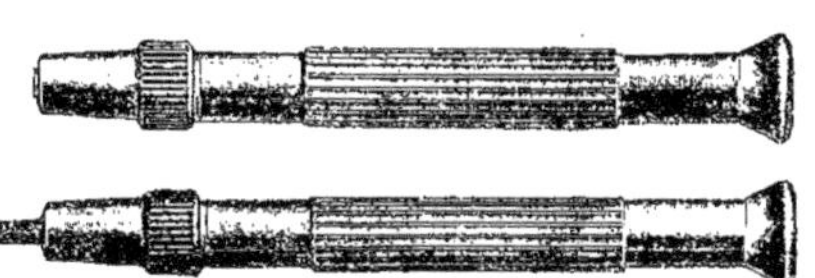

Fig. 186. — Tournevis. (Moynet.)

On emploie aussi en horlogerie les calibres aux *carrés de montres,* qui servent à déterminer la dimension du trou carré des clefs avec lesquelles on remonte les montres et les pendules. Ce calibre est constitué par un disque sur le pourtour duquel sont disposées, suivant des rayons, des tiges carrées de dimensions variables. A chaque tige correspond un numéro, de sorte que l'on peut connaître exactement et rapidement le type de clef que l'on observe. Le calibre est parfois constitué par une lame droite, au lieu d'un disque, sur laquelle sont plantées les diverses tiges carrées.

Il existe des calibres à prendre les hauteurs de pignons, de cylindres, de mouvements d'horlogerie, d'axes, pour vérifier les diamètres de trous percés dans les pierres précieuses, pour déterminer les diamètres des verres de pendules, de montres, et pour un certain nombre d'autres emplois particuliers.

Outils divers

Parmi les divers outils constituant, en plus de ceux que nous venons d'examiner, l'outillage d'horlogerie, se trouvent les tournevis, les pinces, les clefs, les scies, les poinçons, qui font partie de l'outillage mécanique et que nous avons examinés dans le chapitre précédent.

Fig. 187. — Tournevis à plusieurs lames. (Moynet.)

Il va sans dire que ces divers outils employés en horlogerie ont, comme presque tous ceux dont nous venons de parler plus haut, des dimensions réduites appropriées aux pièces délicates qu'il s'agit de confectionner et de manipuler. Nous n'indiquerons donc pas, parmi ces outils, ceux qui sont d'un type semblable aux outils que nous connaissons employés en outillage mécanique. Nous examinerons simplement les outils spécialement utilisés en horlogerie.

Les *tournevis* spéciaux sont constitués par un manche généralement métallique portant des cannelures longitudinales, dont une extrémité est disposée pour recevoir la lame servant de tournevis et l'autre bout porte un bouton d'appui (Fig. 486 et 487).

Les lames-tournevis peuvent se remplacer, de sorte que le même manche peut servir pour manœuvrer des vis de différents diamètres. Les manches sont en acier, en laiton, en aluminium, en nickel, ou nickelés, parfois en ébène ou en os.

Certains tournevis ont le manche creux, de façon à pouvoir renfermer plusieurs lames de dimensions différentes, mais dont les queues cependant ont le même diamètre, afin de pouvoir toutes s'adapter à l'extrémité du manche pour être manœuvrées.

Les tournevis d'horlogers s'établissent aussi *par jeux* comportant des outils de dimensions variables, enfermés soit dans des étuis, soit dans des boîtes en bois.

Les *pinces* spéciales d'horlogerie sont nombreuses. Les *pinces pour aiguilles* permettent de manipuler aisément les aiguilles de montres (Fig. 488). On a établi des pinces pour aiguilles de minutes et des pinces pour aiguilles de secondes. Celles-ci sont évidemment plus délicates. Pour assurer le serrage des pièces en bout de ces pinces, lorsqu'il faut les déplacer, on munit l'outil d'une boucle, sorte d'anneau engagé sur les longues branches de la pince et qu'on repousse vers l'extrémité de ces branches pour maintenir d'une façon constante le serrage de la pièce tenue à l'autre extrémité.

Fig. 488. — Pince aux aiguilles à coulant. (Moynet.)

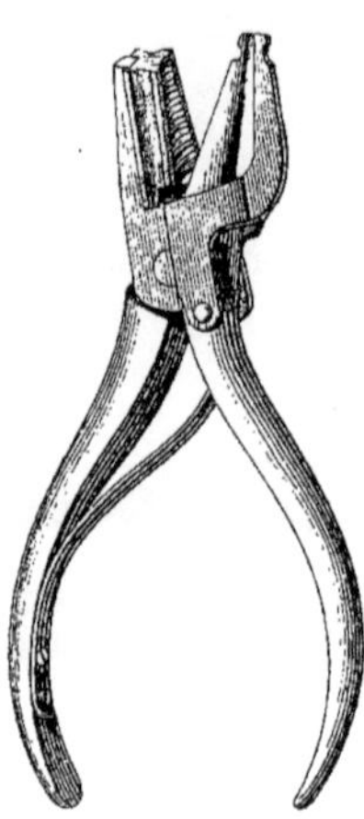

Fig. 489. — Pince à ouvrir et fermer les bélières. (Moynet.)

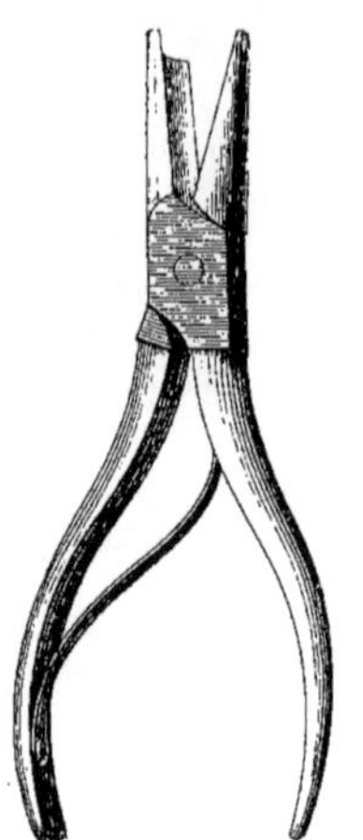

Fig. 490. — Pince à fermer les bélières. (Moynet.)

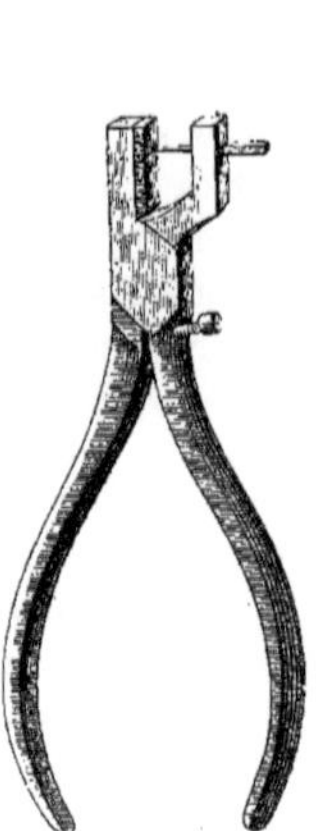

Fig. 491. — Pince à percer. (Moynet.)

Les *pinces pour bélières* servent soit à ouvrir, soit à fermer les bélières de montres, anneaux qui servent à les rendre solidaires de leur attache. La pince à ouvrir est effilée et comporte deux branches effilées de forme conique pour qu'on puisse introduire des bélières de diamètres différents. Le serrage des branches de manœuvre provoque l'écartement des autres branches et l'agrandissement de l'anneau, donc son ouverture. La *pince de fermeture* (Fig. 490) comporte sur une des courtes branches un dispositif d'appui muni d'une rainure concave permettant de reposer la bélière. L'autre branche qui est arrondie, en s'appliquant sur la pièce, provoque, par le serrage des grandes branches, la fermeture de l'anneau. Certaines pinces portent les deux dispositions pour ouvrir et fermer les bélières (Fig. 489).

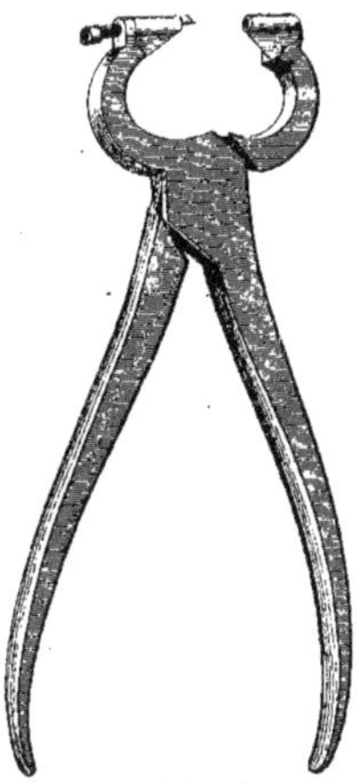

Fig. 492. — Pince à percer. (Moynet.)

Les *pinces coupantes* sont parfois munies d'un ressort qui tend à écarter les branches. On se sert également de *pinces à percer* les métaux (Fig. 491 et 492). Ces pinces sont munies, en bout, de becs portant l'un, un *poinçon*, l'autre, une *matrice* dans laquelle le poinçon s'engage exactement lorsqu'on approche les longues branches en appuyant sur elles. Si on interpose la pièce à percer entre les deux becs, le trou se découpe par la pression donnée aux branches. Les poinçons et les matrices ont des formes diverses, suivant la forme et les dimensions des pièces à percer.

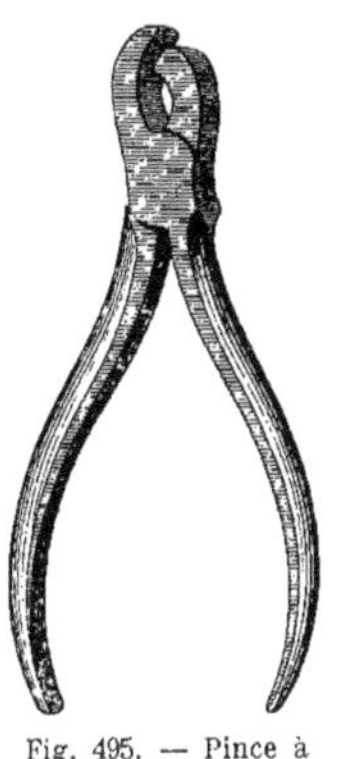

Fig. 495. — Pince à fermer les boîtiers. (Moynet.)

Certaines pinces à percer sont utilisées pour *faire les yeux* des ressorts de montres, c'est-à-dire pour percer les trous qui sont nécessaires à leur montage (Fig. 493 et 494).

Parmi les pinces toutes spéciales employées en horlogerie, on peut citer les pinces à fermer les boîtiers de montres (Fig. 495), les pinces à redresser les balanciers, à enlever les viroles (Fig. 496), à cou-

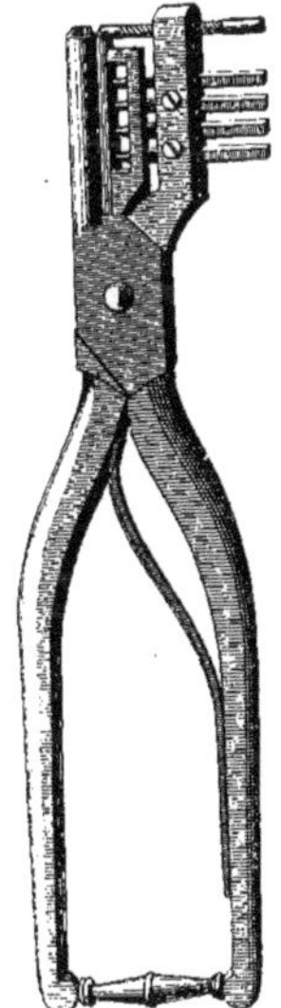

Fig. 493. — Pince à percer les yeux de ressorts (Moynet.)

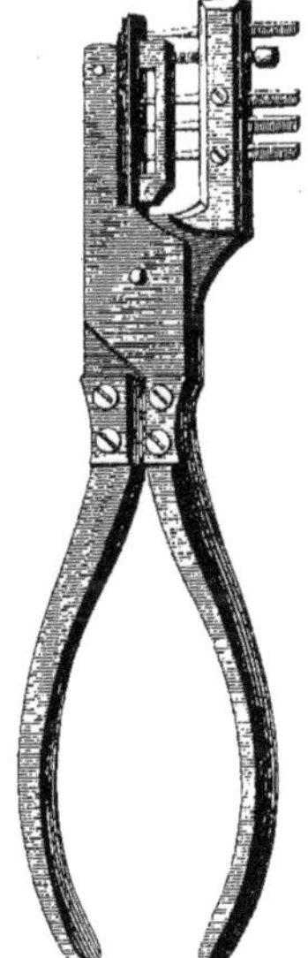

Fig. 494. — Pince à percer les yeux de ressorts. (Moynet.)

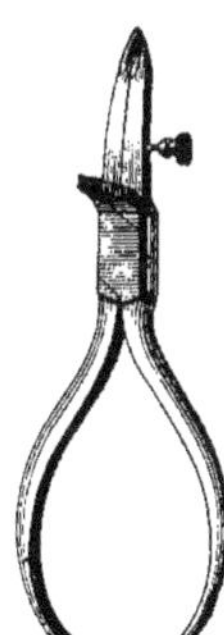

Fig. 496. — Pince à enlever les viroles. (Moynet.)

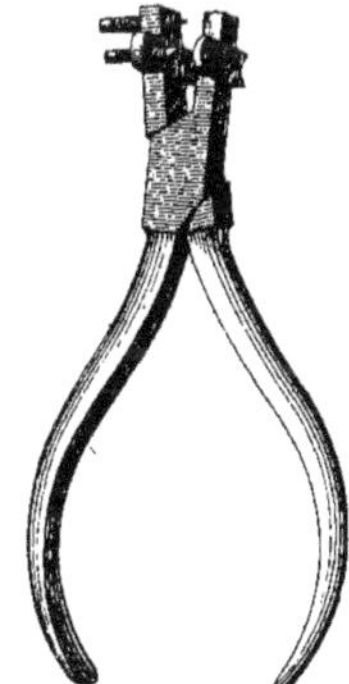

Fig. 497. — Pince pour crochet de barillet. (Moynet.)

per les raquettes, pour roues de cylindres pour crochets de barillet (Fig. 497), les pinces à souder, les pinces à prendre les creusets, à dépitonner, c'est-à-dire à enlever les pitons, à détamponner les cylindres (Fig. 498), à rouler les goupilles c'est-à-dire à les tenir pour les façonner, etc.

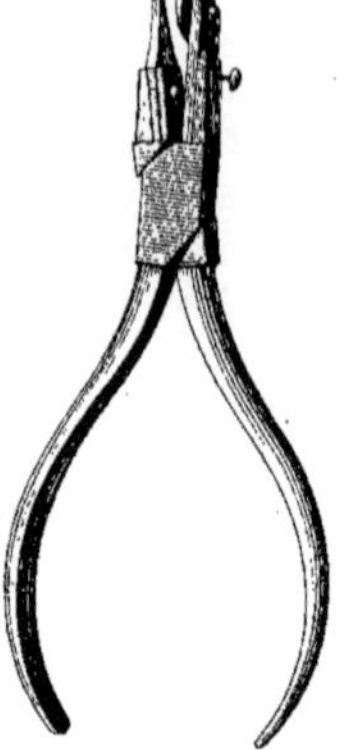

Fig. 498. — Pince à détamponner les cylindres. (Moynet et Cie.)

Les *pinces à tenir* sont établies pour serrer différents organes ou pièces d'horlogerie : bagues, roues d'engrenage, roues de cylindres, arbres de barillet, etc.

Les *pinces à tirer* servent à serrer des fils métalliques que l'on fait passer à travers les trous des filières pour leur donner à la fois une section de forme déterminée et régulière. Ces pinces permettent de faire l'opération d'étirage à la main ou au banc. Les *pinces à tirer à la main* sont, comme leur nom l'indique, tenues à la main pour leur manœuvre ; les *pinces à tirer au banc* sont rendues solidaires d'un banc d'outil à tréfiler. Ces derniers outils s'emploient pour les fils nécessitant un effort assez considérable pour être ramenés à la section désirée.

Les *pinces à tirer à la main* comportent une des deux branches recourbée en bout, de façon qu'on puisse assurer le serrage de ces branches et, par conséquent, le serrage de la pièce, laquelle est pincée entre les mâchoires, par l'intermédiaire d'un anneau que l'on maintient appliqué contre ces branches.

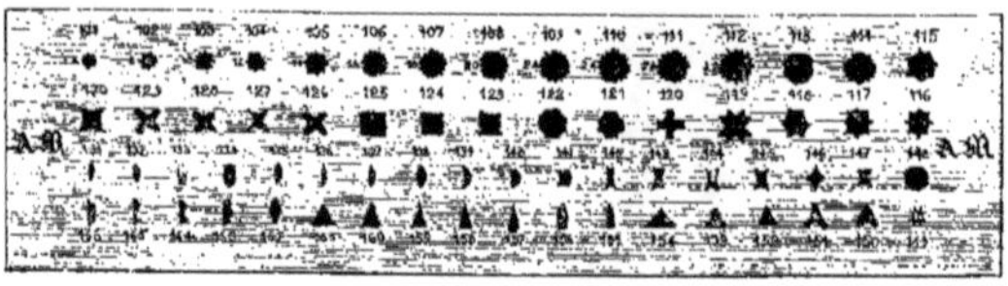

Fig. 499. — Filière à tirer. (Moynet.)

Les *pinces à tirer au banc* ont l'extrémité de chacune des branches recourbée pour recevoir un anneau assurant le serrage. Ces anneaux ont une forme triangulaire.

Les *filières à tirer* employées avec les pinces à tirer pour étirer des fils métalliques sont constituées par des plaques en acier portant des séries de trous auxquels on a donné les dimensions et des sections différentes (Fig. 499). En obligeant les fils à passer par ces trous, par suite de la traction que l'on exerce sur eux, on leur donne une section régulièrement constante sur toute leur longueur.

Les trous qui sont percés sur les filières à tirer sont cylindriques, carrés, triangulaires; ils ont parfois la forme demi-ronde. Certaines filières à tirer comportent des trous soit en losange, soit en trèfle, soit en étoile, etc.

Il existe encore une autre catégorie de pinces servant à prendre les pièces délicates pour les manipuler, ce qu'il ne serait pas possible de faire avec les doigts. Ces pinces, employées aussi dans la mécanique de précision, sont appelées *presselles,* ou le plus souvent *brucelles,* dans l'outillage d'horlogerie.

Le nombre de modèles de ces pinces est considérable (Fig. 500).

En principe, une *brucelle* est constituée par deux lames en acier rendues solidaires à une de leurs extrémités et maintenues libres à l'autre. Ces lames sont élastiques et leur élasticité tend à écarter leur extrémité libre.

Ces extrémités, ou becs, ont des formes qui varient avec les formes et les dimensions des pièces que l'on doit manipuler. Les brucelles peuvent être pointues, à becs plats, larges ou étroits sur les faces internes, les dos étant arrondis ou taillés en biseau, à becs creux recourbés ou à crochets pour les spiraux, à fourche en forme de botte ou avec entailles pour enlever les aiguilles.

Les lames constituant les brucelles sont dés becs pointus et l'autre extrémité, des becs plats; les brucelles à *enlever les pitons*, et les *brucelles à souder*, comportant soit des becs ronds, plats, avec spatule, à glissière, etc.; les *brucelles coupantes* pour petites

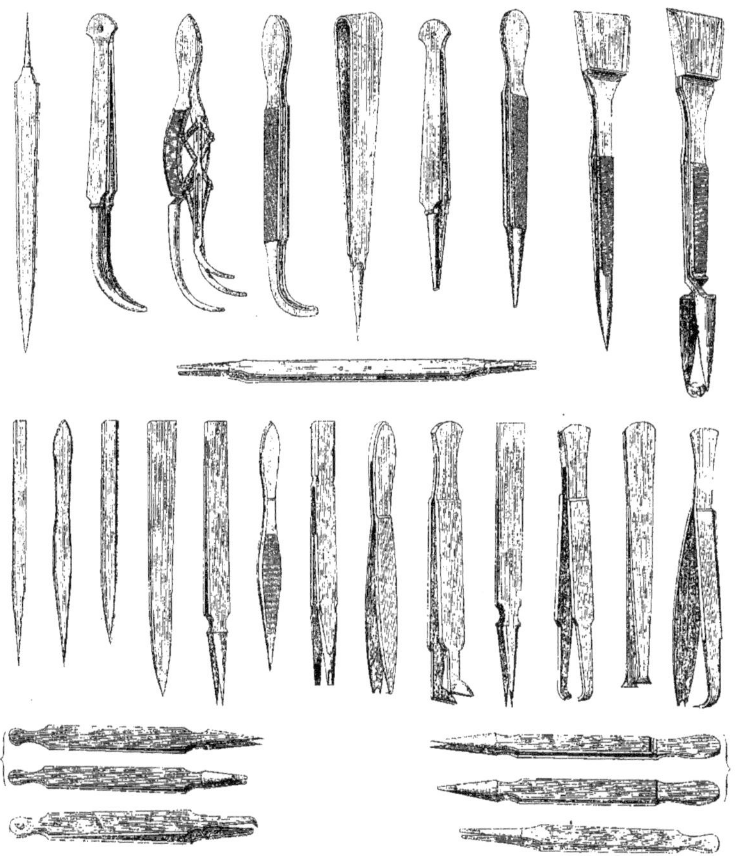

Fig. 500. — Types divers de brucelles. (Moynet.)

parfois ajourées pour leur donner de la légèreté : elles sont alors dites *squelettes* et servent pour manipuler les *spiraux*.

Citons enfin les *brucelles doubles* dont les lames sont rendues solidaires au milieu de leur longueur et dont une extrémité porte goupilles; les *brucelles à pierres* portant parfois, à une extrémité, une petite *pelle* pour prendre les pierres.

Clefs

Les petites *clefs anglaises* que nous avons décrites précédemment, sont quelquefois employées en horlogerie, où l'on utilise surtout les clefs, de modèles très variés, destinées à remonter les rouages de montres et de pendules. Ces clefs ne font pas, à proprement parler, partie de l'outillage d'horlogerie quoiqu'elles puissent servir, le cas échéant, pour les essais de rouages. Les clefs comportent un ou plusieurs tubes à trou de section carrée, qui peuvent s'engager en bout des tiges également carrées qui débordent des rouages. Pour les montres, les clefs portent une série de tubes de dimensions différentes. Pour les pendules, les clefs ont des dimensions plus importantes ; elles sont généralement simples.

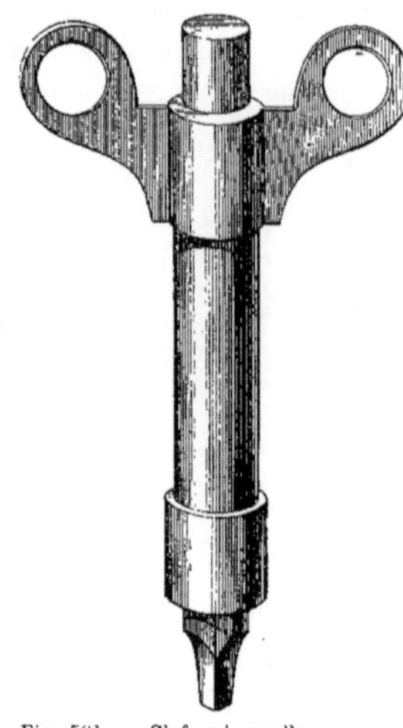

Fig. 501. — Clef universelle pour pendules. (Moynet.)

On a établi des *clefs universelles* pour montres et pour pendules qui peuvent s'adapter à des tiges carrées de dimensions variables.

Scies

Les *scies* le plus souvent employées par les horlogers sont des *scies à métaux,* qui comportent généralement des lames minces et de peu de longueur que l'on maintient dans des montures différant de celles des scies à métaux utilisées dans la mécanique.

Les lames de scie ont des dents très fines appropriées au travail que l'on demande à l'outil. Les montures sont métalliques et munies d'un manche en bois.

Comme les lames de scie ont des longueurs très variables, les montures sont réglables en longueur (Fig. 502). Pour cela, la branche verticale de la monture, qui est solidaire du manche, est terminée, à son extrémité supérieure, par une coulisse à section carrée dans laquelle peut glisser une tige qui est solidaire de la seconde branche verticale. La lame de scie est fixée entre les deux branches verticales à leur partie inférieure. Elle est maintenue par le serrage de deux vis à tête plate. On peut donc, suivant la longueur de la lame de scie, enfoncer, plus ou moins, dans la coulisse à section carrée, la tige à section également carrée qui glisse dans cette coulisse et que l'on immobilise par le serrage d'une vis. Ce disposif *à coulant* permet, en outre, de

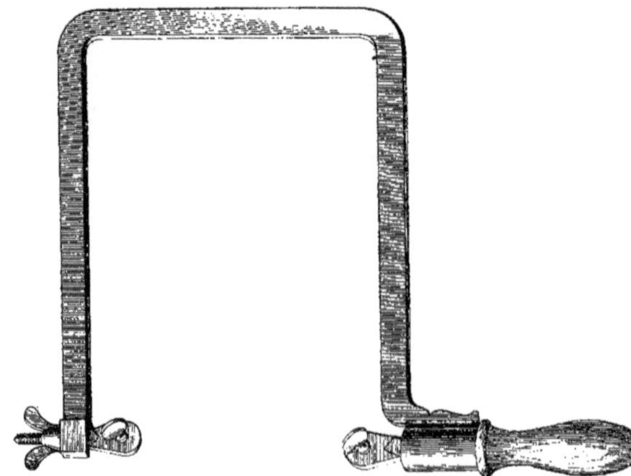

Fig. 502. — Monture de scie. (Moynet.)

donner à la lame de scie la tension nécessaire.

Parfois, la coulisse a une section circulaire; la tige qu'elle reçoit est alors cylindrique.

La hauteur des branches verticales de la monture est généralement fixe pour chaque monture, mais elle peut varier d'une monture à l'autre. Dans certaines montures cette hauteur est importante et permet la manœuvre de la scie sur des pièces de grand encombrement (Fig. 503).

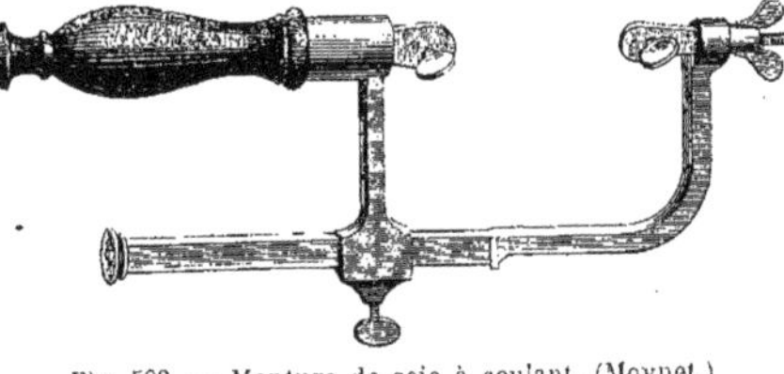

Fig. 503. — Monture de scie à coulant. (Moynet.)

Les montures de scies ou porte-scies sont plus particulièrement désignées en horlogerie sous le nom de *bocfils*.

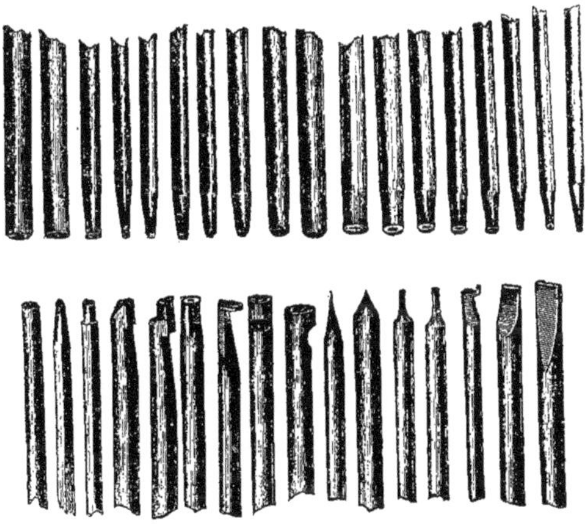

Fig. 504 et 505. — Séries de poinçons. (Moynet.)

Poinçons

Il existe une grande variété de *poinçons* dans l'outillage d'horlogerie. Ces poinçons qui ont, le plus souvent, la forme d'une tige cylindrique, sont disposés à l'une de leurs extrémités pour recevoir des coups de marteau et sont façonnés à leur autre extrémité de diverses manières suivant leur destination.

Ces outils se vendent presque toujours *par jeux*, enfermés dans des boîtes.

Chaque jeu comprend un certain nombre de modèles différents. On a établi des *poinçons à river*, à *détamponner* les cylindres, à *resserrer* les trous, à *chasser* les vis cassées dans leur trou, à *poser les aiguilles*, à *enfoncer les plateaux d'ancre*, à *découper* des rondelles de clinquant, à découper les ressorts de minuterie ou *paillons*.

Certains poinçons ont une forme en biseau, d'autres sont pointus, percés, avec trou cylindrique ou conique, d'autres encore sont plats ou bombés, percés ou non percés, ou en forme de demi-lune et percés, etc.

On fabrique aussi des poinçons droits ou courbés pour marquer les métaux précieux et des poinçons de découpage pour la bijouterie portant des séries de dessins qui se reproduisent en découpage sur les lames métalliques travaillées.

Les poinçons sont parfois établis pour marquer des chiffres ou des lettres. Ils portent alors à leur extrémité active la série de chiffres ou la série de lettres comprenant l'alphabet complet.

Cisailles Les *cisailles* ordinaires utilisées en horlogerie ont des dimensions réduites. Ce sont des outils destinés à couper des lames métalliques minces. Ces sortes de ciseaux (Fig. 506) comportent deux lames tranchantes entre lesquelles est placée la lame à sectionner, et c'est en appuyant à la main sur les deux branches solidaires de ces lames tranchantes qu'on effectue le travail de sectionnement. Les branches de la cisaille oscillent autour d'un axe placé vers l'avant au tiers ou au quart de la longueur de l'outil.

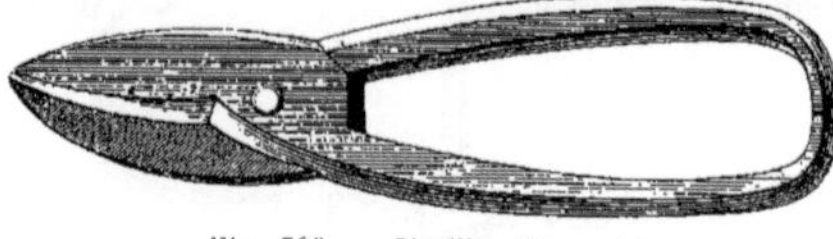

Fig. 506. — Cisaille. (Moynet.)

Les cisailles sont parfois munies d'une ou de deux lames-ressorts placées entre les longues branches, qui ont pour fonction d'écarter automatiquement ces branches aussitôt que la pression de la main cesse de s'exercer. Cette disposition facilite le travail de coupe.

Certaines cisailles de faibles dimensions ont la forme de ciseaux, c'est-à-dire que l'extrémité des longues branches est terminée par un anneau de forme appropriée pour permettre d'y introduire un doigt.

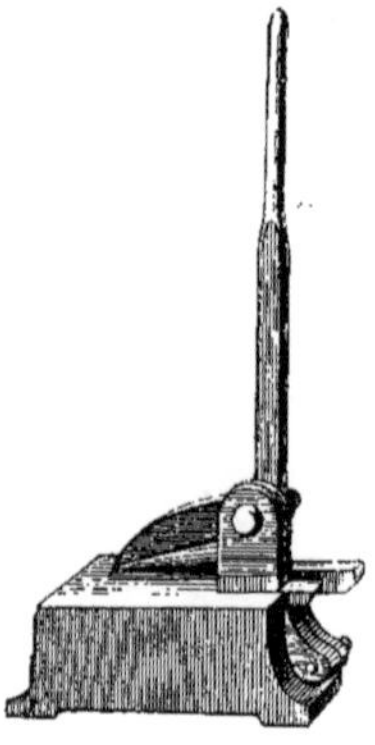

Fig. 507. — Cisaille à levier. (Moynet.)

D'autres cisailles, mécaniques, sont mues à l'aide d'un levier ou d'une manivelle. La cisaille à levier (Fig. 507) comporte un petit bâti portant les deux lames et la manœuvre d'un levier de grande longueur actionnant ces lames par l'intermédiaire de petits leviers et bielles permet d'effectuer sans effort le cisaillement des pièces.

La *cisaille circulaire* (Fig. 508) est munie d'une manivelle à laquelle on donne à la main un mouvement de rotation. Ce mouvement détermine, par l'intermédiaire de trains de roues d'engrenage, la rotation de deux axes parallèles montés dans un même bâti. Sur chacun des axes se trouve fixée une lame circulaire en forme de disque. Ces deux lames, qui sont appuyées l'une contre l'autre par une de leurs faces sur un segment de faible largeur, tournent en sens inverse. En faisant passer la lame à découper entre ces disques, on obtient son sectionnement lorsqu'on manœuvre la manivelle. Une *platine* destinée à supporter la pièce à découper peut être établie entre les montants du bâti de la machine et les lames circulaires et, dans ce cas, des ouvertures sont ménagées pour permettre le libre mouvement de ces lames.

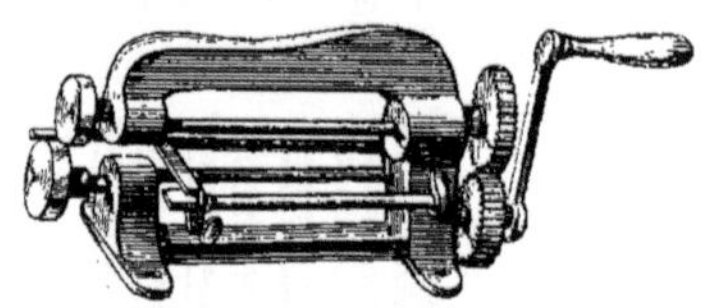

Fig. 508. — Cisaille circulaire. (Moynet.)

Outils pour soudure Ces outils comprennent le *fer à souder, la lampe, le chalumeau.*

Le fer à souder ordinaire est employé en horlogerie. Ce fer doit être chauffé sur un foyer indépendant. On le chauffe à l'aide de lampes à alcool ou à essence. D'autres

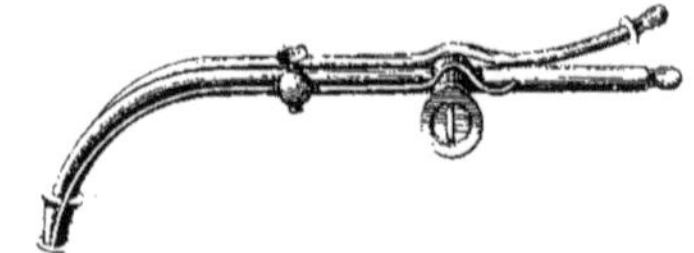

Fig. 509. — Chalumeau à gaz. (Moynet.)

fers comportent un dispositif de chauffage réalisé au moyen d'un jet d'essence pulvérisée. Certains autres sont chauffés par le gaz d'éclairage.

Les lampes à souder alimentées à l'essence ou à l'alcool permettent d'obtenir une flamme chaude et de pression suffisante pour fondre rapidement la soudure. Ces lampes dont le fonctionnement est semblable à celui des lampes dont se servent les plombiers, sont plus petites, ont des formes diverses et peuvent être employées directement ou pour alimenter des chalumeaux.

Les *chalumeaux* sont des tubes terminés à une extrémité par un bec de forme effilée, par lequel sort le gaz que l'on allume, et qui produit une flamme aiguë, de contours nettement déterminés, que l'on peut facilement diriger.

Le chalumeau peut être alimenté à l'essence ou au gaz d'éclairage (Fig. 509). Certains types de chalumeaux comportent une *veilleuse*. C'est un tube spécial en bout duquel peut brûler, en veilleuse, une petite flamme lorsque le chalumeau proprement dit n'est pas en action. Cette disposition permet d'allumer immédiatement le chalumeau par la simple ouverture d'un robinet, lorsqu'on veut s'en servir.

Pour envoyer dans les lampes à souder, les fers et les chalumeaux, l'air sous pression nécessaire pour vaporiser l'essence ou pour faciliter la combustion du gaz, on se sert de *soufflets* à main ou à pédale.

Le soufflet à main est constitué par un tube de caoutchouc relié à l'appareil à souder et terminé par une poire en caoutchouc que l'on presse pour fournir de l'air sous pression. Une capacité sphérique est placée entre la poire et l'appareil pour servir de régulateur de pression. Ce soufflet fait office de pulvérisateur.

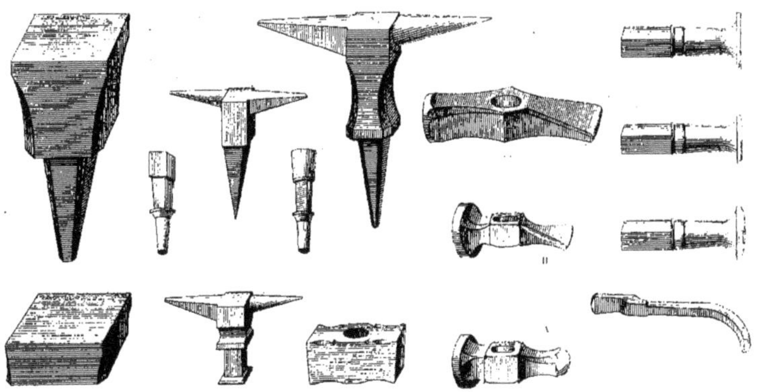

Fig. 510. — Tas à forger. — Bigornes. — Marteaux. — Tas à redresser les boitiers. (Moynet.)

Le soufflet manœuvré au pied comporte une pédale que l'on fait appuyer sur la poire à l'aide du pied et qui donne la pression d'air nécessaire.

Le matériel de forge employé en horlogerie se compose de forges portatives comportant un dispositif de soufflage actionné, soit par une manivelle, soit par un levier à main, soit au pied. Certaines de ces forges sont munies d'un ventilateur que l'on actionne par une manivelle.

Les enclumes, de petites dimensions, sont le plus souvent des *tas à forger* (Fig. 510). Ces pièces, de forme carrée, en acier, sont munies d'une queue qui permet de les assujettir dans leur support. La face supérieure, trempée et bien polie, sert à reposer la pièce

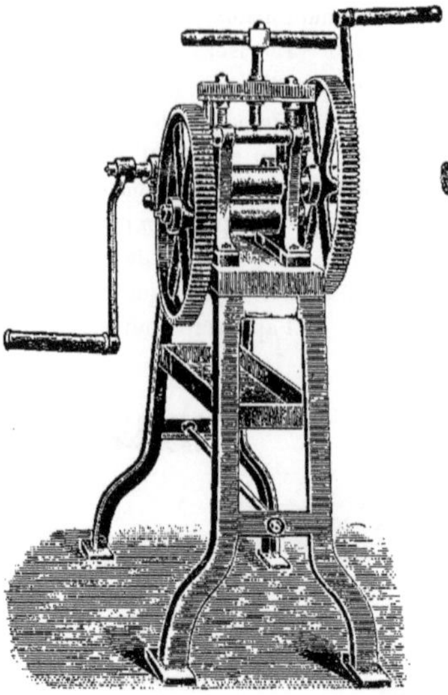

Fig. 511. — Laminoir sur bâti. (Moynet.)

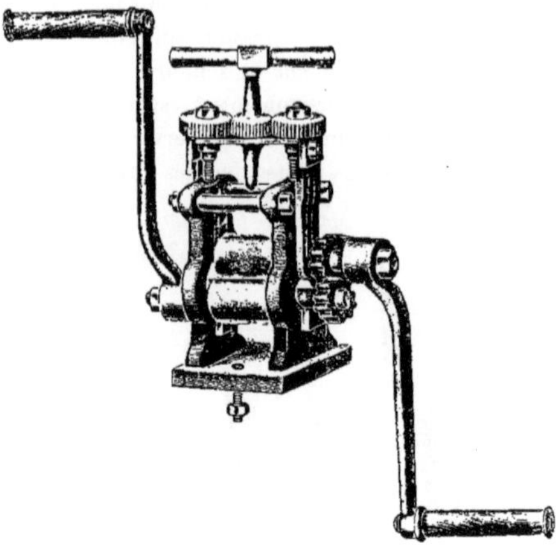

Fig. 512. — Laminoir. (Moynet.)

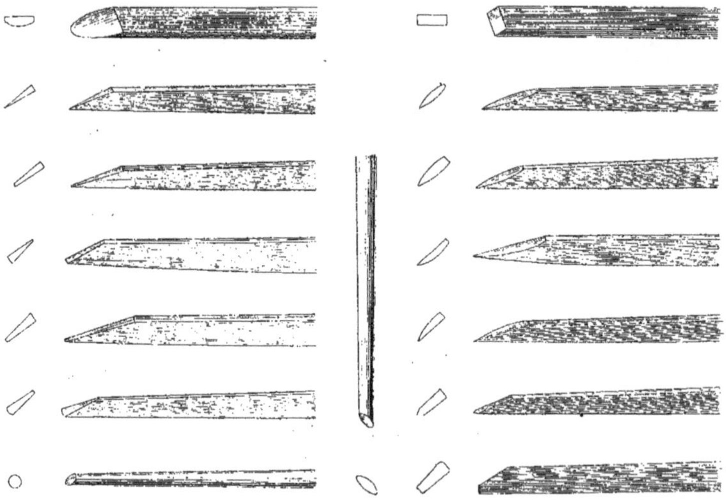

Fig. 513. — Échoppes. (Moynet.)

à forger. Le *tas* est parfois muni à droite et à gauche de prolongements en pointe : d'un côté, la pointe a la forme conique; de l'autre, elle a une section rectangulaire : c'est la *bigorne*.

Les tas utilisés en outillage d'horlogerie ont des emplois différents. En dehors du tas à forger, on trouve le *tas à river*, qui sert à river les divers organes Il porte une série de trous de différents diamètres et s'emploie avec des tasseaux de formes diverses appropriées aux pièces que l'on travaille.

Pour donner aux métaux une épaisseur déterminée sans les forger, on emploie le *laminoir*. Le laminoir d'horlogerie est un petit outil manœuvré à la main, par l'intermédiaire d'une manivelle. Il comporte plusieurs trains de cylindres tournant en sens inverses, entre lesquels on fait passer les lames « à mettre d'épaisseur ». Une poignée placée à la partie supérieure de l'outil permet de faire varier l'écartement des rouleaux lamineurs et, par conséquent, de faire varier l'épaisseur de la lame que l'on fait passer entre eux.

Fig. 514. — Jeu de fraises. (Moynet.)

On emploie encore en horlogerie des *emporte-pièces,* poinçons servant au découpage de certaines pièces; des *emboutissoirs* à l'aide desquels on donne la forme à quelques organes par pression en les *emboutissant;* des *echoppes* (Fig. 513), sortes de burins pour graver sur les métaux et dont les becs ont des formes très variées; des *fraises* (Fig. 514)

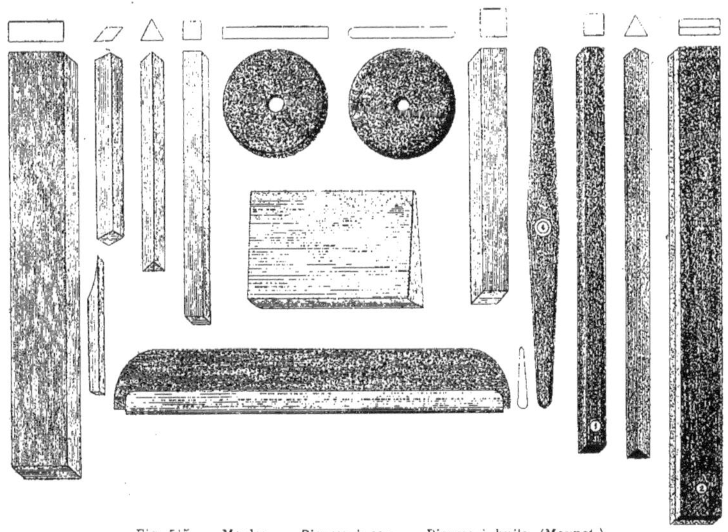

Fig. 515. — Meules. — Pierres à eau. — Pierres à huile. (Moynet.)

pour donner de l'entrée aux trous, ou pour leur donner des formes ou des dimensions spéciales sur une partie de leur profondeur; des brosses diverses pour nettoyer les outils : en fil métallique pour les limes; pour brosser les établis, les horloges, les montres, pour polir ou aviver; ces dernières brosses sont circulaires et se montent sur le tour pour être utilisées.

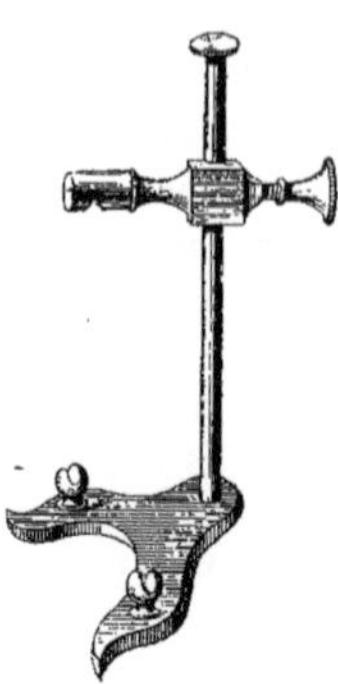

Fig. 516. — Potence à régler les montres. (Moynet.)

Pour l'affûtage des outils, on emploie des *meules* en grès ou en émeri montées sur des auges en métal ou en bois, des *pierres à l'eau* ou à *l'huile* que l'on doit humecter d'eau ou d'huile pour s'en servir. On se sert aussi de pierres pour polir; ces pierres se trouvent sous des formes diverses (Fig. 515); on emploie encore, pour le polissage, l'émeri soit en poudre, soit sur papier et pour les objets façonnés en métaux précieux, les *peaux à polir*, peaux de chamois jaunes ou rouges.

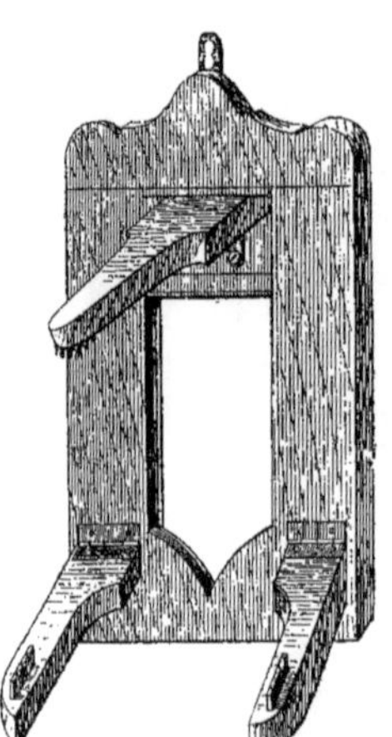

Fig. 517. — Potence pliante à régler les pendules. (Moynet.)

Parmi les outils tout à fait spéciaux au travail d'horlogerie on peut citer les *potences à régler* et les *équilibres aux balanciers*.

Les *potences à régler* sont des outils servant à régler les mouvements de pendules, d'horloges, et de montres : ce sont des supports sur lesquels on peut les fixer pour vérifier leur marche. Leurs formes et leurs dimensions diffèrent, mais, en principe, ils se composent d'un socle en bois (Fig. 518) sur lequel sont fixées des branches, également en bois, entre lesquelles est maintenu l'organe à régler. Certains de ces supports établis avec réglage (Fig. 516) pour des montres de grandeurs diverses, ont une forme de potence, et c'est ce qui a fait donner le nom de *potence à régler* à cette catégorie d'outils.

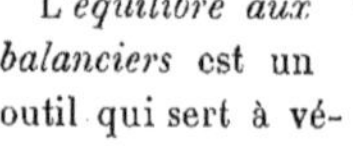

Fig. 518. — Potence à régler les pendules. (Moynet.)

L'*équilibre aux balanciers* est un outil qui sert à vérifier l'équilibrage des balanciers des mouvements d'horlogerie. Les balanciers sont

Fig. 519. — Équilibre aux balanciers. (Moynet.)

les volants qui, dans les montres, ont un mouvement d'oscillation alternatif.

L'oscillation s'effectue sur deux pivots disposés chacun à une extrémité de l'axe du balancier. Il est très important que l'organe soit très bien équilibré avant son montage dans le boîtier pour que le fonctionnement du mouvement d'horlogerie soit régulièrement assuré quelle que soit la position que l'on donne à la montre.

L'équilibre aux balanciers se compose d'un socle (Fig. 519), supportant deux branches disposées pour recevoir, à leur partie supérieure, le balancier muni de son axe. Ce sont les deux extrémités de l'axe que l'on fait reposer en bout des branches sur lesquelles

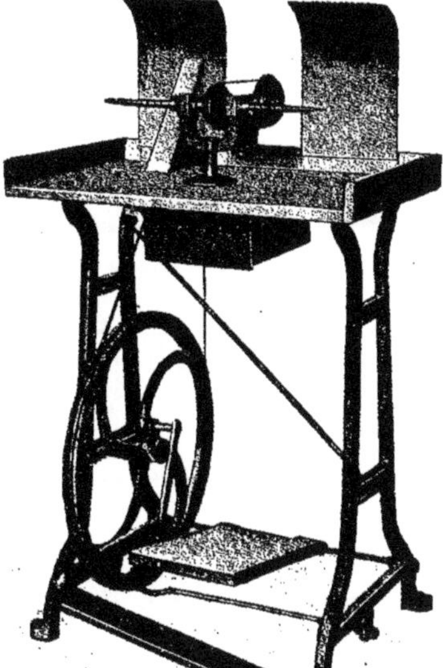

Fig. 520. — Tour à pédale. (Moynet.)

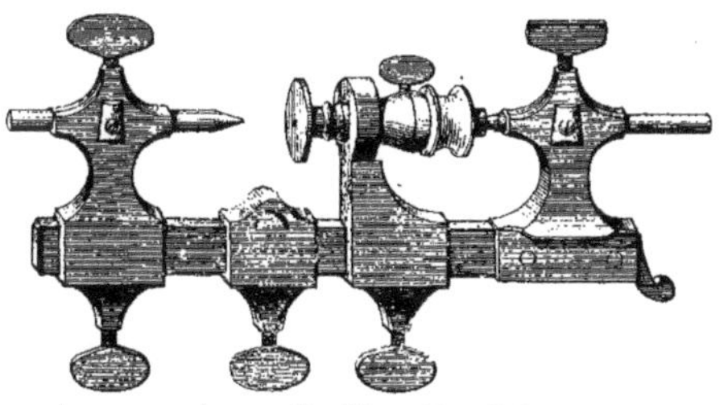

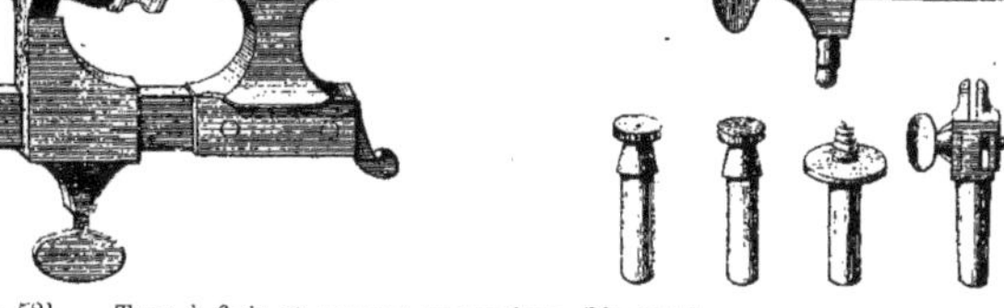

Fig. 521. — Tour à finir et organes accessoires. (Moynet.)

on peut le faire rouler. On s'assure ainsi, pour toutes les positions de la pièce, si une prépondérance se manifeste sur l'un des points, ce qui permet la correction et le rétablissement de l'équilibre. Certains outils sont munis d'un réglage faisant varier l'écartement des branches ; d'autres reposent sur trois pieds et sont munis de *vis calantes* servant à disposer l'outil suivant un plan bien déterminé.

Il existe encore une autre catégorie d'outils spécialement établis pour le travail d'horlogerie : ce sont les *tours,* de types très nombreux, dont voici quelques modèles.

Le petit *tour à percer,* nommé encore *touret à percer,* est un simple support sur lequel peut tourner un axe porte-forets. Une poulie solidaire de l'axe porte-forets sert à faire tourner cet axe soit à la main, au pied, ou mécaniquement (Fig. 520). Une vis, qui appuie sur l'extrémité de l'axe porte-forets, permet de faire avancer l'outil dans la pièce à percer. On peut aussi se servir de ce tour pour *fraiser.*

Le *tour à finir* (Fig. 521) se compose d'une barre métallique à section carrée et quelquefois triangulaire, sur laquelle reposent les divers supports portant les pointes et servant d'appui aux outils. Cette barre est nommée *perche* et se fixe par une seule extrémité soit sur l'établi, soit sur un support spécial muni des divers organes nécessaires pour actionner ce tour, que l'on manœuvre généralement au pied.

Fig. 522. — Tour Lorch-Schmidt simple à droite. (Moynet.)

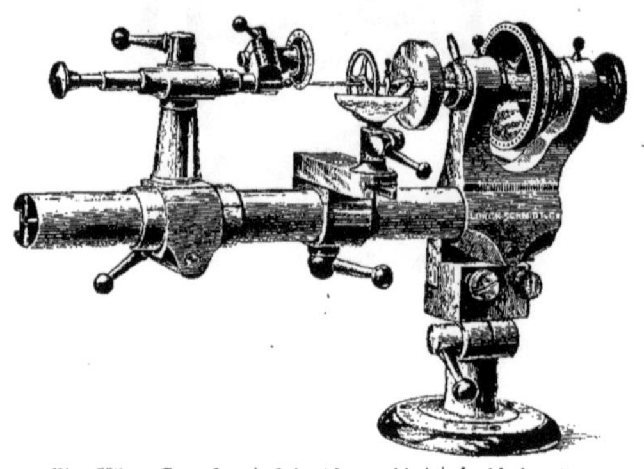

Fig. 523. — Tour Lorch-Schmidt combiné à double lunette. (Moynet.)

Des deux supports de pointes qui sont montés sur la perche, l'un est fixe et l'autre peut facilement coulisser le long de cette perche pour régler l'écartement des pointes suivant la longueur de la pièce qui sera placée entre elles. Une vis de serrage placée au-dessous du support, et parfois sur le côté, immobilise le support réglable à la place convenable

Entre les deux supports de pointes est placé un troisième support servant d'appui aux outils employés pour façonner les pièces montées sur le tour. Cet appui est réglable dans tous les sens afin de faciliter le travail. Il peut coulisser longitudinalement sur la perche; il est muni d'une coulisse permettant son déplacement transversal et il peut osciller autour d'un axe vertical pour pouvoir être orienté dans toutes les directions.

Des vis à têtes plates, que l'on peut serrer ou desserrer à la main, immobilisent, dans les diverses positions choisies, les différents organes constituant le support d'outil.

Les pointes peuvent facilement être enlevées de leur support. On peut mettre à leur place des *broches* spéciales dont les extrémités ont reçu des formes appropriées pour recevoir diverses pièces d'horlogerie à façonner.

Des vis permettent le changement facile des broches et leur immobilisation dans les supports.

Les *tours à finir* sont variés comme formes et comme dimensions. Parmi eux, ceux qui sont le plus employés pour les travaux de précision sont les tours *Lorch-Schmidt* et les tours *Bolley*.

Le tour simple à finir Lorch-Schmidt (Fig. 522) se compose d'une perche cylindrique portant longitudinalement une partie plate et une rainure servant de guide aux supports réglables.

Ils sont au nombre de trois : deux, supportant chacun une pointe ou une broche du tour, le troisième servant à appuyer l'outil avec lequel on façonne la pièce. Les supports de pointes, ou *poupées,* sont munis, à l'intérieur de la douille qui coulisse sur la perche, d'une partie plate en acier sur laquelle s'effectue le glissement et le guidage et qui fait serrage lorsqu'on bloque les poupées sur la perche, en manœuvrant une manette disposée à la partie inférieure. Cette manette fait corps avec une vis que l'on tourne dans un sens pour provoquer le rapprochement des mâchoires de la douille et par conséquent le serrage, et que l'on tourne en sens inverse lorsqu'on veut libérer les poupées et les déplacer sur la perche.

Les poupées portent, à leur partie supérieure, d'autres manettes de serrage destinées soit à assurer, par serrage, la position des pointes ou des broches que l'on peut introduire dans la poupée, soit le desserrage de ces pointes ou broches pour procéder à leur remplacement.

Le troisième support, servant d'appui à l'outil, est immobilisé sur la perche par le serrage d'une vis, munie d'une manette, placée au-dessous de la douille de guidage. La plate-forme du support sur laquelle repose l'outil que l'on tient à la main peut pivoter autour d'un axe-broche vertical. Cette disposition permet de donner l'orientation convenable au support suivant la forme de la pièce à façonner. On l'immobilise, lorsque l'orientation est obtenue, par le serrage d'une vis à manette placée sur le côté du support et qui rapproche par son vissage les deux mâchoires de la douille fendue de serrage.

Ces tours à finir se font soit *à droite,* soit *à gauche,* c'est-à-dire qu'ils sont établis pour permettre l'usage de la main droite ou l'usage de la main gauche. Dans le premier cas, lorsque l'ouvrier travaille de la main droite, le pied de fixation du tour est placé à sa gauche et inversement, lorsque l'ouvrier travaille de la main gauche.

Le tour à finir combiné (Fig. 523) est muni d'un support spécial, à deux branches, nommé *double lunette.* Chacune des deux branches sert de palier à l'axe ou à la broche que l'on dispose entre elles. On peut ainsi placer dans la double lunette des poulies et des broches diverses.

Fig. 524. — Tour Lorch-Schmidt, combiné, à double lunette tournante. (Moynet.)

Un pied formant socle est rendu solidaire de la double lunette et sert à fixer le tour sur son support. La perche, serrée dans la double lunette, est en porte-à-faux; sur elle coulissent le second support des broches et le support d'outil.

Dans certains modèles de tours, la double lunette peut pivoter autour d'un axe vertical : c'est la *double lunette tournante* portant une division circulaire servant à repérer les positions diverses dans lesquelles on peut la placer (Fig. 524).

Cette double lunette est faite en deux parties. La partie supérieure comportant les deux branches dans lesquelles sont disposés les paliers de roulement de l'arbre, est embrochée sur un axe vertical solidaire de la partie inférieure de la lunette qui est immobilisée sur la perche. La partie supérieure

Pour cette dernière opération, on emploie parfois des dispositifs spéciaux (Fig. 528).

Le tour à finir Boley (Fig. 527) comporte aussi une perche cylindrique portant un *plat* longitudinal, sur laquelle peuvent coulisser deux poupées supports de pointes ou de broches et un support d'outils.

Fig. 525. — Tour Boley à perche prismatique. (Moynet.)

seule peut donc pivoter autour de l'axe vertical et entraîne dans son déplacement l'arbre portant l'outil et la poulie de commande. Cet arbre et l'outil peuvent donc être orientés à volonté et on peut leur donner, par rapport à l'axe du tour, une inclinaison bien déterminée. On apprécie, en effet, la valeur de cette inclinaison à l'aide des divisions disposées sur la périphérie circulaire de l'embase de la lunette.

La poulie de commande est placée en bout de l'arbre, en dehors de la lunette.

Avec ces tours à finir, on emploie un certain nombre d'organes accessoires permettant de percer, d'adoucir, de polir, de fraiser, de centrer et de rapporter les pivots, de sertir, d'arrondir, de scier, de tailler les dents des roues et des pignons, etc.

Fig. 526. — Support d'outils à chariot. Moynet.)

La figure 527 montre, au-dessous de la vue d'ensemble du tour, figurée à la partie supérieure, la vue de profil d'une poupée, à gauche, indiquant la façon dont s'effectuent le serrage de cette poupée sur la perche et le serrage de la broche dans la poupée, puis la vue perspective du support d'outils, qui peut se rabattre, en oscillant autour d'un axe pivot.

A la droite de ce support d'outils sont figurés un *rouleau à limer* simple et un *rouleau à limer* double.

Le rouleau à limer se met sur le support d'outils, à la place de la plate-forme ordinaire. Il sert à supporter la lime lorsque celle-ci est utilisée pour le travail de façonnage au tour.

Le rouleau simple règle la hauteur de la lime qui appuie sur lui; le rouleau

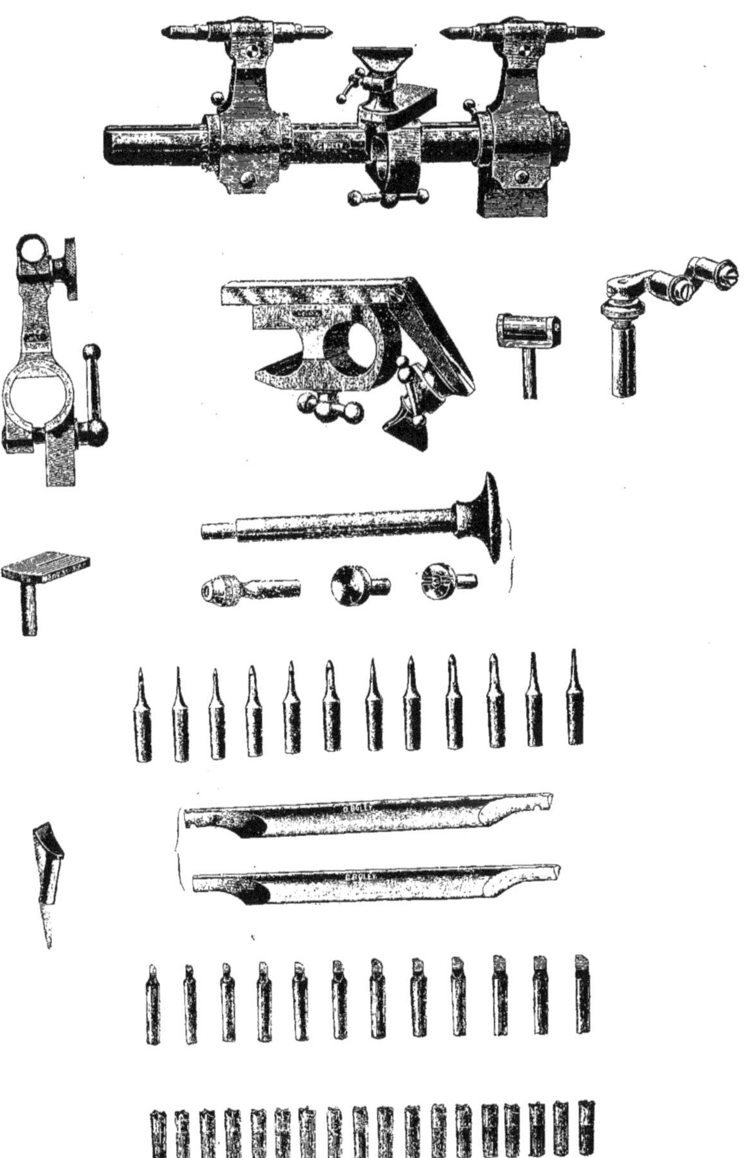

Fig. 527. — Tour Boley avec accessoires. (Moynet.)

double, offrant deux points d'appui à la lime, permet de lui donner une direction bien déterminée.

Les rouleaux tournent pendant que la lime effectue son mouvement de va-et-vient.

Un autre support spécial figuré à gauche, sous la poupée, a une forme plate et porte une fente sur une grande partie de sa longueur. Il sert, lorsqu'on procède au sciage de métaux sur le tour, à supporter la pièce à scier, la scie circulaire actionnée par le tour prenant place dans la fente et débordant du support.

Fig. 528. — Dispositif pour tailler les dents des roues d'engrenage. (Moynet.)

Les autres accessoires représentés sur la figure 527 sont, en partant du bas : une série de *fraises en bout* à décolleter sur le tour ; une série de *fraises* ordinaires ; deux broches spéciales et une série de pointes de tour de formes et de dimensions différentes.

Le tour à finir Boley, dont la figure 525 représente une vue d'ensemble, comporte une perche prismatique constituée par une tige cylindrique portant deux plats longitudinaux, au lieu d'un seul, les plans des faces ainsi créées faisant entre eux un angle aïgu. Le guidage des supports est de la sorte mieux assuré.

On peut remplacer, dans ces tours, le support d'outils à main ordinaire par un support d'outils à chariot.

Ce support d'outils à chariot (Fig. 526), donnant un serrage de l'outil et son déplacement dans deux directions perpendiculaires, permet d'effectuer le travail de tour avec une grande précision. La double lunette se prête aussi au montage de broches et d'accessoires divers, de sorte que, comme le tour Lorch-Schmidt, ce tour permet, par l'emploi des dispositifs de montage et d'organes spéciaux, d'effectuer les travaux très variés qui se rapportent aux pièces employées en horlogerie.

TABLE DES MATIÈRES

DEUXIÈME PARTIE

OUTILLAGE DE FORGE

ET DE FONDERIE

Outillage de Forge et de Fonderie

CHAPITRE I

OUTILLAGE DE FORGE, A MAIN

FORGE. — SOUFFLET. — HOTTE. — TUYÈRE. — FEU.
TYPES DIVERS DE FORGES : Fixe, — à tirage souterrain, — portative.
ENCLUME. — BIGORNE. — MARTEAU. — MASSE. — OUTILS DIVERS DE FORGE.

Outillage de forge — Le petit outillage mécanique que nous avons examiné se rapporte plus spécialement au travail de l'ouvrier mécanicien, de l'*ajusteur,* ou *monteur,* ainsi qu'on le désigne dans les ateliers.

Le travail de l'*ajusteur-monteur* consiste moins à façonner entièrement des organes de machines qu'à les assembler et à procéder à leur montage. Ces organes sont, en effet, dans l'industrie mécanique, façonnés le plus possible *en série,* à l'aide de machines-outils, afin que leur prix de revient soit moins élevé.

D'autre part, pour la confection de ces organes, il est nécessaire de prendre la matière brute appropriée et, suivant la nature du métal à employer, cette matière brute elle-même se présente sous des aspects différents. C'est ainsi que pour obtenir une pièce en acier de section régulière, soit rectangulaire soit cylindrique, il est avantageux de *tirer* cette pièce d'un bloc d'acier ayant lui-même une section rectangulaire ou cylindrique se rapprochant le plus possible des dimensions à obtenir. En enlevant, à la machine-outil, très peu de matière sur toute la surface du bloc brut, on façonne la pièce aux dimensions imposées. On économise de la sorte à la fois et le prix de la matière et le prix de la main-d'œuvre de façonnage. Lorsqu'une pièce en acier ou en fer n'a pas une forme géométrique pouvant permettre de la prendre dans une base de section régulière, les mêmes considérations d'économie font que l'on cherche à donner au bloc de matière brute une forme qui se rapproche le plus possible de celle que doit avoir la pièce finie, et c'est par le *travail de forge* que l'on obtient ce résultat.

Lorsque les organes à façonner doivent être faits en fonte de fer ou en fonte d'acier, en laiton, en bronze, etc., on les *moule*, en se réservant de la matière sur les quelques parties qu'il est indispensable d'usiner. Ceci est du *travail de fonderie* dont nous nous occuperons plus loin, après l'examen du *travail de forge*.

Le *travail de forge* a pris, dans la grande industrie, une très grande importance, et l'outillage qui sert à l'effectuer diffère considérablement, on le comprend, suivant qu'il s'agit de préparer des pièces de petites dimensions destinées à la petite industrie mécanique, ou des organes de grandes dimensions employés dans la grande industrie mécanique ou métallurgique. De là deux catégories bien distinctes d'outillage de forge : l'*outillage de forge à main* et l'*outillage de forge mécanique*. Examinons successivement chacune de ces catégories d'outillage de forge.

Outillage de forge à main — Cet outillage, qui est relativement peu important par rapport à l'autre, est indispensable dans tout atelier de mécanique, car, en admettant même qu'on ne puisse l'utiliser d'une façon permanente pour forger des pièces à usiner, il devient nécessaire cependant pour forger les divers outils que l'on emploie.

L'outillage de forge à main comporte, en principe, une forge, une enclume, et divers outils pour frapper ou façonner la matière. Quelques organes accessoires, tels qu'étaux, cuves, etc., y sont souvent adjoints.

Forge — La forge est disposée pour que l'on puisse allumer et entretenir du feu, afin de chauffer le métal à travailler.

La forge peut être *fixe* ou être *portative*. La forge fixe est constituée par un ou plusieurs foyers, supportés par des piliers métalliques ou des murs en maçonnerie qui sont établis à poste fixe dans l'atelier. Au-dessus des foyers une *hotte* est généralement disposée. Cette hotte a pour fonction de canaliser la fumée, qui est évacuée par une cheminée qui la prolonge. La forge avec hotte est un système de forge ancien, que l'on trouve actuellement encore dans quelques ateliers de mécanique, mais plus particulièrement dans les ateliers de serruriers et de maréchaux. Cette forge (Fig. 1) se compose d'une carcasse métallique A en fers assemblés : ces fers sont réunis par un hourdis de plâtre ou un remplissage de briques, de façon à donner à cette carcasse une forme de cuvette. La forge étant généralement appliquée contre un mur, certains fers sont scellés dans le mur pour maintenir la fixité de la carcasse; d'autres, verticaux, sont scellés dans le sol et servent de piliers. La cuvette fixe, ainsi constituée, sert à recevoir le charbon et porte le foyer. Lorsque la forge doit avoir plusieurs feux, une partie métallique ou maçonnée B sépare les deux foyers qui sont établis dans la même cuvette.

La *hotte* C, placée au-dessus de la forge, la hotte, sont scellés dans le mur pour l'y fixer.

Du haut de la hotte part une cheminée D aboutissant à l'extérieur de l'atelier et servant à évacuer les fumées.

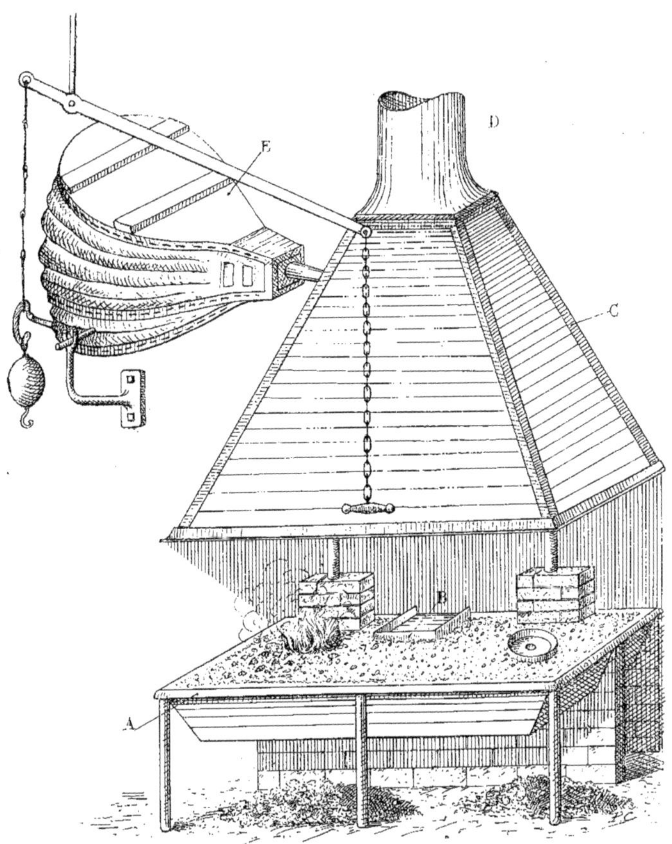

Fig. 1. — Forge à soufflet.

a une forme de pyramide quadrangulaire. Elle est constituée aussi par un réseau de fers assemblés entre lesquels on dispose un remplissage de maçonnerie. Quatre fers servant d'armatures, placés, deux à la partie supérieure, deux à la partie inférieure de

On a parfois installé des forges fixes au milieu des ateliers, au lieu de les placer contre un mur. Dans ce cas, on place généralement deux forges dos à dos, de façon que les hottes et la cheminée soient communes.

Soufflet La forge est complétée par un soufflet E. Ce soufflet, destiné à envoyer du vent sur le foyer pour activer la combustion du charbon, a été remplacé dans les installations de forges modernes par des ventilateurs fournissant mécaniquement de l'air sous pression, mais dans les petits ateliers, où on ne peut disposer de force motrice pour alimenter des ventilateurs de forge, on emploie des dispositifs à main pour obtenir du vent sous pression.

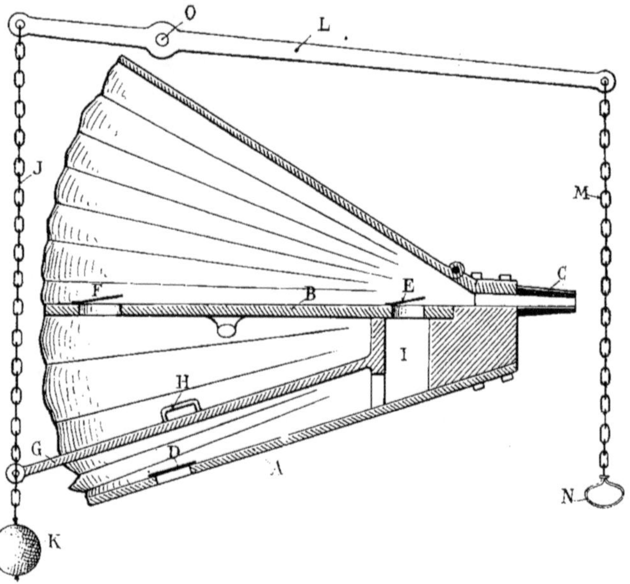

Fig. 2. — Soufflet de forge.

Le soufflet des anciennes forges se compose de trois compartiments séparés par des cloisons ou vantaux en bois, sur lesquels sont disposés des clapets (Fig. 2). Ces vantaux sont réunis par une peau souple formant fermeture étanche et permettant la manœuvre de l'outil.

Le vantail inférieur A et le vantail intermédiaire B sont fixes et solidaires du bec C du soufflet, d'où part le conduit de distribution du vent. Sur le vantail A est placé un clapet D s'ouvrant de l'extérieur vers l'intérieur. Sur le vantail B sont disposés deux autres clapets E et F s'ouvrant également de bas en haut. Un vantail mobile G placé entre les deux vantails fixes, est actionné par le forgeron et porte un clapet H s'ouvrant de bas en haut. Enfin, la cloison supérieure du soufflet peut osciller autour d'un axe placé vers l'avant. Cette disposition de cloisons crée dans le soufflet trois capacités communiquant entre elles par le soulèvement des différents clapets. Une quatrième capacité I, plus petite, est placée vers l'avant et réunit, par l'intermédiaire du clapet E, le compartiment inférieur au compartiment supérieur.

Le vantail de manœuvre G porte une ferrure à laquelle se fixe la chaîne de commande J. Cette chaîne, à la partie inférieure de laquelle est attaché un contrepoids K, est reliée, à sa partie supérieure, à l'extrémité d'un levier L placé au-dessus du soufflet. L'autre extrémité du levier porte une chaîne ou une tringle M, munie d'une poignée N que l'on saisit pour faire fonctionner le soufflet.

Le levier peut osciller autour d'un axe O, fixé soit sur un des murs, soit au plafond.

Lorsqu'on tire sur la poignée, on provoque l'oscillation du levier et le déplacement de bas en haut de la chaîne de commande J. Le vantail mobile G oscillant autour de son axe, placé en avant, se rapproche du vantail fixe B. L'air du compartiment intermédiaire refoulé vers le haut soulève le clapet F et s'introduit dans le compartiment supérieur. Ce même mouvement, en faisant le vide dans le compartiment inférieur, provoque l'ouverture du clapet D et la fermeture du clapet E. Le clapet H placé sur le vantail mobile reste fermé.

Pendant tout le temps que le vantail G montera, l'air s'introduira dans le compartiment supérieur et sera soufflé par le bec C sur le feu, par l'intermédiaire d'un conduit et d'une *tuyère*.

Lorsque le vantail mobile a atteint l'extrémité de sa course, on cesse de tirer sur la poignée de commande. Le contrepoids K provoque la descente du vantail G, c'est-à-dire son oscillation dans le sens inverse du précédent. Les clapets F et D des vantaux fixes se ferment, tandis que le clapet H du vantail mobile et le clapet E s'ouvrent, et l'air admis lors de la phase précédente dans le compartiment inférieur est refoulé dans la conduite par l'orifice du clapet E. Pendant ce mouvement, le vantail supérieur, qui peut osciller autour d'un axe disposé vers l'avant, s'abaisse par l'action de son poids, augmenté assez souvent du poids d'une masse que l'on place au-dessus de lui, et ce mouvement d'oscillation de haut en bas chasse dans le conduit une partie de l'air qui reste dans le compartiment supérieur, et qui s'ajoute à celui qui est soufflé par le compartiment du bas.

De la sorte, quel que soit le sens du mouvement d'oscillation du vantail mobile, le vent est envoyé d'une façon continue dans le foyer de la forge.

L'ancien soufflet que nous venons d'examiner a été remplacé, dans un grand nombre de cas, par le soufflet à piston. Ce type de soufflet a tous ses organes enfermés dans une enveloppe métallique cylindrique A (Fig. 3) portant, à l'extérieur, un conduit B par lequel le vent est envoyé au foyer de la forge.

Un soufflet C, constitué par un disque métallique relié à un fond par de la peau souple plissée, est manœuvré de l'extérieur par l'intermédiaire d'une tige cylindrique D, qui peut coulisser verticalement dans le couvercle de l'enveloppe A. On donne, à l'aide de dispositions variées, un mouvement de va-et-vient vertical à cette tige pour actionner le soufflet et cette manœuvre peut, suivant ces dispositions, être effectuée soit à la main, soit au pied.

Un second soufflet E est placé sous le premier et est séparé de lui par deux capacités, dont l'une F communique avec l'atmosphère par l'orifice G et l'autre H, avec le conduit de distribution d'air par un orifice portant une soupape I.

En outre, la capacité F communique avec l'intérieur du soufflet C par un orifice sur lequel est placée une autre soupape K et avec le soufflet inférieur par un orifice libre; la capacité H communique librement par l'orifice J avec ce même soufflet.

Dans le soufflet inférieur est disposé un ressort L qui tend constamment à écarter le fond mobile M de ce soufflet, de sa paroi supérieure qui est fixe.

Enfin, deux clapets N et O sont disposés : le premier, sur un conduit donnant la communication entre la cloche A et le tuyau de distribution du vent, et le second, O, sur un orifice mettant en communication cette cloche avec l'atmosphère.

Lorsqu'on manœuvre la tige de commande D, en lui donnant un mouvement vertical de bas en haut, le soufflet C se soulève. Il aspire de l'air au-dessous de lui et il en refoule au-dessus, de sorte que, d'une part, l'air extérieur pénètre à l'intérieur de ce soufflet par l'orifice G en soulevant la soupape K, et que, d'autre part, l'air contenu dans la cloche cylindrique A applique la soupape O sur son orifice et est refoulé dans le conduit B par le soulèvement de la soupape N, la soupape I étant maintenue appliquée sur son siège.

Le mouvement du soufflet de bas en haut fournit donc du vent sous pression dans le conduit de distribution. De plus, pendant ce mouvement, le soufflet inférieur E est actionné d'abord par la dépression créée à l'intérieur par le soulèvement du soufflet C, et ensuite par la pression d'air qui s'exerce au-dessous de son fond M. Ce fond se soulève en même temps que le soufflet supérieur, en comprimant le ressort L.

Pendant la course descendante de la tige de commande D, le soufflet C s'abaisse en provoquant une dépression au-dessus et autour de lui dans la cloche A et une pression dans sa capacité intérieure. Cette pression intérieure ferme la soupape K qui intercepte toute communication entre le soufflet et l'extérieur, et l'air ainsi comprimé passe, par l'orifice J, dans la capacité H et, en soulevant la soupape I, gagne le conduit de distribution B. La dépression autour du soufflet provoque, d'autre part, la fermeture du clapet N sur son orifice et l'ouverture du clapet O par l'orifice duquel l'air extérieur peut pénétrer dans la cloche A.

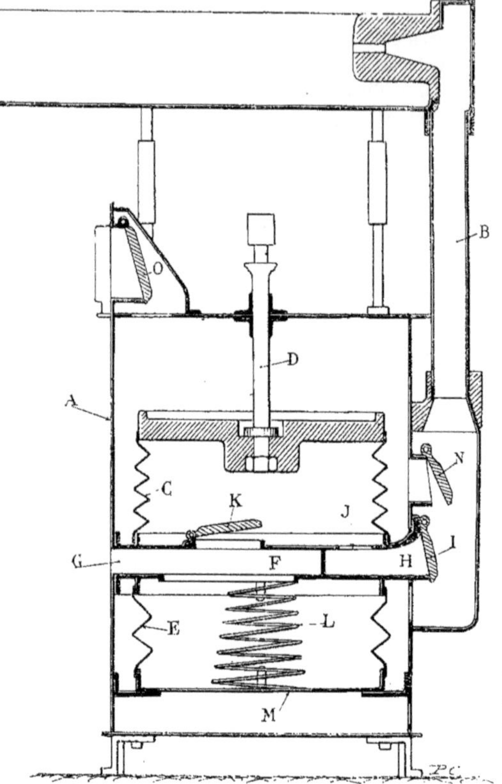

Fig. 3. — Soufflet à piston.

Le vent est donc encore soufflé dans le conduit par la descente du soufflet C, mais, en outre, le soufflet inférieur, pendant ce mouvement, cédant à la tension du ressort L, s'allonge et son fond M comprime une partie de l'air restant dans la cloche A. Cet air gagne le conduit de distribution où il se mélange avec celui qui est envoyé sous pression directement par la descente du soufflet C. L'action du soufflet inférieur E est une action régulatrice.

En résumé, pour chacun des mouvements alternatifs de la tige de commande, l'appareil envoie de l'air sous pression dans le foyer de la forge. On obtient donc, avec cet appareil, un jet de vent continu.

Ce type de soufflet peut aisément s'adapter aux forges portatives. La cuvette supportant le charbon et servant de foyer est fixée au-dessus du soufflet par des entretoises métalliques, et le conduit de distribution aboutit à ce foyer et est terminé par une *tuyère* de forme appropriée.

Les appareils soufflants ordinairement employés dans les forges fixes et même dans certaines forges portatives, sont les ventilateurs.

Le *ventilateur* est un organe comportant un arbre muni d'*aubes* ou de *palettes,* qui tourne à l'intérieur d'une capacité cylindrique portant les orifices d'admission et d'évacuation d'air. Lorsqu'on donne un mouvement de rotation rapide à l'axe et aux palettes de l'appareil, ce mouvement provoque un appel d'air qui pénètre dans le ventilateur par un des orifices, et cet air est ensuite refoulé sous pression, par le second orifice, dans le conduit de distribution qui aboutit au foyer.

La commande du ventilateur, qui consiste à faire tourner son arbre, peut s'effectuer soit à la main soit mécaniquement. On actionne le ventilateur à la main dans les forges portatives de peu d'importance, tandis que la commande mécanique du ventilateur est employée dans presque toutes les forges fixes avec lesquelles on peut forger des pièces d'importantes dimensions. Une poulie solidaire de l'arbre du ventilateur reçoit son mouvement de rotation, par l'intermédiaire d'une courroie, d'une transmission établie dans l'atelier et actionnée elle-même par le moteur principal ; on établit sur l'arbre de l'organe soufflant une *poulie folle* à côté de la poulie fixe, de façon à pouvoir, à volonté, mettre en marche ou arrêter le ventilateur suivant les besoins, en plaçant, par une manœuvre simple, la courroie tantôt sur l'une ou sur l'autre poulie.

Certains types de forges sont établis pour fonctionner par aspiration au lieu de recevoir directement le vent sous pression. Cette disposition est très avantageuse pour obtenir l'évacuation rapide de la fumée et des gaz. Ces forges sont dites à *tirage souterrain* parce que les conduits sortant directement de la forge sont disposés dans le sol et communiquent avec l'organe qui provoque le tirage. Cet organe n'est plus dans ce cas un ventilateur, ou plutôt c'est un ventilateur à rebours qui, au lieu d'envoyer du vent sous pression dans le foyer de la forge, aspire, au contraire, l'air dans le conduit qui y aboutit : c'est un *aspirateur* dont l'action crée, dans le foyer de la forge, un courant d'air qui entretient le feu, en même temps qu'il facilite l'évacuation de la fumée.

Un même aspirateur peut être établi pour actionner plusieurs forges, et lorsque l'installation de forge est importante, on dispose, tout en conservant les canalisations souterraines, un *ventilateur* pour souffler du vent destiné aux foyers et un *aspirateur* dont la fonction consiste simplement à aspirer les fumées et les gaz provenant de la combustion. Nous examinerons plus loin divers types de forges, après la description des divers organes qui les constituent.

Hottes Les *hottes* que l'on place au-dessus des forges fixes, pour évacuer les fumées, ne répondent pas toujours à la fonction qu'on en attend. Elles doivent être de grandes dimensions pour que l'évacuation soit efficace et, dans ce cas, elles peuvent gêner par leur encombrement lorsqu'on doit déplacer les pièces à forger à l'aide d'une grue.

L'évacuation des fumées dans un atelier de forge a, d'ailleurs, toujours préoccupé les spécialistes, et c'est en vue d'obtenir une évacuation de plus en plus efficace qu'on a établi des dispositifs divers : *hottes* spéciales pour des ateliers de petite importance ou *aspirateurs* pour les installations industrielles.

Parmi les hottes, un type comportant une partie fixe et une partie mobile permet, tout en facilitant le tirage et l'évacuation des fumées, de dégager au moment propice le foyer, pour permettre la manipulation, à l'aide d'une grue, de la pièce à forger.

La partie fixe de la hotte A (Fig. 4) est en fonte de fer et se trouve fixée sur le rebord arrière de la cuve portant le foyer. L'encombrement de cette partie fixe est peu considérable du côté du foyer. La largeur seule a des dimensions ordinaires. Un conduit B continue, à la partie supérieure, la partie fixe de la hotte, et ce conduit de grand diamètre est mis en communication avec le tuyau d'évacuation des fumées, qui peut être soit une cheminée, soit le conduit même aboutissant à un appareil aspirateur.

La partie mobile de la hotte est constituée par une série de tôles minces C s'emboîtant les unes dans les autres et pouvant toutes osciller autour de deux pivots communs disposés, chacun, à une extrémité de la hotte. Ces tôles sont raidies et rendues rigides par des armatures en fer plat rivées sur leur bord. Une manette D, fixée sur un des tourillons solidaire des tôles mobiles, permet de relever ces tôles contre la partie fixe ou de les développer en les abaissant. Une coulisse, dans laquelle glisse la manette, porte un dispositif permettant d'immobiliser cette manette à des positions diverses.

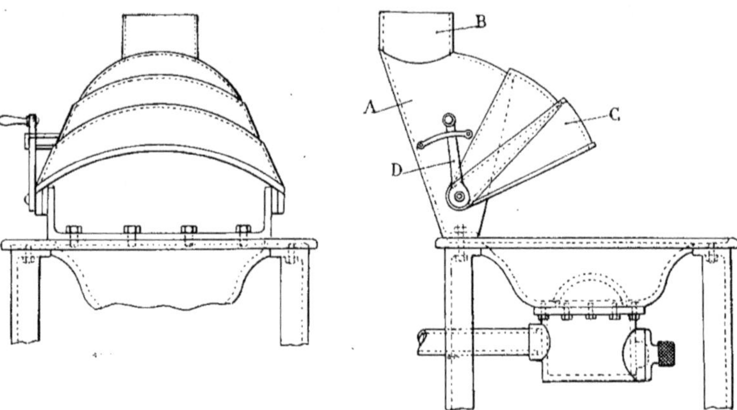

Fig. 4. — Hotte de forge, mobile.

On peut, de la sorte, relever les tôles pour dégager complètement le foyer lorsque la manœuvre de la pièce à forger l'exige, ou les abaisser jusqu'à toucher la cuve-support du charbon. On place les tôles mobiles dans cette position lorsqu'on commence à allumer le feu ou lorsqu'on l'alimente de combustible. Il se dégage, à ce moment, une grande quantité de fumée qu'il est avantageux de canaliser pour la conduire dans le tuyau d'évacuation au lieu de la laisser se répandre dans l'atelier. On soulève progressivement la hotte mobile à mesure que le feu devient plus clair ; on la rend ainsi moins encombrante et on facilite le travail de forge.

Tuyère La *tuyère* est un organe qui termine le conduit de distribution du vent au milieu même du foyer de la forge. Elle est donc en contact avec le feu et avec le combustible incandescent. C'est pour cela que cet organe se détériore plus que les autres organes de la forge : on doit procéder de temps en temps à son remplacement.

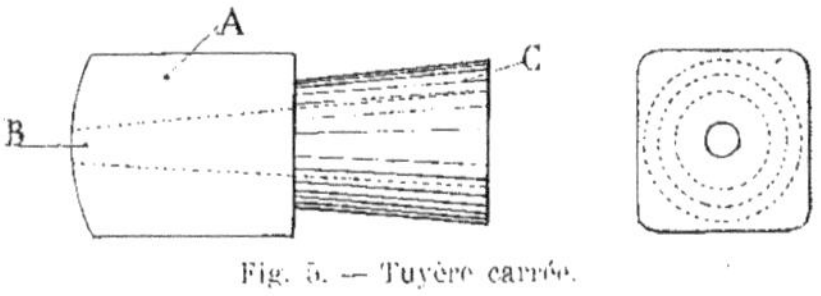

Fig. 5. — Tuyère carrée.

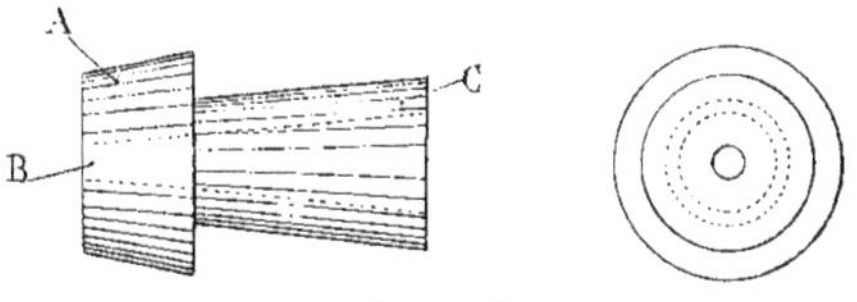

Fig. 6. — Tuyère cylindrique.

La tuyère simple est constituée par un bloc de fonte carré A (Fig. 5) au centre duquel est percé un trou conique B. Le bloc est muni d'une queue C, conique, sur laquelle vient se monter le conduit de distribution de vent. Un joint, facilité par la forme conique de l'organe, est établi entre la tuyère et le conduit; il assure l'étanchéité et empêche toute perte de vent. Celui-ci arrive au foyer à un endroit précis et le jet de vent ainsi obtenu peut avoir une direction bien déterminée.

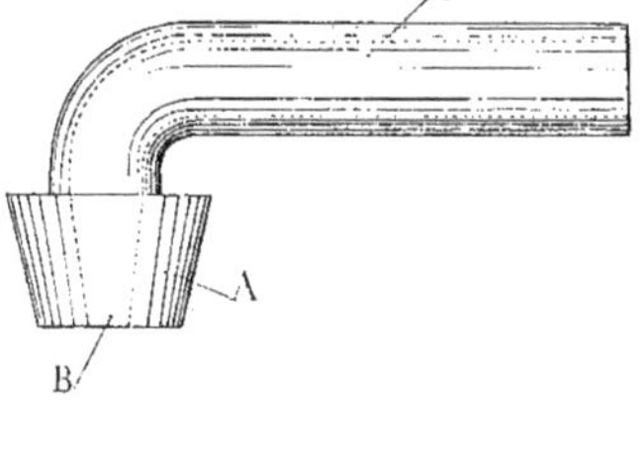

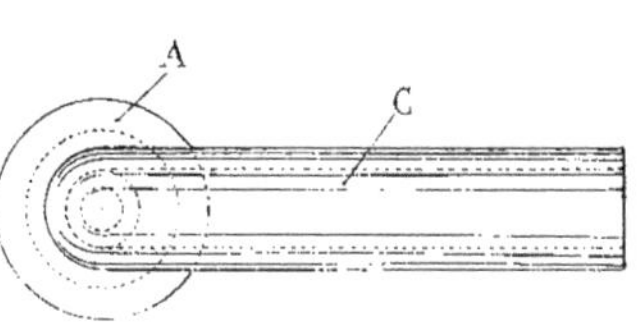

Fig. 7. — Tuyère coudée.

Ces tuyères simples ont parfois une forme cylindrique (Fig. 6), au lieu d'être carrées, ou bien elles portent un coude pour être reliées au tuyau de distribution (Fig. 7).

Ces tuyères disposées horizontalement dans le foyer donnent un jet de vent qui a une direction également horizontale. Elles sont nommées *tuyères de côté,* pour les distinguer d'un autre type de tuyères qui donnent un jet de vent ayant une direction verticale, et qui sont appelées *tuyères en-dessous.*

La tuyère en-dessous (Fig. 8) se compose d'un conduit pouvant s'adapter par une extrémité C, au tuyau d'arrivée de vent, bouché à l'autre bout B et portant une chambre d'air A de forme demi-sphérique. Cette capacité est percée d'un trou à sa partie supérieure, et c'est par ce trou qu'est lancé verticalement le jet de vent dans le foyer. Cette tuyère est donc disposée horizontalement au-dessous du charbon et le vent qu'elle distribue traverse le combustible incandescent de bas en haut. On donne parfois à cette tuyère le nom de *tuyère à calotte,* par suite de la forme de la chambre d'air.

La calotte D, au lieu de n'avoir qu'un trou, en porte parfois plusieurs, trois ou cinq, pour diviser le jet de vent et l'utiliser sur une plus grande surface du foyer.

Le *mâchefer* qui se produit dans le foyer se dépose sur la calotte de la tuyère et on l'enlève aisément. La tuyère tout entière est facilement démontable et on peut la remplacer aisément. Cependant, comme dans cet organe, une seule partie, la calotte demi-sphérique, se détériore, on a songé à rendre cette partie démontable et interchangeable, de façon à conserver le reste de la tuyère. La calotte a été rendue mobile (Fig. 9).

Une autre *tuyère en-dessous,* d'une grande simplicité, *à calotte mobile,* est constituée par un tube en fer A (Fig. 10) dont une extrémité est fermée par un bouchon fileté B et qui porte, à l'autre extrémité, un raccord C permettant de le fixer sur le tuyau de vent. Ce tube est percé vers le milieu de sa longueur d'un grand trou au-dessus duquel on peut monter la calotte mobile. Cette partie mobile D, en fonte de fer, s'adapte exactement sur le tube pour former joint. Elle est munie de pattes permettant de recevoir des brides demi-circulaires qui servent à la fixer solidement au tuyau de fer par le serrage de quatre écrous. La pièce mobile D a une forme bombée à sa partie supérieure et porte un ou plusieurs trous par lesquels le vent est dirigé sur le foyer. Cette partie mobile, qui est en contact direct avec le combustible incandescent et qui se détériore plus vite, peut être remplacée sans démonter le reste de l'organe.

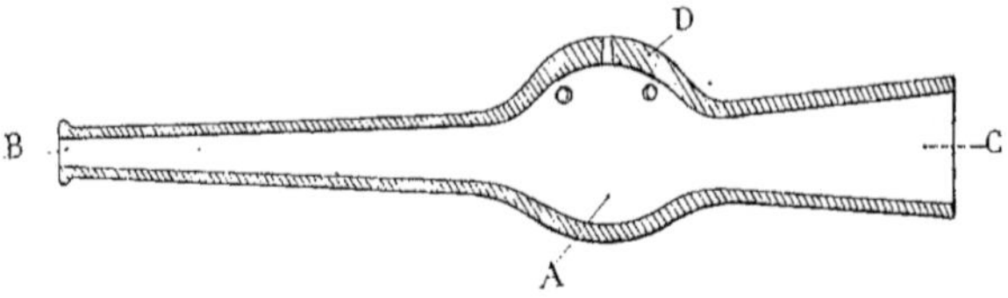

On emploie la *tuyère de côté* ou la *tuyère en-dessous* suivant les travaux qui l'on a à effectuer. Lorsqu'on veut chauffer des pièces d'une façon constante, sur toutes leurs parties, sans qu'on soit dans l'obligation de les déplacer et de les retourner dans le feu, on utilise la tuyère de côté. On dispose alors la pièce dans le foyer au niveau de l'orifice de la tuyère et on arrange le combustible de manière que le vent puisse facilement circuler autour de la pièce.

Pour les travaux ordinaires de forge nécessitant le déplacement ou le retournement de la pièce, on emploie la tuyère en-dessous.

Fig. 8. — Tuyère en-dessous.

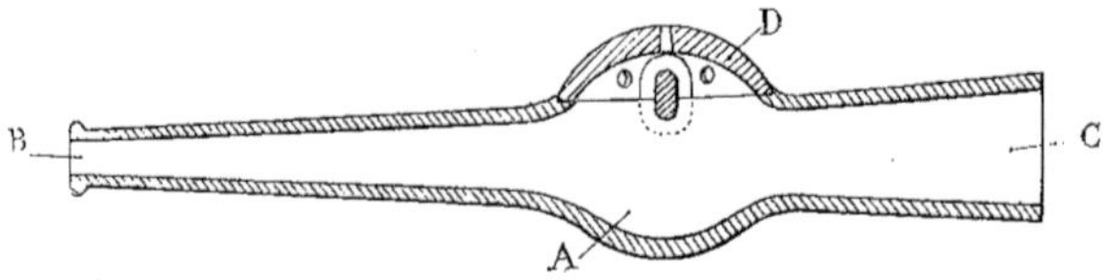

Fig. 9. — Tuyère en-dessous à calotte mobile.

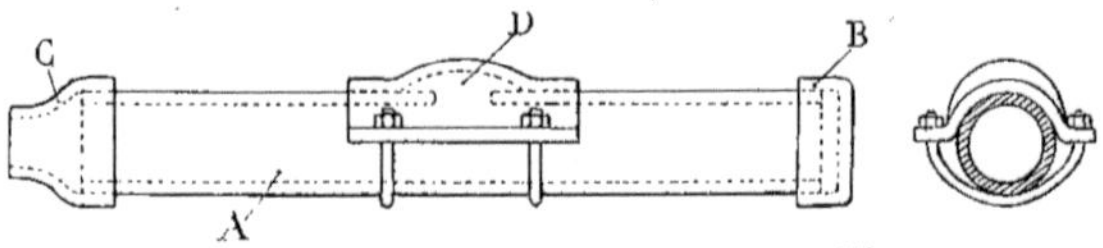

Fig. 10. — Tuyère en-dessous à calotte mobile.

Les sections des orifices des tuyères varient avec le genre de travaux à exécuter. Pour traiter les grosses pièces de forge, l'orifice de la tuyère devra avoir une grande dimension. En outre on dispose cet orifice assez bas dans le foyer pour permettre d'interposer entre la tuyère et la pièce à chauffer une épaisseur suffisante de combustible, afin que l'oxygène de l'air puisse se consumer et n'arrive pas au contact du métal, ce qui produirait des oxydes qui nuiraient à sa qualité. Lorsqu'on forge des pièces légères et peu encombrantes, on place l'ouverture de la tuyère, qui a une section réduite, assez haut pour que le combustible enflammé ait un petit volume, suffisant cependant pour chauffer les pièces à forger.

La chaleur dégagée par le foyer détériore, avons-nous dit, la partie de la tuyère qui est à proximité du combustible incandescent. Pour remédier à cet inconvénient, on a établi des tuyères munies d'un dispositif de refroidissement par circulation d'eau.

La *tuyère à eau* (Fig. 11) se compose d'une tuyère comportant un conduit de vent semblable à celui de la tuyère ordinaire. C'est un conduit conique percé au centre d'un bloc de métal A et pouvant se raccorder, par l'intermédiaire d'un bon joint, avec le tuyau de vent de la forge. Autour de ce conduit central est ménagée, dans le bloc métallique A, une capacité annulaire B munie de deux orifices C et D. A l'un des orifices aboutit un tuyau qui part de la partie supérieure d'un réservoir d'eau E; à l'autre, aboutit un second tuyau branché à la partie inférieure du même réservoir d'eau. Lorsque le réservoir est plein d'eau, cette eau, par les deux tuyaux C et D, remplit la capacité annulaire B et refroidit les parois de la tuyère. Au fur et à mesure que la tuyère s'échauffe, l'eau de la capacité B s'échauffe également et tend à gagner le réservoir en montant par le tuyau C, par suite de la différence de densité qui existe entre l'eau chaude et l'eau froide. Pour une certaine température de l'eau de la tuyère, il s'établit une circulation d'eau entre le réservoir et cette tuyère. L'eau froide descend par le conduit D, arrive dans la capacité B, baigne les parois de la tuyère en les refroidissant et lorsqu'elle a pris à ces parois une chaleur suffisante, elle monte par le tuyau C et gagne le réservoir d'eau E. En donnant à ce réservoir un volume suffisant pour que l'eau chaude qui y arrive ait le temps de s'y refroidir avant d'être distribuée de nouveau par le conduit inférieur, on peut maintenir la tuyère à une température assez faible pour ne pas craindre les détériorations occasionnées par le contact du feu.

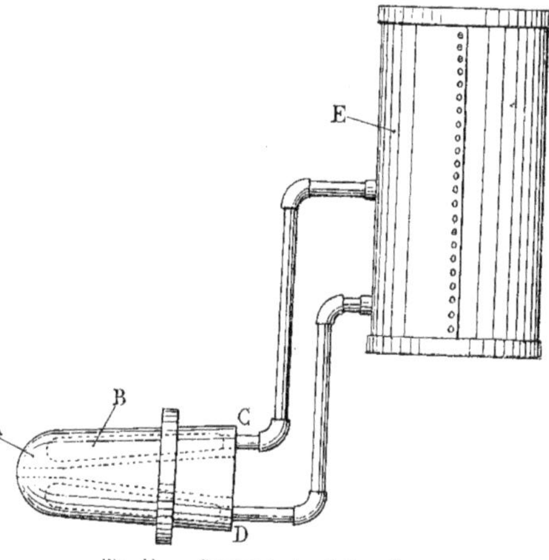

Fig. 11. — Tuyère à circulation d'eau.

Ce procédé de refroidissement à circulation d'eau par *thermo-siphon* peut être remplacé par un dispositif de circulation d'eau sous pression. Les dispositions de la tuyère restant les mêmes, si on envoie, à l'aide d'une pompe, un courant d'eau sous pression dans la capacité B, cette eau, arrivant par un des tuyaux, sera refoulée dans l'autre après avoir circulé autour de la tuyère et avoir rempli sa fonction réfrigérante.

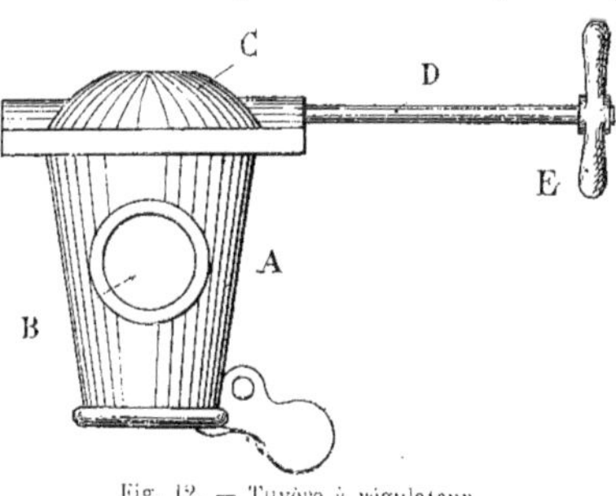

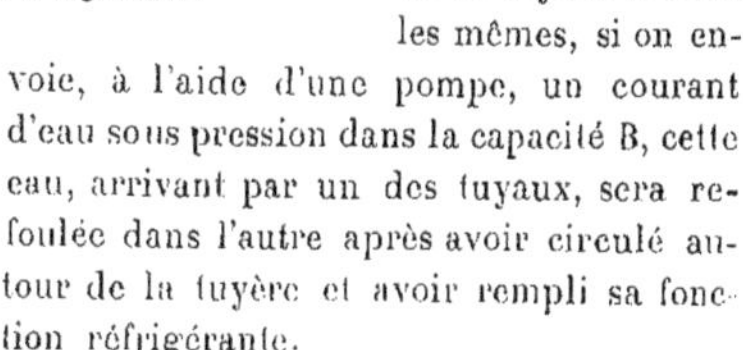

Fig. 12. — Tuyère à régulateur.

Nous avons vu que les sections des tuyères étaient variables et appropriées aux pièces que l'on avait à forger. Le débit de vent doit, en effet, être proportionné à l'étendue du foyer, lequel est lui-même plus ou moins considérable, suivant que les pièces à faire chauffer ont de plus ou moins grandes dimensions.

Lorsque les travaux de forge sont toujours semblables, on peut adopter une tuyère de section convenable ; mais si l'on est appelé à chauffer, avec la même forge, des pièces très différentes en volume et en dimensions, il est avantageux d'employer des tuyères munies d'un réglage permettant de faire varier le débit de vent. Ces tuyères sont appelées *tuyères à régulateur*.

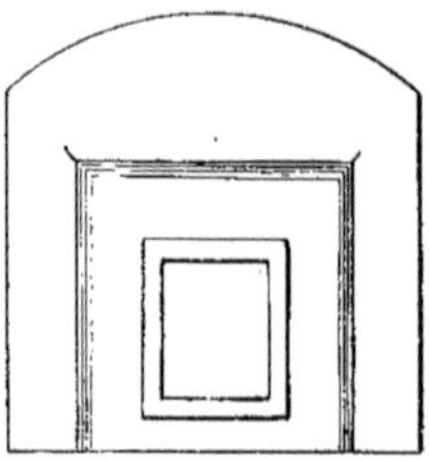

Fig. 13. — Plaque de contre-feu à une ouverture.

La *tuyère à régulateur* (Fig. 12) est une tuyère en-dessous composée d'une capacité A portant le conduit B sur lequel vient se brancher le tuyau de distribution du vent. A la partie supérieure est disposée une calotte C sur laquelle est percé l'orifice de distribution de vent dans le foyer. Cette calotte peut être rapportée sur le corps de tuyère de façon à pouvoir être remplacée aisément lorsqu'elle est détériorée. Pour faire varier la section de l'orifice de la tuyère et rendre son réglage facile, un papillon est disposé dans la calotte sphérique au-dessous de l'orifice de sortie. Ce papillon peut osciller autour de deux tourillons reposant sur la collerette du corps de tuyère. L'oscillation du papillon obture ou démasque l'orifice de sortie d'une quantité proportionnée à l'angle d'oscillation. Il est possible, de la sorte, de ne donner à la tuyère que le débit de vent nécessaire. Pour cela, une tige D, rendue solidaire d'un tourillon du papillon, se prolonge sur le devant de la forge et peut être manœuvrée par l'ouvrier. Une poignée E permet d'effectuer cette manœuvre et indique, par sa disposition, le degré d'inclinaison du papillon et, par conséquent, la valeur du débit de vent.

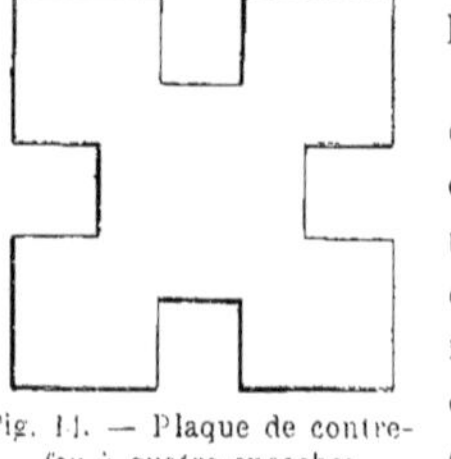

Fig. 14. — Plaque de contre-feu à quatre encoches.

Le corps de tuyère est le plus souvent ouvert à sa partie inférieure. Cet orifice, de grande section, qui sert à nettoyer la tuyère, est fermé, pendant son fonctionnement, par un fond métallique. Les dispositions de fermeture varient avec les types de tuyères. Le fond est parfois oscillant et un contrepoids ou un levier le maintient appliqué contre l'orifice inférieur de la tuyère, ou bien il est constitué par une plaque métallique qui peut glisser dans des rainures et obturer la chambre de la tuyère, en-dessous. Dans ce cas, la plaque est fixée à une tirette munie d'une poignée qui déborde en avant de la forge et que l'ouvrier tire ou pousse pour faire glisser la plaque.

Lorsqu'on emploie des tuyères de côté, on place souvent, contre la partie maçonnée ou même métallique de la forge qui supporte le tuyau de vent raccordé à la tuyère, une plaque de protection pour éviter que l'action de la chaleur ne détériore ce support.

Cette plaque de protection, nommée *plaque de contre-feu*, est métallique, généralement en fonte de fer. On lui donne diverses formes. Elle porte un ou plusieurs trous, carrés ou coniques, suivant la forme de la tuyère. La contre-plaque à un seul trou se met en place à poste fixe. La contre-plaque à plusieurs trous peut être utilisée successivement en plaçant la tuyère dans chacun de ces trous. On fait tourner cette plaque, lorsqu'une partie est détériorée par le feu, en présentant une partie intacte jusqu'à ce que la plaque soit hors de service. Au lieu de trous, les plaques de contre-feu portent souvent des encoches destinées à laisser passer la tuyère. Les plaques représentées par les figures 13 et 14 sont utilisées pour des tuyères carrées et portent, l'une, une ouverture, l'autre, quatre encoches.

Feu Le feu de la forge est obtenu en brûlant surtout de la houille. Le combustible doit être en petits morceaux et choisi pour que, tout en donnant une chaleur suffisante, il ne laisse pas trop de résidus qui provoquent la formation du mâchefer. On trouve des houilles spécialement utilisées pour les feux de forge.

Dans la fabrication de certaines pièces, comme, par exemple, les boulons et les rivets, on emploie du coke comme combustible de forge. Le feu de coke donne une très grande chaleur qui oblige à surveiller attentivement le fer que l'on a mis à chauffer, pour éviter qu'il ne se brûle.

Il se forme dans le foyer de la forge, après avoir chauffé quelques pièces de fer, un résidu nommé *mâchefer*. Le mâchefer provient surtout des scories produites par le résidu du combustible brûlé. A ce résidu s'ajoute une petite partie d'oxyde de fer provenant du métal chauffé dans le foyer. Le mâchefer empêche d'entretenir un bon feu permanent. Il convient donc, s'il se produit, de le retirer pour dégager le foyer de la forge et empêcher l'obstruction des orifices de la tuyère.

Le feu de forge est facile à allumer en se servant de la soufflerie qui fait partie de l'installation. On souffle d'abord avec modération pour activer la combustion soit du bois, soit du charbon de bois dont on se sert pour allumer, et on place progressivement sur ce foyer des quantités de plus en plus importantes de combustible, que l'on enflamme en donnant une pression de vent de plus en plus forte. Lorsque le combustible est bien incandescent sur toute la surface du foyer, on peut y placer la pièce à chauffer.

Pour éteindre le feu de la forge, on jette de l'eau sur le foyer, mais il faut éviter de jeter cette eau par grande masse, car on risquerait d'être brûlé par la vapeur subitement produite en grande quantité. Il est préférable d'asperger le feu à la main et d'augmenter progressivement la quantité d'eau versée jusqu'à ce que le feu soit éteint complètement.

Types divers de forges Les divers types de forges peuvent être classés en deux catégories ; les forges fixes et les forges portatives. Les *forges fixes* sont installées à demeure dans les ateliers et peuvent recevoir le vent sous pression d'une même distribution générale établie dans l'usine. Les *forges portatives* peuvent être facilement déplacées et transportées et doivent comporter leur organe de soufflerie.

Il existe une autre catégorie d'organes destinés à chauffer des pièces qui doivent être forgées : ce sont les *fours à forger*.

Forges fixes Parmi les forges fixes, une des plus anciennes est celle que nous avons décrite plus haut. Actuellement les forges fixes avec hotte sont, le plus souvent, faites complètement en métal (Fig. 15). La cuve porte-foyer est en fonte de fer ; les pieds qui la supportent sont aussi en fonte, et la hotte et les montants ou la cloison qui la soutiennent sont également fondus. La forge est à un ou plusieurs foyers. Celle dont la figure 15 représente une vue d'ensemble en comporte deux. Elle est munie de deux tuyères de côté. Chacune de ces tuyères possède une vanne de réglage de débit d'air, et le vent peut être fourni par un appareil soufflant quelconque alimentant à volonté une seule ou les deux tuyères.

Les organes accessoires indispensables pour toute forge sont le *bac à eau* et la *boîte à charbon.* Le bac à eau se place sur le côté ou en avant de la forge pour permettre de plonger immédiatement dans l'eau, lorsqu'on procède à une opération de trempe, la pièce que l'on sort du feu.

Fig. 15. — Forge fixe métallique. (Fenwick frères.)

La boîte à charbon est un récipient métallique qui prend place au-dessous ou sur le côté de la forge, et dans lequel est placé le combustible servant à alimenter le foyer.

Dans le type de forge que nous venons

Fig. 16. — Forge fixe avec tuyères en dessous. (Fenwick frères.)

d'examiner, la boîte à charbon et le bac à eau sont deux récipients indépendants de la forge, que l'on place à côté d'elle; mais, assez souvent, l'un des deux récipients et parfois les deux font corps avec la forge même.

La forge dont la figure 16 représente la vue d'ensemble est entièrement métallique, supportée par quatre pieds, et est munie d'un compartiment constituant le récipient à charbon. Sur le côté de la forge est disposé un autre récipient qui est le bac à eau.

Ce type de forge est muni d'une tuyère en dessous comportant une vanne à air destinée à régler le débit de vent soufflé sur le foyer. Le réglage de la vanne s'effectue à

Fig. 17. — Forge fixe montée sur colonne. (Fenwick frères.)

l'aide d'une tirette débordant en avant de la forge.

Un support, fait en tiges de fer cylindriques, peut être disposé en avant de la forge pour soutenir les pièces que l'on met dans le feu.

Un autre type de forge montée sur colonne

Fig. 18. — Forge fixe à cuve circulaire. (Fenwick frères.)

est représentée par la figure 17. La colonne-support est venue de fonte avec la cuve porte-foyer. Cette cuve, de forme rectangulaire, peut recevoir sur les deux côtés un récipient en tôle de fer. L'un de ces récipients est destiné à recevoir le combustible, l'autre sert de bac à eau. Sur les deux autres côtés sont diposées des parties mobiles montées à charnières que l'on peut laisser relevées ou rabattues à volonté. Cette disposition, qui se trouve établie sur le plus grand nombre de forges, permet de régler la profondeur du feu suivant la pièce que l'on a à chauffer. On proportionne ainsi la quantité de combustible que l'on brûle au travail que l'on a à effectuer.

La tuyère de cette forge est une *tuyère en-dessous* comportant un réglage de débit de vent.

On donne parfois aux forges une autre forme que la forme rectangulaire. Celle que représente la figure 18 a une forme circulaire. Cette forge est faite entièrement en tôle d'acier. Le corps est une sorte de cylindre muni d'une cloison formant la table du foyer. Une entretoise diamétrale supporte la tuyère en-dessous, munie d'une vanne à air dont le réglage s'effectue par la manœuvre d'une tirette qui déborde en avant. Une ouverture pratiquée sur le corps cylindrique de la forge donne passage à cette tirette et à une autre tirette qui permet la vidange de la tuyère, que l'on peut visiter et nettoyer par dessous.

Fig. 19. — Forge fixe à deux foyers (Fenwick frères.)

Sur le pourtour du corps cylindrique de la forge est fixé un récipient en tôle d'acier supporté par quatre pieds, mais qui peut aussi directement reposer sur le sol. Ce récipient est divisé en deux compartiments, l'un faisant office de boîte à charbon, et l'autre, de réservoir d'eau. Les diverses forges fixes que nous venons d'examiner sont des *forges américaines Buffalo*. Il en a été construit une très grande variété, lourdes ou légères, pour être appropriées aux divers travaux de forge que l'on peut avoir à exécuter.

Il y en a qui comportent plusieurs foyers et permettent, sous un encombrement relativement réduit, à plusieurs ouvriers, de chauffer des pièces en même temps.

La forge dont la figure 19 représente une vue d'ensemble est à deux foyers. La table est en fonte de fer et supportée par quatre pieds également faits en fonte de fer. Des échancrures, pratiquées sur les côtés de la table, et pouvant être fermées à volonté par de petits battants métalliques, permettent d'employer des feux de petite ou de grande profondeur.

Chaque foyer comporte une tuyère en-dessous munie d'un dispositif de réglage de vent par la manœuvre à la main d'une vanne à air. Un récipient venu de fonte avec la table de la forge sert de boîte à charbon commune aux deux forges. Deux bacs à eau en tôle de fer sont rapportés chacun en face d'un foyer. Un râtelier destiné à supporter les divers outils de forgeron est placé sous chacune des forges.

On a établi des types de forge comportant quatre feux. L'un de ces types a une table en fonte d'une forme circulaire. Elle est supportée par un pied cylindrique de grand diamètre fait en tôle de fer et muni d'une embase circulaire en fonte. Les quatre foyers sont disposés autour de la table, et au centre de cette table est placée une boîte à charbon commune aux quatre feux. Chacun des foyers est muni d'une *tuyère en-dessous* comportant un dispositif de réglage de débit de vent.

Ce type de forge est utilisé lorsqu'on ne dispose que d'une place réduite pour une installation de forge.

Les forges que nous venons d'examiner peuvent être munies d'une hotte pour canaliser les fumées et sont alimentées de vent par un dispositif approprié, ventilateurs ou soufflets, que l'on installe à la place convenable suivant les besoins et la disposition des ateliers. Ainsi que nous l'avons dit plus haut, on a établi des forges spéciales nommées *forges à tirage souterrain,* pour supprimer les hottes encombrantes et pour canaliser et évacuer d'une façon plus efficace les fumées et les gaz provenant de la combustion du charbon.

Fig. 20. — Forge à tirage souterrain. (Fenwick frères.)

Ce type de forges, créé par les ateliers américains *Buffalo Forge C°*, peut être avantageusement installé dans les ateliers où il est nécessaire d'en posséder un certain nombre. Une même conduite souterraine alimente toutes les forges, et les fumées de chacune d'elles sont évacuées dans un autre conduit souterrain.

Dans le conduit de vent, c'est un *ventilateur* qui donne la pression d'air nécessaire pour alimenter les soufflerie de toutes les forges. Dans le conduit d'évacuation des fumées et des gaz, c'est un *aspirateur* qui produit la dépression nécessaire pour la circulation de ces fumées.

Fig. 21. — Forge à tirage souterrain circulaire. (Fenwick frères.)

Dans les installations comportant un petit nombre de forges, il est possible de réaliser la soufflerie et l'évacuation des fumées à l'aide d'un seul appareil : *un aspirateur*. Cet aspirateur, en créant une dépression dans le conduit souterrain, provoque à la fois l'aspiration de l'air frais qui, en passant par la tuyère, souffle sur le feu, et l'aspiration de la fumée par la hotte. L'aspirateur refoule ensuite ces fumées dans la cheminée d'évacuation.

La conduite aboutissant à l'aspirateur comporte autant de branchements qu'il y a de forges dans l'atelier. Ces divers canaux sont constitués par des tuyaux en poterie ou faits en briques.

On établit dans la cheminée d'évacuation un registre équilibré qui est réglé pour laisser passer un débit d'air et de fumée proportionné au nombre de forges en action. Il sert aussi d'écran de protection dans le cas d'un retour de gaz, qui pourrait provoquer des explosions dans les conduits.

La *forge à tirage souterrain* représentée par la figure 20 est en fonte de fer. La cuve supportant le foyer est munie d'une hotte qui forme l'extrémité du conduit d'aspiration des fumées. La hotte comporte une partie mobile et réglable que l'on peut rabattre vers le feu ou relever suivant les besoins de canalisation des fumées. Le conduit d'aspiration prolongeant la hotte descend verticalement dans le sol et est enfermé dans le bâti en fonte. Le conduit d'amenée d'air, également placé à l'intérieur du socle en fonte, aboutit à la tuyère, du type en-dessous. Une vanne à air réglable à la main permet de faire varier le débit de vent soufflé sur le foyer.

On comprend qu'avec ces dispositions, les fumées et les gaz provenant de la combustion se rendent dans la hotte par suite du tirage produit par la dépression créée dans le conduit d'aspiration.

La forge dont la figure 21 représente la vue d'ensemble comporte des dispositions semblables comme système souterrain d'amenée d'air et d'aspiration. Sa forme est circulaire au lieu d'être rectangulaire et un espace vide, ménagé au-dessous, permet d'aborder facilement la tuyère et de la nettoyer. Les manettes de réglage de l'arrivée de l'air et de vidange de la tuyère sont placées dans cet espace libre.

Fig. 22. — Forge à tirage souterrain montée sur colonne. (Fenwick frères.)

Un récipient en tôle de fer supporté par quatre pieds est placé au-devant de la forge. Il est divisé en deux parties par une cloison : l'un des compartiments sert de boîte à charbon, l'autre sert de bac à eau.

La forge à tirage souterrain représentée par la figure 22 est montée sur colonne. Cette colonne en fonte supporte la table également en fonte. La table porte, de chaque côté, une échancrure fermée par une petite porte en fonte qui se rabat ou se soulève à volonté, pour engager la pièce à chauffer, suivant la profondeur du feu.

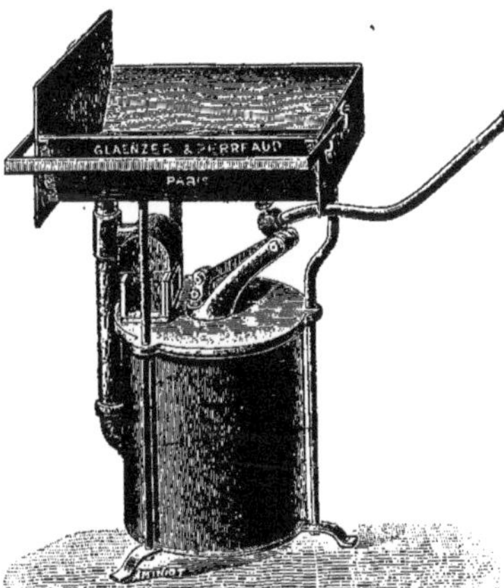

Fig. 23. — Forge portative avec soufflet à piston et levier tournant. (Glaenzer et Perreaud.)

Les deux conduits constituant le dispositif de tirage souterrain sont visibles sur la figure. Le conduit vertical d'avant est le conduit d'amenée de vent. Branché sur le tuyau souterrain, il débouche dans la colonne sous le foyer et est raccordé avec la tuyère. Le second conduit, d'un diamètre plus grand, placé à l'arrière, communique avec le tuyau souterrain d'aspiration et débouche au-dessus du foyer et en arrière. La partie fixe de la hotte termine ce conduit à la partie supérieure et la partie de cette hotte qui se rabat est articulée à son extrémité. Une manette actionnant une roue dentée engrenant avec un secteur denté fixe permet, par sa manœuvre, de rabattre ou de relever la hotte mobile.

Le réglage de la vanne à air dont est munie la tuyère s'effectue par une manette placée en avant, grâce à l'intermédiaire d'un jeu de leviers.

Un support en tiges de fer cylindriques est disposé en avant de la forge pour soutenir les pièces qui sont mises au feu.

Un bac à eau est fixé au rebord de la table du côté droit de la forge ; une boîte à charbon est disposée du côté opposé.

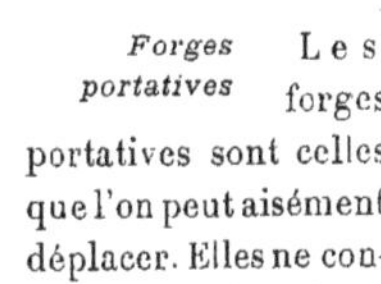

Forges portatives Les forges portatives sont celles que l'on peut aisément déplacer. Elles ne conviennent pas pour des travaux de pièces lourdes.

Elles sont utilisées pour chauffer des petites pièces ou pour souder ou braser.

La forge portative comporte, avec la table support du foyer, le dispositif de production du vent.

Un de ces dispositifs généralement employé dans les forges portatives est le soufflet à pistons, que nous avons décrit précédemment. Les pistons manœuvrent dans un corps cylindrique en tôle qui renferme les divers organes (Fig. 23). Un tuyau vertical conduit le vent, obtenu par la manœuvre des soufflets, dans une tuyère placée à la partie supérieure de l'outil, dans la cuve-support du foyer. Un levier disposé sur le corps cylindrique permet de produire le vent par un mouvement alternatif d'oscillation. Par suite de la disposition des soupapes et des pistons, le vent est produit d'une façon continue pour alimenter le foyer : c'est ce que l'on désigne par l'expression *double vent*.

L'appareil repose sur le sol par trois pieds, et des entretoises verticales, solidaires des pieds et du corps cylindrique, supportent la table supérieure.

Le levier de commande est parfois monté pour pouvoir tourner autour d'un axe vertical. Cette disposition facilite sa manœuvre et permet de dégager le devant de la forge lorsqu'on procède à certains travaux.

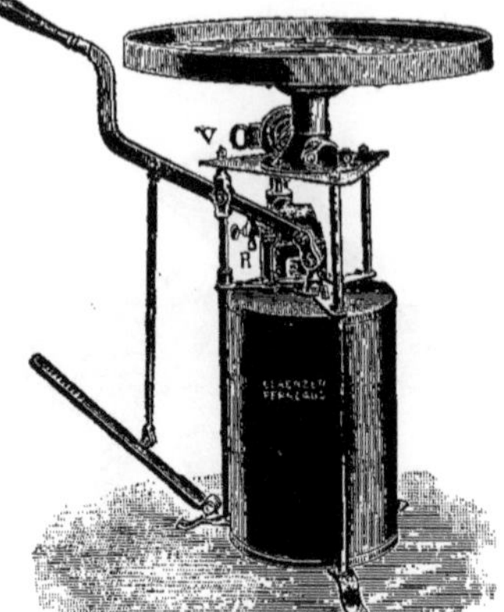

Fig. 24. — Forge portative circulaire (Glaenzer et Perreaud.)

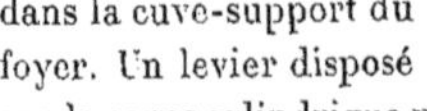

Les forges portatives, constituées en principe avec les mêmes dispositions, comportent cependant, dans leurs détails, des dispositifs différents.

Le plateau support du foyer a parfois une forme circulaire (Fig. 24).

Ce plateau en fer est établi pour pouvoir tourner, de sorte que, dans ce cas, il n'est pas nécessaire de rendre le levier de manœuvre tournant. La tuyère est du type en-dessous, et à la partie supérieure du conduit d'air qui arrive à la tuyère est disposée une prise d'air, que l'on utilise pour envoyer le vent dans un chalumeau à gaz lorsqu'on veut se servir de la forge pour souder ou braser, recuire, etc.

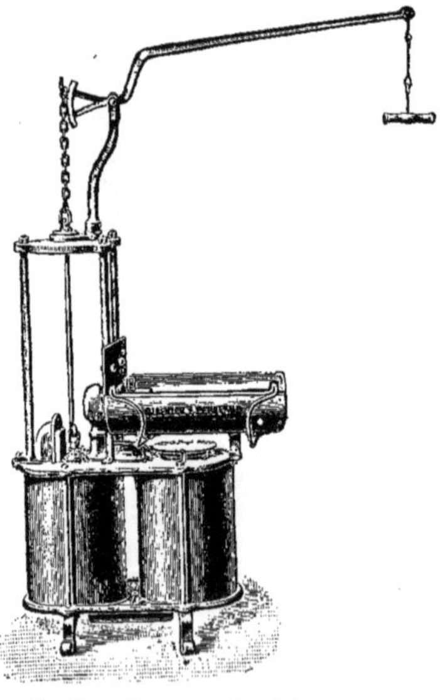

Le levier de manœuvre commande, par un mouvement d'oscillation alternatif, le système soufflant, et ce levier se trouve conjugué avec une pédale. La liaison est faite par l'intermédiaire d'une petite tringle verticale, de sorte que l'on peut souffler soit par une manœuvre à la main, soit par une manœuvre au pied, soit en employant à la fois la main et le pied.

Fig. 25. — Forge portative à deux corps. (Glaenzer et Perreaud.)

Les deux pistons qui constituent le dispositif de soufflerie sont quelquefois placés dans deux corps cylindriques au lieu d'être placés dans le même corps l'un au-dessus de l'autre.

La forge portative à deux corps (Fig. 25) a son plateau porte-foyer placé plus bas que celui de la forge à un seul corps. Ce plateau, de forme rectangulaire, est supporté par des brides en fer fixées sur la plate-forme qui relie, à leur partie supérieure, les deux corps cylindriques. Il est muni d'une tuyère de côté.

Les deux corps cylindriques sont placés côte à côte verticalement, et réunis à leurs deux extrémités par deux plates-formes qui les entretoisent.

Sur la plate-forme inférieure sont fixés les pieds qui supportent l'appareil.

Au-dessus de l'un des cylindres sont disposés des montants, au nombre de trois, entretoisés à leur partie supérieure par une plaque triangulaire qui sert de support à la chape d'oscillation du levier de manœuvre.

Fig. 26. — Forge portative à ventilateurs. (Glaenzer et Perreaud.)

Un grand nombre de forges portatives sont munies d'un système de soufflerie à *ventilateur*.

Le ventilateur est un organe comportant en principe un disque, sur lequel sont disposées des aubes de forme appropriée, auquel l'on donne un mouvement de rotation rapide. Cette rotation permet de produire un courant d'air continu qui est canalisé et dirigé par la tuyère sur le foyer.

La forge portative à ventilateur comporte donc, en dehors de la table support du foyer, un ventilateur qui lui est fixé, et les organes de commande de ce ventilateur. Le ventilateur est parfois actionné par l'intermédiaire d'une manivelle qui est fixée au bout de l'arbre de commande et qui déborde du carter. Quelquefois, la commande de rotation du ventilateur se fait à l'aide d'un levier manœuvré à la main.

La forge portative que représente la figure 26 est munie d'un ventilateur à manivelle. Ce ventilateur est fixé sur un des côtés de la forge.

En donnant à la manivelle un mouvement de rotation, on envoie dans la tuyère, qui fait immédiatement suite au conduit du ventilateur, un courant d'air continu. La tuyère peut être du type *de côté*, et dans ce cas elle est disposée sur la cloison même que supporte le ventilateur, mais sur l'autre paroi, ou bien elle peut être du type en-dessous, et dans ce cas elle est placée au milieu de la table, support de feu, sur sa paroi inférieure, et elle est reliée au ventilateur par un conduit.

En tournant à la main la manivelle du ventilateur, on ne pourrait pas donner à la roue à aubes une vitesse de rotation suffisante pour produire le courant de vent nécessaire, si on actionnait directement la roue à aubes. On établit donc dans les ventilateurs un dispositif de multiplication de vitesse. On dispose pour cela un ou plusieurs trains d'engrenage intermédiaires. La manivelle est calée sur l'arbre du premier train intermédiaire qui porte une grande roue d'engrenage, laquelle engrène avec un pignon de plus petit diamètre calé sur l'arbre du second train. Celui-ci commande la roue à aubes par une autre paire d'engrenages multiplicateurs.

Il existe des forges portatives à ventilateur comportant des dispositions semblables à celles de la forge précédente et pouvant, en outre, se replier en vue d'avoir un encombrement moindre pour faciliter le transport au loin.

Un type de forge portative américaine, représenté par la figure 27, est muni d'un ventilateur-aspirateur.

Cet organe, actionné à la main au moyen d'une manivelle, est placé derrière la forge. La roue à aubes est commandée par l'intermédiaire de deux trains d'engrenages. Le vent est envoyé à la tuyère par un conduit placé sous la forge et qui débouche sous la table-support du foyer.

Fig. 27. — Forge portative à ventilateur-aspirateur. (Fenwick frères.)

La tuyère est *du type en-dessous*. Cette forge est munie d'une hotte communiquant avec une cheminée d'évacuation, par laquelle s'échappent la plus grande partie des fumées et des gaz provenant de la combustion, par tirage naturel. Il est possible, cependant, pour faciliter l'évacuation des fumées, de brancher un conduit sur le ventilateur pour envoyer de l'air dans la cheminée et activer la circulation.

Le ventilateur ainsi disposé fait fonction d'aspirateur, car le conduit par lequel arrive l'air qui est aspiré, débouche à la partie basse de la hotte, de sorte qu'une partie des gaz chauds qui n'ont pas été brûlés et qui se dégagent du foyer, au lieu d'être évacués en pure perte dans la cheminée, sont aspirés, mélangés avec l'air, dans le ventilateur, puis envoyés à la tuyère. On utilise ainsi le pouvoir calorifique de ces gaz qui est important. Un volet oscillant, manœuvré à la main à l'aide d'une manette, limite la quantité de gaz aspirés provenant du foyer.

La cuve-support du foyer est en fonte de fer; elle est supportée par quatre pieds, et porte des échancrures pour faire varier la hauteur du feu avec la forme et l'encombrement des pièces à travailler. Un support en tringles métalliques est placé en avant d'une échancrure, pour soutenir les pièces à mettre au feu. Un bac à eau, en tôle de fer, peut être suspendu à la cuve en fonte.

Certaines forges portatives américaines sont munies d'un ventilateur actionné au moyen d'un levier (Fig. 28). Ce levier, portant à une extrémité une poignée pour sa manœuvre à la main, peut osciller autour d'un axe placé en bout d'un bras vertical fixé à la table en fonte qui supporte le foyer. A l'autre extrémité du levier est articulée une tringle, dont l'autre bout est relié à un volant denté de grand diamètre. La tringle fait office de bielle, et lorsqu'on donne au levier de manœuvre un mouvement d'oscillation alternatif, cette bielle provoque le mouvement de rotation de la grande roue dentée. L'axe de cette roue est supporté par deux bras verticaux à nervure, fixés à la cuve de la forge. Elle engrène avec un pignon de petit diamètre, sur l'axe duquel est claveté un volant portant une gorge sur sa périphérie, pour recevoir une courroie. La courroie, de section circulaire, s'enroule d'autre part sur une poulie de petit diamètre calée sur l'axe du ventilateur, qui est fixé sous la table-support du foyer.

Entre la grande roue dentée et la poulie du ventilateur il existe donc une première multiplication de vitesse, produite par la différence des diamètres de cette roue et du pignon avec lequel elle engrène; en outre, une seconde multiplication de vitesse est établie du fait de la différence de diamètre entre le volant à gorge et la poulie du ventilateur, de sorte que, lorsque la roue dentée fait un tour, le ventilateur fait un nombre de tours égal au produit des deux rapports de multiplication. Cela permet, tout en donnant au levier de manœuvre des mouvements d'oscillation relativement lents, d'obtenir une vitesse de rotation suffisamment rapide du ventilateur pour obtenir le courant de vent nécessaire à la forge.

Fig. 28. — Forge portative à ventilateur actionné par levier. (Fenwick frères.)

En dehors du dispositif particulier de soufflerie, la forge représentée par la figure 28 comporte une hotte fixée à la table-support du foyer, et elle repose sur le sol par quatre pieds.

Fig. 29. — Forge portative à ventilateur et à levier. (Fenwick frères.)

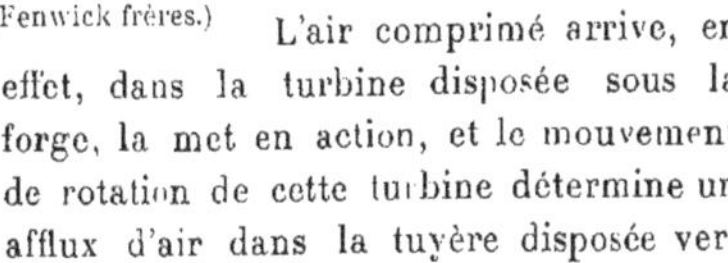

La figure 29 représente un autre type de forge portative, à ventilateur commandé par levier.

Dans certaines forges portatives comportant un dispositif de soufflerie semblable, on a établi une commande par pédale au lieu d'un levier à main. On peut ainsi souffler sur le feu en ayant les deux mains libres, ce qui est parfois très utile.

On construit encore des forges portatives munies d'un organe de soufflerie pouvant être actionné par l'air comprimé. Ces forges peuvent être avantageusement employées dans les ateliers où sont établies des distributions d'air sous pression, ou dans des entreprises de montage de constructions métalliques.

L'air comprimé utilisé dans la forge n'est pas directement envoyé sur le foyer. Il est reçu, soit dans un organe rotatif, sorte de turbine, soit dans un injecteur spécial, qui fournissent à la forge un volume d'air soufflé beaucoup plus considérable, de 40 à 150 fois plus grand que le volume d'air comprimé qui a été utilisé pour les mettre en action.

La forge munie de la turbine (Fig. 30) comporte un conduit de petit diamètre disposé verticalement derrière la forge, portant, à sa partie supérieure, un ajutage sur lequel vient se brancher le raccord de prise d'air comprimé et un robinet dont l'ouverture met en marche le dispositif de soufflerie.

L'air comprimé arrive, en effet, dans la turbine disposée sous la forge, la met en action, et le mouvement de rotation de cette turbine détermine un afflux d'air dans la tuyère disposée verticalement sous le plateau, dont le volume est quarante fois plus considérable que le volume d'air comprimé nécessaire à son fonctionnement.

Pour arrêter l'envoi de vent, on ferme le robinet. La manœuvre de mise en route et d'arrêt du système de soufflerie est donc très simple.

Cette forge, supportée par quatre pieds entretoisés à leur partie inférieure, a une cuve en fonte, support de foyer, munie d'un dossier.

La forge dont le dispositif de soufflerie est constitué par un injecteur (Fig. 31) reçoit l'air comprimé par un petit conduit branché sur la canalisation commune. La manœuvre d'un robinet permet, comme dans le dispositif précédent, de donner ou d'arrêter le vent.

Fig. 30. — Forge portative à air comprimé et à turbine. (Fenwick frères.)

L'air comprimé arrive dans un injecteur placé verticalement sous le plateau de la forge. La pression d'air détermine un courant de vent dirigé dans la tuyère qui fait suite à l'injecteur et dont le volume est 150 fois plus grand que le volume d'air sous pression utilisé.

Fig. 31. — Forge portative à air comprimé et à injecteur. (Fenwick frères.)

La cuve de la forge, en fonte de fer, est supportée par quatre pieds entretoisés par une bride qui sert, en même temps, à maintenir l'injecteur. La cuve est munie d'un dossier.

Four à forger Lorsqu'on doit chauffer une série de pièces de façon à pouvoir alimenter d'une manière continue des outils à forger, on peut employer le *four à forger*. Le four peut recevoir un certain nombre de pièces, de sorte qu'elles peuvent progressivement être portées à la température convenable et qu'une d'elles peut toujours être prête à forger.

Le four à forger *américain Buffalo* (Fig. 32), est supporté par quatre pieds en fonte de fer et se compose d'un corps également en fonte de fer garni, à l'intérieur, d'un revêtement en briques réfractaires. Au-dessus du corps est disposé un couvercle, également en briques réfractaires, solidement fretté.

Fig. 32. — Four à forger Buffalo. (Fenwick frères.

Le corps du four ne porte que les ouvertures nécessaires pour introduire et sortir les pièces à chauffer, pour alimenter le foyer de combustible et pour l'évacuation des fumées.

Sur les ouvertures latérales servant à verser les combustibles, on peut adapter des trémies en tôle de fer qui facilitent l'introduction du charbon.

Le four est muni de grilles disposées pour pouvoir être secouées facilement, afin d'évacuer les cendres et le mâchefer. Les tuyères comportent leur vanne d'air réglable.

Fig. 33. — Four à forger double, Buffalo. (Fenwick frères.)

Le four à forger représenté par la figure 33, est destiné à chauffer des pièces de plus grande importance que celles que l'on traite au four précédent. Son encombrement est pour cela plus considérable.

Le corps du four est fait en fonte de fer et porte des ouvertures sur trois des côtés. Ces ouvertures peuvent être fermées par des portes métalliques équilibrées, que l'on place aisément à une hauteur quelconque.

Les grilles supportant le feu sont bien accessibles et sont munies d'un dispositif permettant de les débarrasser des cendres et du mâchefer.

Le four peut être double (Fig. 33) et comporter un système de tirage souterrain; des vannes à air règlent le débit d'air.

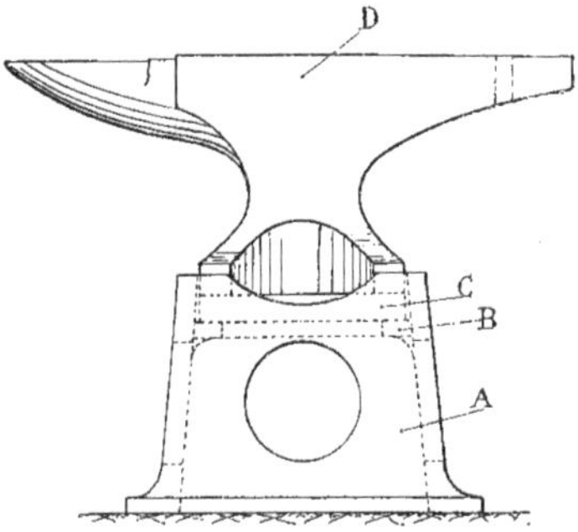

Fig. 34. — Enclume avec billot en fonte.

Enclume Lorsqu'une pièce destinée à être forgée à la main a été chauffée soit à la forge, soit au four, on la bat avec un marteau, pour la façonner, en la laissant reposer sur un bloc métallique qui est nommé *enclume*.

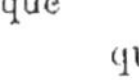

L'enclume doit être dure pour résister aux chocs qu'elle reçoit. Sa masse doit être importante et elle doit être solidement fixée pour qu'elle ne vibre pas sous les coups de marteaux répétés.

L'enclume est généralement faite en fer forgé, mais sa surface supérieure est aciérée et trempée. Cette surface est plane sur une partie de la longueur, mais l'une des extrémités est arrondie et terminée en pointe. Cette forme donnée à l'enclume permet de façonner au marteau soit des pièces droites, soit des pièces arrondies.

L'enclume est supportée par un billot de bois qui est enfoncé dans le sol sur une assez grande profondeur. Elle est maintenue sur lui par des brides croisées qui, boulonnées sur le billot, enserrent obliquement le pied de l'enclume de deux côtés et l'immobilisent. Cette disposition a l'avantage d'amortir les vibrations de l'enclume.

On monte aussi les enclumes sur des billots en fonte de fer. Le billot A (Fig. 34) a une section rectangulaire et une forme en pyramide. Il est évidé, mais conserve, vers sa face supérieure, une nervure horizontale B formant une sorte de cadre qui sert de support à un coussinet C, en bois, que l'on interpose entre le billot et l'enclume D pour amortir les vibrations.

L'enclume a sa face supérieure, sur laquelle repose la pièce à travailler, légèrement inclinée du côté opposé à l'ouvrier, afin que les écailles métalliques qui se détachent des morceaux de fer forgé tombent facilement de l'enclume.

Une enclume en bon état et bien trempée doit rendre, lorsqu'on frappe sur elle, un son clair. Une enclume fendue rend un son mat bien caractéristique, grâce auquel on reconnaît aisément la présence d'une fêlure.

Il faut éviter de laisser reposer sur l'enclume, autrement que pour les battre, les pièces de fer encore chaudes, car la chaleur que ces pièces pourraient transmettre à la face supérieure de l'enclume risquerait d'être suffisante pour la *recuire* par places, et enlever la dureté obtenue par l'effet de la *trempe*.

Il convient aussi d'éviter de faire porter sur l'enclume des outils tranchants ou pointus sur lesquels on frappe pour façonner le métal. Lorsqu'on doit se servir de ces outils pour traverser le métal, soit pour le sectionner, soit pour le percer, on doit avoir le soin de placer la pièce sur des *tas* spéciaux, ou sur des outils, *étampes* ou *tranches*, qui se placent dans un œil pratiqué sur l'enclume.

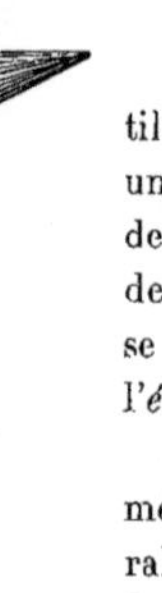

Fig. 35. — Bigorne.

Une enclume spéciale, appelée *enclume boulonnière* ou *bombarde*, est utilisée dans le cas où l'on a une certaine quantité de boulons à fabriquer. Cette enclume est un bloc métallique dont la face supérieure est disposée pour recevoir des étampes, des tranches, et les divers outils employés pour forger les boulons. Un grand nombre de trous sont, pour cela, percés sur cette face ; ils ont des dimensions et des formes variées.

Bigorne La *bigorne* (Fig. 35) est une petite enclume légère, dont la face supérieure de travail a ses deux extrémités terminées en pointe. Le socle a une surface réduite. Il est constitué par une sorte de colonne portant, à sa partie inférieure, une embase, et terminée en pointe. On fixe la bigorne sur un billot en bois que l'on peut aisément déplacer. Elle est rendue solidaire de son billot par simple enfoncement de sa queue terminée en pointe, dans le bois, jusqu'à ce que l'embase forme arrêt. La bigorne est munie d'un œil pouvant recevoir des étampes ou des tranches.

Cône Parmi les gros outils que l'on installe dans une forge, en dehors de l'enclume, qui est évidemment indispensable, se trouvent le *cône* et l'*étau de forge*.

Le *cône* est une pièce métallique, faite, généralement, en fonte de fer et qui a la forme d'un tronc de cône. Cet outil est utilisé pour donner à certaines pièces circulaires une forme bien régulière. On présente ces pièces à façonner sur le cône en les faisant appliquer sur sa paroi et on régularise au marteau leur forme qu'il est aisé d'obtenir circulaire. Suivant le diamètre de la pièce à travailler, elle s'enfonce plus ou moins sur le cône, de sorte que cet outil permet de donner la forme circulaire à des pièces de diamètres très différents.

Étau de forge L'*étau de forge* est un étau robuste, installé à proximité du foyer, pour servir à serrer les pièces chauffées qui doivent subir un façonnage spécial. C'est un étau à pied solidement fixé, soit sur un petit établi, soit contre un mur ou un bloc maçonné. Les mâchoires ont une largeur plus grande que les mâchoires de l'étau ordinaire. Elles ont aussi une épaisseur plus grande, de sorte que la masse métallique qu'elles forment donne non seulement à l'étau la robustesse spéciale qui lui est nécessaire, mais encore atténue l'échauffement produit sur l'étau par le serrage des pièces sortant du feu, condition favorable à la conservation de la trempe des mors des mâchoires.

On se sert le plus souvent de l'étau de forge pour couder rapidement des pièces. En sortant la pièce du feu on la serre dans l'étau et à l'aide du marteau on lui donne la forme voulue, la déviation se produisant exactement sur la ligne de serrage de l'étau. Les mâchoires font office d'enclume, dans ce cas, et quoique la pièce serrée soit battue bien moins vigoureusement que celles que l'on forge sur l'enclume ordinaire, il est nécessaire, cependant, que les mâchoires soient assez fortes pour supporter les chocs produits par les coups de marteau.

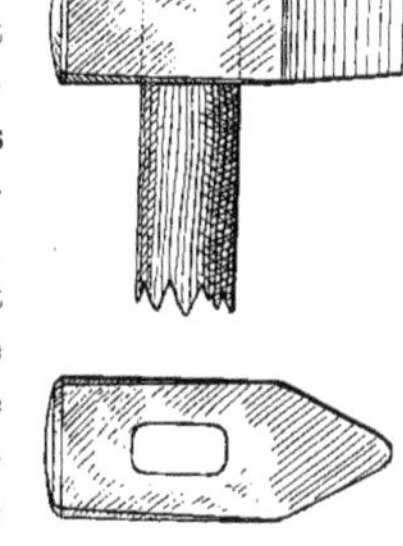

Fig. 36 et 37. — Marteaux de forgeron.

Marteaux Avec la forge et l'enclume, le *marteau* est un outil indispensable au forgeron, qui emploie plusieurs types de marteaux suivant le travail à effectuer.

Pour forger de petites pièces, l'ouvrier, qui dans ce cas n'a pas besoin d'aide pour les battre, emploie un *marteau à main*. Ce marteau, semblable au marteau ordinaire, est constitué par une masse en acier, munie d'un manche. La masse qui sert à frapper sur le métal chaud est généralement plus lourde que celle du marteau d'ajusteur que nous avons précédemment examiné (Fig. 195). Son poids varie, cependant, de 1 kilo à 3 kilos.

La masse, dont la section est rectangulaire au point où le manche lui est fixé, a une de ses extrémités presque plane, légèrement arrondie. Nous savons que c'est la *tête du marteau* et c'est avec cette partie de la masse que l'on frappe, dans le plus grand nombre de cas. L'autre extrémité de la masse : la *panne du marteau*, est amincie dans le sens de son épaisseur et est arrondie. On frappe avec cette extrémité dans des cas spéciaux, lorsque les pièces ont des formes particulières.

La panne du marteau est, le plus souvent, disposée dans un sens perpendiculaire à la direction du manche (Fig. 37), mais on se sert aussi, quelquefois, de marteaux dont la panne est disposée dans un sens parallèle à la direction du manche (Fig. 36).

La tête du marteau et la panne sont seules trempées. La partie médiane de la masse, dans laquelle est percé l'œil destiné à recevoir le manche du marteau, n'est pas trempée pour éviter de donner trop de fragilité à l'outil.

Les manches de marteaux doivent être solides : on les fait, le plus souvent, en cornouiller. Ils doivent s'ajuster exactement dans l'œil du marteau et sont encore solidement maintenus dans leur logement à l'aide d'un coin métallique que l'on enfonce en bout du manche.

Lorsque les pièces à forger ont trop d'importance pour être travaillées par un seul ouvrier, celui-ci s'adjoint un ou deux *frappeurs* qui, placés du côté opposé de l'enclume, frappent sur la pièce chauffée, avec des marteaux spéciaux que l'on nomme *marteaux à frapper devant.*

Le rôle des frappeurs se justifie par la nécessité d'obtenir très rapidement, c'est-à-dire en la mettant au feu le moins souvent possible, la pièce forgée. Il est très avantageux, en effet, d'effectuer le travail de forge dans un nombre de *chaudes* minimum pour ne pas affecter la qualité du fer, et en utilisant convenablement le travail d'un ou de plusieurs frappeurs, on peut façonner en peu de chaudes une pièce même importante, ce qu'un ouvrier seul ne pourrait jamais obtenir, le marteau à frapper devant se manœuvrer des deux mains. Son manche est donc plus long et sa masse est beaucoup plus lourde que celle du marteau à main. Son poids varie de 3 à 8 kilos; les masses qui sont le plus employées pèsent de 6 à 8 kilos.

Pour frapper devant, on peut opérer de deux façons : on lève le marteau et on le laisse retomber en lui donnant la plus grande impulsion possible à la façon ordinaire, ou, pour augmenter le lancé de la masse et lui donner une action plus efficace, on fait tourner le marteau en le tenant des deux mains à l'extrémité du manche. Il faut évidemment une certaine pratique pour frapper devant en faisant tourner le marteau, mais on peut l'acquérir assez aisément en s'y appliquant.

La masse du *marteau à frapper devant* comporte, comme celle du marteau à main, une tête et une panne. La panne est parfois disposée dans le sens perpendiculaire à la direction du manche, parfois, placée dans le sens parallèle.

On doit veiller avec grand soin à ce que le marteau à frapper devant soit très solidement emmanché, car si une masse s'échappait du manche au cours du travail de forgeage, elle pourrait occasionner de graves accidents.

Enfin, pour les travaux de forge très lourds, qui sont exceptionnels, on emploie pour frapper devant des marteaux dont la masse a un poids de 10 et 12 kilos. Cet outil est désigné sous le nom de *masse.*

Lorsqu'un forgeron a un ou plusieurs aides qui frappent devant, il tient d'une main la pièce à façonner et de l'autre le marteau dont il se sert pour frapper et pour désigner à ses aides la place où doit s'exercer leur action. Les coups de marteaux se succèdent avec une cadence régulière; chacun des aides s'attache à frapper à la place même où l'ouvrier vient de donner son coup de marteau.

Lorsque celui-ci veut retourner sa pièce pour indiquer une autre place où les aides doivent frapper, il donne un coup sur l'enclume au lieu de frapper sur la pièce. C'est un avertissement, un *rappel,* ainsi que cela se désigne en terme d'atelier, pour indiquer aux frappeurs de bien veiller à battre normalement la pièce dans sa nouvelle position. Si, en effet, on donnait des coups en *porte-à-faux,* on risquerait, par la réaction produite sur la main de l'ouvrier forgeron qui tient généralement la pièce chaude avec des tenailles, de lui faire lâcher prise, et la pièce et les tenailles seraient projetées en l'air, au risque de blesser quelqu'un.

Lorsque le forgeron veut arrêter le travail, au lieu de donner un coup de marteau sur l'enclume, il laisse reposer son marteau sur cette enclume et le marteau en rebondissant frappe plusieurs coups : c'est le signal d'arrêt.

Outils divers Pour hâter le travail de forgeage des pièces et pour leur donner, le plus facilement possible, les diverses formes qu'elles doivent avoir, on emploie, en dehors du marteau, une certaine quantité d'autres outils que nous allons examiner : *tranches, chasses, dégorgeoirs, étampes, tenailles,* etc...

Les *tranches* sont utilisées pour couper le métal. Cette opération peut s'effectuer soit à chaud, soit à froid, c'est-à-dire que, dans le premier cas, on fait chauffer le fer pour le trancher et, dans le second cas, on le sectionne sans le passer au feu. De là, deux sortes d'outils pour couper le fer : la *tranche à chaud* et la *tranche à froid*. En réalité, ces deux tranches ne diffèrent pas beaucoup l'une de l'autre. La tranche à froid, cependant, doit être plus robuste que l'autre et doit supporter des chocs généralement plus violents, car il est plus facile de trancher le métal lorsqu'il est chaud qu'à la température normale. Comme, pour cette raison, la tranche à froid tend à se mater plus aisément que la tranche à chaud sous les coups de marteau répétés, on lui donne souvent une longueur plus grande.

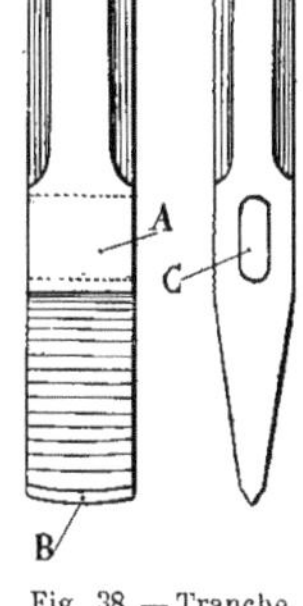

Fig. 38. — Tranche.

La tranche est faite en acier fondu. C'est un bloc A (Fig. 38) de section rectangulaire, dont une extrémité est taillée en biseau et porte le tranchant B. L'autre extrémité est aplatie et est disposée pour recevoir les coups de marteaux. Pour dégager cette partie de l'outil, on pratique généralement des chanfreins sur chacun des angles. Un trou C de forme ovale est percé dans le bloc métallique : c'est *l'œil* de la tranche destiné à recevoir le manche, que l'on fait en cornouiller.

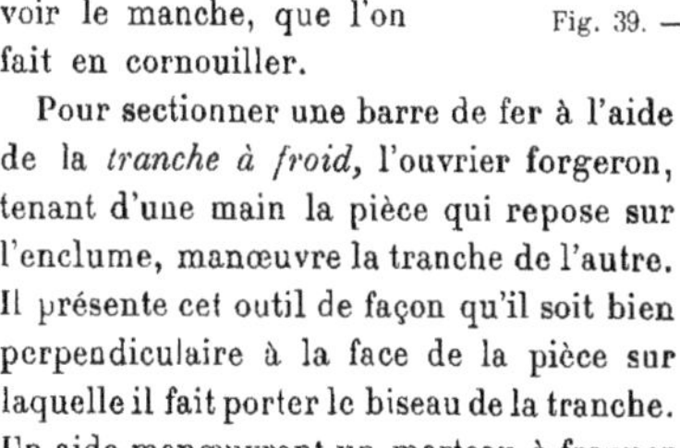

Fig. 39. — Casse-fer.

Pour sectionner une barre de fer à l'aide de la *tranche à froid*, l'ouvrier forgeron, tenant d'une main la pièce qui repose sur l'enclume, manœuvre la tranche de l'autre. Il présente cet outil de façon qu'il soit bien perpendiculaire à la face de la pièce sur laquelle il fait porter le biseau de la tranche. Un aide manœuvrant un marteau à frapper devant donne alors des coups répétés sur la tranche. On crée ainsi un sillon dans la barre métallique, que l'on répète sur chacune des faces en les présentant successivement sous la tranche. L'incision ainsi pratiquée tout autour de la barre doit avoir une profondeur d'autant plus grande que la barre a une plus grande épaisseur, mais il est inutile d'atteindre une profondeur suffisante pour provoquer directement le sectionnement du métal. Pour le rompre, en effet, après avoir pratiqué une incision de faible profondeur, on pose la barre sur l'enclume en interposant un support spécial nommé *casse-fer*. L'ouvrier forgeron ou l'aide, en frappant avec la panne du marteau sur la barre au droit de l'incision, provoquent son sectionnement.

Le *casse-fer* (Fig. 39) est une pièce en acier fondu constituée par un bloc métallique A muni d'une queue B. Le bloc est une sorte d'équerre permettant de reposer la barre sur les extrémités de ses faces, de façon à laisser un espace vide entre elles. La queue de l'outil, qui a une forme cintrée, pénètre dans l'œil pratiqué dans l'enclume et sert à immobiliser la pièce. On comprend que si on place la barre à sectionner sur le casse-fer de manière que l'incision se présente entre les points d'appui que prend la barre sur les extrémités de l'équerre, on peut, en frappant avec la panne aiguë du marteau, sur cette incision même, provoquer le sectionnement de la pièce.

L'effort à exercer pour obtenir ce sectionnement est d'autant plus considérable que l'épaisseur de la barre est plus grande, et c'est pour cela qu'il est quelquefois nécessaire d'employer le marteau à frapper devant. Pour sectionner une pièce à l'aide de la *tranche à chaud,* on pratique également une incision tout autour de cette pièce. Cette incision est faite sur le métal chauffé au rouge. La rupture de la barre peut être obtenue à l'aide du casse-fer, comme nous venons de l'indiquer, mais pour éviter de déformer, en frappant sur le métal chaud, les parties de la barre voisines de l'incision qui y est pratiquée, on emploie, dans la plupart des cas, un outil spécial permettant de sectionner directement la pièce.

Cet outil, nommé *tranchet d'enclume,* est une sorte de tranche constituée par un

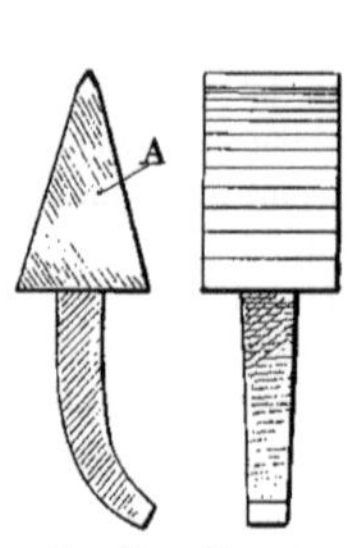

Fig. 40. — Tranchet d'enclume.

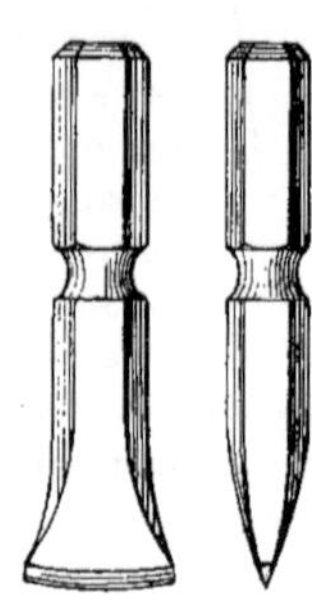

Fig. 41. — Tranchet à froid sans œil.

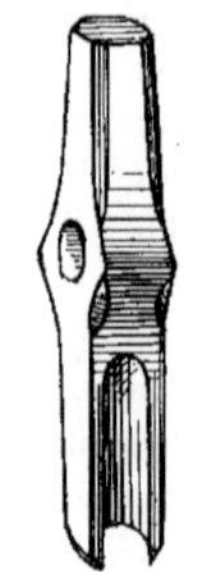

Fig. 42. — Tranche à gouge.

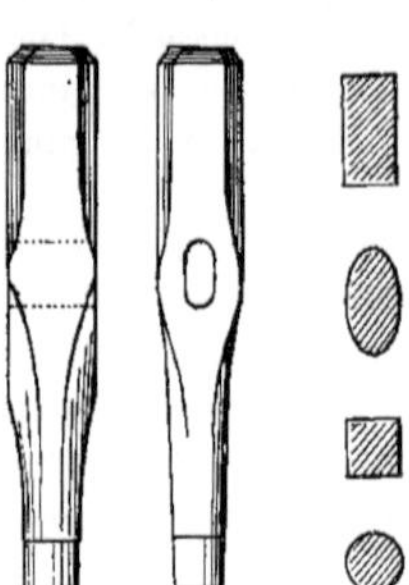

Fig. 43. — Poinçons.

bloc en acier fondu A (Fig. 40) de section triangulaire, dont la partie supérieure, taillée en biseau, forme une arête coupante. L'outil est muni d'une queue cintrée qui s'engage dans le trou pratiqué sur l'enclume : le tranchet se trouve, de la sorte, immobilisé. On peut alors, en présentant la pièce chauffée au-dessus de l'outil, pratiquer l'incision en frappant sur la pièce, ou bien, en pratiquant l'incision à l'aide de la tranche à chaud, on se sert du tranchet d'enclume pour obtenir le sectionnement direct.

Les tranches à froid ou à chaud sont presque toujours munies d'un manche et portent pour cela un œil qui le reçoit. On fabrique cependant des *tranches à froid sans œil* (Fig. 41). Le mode d'emploi de cet outil est le même que celui de la tranche ordinaire, mais au lieu d'être tenu à l'aide d'un manche, il peut être tenu à la main ou à l'aide de tenailles. Une gorge pratiquée sur le corps de l'outil permet de maintenir la tranche entre les branches des tenailles. Cet outil s'emploie surtout pour les travaux légers.

Un autre type de tranche est la *tranche à gouge* que représente la figure 42. Cette tranche comporte un œil pour recevoir le manche de l'outil. Sa partie tranchante n'est plus constituée par deux faces planes disposées en biseau, comme dans les tranches ordinaires. Elle a une forme concave demi-circulaire, de sorte qu'en utilisant cet outil, on produit sur la pièce à sectionner des incisions demi-circulaires. Cette tranche est employée dans quelques cas spéciaux, principalement à chaud, lorsqu'il s'agit de dégager la forme de la pièce en laissant des arrondis de raccordement entre ses diverses faces.

On se sert aussi, dans les travaux de forge, de *burins* et de *bédanes* semblables à ceux qu'emploient les ouvriers mécaniciens, et que nous avons décrits. Ces outils, qui constituent des sortes de tranches spéciales, ont simplement des dimensions plus considérables, lorsqu'ils sont employés pour les travaux de forge.

Le *poinçon* sert également à trancher le métal, non plus pour le sectionner en plusieurs parties, mais pour créer, en pleine matière, des vides, des trous, ayant une forme déterminée. Le poinçon (Fig. 43) se compose d'un bloc en acier fondu, dont une extrémité est disposée pour recevoir les coups de marteaux et dont l'autre bout a la forme que l'on veut donner au trou à découper dans le métal. La section de cette extrémité de l'outil peut être circulaire, carrée, ovale, rectangulaire, etc. Le poinçon porte un œil dans lequel est solidement fixé le manche de manœuvre.

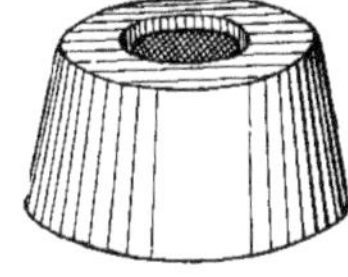

Fig. 44. — Perçoir.

Pour se servir du poinçon, on repose la pièce préalablement chauffée au rouge vif sur un support spécial, appelé *perçoir* (Fig. 44) dans lequel est percé un trou. Le poinçon étant appliqué sur la pièce, juste au-dessus du trou, on frappe sur lui, soit avec le marteau ordinaire, soit avec le marteau à frapper devant, et on découpe ainsi dans la pièce un morceau de métal qui a la forme du poinçon. Ce morceau tombe et on obtient ainsi dans la pièce un trou en pleine matière. Une autre catégorie d'outils est employée pour les travaux de forgeage à la main. Ces outils, nommés *chasses*, diffèrent des tranches en ce que celles-ci servent à sectionner le métal, tandis que les chasses sont utilisées pour le refouler. Elles sont interposées entre le marteau et la pièce à forger et on frappe sur elles pour refouler et façonner le métal.

La *chasse à parer* (Fig. 45) est un bloc d'acier A portant un œil pour recevoir un manche et dont une extrémité est disposée pour recevoir les coups de marteaux. L'autre extrémité B, élargie, a une forme carrée ou rectangulaire et sa face inférieure est parfaitement dressée. On se sert de cet outil pour *parer* les surfaces planes de la pièce à travailler, c'est-à-dire pour les régulariser et enlever les aspérités trop saillantes pouvant provenir des coups de marteaux donnés pendant l'exécution du travail de forge. Pour cela, l'ouvrier forgeron applique la *chasse à parer* sur la surface à aplanir, la partie plane de la chasse reposant sur la pièce et étant maintenue bien à plat sur l'enclume. La chasse étant tenue bien verticale, un aide frappe sur elle. Entre les coups de marteaux, le forgeron déplace la chasse en la promenant sur toute la surface à parer et régularise ainsi toute cette surface. Pour donner à cette surface un fini agréable à l'œil, on trempe, à la fin de l'opération, les chasses à parer dans l'eau et on termine la pièce en se servant de la *chasse mouillée,* ce qui donne au métal un aspect poli et bien régulier.

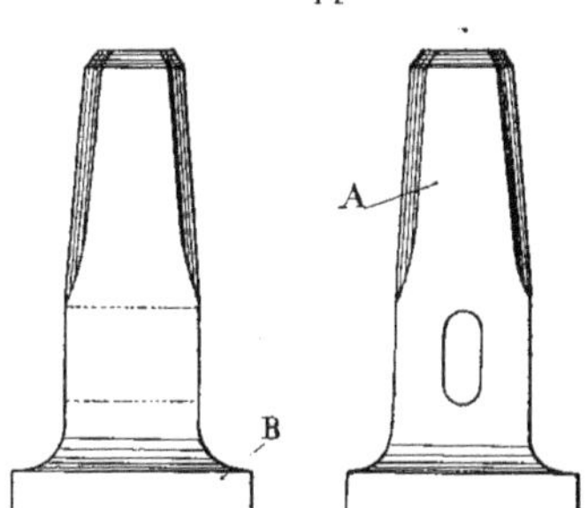

Fig. 45. — Chasse à parer.

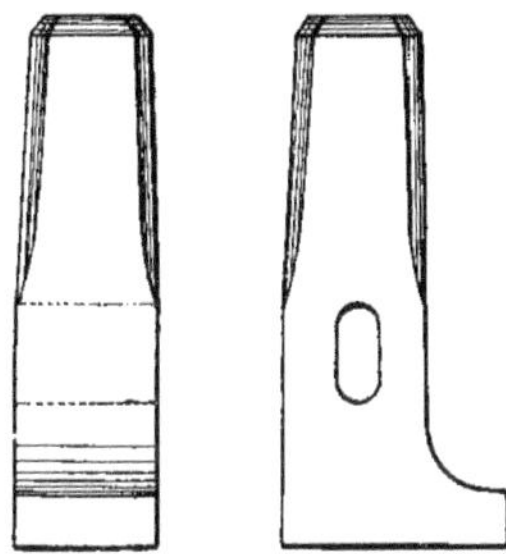

Fig. 46. — Chasse à talon.

La *chasse à parer à large embase* est utilisée pour parer les grandes surfaces. Lorsque la forme de la pièce ne permet pas l'emploi de cette chasse, on utilise parfois la *chasse à talon* (Fig. 46) ou encore la *petite chasse à parer* ou *chasse carrée* (Fig. 47).

La *chasse à talon* diffère de la chasse à parer précédente par la forme de l'embase.

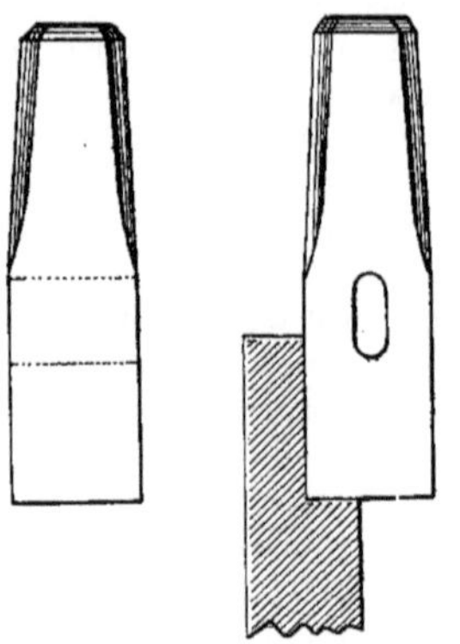

Fig. 47. — Chasse carrée.

Cette embase est, en effet, dissymétrique par rapport à l'axe de l'outil. Elle est rejetée d'un côté en formant une sorte de talon. Cette forme permet d'aborder, sans être gêné, les diverses parties de la pièce à parer.

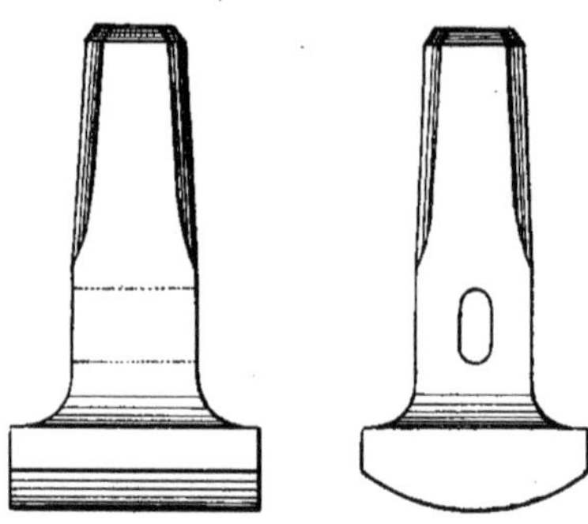

Fig. 48. — Chasse ronde.

La *petite chasse à parer* est utilisée pour régulariser des petites surfaces planes comme, par exemple, celles que constituent les saillies que portent certaines pièces. L'embase ayant une faible surface, en appliquant une arête de cette embase contre une face de la pièce, on peut, sans trop frapper en porte-à-faux sur la chasse, parer la petite face perpendiculaire formant saillie.

On fait aussi des *chasses rondes* (Fig. 48). Cette chasse porte également une large embase, mais la face inférieure de cette embase, au lieu d'être plane, a une forme convexe, ce qui permet d'utiliser cet outil pour parer des surfaces creuses et cintrées.

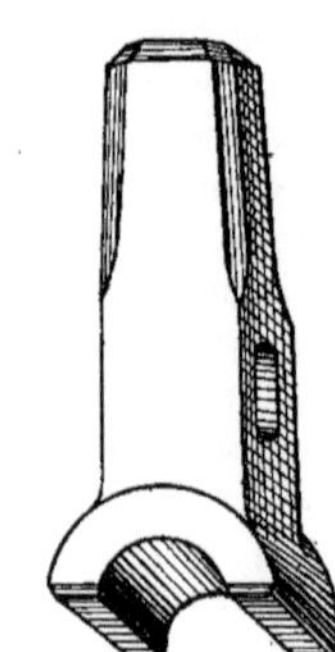

Fig. 49. — Étampe.

Un autre type de chasse que l'on pourrait considérer comme la contre-partie de la chasse ronde, est *l'étampe*. L'étampe (Fig. 49), comme les autres chasses, se compose d'un bloc d'acier fondu dont l'embase, qui s'applique sur la pièce, est disposée pour parer des surfaces de forme bien déterminée. L'étampe comporte une *sous-étampe* (Fig. 50) à laquelle on donne la même forme qu'à l'étampe, pour la partie de l'outil qui sert à parer. La sous-étampe est munie d'une queue qui permet de la placer dans l'œil de l'enclume et de l'immobiliser. On fait reposer la pièce à étamper dans le creux pratiqué sur la sous-étampe et on applique sur elle l'étampe qui porte un creux semblable à celui de la sous-étampe. En frappant sur l'étampe, on refoule le métal, et on l'oblige à remplir les creux pratiqués dans les deux outils, ce qui donne à la pièce la forme exacte de ces creux. Lorsqu'on veut étamper une pièce cylindrique, les creux pratiqués dans l'étampe et la sous-étampe ont une forme exactement demi-cylindrique, de sorte que

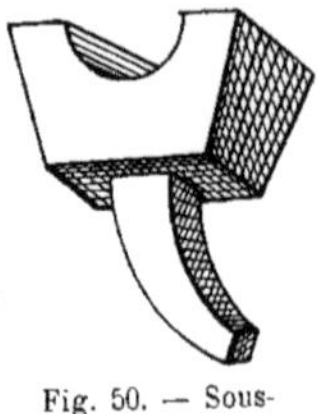

Fig. 50. — Sous-étampe.

la barre étampée a la moitié de son pourtour paré par la sous-étampe et la moitié par l'étampe. Pour étamper une pièce hexagonale, un écrou à six pans, par exemple, l'étampe et la sous-étampe portent chacune des creux formant trois des côtés.

L'étampage d'une pièce n'est définitivement obtenu avec la dimension voulue que lorsque, par des coups de marteaux successifs, on fait arriver l'étampe au contact de la sous-étampe.

Un autre outil, de la catégorie des outils à refouler le métal, et dont l'emploi est fréquent dans le travail de forge, est le *dégorgeoir*.

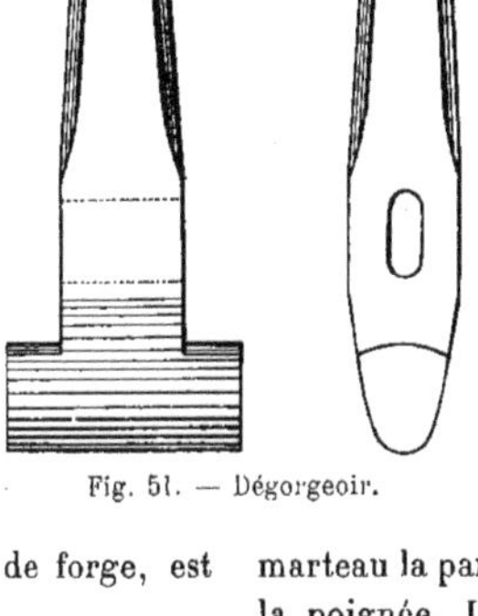

Fig. 51. — Dégorgeoir.

Le *dégorgeoir* est une sorte de chasse ronde (Fig. 51), mais dont l'embase destinée à refouler le métal a une forme plus aiguë que dans la chasse ronde à parer. Cette embase est constituée par deux faces obliques, raccordées par une surface demi-circulaire. C'est cette surface que l'on applique sur la pièce à travailler.

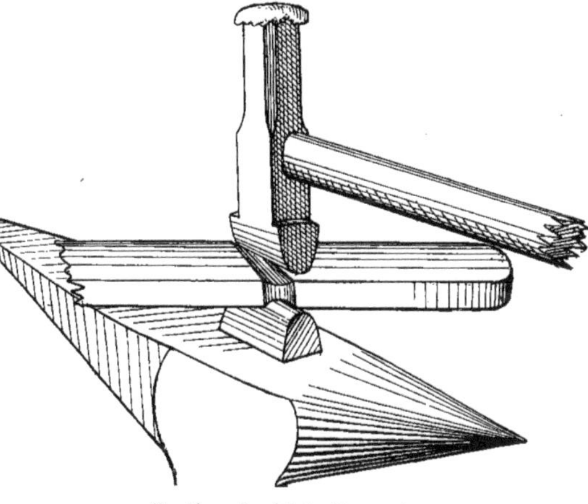

Fig. 52. — Emploi du dégorgeoir.

Le dégorgeoir est utilisé pour créer sur le métal, à une place déterminée, un rétrécissement formant une séparation entre deux parties de la pièce de dimensions différentes. On pratique une sorte de sillon, qui ne diminue pas, comme le ferait une incision, la solidité de la pièce, puisque le fond de ce sillon est largement arrondi, mais qui limite les parties différentes (Fig. 52).

Si nous supposons, par exemple, qu'une pièce de section rectangulaire, d'une forme extérieure quelconque, soit soumise à un travail de forge pour être rétrécie, à partir d'un certain point, pour former une queue ou une poignée, on creusera, à l'aide du dégorgeoir, un sillon tout autour de la pièce, à la hauteur de ce point, et on étirera ensuite au marteau la partie de la pièce qui doit former la poignée. Le sillon fait à l'aide du dégorgeoir permet d'effectuer le travail d'étirage du métal sans toucher à la partie de la pièce qui a la forme et les dimensions convenables.

Pour le travail de forge concernant spécialement les rivets, on emploie des outils particuliers servant à former la tête du rivet, tout en le fixant à la place qu'il doit occuper ou encore à le chasser du trou dans lequel il est engagé.

La *bouterolle* sert à former les têtes des rivets. C'est un outil en acier fondu, dont une extrémité est disposée pour recevoir des coups de marteaux et dont l'autre extrémité comporte une cavité demi-sphérique. Lorsqu'on applique cette extrémité sur la tête d'un rivet préalablement porté au rouge, on donne, en frappant sur l'autre extrémité de la bouterolle, une forme de calotte demi-sphérique à la tête du rivet. Le diamètre de cette calotte est plus grand que le diamètre du rivet, de sorte que la joue ainsi obtenue forme *un collet* de repos tout autour de la tête et permet d'immobiliser le rivet.

Pour donner à la tête une forme extérieure circulaire bien régulière, la bouterolle est taillée en biseau à son extrémité, portant le creux demi-sphérique : c'est la bouterolle coupante qui sectionne le métal en même temps qu'elle arrondit la tête en forme de calotte. Pour des rivets de petits diamètres, dont le bouterollage des têtes ne demande pas un grand effort, on se sert de la bouterolle à main (Fig. 53). On peut tenir cet outil d'une main et on frappe avec le marteau tenu de l'autre. Dans ce cas, le rivet doit être, ou enfoncé dans son trou, dans lequel il se trouve immobilisé, ou tenu par un aide au moyen de tenailles.

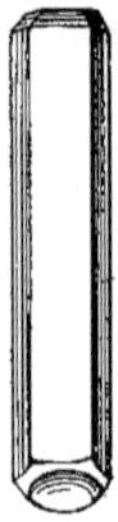

Fig. 53. — Bouterolle à main.

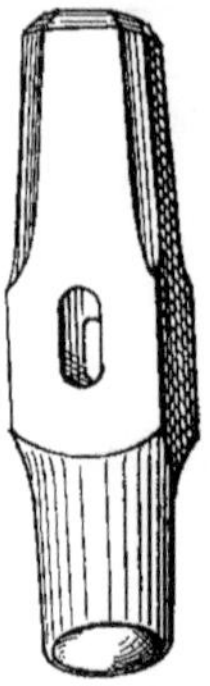

Fig. 54. — Bouterolle à manche.

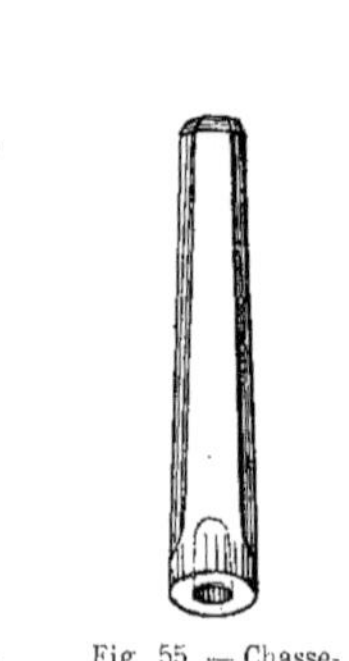

Fig. 55. — Chasse-rivets.

Pour les rivets de fortes dimensions, on emploie la bouterolle à manche. Cette bouterolle ne diffère de l'autre que par ses dimensions qui sont plus importantes et par sa forme élargie au milieu de sa longueur pour permettre de pratiquer un œil destiné à recevoir le manche (Fig. 54).

Lorsqu'on utilise la bouterolle à manche, l'ouvrier qui tient cet outil peut aussi, à l'aide de tenailles, maintenir le rivet, et c'est un aide qui frappe sur la bouterolle soit avec un marteau ordinaire, soit avec un marteau à frapper devant.

L'outil qui sert à faire sortir les rivets de leur logement, et qu'on appelle *chasse-rivets* (Fig. 55), porte à une extrémité un trou cylindrique arrondi dans le fond. La face extrême de l'outil est plane et l'autre bout reçoit les coups de marteaux. Lorsqu'on veut chasser un rivet, on présente l'outil de façon à introduire le corps cylindrique du rivet dans le trou pratiqué à son extrémité et on frappe sur l'autre bout : le rivet, qui bute dans le fond du trou, est poussé et sort de son trou. On ne doit pas sortir le rivet en frappant tout simplement sur son extrémité débordant de la pièce qui le porte, car les coups de marteaux nécessaires pour le *décoller* provoquent le *matage* du bout du rivet, c'est-à-dire le refoulement du métal et cette extrémité risque de ne plus pouvoir passer librement dans le trou, ce qui peut empêcher de sortir le rivet.

Tenailles de forge

L'outillage d'une forge comporte une autre catégorie d'outils servant à tenir les pièces qui ont été chauffées, pendant qu'on leur fait subir les diverses opérations de forgeage ; ce sont les *tenailles de forge*, de formes et de dimensions très diverses.

Lorsqu'on forge une pièce, il est préférable, quand les dimensions le permettent, de la tenir directement sans employer un outil intermédiaire. Le travail de forge s'en trouve facilité, mais encore faut-il que l'on puisse, sans se brûler, la mettre au feu, la sortir, et la manipuler.

Le plus souvent, les dimensions ne permettent pas cette manipulation directe, et c'est dans ce cas que l'emploi des tenailles devient indispensable.

En principe, les tenailles sont constituées par deux leviers pouvant osciller autour d'un axe commun. L'axe d'articulation est placé à une distance telle des extrémités, que les branches de l'outil ont des longueurs très différentes. Les longues branches servent à serrer l'outil dans la main, les branches courtes sont les mâchoires dans lesquelles la pièce à forger est maintenue. Ces tenailles ne sont, en somme, que des sortes de grosses pinces : c'est la forme des mâchoires qui caractérise le type de la tenaille.

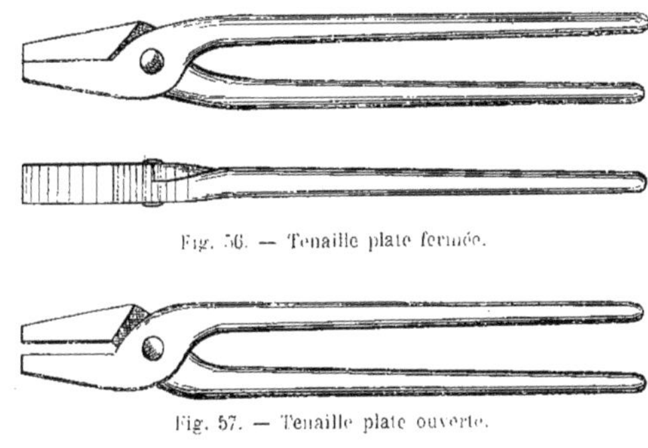

Fig. 56. — Tenaille plate fermée.

Fig. 57. — Tenaille plate ouverte.

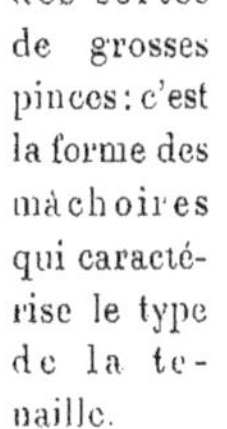

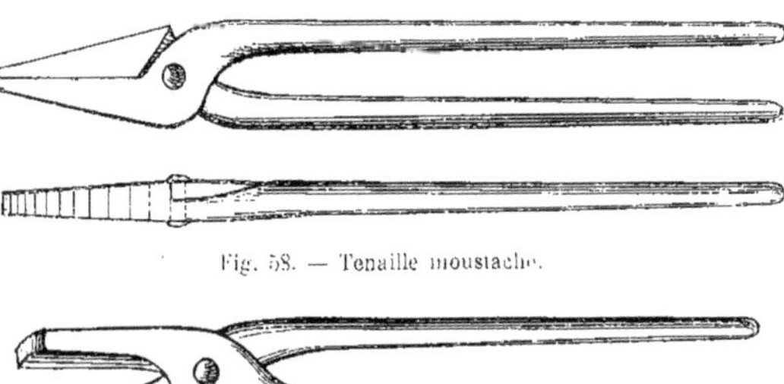

Fig. 58. — Tenaille moustache.

Fig. 59. — Tenaille creuse.

Voici, parmi la grande variété de tenailles de forge, quelques modèles des plus employés.

La *tenaille plate* a des mâchoires dont les faces intérieures sont planes. Ces mâchoires sont amincies à leur extrémité et vont en augmentant de largeur vers l'axe d'articulation. On se sert de ces tenailles pour tenir des pièces à faces planes. Lorsque les pièces à manipuler ont une faible épaisseur, on emploie la *tenaille plate fermée* (Fig. 56), à l'aide de laquelle on peut toujours les serrer, les deux mâchoires pouvant venir buter l'une contre l'autre. Si les pièces ont une épaisseur importante, on peut employer la *tenaille plate ouverte* (Fig. 57), dont les mâchoires ont entre elles, au repos et après serrage des grandes branches, un certain écartement. Cette disposition permet d'effectuer un serrage de la pièce épaisse plus efficace que celui qui serait réalisé avec la tenaille fermée, car les faces des mâchoires font, par rapport aux faces planes de la pièce, un angle plus petit : la préhension et la tenue de la pièce s'en trouvent facilitées.

Certaines tenailles plates ont des mâchoires de forme très amincie non seulement dans le sens de la direction des branches, mais encore dans le sens de l'épaisseur. Le bout de ces tenailles a donc une faible dimension.

On s'en sert pour tenir des petites pièces, de sorte que ce type de tenaille est fermé. On l'appelle *tenaille moustache* (Fig. 58).

La *tenaille creuse* (Fig. 59) comporte des mâchoires dont les faces intérieures sont creusées, ce qui permet de maintenir des pièces dont les faces extérieures sont légèrement courbes.

Pour tenir des pièces cylindriques, on emploie des tenailles dont les mâchoires ont chacune une forme demi-cylindrique (Fig. 60). Ce sont aussi des tenailles creuses dans lesquelles chacun des creux est demi-circulaire. La dimension de la partie creuse varie avec la dimension des pièces cylindriques à travailler, ce qui nécessite, pour une forge, plusieurs tenailles, à cause des dimensions différentes de ces pièces.

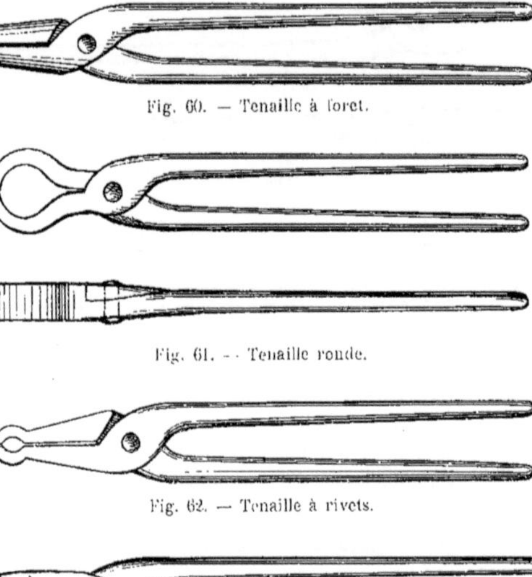

Fig. 60. — Tenaille à foret.

Fig. 61. — Tenaille ronde.

Fig. 62. — Tenaille à rivets.

Fig. 63. — Tenaille ronde de côté.

Parfois, le creux des mâchoires, au lieu d'être pratiqué dans le sens des branches, c'est-à-dire parallèlement, est effectué perpendiculairement, c'est-à-dire, en travers. La tenaille ainsi disposée pour tenir les pièces cylindriques est appelée *tenaille ronde* (Fig. 61). On peut s'en servir notamment pour tenir la bouterolle sans manche, la tranche ne comportant aucun œil, et, d'une façon générale, pour tenir les pièces cylindriques à *refouler* sur l'enclume, en les frappant en bout pour les diminuer de longueur et augmenter leur diamètre, ou encore les outils à corps cylindriques ou à pans, qui ne sont pas munis d'un manche et que l'on ne peut, pendant le travail, maintenir directement avec la main. Parmi les tenailles rondes, il existe un type destiné tout spécialement à tenir les rivets (Fig. 62).

Cette tenaille ne diffère de la précédente qu'en ce que la partie arrondie des mâchoires, avec laquelle on saisit la pièce, a un diamètre plus petit approprié à la grosseur du rivet.

La disposition des tenailles creuses à forme cylindrique que nous avons examinées plus haut ne permet de prendre la pièce à forger que par son extrémité, qui est placée dans le creux et butée dans le fond de la mâchoire. Pour pouvoir maintenir des pièces cylindriques à forger, sur un point quelconque de leur longueur, on a établi des *tenailles rondes de côté*. Les mâchoires de ces tenailles (Fig. 63 portent, en bout, un retour d'équerre. Chacun de ces retours a une forme demi-cylindrique, de sorte que les deux mâchoires rapprochées forment un œil circulaire qui se trouve rejeté de côté par rapport aux grandes branches de l'outil. Cela permet d'introduire, de faire glisser, et de maintenir dans la mâchoire ronde, un corps cylindrique de longueur quelconque sans que l'ouvrier soit empêché de tenir ses tenailles.

Les *tenailles de côté,* qui ont toutes pour but de dégager la pièce que l'on tient des branches des tenailles, ont reçu des formes diverses se rapportant aux formes des pièces à maintenir. La *tenaille carrée de côté* comporte des mâchoires avec retour d'équerre, qui permettent de saisir une pièce de section carrée (Fig. 64).

La *tenaille plate de côté* (Fig. 65) a simplement chacune de ses mâchoires retournée à angle droit à son extrémité, les deux faces intérieures des mâchoires étant plates et pouvant s'appliquer l'une contre l'autre. Une barre plate et longue peut être saisie par des mâchoires ainsi disposées.

Pour éviter le glissement de la pièce serrée par la tenaille plate de côté, on munit parfois l'une des mâchoires d'un petit retour d'équerre formant crochet à son extrémité (Fig. 66) de sorte que la pièce serrée entre les mâchoires ne peut s'échapper de ces mâchoires, étant maintenue par le rebord formant crochet : c'est la *tenaille plate de côté à crochet.*

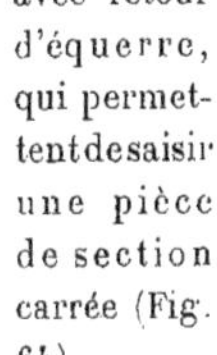

Fig. 64. — Tenaille carrée de côté.

Fig. 65. — Tenaille plate de côté.

Fig. 66. — Tenaille plate de côté à crochet.

Fig. 67. — Tenaille écrevisse.

Fig. 68. — Tenaille à rebords.

Fig. 69. — Tenaille à burins.

On utilise pour le travail de forge bien d'autres types de tenailles : la tenaille dont les mâchoires ont entre elles un grand écartement (Fig. 67) destinée à manipuler des pièces de grande épaisseur, et que l'on nomme *tenaille écrevisse;* la *tenaille à rebords* (Fig. 68), qui est une tenaille plate ordinaire dans laquelle l'une des mâchoires porte, à son extrémité, deux rebords latéraux qui permettent d'assurer la position de la pièce serrée et de l'empêcher de glisser. Cette tenaille est tout spécialement employée pour forger les burins, et c'est pour cela qu'on l'appelle souvent *tenaille à burins.*

Une autre sorte de tenaille à burins (Fig. 69) comporte les deux mâchoires munies de rebords, ce qui crée un logement en creux dans lequel le burin peut être placé et maintenu. La mâchoire de cet outil est dégagée, en arrière des extrémités recourbées, par une partie circulaire, ce qui permet de l'utiliser comme tenaille ronde.

Des tenailles spéciales ont été établies pour tenir les cornières pendant leur travail de forge. Ces tenailles (Fig. 70) ont des mâchoires retournées à angle droit dans la direction même des grandes branches et l'une des mâchoires porte un rebord qui applique la cornière sur le bout de l'autre mâchoire. Cette forme permet de serrer, entre les mâchoires, la cornière à angle droit.

Pour maintenir constamment les pinces serrées pendant qu'on effectue le travail de martelage sur les pièces, on enfile un anneau sur les longues branches de la tenaille et on le pousse vers leurs extrémités jusqu'à ce que le serrage soit obtenu. On évite ainsi l'obligation d'exercer d'une façon constante une pression sur les branches de la tenaille pour assurer le maintien de la pièce. Des séries d'anneaux de différentes dimensions se rapportent aux diverses tenailles.

Quelques autres outils sont nécessaires à un forgeron pour entretenir le feu de la forge, pour racler le mâchefer, pour charger le foyer de combustible, etc.

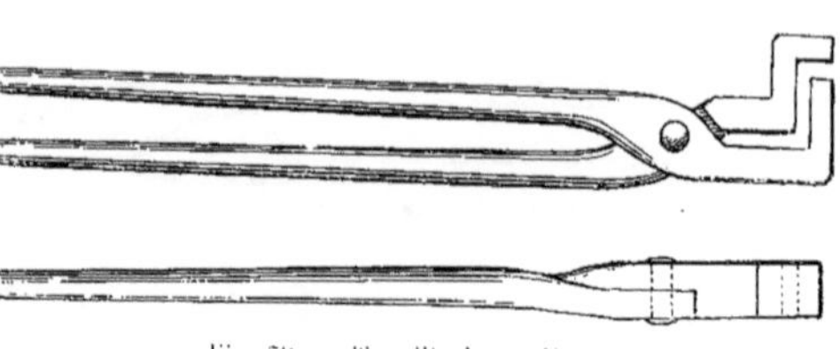

Fig. 70. — Tenaille à cornières.

Fig. 71. — Pelle de forge.

Fig. 72. — Tisonnier.

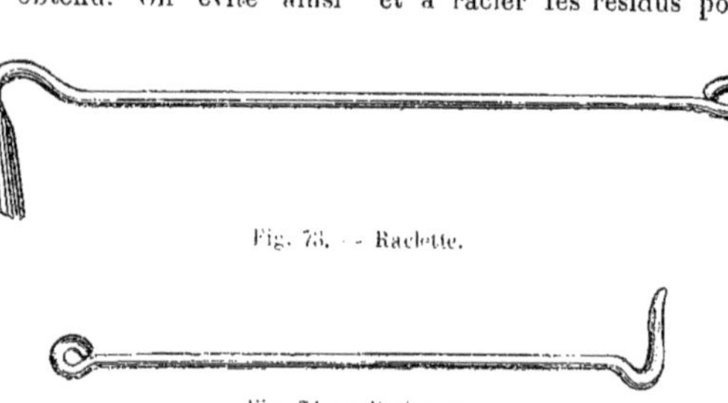

Fig. 73. — Raclette.

Fig. 74. — Ratissette.

La *pelle à charbon*, généralement métallique (Fig. 71) sert à prendre le charbon dans le bac ou la soute à combustible pour le jeter sur le feu. Le tisonnier (Fig. 72) est une tige de fer cylindrique terminée par une partie effilée, dont on se sert pour *piquer* le feu. On crée ainsi des trous d'air qui facilitent la combustion du charbon et on désagrège le mâchefer qui se forme aux environs de la tuyère et que l'on peut enlever à l'aide de la *raclette* ou de la *ratissette*.

La *raclette* (Fig. 73) est une sorte de petite pelle dont la partie plate est retournée à angle droit avec le manche. Cet outil sert à ramener le combustible vers le foyer, lorsqu'il a été dispersé par la mise au feu des pièces à forger, et à racler les résidus pour les enlever.

La *ratissette*(Fig.74) est un crochet dont l'extrémité est pointue et dont on se sert également pour ramener le combustible sur le foyer et pour piquer dans le feu et en sortir le mâchefer.

Pour maintenir sur le foyer le combustible en masse bien compacte, que l'on tasse en frappant avec la pelle, et pour éviter que par suite du vent lancé par la tuyère les parcelles de charbon ne soient projetées de tous côtés, on mouille le charbon en l'aspergeant de temps en temps avec de l'eau. Pour cela, on se sert d'un outil, l'*aspergeoir* (Fig. 75), qui est constitué par une tige de fer cylindrique, terminée à une extrémité par un œil allongé dans lequel on dispose une sorte de petit balai. On trempe ce balai dans l'eau et on le secoue sur le feu pour mouiller le charbon.

Fig. 75. — Aspergeoir.

Un *seau* complète l'outillage de forge.

OUTILLAGE DE FORGE MÉCANIQUE

MARTEAUX

MARTINETS.
MARTEAUX A SOULÈVEMENT.
MARTEAU FRONTAL.
MARTEAUX MÉCANIQUES : Longworth, — à levier, — à ressort, — Patterson.
MARTEAUX-PILONS, A RESSORT : Bouhey. — Beaudry, — type Justice; — *A PLANCHE* : Hasse, — Billings et Spencer; — *A COURROIE* : Schœnberg. — Barbier, — Standard.
MOUTONS A RELEVAGE INDÉPENDANT.
MARTEAUX-PILONS : pneumatiques, — à air comprimé de 100 tonnes, — à gaz.

Outillage de forge, mécanique

L'outillage de forge à main, que nous venons d'examiner et qui est, pour ainsi dire, indispensable à tout atelier de mécanique, ne saurait évidemment convenir dans les établissements métallurgiques, où l'on façonne des pièces très importantes : ils exigent l'emploi d'outils puissants que l'on actionne mécaniquement. Ces outils ont des formes et des fonctions variées, appropriées à la nature du travail que l'on doit exécuter sur le métal à façonner.

Les procédés de travail du métal forgé peuvent être classés en plusieurs catégories principales : le travail par *choc*, par *pression lente*, par *laminage*, par *étirage*, par *cintrage*, par *ployage*, etc.

Le travail par *choc* ou *martelage* s'effectue à l'aide des *marteaux;* le travail de *compression* du métal par *pression lente* s'obtient à l'aide des *presses à forger;* le travail de *laminage* à l'aide des *laminoirs;* l'*étirage* par les outils spéciaux *bancs* et *machines à étirer;* le *cintrage, ployage*, etc., s'effectuent au moyen de machines spéciales.

Nous allons successivement examiner ces différents outils mécaniques de forge, utilisés pour faire les diverses opérations de façonnage du métal.

Marteaux

Le marteau est l'outil destiné à travailler en exerçant une pression vive sur le métal. Cette pression s'opère par chocs successifs et le travail est d'autant plus considérable, que le poids du marteau est plus grand et que sa hauteur de chute est plus importante.

On a, depuis fort longtemps, songé à remplacer le marteau à main par le marteau mécanique, pour obtenir une action plus efficace de l'outil. L'un des premiers marteaux mécaniques utilisés dans l'industrie métallurgique a été le *martinet*. Cet outil date du commencement du XVIe siècle. Il a subi des transformations suivant les pays dans lesquels il a été employé et suivant l'agent moteur employé pour l'actionner. Le martinet a été manœuvré d'abord à bras à l'aide d'une manivelle, puis on a utilisé la force vive des chutes d'eau en l'actionnant par une roue hydraulique, et on l'a commandé plus tard par une machine à vapeur.

Martinet Le martinet (Fig. 76) se compose d'un marteau constitué par un manche A, fait en hêtre, en frêne ou en charme, à l'extrémité duquel est fixée une masse métallique B en acier ou en fonte. La masse du marteau peut frapper

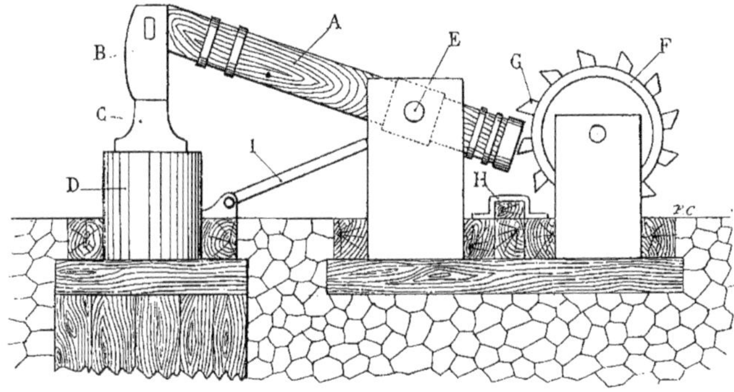

Fig. 76. — Martinet.

sur une enclume C, en acier, solidaire d'un bloc de fonte D encastré dans un massif maçonné et maintenu solidement par des pièces de bois. Ce bloc de fonte est appelé *chabotte*.

Le marteau, comprenant sa masse B et la pièce de bois A formant le manche, peut osciller autour de deux tourillons E rendus solidaires du manche par une frette métallique à laquelle ils sont fixés. Ces tourillons sont supportés par des paliers disposés sur un bloc maçonné. L'axe d'oscillation E est placé aux 2/3 ou aux 3/4 de la longueur du manche à partir de la masse.

Pour manœuvrer l'outil, on le fait osciller autour de ses tourillons. On soulève ainsi la masse B au-dessus de l'enclume sur laquelle on place le métal à marteler. Puis on laisse retomber brusquement le marteau en cessant l'appui sur l'extrémité du manche et on utilise le choc déterminé par cette chute pour produire du travail. La hauteur de chute du marteau est d'autant plus grande que le déplacement de l'extrémité opposée du manche est plus considérable et que le rapport des longueurs des deux parties du manche par rapport aux tourillons est lui-même plus grand. Le mouvement de bascule du marteau lui est donné par une roue F portant, sur sa périphérie, une succession de palettes cintrées G formant autant de *cames*. La roue, montée sur un axe supporté par des paliers fixés dans deux blocs de maçonnerie, peut prendre un mouvement de rotation qui peut lui être imprimé de diverses façons. Lorsque la roue tourne, chaque palette vient rencontrer l'extrémité du manche du marteau. En appuyant sur cette extrémité par le fait même de son déplacement circulaire, la palette fait osciller le marteau ; la masse B se soulève et ce mouvement de bascule se continue pendant tout le temps que l'appui de la palette persiste sur l'extrémité du manche. Par suite du mouvement oscillant du levier de marteau et du mouvement circulaire de la palette, la surface d'appui de la palette sur le levier, après avoir été maximum, diminue de plus en plus au fur et à mesure que le mouvement de bascule s'accentue, et il existe une position pour laquelle l'appui est nul ; l'échappement se produit et le marteau, n'étant plus retenu, tombe brusquement. Chacune des palettes détermine, en appuyant sur l'extrémité du manche, le mouvement de bascule du marteau et provoque un choc. On obtiendra donc, pour un tour de la roue à cames, autant de coups de marteau que cette roue porte de palettes.

Une butée métallique H est disposée sur la maçonnerie pour arrêter l'extrémité du manche du marteau si celui-ci avait du *lancé,* et une tige I, pouvant osciller autour d'un axe fixe, sert à tenir le marteau soulevé d'une façon continue.

Le mouvement de la roue à palettes peut être obtenu soit à la main, soit mécaniquement. C'est assez souvent une roue hydraulique qui actionne le martinet, lequel a été surtout employé dans des contrées où on pouvait aisément trouver la force motrice à volonté sous forme de chutes d'eau.

Dans les forges des Pyrénées, on a pendant longtemps employé des martinets semblables pour cingler les *loupes* de fer, ce qui a fait donner à cet outil le nom de *martinet catalan.*

Le martinet a été en même temps employé dans d'autres régions : en Saxe, un type d'outil à frapper à peu près semblable au précédent, était utilisé vers le XVIe siècle. Ce martinet est constitué par un marteau dont le manche est en bois et dont la masse en fer peut retomber sur l'enclume également en fer. Le marteau oscille autour de tourillons supportés par des montants en bois faisant corps avec une charpente assujettie au sol. L'oscillation du marteau, qui provoque sa chute sur l'enclume, lui est donnée par une roue à palettes actionnée elle-même par une roue hydraulique.

Les martinets qui servaient à forger les grosses pièces étaient munis d'une planche disposée au-dessus de la masse du marteau, planche que cette masse venait toucher un peu avant la fin de sa course de soulèvement, le manche étant encore actionné par la roue à palettes. La planche étant légèrement flexible, son extrémité se soulevait avec le marteau et lorsque la palette de la roue avait abandonné le manche, la masse du marteau retombait non seulement avec tout son poids, mais encore avec le *lancé* que lui donnait la planche de butée qui, en reprenant sa forme primitive, agissait à la façon d'un ressort.

Les martinets, d'abord établis dans les forges pour battre, cingler, et souder les loupes de fer, afin de les transformer en blocs homogènes, furent ensuite utilisés pour forger et étamper, et leur construction et la disposition de leurs organes furent plus soignées. On monta ces organes sur un socle commun métallique, qui supportait à la fois les paliers de l'arbre de commande et ceux des tourillons d'oscillation du marteau.

L'arbre de commande en fer portait le tambour à cames également en fer et était actionné par courroie, par l'intermédiaire de deux poulies dont l'une, folle, permettait de débrayer l'arbre et d'arrêter la manœuvre de l'outil. Le manche du marteau était en bois ou métallique et la masse en fer frappait sur une enclume en fer supportée par la plaque de fondation commune.

Marteaux à soulèvement

Un autre type de marteau oscillant qui semble aussi ancien que le martinet est le *marteau à soulèvement,* qui diffère du martinet en ce que le point d'attaque des cames, au lieu d'être en bout du manche du marteau (Fig. 77), comme dans le martinet, est placé entre la masse et les tourillons d'oscillation (Fig. 78). Le marteau se trouve, de la sorte, soulevé en avant de son axe d'articulation, et lorsque la came cesse brusquement d'appuyer sur le manche, le marteau tombe sur l'enclume disposée, comme dans le martinet, sur une *chabotte,* au-dessous de la masse.

Les marteaux à soulèvement, employés d'abord au cinglage des loupes, furent ensuite, comme les martinets, utilisés pour étamper des barres de fer. On en trouve en Saxe au XVIe siècle, établis de façon rudimentaire avec des supports en bois. Mais des perfectionnements ont été successivement apportés à ces outils, dont voici quelques types.

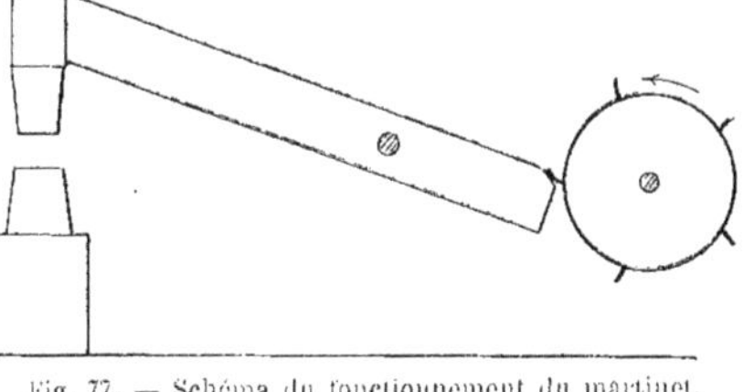

Fig. 77. — Schéma du fonctionnement du martinet.

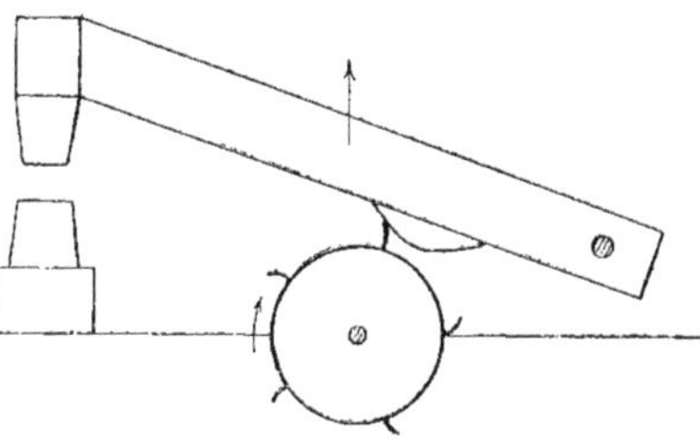

Fig. 78. — Schéma du fonctionnement du marteau à soulèvement.

Le marteau à soulèvement qui a été utilisé dans les ateliers métallurgiques anglais, avant l'emploi des marteaux-pilons à vapeur, avait la forme représentée par la figure 79.

Un bâti A sert de plan d'oscillation à une sorte de couteau B formant l'extrémité du manche du marteau, dont l'autre extrémité porte une masse C pouvant frapper sur une enclume D solidement encastrée dans sa chabotte.

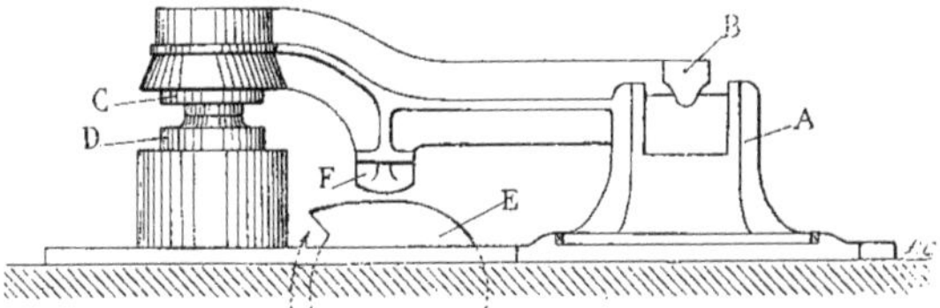

Fig. 79. — Marteau à soulèvement anglais.

Le couteau B s'engage dans une rainure en V pratiquée sur le plan d'oscillation et peut pivoter dans cette rainure en permettant le soulèvement du marteau. Ce soulèvement est provoqué par le mouvement de rotation d'une roue à cames E disposée au-dessous d'un renflement F que porte le manche métallique du marteau. Des sortes de dents pratiquées sur la roue à cames, limitées par une courbe s'éloignant progressivement du centre de la roue, viennent successivement attaquer le manche du marteau en appuyant sur le renflement F. La courbe excentrée des dents permet le soulèvement progressif du manche du marteau au fur et à mesure que la roue à cames tourne, jusqu'au moment où le bec de la dent abandonne ce renflement. Le marteau n'étant plus soutenu tombe brusquement, et la masse martelle la pièce posée sur l'enclume. Ce type de marteau à soulèvement est dit *marteau anglais.*

A simple titre documentaire et historique nous allons également examiner deux autres types de marteaux à soulèvement, marteaux primitifs qui ne sont plus employés, mais dont les dispositions indiquent l'acheminement progressif vers les marteaux mécaniques, utilisés plus tard, jusqu'au *marteau-pilon* moderne.

Le marteau à soulèvement *américain, système Paye,* est constitué par un bâti A (Fig. 80) supportant le marteau et tous les organes de commande, et d'une enclume B montée sur une chabotte enfoncée dans le sol et reposant sur un gros billot de bois.

Le marteau est formé par un manche C, en bois, portant, à une extrémité, la masse métallique D et articulé, vers l'autre extrémité E, de façon à pouvoir osciller autour de deux tourillons supportés par des paliers disposés à la partie supérieure du bâti. Entre les tourillons et la masse, est placée, sur le manche du marteau, une chape dans laquelle s'engage l'extrémité supérieure d'un piston F, dont l'autre bout est relié à un balancier G. Le piston se meut dans un cylindre H relié à un système de leviers I et J. Un ressort à boudin placé dans le cylindre repousse normalement le piston vers le bas, jusqu'à son extrémité de course.

Le balancier G oscille autour d'un axe supporté par le bâti. A l'un de ses bouts, il porte une rainure en arc de cercle dans laquelle peut glisser un tourillon cylindrique porté par l'extrémité inférieure du piston F. A l'autre bout du balancier est articulée une bielle L reliée à une manivelle M fixée sur l'arbre de commande N. Cet arbre peut tourner dans deux paliers portés par le bâti, et c'est en lui donnant un mouvement de rotation que l'on actionne le marteau. Suivant l'importance du marteau, le mouvement de rotation peut être donné à la main ou mécaniquement. Dans ce dernier cas, une poulie calée sur l'arbre sert d'organe intermédiaire de commande.

Lorsque l'arbre N tourne, ce mouvement provoque, par l'intermédiaire de la manivelle M et de la bielle L, l'oscillation du balancier G autour de son axe.

Lorsque l'extrémité du balancier, à laquelle est relié le piston, s'élève, celui-ci s'élève également et provoque le soulèvement du marteau qui oscille autour de ses tourillons. Comme le cylindre H dans lequel glisse le piston reste fixe, le ressort à boudin intérieur, qui appuie sur le piston, se trouve comprimé, et dans la course inverse du piston, la tension du ressort, qui revient à sa position normale, accélère la chute du marteau, laquelle est produite par l'oscillation en sens inverse du balancier G.

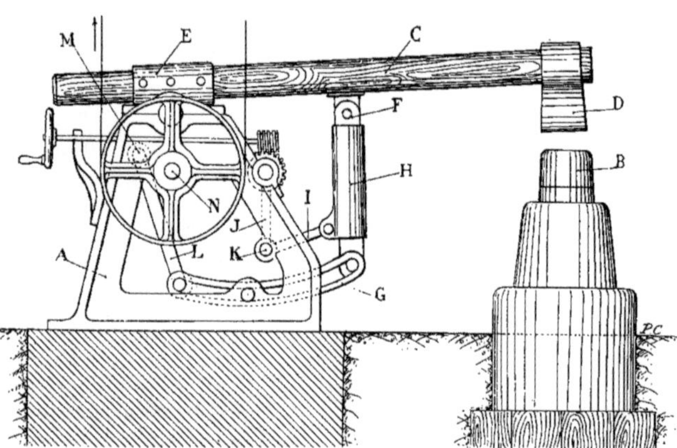

Fig. 80. — Marteau à soulèvement américain.

La manœuvre du marteau est donc liée à l'oscillation du balancier et, par conséquent, au mouvement de rotation de l'arbre de commande.

Un dispositif accessoire a été établi sur cet outil pour faire varier la hauteur de chute du marteau. Pour cela, le système de leviers I et J reliés au cylindre II est, d'autre part, rendu solidaire d'une roue à vis tangente, qu'une vis, manœuvrée par un volant, peut faire tourner sur son axe. La rotation de la roue, qui n'oscille que d'un petit angle, produit le déplacement de l'extrémité inférieure du piston dans la coulisse circulaire du balancier et suivant le sens dans lequel s'effectue ce déplacement, la course du piston est plus ou moins grande et le marteau se soulève plus ou moins : lorsque cette extrémité se rapproche de l'axe d'oscillation du balancier, la course est moins grande, tandis qu'elle est maximum lorsque cette extrémité atteint le bout de la coulisse.

L'autre type de marteau à relèvement a été établi pour être directement actionné par la vapeur. Il marque bien, malgré ses imperfections, une étape vers le *marteau-pilon à vapeur*.

Un bâti A (Fig. 81) supporte les tourillons B du marteau et les tourillons C d'un cylindre à vapeur oscillant. Le piston de ce cylindre est prolongé vers l'extérieur par une tige D, à l'extrémité de laquelle s'articulent deux bielles E et F. L'une des bielles peut osciller autour d'un axe G fixé au bâti ; l'autre est articulée au point H sur le manche même du marteau dont la masse I frappe sur l'enclume J.

Si l'on donne, par une distribution de vapeur convenablement établie dans le cylindre, un mouvement alternatif au piston qu'il contient, lorsque ce piston effectuera sa course en pénétrant dans le cylindre, sa tige D tirera sur les deux leviers, E et F.

Comme l'axe d'articulation G du levier E est fixe, l'autre extrémité du même levier décrira un arc de cercle et s'élèvera en poussant le levier F, lequel, à son tour, agira sur le manche du marteau pour le soulever et le faire osciller autour de ses tourillons B.

Lorsque, au contraire, le piston reviendra en sens inverse, c'est-à-dire sortira du cylindre, sa tige, poussant sur les leviers, provoquera la descente du marteau. Une succession de coups de piston produira le relèvement et l'abaissement successifs du marteau dont la manœuvre se trouve ainsi assurée par l'action de la vapeur.

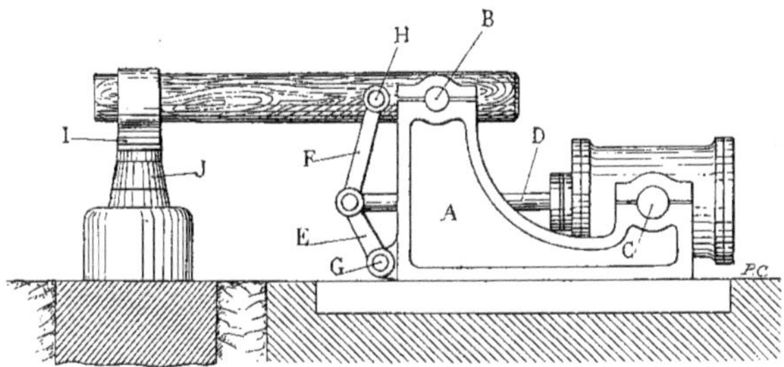

Fig. 81. — Marteau à soulèvement, à vapeur.

Marteau frontal

Un type de marteau qui fait partie de la même catégorie que le martinet et le marteau à soulèvement est le *marteau frontal*.

Le marteau frontal est aussi un marteau oscillant, mais le point d'attaque du marteau, pour provoquer son oscillation, au lieu d'être à l'arrière, comme dans le martinet, ou, entre la masse et les tourillons, comme dans le marteau à soulèvement, se trouve en avant de la masse, sur le *front* du marteau ; de là le nom donné à cet outil.

Le *marteau frontal* (Fig. 82) est constitué par un marteau formé d'un manche A et d'une masse B qui frappe sur une enclume C. L'extrémité arrière du manche est disposée en forme de couteau pour pouvoir osciller dans une creusure pratiquée à la partie supérieure d'un bâti D. L'autre extrémité du levier, en avant de la masse, porte une pièce métallique E de forme appropriée sur laquelle viennent appuyer les saillies d'une roue à cames F. Cette roue, montée sur un bâti spécial, peut être commandée par un agent moteur quelconque. Elle porte quatre ou cinq saillies qui viennent successivement heurter la plaque E en dessous, lorsqu'on lui donne un mouvement de rotation. Chacune des saillies soulève la plaque E et, par conséquent, le manche du marteau, sur un certain parcours, puis, continuant son mouvement circulaire, elle abandonne la pièce métallique, et le marteau, n'étant plus soutenu retombe. Le marteau reçoit ainsi une série de mouvements d'oscillation qui assurent sa manœuvre, et le nombre de ces mouvements complets de montée et de descente est égal, par tour de la roue à cames, au nombre de saillies portées par cette roue.

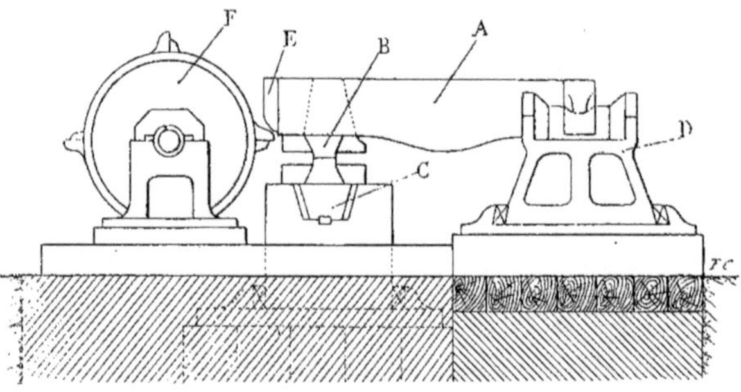

Fig. 82. — Marteau frontal.

Marteaux mécaniques Les marteaux que nous venons d'examiner, et qui ont été les premiers outils mécaniques utilisés pour forger, ont été, au fur et à mesure des perfectionnements apportés à l'industrie métallurgique, remplacés par des marteaux mécaniques comportant des améliorations et par des marteaux mus par des agents moteurs divers : air comprimé, eau sous pression, vapeur, gaz.

Dans la grande industrie métallurgique, le marteau-pilon à vapeur est l'outil qui a pris la plus grande extension pour forger le métal par choc. Nous examinerons donc dans tous ses détails le marteau-pilon à vapeur et nous en décrirons certains types. Auparavant, nous allons nous occuper d'une catégorie de marteaux de moindre importance, mais cependant fort utiles dans certains ateliers et que l'on a groupés sous le nom de *marteaux mécaniques*. Ces marteaux n'ont pas nécessairement précédé le marteau-pilon à vapeur. Ils ont été créés, pour certains d'entre eux, parallèlement à lui, afin de répondre à des besoins industriels particuliers.

Le marteau mécanique dont la figure 83 représente une vue d'ensemble, est actionné comme ceux que nous avons décrits plus haut, par l'intermédiaire d'une tige oscillante, mais la masse frappante se déplace verticalement, guidée dans une coulisse.

Il se compose d'un bâti A supportant tous les organes de commande du marteau et d'un autre support B, sur lequel est fixée l'enclume C. Le bâti porte, en avant, un bras vertical dans lequel a été ménagée une coulisse; dans celle-ci se meut un organe D en bout duquel est placée la masse E qui frappe sur la pièce à forger que l'on fait reposer sur l'enclume. La pièce D porte, dans le sens vertical et sur chacun des côtés, une rainure en forme de V qui s'ajuste dans une glissière verticale F formant un guide de la coulisse. La pièce D, et la manchon L, placé vers l'extrémité de la tige, est muni d'un bouton de manivelle qui le rend solidaire d'un plateau M claveté sur l'arbre de commande de l'outil. Cet arbre qui tourne dans des paliers venus de fonte avec le bâti porte, à son autre bout, deux poulies. Une des deux poulies est clavetée sur l'arbre et lui transmet le mouvement de rotation

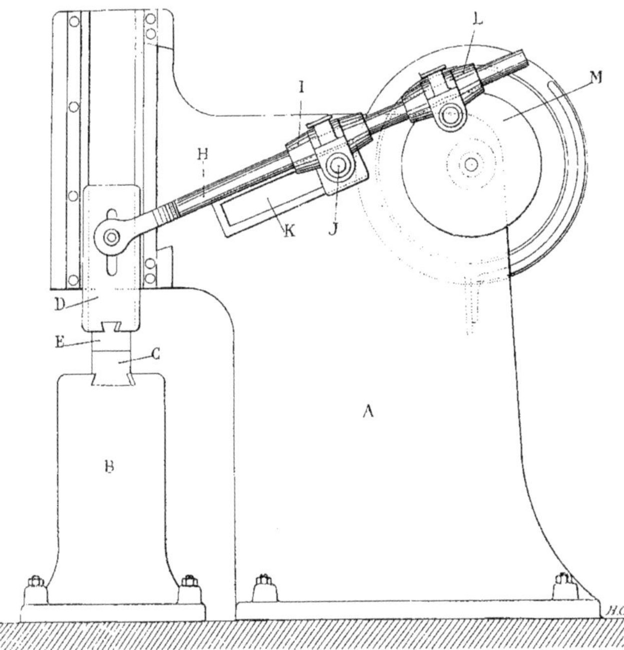

Fig. 83. — Marteau mécanique à levier.

masse qu'elle porte, peuvent se déplacer verticalement, étant parfaitement guidées par les deux glissières F (Fig. 85).

La pièce D est évidée à l'intérieur par un trou cylindrique dans lequel est ajusté un piston G (Fig. 84) rendu solidaire d'une fourche formant l'extrémité de la tige oscillante H. Sur cette tige sont disposés deux manchons : l'un des manchons I porte un axe J qui peut être immobilisé dans une glissière K pratiquée dans le bâti. Le second qu'elle reçoit, à l'aide d'une courroie, du moteur. La seconde poulie est *folle* sur l'arbre, c'est-à-dire qu'elle tourne sans l'entraîner. En faisant glisser la courroie de la poulie folle sur la poulie fixe, on provoque la mise en marche de l'outil par l'entraînement de l'arbre, et, réciproquement, lorsqu'on veut arrêter l'outil, on fait glisser la courroie de la poulie fixe sur la poulie folle. Un volant est également claveté sur l'arbre pour régulariser le mouvement de rotation et compenser l'influence des chocs produits par le travail du marteau. Le mouvement de rotation de l'arbre, en entraînant le plateau-manivelle M et le bouton du manchon L, provoque l'oscillation de la tige H autour de l'axe J immobilisé dans la glissière K.

Si nous supposons la masse du marteau au bas de sa course, c'est-à-dire reposant sur la pièce à battre, l'oscillation de la tige va produire le relèvement de la fourche qui la termine et celle du piston G dont elle est solidaire. Le piston va se déplacer de bas en haut dans le trou cylindrique que porte la pièce D, sans soulever cette pièce. Le soulèvement ne se produira que lorsque l'air aura été comprimé au-dessus du piston. L'entraînement de la pièce D vers le haut s'effectuera donc par l'intermédiaire d'un matelas d'air élastique destiné à amortir les chocs.

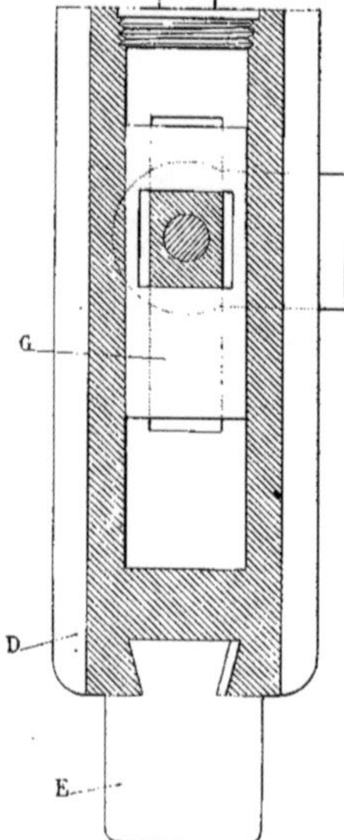

Fig. 84. — Marteau mécanique. Mode de liaison de la masse au levier.

Le déplacement relatif du piston par rapport à la pièce D est rendu possible par deux rainures verticales pratiquées sur cette pièce et permettant la montée et la descente du tourillon qui relie la fourche au piston.

Lorsque la fourche de la tige oscillante est arrivée à l'extrémité de sa course vers le haut après y avoir monté la pièce D et la masse du marteau, elle va commencer à descendre si le mouvement de rotation de l'arbre continue.

Ce mouvement de descente sera accéléré par la pression de l'air, comprimé au-dessus du piston. La masse du marteau descendra aussi et frappera sur la pièce posée sur l'enclume, puis elle restera immobile, pendant que le piston continuera sa course vers le bas. Cette fin de course du piston vers le bas comprimera de l'air sous sa face inférieure, cette fois, de sorte que le choc du marteau sur la pièce n'est pas transmis directement à la tige oscillante, un matelas d'air élastique étant interposé entre les deux organes. En outre, lorsque le mouvement de rotation du plateau-manivelle redonnera à la fourche de la tige un mouvement ascendant, l'air comprimé au-dessous du piston l'aidera à se remonter.

Les battements du marteau sont proportionnels au nombre de tours de l'arbre de commande. La hauteur de chute de la masse est variable.

On peut la régler en déplaçant, dans la coulisse K, l'axe d'oscillation J autour duquel pivote la tige H. Pour cela, on desserre cet axe et on fait glisser le manchon dans la coulisse; on règle la hauteur de chute, puis on immobilise de nouveau le tourillon d'oscillation F.

Pour le réglage, le manchon I glisse le long de la tige, et plus ce manchon sera rapproché de la fourche, plus on diminuera la hauteur de chute. Au contraire, on l'augmentera en faisant glisser le manchon I le plus loin possible de la fourche. On comprend, en effet, que pour une même course donnée par le plateau-manivelle au second manchon L, la course de la fourche sera d'autant plus grande que le rapport des bras de leviers constitués, sur la tige oscillante, par la position du tourillon d'oscillation, sera lui-même plus considérable.

Le réglage de la hauteur de chute du marteau a une grande importance en vue du travail rationnel d'une pièce de forge, mais il est préférable que ce réglage puisse être obtenu pendant le travail même du marteau, pour pouvoir à volonté donner de faibles coups sur la pièce à forger à certains moments ou, au contraire, laisser tomber de haut le marteau à d'autres moments.

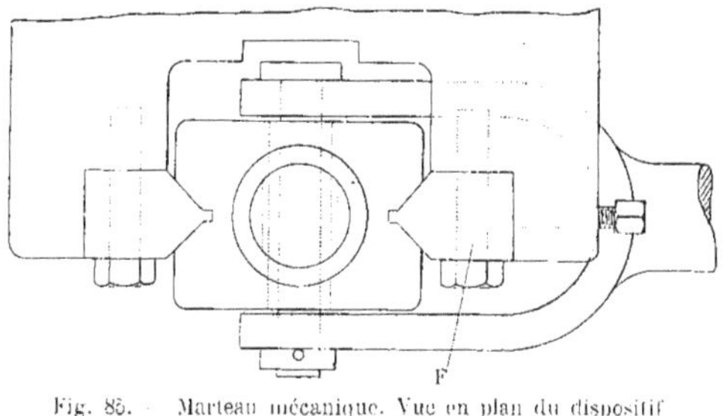

Fig. 85. — Marteau mécanique. Vue en plan du dispositif de guidage de la masse.

La réalisation du réglage de la chute du marteau pendant le fonctionnement de l'outil a été obtenue sur les marteaux mécaniques du type que nous venons d'examiner.

Pour cela, le manchon portant le tourillon d'oscillation A (Fig. 86) a été relié à un balancier B articulé sur un axe C porté par le bâti de la machine.

L'extrémité inférieure du balancier porte un écrou dans lequel passe une vis D pouvant tourner dans deux paliers placés à l'avant et à l'arrière du balancier sur le bâti.

A une extrémité de la vis est clavetée une roue d'engrenage conique E qui engrène avec deux autres roues disposées l'une F à droite, l'autre G, à gauche de la roue E.

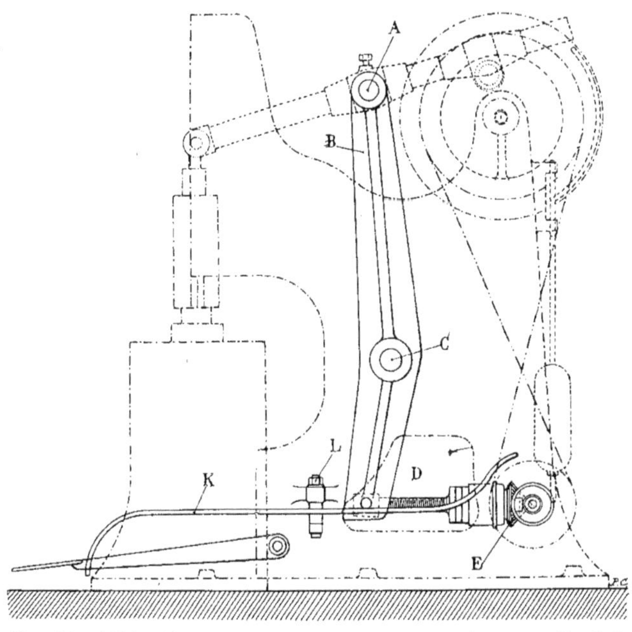

Fig. 86. — Dispositif de réglage automatique de la hauteur de chute du marteau. (Vue de face.)

(Fig. 87). Les roues d'engrenage conique F et G sont rendues solidaires, par l'axe sur lequel elles sont clavetées, de deux poulies H et I séparées par une troisième poulie J qui tourne folle sur ces axes.

Pendant la marche normale de l'outil, après réglage de la hauteur de chute du marteau, une courroie auxiliaire, indépendante de la courroie de commande de la machine, fait tourner la poulie J d'une façon constante. Cette courroie reçoit son mouvement du tambour fixé sur l'arbre de l'outil, sur lequel elle est enroulée. La poulie folle J tourne donc sur l'axe des roues dentées sans les entraîner.

Si, pendant le fonctionnement du marteau on veut faire varier sa hauteur de chute, on pousse, avec le pied, un levier horizontal K placé à la partie inférieure du bâti, qui peut osciller autour d'un axe vertical L et dont une extrémité est faite en forme de fourchette entre les dents de laquelle passe la courroie de la poulie folle J. En poussant le levier K vers la droite ou vers la gauche, on fait glisser la courroie sur une des deux poulies H ou I qui encadrent la poulie folle, et c'est la roue dentée conique qui est solidaire de la poulie actionnée qui se met en mouvement en donnant le mouvement de rotation à la roue E qui est clavetée au bout de la vis. Or, les poulies et les deux roues dentées F et G tournant toujours dans le même sens quand elles transmettent le mouvement à la roue E, celle-ci tournera, cependant, tantôt dans un sens, tantôt en sens inverse suivant que ce sera l'une ou l'autre des roues coniques F ou G qui l'actionnera. Cela s'explique par la position que ces roues occupent de chaque côté de l'axe de la roue E.

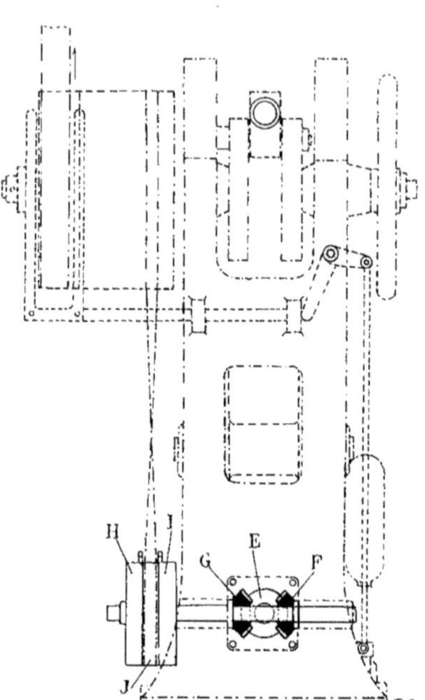

Fig. 87. — Dispositif de réglage automatique de la hauteur de chute du marteau. (Vue de profil.)

La vis D tourne en même temps que la roue E et dans le même sens. Il s'ensuit que, suivant son sens de rotation, l'écrou formant l'extrémité inférieure du balancier se déplace vers l'avant ou vers l'arrière de l'outil.

Le balancier oscille donc autour de son tourillon C et le manchon supérieur A se meut vers l'arrière ou vers l'avant.

L'axe d'oscillation de la tige du marteau se trouvant ainsi déplacé automatiquement, la hauteur de chute de la masse varie et cette variation s'obtient donc en poussant simplement avec le pied le levier à fourche inférieur, d'un côté pour obtenir une augmentation de course, et du côté opposé pour avoir une diminution de cette course. On maintient le levier poussé dans le sens convenable jusqu'à ce que la hauteur voulue soit atteinte. On replace ensuite ce levier dans sa position médiane, laquelle correspond à la commande de la poulie folle qui n'a aucune action sur le balancier.

Pendant tous ces mouvements, le marteau peut continuer à fonctionner.

Le type de marteau mécanique dont la figure 88 représente un ensemble, est un marteau à levier oscillant, lequel levier offre la particularité d'être élastique. C'est, en effet, un ressort constitué par une série de lames en acier superposées, ayant une forme semblable aux ressorts de suspension de voitures. Le levier-ressort A peut osciller autour d'un axe B supporté par une pièce C dont la hauteur, variable, peut être réglée par la manœuvre d'une manivelle D se déplaçant devant un secteur muni de crans.

L'une des extrémités du ressort est articulée à une tige supportant la masse E du marteau. Cette masse est guidée dans une coulisse pratiquée sur la face avant du bâti F, qui sert de support à tous les organes de l'outil. L'extrémité opposée du levier oscille dans une chape terminant la tige G d'un excentrique calé sur l'arbre de commande H. Cet arbre tourne dans deux paliers solidaires du bâti et porte, clavetée sur lui, une poulie de commande I et un volant destiné à régulariser la marche de l'outil. Lorsque la poulie, actionnée par une courroie, donne à l'arbre un mouvement de rotation, l'excentrique,

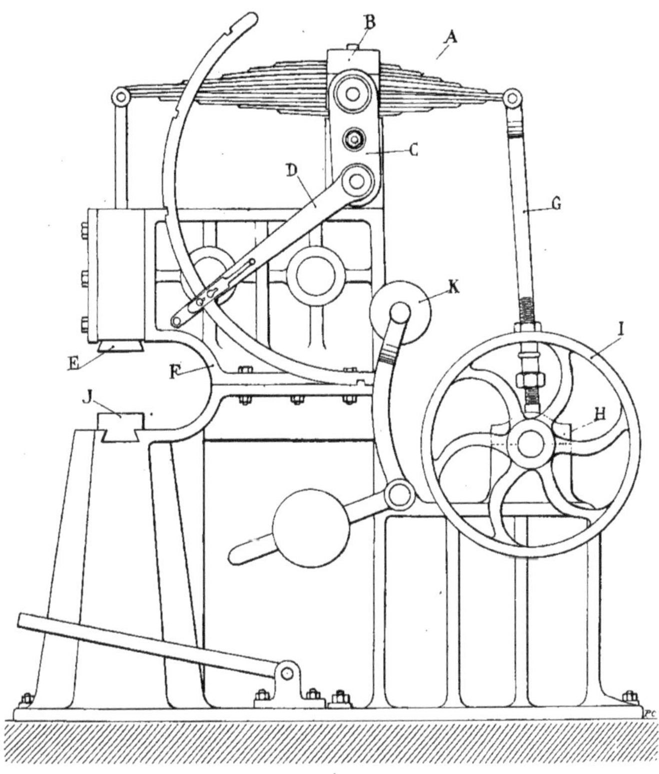

Fig. 88. — Marteau à levier et à ressort.

en agissant par sa tige à fourche sur l'extrémité du levier, le fait osciller autour de l'axe B, et la masse E est alternativement soulevée et abaissée. L'élasticité donnée au levier de commande permet d'amortir le choc des organes aux extrémités des courses. Le ressort fléchit, et en se détendant il tend à accélérer la vitesse des organes en mouvement.

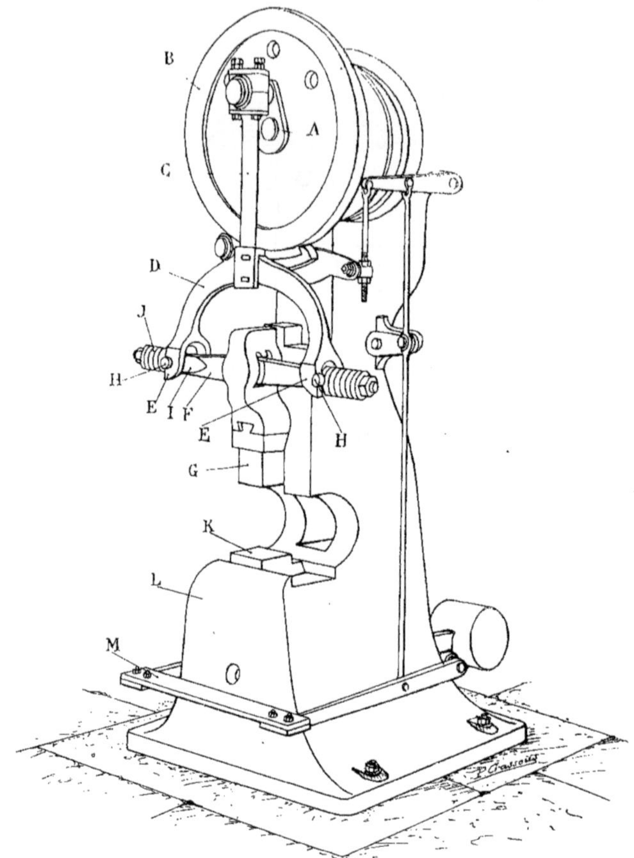

Fig. 89. — Marteau Patterson.

L'enclume J est encastrée dans le bâti, au-dessous de la masse du marteau.

La hauteur de chute du marteau est variable et réglable à l'aide de deux dispositifs. En plaçant la manivelle D dans les différents crans du secteur circulaire, on provoque la montée ou la descente de l'axe d'oscillation du levier, suivant la position de ces crans. En outre, comme la tige de l'excentrique est réunie à cet organe par un écrou fileté, avec pas à droite à un bout, et avec pas à gauche à l'autre bout, on peut allonger ou raccourcir la tige de commande en tournant l'écrou soit dans un sens, soit dans l'autre. On peut, de la sorte, régler les coups de marteau en les proportionnant au travail à effectuer. La mise en marche de l'outil s'obtient en agissant, par l'intermédiaire d'une pédale, sur un tendeur K qui appuie sur la courroie de commande. Tant que le tendeur presse sur la courroie, ce qui se produit lorsqu'on appuie sur la pédale, la courroie possède une tension suffisante pour entraîner la poulie et, par conséquent, l'arbre moteur. Lorsqu'on cesse d'appuyer sur la pédale, un ressort la relève automatiquement et le tendeur s'écarte de la courroie sous l'action de son contrepoids. La courroie n'est plus tendue et ne peut pas entraîner la poulie : le marteau cesse de frapper.

Le marteau mécanique Patterson (Fig. 89) n'est pas un marteau à levier oscillant. Il comporte quelques dispositions spéciales qui le différencient des marteaux que nous avons décrits.

La masse du marteau est manœuvrée par l'intermédiaire d'un levier articulé à une fourche solidaire d'une bielle tourillonnant sur un plateau-manivelle.

L'arbre de commande A, placé à la partie supérieure de l'outil, reçoit un mouvement de rotation qui lui est donné par l'intermédiaire d'une poulie. Sur l'arbre est calé le plateau-manivelle B faisant office de volant et portant le maneton de manivelle sur lequel est articulée la tête de la bielle C. L'autre extrémité de la bielle porte une fourche en acier D munie, à chacun de ses bouts, d'une chape E. Entre les deux chapes est disposé un levier F qui supporte, en son milieu, la masse du marteau G, par l'intermédiaire d'une articulation. Ce levier F est lui-même articulé sur les chapes de la fourche au moyen de tourillons H fixés à des bagues I placées librement sur chacun des bouts du levier. Un ressort à boudin J, serré par un écrou contre chacune des bagues, complète le dispositif d'attache du marteau.

Lorsque, par suite du mouvement de rotation de l'arbre de commande, le plateau-manivelle actionne la bielle, celle-ci, agissant sur la fourche D, soulève la masse du marteau. Pendant ce mouvement de montée, les ressorts à boudin J sont comprimés parce que le poids de la masse G tend à les appliquer contre les bagues I porte-tourillons. Cette tension des ressorts sert de matelas élastique interposé entre les organes rigides de commande et le marteau, et persiste tant que la bielle effectue un mouvement ascendant.

Lorsque la bielle descend, en entraînant, par la fourche, la masse du marteau vers le bas, les ressorts se détendent et agissent sur les organes de commande pour accélérer la vitesse de chute de la masse du marteau, laquelle donne, en frappant sur la pièce posée sur l'enclume K, des coups plus énergiques.

L'enclume, qui peut avoir des formes diverses, est placée dans une rainure pratiquée dans le bâti L, en fonte de fer, qui supporte tous les organes. Une pédale M articulée à l'arrière du bâti sert, par sa manœuvre, à mettre le marteau en marche ou à l'arrêter. Un contrepoids maintient normalement la pédale relevée. Dans cette position, l'arbre de commande ne reçoit pas de mouvement de rotation. Lorsqu'on appuie sur la pédale, le mouvement est donné à l'outil et le marteau a des mouvements alternatifs de montée et de descente qui permettent de battre les pièces à forger.

Marteaux-pilons Les marteaux mécaniques à leviers que nous avons examinés n'auraient pu suffire pour forger les grosses pièces qui entrent dans la construction des machines diverses utilisées dans l'industrie et dans la confection d'importants travaux métallurgiques, si on n'avait établi un autre type de marteau manœuvré par un agent moteur pouvant lui donner une grande puissance d'action.

Ce sont les progrès faits dans l'utilisation de la vapeur comme agent moteur qui ont permis de construire les *marteaux-pilons,* grâce auxquels les procédés de forgeage ont pu être transformés et considérablement améliorés.

Le *marteau-pilon* à vapeur, dont la création remonte à l'année 1840, constitue un type de marteau particulier, différant des divers systèmes de marteaux mécaniques en ce que la masse frappante n'est plus actionnée par un levier oscillant, mais agit, le plus souvent, par son propre poids pour battre la pièce sur l'enclume, étant remontée par un dispositif mécanique approprié. Cette masse est animée d'un mouvement vertical alternatif successivement dirigé de haut en bas, puis de bas en haut, et est utilisée pour forger le métal, de la même façon qu'on utilise un *pilon* pour broyer un produit dans un mortier.

De cette analogie de mouvement est venu le nom que l'on a donné à ce type de marteau : le *marteau-pilon.*

Quoique le nom de marteau-pilon s'applique plus spécialement aux marteaux-pilons à vapeur, qui ont été les premiers construits de ce type, on donne, d'une façon générale, ce même nom aux marteaux comportant une masse animée d'un mouvement alternatif vertical.

Les modèles de marteaux-pilons mus par des agents moteurs autres que la vapeur sont nombreux ; mais presque toujours, ces divers marteaux ne sont utilisés que pour des travaux de petite ou de moyenne importance, tandis que les marteaux-pilons à vapeur sont employés pour les grands travaux de forgeage.

Nous allons donc examiner d'abord, sans tenir compte de l'ordre chronologique de leur création, les marteaux-pilons actionnés autrement que par la vapeur et nous décrirons ensuite les marteaux-pilons à vapeur employés dans la grande industrie métallurgique.

La première catégorie de marteaux-pilons comprend les marteaux-pilons à *ressort,* à *courroie, pneumatiques,* à *air comprimé, hydrauliques,* à *gaz* et même *électriques.*

Marteau-pilon à ressort Bouhey — (Fig. 90 et 91.) Il se compose d'un bâti A, fait en fonte de fer, dont le socle supporte la *chabotte* B venue de fonte avec le bâti. L'enclume, en acier, est fixée sur la chabotte. Au-dessus d'elle se meut verticalement la frappe du marteau, C, guidée dans son mouvement alternatif par une coulisse E pratiquée dans un des bras du bâti.

L'ensemble de la panne du marteau et de son support à glissière D constitue le *mouton,* lequel tombe de tout son poids sur la pièce à battre. Le mouton est relié par deux bielles F, qui sont articulées sur lui, et par l'intermédiaire d'un ressort G, à la bielle de commande H. Le ressort, formé par une série de lames en acier, a une forme en arc de cercle et supporte à ses deux extrémités, les axes d'articulation des bielles F. La bielle de commande H, fixée à la partie supérieure du ressort, tourillonne, d'autre part, sur un axe I porté par un plateau-manivelle J claveté sur l'arbre de commande K. La bielle H est constituée en deux parties réunies par un écrou L portant, à un bout, un *taraudage à droite,* et à l'autre bout, un *taraudage à gauche.* En tournant cet écrou, on provoque donc le rapprochement ou l'écartement des deux parties de la bielle suivant le sens dans lequel on tourne et, par conséquent, la diminution ou l'augmentation de la longueur de la bielle. On peut, de la sorte, régler la distance qui sépare le marteau de l'enclume et l'approprier à l'épaisseur de la pièce à forger, en conservant au marteau toute la course utile pour obtenir un travail efficace.

L'arbre de commande est supporté par deux paliers disposés dans deux bras verticaux placés à la partie supérieure du bâti. Le plateau-manivelle J est calé à une extrémité de l'arbre et la poulie de commande M est fixée sur cet arbre entre les deux bras.

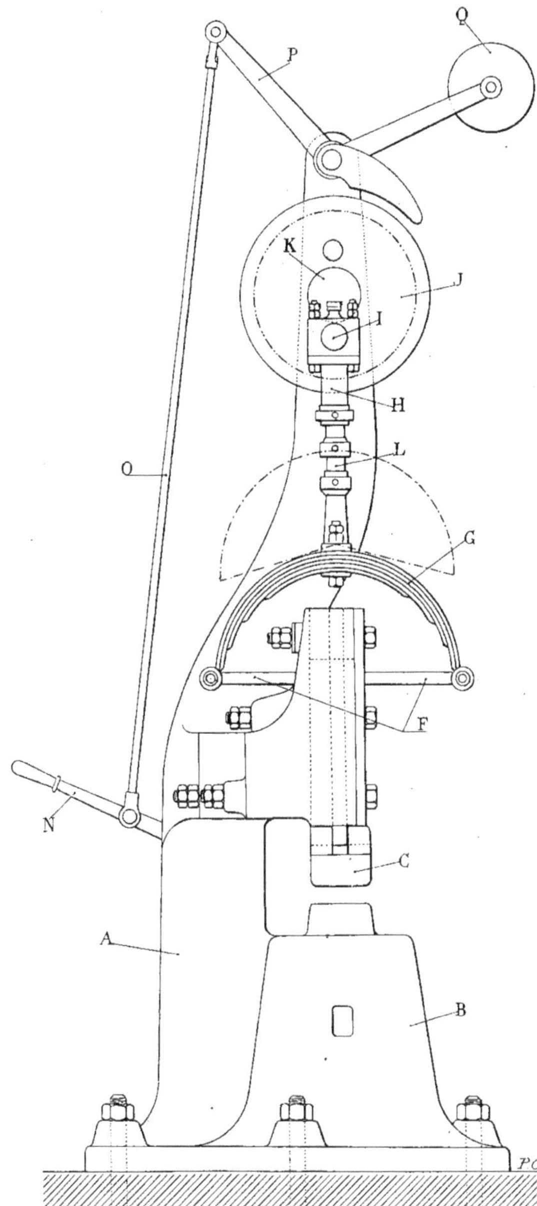

Fig. 90. — Marteau-pilon à ressort Bouhey.

Une courroie, actionnée par une transmission de l'atelier ou par un organe moteur quelconque, s'enroule sur la poulie M et lui donne un mouvement de rotation lorsqu'on manœuvre le mécanisme de mise en marche. Ce dispositif se compose d'un tendeur et d'un frein actionnés par un levier à main.

Le levier à main N, placé à la partie inférieure du bâti, oscille autour d'un axe fixe et provoque, par l'intermédiaire d'une bielle O, l'oscillation du levier P dont le tourillon est disposé à l'extrémité supérieure des bras du bâti. Ce levier est solidaire à la fois de deux bras supportant le rouleau-tendeur Q et du sabot de frein R qui est disposé au-dessus du plateau-manivelle J.

La courroie de commande qui s'enroule sur la poulie M est guidée entre les joues portées par le rouleau-tendeur, de sorte que lorsque ce rouleau se trouve écarté de la courroie; celle-ci glisse sur la poulie M sans l'entraîner, tandis que lorsque le rouleau appuie sur la courroie, il provoque la tension de cette courroie dont le frottement sur la poulie est suffisant pour provoquer le fonctionnement de l'outil. C'est l'oscillation de bas en haut et de haut en bas du levier N, donnée par l'ouvrier, qui produit le rapprochement ou l'écartement du tendeur de la courroie, et qui détermine ainsi l'arrêt ou la mise en marche du marteau.

Ce même mouvement d'oscillation du levier donne au sabot du frein R un déplacement qui le fait appuyer sur le pourtour du plateau-manivelle ou qui l'en écarte. La première position correspond à l'arrêt, et la seconde à la mise en marche.

Donc, pour manœuvrer le marteau, l'ouvrier abaisse son levier N. Le sabot du frein se relève, laissant la liberté de mouvement au plateau-manivelle, pendant que le rouleau tendeur Q, en appuyant sur la courroie, produit la mise en marche de la poulie. L'arbre de commande tourne, entraînant dans sa rotation le plateau-manivelle. Si nous supposons que le bouton de ce plateau-manivelle soit au bas de sa course, la masse repose sur la pièce forgée et va commencer à s'élever lors du mouvement de rotation, car la bielle la soulève par l'intermédiaire du ressort. Mais ce soulèvement de la masse se produit avec un certain retard, étant donnée son inertie. Le ressort fléchit donc sous le poids de la masse avant que celle-ci soit soulevée, et ses extrémités se rapprochent.

A l'extrémité supérieure de la course, l'effet inverse se produit : tandis que la bielle commence à descendre en entraînant le ressort par son milieu, la masse, lancée vers le haut, continue sa course ascendante et les extrémités du ressort fléchissent en s'écartant l'une de l'autre, de sorte que lorsque la masse redescend, elle est lancée sur la pièce à battre non seulement par l'action

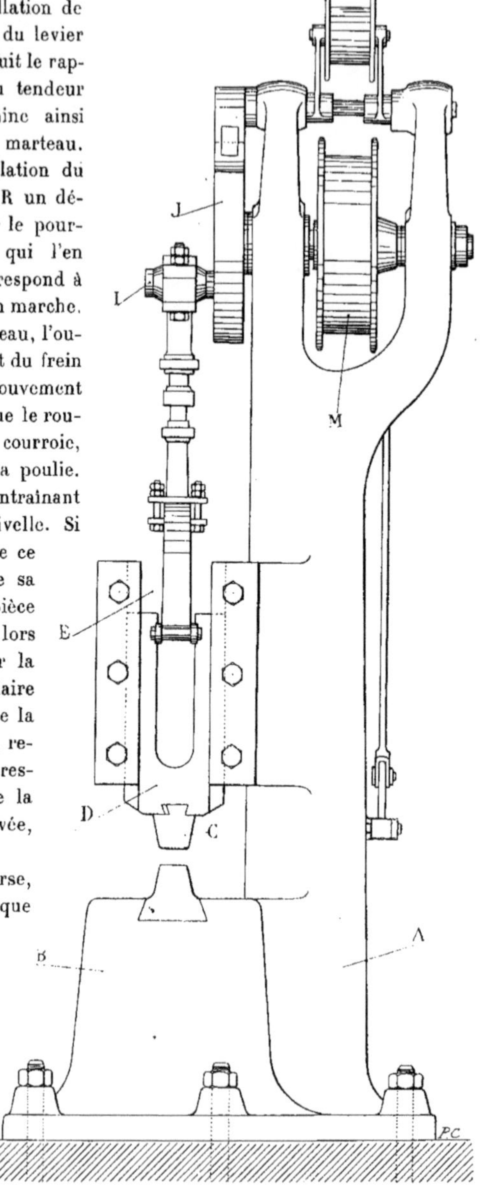

Fig. 91. — Marteau-pilon à ressort Bouhey.

du mécanisme de commande, mais encore par l'action produite par la tension du ressort qui tend à reprendre sa forme normale.

La masse se trouve ainsi lancée sur le métal chaud à une vitesse supérieure à celle de la bielle de commande, et son action s'en trouve considérablement accrue.

En outre, si le mouvement de rotation continue, la masse, après avoir donné un choc sur la pièce, rebondit en tendant le ressort et aide le mécanisme à franchir le point mort. Le choc est de la sorte amorti, au bénéfice de l'accélération de vitesse du marteau. De plus, la masse reposant pendant un temps très court sur la pièce chaude n'a pas le temps de la refroidir.

Pour donner, à l'aide du dispositif de réglage porté par la bielle, la hauteur de chute convenable à la masse, il convient de ne pas faire toucher, au repos, la masse sur la pièce à travailler, car elle occuperait une position trop basse qui annulerait l'action du ressort. On règle sa hauteur pour que, lorsque l'outil est mis en marche à environ la moitié de sa vitesse normale, la masse vienne à peine au contact du fer forgé. En donnant à l'outil sa pleine vitesse, la masse travaille d'une manière très efficace.

Ce type de marteau-pilon convient surtout pour les pièces légères.

Fig. 92. — Marteau Beaudry. (Fenwick, Paris.)

Marteau Beaudry

(Fig. 92.) C'est un marteau-pilon à liaison élastique entre la commande de l'outil et la masse frappante.

Il se compose d'un bâti en fonte de fer, creux, muni d'une embase assez large pour assurer sa stabilité, et qui porte l'enclume.

Dans le bras du bâti est ménagée une

coulisse de côté servant de guide à la pièce portant la masse frappante. Cette pièce est creuse et ses parois intérieures, au lieu d'être rectilignes, ont des formes courbes. Sur ces parois appuient constamment des galets en acier disposés en bout de deux bras flexibles qui constituent la liaison élastique de commande. Ces bras, rendus élastiques par l'action de ressorts, sont articulés sur une tête solidaire d'une bielle tourillonnant sur le maneton d'un plateau-manivelle.

On donne aux bras, par le serrage d'écrous portés par la tête, une tension telle, que les galets qui appuient à l'intérieur de la pièce portant la masse aient un frottement suffisant pour maintenir la masse frappante soulevée en n'importe quel point de sa course.

Le plateau-manivelle portant le tourillon de bielle est claveté sur l'arbre de commande qui tourne dans des paliers disposés à la partie supérieure du bâti. Sur cet arbre est fixée la poulie qui lui donne le mouvement de rotation, et il porte un petit tambour sur lequel peut agir un frein.

La bielle qui réunit les bras porte-galets au plateau-manivelle peut être fixée sur la tête d'articulation de ces bras à une position variable, de sorte que ce dispositif permet le réglage de la hauteur de la masse par rapport à la pièce à forger.

La commande du marteau s'effectue par la manœuvre d'une pédale. Cette pédale qui entoure le support d'enclume pour pouvoir toujours être abordée, quelle que soit la position de l'ouvrier, actionne un embrayage disposé à la partie supérieure du marteau. Ce mécanisme transmet le mouvement continu de rotation de la poulie de commande à l'arbre portant le plateau-manivelle. La bielle et les bras flexibles prennent un mouvement alternatif de haut en bas et inversement, et par suite de l'appui des galets des bras flexibles contre les parois courbes de la pièce supportant la masse, celle-ci participe au mouvement vertical alternatif, étant guidée par la coulisse pratiquée dans le bâti.

Par suite de la forme donnée aux parois courbes, le marteau, aussitôt qu'il a frappé sur la pièce placée sur l'enclume, se relève sans à-coups, grâce à l'élasticité des bras.

La commande du frein est conjuguée avec la commande de l'embrayage, mais de telle sorte que, lorsque le mécanisme de commande est débrayé, le frein entre en action pour arrêter tout mouvement du marteau.

On peut, de cette façon, arrêter et maintenir la masse dans une position quelconque. L'enclume supportée par le socle du bâti est disposée pour recevoir un porte-matrices que l'on peut régler pour effectuer des travaux d'étirage ou d'étampage sur des barres de longueur quelconque, soit dans le sens de la longueur de la matrice, soit dans le sens de la largeur.

Marteau type Justice (Fig. 93.) Ce genre de marteau permet d'obtenir une frappe rapide d'une grande intensité. Il comporte un dispositif élastique compensateur qui donne à son fonctionnement de la souplesse et de la vigueur tout en amortissant les vibrations et les à-coups dus aux chocs violents de la masse sur la pièce.

Il se compose d'un bâti en fonte de fer, supportant les organes de commande de la masse du marteau, qui est guidée dans une coulisse. Le bâti est évidé à sa partie inférieure pour permettre de placer, sous la masse frappante, l'enclume supportée par une chabotte indépendante du bâti. Cette chabotte est fixée sur les fondations pour son propre compte, de sorte que les vibrations déterminées par les chocs qu'elle reçoit ne se transmettent pas au bâti du marteau.

A la hauteur de l'enclume, le marteau porte une ouverture, laquelle permet le passage des pièces de grande longueur qui doivent être forgées en un point quelconque de cette longueur.

La masse du marteau est solidaire d'une pièce glissant dans la coulisse du bâti et reliée par deux tringles libres à deux leviers de suspension. Ces deux leviers, disposés un de chaque côté de l'axe, sont articulés, et oscillent autour d'un axe placé à chaque extrémité d'un palonnier rigide formé de deux bras obliques.

Fig. 93. — Marteau « type Justice ». (Fenwick, Paris.)

Au milieu de sa longueur, le palonnier est rendu solidaire d'une bielle dont la tête tourillonne sur le maneton d'un plateau-manivelle.

La bielle est munie d'un dispositif à fourreau qui permet un réglage de la masse, en hauteur, approprié à l'épaisseur des pièces à travailler. Chaque levier qui oscille autour de l'extrémité du palonnier et dont un bout est relié à la masse du marteau par une tringle, s'appuie, par l'autre bout, sur un bloc de caoutchouc qui constitue l'intermédiaire élastique. Ces blocs de caoutchouc se trouvent comprimés pendant le mouvement de la masse, soit ascendant, soit descendant, et lorsque cette masse frappe la pièce posée sur l'enclume, la détente brusque des blocs de caoutchouc provoque le relèvement immédiat de cette masse.

L'arbre de commande, placé à la partie supérieure, et sur lequel est claveté le plateau-manivelle, porte, dans les marteaux dont la masse est inférieure à 40 kilos, un embrayage à friction dont l'action progressive permet la mise en marche ou l'arrêt de l'outil.

Dans les types de marteaux dont la masse a un poids supérieur, l'arbre porte, clavetée sur lui, une poulie à laquelle le mouvement de rotation est donné par une courroie. Cette courroie s'enroule aussi sur un galet-tendeur, de façon qu'elle peut, suivant la position de ce galet, ou être lâche, ou être tendue. Dans le premier cas, elle n'entraîne pas la poulie de commande, et c'est alors l'arrêt du marteau; dans le second cas, elle produit la marche de l'outil. C'est par la manœuvre d'une pédale qui entoure le socle du bâti que l'on fait varier la position du galet-tendeur et que l'on actionne le marteau.

La pédale actionne aussi un frein établi sur un volant placé au bout de l'arbre de commande, de façon qu'au débrayage de la courroie corresponde un arrêt immédiat de cet arbre et de la masse du marteau.

Marteau à planche Hasse

(Fig. 94 à 97.) Ce marteau-pilon est nommé *marteau à planche,* parce qu'il est actionné par l'intermédiaire d'une planche portant la masse, entraînée par l'action des poulies de commande, qui ont un mouvement continu de rotation : c'est par la disposition spéciale du mécanisme que l'on obtient la chute ou le relèvement de la masse frappante.

Ce marteau se compose d'un bâti en fonte de fer fait en deux parties : le socle ou chabotte A portant l'enclume B, et le bâti proprement dit, C, sur lequel sont montés les différents organes de l'outil. Ces deux parties sont solidement reliées l'une à l'autre par le serrage d'une série de forts boulons.

Le bâti C porte, en avant, des glissières verticales D servant de guides à une pièce métallique E servant elle-même de support à la masse du marteau F. Cette masse peut, par l'action du mécanisme de commande, prendre un mouvement alternatif vertical de bas en haut et de haut en bas : ce mouvement de pilon est utilisé pour forger la pièce posée sur l'enclume B.

Le mécanisme de commande est monté sur un socle G, qui est fixé par des boulons à l'extrémité supérieure du bâti. Il comporte deux axes H et I sur chacun desquels est clavetée une poulie J assez lourde pour former *volant de régulation* de mouvement. Les axes sont disposés parallèlement et les poulies sont placées chacune sur un côté du bâti. Sur chaque axe est fixé un rouleau qui participe ainsi au mouvement de rotation donné par la poulie. Les rouleaux K et L ont entre eux un écartement suffisant pour laisser passer une lame de bois M solidaire de la masse du marteau. Cet écartement est d'ailleurs rendu variable à volonté.

Pour cela, les deux axes H et I tournent chacun dans une douille excentrée (Fig. 95). Les deux douilles N et O ont les joues qui se font face munies de dents et elles engrènent, de sorte que leurs déplacements circulaires

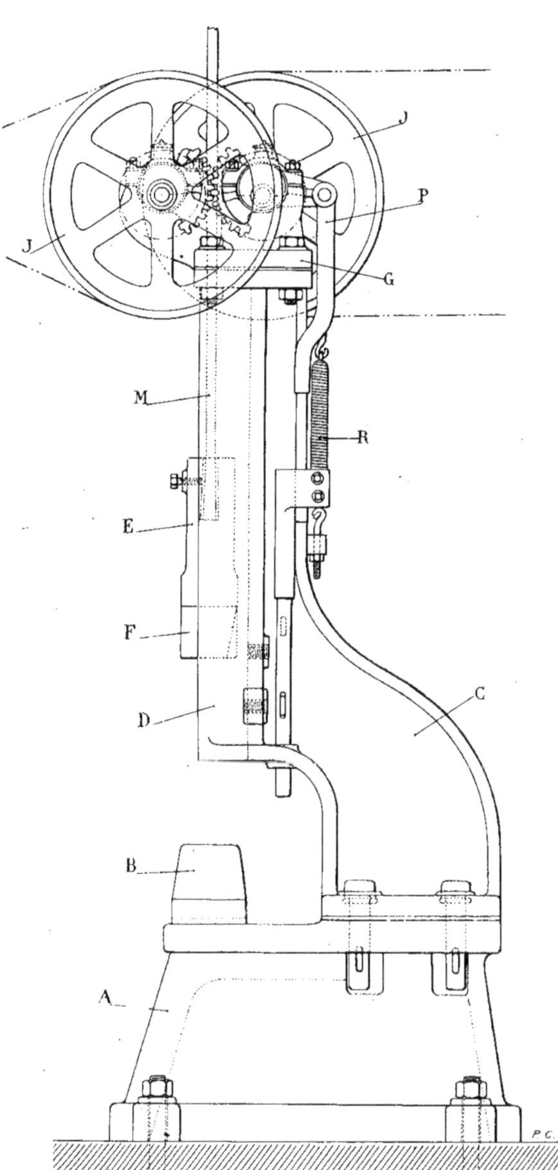

Fig. 94. — Marteau à planche Hasse.

sont rendus solidaires, tout en s'effectuant dans des sens contraires. L'une des douilles porte une queue à l'extrémité de laquelle agit une tige P reliée, d'autre part, à un levier à main Q. Une paire de secteurs dentés faisant corps avec les douilles excentrées est disposée de chaque côté des rouleaux K et L pour conserver à ces rouleaux leur parallélisme quel que soit l'écartement qu'on leur donne. La tige P, lorsqu'elle est déplacée par la manœuvre du levier à main, de bas en haut, pousse sur la queue des douilles et provoque l'oscillation de ces douilles autour de leur axe. Par suite de leur engrènement, ces douilles oscillent deux à deux en sens inverses. Comme les axes portant les rouleaux sont disposés excentriquement dans ces douilles, l'oscillation provoquée par la tige P, lorsqu'elle monte, détermine l'écartement des rouleaux, tandis qu'au contraire le mouvement inverse de la tige, de haut en bas, provoque le rapprochement des rouleaux. Le mouvement s'effectue automatiquement, lorsqu'on n'exerce plus aucune action sur le levier à main, à l'aide d'un ressort à boudin R fixé, d'une part, à la tige P et, d'autre part, au bâti : ce ressort peut recevoir une tension plus ou moins grande par la manœuvre d'un dispositif de réglage à vis.

La lame M (Fig. 96), qui passe entre les rouleaux de commande et qui est rendue solidaire de la masse du marteau, est constituée par une planche de bois, faite en trois épaisseurs pour lui donner de la solidité et pour l'empêcher de jouer. La planche médiane est faite en frêne et les deux planches extérieures sont faites en charme ou en hêtre. Les trois planches, placées les unes sur les autres, sont très solidement collées pour ne former qu'une seule pièce. Un certain nombre de trous sont percés dans cette lame et reçoivent des chevilles en bois ou des remplissages de chanvre qui y sont fixés à l'aide de colle forte. Le tout est affleuré avec les surfaces extérieures de la planche.

La lame, qui a la même largeur du haut en bas, n'a pas une épaisseur constante; cette épaisseur est plus grande à la partie supérieure qu'à la partie inférieure, de façon que, lorsqu'elle est engagée entre les rouleaux, elle ne puisse glisser de haut en bas, les champs obliques l'en empêchant.

En outre, la lame porte une partie rétrécie vers l'extrémité inférieure, pour que les rouleaux n'aient plus aucune prise sur elle lorsque cette partie rétrécie arrive à leur niveau. Le rétrécissement limite donc la course de la lame et, par conséquent, de la masse du marteau dans le sens ascendant.

Dans le sens descendant, cette course est évidemment limitée par l'arrêt de la masse sur la pièce à forger.

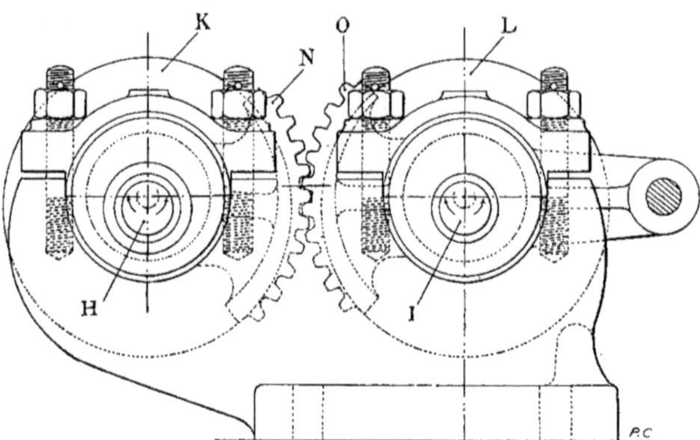

Fig. 95. — Marteau à planche Hasse. — Mécanisme de manœuvre de la planche.

La masse du marteau est rendue solidaire de la lame par le serrage de deux boulons. Ces boulons, qui se vissent dans la pièce-support de la masse, serrent une plaque de fer S contre l'extrémité inférieure de la planche, à laquelle on a donné une forme inclinée. La face de la planche opposée à la face inclinée s'applique contre une bande de cuir T. Ce serrage s'effectue dans une mortaise pratiquée en bout de la pièce supportant la masse et dans laquelle s'engage l'extrémité de la planche, que l'on fait reposer sur une série de rondelles de cuir.

Cette disposition permet, par le serrage

sur un plan incliné, de produire le soulèvement de la masse par la planche, sans craindre un glissement, et le matelas de rondelles de cuir joue, lorsque le choc se produit sur la pièce, le rôle d'amortisseur.

Les deux poulies de commande sont actionnées, d'une façon permanente, par des courroies qui leur donnent des mouvements de rotation dans des sens opposés. Pour cela, l'une des courroies est *droite*, c'est-à-dire s'enroule normalement sur la poulie, et l'autre courroie est à *brins croisés*, leur mouvement provenant de la même transmission.

Chacune des poulies donnant son mouvement à un rouleau de friction, ceux-ci tournent donc dans des sens inverses. Par suite de la tension du ressort qui agit sur les douilles dentées et excentrées, ces rouleaux tendent à se rapprocher l'un de l'autre. Ils appuient donc, chacun, sur une face de la planche supportant la masse. Comme ces faces sont inclinées, le marteau, par son poids, applique ces faces sur la périphérie des rouleaux, de sorte que leur mouvement de rotation en sens inverse provoque l'ascension de la planche et de la masse qu'elle porte. Cette ascension pourra se continuer jusqu'à ce que la partie rétrécie de la planche arrive à la hauteur des rouleaux. A ce moment, les rouleaux n'auront plus aucun contact avec les faces de la planche et ne l'entraîneront plus vers le haut. Cependant la planche ne tombera pas, car les rouleaux étant maintenus contre elle par la tension du ressort, l'obliquité des faces l'empêche de descendre.

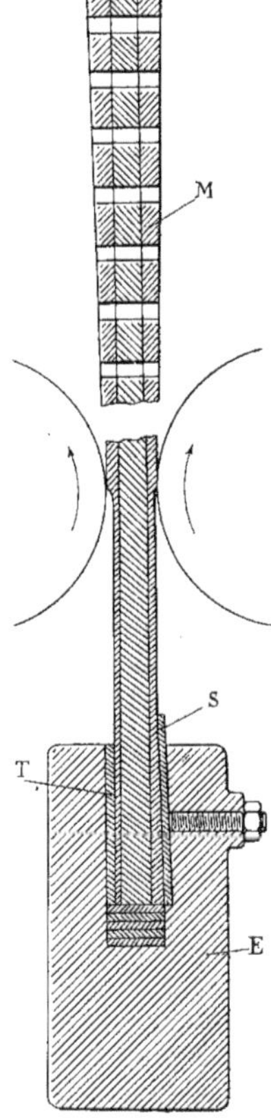

Fig. 96. — Attache de la masse à la planche.

Lorsque la masse du marteau effectue son mouvement ascendant, si à un moment quelconque on écarte brusquement les rouleaux d'entraînement, la planche n'étant plus soutenue tombe et le marteau frappe sur la pièce reposant sur l'enclume. C'est à l'aide du levier à main que l'on provoque la chute du marteau. En effet, lorsqu'on appuie sur ce levier, qui oscille autour d'un axe, la tige verticale reliée à l'extrémité des douilles excentrées est poussée de bas en haut. Ce mouvement, qui annule d'abord l'action du ressort de rappel, fait osciller les douilles dans un sens tel que, par suite de leur excentricité, les rouleaux s'écartent l'un de l'autre. Ces rouleaux ont, d'ailleurs, un écartement symétrique et de même valeur, par rapport à l'axe, du fait que les douilles excentrées oscillent de quantités égales et en sens inverses, grâce à leur dispositif d'engrènement.

Il en résulte que, lorsqu'on appuie sur le levier à main, les rouleaux s'écartent brusquement des deux faces de la planche-support de la masse et celle-ci tombe. Si on abandonne le levier, le ressort à boudin, par sa tension, applique de nouveau les rouleaux sur les deux faces de la planche et celle-ci se remet à monter.

Il est donc possible de régler facilement la hauteur de chute du marteau suivant le travail que l'on a à effectuer, car il suffit, pendant que ce marteau s'élève, de donner un coup de levier au moment où la masse a appuyer la masse du marteau sur l'enclume.

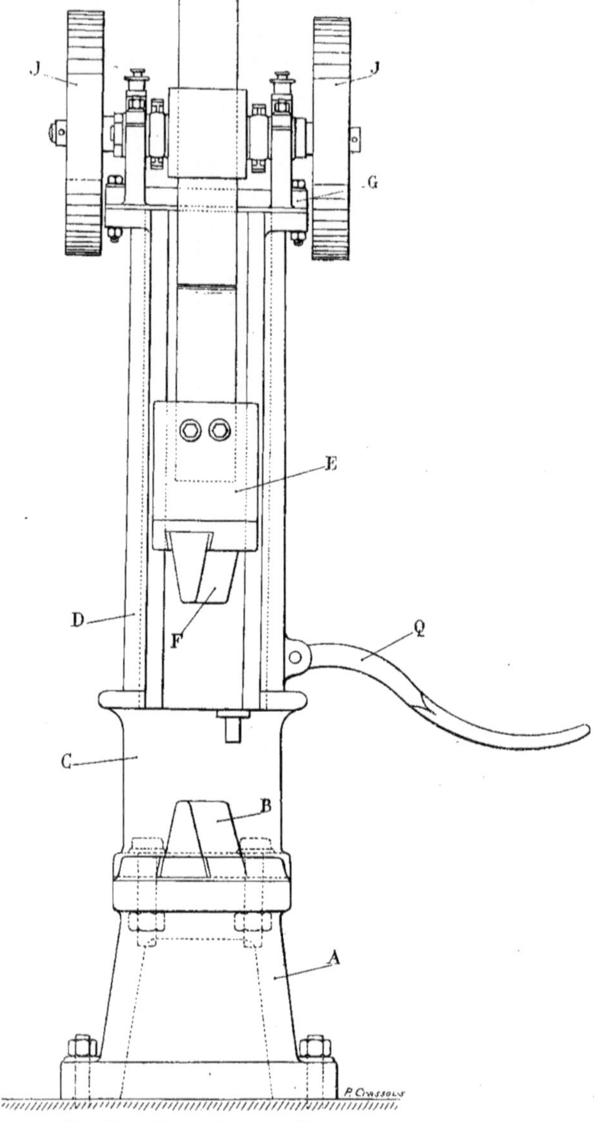

Fig. 97. — Marteau à planche llasse.

atteint la hauteur désirée. Au repos, on laisse Pour éviter que, lorsque les poulies sont en mouvement, la masse se soulève et demeure suspendue à l'extrémité supérieure de sa course, un petit levier supplémentaire est relevé, et un taquet qu'il porte en bout maintient la tige verticale constamment relevée, ce qui assure l'écartement des rouleaux de friction.

Marteau à planche Billings et Spencer

Ce marteau (Fig. 98 à 102), de même que le précédent, comporte, comme organe de manœuvre, une planche, au bout de laquelle est supendue la masse du marteau, et qui passe entre deux rouleaux de commande, lesquels lui donnent son mouvement ascendant. Comme dans le système précédent, ces rouleaux tournent à la même vitesse et en sens inverses et reçoivent leur mouvement de rotation de deux poulies, placées à la partie supérieure du bâti, qui sont faites en papier comprimé. L'arbre de l'un des rouleaux tourne dans des coussinets fixés dans les paliers, tandis que l'arbre du second rouleau tourne dans des coussinets excentrés pouvant, à l'aide d'un dispositif à leviers, prendre un mouvement de rotation. Ces leviers, reliés par des tringles, sont actionnés par une pédale. Suivant le sens dans lequel s'effectue le déplacement de ces organes, le dispositif à excentrique rapproche le rouleau mobile de l'autre ou l'en écarte. Lorsqu'il le rapproche, il serre la planche contre les deux rouleaux et celle-ci monte; lorsqu'il l'en écarte, la planche, n'étant plus maintenue, tombe, et la masse frappe sur la pièce.

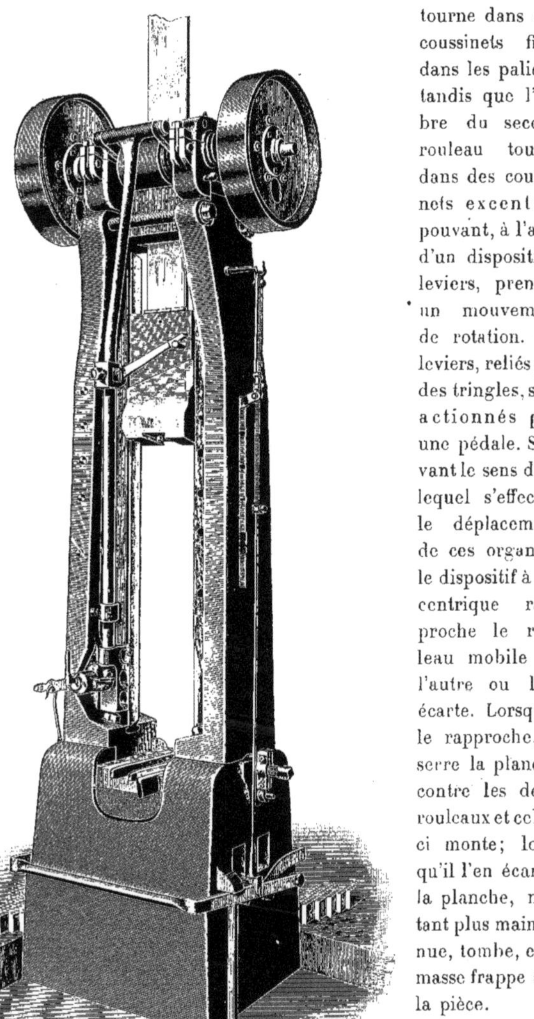

Fig. 98. — Marteau à planche Billings et Spencer. (Fenwick, Paris.)

C'est en appuyant sur la pédale qu'on provoque la chute de la masse. Lorsque cette masse arrive à sa fin de course vers le bas, elle produit,

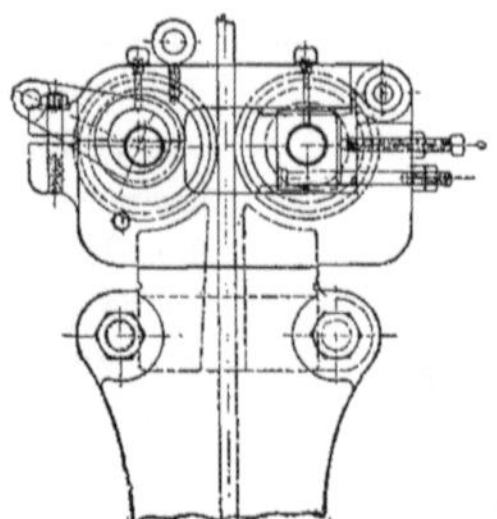

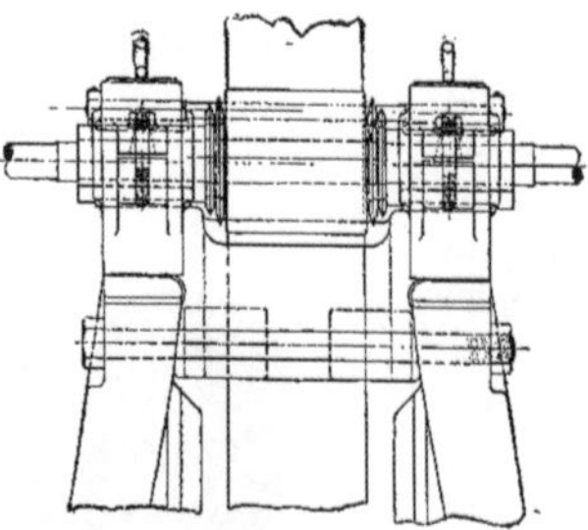

Fig. 99. — Marteau à planche Billings et Spencer. Mécanisme de levage.

en même temps qu'elle frappe, le déclenchement de la barre de manœuvre, de sorte qu'elle remonte par suite du rapprochement des rouleaux. Parvenue à l'extrémité supérieure de sa course, la masse s'accroche automatiquement et on la fait retomber en actionnant à nouveau la pédale. Si on maintient la pédale abaissée d'une manière permanente, la masse, une fois remontée, se déclenche automatiquement, retombe et remonte, de sorte qu'elle frappe régulièrement et d'une façon continue sur la pièce à forger.

Fig. 100. — Marteau à planche Billings et Spencer. Tête du marteau. Palier.

La manœuvre d'une sorte de verrou, placé à la portée de la main de l'ouvrier, permet, pendant la marche même du marteau, de transformer le marteau à fonctionnement automatique en marteau ordinaire qui s'accroche en haut de sa course et qu'un mouvement de pédale doit déclencher.

La hauteur de chute du marteau est réglable. Pour cela, il suffit de

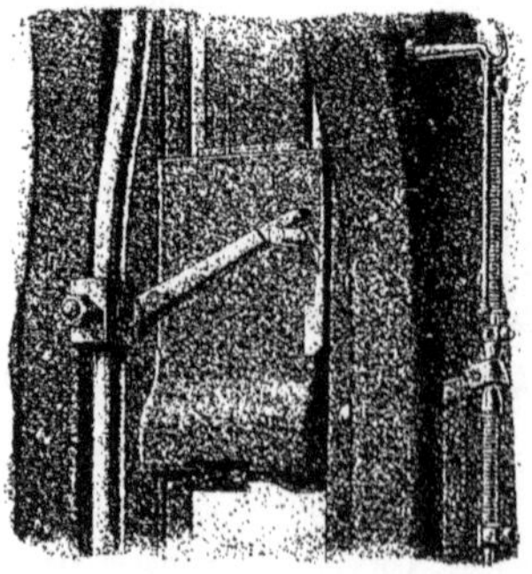

Fig. 101. — Marteau à planche Billings et Spencer. Enclenchement du marteau.

Fig. 102. — Marteau à planche Billings et Spencer. — Enclenchement de la barre de manœuvre.

déplacer le levier d'accrochage en plaçant son axe dans un des trous pratiqués le long du montant du bâti, et en réglant à la hauteur voulue les colliers sur la barre de manœuvre.

Tous ces organes sont supportés par un bâti à montants, entre lesquels glisse la masse du marteau, et qui porte à sa partie supérieure les paliers des arbres des rouleaux de friction.

Sur l'enclume est disposée une semelle pouvant recevoir des matrices, car ce type de marteau est le plus souvent utilisé pour le *matriçage* des pièces.

Marteau à courroie et à embrayage

(Fig. 103 et 104.) Ce type de marteau, *système Schœnberg*, comporte, comme le précédent, un mouvement continu de rotation donné par courroie à l'axe du mécanisme qui imprime le mouvement ascendant au marteau ; mais la chute de ce marteau est produite ici par la manœuvre d'un organe de débrayage.

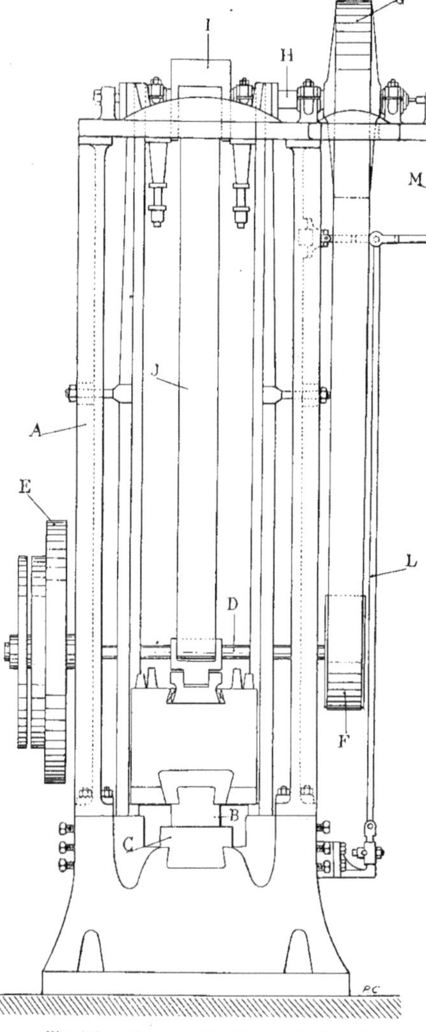

Fig. 103. — Marteau-pilon à courroie Schœnberg. Vue de face.

L'outil est constitué par un bâti vertical A, muni de glissières servant à guider la pièce métallique supportant la masse du marteau B. Le bâti est fixé par des boulons sur un socle en fonte qui supporte l'enclume C.

A la partie inférieure du bâti est disposé l'arbre, qui reçoit d'une transmission de l'atelier le mouvement de rotation à l'aide duquel on actionnera l'outil. Cet arbre D est supporté par deux paliers solidaires du bâti. Il porte, claveté sur lui, un volant E, faisant office de poulie, sur lequel s'enroule la courroie provenant de la transmission d'atelier, et une poulie F de diamètre plus réduit.

Sur cette poulie s'enroule une courroie qui passe, d'autre part, sur un tambour G monté sur un axe à la partie supérieure du bâti.

Le tambour, qui tourne donc d'une façon continue par l'action de la courroie, fait partie d'un *embrayage* dont l'autre partie reçoit un mouvement intermittent par une manœuvre que nous allons indiquer. Cette seconde partie comporte un axe H tournant entre deux paliers portés par les montants du bâti, et sur cet axe est claveté un petit tambour I auquel est accrochée une courroie J qui pend verticalement pour venir se rattacher, par l'intermédiaire d'un tourillon oscillant, à la pièce supportant la masse du marteau.

Lorsqu'on met l'embrayage en action, le tambour I tourne avec l'axe qui le porte, la courroie J s'enroule sur ce tambour en soulevant la masse.

Lorsque cette masse atteint l'extrémité supérieure de sa course, elle s'accroche, en même temps qu'une tige-poussoir provoque le débrayage du mécanisme.

Le tambour I cesse de tourner, la courroie J de s'enrouler, et la masse B s'arrête et reste accrochée jusqu'à ce que l'ouvrier, à l'aide d'une pédale, provoque son déclenchement en manœuvrant le crochet d'arrêt. Le marteau tombe alors librement en entraînant, par la courroie J qui se déroule, le rouleau I et son axe H, auxquels il imprime un mouvement de rotation. Cet axe H peut, à ce moment, tourner librement par suite du débrayage des deux parties du mécanisme de commande.

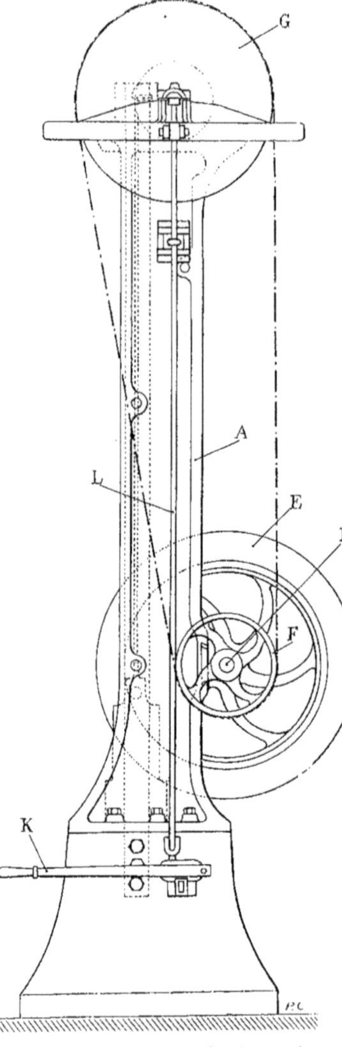

Fig. 104. — Marteau-pilon à courroie Schœnberg. Vue de profil.

La manœuvre consiste donc à provoquer, par une commande à la main, l'embrayage du mécanisme de commande, puis, lorsque le marteau est arrivé au bout de sa course et se trouve accroché, à produire son déclenchement en appuyant sur une pédale. C'est par l'intermédiaire du levier K, de la tringle de commande L, et des leviers M qu'elle actionne, que l'on provoque ces divers mouvements.

L'ouvrier forgeron peut même faire manœuvrer l'outil en actionnant simplement la pédale. Pour cela, lorsqu'il a déclenché le marteau en appuyant sur la pédale, et quand celui-ci a frappé sur la pièce à forger, l'ouvrier libère la pédale, qui, automatiquement, remonte pour se mettre à la position de repos. Les organes solidaires de la pédale et qui aboutissent au dispositif d'embrayage participent à ce mouvement, qui produit d'une façon automatique l'embrayage du mécanisme. La masse remonte, s'accroche lorsqu'elle a atteint l'extrémité de sa course vers le haut, point où le débrayage du mécanisme s'effectue automatiquement, et c'est en appuyant de nouveau sur la pédale que le forgeron fait de nouveau choir la masse. Par une succession de mouvements abaissant et relevant alternativement la pédale aux moments propices, le forgeron peut, seul, actionner le marteau.

Le dispositif d'embrayage (Fig. 105) est constitué par un tambour G, extérieur, sur lequel s'enroule la courroie de transmission, qui lui donne un mouvement de rotation continu, et d'un second tambour intérieur, N, claveté sur l'arbre H qui commande le mouvement de montée de la masse du marteau.

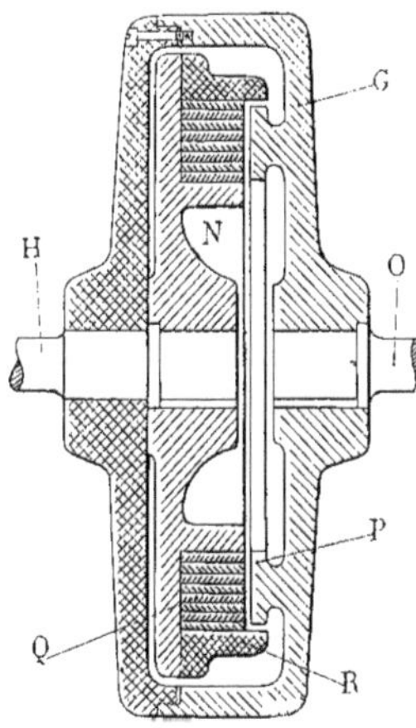

Fig. 105. — Embrayage du marteau Schœnberg.

Le tambour extérieur est fait en deux parties et forme une sorte de boîte fermée servant de protection au mécanisme intérieur. Il est claveté sur un axe O qui tourne dans un palier porté par le bâti, et sur son autre face il *tourne fou* sur l'arbre même de commande H qui lui sert simplement de support. A l'intérieur du tambour G est ménagée une couronne P, dont la face latérale est bien dressée. C'est cette face qui, par frottement, entraîne le tambour intérieur lorsqu'on l'applique contre lui.

Pour cela, le tambour G peut recevoir un léger déplacement longitudinal sur son axe. Ce mouvement lui est transmis par les organes manœuvrés à la main ou au pied. Lorsque ces organes poussent la couronne de friction contre le tambour intérieur, celui-ci tourne du même mouvement de rotation que le tambour extérieur G, et l'arbre H tourne aussi et agit sur la masse du marteau. Lorsque les organes de manœuvre écartent la couronne de friction du tambour intérieur, l'entraînement cesse; le tambour extérieur continue à tourner, mais le tambour intérieur et son arbre H restent immobiles. Le mouvement de déplacement à donner à la couronne de friction pour produire successivement l'embrayage ou le débrayage est très faible.

Pour donner de l'adhérence à la couronne de friction lorsqu'elle s'applique sur le tambour intérieur, afin de produire un entraînement efficace et éviter le glissement, une courroie en cuir Q est enroulée à plusieurs tours sur ce tambour, collée, fortement pressée, et frettée sur son pourtour par une couronne R fixée au tambour. La face latérale du bloc de cuir ainsi constituée est soigneusement dressée pour que la face plane de la couronne de friction applique bien sur elle en tous les points.

Marteau-pilon à courroie Barbier (Fig. 106 à 108.) Ce marteau se distingue des marteaux précédents en ce que le dispositif d'embrayage et de débrayage, à l'aide duquel on fait monter et descendre la masse frappante, est remplacé par un mécanisme qui permet, soit de laisser frotter la courroie à laquelle est suspendue la masse, sur la poulie d'entraînement, soit de l'en écarter. Dans le premier cas, la poulie d'entraînement provoque l'ascension de la masse; dans le second cas, la masse peut tomber librement.

Comme dans les autres marteaux-pilons, la masse A est guidée dans une coulisse verticale pratiquée sur le bâti B. Le socle de

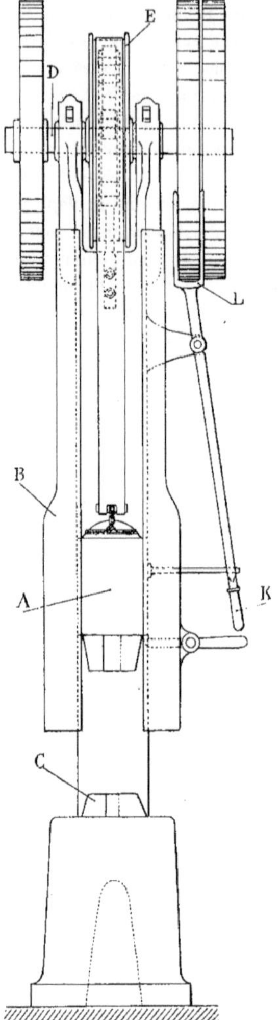

Fig. 106. — Marteau à courroie Barbier. Vue de face.

ce bâti supporte l'enclume C et à la partie supérieure sont disposés deux paliers dans lesquels tourne un arbre horizontal D.

Sur cet axe est claveté, à une extrémité, un volant, et, à l'autre extrémité, une poulie à côté de laquelle est placée une seconde poulie tournant folle sur l'arbre. Au milieu de l'arbre, entre les paliers, est disposée la poulie d'entraînement E. Cette poulie se compose, en réalité, de deux demi-poulies munies, chacune, d'une joue sur la face extérieure, et dont les faces intérieures sont espacées de façon à permettre de loger entre

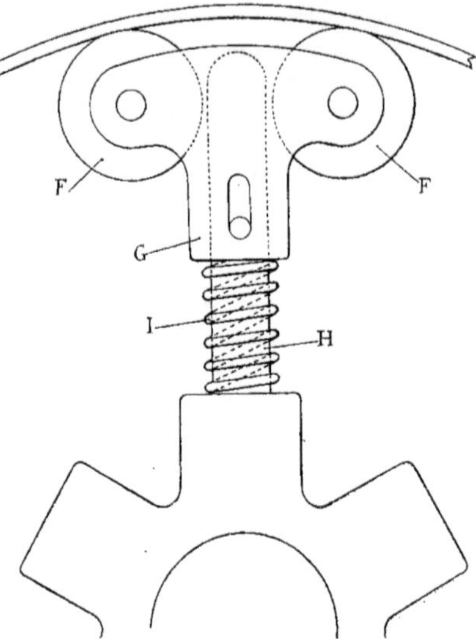

Fig. 107. — Marteau à courroie Barbier. Montage des galets d'entraînement.

elles le dispositif servant à écarter la courroie.

Ce mécanisme est constitué par trois paires de galets cylindriques montés deux par deux sur un support commun (Fig. 107). Chaque galet F peut tourner autour de son axe placé à l'extrémité du support G, lequel se termine, vers l'intérieur, par une douille qui glisse sur une tige cylindrique H. Les trois tiges cylindriques servant de guide aux trois supports de galets sont fixes et forment, pour ainsi dire, une seule pièce. Chaque support coulissant sur la tige est sollicité à s'éloigner du centre de la poulie par la tension d'un ressort à boudin I : un ergot d'arrêt limite son excursion, de sorte que, normalement, les six galets placés en éventail sur une demi-circonférence débordent de la poulie d'entraînement E.

Dans cette position, la courroie J, qui supporte la masse et qui s'enroule autour de la poulie E, repose sur les six galets et ne touche pas la poulie E. Celle-ci, qui est animée d'un mouvement de rotation continu, n'a donc aucune action sur la courroie J, et la masse du marteau ne bouge pas; en cette position, la masse est tombée sur la pièce à forger et repose sur elle.

Si on tire sur la courroie J, dont une extrémité pend à l'arrière du bâti, on provoque l'enfoncement des galets par la compression des ressorts à boudin qui agissent sur leurs supports et, lorsque ces galets ont atteint le niveau de la poulie E, la courroie appuie sur la périphérie de cette poulie d'entraînement. Le frottement fait enrouler la courroie sur la poulie et la masse est, de la sorte, soulevée. Lorsque la masse a atteint la hauteur désirée, on cesse de tirer sur le bout de courroie J. Les ressorts à boudin, cessant d'être comprimés, repoussent les galets vers l'extérieur et écartent la courroie de la poulie d'entraînement. La masse tombe alors en entraînant avec elle la courroie, qui, en glissant, fait tourner les galets. Il suffit de tirer de nouveau sur l'extrémité arrière de la courroie pour provoquer le soulèvement de la masse, et ainsi de suite.

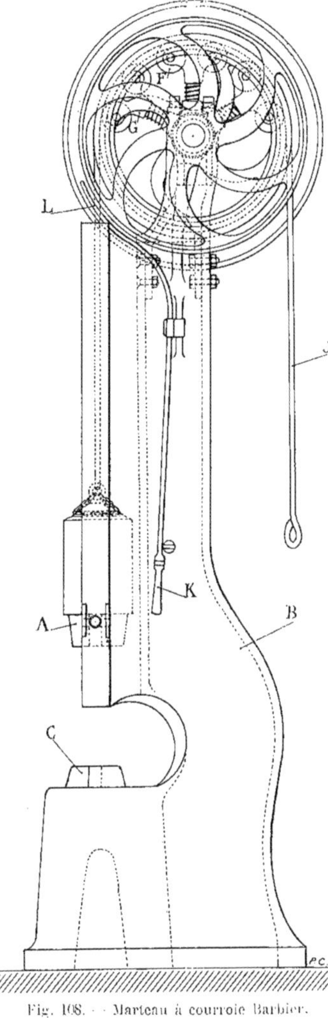

Fig. 108. — Marteau à courroie Barbier. Vue de profil.

La manœuvre de ce marteau est simple et, quoique la masse soit lourde, il ne faut qu'un faible effort exercé sur la courroie pour produire son mouvement, puisqu'il suffit que cet effort compense simplement la tension des trois ressorts à boudin; le vrai travail de soulèvement s'effectue par suite du frottement de la courroie sur la poulie d'entraînement.

Le mouvement est donné à l'outil par une courroie montée sur une transmission de l'atelier et s'enroulant sur la poulie clavetée en bout de l'arbre horizontal D. Lorsqu'on veut arrêter la manœuvre du pilon, on fait glisser cette courroie de la poulie clavetée sur la poulie folle qui tourne sur le même arbre, et celui-ci n'est plus actionné. Cette manœuvre s'effectue à l'aide du levier à main K terminé par une fourchette L, entre les dents de laquelle passe la courroie.

Marteau à courroie Standard (Fig. 109.) Cet outil, plus particulièrement établi pour effectuer des travaux de matriçage, d'estampage ou d'emboutissage, se compose d'un bâti formé d'un socle et de deux montants verticaux entretoisés par des tirants. Les montants verticaux sont disposés pour servir de guides à la masse dont l'extrémité inférieure a reçu la forme appropriée pour recevoir l'étampe. L'autre extrémité de la masse porte un étrier en fer utilisé pour attacher la courroie de relevage. Cette courroie s'enroule sur un tambour porté par un arbre horizontal tournant dans deux paliers placés à l'extrémité supérieure des montants du bâti. Sur une petite poulie calée sur un des bouts de l'arbre, s'enroule une autre courroie. Son extrémité inférieure est rendue solidaire, par l'intermédiaire d'une boucle, d'une bielle pouvant osciller autour d'un axe porté par un bras de manivelle à rainure. Ce bras est claveté sur un arbre, placé à la partie inférieure des montants, lequel reçoit son mouvement de rotation, par l'intermédiaire d'un pignon et d'une roue d'engrenage, de l'arbre de commande sur lequel est montée une poulie recevant, par courroie, son mouvement de la transmission d'atelier. Cette poulie tourne d'une façon constante, mais son mouvement n'est transmis à l'arbre de commande que lorsqu'on effectue la manœuvre d'un dispositif d'embrayage à rouleaux à *blocage instantané*. Cette manœuvre est réalisée à l'aide de deux leviers s'enclenchant mutuellement, de sorte qu'il devient nécessaire d'employer les deux mains pour mettre le marteau en marche. Ce dispositif a été imaginé pour éviter des accidents et pour empêcher que le marteau soit mis en mouvement lorsque l'ouvrier est encore occupé à placer dans les matrices ou étampes les pièces à façonner.

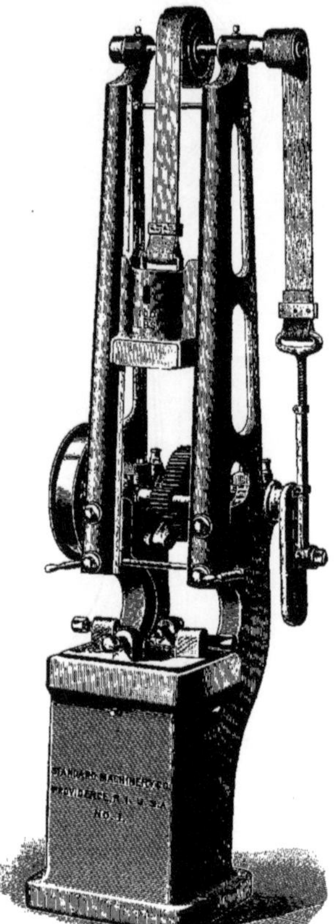

Fig. 109. — Marteau à courroie Standard. (Fenwick, Paris.)

Toutefois, comme il est nécessaire, dans certains travaux, que l'ouvrier ait une main libre pour manipuler ou maintenir les pièces pendant l'opération de martelage, on a établi, sur le marteau, une pédale qui remplace un des leviers et dont la manœuvre doit être faite simultanément avec l'autre levier. Pour parer aux accidents pouvant résulter d'une chute intempestive de la masse, on emploie, dans ce cas, un dispositif de sécurité qui est placé au-devant de la matrice, et qui empêche d'introduire les mains au-dessous de la masse du marteau.

On comprend le fonctionnement de l'outil. L'arbre de commande tournant d'un mouvement continu, si on effectue la manœuvre d'embrayage, l'arbre qui porte le bras-manivelle tourne; ce bras tourne également et, par l'intermédiaire de la bielle et de la courroie qui lui est fixée, il provoque le mouvement de rotation de l'arbre horizontal supérieur. La courroie qui supporte la masse s'enroule sur son tambour et la masse est relevée. Si l'embrayage continue à être actionné, la masse retombe automatiquement et se relève de même, de sorte que l'outil a un fonctionnement continu.

Mais lorsque l'embrayage n'est plus actionné, la masse reste à la partie supérieure du bâti sans tomber, un cliquet à rochet placé sur l'arbre même de l'embrayage empêchant l'arbre de tourner et les courroies de se dérouler.

Un dispositif de déclenchement fixé à la partie inférieure des montants permet alors de faire tomber la masse. Il est donc possible d'utiliser ce marteau, soit en donnant automatiquement un mouvement continu de montée et de descente à la masse, soit en donnant à cette masse un mouvement intermittent comportant une période d'arrêt et d'accrochage avant la chute du marteau. La hauteur de chute du marteau est réglable. Pour cela, on n'a qu'à déplacer, dans la rainure qui est pratiquée dans le bras-manivelle, l'axe d'oscillation de la bielle. Plus cet axe est écarté de l'arbre de commande, plus la course donnée aux courroies et, par conséquent, à la masse, est considérable.

Un organe de sécurité est parfois disposé sur le marteau pour parer aux inconvénients dus à une chute accidentelle de la masse. Cet organe est constitué par une tringle et un taquet de retenue.

La matrice que l'on place sur le socle du bâti y est maintenue par le serrage de la griffe à vis dont les écrous sont fixés sur la plate-forme du socle.

Ce marteau, qui peut donner une production de 1.000 à 1.200 pièces étampées à l'heure, doit être posé sur une fondation très dure. Cette fondation peut être constituée par un bloc de pierre dure placé sur un lit de béton, ou par un support de bois disposé en bout et encastré dans le béton. Sur la pièce de bois est fixé, par des boulons, le socle du marteau.

Marteau-pilon à relevage indépendant

(Fig. 110.) Certains marteaux-pilons ont été établis de façon que le mécanisme de commande et de déclenchement de la masse ne soit pas disposé, comme dans tous les marteaux-pilons que nous venons d'examiner, sur le bâti même de l'outil. Cela peut permettre de soustraire les organes constituant ce mécanisme aux chocs et aux vibrations répétés qui se transmettent jusqu'à eux lorsqu'ils sont montés directement sur le bâti.

L'outil se trouve donc constitué en deux parties : le marteau proprement dit, et le mécanisme de relevage.

Le marteau comprend un socle en fonte de fer, sur lequel se montent l'enclume ou les diverses matrices employées pour la confection des pièces. Sur ce socle sont fixés, par de solides boulons, deux montants servant de guides à la masse du marteau. La hauteur de ces montants est réduite, et juste suffisante pour permettre à cette masse d'effectuer sa course maximum.

Le socle et ses montants sont fixés au sol.

Le mécanisme de relevage placé au-dessus du marteau, mais n'ayant aucune liaison rigide avec lui, est supporté, soit par des traverses fixées sur les murs de l'atelier ou sur sa charpente, soit par un pylône spécial.

La liaison entre la masse du marteau et le mécanisme de relevage est assurée par une corde comportant un certain nombre de brins. Cette corde s'attache, d'une part à un étrier métallique terminant la masse à sa partie supérieure, et, d'autre part, au maneton d'une manivelle commandée par le mécanisme de relevage. Ce maneton est un axe fixé sur le bras de la manivelle et qui peut occuper plusieurs positions sur ce bras. Une série de trous plus ou moins distants de l'arbre sont percés sur ce bras pour recevoir le maneton, de sorte que, suivant le trou dans lequel on le dispose, la course de ce maneton et, par conséquent, du marteau, est plus ou moins grande. On fait donc varier la hauteur de chute du marteau en plaçant le maneton dans le trou approprié.

Le bras-manivelle est calé sur un arbre horizontal tournant dans deux paliers supportés par un petit bâti métallique. Cet arbre reçoit son mouvement de rotation, par l'intermédiaire d'une roue et d'un pignon dentés, d'un arbre horizontal placé au-dessus et sur lequel sont disposées deux poulies : l'une clavetée, l'autre tournant folle sur cet arbre. La courroie donnant le mouvement à l'outil s'enroule sur l'une des poulies, suivant que l'on fait travailler cet outil ou qu'on le tient au repos.

Fig. 110. — Marteau-pilon à relevage indépendant. (Fenwick, Paris.)

Lorsque l'outil est en position de travail, la roue d'engrenage portée par l'arbre horizontal inférieur tourne d'un mouvement continu, mais le bout d'arbre portant le bras-manivelle doit pouvoir, néanmoins, tourner et s'arrêter à volonté, pour remonter le marteau, puis lui permettre de rester suspendu en haut de sa course. C'est par un dispositif d'embrayage à friction que l'on obtient ces résultats. On peut aussi l'obtenir à l'aide d'un mécanisme *à rochet et à cliquet*.

Lorsque la masse est retenue à sa position haute, on la déclenche, pour la laisser retomber, en appuyant sur une pédale. La masse remonte ensuite automatiquement et s'enclenche de nouveau en haut de sa course. En appuyant d'une façon permanente sur la pédale, le marteau monte et descend automatiquement, en frappant régulièrement des coups successifs.

Marteau-pilon pneumatique

On entend par marteau-pilon pneumatique un marteau-pilon dans lequel un matelas d'air formant ressort est placé entre le mécanisme de commande et la masse frappante. Le mécanisme de commande peut être d'un type quelconque, soit mécanique, à transmission par courroie, soit électrique.

Un des premiers pilons pneumatiques comportait un cylindre rendu solidaire du bâti du marteau. Dans ce cylindre, fermé à sa partie inférieure par un fond métallique et à sa partie supérieure par une forte cloison en caoutchouc, pouvait se déplacer un piston dont la tige, traversant le fond inférieur, portait, fixée à son extrémité inférieure, la masse frappante.

La cloison en caoutchouc, sollicitée, par le mouvement de rotation d'un arbre et par l'intermédiaire d'une manivelle et d'une bielle, à remonter et à descendre, provoquait le mouvement du piston et, par conséquent, celui de la masse. Lorsque la cloison élastique remontait, le vide créé dans le cylindre en son centre provoquait l'ascension du piston, et lorsque, au contraire, la cloison était refoulée, l'air comprimé sous cette cloison dans le cylindre agissant sur le piston le repoussait vers le bas et la masse frappait sur la pièce à travailler. Dans ce type de marteau le cylindre était fixe et le piston mobile.

Un autre type de marteau-pilon pneumatique comportait, au contraire, un cylindre mobile. Ce marteau, du système Piat (Fig. 111), est constitué par un mécanisme de commande par courroie, actionnant, au moyen d'un plateau-manivelle A et d'une bielle B, un groupe de deux pistons C et D réunis par une tige cylindrique E. Ces pistons se déplacent dans le cylindre mobile F qui porte la masse frappante G fixée à sa partie inférieure. Le cylindre est guidé dans une coulisse portée par le bâti et peut se déplacer verticalement. Une cloison, disposée dans ce cylindre, le divise en deux compartiments, dans chacun desquels se meut un des pistons.

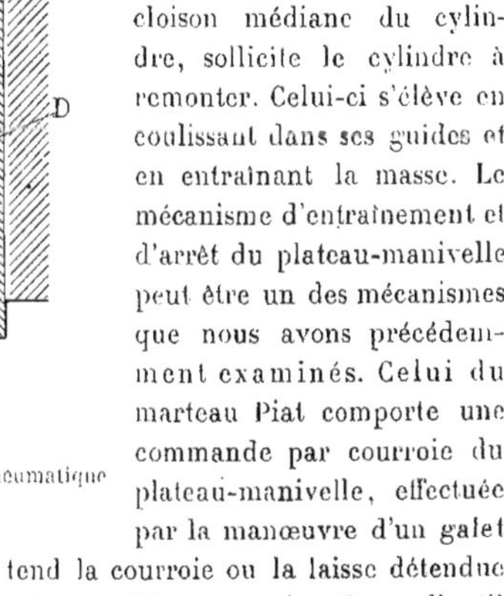

Fig. 111. — Marteau pneumatique Piat.

Lorsque la bielle B descend, chacun des pistons, en se déplaçant de haut en bas dans son compartiment, comprime de l'air au-dessous de lui, de sorte que le cylindre F est déplacé aussi de haut en bas, et la masse qu'il porte frappe sur la pièce placée sur l'enclume.

L'interposition des matelas d'air qui détermine le mouvement de la masse frappante, permet, par suite de l'élasticité de ces matelas, d'atténuer les chocs produits par les coups de marteau.

Lorsque la bielle remonte, les pistons remontent aussi et le piston inférieur, en comprimant de l'air sous la cloison médiane du cylindre, sollicite le cylindre à remonter. Celui-ci s'élève en coulissant dans ses guides et en entraînant la masse. Le mécanisme d'entraînement et d'arrêt du plateau-manivelle peut être un des mécanismes que nous avons précédemment examinés. Celui du marteau Piat comporte une commande par courroie du plateau-manivelle, effectuée par la manœuvre d'un galet qui tend la courroie ou la laisse détendue suivant sa position, ce qui actionne l'outil ou, au contraire, le laisse au repos. Un frein est, en outre, placé sur le pourtour du plateau-manivelle pour arrêter l'outil et maintenir la masse relevée.

Les deux types de marteaux-pilons pneumatiques précédents diffèrent en ce que le cylindre recevant le piston actionné mécaniquement est, dans un cas, fixe, et dans l'autre cas, mobile. De là deux catégories de marteaux-pilons pneumatiques.

Dans la catégorie des marteaux à cylindre fixe, on compte, parmi la très grande variété d'outils établis, les marteaux Arns et Mammouth que nous décrirons. L'autre catégorie à cylindre mobile comprend le marteau Hessenmüller.

Marteau-pilon pneumatique Arns (Fig. 112 et 113.) Cet outil comporte un bâti A en fonte de fer, solidaire du socle B, supportant l'enclume et pouvant recevoir des organes servant au matriçage ou à l'étampage des pièces.

La masse C du marteau, au lieu d'être fixée à un support coulissant dans les glissières verticales du bâti, comme dans les marteaux-pilons précédents, est solidaire d'un piston D pouvant se mouvoir dans un cylindre E ouvert à ses deux extrémités et fixé solidement par des boulons le long du bras vertical du bâti. Ce piston, en acier coulé, peut monter ou descendre dans le cylindre, sans tourner, étant guidé verticalement par un tenon qui s'engage dans une rainure verticale pratiquée sur le piston. Des rainures circulaires ménagées sur le pourtour de ce piston assurent l'étanchéité de son ajustage dans le cylindre.

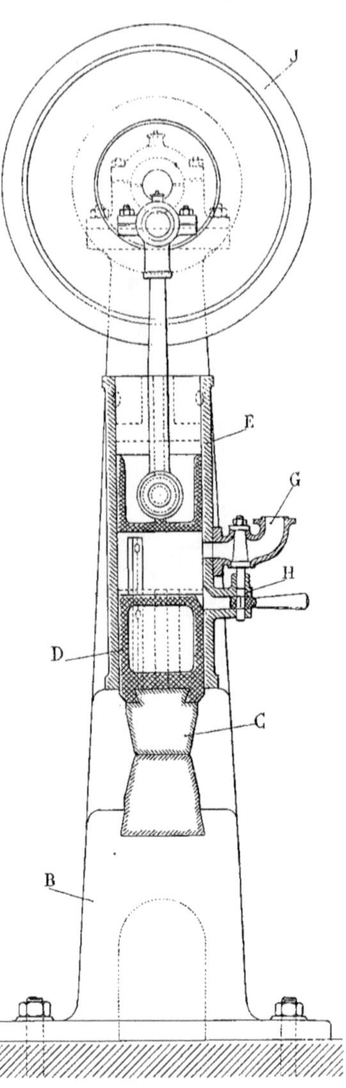

Fig. 112. — Marteau-pilon pneumatique Arns. Vue de face.

Dans ce même cylindre E est disposé un second piston F placé au-dessus du premier et séparé de lui par un espace vide qui peut prendre communication avec l'air extérieur par une tubulure G, sur laquelle est monté un robinet de manœuvre H (Fig. 112).

Le second piston F est également muni de gorges circulaires pour assurer son étanchéité dans le cylindre. Il porte un tourillon sur lequel peut osciller une bielle I, dont l'autre extrémité est montée sur un manchon de manivelle fixé sur un volant J.

Le volant est claveté sur l'arbre horizontal de commande K, tournant dans deux paliers placés à l'extrémité des deux bras formés par le bâti.

Sur cet arbre sont placées, entre les deux paliers, deux poulies : une, L, clavetée sur lui, et l'autre, M, folle. Ces poulies reçoivent, par courroie, un mouvement de rotation de la transmission d'atelier, et lorsque la courroie est placée sur la poulie clavetée sur l'arbre, le marteau est mis en mouvement. Le mouvement de rotation donné à l'arbre K, et qui est régularisé par le volant, provoque en effet le mouvement alternatif vertical, par l'intermédiaire de la bielle, du piston F.

Lorsque ce piston effectue sa course ascendante, il produit au-dessous de lui, dans le cylindre, une dépression qui détermine le déplacement vers le haut du piston D, la pression atmosphérique agissant sur sa face inférieure. La masse du marteau se soulève donc en même temps que la bielle, comme si ces organes étaient reliés rigidement. En réalité, c'est le matelas d'air interposé entre les deux pistons qui fait office d'intermédiaire élastique. Lorsque la bielle descend, en faisant effectuer au piston F sa course vers le bas, l'air interposé entre les deux pistons se trouve comprimé et le piston inférieur tombe, non seulement par suite de son poids, mais encore par suite du lancé que lui donne la compression de l'air sur sa face supérieure. Le coup de marteau est donc donné très vivement lorsque la bielle descend.

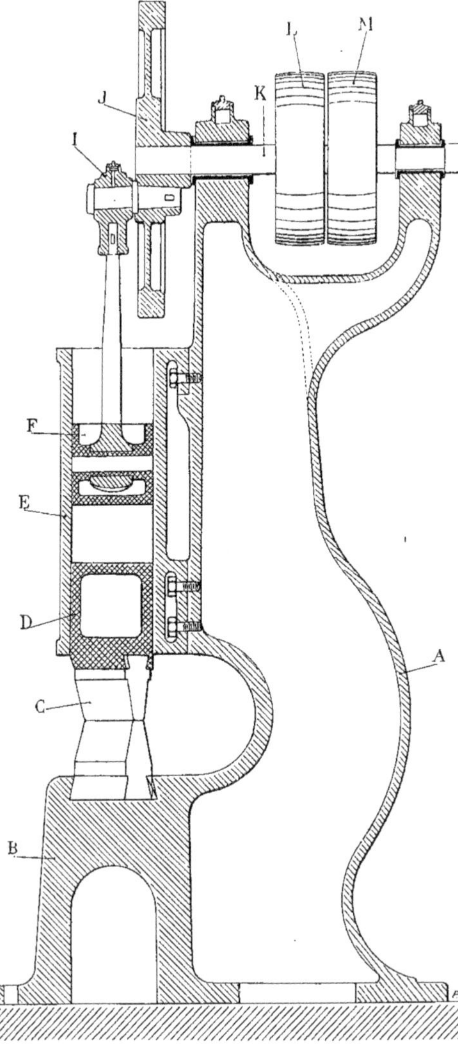

Fig. 113. - Marteau-pilon pneumatique Arns. Coupe verticale.

Le mouvement alternatif de la masse du marteau est ainsi obtenu par le mouvement alternatif de la bielle, sans liaison mécanique, et le matelas d'air qui en tient place sert en même temps d'amortisseur. Dans ce type de marteau, la course de la masse n'est pas considérable, de sorte que l'on n'emploie cet outil que pour marteler ou étirer des pièces n'ayant pas une trop grande épaisseur.

La force du coup de marteau peut être réglée par la manœuvre du robinet H placé sur la tubulure G. En ouvrant plus ou moins ce robinet, on admet, dans la capacité qui sépare les deux pistons, une quantité plus ou moins grande d'air. La communication de cette capacité avec l'atmosphère diminue, d'une part, le degré de vide créé sous le piston supérieur pendant sa course ascendante et, d'autre part, rend plus faible le degré de compression de l'air sous ce piston pendant sa course descendante, puisqu'une partie de cet air peut s'échapper par la tubulure G qui est ouverte. Il en résulte que l'action de la masse du marteau, sur laquelle agit une pression d'air moindre, est moins énergique, et on fait varier la valeur de cette action en faisant varier, par la manœuvre du robinet, la grandeur de l'orifice de communication établi entre l'atmosphère et la capacité intérieure du cylindre.

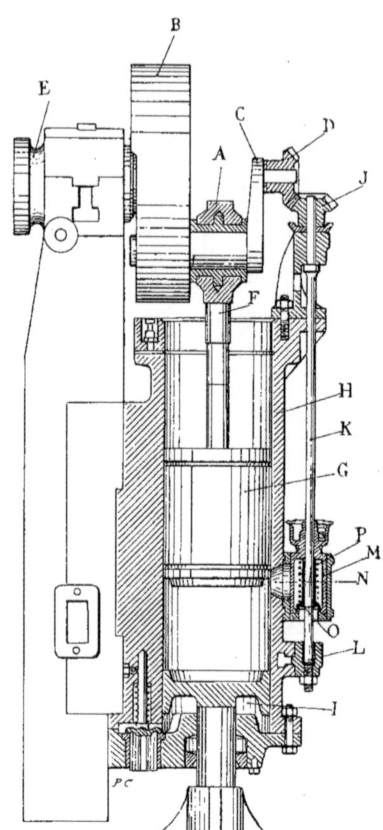

Fig. 114. — Dispositifs de réglage pour marteau-pilon pneumatique.

Lorsqu'on ouvre le robinet en grand, la manœuvre même de la manette du robinet actionne un dispositif de freinage qui maintient dans la position où il se trouve le piston D supportant la masse. Le piston supérieur peut continuer son mouvement alternatif vertical sans que son influence se fasse sentir sur le piston inférieur, car l'air est successivement aspiré et refoulé par l'orifice ouvert en grand de la tubulure, et la faible action que peuvent avoir l'aspiration et le refoulement sur le piston inférieur, ne peut vaincre la résistance due au frein. On peut donc, à un moment quelconque, par la simple manœuvre du robinet, arrêter la masse frappante à une position quelconque tout en laissant fonctionner le mécanisme de l'outil.

En fermant le robinet, on débloque le dispositif de freinage, et comme la communication entre l'atmosphère et la capacité intérieure se trouve supprimée par cette manœuvre, l'action de l'air aspiré et comprimé s'exerce tout entière sur le piston inférieur, et la masse frappante reprend son mouvement alternatif de montée et de descente.

Ce type de marteau a reçu des modifications de détail destinées à parer à quelques petits inconvénients pouvant résulter des dispositions précédentes.

Pour éviter la dépression qui peut se

produire dans la capacité intérieure à la fin de la course, vers le bas, du piston supérieur, alors que le piston qui supporte la masse est lancé vivement vers le bas, on a établi une sorte de tiroir admettant une petite quantité d'air à ce moment pour que la masse soit lancée avec toute l'énergie disponible et ne soit pas retenue dans sa descente par la légère dépression qui se manifeste au-dessus d'elle.

Dans cette disposition, le maneton de manivelle A (Fig. 114), porté par un plateau-manivelle B, lequel reçoit son mouvement de rotation d'un dispositif de commande quelconque, est rendu solidaire d'une contre-manivelle C portant un pignon denté conique D placé sur le même axe que l'arbre de commande E. La bielle F tourillonnant sur le maneton A est solidaire d'un piston G qui se meut dans le cylindre fixe H. Le mouvement de rotation de l'arbre de commande E provoque le mouvement alternatif vertical de la bielle F et du piston G et, ainsi que nous l'avons expliqué plus haut, le second piston I, supportant la masse frappante, suit ce mouvement d'ascension et de descente par suite de l'interposition d'un matelas d'air entre deux pistons.

Mais, pendant que la bielle effectue son mouvement alternatif vertical, le pignon denté conique D tourne et, en engrenant avec un second pignon denté conique J, provoque la rotation du petit arbre vertical K qui tourne d'un mouvement continu. Cet arbre, supporté par une crapaudine inférieure L et tournant dans des coussinets de paliers, porte, fixé sur lui, une sorte de tiroir circulaire M qui, en tournant dans un boisseau fixé au cylindre, présente, lorsque le piston G a atteint le bas de sa course, un orifice d'entrée d'air en face d'une ouverture N pratiquée sur la paroi fixe. Si, à ce moment, il se produit une dépression sous le piston G qui puisse gêner la descente du piston I, l'air extérieur est aspiré et pénètre dans la capacité intermédiaire par l'orifice N en soulevant la soupape O disposée dans le tiroir circulaire M et appliquée normalement sur son siège par la tension d'un ressort à boudin P. Cette distribution d'air favorise l'obtention d'un coup de marteau énergique.

Lorsque le piston G commence sa course ascendante en créant, au-dessous de lui, une dépression qui doit être utilisée pour remonter le piston inférieur et la masse, il importe que l'air extérieur ne puisse plus pénétrer, par l'orifice N, dans la capacité intermédiaire et, en effet, le tiroir circulaire M étant animé d'un mouvement de rotation, obture cette ouverture pour ne la découvrir que lorsque le piston G revient à l'extrémité inférieure de sa course.

Le dispositif utilisé pour faire varier l'intensité des coups de marteau diffère du dispositif employé dans le marteau précédent. Il consiste en un robinet mettant, par sa manœuvre, en communication l'atmosphère avec le dessous du piston inférieur I. Cette disposition nécessite la fermeture du cylindre fixe, à sa partie inférieure, par un fond sur lequel est placée une soupape maintenue appliquée sur son siège par un ressort à boudin.

Si nous supposons le robinet ouvert en grand, le piston I, aspiré par suite du mouvement ascendant du piston G, s'élève dans le cylindre, et la dépression qu'il provoque au-dessous de lui, fait soulever la soupape qui laisse pénétrer dans le cylindre l'air extérieur. La montée du piston I ne se trouve donc pas retardée. A la descente, lorsque le piston I est refoulé vers le bas, il comprime l'air contenu au-dessous de lui. Cet air maintient la soupape appliquée sur son siège, mais peut s'échapper à l'extérieur par l'orifice laissé libre par la manœuvre du robinet. Il ne reste donc pas, au-dessous du piston, de l'air comprimé pouvant diminuer la force du coup de marteau, qui est de la sorte donné avec la puissance maximum lorsque le robinet est grand ouvert.

Si on ferme au fur et à mesure le robinet, en laissant un orifice d'échappement de plus en plus réduit, l'air est de plus en plus comprimé au-dessous du piston I, contre le fond du cylindre, et la force du coup de marteau se trouve amortie, et cela d'autant plus que le robinet est plus fermé et que l'orifice est, par conséquent, plus réduit.

Le réglage de la force du coup de marteau s'effectue donc par la manœuvre du robinet, et lorsque celui-ci est fermé complètement, l'air contenu au-dessous du piston I, ne pouvant plus s'échapper dans l'atmosphère, est comprimé en totalité sous ce piston et le maintient suspendu dans la même position, sans qu'il puisse descendre davantage, quoique le piston supérieur G continue à effectuer sa course normale de montée et de descente.

Marteau-pilon pneumatique Mammouth (Fig. 115 et 116.) Dans ce type de pilon, on a établi les deux pistons, qui se déplacent dans le cylindre fixe, de façon à diminuer la hauteur de l'outil et à lui donner ainsi plus de stabilité, tout en conservant à la masse du marteau une course suffisamment grande.

Pour cela, le piston A (Fig. 116), qui supporte la masse B, a été placé au-dessus de l'autre piston C. Cette disposition rend nécessaire la traversée du piston inférieur C par la tige D du piston supérieur, rendue solidaire de la masse du marteau.

La tige D traverse le piston C dans un fourreau cylindrique muni de joints destinés à assurer l'étanchéité entre ces organes pendant leur fonctionnement.

La pièce supportant la masse du marteau est guidée verticalement dans une coulisse pratiquée en avant du bâti E, sur le bras vertical.

A la partie supérieure du bâti est boulonné le cylindre fixe F, fermé à sa partie supérieure par un fond étanche et dans lequel coulissent verticalement les deux pistons A et C.

Ces deux pistons sont munis de segments servant à assurer leur étanchéité dans le cylindre fixe.

Sur un des côtés du cylindre, est venue de fonte avec lui une boîte circulaire dans laquelle peut se mouvoir verticalement un distributeur G.

Des canaux, percés dans la cloison séparant le cylindre de la boîte du distributeur, permettent de faire communiquer avec l'atmosphère soit la capacité qui se trouve dans le cylindre au-dessus du piston A, soit la capacité intermédiaire qui se trouve entre les pistons, ce qui permet de régler et de faire varier la force des coups de marteau.

Le piston inférieur C reçoit un mouvement vertical alternatif par l'intermédiaire d'un balancier H, qui reçoit son mouvement d'oscillation d'une bielle I tourillonnant sur la manivelle de l'arbre de commande horizontal J. Cet arbre tourne dans deux paliers placés à la partie supérieure du bâti.

Il peut être actionné par courroie, à l'aide d'une poulie clavetée sur lui, sur laquelle peut s'enrouler une courroie transmettant le mouvement de la transmission d'atelier.

La commande de l'arbre peut être aussi faite électriquement, ainsi que le représente la disposition indiquée sur la figure 115. Le moteur électrique K, placé sur une console à la partie supérieure du bâti, commande, par l'engrenage d'un pignon L et d'une roue M calée sur l'arbre J, le mouvement de rotation de cet arbre et la manœuvre du piston-moteur C de l'outil.

Le diamètre donné à la roue M est beaucoup plus grand que le diamètre du pignon, afin d'obtenir une démultiplication de vitesse appropriée au fonctionnement de la masse du marteau.

Lorsque, par suite du mouvement de rotation de l'arbre J, le piston-moteur C, par l'oscillation du balancier, s'élève dans le cylindre fixe, les pistons étant supposés au bas de leur course, l'air contenu dans la capacité qui les sépare se trouve comprimé, et si le distributeur G est placé dans une position qui obture les orifices des canaux de communication, la compression de l'air provoque le déplacement du piston supé-

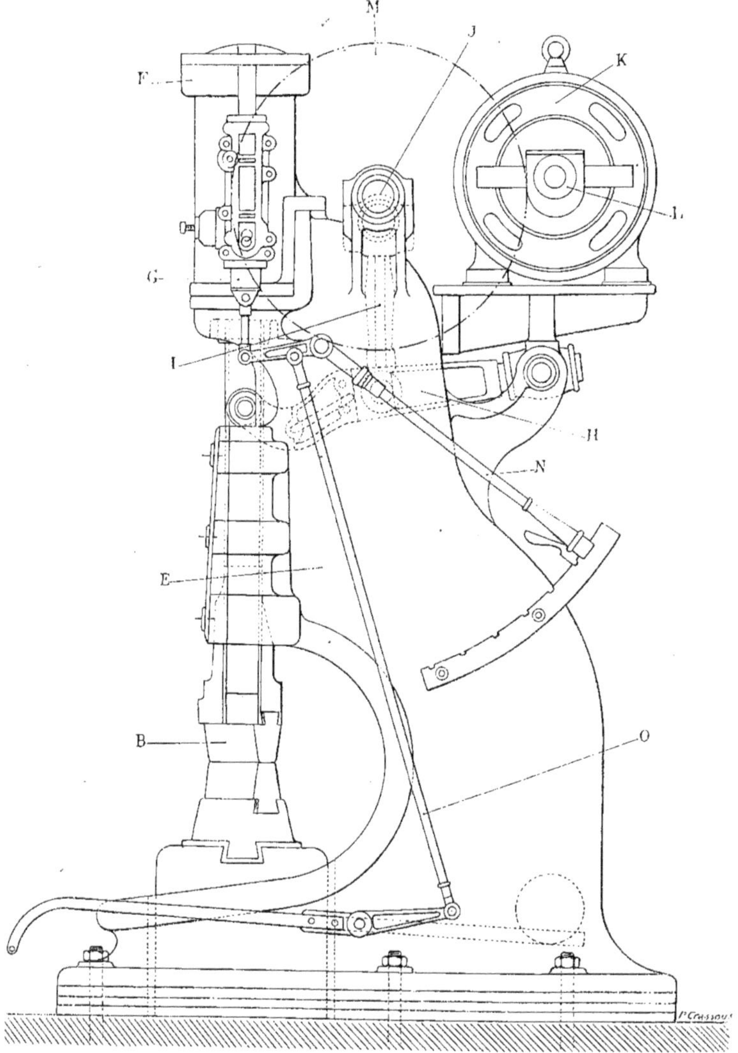

Fig. 115. — Marteau-pilon pneumatique Mammouth. Vue de profil.

rieur A et, par conséquent, de la masse qu'il porte. Les déplacements des deux pistons s'effectueront simultanément.

Au fur et à mesure que le piston supérieur s'élève, il comprime de plus en plus de l'air au-dessus de lui dans le cylindre, de sorte que lorsque le piston C effectue sa course descendante, entraîné par le balancier, le piston supérieur A se meut également vers le bas, non seulement sous l'action du vide créé au-dessus du piston C par sa descente, mais encore par la pression de l'air comprimé à la partie haute du cylindre. Le piston A portant la masse est donc projeté vivement vers le bas et la masse frappe énergiquement la pièce reposant sur l'enclume.

Il est possible de régler la force du coup de marteau par la manœuvre du distributeur et même de maintenir la masse relevée à la partie supérieure de la course.

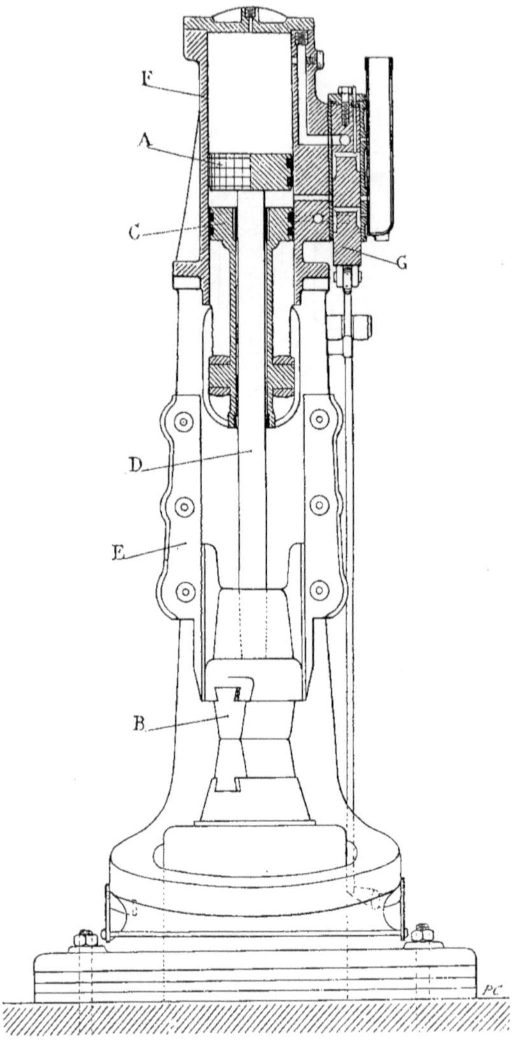

La manœuvre du distributeur s'effectue soit à l'aide d'un levier à main N, soit à l'aide d'un levier à pédale O. En déplaçant verticalement le distributeur à l'aide de leviers on peut établir une communication entre l'atmosphère et le haut du cylindre : dans ce cas, le degré de compression de l'air sur le piston supérieur est moins grand et le coup de marteau moins énergique.

On peut aussi, en établissant une communication entre la capacité séparant les deux pistons et l'atmosphère, diminuer le vide existant dans cette capacité et faire varier le degré d'entraînement du piston

Fig. 116. — Marteau-pilon pneumatique Mammouth. Coupe verticale.

portant la masse. On peut également, en permettant à l'air de s'échapper au-dessus du piston supérieur et en le comprimant, au contraire, entre les deux pistons, maintenir le piston A et la masse à la partie supérieure de leur course.

Un secteur portant des crans permet de placer le levier à main à la position correspondant à une manœuvre déterminée du distributeur et du marteau. Dans certains marteaux-pilons du même type, on a séparé les deux pistons en les faisant déplacer dans deux cylindres fixes disposés côte à côte, et réunis par des conduits et des lumières permettant le jeu normal des organes, par suite du vide créé entre les pistons ou de la compression de l'air. Cette disposition, qui comporte, comme la précédente, un distributeur pouvant faire varier la force du coup de marteau, nécessite une moins grande hauteur, et l'outil, plus ramassé, y gagne en stabilité.

Marteau-pilon pneumatique à cylindre mobile Parmi les marteaux-pilons pneumatiques à cylindre mobile basés sur le principe du marteau Piat, que nous avons décrit ci-dessus, on peut citer le marteau-pilon Schmid, qui a été, en réalité, un des premiers marteaux de ce genre.

Ce marteau, comportant un cylindre pouvant se déplacer verticalement et guidé par des colonnes solidaires du bâti, contient un piston mobile relié par une tige à la masse du marteau. Le cylindre, fermé à ses deux extrémités, est mû par l'arbre de commande, par l'intermédiaire d'une manivelle et d'une bielle. En montant, il comprime de l'air sous le piston et le soulève en montant la masse. Lorsqu'il descend, il comprime de l'air sur le piston en faisant le vide au-dessous et projette la masse sur l'enclume. Une soupape placée à la partie inférieure règle, par sa manœuvre, la force du coup de marteau.

Marteau-pilon Hessenmüller (Fig. 117 et 118.) Le marteau-pilon Hessenmüller est un outil du même type comportant quelques modifications de détails.

Il est constitué par un bâti A portant les guides du cylindre mobile B et de la masse du marteau C. Cette masse est reliée, par l'intermédiaire d'une pièce pesante D, qui coulisse dans les guides, et par une tige cylindrique, au piston E, qui peut se mouvoir dans le cylindre. Celui-ci est fermé à ses deux extrémités, mais le fond inférieur porte une ouverture, sur laquelle est disposé un presse-étoupe, pour laisser le passage à la tige du piston. Sur le fond supérieur est fixée une coulisse F par l'intermédiaire de laquelle le mouvement vertical alternatif est donné au cylindre. C'est un arbre horizontal G, tournant dans deux paliers placés à la partie supérieure du bâti, qui transmet ce mouvement.

L'arbre à vilebrequin actionne un coulisseau qui se déplace dans la coulisse, et la soulève et l'abaisse alternativement. Sur cet arbre est claveté un volant H et une roue dentée I engrenant avec le pignon de commande J, mû lui-même par une machine électrique K supportée par une console.

Le mode de commande de l'arbre peut être différent, le marteau conserve néanmoins son même fonctionnement, le mouvement de rotation de l'arbre produisant en effet toujours le mouvement alternatif du cylindre mobile. Dans le mouvement ascendant, l'air est comprimé sous le piston et le soulève en levant la masse; dans le mouvement descendant, au contraire, l'air est comprimé au-dessus du piston et celui-ci et la masse descendent. On a donné à la coulisse F une position inclinée pour que le cylindre mobile n'ait qu'une faible vitesse au commencement de sa course ascendante. La masse, qui repose alors sur la pièce à travailler qu'elle vient de frapper, ne reçoit aucun à-coup brusque pour être relevée, et peut rester un petit instant appliquée contre la pièce. L'enclume Q qui supporte cette pièce est disposée sur une chabotte L, indépendante du bâti, et reposant sur une fondation spéciale sur laquelle elle est fixée.

Le réglage de l'intensité des coups de marteau s'effectue par la manœuvre de leviers, par l'intermédiaire de quatre soupapes placées sur le cylindre mobile. Deux de ces soupapes M et N, disposées du même côté, s'ouvrent de l'extérieur vers l'intérieur et n'interviennent, en réalité, que pour laisser pénétrer de l'air dans le cylindre lorsqu'une dépression vient à s'y produire, et ce n'est que par le réglage de la levée des deux autres soupapes O et P que l'on fait varier la force du coup de marteau. L'une des soupapes O s'ouvre de l'intérieur vers l'extérieur et l'autre, P, s'ouvre en sens contraire : de l'extérieur vers l'intérieur. C'est par la manœuvre d'un levier à main, R, que l'on fait varier le jeu de ces soupapes. Le levier, par une combinaison de bielles articulées, approche ou écarte une pièce de butée, S, des deux soupapes O et P. Lorsque la butée est approchée des tiges des soupapes, la soupape O se trouve maintenue appliquée sur son siège, tandis que la soupape P, au contraire, est repoussée vers l'intérieur et laisse son orifice découvert. Il résulte de cette disposition que lorsque le cylindre effectue sa course descendante, l'air contenu entre le fond de ce cylindre et la face supérieure du piston se trouve fortement comprimé, d'autant plus fortement, d'ailleurs, que la levée de la soupape O est moins grande. Si nous supposons la soupape O calée par la butée, le degré de

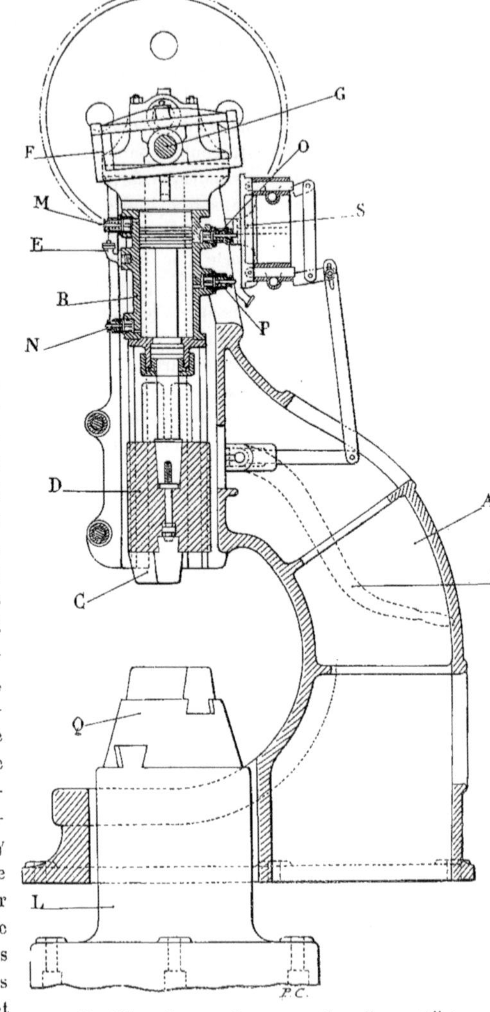

Fig. 117. — Marteau pilon pneumatique Hessenmuller. Coupe verticale.

compression de l'air sera maximum. Le piston tendra donc à recevoir une forte impulsion dirigée du haut vers le bas. Comme la même position de la butée S maintient la soupape P ouverte, l'air est peu comprimé sous le piston, puisqu'il peut s'échapper par l'orifice ouvert de cette soupape. Ce piston, vivement pressé au-dessus et n'étant pas retenu au-dessous, est lancé énergiquement vers le bas : le coup de marteau a une grande intensité.

Au fur et à mesure que l'on écarte la butée S des soupapes, l'intensité du coup diminue, car la soupape O laisse échapper de plus en plus l'air, tandis que la soupape P l'empêche au contraire de sortir, de sorte que la compression diminue au-dessus du piston et augmente en dessous, ce qui retarde la chute du piston et de la masse.

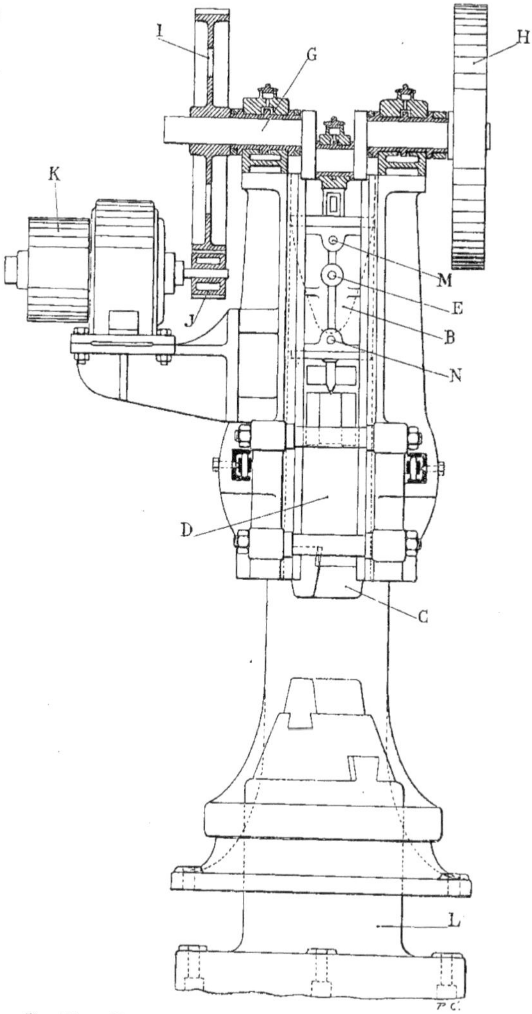

Fig. 118. Marteau-pilon pneumatique Hessenmüller. Vue de face.

Pour maintenir la masse relevée, on écarte complètement, par la manœuvre du levier à main R, la butée S des soupapes. Cette manœuvre du levier provoque en même temps le serrage d'un frein à mâchoire qui est placé dans les guides verticaux de la masse D et qui appuie sur cette pièce en l'immobilisant. Le cylindre peut continuer à effectuer son mouvement alternatif vertical sans que la masse bouge, car l'air ne peut pas être comprimé au-dessus du piston, puisqu'il peut s'échapper librement par l'orifice de la soupape O qui est ouvert, tandis qu'il est comprimé sous le piston lorsque le cylindre remonte, par suite de la fermeture de la soupape P. Ces deux conditions sont favorables au maintien de la masse relevée, que le frein immobilise.

fonctionnant à l'air comprimé et dont le poids de la masse frappante est de

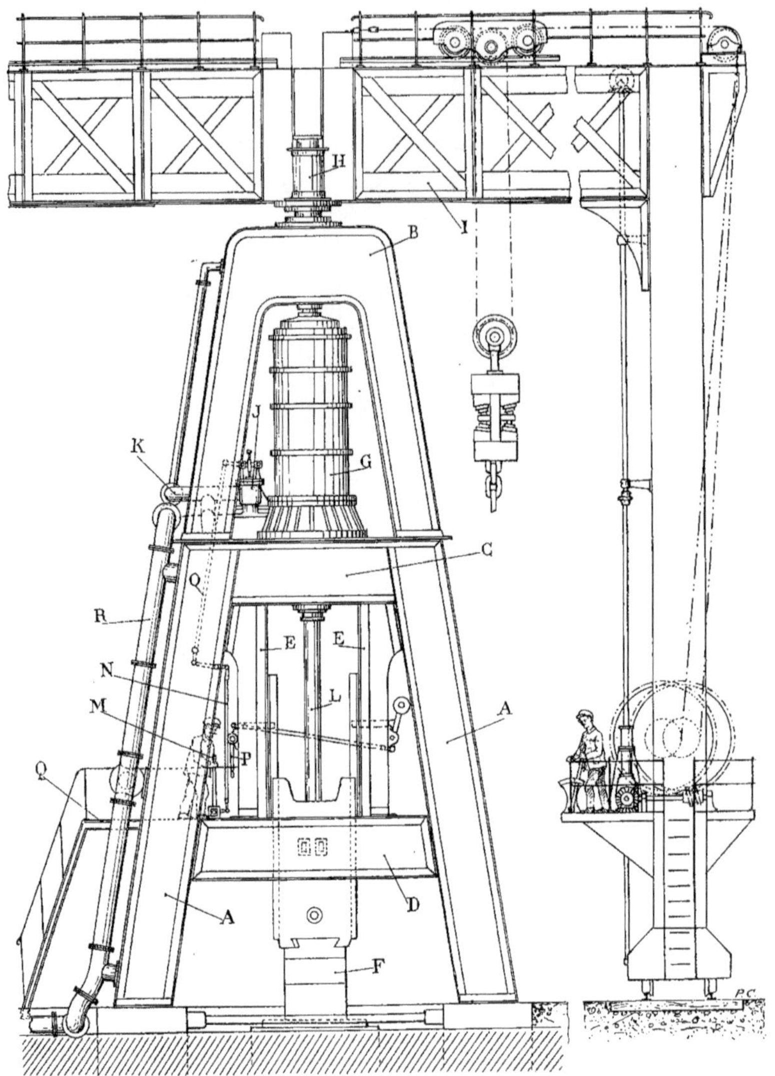

Fig. 119. — Marteau-pilon à air comprimé de 100 tonnes, de Terni.

Marteau-pilon à air comprimé de Terni

(Fig. 119 à 125.) Aux aciéries de Terni, en Italie, on a construit un marteau-pilon

100.000 kilos. C'est le même poids que la masse du marteau-pilon à vapeur du Creusot que nous décrirons plus loin.

Le marteau de Terni comporte un bâti à chevalet constitué par quatre jambages A faits en plaques de tôle et cornières assemblées au moyen de rivets.

Une plate-forme supérieure B réunit les jambages, qui s'écartent au fur et à mesure qu'ils se rapprochent du sol, où ils sont espacés de 8 mètres.

En deux points, sur leur hauteur, les jambages sont entretoisés par des poutres faites en tôles et cornières rivées.

Entre ces deux entretoises C et D sont fixés, verticalement, des montants E supportant les glissières guides de la masse frappante F. Cette masse porte, sur chaque côté, les coulisses dans lesquelles s'engagent ces glissières.

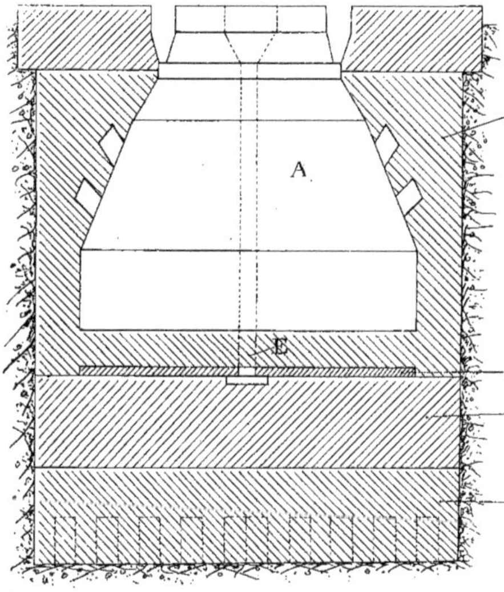

L'entretoise supérieure C supporte le cylindre de manœuvre G et les organes permettant d'effectuer la distribution d'air comprimé qui assure le fonctionnement de l'outil.

Sur la plate-forme supérieure B est disposé un pivot cylindrique vertical H qui sert d'axe de rotation à deux ponts roulants métalliques I utilisés pour déplacer les pièces à forger et les placer sous le marteau.

Chaque pont roulant s'appuie, à une extrémité, sur l'axe pivot et est soutenu, à l'autre extrémité, par un support disposé à l'extrémité d'un jambage métallique reposant lui-même sur quatre galets. Ces galets roulent sur deux rails circulaires et concentriques dont le pivot forme le centre.

Les deux ponts roulants peuvent se mouvoir indépendamment l'un de l'autre, le pivot central étant disposé pour constituer, en réalité, deux pivots superposés et concentriques destinés à permettre les mouvements de rotation séparés des deux poutres métalliques formant les ponts.

Les ponts roulants, destinés à soulever et à déplacer les pièces, peuvent effectuer chacun quatre mouvements différents. Chaque pont, sous l'action d'une machine motrice spéciale installée sur le montant, et par la manœuvre de leviers de commande, peut tourner autour du marteau-pilon en roulant sur les rails circulaires.

Fig. 120. — Marteau-pilon à air comprimé de Terni. — Chabotte.

La pièce, suspendue en bout d'une chaîne qui s'enroule sur un treuil et une série de poulies de renvoi, peut être montée ou descendue. Elle peut aussi être rapprochée ou éloignée du marteau, un chariot-treuil placé sur le pont roulant pouvant se déplacer sur la poutre horizontale en roulant sur des rails qu'elle porte. La pièce peut, en outre, tourner sur elle-même, grâce à une suspension spéciale qui la rend solidaire de deux palans actionnés dans des sens inverses par deux machines motrices.

Il est possible, grâce à ces dispositions, de déplacer la pièce à forger, même d'un poids considérable, très facilement et dans tous les sens.

La chabotte de ce marteau qui supporte l'enclume est établie sur une fondation spéciale et pèse l'énorme poids de 998.000 kilos.

Dans une étude très documentée de M. Casalonga sur les marteaux-pilons, publiée dans le Bulletin technologique de la Société des anciens élèves des Écoles nationales d'arts et métiers, nous avons trouvé, parmi d'intéressants renseignements concernant les marteaux-pilons, de curieux détails sur le marteau de Terni et sur le procédé employé pour établir la chabotte.

La cuve A (Fig. 120) recevant la chabotte a une profondeur de $9^m,900$. Le radier B de cette cuve est constitué par du béton disposé entre des pieux verticaux disposés en réseau serré. Au-dessus du radier est posée une maçonnerie en pierre de taille C, sur laquelle est une garniture en bois supportant une plaque de fonte D pesant 1.000 kilos. Au centre de cette plaque est placé verticalement un arbre en fer E qui représente l'axe de la chabotte et dont le poids est de 3.000 kilos.

Sur la plaque de fonte a été disposée une épaisseur de briques de 50 centimètres qui forme la base du moule dans lequel a été coulée la chabotte. Ce moule est complété par des parois latérales F faites également en briques et l'ensemble de cette maçonnerie constitue une cuve ayant la forme d'un tronc de pyramide quadrangulaire. La base de la cuve a une longueur de $6^m,820$ et une largeur de $5^m,820$, et c'est dans ce moule, ainsi obtenu, que l'on a coulé de la fonte de fer jusqu'à remplissage pour constituer la chabotte.

On a donc été obligé d'effectuer la coulée à la place même où le marteau-pilon a été installé, ce qui ne s'est pas fait sans quelques difficultés, heureusement surmontées d'ailleurs.

On a d'abord constitué la base, de forme rectangulaire, de la chabotte par un lit de fonte froide de 80.000 kilos. Au-dessus, on a coulé, une première fois, de la fonte en fusion du poids de 693.000 kilos. Cette coulée, qui a duré 24 heures, a demandé 30 pochées de fonte variant de 7.000 à 18.000 kilos. 36 heures après la fin de cette première coulée, on en a effectué une seconde comprenant 299.000 kilos de fonte, après avoir versé 6.000 kilos de fonte pour réchauffer la chabotte. La deuxième coulée a duré 7 heures et nécessité 25 pochées de fonte liquide de 1.000 à 1.800 kilos.

Telle a été la façon originale d'obtenir cette chabotte du poids considérable de près de un million de kilogrammes.

L'agent moteur de ce marteau est de l'air comprimé à la pression de 5 atmosphères effectives. Pour obtenir l'air nécessaire au fonctionnement de l'outil, on a utilisé une chute d'eau de 180 mètres de hauteur en lui faisant actionner 4 compresseurs débitant pendant 24 heures 50.000 mètres cubes d'air comprimé à la pression voulue.

L'air comprimé, admis dans le cylindre G par le jeu d'une distribution à soupapes, agit sur le piston qui se meut verticalement dans le cylindre.

Le piston J (Fig. 121) est en acier et porte des segments métalliques et élastiques K permettant d'assurer son étanchéité pendant son déplacement dans le cylindre. La tige L, qui est rendue solidaire, à son extrémité inférieure, de la masse F du marteau, est rapportée sur le piston. Il est de toute importance que cet assemblage soit très solidement établi pour que le piston et sa tige ne forment, pour ainsi dire, qu'une seule pièce, comme s'ils étaient forgés dans le même bloc de métal, car ces organes doivent supporter des chocs et des vibrations considérables et répétées pendant le martelage des pièces à forger.

Des dispositions spéciales ont été adoptées pour donner à l'assemblage du piston et de la tige la robustesse et la solidité nécessaires. La partie de la tige qui pénètre dans le piston est conique et se termine par une extrémité filetée. Un écrou M assure, par son vissage, le serrage de la tige sur le piston, mais pour donner à ce serrage toute son efficacité, l'écrou, dont une partie de la surface extérieure est cylindrique, a été fendu d'un d'un seul côté entre le filet et sa paroi extérieure. Après avoir été serré à bloc, on rapporte sur l'écrou une frette N s'ajustant sur sa partie cylindrique. Cette frette placée à chaud provoque, en se refroidissant, le rapprochement des deux parties de l'écrou séparées par la fente, de sorte que les filets de l'écrou sont appliqués très énergiquement sur les filets de la tige. Cette tige est ainsi rappelée vers le haut du piston jusqu'à ce que les filets des deux organes soient bien appliqués les uns sur les autres. Le serrage est ainsi parfaitement assuré.

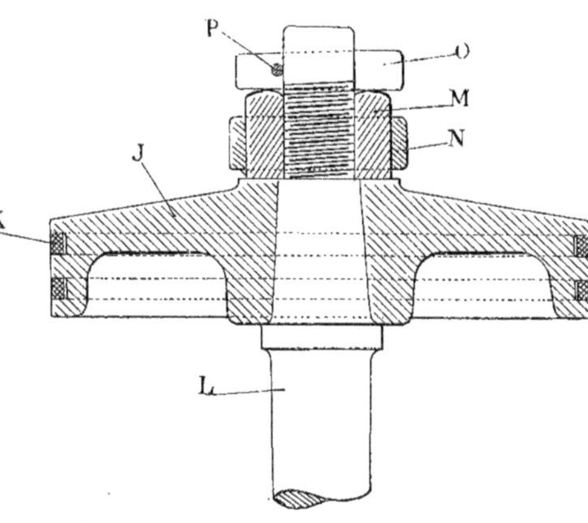

Fig. 121. — Piston du marteau-pilon de Terni.

Pour parer à l'inconvénient résultant d'un desserrage possible de l'écrou, une clavette en forme de coin O est placée au-dessus de cet écrou. Elle pénètre dans une rainure verticale pratiquée dans la tige et se trouve bloquée entre cette tige et l'écrou. Une goupille P, fendue, engagée en travers de la clavette, l'empêche de revenir en arrière et, par conséquent, de se débloquer.

La tige du piston est rendue solidaire, à son extrémité inférieure, avec la masse frappante, à l'aide d'une disposition spéciale. La tige L du piston (Fig. 122) est, pour cela, terminée par une partie cylindrique D de plus grand diamètre, limitée par deux calottes sphériques. La calotte inférieure s'appuie sur une rondelle en acier B qui porte une cuvette sphérique de même rayon que la calotte. La calotte supérieure s'appuie également sur une autre rondelle C, en acier, en épousant sa forme. Les deux rondelles B et C sont placées dans la pièce qui soutient la masse du marteau : la rondelle B est encastrée au fond d'un trou pratiqué verticalement dans l'axe de cette pièce ; la rondelle C est maintenue appliquée sur la calotte sphérique supérieure de la tige par deux clavettes E qui, en passant dans deux rainures pratiquées sur la pièce porte-masse, appuient, par leur face supérieure, sur cette pièce, et par leur face inférieure, sur la rondelle C. Le blocage de cette rondelle peut donc être assuré et la tête cylindrique D de la tige du piston se trouve, de la sorte, emprisonnée dans la pièce supportant la masse, entre les deux rondelles sphériques. Cette disposition permet à la tige du piston de prendre une certaine obliquité par rapport à la masse du marteau, en pivotant sur les deux surfaces sphériques. Ce déplacement relatif des deux organes peut prévenir leur rupture dans le cas où le coup de marteau est appliqué en porte-à-faux. La masse frappante du marteau pèse, nous l'avons dit, 100.000 kilogrammes. Le diamètre du piston moteur est de $1^{m},920$ et sa course est de 3 mètres; le diamètre de la tige est de 360 millimètres et la hauteur totale du bâti depuis le sol jusqu'aux pivots des grues est de 19^m,60, avec une hauteur libre sous les jambages de 3^m,40, permettant l'évolution et le forgeage de pièces pouvant atteindre environ cette dimension.

La distribution de l'air comprimé actionnant le piston s'effectue par la manœuvre de deux soupapes équilibrées : la soupape d'admission et la soupape d'échappement. Ces soupapes ont un grand diamètre : 340 millimètres pour la soupape d'admission et 420 millimètres pour la soupape d'échappement. Leur déplacement, qui se fait à la main, nécessiterait un effort considérable, si elles n'étaient pas équilibrées. L'équilibrage consiste, on le sait, à compenser la pression qui s'exerce sur un côté de la soupape par une pression égale ou très peu différente s'exerçant sur l'autre face. La prépondérance de pression se trouve, bien entendu, dirigée vers l'organe de manœuvre, lequel n'a de la sorte qu'à vaincre la différence des pressions pour soulever la soupape. L'équilibrage s'obtient en constituant, par exemple, la soupape avec deux clapets A et B (Fig. 123), rendus solidaires l'un de l'autre par des nervures. Si on suppose que l'air comprimé arrive par le conduit C, cet air exercera sa pression sur la face inférieure du clapet A et sur la face supérieure du clapet B. Le diamètre de ce dernier clapet étant plus grand que celui du clapet supérieur, la soupape tout entière sera appliquée sur ses deux sièges avec une force égale à la différence des pressions qui s'exercent sur les deux clapets, différence provenant de l'inégalité des diamètres. Le levier D qui doit soulever la soupape, c'est-à-dire les deux clapets, n'aura, pour produire ce mouvement, qu'un effort relativement faible à faire. Ce levier peut être disposé entre les deux clapets, comme le représente la figure 123, ou au-dessus, comme dans le dispositif de distribution du marteau de Terni que nous allons décrire. Dans le premier cas, lorsque le levier se soulève, il provoque le soulèvement des deux clapets et les deux orifices d'admission sont simultanément ouverts, ce qui permet une entrée rapide du gaz. Lorsqu'on n'exerce plus, à la main, aucune action sur le levier de manœuvre relié au levier D, celui-ci retombe par le poids même des clapets et les orifices de distribution se trouvent obturés.

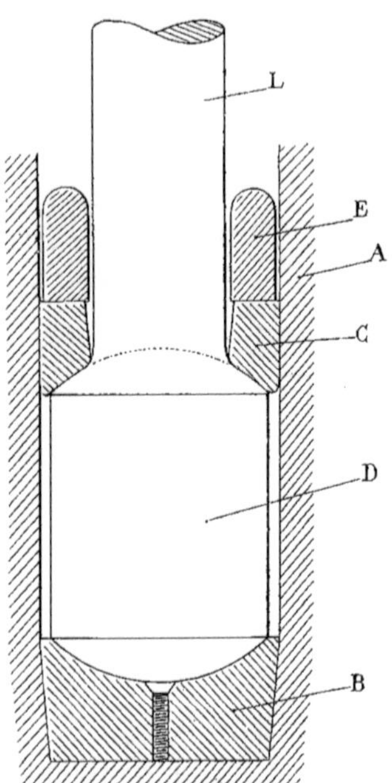

Fig. 122. — Marteau-pilon de Terni.
Liaison de la tige du piston avec la masse.

Les soupapes, assurant la distribution dans le marteau-pilon à air comprimé de Terni, sont disposées l'une à côté de l'autre. La soupape d'admission A (Fig. 124) est placée sur l'orifice amenant de l'air sous pression par le conduit B. La soupape d'échappement C fait communiquer le cylindre avec le conduit D, servant à évacuer l'air contenu dans celui-ci. Les deux soupapes sont disposées dans une même boîte en fonte portant les conduits de communication nécessaires pour permettre la circulation du gaz. Les tiges des soupapes débordent à l'extérieur de la boite et reçoivent un mouvement vertical de soulèvement par la manœuvre d'un levier tenu par le machiniste et qui provoque l'oscillation du levier E (Fig. 125), disposé à la partie supérieure des soupapes. Ce levier est solidaire d'un axe cylindrique transversal F, supporté par des paliers. Une extrémité de ce levier est articulée avec la tringle de manœuvre G; l'autre extrémité, faite en forme de came, agit sur un second levier H, placé à l'intérieur d'un étrier I, solidaire de la tige de la soupape. Ce second levier peut osciller autour d'un axe placé à l'arrière.

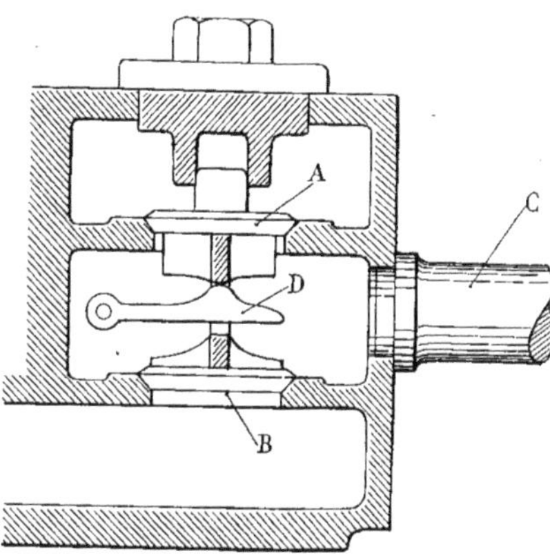

Fig. 123. — Disposition de soupape équilibrée.

En tirant de haut en bas sur la tringle de manœuvre G, on donne au levier E un mouvement d'oscillation tel, que son bout en forme de came soulève le levier H en le faisant pivoter autour de son axe. Ce levier H, qui s'appuie par une partie arrondie sur l'étrier

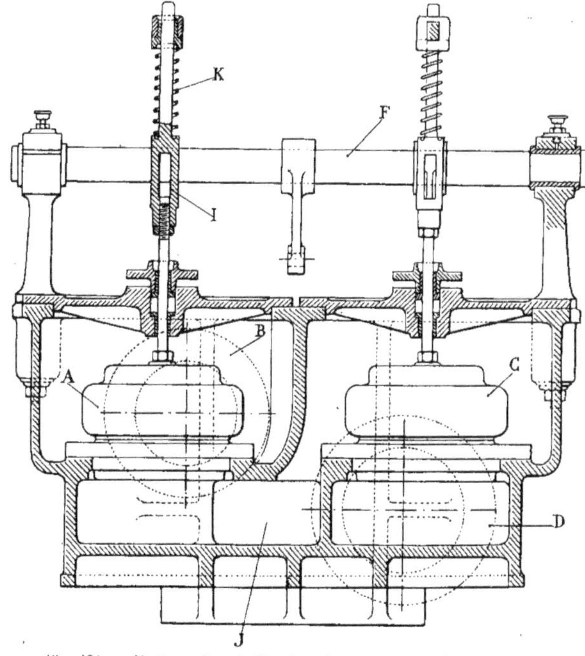

Fig. 124. — Marteau-pilon de Terni. — Distribution. — Coupe verticale.

de la tige de soupape, soulève cette tige et la soupape d'admission. L'air comprimé, arrivant par le conduit B, passe par l'orifice découvert et, par le canal J, se rend à la partie inférieure du cylindre. Il agit sur la face inférieure du piston et provoque son mouvement ascensionnel. Le piston, en montant, soulève la masse.

Comme ce même mouvement de la tringle de manœuvre provoque, en même temps que la fermeture de la soupape d'admission, l'ouverture de la soupape d'échappement, la masse frappante, n'étant plus soutenue en haut de sa course par la pression de l'air, tombe sur la pièce à forger, et le piston, pendant ce mouvement de descente, chasse l'air

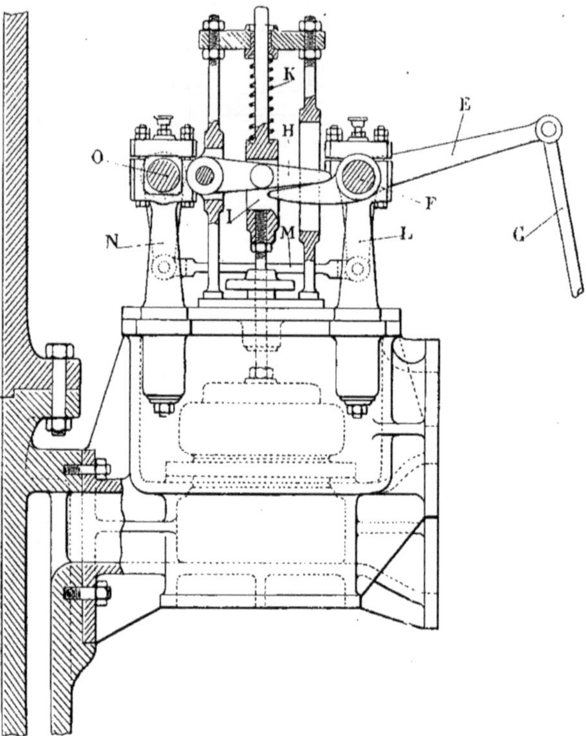

Fig. 125. — Marteau-pilon de Terni. — Distribution. — Vue de profil.

Pour produire la chute du marteau, on agit en sens inverse sur la tringle de manœuvre. Celle-ci, qui était sollicitée du haut vers le bas, est, au contraire, poussée du bas vers le haut. L'action sur le levier H de la soupape d'admission ne s'exerce plus ; la soupape, par son poids et la tension de son ressort de rappel K, s'abaisse et s'applique sur son siège, obturant l'orifice d'admission.

contenu dans le cylindre sous sa face inférieure, dans le conduit d'échappement, dont l'orifice se trouve découvert par le soulèvement de la soupape d'échappement. Cet orifice d'évacuation a un diamètre plus grand que l'orifice d'admission, afin que le piston, en tombant, ne puisse comprimer de l'air sous lui, ce qui se produirait si l'orifice d'évacuation était étranglé, et aurait pour résultat de diminuer l'intensité du coup de marteau.

Le mouvement de soulèvement de la soupape d'échappement est obtenu, lorsqu'on pousse la tringle G, par l'intermédiaire d'un jeu de bielles spécial. Le levier E, en effet, est muni d'une queue verticale L, à l'extrémité inférieure de laquelle est attelée une bielle M articulée, d'autre part, en bout d'un autre levier en équerre N, monté sur un axe cylindrique O, disposé parallèlement à l'axe F et en arrière. L'extrémité de la branche horizontale du levier coudé N agit sur l'étrier solidaire de la tige de la soupape d'échappement, et lorsque la tige de manœuvre G remonte, le levier E oscille; sa branche L se déplace vers la droite et ce mouvement produit, par l'intermédiaire de la bielle M, l'oscillation dans le même sens du levier N dont la branche horizontale soulève la soupape d'échappement. Par suite de ces dispositions, le machiniste, d'une même manœuvre, ouvre la soupape d'admission et ferme la soupape d'échappement, et, par la manœuvre inverse, il ferme la soupape d'admission en même temps qu'il soulève la soupape d'échappement. Ces manœuvres conjuguées sont nécessaires pour assurer le fonctionnement rationnel du marteau, et la masse monte et descend à la volonté du machiniste qui n'a, pour obtenir ces résultats, qu'à déplacer successivement son levier de manœuvre soit vers l'arrière, soit vers l'avant.

Ce levier M (Fig. 119) vertical actionne, par l'intermédiaire de la bielle N et d'un petit balancier, la tringle O qui commande le mécanisme des soupapes.

L'ouvrier qui fait fonctionner le marteau-pilon est placé sur une plate-forme Q, sur laquelle est installé le levier de manœuvre et de laquelle il peut suivre toutes les phases du travail de forgeage. Dans la figure 119 on voit la position de la boîte à soupapes J, du tuyau d'admission d'air comprimé K, et du conduit d'évacuation R.

Marteau-pilon à air comprimé à double effet

(Fig. 126 et 127.) Cet outil, construit par les ateliers américains Blin et Cie, est à double effet, et son fonctionnement est assuré par l'action de l'air comprimé. L'air comprimé agit directement sur le piston du marteau pour lui faire effectuer sa course ascendante, et il agit aussi par détente sur ce même piston, mais en sens inverse, pour augmenter l'intensité du coup de marteau.

Le marteau est constitué par un bâti formé par un bras solidement fixé à un socle. La chabotte supportant l'enclume est indépendante. A la partie supérieure du bâti est fixé un cylindre A, dans lequel peut se mouvoir un piston B supportant, à son extrémité inférieure, la masse du marteau C. Le piston B est constitué par un corps cylindrique de grande longueur, terminé à sa partie supérieure par un cylindre de plus grand diamètre D, muni de segments métalliques destinés à assurer son étanchéité. La partie inférieure du corps cylindrique porte également des segments métalliques formant joints en coulissant dans la partie inférieure du cylindre, qui a un diamètre plus faible que la partie supérieure dans laquelle se déplace le piston D.

Le cylindre est ouvert en bas et fermé hermétiquement par un couvercle, à sa partie supérieure.

Sur le côté, le cylindre porte un tiroir de distribution cylindrique E pouvant se mouvoir verticalement dans un corps cylindrique qui porte une série d'orifices destinés à assurer la distribution de l'air comprimé et le fonctionnement du marteau. Ce tiroir est déplacé verticalement de bas en haut et de haut en bas par la manœuvre d'un levier à main actionné par le machiniste, et par l'intermédiaire d'une tringle de commande F. Du côté extérieur, sont disposés les orifices G et H, le premier servant à admettre l'air sous pression dans la boîte de distribution, le second faisant office d'orifice d'échappement

Trois autres orifices mettent en communication la boîte de distribution avec le cylindre A : l'un I, placé à la partie supérieure, un second J, formé de deux conduits débouchant au-dessous, et un troisième K, placé à la partie inférieure de la boîte, est l'ouverture d'un conduit L qui aboutit, dans le cylindre, à la partie inférieure de la section de plus grand diamètre. Le tiroir cylindrique porte les ouvertures nécessaires pour assurer le libre jeu de la distribution.

Si nous supposons la masse du marteau reposant sur la pièce à forger, et que le tiroir de distribution E soit placé dans la position représentée par la figure 126, par la manœuvre du levier à main, l'air comprimé, arrivant par l'orifice G, pénètre par des ouvertures appropriées dans la partie centrale du tiroir et, de là, gagne, par la partie inférieure, l'orifice K et le conduit L.

Il pénètre dans le cylindre A, au-dessous du grand piston D qui est à ce moment au bas de sa course. La pression de l'air le soulève. Pendant le mouvement ascendant de ce piston et, par conséquent, de la masse du marteau, l'air contenu dans le cylindre au-dessus du piston D est refoulé, par les orifices J et la gorge pratiquée sur le tiroir de distribution, vers l'orifice d'évacuation O. Cet air n'offre donc aucune résistance au mouvement ascendant du piston. Mais lorsque celui-ci a effectué une course telle qu'il obture les orifices J, ainsi que le représente la figure 126, l'air contenu dans le cylindre au-dessus de lui ne peut plus s'échapper, puisque l'orifice I est obturé par le tiroir de distribution. L'air est donc comprimé dans le cylindre au-dessus du piston D et amortit son mouvement lorsqu'il arrive à l'extrémité supérieure de sa course.

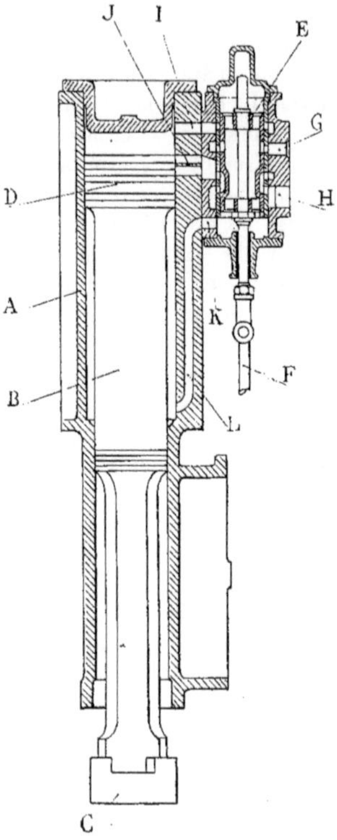

Fig. 126. — Marteau à air comprimé et à double effet.

La masse du marteau étant ainsi placée à la partie supérieure de sa course, reste dans cette position tant que le tiroir de distribution n'est pas manœuvré.

Lorsque le machiniste, par une simple manœuvre de levier, fait remonter ce tiroir dans sa boîte cylindrique et le place dans la position indiquée sur la figure 127, les communications entre les orifices G et H de la boîte du tiroir et le cylindre sont interverties et le marteau descend. En effet, l'orifice d'admission d'air comprimé C est obturé par le tiroir. Cet air n'est donc plus admis, mais le mouvement du tiroir a mis en communication par l'intérieur même de ce tiroir, le conduit L et le conduit I, de sorte que l'air sous pression contenu dans le cylindre sous le piston D peut arriver sur sa face supérieure, se détendre en augmentant de volume et exercer son action sur la face supérieure du piston en le poussant vers le bas. L'intensité du coup de marteau se trouve, de la sorte, augmentée.

La course du tiroir de distribution est variable et peut être réglée à l'aide d'une cheville qui est amovible et qui, suivant la position dans laquelle on la place, permet de donner au tiroir une excursion plus ou moins grande. La position du tiroir indiquée dans la figure 127 n'est pas la position extrême de son excursion vers le haut. On peut faire monter encore le tiroir dans son logement, de façon à faire communiquer directement l'orifice d'admission d'air comprimé G, avec le conduit I, et le canal L avec l'orifice d'évacuation dans l'atmosphère. Dans cette position, l'air comprimé agit directement sur la face supérieure du piston D pour lui faire effectuer sa course vers le bas. On peut donc frapper avec une intensité plus grande sur la pièce, et en faisant jouer convenablement la manœuvre du tiroir de distribution, on obtient une grande intensité de frappe par l'utilisation de la détente de l'air comprimé et, parfois, par l'admission directe au-dessus du piston-moteur.

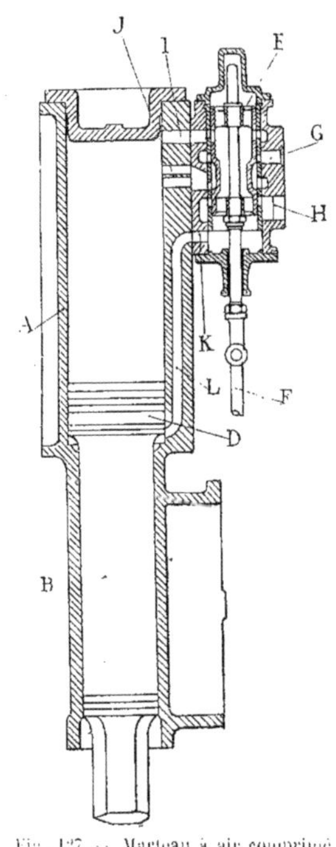

Fig. 127. — Marteau à air comprimé à double effet.

Marteau-pilon hydraulique (Fig. 128 à 130.) Le marteau-pilon hydraulique de Guillemain et Minary a, comme agent moteur, l'eau sous pression. Il se compose d'un bâti A supportant la masse du marteau et les organes qui assurent son fonctionnement, et d'une pompe B qui envoie l'eau sous pression assurant la marche du marteau.

A l'extrémité supérieure du bâti A est fixé un cylindre C dans lequel se meut un piston D dont la tige E est constituée par un tube terminé, à sa partie inférieure, par une collerette sur laquelle se fixe la pièce supportant la masse du marteau F. Le cylindre C est ouvert à sa partie inférieure et fermé à sa partie supérieure, par un couvercle sur lequel sont disposés deux clapets dont nous indiquerons plus loin le rôle.

La collerette terminant, dans le bas, la tige du piston est munie d'une rondelle formant joint autour d'un tuyau G, par lequel l'eau arrive sous pression de la pompe B. Ce tuyau est raccordé avec le conduit H, qui aboutit à la partie supérieure de cette pompe. Le corps de pompe contient un piston cylindrique I dont la tige est actionnée par un organe moteur, par l'intermédiaire d'une manivelle. Il communique avec la boîte de distribution J par deux conduits K et L disposés chacun à une extrémité. Dans la boîte de distribution coulisse un tiroir M auquel un mouvement alternatif rectiligne est donné par un levier oscillant N, à deux branches. L'une des branches appuie sur une came calée sur l'arbre O animé d'un mouvement de rotation; la seconde branche actionne le tiroir, par l'intermédiaire d'une tige constamment poussée contre cette branche par un ressort de rappel P.

Si nous supposons la masse du marteau au bas de sa course et reposant sur la pièce à forger, le moteur actionnant la pompe étant en mouvement, le piston de la pompe, en effectuant sa course vers la droite, refoule l'eau prise dans la bâche de la pompe, par le conduit L et à travers la boîte de distribution, dans le tuyau H et, de là, dans le tuyau G. Le piston D, qui se trouve à ce moment à la partie inférieure de sa course, reçoit l'eau sous pression sur sa face in-

derrière lui. Mais pour une position de l'arbre O correspondant à la course maximum vers le haut du piston D, la came sur laquelle s'appuie une branche du levier N présente une partie en creux, de sorte que ce levier oscille et que sa tige verticale s'écarte de la

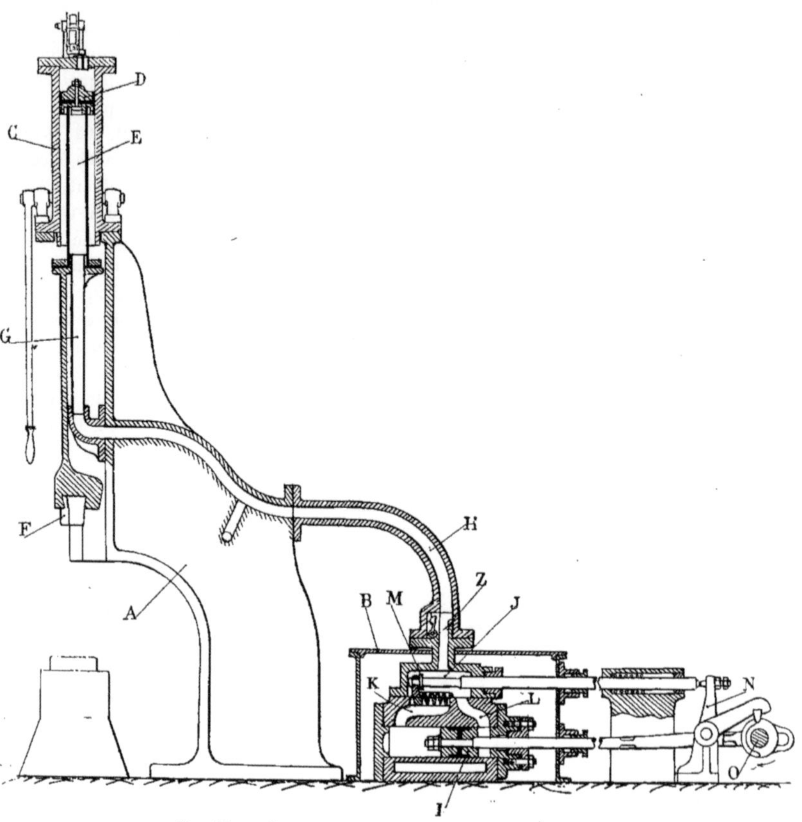

Fig. 128. — Marteau-pilon hydraulique Guillemain et Minary.

férieure et monte dans le cylindre C. La masse F se soulève.

Pendant que le piston de la pompe effectue sa course vers la droite en refoulant l'eau par le conduit L, le tiroir M se place sur les lumières servant d'orifices au conduit K et les obture, de sorte que le piston I fait le vide

tige du tiroir. Cette tige, sous l'action du ressort de rappel P, se déplace vers le levier, et le levier M, qui participe à ce déplacement, découvre brusquement les orifices du conduit de distribution K. L'eau sous pression contenue dans les conduits H et G et dans la tige du piston E s'écoule par ces orifices, et le piston D, n'étant plus soutenu, tombe : la masse F frappe sur la pièce à travailler.

Le mouvement continu de rotation de l'arbre O provoque la fermeture des orifices du conduit K par le déplacement du tiroir dû au mouvement donné au levier N par la came, et les mêmes phases de distribution se reproduisent.

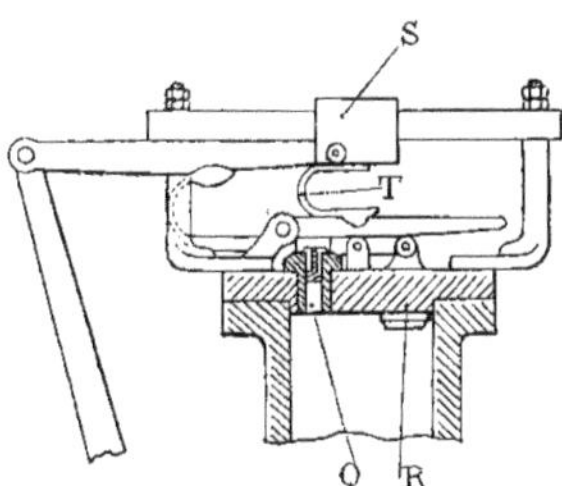

Fig. 129. — Marteau-piston hydraulique Guillemain et Minary. — Détail des soupapes du couvercle.

Les deux soupapes Q et R (Fig. 129) placées sur le couvercle du cylindre servent à faire varier l'intensité du coup de marteau. L'une des soupapes s'ouvre de l'extérieur vers l'intérieur du cylindre : c'est la soupape d'aspiration; l'autre soupape s'ouvre de l'intérieur vers l'extérieur : c'est la soupape de refoulement d'air. Quand le piston D effectue sa course ascendante, la soupape de refoulement d'air s'ouvre lorsque la pression de l'air comprimé au-dessus de ce piston atteint une certaine valeur. De même, quand le piston D descend, la soupape d'aspiration s'ouvre lorsque le vide atteint un degré suffisant au-dessus du piston D. En appliquant les deux soupapes sur leur siège avec un effort variable, on peut faire varier l'intensité du coup de marteau.

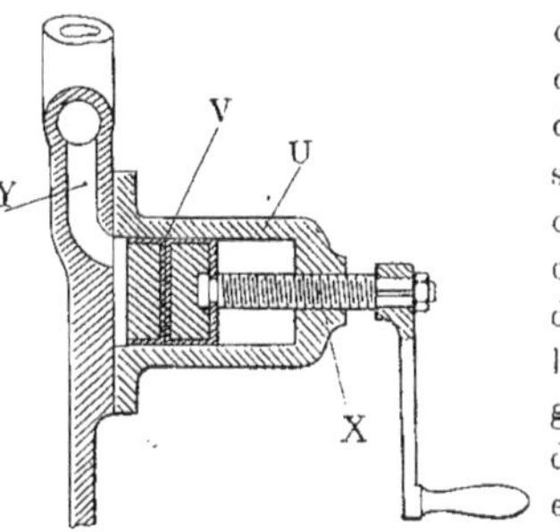

Fig. 130. — Dispositif de réglage du marteau-pilon hydraulique.

La pression qui applique les soupapes sur leur siège est rendue variable par la manœuvre d'un levier à main, qui provoque, par l'intermédiaire d'un renvoi de mouvement, le déplacement d'un curseur S sur un guide horizontal. Le curseur est rendu solidaire d'un ressort T qui glisse aussi sur un levier appuyant sur la soupape. La tension du ressort-lame restant constante, la pression d'appui sera d'autant plus grande que ce ressort agira plus loin de l'axe d'oscillation du levier. Le déplacement horizontal du curseur et du ressort font donc varier la pression d'appui des soupapes sur leur siège et, par conséquent, rendent variable l'intensité du coup de marteau. La hauteur de chute de la masse peut également être réglée. Ce réglage s'effectue à l'aide d'un dispositif spécial disposé sur le côté du bâti. Ce dispositif (Fig. 130) est constitué par un cylindre U dans lequel peut se mouvoir un piston V. La manœuvre d'une manivelle solidaire d'une vis X produit le déplacement du piston.

Le cylindre U est en communication par le conduit Y avec les tuyaux dans lesquels circule l'eau sous pression. Il s'ensuit que lorsque le piston V est reculé dans le cylindre U, vers la manivelle, la capacité libre laissée à gauche du piston s'emplit d'eau, et comme la pompe envoie, à chacun des coups de piston, un volume d'eau constant, la quantité d'eau qui pénétrera dans le cylindre U diminuera d'autant le volume d'eau arrivant sous le piston D. Ce piston aura donc une course plus ou moins grande suivant que le piston de réglage V sera plus ou moins poussé vers la gauche dans le cylindre U.

Un clapet Z disposé à la base du tuyau H permet, par sa fermeture, d'immobiliser le piston D et, par conséquent, la masse du marteau, en une position quelconque de sa course, l'eau sous pression se trouvant enfermée dans les tuyaux H et G.

Marteau-pilon à gaz Robson

(Fig. 131.) A titre documentaire, nous allons examiner, avant d'aborder les marteaux-pilons à vapeur, deux dispositions spéciales de marteaux-pilons : l'un mû par le gaz, l'autre par l'électricité.

Le marteau à gaz Robson se compose d'un bâti A muni d'un large socle sur lequel est disposée l'enclume B. A la partie supérieure du bras du bâti est fixé un cylindre C, dans lequel peuvent se mouvoir deux pistons. Le piston inférieur D porte en bout de sa tige, à sa partie inférieure, la masse du marteau E. Le second piston F, rendu solidaire du mouvement alternatif du premier, et actionné par l'intermédiaire d'un long levier G, limite la chambre d'explosion au-dessus du piston actif D et obture ou découvre successivement les orifices d'admission et d'échappement. Le gaz est admis dans le cylindre par un conduit H et les gaz brûlés sont évacués par le conduit d'échappement I. Un canal J, dans lequel peut osciller un distributeur tournant K, met en communication le cylindre, au-dessus du piston F, avec le conduit d'échappement.

Le gaz admis par le conduit H est enflammé par la manœuvre d'un petit levier L. Ce levier, solidaire d'une plaque de fermeture, est soulevé, à un moment déterminé, par une goupille M fixée au levier G. Ce mouvement découvre le conduit d'allumage et une flamme met le feu au gaz contenu dans le cylindre. L'explosion se produit, entre le piston F et le piston D. Cette explosion a lieu lorsque les pistons ont atteint le haut de leur course, au moment où le piston F obture le conduit

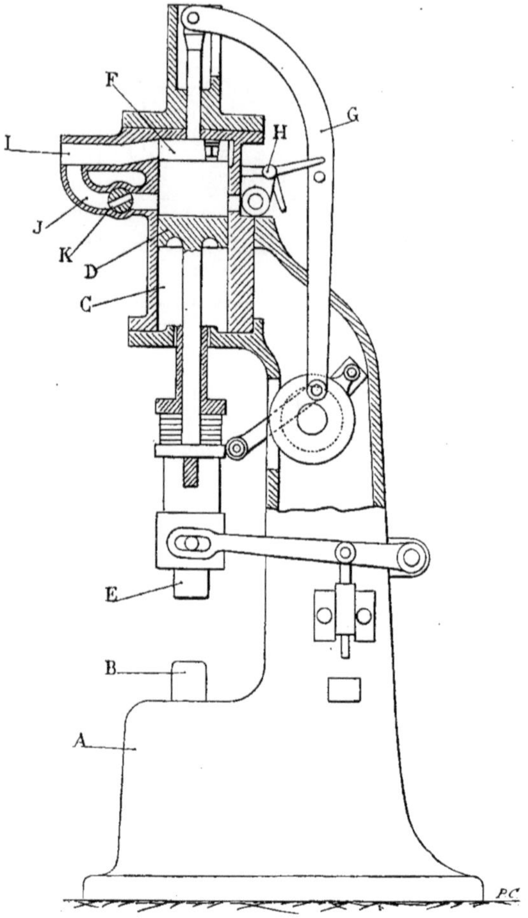

Fig. 131. — Marteau-pilon à gaz Robson.

d'échappement I. Le piston D est lancé vers le bas par l'inflammation du gaz, la masse E frappe sur la pièce à forger; le piston F suit ce mouvement, descend et intercepte la communication avec les divers conduits. Les gaz brûlés qui ont agi sur le piston D peuvent, en soulevant le clapet N placé sur le piston supérieur, passer au-dessus de ce piston et s'échapper dans le conduit d'évacuation.

Aucune action ne s'exerçant plus sur la face supérieure du piston D, celui-ci est ramené à la partie haute de sa course par deux ressorts à boudin disposés verticalement dans deux tubes cylindriques placés un de chaque côté du cylindre du moteur. Ces deux ressorts tirent sur une lame transversale O solidaire de la masse, et un amortisseur P, composé d'une succession de rondelles de cuir et de métal, est placé entre la pièce portant la masse du marteau et la bride inférieure du cylindre.

Des trous Q sont pratiqués sur la face inférieure du cylindre pour permettre l'échappement de l'air contenu dans le cylindre C pendant la course descendante du piston D et la rentrée de l'air pendant la course ascendante, disposition indispensable pour assurer le fonctionnement normal du piston et de la masse du marteau.

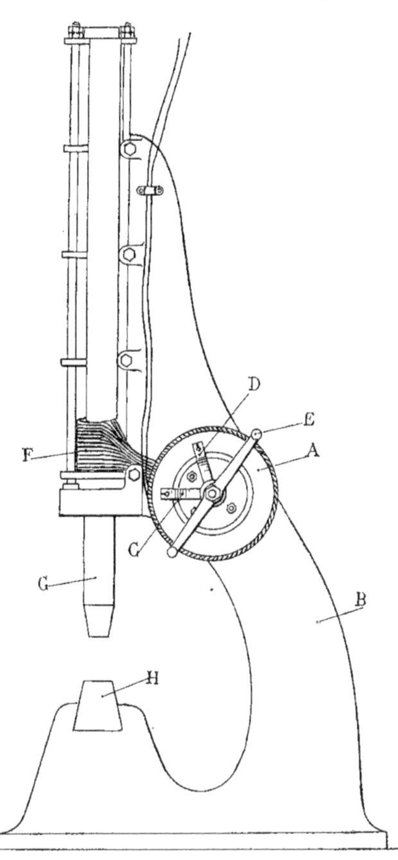

Fig. 132. Marteau-pilon électrique Deprez.

Marteau-pilon électrique (Fig. 132 et 133.) Ce marteau-pilon, conçu par M. Deprez, fut présenté en 1882 au public, à une séance du Conservatoire national des Arts et Métiers de Paris. Il est basé sur l'action qu'exerce un solénoïde sur un noyau de fer doux qui en occupe le centre. On sait qu'un solénoïde est constitué par un enroulement de fil conducteur électrique autour d'un tube, le fil étant isolé de ce tube. Quand un courant traverse le conducteur métallique, une action magnétique s'exerce sur un noyau de fer doux disposé dans le tube et ce noyau tend toujours à venir se placer dans une position déterminée, par rapport au solénoïde : c'est la position d'équilibre. Si, le courant étant interrompu, on déplace le noyau, en redonnant du courant, le noyau se meut dans le solénoïde pour venir se placer à sa position d'équilibre.

Dans le marteau-pilon électrique, le

solénoïde est constitué par 80 bobines placées verticalement les unes au-dessus des autres et formant une hauteur de 1 mètre : c'est un solénoïde en 80 sections, chaque bobine étant reliée à la bobine inférieure par son fil d'entrée et à la bobine supérieure par son fil de sortie. En outre, chaque bobine ou section communique avec une lame de collecteur. Ce collecteur circulaire A, placé sur un côté du bâti B du marteau-pilon, est muni de deux lames de contact C et D qui permettent de faire passer le courant dans un certain nombre de sections seulement. Ces lames font entre elles l'angle nécessaire pour embrasser le nombre de sections voulues, de sorte que le courant n'agit que sur la longueur des bobines intéressées qui forment le solénoïde de manœuvre. En donnant à une manette E, solidaire des lames de contact, un mouvement d'oscillation, ce mouvement déplace les lames sur le collecteur et le solénoïde de manœuvre, tout en conservant sa même longueur puisque l'angle des lames reste le même, se déplace, et le centre de ce solénoïde monte ou descend suivant le sens donné à l'oscillation de la manette.

Au centre de la pile de bobines F, disposées verticalement le long du bâti B, peut se mouvoir un cylindre de fer doux G portant, à la partie inférieure, la masse du marteau.

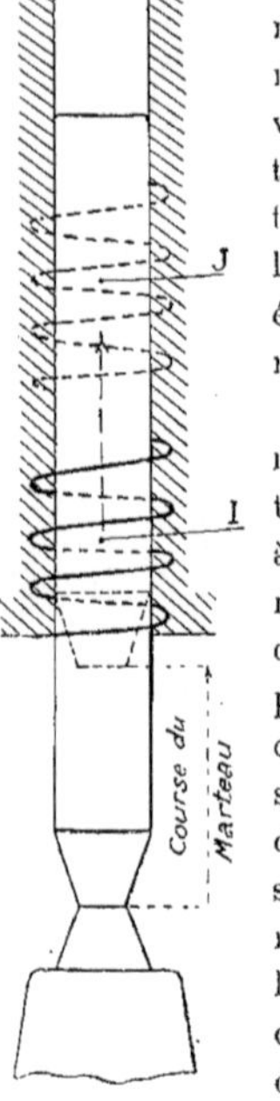

Fig. 133. — Schéma du fonctionnement du marteau électrique Deprez.

Lorsque cette masse repose sur l'enclume H ou sur la pièce à forger, son centre de figure correspond sensiblement avec le centre I du solénoïde de manœuvre formé d'un certain nombre de sections prises sur les 80 qui forment le solénoïde total. Si, dans cette position, et le courant étant établi de façon à entrer dans les bobines intéressées par une lame C et à en sortir par l'autre D, on tourne la manette E dans un sens qui intercale dans le circuit successivement des bobines placées de plus en plus haut, le solénoïde de manœuvre, tout en conservant son même nombre de sections, c'est-à-dire sa même longueur, aura son centre qui se déplacera de plus en plus vers le haut du pilon jusqu'en J, et le noyau de fer central, sous l'action magnétique exerçant sur lui, remontera dans le solénoïde pour venir prendre une nouvelle position d'équilibre. La masse du marteau se trouvera, de la sorte, soulevée par le simple effet du courant électrique et l'oscillation de la manette.

En redonnant brusquement à la manette un mouvement d'oscillation dans un sens opposé de façon à la remettre dans sa position normale, les bobines traversées par le courant sont toutes placées à la partie inférieure de la pile ; le centre du solénoïde de manœuvre s'abaisse brusquement et le noyau de fer doux central tombe, non seulement par son propre poids, mais il est, en outre, attiré vers le bas par l'attraction magnétique du solénoïde, et l'intensité du coup de marteau frappé se trouve ainsi augmentée.

Il est donc possible, en réglant et en limitant l'oscillation de la manette de manœuvre, de faire varier à la fois la hauteur de chute du marteau et la puissance du coup, et pour une masse du poids de 23 kilos, on obtient, sur l'enclume, un effort de 70 kilos en faisant circuler un courant électrique d'une intensité de 43 ampères dans 15 sections, soit dans 15 bobines sur les 80 dont se compose le solénoïde.

CHAPITRE III

MARTEAUX-PILONS A VAPEUR

MARTEAUX-PILONS A VAPEUR : *BOURDON*. — *DU CREUSOT*.
ORGANES DE MARTEAUX-PILONS : Fondation. — Chabotte. — Bâti. — Marteau. — Piston. — Cylindre. — Distribution. — Organes de manœuvre et de sécurité.
MARTEAUX-PILONS DIVERS A SIMPLE EFFET.
MARTEAUX de 10 tonnes, — de 20 tonnes du Creusot, — de 40 tonnes Arbel, — de 100 tonnes du Creusot, — de 100 tonnes Marrel, — de 125 tonnes.
MARTEAUX-PILONS DIVERS A DOUBLE EFFET.
MARTEAUX : Massey, — Automoteur du Creusot, — de la Société alsacienne. — Sellers. — Bement-Miles et Cie.

Marteau-pilon à vapeur de Bourdon

C'est en l'année 1840 que fut construit, aux usines du Creusot, le premier marteau-pilon à vapeur. Ce marteau, exécuté sur les plans de Bourdon, avait une masse frappante du poids de 2.500 kilogrammes qui pouvait choir d'une hauteur de 2 mètres.

Les dispositions données à ce marteau-pilon, intéressantes au point de vue historique, indiqueront, d'une façon générale, le mode d'installation d'un marteau-pilon à vapeur, ses différents organes et leur fonction.

Le marteau-pilon à vapeur de Bourdon (Fig. 134) est constitué par quatre montants A, faits en fonte de fer, réunis et rendus solidaires les uns des autres par des entretoises métalliques B. A la partie supérieure des montants une plate-forme C, faisant également office d'entretoise, supporte le cylindre I, dans lequel se meut, sous l'action de la vapeur, le piston supportant la masse du marteau.

Les montants reposent sur un massif maçonné D formant socle, et entre les quatre pieds du bâti est disposée la chabotte E supportant l'enclume. La masse du marteau F est guidée entre les montants et peut se déplacer verticalement.

Un tiroir de distribution de vapeur contenu dans une boîte G permet, par sa manœuvre, d'admettre la vapeur dans le cylindre sous le piston ou de faire communiquer cette partie du cylindre avec l'échappement. Pour cela, on donne au tiroir, à l'aide d'un levier à main H, un déplacement vertical.

Lorsque la vapeur est admise sous le piston, celui-ci est soulevé et est maintenu par la pression qui s'exerce sur lui, à la partie supérieure de sa course, jusqu'à ce qu'un mouvement du levier à main, effectué en sens inverse, provoque sa chute. Ce second mouvement, en effet, déplace le tiroir de distribution et lui donne une position telle, que le cylindre est mis en communication avec l'atmosphère. La vapeur s'échappe donc par le conduit d'échappement et ne soutient plus le piston. La masse tombe alors sur la pièce à forger disposée sur l'enclume.

Une succession de mouvements semblables donnés au levier à main provoque la montée et la descente successives du marteau et son fonctionnement continu. D'autre part, l'amplitude de course donnée au levier de manœuvre fait varier la quantité de vapeur admise dans le cylindre et peut permettre de régler l'intensité du coup de marteau en rendant variable la hauteur de chute.

Dans le premier marteau-pilon de Bourdon, l'ensemble du bâti formé par les quatre montants et leurs entretoises était, en outre, consolidé sur les fondations maçonnées par quatre tirants J, partant de chacun des quatre pieds et rejoignant la plate-forme supérieure. Par la suite, deux de ces jambes de force furent supprimées du côté où on présentait la pièce sous le marteau-pilon pour la travailler.

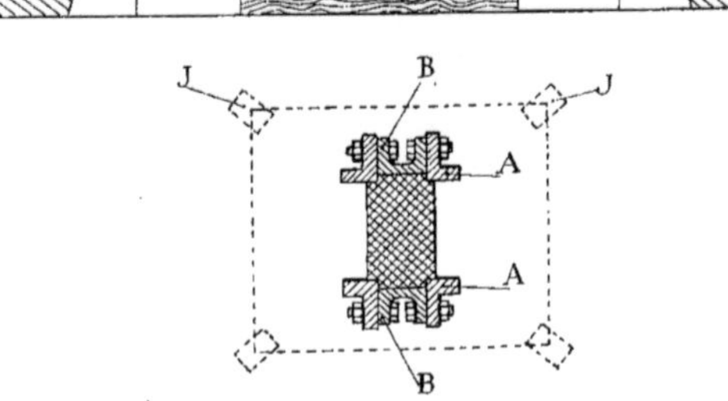

Fig. 134. — Marteau-pilon à vapeur de Bourdon.

Des modifications diverses furent successivement apportées au bâti du marteau-pilon et à ses divers organes de commande et le marteau *type Creusot* fut établi. Dans ce marteau (Fig. 135), le bâti ne se compose que des montants ou jambages, les jambes de force ayant été complètement supprimées.

La masse a un poids de 3.000 kilogs et sa hauteur de chute est de 2 mètres. Cet outil a été utilisé pour forger les grosses pièces, mais Bourdon établit ensuite d'autres marteaux-pilons plus faibles, dont l'un comportait une chabotte venue de fonte avec le bâti même du marteau. Dans ce marteau servant à forger des pièces plus légères, la masse pesait 1.800 kilos et pouvait tomber d'une hauteur de $1^{m},60$.

Organes divers de marteaux-pilons

Les organes de marteaux-pilons se rapportent aussi bien aux marteaux-pilons à vapeur qu'aux divers autres marteaux-pilons que nous venons d'examiner; les organes de distribution seuls sont spéciaux à chacun des types. Nous les avons décrits pour les divers marteaux-pilons autres que les marteaux à vapeur; nous indiquerons pour ceux-ci comment sont constitués ces mécanismes de distribution.

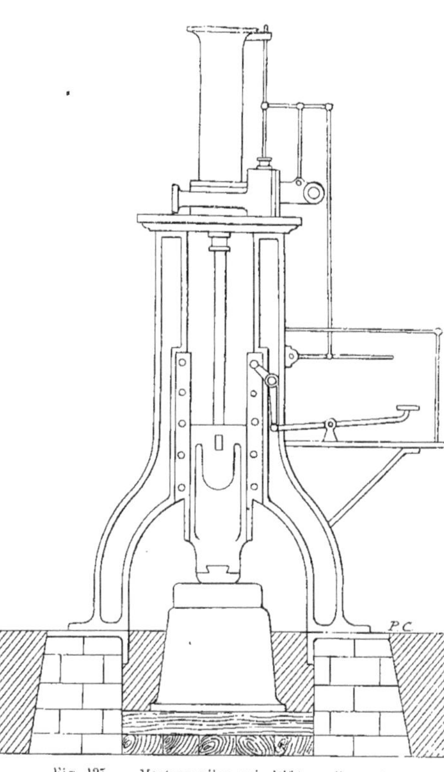

Fig. 135. — Marteau-pilon primitif type Creusot.

Nous savons donc qu'en principe un marteau-pilon comprend diverses parties, qui sont les *fondations*, la *chabotte*, le *bâti*, la *masse frappante* ou *marteau* proprement dit, l'organe moteur comprenant le *cylindre*, le *piston* et le *mécanisme de distribution*, le *mécanisme de manœuvre* et les divers organes d'*arrêt* et de *sécurité*. Indiquons les particularités de chacune de ces parties.

Fondations

Les fondations que l'on établit pour supporter les marteaux-pilons diffèrent évidemment suivant la puissance du marteau.

Pour les marteaux de faibles puissances, on dispose généralement, dans une fosse peu profonde (Fig. 136) variant de 1 mètre à $1^{m},50$ de hauteur, un lit de béton A ayant une épaisseur d'environ 50 à 80 centimètres. Cette couche de béton supporte un massif de maçonnerie B entre les parois intérieures duquel est laissé un espace libre ayant les dimensions du socle de la chabotte C qui fait, dans ce cas, presque toujours corps avec le bâti du marteau-pilon. On place la chabotte dans le trou ainsi obtenu, mais on interpose, entre le socle de la chabotte et le lit de béton, une couche de sable fin de rivière que l'on rend légèrement humide pour pouvoir le damer énergiquement, afin de constituer une masse compacte D, sur laquelle on fait reposer la chabotte. S'il se produit un tassement, on peut assez facilement, en soulevant la chabotte, y remédier en ajoutant du sable. Ce mode de fondation ne conviendrait pas pour des marteaux-pilons placés à côté de fours, car le matelas de sable en séchant irrégulièrement, pourrait donner lieu à des inconvé-

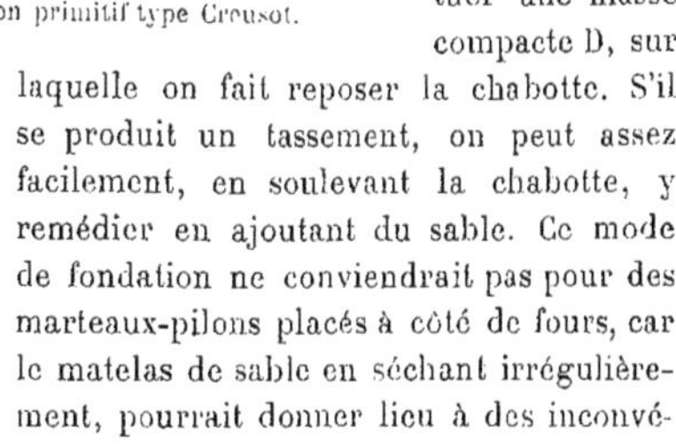

nients. Le socle du marteau E, sur lequel sont posés les montants, s'appuie sur la partie supérieure du massif maçonné.

Les fondations destinées à supporter les marteaux-pilons de grandes puissances doivent être établies en prenant toutes les précautions nécessaires pour assurer la stabilité de l'installation. Il convient d'abord de choisir un sol ferme pour y poser les fondations, ou, si on se trouve dans l'obligation de les établir sur un sol mouvant, il faut disposer des piliers qui reformeront la liaison rigide entre le sol ferme, si c'est possible, et les massifs maçonnés destinés à supporter le marteau.

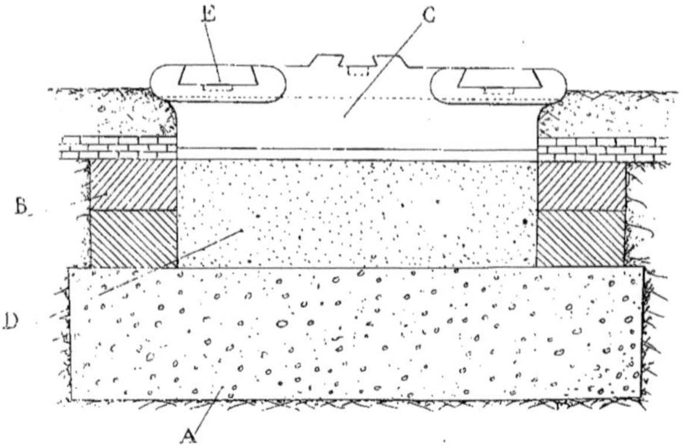

Fig. 136. — Fondation de petit marteau-pilon.

On creuse, d'une façon générale, une large fosse jusqu'au sol ferme. On dispose dans le fond une épaisse couche de ciment, de béton et de chaux hydraulique A (Fig. 137), qui peut varier de 80 centimètres à 2 mètres. Sur ce lit de béton formant la base de la fondation, on place de grosses pierres de taille qui servent à supporter deux rangées de traverses en chêne B, solidement assujetties les unes aux autres par des boulons et placées alternativement dans deux sens perpendiculaires, afin que les joints soient croisés. C'est sur cette base que repose la chabotte C qui, dans les marteaux-pilons de grandes puissances, est presque toujours indépendante du bâti de l'outil. Les madriers de chêne amortissent les vi-

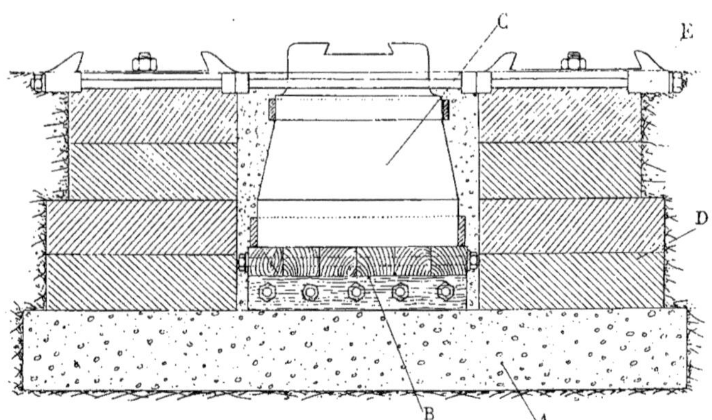

Fig. 137. — Fondation de gros marteau-pilon.

brations qui se transmettent à la chabotte par suite des coups de marteau répétés.

Des massifs de maçonnerie D, faits en pierres de taille, avec quelquefois des remplissages en moellons, sont disposés dans la fosse autour de la chabotte et montent presque jusqu'au niveau du sol pour recevoir le socle en fonte de fer E sur lequel seront fixés les jambages du bâti du marteau. L'espace vide créé entre la chabotte et le massif de maçonnerie supportant le marteau est rempli soit avec du sable, soit avec du béton. Dans certains cas, pour des marteaux-pilons de puissances exceptionnelles, le remplissage s'effectue d'une autre manière. Pour le marteau-pilon de 100 tonnes du Creusot que nous décrirons plus loin, ce sont des madriers de chêne successivement placés en long et en travers qui remplacent le sable et le béton pour remplir l'espace vide autour de la chabotte. Ces madriers sont coincés et enfoncés à refus, et forment un matelas élastique qui amortit les vibrations considérables que reçoit la chabotte, et qui ne se transmettent qu'atténuées au massif maçonné supportant le marteau-pilon.

Les socles en fonte portant les bâtis, que l'on appelle souvent *plaques de fondation*, sont fixés à la maçonnerie par des boulons dont la tête est placée intérieurement et dont l'écrou de serrage est abordable au-dessus de la plaque. Les jambages du bâti sont également fixés à l'aide de boulons sur l'embase et sont placés dans des coulisses en queue d'aronde qui permettent de les caler solidement, à l'aide de coins, dans la position voulue.

Chabotte — La chabotte est l'organe du marteau-pilon sur lequel repose l'enclume qui y est fixée.

Ainsi que nous venons de le dire, la chabotte peut faire corps avec le bâti même du marteau-pilon, ou être indépendante et reposer alors, seule, sur une base spéciale ayant assez d'élasticité pour amortir les vibrations dues aux chocs répétés.

Dans le premier cas, lorsque la chabotte est solidaire du bâti, elle a une forme appropriée à l'outil qui la porte. L'embase doit toujours avoir de grandes dimensions pour assurer la stabilité. Ce type de chabotte n'est généralement employé que pour les marteaux-pilons de moins de 10 tonnes, quoique certains constructeurs en aient établi sur des marteaux ayant jusqu'à 50 tonnes de masse frappante.

Les chabottes indépendantes ont, le plus souvent, une forme de tronc de pyramide, dont la base est soit un carré, soit un rectangle. Elles restent ainsi, une fois établies, orientées par rapport à la masse du marteau-pilon, et la matrice, que l'on place dans la rainure en forme de queue d'aronde pratiquée à sa partie supérieure, est toujours en face de l'étampe que l'on peut fixer à la masse du marteau.

La chabotte indépendante est un gros bloc de fonte de fer, qui peut être fait en un seul ou en plusieurs morceaux.

Lorsqu'elle est constituée en plusieurs parties, ces blocs sont soigneusement rabotés pour se superposer bien exactement et sont agrafés les uns aux autres de façon à constituer un seul et même bloc. Des chabottes faites d'une seule pièce ont nécessité, pour des marteaux-pilons de grandes puissances, une coulée faite sur place dans la fosse même qui la reçoit. Le poids considérable de ces pièces ne permettait pas de les transporter aisément. La chabotte du marteau-pilon de 100 tonnes du Creusot pèse, en effet, environ 720.000 kilos; celle du marteau-pilon de l'usine Perm, en Russie, pèse 623.000 kilos, et celle du marteau-pilon à air comprimé de 100 tonnes de l'usine de Terni, en Italie, d'une seule pièce, pèse environ 1 million de kilos. Nous avons décrit l'installation de cette chabotte; nous décrirons plus loin celle du marteau-pilon de 100 tonnes du Creusot.

Pour couler sur place des chabottes semblables, il faut établir des cubilots à proximité de l'emplacement du pilon afin d'obtenir la fonte liquide nécessaire ; on constitue un moule ayant la forme de la chabotte en ménageant à cette pièce deux forts tourillons capables de la supporter. On coule la fonte dans ce moule disposé de façon que la grande embase soit placée en haut.

On laisse refroidir la fonte dans le moule et le temps de refroidissement peut durer un ou deux mois, car il convient, pour que la fonte conserve toute sa résistance, qu'elle soit complètement refroidie avant d'être sortie du moule. Le démoulage ne doit donc s'effectuer que lentement, et on a le soin, pendant cette opération, de faire reposer les tourillons ménagés sur la chabotte sur de robustes supports sur lesquels ils peuvent osciller. On lui fait faire, en effet, lorsqu'elle est complètement démoulée, un demi-tour sur elle-même en pivotant sur ces tourillons : la grande embase prend sa position normale à la partie inférieure et la chabotte est alors posée en place.

Sur les faces des chabottes, on pratique des trous pour y placer des barres d'acier destinées à servir de points d'appui aux crics employés pour les manœuvres.

Parfois, elles portent, en vue du même usage, des saillies venues de fonte avec la pièce.

Les chabottes indépendantes des marteaux-pilons de moindre puissance ne sont pas obtenues de la même façon, leur poids permettant leur transport, et les dispositions employées pour leur installation diffèrent également.

On admet, en général, que le poids de la chabotte destinée à un marteau-pilon employé pour forger du fer est environ six fois plus grand que le poids de la masse frappante et, pour les marteaux-pilons devant forger de l'acier, le poids de la chabotte est de 10 à 12 fois plus grand que le poids de la masse. Voici, à titre d'exemple, le mode d'installation de la chabotte indépendante d'un marteau-pilon de petite puissance, marteau du Creusot dont la masse frappante a un poids de 6.000 kilos.

Un lit de béton A (Fig. 138) est établi à la base de la fondation et a une grande épaisseur. Sur cette couche de béton sont disposées deux rangées de madriers en chêne. La rangée inférieure est constituée par des madriers B placés en long ; la rangée supérieure est formée de madriers C disposés perpendiculairement à ceux du

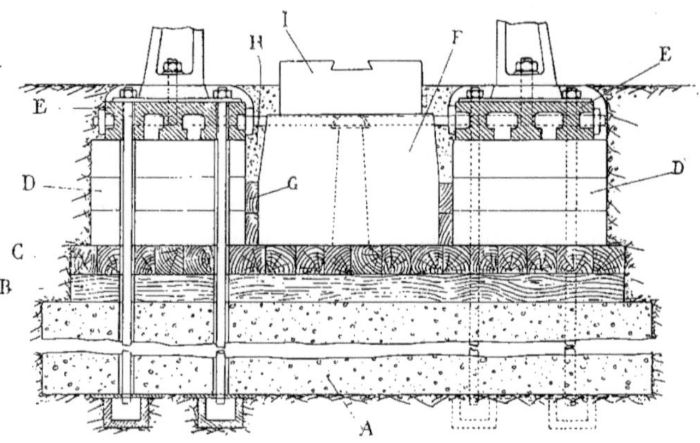

Fig. 138. — Chabotte du marteau-pilon de 6.000 kilos du Creusot.

Fig. 139. — Atelier d'étampage. — Usines du Creusot.

dessous. Ce sommier élastique supporte des massifs en pierre de taille D sur lesquels reposent les semelles E recevant les jambages du bâti du marteau-pilon. Ces semelles sont entretoisées entre elles et rendues solidaires par de forts tirants horizontaux. Elles sont, chacune, fixées au massif en maçonnerie à l'aide de longs boulons. Sur les semelles sont fixés les montants du bâti.

La chabotte F repose directement sur le sommier de madriers entrecroisés, et l'espace laissé libre entre elle et les blocs de maçonnerie supportant le marteau, est rempli, sur une certaine hauteur, par de petits madriers de chêne G, puis, jusqu'au niveau du sol, par du sable H.

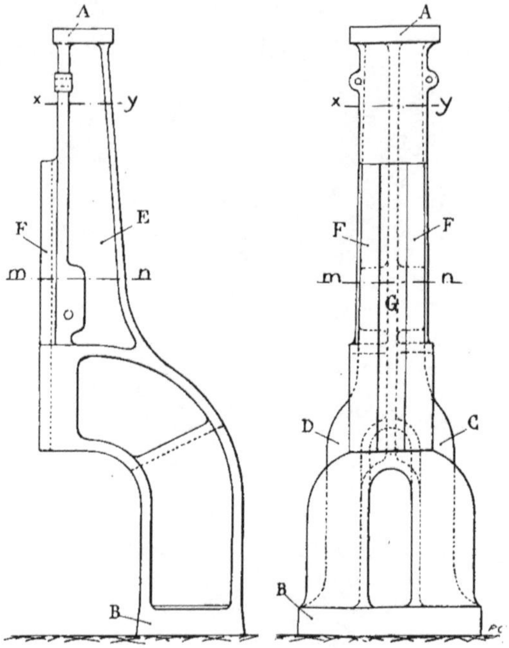

Fig. 140. — Montant de marteau-pilon.

La chabotte de ce marteau-pilon porte, à sa partie supérieure, ajustée sur elle, par l'intermédiaire d'une rainure en queue d'aronde, une pièce I supportant l'enclume ou la matrice.

Bâti Les bâtis des marteaux-pilons sont constitués, généralement, par des montants ou jambages métalliques dont l'assemblage forme un tout d'une grande solidité capable de supporter les chocs et les vibrations produits par les coups de marteaux répétés, sans se détériorer.

Pour les marteaux-pilons de faibles puissances, dans lesquels la chabotte fait corps avec le montant, le bâti en fonte de fer est constitué d'une seule pièce et se compose d'une large embase en avant de laquelle est venue de fonte la chabotte sur laquelle est fixée l'enclume. Un montant vertical, placé en arrière de la chabotte, porte les glissières qui guident la masse du marteau dans son mouvement vertical alternatif et sert de support aux divers organes de commande: arbre, poulies, bielles, etc., et de manœuvre.

Pour des marteaux-pilons de plus grande puissance, le bâti est constitué par plusieurs montants, lesquels sont, parfois, en plusieurs parties assemblées et entretoisées solidement. Les montants, reliés entre eux par des entretoises et une plate-forme supérieure, servent de supports à tous les organes de commande et de manœuvre et guident la masse du marteau dans son mouvement vertical, la chabotte étant établie, pour ces marteaux, sur des fondations indépendantes.

Ces montants sont, le plus souvent, au nombre de deux pour former le bâti, disposés un de chaque côté de l'enclume. A leur partie supérieure, leurs dimensions sont plus faibles qu'à leur base, où le montant se divise généralement en deux branches pour que son assise soit plus grande.

L'ensemble du bâti occupe ainsi une base assez large pour assurer sa stabilité. En outre, vers sa base, chaque montant a une forme cintrée qui reporte sa semelle assez loin sur chaque côté de l'enclume pour dégager ses abords et permettre de manipuler aisément les pièces à forger, et de les obliquer en tous sens tout en reposant sur l'enclume.

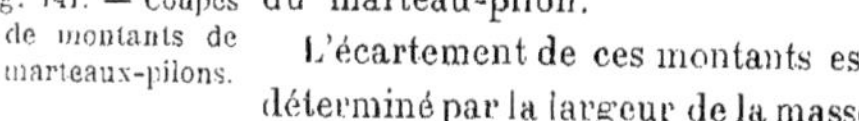

Fig. 141. — Coupes de montants de marteaux-pilons.

Dans le montant représenté par la figure 140 la partie supérieure A recevant la plate-forme, ou entablement, a une petite largeur, tandis que la base B, plus large, porte deux branches C et D venues de fonte avec le bras E qui se continue au-dessus de la partie cintrée. Ce bras porte une saillie F verticale dressée et dans laquelle est pratiquée une rainure G servant de guide à la masse du marteau.

Le montant en fonte de fer a une section en forme de double T et porte des nervures qui servent à assurer sa rigidité (Fig. 141).

Le bâti complet du marteau-pilon se compose de deux montants semblables symétriquement disposés de chaque côté de l'axe vertical du marteau-pilon.

L'écartement de ces montants est déterminé par la largeur de la masse du marteau qui coulisse dans les rainures-guides et qui doit s'y mouvoir en toute liberté. La position des montants est assurée par des entretoises qui les réunissent en divers points de leur hauteur, par la plate-forme supérieure qui réunit les deux extrémités des montants et par les bases, qui sont solidement fixées, par des boulons, sur une même

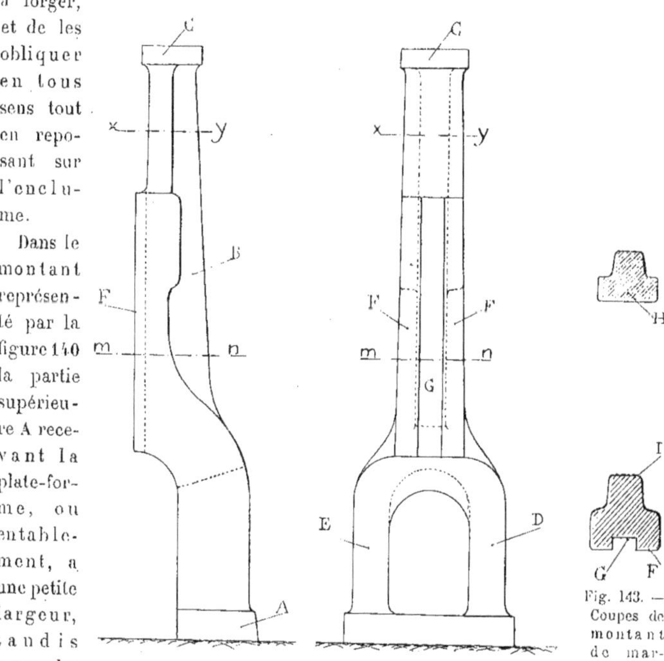

Fig. 142. — Montant de marteau-pilon.

Fig. 143. — Coupes de montant de marteau-pilon.

plaque métallique formant socle, maintenue elle-même assujettie rigidement, à l'aide de boulons, sur le massif de maçonnerie servant de fondation.

Les montants en fonte de fer dont la section a une forme en T ou en double T, c'est-à-dire à nervures, risquent, sous l'action des chocs violents de la masse sur la pièce, et des vibrations répétées, de se sectionner. Cette forme convient pour certains travaux de forgeage ou pour les marteaux-pilons de faibles puissances dont les montants sont parfois constitués comme le représente la figure 142. Ces montants, un peu plus lourds, ont une section plus robuste en forme de T. La forme générale est à peu près la même que celle du montant précédent. L'écartement de la partie cintrée est moindre et le pied A a une embase moins grande. Le montant B, terminé à sa partie supérieure par une plate-forme C destinée à recevoir l'entablement, se divise, à la partie inférieure, en deux branches D et E réunies au montant B et à une base commune A. La partie dressée F porte une rainure G guidant la masse du marteau.

La section du montant à sa partie supérieure est indiquée en H et la section, au droit de la glissière, est représentée en I (Fig. 143).

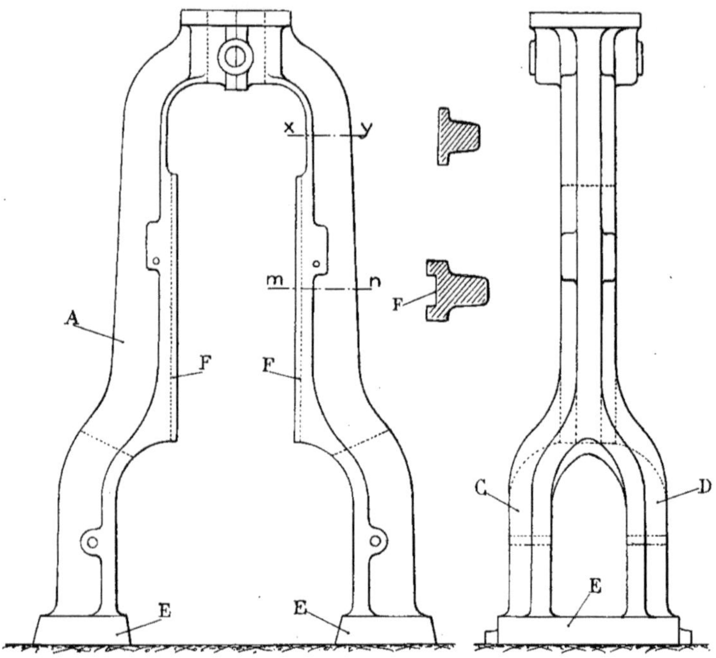

Fig. 144. — Bâti de marteau-pilon en une seule pièce.

Un autre type de bâti dont la section est en forme de T a été établi en une seule pièce (Fig. 144). Les deux montants A et B sont, en effet, venus de fonte d'un seul morceau, réunis à leur partie supérieure par une plate-forme servant de support au cylindre à vapeur. Chaque montant est divisé, comme ceux qui précèdent, en deux branches C et D réunies à une embase commune E. Les rainures F servant de guides à la masse du marteau sont pratiquées verticalement sur chacun des montants.

Pour assurer une plus grande résistance au bâti du marteau-pilon, on donne aux jambages une section rectangulaire ou carrée à angles fortement arrondis, mais ces jambages sont creux. La figure 145 représente un type de jambage semblable.

La forme générale ne diffère pas sensiblement de celle des montants que nous venons d'examiner, mais la surface extérieure ne porte aucune nervure. Le montant est une sorte de tube de forme spéciale ; la section, à sa partie supérieure, est représentée en A : c'est un carré à coins arrondis portant un trou, à son centre, également carré, ménageant une épaisseur de fonte constante tout autour de la pièce. Au droit des glissières, la section B, tout en conservant la même forme carrée, creuse au milieu, porte une saillie permettant de pratiquer la rainure servant de glissière à la masse du marteau.

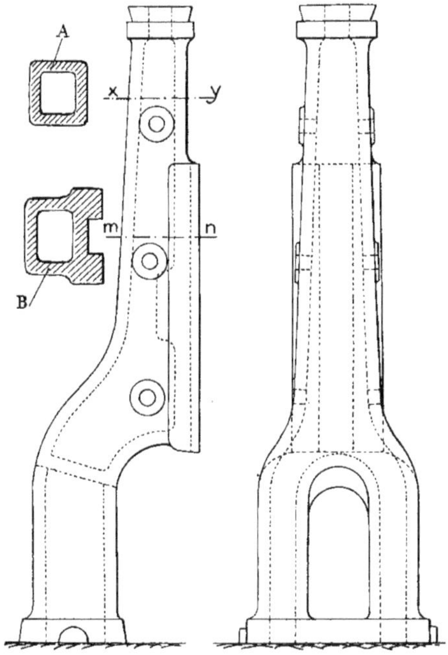

Fig. 145. — Montant de marteau-pilon.

Pour les gros marteaux-pilons de fortes puissances, chaque jambage est fait en plusieurs parties A et B (Fig. 146), fondues de façon à ménager des brides et des portées C permettant de les fixer solidement l'une à l'autre par le serrage de boulons. La partie inférieure porte la fourche du jambage formée des deux branches E et F et l'embase G formant un pied. La partie supérieure porte la plate-forme H destinée à recevoir l'entablement servant à la fois d'entretoise et de support aux organes moteurs.

Comme les marteaux-pilons ainsi constitués doivent permettre de forger des pièces de grandes dimensions, les deux pieds du bâti sont très écartés l'un de l'autre, de sorte que les montants ont une plus grande inclinaison que les montants des petits marteaux afin de laisser, à leur base, l'écartement nécessaire entre les pieds.

La glissière guidant la masse du marteau est pratiquée sur une pièce I de forme spéciale. Cette pièce est fondue, munie de nervures et est ajustée dans une rainure pratiquée le long du montant de façon à être placée à cheval sur les deux parties A et B de ce montant, tout en butant contre une portée J ménagée sur la partie inférieure. Solidement fixée par des boulons aux deux parties du montant, cette pièce constitue une entretoise robuste entre ces deux parties, tout en faisant fonction de guide de la masse du marteau.

Les deux pièces constituant le montant sont creuses. Leur section est rectangulaire, à coins arrondis et leur épaisseur, relativement faible, est constante sur tout le pourtour. A la hauteur de la pièce I portant les glissières, la section K a une forme spéciale. Une embase L est ménagée pour recevoir cette pièce I et pour l'y fixer.

Dans certains marteaux-pilons on a donné aux jambages une forme conique, avec un trou central. Les sections faites sur divers points de la hauteur de ces jambages ont donc la forme de couronnes.

Tous les montants que nous venons de décrire sont faits en fonte de fer, mais on les constitue parfois en tôles et cornières assemblées sur lesquelles sont fixées les glissières guidant la masse, l'embase formant le pied et la plate-forme.

La figure 148 donne un exemple de jambage de ce type. Les tôles et les cornières rivées et entretoisées forment le corps du montant A qui supporte une pièce en fonte de fer B entretoisant verticalement les diverses pièces formant le corps A et servant de guide à la masse du marteau. Cette pièce, en outre, porte, à sa partie supérieure, un retour d'équerre qui sert de plate-forme au montant.

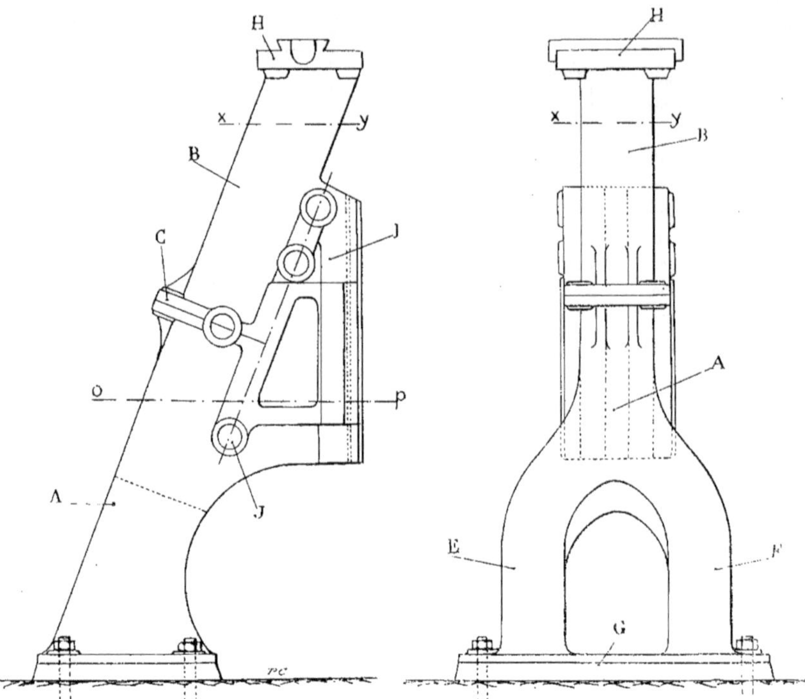

Fig. 146. — Montant de bâti du marteau-pilon en deux parties.

A la partie inférieure, le montant est rendu solidaire d'une embase C également faite en fonte de fer, et servant de pied à ce montant.

Un autre exemple de bâti comportant des montants faits en tôles et cornières et constituant ce que l'on nomme un *bâti à che-*

valet, est celui du marteau-pilon à air comprimé de Terni, que nous avons décrit plus haut en détail. On trouvera, d'ailleurs, dans la description des différents marteaux-pilons, des types très variés de bâtis.

Masse frappante

La *masse frappante* ou *marteau* est la pièce qui, guidée dans les glissières, peut prendre un mouvement vertical alternatif de bas en haut puis de haut en bas, pour venir frapper sur la pièce que l'on travaille et qui repose sur l'enclume. Cette masse a des dimensions appropriées au poids qu'elle doit avoir. Elle porte, à son extrémité inférieure, la pièce même qui prend contact avec le métal forgé, et cette pièce peut avoir une forme de panne de marteau si elle est utilisée pour forger, ou avoir des formes diverses si ce sont des matrices ou des étampes.

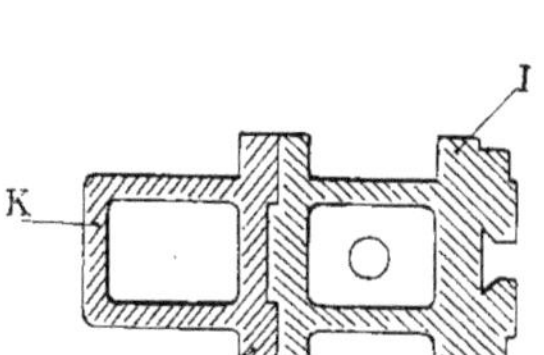

Fig. 147. — Coupes de montant de marteau-pilon.

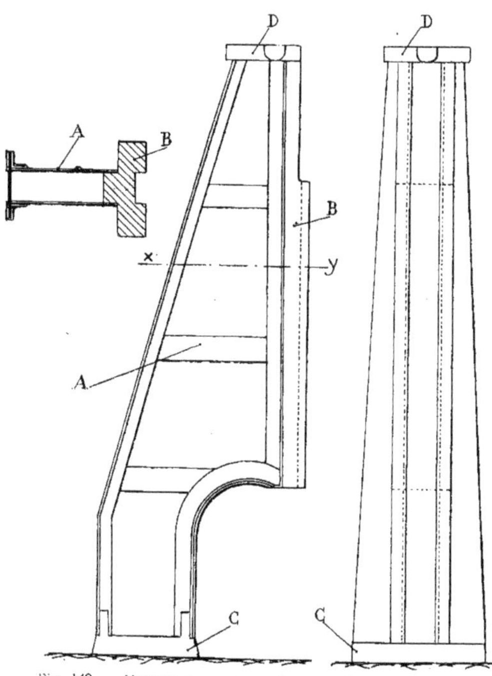

Fig. 148. — Montant de marteau-pilon en tôles et cornières.

Les masses frappantes sont soit en fer forgé ou en acier ou fondues en fonte de fer. Elles ont, généralement, une forme simple de parallélipipède rectangle. Leur section est un rectangle (Fig. 149) qui porte sur deux des côtés soit une saillie, soit une rainure, suivant le mode de guidage de la pièce. Elle est munie de deux saillies, lorsque les glissières du bâti portent des rainures dans lesquelles ces saillies s'ajustent et sont guidées. Lorsqu'elle est munie de deux rainures, les guides du bâti ont, au contraire, la forme de tenons.

La longueur donnée aux masses frappantes est généralement plus grande que leur largeur. Il convient, toutefois, que cette longueur soit suffisante pour qu'elle reste encore un peu engagée dans les guides des montants lorsque la masse repose sur l'enclume, c'est-à-dire lorsqu'elle a atteint l'extrémité inférieure de sa course.

La disposition la plus importante concernant la masse du marteau, et qui varie suivant les constructeurs, est la manière dont cette masse est rendue solidaire de la tige du piston qui lui donne son mouvement vertical alternatif.

Cette liaison, qui doit évidemment être très solidement établie, surtout lorsque

L'extrémité de la tige du piston E est entrée dans le trou central.

Cette extrémité a une forme conique et on interpose, entre cette surface conique et le trou conique C destiné à la recevoir, une bague F, également conique, faite en deux parties pour faciliter son montage. Cette

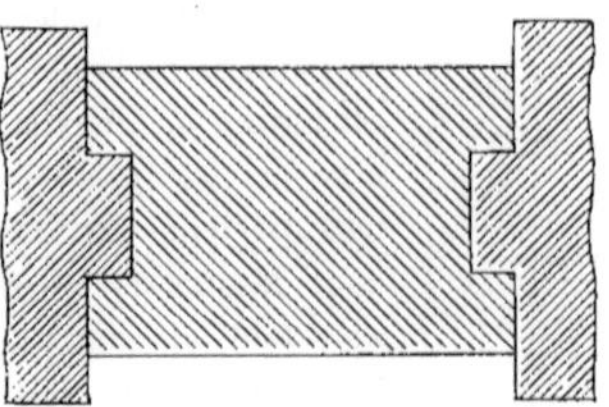

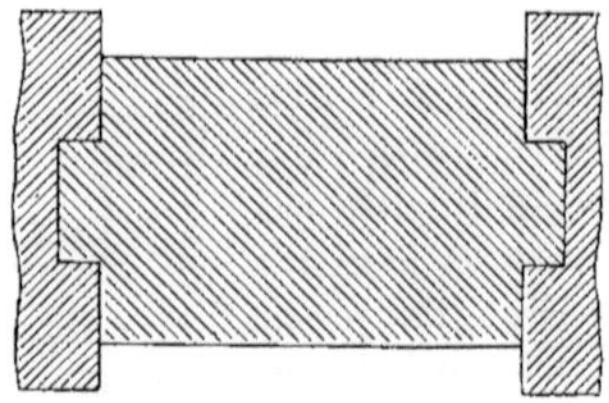

Fig. 149. — Masse frappante de marteau-pilon.

les masses ont un poids de 80.000, de 100.000 ou de 125.000 kilos, comme dans certains marteaux-pilons, ne doit pas être trop rigide; elle doit posséder une certaine souplesse, et l'organe de liaison doit permettre une légère obliquité de la tige de piston par rapport à la masse, afin d'éviter la rupture d'un de ces organes.

Dans les premiers marteaux-pilons une simple clavette traversant à la fois la masse et la tige du piston réunissait ces deux pièces, mais cette clavette se rompait par suite des chocs successifs reçus par la masse. On adopta alors un dispositif de liaison qui est assez souvent employé et qui est utilisé dans les marteaux-pilons du Creusot.

Ce dispositif consiste à pratiquer, verticalement, au centre de la masse A (Fig. 150), un trou cylindrique B que prolonge un trou conique C débouchant dans une ouverture rectangulaire D traversant de part en part la masse.

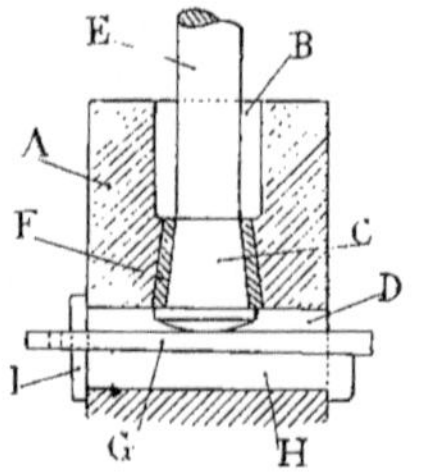

Fig. 150. — Liaison de la tige du piston et de la masse à emmanchement conique.

bague s'appuie, à sa partie inférieure, sur une collerette portée par la tige du piston.

En introduisant, dans l'ouverture rectangulaire D de la masse, une clavette G butant sur une contre-clavette H et sur le bout de la tige du piston, on assure le serrage de celle-ci sur la masse. La contre-clavette H, dont les deux grandes faces sont parallèles, est enfoncée dans la rainure jusqu'à buter contre un repos ménagé sur sa tête. La clavette G a une forme conique. En l'enfonçant, elle glisse sur la face horizontale de la contre-clavette, et sa face inclinée, appuyant sur le bout de la tige, tend à faire remonter cette tige, et cela, d'autant plus qu'on l'enfonce davantage.

Il est donc possible, en donnant à la clavette l'enfoncement voulu, de faire appliquer bien exactement la tige contre la bague conique F et celle-ci contre le trou conique C de la masse. Lorsque la bonne position est obtenue, on immobilise la clavette en plaçant à son extrémité arrière une goupille ou une autre clavette I qui l'empêche de revenir en arrière. Avec cette disposition, les chocs ne sont plus transformés en efforts de cisaillement sur la clavette. Ils sont supportés par l'assemblage conique et solidement établi de la tige du piston sur la masse du marteau.

D'autres modes de liaison entre la tige du piston et le marteau ont été réalisés pour faciliter l'inclinaison de l'un des organes par rapport à l'autre dans le cas où un coup de marteau porte en dehors de l'axe.

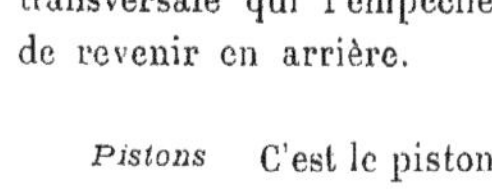

Fig. 151. — Liaison à rotule de la tige du piston et de la masse.

Nous avons déjà trouvé un exemple d'une disposition répondant à ces conditions dans le marteau-pilon de 100 tonnes, de Terni. Un autre dispositif, à peu près semblable, est représenté par la figure 151.

L'extrémité inférieure de la tige du piston A a une forme sphérique et constitue une sorte de rotule pouvant osciller dans tous les sens par rapport à la masse frappante B. Pour cela, un trou cylindrique est percé dans l'axe même de la masse et au fond de ce trou est montée à force, et fixée, une crapaudine C dont la partie qui fait face à la tige a une forme demi-sphérique pour recevoir le bout de cette tige. Cette crapaudine constitue un point d'appui de la rotule formée par la tige du piston.

Il est nécessaire que cette rotule ait un autre point d'appui au-dessus de l'axe de la sphère pour que la liaison de la tige et de la masse soit parfaitement assurée tout en permettant l'oscillation de la rotule. Ce second point d'appui est constitué par une bague D, faite en deux parties pour la facilité du montage, et dont la paroi intérieure a une forme demi-sphérique. Cette bague est maintenue appliquée contre la boule de la tige du piston par l'enfoncement, dans la masse du marteau, de deux clavettes coniques E, qui font constamment appuyer les deux organes l'un contre l'autre. Ces clavettes, qui débordent de la masse, sont immobilisées dans leur position par une goupille ou une clavette transversale qui l'empêche de revenir en arrière.

Pistons. C'est le piston qui donne à la masse du marteau son mouvement alternatif vertical, par l'intermédiaire de sa tige. Nous venons de voir les modes de liaison de cette tige avec la masse. La liaison de la tige et du piston a également une grande importance et est réalisée de manières diverses.

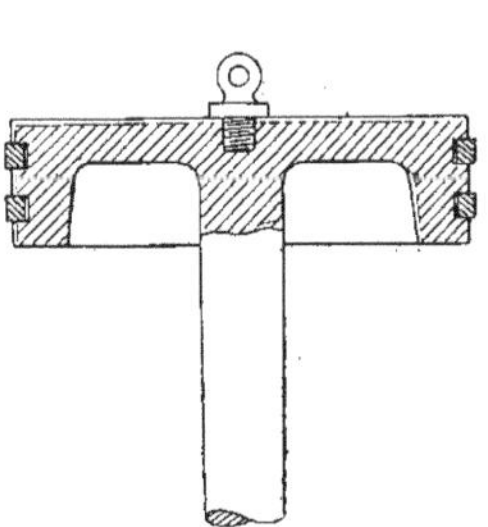
Fig. 152. — Piston et tige d'une seule pièce.

Dans les premiers marteaux-pilons, le piston était en fonte de fer, constitué en plusieurs parties serrant entre elles la bague cylindrique frottant contre les parois du cylindre ; la tige était rapportée sur le piston par l'intermédiaire d'un emmanchement conique et serrée fortement en bout par un écrou.

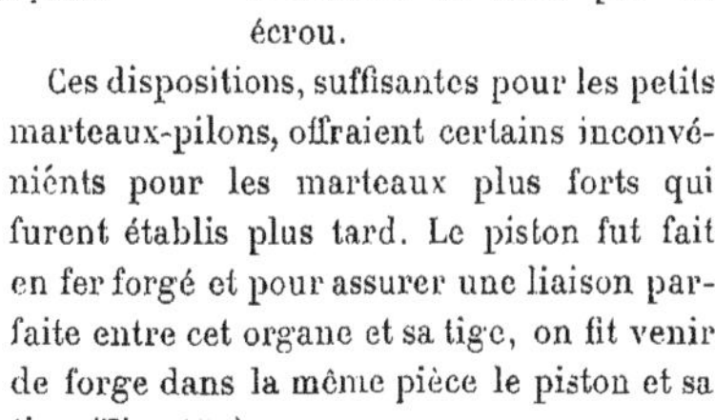

Ces dispositions, suffisantes pour les petits marteaux-pilons, offraient certains inconvénients pour les marteaux plus forts qui furent établis plus tard. Le piston fut fait en fer forgé et pour assurer une liaison parfaite entre cet organe et sa tige, on fit venir de forge dans la même pièce le piston et sa tige (Fig. 152).

Ce mode de jonction offre, cependant,

l'inconvénient de nécessiter le remplacement du piston dans le cas où la tige vient à se rompre. On a donc séparé le piston de sa tige en effectuant leur assemblage d'une façon parfaitement sûre. Le piston est alors fait en acier, généralement en acier fondu. La tige est également faite en acier. Elle pénètre dans le piston par une partie conique A (Fig. 153). La tige est emmanchée à chaud jusqu'à ce qu'une collerette B, portée par la tige, appuie sur le piston C. Un écrou D, vissé sur l'extrémité de la tige, maintient le serrage entre le piston et la tige, mais, pour éviter le desserrage de cet écrou, par suite des chocs répétés que supportent les organes, on a pratiqué verticalement une fente dans cet écrou, et lorsque le serrage est effectué, on pose sur lui, à chaud, une frette cylindrique E qui le bloque, en refroidissant, contre la tige du piston et empêche son desserrage. On dispose en outre, comme moyen de sûreté supplémentaire, une clavette F en bout de la tige du piston. Cette clavette conique fait serrage entre la tige et l'écrou et empêche celui-ci de tourner. Une goupille, placée en travers de la clavette sur sa partie débordant de la tige, l'immobilise.

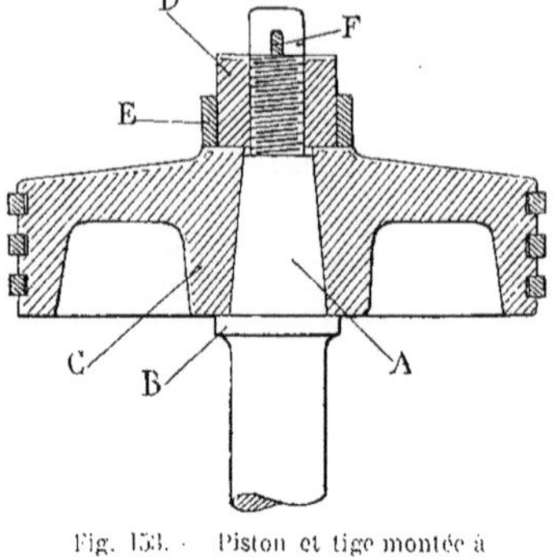

Fig. 153. — Piston et tige montée à emmanchement conique.

On voit toutes les précautions qui sont prises pour assurer la liaison parfaite du piston et de sa tige. Ces précautions sont justifiées par la gravité des dégâts que pourrait occasionner la séparation intempestive de ces deux organes pendant le fonctionnement du marteau.

Un dispositif de liaison semblable à celui que nous venons d'examiner a été employé dans le marteau-pilon à air comprimé de Terni, que nous avons précédemment décrit.

Une autre disposition de liaison donnant aussi de bons résultats est représentée par la figure 154.

La partie de la tige A du piston B qui est ajustée dans le moyeu de ce piston porte trois sections cylindriques étagées, de diamètres différents. Ces diverses sections pénètrent ensemble dans trois trous de diamètres correspondants, pratiqués dans le moyeu du piston. L'ajustage de la tige dans le piston s'effectue à chaud et la tige est enfoncée dans le moyeu jusqu'à ce qu'une collerette C portée par la tige, appuie sur le piston.

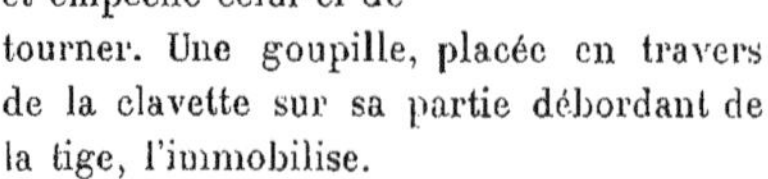

Fig. 154. — Piston et tige montée à emmanchement cylindrique étagé.

Pour empêcher la tige de sortir du moyeu, on place à son extrémité supérieure, sur un étranglement D qu'elle porte, une bague E qui est constituée en deux parties pour permettre son montage. Cette bague a un diamètre extérieur suffisant pour s'appliquer sur le moyeu du piston, de sorte que la tige se trouve immobilisée dans le piston entre deux collets : l'un, formé par la collerette C, l'autre, par la bague E. Pour maintenir la bague solidement appliquée contre la tige, on pose sur

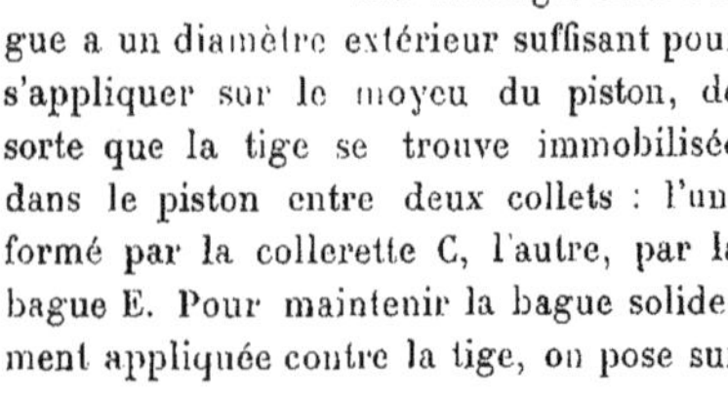

elle une frette cylindrique F qui est faite en une seule pièce et qui est placée à chaud. Le serrage qu'elle produit sur la bague, en refroidissant, l'assure dans sa position.

A l'extrémité supérieure des tiges des pistons de marteaux-pilons, on fixe généralement un œillet qui permet, lors d'un démontage, de soulever le piston et de le sortir aisément du cylindre.

Les pistons portent des rainures pratiquées sur leur périphérie et dans lesquelles sont placés des segments métalliques destinés à assurer l'étanchéité du piston dans le cylindre pendant son déplacement vertical alternatif.

Les segments sont faits en acier; ce sont des couronnes tournées à un diamètre légèrement supérieur à celui du cylindre, puis sectionnées par un coup de scie oblique. Les segments ainsi préparés sont disposés chacun dans une rainure du piston. Ils possèdent une certaine élasticité qui les fait appliquer sur toute leur surface contre les parois du cylindre, de sorte que des fuites de vapeur ne peuvent se produire. En outre, l'obliquité de la fente qui sectionne le segment empêche également toute fuite de vapeur.

Cylindre Les cylindres des marteaux-pilons à vapeur sont en fonte de fer. Ils sont disposés verticalement de façon que les tiges des pistons qu'ils reçoivent soient attelées directement à la masse du marteau, ainsi que nous venons de le voir. Les cylindres sont, pour cela, fixés à la partie supérieure du bâti et reposent sur un entablement qui relie les plates-formes des montants, leur axe étant dans le prolongement de l'axe de la masse du marteau.

Les cylindres sont, le plus souvent, faits d'une seule pièce; cependant, comme les pistons, dans certains marteaux-pilons, ont une très grande course représentant la hauteur de chute du marteau, le cylindre a nécessairement une très grande hauteur; il peut être, dans ce cas, constitué en deux parties, portant chacune une collerette servant à les assembler et à les maintenir serrées l'une contre l'autre à l'aide de boulons. Les collerettes sont consolidées par une série de nervures partant obliquement de la surface extérieure du cylindre.

Dans les premiers marteaux-pilons à vapeur, les cylindres ne portaient aucun couvercle à leur partie supérieure; ils étaient ouverts pour que le piston ne fût, dans aucun cas, gêné dans sa chute par la moindre dépression se manifestant au-dessus de lui. Ouvert à l'air libre, cette dépression ne pouvait se produire.

Cependant, plus tard, on ferma le cylindre à sa partie supérieure, mais pour éviter cette dépression, on établit sur le couvercle une soupape s'ouvrant de l'extérieur vers l'intérieur, automatiquement, pendant la descente du piston. L'air qui s'introduit, par cette manœuvre, dans le cylindre empêche la dépression de se produire. En outre, une seconde soupape a été placée sur le couvercle, mais cette soupape s'ouvre en sens contraire de l'autre, c'est-à-dire de l'intérieur vers l'extérieur, et elle sert à évacuer l'air comprimé dans le cylindre au-dessus du piston, lorsque celui-ci atteint la partie supérieure de sa course.

Les deux soupapes ainsi établies permettent, tout en ayant un cylindre fermé par un couvercle, de donner au piston le même fonctionnement qu'avec un cylindre ouvert. De plus, en limitant, par une manœuvre du mécanicien, la levée de l'une ou de l'autre des soupapes, on peut régler la valeur de la dépression ou de la compression de l'air à la partie supérieure du cylindre et rendre, de la sorte, variable l'intensité du coup de marteau, en donnant au mouvement de descente du piston des vitesses différentes.

Ce dispositif a été utilisé dans un certain nombre de marteaux-pilons et nous le retrouverons dans la description de ces outils.

A sa partie inférieure, le cylindre est nécessairement fermé puisque la vapeur y est introduite pour soulever le piston en agissant sur sa face inférieure. Le fond du cylindre est percé, à son centre, d'un trou pour laisser passer la tige du piston. Pour assurer l'étanchéité tout le long de cette tige, qui effectue généralement une grande course, on interpose entre elle et le fond, un presse-étoupe comportant une garniture qui forme joint et empêche la vapeur de sortir du cylindre.

Les cylindres de marteaux-pilons à vapeur sont munis des conduits nécessaires à l'admission et à l'évacuation de la vapeur. Un même conduit est utilisé lorsque le marteau-pilon est à simple effet : il débouche au bas du cylindre; le marteau à double effet en comporte deux, débouchant à chacune de ses extrémités.

Les conduits aboutissent, dans les deux cas, à l'extérieur du cylindre, à une partie dressée sur laquelle se meut l'organe de distribution dont la manœuvre découvre ou obture successivement les orifices et les met en communication soit avec l'arrivée de vapeur soit avec le conduit d'échappement.

Parfois, les boîtes de distribution dans lesquelles se meuvent les tiroirs sont venues de fonte avec les cylindres. Le plus souvent, elles sont fondues à part et elles sont rapportées sur les cylindres et fixées par des boulons.

Distribution La distribution de la vapeur dans le cylindre, pour donner au piston son mouvement vertical alternatif, peut s'effectuer à l'aide d'organes divers.

Si nous considérons le marteau-pilon à simple effet, c'est-à-dire celui dans lequel la vapeur n'exerce son action que sur une des faces du piston, la distribution peut être obtenue soit à l'aide d'un tiroir rectiligne, soit avec un tiroir cylindrique, soit à l'aide de soupapes.

La distribution de vapeur par tiroir rectiligne comporte un organe distributeur A (Fig. 155), nommé *tiroir*, qui peut se déplacer verticalement vers le haut et vers le bas. Ce déplacement lui est donné par le mécanicien qui, en manœuvrant à la main un levier, tire ou pousse sur la tringle B. Le mouvement de la tringle provoque l'oscillation du balancier C et le déplacement vertical de la tige cylindrique D qui est guidée par un mamelon E fixé au cylindre F et par une douille G portée par la boîte de distribution H. Le tiroir A étant claveté sur la tige D, le mécanicien, en abaissant ou en relevant son levier à main, fait déplacer vers le bas ou vers le haut le tiroir de distribution dans sa boîte.

Ce tiroir a un déplacement rectiligne. Il s'applique, d'une part contre le couvercle I de la boîte de distribution et, d'autre part, sur une partie dressée J où aboutissent les orifices des conduits de distribution : c'est la *glace* qui, dans le cas considéré, est venue de fonte avec la boîte de distribution qui forme le fond du cylindre F. Le cylindre est fixé à cette pièce par des boulons avec interposition de garnitures métalliques formant joints.

La tige du piston K glisse dans une douille portée par cette pièce qui est munie également d'un presse-étoupe destiné à assurer l'étanchéité. Un autre presse-étoupe L est placé sur la boîte de distribution pour faire joint le long de la tige D qui manœuvre le tiroir.

La partie du tiroir qui applique sur la glace porte une cavité M qui peut faire communiquer les deux conduits N et O de distribution. Le premier de ces conduits aboutit au fond du cylindre sous le piston P; le second communique avec la tubulure Q sur laquelle vient se brancher le conduit d'évacuation de vapeur. Le conduit d'arrivée de vapeur aboutit, par l'orifice R, dans la boîte de distribution.

Le fonctionnement est simple. Dans la position des organes indiquée par la figure 155, le piston est à la fin de sa course vers le bas, c'est-à-dire que la masse vient de frapper sur la pièce à forger. En descendant, le piston a chassé dans le conduit N et, par l'intermédiaire de la cavité du tiroir M, dans le conduit O, la vapeur qui avait, dans la phase précédente, soulevé le piston. Cette vapeur s'écoule dans le conduit d'évacuation Q.

Si le mécanicien, par la manœuvre de son levier, pousse, à ce moment, la tringle B vers le haut, le balancier C oscille, la tige D et le tiroir descendent, d'une quantité telle que le tiroir démasque l'orifice du conduit N. La vapeur arrivant par l'ouverture R peut pénétrer dans ce conduit et, de là, dans le cylindre. Elle agit sur la face inférieure du piston, le soulève, et la masse frappante remonte en même temps que lui jusqu'à l'extrémité supérieure de la course où le piston et la masse restent soutenus par la pression de la vapeur tant que le mécanicien n'effectue pas d'autre manœuvre.

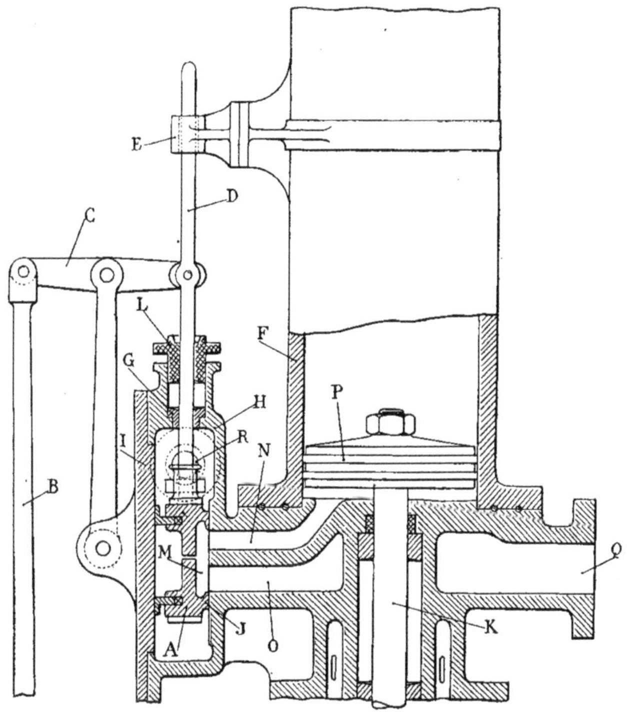

Fig. 155. — Dispositif de distribution par tiroir plat.

Lorsque le mécanicien, par une manœuvre inverse de celle qu'il vient de faire, provoque la descente de la tringle B, la tige D et le tiroir remontent. Le tiroir vient se placer dans la position indiquée sur la figure 155 ; il commence, d'abord, par intercepter la communication entre l'orifice d'arrivée de vapeur et le conduit N, puis, par la cavité M, il met en communication le conduit N et le conduit O, de sorte que la vapeur qui remplit le cylindre s'échappe par l'orifice Q, et le piston et la masse frappante tombent par leur poids.

Une autre manœuvre, en sens contraire, faite par le mécanicien, provoque la montée du piston et, ainsi de suite, une succession de coups de leviers poussés vers le haut ou vers le bas donnent à la masse frappante du marteau-pilon le mouvement alternatif vertical utilisé pour forger les pièces.

La distribution par tiroir cylindrique est basée sur le même principe que la distribution précédente, mais l'organe de distribution A (Fig. 156) a une forme cylindrique et coulisse verticalement dans un trou pratiqué dans la boîte de distribution B. L'ajustage du tiroir dans son logement cylindrique est plus facile à réaliser que l'ajustage du tiroir rectiligne, car on munit celui-là de segments-métalliques élastiques, semblables à ceux des pistons à vapeur, qui assurent son étanchéité dans la boîte de distribution où il se meut. En outre, les tiroirs de distribution circulaires sont aisément établis pour être équilibrés, c'est-à-dire que la forme qu'on leur donne permet à la vapeur de les envelopper et d'exercer son action dans tous les sens sur les parois de ces tiroirs. De la sorte, l'organe est équilibré par rapport à la pression de la vapeur et l'effort à exercer pour la manœuvre est très faible, puisqu'il se réduit à vaincre son poids et son frottement dans son logement.

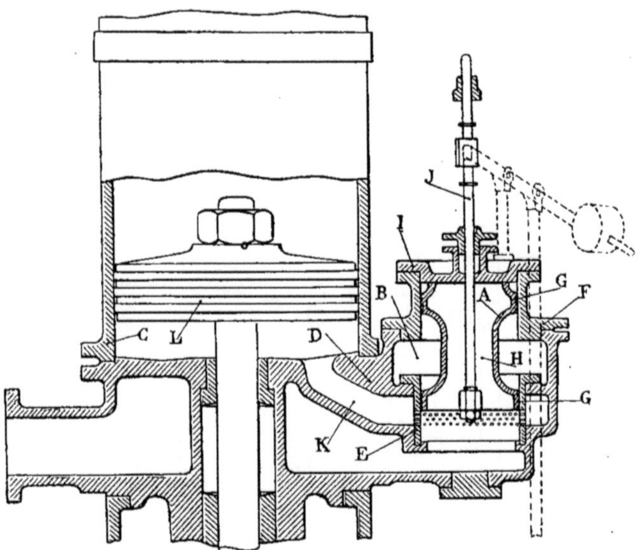

Fig. 156. — Dispositif de distribution par tiroir cylindrique.

Comme dans le cas précédent, le cylindre C est fixé sur une pièce D portant les lumières de distribution, et sur cette même pièce sont fixées deux douilles E et F bien alésées suivant le même axe, dans lesquelles coulisse le tiroir cylindrique A. Ce tiroir, creux à l'intérieur, porte une partie étranglée au milieu de sa longueur séparant les deux parties frottantes. Sur celles-ci et tout autour de leur périphérie, sont placés des segments métalliques G qui assurent l'étanchéité entre les deux parties de la boîte de distribution dans laquelle arrive la vapeur par l'orifice H.

La boîte de distribution est fermée, à sa partie supérieure, par un couvercle I traversé par la tige cylindrique J du tiroir et portant un presse-étoupe.

La douille inférieure E porte, au droit du conduit d'admission de vapeur K, une série de trous qui font communiquer la boîte de distribution avec ce conduit et qui permettent, par conséquent, à la vapeur de pénétrer dans le cylindre lorsque le tiroir est descendu et que son étranglement est au-dessous de ces trous. La vapeur ainsi admise soulève le piston L et la masse frappante.

Pour donner le coup de marteau, c'est-à-dire pour faire descendre le piston, on provoque, par la manœuvre du levier à main, la montée du tiroir A, qui vient se placer dans la position indiquée sur la figure 156. Ce tiroir est alors en haut de sa course. Par sa partie circulaire inférieure, il intercepte la communication entre la boîte de distribution et le conduit K : la vapeur ne pénètre donc plus dans le cylindre. De plus, la série de trous percés sur la douille E met en communication le conduit K et le conduit inférieur qui communique avec la tubulure d'échappement.

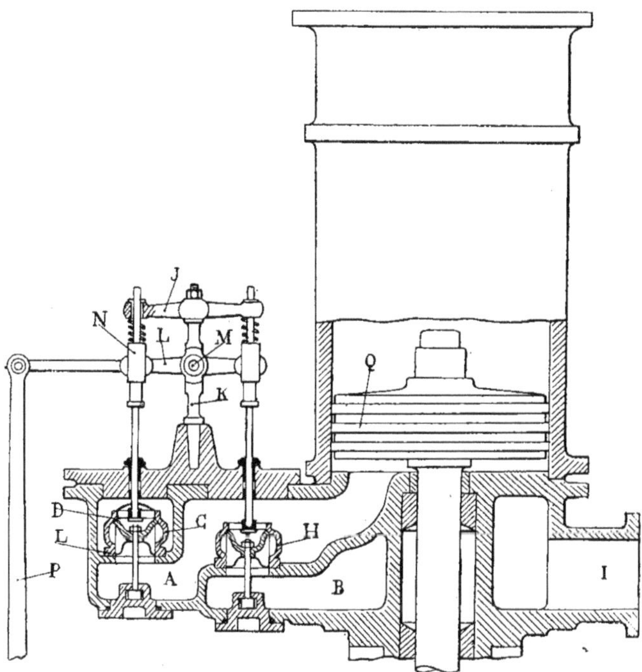

Fig. 157. — Distribution par soupapes.

Pour cette position du tiroir, la vapeur s'écoulera du cylindre dans le conduit d'évacuation et le piston et la masse tomberont par leur poids.

En provoquant la descente du tiroir jusqu'au point où l'étranglement arrive en face des trous de la douille E, on admet de nouveau la vapeur dans le cylindre et le piston remonte. Une succession de manœuvres semblables assurent le fonctionnement alternatif du piston et de la masse frappante du marteau.

Dans le dispositif de distribution par soupapes, la distribution de vapeur est faite par deux conduits : le conduit d'admission A (Fig. 157) et le conduit d'échappement B, sur chacun desquels est disposée une soupape dont la manœuvre établit ou intercepte la communication avec les capacités appropriées.

La soupape C, qui est la soupape d'admission, s'applique sur un double siège fixe, par deux couronnes D et E qui doivent être parfaitement dressées et ajustées pour fermer exactement, et en même temps, les deux orifices. Ces deux orifices font communiquer la boîte de distribution, dans laquelle la vapeur est admise, avec le conduit A qui amène cette vapeur à la partie inférieure du cylindre, sous le piston.

La soupape d'échappement H, qui est également à double siège et comporte des dispositions semblables à celles de la soupape d'admission, mais dont le diamètre est plus grand, est placée sur un double siège servant d'orifice de communication entre le conduit d'admission A et le conduit d'échappement B, lequel aboutit, par la tubulure I, à l'orifice d'évacuation.

Chaque soupape est solidaire d'une tige verticale guidée dans le couvercle de la boîte à distribution et, à sa partie supérieure, dans une douille disposée à l'extrémité d'un double bras fixe J serré sur une colonne K. Cette colonne sert de chape à un balancier L oscillant autour d'un axe M et s'appliquant, d'une part, contre la tige N de la soupape d'admission et, d'autre part, contre la tige de la soupape d'échappement. Des ressorts à boudin disposés sur ces tiges appliquent les soupapes sur leurs sièges respectifs, et dans cette position le balancier L est horizontal.

Lorsque le mécanicien, en manœuvrant son levier à main, pousse sur la tringle P, le balancier oscille autour de l'axe M, de façon à soulever la tige N et, par conséquent, la soupape d'admission C, en comprimant le ressort à boudin de la tige. Les orifices d'admission sont ainsi ouverts et la vapeur, arrivant dans la boîte à vapeur, suit le conduit A et arrive à la partie inférieure du cylindre sous le piston Q. Celui-ci et la masse frappante dont il est solidaire se soulèvent.

Le même mouvement d'ascension de la tringle P qui a soulevé la soupape d'admission D assure la fermeture de la soupape d'échappement H. En effet, l'extrémité de droite du balancier L s'abaisse et vient s'appliquer contre la face inférieure de la chape solidaire de la tige O de la soupape d'échappement. Cette soupape, qui était déjà fermée par la pression de son ressort à boudin, mais qui aurait pu, néanmoins, se soulever sous une pression plus forte, se trouve, de la sorte, bloquée sur ses sièges par l'extrémité du balancier. Cette manœuvre peut s'effectuer par suite du jeu donné dans la chape entre le bout du balancier et la tige de la soupape.

Lorsqu'on donne, par le levier à main, un mouvement descendant à la tringle P, la manœuvre inverse des soupapes se produit : le balancier L se place d'abord horizontal, position pour laquelle la soupape d'échappement est débloquée mais reste fermée, tandis que la soupape d'admission est fermée par la tension de son ressort à boudin, mais non bloquée.

La continuation du mouvement descendant de la tringle P dispose le balancier obliquement, l'extrémité droite relevée. Cette extrémité en appuyant sur la face supérieure de la chape, soulève la tige et la soupape d'échappement, cependant que vers la gauche le balancier bloque, en appuyant sur la chape, la soupape d'admission sur ses sièges. Cette manœuvre met en communication le conduit A et le conduit B et permet à la vapeur contenue dans le cylindre sous le piston Q et qui le maintient soulevé, de s'échapper par la tubulure I dans le conduit d'évacuation. Le piston et la masse descendent.

Les organes de commande des soupapes sont, on le voit, disposés pour assurer la fermeture d'une soupape lorsque l'autre est ouverte, conditions favorables à un bon et économique fonctionnement du marteau-pilon. La forme donnée aux soupapes sur lesquelles la vapeur agit sur tout leur pourtour, leur permet d'être équilibrées et de ne demander qu'un faible effort pour être manœuvrées.

Distribution de marteau-pilon à double effet

La distribution du marteau-pilon à double effet peut être réalisée, comme celle du marteau-pilon à simple effet, par des tiroirs rectilignes, ou circulaires, ou même à l'aide de soupapes. Ce dernier mode de distribution n'est toutefois pas utilisé, peut-on dire, les deux premiers seulement étant généralement employés.

Nous allons, simplement, pour le marteau-pilon à double effet, décrire un type de distribution par tiroir plat, la distribution par tiroir cylindrique étant basée sur les mêmes principes. Nous trouverons, d'ailleurs, des exemples de cette distribution plus loin, lors de la description de ce type de marteaux-pilons.

La distribution par tiroir plat de marteau-pilon à double effet (Fig. 158) comporte une boîte de vapeur fondue avec le cylindre B. Celui-ci, dans lequel se meut le piston-moteur C, porte, également venus de fonte, des conduits assurant la distribution de la vapeur sur chaque face du piston et l'évacuant dans le conduit d'échappement.

Le conduit D dirige la vapeur vers le haut du cylindre; le conduit E la dirige vers le bas et le conduit F communique avec le conduit d'échappement.

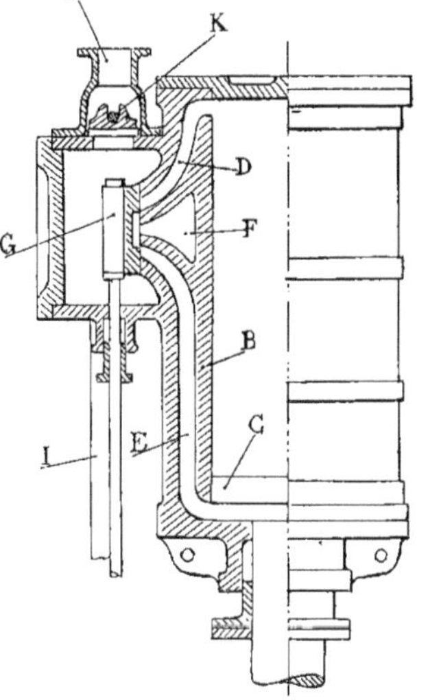

Fig. 158. — Distribution de marteau-pilon à double effet.

Ces trois conduits débouchent sur la glace dressée sur laquelle se meut le tiroir plat de distribution G. Ce tiroir repose sur la glace par deux embases placées à ses deux extrémités et laissant entre elles une cavité servant à assurer la distribution. Il est enfermé dans la boîte de vapeur et est maintenu constamment appliqué contre la glace du cylindre par la pression même de la vapeur admise dans la boîte. Il est muni d'une tige cylindrique I que l'on fait monter ou descendre pour faire fonctionner le marteau.

La boîte de distribution est complètement fermée et rendue étanche par des joints appropriés et par un presse-étoupe qui enveloppe la tige du tiroir.

La vapeur est admise dans cette boîte, à la partie supérieure, par une tubulure J. Cette vapeur pourrait arriver directement par la pleine ouverture de l'orifice dans la boîte, mais, assez souvent, on rend variable le volume admis pour faire varier son action sur le piston dans le cylindre.

Pour cela, on dispose sur l'orifice d'arrivée de vapeur un petit tiroir K qui n'est qu'une sorte de vanne de réglage et que le mécanicien manœuvre pour admettre plus ou moins de vapeur.

L'autre manœuvre, intéressant directement le fonctionnement de l'outil, s'effectue en donnant au tiroir G successivement un mouvement de montée et de descente.

Si nous supposons le piston arrivé au bas de sa course et le tiroir effectuant sa course vers le haut, lorsque l'embase inférieure du tiroir aura découvert l'orifice du conduit E, la vapeur contenue dans la boîte de distribution pénétrera, par ce conduit, à la partie inférieure du cylindre et agira sur la face inférieure du piston tendant à le soulever. La même position du tiroir, qui permet l'admission dans le bas du cylindre, permet l'échappement de la vapeur qui peut être contenue dans le cylindre au-dessus du piston. Cet échappement peut s'effectuer, en effet, par le conduit D et le conduit F, par l'intermédiaire de la cavité qui, à ce moment, met en communication leurs deux orifices.

Le piston, étant poussé par le bas et aucune action ne s'exerçant sur sa face supérieure, s'élève en entraînant la masse frappante.

Lorsqu'on donne au tiroir un mouvement vertical en sens contraire, c'est-à-dire lorsqu'il descend, l'embase inférieure du tiroir masque l'orifice du conduit E, interceptant l'admission de vapeur dans le bas du cylindre en même temps que l'embase supérieure intercepte la communication entre les conduits D et F, arrêtant l'échappement en haut du cylindre.

En continuant sa descente, le tiroir démasquera l'orifice du conduit D pendant que par sa cavité, il mettra en communication les deux conduits E et F; la vapeur se trouvera admise par le conduit D en haut du cylindre, et le piston C, qui est en haut de sa course, reçoit la pression de la vapeur sur sa face supérieure. Il descend, non seulement par son poids et par celui de la masse qu'il supporte, mais encore par l'action de la vapeur qui agit sur lui. L'orifice d'échappement, communiquant, d'ailleurs, à ce moment, avec le bas du cylindre par l'intermédiaire du tiroir, le piston ne trouve aucune résistance dans son mouvement de descente et l'énergie du coup de marteau se trouve augmentée par l'action de la vapeur. C'est ce qui différencie les marteaux-pilons à double effet des marteaux-pilons à simple effet, car dans ceux-ci la masse tombe par son propre poids, tandis que dans ceux-là la masse est lancée, en outre, par la pression qu'exerce la vapeur sur la face supérieure du piston.

Organes de manœuvre et de sécurité

Les organes de manœuvre des marteaux-pilons sont, en dehors des organes de distribution et d'action que nous venons d'examiner, les divers leviers et tiges qui assurent leur commande.

L'organe principal de manœuvre est un levier à main que fait osciller le mécanicien. Ce levier, pivotant autour d'un axe qui est solidaire du bâti du pilon, est muni d'une poignée à une extrémité et est articulé généralement à l'autre extrémité, avec la tringle verticale qui provoque le mouvement alternatif soit du tiroir rectiligne ou cylindrique, soit des soupapes, et commande ainsi le fonctionnement du marteau.

D'autres leviers, placés à la portée du machiniste, commandent le mouvement du tiroir supplémentaire ou vanne de réglage de l'admission de vapeur, dans la boîte de distribution, et le mouvement des *taquets d'arrêt*.

Les commandes peuvent s'effectuer, pour les petits marteaux, à l'aide de pédales au lieu de leviers, ou même, à volonté, par leviers et par pédales.

Parmi les organes de sécurité sont les taquets d'arrêt. Ce sont des sortes de cliquets qui sont placés dans les coulisses qui guident la masse du marteau dans son mouvement vertical. Normalement, ils sont effacés et la masse peut monter et descendre sans arrêt.

Lorsqu'on veut arrêter le marteau à une certaine hauteur et l'y maintenir pendant qu'on effectue une manœuvre sur l'enclume, par exemple, on provoque, par la manœuvre d'un petit levier, la saillie du taquet d'arrêt dont l'extrémité s'engage dans un cran pratiqué dans la pièce portant la masse coulissant dans les glissières.

La masse se trouve ainsi accrochée et suspendue jusqu'à ce qu'en redonnant un mouvement de montée à cette masse, le taquet soit dégagé et rentré dans son logement, soit par une manœuvre à la main, soit automatiquement. La masse reprend alors sa liberté de mouvement vers le haut et vers le bas.

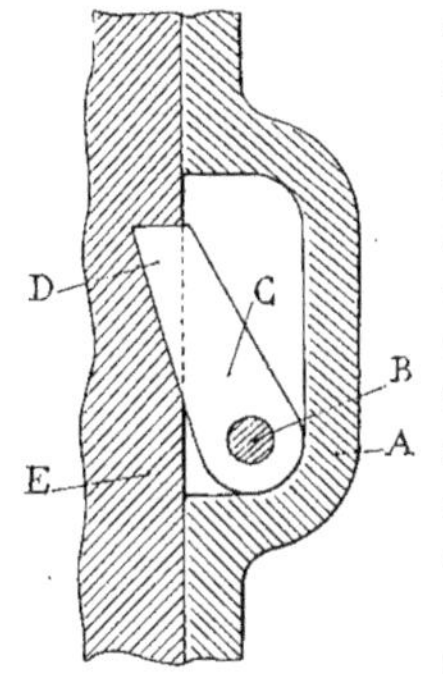

Fig. 159. — Taquet d'arrêt.

Les taquets d'arrêt peuvent agir horizontalement ou verticalement. Lorsque la masse du marteau est lourde, on en place plusieurs le long des glissières et ils peuvent agir simultanément.

Le taquet d'arrêt représenté par la figure 159 est un taquet vertical. Il est encastré dans un logement pratiqué dans la partie fixe du bâti A et peut osciller autour d'un axe transversal B également fixe. Le taquet C a reçu, à l'extrémité qui porte l'axe, une forme concentrique à cet axe qui s'appuie exactement dans une partie du bâti arrondie en quart de cercle. L'autre extrémité du taquet, taillée en biseau, se présente sensiblement horizontale en pénétrant dans l'encoche D pratiquée sur un des côtés de la pièce E supportant le marteau, qui se déplace verticalement.

Lorsque le taquet ayant oscillé vers la droite jusqu'à toucher la paroi verticale de son logement se trouve ainsi effacé, la pièce E peut monter et descendre librement sans être accrochée. Si, par une manœuvre faite à la main ou au pied, on provoque l'oscillation du taquet vers la gauche, lorsque la pièce E aura atteint une hauteur pour laquelle l'encoche D se trouvera en face du bec du taquet, celui-ci tombera dans l'encoche et la pièce E se trouvera accrochée et restera suspendue tant qu'on ne donnera pas un nouveau mouvement d'oscillation au taquet pour l'effacer.

Dans le cas du taquet vertical que nous examinons, lorsque la masse est accrochée, elle exerce son action presque verticalement sur l'axe B et, d'ailleurs, par suite de la disposition de l'extrémité circulaire du cliquet, l'effort qui s'exerce sur le taquet est supporté à la fois par l'axe et la partie fixe du bâti, ce qui augmente la sécurité.

On a établi, pour les marteaux-pilons, des dispositifs de sécurité pour parer aux graves dangers pouvant résulter d'une rupture de la tige du piston. Ces ruptures, assez fréquentes au début de l'utilisation des marteaux-pilons, et bien moins nombreuses actuellement, allègent le piston qui ne supporte plus la masse et qui, sous l'action de la vapeur agissant au-dessous de lui, monte dans le cylindre avec une grande vitesse et vient buter contre le couvercle, peut le défoncer et retomber à l'extérieur en blessant gravement les personnes qui se tiennent autour du marteau-pilon.

Le dispositif employé pour empêcher le piston de sortir du cylindre après la rupture de sa tige est constitué par une sorte de lanterne A (Fig. 160) surmontant le cylindre B. Un peu au-dessus de la collerette de la lanterne qui s'applique sur le cylindre, sont disposées des ouvertures C pratiquées tout autour, sur sa périphérie. Le couvercle D de la lanterne est fait en tôle et a la forme d'une calotte demi-sphérique qui porte, fixés sur elle, à l'extérieur, l'anneau de relevage et, à l'intérieur, une série de rondelles élastiques E, des rondelles Belleville, par exemple.

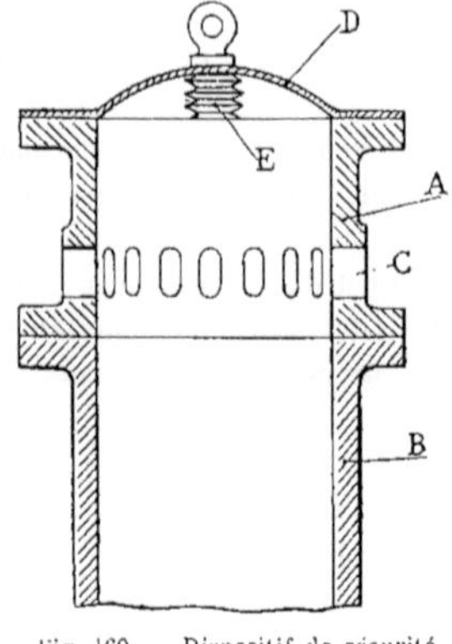

Fig. 160. — Dispositif de sécurité pour marteau-pilon.

Si la tige du piston se rompt et que celui-ci se trouve projeté vers le haut du cylindre par la pression de la vapeur, lorsqu'il commence à découvrir les ouvertures C, la vapeur qui agit sur sa face inférieure s'échappe dans l'atmosphère par cette série d'ouvertures; la pression diminue sur le piston et cesse complètement lorsque les ouvertures sont complètement démasquées. Le piston ne continue son mouvement ascensionnel que par la vitesse acquise et vient s'arrêter à la partie supérieure de la lanterne en butant contre la pile de rondelles élastiques E qui fléchissent en amortissant le choc. Le piston retombe ensuite, mais sans sortir du cylindre.

On a établi plusieurs autres dispositifs basés sur l'échappement, dans l'atmosphère, de la vapeur qui actionne le piston, avant que celui-ci ait quitté le cylindre; mais, pour obvier à toute surprise, on place le plus souvent au-dessus du cylindre une traverse en chêne sur laquelle le piston vient buter lorsqu'il est projeté en l'air.

Cette traverse A (Fig. 161), frettée par des plaques métalliques, est disposée à une certaine hauteur au-dessus du plan supérieur du cylindre et suivant un diamètre. Elle est maintenue en position par deux tiges cylindriques B munies d'une portée sur laquelle repose la traverse. Ces deux tiges sont solidement fixées, à leur partie inférieure, par le serrage d'écrous sur un collier métallique C fait en deux parties demi-circulaires et serrées entre elles, et sur le cylindre sous une collerette D ménagée à la partie supérieure. La collerette sert de butée au collier qui ne peut se déplacer vers le haut.

La traverse est serrée sur les tiges cylindriques B par des écrous, mais avec interposition de deux séries de rondelles élastiques E.

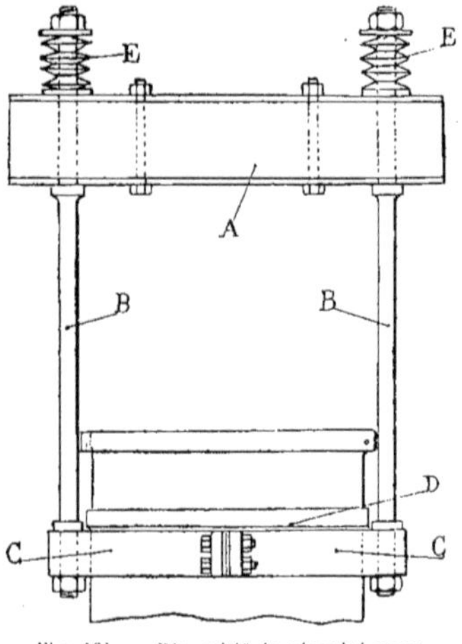

Fig. 161. — Dispositif de sécurité pour marteau-pilon.

Dans ce cas, la partie supérieure du cylindre reste ouverte à l'air libre.

Si un piston, dont la tige est rompue, se trouve projeté vers le haut, il sort du cylindre. Aussitôt que sa face inférieure a dépassé la bride supérieure du cylindre, la vapeur qui agit sur lui au-dessous s'échappe dans l'atmosphère, perd de son action et le piston ralentit son mouvement. Si sa vitesse acquise est encore trop grande, il vient buter contre la traverse de chêne A, fait fléchir les deux piles de rondelles élastiques E qui amortissent son mouvement et l'arrêtent.

Marteaux-pilons à vapeur à simple effet

Nous allons compléter la description des marteaux-pilons en décrivant quelques types parmi ces outils, fonctionnant à simple effet ou à double effet.

Les marteaux-pilons à vapeur sont, en effet, classés en marteaux à simple effet et marteaux à double effet.

Dans la première catégorie, la vapeur n'exerce son action que sur une face du piston : la face inférieure, et produit la montée de la masse du marteau qui retombe par son propre poids lorsque la vapeur est évacuée sous le piston.

Dans la seconde catégorie de marteaux, la vapeur agit alternativement sur chacune des faces du piston, soit pour remonter la masse, soit pour aider à sa descente.

Les marteaux à simple effet sont ceux qui sont le plus généralement employés pour les plus grandes puissances; nous décrirons, cependant, quelques marteaux de chaque type.

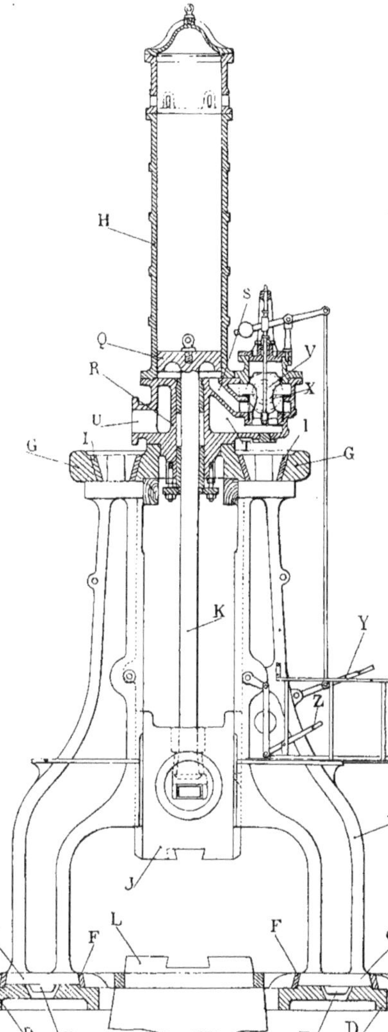

Fig. 162. — Marteau-pilon à simple effet de 10 tonnes. Coupe verticale.

Marteau de 10 tonnes

(Fig. 162 et 163.) Les marteaux-pilons sont caractérisés et désignés par le poids de leur masse frappante, qui représente le poids du marteau qui forge les pièces.

Le marteau de 10 tonnes a donc une masse frappante de 10.000 kilos. Ce marteau (Fig. 162), du type des Forges de l'Horme, a son bâti formé par deux montants A faits en fonte de fer et dont la section est en forme de double T. A la partie inférieure, chaque montant se partage en deux branches raccordées par un arc de cercle et reposant sur une semelle commune.

Les deux semelles B et C des montants reposent sur une plaque de fondation D. Elles sont centrées dans cette plaque par des mamelons coniques E qui pénètrent dans des trous de même forme pratiqués dans la plaque, et s'engagent dans des rainures en queue d'aronde portées par cette plaque. La plaque est solidement fixée sur deux massifs de maçonnerie disposés de chaque côté de la chabotte et servant de fondations. Les montants sont rendus solidaires de la plaque par des coins en bois F engagés entre les flancs des rainures en queue d'aronde de la plaque et les flancs des semelles des montants.

Le bâti est ainsi immobilisé sur son socle et l'interposition des coins en bois amortit les chocs et les vibrations qui se transmettent plus difficilement. Les deux montants sont entretoisés à leur partie supérieure par une pièce de fonte G formant entablement et servant à fixer le cylindre à vapeur H.

La liaison de l'entablement et des montants est effectuée, comme pour la partie inférieure, au moyen de coins en bois I que l'on enfonce entre les flancs obliques de saillies venues en bout des montants, et des trous pratiqués dans l'entablement.

Les deux montants, ainsi reliés et entretoisés dans le bas et dans le haut, forment un bâti rigide, dans l'axe duquel coulisse verticalement la pièce J, qui est reliée, d'une part, à la tige du piston K et qui porte, d'autre part, à sa partie inférieure, une rainure en forme de queue d'aronde pour recevoir une étampe, une matrice ou une masse à forger.

La liaison entre la pièce J et la tige du piston est faite par l'intermédiaire du dispositif que nous avons décrit plus haut, dans lequel la tige, dont le bout est conique, est bloquée contre une bague conique, faite en deux parties, par l'enfoncement d'une contre-clavette et d'une clavette.

La pièce J porte, tout du long de ses deux flancs verticaux, une saillie qui s'engage dans une rainure pratiquée le long de chaque montant. Ces glissières servent à guider la pièce J dans son mouvement vertical alternatif.

L'enclume ou la matrice sur lesquelles repose la pièce à forger sont portées par la chabotte L, faite en fonte de fer et indépendante du bâti du marteau. Cette chabotte, qui pèse 80.000 kilos, est constituée en deux parties M et N. L'une des parties M forme la base de la chabotte et l'autre partie N supporte l'enclume. L'une des parties porte à son centre un fort mamelon cylindrique qui s'ajuste dans un trou pratiqué au centre de l'autre partie. Cette disposition centre les deux tronçons de la chabotte et les empêche de glisser l'un sur l'autre.

Sur chacune des quatre faces de la chabotte vient en saillie un mamelon O, cylindrique, dont une moitié appartient à l'un des tronçons et l'autre moitié, à l'autre. Pour maintenir solidement serrés l'un sur l'autre ces deux tronçons de la chabotte, on place sur chaque mamelon une frette P mise à chaud. Les quatre frettes par leur serrage, au refroidissement, assurent une liaison rigide entre les deux parties de la chabotte.

La chabotte est enfoncée dans le sol et repose sur un massif indépendant de celui qui supporte la plaque de fondation.

L'écartement des jambages du marteau est de 3 mètres et la hauteur libre entre l'enclume et le cintre des montants est de $1^{m},80$.

Le fonctionnement du marteau est assuré par la manœuvre d'un piston Q qui prend un mouvement vertical alternatif dans le cylindre à vapeur H. Le piston, dont le diamètre est de $0^{m},90$ et qui effectue une course de $2^{m},50$, est en acier forgé et d'une même pièce avec sa tige K qui supporte la masse frappante.

Le cylindre H est fixé à la partie supérieure de la boîte à distribution R, fixée elle-même sur l'entablement G du bâti. Le cylindre est muni, à sa partie supérieure, d'un dispositif de sécurité destiné à empêcher le piston d'être projeté vers le haut du cylindre et à l'extérieur, dans le cas de rupture de la tige. Ce dispositif consiste à placer sur le cylindre une cloche cylindrique autour de laquelle sont pratiquées des ouvertures permettant à la vapeur de s'échapper dans l'atmosphère lorsque le piston les a dépassées. L'action de la vapeur sur le piston est ainsi fortement diminuée et celui-ci s'arrête avant de buter contre le couvercle.

La boîte de distribution de vapeur porte les guides de la tige du piston et un presse-étoupe formant joint étanche le long de cette tige. Elle comporte, en outre, le conduit d'admission de vapeur S dans le cylindre, le conduit T communiquant avec la tubulure d'échappement U et la tubulure V d'admission de vapeur dans la boîte. Un tiroir circulaire équilibré X est disposé verticalement dans la boîte à distribution. Sa tige cylindrique, guidée dans le couvercle de la boîte, reçoit un mouvement vertical alternatif par l'intermédiaire d'un balancier, oscillant autour d'un axe fixe porté par une petite colonne, et actionné, lui-même, par un levier à main Y, au moyen d'une tringle verticale.

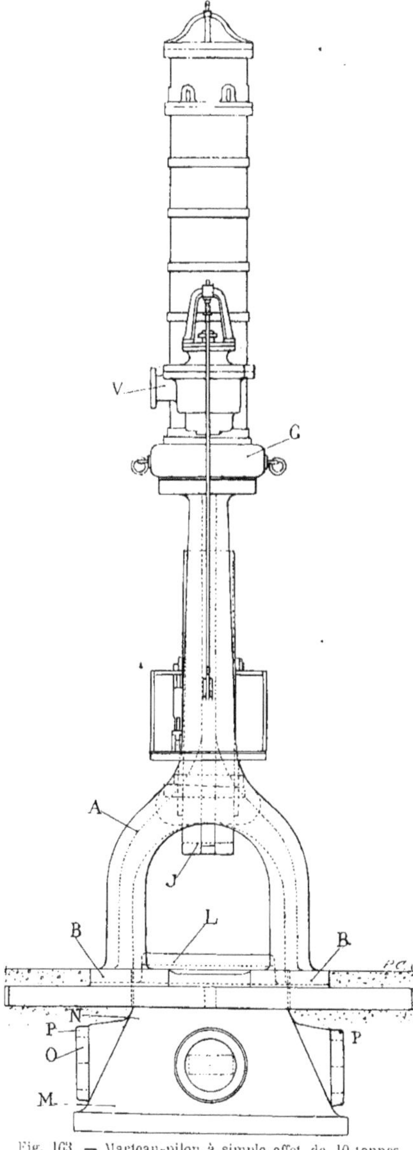

Fig. 163. — Marteau-pilon à simple effet de 10 tonnes. Vue de profil.

Le levier à main Y pivote, à une extrémité, autour d'un axe fixé au bâti et est manœuvré par l'ouvrier mécanicien qui se tient sur une passerelle supportée par un des montants. Lorsque l'ouvrier remonte son levier, il provoque la descente du tiroir X dans la boîte à vapeur, et l'orifice d'admission de vapeur V communique avec le conduit S et avec la partie inférieure du cylindre. Le piston, par la pression de la vapeur qui s'exerce sous sa face inférieure, monte. Quand, au contraire, le levier à main est abaissé, le tiroir X monte et permet la communication directe entre les conduits S et T, et la vapeur contenue dans le cylindre, sous le piston, s'échappe, par la tubulure U, dans le conduit d'échappement. Le piston descend entraîné par le poids de la masse qui exerce son action sur la pièce à forger.

Une suite de mouvements d'oscillation donnés au levier à main produisent le mouvement alternatif de montée et de descente de la masse du marteau.

Une pédale oscillante Z, actionnée par le machiniste, permet de manœuvrer, par l'intermédiaire d'une tringle verticale et d'un levier, un taquet d'arrêt disposé dans la coulisse d'un montant et qui, en débordant de cette coulisse et en s'engageant dans une encoche portée par la masse, sert, comme nous l'avons précédemment expliqué, à accrocher, à immobiliser la masse du marteau en un point de sa course. C'est un dispositif de sécurité que l'on manœuvre lorsque la masse doit rester suspendue pendant qu'on manipule, au-dessous, la pièce reposant sur l'enclume ou qu'on procède au placement ou au réglage de l'étampe ou de la matrice.

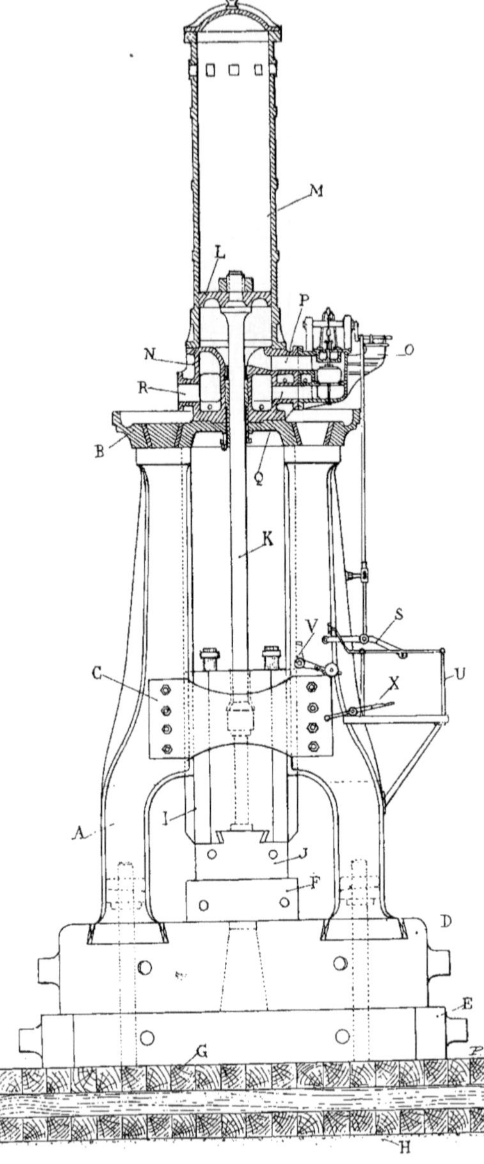

Fig. 164. — Marteau-pilon à simple effet de 20 tonnes, type Creusot. Coupe verticale.

Marteau-pilon de 20 tonnes

(Fig. 164 et 165.) Ce marteau-pilon, du type Creusot, comporte un bâti formé de deux montants A, cintrés, et entretoisés, à leur partie supérieure, par un entablement en fonte B et un peu audessus du cintre, par deux larges plaques C solidement serrées par deux rangées de boulons. Les deux montants reposent et sont fixés sur un socle en fonte D formant une partie de la chabotte qui, dans ce cas, n'est pas indépendante du marteau-pilon.

La seconde partie E de la chabotte est un autre bloc de fonte d'un poids sensiblement égal à celui du premier, D, et placé au-dessous de lui. Le poids total de la chabotte est de 140.900 kilos. De forts boulons verticaux réunissent les deux parties de la chabotte pour ne former qu'une seule pièce rigide, et ces boulons, qui traversent les semelles des montants, servent, en outre, à assujettir ces montants sur la chabotte, ce qui s'obtient au moyen de clavettes et de contre-clavettes enfoncées dans les tiges des boulons et butant contre la semelle des montants. Les semelles des montants sont, de plus, coincées dans les rainures du socle dans lesquelles elles sont engagées, à l'aide de coins en bois qui les immobilisent tout en amortissant les vibrations.

La chabotte, sur laquelle est placée l'enclume F, porte des saillies et est munie de trous dans lesquels on dispose des barres métalliques servant à faciliter la manœuvre de la pièce.

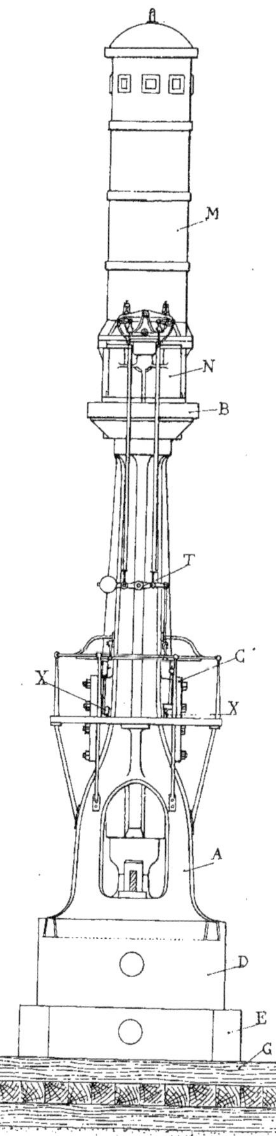

Fig. 165. — Marteau-pilon à simple effet de 20 tonnes, type Creusot. Vue de profil.

Elle repose sur un lit de madriers en chêne formé de trois séries de barres G disposées successivement dans des sens perpendiculaires et serrées respectivement, dans chaque série, au moyen de tirants.

Les madriers sont supportés par un massif de béton H de grande épaisseur.

Les montants du bâti, qui se divisent en deux branches à leur partie inférieure, pour assurer leur stabilité, portent des rainures verticales qui servent de guides à la pièce I formant la masse du marteau, au bout de laquelle se montent soit l'étampe, soit la matrice, soit la masse frappante J.

La tige du piston K est reliée à la pièce I par le dispositif de serrage à bague conique à clavette et contre-clavette que nous connaissons.

Cette tige K n'est pas forgée de la même pièce avec le piston. Elle est rapportée. Elle est fixée au piston L par l'intermédiaire d'un emmanchement conique et par le serrage d'un écrou fendu sur le quel on place, à chaud, une frette cylindrique.

Le piston peut se mouvoir verticalement dans le cylindre M, d'un diamètre de 950 millimètres, et son étanchéité est assurée, pendant son mouvement, par une série de segments métalliques. Sa course maximum est de 2^m,850.

A la partie supérieure du cylindre, fermé par un couvercle en forme de calotte sphérique, sont pratiquées des ouvertures servant à empêcher la projection du piston hors du cylindre, dans le cas de la rupture de sa tige.

Le cylindre est fixé sur la boîte de distribution N qui repose elle-même sur l'entablement B du bâti sur lequel elle est fixée. Des mamelons cylindriques de centrage sont établis au-dessus et au-dessous de cette boîte de distribution pour assurer la rectitude du montage des diverses pièces dans le même axe vertical.

La tige du piston traverse la boîte de distribution, dans laquelle elle est guidée par une douille et un presse-étoupe formant joint étanche.

La distribution est assurée par la manœuvre de soupapes équilibrées. La soupape d'admission, qui a un diamètre de 175 millimètres et la soupape d'échappement dont le diamètre est de 240 millimètres, sont placées côte à côte dans la boîte de distribution. Un conduit O sert à amener la vapeur dans la boîte; un second conduit P aboutità la partie inférieure du cylindre sous le piston, et un troisième conduit Q communique avec la tubulure R sur laquelle se fixe le tuyau d'échappement.

La soupape d'admission ouverte fait communiquer le conduit d'arrivée de vapeur O avec le canal P et, par conséquent, avec le bas du cylindre, et provoque la montée du piston. La levée de la soupape d'échappement fait communiquer le conduit P avec le conduit Q et la vapeur contenue dans le cylindre peut être évacuée par la tubulure R, produisant la descente du piston et de la masse qui en est solidaire.

La manœuvre des deux soupapes de distribution est faite par l'intermédiaire d'un levier S, actionné par le machiniste, et qui commande l'oscillation d'un balancier à contrepoids T agissant, par deux tringles verticales, sur les soupapes, de façon que l'une est toujours maintenue fermée lorsque l'autre est ouverte.

Le levier S est doublé, c'est-à-dire que deux leviers semblables sont placés et oscillent chacun d'un côté du montant; leurs extrémités sont réunies par une barre cylindrique se prolongeant au delà des leviers et qui permet au mécanicien de commander le fonctionnement du marteau-pilon quelle que soit la place qu'il occupe sur la plateforme U supportée par un des montants.

Un taquet d'arrêt V, placé dans la glissière d'un montant, permet de maintenir la masse du marteau accrochée. Ce taquet est actionné par deux pédales X, semblables, disposées symétriquement chacune d'un côté du bâti, pour que l'une d'elles soit toujours abordable par le mécanicien, soit qu'il occupe le côté droit ou le côté gauche de la passerelle.

Marteau-pilon de 40 tonnes Arbel

(Fig. 166 et 167.) Le marteau-pilon de 40 tonnes type Arbel a été établi spécialement pour étamper de grosses pièces de forge et principalement des roues de locomotives ayant jusqu'à 2^m,30 de diamètre.

Le bâti de cet outil a, pour cela, une large embase. Il est constitué par quatre poutres faites en plaques de tôles et fers profilés rivés les uns sur les autres. Chaque poutre A forme un montant. A leur partie inférieure, les quatre montants reposent et sont solidement fixés sur une semelle. Les semelles réunies deux à deux forment deux plaques de fondation B et C disposées chacune d'un côté du marteau-pilon et fixées par des boulons sur un bloc de maçonnerie. Ces deux blocs D et E sont établis dans une fosse et reposent sur un lit de béton.

réunies par de forts tirants cylindriques qui maintiennent leur écartement.

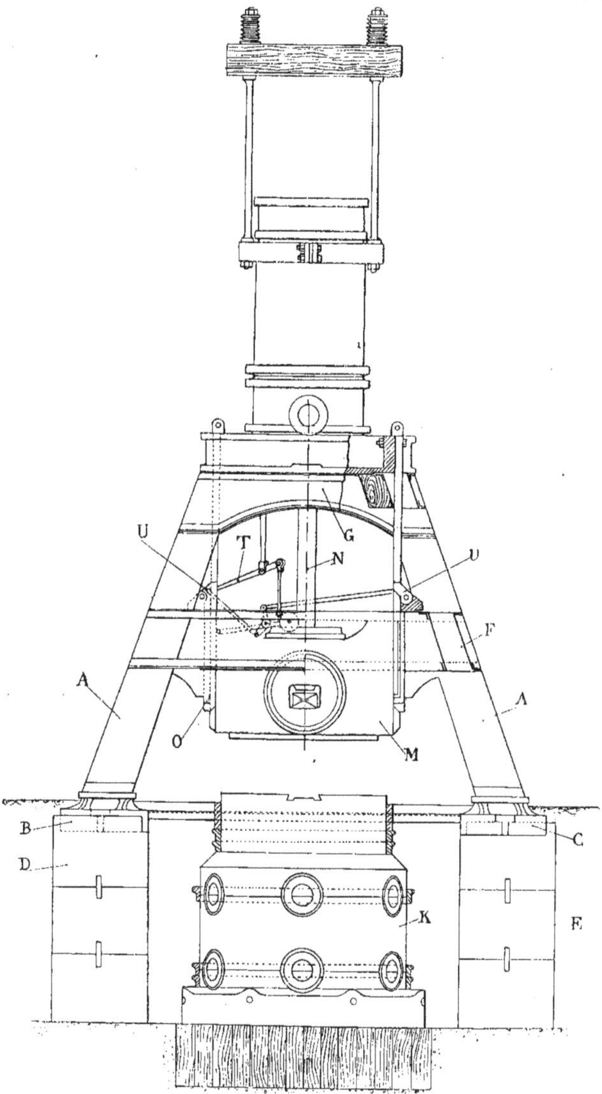

Fig. 166. — Marteau-pilon à simple effet de 10 tonnes. Vue de face.

Les deux plaques de fondation B et C sont

Les quatre montants, ainsi réunis à leur

base, sont entretoisés vers le milieu de leur hauteur et à leur partie supérieure. A mi-hauteur, les entretoises F, qui sont établies sur les quatre faces, sont formées de plaques de tôles et de cornières rivées et assemblées. A la partie supérieure, ce sont des arcs en tôle de fer G qui assurent la liaison des montants au-dessus desquels est fixé l'entablement H supportant la boîte de distribution I et le cylindre J.

La chabotte K de ce marteau est indépendante du bâti. Elle repose sur un lit de madriers de chêne L posés debout, au fond de la fosse, et enfoncés à l'aide d'un mouton dans une cuve maçonnée en béton et ciment.

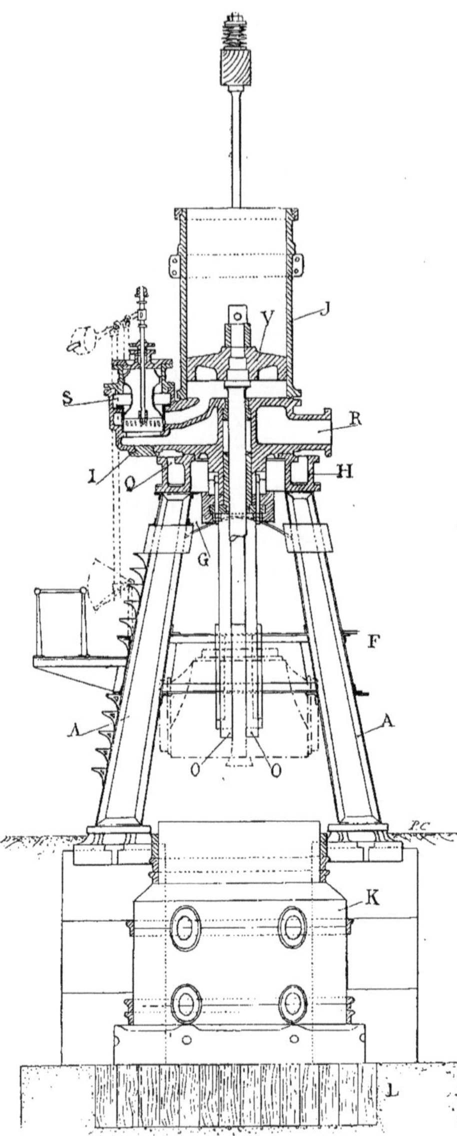

Fig. 167. — Marteau-pilon à simple effet de 40 tonnes. Coupe verticale.

La chabotte est en fonte de fer; elle a une forme circulaire et est constituée en trois assises. L'assise inférieure est coulée d'un seul morceau; elle a une forme carrée et pèse 40.000 kilos. La deuxième assise, placée au-dessus, comporte des bossages cylindriques disposés par moitié sur chacune des assises. Les deux demi-bossages sont fortement serrés les uns contre les autres au moyen de frettes circulaires posées à chaud. En outre, les diverses assises sont cerclées sur leur pourtour, par des frettes disposées à la hauteur des joints. La seconde assise pèse 40.000 kilos.

L'assise supérieure a un diamètre de

Fig. 168. — Vue d'ensemble du marteau-pilon à vapeur de 100 tonnes. Usines du Creusot.

2^{m},20 et pèse 45.000 kilos. Elle est aussi frettée sur tout son pourtour pour éviter sa rupture et porte, à sa partie supérieure, l'enclume ou l'étampe qui s'engage dans une rainure en forme de queue d'aronde. Le poids total de la chabotte est donc de 140.000 kilos.

La masse du marteau M qui tombe sur l'enclume, et qui porte soit l'étampe ou la masse à frapper, a une forme cylindrique appropriée aux travaux de forgeage que l'on demande à l'outil. Deux mamelons également cylindriques sont disposés sur la masse, vers la face avant et vers la face arrière du bâti, et portent en leur milieu une rainure traversant la masse et servant à loger la clavette qui, par son enfoncement, assure par serrage la liaison de la masse avec la tige du piston N. Pour parer aux ruptures possibles, ces mamelons sont cerclés avec une frette cylindrique posée à chaud.

Sur les flancs de la masse du marteau sont ménagés deux coulisseaux de section rectangulaire, qui s'engagent dans des coulisses verticales O servant de guides et rendues solidaires du bâti. Ces coulisses sont constituées par des barres d'acier assujetties à leur partie supérieure, sur l'entablement du marteau, et à leur partie inférieure sur des plaques de tôle fixées sur les entretoises médianes F et consolidées par des arcs-boutants en tôle de fer.

La tige du piston est guidée dans une douille et dans un presse-étoupe placés dans la boîte de distribution I. Cette boîte porte le conduit d'admission P et le conduit d'échappement qui communique avec la tubulure d'évacuation R.

La distribution est assurée par la manœuvre d'un tiroir cylindrique équilibré S. Nous avons décrit précédemment un exemple de distribution semblable. La manœuvre du tiroir de distribution est effectuée par le machiniste, placé sur une passerelle, à l'aide d'un levier à main T et par l'intermédiaire d'une tringle et d'un balancier.

Deux taquets d'arrêt U, disposés sur chaque glissière-guide de la masse du marteau, permettent d'accrocher cette masse pour la maintenir relevée. Ces deux taquets sont actionnés par une pédale par l'intermédiaire de tringles et de leviers.

Le piston V, qui se déplace alternativement dans le cylindre vers le bas et vers le haut, est muni de segments métalliques assurant l'étanchéité. La liaison rigide est faite avec sa tige par le dispositif à étages que nous avons décrit, et l'immobilisation est obtenue au moyen d'une bague en deux parties, serrée par le montage à chaud d'une frette cylindrique.

Le cylindre J, fait en fonte de fer, est fixé sur la boite de distribution. Il est ouvert à sa partie supérieure et est muni d'un dispositif de sécurité destiné à empêcher le piston de sortir du cylindre en cas de rupture de la tige. Ce dispositif, que nous avons examiné plus haut, est constitué par une traverse en chêne placée au-dessus du cylindre et supportée par des colonnes solidaires d'un collier serré sur le cylindre, deux piles de rondelles Belleville, pressant sur la traverse, étant disposées pour amortir le choc dans le cas où le piston serait projeté en l'air.

Le diamètre du piston moteur supportant la masse qui pèse 40.000 kilos, est de 1^{m},320; sa course maximum est de 1^{m},650. Le diamètre du tiroir de distribution est de 500 millimètres, et sa levée maximum est de 170 millimètres.

Marteau-pilon de 100 tonnes du Creusot (Fig. 168.)

C'est aux usines du Creusot qu'a été construit le premier marteau-pilon possédant une masse frappante du poids de 100.000 kilos et dont la hauteur totale est de 21 mètres au-dessus du sol. Ce marteau, commencé en 1875, a été achevé en 1877, et si on compare le premier marteau-pilon de Bourdon d'une hauteur de 7 mètres 50, que nous avons décrit et qui a été construit au Creusot en 1840, avec le marteau-pilon de 100 tonnes fonctionnant en 1877, on peut mesurer tous les progrès réalisés dans le grand outillage de forge, et par conséquent, dans les procédés métallurgiques pour l'obtention de grosses pièces forgées.

Le marteau-pilon de 100 tonnes du Creusot a été établi en un moment où le développement de la marine de guerre exigeait la confection d'engins d'attaque ou de protection, canons et blindages, ayant une efficacité et une résistance inconnues jusqu'alors, et à cette fabrication devaient nécessairement correspondre des outils d'une puissance inusitée.

Le marteau-pilon est installé au milieu d'une halle de 50 mètres de longueur, 35 mètres de largeur et une hauteur, sous le toit depuis le sol, de 26 mètres, la hauteur sous les fermes étant de 17 mètres.

Il est constitué par un bâti à deux jambages dont les pieds sont écartés de 7^{m},520. Ces jambages sont creux et sont faits en plusieurs parties solidement fixées par des boulons les unes aux autres. En outre, les montants sont entretoisés par de robustes plaques de fer forgé formant entretoises.

Les glissières verticales servant à guider la masse frappante dans son mouvement alternatif vertical, sont rapportées contre les montants et fixées à la fois à ces montants et aux traverses entretoisés.

Le poids total des jambages ainsi constitués est de 250.000 kilos.

A leur partie supérieure, les montants sont réunis par un entablement qui supporte le cylindre à vapeur, et qui se trouve à une hauteur de 12 mètres au-dessus du sol de l'atelier. Le cylindre, depuis l'entablement jusqu'à son extrémité supérieure, a une hauteur de 9 mètres. Son diamètre intérieur est de 1 mètre 900 et la course du piston qu'il contient est de 5 mètres.

Le piston, en acier, est muni de segments destinés à assurer son étanchéité dans le cylindre. Il est rapporté sur sa tige. Celle-ci porte, à une extrémité, une partie conique qui est ajustée dans le moyeu du piston. Un écrou, vissé en bout de la tige, assure le serrage de cette tige sur le piston et pour augmenter l'efficacité du serrage et le blocage des deux pièces afin qu'elles n'en forment pour ainsi dire qu'une, l'écrou est fendu et on rapporte sur lui, lorsqu'il a été serré à bloc, une frette que l'on place à chaud et qui, en refroidissant, provoque le blocage des filets de l'écrou sur ceux de la tige et son appui efficace contre le piston.

L'extrémité de la tige opposée au piston est rendue solidaire de la masse frappante qui pèse, nous l'avons dit 100.000 kilos, dont la largeur est de 1^{m},90 et qui se déplace verticalement, guidée par les glissières du bâti.

Le mouvement de la masse est obtenu en admettant de la vapeur dans le cylindre, sous le piston, et en provoquant ensuite l'échappement de cette vapeur. L'admission de la vapeur sous le piston soulève celui-ci, qui effectue sa course ascendante dans le cylindre, en soulevant la masse. Arrivé au haut de sa course, l'orifice d'échappement de la vapeur est ouvert, de sorte que le marteau tombe en frappant sur la pièce posée sur l'enclume.

La distribution de vapeur s'effectue par l'intermédiaire de deux soupapes équilibrées établies, l'une sur le conduit d'admission de la vapeur, l'autre sur le conduit d'échappement. Ces soupapes sont maintenues appliquées sur leur siège par la tension de ressorts à boudin et leur levée, mettant respectivement le cylindre en communication soit avec l'admission de vapeur, soit avec l'échappement, s'effectue par la manœuvre d'un levier à main.

L'ouvrier qui procède à cette manœuvre est placé sur une plate-forme d'où il peut suivre les opérations de forgeage et les différentes manœuvres nécessaires pour placer la pièce en position pour le travail. La soupape d'admission a un diamètre de 0^{m},345 et la soupape d'échappement, un diamètre de $0^m,470$.

L'enclume repose sur une chabotte établie sur des fondations indépendantes de celles du marteau-pilon. Cette chabotte, dont la hauteur totale est de $5^m,50$, est constituée par sept assises de fonte, rabotées et superposées.

L'assise supérieure supporte l'enclume. Les sept assises sont assemblées et rendues solidaires par l'intermédiaire d'agrafes qui sont posées à chaud. Entre les divers blocs de fonte constituant la chabotte sont interposées des plaques de plomb destinées à combler parfaitement tous les vides qui pourraient se former entre les assises et qui favoriseraient la transmission, à toute la masse de la chabotte, des vibrations dues aux chocs répétés que l'enclume reçoit.

L'assise inférieure de la chabotte repose sur un lit de madriers en chêne, placés horizontalement sur une épaisseur de 1 mètre et disposés en croix.

Ce lit de madriers est placé lui-même sur un bloc de maçonnerie ayant 4 mètres d'épaisseur établi directement sur le sol ferme.

Les parois verticales de la fosse contenant la chabotte sont maçonnées et le remplissage des vides existant entre ces parois et la chabotte, qui a une forme de pyramide tronquée, est fait à l'aide de madriers de chêne placés soit horizontalement soit verticalement et fortement coincés.

Le poids total de la chabotte est de 750.000 kilos. D'autre part, le poids du bâti et des organes qu'il supporte est de 550.000 kilos. Le poids total de ce marteau-pilon atteint donc le chiffre de 1.300.000 kilos.

Pour manœuvrer les grosses pièces destinées à être forgées à l'aide de cet outil, quatre grues sont disposées autour du marteau-pilon : deux sont placées en avant et deux en arrière des jambages.

Les quatre grues sont mues par la vapeur; trois peuvent supporter 100.000 kilos et une 150.000 kilos.

Chacune des grues dessert un four à réchauffer. Ces fours reçoivent les pièces à forger pour les porter à la température convenable.

La chambre du four a une largeur de 4 mètres et une profondeur de $3^m,500$ et l'un d'eux a une hauteur de voûte suffisante pour chauffer un lingot de fer de section carrée ayant 2 mètres de côté.

Les portes des fours sont manœuvrées à l'aide d'appareils hydrauliques.

Chaque grue est montée sur un pivot disposé dans une fosse.

La volée de la grue, qui permet une portée de $9^m,250$, a une forme en col de cygne. Cette forme se prête bien aux flexions que doit prendre la volée par suite des coups de marteau donnés sur la pièce qu'elle supporte. La pièce est suspendue à un chariot mobile roulant sur la volée. Un treuil soulève la pièce ; le déplacement du chariot et l'orientation de la grue, tournant autour de son pivot, permettent de lui donner une position convenable sur l'enclume, et un mouvement de rotation sur elle-même peut aussi lui être transmis.

Ces diverses manœuvres sont obtenues par l'intermédiaire de galets et de roues sur lesquelles s'enroulent des chaînes Galle, et les roues sont actionnées, sur chaque grue, par une machine à vapeur à deux cylindres dont le diamètre est de $0^m,260$, et dans lesquels se meuvent des pistons effectuant une course de $0^m,300$.

Le marteau-pilon de 100 tonnes du Creusot, dont l'arcade réunissant les jambages est à une hauteur de $3^m,430$ au-dessus de l'enclume, a permis de forger des pièces de dimensions considérables, parmi lesquelles un abri cylindrique destiné à être monté sur un cuirassé, ayant un diamètre de $3^m,050$, une hauteur de $1^m,50$ et une épaisseur de $0^m,320$. Cette pièce a été forgée sur un mandrin de $1^m,70$ de diamètre.

L'emploi d'un *mandrin*, pour forger une pièce creuse, assure son homogénéité en toutes ses parties. En disposant un mandrin dans le trou central de la pièce que l'on martelle en la faisant tourner sur ce mandrin, on comprime le métal entre le marteau extérieur et le mandrin intérieur faisant office d'enclume. De la sorte toutes les parois de la pièce sont soumises au même régime de compression et le métal acquiert, en tous les points, les qualités que l'on demande au forgeage.

Fig. 169. — Atelier de fabrication des éléments de canon. (Marrel, frères).

Marteau-pilon de 100 tonnes des Établissements Marrel frères

Les établissements Marrel frères ont installé, dans une de leurs trois usines : l'usine des Étaings, près de Rive-de-Gier, un marteau-pilon à vapeur de 100 tonnes. L'usine des Étaings, qui est la plus importante des trois usines, — les deux autres sont à la Capelette-Marseille et à Rive-de-Gier, — a été créée en 1897, pour fabriquer les tôles, les fers à profils spéciaux et les blindages. Depuis, l'usine a été développée et occupe aujourd'hui une superficie de 12 hectares environ, 2.800 mètres carrés comportant des constructions.

Il nous paraît intéressant, avant de décrire le marteau-pilon de 100.000 kilos installé dans cette usine, d'indiquer, à titre documentaire, comment est réparti l'outillage servant à façonner les pièces importantes que l'on y travaille.

L'usine comporte un bâtiment principal qui est constitué par une succession de halles placées les unes à côté des autres et qui couvrent une superficie de 170 mètres de longueur sur 70 mètres de largeur.

La halle centrale, qui a 26 mètres de portée, est continuée de chaque côté par une halle de 18 mètres de portée. Sous cette halle se trouvent : l'atelier de laminage et de gabariage des blindages ; l'atelier de laminage des tôles et fers profilés ; l'atelier de trempe et de recuit des plaques de blindage et des tôles; l'atelier contenant les gros marteaux-pilons; l'atelier de fabrication des corps d'obus en acier, à grande capacité ; l'atelier des tours à cylindre.

Une halle de 80 mètres de longueur et de 30 mètres de largeur est destinée à l'atelier de finissage des blindages.

Une halle de 90 mètres de longueur ayant aussi 30 mètres de large contient l'atelier de puddlage, l'atelier de trempe des grandes frettes et des blindages en acier, la fonderie d'acier au creuset.

Une halle de 100 mètres de longueur et de 45 mètres environ de largeur, abrite la grande fonderie d'acier et de fonte et une partie de l'atelier d'usinage des blindages.

Une halle ayant 110 mètres de long et 30 mètres de large est destinée à l'atelier de tournage et de finissage des organes destinés aux canons, frettes et projectiles (Fig. 169).

L'atelier de réparation est établi sous une halle de 70 mètres de long sur 8 mètres de large.

Une dernière halle constitue les ateliers de montage des cuirassements des tourelles et de fixation sur les *platelages*.

Un certain nombre d'autres constructions annexes sont disposées pour recevoir les bureaux, les magasins, les ateliers de charpente et de modelage, les gazogènes, les remises, écuries, etc.

Une prise d'eau du Gier, rivière qui passe le long de l'usine, permet d'alimenter les diverses machines motrices et de fournir à tous les besoins des ateliers.

L'évacuation des fumées s'effectue par une cheminée de 108 mètres de hauteur.

Dans l'atelier de grosse forge sont installés un grand laminoir universel, à l'aide duquel on peut travailler les plus fortes plaques de blindage, un marteau-pilon de 50 tonnes et un marteau-pilon de 100 tonnes.

Le marteau-pilon de 100 tonnes (Fig. 170 à 174) comporte une chabotte indépendante disposée sur une fondation spéciale établie entre les jambages du marteau.

Sur le sol ferme, au fond d'une fosse destinée à recevoir la chabotte, on a placé un lit de pierres maçonnées au-dessus duquel est disposée une forte épaisseur de bois de chêne. C'est sur ce bois que repose la chabotte.

Elle est constituée en plusieurs parties réunies par des frettes. L'assise inférieure est en trois morceaux pesant chacun 90.000 kilos. Au-dessus se trouvent deux épaisseurs de métal formant quatre morceaux de 90.000 kilos et l'assise supérieure faite d'un seul bloc pèse 125.000 kilos.

C'est sur cette pièce qu'est fixée l'enclume ou l'étampe. Le poids total de la chabotte, munie de ses frettes, est de 760.000 kilos.

De chaque côté de la chabotte sont établis des massifs de maçonnerie dans lesquels sont très solidement fixés des sabots en fonte de fer sur lesquels reposent les jambages du marteau-pilon. Ces sabots sont reliés entre eux par de solides entretoises en fonte de fer qui maintiennent leur écartement et qui donnent à l'assise de l'outil la rigidité indispensable.

Fig. 170. — Vue d'ensemble du marteau-pilon à vapeur de 100 tonnes des usines Marrel frères.

Les deux jambages, qui ont une hauteur de $10^m,800$, sont en deux pièces. Ils sont reliés, à environ la moitié de leur hauteur, par de fortes entretoises plates formant couvre-joints, et à leur partie supérieure les deux jambages sont réunis par une plate-forme en fer, sur laquelle sont montés le cylindre à vapeur et les organes servant à la distribution de la vapeur. La boîte à distribution repose directement sur la plate-forme, et c'est sur cette boîte qu'est disposé le cylindre.

Le piston, qui se meut verticalement dans le cylindre, a un diamètre de 2 mètres; il peut effectuer une course maximum de $5^m,750$. La tige du piston, qui est cylindrique, a un diamètre de $0^m,370$ et est fixée au piston par le serrage d'écrous frettés. A sa partie inférieure, la tige est rendue solidaire de la masse du marteau par le serrage, à l'aide d'une clavette et d'une contre-clavette, d'une partie conique de la tige contre cette masse.

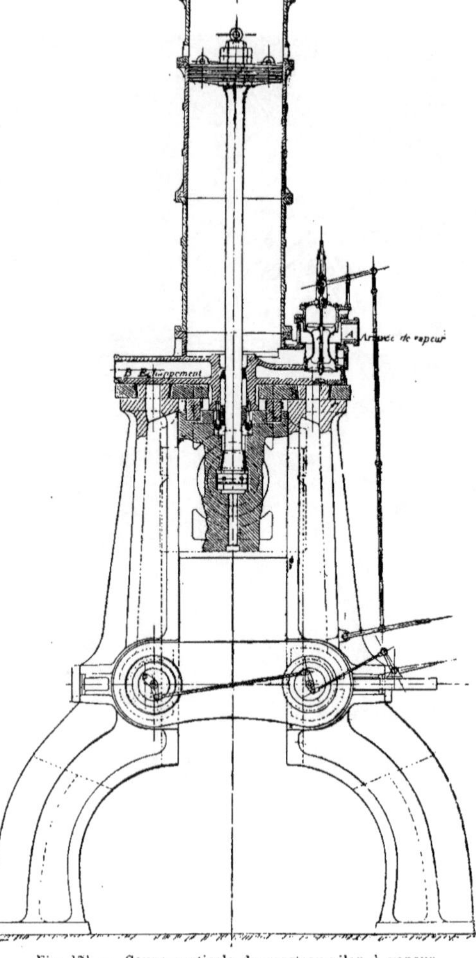

Fig. 171. — Coupe verticale du marteau-pilon à vapeur de 100 tonnes. (Marrel frères.)

La masse est guidée dans des glissières pratiquées verticalement le long des faces internes des montants.

La distribution de la vapeur est réalisée à l'aide d'un tiroir cylindrique équilibré disposé verticalement sur la boîte à vapeur, dans laquelle sont établis deux conduits : l'un amenant la vapeur de la boîte où elle est admise, à la partie inférieure du cylindre, pour actionner le piston vers le haut, l'autre, mettant en communication le cylindre avec les conduits d'échappement. Ces conduits d'échappement sont au nombre de deux et ont un diamètre de $0^m,350$. Le seul conduit d'arrivée de vapeur a aussi un diamètre de $0^m,350$ et le diamètre du tiroir cylindrique de distribution est de $0^m,650$. La vapeur agit sur le piston pour produire sa montée avec une pression minimum de 3 kilos 500 par centimètre carré.

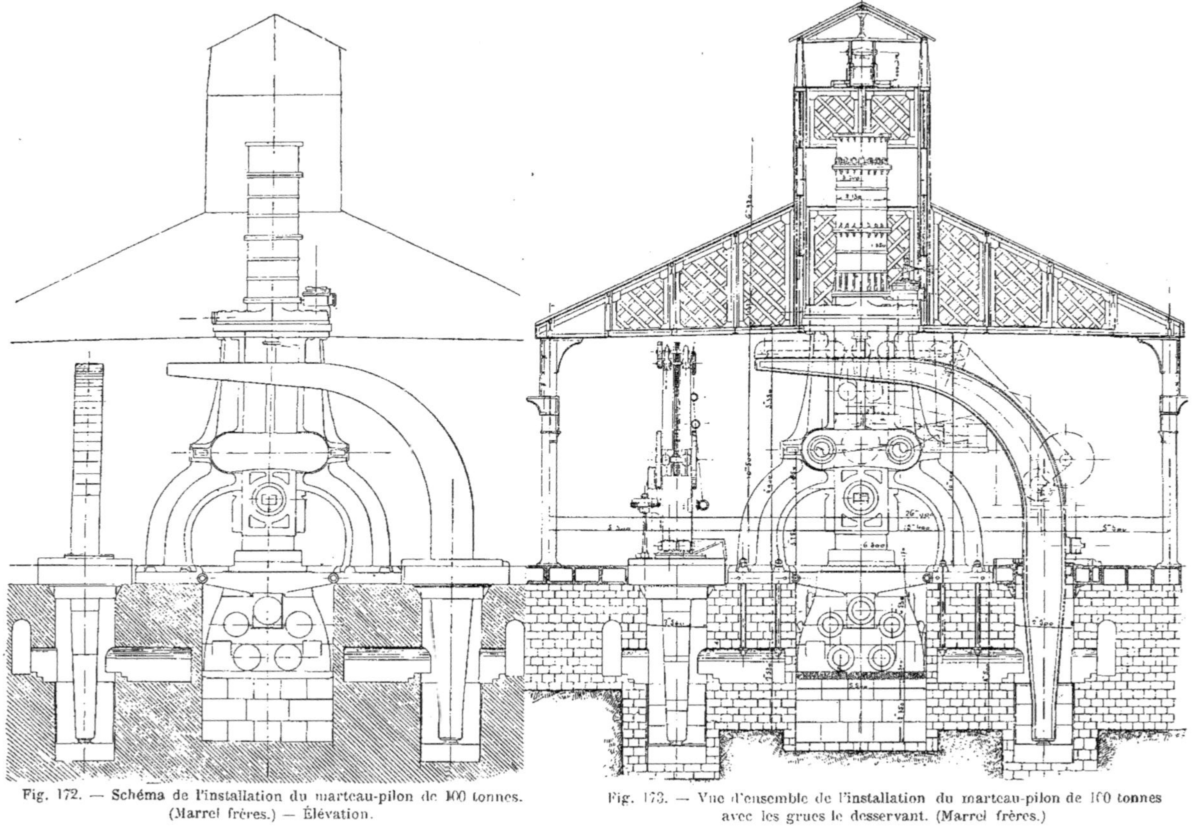

Fig. 172. — Schéma de l'installation du marteau-pilon de 100 tonnes. (Marrel frères.) — Élévation.

Fig. 173. — Vue d'ensemble de l'installation du marteau-pilon de 100 tonnes avec les grues le desservant. (Marrel frères.)

La manœuvre verticale du tiroir de distribution s'effectue à l'aide d'un levier à main par l'intermédiaire d'une tringle verticale et d'un balancier.

Le mécanicien qui actionne ce levier est placé sur une passerelle fixée à l'un des montants. Il peut aussi, en actionnant une pédale, faire mouvoir, par l'intermédiaire de tringles et de leviers, un dispositif d'arrêt double permettant de maintenir la masse du marteau accrochée. La largeur de cette masse est de $2^{m},300$ et son poids est de 100.000 kilos.

Le cylindre, par suite de sa grande hauteur, est fait en deux parties assemblées et solidement fixées l'une sur l'autre. Il est ouvert à la partie supérieure et porte, sur son pourtour, une série d'ouvertures destinées à laisser échapper la vapeur, qui pousse le piston vers le haut, dans le cas où celui-ci serait projeté en l'air par suite de la rupture de sa tige.

La partie du cylindre portant ces ouvertures et ne servant pas normalement à guider le piston est fixée sur les deux autres parties constituant le cylindre proprement dit.

Ce marteau-pilon est installé sous une halle de 26 mètres de portée et est desservi par deux grues en forme de col de cygne. L'une des grues a une puissance de 180.000 kilos; sa portée minimum est de 7 mètres et sa portée maximum est de 10 mètres; elle a une hauteur, au-dessus du sol, de $9^{m},70$ et est enfoncée au-dessous du sol de $8^{m},600$. Elle est actionnée par un moteur à vapeur dont le piston a un diamètre de $0^{m},325$ et effectue une course de $0^{m},350$. La charge est soulevée par la grue à une vitesse de $0^{m},45$ par minute; sa translation est faite à la vitesse de $0^{m},40$ par minute et la vitesse de rotation de la grue est de 1 tour en 3 minutes, ainsi que la vitesse de rotation donnée à la pièce qui peut être retournée sur elle-même.

Du côté opposé aux grues, le marteau-pilon est desservi par un pont roulant à vapeur de 120.000 kilos pouvant se mouvoir sur une ligne de poutrelles reposant sur des supports métalliques et ayant un écartement de $15^{m},40$.

La portée du pont roulant est de $15^{m},40$. Il est actionné par un moteur à vapeur à deux cylindres dont les pistons ont un diamètre de 300 millimètres et une course de 500. La vitesse d'ascension donnée à la charge est de $3^{m},60$ par minute; la vitesse de translation du pont est de 16 mètres par minute; celle du chariot roulant de 11 mètres, et la vitesse de rotation de la est pièce de 1 tour par minute.

Marteau-pilon de 125 tonnes

(Fig. 175 à 177.) Ce marteau dont la masse frappante pèse 125.000 kilos, a été installé dans les usines métallurgiques de Bethlehem en Pensylvanie (États-Unis).

Le sol mouvant sur lequel il a été établi a nécessité l'établissement de fondations spéciales disposées sur pilotis. Les pieux sont enfoncés de 10 à 12 mètres dans le sol et sont écartés de $0^{m},75$ à $0^{m},90$.

A la partie supérieure du pilotis, qui se trouve encore à une profondeur de $9^{m},760$ au-dessous du sol, sont placés des madriers en chêne sur lesquels sont disposés des plateaux également en chêne, dressés pour recevoir la chabotte A.

Cette chabotte, en fonte de fer, est constituée par huit assises superposées. L'assise inférieure, formant base, repose sur les plateaux et est recouverte, aussi, par des plateaux de chêne sur une épaisseur de $0^{m},50$, les joints, entre les plateaux, étant bouchés avec du liège en feuilles. Au-dessus des plateaux se trouvent dix barres d'acier posées côte à côte et portant une nouvelle couche de plateaux de chêne sur laquelle repose la seconde assise de la chabotte, assise formée de quatre blocs de fonte.

Cette assise est recouverte par une dernière couche de plateaux en chêne sur laquelle sont successivement placées les six autres assises, qui diminuent de largeur

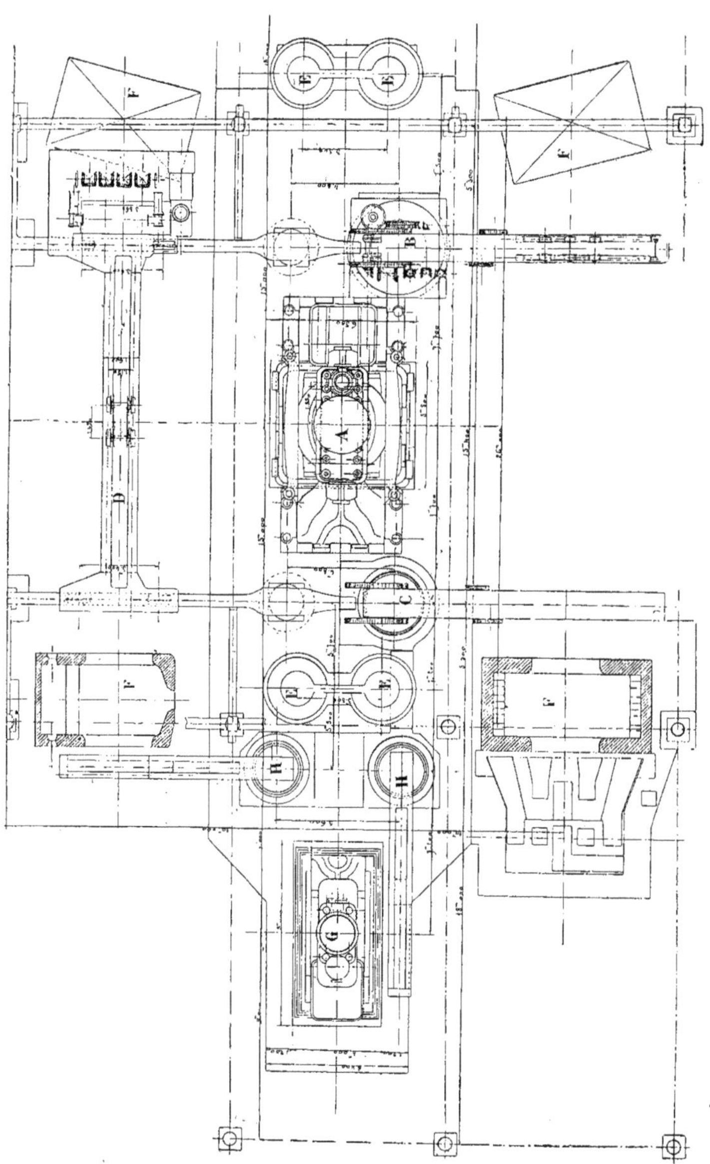

Fig. 171. — Vue en plan de l'installation du marteau-pilon de 100 tonnes. (Marrel frères.)

au fur et à mesure qu'elles se rapprochent du sol.

L'ensemble de la chabotte constitue donc une sorte de pyramide quadrangulaire en fonte de fer disposée dans une fosse et portant à sa base, interposés entre ses éléments, des lits successifs de bois de chêne dont les joints sont garnis de liège et qui jouent le rôle d'amortisseurs.

Le porte-enclume placé au-dessus de la chabotte pèse 60.000 kilos et l'enclume 30.000. Le poids total de la chabotte est de 2.150.000 kilos.

Le bâti est constitué par deux montants B et C, reposant chacun sur une semelle D du poids de 56.000 kilos. Les semelles sont supportées par des blocs de maçonnerie disposés dans la fosse de la chabotte, le remplissage de la partie vide entre ces blocs maçonnés et la chabotte étant fait à l'aide de madriers enfoncés et coincés.

Chaque montant est formé de deux parties assemblées par le serrage de boulons et pèse 155.500 kilos. Les deux montants sont réunis à leur partie supérieure par un entablement E servant à supporter et à fixer les organes de distribution et le cylindre. Ils sont, en outre, entretoisés sur leur hauteur par deux larges entretoises F et G qui réunissent les deux pièces rapportées H sur les montants et sur lesquelles sont disposées les glissières-guides de la masse frappante.

Le cylindre L est constitué en trois parties assemblées par des boulons et pèse 25.500 kilos. Son diamètre est de $1^m,930$ et la course du piston qu'il reçoit est de 5 mètres. A la partie supérieure du cylindre sont percées des ouvertures de sûreté pour laisser échapper la vapeur dans le cas où le piston serait projeté vers le haut par suite de la rupture de sa tige. En outre, le cylindre est fermé à sa partie supérieure, de sorte que la projection du piston contre ce couvercle aurait pour effet de comprimer de l'air dans le

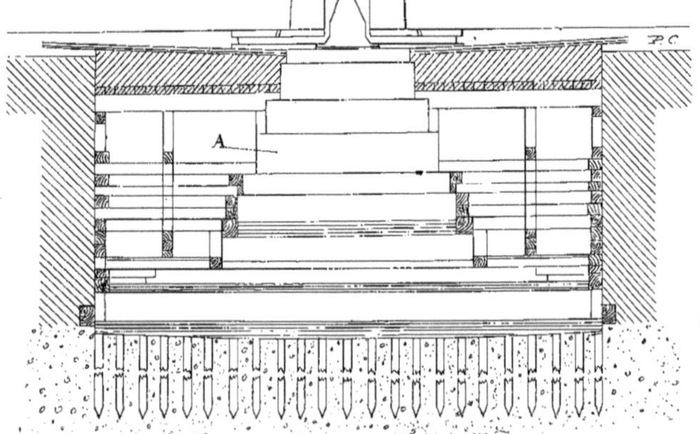

Fig. 175. — Vue de profil du marteau-pilon de 125 tonnes.

dôme du cylindre ainsi constitué et de concourir, en même temps que l'échappement de vapeur se produisant sous le piston par les ouvertures de sûreté, à arrêter celui-ci.

Le piston K qui se meut dans le cylindre est en acier moulé. Il est muni de segments en acier pour assurer son étanchéité. Sa tige J, qui le relie à la masse frappante I du marteau, a une longueur totale de $12^m,200$ et un diamètre de $0^m,432$. Elle est percée, en son centre, sur toute sa longueur, et est fixée au piston par un emmanchement conique et par serrage d'un écrou fendu sur lequel est placée, à chaud, une frette immobilisée par une vis.

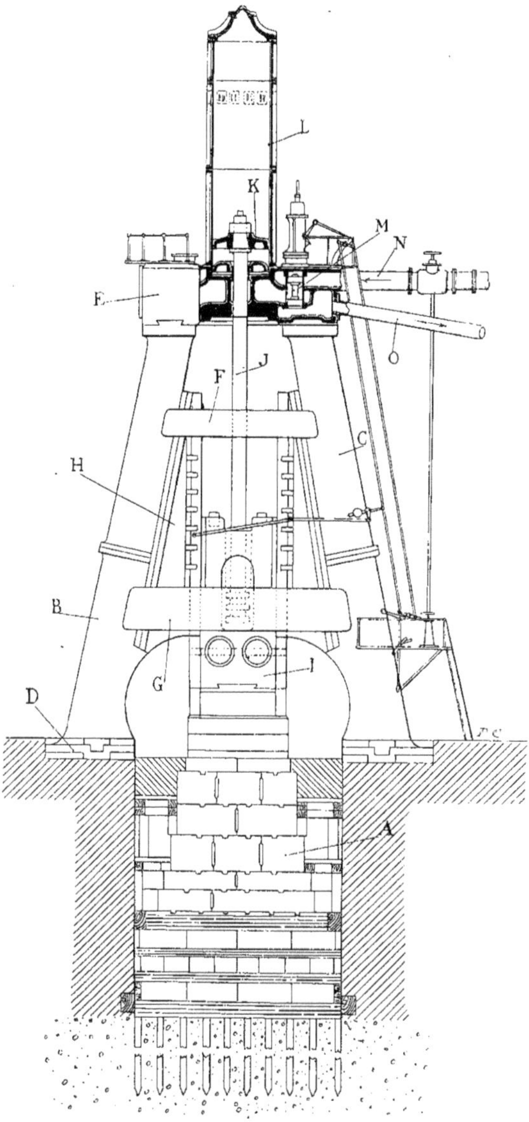

Fig. 176. — Vue de face du marteau-pilon de 125 tonnes.

La hauteur totale du marteau-pilon est de $27^m,430$ au-dessus du sol de l'usine et sa plus grande largeur est de $11^m,50$.

Son fonctionnement est assuré par une distribution à tiroir cylindrique équilibré. Ce tiroir vertical M est disposé sur l'entablement formant boite de distribution, laquelle comporte le canal d'admission conduisant au cylindre la vapeur qui arrive par le tuyau N et le canal d'échappement conduisant au tuyau d'évacuation O. Le tiroir de distribution, dans son mouvement vertical, obture ou découvre successivement les orifices de ces conduits, soit pour admettre la vapeur sous le piston sur lequel elle agit avec une pression de $8^k,430$ par centimètre carré pour le faire monter, soit pour laisser échapper cette vapeur et provoquer la chute du piston et de la masse frappante.

Le tiroir M, qui a un diamètre de $0^m,533$, a la forme d'un double piston dont la tige se prolonge au-dessus de la boîte de distribution et est rendue solidaire d'un piston de manœuvre T se déplaçant dans un petit cylindre auxiliaire P (Fig. 177).

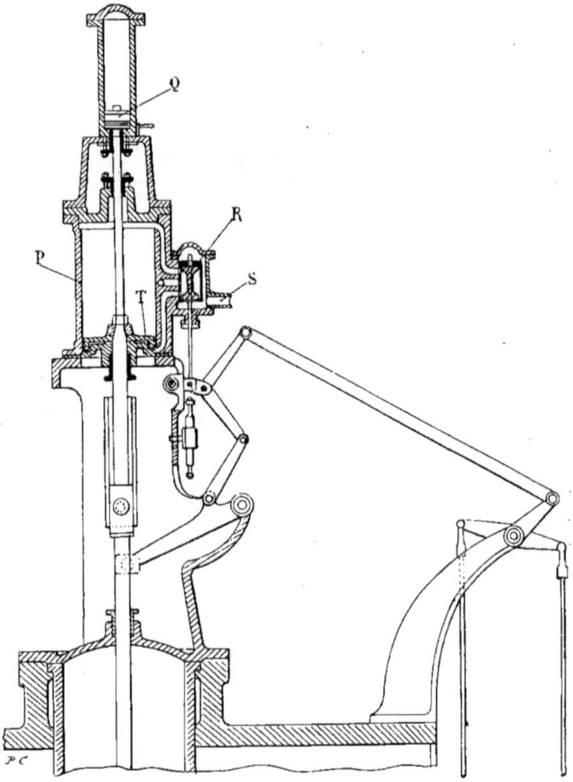

En bout de la tige, au-dessus du piston T, est claveté un autre piston Q de petit diamètre se déplaçant dans un tube surmontant le cylindre auxiliaire et qui sert à équilibrer le mouvement de l'organe de distribution. Un petit tiroir auxiliaire R, commandé par l'intermédiaire de leviers et de tringles par le machiniste, donne le mouvement de montée et de descente au petit piston T et, par conséquent, au tiroir cylindrique M en admettant la vapeur provenant d'une prise auxiliaire S, soit vers le bas, soit vers le haut du petit cylindre P.

Fig. 177. — Distribution du marteau-pilon de 125 tonnes.

L'effort effectué par le mécanicien pour faire fonctionner le marteau se résout donc à celui qui est nécessaire pour déplacer le tiroir auxiliaire R. Le tiroir M assurant la distribution effective dans le grand cylindre est, de la sorte, manœuvré par l'action de la vapeur, et un dispositif spécial de leviers, rendu solidaire de sa tige, permet d'interrompre automatiquement l'arrivée de la vapeur lorsque ce tiroir a atteint une course correspondant à la quantité de vapeur suffisante pour obtenir le fonctionnement normal du marteau.

Des taquets d'arrêt, dont la manœuvre est effectuée par le mécanicien, immobilisent la masse du marteau à une hauteur quelconque, une série d'encoches, destinées à recevoir les becs de ces taquets, étant disposées tout le long des glissières verticales de la masse.

Marteaux-pilons à double effet

Les marteaux-pilons à vapeur à double effet sont ceux dans lesquels la vapeur agit alternativement sur les deux faces du piston. Cette action s'exerce ainsi à la fois pour soulever la masse frappante et pour augmenter sa vitesse de descente.

Le marteau-pilon à double effet a donc sur le marteau-pilon à simple effet l'avantage de donner au coup de marteau une intensité plus grande pour des poids égaux de masses; mais, d'autre part, pour que cet avantage soit réel, il faut que la masse du marteau-pilon à double effet effectue toujours sa course maximum, car, sans cela, un grand volume de vapeur est dépensé inutilement si le piston ne parcourt pas son excursion complète. Le dispositif à double effet n'est donc pas économique s'il est appliqué à un marteau-pilon dont la masse frappante doit avoir une course variable, ce qui est nécessaire pour forger des pièces importantes. Il peut, par contre, être avantageusement employé pour les marteaux-pilons destinés à étamper, ou à matricer, ou à forger des pièces qui doivent être travaillées à coups de marteaux réguliers et rapides.

Les marteaux-pilons à double effet peuvent aisément être rendus automatiques. Le marteau frappe alors très régulièrement et avec une vitesse plus grande que celle que l'on peut obtenir à la main. Les marteaux à mouvement automatique, appelés *marteaux automoteurs,* comportent un dispositif de déclenchement permettant de passer instantanément de la marche automatique à la marche à la main.

Marteau-pilon à double effet Massey

(Fig. 178.) Les ateliers anglais Massey, d'Ophensaw, près de Manchester, construisent des marteaux-pilons à double effet pouvant fonctionner automatiquement et dont le poids des masses frappantes varie de 20 à 25.000 kilos. Le marteau-pilon représenté par la figure 178 est un petit marteau dont la masse a un poids de 200 kilos.

Le bâti est formé de deux montants A placés, à côté l'un de l'autre, à un écartement égal à la largeur de la masse du marteau B qui est guidée dans une glissière pratiquée dans chacun des montants.

Les montants sont réunis, à leur partie supérieure, par l'embase du cylindre C qui forme entretoise. A leur partie inférieure, les semelles D qui sont complètement disposées en arrière de l'enclume, sont fixées sur une même plaque de fondation E formant socle, disposée elle-même sur un massif de maçonnerie et fixée sur lui par des boulons.

La chabotte F supportant l'enclume G, est indépendante du bâti.

La masse frappante B est rendue solidaire de la tige H du piston I qui se meut dans le cylindre C. C'est par un ajustage conique que cette liaison est effectuée, et la partie inférieure conique de la tige qui pénètre dans la masse du marteau est immobilisée à l'aide d'une clavette J ayant une forme demi-cylindrique et portant une partie plate qui s'applique sur un plan incliné pratiqué sur la tige. La tige et le piston sont en acier forgé et d'une seule pièce. Le piston est muni de segments métalliques pour assurer l'étanchéité et la tige passe dans un presse-étoupe.

Le cylindre C, fixé sur les deux montants, porte à ses extrémités deux conduits K et L aboutissant à la boîte à distribution, dans laquelle se meut un tiroir cylindrique équilibré M, dont la manœuvre assure le fonctionnement du marteau. La boîte à distribution est complétée par une autre capacité N dans laquelle peut se déplacer un tiroir plat O qui sert de vanne de réglage de l'admission de vapeur. La vapeur arrive par le conduit P branché sur la capacité auxiliaire N; le conduit d'échappement Q est fixé sur la capacité contenant le tiroir de distribution M. Les deux capacités communiquent par un conduit dont l'orifice est obturé ou démasqué par le tiroir-vanne de réglage O. Cette vanne est manœuvrée, au moyen d'une tringle verticale, par un levier à main R.

Le tiroir de distribution est manœuvré par un second levier à main S.

Lorsqu'on veut faire fonctionner le marteau, on abaisse d'abord le levier R, et la vapeur peut alors pénétrer dans la boîte à distribution voisine, puis, en abaissant et relevant successivement le second levier à main S, on admet la vapeur vers le bas du cylindre ou vers le haut en même temps que l'on démasque, dans le sens opposé, le conduit d'échappement : le piston monte donc et descend sous l'action de la vapeur, et, dans la course descendante, l'action de de la vapeur s'ajoute au poids de la masse frappante.

La manœuvre à la main s'effectue donc ainsi, en donnant au levier S un mouvement d'oscillation.

Un dispositif spécial permet la manœuvre automatique de l'outil.

Ce dispositif comporte un galet T fixé à la masse du marteau et se déplaçant, par conséquent, avec elle, et un levier courbe U dont l'oscillation, autour d'un axe fixe V,

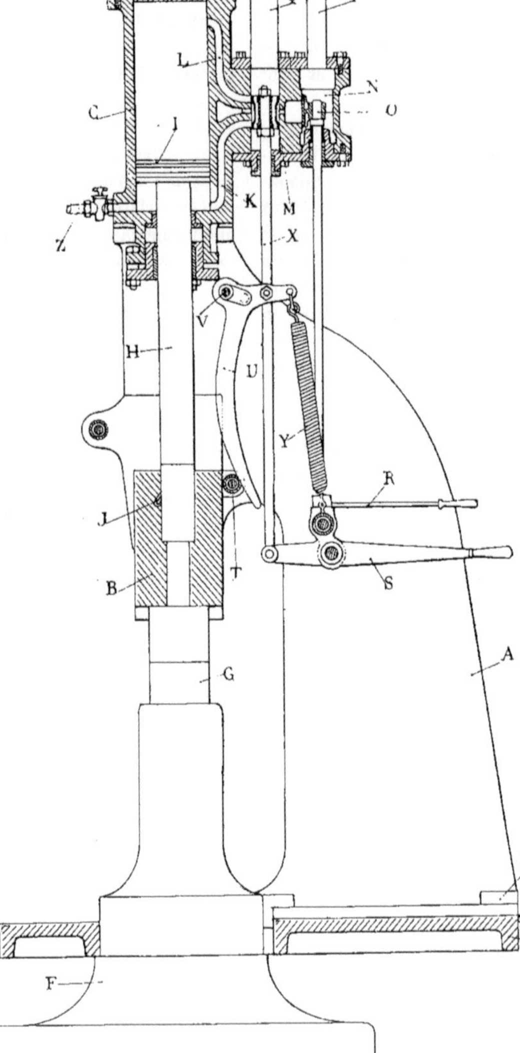

Fig. 178. — Marteau-pilon à double effet Massey. Coupe verticale.

donne, à la tringle de commande du tiroir de distribution, un mouvement vertical rectiligne qui déplace ce tiroir. Un bouton X permet, par son serrage, de faire osciller le levier courbe autour de l'axe V et un ressort à boudin Y, sert, par sa tension, à appliquer constamment le levier courbe contre le galet T solidaire de la masse du marteau.

Si la masse, supposée au bas de sa course, monte, son galet pousse sur le levier courbe U, le fait osciller en provoquant la montée de la tringle du tiroir de distribution M et le déplacement de celui-ci vers le haut. Lorsque la masse a atteint le haut de sa course, le galet a donné au levier courbe une excursion telle que le tiroir permet l'admission de vapeur à la partie supérieure du cylindre et le piston et la masse frappante descendent. Le ressort à boudin Y, en appliquant constamment le levier courbe sur le galet, produit le déplacement, vers le bas, du tiroir de distribution, et lorsque le piston arrive au bas de sa course, la vapeur est de nouveau admise dans le cylindre, mais au-dessous de ce piston et celui-ci recommence une course ascendante. Par la manœuvre automatique dès organes, donnée par le galet et le levier courbe, le fonctionnement du marteau-pilon se trouve assuré.

Une manette auxiliaire, placée sur le côté, permet, par sa manœuvre, de limiter et de rendre variable la course du tiroir de distribution, de sorte que l'on peut régler l'intensité du coup de marteau. Un purgeur Z est établi à la partie inférieure du cylindre.

Marteau-pilon à double effet du Creusot

(Fig. 179.) Cet outil a été établi pour fonctionner automatiquement. Sa masse pèse 250 kilos et a une hauteur de chute possible de 500 millimètres.

Ce marteau-pilon automoteur est constitué par un bâti A, formé d'un seul montant fait en fonte de fer et creux, et portant, à la hauteur de l'enclume, une ouverture permettant de présenter et de manipuler plus aisément les pièces à forger. Le montant est terminé à sa partie inférieure par une large embase qui supporte la chabotte B. Entre la chabotte et le socle du montant sont interposées deux couches de madriers en chêne C, placées dans des sens perpendiculaires. En outre, la chabotte, qui a la forme d'un tronc de pyramide quadrangulaire, est maintenue serrée contre les flancs de la cuve qui la reçoit et qui fait corps avec le bâti, au moyen de coins en bois fortement coincés.

Le bâti supportant la chabotte est disposé lui-même sur une fondation constituée par un lit de béton D, au-dessus duquel sont placées deux rangées de madriers en chêne E, croisées, servant d'appui au socle du marteau-pilon. Des boulons fixent le bâti à la fondation à travers le lit de béton et les deux couches de madriers en chêne.

Le cylindre à vapeur F est fixé par des boulons contre deux brides verticales disposées à la partie supérieure du montant.

Dans ce cylindre se meut un piston G muni de segments métalliques. Le piston est fait d'une seule pièce avec sa tige H, à laquelle est fixée, à sa partie inférieure, la masse du marteau I, et avec un prolongement de tige J placé au-dessus de lui et débordant du couvercle du cylindre.

Ce prolongement de tige est cylindrique comme la tige elle-même, mais elle porte, en outre, deux plats pratiqués sur sa longueur pour empêcher le piston et la masse frappante de tourner pendant leur mouvement alternatif vertical. La tige et la contre-tige sont guidées dans des presse-étoupe qui assurent leur étanchéité. La tige est fixée à la masse au moyen d'un ajustage conique et par le serrage d'une clavette. A la partie supérieure de la contre-tige est fixée une chape K portant, au bout, un coulisseau L qui se déplace dans une coulisse curviligne M. Cette coulisse forme une des branches d'un levier articulé en N et dont l'autre branche, plus courte, est reliée à la tige du tiroir de distribution O. Ce dispositif, ainsi que nous allons le voir, sert à assurer le fonctionnement automatique du marteau-pilon.

Le cylindre porte des conduits aboutissant à sa partie inférieure et à sa partie supérieure. Sur la glace du cylindre, où sont percés les orifices de ces conduits, se meut le tiroir de distribution O, mais entre ce tiroir et la glace est interposé un tiroir de réglage P, sorte de vanne limitant l'admission de vapeur et manœuvrée, par l'intermédiaire d'une tringle, à l'aide d'un levier à main Q. Le tiroir de distribution O est relié par sa tige verticale au dispositif de commande automatique.

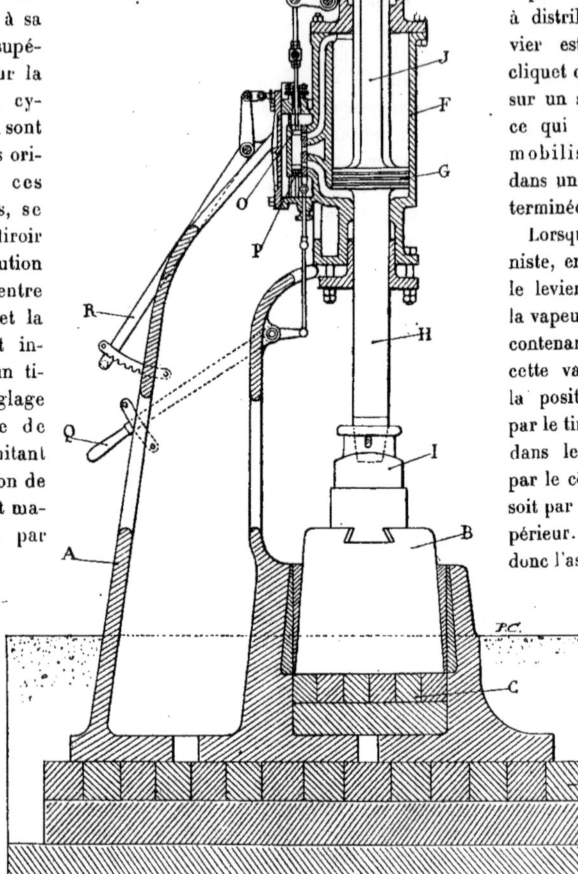

Fig. 179. — Marteau-pilon à double effet du Creusot. Coupe verticale.

Un second levier à main R, provoque le déplacement d'un petit tiroir horizontal qui obture ou découvre le conduit d'admission de vapeur dans la boîte à distribution. Ce levier est muni d'un cliquet qui se déplace sur un secteur denté, ce qui permet d'immobiliser le levier dans une position déterminée.

Lorsque le machiniste, en manœuvrant le levier R, admet de la vapeur dans la boîte contenant le tiroir O, cette vapeur, suivant la position occupée par le tiroir O, pénètre dans le cylindre soit par le conduit du bas, soit par le conduit supérieur. Elle provoque donc l'ascension ou la descente du piston. Si nous supposons le piston au bas de sa course et la masse portant sur la pièce à forger, le mouvement du levier détermine le soulèvement du piston. Lorsque celui-ci a atteint l'extrémité supérieure de sa course, la chape K s'est élevée et le coulisseau L qu'elle porte a repoussé vers la gauche la coulisse courbe M. Le levier, dont la coulisse forme une branche, oscille autour de son axe N et sa courte branche s'abaisse en provoquant la descente de la tige du tiroir de distribution O et de ce tiroir.

Ce mouvement met en communication la partie supérieure du cylindre avec l'arrivée de la vapeur et la partie inférieure du cylindre avec le conduit d'échappement. Le piston peut donc descendre, sollicité par son poids, par le poids de la masse dont il est solidaire et par l'action de la vapeur qui s'exerce sur sa face supérieure. Pendant ce mouvement descendant du piston, la chape fixée à l'extrémité de la contre-tige descend aussi et le coulisseau, en glissant dans la coulisse courbe, la ramène dans la position qu'elle occupait précédemment et pour laquelle, le piston étant au bas de sa course, le tiroir de distribution permet l'admission de vapeur dans le bas du cylindre et l'échappement dans le haut. Le piston, automatiquement, recommence une course ascendante et les mêmes mouvements se reproduisent, qui donnent à la masse frappante, et automatiquement, un mouvement vertical alternatif.

Le levier à main Q, qui donne un mouvement vertical au tiroir de réglage P, glissant entre le tiroir de distribution et la glace du cylindre, permet, par sa manœuvre, de faire varier l'intensité du coup de marteau. Le déplacement du tiroir P devant les orifices des lumières de distribution au cylindre, limite la section de ces orifices et les rend variables, de sorte que la vapeur est admise par un canal plus ou moins grand et agit, sur les faces du piston, avec une intensité plus ou moins considérable.

Marteau-pilon à double effet de la Société Alsacienne.

(Fig. 180.) C'est, comme l'outil précédent, un marteau-pilon de faible puissance. L'effort qu'il peut donner est de 300 kilos.

Il se compose d'un bâti A, constitué par un seul montant fait en fonte de fer creux, et percé, à la hauteur de l'enclume, d'une ouverture permettant de faire passer les pièces à forger. L'embase du montant, qui a une grande longueur, fait corps avec la chabotte B sur laquelle se trouve l'enclume C. A la partie supérieure du bâti est fixé le cylindre vertical D dans lequel se meut le piston E muni de segments élastiques formant joints.

Le piston est forgé d'une seule pièce avec sa tige F, à la partie inférieure de laquelle est assujettie la masse du marteau G. La tige cylindrique du piston porte, longitudinalement, deux plats qui l'empêchent de tourner; elle coulisse dans un presse-étoupe.

Le cylindre communique, par deux conduits, l'un H aboutissant à la partie supérieure et l'autre I, à la partie inférieure, avec une boîte à vapeur dans laquelle se meut verticalement un tiroir cylindrique J. Cette boîte à vapeur communique avec le conduit d'arrivée de vapeur K devant l'orifice duquel peut se déplacer un petit tiroir L destiné à régler l'admission de vapeur. La boîte à vapeur contenant le tiroir J est enfermée dans une capacité sur laquelle est branché le conduit d'échappement M.

Un levier à main N permet de déplacer le petit tiroir horizontal L et un second levier à main O actionne le tiroir de distribution vertical J.

Pour faire fonctionner le marteau, le machiniste manœuvre d'abord le levier à main N pour découvrir l'orifice d'admission de vapeur et en faire varier la quantité à admettre suivant les besoins. Cette vapeur, arrivant dans la boîte de distribution autour du tiroir cylindrique, pénètre dans le cylindre soit vers le bas, soit vers le haut, suivant la position donnée par le machiniste au second levier O et, par conséquent, au tiroir de distribution J. Le piston monte ou descend suivant le cas.

Toutefois, lorsque le piston effectue sa course ascendante, il faut que le mécanicien ait fait la manœuvre du levier qui actionne le tiroir J, avant que le piston soit parvenu à l'extrémité de sa course.

Pour éviter les chocs dans le cas où la manœuvre du levier serait faite avec du retard, un levier auxiliaire, solidaire de la tige du tiroir de distribution, peut être actionné par la masse frappante G, lorsque le piston atteint un certain point en haut de sa course. Il s'ensuit qu'avant que les chocs se produisent, ce levier soulevé par la masse imprime au tiroir de distribution un mouvement ascendant laissant pénétrer la vapeur au-dessus du piston, ce qui empêche le choc et détermine un mouvement du piston vers le bas.

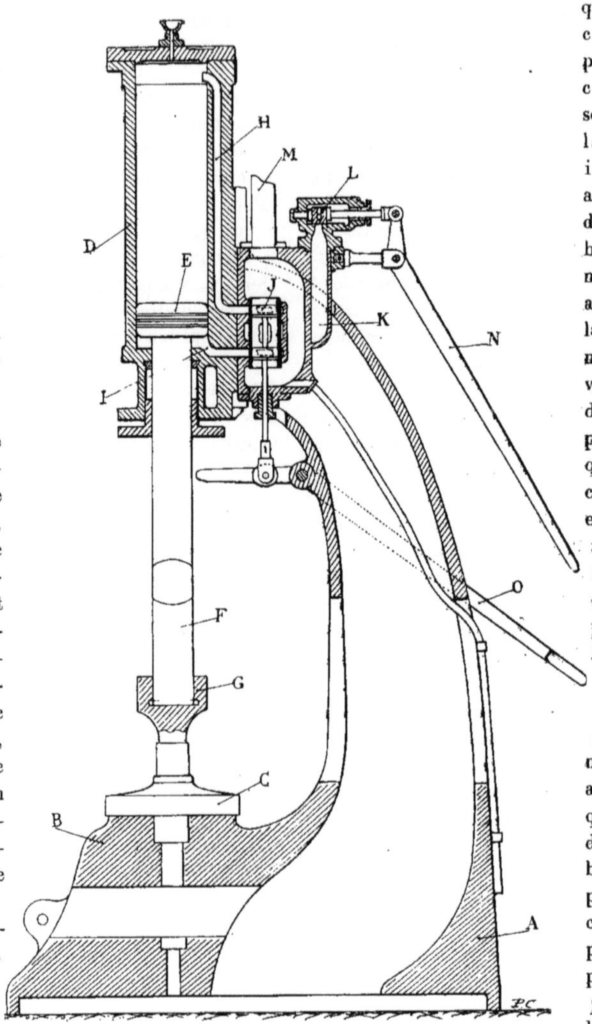

Dans ce marteau-pilon, la manœuvre automatique n'est donc établie que pour la descente du piston, ou plutôt pour provoquer l'arrêt du piston avant sa fin de course vers le haut. La manœuvre réelle de la masse frappante s'effectue à la main.

Fig. 180. — Marteau-pilon à double effet de la Société Alsacienne. Coupe verticale.

Fig 181. — Train de laminoir réversible à poutrelles. (Delattre et Cie.)

Marteau-pilon à double effet Sellers

(Fig. 182.) Ce marteau-pilon, construit dans les ateliers Sellers, de Philadelphie (États-Unis), et dont la masse frappante pèse 1.700 kilos, comporte un bâti constitué par

La chabotte D, placée entre les deux montants, est indépendante et supporte l'enclume.

Chacun des montants est fait en deux parties boulonnées, l'une verticale, l'au-

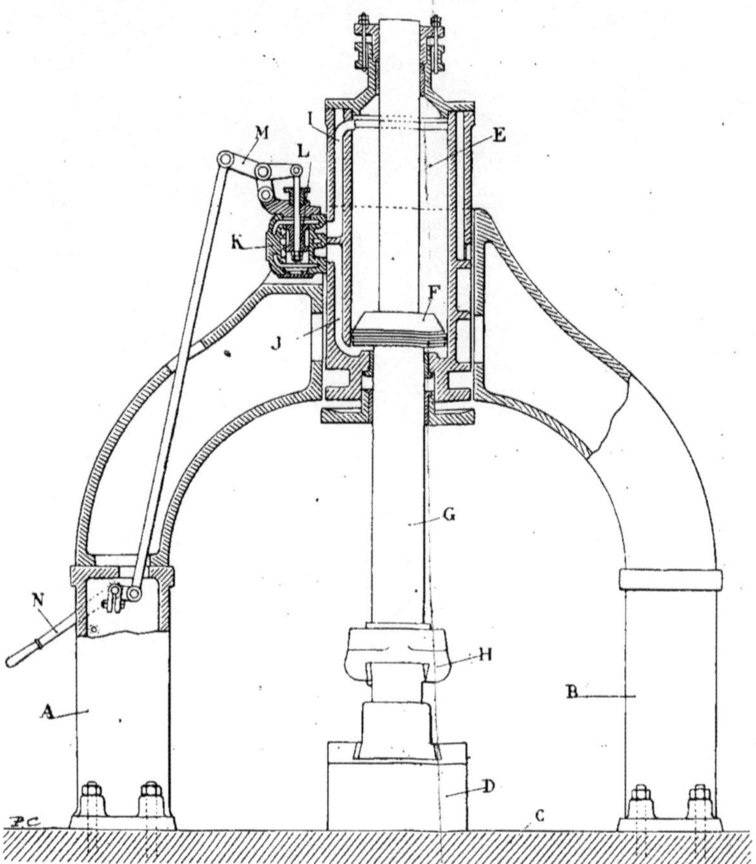

Fig. 182. — Marteau-pilon à double effet Sellers. Vue de face.

deux jambages A et B à forme cintrée. Ils reposent sur une plaque formant socle C, à laquelle ils sont solidement fixés par des boulons. La plaque est, elle-même, posée sur des massifs de maçonnerie dont elle est rendue solidaire.

tre cintrée. Chaque morceau est en fonte de fer et creux. A leur partie supérieure, les deux montants supportent le cylindre E qui est fixé sur eux par des boulons et qui les entretoise. Les boulons de fixation du cylindre placés à la partie inférieure et qui sont exposés à recevoir, par radiation, de la chaleur des pièces forgées, sont montés de façon à laisser un espace vide tout autour d'eux pour que l'air, en circulant, aide à leur refroidissement.

Dans le cylindre peut se mouvoir un piston F muni de segments élastiques. Le piston est soudé sur une longue tige G qui traverse les deux fonds du cylindre. La partie de la tige qui traverse le fond inférieur est cylindrique. Elle coulisse dans un presse-étoupe et est fixée, par son extrémité inférieure, à la masse frappante H.

La partie de la tige qui passe à travers le fond supérieur est cylindrique et a un diamètre plus faible que celui de l'autre partie. Elle porte, tout du long, un plat et coulisse dans un presse-étoupe portant également une partie plate de même dimension. Cette disposition empêche la tige du piston et la masse qu'elle porte, de tourner pendant le mouvement vertical alternatif du piston.

Deux conduits de vapeur I et J aboutissent dans le cylindre, en haut et en bas. Ils font communiquer ce cylindre avec la boîte de distribution K dans laquelle peut se déplacer verticalement un tiroir de distribution L. Ce tiroir est circulaire et reçoit un mouvement ascendant ou descendant, par l'oscillation d'un balancier M relié, par une tringle, à un levier à main N manœuvré par le machiniste.

Suivant le sens dans lequel on actionne ce levier à main, le tiroir L monte ou descend et admet la vapeur, qui est amenée dans la boîte de distribution par un conduit, dans le cylindre, soit en haut, soit en bas, et découvre, en même temps, du côté opposé, l'orifice d'échappement. Le piston descend ou monte et le marteau peut effectuer son travail.

Marteau-pilon à double effet Bement-Miles et Cie

(Fig. 183.) Ce marteau de 15.500 kilos comporte un bâti A fait en tôles et cornières, constitué par quatre montants formant chacun un pilier creux de section rectangulaire. Ces montants sont réunis deux à deux par une poutre faite également en plaques de tôle assemblées au moyen de cornières. Ces poutres sont entretoisées par des plaques en fer et supportent les glissières servant de guides à la masse frappante B. L'épaisseur des tôles des montants est de 28 millimètres et celle des poutres est de 23 millimètres.

Les montants sont fixés à leur partie inférieure, deux par deux, à une semelle de fonte reposant sur un massif de maçonnerie dont elle est rendue solidaire par le serrage de forts boulons. Les deux semelles C et D sont reliées par deux tirants cylindriques de 110 millimètres de diamètre qui rendent le socle indéformable.

Entre les semelles est disposée la chabotte E qui est faite en fonte de fer et a la forme d'un tronc de pyramide. La chabotte pèse 150.000 kilos et a été coulée, sur place, d'une seule pièce. Elle repose sur des fondations comportant, à la base, au fond d'une fosse creusée pour les recevoir, un lit de béton sur lequel sont disposées deux couches de madriers en chêne placés dans des directions perpendiculaires et boulonnés entre eux. Au-dessus des madriers se trouve une plaque en fonte de 20 centimètres d'épaisseur sur laquelle sont établis, debout, une série de madriers en chêne de 3m,500 de hauteur, serrés les uns contre les autres. La chabotte est placée au-dessus et supporte l'enclume F.

A la partie supérieure des montants est fixé le cylindre G fait en fonte de fer, dans lequel se meut le piston en acier forgé. Le diamètre du piston est de 1m,010 et il peut effectuer une course de 2m,750. La tige est fixée au piston par le serrage d'un écrou et cette tige est reliée à la masse frappante B par un dispositif à rotule dans lequel la tige peut prendre une certaine obliquité par rapport à la masse, grâce à la forme sphérique de son extrémité. Nous avons décrit précédemment ce mode de liaison.

La distribution s'effectue à l'aide d'un tiroir droit placé verticalement dans la boite à distribution I, dans laquelle la vapeur est admise par un conduit J sur lequel est placée une vanne permettant d'en régler l'introduction. Cette vanne peut être manœuvrée, du sol de l'atelier, par un machiniste, à l'aide d'un levier à main K. Un second levier à main L sert à déplacer verticalement le tiroir de distribution et à faire fonctionner le marteau en admettant successivement la vapeur au-dessus et au-dessous du piston.

Un dispositif spécial, composé d'un levier M placé à la partie supérieure des montants, sous le cylindre, sert à interrompre automatiquement l'admission de vapeur sous le piston lorsque celui-ci arrive à la fin de sa course ascendante, et à éviter ainsi que ce piston vienne buter contre le fond du cylindre si le machiniste n'a pas fait assez à temps la manœuvre qui provoque sa descente.

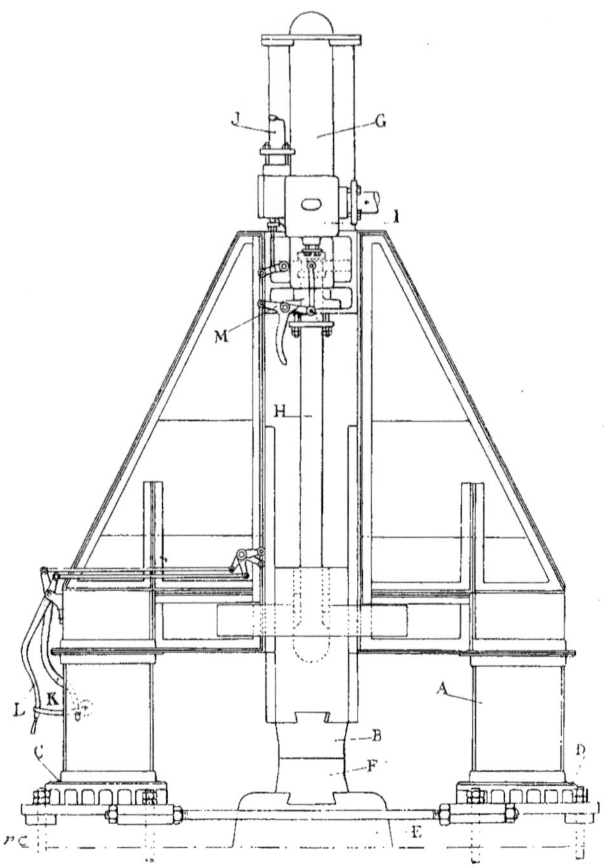

Fig. 183. — Marteau-pilon à double effet Bement-Miles et Cie. Vue de face.

Le levier M porte une branche courbe le long de laquelle un taquet fixé sur la partie supérieure de la masse frappante peut s'appuyer lorsque le piston approche de sa fin de course ascendante. En appuyant sur cette branche et en effectuant verticalement une certaine course, le taquet fait osciller le levier M et déplace le tiroir de distribution auquel il est relié. Celui-ci obture le conduit d'admission inférieur et le piston ne continue pas sa course ascendante. La manœuvre du levier à main L lui donne un mouvement alternatif vertical qui assure le fonctionnement du marteau-pilon.

PRESSES HYDRAULIQUES

PRESSE HYDRAULIQUE DE FOX.
ORGANES DE PRESSE HYDRAULIQUE : Cylindres. — Sommiers. — Bâtis. — Distribution.
PRESSES A FORGER : Haswell, Davy, du Creusot.
PRESSE A GABARIER DU CREUSOT.

Presse hydraulique La presse est utilisée, ainsi que le marteau-pilon, comme outil de forge; mais alors que le marteau-pilon agit par chocs successifs pour donner aux pièces à travailler la forme désirée, la presse agit par compression et sans choc. C'est une différence essentielle, qui détermine le choix du marteau-pilon ou de la presse, suivant la nature du travail à effectuer et, aussi, suivant la place dont on dispose. Une autre considération influe également sur le choix de l'un ou de l'autre outil. Si les vibrations et les ébranlements que produisent les marteaux-pilons pendant leur fonctionnement peuvent gêner les installations avoisinantes ou nuire à leur bonne marche, on remplace les marteaux-pilons, par les presses qui n'offrent pas cet inconvénient.

Les presses servant au travail des métaux ne sont pas toutes nécessairement des presses à forger. On fabrique des presses à découper à emboutir, à estamper, à cisailler, à frapper, à étirer, à forer, à cintrer, à border, etc., et un grand nombre d'autres presses spéciales, établies pour effectuer un travail bien déterminé, constamment le même. Nous n'allons examiner, à cette place, que les presses à forger qui sont, pour ainsi dire, toutes actionnées par la pression hydraulique. Certaines de ces presses sont cependant actionnées mécaniquement. Nous en donnerons un exemple dans le chapitre des outils à forger divers.

La presse hydraulique, dont le principe est dû à Pascal, est basée sur les propriétés que possèdent les liquides d'être incompressibles et de transmettre également, dans tous les sens, la pression qu'ils reçoivent. Elle est constituée, en principe, par un grand cylindre A (Fig. 184) dans lequel peut se mouvoir un piston B. A la partie inférieure du cylindre, aboutit un tuyau C qui communique, d'autre part, avec un corps de pompe D dans lequel se déplace un piston E de petit diamètre. Cette pompe aspire de l'eau dans une bâche ou un réservoir à l'aide du conduit F. Deux clapets G et H sont disposés l'un, sur l'orifice du tuyau d'aspiration F, l'autre, sur le conduit de refoulement C. L'étanchéité du grand piston est assurée dans son cylindre par un presse-étoupe et il porte, à sa partie supérieure, un plateau I, lequel, par l'ascension du piston A, vient presser le corps placé au-dessus de lui, contre la traverse fixe J supportée par des colonnes K.

Cette presse hydraulique n'a pas les dispositions des presses à forger que nous allons examiner, mais son fonctionnement procède du même principe.

Lorsqu'on donne à la main ou mécaniquement un mouvement vertical alternatif au piston E de la pompe D, on aspire de l'eau par le tuyau F et on la refoule dans le conduit C, grâce au jeu des deux clapets G et H qui s'ouvrent et se ferment au moment voulu. L'eau refoulée dans le conduit C pénètre dans le cylindre A sous le gros piston B et exerce sa pression sur lui. La pression de l'eau donnée par le petit piston se transmet intégralement au grand piston avec la même valeur, par unité de surface. Il en résulte que si le grand piston a une surface dix fois plus grande que celle du petit, par exemple, l'effort qui soulèvera ce grand piston sera dix fois plus considérable que l'effort exercé sur le petit piston pour produire cet effet. Par contre, la course du grand piston sera dix fois plus petite que la course que l'on est obligé de faire parcourir au petit piston pour refouler l'eau. On voit donc qu'il est possible, à l'aide d'un petit effort, d'obtenir une pression considérable entre le plateau fixe et le plateau mobile de la presse, mais le serrage des corps placés entre ces plateaux ne s'effectue que lentement.

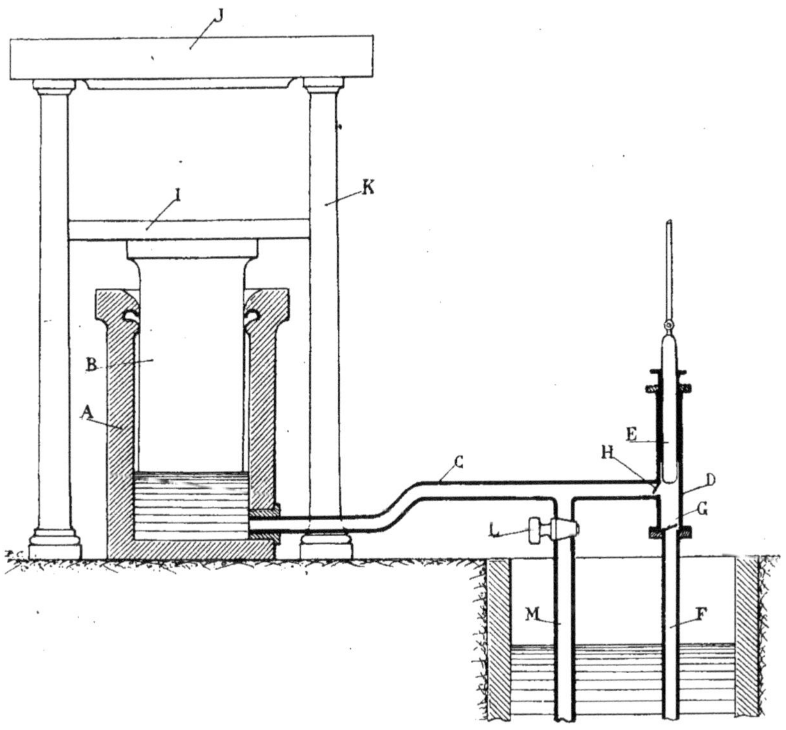

Fig. 184. — Presse hydraulique.

Si nous supposons qu'on interpose entre les deux plateaux une barre de fer rougie, on comprimera cette barre à l'épaisseur désirée et à la forme appropriée, si on donne aux plateaux d'appui les formes convenables. On comprend que l'on puisse, par ce procédé, forger et étamper des pièces, mais, pour la commodité du travail la disposition des organes est différente.

Pour permettre au grand piston de descendre, lorsque la pression entre les plateaux s'est exercée pendant un temps suffisant, on a disposé sur le tuyau C un dispositif L : robinet, vanne, ou clapet, que l'on ouvre pour provoquer cette descente. L'ouverture de cet organe met en communication le conduit C et, par conséquent, le cylindre A, avec un conduit d'évacuation de l'eau M, et le piston B descend par son poids, en chassant dans ce conduit l'eau contenue au-dessous de lui dans le cylindre.

Pour faire effectuer une autre course ascendante au piston et produire un nouveau travail, on ferme le robinet d'évacuation L et on donne au petit piston une nouvelle succession de mouvements alternatifs verticaux.

Voilà le principe de fonctionnement de la presse hydraulique, qui a reçu, dans l'industrie métallurgique, de très importantes applications.

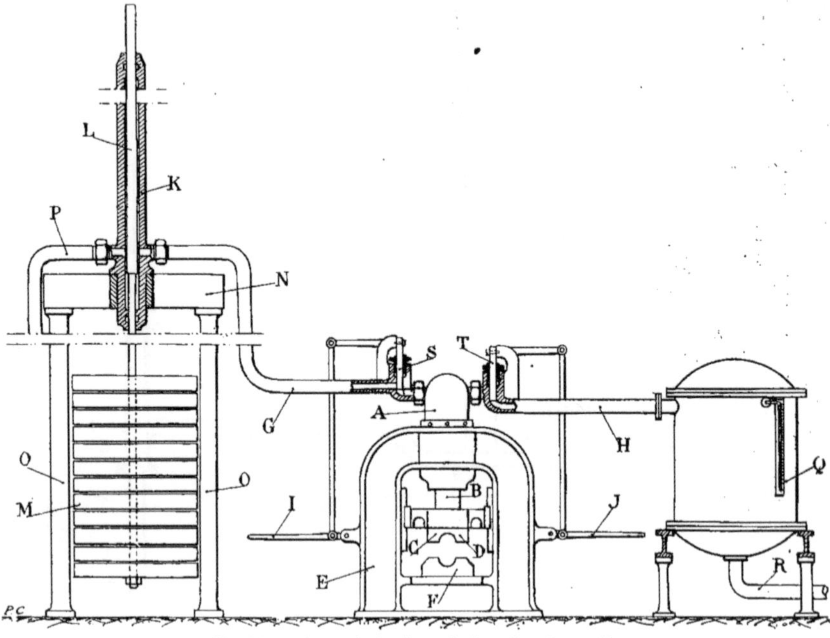

Fig. 185. — Presse hydraulique de Fox. Vue d'ensemble.

Les premières applications faites avec la presse à forger de Fox datent de l'année 1847.

Presse hydraulique de Fox

(Fig. 185.) Cette presse se compose d'un corps cylindrique A, dans lequel se meut un piston B solidaire d'une traverse C dont les extrémités glissent dans des coulisses verticales fixées sur le bâti et guident, par conséquent, le piston dans son mouve-

Fig. 186. — Presse à forger de 3.000 tonnes. — Forgeage sur mandrin. Usines du Creusot.

ment vertical. Au bout du piston est fixé le plateau d'appui ou l'étampe D qui presse sur la pièce à forger.

Le bâti E, d'une seule pièce, formé de deux montants, supporte le cylindre et le plateau d'appui fixe, l'enclume ou la sous-étampe F sur lesquelles repose la pièce à forger.

A l'extrémité supérieure du bâti est branché un conduit G qui amène l'eau sous pression dans le cylindre. Du côté diamétralement opposé est branché un autre conduit H, qui est le tuyau d'évacuation. Sur chacun de ces conduits est placée, verticalement, une soupape que l'on peut monter ou descendre par la manœuvre de deux leviers I et J, par l'intermédiaire de tringles et de leviers.

L'eau sous pression est envoyée dans le conduit G et dans le cylindre de la presse par l'intermédiaire d'un accumulateur, et non directement de la pompe.

L'accumulateur est constitué par un corps cylindrique K, vertical, dans lequel se meut une tige L formant piston et débordant des deux extrémités du corps cylindrique. La tige comporte deux diamètres différents. A sa partie inférieure est fixée une série de rondelles lourdes M qui constituent le contrepoids de manœuvre de l'accumulateur. Le corps cylindrique K est fixé sur une traverse N qui est supportée par des colonnes O permettant le libre mouvement vertical du contrepoids. Un conduit P fait communiquer la pompe avec le corps cylindrique, et l'autre conduit G met en communication ce corps cylindrique avec le cylindre de la presse A.

Dans la presse primitive de Fox, le conduit d'évacuation H aboutissait dans un récipient Q portant à sa partie inférieure un tuyau R branché sur une pompe à air destinée à faire le vide dans le récipient Q.

Les soupapes S et T placées sur les conduits G et H sont normalement fermées. Pour mettre en charge l'accumulateur, on envoie, à l'aide d'une pompe, l'eau sous pression dans le corps cylindrique K, par l'intermédiaire du tuyau P. Cette eau agit sur la surface annulaire du piston L résultant de la différence des diamètres. Elle soulève donc le piston et la pile de rondelles M formant contrepoids. Lorsque ces rondelles ont atteint le haut de leur course, l'accumulateur possède son maximum de charge. On peut, alors, indépendamment du fonctionnement de la pompe à eau, faire fonctionner la presse.

Pour cela, le vide étant fait par la pompe à air, et par l'intermédiaire du tuyau R, dans le récipient Q, on manœuvre le levier I de façon à soulever la soupape S. Cette manœuvre découvre l'orifice du tuyau G, et l'eau contenue dans le corps cylindrique K, pressée par le piston L auquel la pile des rondelles donne, par son poids, un mouvement descendant, arrive dans le cylindre de la presse A et exerce son action sur la face supérieure du piston qu'il contient. Celui-ci, qui appuie, par l'intermédiaire de la masse, sur la pièce à forger, descend lentement et presse sur la pièce. Lorsqu'on veut faire cesser la pression, on ferme la soupape d'admission d'eau S par une manœuvre appropriée du levier I; mais il faut encore provoquer la montée du piston B et de la masse pour dégager la pièce, la retourner et produire un autre effort sur elle. Ce mouvement est obtenu par la manœuvre du levier J, à l'aide duquel on soulève la soupape T qui découvre l'orifice du conduit H. Cette manœuvre met en communication le cylindre A de la presse et le récipient Q dans lequel on a fait le vide. L'eau contenue dans le cylindre est aspirée dans le récipient par le tuyau H, et la dépression qui se produit dans le cylindre A, sur la face supérieure du piston, provoque l'ascension de celui-ci.

En fermant la soupape T et en ouvrant la soupape S, à l'aide du levier I, on admet de nouveau l'eau sous pression sur le piston B et on le fait descendre, et ainsi de suite.

Le fonctionnement de la presse est donc assuré par la manœuvre successive des deux leviers I et J, en maintenant le contrepoids M toujours relevé à l'aide de la pompe à eau et en entretenant le vide dans le récipient Q à l'aide de la pompe à air.

Cette presse hydraulique a été modifiée par la suppression du récipient à vide, et son remplacement par un dispositif permettant au piston de remonter par la pression même de l'eau s'exerçant sur un petit piston auxiliaire, en même temps que le conduit d'évacuation du cylindre est ouvert par la manœuvre d'une soupape.

Cette presse primitive a été transformée et les presses actuellement employées ont parfois de grandes puissances et ont une forme et des dimensions différentes.

Le bâti est souvent constitué par des colonnes supportant le cylindre ; le piston se déplace généralement de haut en bas pour effectuer sa course active. Dans quelques types seulement la course active du piston s'effectue de bas en haut.

La puissance d'une presse est déterminée par le produit de la section du piston et de la pression de l'eau qui agit sur lui.

Nous décrirons plus loin une presse utilisée dans les usines du Creusot, d'une puissance de 6.000.000 de kilos.

Examinons auparavant les divers organes qui composent une presse en signalant leurs particularités.

Organes de presse hydraulique

Ainsi que nous venons de le voir dans la description de la presse hydraulique, cet outil comporte, en principe, un *cylindre,* contenant un *piston,* un *bâti,* constitué assez souvent par des colonnes et des *sommiers* assemblés, et le dispositif de *distribution.* Les pompes à eau alimentent directement la presse ou sont utilisées pour charger les accumulateurs hydrauliques et ces accumulateurs sont indépendants de la presse et peuvent être de types quelconques.

Cylindre et piston

Le cylindre d'une presse hydraulique est appelé assez souvent *pot de presse.* C'est un corps cylindrique, généralement fait en fonte de fer, dans lequel l'eau est envoyée sous pression pour mouvoir un piston qui y coulisse. Le cylindre doit donc être fait en métal de bonne qualité et ses parois doivent avoir une épaisseur régulière et suffisamment grande pour résister dans tous les sens à la pression de l'eau.

Certains cylindres en fonte ont été munis d'une chemise en acier doux, ajustée à force et servant de guide au piston. Pour supporter de fortes pressions, on peut faire les cylindres en bronze ou en acier.

Les cylindres peuvent être disposés, dans la presse, soit au-dessus du bâti, soit au-dessous. Lorsqu'ils sont placés au-dessus, le piston travaille en se déplaçant du haut en bas. Au contraire, lorsque le cylindre est à la partie inférieure du bâti, la course active du piston est dirigée du bas vers le haut. Il convient, évidemment, pour les deux cas, que la pièce soit serrée contre une traverse fixe ou *sommier,* mais dans un cas la traverse fixe qui supporte l'enclume ou l'étampe est en bas; dans l'autre cas, elle est en haut.

Lorsque le piston travaille en descendant, son poids s'ajoute à la pression qu'il reçoit pour exercer son action sur la pièce à forger, mais, par contre, son relevage nécessite des dispositifs parfois compliqués et une dépense d'eau supplémentaire.

Quand le piston travaille en montant, il doit soulever, en dehors de son poids, le poids de la pièce qu'il supporte et qu'il va presser contre le sommier supérieur, mais lors de sa course descendante, son poids seul suffit à le ramener en bas, après ouverture de l'orifice d'évacuation de l'eau.

Les deux dispositions offrent donc leurs

avantages et leurs inconvénients. Cependant, la plus grande partie des presses à forger sont disposées pour que le piston effectue sa course active en descendant, le placement et la manipulation des pièces étant plus aisés lorsque l'enclume est, le plus possible, placée à peu de hauteur au-dessus du sol. D'ailleurs, les poids de pistons et de marteaux ou même de pièces à remonter ne sont, le plus souvent, sauf dans quelque cas spéciaux, qu'une très faible partie de l'effort que peuvent donner des presses de grandes puissances.

Bâti Les bâtis de presses hydrauliques ne sont presque jamais faits en une seule pièce, sauf pour les cas d'outils de faibles puissances.

Le bâti se compose, dans le cas le plus général, de la presse avec cylindre à la partie supérieure, d'une traverse sur laquelle est fixé le cylindre et qui constitue le sommier supérieur. Cette traverse, faite en fonte de fer, est consolidée par des nervures et est supportée par quatre colonnes cylindriques reposant, à leur partie inférieure, sur un socle métallique commun fixé sur un bloc maçonné.

Suivant le type de presse et le mode de guidage du piston, les colonnes portent, fixées à elles, des glissières servant de guides au piston sur lequel est disposée, dans ce cas, une traverse dont les extrémités s'engagent dans les glissières.

Quelquefois, une forte entretoise en fonte de fer réunit les colonnes à la moitié de leur hauteur et au centre de l'entretoise est percé un trou cylindrique dans lequel coulisse le piston plongeur et qui lui sert de guide.

Le sommier inférieur du bâti, qui est le socle métallique servant de liaison aux colonnes et sur lequel elles sont fixées, porte l'enclume à sa partie centrale.

Distribution Les dispositifs de distribution consistent, dans les presses hydrauliques, à découvrir ou à obturer des orifices de conduits par lesquels arrive l'eau sous pression ou s'échappe l'eau qui a effectué son travail.

Les pressions que supportent ces organes de distribution peuvent être considérables et dépasser 200 atmosphères. Il importe donc qu'ils soient équilibrés, c'est-à-dire que la pression s'exerce d'une façon sensiblement égale sur tout le pourtour de l'organe. Cette condition est d'autant plus indispensable que la pression reçue est plus forte, car l'effort nécessaire pour soulever l'organe non équilibré croît en même temps que la pression. En outre, lorsque cet organe rendu libre de son mouvement retombe sur son siège, s'il y est appliqué par un effort considérable, les parties rodées qui doivent former joint étanche, se matent et se détériorent et des fuites se produisent, qui nuisent au fonctionnement normal de la presse.

Les organes de distribution sont des distributeurs circulaires ou des tiroirs rectilignes. Les distributeurs cylindriques sont des sortes de petits pistons équilibrés manœuvrant dans des corps cylindriques spéciaux mis en communication avec le conduit d'admission d'eau ou le conduit d'évacuation, et le cylindre de presse où se meut le piston actif. Ces distributeurs sont munis de segments métalliques élastiques destinés à assurer leur étanchéité dans leur boisseau.

Les tiroirs de distribution rectilignes sont aussi équilibrés et manœuvrés soit par action directe sur leur tige, laquelle déborde de la boîte à distribution, soit par tout autre dispositif pouvant provoquer son déplacement rectiligne alternatif. La figure 187 représente un de ces dispositifs.

La boîte à distribution A, fixée contre le bâti de la presse, communique avec le cylindre par le conduit B. Dans cette boîte est disposée une glace parfaitement dressée C, sur laquelle peuvent glisser les deux tiroirs de distribution D et E. Ces tiroirs sont guidés dans des coulisses et sont actionnés par l'intermédiaire de tiges cylindriques sortant de la boîte de distribution et commandées par des leviers.

Le tiroir d'admission D est placé dans un compartiment F dans lequel arrive, par un conduit G, l'eau sous pression. Le tiroir se déplace devant un orifice H qui débouche dans le conduit B communiquant avec le cylindre. Le déplacement est donné au tiroir par la tige cylindrique I, à laquelle on imprime un mouvement d'oscillation en tirant sur le bras d'un levier J solidaire de la tige.

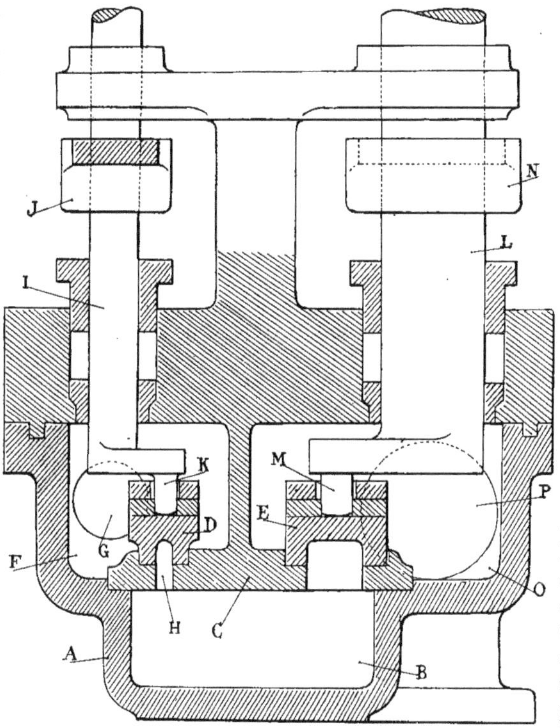

Fig. 187. — Distribution de presse hydraulique.

Le mouvement d'oscillation provoque, par l'intermédiaire du maneton de manivelle K, placé en bout de la tige, le déplacement du tiroir dans deux sens opposés correspondant au sens du mouvement de la tige. La course du tiroir dans un sens fait communiquer le conduit d'admission d'eau avec le cylindre de la presse. L'action de l'eau détermine la course active du piston.

Lorsque ce piston a atteint l'extrémité de sa course, on interrompt l'admission d'eau dans le cylindre en déplaçant le tiroir de façon à obturer l'orifice H, et ce même mouvement peut permettre de diriger l'eau sous pression dans l'organe qui produit le remontage du piston. On donne alors un mouvement d'oscillation à la tige L qui commande, par l'intermédiaire du maneton M, le mouvement du tiroir d'échappement E. C'est en agissant sur le bras d'un autre levier N que l'on obtient ce mouvement d'oscillation qui déplace rectilignement le tiroir E et fait communiquer le conduit B, aboutissant au cylindre, avec le compartiment O dans lequel débouche le conduit d'évacuation P. L'eau refoulée par le piston dans sa course ascendante est donc évacuée par le conduit P.

Voilà les principaux organes de la presse hydraulique dont nous allons examiner quelques types.

Presse de Haswell (Fig. 188 et 189.) Cette presse ne comporte pas d'accumu-

lindre du moteur à vapeur est disposé horizontalement et son piston est rendu soli-

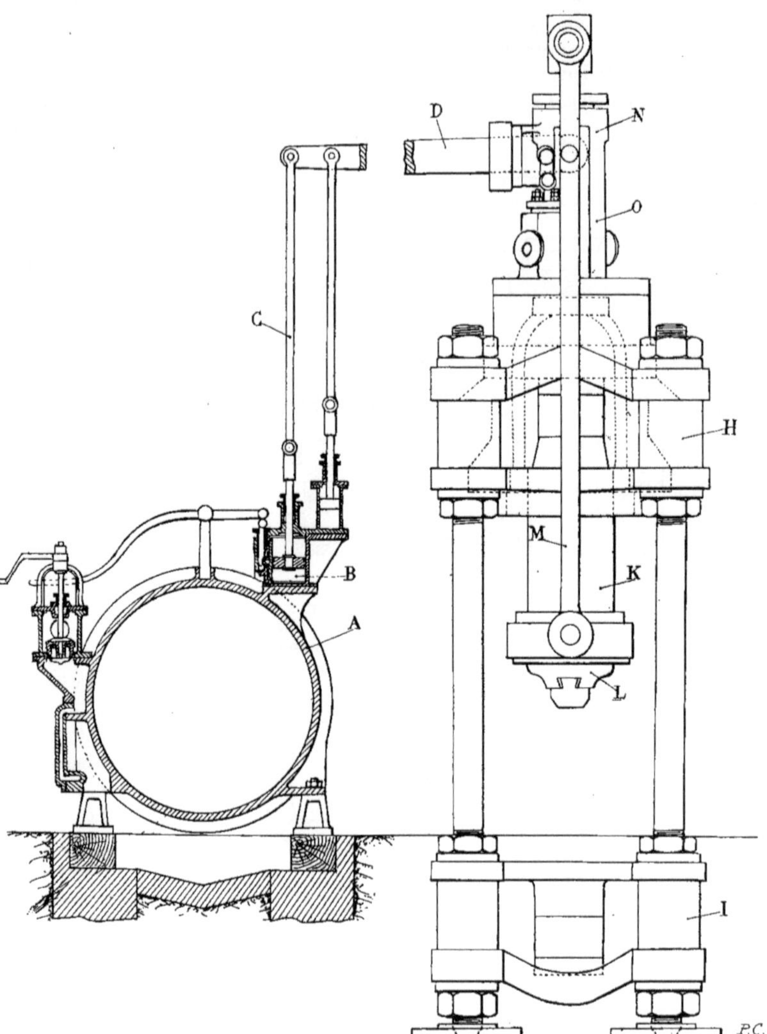

Fig. 188. - Presse hydraulique de Haswel. Vue de profil.

lateur; elle fonctionne par la pression de l'eau envoyée directement de deux pompes actionnées par un moteur à vapeur. Le cy-

daire d'une tige qui se prolonge en dehors du cylindre sur chacun des côtés. Les deux extrémités débordantes de la tige font office, chacune, de piston plongeur en se déplaçant horizontalement d'un mouvement alternatif dans un corps cylindrique constituant une pompe. L'installation comporte deux pompes placées horizontalement, actionnées par le piston du moteur à vapeur. Chaque pompe est munie d'une soupape d'aspiration et d'une soupape de refoulement. Ce sont donc des pompes aspirantes et foulantes qui puisent l'eau dans un réservoir ou une fosse et la refoulent dans les cylindres de la presse, qui en comporte deux superposés : un, de grand diamètre, dans lequel se meut le piston effectuant le travail de compression, et un autre, plus petit, qui sert à actionner le piston actif pour le replacer en haut de sa course.

L'une des deux pompes est munie de conduits appropriés pour envoyer l'eau sous pression dans le grand cylindre et pour produire, par conséquent, le travail de forgeage; l'autre communique avec le petit cylindre et agit sur le piston de petit diamètre qu'il contient pour lui donner une course ascendante, ce qui produit l'élévation du grand piston rendu solidaire du petit piston auxiliaire.

Les deux pompes, par suite de la disposition des tiges, refoulent donc successivement dans leurs cylindres respectifs, ce qui correspond bien à un mouvement alternatif du grand piston vers le haut et vers le bas.

La distribution de la machine à vapeur munie d'un tiroir à coquille rectiligne, s'effectue automatiquement par l'intermédiaire d'une commande disposée sur la tige du piston. Cet organe, en butant alternativement contre deux taquets portés par une tige rendue solidaire du tiroir, met en mouvement un petit piston auxiliaire qui provoque le déplacement du tiroir de la machine à vapeur.

A la partie supérieure du cylindre à vapeur A (Fig. 188) sont placés deux corps cylindriques B dans lesquels sont disposés deux pistons solidaires des tiges verticales. Ces deux tiges C et D sont reliées, à leur extrémité supérieure, avec deux balanciers horizontaux D, qui commandent eux-mêmes le mouvement vertical de deux soupapes F et G dont la manœuvre assure la distribution de l'eau dans la presse et son fonctionnement. Les petits cylindres B sont munis chacun d'un petit tiroir et leurs pistons sont actionnés par la vapeur.

Chacun de ces cylindres reçoit donc la vapeur par un conduit et l'évacue par un autre. Ces deux conduits auxiliaires d'admission de vapeur et d'échappement aboutissent, respectivement, aux conduits d'admission et d'échappement de la machine à vapeur.

Le moteur à vapeur et les pompes qu'il actionne sont montés sur un socle commun et la presse est disposée à côté, sur un socle indépendant; les deux balanciers reliés aux soupapes de distribution et les deux conduits de refoulement d'eau provenant des deux pompes forment la seule liaison entre le moteur et la presse.

La presse est constituée par deux sommiers H et I disposés l'un en haut, l'autre en bas de l'outil. Le sommier supérieur H fait corps avec le cylindre, ou pot de presse, garni d'une chemise J dans laquelle coulisse le piston K supportant la masse L qui appuie sur la pièce à forger. Le piston est muni d'un collier qui le rend solidaire, par l'intermédiaire de deux bielles M, du piston de petit diamètre se déplaçant dans le cylindre N placé au-dessus du grand cylindre. Ce petit cylindre est pris dans la pièce O portant les conduits de distribution d'eau et les soupapes d'admission et d'échappement F et G. L'un des conduits P sert à amener l'eau sous pression d'une des pompes; l'autre conduit Q apporte l'eau sous pression provenant de l'autre pompe.

Le sommier inférieur I de la presse supporte l'enclume et les deux sommiers sont très rigidement reliés à l'aide de colonnes fixées par de forts écrous.

Lorsque le moteur à vapeur est mis en

marche, il fonctionne automatiquement en actionnant les pompes. Si, à l'aide d'un levier, on manœuvre le tiroir du petit cylindre B correspondant à la soupape d'admission, on provoque le soulèvement de cette soupape par l'intermédiaire de la tige C et du balancier D. L'eau sous pression arrivant par le conduit P pénètre dans le grand cylindre, au-dessus du piston K et, par son action, pousse ce piston vers le bas et détermine la compression de la pièce posée sur l'enclume.

Mais, à ce moment, le piston du moteur à vapeur parcourt une course en sens inverse, de sorte que c'est l'autre pompe qui refoule l'eau dans le petit cylindre supérieur N par le conduit Q. Le piston qui se meut dans ce cylindre, et qui est relié au grand par les bielles M, se trouve, lui aussi, à ce moment, au bas de sa course. L'eau sous pression le soulève et le grand piston remonte, en même temps, en refoulant l'eau qui est au-dessus de lui dans le conduit P puisque la soupape F est levée, et, de là, dans la pompe.

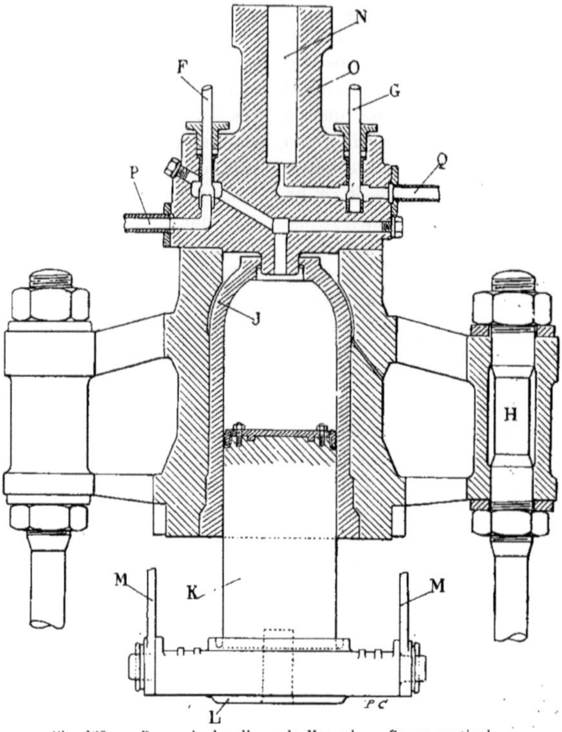

Fig. 189. — Presse hydraulique de Haswel. — Coupe verticale.

Lorsque cette pompe entre de nouveau en action à la course suivante du piston à vapeur, l'eau est de nouveau refoulée dans le grand cylindre et une autre course active du grand piston se produit suivie d'une autre course ascendante.

Le mouvement de la presse peut donc être automatique en maintenant levée la soupape F. Si on ouvre à la fois les deux soupapes F et G, on établit la communication entre les conduits P et Q, et par conséquent entre les deux pompes. Ces pompes refoulent l'eau l'une dans l'autre à chaque coup du piston à vapeur, et la masse de la presse reste constamment appuyée sur la pièce à forger.

Si, au contraire, on ferme les deux soupapes au moment où les pistons de la presse ont atteint l'extrémité de leur course supérieure en arrêtant le moteur, la masse demeure suspendue, l'eau remplissant le cylindre supérieur et empêchant la descente des pistons.

Cette presse, qui a été parmi les pre-

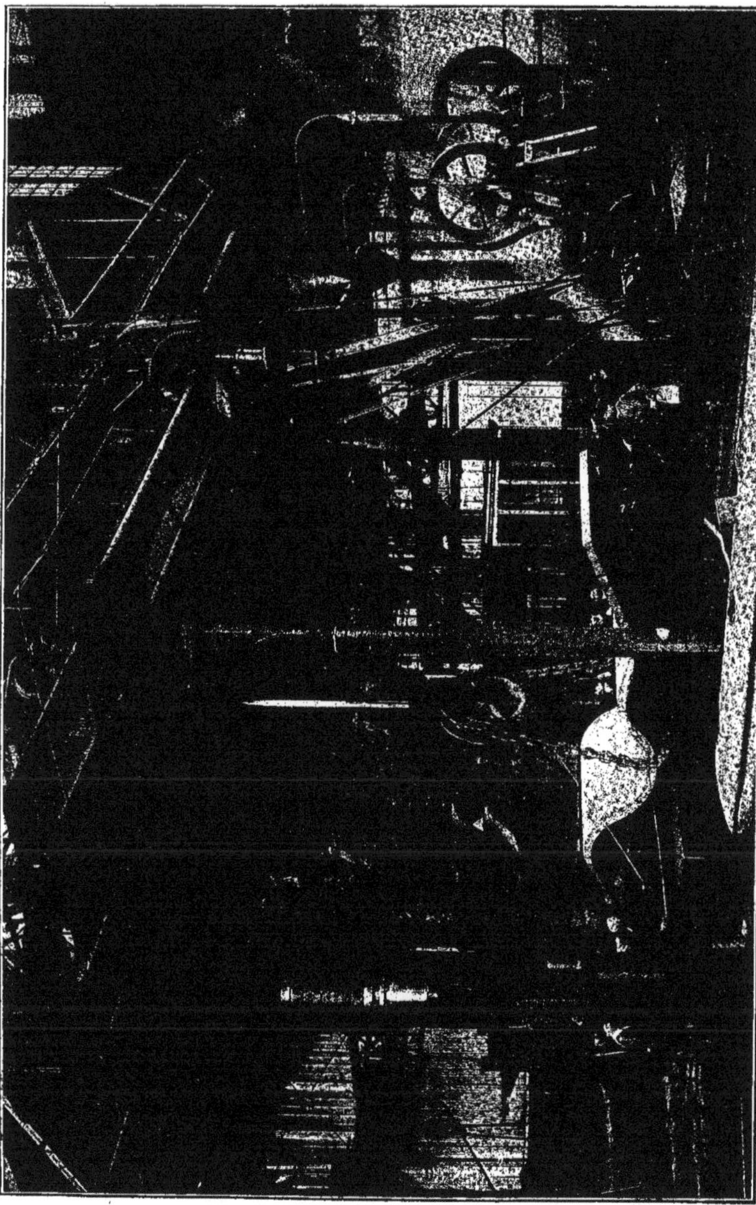

Fig. 190. — Presse à gabarier de 6.000 tonnes. — Usines du Creusot.

mières employées, a reçu des modifications qui ont très notablement simplifié son mécanisme.

Presse Davy (Fig. 191.) Elle se compose d'un bâti constitué par deux sommiers A et B réunis par quatre colonnes verticales C les assemblant solidement de façon à former un tout rigide.

Le sommier supérieur, en acier fondu, fait corps avec deux cylindres dans lesquels se meuvent deux pistons D et E actionnant une pièce commune F supportant la masse de compression G. Les pistons moteurs ont un diamètre de 0m,915 et effectuent une course de 2m,820. On utilise donc, dans cette presse, la pression d'eau qui s'exerce simultanément sur les deux pistons.

La pièce F portant la masse est guidée par ses deux extrémités qui coulissent dans des glissières supportées par les colonnes. En outre, elle se prolonge, à la partie supérieure, par une tige disposée entre les deux pistons, qui est elle-même guidée dans un manchon cylindrique vertical fixé sur le sommier supérieur. La pièce porte-masse, se trouvant ainsi parfaitement guidée, n'est pas reliée rigidement aux deux pistons moteurs. Ceux-ci appliquent simplement sur elle par leur extrémité terminée en forme de sphère. Cette disposition dermet le libre jeu de la dilatation des prganes chauffés, oendant le travail, par le rayonnement provenant des pièces forgées. Les pistons D et E poussent donc du haut vers le bas la pièce F, mais ils ne peuvent la remonter puisqu'ils ne sont pas reliés à cette pièce. Ce sont deux autres

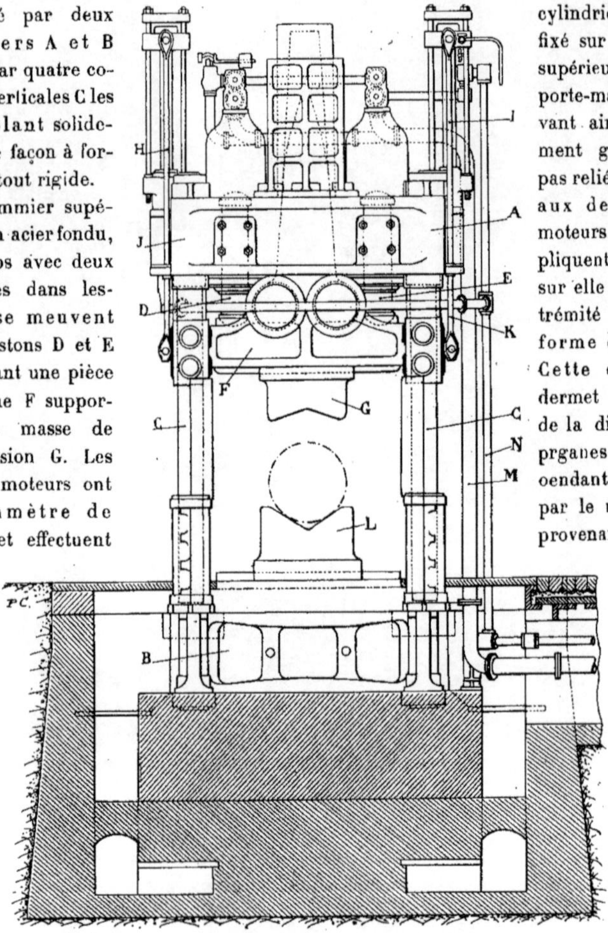

Fig. 191. — Presse hydraulique Davy.

pistons auxiliaires H et I, disposés un de chaque côté de la presse, qui font cet office. Ces *pistons releveurs* ont un plus petit diamètre que les *pistons moteurs*. Ce diamètre est de $0^{m},23$ et leur course est de $2^{m},135$. Ils sont reliés à la pièce porte-masse par deux doubles bielles J et K fixées au bout de cette pièce F et coulissent dans deux cylindres portés par le sommier supérieur.

Le sommier inférieur B est une robuste pièce en acier fondu supportant l'enclume L et reposant sur un bloc de maçonnerie posé lui-même sur les fondations.

La hauteur de la presse entre les faces intérieures des deux sommiers est de $6^{m},40$. Le sommier inférieur est tout entier au-dessous du sol et la hauteur totale de la presse au-dessus du sol est de 11 mètres. L'écartement des colonnes est de $4^{m},570$ d'axe en axe dans un sens et de $1^{m},930$ dans l'autre sens.

Le fonctionnement de la presse est obtenu par deux canalisations d'eau : l'une à basse pression, l'autre à haute pression. Ce sont trois pompes à simple effet actionnées par une machine à vapeur à deux cylindres qui fournissent l'énergie hydraulique. L'alimentation des pompes est faite sous une pression de $4^{k},600$ par centimètre carré. La haute pression hydraulique obtenue atteint 330 kilos par centimètre carré.

Des conduits d'eau M et N à basse et à haute pression aboutissent aux cylindres. Des valves de distribution sont placées sur ces conduits et peuvent être manœuvrées par un seul levier.

Un autre levier sert à mettre les pompes en marche ou à les arrêter.

Sur les conduits à basse pression sont disposées des valves de grands diamètres permettant l'admission rapide d'un grand volume d'eau.

Pour faire descendre la masse d'appui, on ouvre les valves des conduits de basse pression des grands cylindres et en même temps les valves d'échappement des cylindres releveurs. Les gros pistons descendent rapidement en poussant sur la pièce F support de masse. Lorsque la masse repose sur la pièce à forger, on met les pompes en marche et on met en communication les orifices des valves avec les conduits de haute pression en interceptant ceux de basse pression. C'est l'eau à haute pression qui effectue le travail de compression en agissant sur les gros pistons qui transmettent eux-mêmes cette action à la pièce F et à la masse G.

Pour effectuer le relevage, on ouvre les grandes valves des petits cylindres de façon à y admettre l'eau à basse pression qui agit sur les petits pistons et leur donne un mouvement ascendant. Comme ces pistons sont reliés avec la masse, celle-ci remonte, et sa vitesse de relevage est plus considérable que la vitesse de descente des grands pistons, par suite du petit diamètre de ces pistons par rapport à celui des pistons effectuant le travail de forge. Cette vitesse est de $0^{m},610$ par seconde.

On voit que l'eau à basse pression est utilisée pour effectuer rapidement toutes les manœuvres préparatoires qui n'exigent pas un effort considérable. De cette façon, les fuites sont moins à craindre et les joints sont suffisants. Pour effectuer le travail même de compression qui nécessite des efforts considérables, on emploie alors l'eau fournie à la pression de 330 kilos par centimètre carré.

Presse à forger de 2.000 tonnes du Creusot

Cet outil a été établi en 1889. Il se compose de quatre colonnes entretoisées par deux traverses ou *sommiers*. Le sommier supérieur sert de support au cylindre dans lequel se meut le piston actionné par la pression de l'eau et qui est rendu solidaire de la masse qui presse sur la pièce à forger.

Ce sommier offre la particularité d'être mobile et de pouvoir être déplacé dans le sens vertical, de $2^m,150$. Cette disposition permet de faire varier la hauteur de la masse active suivant les dimensions de la pièce à façonner.

Le sommier inférieur est établi à une distance de $4^m,30$ de la masse, de sorte que l'on peut forger, avec cet outil, des organes de grandes dimensions.

L'écartement entre les colonnes est de $4^m,255$ sur la longueur de l'outil et de $1^m,700$ sur la largeur.

Cette presse est munie d'un *accumulateur* qui comporte trois cylindres. L'utilisation appropriée de ces cylindres permet d'obtenir une puissance soit de 1.200.000 kilos, soit de 2.000.000 de kilos.

Une pompe, mue par une machine à vapeur à deux cylindres conjugués, fonctionnant sans condenseur, envoie de l'eau sous pression dans l'accumulateur, dont la charge est de 400 kilos par centimètre carré. C'est cette pression qui est ensuite utilisée, au fur et à mesure des besoins, pour actionner la presse.

Deux ponts roulants de 100 tonnes desservent la presse. Le chariot de ces ponts se déplace sur une voie établie sur des poutres métalliques à 11 mètres au-dessus du sol. Il peut prendre un mouvement longitudinal ou transversal, donné par des organes commandés mécaniquement. Les déplacements verticaux de la pièce et son mouvement de rotation sur elle-même sont obtenus par commande hydraulique. La portée des ponts roulants est de $11^m,125$: le déplacement du chariot en longueur atteint 25 mètres et, en largeur, il est de 10 mètres.

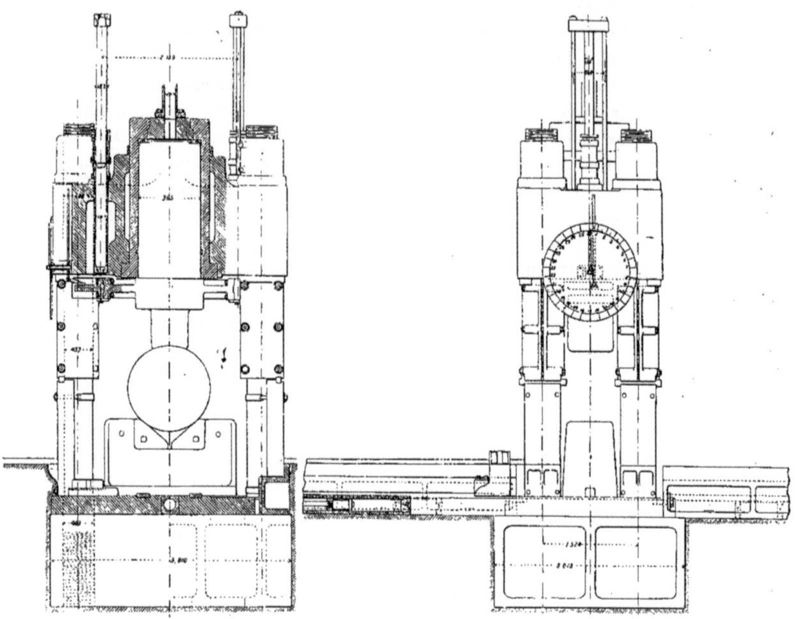

Fig. 192. — Presse à forger de 3.000 tonnes. — Usines du Creusot.

Presse à forger de 3.000 tonnes du Creusot

(Fig. 186 et 192.) Cette presse à forger est placée dans le même atelier que la presse précédente. Elle est sup-

Fig. 193. — Atelier de laminage du Creusot.

portée par quatre colonnes moins espacées que celles qui supportent la presse de 2.000 tonnes : leur écartement est de $2^m,460$. Le sommier supérieur, au lieu d'être réglable, est fixé invariablement aux colonnes. Il supporte le cylindre, dont le diamètre est de $0^m,965$ et dans lequel se meut le piston effectuant une course de $1^m,100$ et qui porte, à l'extrémité inférieure de sa tige, la masse qui presse sur la pièce à forger. La pression destinée à faire mouvoir le piston n'est pas donnée par l'intermédiaire d'un accumulateur. Les pompes à refoulement envoient directement l'eau sous pression dans le cylindre et c'est par l'action de cette eau que le piston se déplace. La pression donnée à l'eau peut, de la sorte, varier avec la résistance qu'offre la pièce que l'on travaille.

Une fosse est établie sous la presse pour recevoir l'enclume et pour disposer les supports des mandrins qui sont utilisés pour forger certaines pièces creuses. La fosse a une profondeur de $0^m,60$, une largeur de 4 mètres et une longueur de 15 mètres.

La presse est desservie par deux ponts roulants se déplaçant sur des rails placés sur des poutres métalliques à $8^m,250$ au-dessus du sol de l'atelier. Ces ponts roulants de 100 tonnes sont semblables à ceux qui desservent la presse de 2.000 tonnes.

Cette presse, sur laquelle on peut forger des arbres coudés à manivelles, est le plus souvent utilisée pour façonner des arbres droits, pleins ou creux, et des éléments de canons. On peut y travailler des lingots atteignant $1^m,50$ de diamètre.

Pour chauffer les pièces qui sont travaillées à la presse, deux fours ont été établis à proximité de l'outil. Ces fours, dont les portes sont manœuvrées automatiquement par commande hydraulique, ont une hauteur de voûte de $2^m,100$, une largeur intérieure de $2^m,600$ et une profondeur de $3^m,200$.

Presse de 6.000 tonnes, à gabarier, du Creusot

(Fig. 190 et 194.) Dans l'atelier où est installé le marteau-pilon, de 100 tonnes, au Creusot, sont établies deux presses spéciales à *gabarier* les plaques de blindage, c'est-à-dire à leur donner les formes voulues en suivant des *gabarits*. Ce sont des presses à gabarier; elles sont placées l'une à droite, l'autre à gauche du pilon qui est utilisé pour forger les plaques de blindage. Une des presses est de 1.200 tonnes; la seconde de 6.000 tonnes, employée seulement pour les blindages de grande épaisseur.

Les deux presses comportent chacune deux cylindres dont les pistons agissent simultanément sur une traverse portant la masse qui appuie sur les plaques de blindage. Cette traverse se déplace verticalement, guidée par les colonnes. L'action des pistons lui donne le mouvement de haut en bas et deux releveurs hydrauliques, disposés un à chaque bout, lui donnent le mouvement de bas en haut.

Dans la presse de 1.200 tonnes, le diamètre des deux cylindres est de $0^m,550$ et la course des pistons de $1^m,10$. Les colonnes supportant les organes sont carrées et l'écartement, entre elles, est de 4 mètres; la hauteur disponible entre la table inférieure, sur laquelle repose la plaque, et la traverse est de $1^m,430$.

La pression maximum de l'eau dans les cylindres atteint 250 kilos par centimètre carré.

La table support des plaques est mobile. Elle peut se déplacer sous l'action de pistons manœuvrant dans des cylindres et recevant l'eau sous pression. La course possible de cette table est de 2 mètres.

Dans la presse à gabarier de 6.000 tonnes, le diamètre des pistons actionnant la traverse qui presse est de $0^m,875$ et leur course verticale est de $1^m,200$. La pression de l'eau sur ces pistons peut atteindre 500 kilos par centimètre carré.

La presse est supportée par quatre colonnes cylindriques d'un diamètre de 0m,40 écartées de 4 mètres sur la face de l'outil. Entre la table-support des plaques de blindage et la traverse de cintrage, la hauteur disponible est de 1m,470. Cette table est mobile ; elle est actionnée par un dispositif à commande hydraulique et peut effectuer une course de 2 mètres.

et lui donner la forme voulue. Les blindages qui ont une faible épaisseur sont travaillés à froid ; mais lorsque cette épaisseur est trop grande, on chauffe les plaques dans des fours à houille, à sole mobile qui sont placés à proximité des presses.

La presse de 6.000 tonnes est desservie par deux vérins hydrauliques de 50 tonnes établis sur des ponts actionnés mécaniquement. L'un des ponts comporte un mécanisme qui permet de donner à la plaque de blindage un mouvement de rotation, de façon à pouvoir la retourner sens dessus dessous.

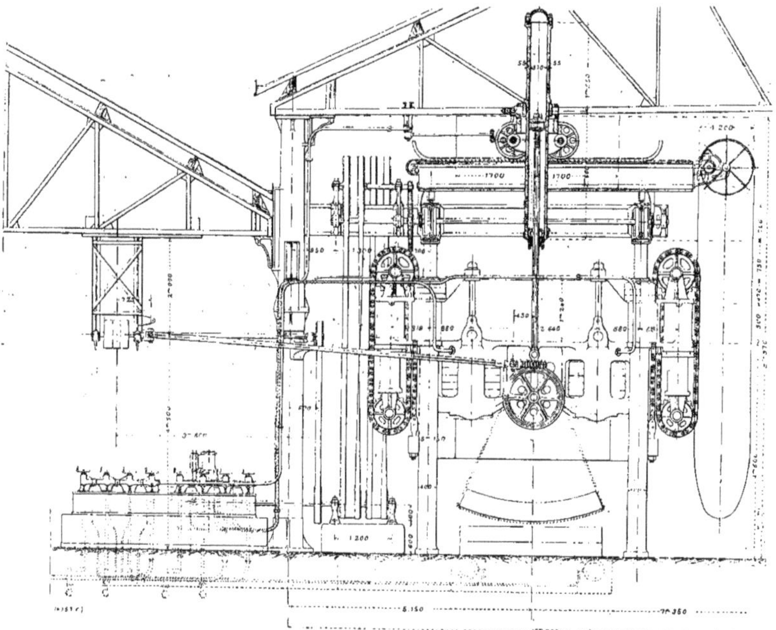

Fig. 194. — Presse à gabarier de 6.000 tonnes. — Usines du Creusot.

Les deux presses à gabarier, de 1.200 et de 6.000 tonnes, ne sont munies d'aucun accumulateur. Les pompes affectées à chacune d'elles pour obtenir de l'eau sous pression, envoient directement cette eau dans les cylindres contenant les pistons verticaux de commande des traverses. La pression exercée sur ces pistons se trouve, à chaque instant, proportionnée à l'effort à produire pour cintrer la plaque de blindage

Les soles mobiles des fours à réchauffer les fortes plaques de blindage, sont amenées sous les ponts desservant la presse à gabarier, par un treuil à vapeur et par l'intermédiaire de poulies établies le long des voies sur lesquelles elles roulent.

LAMINOIRS

LAMINOIR : ORGANES D'UN LAMINOIR.
LAMINOIRS : duo, — trio, — circulaire, — à forger, — à bandages, — du Creusot, — Marrel, — Delattre.

Laminoirs Les laminoirs constituent après les marteaux-pilons et les presses, une troisième catégorie d'outils à forger. Ils sont utilisés dans des cas spéciaux où ils sont, pour ainsi dire, indispensables, le travail de façonnage qu'on peut leur demander ne pouvant être obtenu avec les deux catégories d'outils précédents qu'avec de grandes difficultés et à un prix de revient plus élevé.

Lorsqu'il s'agit, par exemple, d'obtenir des plaques de tôle d'une épaisseur constante et de grandes largeurs, des lames de fer ou d'acier ayant, sur une grande longueur, des profils réguliers et bien déterminés, il ne convient d'utiliser ni les marteaux-pilons ni les presses qui ne sont pas disposés pour l'obtention de ces pièces. Ce sont les laminoirs qui permettent de les façonner rapidement aux formes et aux dimensions voulues.

Un laminoir ordinaire se compose de deux cylindres métalliques en fonte de fer ou en acier A et B (Fig. 195) auxquels on donne un mouvement de rotation dans des sens sens opposés. Ces cylindres, dont la surface extérieure est parfaitement dressée, ont leurs génératrices disposées parallèlement.

A chacune de ses extrémités le cylindre est muni d'un tourillon cylindrique pouvant tourner dans un coussinet. Les quatre coussinets dans lesquels tourillonnent les deux cylindres sont disposés dans un bâti, généralement fait en fonte de fer, qui constitue la cage C du laminoir. Cette cage est formée des deux montants supportant chacun deux coussinets superposés. Les deux montants sont reliés par des entretoises qui maintiennent constant leur écartement et donnent à l'ensemble du bâti la rigidité convenable.

Le cylindre inférieur A tourne dans des coussinets D et E qui sont fixés dans la cage, tandis que le cylindre supérieur B est supporté par deux coussinets F et G qui peuvent se déplacer verticalement dans les montants en coulissant dans une ouverture munie de glissières servant de guides.

Cette disposition a pour objet de permettre le déplacement du cylindre supérieur par rapport au cylindre inférieur et de faire varier la distance qui les sépare pour l'approprier aux diverses épaisseurs des pièces à laminer.

Le réglage d'écartement des cylindres s'effectue au moyen d'un dispositif de commande qui donne, par l'intermédiaire des roues d'engrenage conique H et I et de vis J, un déplacement vertical aux coussinets mobiles, déplacement dirigé de haut en bas ou de bas en haut, suivant le sens dans lequel on actionne l'arbre K du dispositif de commande.

Cet arbre reçoit son mouvement de rotation d'un organe moteur quelconque ; assez souvent, dans les gros laminoirs, de pistons mus par la pression hydraulique. On le monte ou descend dans son écrou, suivant le sens du mouvement, et entraîne, dans son mouvement, le coussinet dont elle est solidaire. Comme les vis ont un pas de même valeur et que les roues de commande sont semblables et actionnées simultanément, il en résulte que les deux coussinets supportant le cylindre supérieur se déplacent exactement de la même quantité vers le haut

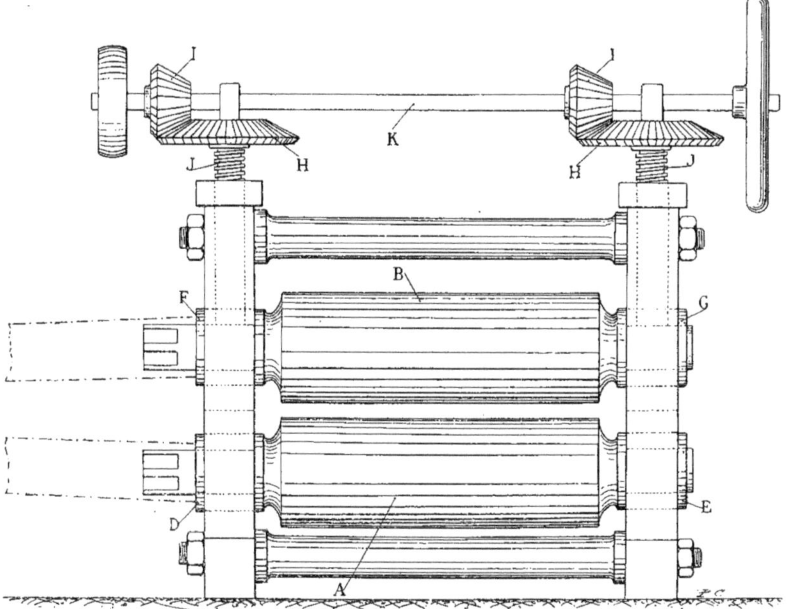

Fig. 195. — Laminoir.

commande aussi à la main, par la manœuvre d'un volant placé dans le bas du bâti, à la portée du machiniste ou sur l'axe même, une plate-forme étant disposée, dans ce cas, pour l'atteindre.

Les vis J actionnées par les roues d'engrenage conique sont solidaires des coussinets mobiles du cylindre supérieur, et des roues d'engrenage horizontales. Elles se vissent dans des écrous fixes, de sorte que lorsque la roue reçoit un mouvement de rotation, la vis ou vers le bas et que le cylindre mobile conserve toujours un parallélisme rigoureux par rapport au cylindre inférieur, condition essentielle pour obtenir des pièces laminées ayant une épaisseur bien uniforme sur toute leur largeur.

Dans certains laminoirs tout spéciaux, les commandes de réglage de la hauteur des deux coussinets mobiles s'effectuent indépendamment l'une de l'autre.

Cela permet de placer le cylindre supérieur obliquement par rapport au cylindre inférieur, l'inclinaison dirigée soit vers la droite soit vers la gauche, et de laminer des plaques dont l'épaisseur va progressivement en croissant d'une rive latérale à l'autre.

La partie des cylindres qui est utilisée pour laminer les pièces est appelée *table*. Dans les laminoirs ordinaires, la table est rectiligne, parce que les cylindres ont une forme cylindrique régulière et que leur génératrice est une ligne droite.

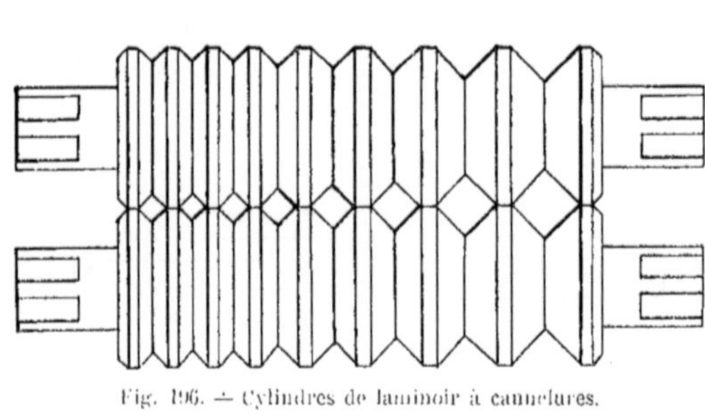

Fig. 196. — Cylindres de laminoir à cannelures.

Dans les laminoirs à profiler, les cylindres portent des cannelures de formes diverses correspondant aux profils de fer à obtenir (Fig. 196). Si on veut obtenir des barres de sections rectangulaires, carrées ou de formes quelconques régulières par rapport à l'axe de ces barres, les cylindres supérieur et inférieur portent des rainures ayant la même forme et les mêmes dimensions et ces rainures sont exactement placées sur le même axe vertical. De la sorte, lorsque les cylindres viennent au contact, l'espace vide compris entre les cannelures superposées représente exactement la section de la barre que l'on veut obtenir laminée. Parfois, le cylindre inférieur seul porte des cannelures de travail (Fig. 197), tandis que le cylindre supérieur est muni, sur son pourtour, de saillies qui s'emboîtent respectivement dans les cannelures correspondantes. L'espace laissé vide entre la périphérie de ces saillies circulaires et le fond des cannelures détermine les sections des barres qui sortent du laminoir.

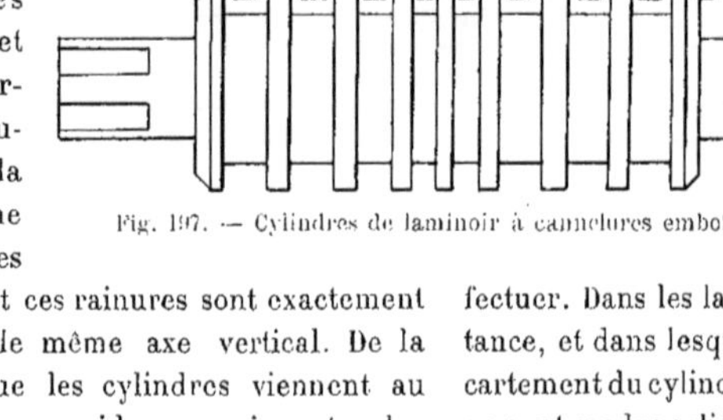

Fig. 197. — Cylindres de laminoir à cannelures emboîtées.

Pour laminer les fers ayant un profil défini à obtenir, comme les fers en équerre, les fers cornières, par exemple, le cylindre inférieur porte des cannelures et le cylindre supérieur des saillies de formes et de dimensions telles, qu'en s'emboîtant dans les cannelures elle laissent entre les deux cylindres un espace vide ayant la forme d'une équerre. Le cylindre portant les cannelures, qui est toujours le cylindre inférieur, est appelé *cylindre femelle*, le cylindre supérieur est le *cylindre mâle*.

Le mouvement de rotation est donné aux cylindres par une machine motrice dont la puissance varie avec le travail que le laminoir doit effectuer. Dans les laminoirs de peu d'importance, et dans lesquels les variations de l'écartement du cylindre supérieur sont faibles, on peut rendre solidaires les mouvements de rotation des cylindres en les actionnant par des roues d'engrenage. Dans ce cas, chacun des cylindres porte, en bout, une roue d'engrenage et ces deux roues sont en prise et engrènent constamment malgré le déplacement du cylindre supérieur, qui est faible. En actionnant directement, par l'arbre du moteur, le cylindre inférieur dont la position est toujours la même, ce cylindre tourne dans un certain sens, tandis qu'un mouvement de rotation dans un sens inverse est donné au cylindre supérieur par l'intermédiaire des roues d'engrenage.

Cette disposition n'est pas applicable aux gros laminoirs, dans lesquels la variation du déplacement du cylindre supérieur atteint des dimensions considérables. Dans ces laminoirs, le cylindre inférieur est commandé par l'arbre du moteur, soit directement, soit par l'intermédiaire d'une *barre de commande* ou *allonge* qui peut être horizontale et placée dans le prolongement de l'axe de ce cylindre. Le cylindre supérieur est commandé par une autre barre pouvant s'obliquer pour compenser son déplacement en hauteur. Elle est rendue solidaire, à l'extrémité disposée vers le moteur, d'un axe recevant son mouvement de rotation de l'axe du moteur par l'intermédiaire de deux roues d'engrenage droites, afin que les deux cylindres tournent dans des sens inverses. A son autre extrémité, la barre est rendue solidaire du cylindre supérieur, auquel elle transmet son mouvement de rotation.

La liaison entre la barre et le cylindre est réalisée par une sorte d'engrenage. Pour cela, le tourillon du cylindre est terminé en forme de *trèfle* ou en *étoile,* et constitue un pignon spécial à dents de formes arrondies pour assurer la conduite de l'organe par la barre, même lorsqu'elle est inclinée. Cette barre, creusée en bout, porte, sur sa paroi intérieure, des saillies qui s'engagent, avec du jeu, dans le creux des dents du cylindre, formant ainsi un engrenage qui assure la commande du mouvement de rotation du cylindre.

L'inclinaison de la barre de commande ne doit pas être trop considérable, car sa liaison avec le cylindre laisserait à désirer. Il faut donc donner à cette barre une longueur d'autant plus grande que la variation du déplacement du cylindre supérieur est elle-même plus grande, et le moteur actionnant le laminoir doit donc être disposé plus ou moins loin des cylindres suivant que l'écartement de ces cylindres doit avoir une plus ou moins grande valeur.

Pour laminer une pièce, c'est-à-dire lui donner une épaisseur régulière plus faible que celle qu'elle possède, on fait chauffer cette pièce au rouge et on la fait passer entre les cylindres du laminoir que l'on a disposés à un écartement plus faible que l'épaisseur de la pièce. On la présente vers l'arrière des cylindres de façon que ceux-ci, par leur mouvement de rotation en sens inverses, puissent l'entraîner. La pièce, qui est portée au rouge, est comprimée entre les cylindres; elle s'amincit en s'étalant en largeur et le métal ainsi *écroui* y gagne en homogénéité. Au fur et à mesure qu'elle est laminée, la pièce avance automatiquement vers l'avant du laminoir. Pour que la conduite de cette pièce soit assurée, il faut que le frottement des cylindres sur la pièce, grâce auquel l'avancement se produit, soit plus grand que le travail nécessité par la compression du métal. Il ne faut donc diminuer que progressivement l'écartement des cylindres pour amener, par laminage, la pièce à l'épaisseur désirée en faisant plusieurs *passes*. Il y a intérêt, cependant, au point de vue de la rapidité du travail et de l'obtention d'un prix de revient minimum, de ne pas faire de passes inutiles et d'effectuer à chacune d'elles un travail de laminage maximum, tout en conservant la possibilité de l'avancement de la pièce entre les cylindres.

Lorsqu'un glissement se produit entre les cylindres et la pièce et que celle-ci n'avance plus, on facilite son cheminement soit en la poussant de l'arrière contre les cylindres, soit en jetant un peu de sable sur la pièce pour augmenter l'adhérence des cylindres.

Les laminoirs portent des guides latéraux

sur lesquels viennent buter les pièces laminées et qui servent à les diriger dans une direction parallèle à l'axe de l'appareil. Ces guides sont réglables pour pouvoir être placés à des écartements correspondant aux largeurs des diverses pièces à laminer.

Dans certains types de laminoirs, appelés laminoirs *universels,* ces guides latéraux sont constitués par des cylindres verticaux placés à côté de chaque cage et qui peuvent être rapprochés ou éloignés les uns des autres pour approprier leur écartement aux diverses largeurs des pièces.

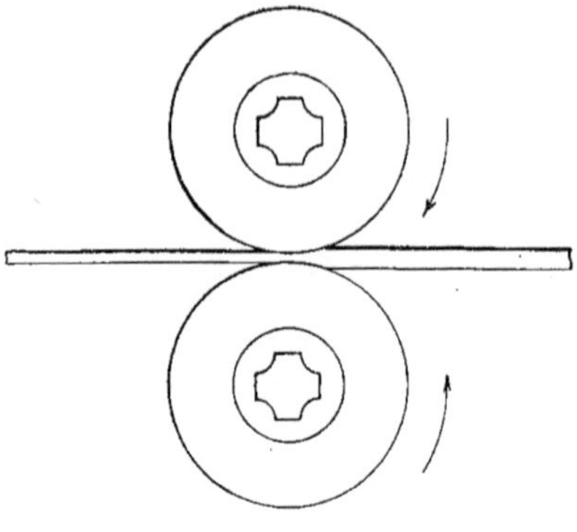

Fig. 198. — Schéma du laminoir duo.

En arrière et en avant du laminoir on dispose, à la hauteur de la pièce qui passe entre les cylindres, des rouleaux actionnés mécaniquement qui aident au déplacement de cette pièce et la conduisent, même, à leur sortie du laminoir, jusqu'à des outils divers, principalement des cisailles.

Parfois ce sont des chariots roulant sur des rails qui supportent les pièces à laminer. Des grues installées à côté des laminoirs, ou des ponts roulants apportent les pièces sortant des fours à réchauffer et les déposent sur des appareils de relevage qui les laissent ensuite reposer sur les rouleaux transporteurs. D'autres appareils spéciaux desservent le laminoir et servent à relever la pièce, à la conduire et même à la serrer entre des griffes.

Les moteurs actionnant les laminoirs sont généralement des moteurs à vapeur : machines le plus souvent verticales. On a toutefois installé des laminoirs actionnés par des moteurs à gaz, des moteurs électriques et même des turbines à vapeur.

Le laminoir ordinaire à deux cylindres, semblable à celui que nous venons d'examiner, est nommé *laminoir duo* (Fig. 198), pour le distinguer du type de laminoir comportant trois cylindres et que l'on appelle *laminoir trio.*

Les trois cylindres de ce type de laminoir sont placés horizontalement et disposés au-dessus les uns des autres. Les deux cylindres extrêmes A et B (Fig. 199) tournent dans le même sens ; le cylindre intermédiaire C tourne en sens inverse des deux autres. Les organes de commande donnant le mouvement de rotation à ces cylindres sont disposés pour les actionner dans les sens convenables. Le train de laminoir trio ou, comme on le désigne plus simplement, le *train trio,* est établi pour laminer dans les deux sens. On fait passer la pièce, par exemple, d'abord entre les deux cylindres supérieurs A et C. Cette pièce, d'après les sens de rotation de ces cylindres, avance vers la droite. Pour donner une seconde passe à cette pièce, on est obligé de la

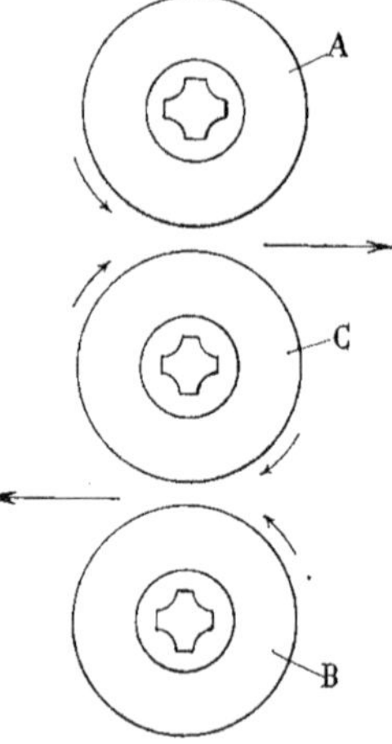

Fig. 199. — Schéma du laminoir trio.

ramener en arrière pour la faire repasser entre les deux mêmes cylindres lorsqu'on emploie un train duo. Avec le train trio, le transbordement à l'arrière de la pièce, dont le poids est parfois considérable, est évité ; on la place simplement à la sortie des deux rouleaux supérieurs au niveau du rouleau inférieur B et, par suite des sens de mouvements de rotation de ces rouleaux, la pièce retourne vers l'arrière en passant entre ces rouleaux qui la laminent.

Pour utiliser, de la même façon, les laminoirs à deux cylindres, on a rendu leur commande *réversible*. Le moteur qui actionne le laminoir est disposé pour pouvoir tourner dans les deux sens par une manœuvre simple qui produit le changement de marche. Les cylindres actionnés par le moteur peuvent donc tourner tantôt dans un sens, tantôt dans l'autre, à volonté. Il suffit donc, lorsque la pièce sort des cylindres, sur une face, d'effectuer le changement du sens de marche de la machine pour que les cylindres aient un mouvement de rotation inversé et que la pièce puisse repasser entre eux pour subir une nouvelle compression, sans qu'il ait été nécessaire de la soulever et de la déplacer. Ces trains de laminoirs sont appelés trains de *laminoirs réversibles*.

Certains laminoirs comportant des cylindres munis de cannelures sont destinés à obtenir des lingots dégrossis, mis à une forme déterminée, qui correspond à la forme des cannelures, et auxquels on donne une longueur également déterminée en les coupant, à chaud, à l'aide d'une cisaille. Ces portions de lingots, que l'on nomme *blooms*, sont ainsi préparés pour être façonnés ultérieurement. Les laminoirs comportant des cylindres à cannelures à l'aide desquels on les obtient, sont nommés *trains blooming*.

On a établi certains types de laminoirs spéciaux comportant des dispositions différentes de celles que nous venons d'indiquer. Nous allons examiner deux types de ces laminoirs spéciaux : le *laminoir circulaire* et le *laminoir à forger*, avant de donner la description de quelques trains de laminoirs employés dans nos grandes usines métallurgiques.

Laminoir circulaire Le laminoir circulaire représenté par la figure 200 a été spécialement établi pour façonner les bandages en acier de roues de wagons ou de véhicules quelconques. Il se compose de deux galets A et B tenant lieu de cylindres, placés à porte-à-faux à l'extrémité de deux axes parallèles montés sur un bâti C. Les galets ont la forme appropriée qui convient à la pièce que l'on veut travailler. Dans le cas considéré, le galet inférieur est muni de deux joues entre lesquelles se place la couronne d'acier à laquelle on doit donner la forme d'un bandage. Le galet supérieur s'engage entre les joues du galet inférieur et sa forme permet d'obtenir, par pression, le bandage à la forme et aux dimensions voulues. C'est par le mouvement de rotation des galets et par le réglage de la hauteur du galet supérieur que ce résultat est obtenu.

Le mouvement de rotation est donné aux deux galets par un dispositif semblable à celui qui est ordinairement employé dans les laminoirs. Le moteur actionne directement, par un prolongement d'arbre horizontal D, le galet inférieur, dont la position dans le bâti est invariable. Le second galet est actionné par une barre de commande E qui peut prendre une position plus ou moins oblique, suivant la hauteur à laquelle on place ce galet. Il tourillonne dans un coussinet F qui peut glisser verticalement dans une rainure pratiquée dans le bâti et dans laquelle il est guidé. Une vis G, solidaire du coussinet et vissée dans un écrou H immobilisé dans le sens vertical, permet de régler l'écartement des deux galets et d'appliquer le galet supérieur sur la pièce à façonner.

Ce réglage s'effectue en faisant tourner l'écrou H et ce mouvement de rotation peut être obtenu à la main ou mécaniquement.

Les deux arbres D et E qui commandent les galets sont reliés, à leur autre extrémité, par l'engrenage de deux roues droites.

Les deux arbres et les deux galets tournent donc dans des sens opposés.

Pour effectuer l'opération de laminage, on écarte les galets de façon à pouvoir introduire entre les joues du galet inférieur la couronne d'acier forgé, faite d'une seule pièce, à laquelle on doit donner la forme du bandage.

On descend ensuite le galet supérieur progressivement pendant que les galets tournent. La pression qui s'exerce sur la couronne d'acier au fur et à mesure que le galet supérieur descend, l'oblige à prendre la forme de ce galet. Le métal refoulé en épaisseur s'étend dans le sens du diamètre de la pièce, et lorsque la section définitive du bandage est obtenue par un abaissement déterminé du galet supérieur, le bandage doit avoir le diamètre désiré. On continue de diminuer sa section, en prolongeant l'opération de laminage, lorsque ce diamètre est trop petit, jusqu'à ce que la dimension imposée soit obtenue.

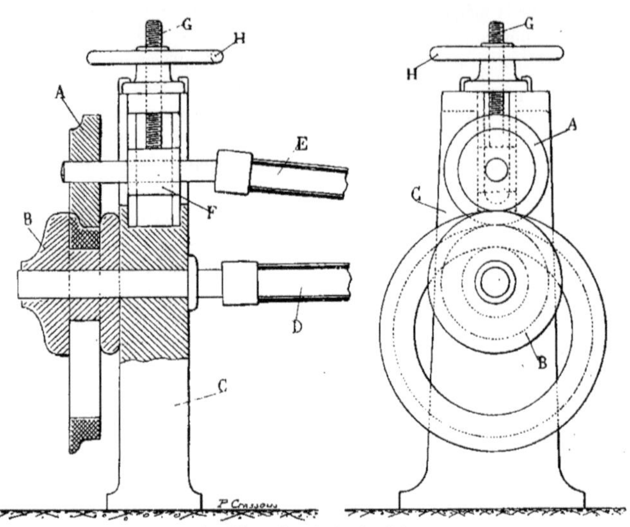

Fig. 200. — Laminoir circulaire.

Laminoir à forger Ces laminoirs sont utilisés pour procéder à des opérations de forgeage sur des pièces de formes spéciales. On les emploie pour étirer des pièces de sections déterminées, pour façonner des bâtis ou des organes entrant dans la composition d'instruments agricoles, pour fabriquer des leviers, des fourches, des limes, etc.

Le laminoir à forger comporte un bâti (Fig. 201), formé d'un socle sur lequel sont montées deux cages en fonte de fer solidement fixées par des boulons. Dans ces cages sont placés les coussinets qui supportent les arbres des cylindres lamineurs. Ces arbres débordent à une de leurs extrémités du bâti, et les cylindres sont montés sur ces extrémités et tournent à l'extérieur des cages. L'arbre inférieur déborde du bâti à son autre extrémité et porte, calée sur lui, une grande roue d'engrenage, qui reçoit son mouvement de l'organe moteur et qui le transmet aux deux cylindres du laminoir par l'intermédiaire de deux roues d'engrenage droites, qui restent en prise et qui sont clavetées chacune sur un arbre.

Les deux cylindres tournent donc dans des sens inverses. Ils ont un profil approprié à la forme de la pièce à obtenir. Les saillies de l'un des cylindres s'engagent dans des cannelures correspondantes du second et l'espace laissé libre entre les périphéries des cylindres représente l'épaisseur de la pièce forgée avec le laminoir.

Deux bras en fonte portant une face horizontale sont fixés du côté des cylindres, contre la cage, et servent à supporter les pièces pendant l'opération du laminage.

Les deux bouts d'arbres débordant des cylindres sont entretoisés par une sorte de cadre formé par deux traverses en fonte s'emboîtant chacune sur un bout d'arbre et réunies par deux colonnettes verticales serrées par des écrous. Ce cadre ainsi disposé maintient entre les bouts d'arbres des cylindres un écartement constant et permet d'éviter l'usure trop rapide des coussinets voisins. Le cadre entretoisé est facilement démontable et les cylindres peuvent aussi se démonter et être remplacés aisément par

Fig. 201. — Laminoir à forger. (Fenwick, frères.)

suite de leur disposition en dehors du bâti. Le cylindre supérieur peut être réglé par rapport au cylindre inférieur.

Certains cylindres portent sur leur pourtour un dégagement pour qu'on puisse introduire la pièce à laminer entre les deux rouleaux. Cette pièce, ainsi engagée, est entraînée par suite du mouvement de rotation de ces deux cylindres dans des sens opposés et son passage entre eux lui donne la section déterminée par les profils des rouleaux.

Quelquefois le profil des cylindres est continu sur toute leur périphérie. On aide, dans ce cas, la pièce à passer entre ces cylindres en la poussant. Dans ce laminoir, le diamètre des cylindres peut atteindre 0m,532, la largeur des pièces laminées peut être de 0m,254. Le déplacement du cylindre supérieur pour son réglage est de 6 millimètres. Il tourne à une vitesse de 212 tours par minute, absorbe une puissance de 20 chevaux et pèse 7.950 kilos.

Le laminoir à forger représenté par la figure 202 est basé sur le même principe, mais comporte, en outre, une presse destinée à effectuer certaines opérations légères de forgeage, d'ébarbage, de poinçonnage ou de cisaillement. Il tourne aussi à 212 tours par minute, absorbe une puissance de 20 chevaux et pèse 9.750 kilos.

Fig. 202. — Laminoir à forger. (Fenwick, frères.)

Laminoir à bandages (Fig. 204.) C'est un genre de laminoir spécial, installé aux usines du Creusot, et à l'aide duquel on peut obtenir des bandages pour roues de wagon, des frettes pour canons et des rondelles de grandes dimensions pouvant recevoir des applications multiples.

Fig. 263. — Train de laminoir réversible de la Société des Usines de l'Espérance, à Louvroil. (Delattre et Cie.)

Le laminoir est composé de trois trains : un train ébaucheur, un train finisseur, et le troisième train est plus particulièrement utilisé pour l'obtention des frettes diverses.

Une machine à vapeur à deux cylindres conjugués, ne comportant pas de condenseur et d'une puissance de 300 chevaux, actionne les trois trains de laminoir ; leur commande s'effectue par l'intermédiaire de roues d'engrenage de grandes dimensions.

La pression de la vapeur utilisée dans la machine motrice est de 6 kilos ; l'arbre de cette machine tourne à 45 tours par minute ; le diamètre des cylindres est de $0^{m},800$ et la course des pistons qui s'y déplacent de $1^{m},750$.

Le premier train de laminoir : *le train ébaucheur*, comporte des galets sur lesquels est pratiquée une cannelure emboîtant la moitié de l'épaisseur du bandage et ayant la forme à donner à ce bandage. L'opération de laminage, au lieu de s'effectuer horizontalement comme pour les plaques de tôle ou de blindage, se fait verticalement.

Le galet supérieur monté en bout de son arbre de commande, est claveté sur lui et déborde du bâti. Le galet inférieur tourne sur deux tourillons, supportés eux-mêmes par des paliers solidaires d'une sorte de cage mobile, à laquelle on peut donner un déplacement vertical. Ce mouvement, obtenu à l'aide d'une commande hydraulique, permet de donner le serrage nécessaire pendant le laminage de la pièce, pour profiler à la dimension voulue.

La pression qui s'exerce sur le piston constituant l'organe essentiel du dispositif de commande hydraulique, atteint 78.000 kilogrammes.

Les deux galets, entre lesquels est disposé le bandage, reçoivent tous deux un mouvement de rotation, par l'intermédiaire de roues d'engrenage ; ils tournent à une vitesse de 60 tours par minute.

Du train ébaucheur, le bandage passe au train finisseur.

Dans ce second train, la table de laminage est horizontale. Elle supporte la pièce, et les galets de laminage destinés à la façonner ont leur axe disposé verticalement. Chacun des galets est muni d'une joue faisant une saillie suffisante pour emboîter le bandage sur toute son épaisseur. Le galet dont l'axe est fixé au bâti porte la joue inférieure ; l'autre galet, qui peut être approché ou éloigné du bandage, porte la joue supérieure.

C'est en roulant entre les deux galets fortement appliqués contre lui que le bandage prend sa forme définitive. Le galet réglable est supporté par deux tourillons montés sur une pièce qui peut se déplacer horizontalement sous l'action d'une commande hydraulique. L'organe de commande est un piston se déplaçant dans un cylindre et pouvant recevoir une pression de 100.000 kilos. Les galets reçoivent, par l'intermédiaire de roues d'engrenage, un mouvement de rotation d'une vitesse de 60 tours par minute.

Le troisième train du laminoir est spécial. Tout en étant disposé comme le train ébaucheur, la pièce à façonner étant, par conséquent, placée verticalement, les galets sont du type du train finisseur, c'est-à-dire qu'ils sont munis de joues emboîtant toute l'épaisseur de la pièce. On peut ainsi, à l'aide de cet outil, terminer complètement cette pièce sur le même train.

Ce train permet de laminer des frettes pesant de 25 à 1.000 kilos et dont la largeur varie de 50 à 280 millimètres. On obtient aussi des cercles de roues pour affûts de canon de campagne et des bandages de roues de locomotive, de 2 mètres de diamètre et d'un poids de 650 kilogrammes.

Lorsque les bandages sortent du laminoir, ils sont posés sur un marbre, à l'aide d'une grue hydraulique, et reçoivent une marque à chaud. Puis, ils sont calibrés, afin d'enlever le faux-rond, s'il en existe, et de les mettre très exactement au diamètre qu'ils doivent avoir. Deux presses hydrauliques de 95 tonnes servent à cet usage.

Laminoirs des usines du Creusot

En dehors des laminoirs spéciaux pour bandages que nous venons d'examiner, les usines du Creusot possèdent une série de laminoirs de toutes sortes, soit pour obtenir des fers profilés de formes très variées, soit pour laminer des tôles d'épaisseurs diverses. Ces laminoirs sont installés dans une halle spéciale qui couvre une surface de 43.000 mètres carrés. Cette halle est constituée par six travées de charpentes métalliques légères, accolées les unes aux autres, de hauteurs et de portées différentes. La longueur de toutes les travées est la même et mesure 380 mètres.

La halle de laminage fait partie de l'atelier de forge, dont la superficie totale est de 160.000 mètres carrés, parmi lesquels 75.000 portent des bâtiments couverts.

Il n'est pas sans intérêt d'indiquer que c'est lors de la mise en vigueur du traité de commerce de 1860 que la construction de cet atelier de forge fut décidée. Comme ce traité de commerce diminuait considérablement les droits d'entrée des produits provenant de la métallurgie étrangère, il était impossible de soutenir la concurrence avec ces industries étrangères en utilisant l'outillage qui constituait l'atelier de la *vieille Forge,* datant de 1827; on commença en 1861 la construction de bâtiments destinés à recevoir les installations nouvelles d'un outillage perfectionné. En 1865, les ateliers de puddlage et les trains de laminoirs servant à faire les rails étaient mis en service, et lors de l'Exposition universelle de Paris de 1867, le montage des divers autres trains de laminoirs était terminé.

Depuis cette époque, l'aspect extérieur de l'atelier est resté le même, mais on a successivement transformé l'outillage pour le maintenir au niveau des progrès accomplis dans la métallurgie et pour remplacer la main-d'œuvre manuelle par la main-d'œuvre mécanique.

Il existe dans les ateliers et les cours environ 14 kilomètres de chemins de fer à voie normale. Les diverses lignes sont raccordées, par un tunnel qui est percé sous la ville, avec les Aciéries et les Hauts-Fourneaux fournissant les lingots, avec les divers services de l'Usine et la voie ferrée de la compagnie P.-L.-M. pour faciliter l'arrivée des produits bruts et l'expédition des pièces usinées.

Le poids des produits finis: fers profilés de toutes formes et tôles, qui sortent de l'usine annuellement varient de 175.000.000 à 200.000.000 de kilos.

Il rentre, d'autre part, annuellement à l'usine 200.000.000 de kilos de charbon et environ un poids égal d'acier et de fonte.

Le transport des produits est assuré par des wagons spéciaux traînés par quatre petites locomotives.

Un grand nombre de grues manœuvrées à la main sont réparties dans tout l'atelier et, en outre, treize grues à vapeur de 5 à 10 tonnes circulent sur des rails et permettent de donner aux produits, pendant les diverses phases de leur fabrication, un avancement rationnel qui évite les retours en arrière toujours très onéreux.

Les lingots d'acier arrivent des aciéries presque toujours chauds et sont répartis entre les différents trains de laminoirs, qui les façonnent soit directement, soit sous forme de *blooms*.

On désigne par *bloom,* nous le savons, des portions de lingots qui ont été déjà laminés et qui sont préparés pour être utilisés, plus tard, dans l'atelier même, ou même pour être livrés comme produits bruts à des industries dont l'outillage permet bien de les transformer, mais ne permet pas de les obtenir.

Les blooms ont des sections et des formes diverses données par un laminoir spécial nommé *blooming* que nous allons décrire plus loin. Ce sont des barres d'acier corroyé ayant de 10 à 24 centimètres de côté et dont la longueur peut atteindre 12 mètres.

La force motrice nécessaire pour actionner l'atelier de forge est fournie par 140 machines à vapeur donnant une puissance totale de 12.000 chevaux. Cet atelier occupe, seul, 3.000 ouvriers qui sont partagés en deux équipes de jour et de nuit se remplaçant alternativement.

L'atelier de laminage occupe une place importante dans la halle de la forge. Les laminoirs sont disposés dans la ferme principale centrale et en occupent toute la longueur de 380 mètres. De plus, les trains de laminoirs pour tôles minces sont placés parallèlement dans les travées latérales.

Les laminoirs sont rangés par ordre de puissance ; à l'entrée, sont disposés les petits trains qui marchent à grande vitesse, puis, au fur et à mesure, viennent ceux qui servent à obtenir les fils d'acier, les petits fers à vitrage, les fers profilés de sections de plus en plus fortes et ceux qui sont employés pour la construction des navires.

Le nombre de trains de laminoirs destinés aux fers marchands et aux fers profilés est de douze. Les cylindres varient de diamètres depuis 250 millimètres jusqu'à 760 millimètres. Ils sont de six modèles différents et les cages et les organes qui les supportent et qui les actionnent varient avec eux.

Les trains sont montés en *trio,* c'est-à-dire, comme nous l'avons indiqué plus haut, que le train se compose de trois cylindres superposés. Les laminoirs sont généralement groupés deux par deux et de puissances égales. Le groupe de deux trains est ainsi commandé par une machine à vapeur à deux cylindres, munie d'une distribution Corliss. La commande des laminoirs se fait par l'intermédiaire de grandes roues d'engrenage clavetées sur les arbres mêmes des laminoirs. Un volant solidaire de ces arbres régularise le mouvement.

La puissance des machines actionnant les laminoirs varie de 400 chevaux à 600 chevaux. Les laminoirs dont les cylindres ont un diamètre de 250 millimètres sont commandés à une vitesse de 260 tours par minute ; ceux de 350 millimètres de diamètre tournent à 150 tours ; ceux de 475 millimètres, à 100 tours ; les cylindres de 600 millimètres ont une vitesse de 80 tours ; les cylindres de 640 millimètres tournent entre 70 et 80 tours et les cylindres de 760 millimètres ont une vitesse de 60 tours par minute.

Un train spécial de laminoir destiné à obtenir de gros fers profilés est actionné directement par une machine à vapeur tandem Woolf, qui donne une puissance de 1.500 chevaux en tournant à raison de 60 tours par minute.

Tous les trains de laminoirs sont placés en face de fours disposés dans une travée latérale et dont les dimensions sont proportionnées aux pièces à obtenir avec les laminoirs. Ces fours sont munis d'une grille ordinaire comportant une soufflerie en dessous, effectuée à l'aide de ventilateurs. On brûle sur ces grilles des charbons menus lavés. Les gaz chauds sortant du four sont utilisés pour chauffer des chaudières multitubulaires fournissant la vapeur aux diverses machines motrices.

Le chargement dans les fours et le défournement s'effectuent à l'aide de grands leviers munis de galets roulant sur des dalles en fonte placées sur le sol.

A l'arrière des trains de laminoirs sont disposés les outils à l'aide desquels on débite les barres qui sortent du train. Ces pièces sont débitées soit à chaud, au moyen de scies comportant des rouleaux transporteurs, soit à froid, par l'emploi de cisailles sur lesquelles les pièces sont amenées par les appareils de levage ou des *ripeurs* mécaniques.

Les barres ainsi débitées sont ensuite

Fig. 204. — Laminoir à bandages. (Usines du Creusot.)

dressées et transportées par rouleaux sur le quai d'expédition, où elles sont chargées soit à la main, soit au moyen de grues à vapeur, sur des wagons, pour être expédiées.

La halle de laminage du Creusot qui comporte à une extrémité des trains de laminoir à fer profilés, que nous venons d'examiner, a son autre extrémité occupée par les trains de laminoir pour tôles fortes, moyennes ou minces. Le train pour tôles fortes comporte deux cylindres de 0m,740 de diamètre et d'une longueur de 2m,200. Une machine à vapeur Woolf à détente, à deux cylindres, d'une puissance de 600 chevaux, commande ce laminoir. A l'avant et à l'arrière de ce laminoir sont disposés des tabliers releveurs, actionnés hydrauliquement, à rouleaux commandés, et un dispositif permettant de retourner les lingots pendant le cours du travail de laminage.

A l'entrée du train est établi un guide à cylindres verticaux, et à la sortie est disposée une cisaille à chaud pour sectionner les tôles. Deux fours de réchauffage sont placés en avant du train. Ces fours sont desservis par un pont roulant électrique de 12.000 kilogs. A l'arrière, les tôles refroidissent sur des plaques parfaitement dressées et une grue roulante les enlève.

Le train de laminoir pour tôles de moyenne épaisseur est monté en trio et comporte trois cylindres superposés. Les cylindres supérieur et inférieur ont un diamètre de 0m,700 et une longueur de 1m,850. Entre ces deux cylindres est disposé le troisième, d'un diamètre plus petit et tournant librement au passage d'une plaque de tôle. Les deux autres cylindres sont commandés par engrenages par la machine motrice.

A l'avant et l'arrière du train de laminoir sont disposés des tabliers releveurs actionnés hydrauliquement et comportant des rouleaux libres. A côté de ce laminoir sont installés un train pour tôles striées et un laminoir universel *duo*, c'est-à-dire ne comportant que deux cylindres. Ce laminoir est utilisé pour faire de larges plats. Il est muni de tabliers hydrauliques disposés de chaque côté et de rouleaux tournant à grande vitesse. Il est actionné par une machine à vapeur verticale Corliss, de 600 chevaux, tournant à 60 tours par minute.

A l'arrière du train est établie une cisaille verticale à chaud et un refroidisseur spécial pouvant recevoir les fers plats de grande largeur et portant des poussoirs actionnés hydrauliquement pour redresser les bandes.

Le train de laminoir pour tôles minces est actionné par une machine à vapeur horizontale à détente Meyer, de 250 chevaux. Ce laminoir sert pour les plaques de tôles minces ayant des dimensions exceptionnelles, et se trouve à l'extrémité de la grande halle.

Dans une travée latérale voisine sont installés les trains principaux pour laminer les tôles minces. Ces tôles minces sont fabriquées, aux usines du Creusot, par deux procédés différents. Le premier comporte la fabrication directe, par l'obtention de *bidons* ou lingots de dimensions déterminées qui sont coupés à chaud dans des barres et transformés immédiatement en plaques de tôle sans subir un réchauffage, la chaleur qu'ils possèdent étant suffisante pour que le laminage puisse se faire utilement. Le second procédé consiste à laminer des bidons qui, ayant été préparés à l'avance, sont froids. Il est nécessaire, dans ce cas, de les réchauffer en les plaçant dans des fours dormants.

Dans le procédé de fabrication directe, les *blooms*, primitivement obtenus d'un volume et d'une section appropriés aux pièces à fabriquer, sont chargés, à la sortie de la cisaille terminant le laminoir pour blooms, sur de petits chariots en fer roulant sur quatre roues, et apportés devant deux petits fours à réchauffer placés à proximité des laminoirs. Au moyen d'une pelle à levier pouvant rouler sur le sol, les blooms sont placés dans les fours comportant une grille ordinaire, avec soufflerie en dessous des barreaux, donnée par un ventilateur. Après quelques minutes de réchauffage les blooms sont chargés sur un petit chariot qui les dépose sur les rouleaux du tablier releveur du laminoir, et ils passent entre les cylindres, qui les transforment en plaques de tôle.

Le laminoir le plus important de cette série de trains est un laminoir trio pour obtenir des bidons. Ce laminoir est actionné par une machine spéciale qui commande le pignon calé sur le cylindre du milieu. Ce cylindre tourne dans des paliers disposés dans les cages. La hauteur de ce cylindre ne varie pas, mais les positions du cylindre supérieur et du cylindre inférieur sont variables et sont réglées en enfonçant plus ou moins des coins de serrage, pour obtenir, entre les rouleaux, la distance représentant l'épaisseur que l'on veut donner à la barre destinée à être découpée en bidons. Les coins de serrage sont déplacés mécaniquement. Les barres laminées dans ce train sont coupées à leur sortie en deux, quatre, six ou huit bidons, dont les plus gros ont 235 millimètres de large et une épaisseur variable jusqu'à 13 millimètres, et les plus petits ont une largeur de 175 millimètres et une épaisseur variable jusqu'à 8 millimètres. Les bidons coupés passent immédiatement dans cinq paires de cages du train de laminoir voisin pour être réduits en tôles minces. Ces trains sont actionnés par une machine Corliss verticale de 600 chevaux. Trois autres trains comportant en tout douze paires de cylindres servent à obtenir les tôles extra-minces. Chacun des trois trains est actionné par une machine distincte.

Dans la grande halle de laminage, au milieu de sa longueur, sont installés, entre les laminoirs à profilés et les laminoirs à tôles, deux trains de laminage de grande importance placés côte à côte et actionnés par une même machine à vapeur d'une puissance de 3.000 chevaux, placée entre les deux outils.

Ces deux laminoirs sont le *train blooming* destiné à produire des blooms, et le *laminoir à blindages*.

La machine qui conduit ces deux trains est à marche réversible. Elle comporte deux cylindres conjugués. Les manivelles disposées en bout des tiges du piston sont calées à angle droit. Le diamètre des pistons est de 1^{m},200 et leur course de 1^{m},500. La pression effective de la vapeur varie de 4 à 5 kilos par centimètre carré et on peut l'admettre dans les cylindres pendant les 8/10 de la course des pistons. Avec une pression de vapeur effective de 4 kilos par centimètre carré, on peut exercer un effort de 150.000 kilos à la circonférence des cylindres du laminoir à blindages.

L'arbre de la machine peut tourner à la vitesse de 90 tours par minute. Il commande, par l'intermédiaire de roues d'engrenages robustes, faites en acier moulé et portant des dentures à chevrons, l'arbre des trains. Le rapport des diamètres des roues est tel que les cylindres du laminoir tournent à une vitesse maximum de 32 tours par minute.

La distribution de vapeur s'effectue dans la machine au moyen de tiroirs cylindriques et équilibrés.

Le changement de marche est réalisé par la manœuvre d'une coulisse. Cette manœuvre s'effectue par l'intermédiaire d'un piston agissant à double effet sur l'arbre de relevage et actionné par pression hydraulique. La pression utilisée est de 35 kilos par centimètre carré.

Le mécanicien est placé sur une plateforme surélevée disposée derrière les cylindres à vapeur, d'où il peut surveiller la marche des deux trains de laminoirs et les conduire tous les deux à la fois, s'il est bien exercé.

Le plus souvent, cependant, ces deux trains ne fonctionnent pas simultanément. Ils sont rendus solidaires de l'arbre de la machine par l'intermédiaire d'embrayages hydrauliques qui donnent la possibilité de les mettre en marche ou de les arrêter à volonté.

Le mécanicien placé sur la plate-forme manœuvre un levier de chaque main. L'un des leviers, celui de gauche, commande un robinet à quatre voies qui actionne le changement de marche; l'autre levier commande, par l'intermédiaire d'une came double, à bras de levier variable, la plus ou moins grande levée de la soupape d'admission de vapeur dans la machine motrice. Il peut aussi manœuvrer, de la même plate-forme, la soupape d'arrêt de vapeur et les purgeurs des cylindres.

Le *train blooming* (Fig. 205) qui sert à obtenir les *blooms* de dimensions déterminées, se compose de deux cylindres lamineurs ayant un diamètre de 1^{m},200 et une longueur de table de 2^{m},600. Ces cylindres ont un mouvement alternatif donné par la machine, dont la marche est réversible. Ils sont munis de huit cannelures faites sur leur pourtour, qui permettent d'obtenir tous les blooms nécessaires aux trains finisseurs. Les plus gros lingots ont une section carrée de 450 millimètres de côté, et pèsent de 1.600 à 1.700 kilos; les lingots les plus courants ont une section carrée de 420 millimètres de côté et pèsent de 1.250 à 1.350 kilos; les plus petits lingots, de sections rectangulaires, ont 110 millimètres sur 90

Le lingot est guidé par un tablier de forme spéciale fait en acier moulé, de sorte que le lingot dirigé verticalement et latéralement en avant et en arrière du train, s'engage sans difficulté dans chaque cannelure.

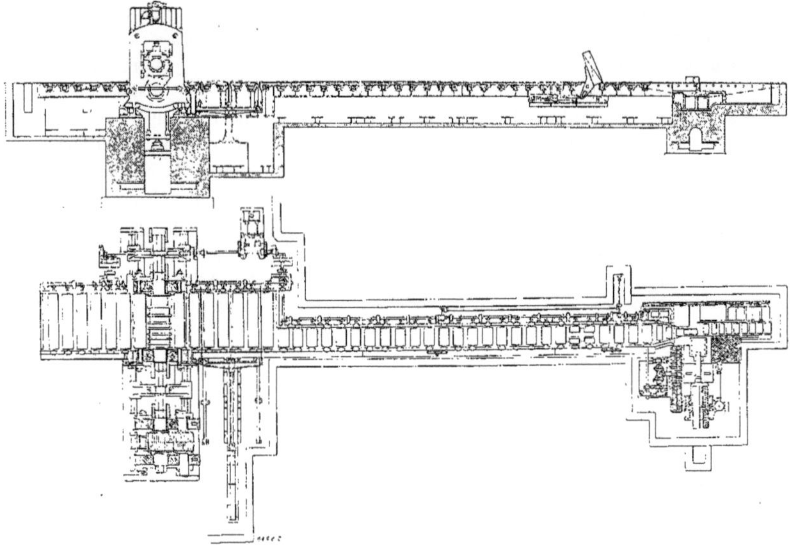

Fig. 205. — Train blooming. (Usines du Creusot.)

Les cylindres lamineurs sont actionnés par deux pignons placés à l'extrémité du train. Ces pignons, en acier, ont un diamètre primitif de 1^{m},220 et portent une denture à chevrons.

Le cylindre supérieur est équilibré par deux *pots de presse* qui le maintiennent appliqué contre les deux vis de pression que l'on manœuvre à chaque passage du lingot et permettent de déplacer ce cylindre au maximum de 100 millimètres dans le sens vertical.

Les vis de pression sont manœuvrées à l'aide d'un appareil hydraulique, comportant deux plongeurs réunis par une crémaillère, et qui commande directement les pignons clavetés sur les vis de pression. Les diamètres des plongeurs sont respectivement de 165 millimètres et de 105 millimètres, et c'est celui-ci qui est en communication constante avec l'accumulateur de l'installation hydraulique qui fournit l'eau à une pression de 35 kilos par centimètre carré. La course de la crémaillère est de $2^{m},360$.

Sur la cage de droite du train est disposée une plate-forme où se tient le lamineur sous les yeux duquel est placé un tableau spécial lui indiquant, pour chacune des cannelures, la position que doit occuper le cylindre supérieur à chaque passage du lingot. Le lamineur manœuvre deux leviers : un qui commande le serrage des vis de pression, et l'autre qui commande le mouvement des rouleaux ; ce dernier levier est quelquefois manœuvré par un aide.

Pour faire passer le lingot d'une cannelure à une cannelure voisine, on emploie *l'appareil ripeur et de retournement,* à l'aide duquel on obtient automatiquement les mouvements appropriés par la simple manœuvre de leviers.

Cet appareil est actionné par un piston à longue course se mouvant dans un cylindre dans lequel agit de l'eau sous pression. Le piston, dans son déplacement, pousse ou tire trois fourches à doubles branches pouvant coulisser entre les rouleaux porteurs du laminoir, placés après les cylindres. Ces fourches sont réunies par une traverse sur laquelle elles sont articulées et elles peuvent rouler sur les rails d'un plateau de monte-charge auquel un déplacement vertical peut être donné par la pression hydraulique. Pendant l'opération du laminage, les fourches restent au-dessous du plan supérieur des rouleaux porteurs, mais lorsqu'on veut effectuer le changement de cannelure, on fait monter le monte-charge à manœuvre hydraulique ; les fourches débordent alors le plan des rouleaux. Comme elles peuvent prendre, d'autre part, un mouvement transversal, par rapport aux cylindres du laminoir, donné par l'appareil ripeur, il est possible à l'ouvrier qui manœuvre, de combiner ces deux mouvements de façon que le lingot soit saisi au sortir d'une cannelure, qu'il soit soulevé au moyen des fourches et qu'il soit amené en face de la cannelure dans laquelle il doit passer. Les fourches ont une course totale de $2^{m},800$.

Le piston hydraulique du ripeur qui les déplace transversalement a un diamètre de 170 millimètres. Sa tige a un diamètre de 120 millimètres. Sur cette tige agit constamment la pression d'eau donnée par l'accumulateur, tandis que sur la section du piston, du côté opposé, la pression d'eau est distribuée par intermittence, au moyen d'un distributeur manœuvré par le machiniste suivant les besoins.

Le machiniste se tient au niveau du sol, en face des grosses cannelures ; il peut, de la sorte, effectuer ses manœuvres en contrôlant aisément le travail fait sur le laminoir.

A l'avant et à l'arrière des cylindres de laminage sont disposés deux groupes de sept rouleaux porteurs, en fonte spéciale, ayant un diamètre de $0^{m},590$.

La longueur de ces rouleaux est la même que celle de la table des cylindres lamineurs.

Les rouleaux d'avant, logés entre les cages, portent des étagements successifs par suite de l'augmentation de diamètre, qui atteint 460 et 740 millimètres, afin que les barres soient mieux guidées dans les petites cannelures.

Entre les rouleaux, dont la génératrice supérieure est au niveau du sol, ont été disposés des blocs en acier moulé qui remplissent les vides. Ces blocs arrivent au niveau du sol.

Une autre série de rouleaux, de 1 mètre seulement de longueur et de 520 millimètres de diamètre, est établie à la sortie du laminoir. Ces rouleaux conduisent les barres à la cisaille à chaud placée sur la même ligne à une distance de 26 mètres.

Les rouleaux sont actionnés tous ensemble par une machine à vapeur de deux cylindres dont les pistons ont un diamètre de 240 millimètres et une course de 300 millimètres. Les rouleaux tournent à la vitesse de 20 tours par minute. La machine est à marche réversible et est installée sous le plancher de l'atelier.

La ligne de petits rouleaux est placée en face des petites cannelures.

Lorsque les barres laminées à une section quelconque sortent des cannelures, l'appareil ripeur les dispose en face des petits rouleaux qui les conduisent à la cisaille à chaud pour être sectionnés en *blooms*, lesquels peuvent être immédiatement utilisés en les faisant passer aux divers laminoirs qui doivent les façonner. Lorsqu'ils ne peuvent pas être utilisés tout de suite, on les place sous une couche de cendres pour qu'ils conservent leur chaleur le plus longtemps possible.

La cisaille peut trancher des *blooms* d'une section de 320 millimètres sur 200 millimètres.

Le porte-lame a un mouvement horizontal; sa course est de 250 millimètres et il peut être embrayé ou débrayé à volonté par une commande hydraulique.

La cisaille est actionnée par un moteur vertical à vapeur à un seul cylindre, comportant un régulateur et tournant à 160 tours par minute.

Le piston a un diamètre de $0^m,350$ et une course de 400 millimètres.

La transmission de mouvement entre la machine et la cisaille s'effectue à l'aide de roues d'engrenage dont les diamètres sont dans le rapport de 20 à 1. Il en résulte que l'outil peut donner huit coups de cisaille par minute.

Pour éviter des ruptures d'organes qui pourraient être graves, dans le cas où une résistance anormale se manifesterait entre les lames, le volant denté transmet le mouvement par l'intermédiaire d'une goupille dont la section est calculée pour qu'elle se cisaille dans le cas d'un effort anormal à vaincre. Lorsque cela se produit, l'outil s'arrête et après avoir supprimé la cause de l'arrêt, on remplace la goupille et on remet en marche.

Une butée mobile est disposée sur la cisaille pour régler à volonté la longueur des blooms à cisailler. Au sortir de la cisaille chaque bloom reçoit une marque indiquant son numéro de coulée et la qualité correspondante.

Pour réchauffer les lingots, deux fours sont établis en face du laminoir.

Chaque four comporte deux grilles ordinaires, avec soufflerie de vent.

Une grille est disposée à chaque extrémité du four et l'échappement des flammes se fait au milieu de sa longueur et vers l'arrière. La sole des fours a une longueur de 6 mètres, une profondeur de $2^m,40$; la hauteur sous la clef de voûte est de $1^m,300$.

La façade des fours est munie de deux grandes ouvertures de $2^m,200$.

Chaque ouverture peut être fermée par une porte faite en trois parties, qui peuvent s'ouvrir indépendamment les unes des autres, par l'intermédiaire de chaînes actionnées par commande hydraulique.

Chacun des fours peut recevoir quatorze lingots de 1.300 kilos.

Lorsque ces lingots sont chargés froids dans le four, ils peuvent être laminés moins de cinq heures après, ce qui représente une production de 45.000 kilos par douze heures de fonctionnement avec une consommation moyenne de houille de 125 kilos par tonne de lingots froids.

Le plus souvent, les lingots sont chargés chauds et, dans ce cas, un seul four peut recevoir facilement jusqu'à 150.000 kilos de lingots, qui sont à une température variant de 900 à 950 degrés centigrades.

La consommation de la houille se trouve réduite à 35 kilos par tonne de lingots. Les gaz chauds sortant des fours sont, en outre, utilisés pour chauffer une chaudière multitubulaire de 163 mètres carrés de surface de chauffe. Dans le four, les lingots reposent sur des chenets de briques à 300 millimètres de hauteur au-dessus de la sole : ils sont disposés par deux rangées de 4 lingots, sur les côtés, à droite et à gauche, et deux rangées de 3 lingots au milieu.

Cette répartition des lingots sur la sole du four s'effectue à l'aide d'un appareil spécial de chargement en forme de C, équilibré, qui est supporté par un pont roulant électrique et qui permet de charger dans le four trois ou quatre lingots à la fois en les répartissant convenablement.

Lorsque les lingots sont chauds, le même appareil sert à les disposer sur la ligne de rouleaux qui les conduisent au laminoir.

Quand on charge les fours avec des lingots chauds, ces lingots arrivent chauffés des aciéries. Ils sont transportés dans des wagons spéciaux à trois cellules à cloisons verticales, comportant une garniture de briques réfractaires et fermées chacune par un couvercle.

On sort les lingots des wagons à l'aide de tenailles suspendues à une grue mue par la vapeur et on les dépose sur un bloc de fonte de forme appropriée pour que l'appareil de chargement spécial indiqué plus haut vienne les saisir pour les placer dans les fours.

On voit quel outillage considérable est nécessaire pour assurer le fonctionnement continu d'un laminoir semblable à celui que nous venons d'examiner.

Le laminoir à blindages et à tôles fortes, commandé par la même machine que le train blooming, est aussi un outil puissant. Il est disposé, de l'autre côté de la machine motrice et peut avoir un mouvement dans les deux sens.

Il est constitué par deux cylindres horizontaux en fonte montés dans deux cages supportant les paliers de roulement (Fig. 206 et 207). Les cylindres ont un diamètre de $0^m,850$ et une longueur de table de 3 mètres. L'écartement normal des cylindres est de $0^m,600$ et cet écartement peut atteindre au maximum $0^m,750$.

La commande du cylindre inférieur s'effectue directement par l'arbre de la machine. Les mouvements des deux cylindres sont rendus solidaires par l'engrenage de deux pignons. Des arbres de rallonge, en acier moulé, réunissent les pignons aux cylindres lamineurs. Ces arbres, nommés *allonges*, ont une longueur de 5 mètres, de façon que lorsque les cylindres ont entre eux l'écartement maximum, l'inclinaison des allonges ne soit pas trop grande, ce qui pourrait gêner la transmission. L'allonge supérieure est équilibrée par un piston actionné hydrauliquement et l'extrémité des *trèfles* qui assurent l'entraînement et qui sont pratiqués en bout de l'allonge est arrondie et a une section progressivement décroissante, pour que cet entraînement soit toujours réalisé malgré l'inclinaison de l'arbre-allonge.

Les pignons de commande sont en acier moulé; leur diamètre primitif est de $1^m,05$ et leur longueur entre les tourillons est de 1 mètre. Ils sont façonnés en deux parties portant une denture à chevrons. Dans les deux parties du pignon, les pointes des dentures à chevron sont dirigées dans des sens différents, disposition qui a pour objet d'augmenter d'une façon considérable leur résistance.

Les cylindres lamineurs ont une vitesse qui peut varier de 24 à 36 tours par minute.

On a pu, avec ce laminoir, fabriquer des tôles de 23 mètres de long, $1^m,150$ de large et ayant moins de 5 millimètres d'épaisseur, grâce à la rapidité du laminage et du changement de marche. On lamine couramment, avec cet outil, des tôles de 8 mètres de long, 2m,20 de large et 6 millimètres d'épaisseur, et des tôles de 18 mètres de long, 2m,77 de large ayant une épaisseur de 30 millimètres.

Les vis de pression, servant à régler l'écartement des cylindres suivant l'épaisseur de la plaque à obtenir, sont manœuvrées, par l'intermédiaire d'une courroie, par une petite machine à vapeur verticale à sens de marche réversible. Le diamètre des pistons de cette machine est de 165 millimètres et leur course est de 300 millimètres. L'arbre de la machine tourne à une vitesse maximum de 180 tours par minute.

Les vis de pression sont en acier dur, forgé et les écrous sont faits en bronze phosphoreux. Les vis ont un diamètre extérieur de 300 millimètres et le pas du filet qu'elles portent est de 36 millimètres. La commande de ces vis par la machine est disposée pour donner à la vis un mouvement de rotation de vitesse variable. Au début du laminage, lorsque la plaque de métal peut encore être fortement réduite en épaisseur, le déplacement obtenu avec les vis est de 11 millimètres pour cinq tours de la machine. Vers la fin du laminage, le mouvement de pression, qui doit être beaucoup plus lent, peut être réduit à 1 millimètre pour cinq tours de machine.

Pour les dernières passes, on peut, d'ailleurs, effectuer le serrage à la main en manœuvrant un petit volant disposé sur un second arbre de la machine. On obtient un déplacement de 1 millimètre en faisant tourner le volant d'un tour et demi.

La liaison des vis qui se déplacent verticalement et des roues d'engrenage à vis sans fin qui les commandent, lesquelles tournent dans des coussinets fixes, se fait à l'aide de la disposition spéciale donnée à la partie supérieure de la vis. Cette extrémité de vis est cylindrique et porte une série de cannelures pratiquées dans le sens de la longueur de la vis. Le trou central de la roue d'engrenage qui reçoit le bout de la vis a une forme semblable, de sorte que la vis s'ajuste dans le moyeu de la roue. Elle est entraînée dans le mouvement de rotation de la roue par l'engrènement des saillies et des cannelures, mais il lui est possible, en même temps, de se déplacer verticalement.

Une boîte de sûreté est placée sous chaque vis de pression. Cette boîte porte un coin à double pente et est munie de boulons d'assemblage qui sont établis pour pouvoir se rompre lorsqu'on exerce un effort anormal. Sous la boîte de sûreté est disposée une cale en coin dont on peut régler la position par la manœuvre d'une vis. On se sert de cette cale pour obtenir un parallélisme parfait entre les cylindres lamineurs.

Les boîtes de sûreté peuvent être rapidement démontées et facilitent, par leur démontage, le dégagement des plaques de tôle si, accidentellement, il s'en trouve qui restent prises entre les cylindres. On évite, de la sorte, un contact trop prolongé du lingot chaud soumis au laminage et des cylindres, ce qui risquerait de les détériorer.

Le cylindre supérieur et ses paliers mobiles sont équilibrés et appuyés d'une façon continue contre les vis de pression, par quatre plongeurs d'un diamètre de 180 millimètres sur lesquels agit une pression d'eau de 35 kilos par centimètre carré.

Le déplacement du cylindre supérieur par rapport au cylindre inférieur qui est fixe, est indiqué, à chaque instant, par un index qui se déplace le long d'une échelle verticale fixée sur un montant de la cage. Un déplacement de 25 millimètres de l'index correspond à un déplacement réel de 10 millimètres du cylindre supérieur.

On peut, avec ce laminoir, obtenir des *plaques de diminution*. Ce sont des plaques dont les deux faces, au lieu d'être parallèles et d'avoir, par conséquent, entre elles, une épaisseur constante, sont, au contraire, inclinées l'une par rapport à l'autre de sorte que l'épaisseur mesurée sur un côté de la

Fig. 206. — Laminoir à blindages. — Usines du Creusot.

tôle est plus faible que l'épaisseur mesurée de l'autre côté, l'augmentation d'épaisseur étant proportionnellement établie dans toute la largeur de la plaque.

Pour obtenir une plaque de diminution, le cylindre supérieur mobile doit comporter des tourillons sphériques, pour pouvoir prendre l'inclinaison voulue par rapport au cylindre inférieur, qui reste horizontal et n'a toujours aucun déplacement dans le sens vertical.

La vis ainsi actionnée remonte; le tourillon sphérique qui est appliqué sur elle remonte également et comme l'autre tourillon du cylindre reste en place, le cylindre s'incline et l'inclinaison est d'autant plus grande que le tourillon mobile effectue une plus grande course verticale.

Un second index, placé à côté de celui qui indique la position du tourillon le plus bas, donne, à chaque instant, la valeur du déplacement, par rapport à celui-ci, du tou-

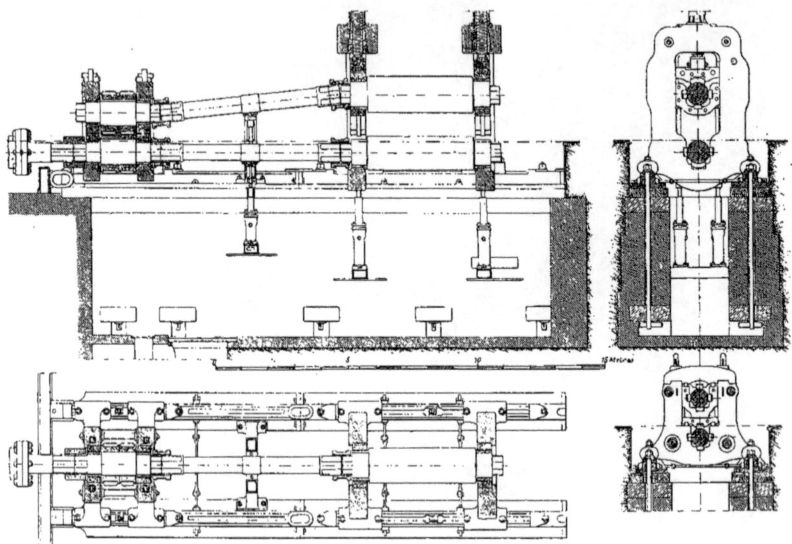

Fig. 207. — Train à blindages e à grosses tôles. (Usines du Creusot.)

rillon mobile et, par conséquent, de l'inclinaison du cylindre.

Pour donner au cylindre supérieur la position inclinée qui convient, l'ouvrier lamineur manœuvre un levier à l'aide duquel il découple les vis de pression en rendant le mouvement de chacune indépendant du mouvement de l'autre. Il a, au préalable, au moyen du moteur, donné aux deux vis le serrage maximum qui doit permettre d'obtenir la plus faible épaisseur de la plaque.

En découplant les deux vis, il en laisse une bloquée en position et il fait actionner l'autre par le moteur en donnant à celui-ci une marche en arrière.

Cette disposition particulière donnée aux cylindres permet de laminer les plaques de blindage à épaisseur variable.

Il a été laminé à l'aide de cet outil une plaque en acier dur d'une longueur de $7^m,610$, d'une largeur de $2^m,360$, et dont l'épaisseur était d'un côté de 39 millimètres, tandis qu'elle atteignait de l'autre 88 millimètres, l'épaisseur étant régulièrement répartie entre ces deux dimensions sur toute la largeur de la plaque.

A l'avant et à l'arrière du train de cylindres lamineurs, sont disposés des rouleaux formant deux tables d'une grande robustesse pouvant supporter des plaques de blindage de 40.000 kilos. Chaque table comporte une série de neuf rouleaux de $1^{m},80$ de longueur, et de $0^{m},540$ de diamètre, dont la génératrice horizontale supérieure déborde du sol de 140 millimètres. Ces rouleaux sont mus par une machine à vapeur placée sous le plancher, comportant deux cylindres et munie d'un changement de marche. Ce moteur tourne à une vitesse de 150 tours à la minute et les pistons, qui ont un diamètre de 260 millimètres, font 300 millimètres de course. Le rapport des roues d'engrenage de commande est de 10 à 1, de sorte que les rouleaux, pendant leur mouvement de rotation, développent $0^{m},424$ par seconde et peuvent transporter, à cette vitesse, les pièces qui sont posées sur eux.

Les rouleaux sont actionnés par des engrenages en acier moulé, mais la commande du train d'engrenage moteur s'effectue par la machine, par friction, de façon à pouvoir éviter la rupture d'organes essentiels dans le cas d'un arrêt brusque accidentel.

Au milieu de la longueur des tables à rouleaux avant et arrière est disposé, entre deux rouleaux, un récepteur qui sert à recevoir le lingot à laminer.

Chaque récepteur comporte un double plongeur composé d'un plongeur de petit diamètre : 220 millimètres, et d'un plongeur d'un diamètre plus grand : 390 millimètres. Le petit plongeur est utilisé pour les travaux ordinaires et peut soulever de 10.000 à 11.000 kilos. Le plongeur de grand diamètre s'emploie pour soulever les pièces pouvant atteindre le poids de 40.000 kilos.

Le petit plongeur, le plus ordinairement utilisé, est en acier forgé et porte, à son extrémité supérieure, une tête de forme spéciale dans laquelle est pratiquée une échancrure permettant l'entrée et le dégagement de l'appareil de chargement qui apporte le lingot du four pour le déposer sur ce récepteur. Lorsque le lingot se trouve placé sur le récepteur, qui, à ce moment, déborde des rouleaux, on provoque son abaissement par une manœuvre qui laisse descendre le plongeur. Le lingot vient reposer sur les rouleaux, lesquels mis en mouvement, l'entraînent vers les cylindres lamineurs. Pendant le laminage, la tête du récepteur reste enfoncée au-dessous du plan supérieur des rouleaux.

Le récepteur peut aussi, pendant le travail de laminage, être utilisé pour orienter les plaques de tôle ou même les faire tourner dans le plan horizontal. Pour cela, le plongeur actionné hydrauliquement est soulevé, puis, orienté à l'angle qui convient, pour que la plaque qui subit le travail de laminage puisse être engagée sous les cylindres dans la direction convenable. On provoque ensuite l'abaissement du récepteur. Lorsqu'une plaque passée au laminoir atteint la largeur qu'on doit lui donner, on peut, suivant ses dimensions, lui faire faire un quart de tour sur elle-même pour qu'elle soit laminée dans le sens perpendiculaire, afin de lui donner la longueur désirée tout en conservant la largeur obtenue. C'est à l'aide du récepteur successivement relevé, orienté et redescendu que l'on obtient ce résultat.

De chaque côté des rouleaux d'arrière, sont disposés des pousseurs mus hydrauliquement, qui ont pour fonction de guider, en quelque sorte, les plaques de tôle de grande longueur en les obligeant à se déplacer parallèlement à l'axe du laminoir et d'assurer un laminage correct en obligeant la plaque à passer sous les cylindres lamineurs sans toucher, sur les côtés, contre les cages qui supportent ces cylindres.

En plus du récepteur est installé un autre organe, d'une très grande utilité, disposé au-dessus des rouleaux et transversalement : c'est l'appareil de retournement dont la manœuvre permet de retourner sens dessus dessous, avec une grande facilité, rapidement et sans aucun choc, un lingot de 8.000 à 10.000 kilos, qui, reposé sur les rouleaux, peut continuer à être laminé. Ce retournement permet le nettoyage des deux grandes surfaces de la plaque, et l'enlèvement de l'oxyde qui s'y produit, ce qui s'obtient en projetant, entre la plaque à laminer et le cylindre, des brindilles de bois vert.

L'appareil à retournement permet aussi de faire tourner les lingots d'un quart de tour verticalement pour pouvoir les laminer successivement sur plat et sur champ.

Un autre appareil à retournement du même genre, mais plus robuste, est disposé entre le train de laminoir et la cisaille à chaud qui est installée dans le même axe, en arrière. Cet appareil sert à retourner les gros blindages ou les blindages de pont de cuirassé, qui pèsent jusqu'à 40.000 kilos.

La manœuvre s'effectue à l'aide d'un piston hydraulique se mouvant dans un cylindre qui repose sur une charpente métallique de façon à laisser au-dessus des rouleaux un espace libre de 3^{m},500.

Le piston est double, composé d'un petit piston en acier forgé de 315 millimètres de diamètre qui coulisse dans le grand piston d'un diamètre de 460 millimètres. La tête des pistons est guidée dans de robustes glissières et leur course est de 2 mètres. Le petit piston est utilisé pour soulever et retourner des plaques pesant jusqu'à 12.000 kilos, et le grand, pour les plaques plus lourdes jusqu'à 40.000 kilos.

Lorsque la plaque est soulevée, on effectue l'opération du retournement. Pour opérer le retournement, la plaque est suspendue à deux chaînes, de façon que son centre de gravité se trouve placé entre ces deux chaînes sans fin à maillons forgés placées à une distance de 1 mètre. Ces chaînes s'enroulent sur des galets d'entraînement qui reçoivent un mouvement de rotation par l'intermédiaire de roues à rochets et d'une chaîne galle fixée à la base du cylindre. En faisant tourner les galets d'entraînement, la traction sur les chaînes enroulées autour de la plaque provoque le retournement de cette plaque qui est ensuite déposée, sans choc, sur les rouleaux.

Cet outil est très employé pour le laminage des blindages en acier au nickel, car les surfaces des plaques faites avec ce métal sont incrustées d'oxyde de grande épaisseur qu'il est indispensable d'enlever pendant l'opération du laminage.

Les différents organes composant le laminoir dont nous venons d'indiquer les fonctions sont manœuvrés par un machiniste qui est placé sur une plate-forme d'où il peut suivre les diverses opérations du laminage.

La cisaille à chaud, placée à l'arrière du laminoir et dans le même axe, est à une distance de 26 mètres. Elle peut couper des plaques d'acier chauffées de 1^{m},20 de largeur et de 120 millimètres d'épaisseur, ou, encore, des plaques de 0^{m},700 de longueur et 200 millimètres d'épaisseur. Les lingots ainsi sectionnés sont destinés à alimenter d'autres trains de laminoir.

La cisaille est actionnée par un moteur à vapeur tournant à 168 tours par minute, dont le piston a un diamètre de 0^{m},550 et une course de 0^{m},500. Ce moteur commande l'outil par l'intermédiaire d'un jeu de roues d'engrenage dont les diamètres sont dans le rapport de 56 à 1, de sorte que l'outil donne trois coups par minute. La lame supérieure de la cisaille est embrayée par un dispositif hydraulique.

L'entraînement de la grande roue dentée formant volant s'effectue par l'intermédiaire d'une goupille dont la section est telle qu'elle peut se cisailler dans le cas où une résistance anormale bloque les deux lames de la cisaille, évitant ainsi une détérioration d'organes.

Un train de rouleaux, disposés après les rouleaux du laminoir, conduit les pièces du laminoir à la cisaille. Ces rouleaux peuvent être mis en mouvement par la ma-

Fig. 208. — Train blooming de la Société de Denain et d'Anzin. (Delattre et Cie.)

chine actionnant les deux trains de rouleaux du laminoir, au moyen d'un embrayage.

Au delà des lames est un autre train de rouleaux supportés par un châssis articulé pouvant fléchir sous la pression du morceau de métal sectionné.

La cisaille est placée sous un pont roulant électrique de 15 tonnes.

Le laminoir est desservi par deux ponts roulants, l'un de 20 tonnes, l'autre de 60 tonnes. Le pont roulant de 20 tonnes, d'une portée de 19 mètres, et dont le chemin de roulement a une longueur de 75 mètres, a été établi le premier, lorsque le laminoir ne devait être utilisé que pour la fabrication des tôles. Par la suite, lorsque l'outil a été employé à la fabrication des blindages pouvant peser 40.000 kilos, on a installé le pont roulant de 60 tonnes. Les poutres du chemin de roulement ont été renforcées et sont supportées par des colonnes en fer sur une longueur de 35 mètres au-dessus du train à blindages.

Les ponts roulants sont actionnés par des moteurs électriques permettant d'obtenir la levée du lingot et son déplacement dans deux directions perpendiculaires.

La levée s'effectue à une vitesse d'environ 5 mètres par minute pour des poids de 8.000 kilos, et à une vitesse de $1^m,25$ pour les charges supérieures. Le chariot transversal se déplace avec une vitesse de 10 mètres à la minute et le pont roule sur ses rails à la vitesse de 20 mètres à la minute.

Ce train de laminoir est desservi par trois fours qui sont disposés en bout du laminoir sous le chemin de roulement des ponts servant à en effectuer le chargement et le défournement.

Les fours sont chauffés à la houille et comportent deux grilles ordinaires, avec soufflerie, disposées l'une à droite, l'autre à gauche; la sortie des flammes a lieu au milieu et vers l'arrière. Les gaz chauds sont recueillis pour chauffer trois chaudières multitubulaires.

Deux des fours ont une longueur de sole de $5^m,96$, une profondeur de 3 mètres et une hauteur de voûte de $1^m,500$ et sont munis de deux portes. Le troisième four, utilisé spécialement pour les forts blindages, a une longueur de sole de 4 mètres, une profondeur de $3^m,40$ et une hauteur de voûte de $1^m,950$. Ce four n'a qu'une porte de $2^m,45$ de haut.

Les portes des fours sont constituées par des châssis en fer garnis de briques réfractaires. Les grandes portes sont divisées en trois compartiments que l'on peut soulever à la fois ou séparément, par l'intermédiaire de chaînes sur lesquelles agissent des pistons mus par la pression d'eau et se déplaçant dans des cylindres fixés sur le four.

Le chargement des lingots dans les fours se fait à l'aide des appareils spéciaux en forme de C, équilibrés, qui permettent de prendre le lingot par son centre de gravité malgré la gêne occasionnée par la voûte du four.

Une tige fixée à l'appareil est utilisée par les ouvriers pour lui donner l'orientation convenable, pour déposer sans choc le lingot sur les chenets en briques établis sur la sole du four.

Il y a trois types d'appareils de chargement : un est employé pour les poids de 5.000 kilos, un second pour 15.000 kilos et le plus fort pour porter 40.000 kilos. Le poids de cet appareil est de 20.000 kilos.

Le *pelleton* qui entre dans le four est généralement droit, mais on lui donne aussi une forme en fourche à deux branches pour soutenir le lingot en deux points. La tête du récepteur, lequel est disposé entre les rouleaux du train, et dont nous avons parlé plus haut, se place entre les branches de la fourche lorsque l'appareil de chargement dépose le lingot sur le laminoir. Lorsque le pelleton est droit, il prend place dans une échancrure pratiquée dans la tête du récepteur.

Le pelleton, étant exposé à se détériorer

sous l'action de la chaleur, peut être aisément remplacé.

Pour répondre aux exigences de plus en plus considérables de l'industrie métallurgique et pour pouvoir produire des plaques de blindages ayant les dimensions qui sont aujourd'hui demandées, pour fabriquer les plaques de tôle nécessaires à la construction métallique et celles qui entrent dans la fabrication des chaudières, on a nouvellement établi aux usines du Creusot un outil de laminage qui est le plus puissant du monde entier et qui possède, en outre, tous les perfectionnements mécaniques permettant d'effectuer un façonnage facile, rapide et économique.

A titre d'exemple, nous allons indiquer les grandes lignes de cette belle installation dont la figure 209 représente un plan d'ensemble. L'atelier occupe une superficie de 11.270 mètres carrés, les bâtiments ayant une longueur de 140 mètres et une largeur de 80m,50.

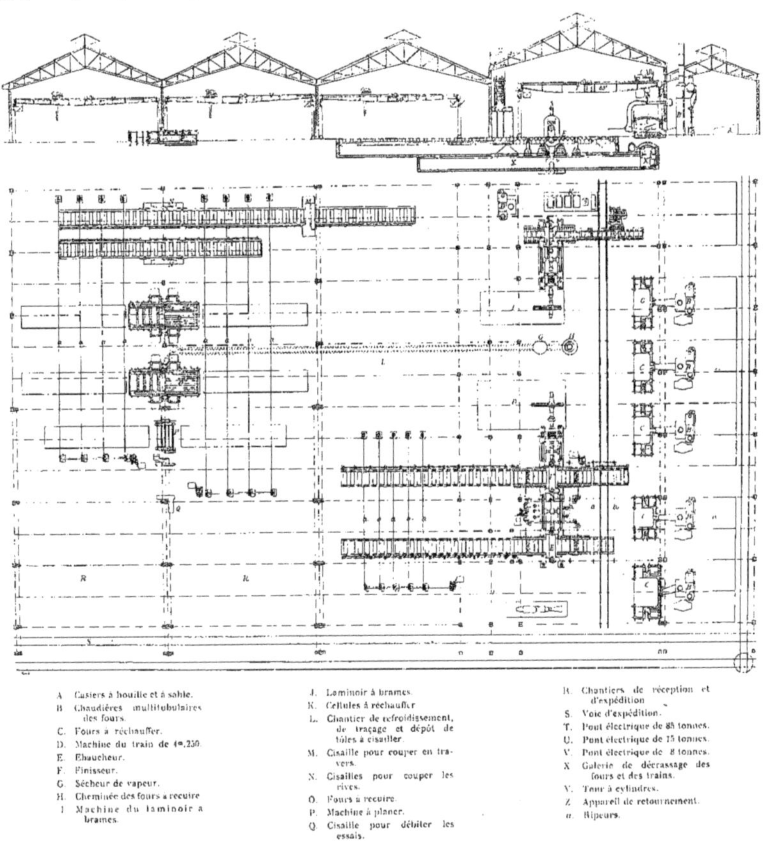

A. Casiers à houille et à sable.
B. Chaudières multitubulaires des fours.
C. Fours à réchauffer.
D. Machine du train de 4m,250.
E. Ebaucheur.
F. Finisseur.
G. Sécheur de vapeur.
H. Cheminée des fours à recuire.
I. Machine du laminoir à brames.
J. Laminoir à brames.
K. Cellules à réchauffer.
L. Chantier de refroidissement, de traçage et dépôt de tôles à cisailler.
M. Cisaille pour couper en travers.
N. Cisailles pour couper les rives.
O. Fours à recuire.
P. Machine à planer.
Q. Cisaille pour débiter les essais.
R. Chantiers de réception et d'expédition.
S. Voie d'expédition.
T. Pont électrique de 85 tonnes.
U. Pont électrique de 15 tonnes.
V. Pont électrique de 8 tonnes.
X. Galerie de décrassage des fours et des trains.
Y. Tour à cylindres.
Z. Appareil de retournement.
a. Ripeurs.

Fig. 209. — Installation de laminoirs. (Usines du Creusot.)

Les bâtiments sont divisés en cinq travées

disposées parallèlement à l'axe des cylindres des laminoirs. Ces diverses travées sont destinées: la première aux houilles et chaudières, la seconde aux fours et laminoirs, la troisième au chantier de refroidissement, les quatrième et cinquième travées au cisaillage, recuisage, planage des plaques obtenues et à leur reconnaissance et expédition.

Les houilles destinées à alimenter les fours arrivent chargées sur des wagons roulant sur une voie spéciale passant à l'extérieur des bâtiments et perpendiculaires à la direction des travées. Les wagons pénètrent dans la première travée contenant les chaudières, par une voie transversale perpendiculaire à la première et leur contenu est versé dans les casiers A disposés pour le recevoir. Les wagons vides sont dirigés sur une voie longitudinale établie de l'autre côté du bâtiment par rapport à la voie d'amenée.

Les chaudières multitubulaires verticales B sont disposées dans la même travée. Ces chaudières sont chauffées avec les flammes sortant des fours à réchauffer C qui sont alimentés avec la houille déposée dans les casiers A.

Les fours, au nombre de cinq, sont placés dans la seconde travée. Ils sont munis chacun de quatre grilles plates avec soufflerie. Ces fours comportent une disposition qui permet de chauffer à la fois les plaques de blindage par-dessus et par-dessous, ces chauffages étant indépendants l'un de l'autre. La durée du réchauffage se trouve, de la sorte, réduite et la production du laminoir peut donc être augmentée.

Les fours sont munis d'un dispositif spécial de décrassage. Lorsqu'on manœuvre les barres de décrassage, les cendres et les mâchefers tombent dans une caisse verticale à forme conique, la petite base étant placée vers le bas. A sa base, un clapet à joint hydraulique ferme cette boîte, de façon à permettre le soufflage de la grille.

Chacune des grilles correspond à une caisse semblable et ces caisses sont placées sur deux lignes dans une galerie pratiquée sous les fours et dans laquelle sont installées deux voies de 800 millimètres sur lesquelles roulent les wagonnets qui recueillent les cendres. Ces wagonnets, constitués par une caisse en tôle reposant sur un truck et pouvant aisément s'enlever, peuvent être soulevés par un des ponts roulants se mouvant dans la travée des fours et leur contenu est vidé dans un grand wagon qui évacue les résidus. Le wagonnet est ensuite descendu et déposé sur son support roulant.

A l'extrémité de la même travée et sur la ligne des laminoirs sont établies les cellules de réchauffage K dans lesquelles on place les lingots qui doivent être travaillés par le train de laminoir dégrossisseur J placé à proximité. Une chaudière multitubulaire verticale est chauffée avec les flammes provenant de ces cellules à réchauffer. Les deux ponts électriques qui se meuvent dans cette travée ont des puissances différentes : l'un est un pont de 15 tonnes et sert plus particulièrement au chargement des plaques de blindage dans le four et, au défournement de ces plaques, pour les conduire au laminoir. Les manœuvres de chargement et de défournement s'effectuent avec le même appareil que nous avons décrit plus haut, appareil en forme de C, suspendu au pont roulant, équilibré par un contrepoids placé sur sa branche horizontale supérieure, et dont la branche inférieure, constituée par un pelleton que l'on peut remplacer, peut soulever, dans le four même, la pièce qui y est chauffée en la supportant à son centre de gravité. Cet appareil de chargement est indiqué, dans la figure 209, d'une façon schématique, mais suffisante, cependant, pour qu'on s'explique aisément son fonctionnement.

Le second pont roulant électrique a une puissance de 85 tonnes et est plus généralement employé pour enfourner et défourner les lingots que doivent recevoir les cellules à réchauffer.

Les deux ponts roulants peuvent être actionnés avec des vitesses variables.

C'est dans cette même travée que se trouvent les deux trains de laminoirs.

L'un des trains, qui est sectionné en deux parties E et F, est le train à blindages et à grosses tôles; le second train J est un laminoir dégrossisseur pour tôleries : un laminoir à *brames*.

Le train à blindages et grosses tôles se compose de deux séries de cylindres lamineurs supportés par deux paires de cages identiques. Le premier train, qui sert à *ébaucher* la pièce, comporte des cylindres en fonte tendre; l'autre train, qui sert à *finir* la pièce, est muni de cylindres trempés. Ce laminoir comporte donc un train ébaucheur et un train finisseur.

Le diamètre des cylindres lamineurs est de 1^{m},200, leur longueur totale est de 6^{m},550 et leur longueur de table, c'est-à-dire de partie utilisée pour le laminage, est de 4^{m},250; leur poids est de 43.000 kilos.

Le cylindre mobile du train ébaucheur peut avoir un déplacement vertical de 1 mètre et le déplacement du cylindre mobile du train finisseur est de 0^{m},500. La hauteur totale des cages surmontées de colonnes recevant les vis de pression est de 5^{m},560 et leur poids est de 48.000 kilos.

On peut, avec ces trains, laminer des lingots d'un poids maximum de 60.000 kilos.

Les plaques de blindages sont complètement laminées à l'aide du train ébaucheur. Pour les plaques de tôle qui doivent avoir une épaisseur bien déterminée et bien régulière, on commence leur laminage par le train ébaucheur et on le termine par le train finisseur. Pour faire passer ces plaques du train ébaucheur au train finisseur, on se sert d'appareils à riper disposés transversalement en avant et en arrière des cylindres. Ces ripeurs sont commandés électriquement.

Les rouleaux placés en avant et en arrière du laminoir sont aussi actionnés électriquement et le serrage des vis de pression s'effectue également par commande électrique, par l'intermédiaire d'une vis engrenant avec une roue tangente qui donne le mouvement de rotation à une vis de pression.

Les commutateurs de manœuvre sont disposés sur une plate-forme sur laquelle se tient le machiniste. La plate-forme est établie entre les deux trains au-dessus des allonges. Cinq leviers permettant d'effectuer des manœuvres hydrauliques sont aussi installés sur la plate-forme. Quatre leviers commandent chacun un récepteur, appareil sur lequel sont déposées les pièces, en avant et en arrière des cylindres du laminoir, avant de prendre contact avec les rouleaux du train. Le cinquième levier commande l'appareil de retournement. Un seul machiniste peut manœuvrer les trois commutateurs et les cinq leviers. Chaque train est placé au-dessus d'une galerie pratiquée sous le plancher de l'atelier dans une direction perpendiculaire à la direction des travées, c'est-à-dire dans le sens de la longueur du laminoir. Cette galerie communique avec la galerie d'évacuation des déchets des fours à réchauffer, de sorte que l'on peut recueillir directement dans des wagonnets les crasses provenant de la fabrication des blindages qui tombent en grande quantité entre les rouleaux des trains. Ces wagonnets, en suivant les deux galeries, sont conduits jusqu'à un grand wagon qui emporte ces détritus.

Les cylindres des trains peuvent être démontés pour être retouchés, rectifiés, et remontés ensuite. Le montage et le démontage sont faits à l'aide du pont roulant de 85 tonnes, qui permet de les placer sur un tour spécial Y disposé dans la même travée et qui sert à effectuer leur rectification.

Ce train de deux laminoirs est actionné par une machine à vapeur D compound, à changement de marche, de 10.000 chevaux. Elle est munie d'une longue détente permettant de faire varier sa puissance dans de très larges limites et de l'approprier au travail demandé aux laminoirs. La machine possède un condenseur, et un sécheur de vapeur G, chauffé par les gaz chauds provenant des fours à recuire, est installé près d'elle.

Le train de laminoir dégrossisseur ou laminoir à brames est utilisé pour dégrossir les lingots dont le poids peut atteindre 12.000 kilos. Les brames laminées servent à alimenter le train qui est placé dans la même travée et que nous venons de décrire, ou les trains à grosses tôles disposés dans la halle de laminage.

Ce train dégrossisseur est actionné par une machine à vapeur spéciale et se trouve installé au-dessus d'une galerie souterraine permettant d'évacuer les crasses de laminage.

La troisième travée L, faisant suite à celle des fours et des laminoirs, est utilisée comme chantier de refroidissement, de traçage des tôles et de dépôt pour tôles à cisailler.

Lorsqu'elles sortent du laminoir, les tôles sont poussées, par côté, par les appareils à riper qui sont disposés à l'arrière du train. Elles se refroidissent et lorsque le refroidissement est complet on effectue leur traçage.

On dépose dans cette travée, dont la superficie est considérable, 2.093 mètres carrés, les tôles que le contrôleur doit voir avant que le travail de cisaillage commence, ce qui nécessite un dépôt important de tôles laminées.

Un pont roulant de 15 tonnes, à plusieurs vitesses, se déplace dans cette travée, fait le service du chantier de refroidissement et de traçage et transporte sur les rouleaux conduisant au cisaillage les plaques de tôle tracées et contrôlées.

Ce train de rouleaux est disposé à l'extrémité de la même travée et conduit les pièces aux cisailles placées dans les deux travées suivantes, la quatrième et la cinquième.

Les cisailles sont au nombre de trois : une grande cisaille M est employée pour trancher en travers et peut sectionner une tôle de 4^{m},20 de large. Deux autres cisailles N peuvent couper une tôle de 2 mètres. Lorsqu'on lamine de très longues tôles, ces tôles sont très aisément manœuvrées à l'aide des rouleaux entraîneurs et des appareils ripeurs; mais pour cisailler ces tôles afin de les débiter en plaques, on doit les faire tourner pour sectionner les rives si on n'emploie qu'une seule cisaille. Afin d'éviter ce retournement, qui offre toujours quelque difficulté et qui demande un certain temps, on a établi ces trois cisailles. La grande cisaille affranchit les extrémités des tôles. Une fois cette opération effectuée, la tôle est conduite, par la manœuvre des appareils ripeurs et des rouleaux d'entraînement, à la deuxième cisaille, où l'une des rives est affranchie; puis, toujours de la même manière, elle est conduite sous la troisième cisaille, qui coupe la seconde rive. On évite ainsi toute manœuvre délicate et toute perte de temps.

La tôle, mise aux dimensions voulues par cisaillage, est ripée et conduite à l'un des fours à recuire O dans lequel se fait son *recuisage,* puis, à la sortie du four, elle est portée à la machine à planer P comportant sept rouleaux et actionnée électriquement.

Par suite de la disposition de cette installation, il est possible de recuire les tôles avant de les cisailler et de les planer avant qu'elles soient complètement refroidies.

Les deux dernières travées sont desservies par deux ponts roulants électriques de 8 tonnes, qui conduisent les pièces finies aux chantiers de réception et d'expédition R, d'où elles sont chargées sur des wagons qui les emportent.

Dans ce chantier est placée une autre cisaille Q servant à débiter les morceaux d'essais prélevés dans les plaques de tôle, et pour découper des tôles de formes spéciales.

Laminoir à blindages Marrel frères

Les importants établissements métallurgiques Marrel frères, sur lesquels nous avons donné quelques renseignements lors de la description de leur marteau-pilon de 100 tonnes, ont établi un train de laminoir d'une grande puissance pour la fabrication des blindages. Cette fabrication a dû être progressivement perfectionnée pour répondre aux besoins nouveaux nécessités par l'amélioration des canons et des projectiles et il nous paraît

Fig. 210. — Vue d'ensemble du laminoir à blindages. (Marrel frères.)

utile, pour apprécier les raisons des perfectionnements apportés aux outils, d'indiquer succinctement les diverses étapes de la fabrication des blindages dans les établissements Marrel frères.

Les premières plaques de blindage faites aux usines de Rive-de-Gier, en 1860, n'avaient qu'une épaisseur de 10 centimètres, suffisante pour les besoins du moment. Ces plaques étaient forgées au marteau-pilon.

En 1864, un train de laminoir universel fut établi pour fabriquer des plaques de blindage dont l'épaisseur et le poids devenaient de plus en plus grands. En 1866, ce laminoir, trop faible pour l'obtention des plaques exigées, fut remplacé par un autre train de grandes dimensions, qui put fournir, pendant 24 années d'un service actif, des plaques toujours de plus en plus dures, et de plus en plus épaisses. Mais, à son tour, ce laminoir a cédé la place à un autre train de plus grande puissance, dont la figure 211 montre les diverses vues d'ensemble.

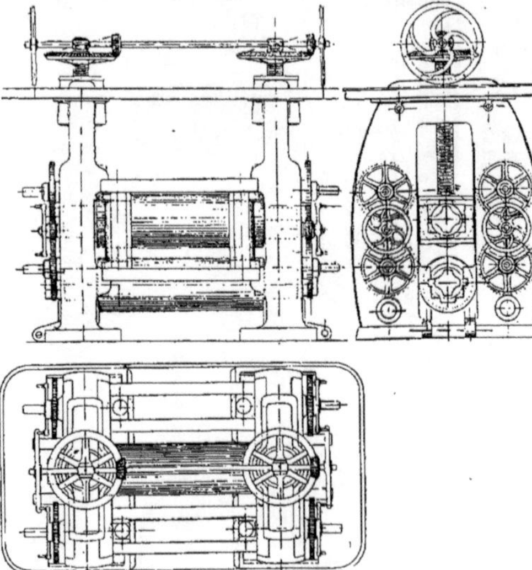

Fig. 211. — Laminoir à blindages. (Marrel frères.)

Les blindages fabriqués aux usines Marrel comportent des ceintures de navires de divers types : garde-côtes, croiseurs, cuirassés de premier rang, des tourelles, des revêtements de pont, etc. Ces blindages peuvent être, suivant l'emploi, soit en *fer*, en *acier* ou en *métal mixte*.

Les blindages en *fer misé*, obtenu avec des fontes au bois spéciales, ont, pendant longtemps, été utilisés pour le cuirassement, mais par suite des vitesses de plus en plus considérables données aux projectiles, ce métal devint insuffisamment résistant et se laissait perforer. On constitua donc les blindages en *métal mixte* ou *compound* dont la résistance était plus grande que celle des plaques en fer et qui possédaient, à leur surface, une dureté suffisante pour provoquer la rupture des projectiles faits alors en fonte dure.

A son tour, le métal mixte dut être remplacé par un métal plus dur lorsque les projectiles furent fabriqués en acier forgé, fondu au creuset, au lieu d'être faits en fonte. C'est alors que l'on commence à employer les aciers spéciaux pour la fabrication des blindages : c'est d'abord l'acier au nickel d'une résistance bien plus grande que celle du métal mixte, puis c'est l'acier au nickel chromé dont on a fait, en grande partie, les revêtements cuirassés de nos navires de guerre. Les usines Marrel fabriquent des blindages non seulement avec cet acier au nickel chromé, désigné sous le nom d'*acier spécial*, mais encore avec du *métal extra-doux*, du *métal durci* et du *métal cémenté*.

Le métal extra-doux a été employé, exclusivement, pendant longtemps, pour les

Fig. 212. — Cisaille du train reversible de la Société des Usines de l'Espérance, à Louvroil. (Delattre et Cie.)

revêtements cuirassés des ponts des navires et est utilisé, en général, comme écran protecteur sur lequel on tient à éviter la formation et la propagation de fentes produites par les projectiles. Ce métal est du fer fondu obtenu presque pur. Il est très homogène et se prête bien à la confection de blindages de ponts de navire ou de coupoles de forts de terre, qui doivent supporter des tirs obliques.

Le *métal durci* est un acier spécial à haute teneur de chrome et sert pour la confection des masques d'affûts de canons et d'abris cuirassés divers. Ce métal, d'une très grande raideur, est difficile à ployer et à cintrer à la forme. Aussi ne l'emploiet-on que pour fabriquer des blindages de peu d'épaisseur.

Le *métal cémenté* subit, dans des fours spéciaux, l'opération de la cémentation, qui a pour but de lui donner, à la surface, une plus grande dureté et lui permet de résister au choc de projectiles faits en acier fondu au creuset.

Ces diverses sortes de blindages sont travaillés, suivant leur destination, aux laminoirs ou à la presse à gabarier.

Le grand train de laminoir (Fig. 210 et 211) est constitué par deux cages en fonte de fer pesant chacune 43.000 kilos et portant les coussinets dans lesquels tournent les deux cylindres horizontaux servant à laminer la pièce que l'on introduit entre eux. Chaque cylindre horizontal pèse 30.000 kilos et a un diamètre de $1^m,050$; la longueur de la table de ce cylindre est de $3^m,300$. Ces cylindres reçoivent un mouvement de rotation, dans des sens opposés, d'un moteur à vapeur au moyen d'engrenages. Le cylindre supérieur peut se déplacer par rapport à l'autre, et peut s'en écarter de $1^m,300$. Le déplacement vertical de ce cylindre est obtenu par la manœuvre de grands volants placés en bout d'un axe horizontal disposé à la partie supérieure du laminoir et auxquels on accède par une plate-forme. Le mouvement de rotation des volants donne, par l'intermédiaire d'engrenage coniques et de vis, un mouvement vertical aux coussinets supportant le cylindre, et celui-ci s'élève ou s'abaisse suivant le sens dans lequel on tourne les volants de manœuvre.

Des cylindres verticaux, placés deux vers l'avant des cages et deux vers l'arrière, limitent, sur les côtés, le déplacement de la pièce et lui servent de guides. Ces cylindres peuvent être avancés les uns vers les autres ou écartés. La manœuvre de réglage de l'écartement s'effectue à l'aide d'autres volants que l'on peut actionner du sol et qui commandent chacun, par l'intermédiaire de roues d'engrenage, le déplacement d'un cylindre vertical. Le diamètre des cylindres verticaux est de $0^m,500$; la hauteur de leur table est de $1^m,130$, et complètement écartés, ils peuvent guider une plaque de $3^m,20$ de largeur.

Laminoirs Delattre et Cie Les usines Delattre et Cie fabriquent, à Ferrière-la-Grande (Nord), avec un grand nombre d'autres outils employés dans l'industrie mécanique et métallurgique, des trains de laminoirs dont voici quelques types.

Le laminoir dont la figure 208 représente la vue d'ensemble, est un *train blooming* construit pour la Société de Denain et Anzin. Il est utilisé pour transformer en *blooms* de section carrée de 110 millimètres de côté, des lingots ayant une section carrée de 570 millimètres de côté et pesant environ 5.500 kilos.

Le train comporte un bâti supportant deux cylindres de $1^m,10$ de diamètre et d'une longueur de table de $2^m,750$. Il est actionné par une machine à vapeur munie d'un dispositif de changement de marche qui permet de rendre le train réversible.

A l'avant du train est disposé un appareil basculeur actionné par commande hydraulique. Cet appareil reçoit le lingot à laminer, qui est amené verticalement contre lui par un pont roulant. Son mouvement de bascule place ce lingot horizontalement sur les rouleaux entraîneurs placés en avant du train, qui le conduisent aux cylindres lamineurs.

A l'avant du laminoir est aussi établi un appareil à commande hydraulique destiné à déplacer et à retourner sur eux-mêmes les lingots à travailler.

A l'arrière du laminoir est installée une cisaille verticale actionnée hydrauliquement. Cette cisaille comporte des porte-couteaux mobiles et peut couper à chaud des blooms de section carrée de 400 millimètres de côté. Les blooms sortant du laminoir, mis à longueur à l'aide de cette cisaille, peuvent être pris par un transporteur incliné pour être évacués, ou sont placés sur les rouleaux entraîneurs d'arrière qui les conduisent au train de laminoir finisseur.

La figure 203 représente une vue d'ensemble d'un autre train de laminoir servant à transformer les lingots en blooms et billettes. Ce laminoir, construit pour la Société des Usines de l'Espérance, à Louvroil, est réversible et peut laminer des lingots de section carrée de 480 millimètres de côté et pesant 2.600 kilogs. Il est commandé par une machine à vapeur avec dispositif de changement de marche.

Le train se compose de deux cages supportant chacune deux cylindres. L'une des cages, dont les cylindres ont un diamètre de 0m,875 et une longueur de table de 2m,500, sert à transformer les lingots en blooms; l'autre cage, dont les cylindres ont un diamètre de 0m,800 et une longueur de table de 2m,250, sert à fabriquer les *billettes* et les *largets*.

Les *blooms*, nous l'avons dit plus haut, sont des tronçons de lingot pouvant avoir une section de 100 à 240 millimètres de côté et une longueur de 12 mètres. Les *billettes* sont des tronçons de longueurs variables de 35 à 100 millimètres de côté, et les *largets* n'en diffèrent que par les dimensions de largeur.

A l'avant de la première cage de ce train sont disposés un basculeur hydraulique et un appareil de déplacement et de retournement des lingots, à commande hydraulique. A l'arrière, est installée une cisaille à couteaux inférieur et supérieur mobiles, pouvant couper, à chaud, des blooms de section carrée de 275 millimètres de côté. Cette cisaille, qui est actionnée par la vapeur et par commande hydraulique, est représentée dans son ensemble par la figure 212.

Cette cage est desservie, à l'arrière, par un dispositif de chariots ripeurs commandés électriquement, qui servent à faire passer le lingot obtenu par laminage dans la première cage, à la seconde cage qui le transforme en billettes ou largets.

Au sortir de cette seconde cage, les lingots sont amenés, par une série de rouleaux transporteurs, à deux scies circulaires qui les débitent à chaud et à deux cisailles électriques.

Le train de laminoirs réversibles à poutrelles de la Société de Denain et d'Anzin, à Denain, dont la figure 208 représente une vue d'ensemble, est constitué par quatre cages. Dans chaque cage sont placés deux cylindres d'un diamètre de 0m,850 et de 2m,250 de longueur de table.

La première cage est le train dégrossisseur servant, ainsi que son nom l'indique, à préparer, en les dégrossissant, les lingots qui seront ensuite passés dans les autres cages.

Les deux cages suivantes permettent d'effectuer un laminage donnant au lingot une forme de plus en plus approchée de la forme définitive. La dernière cage est le train finisseur duquel sortent des poutrelles.

Ce train à quatre cages sert donc à transformer les blooms reçus dans la première, en poutrelles à divers profils obtenues dans la quatrième. Il est actionné par une machine à vapeur à changement de marche.

A l'avant et à l'arrière de chaque cage sont disposés des rouleaux transporteurs servant à amener aux cylindres lamineurs les barres qui y sont déposées. Les rouleaux reçoivent leur mouvement de rotation de moteurs électriques.

Des chariots ripeurs, actionnés également électriquement, et disposés à l'avant et à l'arrière des cages, servent à faire passer les barres d'une cage à l'autre pour subir, par laminage, les diverses transformations destinées à en faire des poutrelles.

Lorsque les poutrelles sortent du train finisseur, elles sont conduites, par une file de rouleaux transporteurs, vers des scies circulaires à chaud qui les débitent à longueur.

La figure 216 représente un train trio Lauth, à tôles moyennes, de la Société de Denain et d'Anzin. Ce train comporte trois cages. On ne voit sur la figure que les deux premières, entre lesquelles est placée la plate-forme d'où l'on commande la manœuvre des laminoirs et des appareils accessoires. Ce train sert à transformer des lingots, pesant environ 2.500 kilos, en tôles ne dépassant pas 3 millimètres d'épaisseur. Il est actionné par une machine à vapeur tandem ne comportant pas de changement de marche et munie d'un volant de 75.000 kilos. Cette machine donne au train de laminoir une vitesse d'environ 70 tours par minute.

Chacune des trois cages supporte trois cylindres lamineurs superposés. Le cylindre placé entre les deux autres n'est pas actionné mécaniquement. Il tourne par friction lorsqu'une tôle passe soit au-dessus de de lui, soit au-dessous, les cylindres supérieur et inférieur étant seuls commandés. Cette disposition en trio évite, nous l'avons dit, d'avoir une machine motrice réversible, les tôles pouvant être dirigées dans les deux sens en les faisant passer au-dessous ou au-dessus du cylindre médian. Des tabliers releveurs, comportant des rouleaux mus électriquement, sont placés en avant et en arrière de chaque cage et le passage de la tôle d'une cage à l'autre s'effectue au moyen d'un chariot transbordeur à commande électrique disposé en avant du train.

La première cage servant de train dégrossisseur a des cylindres de 0m,850 de diamètre et de 3 mètres de longueur de table. La seconde cage est un train finisseur dont les cylindres ont un diamètre de 0m,900 et une longueur de table de 3 mètres. La troisième cage, qui est un second train finisseur, a des cylindres de 0m,800 de diamètre et 2 mètres de longueur de table.

CHAPITRE VI

APPAREILS A FORGER DIVERS

PRESSE A FORGER VERTICALE. — PRESSE A FORGER HORIZONTALE. — MACHINE A FORGER PAR REFOULEMENT. — MACHINE A FORGER LES BOULONS. — MACHINE A FORGER LES ÉCROUS.

Appareils à forger, divers

Les marteaux-pilons, les presses hydrauliques et les laminoirs sont les appareils à forger presque exclusivement employés dans la grande industrie métallurgique. Ces appareils auxquels on peut donner, en effet, de grandes puissances, s'adaptent bien aux besoins de la grande industrie, où les pièces à façonner ont des dimensions et des poids considérables.

Il existe cependant, en dehors de ces outils, d'autres outils actionnés mécaniquement et utilisés dans les diverses industries mécaniques pour forger, étamper, matricer, découper, etc.

Nous n'examinerons à cette place que ceux de ces outils divers employés pour le forgeage et l'étampage, la description des autres outils, très nombreux, étant réservée pour la deuxième partie de l'outillage mécanique qui traitera des machines-outils.

Presse à forger verticale

La presse à forger Ferracute (Fig. 213) est disposée verticalement. Elle peut donner une pression de 450.000 kilos et peut servir pour forger, découper ou poinçonner de fortes pièces.

Elle se compose d'un bâti formé de deux montants faits en fonte de fer, réunis, à leur partie supérieure par une forte entretoise, et à leur partie inférieure, par un sommier supportant l'enclume. Des colonnes cylindriques, au nombre de quatre, réunissent la partie supérieure des montants au sommier inférieur et assurent à l'ensemble du bâti la rigidité indispensable pour résister à la poussée que donne le plateau mobile lorsqu'il comprime la pièce reposant sur l'enclume.

Le plateau, de forme rectangulaire, est disposé pour recevoir les pièces formant appui sur le métal à forger. Il peut se déplacer verticalement étant guidé dans des coulisses pratiquées dans les deux montants.

Le déplacement de haut en bas et de bas en haut du plateau de compression est obtenu par l'intermédiaire de deux bielles qui sont reliées à ce plateau et qui tourillonnent, d'autre part, à leur partie supérieure, sur un arbre horizontal portant deux vilebrequins destinés à donner aux bielles et au plateau, dont elles sont solidaires, un mouvement vertical. L'arbre est protégé par un carter en fonte de fer. Il reçoit son mouvement de rotation, par l'intermédiaire de roues d'engrenage, d'un arbre de commande qui porte une poulie-volant, et est actionné par la courroie d'une brayage. Le mouvement de rotation est alors transmis par les diverses roues d'engrenage à l'arbre horizontal supérieur, qui donne au plateau son mouvement vertical alternatif.

Fig. 213. — Presse à forger Ferracute. (Fenwick, frères, Paris.)

transmission d'atelier. Un embrayage à disques multiples est placé sur cet arbre et sert à donner rapidement le mouvement de mise en marche de l'outil, ou à l'arrêter.

C'est par la manœuvre d'un levier à main, ou de pédales, que l'on actionne l'em-

La course que peut effectuer ce plateau est d'environ 100 millimètres, mais un dispositif de réglage permet d'augmenter l'espace compris entre le sommier inférieur et le plateau. Ce réglage s'effectue par la manœuvre de deux petits volants qui, par l'intermédiaire d'une commande par engrenage, permettent de donner un mouvement de rotation à une roue dentée horizontale, solidaire de la tige-bielle qui comporte une disposition à vis et à fourreau. Le mouvement de rotation de la roue dentée horizontale provoque le déplacement du plateau d'appui par rapport à l'axe de commande supérieur, vers le haut ou vers le bas, suivant le sens de manœuvre des petits volants.

Presse horizontale

Ce type de machine à forger américaine, que l'on nomme

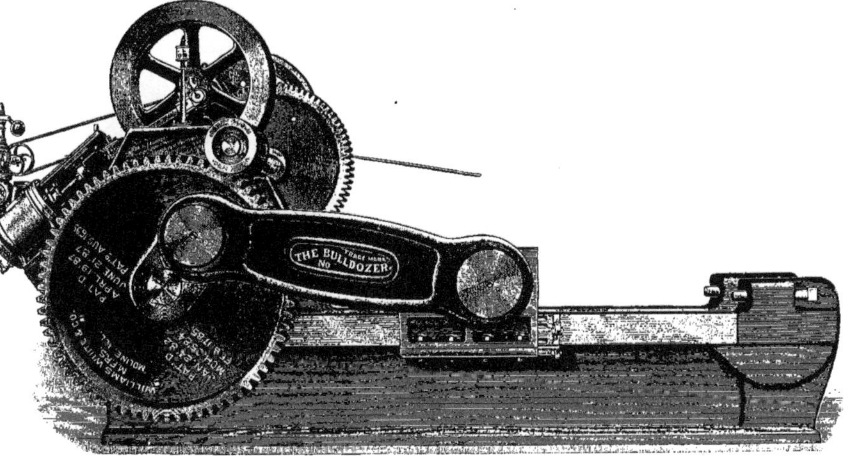

Fig. 214. — Bulldozer à commande directe par machine à vapeur. (Fenwick, frères. Paris.)

Bulldozer, se prête à un grand nombre de variétés de travaux de forge à froid ou à chaud, de ployage, de refoulement, de matriçage, de poinçonnage, etc.

Cette presse horizontale se compose d'un bâti en fonte ayant la forme d'un banc, disposé horizontalement, sur lequel se déplace un coulisseau parfaitement guidé. A l'extrémité du banc se trouve fixée une butée contre laquelle est appuyée la pièce à travailler. Le coulisseau est relié à deux bielles disposées sur chaque face du bâti. A leur autre extrémité, les bielles peuvent osciller sur un bouton de manivelle fixé à une roue d'engrenage. Les deux roues d'engrenage, ainsi rendues solidaires des deux bielles, sont clavetées sur un même arbre transversal. Le mouvement de rotation donné à cet arbre provoque, par l'intermédiaire des boutons de manivelle et des bielles, le mouvement alternatif horizontal du coulisseau, qui glisse sur le banc et qui vient comprimer la pièce à forger placée contre la butée fixe.

L'arbre transversal est actionné par un arbre auxiliaire portant deux pignons engrenant respectivement, chacun, avec une des roues dentées placées sur l'arbre transversal.

L'arbre principal actionne, par engrenages, l'arbre intermédiaire. Par suite de cette disposition, l'effort que donne le coulisseau pour comprimer le métal se trouve réparti régulièrement sur l'arbre principal, qui ne supporte ainsi aucun effort de torsion, le coulisseau ayant un déplacement constamment parallèle à lui-même.

Le *bulldozer* est muni d'un embrayage à friction, à l'aide duquel on peut mettre l'outil en marche sans choc et rapidement, l'arrêter ou interrompre son fonctionnement à un point quelconque de sa course, soit pour régler la position de la pièce sur le butoir, soit pour régler les matrices.

On peut donner à la friction une valeur telle qu'un glissement se produise dans le cas d'un effort anormal, ce qui peut éviter des ruptures d'organes.

Les butoirs placés en bout du bâti sont munis de vis de réglage en acier trempé pouvant supporter les efforts de poussée et sur lesquelles reposent les matrices.

Le coulisseau, muni de garnitures en bronze, porte les trous nécessaires pour pouvoir monter et fixer sur lui les matrices. Le glissement du coulisseau se fait sur des plaques en acier rapportées sur le bâti et que l'on peut aisément remplacer en cas d'usure.

Ce type de bulldozer, le plus souvent employé, est dit à *double train d'engrenage* parce que le mouvement est donné au coulisseau par l'intermédiaire de deux trains d'engrenages.

L'arbre de commande tourne à une grande vitesse, qui varie de 265 à 748 tours par minute suivant le type d'outil. Le coulisseau effectue en moyenne 10 courses par minute, de sorte que le rapport de réduction de vitesse donné par les roues d'engrenage varie suivant les modèles. Le moteur de commande a une puissance variant également suivant les modèles de bulldozers, et qui peut aller de 5 à 40 chevaux, la puissance développée par les outils vers la fin de course variant de 14.000 à 140.000 kilos.

Fig. 215. - Bulldozer à commande électrique. (Fenwick, frères, Paris.

On construit des bulldozers à double train d'engrenages, modèle rapide, qui sont constitués comme les précédents, mais dans lesquels le coulisseau effectue un nombre de courses, par minute, environ deux fois plus grand.

Certains bulldozers sont établis avec un

Fig. 216. — Train de laminoirs trio, Lauth, pour tôles moyennes de la Société de Denain et d'Anzin. (Delattre et Cie.)

train simple d'engrenages, c'est-à-dire que l'arbre de commande actionne directement les bielles par l'engrenage des pignons et des roues porte-manivelles. Dans ces outils extra-rapides, l'arbre principal tourne à une vitesse variant de 148 à 178 tours par minute et le coulisseau effectue environ 24 courses par minute.

Fig. 217. — Machine à forger par refoulement, universelle. (Fenwick, frères, Paris.)

La figure 214 représente un bulldozer à double train d'engrenages actionné directement par une petite machine à vapeur montée sur son bâti. La figure 215 est une vue d'ensemble d'un bulldozer du même type, mais recevant son mouvement d'un moteur électrique.

Machine à forger par refoulement

Ces machines sont de types très divers et établies pour fabriquer des pièces de formes variées ou appliquées à la fabrication d'un type particulier de pièces. On classe, suivant leur mode d'emploi, ces machines en machines à refoulement universelles, machines semi-universelles et machines continues.

La machine à forger par refoulement universelle de la National Machinery et Cie, dont la figure 217 représente une vue d'ensemble, permet d'obtenir des pièces différentes dont la fabrication comporte des opérations de forgeage, de ployage, de refoulement. Cette fabrication s'effectue en un nombre d'opérations multiples.

La machine comporte des matrices de serrage qui se ferment automatiquement lorsque le mécanicien appuie sur une pédale. Ce même mouvement met en marche un coulisseau qui vient faire pression sur les matrices et façonne la pièce. Lorsque le coulisseau, actionné par l'arbre de commande, revient vers l'arrière, les matrices s'ouvrent automatiquement. Cette disposition permet de placer la pièce à travailler entre les matrices avec la précision et le temps nécessaires, et permet également de la dégager après chaque frappe pour examiner les résultats obtenus.

La machine reçoit son mouvement d'un moteur quelconque, par l'intermédiaire d'une courroie. L'arbre de commande porte un lourd volant destiné à régulariser le fonctionnement. La pédale de manœuvre met en action un embrayage logé dans le moyeu du volant et permet de mettre en marche ou d'arrêter la machine.

En appuyant sur la pédale on embraye, et la machine fonctionne. En abandonnant la pédale, l'outil se débraye automatiquement à la fin du tour qui est commencé et, par l'effet d'un frein énergique qui entre en action, s'arrête au point mort, position pour laquelle les matrices de serrage sont écartées l'une de l'autre. La machine a alors un fonctionnement intermittent, qui est généralement utilisé lorsque le façonnage des pièces rend nécessaires plusieurs frappes ou l'emploi de plusieurs empreintes.

Si on appuie constamment sur la pédale, le fonctionnement de la machine devient continu et à chacun des tours correspond une frappe.

Ce mode de fonctionnement est utilisé pour façonner des pièces ne nécessitant qu'une seule frappe et tirées d'une même barre. Chacun des coups donne une pièce finie et détachée de la barre par tronçonnage.

La commande de la matrice mobile est réalisée à l'aide d'une came montée sur l'arbre principal et par l'intermédiaire d'un dispositif à genouillère sur lequel elle agit. Cette came de grande largeur est en fonte trempée et est munie d'une contre-came, de façon à conduire un système de deux galets montés sur un long coulisseau latéral.

Un organe auto-compensateur maintient les galets constamment appliqués sur les cames.

Le profil des cames est établi de telle façon que le déplacement de la matrice mobile augmente progressivement de vitesse depuis la mise en marche, et devienne nulle lorsque la genouillère est arrivée au point mort.

Cette genouillère transmet le mouvement, donné par les galets au chariot latéral, lequel est parallèle au chariot principal porte-matrice, à un chariot transversal portant la matrice mobile.

La matrice de serrage mobile effectue donc une opération de forgeage pour son propre compte et reste bloquée par la position de la genouillère disposée au point mort. Le coulisseau principal effectue ensuite, à son tour, son opération de compression sans que les matrices bougent, ce qui assure la position exacte de la pièce forgée.

Par un réglage approprié donné au mécanisme de commande de la matrice mobile, on peut faire appliquer exactement les deux matrices l'une contre l'autre, la pièce à forger se trouvant refoulée dans les deux empreintes. Tous les organes de la machine sont supportés par un bâti fait en fonte aciérée portant les nervures et les entretoises nécessaires pour assurer sa solidité et le rendre indéformable.

Le bâti comporte trois paliers dans lesquels tourne l'arbre principal. Celui-ci porte un vilebrequin sur le tourillon duquel est disposée une bielle qui commande le mouvement du coulisseau principal. Sur cet arbre est clavetée la came munie d'une contre-came servant à actionner la matrice mobile. Un dispositif de sécurité est établi sur la machine pour éviter la détérioration d'organes, dans le cas où les matrices ne pourraient pas se fermer par suite de l'introduction d'une barre trop froide, ou trop grosse, ou engagée d'une façon défectueuse. Ce dispositif est constitué par un bloc placé entre le coulisseau latéral et le porte-galets et dont la résistance est telle qu'il peut se rompre dans le cas d'un placement défectueux des organes mobiles. Le bloc de rupture évite ainsi les inconvénients pouvant résulter de ces défectuosités.

Fig. 218. — Machine à forger par refoulement, semi-universelle. (Fenwick, frères, Paris.)

Machine à forger par refoulement, semi-universelle

Ce type de machine à forger (Fig. 218) est employé pour des travaux de forge spéciaux, pour obtenir, par exemple, des organes de ferronnerie ou de boulonnerie dans lesquels il faut, le plus souvent, refouler une tête ou une embase, ce qui constitue tout le travail de forgeage. Sur certaines pièces, des matrices transversales s'appliquent contre la pièce pour *parer* simplement les faces qu'elle peut porter sans effectuer un travail proprement dit de forgeage. Ces machines ne se prêtent donc pas à la confection de pièces quelconques comme on peut les obtenir à l'aide des machines à refoulement universelles que nous venons de décrire.

La machine à refoulement semi-universelle est constituée par un bâti en fonte aciérée, d'une grande rigidité, supportant tous les organes.

Des glissières rapportées sur ce bâti servent de guides à trois coulisseaux dont nous allons examiner le rôle. Un certain nombre de ces glissières sont munies de dispositifs de correction, dont certains peuvent être manœuvrés pendant la marche de la machine, et qui ont pour objet la compensation du jeu provenant de l'usure ou le réglage du mouvement des coulisseaux dans les glissières.

Le bâti porte les paliers dans lesquels tourne l'arbre de commande. Cet arbre à vilebrequin est relié à une bielle fermée qui tourillonne sur le coude à manivelle et qui est rendue solidaire, à son autre extrémité, du coulisseau *principal* portant la matrice à refouler ou la *bouterolle*. Les deux autres coulisseaux de manœuvre de la machine sont le coulisseau *transversal* et le coulisseau *latéral*.

Le coulisseau latéral se meut parallèlement au coulisseau principal et le coulisseau transversal, qui se déplace dans une direction perpendiculaire, est actionné par un plan incliné faisant corps avec le coulisseau latéral. Celui-ci est commandé par le coulisseau principal par l'intermédiaire d'un organe auxiliaire et d'une genouillère. Entre le coulisseau principal et l'organe auxiliaire est interposé un dispositif de sécurité, qui forme liaison lors de la marche normale et se déclanche automatiquement et reste immobile lorsqu'une résistance anormale se manifeste pendant le fonctionnement de l'outil.

Le dispositif de sécurité comporte un piston, dont une extrémité est taillée en plan incliné et qui est poussé par un ressort contre l'organe auxiliaire, qu'il rend, de la sorte, solidaire du coulisseau principal lequel l'entraîne dans son mouvement, en marche normale. Si un effort anormal est demandé au coulisseau actionné par l'organe auxiliaire, par suite d'une présentation défectueuse de la pièce, ou pour toute autre cause, la réaction produite sur le coulisseau se transmet, par l'organe auxiliaire, au dispositif de sécurité, et grâce au plan incliné du piston, celui-ci est poussé dans son cylindre en comprimant son ressort de rappel, et l'entraînement ne s'effectue plus.

Le coulisseau principal parcourt sa même course d'aller et retour sans actionner les autres organes. Pendant un tour de l'arbre, le travail ne s'effectue pas et les pièces reprennent leur position normale à la fin de course du coulisseau principal.

Le coulisseau transversal, qui est actionné par un plan incliné porté par le coulisseau latéral, produit le rapprochement des matrices, et comme sa vitesse est progressivement décroissante à la fin de sa course, les deux matrices de serrage viennent au contact sans choc.

Les matrices transversales sont fixées à l'aide de brides à talon dans leurs logements rectangulaires. La bouterolle est portée par une pièce s'emboîtant dans un logement rectangulaire pratiqué dans le coulisseau principal.

Le porte-bouterolle peut être réglé, en hauteur, au moyen de cales et, horizontalement, par l'intermédiaire d'un coin manœuvré par un écrou à main. Ce coin peut servir aussi à débloquer la machine, si un effort anormal sur la bouterolle la calait aux environs du point mort.

Sur l'arbre de commande sont calés un lourd volant, servant de poulie d'entraînement, et un tambour de frein. Un embrayage automatique sert à mettre en marche et à arrêter, à volonté, la machine. Cet embrayage est constitué par un gros piston en acier disposé dans l'arbre et pouvant venir s'engager dans une capacité pratiquée dans le moyeu du volant et contenant des taquets d'entraînement qui reposent sur des organes élastiques faisant office d'amortisseurs de choc.

Pour mettre la machine en marche, on appuie sur une pédale placée à la partie inférieure du bâti et en avant. Ce mouvement provoque l'embrayage du volant de commande et de l'arbre, et la machine fonctionne : les matrices serrent la pièce, la bouterolle la comprime, puis effectue une course en sens inverse et les matrices s'écartent.

Lorsqu'on cesse d'appuyer sur la pédale, l'arbre de la machine termine le tour qui est commencé, puis la machine se débraye automatiquement à la fin du tour, et le frein entre énergiquement en action pour l'arrêter au point mort, c'est-à-dire au moment où les matrices de serrage sont complètement écartées et permettent de placer entre elles une autre pièce.

Les mouvements successifs d'appui et d'abandon de la pédale donnent à la machine un fonctionnement intermittent.

Le fonctionnement continu est obtenu en appuyant constamment sur la pédale. La pièce est façonnée d'une seule frappe, puis tronçonnée. Le mécanicien doit introduire à chaque tour, entre les matrices, au moment où elles sont le plus écartées, la barre de laquelle sont tirées les pièces façonnées.

La lame de cisaille servant au tronçonnage est fixée sur un plateau facilement démontable.

Un éjecteur servant à évacuer les pièces façonnées, est établi sur la machine.

Il est actionné par une came qui le manœuvre très brusquement.

Cette machine semi-universelle à refoulement peut être utilisée, lorsqu'elle a un fonctionnement intermittent, pour obtenir des boulons à grosse tête exigeant plusieurs frappes, des boulons à tête à six pans ou carrée, des tirefonds, etc.

En fonctionnement continu, elle peut être employée pour fabriquer des rivets à tête ronde, conique, etc., des boulons à tête carrée, à six pans, ronde, conique, etc.

Machine à forger à refoulement, continue

Cette machine (Fig. 219) comporte des dispositions semblables à celles de la machine à refoulement semi-universelle. Elle en diffère, toutefois, par la suppression de quelques organes qui ne peuvent avoir aucune fonction dans ce type de machine destinée à fonctionner constamment d'une façon continue.

Fig. 219. — Machine à forger par refoulement, continue. (Fenwick, frères, Paris.)

L'embrayage automatique, à l'aide duquel on peut donner aux machines universelles et semi-universelles un fonctionnement intermittent, n'existe pas dans la machine continue et les organes qui l'actionnent sont supprimés. L'arbre de commande porte, directement clavetés sur lui, deux volants pouvant servir de poulies d'entraînement.

Lorsque cet arbre reçoit, à l'aide d'une courroie, un mouvement de rotation, la machine travaille sans arrêt jusqu'à ce que le débrayage de la courroie soit effectué sur la transmission.

Les divers autres organes constituant le mécanisme de la machine sont identiques à ceux de la machine précédente et leur fonctionnement est le même.

La jauge, à l'aide de laquelle on donne à la barre la longueur convenable pour en tirer des pièces, est munie d'un dispositif de réglage que l'on peut actionner pendant la marche même de la machine.

Les machines à forger à refoulement, continues, sont spécialement employées pour fabriquer des rivets ordinaires avec tête ronde ou conique, des boulons avec tête ronde, conique, à tête carrée ou à six pans, des boulons d'éclisses de voies ferrées, etc.

Machine à forger les boulons

Parmi les machines à forger toutes spéciales établies pour fabriquer un seul type de pièces, se trouvent les machines à forger les boulons. Les deux machines dont les figures 220 et 221 représentent les vues d'ensemble servent à fabriquer ces organes; l'une comporte quatre marteaux et l'autre six. Ces marteaux latéraux de forgeage qui servent à façonner les pans des têtes de boulons ont la forme de leviers, de sorte qu'on a donné à ces machines à forger les boulons le nom de machines à leviers : à quatre ou à six, suivant le type.

Fig. 220. — Machine à forger les boulons, à 4 leviers. (Fenwick, frères, Paris.)

La machine à forger les boulons, à quatre leviers (Fig. 220) est constituée par un bâti fait en fonte aciérée, entretoisé et rendu absolument rigide par des nervures, et reposant sur des pieds fixés sur le sol ferme. Le bâti supporte les organes de manœuvre de la machine, et porte des plaques de glissement rapportées servant de coulisses et pouvant être remplacées en cas d'usure. Il porte des paliers dans lesquels tourne l'arbre de commande de grand diamètre fait en acier forgé. Ces paliers sont munis de réservoirs d'huile assurant le graissage automatique.

L'arbre sur lequel est claveté un fort volant, est coudé et forme un vilebrequin qui actionne, par l'intermédiaire d'une bielle, un coulisseau principal sur lequel est fixée la matrice de refoulement.

Un dispositif d'embrayage est placé sur l'arbre. Il est commandé par un levier soit pour mettre la machine en marche, soit pour l'arrêter. Il est du type à verrou qui permet un déclanchement à chaque demi-tour de l'arbre et est muni d'organes intermédiaires élastiques faisant office d'amortisseurs de chocs.

La manœuvre du levier dans les deux sens permet de mettre en marche la machine et de l'arrêter après le nombre de tours nécessaires pour effectuer le travail de forge de la pièce. C'est par l'intermédiaire d'une butée que la machine s'arrête automatiquement lorsque l'embrayage a été placé à la position de repos.

Le coulisseau principal se meut dans des coulisses fixées sur le bâti et des plaquettes réglables permettent de compenser les jeux produits par l'usure. Il actionne quatre leviers, qui commandent quatre coulisseaux latéraux par l'intermédiaire de grains en acier trempé. Sur les coulisseaux latéraux sont fixés les quatre marteaux agissant sur les pans de la tête pour les comprimer et les aplanir en les mettant aux dimensions voulues.

Fig. 221. — Machine à forger les boulons, à 6 leviers. (Fenwick, frères, Paris.)

Les marteaux sont faits en bronze phosphoreux et se meuvent dans des glissières réglables.

Les matrices de serrage de la pièce sont supportées par des blocs articulés. Elles sont actionnées par un second levier, placé à côté du levier de manœuvre de l'embrayage. La commande des matrices, soit pour leur serrage, soit pour leur desserrage, se fait avec ce levier, par l'intermédiaire d'un dispositif à genouillère qui permet de bloquer énergiquement les matrices après leur serrage.

La conduite de la machine consiste donc, les matrices étant ouvertes, à placer entre elles le tronçon de barre chauffé et coupé à longueur qui doit servir à faire le boulon. Ce tronçon est disposé de façon à s'appliquer contre la butée. On manœuvre le levier de commande des matrices pour effectuer leur serrage et le blocage de la pièce, puis on manœuvre le second levier, qui, en agissant sur l'embrayage, met en mouvement l'arbre, le coulisseau principal et, par son intermédiaire, les marteaux latéraux qui donnent, à chaque tour de l'arbre, une frappe bre de commande correspond à 12 coups de matrice et il faut généralement 5 tours de l'arbre, soit 60 coups, pour obtenir des pièces d'un beau fini.

On fabrique à l'aide de ces machines des boulons à tête carrée, hexagonale, en T, etc...

La machine à forger les boulons à six leviers (Fig. 221) est spécialement destinée à la fabrication de boulons à tête hexagonale.

Les dispositions des organes sont semblables à celles de la machine que nous venons

Fig. 222. — Machine la *Nationale*, à forger les boulons à chaud. (Fenwick, frères, Paris.)

sur les pans de la tête. Après le nombre de coups nécessaires pour que l'opération de forge soit effectuée, on arrête la machine en mettant au repos le levier d'embrayage, puis on ramène le levier des matrices de serrage pour les écarter, dégager la pièce finie et introduire un autre tronçon pour recommencer l'opération.

Certaines machines ne comportent qu'un seul levier de manœuvre actionnant à la fois l'embrayage et les matrices de serrage.

Dans ces machines, chaque tour de l'ar- d'examiner; le nombre de marteaux seul se trouve modifié. La machine en comporte six, actionnés par six leviers.

Machine à forger les écrous

Pour fabriquer les écrous, on a construit des machines qui permettent de les obtenir, à tête carrée ou hexagonale, forgés automatiquement à chaud, en les tirant d'une barre de longueur quelconque.

Les types de machines à forger les écrous diffèrent suivant les constructeurs.

Les figures 222 et 223 en représentent deux modèles.

La première, de la National Machinery C[y], comporte un robuste bâti en fonte aciérée, muni de glissières rapportées pouvant être remplacées après usure.

Trois arbres tournent dans les paliers portés par le bâti ; l'arbre central, qui est l'arbre de commande, actionne, par l'intermédiaire d'engrenages, les deux autres arbres auxiliaires placés de chaque côté. L'un de ces arbres commande, par manivelle et bielle, le mouvement d'un coulisseau qui sert à cisailler la barre pour la couper en tronçons devant former, chacun, un écrou.

L'autre arbre auxiliaire actionne des coulisseaux qui n'effectuent qu'une faible course, et la commande de ces coulisseaux se fait par l'intermédiaire de cames. L'un des coulisseaux porte une matrice destinée à forger l'écrou ; le second porte un poinçon de débouchage servant à forer le trou central de cet écrou. Tous les coulisseaux sont parfaitement guidés dans des guides de grande longueur, et des dispositifs de réglages à coins, manœuvrés par les vis, permettent de donner aux divers organes la position exacte qu'ils doivent occuper.

L'arbre de commande porte un lourd volant et deux poulies, dont l'une, folle, et l'autre, clavetée, servent à mettre en marche ou à arrêter, à volonté, la machine.

La barre chaude étant introduite dans la machine, celle-ci est mise en route. A chacun des tours de l'arbre de commande, la barre est d'abord cisaillée par l'outil porté par le coulisseau à longue course commandé par manivelle et bielle, puis le tronçon est transporté et appliqué contre la matrice formant la tête de l'écrou munie du chanfrein. La compression s'effectue en donnant à l'écrou la forme qui convient et le trou central est perforé par le poinçon placé sur un des deux coulisseaux à faible course.

La débouchure provenant de ce forage tombe hors de la machine, d'une part, tandis que l'écrou forgé est éjecté d'un autre côté.

Cette machine peut permettre de fabriquer de 180 à 220 écrous de 18 à 48 millimètres de diamètre, pendant une heure, et de 900 à 1.200 écrous de 9 à 24 millimètres de diamètre, pendant le même temps.

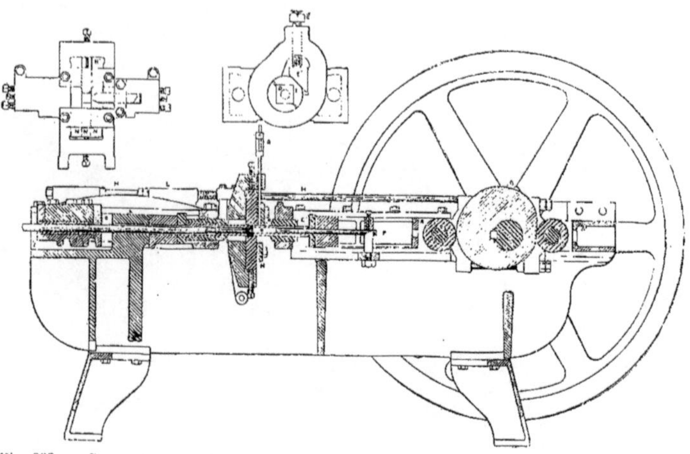

Fig. 223. — Coupe de la machine *Burdict*, à forger les écrous à chaud. (Fenwick, frères, Paris.)

La seconde machine à forger les écrous à chaud (Fig. 223) est une machine américaine *Burdict*.

Elle est constituée par un bâti portant un seul arbre de commande qui actionne, par excentriques, trois coulisseaux se déplaçant sur ce bâti avec des vitesses différentes.

L'un des coulisseaux est le coulisseau de découpage A ; le second est le coulisseau de chanfreinage F portant la matrice-enclume ; le troisième est le coulisseau, aciéré, de perçage G.

Le coulisseau de découpage porte un bloc de forme carrée ou hexagonale, suivant le type d'écrou à obtenir, qui fait office de mandrin pour tronçonner la barre, et en découper des bouts servant, chacun, à faire un écrou.

Le bloc de découpage est monté dans une boîte E et porte, à son centre, un trou dans lequel est placé un éjecteur P servant à chasser la débouchure faite dans l'écrou pour lui faire son trou central. Les matrices de découpage employées pour les écrous à six pans sont faites en deux pièces; celles qui sont utilisées pour les écrous à tête carrée sont constituées par quatre réglettes N que l'on peut disposer de 24 manières différentes pour utiliser des portions d'arêtes restant vives.

La matrice-enclume portée par le coulisseau de chanfreinage F est un bloc prismatique ayant une section carrée ou hexagonale, suivant la forme de l'écrou à façonner, et à l'intérieur duquel peut passer le poinçon I servant à déboucher le trou central de l'écrou. Ce poinçon est porté par le troisième coulisseau.

Le coulisseau de découpage est commandé par un excentrique-came agissant sur un système de double galets ; les deux autres coulisseaux sont actionnés chacun par deux excentriques et par l'intermédiaire de deux paires de tringles disposées une de chaque côté du bâti.

L'arbre de commande porte un volant servant de poulie. Lorsque la machine est en marche, la barre chauffée étant engagée, le bloc de découpage la sectionne et la transporte contre la matrice-enclume en la comprimant fortement. L'écrou prend sa forme et le poinçon de débouchage effectue alors son travail de perforation. La débouchure, transportée par le poinçon dans le bloc de découpage, est dirigée hors de la machine par un éjecteur fixe. Au retour de tous les organes vers leur position initiale, une came calée sur l'arbre, en actionnant un doigt, permet de chasser l'écrou hors de la machine.

CHAPITRE VII

FORGEAGE

RÉCHAUFFAGE.

OPÉRATIONS DE FORGEAGE : Étirage. — Forgeage sur mandrin. — Étampage. — Matriçage. — Refoulage. — Perçage. — Mandrinage. — Tranchage. — Soudage.

ATELIER DE CÉMENTATION ET DE TREMPE DES USINES DU CREUSOT.

Forgeage En terminant la partie de ce volume consacrée à l'outillage de forge, il convient d'indiquer les principaux procédés employés pour effectuer le forgeage.

Les opérations de forge ont pour objet, tout en donnant aux pièces travaillées une forme se rapprochant le plus possible de leur forme définitive, d'améliorer la qualité du métal soit par son martelage ou sa compression. L'obtention, par forgeage, d'une pièce ayant sa forme définitive, sauf en quelques parties qui devront être usinées, diminue le prix de revient de fabrication de cette pièce.

Il serait, en effet, très onéreux, pour fabriquer une pièce de contours variés, de la façonner, à l'aide des machines-outils diverses et, parfois, à la main, en la *tirant* d'un bloc de métal de forme régulière.

L'économie réalisée par le travail de forge sur le prix d'une pièce peut donc être considérable et elle peut l'être d'autant plus que la pièce a des dimensions plus grandes et une forme moins simple.

En outre, l'opération de forge donne au métal des qualités physiques en augmentant sa résistance et sa ténacité. Lorsqu'on forge de l'acier, le grain du métal devient plus serré, plus fin, et on reconnaît même la qualité de l'acier en le cassant et en examinant l'aspect de sa cassure. Si le grain de l'acier est gros et peu serré, le métal n'est pas de bonne qualité; sa résistance et sa ténacité n'ont pas une grande valeur. Lorsque, au contraire, le grain est serré et très fin, on peut être certain que l'acier est de bonne qualité et qu'il possède une résistance et une ténacité qui le rendent propre à être utilisé pour la confection d'organes mécaniques pouvant supporter et transmettre des efforts importants par unité de section.

L'examen de la cassure d'une pièce en acier est d'usage courant pour apprécier rapidement la qualité du métal et savoir si on peut demander à l'organe l'effort prévu. Cet examen superficiel, suffisant dans certains cas, n'exclut pas, bien entendu, l'examen plus approfondi que l'on doit faire du métal, ni les essais divers sur sa résistance, sa fragilité, etc., essais que nous avons examinés dans la première partie de ce volume.

Les opérations de forge s'effectuent sur le métal préalablement chauffé, car le fer et l'acier sont beaucoup plus malléables à chaud qu'à froid et exigent, par conséquent, des efforts moindres pour être façonnés.

L'acier, pour être forgé dans de bonnes conditions, doit être chauffé entre le rouge cerise sombre et le rouge clair, et travaillé entre les températures correspondant à ces couleurs. Il convient donc que l'opération de forge soit rapidement exécutée, afin que la pièce n'ait pas le temps de se refroidir avant d'avoir été façonnée, ce qui nécessiterait un certain nombre de *chaudes*. On appelle chaude, en terme d'atelier, l'opération de chauffage des pièces à forger. Il y a intérêt à réduire le plus possible le nombre de chaudes, car des chauffages trop nombreux peuvent dénaturer la qualité du métal en introduisant dans ce métal des éléments étrangers provenant des corps combustibles brûlés dans le foyer.

Le forgeage peut s'effectuer soit avec les marteaux-pilons, soit avec les presses, les laminoirs et divers autres outils spéciaux de refoulement qui exercent leur action d'une façon semblable aux presses. Nous avons examiné tous ces genres d'outils à forger dans les chapitres précédents, en indiquant leurs particularités.

Réchauffage L'acier est obtenu en lingots dans les aciéries. Nous savons que cet acier, provenant des fours Martin ou des convertisseurs Bessemer, est coulé dans des lingotières. Le lingot est retiré chaud de la lingotière, mais la température qu'il possède n'est ni suffisamment élevée, ni assez régulière pour que le lingot puisse être forgé à ce moment. D'une façon générale, les lingots sont mis à refroidir avant d'être soumis à un travail de forgeage. Cependant, dans certaines installations métallurgiques, on utilise la chaleur que possède le lingot lors de son démoulage, et pour porter ce lingot à la température convenable, on le place, sans le laisser refroidir, dans un four à réchauffer qui répartit régulièrement la chaleur et porte la température au degré voulu. La dépense de combustible nécessaire pour réchauffer le lingot chaud est évidemment moindre que celle qui est nécessitée pour le réchauffage du lingot complètement froid.

Le réchauffage des lingots en vue des opérations de forge à effectuer sur eux se fait dans des fours spéciaux nommés *fours à réchauffer*.

Au cours de la description des laminoirs, nous avons examiné un four à réchauffer utilisé dans les usines du Creusot.

Un four à réchauffer est un four à réverbère dans lequel la sole est plate pour recevoir les pièces à chauffer. Le foyer est, le plus souvent, alimenté avec de la houille, mais certains types de fours sont chauffés avec le gaz produit par des combustibles variés. Ils comportent, généralement, plusieurs grilles et sont munis d'un dispositif de tirage pour faciliter la combustion. Le tirage est *naturel* lorsqu'il s'effectue sans interposition d'appareils, c'est-à-dire naturellement, entre le dessous de la grille et l'atmosphère, par l'intermédiaire d'une cheminée. Le tirage est dit *forcé* lorsqu'il est obtenu par un soufflage d'air provenant de ventilateurs ou de compresseurs. Le four est appelé dans ce cas, à *grille soufflée*. La flamme provenant du foyer est dirigée de façon qu'elle enveloppe les pièces à réchauffer.

Le chauffage à la houille, qui est facile à conduire, offre l'inconvénient d'être moins économique que le chauffage au gaz, et les flammes qu'il produit exercent une action oxydante sur le métal contenu dans le four. Le chauffage au gaz, par contre, a l'inconvénient d'être d'une conduite difficile pour obtenir la régularité de chauffe désirable.

Plusieurs portes sont ménagées sur deux faces des fours à réchauffer. Assez souvent, ces portes correspondent deux à deux, c'est-à-dire qu'elles sont percées, chacune, sur une des deux faces parallèles du four et dans le même axe. Cette disposition permet d'introduire dans le four une pièce dont la dimension est plus grande que celle du four et de chauffer une partie quelconque prise sur la longueur de cette pièce. Elle peut donc, dans certains cas, traverser complètement le four et déborder par chaque porte que l'on maintient rabattue sur elle pendant l'opération du réchauffage.

Dans les grands fours à réchauffer, les portes sont, parfois, constituées par des battants formés de plusieurs parties pouvant se replier les unes contre les autres. Cette disposition permet d'introduire dans le four des pièces ayant de grandes ou de petites dimensions en ne donnant à l'ouverture du four que la grandeur appropriée. Ces portes sont, assez souvent, manœuvrées automatiquement à l'aide de dispositifs mécaniques, actionnés généralement par pression hydraulique.

Les pièces introduites dans le four à réchauffer doivent être posées sur des supports pour que leur manutention puisse s'effectuer aisément. Lorsque leur poids est considérable, on les supporte par un appareil spécial formant pinces, suspendu à un appareil de levage, grue ou pont roulant, et qui est manœuvré par son mécanisme.

Le réchauffage doit être effectué à une allure lente, lorsque le lingot est placé froid dans le four, jusqu'à environ 400 degrés, afin de ne pas produire une transformation irrégulière de l'état du métal qui donnerait lieu à des criques et à des tapures. Au-dessus de la température de 400 degrés, on peut activer le réchauffage sans nuire à la qualité du métal, jusqu'à ce que la pièce ait atteint le degré voulu, c'est-à-dire jusqu'au rouge cerise clair pour l'acier. Pendant l'opération de forgeage, la pièce passe du rouge cerise clair au rouge cerise sombre. Il est bon de ne pas pousser le martelage au-dessous de cette température. Il est préférable de remettre la pièce au four pour la réchauffer de nouveau, de lui donner une autre *chaude*. Les chaudes successives, qui on pour but de redonner aux pièces, entre deux opérations de forgeage, la température voulue, peuvent être conduites rapidement sans crainte de provoquer des tapures, les pièces conservant constamment une température suffisamment élevée.

Opération de forgeage — Nous avons examiné les outils principalement employés pour le forgeage : les marteaux-pilons, les presses, les laminoirs. Pour ces derniers outils, nous avons indiqué comment s'effectuaient les diverses opérations de laminage. Voici comment on opère lorsqu'on veut, par exemple, forger un lingot au marteau-pilon.

Si le lingot a de grandes dimensions et pèse lourd, on le supporte, par l'intermédiaire de chaînes, à l'aide d'une grue, et on place une extrémité de ce lingot dans le four pour la chauffer. Cette extrémité, mise sous le marteau-pilon lorsqu'elle a atteint la température voulue, est martelée, réduite de section et étirée, dans le sens de la longueur, de façon à pouvoir être utilisée pour manœuvrer le lingot à forger. Cette sorte de queue A (Fig. 224), en effet, sert à fixer, à maintenir la barre de manœuvre B. Cette barre, qui se prolonge plus ou moins suivant le nombre d'ouvriers employés à manipuler le lingot, est rendue solidaire de la queue du lingot, par des colliers C immobilisés par le serrage de coins.

On dispose sur la barre, de distance en distance, des blocs de métal cylindriques D destinés à faire contrepoids au lingot et à l'équilibrer pour rendre ses opérations de déplacement plus faciles. Ces blocs sont munis de barres transversales qui servent de leviers pour effectuer les manœuvres. Les ouvriers tirent ainsi ou poussent la pièce, aident à la retourner, pour la présenter au marteau sur une autre face, pendant que le mécanisme de l'appareil de levage provoque ce retournement. La longueur de la barre de manœuvre permet aux ouvriers d'être assez éloignés du lingot chauffé pour n'être pas gênés par la chaleur qu'il dégage.

Étirage Le lingot d'acier chauffé au rouge cerise clair est placé sur l'enclume du marteau-pilon et, en actionnant ce marteau, on martelle le métal. Cette opération s'effectue sur toutes les faces opère de la même façon sur toutes les faces pour obtenir une barre de section régulière.

Pour donner aux surfaces un aspect bien uni, pour *parer* la pièce, comme on dit en terme d'atelier, on frappe, en projetant de l'eau sur la partie de la pièce que le marteau va frapper. La surface de la pièce est ainsi débarrassée de l'oxyde qui la recouvre et apparaît parfaitement lisse. Pour régulariser la surface, on peut aussi la marteler à petits coups lorsque la pièce a atteint le rouge sombre. Lorsque la pièce

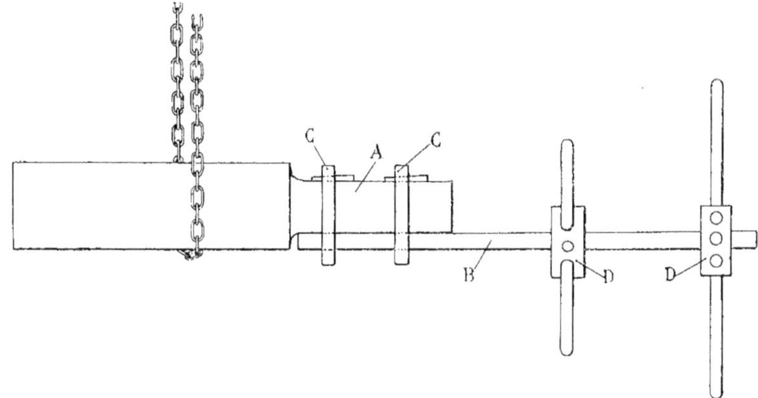

Fig. 224. — Dispositif de manœuvre d'un lingot à forger.

du lingot, de sorte que celui-ci diminue de section en même temps que ses grains deviennent plus fins et plus serrés. Le lingot, en diminuant de section, s'allonge ; il subit donc un étirage, ce qui fait désigner, le plus souvent, cette opération de martelage sous le nom d'*étirage*.

Lorsque la section du lingot atteint les dimensions voulues, on lui donne sa forme définitive par *étampage*.

L'étirage se fait avec un marteau à panne plate et une enclume à surface également plate. On martelle le lingot sur sa partie chauffée au rouge et on le déplace sur l'enclume, au fur et à mesure qu'il s'étire, en le tirant à soi vers l'avant du pilon. On doit, après étirage, prendre une autre forme qui lui est donnée par l'étampage, il est inutile de la parer. On la passe directement au marteau à étamper ou à la presse.

Forgeage sur mandrin L'étirage ne s'effectue pas seulement à l'aide d'enclumes ou de pannes de marteau plates. Lorsque les pièces à forger sont creuses, l'opération d'étirage qu'on lui fait subir sur toute sa surface extérieure, améliore les qualités du métal, surtout sur cette surface, les parois du trou intérieur ne subissant aucun martelage. Il en résulte une différence d'homogénéité dans l'épaisseur de la pièce percée comprise entre les parois extérieures et les parois intérieures. Pour remédier à cet inconvénient et donner, par compression, les mêmes qualités du métal sur toutes ses surfaces, extérieure et intérieure, on étire les pièces creuses en interposant un mandrin. C'est ce que l'on nomme le *forgeage sur mandrin*.

Le lingot brut, préalablement préparé au marteau-pilon sur sa surface extérieure, est percé, généralement à chaud, à l'aide du marteau et de la façon que nous indiquerons plus loin. Le trou central est mis à un diamètre suffisant pour qu'on puisse passer, à travers la pièce A, un mandrin B (Fig. 225 et 226). Ce mandrin est une tige qui, en principe, doit être cylindrique, mais que l'on fait le plus souvent légèrement conique pour faciliter son entrée et sa sortie.

Le mandrin étant placé dans la pièce, on fait reposer celle-ci sur une enclume C ayant une forme en V et on la comprime, à sa partie supérieure, à l'aide d'une panne D, de marteau ou de presse ayant, également, une forme en V. Le métal se trouve, de la sorte, comprimé, non seulement entre les deux pannes en forme de V qui agissent sur la paroi extérieure de la pièce, mais encore entre chacune de ces pannes et le mandrin rigide intérieur, de sorte que la paroi intérieure subit, elle aussi, l'effet de compression dû au forgeage. On fait tourner, au fur et à mesure, la pièce sur l'enclume en V, en la forgeant, et comme le métal ne peut pas être refoulé à l'intérieur, grâce à la présence du mandrin, il est refoulé dans le sens de la longueur. La pièce est donc étirée : elle diminue de diamètre et augmente de longueur, le trou intérieur conservant toujours sa même dimension.

Lorsqu'une chaude ne suffit pas pour donner à la paroi les dimensions désirées, on remet la pièce au four après avoir retiré le mandrin que l'on refroidit, et on recommence une opération de forge lorsque la pièce est de nouveau portée au rouge, en introduisant, au préalable, le mandrin dans le trou.

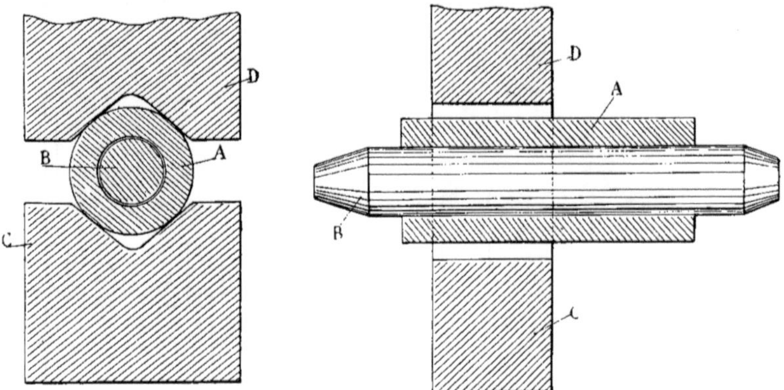

Fig. 225 et 226. — Forgeage sur mandrin.

Lorsque la pièce a une faible longueur et porte un trou central de grand diamètre, comme les anneaux divers, les revêtements cylindriques, les bandages de roues, etc., on procède au forgeage sur mandrin d'une façon différente.

Le mandrin A (Fig. 227) employé, a un diamètre beaucoup plus petit que celui du trou central pratiqué dans la pièce B et la pièce ne repose pas, à sa partie inférieure, sur une enclume. C'est le mandrin qui, dans ce cas, fait office d'enclume. Il repose, à chacune de ses extrémités, sur un chevalet C. Le marteau frappe sur la surface extérieure de la pièce et le métal est comprimé entre ce marteau et le mandrin. En faisant tourner la pièce sur le mandrin, au fur et à mesure que l'opération de forge se poursuit, on la martelle sur tout son pourtour, et la paroi intérieure du trou est, elle aussi, forgée sur toute sa périphérie.

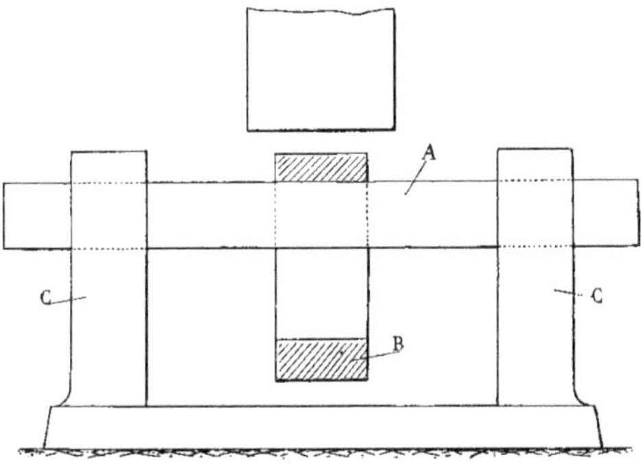

Fig. 227. — Mandrin porté sur des chevalets.

Le forgeage des couronnes à trou central de grand diamètre peut se faire d'une autre façon qu'à l'aide du mandrin. On peut, en effet, utiliser une enclume de forme spéciale A (Fig. 228) comportant une saillie conique B semblable à celles que portent les bigornes. Ce bec est incliné de façon que la couronne C repose par sa paroi intérieure sur sa face supérieure. Le marteau comporte, dans ce cas, une panne D de forme spéciale. Cette panne est inclinée, en face du bec de l'enclume, parallèlement à sa face supérieure. La pièce étant posée sur le bec de l'enclume, le marteau frappe sur elle en la comprimant normalement par rapport à son épaisseur. En faisant, au fur et à mesure, tourner la couronne sur le bec de l'enclume pendant que le marteau frappe, on réduit son épaisseur en augmentant son diamètre et le métal subit un effet de compression à la fois sur sa paroi extérieure et sur sa paroi intérieure. Cette opération de forge est désignée sous le nom de *bigornage*.

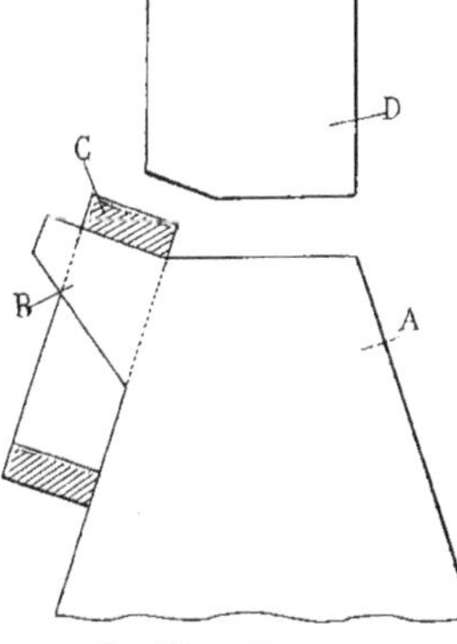

Fig. 228. — Bigornage.

Étampage

Le même marteau-pilon qui a servi à étirer le lingot peut effectuer l'opération d'étampage qui consiste à refouler le métal entre des blocs portant des empreintes de formes déterminées, afin de donner ces formes à la pièce. Pour cela, on remplace la panne plate du marteau et de l'enclume par une étampe et une sous-étampe, et c'est entre ces deux pièces que le métal est refoulé.

Pour obtenir une pièce cylindrique, on emploie une étampe A (Fig. 229) et une sous-étampe B portant chacune une partie creuse de forme circulaire. Ces deux parties ne sont pas exactement demi-circulaires, car les deux blocs servant à l'étampage ne viennent pas buter l'un contre l'autre pendant l'opération de forge. C'est, d'ailleurs, cette disposition qui différencie les deux opérations d'étampage et de matriçage. Dans l'étampage, les étampes servent à façonner la pièce sans que leurs bords viennent s'appliquer les uns contre les autres : elles n'emboîtent cette pièce que sur une partie de leur pourtour. Dans le matriçage, on emploie, pour façonner la pièce, des blocs qui l'entourent complètement et dont, par conséquent, les bords viennent s'appliquer les uns contre les autres.

Dans l'opération d'étampage, il faut donc faire tourner la pièce C pour la forger sur tout son pourtour et proportionner l'énergie des coups de marteau à la diminution de section que l'on veut obtenir.

Lorsque la section de la pièce à obtenir est carrée, l'étampe A (Fig. 230) et la sous-étampe B ont une forme en V et la pièce C est forgée en présentant une arête en haut et une arête en bas. Cette disposition permet de dégager aisément la pièce de la sous-étampe et de l'y replacer facilement.

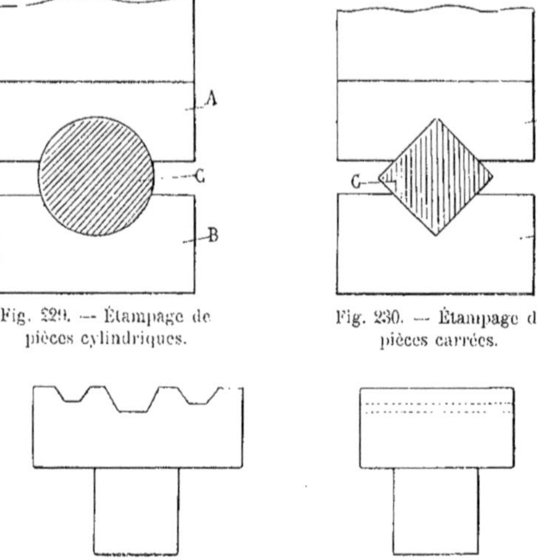

Fig. 229. — Étampage de pièces cylindriques.

Fig. 230. — Étampage de pièces carrées.

Fig. 231. — Étampage de pièces à section hexagonale.

Pour donner la forme définitive aux têtes de boulons ou aux écrous à six pans, on emploie des étampes portant un creux ayant une forme à trois pans (Fig. 231), pour que la pièce puisse être mise à la forme d'un hexagone régulier.

Matriçage Le matriçage diffère, ainsi que nous venons de le dire, de l'étampage en ce que la pièce façonnée est complètement enfermée dans les blocs métalliques portant les empreintes. Ces blocs, qui sont les *matrices*, sont des sortes de moules dans lesquels le métal refoulé par compression vive ou lente remplit tous les espaces vides et prend, en relief, les formes que les matrices portent en creux.

Les matrices sont au nombre de deux; l'une repose sur l'enclume du marteau ou sur un sommier fixe lorsqu'on emploie la presse; l'autre matrice est solidaire soit de la masse mobile du marteau, soit du sommier mobile de la presse. Le joint des deux matrices, qui viennent s'appuyer l'une contre l'autre, est fait horizontalement et suivant l'axe de la pièce, lorsque la forme de cette pièce est symétrique par rapport à l'axe et se prête à un dégagement facile.

Les matrices sont faites en acier fondu; elles doivent être très robustes et de dimensions suffisantes pour ne pas se déformer sous les chocs du marteau ou sous la pression qui s'exerce sur elles. Il est indispensable que les deux matrices soient parfaitement repérées et que la matrice mobile soit très bien guidée pour qu'elle se présente toujours exactement dans la position qu'elle doit occuper par rapport à l'autre. On peut, pour assurer cette rectitude de guidage, non seulement compter sur les glissières du marteau ou de la presse, mais encore disposer sur les matrices des goujons de repérage. La matrice inférieure seule A (Fig. 232) porte les deux goujons B, cylindriques, mais dont l'extrémité a reçu une forme conique pour pouvoir pénétrer facilement dans les trous D ayant exactement le diamètre du corps cylindrique du goujon. Si la matrice supérieure C, qui est mobile, ne se présente pas très exactement en face de la matrice inférieure, par suite d'un peu de jeu, de l'usure de certains organes, par exemple, les goujons, dont l'extrémité est conique, pénètrent néanmoins dans les trous de la matrice supérieure, et au fur et à mesure que celle-ci descend, elle prend sa position exacte déterminée par la pénétration du corps cylindrique de chaque goujon dans son trou. La fin de course de la matrice C s'effectue donc avec un guidage parfait, et si le réglage de la position des goujons a été fait avec soin, la pièce matricée doit être obtenue parfaitement centrée et sans bavure sur le joint. Lorsqu'un excentrage, même faible, se produit entre les deux matrices, ces bavures se produisent, et d'une façon irrégulière, sur le pourtour de la pièce matricée.

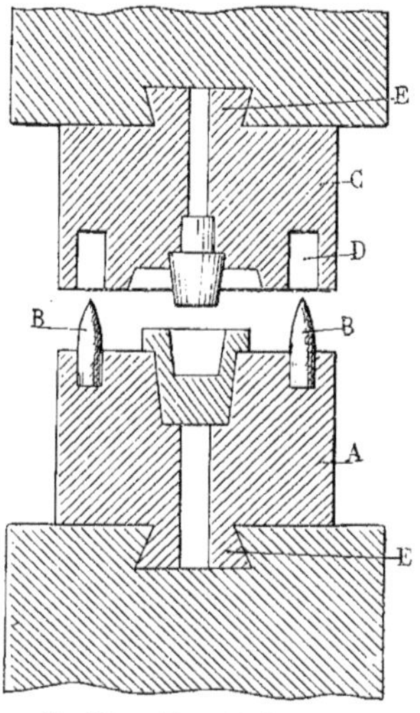

Fig. 232. — Dispositif de guidage de matrices.

Les matrices sont, le plus souvent, munies d'un tenon E à flancs obliques qui s'engage dans une rainure à queue d'aronde portée par l'enclume et la masse du marteau ou de la presse. On peut ainsi déplacer les matrices, horizontalement, sur les pièces qui les reçoivent et les régler dans ce sens. On les rend solidaires de ces pièces au moyen de coins enfoncés à refus.

Dans certains cas, et surtout pour le matriçage de pièces circulaires, il est possible de faire pénétrer la matrice supérieure A (Fig. 233), qui est cylindrique, dans un trou porté par la matrice inférieure B. Le repérage des matrices s'effectue ainsi très exactement et la manœuvre est facilitée par une légère entrée donnée en dégageant le bord circulaire supérieur de la matrice fixe.

On emploie des matrices ainsi disposées pour façonner des roues de wagons. On rapporte parfois sur l'une ou l'autre matrice des pièces C, ayant la forme voulue, qui y sont fixées par des vis et que l'on peut changer en cas d'usure ou de détérioration.

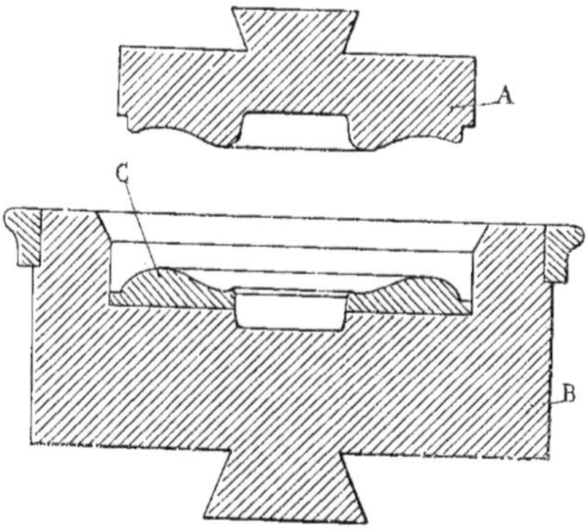

Fig. 233. — Matrices pour roues.

Le matriçage et l'étampage sont très employés dans l'industrie mécanique, afin de diminuer, dans la plus grande mesure possible, le travail qui doit être effectué à froid à l'aide de diverses machines-outils; on réalise, de la sorte, une économie notable sur le prix de revient des pièces obtenues. Il est indispensable, par contre, pour tirer un bénéfice réel des procédés de matriçage ou d'étampage, d'avoir à fabriquer un nombre suffisamment grand de pièces, justifiant les frais d'outillage qu'il est nécessaire d'engager pour construire des matrices appropriées et très bien réglées.

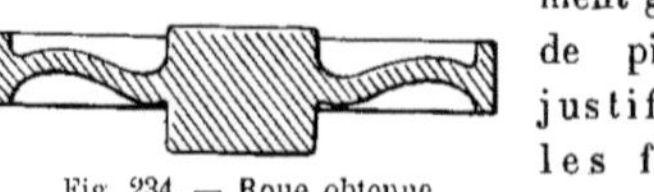

Fig. 234. — Roue obtenue par matriçage.

Refoulage Le refoulage est une opération de forge qui consiste à comprimer une pièce debout de façon à augmenter sa dimension transversale. On pourrait dire que le refoulage est l'opération contraire à l'étirage. Dans cette dernière opération on augmente, en effet, la longueur de la pièce, tandis que dans l'autre on augmente sa largeur.

Le refoulage se fait, le plus souvent, à chaud. On peut, néanmoins, l'effectuer à froid en ayant le soin de maintenir serrées les parties de la pièce qui ne doivent pas être renflées. L'opération offre plus de difficultés que lorsqu'elle est faite à chaud.

Le refoulage est utilisé principalement pour obtenir les parties renflées formant les têtes d'organes variés, tels que rivets, boulons, vis, etc. Dans ce cas, c'est l'extrémité de l'organe que l'on aplatit en l'augmentant de diamètre (Fig. 235). Parfois c'est, au contraire, le milieu d'une pièce qu'il s'agit de renfler (Fig. 236). Dans n'importe quel cas, on chauffe simplement la partie de la pièce qui doit changer de dimensions, en laissant les autres parties le plus froides possible. En frappant en bout sur la pièce, on provoque l'écrasement de la partie chauffée et on obtient le renflement désiré. Il convient, au fur et à mesure que l'on refoule le métal, de rectifier la forme de la pièce en frappant, non plus en bout, mais à plat tout autour de la pièce, à la façon de forger ordinaire. On reprend ensuite l'opération de refoulement en continuant à frapper en bout. C'est surtout lorsque le métal est fibreux et que la pièce doit être renflée entre deux parties froides, qu'il convient de marteler la pièce sur son pourtour pendant qu'on pratique l'opération du refoulage. Les fibres du métal tendent, en effet, à s'écarter et des arrachements sont d'autant plus à craindre que le métal est plus fibreux. Le martelage transversal pratiqué avec le martelage en bout qui provoque le refoulage, permet de conserver à la pièce l'homogénéité nécessaire pour assurer sa solidité.

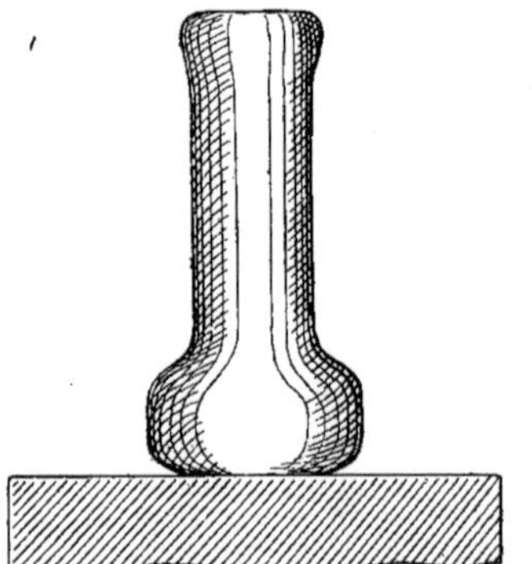

Fig. 235. — Opération de refoulage en bout.

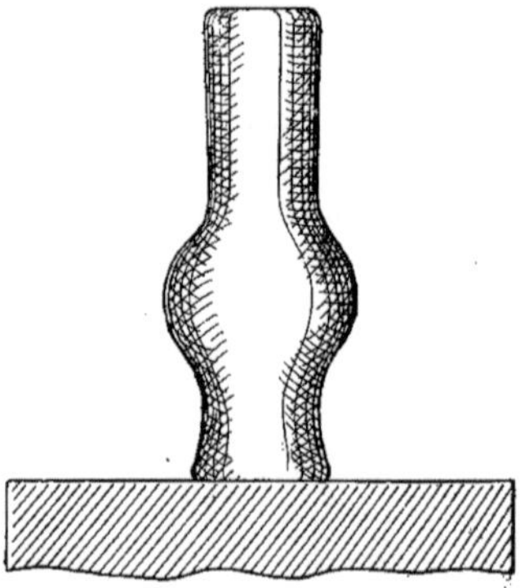

Fig. 236. — Renflement par refoulage.

Perçage Cette opération de forge consiste à pratiquer des trous dans des blocs de métal sans enlever de la matière. On la refoule simplement tout autour du trou à mesure que l'outil de perçage fait son passage dans le métal.

L'outil employé pour percer est, le plus souvent, appelé *poinçon* et, parfois, *perçoir*. Cet outil a la forme du trou à obtenir ; les formes circulaires et carrées sont les plus utilisées. La section du poinçon, tout en restant ronde ou carrée, est plus petite à son extrémité. Elle va en croissant, ce qui donne au poinçon une forme conique. Le poinçon est en acier et l'extrémité opposée à celle qui s'enfonce dans le métal est disposée pour qu'on puisse frapper sur elle et produire ainsi le perçage de la pièce.

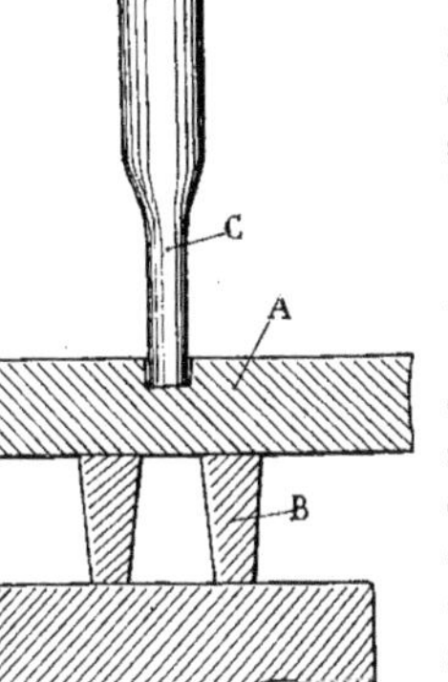

Fig. 237. — Perçage au poinçon.

Pour percer une pièce A (Fig. 237), on la place sur un bloc d'acier B portant un trou de façon à permettre le dégagement de la *débouchure*, sorte de disque métallique de faible épaisseur qui est détaché de la pièce lorsque le poinçon débouche du trou percé. On commence, en frappant sur le poinçon C, à pratiquer un trou. Le métal est refoulé, ce qui augmente la largeur ou le diamètre de la pièce lorsqu'elle n'est pas très épaisse. Cette pièce se renfle dans ce cas; mais lorsqu'elle a des dimensions importantes, le refoulement s'effectue seulement dans l'épaisseur du métal sans se manifester extérieurement. Quand on opère le perçage à l'aide d'un seul poinçon, on retourne la pièce après avoir engagé le poinçon dans la moitié de l'épaisseur de la pièce environ, et on opère de la même façon sur l'autre face, de sorte que les deux trous ainsi ébauchés se rejoignent et débouchent vers le milieu de l'épaisseur de la pièce.

Lorsqu'un trou est débouché, on peut augmenter sa dimension, tout en rectifiant sa forme, en passant, dans l'avant-trou percé au poinçon, des mandrins de plus en plus grands, et ayant une forme cylindrique, carrée ou rectangulaire suivant le trou à obtenir.

Si la pièce à percer a une grande longueur, on la place debout sur l'enclume. On commence à forer, à une extrémité, un trou sur une certaine longueur à l'aide d'un poinçon, puis on introduit des mandrins en acier cylindriques en les poussant les uns à la suite des autres à l'aide du marteau-pilon jusqu'à ce que le trou débouche sur l'autre face extrême de la pièce.

Mandrinage Le mandrinage, qu'il ne faut pas confondre avec le forgeage sur mandrin, ou avec le perçage à l'aide de mandrins, consiste à donner à une pièce, qui a été préparée pour cela, sa forme définitive soit sur ses parois extérieures, soit sur ses parois intérieures, par le passage d'un mandrin. Le plus souvent, le mandrin sert à régulariser des parties percées dans les pièces, c'est-à-dire des trous cylindriques, coniques, carrés, rectangulaires, etc. Le mandrin est, dans ce cas, un bloc d'acier A (Fig. 238) ayant la forme voulue : cylindrique, conique, carrée ou rectangulaire. Ses dimensions sont réduites à l'extrémité qui pénètre, d'abord, dans le trou préalablement pratiqué dans la pièce B, c'est-à-dire que le mandrin a de l'entrée, ce qui facilite son placement dans le trou au début de l'opération de mandrinage.

Le trou à mandriner doit être préparé à des dimensions approchant de celles qu'il doit avoir définitivement, de sorte que le passage du mandrin n'ait pour effet que de refouler transversalement le peu de métal en excès, tout en donnant aux parois la régularité nécessaire.

Lorsque le mandrin est engagé dans le trou de la pièce, celle-ci se trouvant appliquée sur un tas C, ou une enclume portant un trou de dégagement, on frappe sur l'extrémité supérieure du mandrin de manière à l'enfoncer progressivement dans la pièce et on continue l'opération jusqu'à ce que le mandrin ait traversé complètement la pièce; le trou est alors régularisé. Pour les trous cylindriques, carrés ou rectangulaires, le mandrin traverse la pièce de part en part, mais lorsqu'on régularise un trou conique, on n'enfonce le mandrin que sur une longueur déterminée à laquelle correspond un trou conique ayant les dimensions voulues.

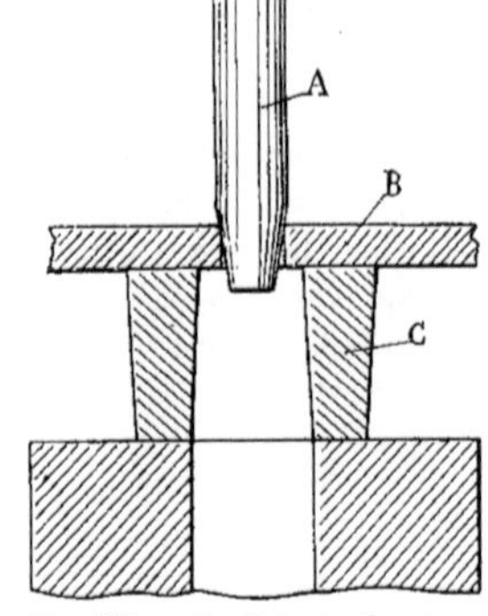

Fig. 238. — Mandrinage d'un trou.

Lorsqu'il s'agit de régulariser la surface extérieure d'une pièce A (Fig. 239), le mandrin B a une forme différente. C'est un bloc portant un trou de forme convenable et c'est dans ce trou que la pièce à mandriner doit passer. On peut, dans ce cas, supporter le mandrin en le faisant appuyer sur un bloc percé et après avoir engagé la pièce dans le mandrin on provoque son passage complet dans le trou porté par ce mandrin, à l'aide du marteau.

Dans certains cas, la pièce à mandriner, affectant alors, le plus souvent, la forme d'un tube, doit être régularisée en même temps sur sa paroi extérieure et sur sa paroi intérieure. On enfonce, en ce cas, un mandrin intérieur A dans la pièce B (Fig. 240) pendant qu'on l'oblige à passer dans un second mandrin C qui lui donne la forme extérieure. Les dimensions intérieure et extérieure de la pièce doivent être très approchées des dimensions définitives à obtenir, car le refoulement du métal se produirait dans le sens longitudinal, dans le cas contraire.

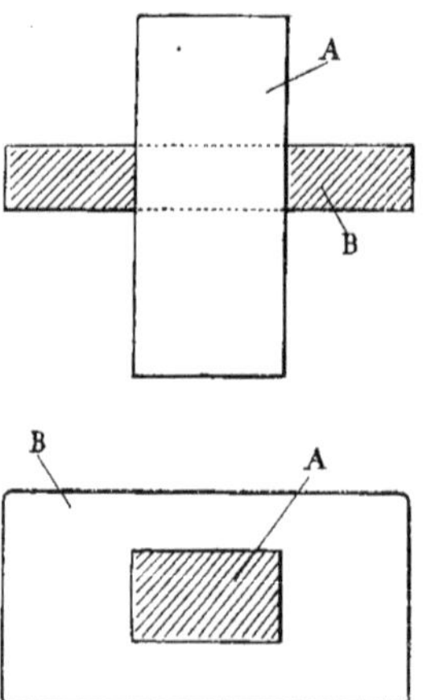

Fig. 239. — Mandrinage extérieur.

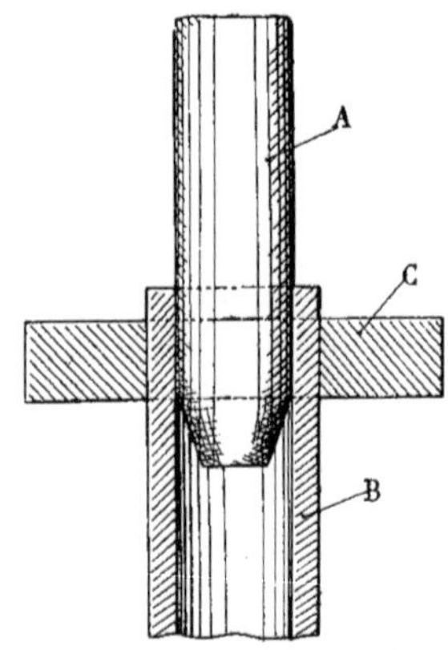

Fig. 240. — Mandrinage extérieur et intérieur.

On emploie parfois des mandrins extensibles, surtout lorsqu'il s'agit de donner à l'extrémité de tubes les dimensions et les formes désirées. Le mandrin extensible est disposé pour être mis à des dimensions variables et permet d'agrandir progressivement le trou pratiqué dans la pièce en refoulant, à chacune des passes, une très faible quantité de métal.

Les mandrins extensibles sont, en principe, constitués par des parties flexibles ou pouvant osciller autour de petits axes et que l'on peut plus ou moins écarter de l'axe des mandrins par la manœuvre d'une vis. Il est donc possible, en faisant effectuer à la vis une très petite fraction de tour, de faire varier d'une très petite quantité le diamètre du mandrin et de donner au trou pratiqué dans la pièce une dimension exactement déterminée.

Tranchage — C'est une opération qui consiste à trancher le métal, soit pour couper une barre en tronçons, soit pour la raccourcir, soit pour la fendre et en écarter les deux tronçons restant néanmoins solidaires de la barre, soit pour en affranchir les bouts et les régulariser.

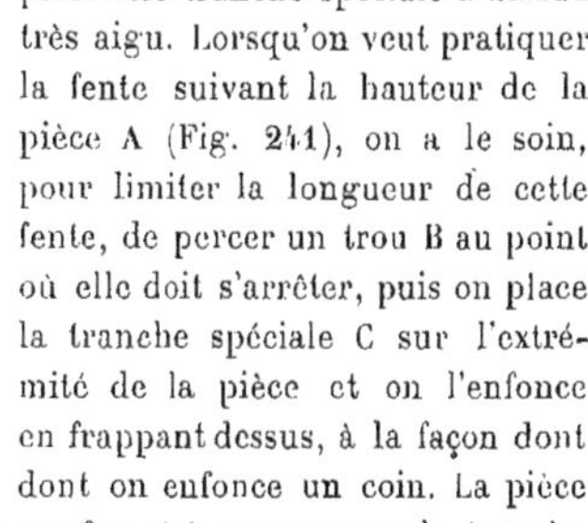

Fig. 241. — Pièce fendue à la tranche.

Cette opération, qui s'effectue le plus souvent à chaud, peut se faire aussi à froid dans certains cas. On emploie, pour sectionner le métal, des outils nommés *tranches*. Ces outils sont semblables à ceux que nous avons décrits, lorsque nous avons examiné l'outillage de forge à main; mais il est évident que les dimensions de ces outils sont proportionnées au travail qu'on leur demande et, par conséquent, aux dimensions des pièces à trancher. De même, le biseau qui porte la tranche et qui constitue le tranchant, fait un angle pouvant varier de 15 à 60 degrés suivant la nature du métal à couper.

On frappe sur l'extrémité de la tranche pour l'enfoncer dans la pièce à sectionner, en ayant le soin de présenter celle-ci sur tout son pourtour sous le biseau de la tranche. On creuse ainsi un sillon qui permet de séparer la pièce en deux tronçons.

On emploie, aussi, nous le savons, un outil appelé tranchet d'enclume et qui constitue une tranche fixe placée dans l'œil de l'enclume et sur le biseau de laquelle on fait reposer la pièce à sectionner. En frappant sur cette pièce, tout en la faisant tourner, on creuse un sillon qui détermine la ligne de sectionnement. Parfois, on applique la pièce sur le tranchet d'enclume tout en la cisaillant sur sa face supérieure, à l'aide d'une tranche sur laquelle on frappe. Le sillon de tronçonnage se fait, de la sorte, à la fois sur les deux faces opposées.

Pour fendre une pièce, on emploie une tranche spéciale à biseau très aigu. Lorsqu'on veut pratiquer la fente suivant la hauteur de la pièce A (Fig. 241), on a le soin, pour limiter la longueur de cette fente, de percer un trou B au point où elle doit s'arrêter, puis on place la tranche spéciale C sur l'extrémité de la pièce et on l'enfonce en frappant dessus, à la façon dont dont on enfonce un coin. La pièce s'ouvre au fur et à mesure que la tranche s'enfonce et lorsque la fente a atteint le trou, on peut écarter au marteau les deux parties de la pièce ainsi séparées.

Pour trancher le métal, on emploie aussi des outils spéciaux nommés cisailles avec lesquels on découpe très souvent le métal à froid. Les modèles de cisailles sont très nombreux. Nous en donnerons la description dans les machines-outils.

Soudage — Le soudage est une opération de forge qui consiste soit à réunir solidement plusieurs tronçons d'une même pièce, soit à assembler, à souder plusieurs pièces pour n'en former qu'une seule. Cette opération se fait à chaud par compression et, le plus souvent, par martelage.

La soudure de deux métaux grâce à l'interposition d'un autre métal, l'étain, par exemple, la soudure autogène au chalumeau, la soudure par brasage ou brasure sont bien différentes de l'opération de forge que l'on nomme soudage, et nous avons, d'ailleurs, déjà examiné précédemment ces différentes sortes de soudures.

La soudure obtenue par forgeage est une soudure directe entre pièces faites en même métal. C'est presque exclusivement le fer et l'acier qui donnent lieu a des opérations de soudage. On chauffe ces deux métaux pour les souder à une température plus élevée que pour procéder à une opération ordinaire de forge ; on atteint le blanc soudant : le fer est porté à une température variant de 1.300 à 1.500 degrés et l'acier à une température de 1.200 à 1.300 degrés, suivant la constitution du métal.

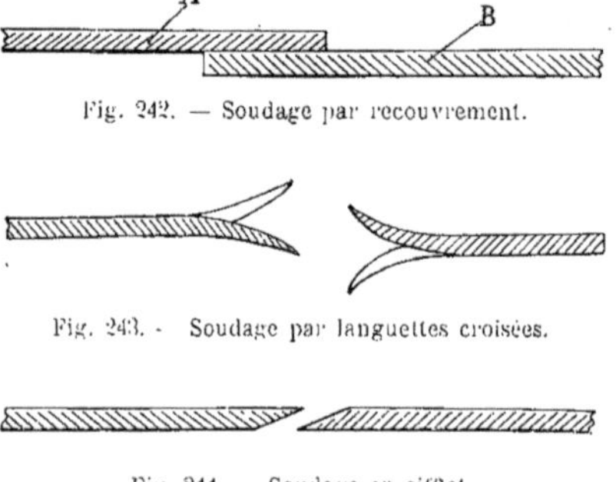

Fig. 242. — Soudage par recouvrement.

Fig. 243. — Soudage par languettes croisées.

Fig. 244. — Soudage en sifflet.

On peut souder par compression au laminoir ou à la presse, mais c'est, généralement, au marteau et au marteau-pilon que l'opération de soudage s'effectue, car le martelage a l'avantage de chasser les scories déposées sur les surfaces des pièces et de les préparer, de la sorte, en les décapant, à une bonne opération de soudage.

Pour décaper les pièces à souder et pour éviter l'oxydation de leurs surfaces, ce qui ne peut que nuire à l'opération de soudage, on emploie, parfois, certaines poudres que l'on jette sur les pièces pendant qu'on les chauffe.

Ces poudres sont des mélanges variés : l'un d'eux comporte 35 grammes de limaille de fer, 70 grammes de sel ammoniac, 70 grammes de prussiate de potasse et 500 grammes de borax. On ajoute aussi à ces produits, du sable siliceux pour souder du fer, et de l'argile pour le soudage de l'acier. L'opération de soudage s'applique dans les travaux de forge pour former, avec des déchets de fer ou d'acier, des copeaux, des riblons, etc., des lingots compacts pouvant servir à façonner des pièces. Toutes ces diverses parties sont réunies et serrées les unes contre les autres à l'aide de fils de fer, de façon à former un *paquet*. Ce paquet est chauffé au four à la température voulue, puis est martelé sur toutes les faces pour en rendre solidaires, en souder les diverses parties. Plusieurs chaudes sont, le plus souvent, nécessaires. Cette opération se nomme *soudure en paquet* ou encore soudure en masse. On l'emploie aussi pour former, avec des barres de fer ou d'acier de sections régulières, des lingots homogènes. Ces barres peuvent être disposées, en vue de la soudure, de façons diverses, parallèlement, par couches alternativement perpendiculaires, enchevêtrées, etc.

Dans le façonnage même des pièces en fer ou en acier, l'opération de soudage peut prendre une grande importance.

Lorsque deux pièces à souder sont minces (Fig. 242), on superpose deux extrémités de ces pièces A et B qui se recouvrent ainsi d'une certaine quantité. Ces deux pièces ayant été chauffées au blanc soudant, on les martelle de façon à les rendre solidaires et à n'en former qu'une. On peut encore former, à l'extrémité de chaque pièce, des languettes recourbées qui se superposent et qui facilitent l'opération de soudage : c'est la soudure à *languettes croisées* (Fig. 243). Mais, généralement, pour souder des plaques plates en bout, ou pour souder des plaques roulées afin d'en faire des tubes, on donne aux deux extrémités destinées à former le joint en s'appliquant l'une sur l'autre, une forme en biseau, en sifflet, qui facilite le soudage (Fig. 244) : c'est la *soudure en sifflet* nommée aussi *soudure à amorces*.

Fig. 245. — Soudage d'un bras oblique.

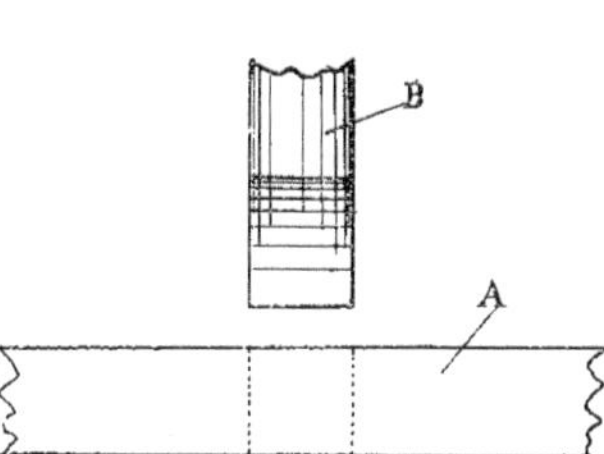

Fig. 246. — Soudage par emboîtement.

On peut appliquer cette disposition aux pièces devant se raccorder obliquement ou devant former croisillon. Dans le premier cas (Fig. 245) on ménage sur une des pièces A un renflement B qui est disposé en sifflet et sur lequel on vient appliquer l'extrémité également taillée en sifflet de la pièce C qu'il s'agit de rendre solidaire de la pièce A. En chauffant les deux pièces et en les soumettant à l'action du marteau, tout en les maintenant à l'angle voulu, on obtient une seule pièce munie d'un bras oblique.

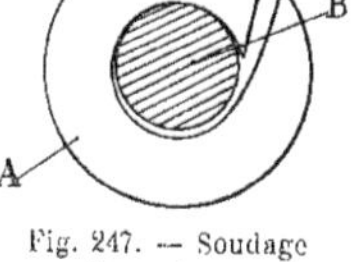

Fig. 247. — Soudage d'une bague.

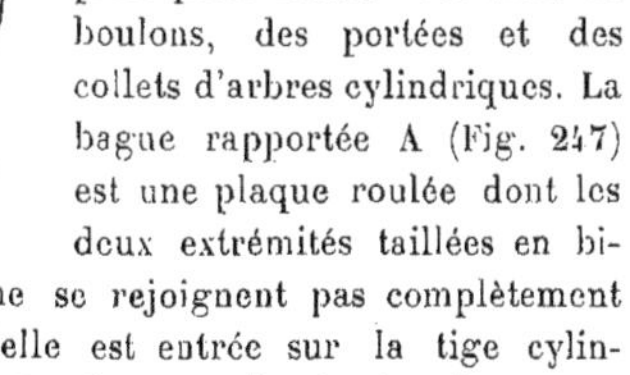

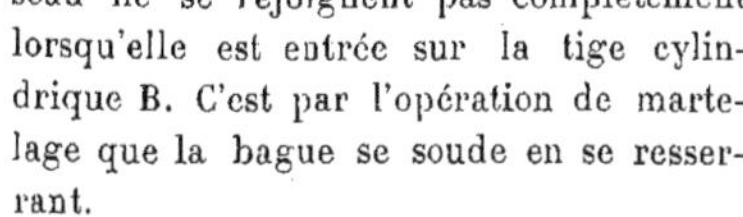

Pour faire un croisillon, on pratique sur une des pièces deux renflements, tous deux en forme de sifflet et des deux côtés opposés. Les deux bras à rapporter portent aussi, en bout, un biseau et, après chauffage, on soude au marteau les deux bras transversaux en les appliquant chacun sur un renflement et en les maintenant pendant le martelage.

Pour obtenir une soudure très efficace et très résistante, on procède, lorsque les dimensions des pièces le permettent, par emboîtement. Une des pièces A (Fig. 246) porte un creux permettant d'y loger l'extrémité de l'autre pièce B. Les parties en contact étant bien décapées, la soudure ainsi obtenue a une grande solidité.

L'emboîtement est parfois latéral (Fig. 248). Une des pièces A se place à cheval sur l'autre B et c'est dans cette position que le soudage s'effectue. On peut employer ce dispositif pour former un renflement d'un seul côté de l'axe sur un arbre cylindrique.

Dans certains cas, c'est une bague complète que l'on chausse sur l'arbre pour obtenir un renflement sur tout le pourtour, ce qui s'emploie pour former des têtes de boulons, des portées et des collets d'arbres cylindriques. La bague rapportée A (Fig. 247) est une plaque roulée dont les deux extrémités taillées en biseau ne se rejoignent pas complètement lorsqu'elle est entrée sur la tige cylindrique B. C'est par l'opération de martelage que la bague se soude en se resserrant.

Les soudures en bout sont quelquefois

utilisées pour disposer, à l'extrémité de pièces en fer, des parties en acier qui puissent résister plus facilement à l'usure. On l'emploie dans la fabrication des marteaux, des enclumes, des tas, etc. Sur les marteaux, on rapporte une plaque en acier A (Fig. 249) en bout du corps du marteau B. Cette plaque est striée du côté où elle s'applique sur la face du marteau également striée. Le corps du marteau en fer est d'abord chauffé, puis, le morceau d'acier étant appliqué sur le fer, on réchauffe le tout ensemble de façon que le fer soit chauffé au blanc soudant et l'acier à une température un peu plus basse. On frappe alors à plat pour souder, puis sur les faces latérales.

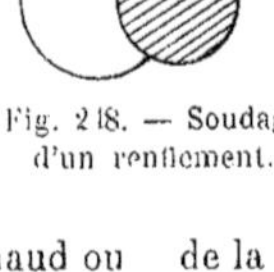

Fig. 248. — Soudage d'un renflement.

Il existe encore d'autres procédés de soudage; nous venons d'indiquer ceux qui sont le plus répandus.

Dans le façonnage des métaux à chaud ou à froid, certaines autres opérations sont aussi effectuées qui constituent des sortes de procédés de forgeage spéciaux, parmi lesquels on peut citer l'emboutissage, l'estampage, le ployage, le redressage, le planage, le rivetage, le repoussage, le cintrage, le sertissage, etc. Nous verrons en quoi consistent ces procédés spéciaux en décrivant, dans le volume suivant, les machines qui servent à les appliquer.

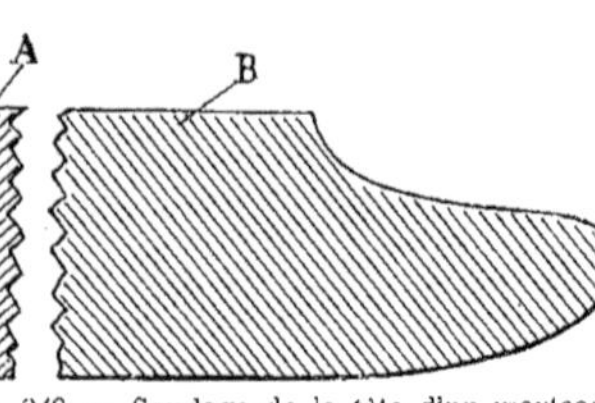

Fig. 249. — Soudage de la tête d'un marteau.

Atelier de cémentation et de trempe des usines du Creusot

Pour compléter l'exemple d'installation métallurgique dont nous avons donné déjà les principaux éléments en examinant les appareils à forger : marteaux-pilons, presses et laminoirs du Creusot, et comme complément aux divers procédés métallurgiques de forgeage que nous venons d'examiner, il est utile d'indiquer les dispositions de l'atelier de cémentation et de trempe établi dans ces usines du Creusot, remarquables par la puissance de leur outillage et leur utilisation rationnelle.

La halle formant l'atelier de cémentation et de trempe a 277 mètres de long, 24^{m},350 de large et 12^{m},500 de hauteur sous les fermes. En outre, dix bâtiments annexes, contigus au bâtiment principal et ayant une largeur de 10 et 15 mètres, servent à abriter les fours à cémenter, qui sont actuellement au nombre de cinq.

Le bâtiment principal comporte : un dispositif de trempe par injection dans lequel la plaque à tremper est placée horizontalement; un dispositif de trempe par injection comportant une position verticale de la plaque à tremper; un appareil pour effectuer la trempe par immersion; un appareil pour tremper les éléments de canon et les arbres, et, en bout de l'atelier, une série de forts outils pour préparer les lingots cylindriques avant leur envoi aux divers outils de forgeage.

Les divers appareils contenus dans la halle principale sont desservis par deux ponts roulants électriques : l'un de 40 tonnes, l'autre de 80, qui circulent d'un bout de l'atelier à l'autre sur la même voie aérienne. Les cinq fours à cémenter, installés dans les bâtiments annexes, sont à sole mobile et ont des dimensions différentes. Le dernier construit a une longueur de chambre de 9 mètres, une largeur de 5 mètres et une hauteur de voûte au-dessus de la sole de 2^{m},300. La largeur du tablier de la sole est de 3^{m},500 (Fig. 250).

Le four comporte quatre foyers de chaque côté. La sortie des flammes s'effectue au milieu de la longueur du four par deux orifices débouchant dans une galerie souterraine, qui conduit les gaz chauds sous une chaudière multitubulaire. Les foyers sont disposés au niveau du sol et comportent un dispositif de soufflage. Leurs grilles ont 0m,90 de long et 0m,80 de large. La sole mobile est constituée par un châssis en fer, monté sur roues, pouvant être roulé à l'extérieur du four et portant une caisse en fonte munie d'une garniture très épaisse faite en matériaux réfractaires pour éviter les pertes de chaleur par rayonnement. On peut disposer sur la sole des plaques ayant 8 mètres de long et 3m,50 de large ou plusieurs plaques plus petites.

Les fours sont chauffés à la houille et la cémentation se fait à l'aide de gaz hydrocarboné.

Lorsque les plaques de tôle ou de blindage sont, après laminage ou après gabariage, placées dans le four à cémenter, on les superpose deux à deux en laissant entre elles un certain intervalle qui constituera la chambre où sera reçu le gaz. Entre les plaques et pour former cale sur les quatre côtés, est placé un cadre en acier moulé qui a la forme des plaques, de façon à former les quatre parois de la chambre à gaz. On dispose, en outre, pour former joint, un toron d'amiante entre ce cadre et les plaques. Sur les côtés du cadre disposés suivant la longueur du four, sont pratiqués, de 50 en 50 centimètres, des orifices circulaires destinés à recevoir les tuyères par lesquelles arrive, dans le four, le gaz servant à cémenter. La sole du four porte des blocs d'acier servant de supports aux séries de plaques. L'extérieur de ces plaques est garni d'une enveloppe de tôle pour les protéger contre l'oxydation.

On prépare, sur la sole qui est tirée hors du four, les plaques, de la façon que nous venons d'indiquer, puis on pousse la sole roulante dans le four et on garnit tout autour avec des briques réfractaires, pour éviter les coups de feu au droit des foyers. On dispose ensuite les tuyères à gaz dans des ouvertures pratiquées sur les parois longitudinales du four et correspondant aux ouvertures faites sur les cadres séparant les plaques. Les tuyères sont en cuivre; elles sont munies d'un dispositif à circulation d'eau et comportent quatre ajutages. Un des ajutages sert pour l'arrivée du gaz, le second, pour l'arrivée de l'eau, le troisième pour la sortie de l'eau et le quatrième pour permettre l'évacuation du gaz après son séjour dans la chambre, entre les plaques.

Trois des ajutages sont raccordés aux tuyaux collecteurs par des tubes de caoutchouc pour faciliter l'opération de cémentation pour toutes les largeurs de plaques. La partie de la tuyère qui pénètre dans le four est protégée contre la haute température du four par une enveloppe réfractaire qui réunit la paroi du four aux plaques.

Un régulateur de pression du gaz et un compteur sont installés sur chaque four. Une fois les plaques introduites dans le four, on les chauffe, le plus régulièrement possible, jusqu'au rouge sombre, après quoi on laisse pénétrer le gaz par les tuyères pendant une demi-heure et du même côté. Ce gaz remplit la chambre formée entre les plaques. Sous l'action de la chaleur, les hydrocarbures qu'il contient se dissocient et le carbone à l'état naissant agit sur les plaques de métal. Une partie du carbone se combine avec le métal des plaques en produisant leur cémentation; le reste se trouve déposé sur les faces de la caisse ou s'échappe avec l'hydrogène, par les tuyères placées de l'autre côté du four. Pendant le passage du gaz dans ces tuyères refroidies par la circulation d'eau, il se forme des hydrocarbures moins riches en carbone et le gaz s'échappe du four, par une tubulure spéciale à l'orifice de laquelle on le fait brûler. L'aspect de la flamme indique si l'opération de cémentation s'effectue à une température et dans des conditions favorables. A ce premier passage de gaz, d'une durée d'une demi-heure, succède une période d'arrêt de temps déterminé. Pendant cette période, la cémentation des plaques augmente en épaisseur, les parties intérieures des plaques empruntant du carbone aux surfaces qui ont été en contact avec le gaz et qui se trouvent ainsi de pression et le débit du gaz est réglé pour correspondre à la surface de la plaque à cémenter.

On fait suivre le nouveau passage du gaz, d'un nouveau temps d'arrêt et on continue alternativement, à admettre et à arrêter le gaz, en intervertissant, à chaque opération, les tuyères d'arrivée, jusqu'à ce que la cémentation ait atteint sur toute la surface de la plaque une épaisseur suffisante. Le changement de sens des tuyères d'arrivée de gaz a pour objet de régulariser la dis-

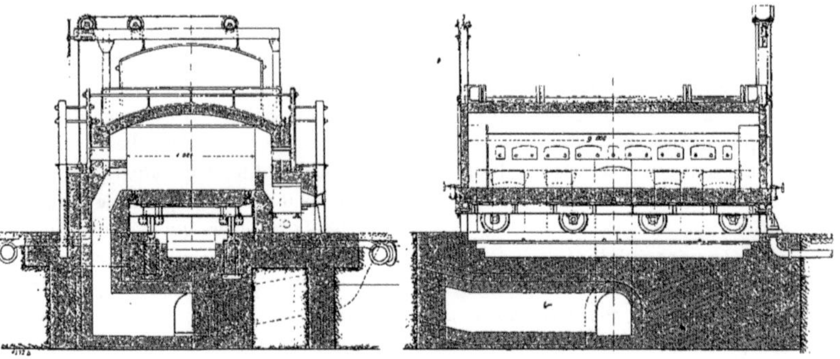

Fig. 250. — Four à cémenter les blindages. (Usines du Creusot.)

saturées, la cémentation tend donc à prendre une intensité régulière en épaisseur.

Après la période d'arrêt, on admet de nouveau le gaz, pendant une demi-heure, dans la chambre formée par les plaques superposées; mais les orifices d'admission de gaz sont intervertis, c'est-à-dire que les tuyères d'arrivée sont disposées du côté opposé au côté d'admission précédent, et sont celles par lesquelles le gaz avait été évacué dans la phase précédente. Après sa circulation dans la chambre, où ce gaz abandonne de nouveau du carbone aux plaques traitées, il sort par les tuyères opposées aboutissant à une tubulure à l'orifice de laquelle on le fait brûler.

Pendant le passage du gaz, on maintient sa pression constante, ce que l'on peut aisément contrôler à l'aide de l'indicateur tribution du carbone sur toute la surface de la plaque et de donner ainsi une cémentation uniforme.

La température du four, qui doit être constamment maintenue à son degré maximum déterminé pour en obtenir la meilleure utilisation, est contrôlée à chaque instant par un *pyromètre*. Pour cela, chaque four est relié, par une ligne électrique dont la résistance totale est constante, à un tableau de distribution disposé dans le bureau des ingénieurs de l'atelier. Dans cette ligne passe le courant d'un couple thermo-électrique formé de *platine* et de *platine rhodié* semblable à celui que nous avons décrit dans le premier volume des *Merveilles de la Science* (Fig. 245). La soudure chaude est placée à l'intérieur de la caisse de cémentation et le courant produit est admis, par la manœuvre d'un commutateur, dans le circuit d'un *galvanomètre* à miroir qui, par sa déviation, indique le degré de température du four. Le chauffage du four peut donc être réglé pour obtenir la température constante la plus favorable à une bonne cémentation.

La durée de l'opération de cémentation est déterminée par l'épaisseur des plaques de blindage traitées et par la dureté qu'elles doivent posséder pour résister aux essais de tir imposés.

Pendant l'opération de cémentation, des dépôts de carbone se forment sur les tuyères. Il convient, environ toutes les heures, de les déboucher à l'aide de tiges métalliques terminées en vrilles.

Les plaques cémentées refroidissent dans le four.

Le dispositif de trempe par injection, comportant une disposition horizontale de la plaque, est placé vers le milieu du groupe de fours à cémenter. L'appareil d'arrosage est contenu dans une fosse ayant 8 mètres de long, $3^m,90$ de large et $4^m,30$ de profondeur. Cet appareil comporte deux faisceaux de tubes : l'un, qui arrose la face inférieure de la plaque, est disposé sur un châssis mobile qui peut être plus ou moins descendu dans la fosse, suivant la forme du blindage; l'autre faisceau arrose la face supérieure et est monté sur des roues.

L'eau est injectée sous une pression de 3 kilos par centimètre carré et provient d'un réservoir spécial. Sur les conduits sont placées des vannes dont la manœuvre permet de faire varier, à volonté, l'intensité du jet d'eau. Pour tremper une plaque, on la fait chauffer dans un des fours servant pour la cémentation, puis on la place sur le châssis inférieur de l'appareil de trempe, et après avoir raccordé les faisceaux de tubes d'eau avec la conduite, on injecte de l'eau sur cette plaque, ce qui produit la trempe.

Le dispositif de trempe par injection comportant une position verticale de la plaque, se compose de deux caisses de tôle ayant une longueur de 6 mètres et 3 mètres de hauteur, placées verticalement dans une fosse. Les deux caisses sont distantes de $1^m,50$ et portent, sur les parois qui se font face, une série de trous. De plus, elles sont divisées en cinq compartiments étanches par des cloisons supportant des vannes dont la manœuvre permet d'isoler tous ces compartiments. Il est possible, de la sorte, de n'utiliser, pour laisser écouler l'eau, que le nombre de trous nécessaires, appropriés à la surface de la plaque à tremper. Dans le sens horizontal, on peut obturer les trous supplémentaires avec des chevilles en bois, dans le cas où la plaque n'aurait pas toute la longueur des caisses. On ne dépense ainsi, pour effectuer la trempe, qu'un volume d'eau proportionné à la superficie de la plaque à tremper.

Les plaques à tremper sont chauffées verticalement dans des fours spéciaux. Un appareil spécial, suspendu au pont roulant, permet de prendre la plaque dans le four et de la placer entre les deux caisses à la position convenable. On peut, par une manœuvre du pont roulant et de l'appareil de levage, placer, à volonté, la plaque près de l'une ou de l'autre caisse, afin d'augmenter l'intensité du refroidissement sur l'une ou l'autre des faces de la plaque et mettre une partie de cette plaque en dehors de l'action de l'eau injectée.

Le dispositif de trempe par *immersion* est constitué par un bassin en tôle, cylindrique, ayant un diamètre de $5^m,50$ et une profondeur de $7^m,30$, que l'on peut utiliser pour la trempe à l'huile ou à l'eau.

Ce mode de trempe n'est utilisé que pour quelques cas spéciaux, la trempe des blindages s'effectuant, actuellement, au moyen des dispositifs par injection.

On emploie une pompe placée près du bassin pour retirer l'huile qui y est contenue, lorsqu'on veut faire une trempe à l'eau. L'huile est refoulée dans un réservoir spécial et peut être ramenée dans le bassin par la manœuvre de vannes.

A proximité du bassin se trouvent deux fours à l'aide desquels on chauffe les gros blindages, dans la position verticale. L'un des fours a 10 mètres de long, $3^m,50$ de haut et $1^m,50$ de large. Sa partie supérieure est constituée par une voûte mobile que l'on peut déplacer à l'aide du pont roulant pour porter la plaque dans le four ou pour l'en sortir.

Les gros blindages chauffés dans ces fours, sont trempés, soit par injection, soit par immersion.

Les blindages de peu d'épaisseur sont chauffés dans un four spécial, du même type que les fours précédents, dans la position verticale. Ils sont trempés en les immergeant dans un réservoir, contenant de l'eau, qui est placé dans le prolongement du four. Ce four peut s'ouvrir en bout pour permettre de sortir la plaque sans la soulever et de la conduire très rapidement, avec le moins de perte de chaleur possible, au réservoir de trempe.

Un autre four, à sole tournante, sert à chauffer certains éléments de canon : frettes-tourillons, frettes cylindriques, manchons, etc. Un réservoir cylindrique en tôle, contenant de l'eau, de $2^m,45$ de diamètre et de 4 mètres de profondeur, sert à tremper ces pièces.

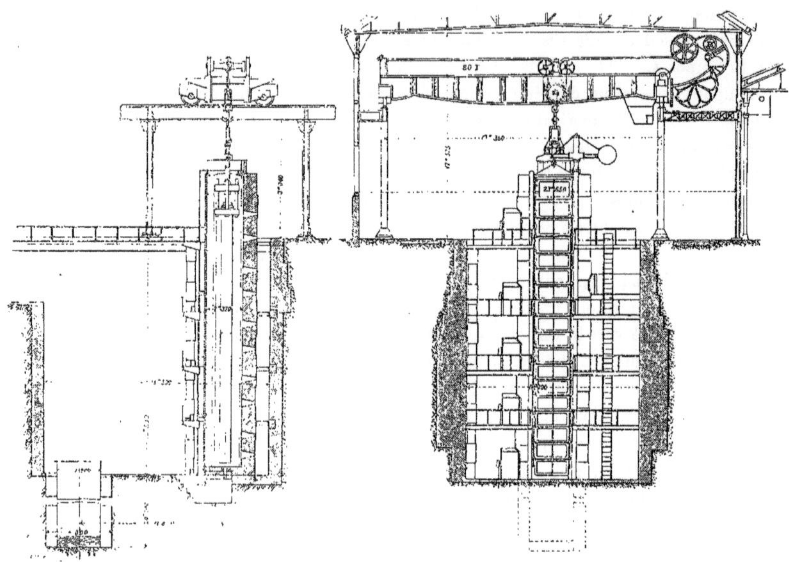

Fig. 251. – Installation pour la trempe des canons. (Usines du Creusot.)

Le dispositif pour la trempe des canons (Fig. 251) comprend deux fours verticaux et une bâche à tremper, placés dans une fosse d'une longueur de $14^m,50$, de 11 mètres de large et de $14^m,500$ de profondeur.

Le grand four a une hauteur totale de $18^m,30$; il comporte cinq foyers placés dans le sens de la hauteur et du même côté.

Les gaz chauds sortent du côté opposé, par une série d'ouvertures communiquant avec un conduit commun qui est établi sur toute la hauteur. Le côté du four tourné vers la fosse est ouvert de haut en bas pour permettre l'entrée et la sortie des pièces et pour arriver rapidement au réservoir de trempe. Cette disposition supprime en effet le mouvement de relevage de la pièce, qu'il faudrait sortir du four par le haut, si l'ouverture latérale n'existait pas. Cette ouverture est fermée par une sorte de rideau constitué par une série de châssis garnis de briques, assemblés par des bielles et suspendus à une potence pouvant tourner sur un pivot.

L'organe auquel est suspendu le canon repose, par une embase, sur une couronne de galets portée par une traverse qui s'appuie sur la partie supérieure du four. Pendant le chauffage, la pièce peut prendre un mouvement de rotation lent, à la vitesse d'environ 1 tour par minute, pour que ce chauffage ait lieu bien régulièrement en tous les points. Le mouvement de rotation est donné par une dynamo.

Le bassin de trempe disposé en face de l'ouverture du four, à une distance de $9^{m},50$, est cylindrique; son diamètre est de $2^{m},60$ et sa profondeur de $20^{m},50$. On peut le remplir d'eau ou d'huile, suivant le genre de trempe à effectuer. Une pompe munie d'un conduit spécial permet de refouler le liquide à l'intérieur des pièces pendant la trempe.

La bâche servant à la trempe des blindages, la citerne à huile et la bâche servant à la trempe des canons communiquent entre elles par des conduits à l'aide desquels on fait passer l'huile d'un récipient à un autre. Un deuxième four vertical du même type que le précédent est établi pour chauffer des pièces de petites et de moyennes dimensions ne dépassant pas 10 mètres de longueur.

La pièce repose sur la sole du four qui peut tourner pendant le chauffage. Ces divers appareils sont desservis par deux ponts roulants électriques, l'un de 40 tonnes l'autre de 80, munis de freins puissants, permettant de descendre rapidement les pièces à tremper dans les bâches de trempe.

La course totale du crochet du pont est, verticalement, de 22 mètres pour pouvoir descendre les canons dans les bâches. La longueur de chaine des ponts est, de la sorte, très considérable. Celui de 80 tonnes a une longueur de chaine Galle de 74 mètres dont le poids est de 11.200 kilos.

Les ponts se déplacent dans le sens de la longueur de l'atelier, à raison de 35 mètres par minute, et le crochet soutenant la pièce se déplace en travers de l'atelier à raison de 20 mètres par minute. La charge s'élève à la vitesse de 6 mètres par minute pour les pièces de poids moyens et de 3 mètres par minute pour les pièces de poids considérables.

L'énergie électrique nécessaire pour actionner les ponts est fournie par deux dynamos à courant continu de 220 volts. La prise de courant, pour chaque pont, se fait sur une ligne aérienne disposée sur toute la longueur de l'atelier. Le pont de 40 tonnes est mû par une dynamo de 75.000 watts; le pont de 80 tonnes, par une dynamo de 100.000 watts.

Enfin, à l'extrémité de cet atelier, sont installées des machines-outils spéciales, destinées à préparer les lingots en acier qui sont ensuite distribués aux diverses presses à forger. Ces machines tronçonnent et forent les lingots. Ce sont : deux tours pour sectionner, en tronçons de diverses longueurs, les lingots d'acier. Ces tours ont une longueur de banc de $9^{m},80$ et une hauteur de pointes de $1^{m},10$. Ils portent quatre chariots-supports d'outils qui peuvent travailler à la fois, deux outils de chaque côté de la pièce, et faire deux saignées pour sectionner les lingots. Ces tours sont munis d'outils permettant de forer des lingots de $1^{m},50$ de long. On peut placer sur ces tours des lingots de $1^{m},40$ de diamètre et $5^{m},50$ de long, pesant 60.000 kilos.

Une machine à forer et à aléser est aussi installée. Le mouvement d'avance de la machine est obtenu hydrauliquement. Le lingot à travailler est placé sur un manchon tournant disposé au milieu de la longueur du banc. On fore, en même temps, par les deux bouts, à l'aide de deux tiges qui sont poussées par des pistons hydrauliques. Le forage peut être fait de façon à conserver le noyau central du lingot, qui est examiné au point de vue de la qualité du métal.

Le plus gros lingot, que l'on peut forer a un diamètre de 1^{m},40 et une longueur de 6 mètres. Le diamètre du trou pratiqué couramment est de 40 centimètres. On peut aléser des trous jusqu'à 0^{m},80 de diamètre.

Un autre tour, de plus grande puissance, est, en outre, établi pour travailler les très gros lingots, les sectionner et ébaucher les grosses pièces forgées. Ces pièces peuvent avoir un poids atteignant 100.000 kilos.

Le tour a une longueur de 17^{m},50, une hauteur de pointes de 1^{m},50 et possède un plateau de 3 mètres de diamètre. La longueur disponible entre les pointes du tour est de 16^{m},70. Le poids total du tour est de 312.000 kilos. Il est muni de quatre chariots porte-outils disposés deux de chaque côté.

Enfin, à côté des tours à sectionner, est installé un alésoir vertical placé tout entier dans une fosse et servant à aléser la paroi intérieure des blindages destinés à des tourelles cuirassées. Cet outil permet d'aléser des tourelles cylindriques ou coniques de 5 mètres de diamètre et de 6^{m},60 de hauteur. Chaque machine-outil est actionnée par une dynamo recevant le courant de deux générateurs à 220 volts et les lingots sont déplacés à l'aide des deux ponts roulants électriques.

CHAPITRE VIII

FONTE DE FER

FONDERIE.
FONTE DE FER.
HAUT FOURNEAU. — FONCTIONNEMENT DU HAUT FOURNEAU.
CONSTITUTION DE LA FONTE DE FER : Carbone, — silicium, — manganèse, phosphore, — soufre, — éléments divers.

Fonderie Un grand nombre d'organes mécaniques ont parfois, par suite des fonctions mêmes qu'il doivent remplir, des formes compliquées.

On ne saurait, pour cette raison, les façonner au moyen d'opérations de forge et, d'autre part, leur façonnage à l'aide des machines-outils ne pourrait être effectué qu'à un prix de revient fort élevé. Il convient donc de procéder à la confection de ces organes par un autre procédé, à l'aide duquel on puisse les obtenir, à un prix de revient relativement réduit, à la forme désirée, tout en permettant, néanmoins, de travailler, à l'aide d'outils à main ou de machines, certaines de leurs parties en vue de leur assemblage avec d'autres pièces.

C'est en coulant du métal dans des moules ayant la forme des pièces à obtenir que l'on obtient ce résultat. Les opérations de coulée ou de *fonte* des métaux constituent la partie de l'industrie métallurgique que l'on désigne sous le nom de *fonderie.*

Un certain nombre de métaux se prêtent à la confection de pièces fondues, mais les plus utilisés sont la *fonte de fer*, l'*acier*, le *bronze.* Nous allons examiner les dispositifs employés pour réaliser les organes avec chacun de ces métaux, la fonte de fer tenant, cependant, parmi eux la plus grande place.

Fonte de fer La fonte de fer est obtenue en provoquant la fusion du minerai de fer dans un four spécial nommé *haut fourneau.*

Nous avons, au commencement de ce livre, indiqué la composition des principaux minerais de fer, leurs qualités, et le lieu où on les trouve. Nous avons aussi examiné la fabrication de la fonte à l'aide des hauts fourneaux.

Nous rappellerons les éléments essentiels de cette fabrication, en nous étendant sur certains points spéciaux qui intéressent plus particulièrement la *fonte de moulage* destinée à être employée à la confection de pièces mécaniques.

On sait que la fonte de fer, l'acier et le fer sont des métaux qui ne diffèrent entre eux que par la proportion de carbone qu'ils contiennent.

Alors que le fer n'en contient qu'une partie très faible ne dépassant pas 0,5 %, l'acier en contient de 0,5 à 1,5 % et la fonte de 2,5 à 5 %.

La fonte et l'acier ne sont donc autre

chose que du fer contenant une proportion de carbone plus ou moins grande.

La fonte, qui contient la plus forte proportion de carbone, peut être obtenue par la fusion directe du minerai traité dans le haut fourneau. Mais le minerai contient le plus souvent un certain nombre de matières étrangères, dont l'incorporation dans la masse du métal peut diminuer la qualité de la fonte. Il importe donc d'éliminer le plus possible, dès la première fusion, ces éléments nuisibles, et c'est pour cela que l'on ajoute au minerai de fer introduit dans le haut fourneau des produits spéciaux, variant suivant la nature même de ce minerai, et qui ont pour fonction de séparer de la fonte la plus grande partie des matières étrangères. Ces produits sont appelés *fondants,* parce qu'ils provoquent la fusion des éléments constituant la *gangue* du minerai. Dans le creuset du haut fourneau où se déversent à la fois et la fonte en fusion et les matières diverses, également en fusion, ces matières, plus légères que le métal, surnagent, tandis que le métal liquide occupe le fond du creuset. On peut donc le recueillir en le laissant écouler par un orifice percé à la partie inférieure du creuset et que l'on nomme trou de coulée. Les résidus qui surnagent peuvent aussi être évacués et sont désignés sous le nom de *laitiers* ou de *scories.*

Le fondant employé pour traiter au haut fourneau le minerai de fer dont la gangue est de nature argileuse est la chaux, et on emploie l'argile comme fondant, pour le minerai dont la gangue est calcaire.

On emploie à la fois de l'argile et de la chaux comme fondants, lorsque la gangue est constituée par de la silice presque pure. La chaux est utilisée sous forme de carbonate de chaux; l'argile est un silicate d'alumine. Ces deux produits employés soit individuellement, soit simultanément, avec les minerais qui conviennent, provoquent, dans l'opération de fusion, la formation d'un silicate double de chaux et d'alumine qui est fusible et qui se sépare du métal en remontant à la surface sous forme de *laitier.* Le métal se trouve ainsi débarrassé d'une grande partie des produits étrangers contenus dans la gangue.

Cependant, la fonte obtenue contient encore, en dehors d'une assez forte proportion de carbone, des éléments divers en proportions variables, parfois faibles, mais qui ont, néanmoins, une influence considérable sur la nature de la fonte obtenue et sur l'emploi que l'on peut en faire. Le métal liquide coulé du creuset peut, en effet, contenir du manganèse, du silicium, du phosphore, du soufre, de l'arsenic, etc., qui lui donnent chacun des propriétés particulières. Suivant la proportion de ces éléments, qui proviennent de la nature des minerais, et de la proportion de carbone, la fonte obtenue est de la fonte de *moulage* ou de la fonte *d'affinage.* C'est en ces deux grandes catégories que l'on divise la fonte provenant du haut fourneau.

La fonte de moulage, qui contient la plus forte proportion de carbone, peut être utilisée telle qu'on l'obtient, pour fabriquer des organes de machines en la coulant dans des moules appropriés. C'est de cette catégorie de fonte que nous allons nous occuper dans l'*outillage de fonderie.*

La fonte d'affinage qui est moins carburée et qui est plus pure, sert à la fabrication du fer et de l'acier. Elle est traitée, ainsi que nous l'avons précédemment décrit, soit aux fours à puddler, aux fours Martin ou aux convertisseurs, pour en éliminer complètement tous les produits étrangers, afin d'obtenir du fer pur ou du fer carburé en petite proportion, autrement dit de l'acier. Nous ne nous étendrons pas sur ces procédés d'affinage que nous avons déjà examinés en détail. Rappelons seulement que les convertisseurs, destinés à transformer la fonte en acier, semblables à ceux dont la figure 252 montre l'installation d'ensemble,

Fig. 252. — Installation de convertisseurs dans une aciérie. (Delattre et Cie.)

opèrent l'affinage de la fonte par brassage du métal liquide qui y est introduit. Le convertisseur, chauffé au préalable au rouge blanc, est disposé horizontalement de façon à présenter son bec en face de la poche contenant la fonte liquide. Dans la figure 254, cette poche est transportée par un pont roulant, et peut être renversée par la manœuvre du mécanisme disposé sur le chariot de ce pont. Le métal s'écoule dans le convertisseur, que l'on redresse ensuite et auquel on donne un mouvement d'oscillation pendant qu'un courant d'air sous pression est envoyé à l'intérieur de ce récipient, et l'opération d'affinage s'effectue.

Haut fourneau Le haut fourneau dans lequel s'opère la fusion du minerai, est un four spécial, disposé verticalement et à la partie inférieure duquel on fait arriver de l'air sous pression pour activer la combustion. Il est constitué en plusieurs parties et comprend la *cuve* G (Fig. 253), dont l'orifice supérieur H, appelé *gueulard,* sert à verser le combustible et le minerai. La partie inférieure F de la cuve se nomme *ventre* et au-dessous d'elle est disposée une autre cuve qui va en se rétrécissant vers le bas, pour aboutir au *creuset* A. La partie placée au-dessus du creuset se nomme *ouvrage* D, et au-dessus de l'ouvrage sont les *étalages,* E. Des orifices B, percés à la partie supérieure du creuset, permettent de disposer des tuyères C par lesquelles le vent sous pression est introduit dans le haut fourneau.

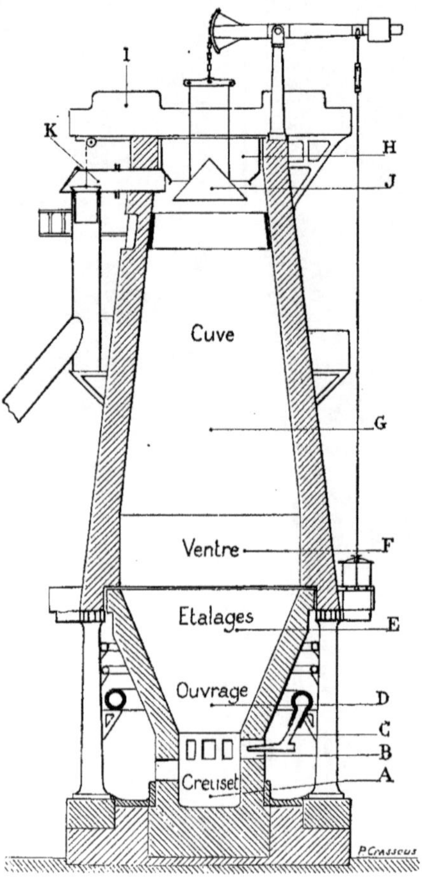

Fig. 253. — Coupe verticale d'un haut fourneau.

Les matériaux constituant le haut fourneau supportent des températures très élevées qui provoquent des dilatations considérables. C'est pour éviter les inconvénients pouvant provenir de ces dilatations que les diverses parties constituant les hauts fourneaux ne sont pas assujetties rigidement entre elles. Leur assemblage est fait de façon que ces parties puissent librement se déplacer les unes par rapport aux autres. Des frettes métalliques extérieures assurent leur solidité.

La cuve comporte un revêtement intérieur fait en matériaux réfractaires et est munie, le plus souvent, d'une enveloppe extérieure faite en briques ordinaires et séparée du revêtement intérieur par un espace vide d'environ 10 centimètres. Cet espace vide

Fig. 254. — Chargement des convertisseurs. (Delattre et Cie.)

est rempli avec des débris de matériaux ou avec du coke et constitue un écran de protection de la chemise extérieure contre la chaleur du revêtement intérieur.

Dans certains types de hauts fourneaux, l'enveloppe extérieure est faite en tôle de fer.

Les matériaux constituant l'ouvrage et les étalages supportent la température la plus élevée du haut fourneau par suite de la proximité des tuyères et de l'activité de la combustion provoquée par le jet d'air sur les produits incandescents. Les briques disposées dans cette partie du haut fourneau peuvent se fondre et se détériorer. Pour réduire le plus possible ces avaries, on a établi des dispositifs de refroidissement par circulation d'eau. Ce sont des conduits métalliques placés dans l'épaisseur même des parois et sur tout leur pourtour. L'eau, en circulant dans ces conduits, refroidit les matériaux qui sont en contact avec eux.

Le fond du creuset est aussi une partie délicate du haut fourneau. Ce fond est constitué par une épaisseur de briques réfractaires très dures, assemblées pour que la température élevée qu'elles supportent ne puisse pas les faire soulever, ce qui provoquerait des fissures laissant échapper le métal en fusion.

Le creuset porte un orifice par lequel s'effectue la coulée. Les tuyères passant dans les ouvertures ou *chapelles* pratiquées à la partie supérieure du creuset, sont soumises également à l'action d'une température très élevée qui les détériore assez rapidement. Ces tuyères sont métalliques et sont munies d'un dispositif de circulation d'eau pour produire leur refroidissement.

L'air qui arrive par les tuyères est fourni par des compresseurs actionnés par des machines à vapeur. Cet air est chauffé avant d'être introduit dans le haut fourneau, afin de ne pas refroidir le milieu incandescent avec lequel il prend contact, et dont il doit au contraire activer la combustion. Le chauffage de l'air s'effectue par son passage dans des appareils spéciaux portés à la température voulue par une circulation des gaz chauds provenant du haut fourneau pendant la réduction du minerai. Ces gaz sont, en outre, utilisés pour chauffer des chaudières tubulaires qui fournissent la vapeur aux diverses machines auxiliaires destinées à actionner les compresseurs d'air, les appareils de chargement des matières brutes et la manutention des produits obtenus.

Les appareils employés pour chauffer l'air sont de hautes cuves faites en briques réfractaires et dans lesquelles sont disposés des conduits d'air et de gaz. Les gaz chauds transmettent aux briques constituant leurs conduits une partie de leur chaleur et l'air sous pression, en suivant un chemin inverse de celui du gaz, s'échauffe au contact des parois des conduits et d'une façon progressive jusqu'à son arrivée aux tuyères.

Les appareils les plus employés dans les installations de hauts fourneaux pour produire le chauffage de l'air, et que l'on nomme *régénérateurs de chaleur*, sont les appareils Whitwell et les appareils Cowper. Ces derniers appareils permettent le chauffage d'un grand volume d'air. Ils ont environ 6 mètres de diamètre et 20 mètres de hauteur et peuvent chauffer, à environ 700 degrés centigrades, 250 mètres cubes d'air par minute.

Le chargement par couches successives de minerai et de combustible s'effectue par le gueulard du haut fourneau. Le gueulard d'un haut fourneau ne reste pas ouvert, car les gaz produits pendant la réduction du minerai s'échapperaient, par son orifice, dans l'atmosphère, et seraient ainsi perdus, tandis qu'ils deviennent, par leur utilisation rationnelle, une source considérable d'énergie.

Pour utiliser les gaz de hauts fourneaux, on munit le gueulard d'une fermeture et on établit des prises de gaz à la partie supérieure des hauts fourneaux. Ces prises de gaz sont parfois centrales, c'est-à-dire placées au milieu même du gueulard, et parfois latérales, c'est-à-dire disposées sur les parois de la cuve au-dessous de l'appareil de fermeture.

Cet appareil de fermeture, qui obture le gueulard pendant la marche du haut fourneau, doit permettre néanmoins d'alimenter celui-ci de minerai et de combustible au fur et à mesure que la réduction s'opère et que la charge descend. L'appareil de fermeture, qui est aussi un appareil de chargement, est le plus souvent constitué par une trémie faite en fonte de fer qui est disposée sur le gueulard. Cette trémie circulaire est obturée, à sa partie inférieure, par un cône en tôle de fer dont le rebord s'applique sur elle lorsque le cône est relevé. On verse la charge dans la trémie, puis on provoque, par une manœuvre appropriée, l'abaissement du cône. Les matériaux disposés dans la trémie sont ainsi projetés dans la cuve du haut fourneau. Le cône est alors relevé et on peut verser dans la trémie une autre charge, qui sera prête à être introduite dans la cuve.

Ce type d'appareils de fermeture et de chargement nommé *cap and cone* est représenté dans sa position d'ouverture dans la figure 253. Le cône J est abaissé, permettant aux matériaux placés dans la trémie H de tomber dans le haut fourneau. Le cône, on le voit, est manœuvré de la partie inférieure du haut fourneau, par l'intermédiaire d'une tige et d'un balancier à secteur actionnant une chaîne de relevage. La prise de gaz du haut fourneau est disposée latéralement et s'effectue par le conduit K.

Les matériaux sont amenés dans la trémie par des wagonnets arrivant à une plate-forme de chargement I supportée par le bloc maçonné de la cuve. Le dispositif de chargement au gueulard a des formes et des dimensions variées. De même, on emploie des mécanismes divers pour élever le minerai et le combustible à la hauteur de la plate-forme de chargement pour les introduire dans la cuve.

Les figures 255, 257 et 259 montrent des dispositions d'ensemble différentes de ces élévateurs.

Dans les figures 255 et 257, l'élévation des matériaux s'effectue par plan incliné du système Stähler. La benne qui contient le produit est conduite, par un chariot mû électriquement, au pied de la rampe formée par une poutre métallique dont l'extrémité supérieure est placée au-dessus du haut fourneau. Dans la poutre peut se déplacer un chariot porte-benne solidaire d'un câble métallique s'enroulant sur un galet de renvoi placé à l'extrémité supérieure de la poutre et aboutissant à un treuil commandé électriquement et placé dans une cabine disposée au pied de la poutre. Un second câble s'enroule sur le treuil en sens inverse du premier, passe sur un autre galet de renvoi placé en bout de la poutre et est rendu solidaire d'un contrepoids qui équilibre la benne avec son chargement.

Lorsque la benne chargée est amenée au pied de la poutre, le crochet du chariot porte-benne la saisit et elle se trouve transportée jusqu'à la partie supérieure de la poutre et de là au-dessus du gueulard du haut fourneau. Le fond de la benne, qui est mobile, peut alors être ouvert. Cette ouverture provoque l'abaissement de l'appareil de fermeture du gueulard, et les matériaux tombent et sont ainsi introduits dans le haut fourneau.

Par une manœuvre en sens inverse, le mécanisme provoque le soulèvement de la benne et sa descente le long de la poutre, au pied de laquelle elle est placée sur le chariot électrique qui la conduit au dépôt de matériaux pour être de nouveau remplie. L'appareil de fermeture du gueulard obture son orifice aussitôt que la benne vide a été soulevée.

Il est possible, de la cabine de manœuvre, de régler la marche du chariot porte-benne. On peut ralentir son allure et l'arrêter automatiquement en haut et en bas de sa course et provoquer son démarrage progressif lors de sa mise en marche. Sur le tambour du treuil est disposé un frein de sécurité qui permet d'immobiliser les chariots en un point quelconque sur la poutre.

Le dispositif de chargement adopté dans l'installation des hauts fourneaux de la Société des Aciéries de Micheville (Fig. 259) diffère du précédent.

Les bennes contenant les matériaux à introduire dans le haut fourneau sont suspendues à un chariot roulant sur une voie établie horizontalement sur une poutre métallique qui passe au-dessus du haut fourneau. Ce chariot est mû électriquement, et par des manœuvres diverses, la benne qu'il supporte peut être d'abord élevée au-dessus du niveau où elle est remplie, véhiculée et placée au-dessus du gueulard du haut fourneau, puis descendue jusqu'à ce qu'elle repose sur l'appareil de fermeture du gueulard. Le fond mobile de la benne peut, à ce moment, être abaissé, ce qui provoque l'abaissement de l'appareil de fermeture du haut fourneau et la chute du produit dans celui-ci. La benne est alors remontée et ramenée, par la manœuvre du chariot électrique, à son point de chargement. Ces diverses manœuvres sont effectuées par un mécanicien qui se tient dans une cabine se déplaçant avec le chariot. Ces deux dispositifs de chargement de hauts fourneaux ont été établis dans les importants ateliers Delattre et Cie de Ferrière-la-Grande.

Le chargement d'un haut fourneau comporte l'introduction dans la cuve de couches successives de minerai de fer et de combustible. Ce combustible est soit du charbon de bois, soit du coke. C'est en Suède, dans l'Oural, en Bosnie, en Hongrie et aux États-Unis, dans certains centres industriels, que l'on emploie le charbon de bois. Il faut, évidemment, pour cela, que l'exploitation métallurgique se trouve à proximité de grandes forêts où l'on puisse trouver le bois suffisant pour alimenter, sous forme de charbon de bois, les hauts fourneaux, d'une façon continue. Le charbon de bois le plus employé est le charbon fait avec du bois de sapin ou du bois de bouleau.

La fonte fabriquée avec le charbon de bois est de la fonte fine qui n'est pour ainsi dire pas employée comme fonte de moulage, mais qui sert, surtout, à fabriquer du fer ou de l'acier de très bonne qualité. Les hauts fourneaux qui sont alimentés avec du charbon de bois ont une hauteur moins grande que les autres, afin que le poids de la charge n'écrase pas le combustible qui est beaucoup moins dur que le coke.

Les hauts fourneaux alimentés au coke sont les plus répandus, étant donné le prix relativement peu élevé de ce combustible que l'on peut obtenir partout où l'on trouve la houille. La dureté du coke permet des charges de poids plus considérables, de sorte que la cuve des hauts fourneaux dans lesquels on l'emploie peut avoir une hauteur plus grande. Ces hauts fourneaux atteignent et dépassent 20 mètres de hauteur.

Pour opérer le chargement d'un haut fourneau, par couches successives de minerai et de combustible, on mélange le minerai avec le fondant, et ce mélange constitue ce que l'on nomme le *lit de fusion*. Au fur et à mesure que le haut fourneau fonctionne et que le minerai réduit laisse écouler de la fonte liquide dans le creuset, la charge descend. Cette descente est d'environ, en marche normale et pour un haut fourneau ordinaire, de 1 mètre par heure. Il convient donc de recharger constamment le haut fourneau pendant son fonctionnement, et c'est ce qui nécessite des appareils élévateurs de matériaux et des chargeurs qui puissent fonctionner, d'une façon sûre, mécaniquement et dirigés par les manœuvres d'un seul mécanicien.

Fonctionnement du haut fourneau

La réduction du minerai introduit dans le haut fourneau s'effectue en diverses phases dans la hauteur de l'appareil avant d'être transformé en fonte. La figure 256

Fig. 275. — Installation de hauts fourneaux de la Société des Usines de l'Espérance, à Louvroil. (Delattre et Cie.)

donne le schéma du haut fourneau avec l'indication des diverses zones.

Le haut fourneau allumé et supposé en marche normale reçoit du vent chaud par les tuyères. Ce vent arrive plus froid que les matériaux incandescents qu'il rencontre dans la *zone préparatoire* H I, s'échauffe et monte dans la zone supérieure où il exerce son action oxydante sur le carbone en excès qu'il rencontre. L'oxygène qu'il abandonne au carbone forme de l'acide carbonique qui se transforme, lui-même, au contact d'une couche de charbon incandescent, en oxyde de carbone. Cette zone H G est appelée *zone oxydante,* et l'ensemble des deux zones préparatoire et oxydante forme la *zone de combustion,* dans laquelle la température atteint de 1.700 à 1.800 degrés.

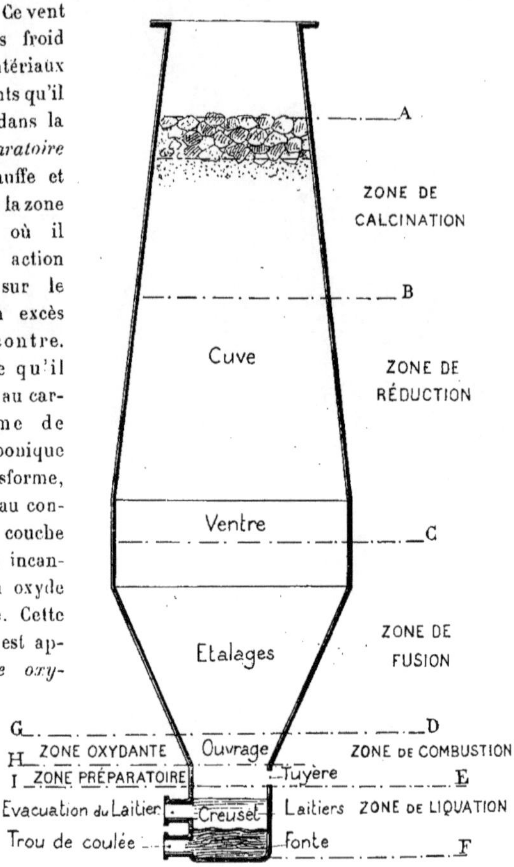

Fig. 256. — Zones diverses d'un haut fourneau pendant la réduction du minerai.

L'air monte à travers la charge du haut fourneau jusqu'à la partie supérieure de la cuve en produisant des gaz qui échauffent ces matériaux d'autant plus qu'ils sont plus rapprochés de la zone de combustion. A la partie supérieure du haut fourneau, la température est minimum. Les matériaux ne brûlent pas, ils se calcinent et se dessèchent : c'est la *zone de calcination* A B. Au fur et à mesure que ces matériaux descendent ils s'échauffent, sont portés au rouge sombre et atteignent la *zone de réduction* B C, dans laquelle le minerai, par suite des réactions dues à la présence de l'oxyde de carbone, est réduit progressivement.

En atteignant la zone suivante CD, qui est la *zone de fusion,* le minerai achève d'être réduit à l'aide du carbone fourni par le combustible, qui se transforme en oxyde de carbone. Le fer est en fusion, mais encore à l'état spongieux et mélangé avec sa gangue. En prenant contact, par son cheminement vers le bas, avec le charbon incandescent, il s'assimile du carbone, *se cémente;* il devient d'abord de l'acier avec une proportion de carbone un peu plus élevée. Il traverse, à ce moment, la partie du haut fourneau qui possède la température la plus élevée, de sorte que sa fusion s'accentue de plus en plus et que le métal tout à fait liquide, carburé en proportions telles qu'il constitue de la fonte, coule dans le creuset inférieur au fond duquel il se rend.

Les laitiers, qui sont produits par l'action des fondants introduits dans le haut fourneau mélangés avec le minerai, s'écoulent également dans le creuset, mais, comme ils sont plus légers que le métal liquide, ils surnagent, de sorte que l'on peut les laisser écouler du creuset par un trou de coulée spécial disposé au-dessus du trou de coulée du métal liquide. La zone disposée au-dessous de la zone de combustion et comprenant le creuset, est la *zone de liquation* E F.

La fonte liquide retirée du creuset est de la fonte de moulage, que l'on peut utiliser immédiatement en la coulant dans des moules maintenus tout prêts, à proximité des hauts fourneaux. Cette façon d'opérer est rarement employée. On coule, le plus souvent, la fonte destinée au moulage dans des sortes de rigoles de section trapézoïdale ou demi-cylindrique. On laisse refroidir le métal coulé et on obtient, après refroidissement, des blocs auxquels on donne le nom de *saumons* ou de *gueuses* qui sont refondus dans les ateliers de fonderie en les versant dans un *cubilot* afin d'obtenir la fonte qui, par sa coulée dans des moules, permettra de fabriquer les organes divers moulés.

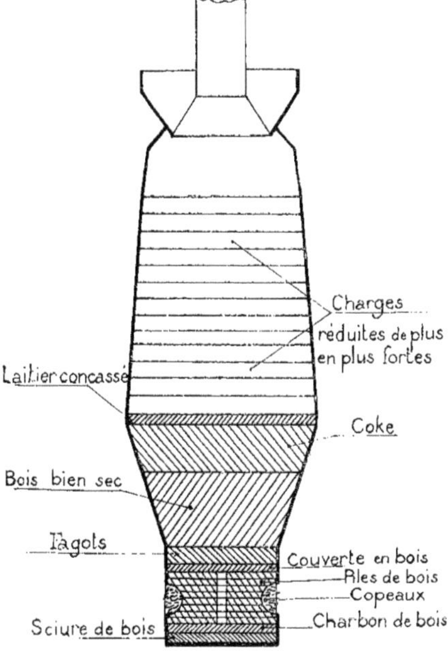

Fig. 257. — Dispositions prises pour la mise en marche d'un haut fourneau.

Lorsque le haut fourneau est destiné à alimenter une aciérie, la fonte liquide retirée du creuset est versée dans une poche que l'on transporte mécaniquement, ainsi que nous l'avons vu précédemment, jusqu'à l'atelier des convertisseurs où l'acier est produit.

La mise en marche d'un haut fourneau demande des soins particuliers. Nous avons examiné en détail cette opération d'allumage et de mise en marche au début de l'*Outillage* (Fig. 258). Nous n'y reviendrons pas. Rappelons, cependant, que ce n'est qu'un mois, environ, après l'allumage du haut fourneau que son allure normale est atteinte, les appareils de chauffage de l'air étant également en plein fonctionnement. Pour cette raison, on n'arrête jamais la marche d'un haut fourneau qui doit fonctionner d'une façon constante, nuit et jour, et recevoir continuellement des charges de minerai et de combustible, cependant que l'on retire du creuset le métal liquide.

Parfois, on ajoute dans les charges de hauts fourneaux divers produits pour obtenir des *fontes spéciales* destinées à la fabrication des *aciers spéciaux* que l'on utilise dans des cas tout particuliers, ainsi que nous l'avons vu précédemment. Ces produits, qui sont généralement du manganèse, du silicium, du chrome, du tungstène, etc., se trouvent ainsi en proportions déterminées dans les aciers obtenus, auxquels ils donnent des propriétés diverses. Ces fontes le plus couramment obtenues dans les hauts fourneaux sont appelées *fontes ordinaires* pour les distinguer des *fontes spéciales*.

Constitution de la fonte de fer

La fonte de fer ordinaire est formée d'un certain nombre d'éléments parmi lesquels on trouve, en dehors du fer qui est le plus important, le *carbone*, le *silicium*, le *manganèse*, le *phosphore*, le *soufre*, l'*arsenic*, etc. Chacun de ces éléments a une influence sur la qualité de la fonte et lui assure des propriétés particulières.

Carbone

Le carbone est l'élément qui, après le fer, entre pour la plus grande proportion dans la composition de la fonte. Cette proportion varie, nous l'avons dit, de 2,5 % à 5 %. Le carbone peut être *combiné* avec le fer ou *mélangé* seulement. Dans le premier cas, le carbone est dissous dans la fonte et fait absolument corps avec la masse métallique. Dans le second cas, le carbone mélangé ne fait pas corps intime avec la fonte. Il se présente sous forme de paillettes foncées, grises ou noirâtres placées au sein de la masse métallique. C'est le carbone à l'état de graphite qui produit ces paillettes, parce qu'il n'a pu se combiner complètement avec le métal.

Le carbone combiné donne à la fonte une grande dureté; c'est pour cela qu'on le nomme *carbone de trempe*.

Le *carbone graphitique*, au contraire, adoucit la fonte, de sorte qu'une fonte est d'autant plus dure qu'elle contient plus de carbone de trempe et moins de carbone graphitique.

La fonte qui ne contient que du carbone de trempe a une couleur blanche et sa cassure a un aspect clair. On la nomme *fonte blanche*. Elle est donc très dure, mais elle est aussi cassante et ne convient pas pour façonner des organes de machines qu'il serait difficile d'usiner et qui se rompraient sous les chocs. Les fontes sont, essentiellement, des fontes d'affinage permettant d'obtenir du fer ou de l'acier.

Lorsque la fonte contient, en très grande proportion, du carbone graphitique, sa cassure a une couleur foncée provenant du grand nombre de paillettes de graphite contenues dans le métal : c'est la *fonte noire*. Cette fonte ne possède pas les qualités suffisantes pour faire une bonne fonte de moulage. C'est la *fonte grise* qui est la bonne fonte de moulage. Cette fonte contient à la fois une certaine proportion de carbone de trempe ou carbone combiné, et une part de carbone graphitique. Les paillettes de graphite disséminées dans la masse métallique, quoique peu apparentes, donnent à la cassure de la fonte une teinte grisâtre, qui a fait donner à cette fonte le nom de *fonte grise*.

Cette fonte, moins dure et moins cassante que la fonte blanche, peut se travailler, et possède néanmoins, par suite de la proportion de carbone combiné qu'elle contient, une résistance suffisante pour constituer avantageusement des organes de machines

On distingue encore une autre catégorie de fonte que l'on nomme *fonte intermédiaire* et qui peut être placée, par l'aspect de sa cassure, entre la fonte blanche et la fonte grise. Cette fonte contient aussi du carbone combiné et du carbone mélangé, mais les deux zones sont nettement délimitées dans la masse métallique au lieu d'être fondues comme dans la fonte grise, de sorte que la cassure de la fonte intermédiaire présente, par places, un aspect blanc, tandis qu'en d'autres on trouve des stries de graphite nettement indiquées qui sont de couleur grise.

Par rapport à d'autres éléments, la fonte blanche diffère de la fonte grise, parce que la première contient généralement du *man-*

Fig. 258. — Vue d'ensemble des appareils de chargement des hauts fourneaux de la Société des Aciéries de Micheville. (Delattre et Cie.)

ganèse, qui facilite la combinaison du carbone avec le métal, tandis que la fonte grise contient du silicium qui diminue sa dureté.

Silicium Le silicium entre dans la composition de la fonte en proportions très variables. Les fontes grises de moulage en contiennent une proportion d'au moins 1 %, mais cette proportion ne dépasse guère 2 à 2,50 %. Le silicium, en effet, adoucit la fonte, c'est-à-dire la rend moins dure, moins résistante, et il importe, par conséquent, que la quantité qu'elle en contient soit appropriée à l'usage que l'on veut faire de la fonte.

Le silicium adoucit la fonte parce que son action s'exerce sur le carbone combiné contenu dans la masse métallique pour le transformer en carbone graphitique, lequel, ainsi que nous venons de le dire, atténue la dureté du métal.

La proportion de silicium contenu dans la fonte peut dépasser de beaucoup 1,5 % et atteindre même 17 %, mais les fontes sont alors utilisées pour l'affinage.

Manganèse Le manganèse contenu dans la fonte lui donne des propriétés inverses de celles qu'elle doit au silicium. Au contraire de celui-ci, le manganèse facilite la transformation du carbone graphitique en carbone de trempe. Il s'ensuit que la présence du manganèse dans la fonte contribue à lui donner de la dureté et la rend plus résistante. En outre, il aide à éliminer le soufre de la fonte.

La proportion de manganèse contenu dans la fonte ne doit pas dépasser 1 %, sinon la fonte pourrait devenir trop dure ou trop cassante et serait difficile à usiner.

On peut donc, par la présence dans le fer de proportions déterminées des trois éléments : carbone, silicium, manganèse, obtenir des fontes de propriétés différentes, auxquelles l'on donne l'emploi qui convient.

Mais les fontes contiennent encore, assez souvent, du phosphore et du soufre, et ces produits interviennent aussi pour leur donner des caractères particuliers.

Phosphore Le phosphore a la propriété essentielle de donner à la fonte une plus grande fluidité. Il diminue aussi sa dureté, de sorte que le phosphore ne doit être contenu qu'en proportions très faibles dans les fontes de moulage ordinaires servant à obtenir des pièces mécaniques devant être travaillées et fournir une certaine résistance. Par contre, la présence du phosphore est indispensable pour obtenir des pièces moulées délicates, n'ayant à supporter aucun effort mécanique, comme les diverses pièces d'ornement, les aillettes de radiateurs, les tuyaux de faible épaisseur. La fluidité de la fonte due à la présence du phosphore permet au métal liquide de remplir les moindres interstices des moules et d'obtenir facilement des pièces de formes compliquées, qui ne doivent généralement pas être travaillées.

Si la présence du phosphore est parfois utile dans les fontes de moulage, elle est, par contre, nuisible dans les fontes d'affinage, car elle diminue la qualité des fers et aciers que l'on obtient. Il est nécessaire, dans ce cas, de l'éliminer de la fonte.

Le phosphore entre dans la composition de certaines fontes de moulage dans une proportion qui peut varier de 0,5 à 1,5 %, suivant l'emploi des fontes. Les fontes destinées à fabriquer des pièces pouvant être chauffées ne doivent pas contenir du phosphore.

Soufre Le soufre qui se trouve dans la fonte, par suite de sa présence dans le minerai, diminue la qualité de cette fonte. Dans les fontes de moulage, il tend à augmenter le *retrait* du métal, c'est-à-dire le rétrécissement ou la diminution des dimensions des pièces entre le moment de la coulée et le refroidissement complet. Le retrait trop considérable provoque des tensions anormales dans la masse métallique pendant son refroidissement et donne naissance à des *soufflures* qui sont des cavités qui se manifestent au sein même du métal. Il faut, autant que possible, éviter les soufflures; qui diminuent la solidité d'une pièce, peuvent nuire à son étanchéité et nécessitent, le plus souvent, son rejet après usinage de quelques-unes de ses parties, ce qui constitue non seulement une perte de matière, mais encore une perte de main-d'œuvre.

Le soufre doit donc être, sinon éliminé complètement des fontes de moulage, mais, tout au moins, n'y être contenu que dans de faibles proportions qui varient de 0,01 à 0,08 %. Les fontes contenant du soufre présentent des taches noirâtres.

Les fontes d'affinage ne doivent pas contenir du soufre, qui diminue les qualités des fers et des aciers.

Éléments divers Les fontes peuvent contenir, en plus des produits que nous venons d'énumérer, d'autres éléments qui n'entrent dans leur composition que pour une faible proportion, mais qui nuisent néanmoins à leur qualité. L'arsenic est un de ces éléments qui se rencontrent dans la fonte et dont l'influence sur sa qualité est comparable à celle du phosphore.

On y trouve aussi du plomb, du cuivre, du nickel en proportions si faibles que ces métaux n'exercent, pour ainsi dire, aucune influence sur la masse métallique.

L'aluminium a une influence plus grande. Il tend à adoucir la fonte comme le silicium, et, au contraire du phosphore, il tend à diminuer la fluidité du métal liquide.

On peut obtenir des fontes contenant des produits déterminés que l'on ajoute dans le haut fourneau même, avec le minerai et le combustible, et en donnant au haut fourneau une allure appropriée. Ce sont les *fontes spéciales* employées, le plus souvent, pour la fabrication de l'acier. On ajoute généralement du *manganèse*, du *silicium*, du *chrome*, du *tungstène*, du *titane*.

Le manganèse peut entrer pour une très grande proportion dans la constitution de la fonte. On obtient un métal que l'on nomme ferro-manganèse, de même qu'on obtient le ferro-silicium, les ferro-chromes et les ferro-tungstènes en introduisant une proportion notable de silicium, de chrome et de tungstène dans la fonte.

On voit que les compositions des fontes peuvent être très diverses et, pour n'envisager que les fontes de moulage, ces compositions différentes varient avec le genre de pièces à obtenir, le façonnage qu'elles doivent subir et la résistance qu'on leur demande.

Voici quelques compositions diverses de fontes employées dans les fonderies.

Pour les pièces mécaniques qui sont destinées à être travaillées, la fonte contient 2,5 % de silicium, 0,7 % de manganèse, 0,7 % de phosphore, 0,08 % de soufre. La fonte de cylindres d'automobiles contient 2,2 % de silicium, 0,5 % de manganèse, 1 % de phosphore et 0,06 % de soufre.

Pour les cylindres à vapeur, on emploie de la fonte contenant 1,4 % de silicium, 0,8 % de manganèse, 0,8 % de phosphore, 0,08 % de soufre. La fonte qui est employée pour les pièces devant résister à des efforts de traction et supporter des chocs comporte 1,5 % de silicium, 1,5 % de manganèse, 0,5 % de phosphore et 0,08 % de soufre. Pour les fontes dures, avec lesquelles on fait des pièces à frottement, comme les sabots de frein, la proportion est de 0,9 % de silicium, 0,7 % de manganèse, 0,7 % de phosphore, 0,01 % de soufre. La fonte de fer, dont on fait les cylindres de laminoirs qui doivent offrir une grande résistance, contient 0,8 %

de silicium, 0,8 % de manganèse, 0,5 % de phosphore et 0,01 % de soufre

La fonte douce, qui est utilisée pour la fabrication de divers organes ne devant pas être usinés, et qui n'ont pas à supporter des efforts exigeant d'eux une grande résistance, comme les conduits, les bâtis de machines à coudre, les tuyaux comportant des ailettes pour réfrigérants, etc., contient 2 à 2,5 % de silicium, 0,5 % de manganèse, 1,5 % de phosphore et 0,04 % de soufre. Le silicium et le phosphore entrent en assez grande proportion dans la composition de cette fonte, qui est, de la sorte, douce et fusible.

Enfin, dans la composition de la *fonte trempée* il n'entre ni soufre ni phosphore, la proportion de silicium est de 0,5 % et la proportion de manganèse est de 1,5 %.

Dans les diverses compositions précédentes, le carbone entre dans une proportion normale pouvant varier, en moyenne, de 3 à 4 %, le reste étant du fer.

La fonte trempée est une fonte dans laquelle le carbone est entièrement combiné. Cette fonte est très dure. Elle est coulée dans des moules métalliques et elle a un aspect blanc, quelquefois grisâtre.

La fonte trempée peut être très avantageusement utilisée pour fabriquer des organes de machines qui doivent effectuer un travail de frottement. Elle convient, par exemple, pour la confection des roues de wagon, des cylindres divers servant à écraser, à broyer, à concasser, et aussi des cylindres de laminoirs, des galets de friction, etc.

Fig. 250. Installation de haut fourneau avec appareil de chargement par plan incliné. (Delattre et Cie.)

CHAPITRE IX

MOULAGE

MOULAGE.
FABRICATION DES MOULES : sables à mouler, — châssis.
OUTILS DE MOULAGE.
PROCÉDÉS DE MOULAGE : au modèle, — au trousseau, — à vert, — étuvé.
EXEMPLES DE MOULAGE.
NOYAUTAGE : Moulage et mise en place des noyaux
SÉCHAGE DES MOULES ET NOYAUX. — Étuves.
PRÉPARATION DES MOULES POUR LA COULÉE.

Moulage La fonte de moulage dont nous venons de rappeler la fabrication, et dont nous venons d'indiquer les particularités suivant sa composition, est généralement coulée en saumons ou gueuses à la sortie du haut fourneau, et refondue dans l'atelier de fonderie pour être coulée dans des moules lui donnant la forme des pièces à obtenir. La nouvelle fusion de la fonte s'effectue dans des appareils, sortes de fours spéciaux nommés *cubilots,* que nous examinerons au chapitre suivant. Dans celui-ci, nous allons indiquer comment on fabrique les moules destinés à recevoir la fonte liquide et quels sont les principaux procédés de moulage employés.

Lorsqu'on veut obtenir une pièce en fonte de fer d'une forme et de dimensions déterminées, on fabrique généralement un modèle de cette pièce, en bois, puis on le place dans un châssis rempli de sable, de façon à obtenir bien nettement son empreinte dans ce sable. Lorsque la pièce en bois servant de modèle est retirée du châssis, il reste un espace vide qui a exactement la forme et les dimensions de la pièce à obtenir. C'est dans cet espace vide que l'on coule de la fonte liquide, de sorte qu'après refroidissement et après démoulage, on obtient une pièce en fonte de fer. Le ou les châssis contenant le sable dans lequel se fait l'empreinte, constituent le *moule.* La pièce en bois se nomme le *modèle.*

Les modèles sont exécutés dans un atelier spécial appelé *atelier de modelage,* par des ouvriers habiles qui doivent parfaitement connaître le dessin et les procédés de moulage.

Le modèle est établi à des dimensions plus grandes que celles que doit avoir la pièce, pour tenir compte du retrait du métal dans le moule.

Entre la coulée et le refroidissement, le métal, en effet, se rétracte, de sorte que pour obtenir, après démoulage, une pièce ayant des dimensions déterminées, on est obligé de donner, au creux dans lequel la pièce sera coulée, des dimensions plus grandes et c'est pour cela que le modèle doit avoir les dimensions définitives de la pièce augmentées du retrait.

Il convient, aussi, dans la fabrication des

modèles, de leur donner de la *dépouille* dans le bon sens, pour pouvoir les sortir facilement du moule sans faire tomber le sable qui les entoure. La dépouille consiste donc à donner aux pièces, sur certaines faces, une forme légèrement inclinée pour que le creux fait dans le sable soit évasé en augmentant de dimensions du fond du moule vers la surface. Le dégagement de la pièce peut ainsi s'effectuer facilement sans détruire l'empreinte faite dans le sable.

Nous insisterons plus longuement sur la confection des modèles, un peu plus loin, en examinant les divers procédés de moulage.

Lorsque la pièce comporte une partie creuse, cette partie doit être représentée dans le moule par du sable. Parfois, le creux est disposé de façon qu'il est possible de maintenir le bloc de sable qui le représente dans le moule, solidaire du bloc de sable formant le reste de ce moule.

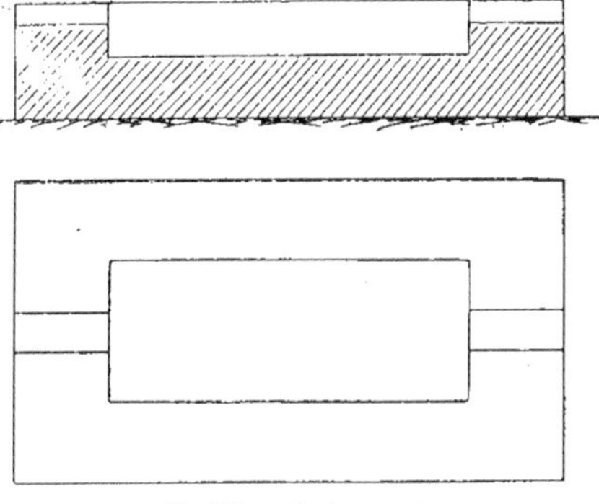

Fig. 260. — Moule ouvert.

Mais lorsque le creux à obtenir dans la pièce doit traverser la pièce de part en part, comme, par exemple, le trou central d'un tuyau ou le trou du moyeu d'une roue, on est obligé de rapporter dans le moule un bloc de sable indépendant de celui qui constitue ce moule, et qui représente, en relief, la forme qu'aura le trou en creux. Ce bloc de sable rapporté est nommé *noyau* et son obtention et son placement dans le moule occupent une place importante dans les procédés de moulage.

Fabrication des moules

Les moules peuvent être classés en plusieurs catégories qui sont : les *moules ouverts* ou les *moules fermés*, les *moules perdus* ou les *moules permanents*.

Les moules ouverts sont ceux dans lequels on coule, à l'air libre, le métal, dont la surface supérieure prend, par conséquent, une position horizontale (Fig. 260).

Ces moules ne comportent qu'une partie creuse représentant la forme de la pièce, une des faces devant être une surface sensiblement plane déterminée par le niveau supérieur du liquide coulé dans le moule. C'est cette face, qui est directement en contact avec l'air, qui se refroidit la première, assez rapidement, parfois, par rapport au restant de la masse liquide, pour produire des tensions intérieures provoquant des soulèvements ou des affaissements du métal. C'est ce qui peut rendre irrégulière la surface supérieure du métal en contact avec l'air libre. On n'emploie pour ainsi dire jamais les moules ouverts pour la fabrication des organes de machines, mais ils servent, généralement, à obtenir des plaques, des lingots, gueuses ou saumons de fonte.

Les *moules fermés* sont constitués en plusieurs parties. Même lorsque la pièce à obtenir comporte une surface plane, le moule fermé comporte deux parties : la partie inférieure, dans laquelle est formée dans le sable l'empreinte de la pièce à obtenir, et la partie supérieure, qui dans ce cas est un simple couvercle formé d'un bloc de sable qui s'applique, par une face plane, sur la partie inférieure du moule. Dans le cas du moule fermé représenté par la figure 261, les deux parties du moule portent des empreintes. La partie inférieure A porte, en creux, dans le sable, l'empreinte de la pièce sur la plus grande partie de sa hauteur. La seconde partie B ne porte que les deux mamelons C et D débordant du plan horizontal EF formant le joint entre les deux parties du moule.

La partie inférieure du moule est donc constituée par un cadre G métallique, nommé *châssis,* dans lequel on a battu du sable jusqu'à une consistance suffisante pour obtenir une empreinte bien nette de l'organe. De même, la partie supérieure B du moule est constituée par un cadre métallique H rempli de sable et ne portant l'empreinte que des deux mamelons C et D.

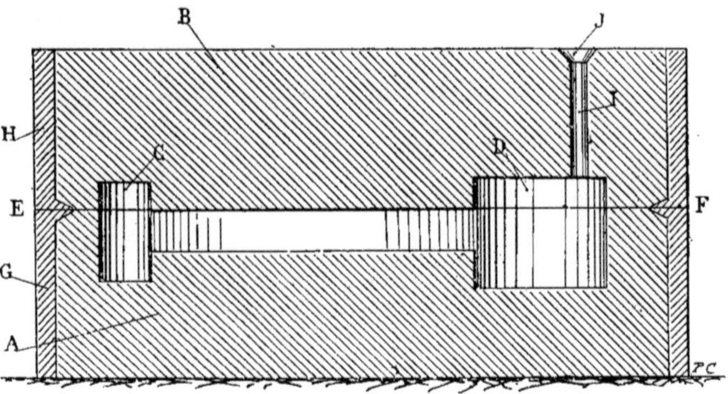

Fig. 261 — Moule fermé.

La face supérieure du châssis A est bien plane; la face inférieure du châssis B doit, également, être bien plane, de façon que ces deux faces puissent s'appliquer bien exactement l'une sur l'autre sans laisser entre elles aucun intervalle dans lequel le métal liquide viendrait pénétrer.

Il convient qu'en dehors de cette régularité de surfaces les deux châssis aient leur position respective bien déterminée, pour que les parties creuses de la pièce, obtenues dans les deux châssis, puissent correspondre bien exactement. Nous verrons plus loin comment on réalise le repérage exact d'un châssis par rapport à l'autre.

Le châssis supérieur porte un conduit I, ménagé verticalement à travers le sable, et s'évasant en haut par un cône J qui est *l'orifice de coulée,* le conduit I se nommant canal ou *conduit de coulée.*

Il importe que l'orifice de coulée soit disposé, dans le moule, plus haut que la partie la plus saillante de la pièce à couler. De cette façon, lorsqu'on verse du métal fondu, par l'orifice J, dans le canal I, ce métal exerce une certaine pression sur le métal déjà coulé dans le moule, et l'oblige à pénétrer jusque dans les moindres recoins creux en épousant exactement la forme de l'empreinte. Lorsque tous les creux sont bien remplis, le métal séjourne dans le conduit de coulée et l'on cesse la coulée. Au démoulage, après refroidissement, lorsqu'on enlève le châssis supérieur, on retire la pièce qui est faite en métal et qui porte, en un de ses points, un appendice métallique cylindrique provenant du remplissage du conduit de coulée. On supprime, d'un coup de scie, cet appendice, pour obtenir la pièce à la forme voulue.

Les moules fermés sont presque exclusivement employés pour l'obtention de pièces ou organes de machines. Ils offrent l'avantage de permettre de fondre des pièces d'une forme quelconque, tandis que dans les moules ouverts une face de la pièce doit forcément être plane. En outre, ils ont, sur les moules ouverts, l'avantage d'éviter le contact direct du métal, encore liquide, avec l'air et d'assurer, par la pression intérieure, qui s'exerce sur le métal, le parfait remplissage de l'empreinte.

Les moules fermés comprennent, parfois, plus de deux parties. C'est la forme de la pièce et la nécessité de pouvoir la mouler dans toutes ses parties, sans détériorer les empreintes faites dans le sable, qui déterminent le nombre de châssis à employer pour obtenir la pièce.

Les moules peuvent aussi être des *moules perdus* ou des *moules permanents.*

Les moules perdus sont ceux qui ne servent qu'à une seule coulée et qui sont, par suite, détruits chaque fois et que l'on est obligé de reconstituer pour obtenir d'autres pièces semblables.

Les moules permanents, au contraire, sont faits une fois pour toutes et permettent d'obtenir toute une série de pièces semblables sans y apporter la moindre retouche. Ces moules permanents, appelés aussi *coquilles*, sont faits en métal pour qu'ils puissent résister à la température de fusion du métal coulé, sans se déformer. Ils ne sont donc employés que dans des cas tout spéciaux, pour fabriquer un grand nombre de pièces semblables.

Lorsqu'on coule le métal dans le moule métallique, le refroidissement de ce métal s'effectue bien plus rapidement que dans un moule fait en sable, par suite de la conductibilité des parois métalliques du moule. Il peut se produire, de ce fait, une formation de gaz qui peut provoquer la déformation de la pièce et la rendre cassante et très dure, surtout lorsque c'est de la fonte que l'on coule. C'est pour cela que les moules métalliques sont principalement utilisés pour obtenir des pièces en étain, en zinc, en plomb, en aluminium, parfois en laiton et, le plus souvent, en alliages divers dans lesquels entrent ces métaux dans des proportions diverses.

Fabrication des moules Les moules le plus souvent employés pour la fonderie de fonte, les moules perdus, doivent être constitués avec une matière qui doit être à la fois assez résistante pour supporter, sans se déformer, la température élevée du métal en fusion que l'on coule dans ces moules, et assez souple, ou plastique, pour pouvoir être travaillée dans le moule afin de donner nettement les empreintes ayant la forme de la pièce.

En outre, il convient que cette matière soit suffisamment poreuse pour laisser échapper les gaz qui peuvent se former, à la coulée, dans les moules et que, cependant, cette perméabilité ne soit pas suffisante pour laisser filtrer le métal liquide, ce qui produirait, après refroidissement, des surfaces extérieures rugueuses.

C'est le sable qui est généralement utilisé pour la confection des moules.

Le sable, pour être travaillé, doit être rendu humide. Toutes les catégories de sables ne conviennent pas pour le moulage. Il importe, en effet, que les sables utilisés aient les qualités que nous venons d'indiquer de perméabilité pour les gaz et d'étanchéité pour le métal liquide, même lorsqu'il est encore humide, car on coule, parfois, la fonte dans des moules imparfaitement secs.

De plus, il faut que le sable soit réfractaire, c'est-à-dire résiste à la chaleur du métal en fusion.

Il existe une grande variété de sables qui possèdent chacun des qualités, mais qui les ont rarement toutes : c'est ce qui conduit à rendre ces sables propres au moulage en leur faisant subir certaines préparations ou, encore, en les mélangeant par parties exactement dosées.

Les sables sont constitués par une très grande quantité de grains plus ou moins gros et de grosseur plus ou moins régulière. Lorsque l'irrégularité de la forme des grains est trop grande, il en résulte une diminution de la perméabilité du sable, car les petits grains tendent à se tasser en se plaçant entre les gros, et nuisent ainsi à la porosité du sable.

Deux principaux éléments entrant dans la composition du sable lui donnent des caractères particuliers : c'est la *silice* et l'*argile*.

Lorsque le sable contient une grande proportion d'acide silicique, on le nomme *sable maigre*. Il est, en effet, poreux parce que les grains de silice sont généralement gros, mais il est peu plastique et ne peut être travaillé convenablement que grâce à la proportion d'argile qu'il contient.

Lorsque le sable contient, au contraire, une plus grande proportion d'argile que de silice, il est nommé *sable gras*. Cette catégorie de sable a des qualités plastiques bien supérieures à celles du sable maigre et peut parfaitement se travailler et se prêter au façonnage des empreintes, mais, par contre, sa porosité est bien diminuée, de sorte que sa perméabilité est aussi plus faible.

Il faut donc, dans tous les cas, que le sable à mouler contienne à la fois de la silice et de l'argile dans des proportions variables, à déterminer suivant le genre de pièces à obtenir.

Ces deux éléments : l'argile et la silice, contribuent à rendre le sable réfractaire, et cette qualité est d'autant plus grande que les grains de silice sont plus gros et que l'argile est plus pure. Mais on comprend que la grosseur des grains de silice est nécessairement limitée par l'aspect uni que doivent avoir les surfaces extérieures des pièces fondues, et cet aspect pourrait devenir rugueux si les grains de silice étaient trop gros.

Les autres éléments, autres que l'argile et la silice, pouvant entrer dans la constitution du sable à mouler, diminuent ses qualités réfractaires.

Ces éléments étrangers sont, principalement, le carbonate de chaux et de manganèse, l'oxyde de fer et l'eau.

On trouve du sable à mouler dans un grand nombre de régions. En France, les meilleurs sont : le sable de Fontenay qui convient particulièrement, par sa finesse, au moulage de petites pièces, soit de fonte de fer, soit de cuivre; le sable de Montceaux, qui est bien régulier et très homogène ; le sable des Ardennes, etc.

La plus grande partie des sables à mouler utilisés sont des sables de mélange.

On peut aussi modifier, dans certaines proportions, la constitution du sable à mouler. C'est ainsi qu'en soumettant les sables gras à une calcination intensive, on peut obtenir des sables plus maigres. L'argile, en effet, que contiennent les sables gras, perd son eau par la calcination, et le sable devient plus poreux et plus perméable.

Le sable à mouler peut être employé plusieurs fois après moulage. Cependant, par suite de sa manipulation et surtout par suite de la température élevée à laquelle il est soumis lorsqu'on effectue la coulée du métal liquide, les grains qui le composent peuvent se fendre, se casser, se désagréger et former une sorte de poussière qui nuit considérablement à la perméabilité de ce sable.

Il convient donc, lorsque le sable a servi plusieurs fois, de lui ajouter du sable neuf pour que ses qualités de moulage ne soient pas diminuées.

Dans certains cas, on ajoute de la houille au sable à mouler. Cette houille doit être mélangée sous forme de poudre très fine. Elle est employée lorsqu'on coule dans le sable des métaux à température très élevée. Elle empêche le sable d'adhérer au métal coulé et, en outre, en s'enflammant au contact du métal liquide, elle produit des gaz qui empêchent les grains de sable de s'agglomérer et qui conservent au sable sa perméabilité.

La houille qui convient le mieux pour être mélangée au sable, dans ce cas, est la houille qui en s'enflammant produit la plus grande quantité de gaz et qui peut être le mieux mélangée avec le sable.

Ce sable spécial, comportant de la houille, est nommé *sable à houille* ou *sable vert*. Dans les ateliers de fonderie ce sable est assez souvent constitué par trois parties de sable vieux, c'est-à-dire de sable ayant déjà servi au moulage de pièces fondues, deux parties de sable neuf et une partie de houille. Cependant, pour les pièces de petites dimensions, la proportion de houille est plus faible : elle n'entre dans la composition du sable que pour une demi-partie.

La houille peut être mélangée en plus grande proportion dans les sables maigres que dans le sable gras, parce qu'ils permettent une évacuation plus facile des gaz produits.

Il importe, pourtant, de ne pas ajouter au sable de la houille en trop grande quantité, car les pièces obtenues dans le moule présentent sur leur surface des piqûres ou des saillies provenant des crevasses qui se produisent alors dans le sable des moules, lors de la coulée.

Lorsque les moules sont constitués avec du sable maigre, comme celui-ci est bien perméable, il n'est pas nécessaire de les faire sécher pour effectuer la coulée du métal.

D'ailleurs, la nature du sable ne permettrait pas le séchage, car les moules se fendraient, se détérioreraient et, en tous cas, ne résisteraient pas à la coulée.

Les moules constitués avec des sables gras, au contraire, lesquels sont assez peu perméables, doivent être séchés avant la coulée pour leur permettre d'acquérir la perméabilité nécessaire. En outre, le séchage a pour objet de donner au sable une plus grande dureté. Il faut proportionner le degré de séchage à la qualité du sable employé, et l'opération doit être d'autant plus courte que le sable contient une moins grande proportion d'argile.

D'une façon générale, la fonte de fer peut être fondue dans des moules non séchés, parce que faits avec du sable suffisamment perméable à son état naturel. L'acier, et surtout le laiton et le bronze, sont obtenus dans des moules faits en sable plus gras, plus consistant, par conséquent, plus argileux, de sorte que le séchage des moules devient nécessaire.

Les moules peuvent être constitués avec une autre matière que le sable.

Lorsque, par exemple, la température que donne au moule la coulée du métal est très élevée, comme lors de l'obtention de grosses pièces en fonte de fer ou de pièces en acier, le sable ne peut résister à cette température.

On emploie alors, au lieu de sable, de la terre contenant une grande proportion d'argile réfractaire que l'on mélange avec certains corps qui ont la propriété de ne pas subir le retrait lorsque le moule est mis à sécher. On utilise aussi des moules ainsi constitués, lorsqu'il faut que ces moules soient à la fois très plastiques, pour pouvoir y façonner des empreintes de formes compliquées, et très résistants par suite de la forme découpée de la pièce à y couler.

Ces moules doivent, avant la coulée, être chauffés très fortement. L'argile sèche et cuit en acquérant une très grande dureté qui permettra de couler sans inconvénient, dans le moule, du métal porté à haute température.

Les matières diverses ajoutées à la terre argileuse, qui sont des matières organiques, ont pour objet de diminuer le retrait. Ces produits brûlent ou diminuent de volume en séchant ou en cuisant, de sorte que les vides ainsi créés dans la masse argileuse permettent à celle-ci de devenir plus perméable et l'empêchent de se fendre et de se crevasser par la cuisson.

Parmi les matières diverses ajoutées à

l'argile réfractaire pour diminuer son retrait, l'une des plus couramment employées est le crottin de cheval.

On emploie aussi de la paille, de la terre bourbeuse, du tan, des poils de veau. Pour obtenir des moulages de grande finesse, on emploie aussi du fumier de vache.

Certains moules sont constitués avec une grande proportion de terre glaise. La terre glaise contient en grande partie de l'argile. On la mélange avec des matières organiques diverses et avec de l'eau pour en former une pâte que l'on puisse facilement utiliser pour le moulage.

Les mêmes matières organiques que nous avons citées plus haut sont, le plus souvent, mélangées à la terre glaise pour constituer le moule. La terre glaise n'est employée que lorsqu'on ne peut utiliser du bon sable ou de la terre contenant de l'argile réfractaire.

Les moules faits en terre glaise qui contiennent une grande quantité d'eau, doivent être plus particulièrement séchés avant la coulée du métal.

Les sables destinés à être utilisés en fonderie doivent être analysés, et surtout essayés pour savoir s'ils sont aptes à être utilement employés.

L'analyse chimique des sables, qui indique leur composition exacte, ne suffit pas pour apprécier exactement leur tenue dans le moule, et il est utile de compléter cette analyse par des essais de moulage avec coulée de métal et des essais de sable au tamis pour connaître leur finesse, la grosseur de leurs grains et en déduire la valeur de leur porosité, de leur perméabilité et de leur pouvoir réfractaire.

L'analyse d'un sable pouvant être employé pour le moulage donne les proportions suivantes des matières diverses qui le composent: 75 à 85 % de silice, 7 à 10 % d'alumine, 6 % au maximum d'oxyde de fer, moins de 0,5 % d'alcalis et, tout au plus, 0,2 % de chaux.

La quantité de silice déterminée par l'analyse chimique est la proportion totale de silice contenue dans le sable, mais elle comprend la silice à l'état libre et la silice qui est mélangée à l'alumine. C'est pour cela qu'on indique assez souvent la proportion de *silice libre* contenue dans du sable, désignant ainsi la quantité de silice qui se trouve naturellement séparée des autres produits.

La présence d'oxyde de fer dans le sable lui donne une couleur rouge.

Les essais au tamis ont pour objet de connaître la finesse des grains qui composent les sables. Ces essais s'effectuent à l'aide de tamis portant des mailles de dimensions différentes. Ils sont numérotés suivant la grosseur des mailles, et les proportions de sable correspondant à ces divers tamis sont indiquées en pour cent. On peut apprécier immédiatement, de la sorte, la finesse du sable. On procède aussi à l'étude des sables en les examinant à l'aide d'un microscope. On voit ainsi la forme des grains, leur texture, et on en déduit les propriétés physiques que doivent posséder ces sables par rapport à leur tenue dans le moule, à leur solidité et à leur perméabilité.

Mais en dehors de tous ces essais, l'essai le plus concluant est l'essai de moulage fait avec le sable à étudier, complété par la coulée de la pièce. Ces essais doivent, évidemment, être effectués dans les conditions normales par des ouvriers habiles, et des résultats obtenus on peut en déduire les qualités que possède le sable.

Broyeurs Les matières diverses utilisées pour confectionner les moules de fonderie ne se trouvent pas, le plus souvent, à l'état naturel, toutes prêtes à être employées. Il convient, généralement, de leur faire subir une préparation soit en les concassant, en les broyant, et, en outre, en les mélangeant. Ces diverses opérations ont nécessité la création d'appareils spéciaux qui sont employés dans les fonderies : *concasseurs, broyeurs, mélangeurs.*

Les concasseurs sont les moins utilisés, car ils servent à réduire en morceaux des blocs de matériaux possédant de grandes dimensions. Ces matériaux sont parfois des blocs de grès et, parfois, ce sont des briques, des tuiles, etc.

Ils sont placés dans le concasseur qui les réduit en parties plus fines et les rend utilisables pour être employés dans les moules. Dans certaines fonderies de peu d'importance, ces matériaux sont concassés à la main dans un mortier. Généralement, les matériaux devant constituer le moule sont déjà livrés à la fonderie en parties de faibles dimensions, mais, malgré cela, le sable pouvant être formé de plusieurs variétés et contenir de la houille, doit être passé dans le *broyeur,* qui a pour fonction, en divisant les éléments de trop gros volume, de régulariser le grain de ce sable, de le rendre parfois plus fin, pour en obtenir la meilleure utilisation possible.

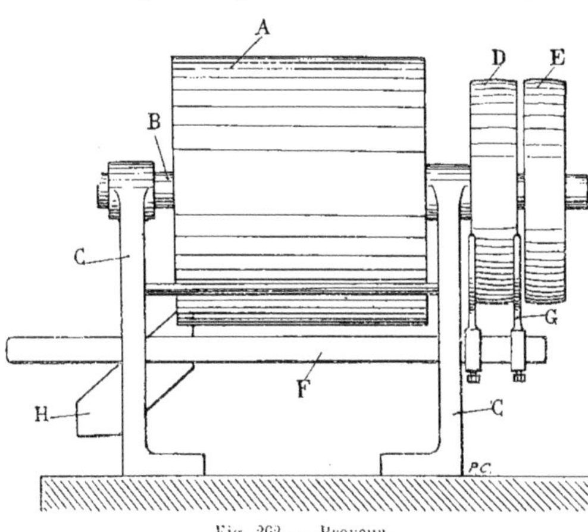

Fig. 262. — Broyeur.

Les broyeurs affectent des formes et des dimensions diverses.

Certains sont constitués par un cylindre métallique A (Fig. 262) creux, solidaire d'un axe B qui tourne dans deux paliers portés par des chevalets C. L'axe et le cylindre sont disposés horizontalement et deux poulies sont placées sur l'axe à une de ses extrémités : l'une des poulies D est clavetée sur l'axe, l'autre E tourne folle sur lui. En manœuvrant, dans le sens longitudinal, une barre F portant une fourchette G, on peut faire passer la courroie de commande de la poulie folle sur la poulie clavetée et donner ainsi le mouvement de rotation au cylindre A, de même que l'on arrête le broyeur en faisant passer, par une manœuvre inverse de la barre F, la courroie de la poulie fixe sur la poulie folle.

Le cylindre est fermé sur les côtés par des fonds démontables permettant d'y introduire les matériaux à broyer. Des corps lourds constitués soit par une pierre, soit par des blocs de métal, sont disposés également dans le cylindre et peuvent s'y mouvoir librement. Lorsqu'on donne au cylindre un mouvement de rotation, le corps libre roule et écrase les matériaux qui y sont contenus, les réduisant, au fur et à mesure que le mouvement de rotation se prolonge, en grains de plus en plus fins.

Lorsque l'opération de broyage s'est suffisamment prolongée pour que les matériaux aient pu être réduits en grains ayant la finesse voulue, on arrête le broyeur et on retire le produit qu'il contient, qui est évacué par un couloir H qui le déverse à l'extérieur.

Dans les fonderies importantes où s'effectue la préparation des sables de moulage, par le mélange des sables vieux avec les sables neufs et avec la houille, ou avec d'autres produits, on emploie des broyeurs de plus grande puissance et qui sont assez souvent constitués comme des moulins, ce qui leur a fait donner ce nom.

Ce type de broyeur est constitué par un bâti A (Fig. 263) formé de deux montants en fonte, réunis par une entretoise horizontale placée à la partie supérieure et servant de palier à un arbre vertical B. Cet arbre, reposant, à son extrémité inférieure, sur une crapaudine portée par le mamelon

Le mouvement de rotation de l'arbre de commande est transmis à l'arbre vertical B par l'engrenage du pignon et de la roue coniques. Cet arbre porte, vers son extrémité inférieure, un bras horizontal J muni de deux tourillons cylindriques sur chacun desquels peut tourner une meule. Ces meules K, circulaires, sont placées à des distances différentes de l'arbre vertical et reposent sur le fond de la cuvette métallique D.

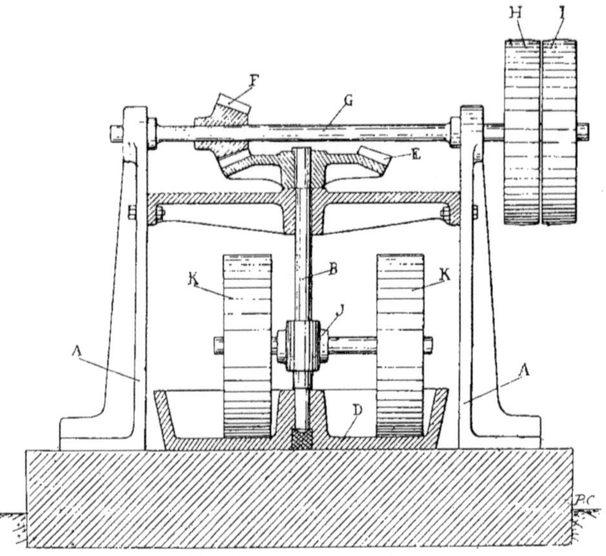

Fig. 263. — Broyeur à moulin.

central d'une cuvette métallique D, est rendu solidaire, à son extrémité supérieure, d'une roue d'engrenage conique E engrenant avec un pignon F. Ce pignon est claveté sur l'arbre de commande horizontal G tournant en bout des deux montants en fonte et recevant son mouvement de rotation d'une transmission de l'atelier, par l'intermédiaire d'une courroie passant sur une poulie H, clavetée sur lui. Une seconde poulie I, tournant librement sur cet arbre, permet d'arrêter le broyeur en faisant passer la courroie de la poulie clavetée sur cette poulie folle.

Les matériaux à broyer sont placés dans la cuve D et on actionne le moulin en provoquant le mouvement de rotation de l'arbre de commande horizontal G, en plaçant la courroie sur la poulie H. L'arbre vertical tourne et entraîne dans son mouvement le bras horizontal J, qui entraîne à son tour les deux meules K. Ces meules, tout en décrivant des circonférences autour de l'arbre vertical, tournent aussi sur leur tourillon et reposent par leur poids sur le fond de la cuvette. Tous les matériaux qui se trouvent interposés entre ces meules et le fond de la cuve métallique sont donc soumis à l'action de ces meules, qui les broyent et les réduisent en grains d'une finesse de plus en plus grande, au fur et à mesure que le mouvement de la machine et, par conséquent, le mouvement de rotation des meules, se prolongent.

Chaque meule écrase sur toute sa largeur des matériaux et comme les deux meules sont inégalement écartées de l'axe, il s'ensuit que les deux chemins de roulement qu'elles suivent, sur le fond de la cuve métallique, permettent d'écraser sur toute leur surface les matériaux déposés au fond de cette cuve.

Des sortes de pelles, que l'on manœuvre par l'intermédiaire de leviers, servent à ramener les matériaux sous les meules pendant la marche de la machine.

Fig. 264. - Broyeur à meules Bonvillain et Ronceray.

Le bâti du broyeur et sa cuve métallique reposent sur un bloc de maçonnerie disposé sur des fondations appropriées.

Le fond de la cuve métallique porte, vers le bord, en un point de sa périphérie, une ouverture fermée par une sorte de vanne que l'on ouvre lorsqu'on veut retirer de la cuve les matériaux broyés. Ces matériaux tombent à l'extérieur par un couloir incliné.

Les meules de ce broyeur sont lourdes : leur poids est de 500 à 1.000 kilos et la machine effectue de dix à vingt tours à la minute.

On construit des broyeurs comportant des dispositions diverses.

Celui dont la figure 264 représente l'ensemble, a été établi dans les ateliers Bonvillain et Ronceray, à Paris.

Au contraire du broyeur précédent, la cuve métallique, dans ce type de broyeur, est mobile, tandis que l'arbre des meules reste fixe, les meules disposées sur cet arbre effectuant simplement un mouvement de rotation sur elles-mêmes lorsque la cuve tourne.

Cette cuve métallique est rendue solidaire d'une roue d'engrenage conique disposée horizontalement au-dessous d'elle. Un arbre vertical portant la cuve et la roue conique, est guidé dans le bâti du broyeur et repose, à sa partie inférieure, sur une crapaudine munie d'un grain d'acier. Cet arbre est perforé à sa partie centrale de façon que le graissage du roulement sur la crapaudine soit toujours assuré par le graisseur placé à la partie supérieure de l'arbre et qui est facilement abordable.

La roue d'engrenage conique faisant corps avec la cuve engrène avec un pignon denté conique claveté en bout d'un arbre horizontal qui est l'arbre de commande.

Cet arbre tourne dans deux paliers et porte deux poulies : une fixe et une folle, permettant de mettre la machine en marche ou de l'arrêter par un déplacement de la courroie.

A la partie supérieure du broyeur est placé l'arbre horizontal supportant les meules. Ces meules, disposées en deux séries placées une de chaque côté du centre de la cuve, ont une forme plate ou une forme cannelée. Parfois, une meule est plate et l'autre cannelée. Le broyeur, dont la figure 264 représente l'ensemble, est muni de deux meules cannelées. Ces meules ont une largeur de 300 à 350 millimètres suivant le type de broyeur, et un diamètre variant de 350 à 650 millimètres pour une cuve d'un diamètre pouvant aussi varier de 1m,350 à 1m,700.

L'arbre de commande tourne à raison de 60 tours par minute.

Les Établissements Bonvillain et Ronceray construisent aussi un broyeur à cages sphériques et un broyeur-frotteur automatique.

Le broyeur à cages sphériques (Fig. 265) permet de traiter le sable humide et de mélanger le sable vieux au sable neuf dans la proportion de 30 % du premier et de 70 % du second.

Le mélange de sable neuf et de sable vieux, auquel on ajoute de la houille, est mouillé, puis jeté dans le broyeur.

Les cages sphériques, faites en fonte trempée, tournent librement à l'intérieur de la machine, entraînées par un collier qui est lui-même actionné par l'intermédiaire de roues d'engrenage coniques. Les parois des cages sphériques frottent sur le sable, le labourent en le retournant sans le durcir.

Cette machine peut fournir jusqu'à 2 mètres cubes à l'heure de sable frotté et peut être également utilisée pour préparer la terre servant à la confection des noyaux que nous examinerons plus loin. Sa production peut atteindre, dans ce cas, 1 mètre cube à l'heure.

Fig. 265. — Broyeur à cages sphériques Bonvillain et Ronceray.

Le broyeur-frotteur automatique (Fig. 266) fait aussi office de mélangeur. Il est constitué par un cylindre métallique reposant sur deux paires de galets et auquel on peut donner un mouvement de rotation. Ce mouvement lui est transmis d'un arbre de commande portant deux poulies : une, clavetée, pour la mise en marche, l'autre, folle, pour l'arrêt. L'arbre de commande donne au cylindre son mouvement de rotation par l'intermédiaire de roues d'engrenage. Le cylindre et l'arbre de commande sont placés sur un bâti métallique qui repose sur deux piliers maçonnés. On donne à ce bâti et, par conséquent, au cylindre qu'il supporte, une inclinaison plus ou moins grande, de façon à faciliter le cheminement du sable à l'intérieur de ce corps cylindrique. Il porte une cloison transversale qui le divise, sur sa longueur, en deux compartiments de capacités différentes. Le compartiment formé entre l'extrémité haute du cylindre et la cloison, constitue le mélangeur. Le sable vieux qui y est introduit et le sable neuf que l'on y place, tel qu'il provient de la carrière, sans le sécher, ni le broyer, ni le tamiser auparavant, sont mélangés intimement, et au fur et à mesure que le cylindre tourne, le produit mélangé s'écoule vers le bas du cylindre et pénètre dans le second compartiment. Un diaphragme mobile fixé à la cloison et ayant la forme d'un secteur, permet, par son inclinaison plus ou moins grande, obtenue par une manœuvre appropriée, de faire varier le débit de sable mélangé et de le régler suivant la qualité du mélange que l'on désire.

Fig. 266. — Broyeur-frotteur automatique Bonvillain et Ronceray.

Dans le second compartiment, où le sable mélangé est introduit, sont disposés un certain nombre de rouleaux de diamètres différents qui sont entraînés par la rotation même du cylindre et qui prennent, à leur tour, un mouvement de rotation. Les vitesses de rotation de ces rouleaux varient avec leur diamètre. Il s'ensuit que le sable sur lequel reposent les rouleaux se trouve non seulement broyé, mais, en outre, frotté, disposition avantageuse pour conserver au sable ses qualités.

Un racloir à lames flexibles, et comportant un rattrapage de jeu automatique, est placé à l'intérieur du cylindre et détache, de ses parois, le sable qui peut y adhérer.

Le sable mélangé, broyé et frotté est, au fur et à mesure du fonctionnement de l'appareil, dirigé vers la partie basse du cylindre, où se trouve un orifice de sortie par lequel on le recueille.

Cet appareil peut permettre de traiter de $0^{m},800$ à 1 mètre cube de sable par heure.

En plus des broyeurs, les fonderies possèdent des appareils servant simplement à mélanger les sables entre eux ou avec de la poussière de charbon et certains autres permettant de traiter l'argile pour la diviser et en mélanger les diverses parties, afin de la rendre homogène. Ces appareils sont des *mélangeurs*.

Celui dont la figure 267 représente une coupe verticale est un mélangeur centrifuge pour sable. Il se compose d'un plateau horizontal A, fixé à l'extrémité supérieure d'un arbre vertical B, tournant dans un palier C placé au-dessous du plateau et reposant sur une crapaudine D disposée à la partie inférieure de l'appareil.

Le plateau métallique porte des séries de goujons verticaux E disposés suivant des circonférences et décalés successivement par rapport au centre du plateau. Une poulie F, fixée à l'arbre vertical, lui donne, par courroie, un mouvement de rotation, dont la vitesse atteint de 1.000 à 1.200 tours par minute. Un corps métallique G enveloppe l'arbre vertical et un orifice, autour duquel est placé un protecteur H, donne passage à la courroie, qui est ainsi garantie contre les projections de sable.

Le corps métallique G supporte, par des bras en fonte, un couvercle I disposé généralement en forme de cloche, au-dessus duquel est fixée une trémie.

Les produits à mélanger, après avoir été brassés un peu à la pelle, sont jetés dans la trémie. Ils tombent, de cette trémie, sur le plateau tournant A, où ils sont projetés contre les goujons verticaux enchevêtrés, par suite du mouvement tournant rapide du plateau. Les divers produits introduits dans la trémie sont, de la sorte, bien divisés et se mélangent intimement par leur passage à travers les rangées de goujons. En arrivant à la périphérie du plateau tournant, ils sont projetés par l'action de la force centrifuge contre le couvercle et ils retombent tout autour du corps cylindrique G. Le couvercle est, le plus souvent,

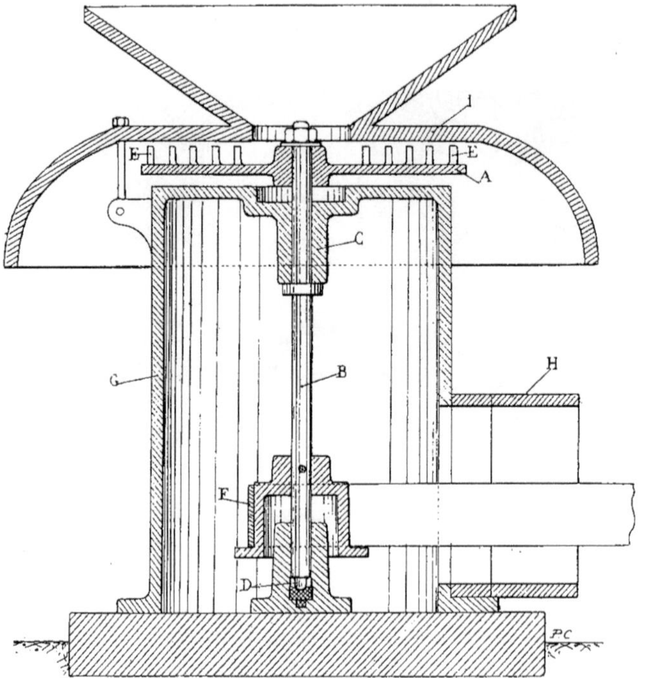

Fig. 267. — Mélangeur pour le sable.

monté à charnière pour pouvoir être soulevé afin de retirer, d'entre les goujons, les matériaux un peu gros qui auraient pu y être retenus.

Pour diviser, couper et mélanger l'argile, on se sert d'un mélangeur spécial, qui est constitué par un corps cylindrique, au centre duquel est disposé un axe vertical auquel on donne un mouvement de rotation par un moyen quelconque, généralement par courroie s'enroulant sur une poulie fixée sur cet arbre. Le corps cylindrique est divisé, sur sa hauteur, en compartiments séparés par des barreaux laissant entre eux le passage de l'argile. Dans chaque compartiment est disposée, sur l'axe vertical, une lame en forme d'hélice. Toutes les lames tournent donc en même temps que l'axe vertical, chacune dans son compartiment. On introduit l'argile dans la machine par sa partie supérieure. Elle est d'abord sectionnée, coupée, divisée par la première lame, qui la pousse, par suite de sa forme en hélice, dans le compartiment inférieur, où la seconde lame continue le travail de séparation tout en la rejetant dans le compartiment du dessous. Passant successivement dans tous les compartiments superposés, l'argile mélangée sort de l'appareil par des orifices placés à sa partie inférieure. Si sa finesse est jugée insuffisante, on peut la remettre dans l'appareil en l'introduisant par son orifice supérieur, et après un second passage, du haut en bas, elle peut, par l'action des lames, être plus complètement divisée.

Séparateur de métaux

Cet appareil est nécessaire dans une fonderie pour séparer, du sable, les parcelles de fer ou d'acier qui ont pu être incorporées à ce sable pendant les moulages successifs. On peut également l'employer dans les ateliers de construction pour séparer les copeaux de fer ou d'acier des autres copeaux de laiton, de bronze, etc., avec lesquels ils sont mélangés.

Les séparateurs de métaux sont basés, généralement, sur la propriété qu'ont les aimants d'attirer le fer ou l'acier à l'exclusion des autres matières : sables, terres ou d'autres métaux tels que le bronze ou le laiton.

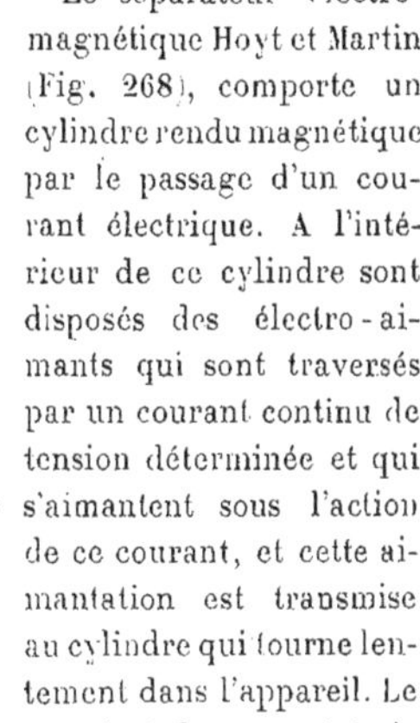

Fig. 268. — Séparateur électro-magnétique Hoyt et Martin.

Le séparateur électro-magnétique Hoyt et Martin (Fig. 268), comporte un cylindre rendu magnétique par le passage d'un courant électrique. A l'intérieur de ce cylindre sont disposés des électro-aimants qui sont traversés par un courant continu de tension déterminée et qui s'aimantent sous l'action de ce courant, et cette aimantation est transmise au cylindre qui tourne lentement dans l'appareil. Le mélange à traiter est jeté dans une trémie disposée à la partie supérieure de l'appareil. De la trémie, ce mélange arrive sur une sorte de table animée d'un mouvement d'oscillation qui a pour objet de régulariser la distribution du mélange qui est ensuite déversé sur le cylindre animé d'un mouvement de rotation lent. Parmi les corps divers constituant le mélange, ceux qui, après avoir touché le cylindre, sont retenus contre ses parois aimantées sont le fer et l'acier, tandis que les autres corps non magnétiques n'adhèrent pas au cylindre et sont projetés en avant par suite du mouvement de rotation.

Le cylindre continue donc son mouvement tournant en retenant sur sa paroi extérieure les parcelles de fer ou d'acier contenues dans le mélange.

Lorsqu'il a effectué une fraction de tour déterminée, le courant traversant les électro-aimants est automatiquement interrompu, de sorte que les parcelles de fer ou d'acier n'étant plus attirées contre le cylindre tombent et sont recueillies du côté opposé aux autres produits jetés vers l'avant. D'ailleurs, un frotteur, constitué par un cuir appuyant sur le cylindre, détache complètement de celui-ci les quelques parcelles que l'interruption du courant n'a pas fait tomber.

Ce séparateur fonctionne avec un courant continu d'une tension de 110 volts et d'une intensité de 3 à 4 ampères. Son mouvement peut lui être donné par courroie, par l'intermédiaire d'une poulie calée sur l'arbre du cylindre. Il peut aussi être actionné par un petit moteur électrique.

Il convient, avant de se servir d'un séparateur, de réaliser les meilleures conditions pour lesquelles l'appareil pourra être le plus utilement employé. Il faut, en effet, lorsque le mélange des produits contient de trop gros morceaux de métal, le passer dans un tamis comportant des mailles de grandeur appropriée. De même, si les divers matériaux sont trop intimement enchevêtrés, il est bon de leur faire subir, au préalable une petite opération destinée à faciliter leur séparation. Cette opération s'effectue à la main.

La trémie doit être maintenue toujours pleine pour régulariser le débit du mélange qui dépend de la hauteur de charge.

Enfin, le cylindre doit être très soigneusement préservé, sur sa surface extérieure, du contact d'une matière grasse, ce qui nuirait au bon fonctionnement. On doit, pour éviter cela, frotter de temps en temps le cylindre avec un chiffon sec.

De même, lorsque le mélange à traiter contient de l'huile ou des matières grasses, il convient de l'en débarrasser avant de le verser dans la trémie du séparateur.

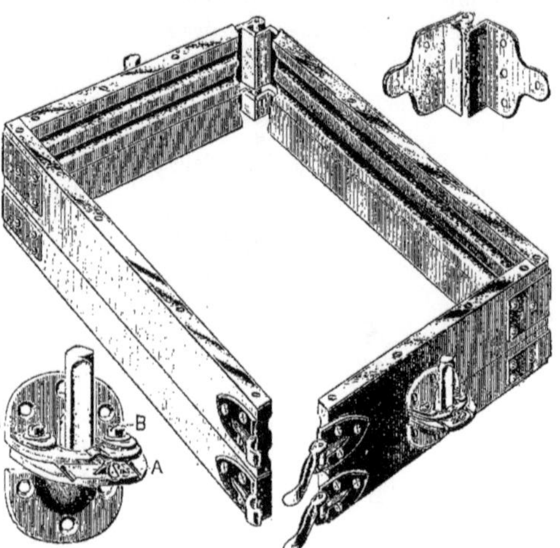

Fig. 269. — Châssis en bois, avec armatures. (Fenwick frères, Paris.)

Châssis

Lorsque le mélange du sable ou les matériaux divers devant constituer le moule, sont obtenus, on les place dans des châssis où ils sont pilonnés et préparés pour recevoir les empreintes devant former le moule de la pièce à fondre.

Les châssis sont donc destinés à retenir le sable, à l'enfermer dans un espace déterminé dont les dimensions doivent être appropriées à celles des pièces à obtenir.

Les châssis peuvent être faits soit en bois, soit en fonte, soit en fer.

Les châssis en bois sont utilisés pour le moulage des pièces légères, lorsque les moules ne doivent pas nécessairement être séchés à l'étuve.

Le châssis est constitué par un cadre en bois (Fig. 269), lequel est, parfois, articulé en un de ses angles et fermé dans l'angle opposé par l'intermédiaire d'une ferrure formant verrou. A son point d'articulation est placé un dispositif métallique de pivotage et les deux autres angles du châssis sont renforcés par des armatures métalliques qui le consolident et assurent sa rigidité.

Fig. 270. — Châssis en fonte. (Fenwick frères, Paris.)

Pour employer le châssis, on ferme le verrou qui assemble le cadre, et on peut alors verser du sable à l'intérieur et le préparer pour obtenir le moule. Comme, dans la généralité des cas, le moule comporte deux châssis, on superpose deux cadres en bois disposés de façon à peu près semblable.

Les deux cadres doivent être parfaitement repérés l'un par rapport à l'autre. On est obligé, en effet, d'enlever le cadre supérieur afin de retirer le modèle qui a été utilisé pour obtenir l'empreinte, et on doit le remettre ensuite bien exactement à la même place qu'il occupait auparavant, pour que les creux faits dans les deux châssis correspondent avec la plus grande précision. Pour guider et repérer les châssis, des goujons et des guides sont disposés sur les côtés. Dans la superposition des châssis, ces pièces permettent de les placer toujours dans la même position relative, ce qui est indispensable. Par la manœuvre d'un écrou, on peut, en cas d'usure, compenser le jeu et assurer un guidage et un repérage convenables.

Fig. 271. — Goujon.

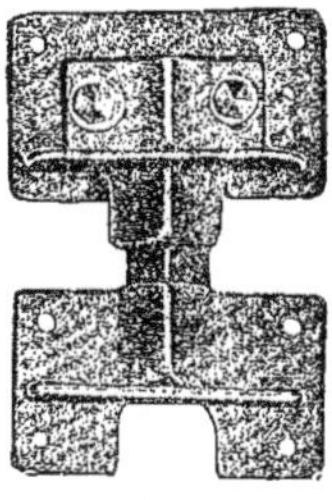

Fig. 272. — Guide angulaire de châssis.

Dans le châssis supérieur ont été pratiquées deux rainures horizontales sur chacune des parois intérieures, afin de retenir le sable dans ce châssis lorsqu'on le soulève pour enlever le modèle et qu'on le manipule pour le replacer sur l'autre châssis. Celui-ci ne bougeant pas, il est inutile de pratiquer des rainures semblables sur ses parois.

Le châssis en fonte de fer est constitué par un cadre fondu d'une seule pièce avec les oreilles destinées à recevoir les goujons et, parfois, avec les poignées qui servent à les manipuler, comme dans le châssis représenté par la figure 270. Les poignées de ce châssis sont cylindriques et placées perpendiculairement par rapport aux faces extérieures.

Quelquefois les poignées sont simplement des anses que l'on rapporte par des rivets sur les parois extérieures du châssis.

Les deux plans supérieur et inférieur des châssis sont soigneusement dressés et les trous, dans les oreilles, sont percés avec la plus grande précision, pour qu'en introduisant des goujons dans ces trous, on puisse mettre bien exactement en place les deux châssis superposés.

A la partie inférieure du châssis est pratiquée une feuillure horizontale sur les quatre parois intérieures, pour retenir le sable.

Certains châssis sont munis de barrettes verticales disposées sur les faces intérieures, et portent des cloisons intérieures assemblées sur le cadre à l'aide de rivets.

On construit aussi des châssis en fer (Fig. 273). Les cadres sont constitués, dans certains cas, par quatre traverses assemblées par tenons et mortaises. Pour augmenter la solidité de l'assemblage et maintenir la rigidité du châssis, les traverses sont rendues solidaires par une disposition en équerre qui renforce le cadre dans les angles (Fig. 274).

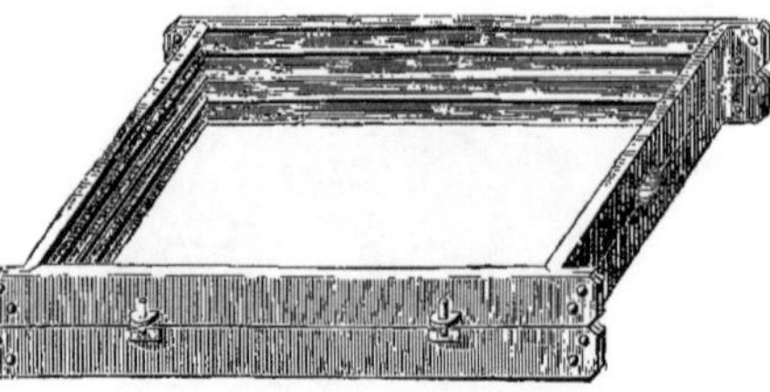

Fig. 273. — Châssis en fer à assemblages renforcés. (Fenwick frères, Paris.)

Parfois, l'assemblage dans les angles se fait par soudure. Chacun des cadres porte deux rainures horizontales sur chaque paroi intérieure, pour maintenir, le sable.

Des oreilles sont disposées sur deux faces extérieures et portent des trous de repérage, dans lesquels peuvent s'engager des goujons.

Fig. 274. — Assemblages de châssis en fer.

Outils de moulage

Le mouleur, pour rendre son moule apte à recevoir la coulée, doit effectuer diverses opérations de préparation du sable dans le châssis et certaines retouches aux empreintes obtenues par le placement des modèles dans le sable. Il se sert, pour cela, d'outils spéciaux qui sont relativement peu nombreux.

En plus du châssis dans lequel doit être contenu le moule, le mouleur emploie des *cribles* à l'aide desquels il peut séparer, dans les sables, des parties de dimensions trop différentes. Les cribles sont munis d'un treillage fait soit en fil de fer, soit en fil de laiton dont les mailles ont des dimensions plus ou moins grandes, suivant la finesse du produit que l'on veut obtenir.

La *pelle* est aussi un outil indispensable au mouleur pour manipuler ses matériaux, remplir ses châssis, etc.

Il emploie également des maillets et des *règles* faites en bois ou en métal, d'une grande longueur.

Les outils destinés à préparer le sable dans les châssis sont les *fouloirs* servant à comprimer ce sable. Le sable, en effet, jeté dans le châssis, doit nécessairement être foulé pour avoir la consistance nécessaire et se maintenir sans se détacher lorsqu'on aura créé des creux dans le moule.

Les fouloirs sont de deux sortes : le fouloir long et le fouloir court.

Le premier est une sorte de pilon comportant une tête métallique (Fig. 275), généralement faite en fonte de fer, placée à l'extrémité d'un manche en bois. Ce manche est assez long pour que l'on puisse, avec l'outil, fouler le sable que l'on jette au fond d'un châssis ayant une grande hauteur. On frappe avec ce pilon, à coups répétés, sur le sable que l'on verse au fur et à mesure dans le châssis, pour en faire un tout bien compact.

Le fouloir court (Fig. 276) est également une sorte de pilon comportant une tête, souvent sphérique, munie d'un manche très court venu de fonte avec la tête. L'outil est fait en fonte de fer et l'extrémité du manche est taillée en forme de pointe. Cette extrémité pointue est employée lorsqu'il faut comprimer le sable dans des parties du moule d'accès difficile, dans les coins, par exemple, ou dans des parties étroites.

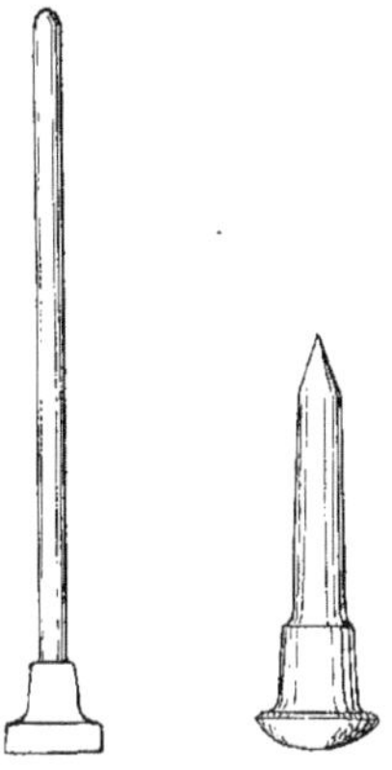

Fig. 275 et 276. — Fouloir long et fouloir court.

Les fouloirs sont appelés aussi *pilons* ou *pillettes* lorsqu'ils sont de faible longueur.

Pour rectifier, dans les moules, des arêtes rectilignes qui ont pu être légèrement déformées par les manipulations, et pour constituer, dans le sable, des parties en relief limitées par des arêtes droites, on se sert d'un outil appelé *tablette*. C'est une plaquette A (Fig. 277) métallique, de forme carrée ou rectangulaire, dont la face inférieure est bien dressée et qui est munie, en son milieu, d'une poignée B servant à sa manœuvre. Pour faire ou rectifier une arête, on pose la tablette sur le sable que contient le moule, en orientant un de ses bords dans la direction exacte de l'arête à obtenir, ce qui permet de suivre dans le sable cet alignement.

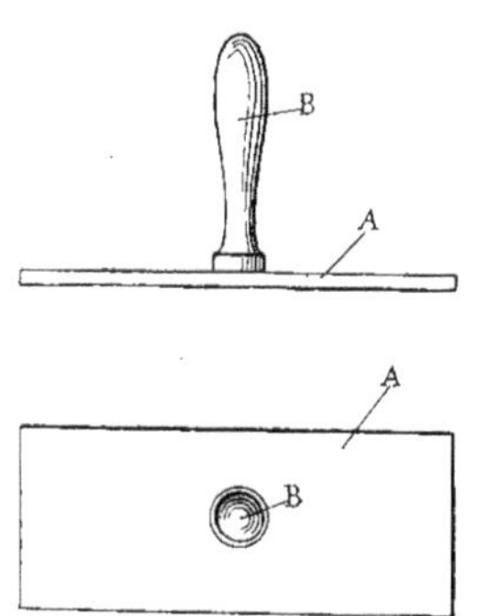

Fig. 277. — Tablette.

Lorsque les empreintes sont faites dans le sable et que le modèle est enlevé, on polit les parois du moule, avant d'effectuer la coulée, afin de régulariser les surfaces sur lesquelles ont pu se produire de petits arrachements. On emploie, pour faire cette opération, des outils nommés *plaques à polir*. Ces outils ont parfois la forme plate, parfois une forme arrondie.

La plaque à polir plate (Fig. 278) se compose d'une plaque métallique A, de peu d'épaisseur, de forme généralement rectangulaire. Cette plaque est munie d'une poignée formée d'une tige métallique B, rivée sur elle et coudée à angle droit. Un manche C, en bois, termine cette poignée. Cet outil a un peu l'aspect d'une truelle. Pour polir les surfaces de sable, on applique la plaque sur ces surfaces et, par une succession de mouvements, on lisse le sable, ou la poussière de charbon qu'on y mélange, ou l'enduit dont on le recouvre, dans certains cas.

Ce type de plaque à polir s'applique aux grandes surfaces planes dont le polissage peut être fait à plat, sans gêne.

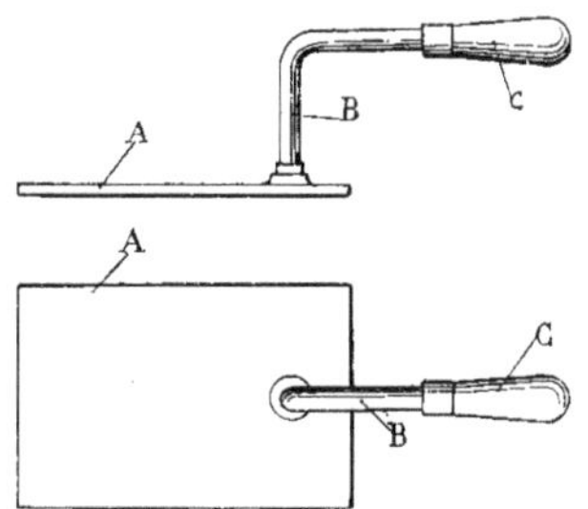

Fig. 278. — Plaque à polir plate.

Pour les parties arrondies des moules ou pour celles qui sont moins abordables, on emploie la plaque à polir à forme courbe.

Elle est constituée par une sorte de calotte métallique A (Fig. 279) ayant une forme cintrée sur les bords et aplatie vers le centre. Cette calotte fait corps avec une poignée également métallique B, placée verticalement en son milieu et servant à la manipuler.

La surface extérieure des plaques à polir est très adoucie pour que les parois du moule en sable puissent être bien lissées. En dehors des outils précédents, l'ouvrier modeleur emploie encore des spatules de différentes formes.

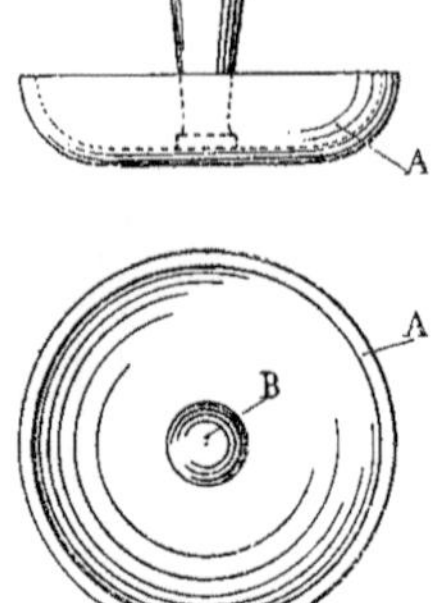

Fig. 279. — Plaque à polir arrondie.

La spatule recourbée (Fig. 280) est constituée par une lame métallique A mince et un peu flexible, ayant une forme cintrée parfois dans des sens opposés. Dans ce cas, les deux extrémités B et C, aplaties et terminées en pointe, ont des largeurs différentes et sont utilisées suivant la place dont on dispose et les parties du moule qu'il convient de retoucher. C'est surtout pour effectuer des retouches dans les creux que l'on emploie ces spatules, soit pour aviver des arêtes, soit pour raccorder certaines surfaces par des courbes, etc.

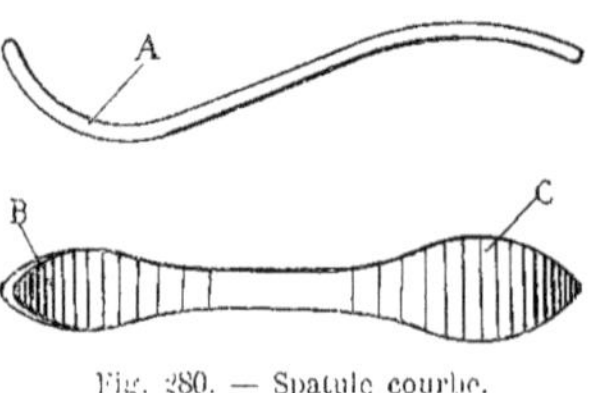

Fig. 280. — Spatule courbe.

D'autres spatules ont une forme de raclette (Fig. 281). Elles sont formées d'une lame métallique A, dont une des extrémités B est retournée en équerre. Cette extrémité est élargie, tandis que l'extrémité opposée C est plus étroite et fait office de manche.

Cet outil est surtout employé pour enlever, de l'intérieur du moule, les débris de sable qui ont pu se détacher pendant les manipulations successives et tomber dans les creux. Il importe, en effet, que toutes les surfaces des moules soient bien nettes pour obtenir une pièce fondue exempte de rugosités.

Comme outils accessoires, le mouleur doit encore avoir à sa disposition des *broches;* ce sont des tiges en acier, appointées à une extrémité, qui servent à pratiquer, à travers le sable des moules, des trous qui font office d'évents et par lesquels les vapeurs et les gaz qui prennent naissance à l'intérieur des moules, au contact du métal liquide, peuvent s'échapper dans l'atmosphère. De la sorte, on évite les inconvénients qui peuvent résulter de la présence, à l'intérieur du moule, de gaz dont l'action risque de détériorer les parois et d'altérer les surfaces des pièces fondues.

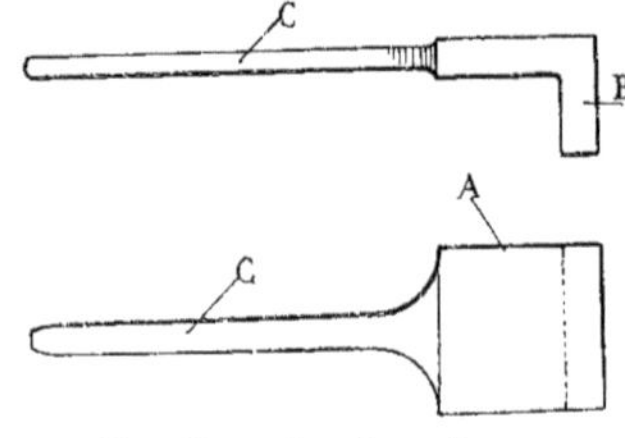

Fig. 281. — Spatule en équerre.

Un récipient, destiné à contenir de l'eau, et des pinceaux ou des éponges, font aussi partie de l'outillage du mouleur. Il les emploie pour mouiller le sable et pour arroser les châssis ou certaines de leurs parties, où, par suite de leurs dispositions, le sable sèche parfois plus rapidement que sur les autres parties du moule.

Procédés de moulage Les procédés de moulage sont variés et ne comportent pas tous l'emploi de châssis. Pour l'obtention de la plus grande partie des pièces mécaniques de poids moyens, utilisées dans l'industrie, on pratique le procédé de moulage au modèle avec utilisation de châssis. Dans certains cas, cependant, on procède au moulage avec modèle, mais sans châssis; mais ce procédé n'est utilisé que dans des circonstances toutes particulières.

On peut aussi effectuer un moulage sans modèle, en se servant simplement d'un calibre ayant la silhouette de la pièce à obtenir. Ce calibre est appelé *trousseau,* et le procédé de moulage où on l'utilise se nomme *moulage au calibre* et, plus généralement, *moulage au trousseau.* Le moulage au trousseau comporte parfois l'emploi de châssis.

On peut donc classer les divers procédés de moulage en deux catégories principales : *moulage au modèle, moulage au trousseau,* chacun de ces procédés pouvant lui-même comporter des variantes suivant la qualité du sable employé et suivant le type de pièces à obtenir.

Il existe aussi un procédé de moulage qui consiste à obtenir les empreintes des moules directement dans la terre remplaçant le sable. Ce procédé, qui est désigné sous le nom de *moulage en terre,* ne nécessite ni modèle ni châssis.

Moulage au modèle Le moulage au modèle consiste à construire un moule à l'aide d'un modèle auquel on a donné exactement la forme des pièces à obtenir fondues.

Le plus généralement, les modèles sont faits en bois, mais on les fait aussi métalliques, dans certains cas.

Les modèles en bois sont fabriqués, ainsi que nous l'avons dit précédemment, dans l'atelier de modelage, par des ouvriers spéciaux : les *modeleurs,* qui sont des ouvriers habiles connaissant la pratique du moulage et le dessin industriel.

Il importe, en effet, qu'un modèle soit construit non seulement avec les formes et aux dimensions exactes indiquées par les dessins, mais encore qu'il soit formé, si cela est nécessaire, de diverses parties assemblées ayant pour objet de faciliter la confection des moules et l'enlèvement de ce modèle du sable, sans déformer les empreintes qui y ont été pratiquées.

Assez souvent, les modèles en bois sont faits d'un seul morceau, lorsque leur forme se prête à un démoulage facile. On donne cependant, même dans ce cas, de la *dépouille* au modèle pour rendre plus aisée sa sortie du moule. La dépouille consiste à donner aux parois qui sont orientées dans le sens de la sortie du modèle une légère inclinaison, de façon que la dimension de la pièce soit plus faible vers l'intérieur du moule que sur sa face extérieure. On peut, de la sorte, sortir le modèle sans ébranler le sable qui l'entoure.

Si nous supposons, par exemple, que l'on doive obtenir, par moulage, une pièce sensiblement cylindrique A (Fig. 282) munie d'une collerette B, le moulage de cette pièce s'effectuera en plaçant dans un châssis C un modèle en bois ayant exactement la forme de la pièce à obtenir.

Cependant, si ce modèle était parfaitement cylindrique, c'est-à-dire si les arêtes D E et F G étaient bien exactement verticales, on éprouverait, on le comprend, la plus grande difficulté à sortir le modèle du sable pour y couler du métal à sa place, sans provoquer de petits arrachements de sable sur les parois ou sans les déformer légèrement en certaines de leurs parties. Si, au contraire, on donne aux arêtes D E et F G une légère inclinaison, de façon que le diamètre D F de la pièce soit un peu plus grand que le diamètre inférieur E G, le modèle pourra très aisément être sorti du sable sans toucher aux parois du creux qui y est formé, à condition, toutefois, de sortir le modèle avec soin et bien verticalement.

Le modèle, au lieu d'avoir un corps cylindrique, aura donc au-dessous de la collerette une forme légèrement conique, la petite dimension étant placée à la partie inférieure.

La collerette B, qui doit être cylindrique, aura également une légère dépouille sur champ dirigée dans le même sens, puisque cette collerette est enfoncée sur toute son épaisseur dans le châssis inférieur.

Le châssis supérieur H, qui est mobile, et que l'on doit séparer de l'autre pour retirer le modèle du sable, comprend une partie de la pièce, qui a la forme d'un corps cylindrique disposé au-dessus de la collerette. De même que pour la partie inférieure de la pièce, ce corps cylindrique doit avoir de la dépouille pour faciliter le démoulage. Les deux arêtes I J et K L, au lieu d'être verticales, seront donc obliques, mais, dans ce cas, leur obliquité sera dirigée dans le sens inverse de celle des arêtes inférieures et le diamètre I K sera plus petit que le diamètre J L. Ceci s'explique par la nécessité de soulever le châssis supérieur H pour dégager le modèle qui reste néanmoins engagé dans le châssis inférieur.

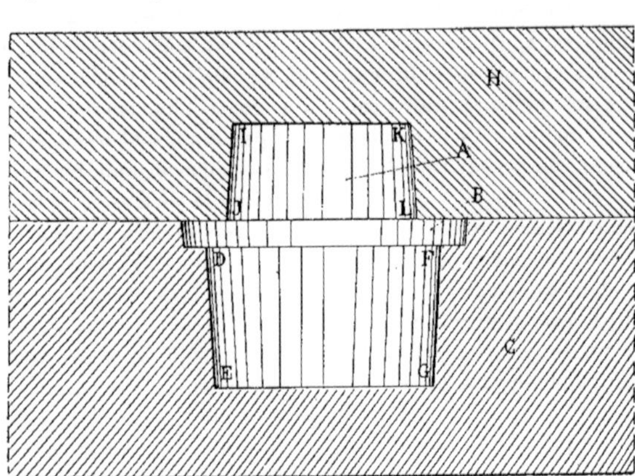

Fig. 282. — Dépouille d'un modèle.

La dépouille doit donc, nécessairement, être disposée dans le corps cylindrique supérieur, pour que les parois de sable que l'on soulève avec le châssis ne heurtent pas le modèle. C'est le contraire de ce qui se produit pour le châssis inférieur, où c'est le modèle qui est mobile et que l'on retire du sable. De là l'orientation opposée de la dépouille dans les deux châssis.

La dépouille, on peut s'en rendre compte, est évidemment nécessaire sur un modèle, mais on ne doit pas, toutefois, en exagérer l'importance, car on risque de déformer la pièce à obtenir.

Le modeleur doit, en fabriquant les modèles, tenir compte non seulement de la dépouille à leur donner, mais encore du *retrait* que subit le métal coulé dans les moules, lors de son refroidissement. Il importe donc qu'il augmente chaque dimension du modèle pour que la pièce obtenue ait les vraies dimensions portées sur les dessins. Ces augmentations doivent, d'ailleurs, être proportionnelles à la valeur même des dimensions, car le retrait est d'autant plus grand que les dimensions des pièces sont plus importantes.

En outre, suivant la nature du métal coulé, le retrait a une valeur différente. Il convient donc, pour le modeleur, de tenir compte de ces deux éléments : la nature du métal à couler et les dimensions des pièces. Pour éviter les pertes de temps qui se produiraient certainement s'il était nécessaire de calculer, pour chaque dimension portée sur le dessin, la dimension correspondante comportant l'augmentation due au retrait, les modeleurs emploient des mesures spéciales établies en tenant compte du retrait.

Ainsi, par exemple, lorsqu'ils confectionnent des modèles devant servir à obtenir des pièces faites en fonte de fer, comme le retrait de la fonte de fer est égal à 1 centimètre pour une longueur de 1 mètre, les modeleurs se servent d'un *mètre* auquel on a donné, en réalité, une longueur de $1^m,01$. Cette longueur divisée, comme dans le mètre ordinaire, en dix parties égales, puis, chacune de ces parties, en dix autres, constitue le *mètre pour la fonte,* divisé en *centimètres* et en *millimètres.*

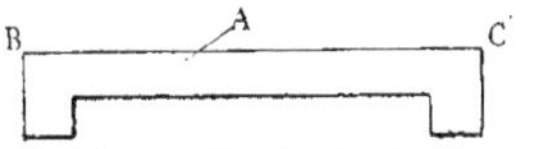

Fig. 283. — Modèle de pièce à mouler.

Le modeleur en portant, à l'aide de cette mesure spéciale, les dimensions telles qu'il les trouve sur les dessins, exécute donc une pièce ayant, dans toutes ses parties, une augmentation de dimensions égale au retrait, de sorte que la pièce fondue aura exactement les dimensions désirées.

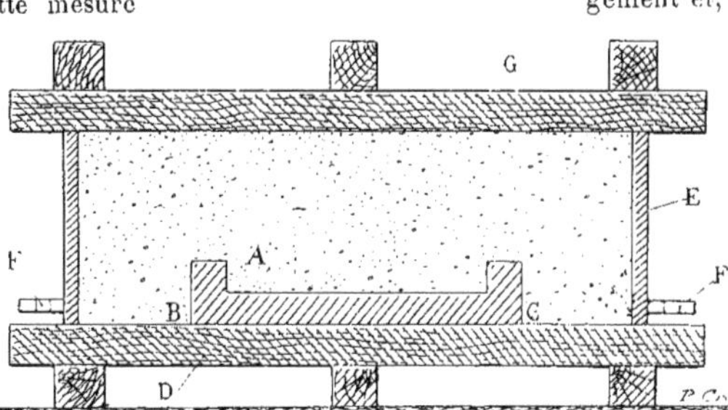

Fig. 284. — Préparation d'un moule.

Le bois utilisé pour confectionner les modèles doit être sec; sinon, il risque de se cintrer et de produire des déformations de ce modèle. Il faut aussi, en plaçant judicieusement le *fil du bois* dans le sens convenable, savoir empêcher le travail de gondolage du bois et assurer la solidité du modèle.

Les bois les plus employés à la confection des modèles sont le sapin, le pin, le frêne, le hêtre, l'aulne, le poirier, etc..., suivant la finesse des pièces à obtenir. Pour les motifs d'ornement qui doivent être parfaitement fondus dans leurs moindres détails, on emploie plus spécialement le frêne et le poirier.

Lorsqu'un modèle est terminé, il convient de le mettre à l'abri de l'humidité, en le recouvrant d'une couche de vernis. Ce vernis est composé de gomme laque que l'on a fait dissoudre dans de l'alcool à 90 degrés. On lui adjoint parfois d'autres substances, comme, par exemple, le noir de fumée. La couche de vernis passée sur un modèle a pour effet d'obstruer les pores du bois et d'empêcher que l'humidité, en pénétrant au cœur même du modèle, provoque le gonflement du bois, son gauchissement et son allongement et, en tous cas, la déformation de ce modèle. En outre, la couche de vernis passée sur la surface du bois lui donne un poli qui permet d'obtenir, dans le sable, des parois bien nettes et, par conséquent, des pièces moulées d'un bel aspect.

Pour effectuer un moulage avec modèle, à l'aide de plusieurs châssis, on utilise, pour donner de la régularité aux surfaces supérieure et inférieure de chacun des châssis, deux planches, l'une destinée à former la base du moule, qui est appelée, pour cela, *soubassement,* et l'autre, sur laquelle on pose le modèle pour la mise en chantier et que l'on nomme *planche de modèle.* On peut évidemment ne pas se servir de ces planches, à condition de les remplacer, lors de la préparation du moule, par des surfaces bien planes et offrant une résistance suffisante pour supporter le foulage du sable dans les châssis. C'est ainsi que l'on peut prendre comme base le sol même de l'atelier, préparé pour cet objet.

La planche de modèle et la planche de soubassement sont rendues rigides par des traverses qui leur sont fixées et qui empêchent leur gauchissement.

Pour préparer le moule d'une pièce dont le modèle A, constitué d'un seul morceau, comporte, par exemple, une surface plane (Fig. 283), ce qui est un des cas les plus simples de moulage, on pose ce modèle, par sa face plane BC, sur la planche D reposant sur un appui (Fig. 284).

Sur cette même planche, on dispose le châssis E, qui sera le châssis *inférieur* du moule, en le retournant, c'est-à-dire que la face inférieure qui repose sur la planche représente la face supérieure du châssis sur laquelle viendra s'appuyer le second châssis. Les oreilles F, portant les trous de repérage destinés à recevoir les goujons, seront, de la sorte, placées tout près de la planche D.

Le châssis doit occuper, sur la planche D, une position telle, par rapport au modèle, qu'il y ait autant que possible un même espace vide entre les bords de ce modèle et les parois intérieures du châssis.

Dans cette position, on verse du sable dans l'intérieur du châssis et on foule ce sable qui entoure le modèle à la partie inférieure. Après une compression suffisante, qui ne doit cependant pas être exagérée, sous peine de diminuer, d'une façon nuisible, l'imperméabilité du moule, on affleure, à l'aide d'une règle, le sable avec la face supérieure du châssis. On pique le sable avec des aiguilles en fer pour créer des petits conduits de dégagement des gaz qui se forment lors de la coulée. On pose, ensuite, sur la surface plane ainsi obtenue, la planche de soubassement G. Le châssis inférieur est ainsi préparé, mais il se trouve tourné à l'envers. On le place dans sa position normale, en lui faisant effectuer un demi-tour, de façon à faire reposer la planche de soubassement G sur le sol (Fig. 285). On enlève alors la planche à modèle D et on met à découvert, sur le même plan que la face supérieure du châssis, la face BC du modèle. C'est ce que l'on nomme *faire le joint*.

Il ne reste plus qu'à poser sur le châssis inférieur E le châssis supérieur H. Mais, auparavant, il convient de répandre sur les deux faces des deux châssis devant venir en contact, soit du sable à gros grains, bien sec, ou du *sable brûlé,* c'est-à-dire ayant déjà servi à la coulée, ou, encore, des débris de briques, ou du charbon de bois pulvérisé. On empêche ainsi les deux surfaces de sable des deux châssis d'adhérer l'une à l'autre, ce qui permet, au moment voulu, de séparer ces deux châssis sans provoquer des arrachements de sable.

Il faut avoir le soin, en plaçant le châssis H sur le châssis E, de faire coïncider les oreilles de repérage de ces châssis, de façon à pouvoir engager dans deux oreilles correspondantes un même goujon. Les oreilles de l'un des châssis portent même les goujons qui leur sont fixés et qui pénètrent dans les trous portés par les oreilles de l'autre châssis. On détermine ainsi bien exactement la position respective des deux châssis, et on peut, alors, procéder au remplissage du châssis supérieur. Ce châssis comporte souvent des traverses I, qui servent à maintenir le sable dans le châssis et à l'empêcher de tomber lors de son retournement ultérieur.

Lorsqu'il s'agit d'un moulage semblable à celui que nous examinons, la hauteur des traverses, des *barres,* ainsi qu'on les désigne généralement, ne peut être gênante. Il n'en serait pas de même si une partie du modèle devait être moulée dans le châssis supérieur. Dans ce cas, la hauteur des barres du châssis doit permettre le placement du modèle. Avant de comprimer le sable dans le châssis supérieur, de le *serrer,* selon le terme d'atelier fréquemment employé, on dispose verticalement un modèle de forme cylindrique J portant une partie conique à sa partie supérieure. Ce *noyau* sert à former le conduit par lequel devra s'effectuer la coulée du métal liquide dans le moule. Par suite de la forme conique que possède ce noyau à une extrémité, l'orifice du conduit de coulée se trouve fortement évasé, ce qui facilite l'opération de coulée.

Lorsque la pièce à obtenir a une certaine importance, on place du côté opposé au noyau de coulée un ou deux mandrins K cylindriques, afin de créer dans le châssis supérieur un ou plusieurs conduits servant de cheminées lors de la coulée, pour permettre l'évacuation de l'air contenu dans le moule à l'arrivée du métal liquide. Ces évents ont une grande utilité, lorsque le volume des creux que le métal liquide doit remplir est considérable, car l'air, se trouvant comprimé, pourrait faire son passage à travers le sable et détériorer le moule.

Les modèles du conduit de coulée et des évents une fois placés dans le châssis supérieur, on peut le remplir de sable que l'on foule et que l'on affleure avec la face supérieure de ce châssis. On pique dans le sable, sur toute la surface, une série de trous destinés au dégagement des gaz après la coulée. Le moule ainsi préparé est complet, mais il faut en retirer le modèle A et les mandrins J et K. Ces deux mandrins peuvent aisément être enlevés de l'extérieur, mais pour ôter le modèle A, il faut soulever le châssis supérieur H et le séparer de l'autre châssis E qui peut rester immobile.

On pose ce châssis à côté de l'autre en le retournant, de sorte que l'on peut examiner et retoucher, dans les deux châssis, les parties qui prendront contact avec le métal liquide. On enlève d'abord le modèle du châssis inférieur. Pour cela, à l'aide d'un pinceau trempé dans l'eau, on humecte légèrement le sable, tout autour du modèle, afin de lui donner de la consistance et de l'empêcher de tomber dans le creux qui sera créé par la sortie du modèle. On ébranle ensuite celui-ci, en lui donnant de petits mouvements dans tous les sens. Cette opération s'effectue à l'aide d'une *barre à ébranler,* qui est une simple tige enfoncée dans le modèle dans un trou pratiqué pour la recevoir. Elle a pour objet d'écarter, d'une très faible quantité, le sable du modèle sur tout son pourtour et de permettre à celui-ci de s'enlever facilement sans entraîner du sable et sans déformer l'empreinte.

Des vis ou des tire-fonds rapportés sur le modèle servent à le prendre à la main pour le sortir du sable. Lorsque le modèle est lourd, on peut le soulever à l'aide d'un palan ou d'une grue.

Une fois le modèle sorti du châssis, il reste un creux dans le sable que l'on humecte en *soufflant* de l'eau dessus. On peut alors faire les retouches rendues nécessaires par les arrachements et les chutes de sable et redonner à l'empreinte la forme qu'elle doit avoir. On pratique, suivant la largeur de l'empreinte, une ou plusieurs rigoles faisant communiquer le creux du moule avec le conduit de coulée J, et de l'autre côté, avec les évents d'échappement d'air K. On polit les surfaces à l'aide des plaques à polir servant de truelles, ou des spatules. On répand ensuite sur les surfaces qui prendront contact avec le métal liquide, de la poussière de charbon de bois qui sert à empêcher l'adhérence du sable avec le métal qui sera coulé dans le moule.

La poussière de charbon est contenue dans un sac spécial fait en toile fine et que l'on nomme *sac à poussier*. A l'aide de ce sac, on saupoudre le moule de façon à répartir la couche de charbon le plus régulièrement possible. On repasse ensuite sur les parois de l'empreinte les outils à polir pour lisser les surfaces et faire adhérer la poussière de charbon au sable. Lorsque le métal en fusion touche cette couche de charbon, il provoque sa combustion, qui produit des cendres formant un mince écran protecteur entre le métal et le sable, et empêche leur adhérence.

Ces diverses opérations étant effectuées sur les deux parties du moule, il ne reste plus qu'à replacer le châssis supérieur sur le châssis inférieur, en le repérant bien soigneusement, à l'aide de goujons ou de clavettes, pour qu'il occupe très exactement la place qu'il possédait primitivement par rapport à l'autre.

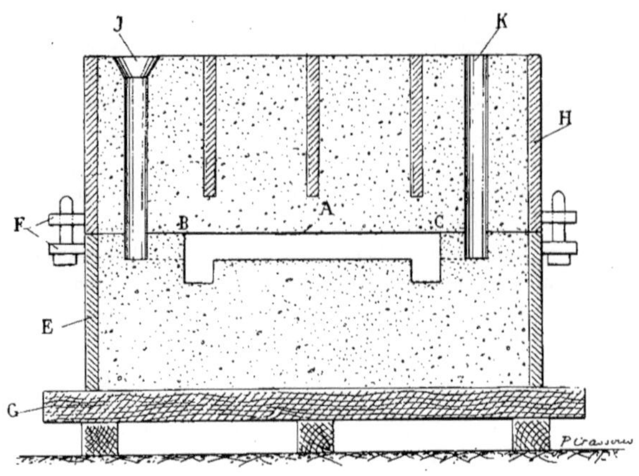

Fig. 285. — Moule terminé.

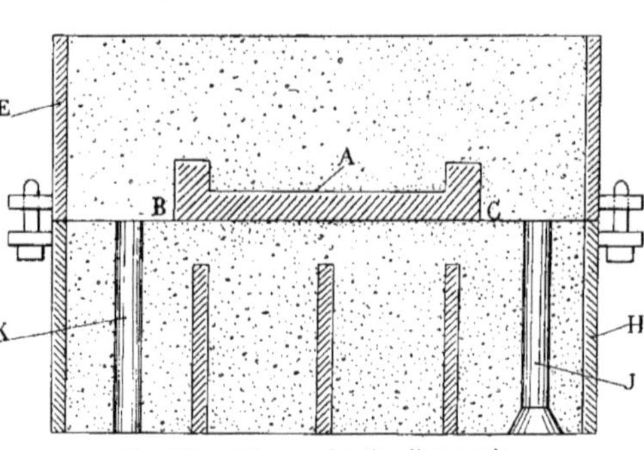

Fig. 286. — Mise en chantier d'un moule.

Le moule est ainsi terminé (Fig. 285) et peut, après séchage, recevoir la coulée, qui s'effectue par l'orifice du conduit J. Après la coulée et le refroidissement, on enlève le châssis supérieur et on obtient une pièce A métallique ayant la forme du modèle qui a été utilisé. A chaque extrémité de cette pièce se trouvent des appendices métalliques provenant des rigoles de communication qui ont été remplies par le métal liquide. Ces appendices sont séparés de la pièce à l'aide d'une scie ou d'un burin, et la pièce est ainsi mise à sa vraie forme.

Voilà donc une façon de préparer un moule. On peut effectuer cette préparation sans employer les planches de modèle et de soubassement. Dans ce cas, on place d'abord le châssis supérieur H sur le sol et retourné (Fig. 286), de sorte que les oreilles recevant les goujons de repérage soient placées en haut.

La surface du sol sur lequel repose le châssis doit être bien dressée et assez résistante pour que l'on puisse facilement comprimer le sable dans le châssis. Ce châssis H, après le placement des mandrins J et K, est donc rempli de sable, que l'on foule, au fur et à mesure, avec le pilon, jusqu'à ce qu'il atteigne son bord supérieur. On régularise alors la surface supérieure à l'aide d'une règle. Sur cette surface parfaitement plane et que l'on nomme *couche,* on pose le modèle sur sa partie plate. On recouvre ce modèle d'une épaisseur de sable d'environ 1 centimètre, au moins, en le tamisant et en le comprimant à la main contre la pièce en bois.

On peut alors poser le second châssis E, qui est le châssis inférieur, sur le premier, en plaçant, cette fois, les oreilles porte-goujons vers le bas, de façon à pouvoir engager les goujons de repérage et disposer les deux châssis dans leur position définitive. On remplit le châssis E de sable que l'on foule et on affleure sa surface supérieure, bien dressée, avec les bords du châssis.

On pique le sable à l'aide d'une aiguille pour créer des évents dans le moule, et les deux châssis étant parfaitement assujettis l'un à l'autre, on retourne l'ensemble du moule. Le châssis E, qui est le châssis inférieur, prend alors sa vraie place et le châssis H se trouve placé au-dessus.

Le retournement s'effectue à la main, en s'aidant des poignées, pour les moules qui ne pèsent pas trop lourd; lorsque leur poids est trop considérable, on se sert d'une grue pour les retourner.

Il convient que la surface du sol sur lequel on place le moule soit bien plane, pour que le châssis inférieur touche en tous les points de sa surface sans qu'il puisse se produire le moindre gauchissement.

Dans cette position, le moule est exactement disposé comme dans le cas précédent, sauf qu'il repose sur le sol au lieu de reposer sur une planche de soubassement. A partir de ce moment, les opérations de préparation de ce moule sont les mêmes que celles que nous avons indiquées plus haut : on enlève le châssis supérieur, on fait *le joint,* on sort le modèle, on polit les surfaces, on saupoudre de poussier de charbon, et, après avoir creusé les rigoles de coulée, on replace le châssis supérieur sur l'autre, et le moule est ainsi terminé.

Lorsque les moules sont lourds, on évite le retournement des châssis, dans l'opération de préparation de ces moules, en disposant le châssis inférieur directement à la place qu'il doit occuper, de façon à ne pas le déplacer.

Pour placer le modèle dans ce châssis, il faut d'abord verser du sable et le fouler jusqu'à une hauteur telle que le modèle puisse y être posé de façon que la ligne de joint corresponde bien exactement à la face supérieure du châssis. Avec ce procédé, il est plus difficile de mettre le modèle bien en place et de comprimer le sable tout autour de lui, mais l'avantage de la mise en place sans retournement compense ces difficultés.

Les moules à obtenir ne sont pas toujours aussi simples que celui que nous venons de prendre pour exemple. Même lorsque le modèle est constitué d'un seul bloc, les formes convexes ou concaves des pièces à fondre nécessitent d'autres dispositions lors de la préparation du moule.

Si nous supposons que la pièce à obtenir ait la forme indiquée par la figure 287, on prépare le châssis inférieur A (Fig. 288), en le mettant en place. On foule le sable dans la partie inférieure de ce châssis sur une certaine hauteur, et on fait reposer sur ce sable le modèle B que l'on dispose renversé, pour créer, plus haut, un joint rectiligne.

Ce joint, établi suivant la ligne C D, doit exactement coïncider avec la surface supérieure du sable contenu dans le châssis A et être au niveau du bord supérieur de ce châssis.

Le modèle doit donc être placé dans ce châssis en l'entourant de sable que l'on comprime contre ses parois. On prépare la surface de joint en la saupoudrant avec du charbon de bois pulvérisé ou tout autre produit pouvant empêcher l'adhérence du sable contenu dans les deux châssis.

On place alors le châssis supérieur E sur l'autre, en le mettant en position, grâce aux goujons de repérage. On dispose dans ce châssis le mandrin F qui formera le couduit de coulée, et le mandrin G qui formera évent, et on commence à verser du sable.

Par suite du creux porté par la pièce B, qui nécessitera, dans le châssis F, une saillie de sable assez considérable, on dispose, parfois, lorsque cette saillie est trop importante, des crochets H qui ont pour fonction de servir d'armature au sable et d'empêcher la saillie de tomber lorsqu'on enlève le châssis supérieur pour sortir le modèle du moule. Les crochets H sont généralement des tiges cylindriques d'environ 10 millimètres de diamètre, dont les extrémités, aplaties, sont recourbées à angle droit.

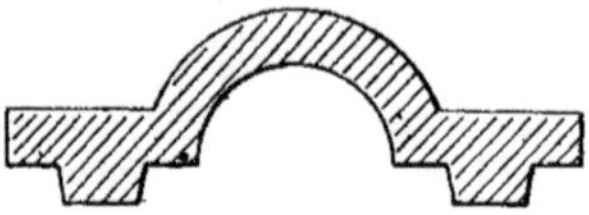

Une de ces extrémités repose sur la partie supérieure des barres I entretoisant le châssis; l'autre extrémité aboutit à la partie inférieure dans la saillie même de sable à consolider. Lorsque c'est nécessaire, on place plusieurs crochets sur chacune des barres, en les entretoisant pour assurer la solidité de l'ensemble. On peut alors verser du sable dans le châssis supérieur et le fouler entre les barres et les crochets, ce qui nécessite parfois l'emploi de petits pilons.

Fig. 287. — Pièce à fondre.

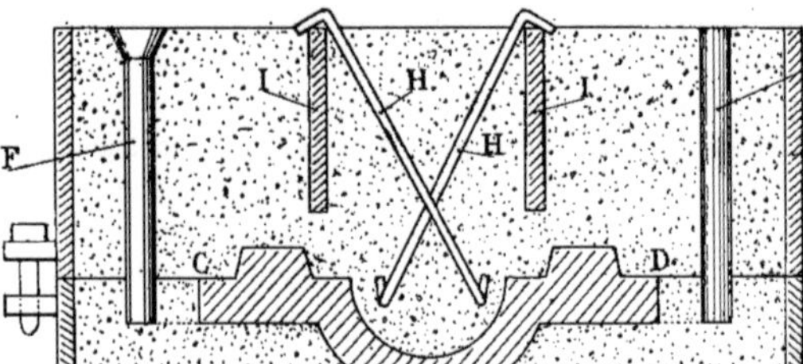

Fig. 288. — Moule d'une pièce cintrée.

Lorsque le sable comprimé atteint la face supérieure du châssis, on l'affleure et on sépare le châssis supérieur E de l'autre, afin de sortir le modèle B du moule.

Ce modèle enlevé, on prépare les empreintes du moule, dans les deux châssis, en les polissant et en les saupoudrant de poussière de charbon de bois. On pratique les rigoles de coulée et de sortie d'air correspondant, respectivement, avec le trou de coulée F et l'évent d'évacuation d'air G, puis, après avoir ôté du châssis supérieur les deux mandrins F et G, on pose ce châssis sur le châssis inférieur A et on le met exactement en position à l'aide des goujons : le moule est terminé.

Les deux pièces dont nous venons d'examiner la fabrication des moules ne comportent que des parties pleines, mais un grand nombre d'organes mécaniques, que l'on obtient par moulage, sont munis de creux les traversant de part en part et, particulièrement, les poulies, volants, tambours, etc... portent un trou au centre du moyeu. Comme ces moyeux ont parfois un grand diamètre, il est avantageux d'obtenir les pièces avec le trou formé, au lieu de les obtenir avec leur moyeu plein, ce qui nécessite un travail de forage assez long et dispendieux.

L'obtention de ces trous nécessite l'emploi, dans les modèles, de *noyaux* en sable qui doivent être disposés pour former une masse compacte à la place même où se trouvent des trous, de sorte qu'à la coulée, le métal liquide se répand autour du noyau, que l'on fait tomber après refroidissement, ce qui produit un trou.

Examinons, à titre d'exemple, la confection d'un moule destiné à obtenir des poulies métalliques semblables à celle dont la figure 289 représente la coupe verticale. La surface extérieure de cette poulie A est bombée et elle porte un trou B au centre de son moyeu.

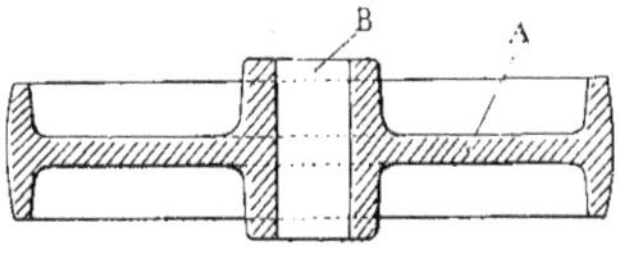

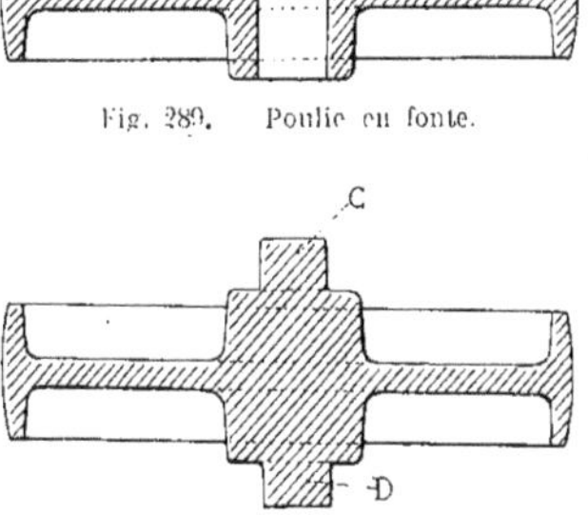

Fig. 289. Poulie en fonte.

Fig. 290. — Modèle de la poulie.

Le modèle en bois que l'on exécutera pour procéder au moulage, aura exactement la même forme extérieure que celle de la pièce à obtenir et ses dimensions auront été augmentées, ainsi que nous l'avons dit, pour compenser le retrait (Fig. 290).

En un point, seulement, le modèle diffère

Pour procéder à la préparation du moule, on place dans le châssis inférieur E du sable que l'on foule, et on dispose le modèle de façon que la surface de joint FG passe exactement par le milieu de la largeur de la poulie (Fig. 291).

Cette condition est nécessaire, parce que le profil de la poulie est cintré et que le joint ainsi établi permet d'avoir dans les deux châssis la dépouille disposée du côté convenable pour pouvoir soulever aisément le châssis supérieur et sortir le modèle du châssis inférieur sans accrocher le sable formant les parois du moule.

Les parois intérieures de la jante et les surfaces extérieures des moyeux ont reçu des inclinaisons dans le sens voulu, afin de faciliter ces manœuvres.

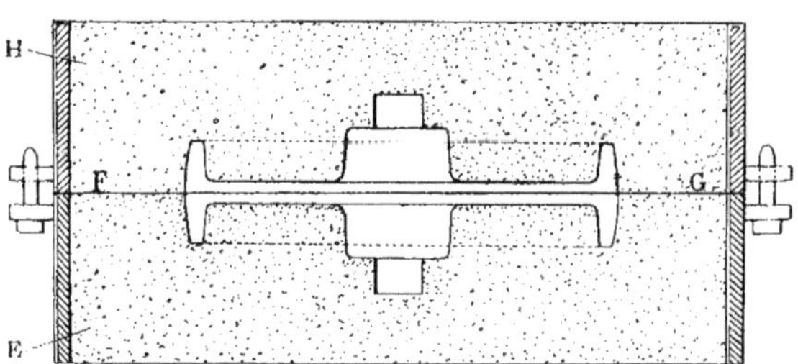

Fig. 291. — Préparation du moule sans le noyau.

de la pièce ; le trou B de celle-ci n'est pas pratiqué dans le modèle et, au contraire, celui-ci porte, dans le prolongement même de l'axe du moyeu, deux mamelons C et D disposés un de chaque côté de ce moyeu. Nous verrons plus loin l'utilité de ces mamelons, auxquels on donne le nom de *limites de noyau,* pour placer le noyau dans le moule.

Le modèle se trouvant donc placé jusqu'à mi-largeur dans le châssis inférieur E, on remplit ce châssis de sable en le foulant contre le modèle ; on dresse la surface de joint, que l'on saupoudre de poussière de charbon et on recouvre de sable la partie du modèle qui déborde en le comprimant à la main contre ce modèle, puis on pose le châssis supérieur H sur l'autre ; on monte les goujons de repérage et on remplit complètement le châssis de sable que l'on foule, au fur et à mesure, jusqu'à ce qu'il ait atteint le niveau des bords supérieurs du châssis. On dresse parfaitement sa surface à la hauteur de ces bords.

Il convient, à ce moment, de sortir le modèle du moule. Pour cela, on soulève le châssis supérieur H ; on le dispose à côté de l'autre en le retournant et on enlève le modèle du châssis inférieur. On termine ensuite les surfaces du moule dans chacun des châssis.

Si on replaçait, comme dans les moules que nous avons examinés précédemment, le châssis supérieur H sur le châssis inférieur E, on obtiendrait, dans le moule, un creux dont la forme est représentée par la figure 291 et si on coulait du métal dans ce moule, on obtiendrait une pièce métallique exactement semblable au modèle, c'est-à-dire portant deux mamelons C et D, au lieu du trou central.

Pour que la pièce obtenue porte ce trou central, il conviendra donc d'ajouter dans le moule un mandrin cylindrique ayant exactement le diamètre du trou et placé dans l'axe du moyeu. Ce mandrin est le *noyau.* C'est un cylindre fait en sable que l'on comprime dans un moule spécial pour lui donner non seulement la consistance nécessaire, mais aussi pour le mettre aux dimensions voulues en longueur et en diamètre. Nous examinerons plus loin les procédés de fabrication des noyaux.

Dans le cas qui nous occupe, le noyau aura comme diamètre le diamètre des mamelons cylindriques C et D, qui est aussi le diamètre du trou central, et sa longueur sera égale à la distance qui sépare les extrémités des mamelons.

Ce noyau de sable I (Fig. 292) devra être placé dans le moule avant l'assemblage définitif des deux châssis. Ce sont les deux empreintes cylindriques laissées dans les deux châssis par les deux mamelons cylindriques C et D qui servent à mettre exactement en position le noyau et à le maintenir en place.

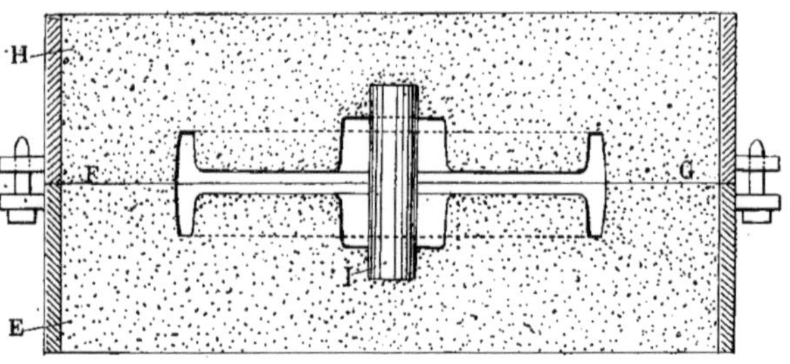

Fig. 292. — Moule d'une poulie.

On doit donc disposer le noyau dans le châssis inférieur et replacer ensuite le châssis supérieur sur celui-ci dans la même position qu'il occupait précédemment. L'extrémité supérieure du noyau à laquelle on peut donner un peu d'entrée, pénètre dans l'empreinte faite par le mamelon dans le châssis supérieur, et le moule ainsi définitivement constitué a la forme indiquée par la figure 292.

Ce moule comporte, évidemment, comme ceux que nous avons examinés, le trou de coulée, les rainures faisant communiquer ce trou de coulée avec les creux formés dans le sable, et les évents destinés à faciliter l'expulsion de l'air contenu dans le moule, lors de la coulée.

Lorsqu'on effectuera la coulée du métal

dans le moule ainsi constitué, ce métal se répandra dans l'espace laissé vide entre les deux châssis et, par suite de la présence du noyau dans le moule, le métal ne pourra atteindre le centre du moyeu. La pièce fondue sortant du moule aura très exactement la forme extérieure du modèle et elle portera, à sa partie centrale, le trou B que l'on désirait obtenir.

La poulie que l'on obtient avec le moule dont nous venons d'examiner la confection, a été supposée munie d'une cloison médiane pleine, réunissant la jante au moyeu.

Pour les poulies de grandes dimensions et pour les volants, cette cloison est remplacée par des bras qui laissent, entre eux, un vide. Les moules destinés à fondre ces volants ou ces poulies à bras, tout en étant constitués, en principe, comme le moule précédent, en diffèrent, cependant, par des détails et comportent parfois, pour les pièces de grandes dimensions, des armatures que l'on place dans le sable pour l'empêcher de tomber lors du retournement et de l'enlèvement des châssis.

Sil s'agit, par exemple, du moulage permettant de fondre un volant à jante droite, voici quelles dispositions il conviendra de prendre.

Comme il sera possible, dans ce cas, de poser la pièce sur la face même d'un châssis comme si la pièce comportait une face plane, on pose sur le sol le châssis supérieur A (Fig. 293), en le renversant, les oreilles portant les goujons de repérage étant tournées vers le haut. Ce châssis porte des barres transversales à travers lesquelles on foule du sable de façon à former une couche bien plane au niveau même de son bord supérieur.

On pose, sur cette couche, le modèle en bois B du volant, qui y repose donc par la face latérale de sa jante, le moyeu ayant dans ce cas une largeur égale à celle de la jante. On remplit de sable l'espace compris entre les bras du volant et le bord supérieur du châssis A, en foulant ce sable contre la face intérieure du volant et de façon que son niveau atteigne le milieu des bras de ce volant. Ce sera la ligne de joint CD pour la partie du moule comprise entre les parois intérieures de la jante, tandis qu'entre la surface extérieure de la jante et les parois du châssis, la ligne de joint EF restera au niveau du bord supérieur du châssis A. On saupoudre les joints avec du sable brûlé ou du poussier de charbon.

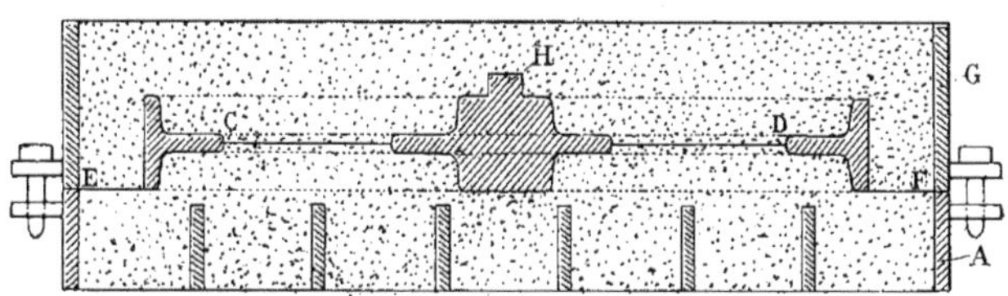

Fig. 293. — Préparation du moule d'un volant.

On place alors le châssis G, qui deviendra le châssis inférieur, au-dessus de l'autre, et on le met en position par l'enfilage des goujons dans les trous percés dans les oreilles qu'il porte. On commence à verser du sable dans ce châssis tant à l'intérieur qu'à l'extérieur de la jante et on foule ce sable en ayant le soin de ne pas frapper sur le champ du modèle, ce qui l'ébranlerait et déformerait l'empreinte. Il faut, pour parer à cet inconvénient, avoir le soin de laisser apparent, le plus longtemps possible, le bord supérieur du modèle. Lorsque le sable foulé a atteint à peu près ce niveau, on peut finir de remplir le châssis G, dans lequel le sable est comprimé jusqu'au niveau supérieur de ce châssis.

On retourne alors le moule ainsi constitué et, dans cette nouvelle position, on peut soulever le châssis A et le séparer de l'autre. Le modèle reste dans le châssis G qui repose alors sur le sol, et ce modèle peut être sorti du sable dans lequel il laisse son empreinte (Fig. 294).

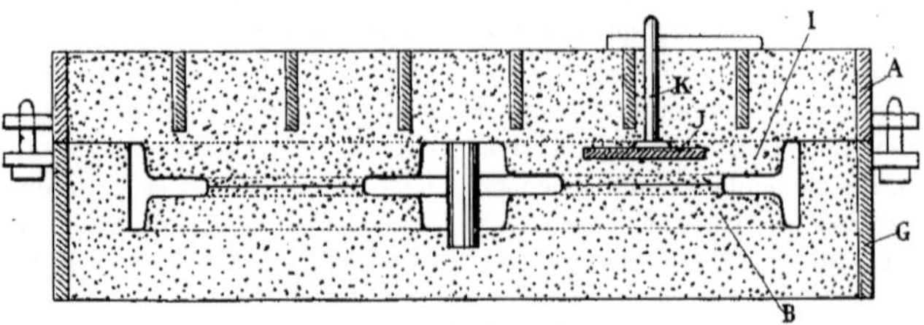

Fig. 294. — Moule d'un volant, fini.

Le noyau est placé, dans ce châssis, dans un creux cylindrique H formé par un mamelon porté par le modèle. Par suite du procédé de moulage, ce mamelon est disposé d'un seul côté, ce qui est cependant suffisant pour maintenir et placer le noyau. Après avoir poli et saupoudré de poussière de charbon de bois les parois creuses du moule, on peut replacer le châssis A au-dessus de l'autre pour achever le moule.

Le châssis A, qui doit être manipulé et retourné plusieurs fois, comporte des saillies de sable I dont le poids devient important lorsque le volant a un grand diamètre et que l'espace vide entre les bras est considérable. Ces saillies de sable, qui sont lourdes, pourraient se détacher en partie pendant le retournement. Pour obvier à cet inconvénient, on place dans les parties de sable faisant saillie par rapport au bord du châssis, des armatures de formes appropriées.

Les armatures que l'on place entre les bras du volant suivent le contour des bras et de la partie intérieure de la jante, mais leurs dimensions sont de 3 ou 4 centimètres plus petites, sur tout leur pourtour, que celles des saillies de sable à consolider, pour éviter que l'armature n'approche de trop près les empreintes faites dans le moule. Ces armatures sont des plaques J (Fig. 294) que l'on peut découper à la forme après les avoir tracées, ou que l'on peut obtenir fondues. Elles sont munies, en leur centre, d'une tige métallique verticale K terminée à sa partie supérieure par un anneau, et servant à les soutenir quand elles sont placées dans le sable.

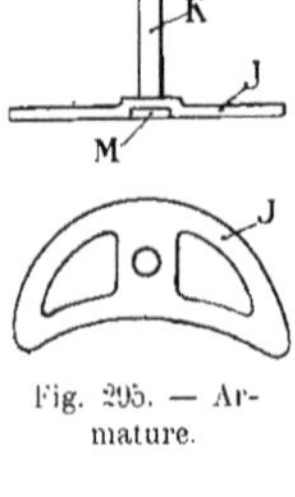

Fig. 295. — Armature.

Il est facile, dans une fonderie, d'obtenir ces armatures par moulage. On pose, pour cela, le modèle du volant B sur une couche de sable L (Fig. 295) bien dressée, indépendante du moule du volant que l'on confectionne. Cette couche peut être préparée dans le sol. On trace, sur la surface de la couche, la forme des espaces vides existant entre les bras du volant et la couronne intérieure de la jante. On n'a qu'à suivre, pour cela, à l'aide d'une tige effilée, le contour même du modèle posé sur le sable. A trois ou quatre centimètres de ce contour, on trace un contour parallèle de dimensions plus réduites, et c'est ce contour qui représentera la forme à donner à l'armature J. Le nombre d'armatures à employer sera égal au nombre d'espaces vides compris entre les bras du volant et, par conséquent, égal au nombre de bras portés par le volant. Toutes ces armatures auront, par le traçage sur le sable, leur forme exactement déterminée. Après avoir enlevé de la couche de sable le modèle du volant qui n'a été utilisé que pour obtenir la forme des armatures, on creuse le sable avec un outil en suivant les contours tracés et on donne aux creux que l'on pratique une profondeur de quelques centimètres. C'est en coulant du métal dans ces sable de la forme voulue dans les empreintes où la coulée de ces armatures doit s'effectuer. Le métal liquide rencontrant ces noyaux ne remplit pas toute la surface de l'empreinte, ce qui produit des vides dans les plaques.

Lorsque le moule comporte des armatures, comme dans le cas que nous examinons, ces armatures sont placées dans le

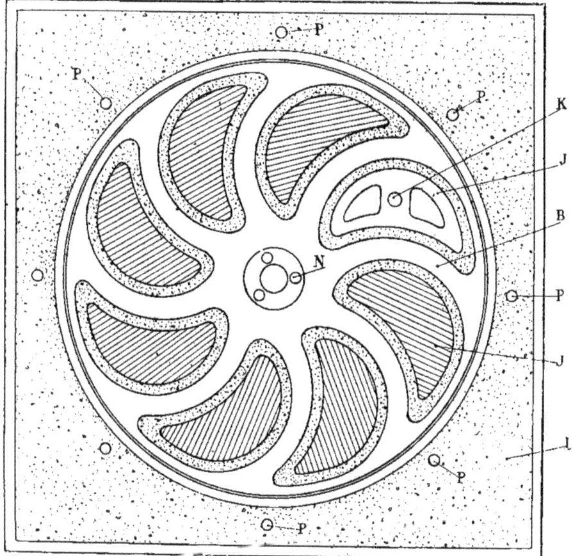

Fig. 296. — Disposition des armatures entre les bras d'un volant.

empreintes que l'on obtiendra les armatures. Avant la coulée on place au centre de chaque empreinte une tige K disposée verticalement. Pour que cette tige ne s'enfonce pas dans le sable par suite de son poids, on lui rive, à l'extrémité qui repose sur le sable, une petite plaque de tôle M qui la soutient, et, par la coulée, cette plaque et la tige seront rendues solidaires de la plaque formant l'armature. Pour diminuer le poids des armatures, on crée des espaces vides dans ces plaques en plaçant des noyaux en châssis avant la compression du sable sur toute la hauteur. Lorsque le moule est retourné et disposé dans sa position normale, les tiges des armatures, surmontées d'un anneau, débordent la face supérieure du châssis. Pour maintenir ces armatures dans leur position, on passe dans les anneaux des broches en fer que l'on fait reposer sur les barres des châssis, et on cale les anneaux par rapport aux barres, de façon que l'on puisse retourner le châssis supérieur sans que les armatures varient de position (Fig. 294).

Ce moule doit comporter évidemment un ou plusieurs conduits de coulée et des évents. Comme le moyeu est la partie du volant qui offre la plus grande surface dans le plan horizontal, on dispose, au droit de ce moyeu et en dehors du noyau, un ou deux mandrins de coulée N placés à peu de distance l'un de l'autre, et un troisième mandrin, placé en face des deux autres, sert à former l'évent de sortie d'air pendant la coulée. D'autres évents P sont ménagés sur le moule tout autour de la périphérie du volant, et leur nombre est d'autant plus grand que le diamètre du volant est plus considérable.

Tous les moules dont nous venons d'indiquer la fabrication ont été obtenus à l'aide de modèles faits d'une seule pièce. Dans un grand nombre de cas, on est obligé de séparer le modèle en plusieurs parties pour pouvoir confectionner le moule. C'est un de ces cas que nous allons prendre comme exemple pour examiner un autre type de confection de moule.

Supposons que l'on veuille obtenir une colonne en fonte A, creuse, dont la forme est représentée par la figure 297. Le modèle B de cette colonne, qui aura extérieurement la même forme que la pièce à obtenir, portera des mamelons C et D à ses extrémités (Fig. 298), qui seront les limites de noyau et serviront à placer ce noyau dans le moule.

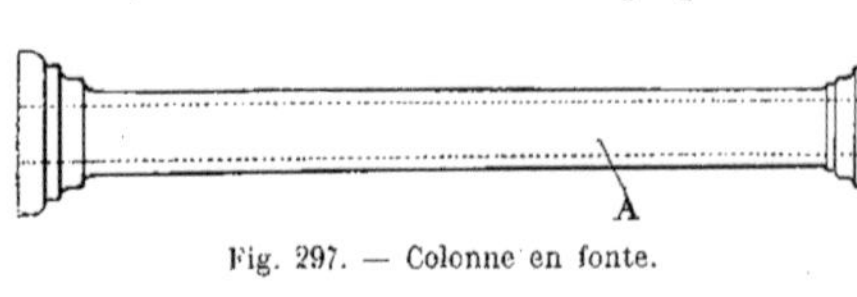

Fig. 297. — Colonne en fonte.

Le modèle est sectionné en deux parties exactement égales par une coupure faite suivant l'axe longitudinal de la pièce. Chacune des deux parties sera placée dans l'un des deux châssis et s'enlèvera avec lui. Cette disposition a pour objet de faciliter le moulage.

Pour préparer le moule, on place le châssis supérieur E retourné, sur le sol, les goujons disposés vers le haut. Ce châssis comporte des barres qui doivent permettre de placer le demi-cylindre formant la moitié du modèle. Généralement, les barres des châssis sont entaillées suivant une demi-circonférence, ce qui conserve la rigidité au châssis et donne la possibilité d'y placer un modèle demi-cylindrique.

On dispose, dans le châssis E, une moitié de modèle, en ayant le soin de maintenir ce modèle dans sa bonne position à l'aide de supports ou de cales, de façon que le plan supérieur du demi-modèle, c'est-à-dire l'axe de la colonne, se trouve exactement au niveau du bord du châssis E.

Sur le demi-modèle inférieur, on pose le demi-modèle supérieur en faisant coïncider exactement ces deux parties en tous leurs points et sur la ligne de joint. On recouvre de sable la partie supérieure du modèle, puis on place l'autre châssis F sur le premier, en le mettant exactement en position grâce aux goujons de repérage. On remplit

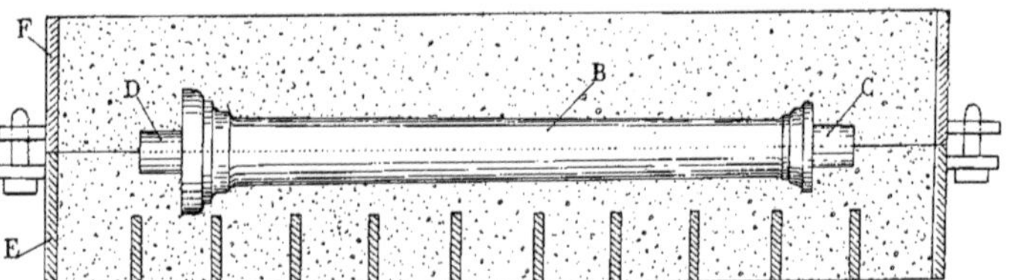

Fig. 298. — Préparation du moule d'une colonne.

le châssis de sable, que l'on comprime et dont on affleure la surface avec son bord supérieur. On retourne alors le moule en donnant aux châssis leurs vraies positions : le châssis E étant le châssis supérieur et le châssis F prenant sa place en bas (Fig. 299). Le moulage est ainsi effectué, mais il reste encore le *remmoulage,* c'est-à-dire l'opération qui est faite dans le moule après la sortie du modèle et qui consiste à placer le noyau, à l'assujettir et à prendre les dispositions nécessaires pour assurer une bonne coulée. Pour sortir le modèle, il faut l'ébranler avant d'enlever le châssis E. Il

Le noyau H (Fig. 299) est un cylindre de sable ayant le diamètre des mamelons C et D et, comme longueur, la distance qui sépare les deux extrémités de ces mamelons. Il se prolonge donc sur toute la longueur de la colonne et constitue une partie pleine, placée au centre de la colonne, qui ne sera pas remplie par le métal liquide coulé. Ce noyau provoquera donc la formation d'un trou de même diamètre au milieu de la colonne. Sa dimension détermine de la sorte l'épaisseur que l'on donne aux parois de la pièce.

Le noyau est établi en prenant, comme

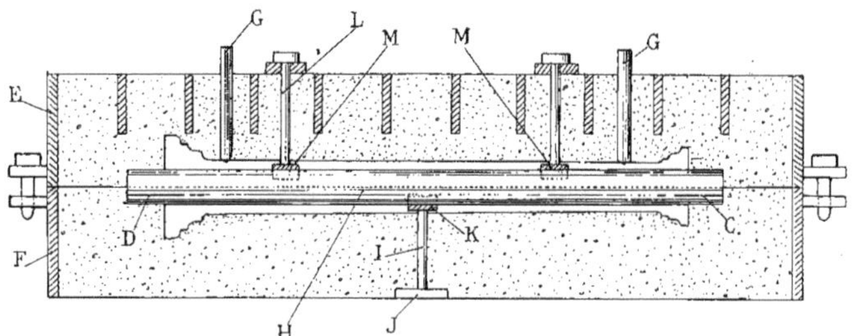

Fig. 299. — Moule d'une colonne, fini.

convient, en effet, puisque le modèle est en deux parties, de procéder à cette opération, à la fois sur ces deux parties emboîtées dans le sable. On se sert, pour cela, d'une barre à ébranler que l'on introduit dans des trous pratiqués dans le sable du châssis E en disposant, lors de la préparation, des mandrins G qui communiquent avec des trous faits sur le modèle. On peut atteindre ainsi directement le modèle de l'extérieur du châssis E et l'ébranler régulièrement pour faciliter sa sortie.

On enlève ensuite le châssis supérieur E. Une moitié de modèle sort avec lui. On retire l'autre moitié, du châssis inférieur F. Il reste donc une empreinte ayant la forme extérieure de la colonne prolongée de chaque bout par deux empreintes cylindriques qui serviront à poser le noyau.

armature rigide, un tube cylindrique en métal, percé d'ouvertures pour favoriser le dégagement des gaz, et recouvert de terre ou de sable qui viendront en contact avec le métal liquide.

On pose le noyau dans le châssis inférieur F sur les deux empreintes demi-cylindriques disposées aux bouts du modèle pour le recevoir. Si la colonne a une grande longueur, le tube métallique servant d'armature au noyau n'a pas une raideur suffisante pour ne pas fléchir légèrement entre les deux portées C et D. Comme il est indispensable que le noyau soit parfaitement centré par rapport à l'empreinte du modèle pour que l'épaisseur du métal soit uniforme tout autour de la pièce, on doit disposer dans le châssis F un ou deux supports pour assurer cette rectitude. Si la longueur n'est pas trop grande, un support suffit. Il se compose d'une tige cylindrique I en métal qui vient s'appuyer sur une plaque en tôle de fer J, qui doit être disposée dans le châssis inférieur, au moment de la mise en chantier du moule. Un trou, pratiqué dans toute l'épaisseur du sable de ce châssis, permet de placer la tige I, qui est terminée à sa partie supérieure par une plaque cintrée K sur laquelle vient reposer le noyau. Cette plaque se trouve, lors de la coulée, prise dans le métal formant l'épaisseur de la colonne. Le nombre de ces supports varie avec la longueur du noyau à soutenir.

On dispose également des supports dans le châssis supérieur, pour que le noyau se trouve calé en bonne position. Ces supports, comportant, comme les autres, une tige cylindrique L terminée par une plaque cintrée M venant prendre contact avec le noyau, débordent au-dessus du châssis et doivent pouvoir être calés lorsqu'on les a disposés à la hauteur voulue.

On les place dans le châssis supérieur lors du remmoulage, c'est-à-dire lorsque ce châssis a été enlevé et retourné pour mettre le noyau dans l'autre châssis. Les tiges L des supports sont passées dans des trous percés à travers le sable dans le châssis supérieur. Elles sont rentrées par la partie intérieure du châssis et calées à l'extérieur pour que les supports ne descendent pas pendant le retournement. Il faut avoir le soin, en effectuant ce calage, de laisser déborder les tiges des supports, à l'extérieur du châssis, d'une quantité légèrement supérieure à celle qui correspond à leur position normale. De cette façon, lorsqu'on replace le châssis supérieur sur l'autre pour fermer et terminer le moule, la plaque des supports qui doit prendre contact avec le noyau se trouve placée au-dessus et ne le touche pas. On évite ainsi le risque de détériorer le noyau en posant le châssis supérieur.

Lorsque les châssis sont serrés, on enlève les cales extérieures qui maintenaient les supports. Ceux-ci sont alors descendus doucement, jusqu'à ce que leur plaque cintrée intérieure vienne reposer sur le noyau. On les cale définitivement en position, de façon que ces supports ne puissent plus se déplacer dans aucun sens. Le noyau est, de la sorte, bloqué dans le moule à la place qu'il doit occuper.

Pour couler le métal liquide dans le moule, il faut disposer un trou de coulée et des évents. La coulée peut s'effectuer en plaçant le moule à plat ou en l'inclinant. On dispose le trou de coulée et les conduits dans le sable, de façon que le métal arrive en même temps de chaque côté du noyau dans le moule et vers la partie inférieure. Le noyau est sollicité à se soulever au fur et à mesure que le moule s'emplit, ce qui justifie l'utilité des supports qui le maintiennent bien à sa place.

Si la coulée s'effectue avec le moule incliné, le trou de coulée est placé à la partie la plus haute du moule et le métal, en remplissant progressivement ce moule, ne tend pas à soulever le noyau.

Les évents permettant le dégagement de l'air et des gaz doivent avoir une section plus grande que celle du trou de coulée.

Le noyau en sable comportant, ainsi que nous l'avons dit, une armature métallique constituée par un tube portant des ouvertures, il importe que les joints entre le noyau et les creux du moule soient parfaitement réalisés pour éviter que, pendant la coulée, le métal liquide s'introduise dans le tube servant d'armature et empêche la sortie, par ce tube, des gaz qui s'y produisent.

Il faut donc effectuer ces joints avec le plus grand soin : c'est ce que l'on nomme le *tamponnage du noyau*.

Suivant la longueur du noyau, ce tamponnage se fait de façons différentes.

Si le tube formant l'armature du noyau déborde des châssis de chaque côté, il constitue un évent permettant l'évacuation des gaz de deux côtés. Il suffit, dans ce cas, pour assurer les joints, de comprimer du sable entre les bouts du noyau en sable et les parois du châssis, tout autour du tube-armature. De la sorte, le métal liquide remplira les empreintes, sans s'introduire par les fissures des joints dans la partie centrale du tube.

On forme aussi les joints, dans le cas où le tube-armature ne déborde pas du moule, de la même façon en comprimant du sable autour du tube, en bout du noyau de sable. C'est en pratiquant de grands trous dans le châssis supérieur, permettant de passer le bras, que le mouleur peut effectuer ces joints, dans ce cas-là.

Position des trous de coulée et des évents

Nous venons de donner quelques exemples de moulage qui peuvent servir de types, et qui permettront de se rendre compte de la façon dont on procède pour mouler toutes sortes de pièces à l'aide de modèles.

Il convient d'indiquer, cependant, les dispositions généralement prises pour assurer le succès de la coulée par le placement judicieux des trous de coulée et des évents.

Les trous de coulée doivent être disposés pour communiquer avec des conduits, rigoles ou canaux qui conduisent, à la fois, le métal liquide en plusieurs points de la périphérie de la pièce. Il importe, en effet, surtout lorsque la pièce est importante, que l'entrée du métal s'effectue de plusieurs côtés pour éviter que ce métal n'atteigne les parties les plus éloignées qu'après avoir circulé dans diverses parties du moule où il a pu se refroidir.

Le métal doit aussi être introduit à la partie inférieure du moule qu'il remplit, en s'élevant, au fur et à mesure, dans le châssis supérieur.

La position et la grandeur des évents ont aussi une grande importance au point de vue de l'obtention de pièces bien moulées. Ils doivent avoir une section au moins deux fois plus grande que celle du conduit de coulée. Leur rôle, en effet, consiste non seulement à permettre un dégagement facile de l'air et des gaz contenus dans le moule, mais encore, lorsque celui-ci est plein et que la coulée ne s'arrête pas exactement au moment voulu, à servir de conduits de trop-plein, dans lesquels le métal liquide se répand en quantité d'autant plus grande que leur section est aussi plus considérable. On évite ainsi les surpressions qui se produiraient dans le moule si la coulée continuait après son complet remplissage, et s'il n'existait pas d'évent : ces surpressions provoqueraient la détérioration du moule, des boursouflures et des déformations.

Lorsque des pièces, possédant des masses de métal relativement réduites à leur périphérie, comportent des moyeux ou des mamelons ou bossages, on dispose les évents sur ces parties, de masse plus considérable et, principalement, à leur partie supérieure. C'est le cas pour les poulies ou volants.

Le trou de coulée est aussi, dans ce cas, disposé le plus souvent sur le moyeu.

On le double parfois, et un évent est placé sur le même moyeu, en face des trous de coulée. D'autres évents sont disposés tout autour de la couronne et à l'extérieur, en face des raccords des bras avec la jante.

Lorsque la pièce à fondre a une grande surface et une faible épaisseur et que le moule a, par conséquent, de grandes dimensions, on dispose plusieurs trous de coulée. Lorsque la pièce est une plaque de forme rectangulaire, par exemple, ou de forme s'en rapprochant, on dispose deux trous de coulée sur le moule. Chacun de ces conduits communique avec un canal creusé dans le sable sur toute la longueur du moule et qui distribue le métal à des conduits intermédiaires aboutissant aux parties creuses du moule pouvant former, par exemple, les barreaux de la plaque, dans le cas où celle-ci est ajourée.

Le conduit principal, désigné sous le nom

de *mère,* et alimenté par le trou de coulée, alimente à son tour les conduits auxiliaires. On dispose, à l'extrémité des deux conduits principaux et du côté opposé aux trous de coulée, des évents de section au moins égale et plutôt supérieure à celle des trous de coulée. Ces évents, ou *masselottes,* reçoivent en dernier lieu le métal liquide, et lorsque le moule est plein, le métal monte dans ces évents si on n'arrête pas immédiatement la coulée aussitôt le remplissage du moule obtenu. Il ne s'exerce ainsi aucune pression dangereuse dans le moule.

Lorsque la pièce moulée a une masse considérable, les masselottes servent non seulement de conduits de trop-plein, mais, encore, elles permettent de constituer des sortes de petits réservoirs contenant du métal liquide, qui alimentent de métal le moule, au fur et à mesure que le métal qu'il contient se refroidit et se contracte. On a le soin, dans ce cas, de maintenir le plus possible à l'état liquide le métal remplissant la masselotte. On brise, pour cela, la croûte supérieure et on verse, de temps en temps, de la fonte liquide. Les cavités qui ont tendance à se former dans les pièces de grande masse peuvent, de la sorte, être évitées.

Moulage au trousseau Le procédé de moulage au trousseau ou au calibre ne nécessite pas la construction de modèles. Ce procédé s'applique plus spécialement aux pièces de formes circulaires : cuves, roues, poulies, volants ou, encore, corps cylindriques d'appareils de chauffage ou d'organes divers. On l'utilise également pour les pièces carrées ou rectangulaires.

Pour les grandes pièces rentrant dans les catégories précédentes, le procédé de moulage au trousseau permet d'effectuer une économie notable en dispensant des frais de modèles, mais il importe, quoique l'établissement d'un *trousseau* soit relativement facile, que l'opération de moulage soit faite avec soin et avec une grande précision pour obtenir un résultat avantageux.

Le procédé de moulage au trousseau, consiste à donner à une pièce sa forme cylindrique, en faisant tourner autour d'un arbre une planche dont le profil est le même que celui de la pièce à obtenir. L'arbre peut être disposé horizontalement ou verticalement, suivant la forme de la pièce ; le plus souvent cet arbre est vertical. La rotation autour de cet arbre de la planche découpée au profil voulu, produit dans le sable des empreintes circulaires qui constituent ou servent à former les creux du moule qui doivent recevoir le métal en fusion.

Le trousseau à arbre vertical peut être constitué de diverses façons. Il se compose, généralement, d'un socle A (Fig. 300) fait en fonte de fer, dont le poids doit être d'autant plus grand que le bras à trousser a un plus grand rayon, afin que sa stabilité soit parfaitement assurée. Pour la même raison, l'embase de ce socle doit avoir un diamètre suffisant, afin que le trousseau ait une bonne assise.

Le socle A, ou *borne,* est muni de poignées B permettant de le déplacer facilement, et porte un trou central dans lequel sont fixées deux douilles en bronze C et D servant de coussinets à l'arbre vertical E du trousseau.

Cet arbre est en acier. Il doit être ajusté sans jeu dans les deux douilles C et D, et pouvoir néanmoins y tourner librement. On comprend que l'ajustage de l'arbre dans ses coussinets doit être fait avec la plus grande précision, car le moindre jeu pourrait fausser considérablement la forme et les dimensions des pièces circulaires troussées.

L'arbre est muni d'une portée, c'est-à-dire que la partie qui est placée en dehors du socle est d'un diamètre plus grand que celle qui pivote dans les douilles. L'arbre repose donc par son poids sur le collet de la douille supérieure C. On peut aussi faire reposer cet arbre sur une crapaudine portée par la douille inférieure.

A l'extrémité supérieure de l'arbre est vissé solidement un anneau F que l'on utilise pour enlever l'arbre du socle et l'y replacer, pendant l'opération de moulage. Le diamètre extérieur de cet anneau doit être plus faible que le diamètre de l'arbre pour permettre au dispositif qui porte la planche à trousser de pouvoir être, suivant les besoins, monté sur l'arbre ou enlevé.

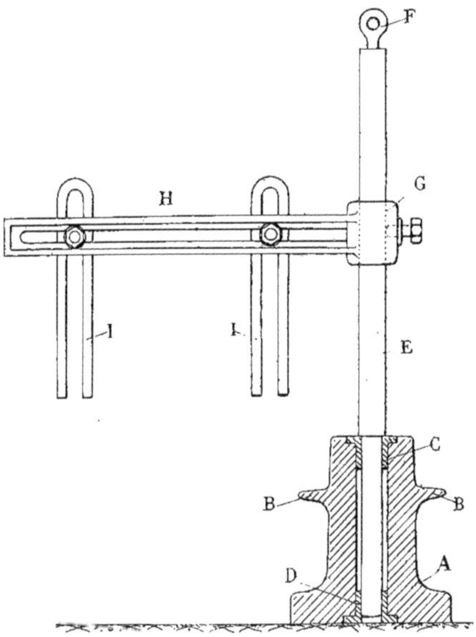

Fig. 300. — Appareil à trousser. (Coupe verticale.)

Le bras destiné à soutenir la planche se compose d'une douille G qui est ajustée exactement sur l'arbre E, tout en pouvant coulisser verticalement sur lui. La douille est rendue solidaire du bras métallique H, dont une des faces est exactement placée dans le prolongement d'un diamètre de la douille (Fig. 301), pour que la planche à trousser étant appliquée contre cette face se trouve, elle aussi, bien dirigée vers le centre de l'arbre. Ceci est une condition essentielle à remplir pour que la pièce qui sera troussée avec cette planche ait exactement la forme voulue.

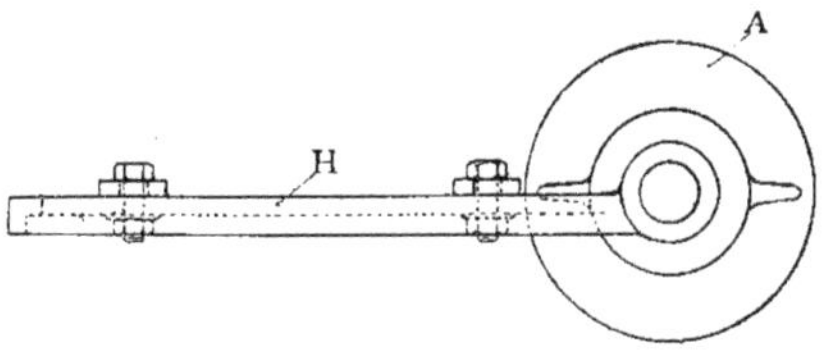

Fig. 301. — Appareil à trousser. (Vue en plan.)

Le bras porte une rainure horizontale dans laquelle peuvent coulisser les boulons de fixation de la planche, ce qui permet d'adapter au trousseau des planches de longueurs différentes servant à faire des moules de diamètres variables.

Pour trousser des pièces dont les moyeux ont un faible diamètre, on fixe la planche sur des brides spéciales, au lieu de la serrer directement sur le bras. Ces brides I ont une forme de fourche et peuvent se fixer à différentes hauteurs sur le bras H, le boulon du bras coulissant entre les branches de cette fourche. La planche est elle-même fixée par d'autres boulons à la fourche et se trouve placée au-dessous du bras. Cette disposition permet à une extrémité de la planche de venir s'appliquer contre l'arbre du trousseau, ce qui n'est pas possible lorsque cette planche est directement fixée sur le bras, la douille G l'en empêchant.

Le trousseau ainsi constitué offre l'avantage de pouvoir être placé en un point quelconque de l'atelier et de se déplacer facilement.

Certains anciens outils à trousser comportent un arbre qui, au lieu d'être monté dans un socle inférieur, peut tourner sur deux pivots, le pivot inférieur faisant corps avec un bloc métallique posé sur le sol, le second pivot étant constitué par le bout conique d'une vis réglable portée par une potence. La vis étant montée dans un trou taraudé placé à l'extrémité de la potence, peut monter ou descendre par la manœuvre d'un petit volant qu'elle porte en bout.

La potence, montée sur des pivots fixés soit sur un mur, soit sur un montant ou une colonne fixes, peut tourner pour s'effacer suivant les besoins, pendant la confection du moule ou pour suivre le déplacement de l'arbre vertical. Cette disposition est peu utilisée parce qu'elle n'offre pas les mêmes avantages que le trousseau indépendant précédent, que l'on peut utiliser en n'importe quelle place.

Les montages des arbres des trousseaux transportables ont aussi des dispositions variées, mais il convient surtout que leur guidage soit parfaitement réalisé pour obtenir des moules parfaitement cylindriques.

Voici quelques exemples de pièces diverses moulées au trousseau, qui permettront d'apprécier les ressources qu'offre ce procédé de moulage.

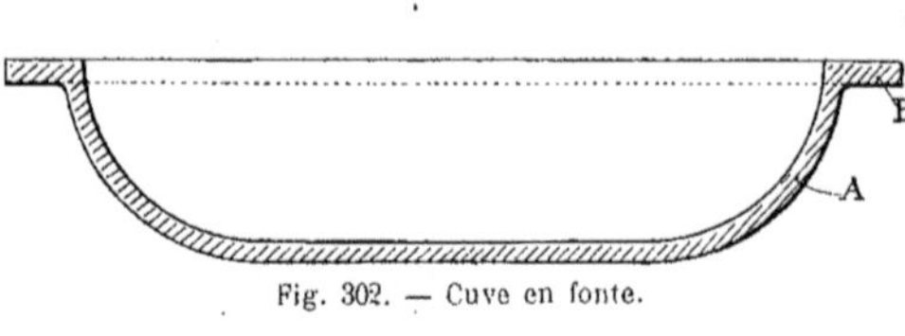

Fig. 302. — Cuve en fonte.

Moulage d'une cuve

Pour obtenir des pièces en fonte de fer ayant la forme d'une cuve semblable à celle que représente la figure 302, on peut employer le moulage au trousseau. La cuve A, circulaire, est munie d'une collerette B également circulaire.

Pour faire le moule avec lequel on obtiendra cette pièce, on prépare une *couche*, c'est-à-dire que l'on creuse le sol sur une surface plus grande que celle que doit occuper le moule et on dispose dans ce creux du sable, de façon à former dans le sol la partie inférieure du moule. Un trou plus profond est pratiqué au centre du creux et, après avoir bien battu le fond de ce trou pour donner de la consistance à la terre, on fait reposer sur ce fond

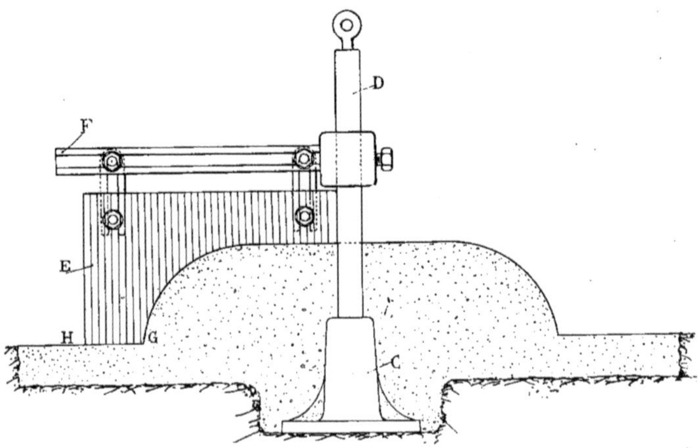

Fig. 303. — Première opération de troussage d'une cuve.

le socle C du trousseau (Fig. 303). Nous savons que ce socle, ou borne, supporte l'arbre vertical D qui tourne dans des coussinets disposés dans ce socle.

Les creux formés dans le sol sont remplis avec des matières diverses : après avoir vérifié que l'arbre du trousseau occupe une position parfaitement verticale, on consolide la borne, puis on place, tout autour d'elle, du charbon de bois ou du coke, ou toute autre matière perméable pouvant faciliter le dégagement des gaz lors de la coulée. On place aussi, pour aider à ce dégagement, des tresses de paille qui sortent du sol sur les côtés du moule.

La planche, qui est munie d'un biseau sur toute la partie qui prend contact avec le sable, coupe ce sable et l'écarte lorsqu'on la fait tourner avec l'arbre vertical. Ce mouvement de rotation donne au sable, sur tout le pourtour de sa saillie, une forme circulaire ayant comme section le profil intérieur de la planche, c'est-à-dire la forme de la cuve. La planche doit évidemment être descendue au fur et à mesure que la saillie du sable prend sa forme, jusqu'à ce que l'arête horizontale inférieure de cette planche ait atteint la ligne de joint H.

Cette première opération de troussage étant achevée, on enlève la planche à trousser et le trusquin qui la porte, puis on enlève l'arbre D, en le sortant du sable verticalement, le socle C restant toujours à sa même place. On prend des dispositions pour que le sable ne tombe pas dans les coussinets de ce support et on prépare la surface extérieure du sable troussé, à la façon ordinaire, en le saupoudrant, pour l'empêcher d'adhérer à une autre couche de sable que l'on disposera par-dessus. C'est dans un châssis I (Fig. 304) que sera contenue cette seconde couche de sable. Ce châssis, qui constitue la seconde partie du moule et qui en est la partie mobile, est placé de façon à reposer sur la ligne de joint H et à encadrer exactement la saillie de sable obtenue par l'opération de troussage. On verse du sable fin dans le châssis pour recouvrir cette saillie, puis on continue son remplissage avec du

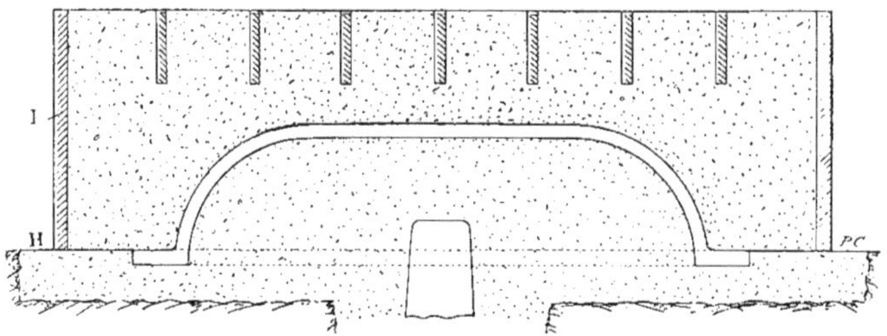

Fig. 304. — Moule d'une cuve troussée.

On jette sur ces matériaux qui occupent le fond du creux du vieux sable ou du sable à gros grains perméable que l'on pile; puis, au-dessus, on place du sable plus fin destiné à prendre contact avec le métal en fusion.

On comprime ce sable, et lorsque la consistance désirable est obtenue, on commence les opérations de troussage.

Dans le cas que nous avons considéré, on dispose d'abord, sur l'arbre du trousseau D, une planche à trousser E, à laquelle on a donné comme profil la forme extérieure de la cuve A. Cette planche, supportée par le trusquin F, est placée à une distance telle du centre de l'arbre, que son bec intérieur G est écarté de ce centre d'une longueur égale au rayon extérieur du boisseau de la cuve.

sable vieux, et on comprime au fur et à mesure ces matériaux. La saillie de sable placée dans le sol faisant office de modèle, lorsqu'on enlève le châssis I et qu'on le retourne, on trouve une empreinte ayant exactement les dimensions et la forme de la partie extérieure de la cuve. En retouchant, s'il y a lieu, la surface de l'empreinte, en la polissant et en la saupoudrant, on a ainsi fini de préparer la moitié supérieure du moule.

Il convient de disposer dans le châssis, avant de le remplir de sable, des armatures ou des crochets, dans le cas où les saillies de sable à enlever sont importantes et si les barres transversales ne suffisent pas. On place aussi les trous de coulée et les évents.

Les deux opérations précédentes ont permis d'obtenir le châssis supérieur fini, sans employer un modèle, mais ce châssis se superpose exactement sur la saillie de sable inférieure. On repère parfaitement le châssis par rapport à la couche disposée dans le sol, puis on l'enlève et on procède à une autre opération de troussage pour former, dans le moule, un creux représentant l'épaisseur de la cuve.

Pour cela, on replace l'arbre dans les coussinets de son support, et on monte sur lui le trusquin, auquel on a fixé une seconde planche J (Fig. 305) dont le profil a la forme de la partie intérieure de la cuve. L'arête inférieure de cette planche à trousser n'est plus rectiligne, comme celle de la planche utilisée dans l'opération précédente. Elle porte un décrochement ayant comme valeur l'épaisseur de la collerette. On peut même utiliser la première planche en lui fixant, en vue de cette seconde opération de troussage, une partie faisant saillie, sur le premier profil, de toute l'épaisseur de la cuve.

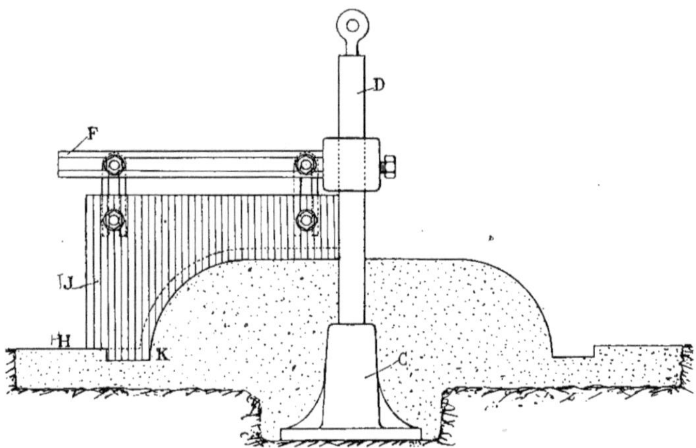

Fig. 305. — Deuxième opération de troussage d'une cuve.

Quel que soit le mode de confection de cette planche, on lui donne, lorsqu'on l'a obtenue à la forme convenable et rendue solidaire du trusquin, un mouvement de rotation autour de l'arbre vertical en la faisant appuyer sur la saillie de sable déjà troussée. On fait descendre la planche, au fur et à mesure que le mouvement de rotation se poursuit, et lorsqu'on l'a enfoncée dans ce sable d'une quantité égale à l'épaisseur de la paroi de la cuve, on arrête l'opération.

A ce moment, le bec extérieur de l'arête horizontale de la planche doit avoir atteint exactement le niveau du joint H ; et le bec intérieur K est enfoncé dans la couche de sable par rapport à ce joint, de toute l'épaisseur de la paroi de la cuve. La première saillie de sable a donc été creusée sur toute sa surface de la même quantité. C'est ce qui constituera le creux du moule.

On enlève la planche et l'arbre. On bouche, sur cette saillie, le trou central qui a donné passage à cet arbre ; on polit la surface et on la prépare pour recevoir la coulée.

Si on pose alors le châssis supérieur I, qui doit être placé dans sa position exacte à l'aide des repères précédemment établis, sur la couche de sable inférieure de façon que le joint se trouve bien sur la ligne H (Fig. 304), le moule se trouve définitivement constitué et l'espace vide séparant les deux parties de ce moule a très exactement la forme de la cuve. En coulant de la fonte liquide dans ce moule, on obtiendra cette pièce.

Fig. 306. — Volant en fonte.

Moulage d'un volant, au trousseau

Le moulage d'un volant (Fig. 306), à l'aide du trousseau, offre plus de difficultés que le moulage de la cuve précédente.

Le procédé employé est le même, en principe, pour le troussage de la couronne circulaire du volant.

Comme dans l'exemple examiné plus haut, nous supposons que la partie inférieure du moule est établie dans une couche préparée dans le sol de la même façon.

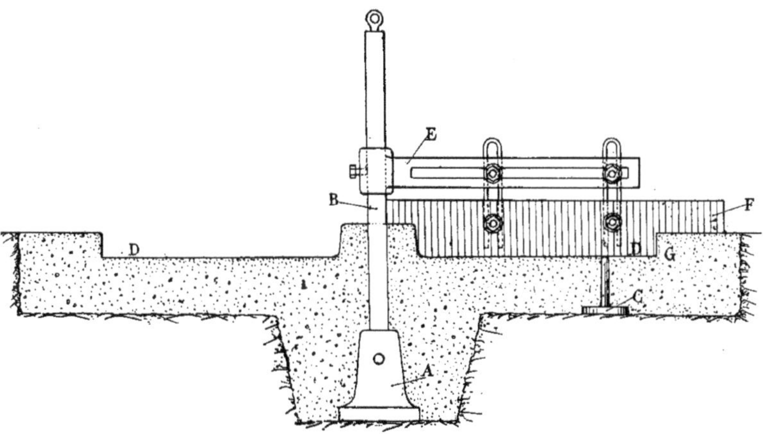

Fig. 307. — Première opération de troussage d'un volant.

Après avoir creusé dans le sol un trou d'une dimension plus grande que le diamètre du volant à mouler, et après avoir pratiqué, au centre de ce trou, une excavation plus profonde pour loger le socle du trousseau, on fait reposer ce socle A (Fig. 307), muni de son arbre vertical B, dans le fond de ce trou central, puis on remplit les trous de sable, en ménageant des dégagements pour les gaz produits lors de la coulée.

On dispose aussi des sortes de broches-témoins C qui, étant placées dans le sable, marquent, par leur extrémité supérieure, le niveau que doit atteindre la ligne de joint DD, laquelle, dans ce cas, est exactement placée dans l'axe des bras du volant.

L'arbre B doit avoir une position bien verticale, qu'il est aisé de vérifier, soit à l'aide d'un fil à plomb, soit en posant un niveau sur le bras du trusquin E que l'on monte sur l'arbre.

Sur ce trusquin on fixe, à l'aide de deux fourches métalliques, une première planche à trousser F qui est découpée, sur sa face inférieure, suivant le profil que doit avoir la partie du volant placée au-dessus de l'axe des bras.

Cette planche, solidement fixée au trusquin, peut s'appliquer contre l'arbre et doit être placée dans une position parfaitement horizontale, ce qu'il est facile de vérifier en posant un niveau sur sa face supérieure. Il faut évidemment que les dimensions données à cette planche aient été augmentées, pour compenser le retrait du métal fondu.

En faisant tourner la planche et l'arbre dont elle est solidaire autour de son axe, on trace dans le sable une empreinte qui a le profil supérieur du volant. Pour produire cette empreinte, il faut avoir le soin de ne mettre du sable dans le grand trou creusé dans le sol, qu'à une hauteur légèrement supérieure à celle de la broche-témoin, tout en laissant la saillie de sable plus considérable vers le moyeu et vers le bord de la jante, afin que la planche à trousser, tout en n'ayant pas un volume trop important de sable à enlever lors de son mouvement de rotation, puisse néanmoins marquer nettement sa place dans le sable.

De même, lorsque le bec G de la planche correspondant au bord intérieur de la couronne a tracé son empreinte sur le sable, on soulève cette planche avant de continuer l'opération de troussage, et à quelques centimètres de cette trace, du côté du centre du volant, on dipose une rangée de briques placées côte à côte formant ainsi une circonférence et servant d'appui à la saillie de sable occupant la place de la couronne du volant. On peut alors comprimer, serrer le sable contre cet appui fixe et lui donner la consistance nécessaire pour qu'il puisse supporter le troussage sans s'arracher.

Le sable étant battu, on enlève la rangée de briques, et on fait tourner la planche en la faisant descendre au fur et à mesure dans le sable. Les dispositions qui ont été prises ne laissent pas une quantité considérable de sable à enlever. D'ailleurs, la planche à trousser est taillée en biseau sur son arête inférieure mise à la forme du profil du volant, et cette face de la planche profilée est munie d'une garniture métallique qui coupe le sable lors du mouvement de rotation du trousseau.

Le sable entraîné par la planche pendant l'opération du troussage, et placé devant elle, sera enlevé au fur et à mesure que son volume deviendra trop considérable.

On descendra ainsi, par petits coups, la planche jusqu'au niveau de la broche-témoin C. A ce moment, on aura atteint la ligne de joint D sur l'axe des bras. La première opération de troussage est ainsi terminée.

On soulève la planche et on termine la surface troussée en la polissant. Il faut cependant, sur la couche de sable ainsi préparée, marquer la place que doivent occuper les bras du volant.

On trace d'abord les rayons indiquant l'axe de ces bras. Il faut que ces bras soient également espacés et procéder à la division du pourtour de la couronne en autant de parties égales qu'il y a de bras. Lorsque le nombre de bras est de six, cette division s'obtient facilement en portant sur cette circonférence, suivant la corde, des longueurs égales à son rayon.

Pour effectuer la division de la couronne et le traçage des bras, on peut se servir d'une règle spéciale qui porte, au milieu de sa longueur, une encoche demi-circulaire ayant exactement le même diamètre que celui de l'arbre vertical du trousseau. La règle peut donc s'emboîter sur l'arbre, et l'un de ses côtés, très bien dressé, passant par le centre de l'arbre, permet de tracer des rayons ou des diamètres, en faisant pivoter la règle sur l'arbre tout en la maintenant appliquée contre lui par son encoche.

Lorsque les axes des bras sont tracés, on applique sur le sable un calibre ou un modèle donnant le contour extérieur de ces bras. On fait coïncider l'axe tracé sur le moule avec l'axe du calibre ou du modèle, et, en suivant leurs contours, on trace avec une pointe la forme des bras sur le sable. Ce tracé se fait en suivant les contours intérieurs lorsqu'il s'agit d'un calibre creux constitué par un cadre, et en suivant les contours extérieurs lorsqu'il s'agit d'un modèle plein.

Le tracé des bras doit être suffisamment affirmé dans le sable pour que l'empreinte des traits puisse être relevée lorsqu'on placera une autre couche de sable sur celle-ci.

Tous les bras étant tracés, on peut poser le châssis, qui constituera la partie supérieure du moule, sur la couche de sable troussée. On met d'abord dans le châssis, du sable préparé pour recouvrir la couche inférieure. Il faut avoir le soin de repérer, entre les bras, la place où il conviendra de poser les armatures, qui serviront, ainsi que nous l'avons indiqué plus haut, à maintenir les saillies de sable dans le châssis, lorsque celui-ci sera soulevé et retourné. Ces armatures posées et consolidées, on ménage les trous de coulée, les évents, et on remplit de sable le châssis. On presse le sable en procédant à la façon ordinaire de confection d'un moule. On fait des trous d'air et on repère bien exactement la position du châssis par rapport à la couche inférieure, pour que cette position reste toujours très exactement la même malgré les manipulations successives du châssis.

On peut alors soulever le châssis et le retourner. Il porte l'empreinte de la couche de sable troussée, c'est-à-dire qu'il porte un creux ayant la forme de la moitié supérieure du volant. Les bras ne sont, toutefois, qu'indiqués dans cette empreinte par le tracé effectué sur la couche inférieure. Il faut donc creuser, entre les contours déterminant la place des bras, pour pouvoir placer le modèle du bras. Ce modèle porte, à la moitié de son épaisseur, des planches d'arrêt. On enfonce ce modèle dans les creux préparés, dans lesquels on a placé du sable fin, et lorsque les planches d'arrêt butent contre la surface de joint, l'empreinte du demi-bras est complète. On retouche les surfaces, on fait les raccords, on polit et on finit la couche en saupoudrant le sable.

La moitié supérieure du moule se trouve ainsi terminée. Il reste à trousser, dans la partie inférieure, l'autre moitié du volant.

La couche qui a été troussée avec la première planche F et qui a servi à constituer le châssis supérieur va être détruite en partie et remplacée par une autre couche qui sera définitive et qui sera troussée avec la seconde planche H (Fig. 308), à laquelle on a donné une forme correspondant au profil de la partie inférieure du volant, depuis la ligne de joint D, c'est-à-dire depuis l'axe des bras dans le plan horizontal.

On remonte sur l'arbre le trusquin E sur lequel on a fixé la planche à trousser H, et on fait tourner cette planche en la faisant descendre au fur et à mesure dans le sable.

Lorsque la longue arête horizontale de cette planche aura atteint, sur la couche inférieure, la surface de joint DD, il conviendra d'arrêter le déplacement vertical de la planche à trousser : l'empreinte aura, en effet, la profondeur voulue et les lignes de joint des deux parties du moule coïncideront bien avec la ligne D D passant par la mi-épaisseur des bras.

La planche à trousser H donne, dans la partie inférieure du moule, la forme de la surface extérieure de la jante du volant. Lorsque cette jante est droite, le troussage est terminé quand la planche a atteint la ligne de joint. Si la jante est cintrée, on monte, en bout de cette planche, un dispositif spécial pour trousser la partie bombée de la jante. C'est une sorte de couteau I constitué par une plaque de tôle, dont une face s'applique sur la planche et peut y être fixée par deux vis placées dans deux rainures longitudinales faites sur la plaque de tôle. En bout, la plaque de tôle a la forme cintrée correspondant à la forme de la jante ; elle est taillée en biseau pour couper le sable pendant le mouvement de rotation de la planche.

Ce couteau I est fixé sur la planche H pendant le troussage de la partie inférieure, de façon que son arête cintrée ne dépasse pas le bord perpendiculaire de cette planche. De la sorte, on peut effectuer normalement l'opération de troussage en descendant progressivement la planche. Ce n'est que lorsque cette planche aura atteint la profondeur voulue, c'est-à-dire la ligne de joint, que le couteau sera mis en action. Ce couteau peut coulisser longitudinalement, grâce aux rainures-guides dans lesquelles pénètrent les vis vissant dans la planche. On desserre donc ces vis et, tout en maintenant la planche à sa position extrême inférieure, on fait avancer vers l'extérieur le couteau, qui coulisse dans ses rainures, de façon à le faire déborder de la planche. On serre les vis pour le rendre solidaire de la planche et on fait effectuer un tour à celle-ci. Aucune des parties précédemment troussées n'a varié de forme, sauf toutefois la partie correspondant à la jante. C'est le couteau qui, en tournant, a entamé le sable, et a commencé à tracer tout autour du moule un creux de forme cintrée. Après ce tour, on fait de nouveau coulisser le couteau en le faisant déborder un peu plus de la planche et on effectue un autre tour.

En donnant ainsi, après chaque tour de la planche, une saillie de plus en plus grande au couteau, on creuse de plus en plus le

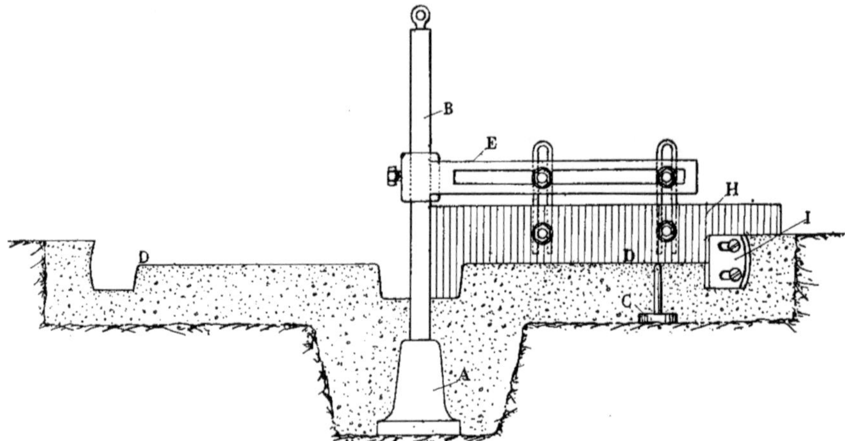

Fig. 308. — Deuxième opération de troussage d'un volant.

sable autour de la jante, et lorsque les rainures-guides butent contre les vis, le couteau a effectué son excursion totale et le creux fait dans le sable a la forme cintrée que doit avoir la jante. Le troussage est alors achevé.

On ne pourrait pas, en conservant au couteau la position qu'il occupe, c'est-à-dire en le laissant en saillie par rapport à la planche, enlever la planche à trousser H sans démolir le sable dans la partie cintrée de la jante. Il faut donc, avant de soulever la planche, faire coulisser vers le centre le couteau et le serrer à l'aide des vis lorsqu'il ne fait plus aucune saillie.

On peut alors soulever le trusquin et la planche, et les sortir de l'arbre. On enlève aussi l'arbre B de son socle, on bouche le trou central de ce socle avec des chiffons pour éviter que du sable s'introduise dans les coussinets, et on peut terminer la partie inférieure du moule en faisant dans les creux des bras les retouches nécessaires, en polissant les surfaces et en finissant la couche.

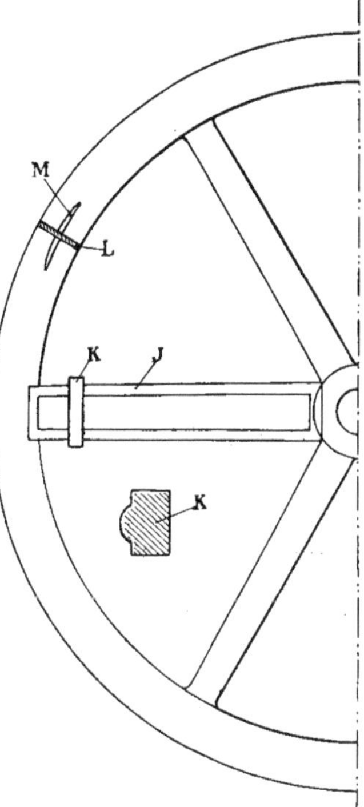

Fig. 309. — Dispositif de troussage des bras d'un volant.

Les empreintes des bras peuvent être obtenues à l'aide d'un modèle et, dans ce cas, on procède comme nous l'avons indiqué plus haut pour la partie supérieure du moule. On peut aussi les obtenir en les troussant.

Pour trousser les bras, on emploie un calibre J (Fig. **309**) formé de quatre réglettes assemblées laissant entre elles un espace libre qui a exactement la forme extérieure du bras. Les bras des volants étant généralement coniques, l'espace vide du calibre aura une largeur plus petite à une extrémité qu'à l'autre, la partie la plus réduite étant placée contre la couronne.

Le calibre étant placé suivant l'axe du bras tracé sur le sable, on déplace à l'intérieur du calibre une petite planche à trousser K, qui a la forme d'une demi-section du bras à sa plus petite dimension.

Cette planche est munie de deux décrochements formant portées.

On fait reposer ces deux portées sur la face supérieure de la planche, en plaçant la planche à trousser K en travers du calibre et à l'extrémité de ce calibre du côté de la couronne : à cet endroit, la planche à trousser donne exactement les dimensions du bras. Elle pénètre dans le sable.

En la déplaçant vers le moyeu, cette planche creusera le sable en laissant une empreinte qui aura la section du demi-bras. Mais comme la largeur du bras augmente à mesure qu'on se rapproche du moyeu, il faut donner à la planche non seulement un mouvement de déplacement longitudinal, en se guidant sur les deux bords intérieurs du calibre, mais encore lui donner un déplacement transversal pour obtenir l'empreinte complète, la planche à trousser ayant, lorsqu'elle est du côté du moyeu, une largeur plus faible que cette empreinte.

Les bras étant troussés et moulés, on raccorde leur empreinte avec le moyeu et la couronne, et après avoir fini la couche, on présente le châssis supérieur pour vérifier la concordance des deux parties du moule. On place le noyau central, pour que le volant soit fondu avec un trou au centre du moyeu, et le moule est terminé (Fig. 310).

Les volants sont des pièces particulièrement délicates à fondre, à cause de l'influence du retrait. Par suite de la différence des volumes de la jante, des bras et du moyeu, le métal coulé se refroidit plus ou moins rapidement dans ces diverses parties de la pièce; de là des tensions irrégulières qui s'exercent tantôt sur le moyeu, tantôt sur la couronne ou sur les bras et qui provoquent même, parfois, la rupture de ces parties.

Pour éviter ces ruptures, qui ne sont pas toujours très apparentes et qui n'en sont que plus dangereuses, on effectue dans le moule, avant la coulée, des *coupures* soit dans la jante, soit dans le moyeu.

La coupure sur la jante s'obtient en plaçant dans le moule, entre deux bras, une plaque de tôle de fer L (Fig. 309), qui occupe toute l'épaisseur de la couronne et affleure, à la partie supérieure, avec la face du volant, en conservant sa forme, et qui est enfoncée dans le sable à sa partie inférieure. Cette plaque forme donc, dans l'empreinte, une cloison qui empêchera les deux jets de métal liquide arrivant de chaque côté de cette plaque, lors de la coulée, de prendre contact et de former un bloc au refroidissement. Il y aura donc une coupure qui permettra au retrait d'exercer son action sur la pièce sans la détériorer. La plaque de tôle est munie d'une tige M, qui la traverse des deux côtés et qui est cintrée suivant la forme de la jante. Après la coulée, les deux bouts de tige se trouvant encastrés dans la jante, de chaque côté de la coupure, maintiennent les deux parties de cette jante dans leurs positions respectives, tout en permettant l'action du retrait.

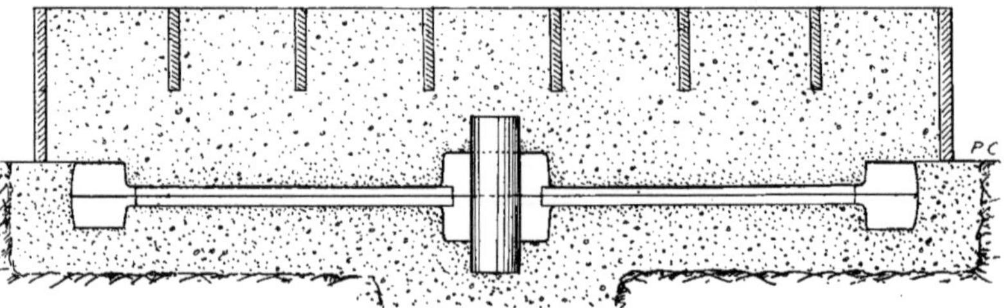

Fig. 310. — Moule d'un volant troussé.

Lorsque la pièce fondue est achevée et refroidie, on réunit le plus souvent les deux parties de la jante séparées par la coupure, par le serrage de fortes plaques qui les rendent complètement solidaires et on remplit le vide qui existe sur la jante, en coulant généralement du zinc.

Les coupures faites sur le moyeu s'effectuent de la même façon. On les fait au nombre de trois, car, le plus souvent, les volants comportant six bras, le moyeu est solidaire de deux bras entre chaque coupure. Les trois parties du moyeu sont réunies, après refroidissement, au moyen de frettes en acier emmanchées à force et les vides produits par les coupures sont également remplis en y coulant du zinc.

Moulage au trousseau d'une roue d'engrenage

Le procédé de moulage au trousseau d'une roue d'engrenage, ne diffère pas de celui du volant que nous venons d'examiner. Des dispositions spéciales sont seulement établies pour placer les dents dans le moule.

Après avoir placé le trousseau dans une la couche. On trousse ensuite, en remontant sur l'arbre le trusquin et une seconde planche à trousser, la partie inférieure du moule. La partie extérieure de la couronne qui correspond à l'extrémité des dents de la roue étant droite, la planche à trousser ne comportera pas un couteau à déplacement horizontal, comme dans le volant à

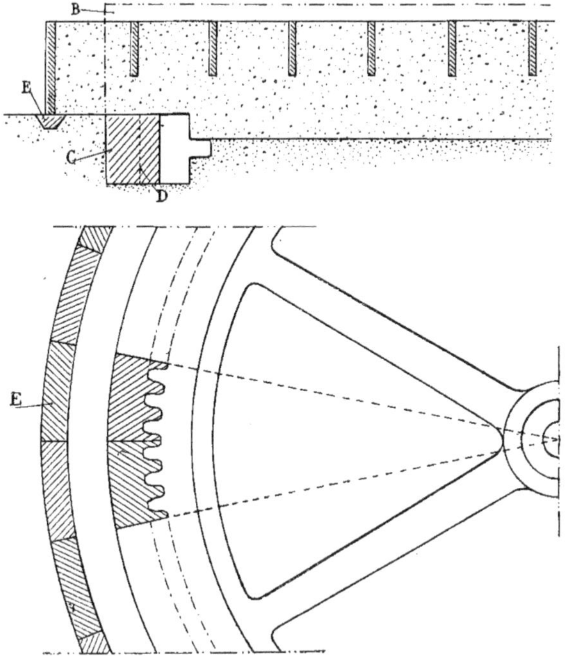

Fig. 311. — Moulage d'une roue dentée avec noyaux.

couche de sable, et troussé la partie supérieure de la roue de la façon que nous avons indiquée pour le volant, tracé la position des bras et fait la couche de joint, on pose le châssis sur la couche de sable, et en effectuant les opérations successives que nous connaissons, on moule dans ce châssis, en creux, la partie de sable troussée. On enlève le châssis, on le retourne, on fait les empreintes des bras et on polit et termine jante cintrée, mais, suivant le procédé employé pour obtenir l'empreinte des dents, l'extrémité de la planche sera plus ou moins éloignée du centre de l'arbre. Les dents peuvent, en effet, être formées à l'aide d'une *boîte à noyau* ou à l'aide d'un *peigne*.

Par le premier procédé, les dents sont moulées en sable dans une boîte spéciale, en petit nombre : deux, trois, quatre, comme on le fait pour les noyaux cylindriques que l'on place dans les moyeux des moules afin d'obtenir un trou. Les dents en sable ainsi moulées sont placées dans le moule de la roue; leur saillie formera les creux des dents de la roue et leurs creux correspondront aux dents de cette roue.

Pour mettre en place dans le moule les noyaux de sable représentant les dents, il faut créer une portée suffisamment large pour que ces noyaux soient facilement et correctement disposés les uns contre les autres (Fig. 311).

La planche B servant à trousser la partie inférieure, déborde la circonférence passant par l'extrémité des dents d'une quantité environ deux fois plus grande que la profondeur de la dent. Pendant l'opération de troussage, elle donne une empreinte dont le rayon est plus grand que le rayon extérieur de la roue. La différence entre ces deux rayons constitue la portée des noyaux destinés à former les dents. Ces noyaux A (Fig. 312), sortis de leur boîte, sont placés contre la face C troussée du moule, les dents étant orientées convenablement et disposées tout autour de la circonférence suivant une division correspondant au nombre de dents que doit porter la roue.

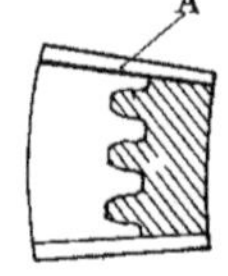

Fig. 312. — Boîte à noyau des dents.

La roue ayant un diamètre bien déterminé et un nombre de dents également déterminé, le pas, c'est-à-dire l'écartement entre l'axe de deux dents, doit aussi être très régulier pour que la pose successive des dents s'effectue sans qu'on trouve une différence sensible sur tout le pourtour de la couronne. Il convient donc, en juxtaposant les noyaux formant les dents, de vérifier si le diamètre reste bien toujours le même et si le pas ne varie pas.

Pour vérifier le diamètre, on se sert d'une pointe serrée contre la planche à trousser B, et la débordant à la partie inférieure. Cette pointe est réglée à l'écartement qui convient du centre de l'arbre. Chaque fois que l'on pose un noyau, on fait coïncider la pointe avec le bout des dents. Ces extrémités de dents se trouveront donc toutes sur un même diamètre, qui aura la dimension voulue.

La vérification du pas ne se fait qu'entre deux noyaux juxtaposés, car il est bien évident que les dents formées dans la boîte à noyau doivent avoir exactement le pas désiré. Les joints entre les noyaux peuvent seuls donner lieu à des variations de pas. Ces joints sont faits au fond des creux des dents. Pour s'assurer de la rectitude du pas, on présente au droit du joint des deux noyaux un calibre en tôle ayant la forme d'une dent qui doit pénétrer avec un léger jeu dans la dent placée sur le joint. D'ailleurs, on prend des repères sur la circonférence, principalement l'axe des bras, on connaît le nombre de dents à placer entre ces repères, de sorte que l'on rectifie au fur et à mesure, dans chaque secteur, le placement des dents et on assure leur rectitude.

On peut même diviser la circonférence extérieure de façon à marquer la place exacte que doit occuper chaque noyau. Comme les traits marqués sur le sable s'effacent facilement, on creuse parfois, à l'aide du trousseau, sur la couche supérieure, de sable, une sorte de caniveau circulaire E dans lequel on coule du plâtre, affleuré en faisant tourner la planche. Sur la surface du plâtre ainsi régularisé, on trace des traits correspondant aux divisions déterminées par le nombre de dents de la roue et du noyau. Ces traits, faits à l'aide de la règle à encoche, ne s'effacent pas et permettent d'aligner dans la bonne direction, et de placer exactement à leur place, les noyaux portant les dents en sable.

Le procédé de confection des dents dans

le moule à l'aide d'un peigne est aussi employé. Le peigne est une pièce métallique A (Fig. 313) portant une série de dents exactement conformes à celles que l'on doit obtenir sur la roue. C'est dire que le rayon de la courbe limitant le peigne doit être rigoureusement égal au rayon extérieur de la roue, et que les dents du peigne doivent être espacées de quantités exactement semblables et égales au pas, pour que la roue puisse porter le nombre de dents déterminé.

Lorsqu'on emploie le peigne pour obtenir les dents, on trousse le moule à la dimension exacte du diamètre extérieur de la roue.

Fig. 313. — Peigne pour roue dentée.

La face perpendiculaire extrême B (Fig. 314) correspond exactement à l'extrémité des dents de la roue. On ne ménage plus, comme dans le cas précédent, en plus du diamètre de la roue, une portée pour les noyaux en sable formant les dents.

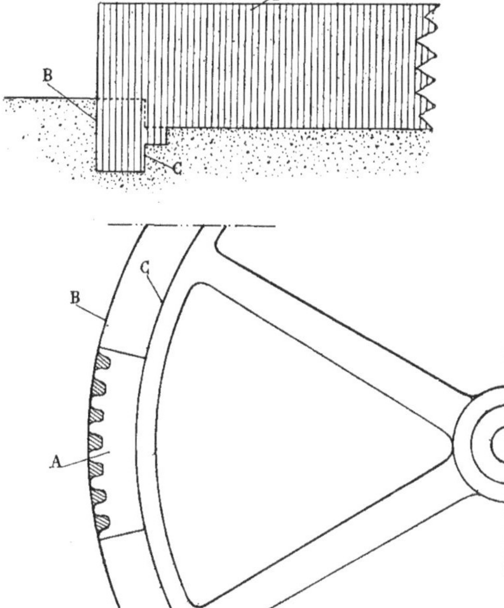

Fig. 314. — Moulage d'une roue dentée avec peigne.

Il faut que la face troussée B soit bien régulière et bien polie, car c'est sur tout son pourtour que l'on appliquera le peigne. D'ailleurs, comme dans le procédé précédent, une pointe fixée sur la planche à trousser permettra de vérifier, à chaque instant, si le rayon correspondant à l'extrémité des dents est bien exact.

En utilisant la division tracée autour de la couronne, comme moyen de contrôle, on place le peigne, appuyé d'une part contre la face B et calé, d'autre part contre le rebord C formant la partie intérieure de la couronne. Il se trouve ainsi immobilisé et sa position ne varie pas lorsqu'on place du sable dans les creux du peigne et qu'on le comprime. Ce sable foulé forme donc, en relief, ce qui sera les creux des dents de la roue. On affleure, à la partie supérieure, la surface du sable et on termine la couche en faisant le joint, puis on sort du moule le peigne, que l'on enlève verticalement en ayant le soin de ne pas détériorer les dents en sable, qui doivent rester appliquées contre la face B. Le nombre de dents obtenu est égal à celui que comporte le peigne.

On replace le peigne sur le pourtour de la couronne, en engageant la première dent du peigne dans le dernier creux obtenu entre les dents en sable. Le peigne se trouve ainsi mis en bonne position à la suite des empreintes déjà posées. On remplit de nouveau de sable les creux du peigne et on constitue une nouvelle série d'empreintes de dents; on enlève le peigne, on retouche, s'il y a lieu, le raccord des deux séries de dents; on pratique dans le sable des trous d'air, et on continue ainsi sur tout le pourtour de la couronne, jusqu'à ce que l'on ait disposé le nombre de dents voulu sur cette couronne.

Le placement des dents à l'aide du peigne exige une légère dépouille pour son enlèvement, ce qui peut donner lieu à un certain jeu dans la denture des roues d'engrenages.

Le procédé d'obtention des dents à l'aide d'une boîte à noyau, qui est peut-être plus délicat à réaliser, ne nécessite aucune dépouille et permet de réduire le jeu de la denture.

Moulage en terre Les exemples de moulage au modèle et au trousseau que nous venons d'examiner permettront de se rendre compte de ces deux procédés de moulage le plus généralement employés.

Un autre procédé est cependant utilisé, principalement dans les grandes fonderies, pour obtenir des pièces d'importantes dimensions : c'est le moulage en terre.

Ce moulage peut se faire avec modèles, mais assez souvent il est fait au trousseau.

Le moule n'est plus constitué avec du sable. Il est fait avec de la terre d'une composition spéciale. Une fosse est d'abord creusée pour recevoir le socle du trousseau. Une plaque-support est placée à sa partie inférieure. Des briques sont disposées de façon à donner un profil de dimensions légèrement plus grandes que celles du profil à trousser. Entre les briques est foulée de la terre dure, et elles peuvent même être maçonnées. Du côté du profil à trousser, les briques reçoivent une couche de terre molle qui est une sorte de sable contenant du crottin de cheval délayé avec de l'eau, de façon à obtenir une pâte semblable à celle qui sert à fabriquer la terre cuite.

C'est sur cette couche de pâte que l'on détermine le profil à obtenir, à l'aide du trousseau. On procède au séchage du moule en descendant dans la fosse des réchauds, chaufferettes, ou *paniers de séchage,* ainsi qu'on les désigne.

Les différentes parties du moule sont constituées de la même façon et assemblées à l'aide de crochets, de brides, d'armatures et de boulons qui maintiennent la solidité de l'ensemble.

On ménage, sur le dessus, des trous de coulée et des évents comme pour les moules en sable. On place même entre les briques, au lieu de terre dure, des escarbilles et des débris de coke pour faciliter le dégagement des gaz lors de la coulée.

Les pièces obtenues par le procédé de moulage en terre ont généralement un plus bel aspect que celles qui sont obtenues par moulage dans le sable. La terre employée se déforme, en effet, moins facilement que le sable sous l'action de la chaleur et de la pression des gaz.

Malgré ces bons résultats, ce procédé n'est que peu employé, son prix de revient étant supérieur à celui des autres procédés de moulage.

Dans les grands centres industriels, cependant, il est utilisé pour obtenir des pièces importantes qui doivent être très bien fondues, comme, par exemple, les cylindres de fortes machines, des bancs de tours, des hélices de grandes dimensions, etc.

Moulage en sable vert Quel que soit le procédé employé pour obtenir un moule en sable, c'est-à-dire qu'il soit obtenu avec un modèle ou par troussage, on peut, suivant le cas, employer soit du *sable vert* ou humide, soit du *sable séché*.

Nous avons précédemment indiqué que le sable vert était généralement composé de vieux sable, de sable neuf et de houille. La proportion de ces éléments varie avec l'importance et le poids des pièces à fondre. Plus les pièces ont de l'importance, plus la quantité de sable neuf doit être grande et plus la proportion de houille augmente. Pour des pièces de petites dimensions, la quantité de vieux sable peut être plus grande et celle de houille plus faible. La proportion moyenne généralement utilisée comporte environ 34 % de sable neuf, 50 % de sable vieux et 16 % de houille au maximum pour de fortes pièces. Cette proportion de houille est ramenée à 8 % pour les petites pièces.

Pour obtenir le mélange constituant le sable vert, on fait sécher le sable neuf, avant de le mélanger, dans les proportions voulues, avec le sable vieux. On fait passer le mélange dans un broyeur, puis on le tamise. Au mélange de sable on ajoute la quantité de houille également passée au broyeur. On superpose des couches successives de sable mélangé et de houille; on effectue le mélange à la pelle en prolongeant l'opération pendant tout le temps nécessaire à l'obtention d'un produit très homogène. On ajoute de l'eau au mélange à raison de 10 litres environ par 100 litres de produit. On peut laisser le mouillage se prolonger pendant 12 heures, et on le brasse ensuite en le retournant avec la pelle, pour en former le sable vert de moulage qui possède une consistance suffisante pour être utilement employé et qui conserve une certaine humidité qui lui a fait donner, en dehors du nom de sable vert, celui de *sable humide.* Les moules faits en sable vert n'ont pas besoin d'être *étuvés,* c'est-à-dire d'être séchés, pour recevoir le métal en fusion. Le sable qui le compose est en effet du sable maigre, perméable, qui permet, même sans séchage, l'évacuation des gaz produits dans le moule au moment de la coulée. La houille mélangée au sable a pour effet, nous l'avons dit, de s'enflammer au contact du métal liquide et d'empêcher ainsi, par le dégagement des gaz qui en résulte, l'adhérence du métal au sable du moule.

Moulage en sable séché Lorsque le sable est un peu gros, c'est-à-dire peu perméable par suite de la quantité d'argile qu'il contient, il convient de faire sécher le moule en l'étuvant. En outre, lorsque le moule est fait pour des pièces de grand poids pouvant déformer le sable humide ou sable vert, on emploie de préférence le sable séché. De même, les petites pièces mécaniques destinées à être usinées et travaillées à l'outil sont le plus souvent fondues dans des moules étuvés. Comme ces pièces n'ont, en effet, que de faibles épaisseurs, la fonte obtenue dans des moules secs est beaucoup plus douce et plus facile à travailler que la fonte obtenue dans les moules en sable vert. Dans ces derniers moules, le refroidissement du métal en fusion prenant contact brusquement avec le sable humide, est très rapide. Ce métal subit une sorte de trempe qui le durcit et rend le façonnage de la pièce, à l'outil, très difficile.

La composition du sable séché diffère un peu de celle du sable vert. Pour obtenir des pièces de faibles dimensions et offrant une certaine précision, le mélange des sables se fait dans les mêmes proportions que pour le sable vert. La quantité de houille est cependant plus faible et réduite à environ 5 % du volume de sable mélangé.

Pour les pièces plus fortes, on mélange, à parties égales, le sable neuf et le sable vieux, en conservant la même proportion de houille, qui est environ les 5 % de la quantité de sable.

On procède au mélange de ces divers produits à la pelle, puis on les fait passer dans un appareil frotteur et on les tamise à la sortie.

Le sable séché doit être mouillé de la

même façon que le sable vert quoiqu'il soit destiné à être ultérieurement étuvé.

La compression du sable, la *serre,* dans un moule destiné à être séché, doit être plus énergique que la compression du sable vert et être effectuée très régulièrement pour ne pas donner lieu, après séchage, à des creux qui produisent des dartres sur les pièces fondues.

Nous examinerons plus loin le procédé employé pour effectuer le séchage des moules. Nous allons examiner la confection des noyaux dont nous avons indiqué le rôle dans les moules précédents, ces noyaux subissant aussi parfois, comme les moules, une opération de séchage.

Noyaux Les noyaux se font en sable pour la plus grande partie des pièces mécaniques de dimensions moyennes. On les fait aussi en terre pour certaines pièces spéciales que l'on obtient par le procédé de moulage en terre.

Les noyaux sont placés dans les moules et occupent exactement la place d'une partie qui doit être creuse dans la pièce à obtenir. Ils peuvent donc avoir des formes et des dimensions très variées. Comme leur volume est parfois considérable et que le poids du sable qui les constitue devient, de la sorte, important, on place dans ce sable des armatures métalliques de formes appropriées, qui consolident le sable et permettent de manipuler le noyau pour le placer dans le moule, sans le déformer et sans le détériorer.

Lorsque la pièce est fondue, elle contient le noyau, qui est détruit après refroidissement. Le sable et les armatures qui le constituaient sont sortis de la pièce par les trous qu'elle porte. Il convient donc que les armatures aient des dimensions permettant à la fois de consolider le sable du noyau et de sortir la pièce fondue.

Lorsque les noyaux sont cylindriques, les armatures sont des tiges de métal, ou, encore, des tubes métalliques lorsque le diamètre du noyau est important. Ces armatures sont disposées au centre du noyau et entourées de sable.

Il faut ménager, dans le noyau, des trous d'air, car lorsque le métal liquide se répand, lors de la coulée, tout autour du noyau, il se forme des gaz qu'il est nécessaire de laisser échapper. Les conduits d'échappement sont percés, lorsque le noyau est droit, à l'aide des aiguilles dont on se sert pour faire les trous d'air dans le sable des moules. Le dégagement des gaz s'effectue en bout des noyaux, car ce sont, généralement, les seules parties de ces noyaux qui ne sont pas en contact avec le métal liquide.

Lorsque le noyau a une forme courbe qui ne permet pas l'emploi des aiguilles, on dispose, à l'intérieur du noyau, de fines cordes que l'on enlève, quand le noyau est terminé, avec les précautions nécessaires pour ne pas le détériorer.

Les noyaux cylindriques sont les plus faciles à obtenir. On peut les fabriquer soit au modèle, soit au trousseau, comme les moules de pièces.

Les noyaux faits à l'aide de modèles, quelle que soit leur forme, nécessitent des moules en plusieurs parties, et le noyau est traité de la même façon qu'une pièce à mouler. Pour un noyau cylindrique, ce moule se divise en deux parties, chacune d'elles constituant la moitié du noyau, et le joint étant fait suivant l'axe longitudinal du cylindre qu'il forme.

Si le noyau a une forme plus compliquée, le moule doit être divisé en autant de parties qu'il est nécessaire pour que le démoulage du noyau puisse s'effectuer normalement sans qu'il soit détérioré ou que le sable soit arraché.

Le moule destiné à obtenir les noyaux est en bois et on le nomme généralement *boîte à noyau.* C'est, en effet, une sorte de boîte creuse dans laquelle on comprime du sable, qui prend exactement la forme du creux et qui constitue le noyau. Les parties séparées de la boîte ont leur position repérée les unes par rapport aux autres, par des chevilles ou des goujons qui pénètrent dans des trous.

Pour un noyau de forme cylindrique, la boîte à noyau est divisée en deux parties tout à fait identiques A et B (Fig. 315). Chacune de ces parties a sa paroi intérieure de forme demi-circulaire, de sorte que lorsqu'elles sont appliquées l'une sur l'autre et maintenues en bonne position par des chevilles C, la boîte à noyau, dont la forme extérieure est un parallélipipède rectangle, porte un trou central cylindrique D sur toute sa longueur. C'est ce trou que l'on remplira de sable pour former le noyau E (Fig. 316).

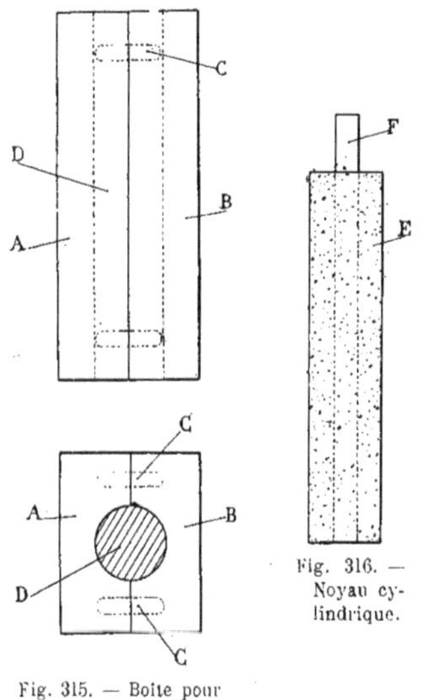

Fig. 315. — Boîte pour noyau cylindrique.

Fig. 316. — Noyau cylindrique.

Après avoir rendu les deux parties A et B solidaires par serrage de presses ou de brides, on place la boîte à noyau debout sur une de ses extrémités. On verse dans le fond du trou central une petite couche de sable que l'on comprime. On enfonce dans ce sable la tige F ou le tube métallique devant former l'armature et qui doivent occuper l'axe même du trou. On verse alors du sable par le haut et on le comprime au fur et à mesure. Lorsque le sable versé affleure la partie supérieure de la boîte, on pratique les trous d'air.

Le noyau est ainsi formé, mais il faut le sortir de la boîte. On replace cette boîte horizontalement ; on frappe légèrement sur elle, pour ébranler le noyau ; on enlève une de ses parties ; le noyau reste tout entier dans l'autre partie. En le soulevant, avec précaution, par les deux bouts, on le sort de la boîte et on peut le poser sur une plaque qui lui sert de support pour l'apporter à l'étuve, où son séchage doit s'effectuer. Il faut procéder avec le plus grand soin au démoulage du noyau, sinon on risque de le déformer et de le détériorer.

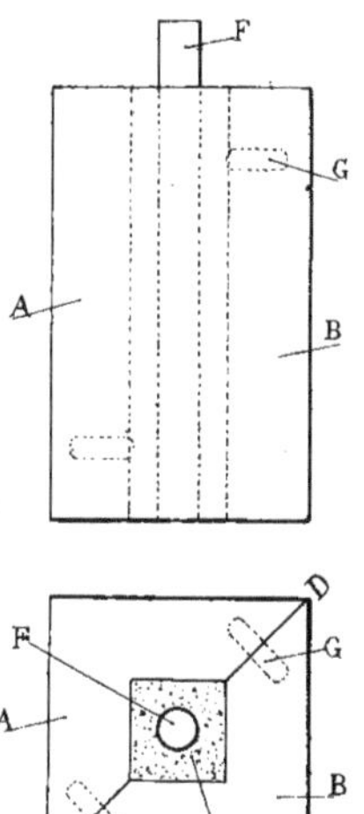

Fig. 317. — Boîte pour noyau carré.

Si le noyau, tout en gardant la forme droite, a une section carrée, par exemple, la boîte à noyau est toujours formée de deux parties exactement semblables, A et B (Fig. 317), mais la ligne de jonction C D est disposée suivant la diagonale du carré. Cette disposition permet le démoulage facile du noyau E. L'une des deux parties du modèle s'enlève aisément suivant la direction de l'autre diagonale, et le noyau peut être sorti de la seconde partie sans toucher aux parois pendant son enlèvement.

L'armature F est placée au centre du trou

carré que porte la boîte à noyau, et les deux parties de cette boîte sont toujours assemblées et repérées en bonne position au moyen de chevilles G ou de goujons.

Il n'est pas toujours possible de fouler le sable dans la boîte à noyau préalablement fermée Lorsque le noyau est droit, il est avantageux de procéder ainsi, mais si le noyau a une forme un peu contournée ou s'il comporte une ou plusieurs parties formant retours (Fig. 318), on procède, pour faire le noyau, comme on procède pour la confection des moules. La boîte à noyau étant toujours divisée en deux parties A et B, suivant une ligne de joint passant par l'axe du noyau C, on comprime d'abord du sable dans une moitié de la boîte et on l'affleure sur la surface de joint. On a donc, ainsi, obtenu la moitié du noyau. L'autre moitié est obtenue à l'aide de la seconde partie de la boîte dans laquelle on comprime du sable.

On a le soin de placer, sur le sable formant la surface de joint de la première demi-boîte, l'armature D qui doit consolider le noyau. En posant la seconde demi-boîte sur l'autre, il faut que les deux parties de la boîte s'appliquent exactement l'une contre l'autre et que, néanmoins, le sable remplisse bien la partie supérieure avec une compression suffisante pour lui donner la consistance voulue. Ce sable portera l'empreinte de l'armature. On disposera une ou plusieurs ficelles préalablement trempées dans du suif fondu. Ces ficelles sont retirées du noyau après le séchage, qui fait fondre le suif, ce qui aide à leur sortie. Les trous laissés dans le noyau servent de conduits d'échappement des gaz.

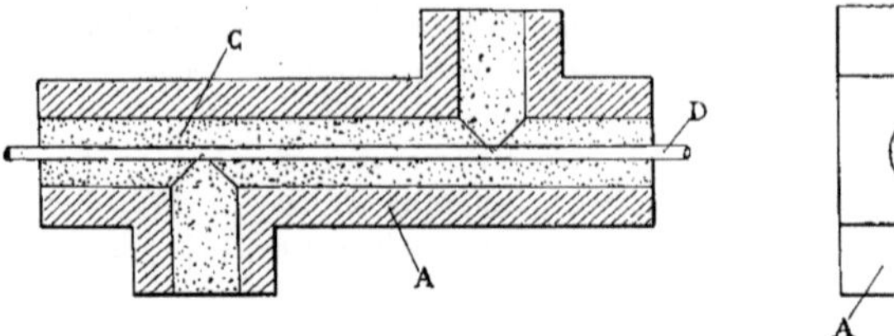

Fig. 318. — Boite pour noyau avec retours.

Les joints des deux parties de la boîte à noyau étant faits, ils sont enduits de colle ou de terre glaise pour que les deux moitiés du noyau posées l'une sur l'autre soient rendues solidaires et n'en forment plus qu'une.

On effectue alors le démoulage comme nous l'avons indiqué.

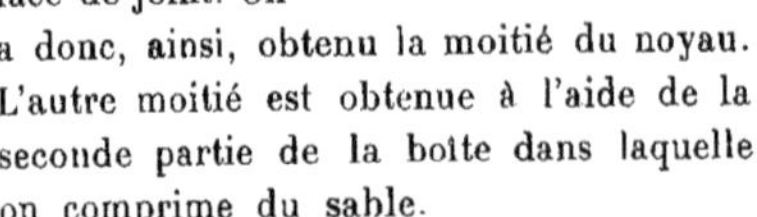

Fig. 319. — Noyau tourné.

Les noyaux cylindriques peuvent se fabriquer par le procédé de troussage, qui est d'autant plus utilement employé que le profil du noyau a une forme plus compliquée.

Le procédé de troussage d'un noyau est semblable, en principe, au procédé employé pour le troussage des moules, c'est-à-dire qu'on donne sa forme au noyau, à l'aide d'une planche découpée suivant le profil qu'il doit avoir. Dans le troussage d'un moule, on donne à la planche un mouvement de rotation, ainsi que nous l'avons vu, tandis que pour trousser un noyau, la planche ne tourne pas; c'est au noyau que l'on donne un mouvement de rotation.

Cette disposition facilite la confection des noyaux qui n'ont pas, généralement, de très grandes dimensions.

Le noyau A (Fig. 319) est, dans ce cas, préparé complètement cylindrique d'un bout à l'autre et mis au plus grand diamètre qu'il doit avoir. On le place sur une broche B qui en occupe la partie centrale et qui peut, à la fois, servir d'armature et d'axe de rotation. Les extrémités de la broche sont disposées pour déborder du noyau et pour servir de tourillons. Elles reposent sur les paliers C d'une sorte de tour.

En faisant tourner, à l'aide d'une manivelle D placée en bout de la broche, celle-ci et le noyau qui en est solidaire, on peut donner à ce noyau le profil voulu en approchant progressivement la planche à trousser que l'on maintient appuyée sur un support horizontal, à la hauteur du centre du noyau. Cette planche peut, simplement, être déplacée dans ce plan horizontal, de la même façon qu'un outil de tour. Elle peut même être remplacée par une lame métallique coupante.

Le noyau est, de la sorte, mis à sa forme, lorsque le calibre à trousser a pris contact avec le sable sur toute sa longueur et que le diamètre atteint la dimension voulue.

La broche servant d'armature est constituée par une tige cylindrique pleine pour des noyaux de faibles diamètres. Comme il importe, cependant, de ménager des conduits d'échappement pour les gaz, on pratique, sur la surface extérieure de la broche A (Fig. 320), une série de rainures longitudinales B qui font office de canaux d'échappement.

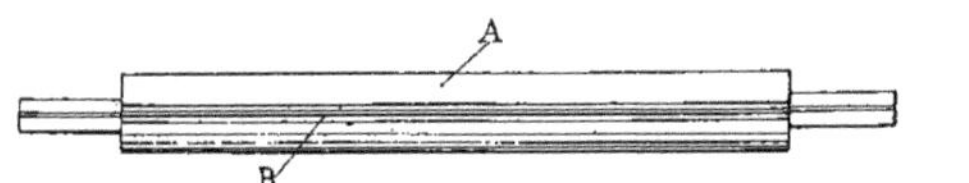

Fig. 320. — Armature de noyau, pleine.

On peut aussi employer une armature en fonte de fer portant, venues de fonte, une série d'ailettes dont les creux forment les conduits d'évacuation des gaz.

Les amatures sont parfois des tubes cylindriques en fer A (Fig. 321). On rapporte alors, à chaque bout de ces tubes, des tourillons démontables qui servent à trousser les noyaux et que l'on enlève après cette opération. Pour permettre l'évacuation des gaz, le tube est percé, sur toute sa surface, d'un grand nombre de trous B. Les gaz produits dans le noyau passant par ces trous se répandent à l'intérieur du tube, d'où ils sont évacués par les deux bouts, à l'extérieur du moule.

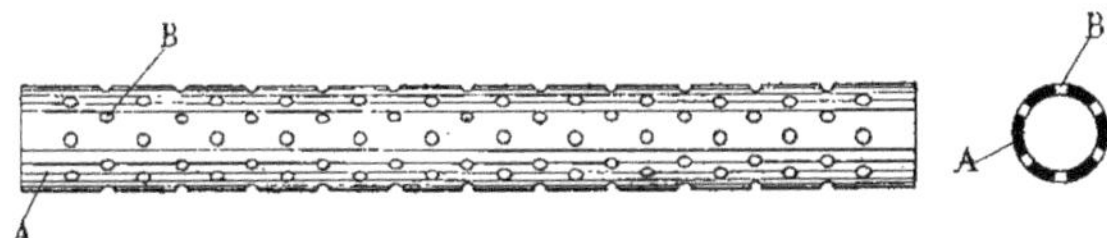

Fig. 321. — Armature de noyau, creuse.

Les broches et les armatures des noyaux, lorsque les dimensions des pièces à couler sont assez importantes, ne sont pas directement en contact avec le sable formant le noyau.

Le retrait que doit supporter la pièce lors du refroidissement pourrait, en effet, si sa valeur devenait trop grande, exercer son action sur la broche, et la pièce risquerait de se déformer ou même de se casser. En outre, la broche ne serait sortie que difficilement de cette pièce. Pour remédier à ces inconvénients, on interpose, entre la broche et le sable qui forme le noyau, un corps qui présente une certaine élasticité et qui puisse même, en se consumant, lors de la coulée, créer un espace vide capable de compenser au fur et à mesure le retrait que subit la pièce lors de son refroidissement.

On place donc sur la broche du noyau de la paille tressée que l'on enroule sur elle. On peut aussi employer de l'étoupe pour ceux qui ont un petit diamètre. Sur cette garniture on place une couche d'argile, puis on continue la confection du noyau en superposant des couches de sable gras jusqu'à ce que la dimension voulue soit atteinte.

Les noyaux doivent être tous séchés. Par suite de leur grande surface de contact avec le métal liquide, il importe, en effet, que les noyaux ne soient pas humides, car il se formerait, en grande quantité, de la vapeur d'eau dont la pression s'ajouterait à celle des gaz produits par la coulée pour détériorer les noyaux et même les parties voisines du moule.

On emploie donc, pour faire les noyaux, du sable argileux, lequel, par l'opération du séchage, prend de la consistance tout en acquérant un degré de perméabilité suffisant.

La perméabilité, pour les noyaux de formes compliquées, est obtenue en faisant ces noyaux en sable spécial contenant du crottin de cheval. Ce sable contient trois parties de sable neuf, deux de sable vieux et deux de crottin de cheval préalablement séché et tamisé. Le mélange ainsi constitué est mouillé pour être employé. Lorsque l'on fait sécher les noyaux qui ont été fabriqués, le crottin contenu dans le sable se dessèche et rend ces noyaux poreux sur toute leur épaisseur, ce qui facilite le dégagement des gaz sans altérer la forme des pièces.

Les noyaux sont supportés dans les moules par leurs extrémités, ce qui permet de les orienter et de les mettre dans leur position exacte.

Lorsque leur longueur est importante, on est obligé de disposer, en certains points de cette longueur, des supports, pour éviter que le noyau fléchisse et pour le maintenir toujours dans sa position normale pendant la coulée du métal qui exerce sur lui une pression qui tend à le déplacer.

Nous avons indiqué, dans l'examen du moule d'une colonne, la façon dont on dispose les supports de noyaux.

Séchage des moules Les moules qui ne sont pas faits en sable vert et qui sont constitués en sable gras et argileux doivent subir, nous l'avons dit, l'opération de séchage servant à enlever l'eau qu'ils contiennent et à donner de la consistance au sable.

Pour faire sécher les moules, on les place dans des étuves lorsque ces moules peuvent être facilement déplacés et qu'ils sont, par conséquent, formés de châssis assemblés et facilement transportables.

L'étuve est constituée par une capacité fermée, maçonnée ou comportant des parois métalliques. Une ouverture, fermée par une porte, sert à placer dans l'étuve les moules à faire sécher.

Un dispositif de chauffage permet d'élever la température de l'étuve et de procéder ainsi au séchage du moule.

L'étuve comporte parfois une grille sur laquelle le combustible est chargé et se consume. Une cheminée est disposée pour évacuer les gaz produits par la combustion et ceux qui proviennent du séchage du moule.

Les étuves peuvent être chauffées, lorsque l'installation de la fonderie le permet, par les gaz chauds provenant de fours ou de foyers placés dans l'atelier.

Lorsque le moule est difficile à déplacer, ou qu'il est fait en totalité ou en partie dans le sol, le séchage à l'étuve n'est pas possible.

On emploie un autre procédé, à l'aide duquel on peut néanmoins obtenir le séchage du sable.

On dispose, à proximité du moule, un ou plusieurs foyers alimentés soit avec du bois, du charbon de bois ou du coke. On peut aussi, lorsque la profondeur du moule le permet, placer le combustible incandescent dans des sortes de grilles appelées *paniers,* que l'on descend dans le moule. Ces paniers sont suspendus sur des supports fixes indépendants du moule et ne touchent aucune de ses parois. Le séchage peut, de la sorte, s'effectuer.

Dans certains cas, on emploie un réchaud comportant un foyer, des orifices d'arrivée d'air et de sortie de gaz chauds que l'on place sur le moule de façon que le conduit de gaz communique, par exemple, avec un trou central pratiqué dans le moule. L'air pénétrant dans le réchaud s'échauffe, s'introduit dans le moule par le conduit central et en sort par d'autres canaux latéraux.

Il s'établit donc une circulation d'air chaud dans le moule qui provoque son séchage.

Les noyaux qui doivent être séchés ont, le plus souvent, des dimensions telles qu'ils peuvent être traités à l'étuve. Les noyaux des moules en terre, qui sont généralement faits également en terre, sont séchés à l'aide de paniers portant le combustible incandescent.

Préparation des moules pour la coulée

Lorsque les moules sont terminés et séchés, il convient de prendre encore quelques dispositions indispensables pour assurer le succès de la coulée.

Lorsque le moule est fait en plusieurs parties, comportant un joint, le métal liquide coulé dans le moule exerce, à l'intérieur de ce moule, une pression d'autant plus considérable que ses dimensions sont plus grandes et que les orifices de coulée sont placés plus haut. L'action de cette pression tend à séparer les parties du moule et à laisser écouler, à l'extérieur, le métal liquide par la ligne du joint, si celui-ci n'est pas parfaitement assuré.

Il est donc indispensable de bien serrer les unes contre les autres les diverses parties des moules.

Lorsque le moule comporte deux châssis, on serre ces châssis soit avec des serre-joints, si leurs dimensions sont réduites, soit à l'aide de clavettes.

Lorsque le moule ne comporte qu'un châssis, ou lorsque ses dimensions sont importantes, on place, sur la partie supérieure, des blocs métalliques d'un grand poids, qui assurent un serrage efficace des deux parties et compensent l'action de la pression intérieure du métal sur la partie supérieure du moule.

Ces précautions étant prises, le moule est prêt à recevoir le métal liquide.

COULÉE

CUBILOT : Cuve, — Creuset, — Tuyères.
MISE EN MARCHE ET CONDUITE DU CUBILOT.
OUTILS DE COULÉE.
OPÉRATION DE COULÉE.

Cubilot Le métal liquide, la fonte de fer destinée à être coulée dans les moules, n'est que très rarement prise au haut fourneau pour être directement versée dans les moules.

Presque toujours, la fonte provenant du haut fourneau est coulée en différents blocs, gueuses ou saumons, et ce sont ces blocs de fonte, que l'on peut aisément transporter dans les fonderies, que l'on utilise pour obtenir le métal de coulée, en provoquant leur fusion dans l'atelier de fonderie même où se trouvent préparés les moules des pièces à obtenir.

La fusion de ces lingots s'opère dans des fours spéciaux appelés *cubilots*.

Cuve Un cubilot est une sorte de cuve comportant une paroi extérieure métallique A (Fig. 322) garnie, intérieurement d'un revêtement en matières réfractaires B pouvant résister à l'action de la haute température qui se développe dans l'appareil.

L'enveloppe extérieure métallique est faite soit en fonte, soit en tôle de fer. Ce sont surtout les anciens cubilots qui possèdent une enveloppe en fonte.

Elle est constituée par une succession d'anneaux fondus placés les uns au-dessus des autres et montés par emboîtement.

L'enveloppe en fonte est lourde, peu élastique, ce qui offre quelque inconvénient par suite des dilatations que cette enveloppe doit supporter.

Dans les cubilots modernes, l'enveloppe extérieure A est faite en tôle de fer.

Elle est également constituée par des anneaux, ou viroles, emboîtés les uns dans les autres et rivés.

On donne généralement à l'enveloppe, une forme cylindrique. Cependant, quelques types de cubilots sont établis avec une enveloppe tronconique, son diamètre augmentant en allant du gueulard vers le bas de l'appareil. Cette disposition a pour objet, comme dans les hauts fourneaux, de faciliter la descente des produits chargés dans le cubilot et d'éviter des accrochages.

La garniture intérieure faite en briques ou en terre réfractaire doit avoir un diamètre minimum de $0^{m},500$, pour permettre les réparations qu'il est nécessaire d'effectuer à l'intérieur du cubilot. Ce diamètre peut atteindre $2^{m},500$.

L'enveloppe extérieure métallique et la garniture intérieure réfractaire, constituent la cuve du cubilot. Cette cuve porte plusieurs ouvertures. A la partie inférieure, se trouve un grand orifice C fermé par une porte E facilitant la vidange de la cuve et permettant à un ouvrier de pénétrer à l'intérieur du cubilot pour effectuer les réparations nécessaires.

Également à la base de la cuve est percé le trou de coulée D, qui sert à extraire la fonte liquide de l'appareil. Un peu plus haut, sont disposés les trous F, par lesquels on introduit du vent sous pression dans le cubilot pour activer la combustion. C'est à ces trous qu'aboutissent les tuyères G.

A la partie supérieure sont percées des ouvertures H par lesquelles s'effectue le chargement de l'appareil. Ces ouvertures sont fermées par des portes.

Le cubilot se prolonge, vers le haut, par une cheminée raccordée à l'enveloppe métallique extérieure par l'intermédiaire d'une hotte. C'est par ce conduit que s'échappent au dehors les gaz produits par la combustion.

La cuve repose sur une plaque de fonte I formant sole, qui est elle-même supportée par un bloc de maçonnerie J.

Parfois la sole I est placée à une certaine hauteur au-dessus du sol pour faciliter la disposition d'un avant-creuset N (Fig. 323) dont nous allons indiquer le rôle. Dans ce cas, la plaque-socle et la cuve sont supportées par des colonnes ou des poutres métalliques. La partie inférieure de la cuve peut être dégagée et porter une sorte de clapet facilitant le *décrassage*.

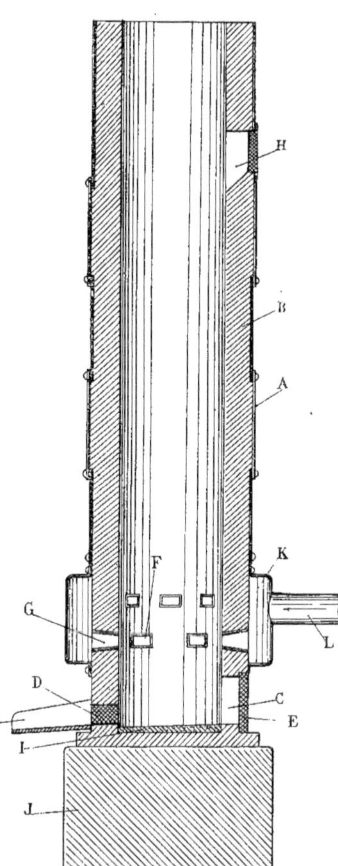

Fig. 322. — Coupe verticale d'un cubilot.

Creuset. La partie inférieure du cubilot placée immédiatement au-dessus de la sole, se nomme *creuset*. Le creuset sert à recevoir la fonte liquide.

Le trou de coulée D est établi à sa partie la plus basse et un orifice d'écoulement du laitier qui surnage sur le métal liquide est percé à sa partie la plus haute. Ce dernier trou peut aussi servir de trou de trop-plein lorsque le creuset contient trop de fonte liquide.

Le trou de coulée est bouché pendant la marche du cubilot, à l'aide d'un tampon d'argile ou de sable que l'on défonce lorsqu'on veut effectuer la coulée. La fonte liquide qui sort du creuset est reçue dans un conduit M placé au-dessous de ce trou, et comportant une garniture réfractaire. Ce canal, que l'on nomme *goulotte*, doit avoir une longueur suffisante pour que la *poche de coulée* que l'on présentera au-dessous puisse recevoir aisément le métal liquide.

Certains types de cubilots comportent un dispositif spécial pour recevoir la fonte liquide à leur partie inférieure. Le creuset, au lieu de communiquer directement avec l'extérieur par le trou de coulée, communique avec une capacité placée en avant de la cuve et que l'on nomme *avant-creuset* N (Fig. 323). C'est l'avant-creuset qui porte les orifices de coulée de la fonte et du laitier. Il est constitué par une enveloppe cylindrique faite en tôle de fer et portant, à l'intérieur, une garniture réfractaire. Il est fermé, à sa partie supérieure, par un couvercle et est relié, par un conduit garni de briques réfractaires, avec le fond de la cuve.

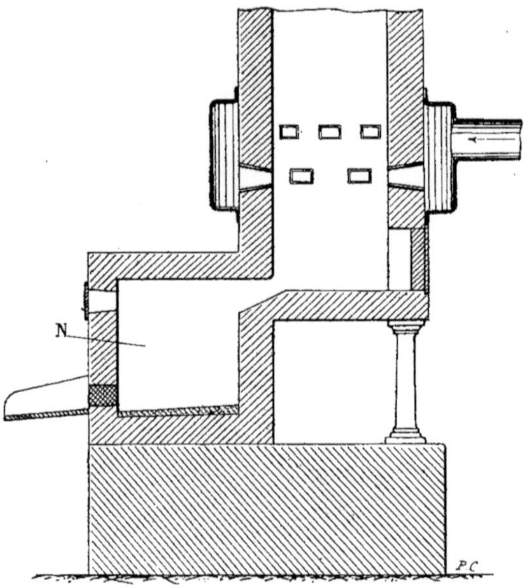

Un dispositif est établi, dans l'avant-creuset, pour éviter l'accumulation des gaz pouvant s'enflammer et provoquer des explosions. On le met en communication, par un tuyau spécial, avec le conduit de vent, ou on dispose un conduit de sécurité permettant de laisser échapper ces gaz au dehors.

L'orifice du conduit qui met en communication le creuset et l'avant-creuset du cubilot a une section qui ne permet pas au combustible tombé au fond du creuset de passer dans l'avant-creuset.

Il en résulte ces avantages : que tout l'avant-creuset N peut être rempli de fonte ; le combustible n'y pénétrant pas, le métal peut ainsi conserver plus longtemps une haute température qui permet d'effectuer la coulée sans que l'on coure le risque de voir le métal se solidifier avant sa sortie du cubilot. Du reste, si, par accident, la solidification du métal se produisait, donnant lieu à la formation d'un *loup*, la détérioration de l'avant-creuset offre moins d'inconvénients que la détérioration du creuset faisant partie de la cuve même du cubilot.

Fig. 323. — Avant-creuset.

La disposition de l'avant-creuset donne, toutefois, un encombrement plus grand au cubilot ; sa construction est plus onéreuse et il peut se produire un engorgement ou une obstruction du conduit de communication de la cuve à l'avant-creuset, ce qui constitue un sérieux inconvénient.

Les avant-creusets des cubilots sont généralement fixes. On construit cependant, des avant-creusets oscillants, qui ont sur les avant-creusets fixes l'avantage de faciliter la coulée (Fig. 324).

L'avant-creuset oscillant est une poche métallique munie d'un bec de coulée et

portant deux tourillons cylindriques oscillant dans deux supports formant bâti. Par l'intermédiaire de roues d'engrenage et d'une vis tangente actionnées par la rotation d'un volant à main, on provoque le renversement de l'avant-creuset de telle sorte que le métal liquide sort par le bec de coulée et est facilement dirigé vers la poche qui doit le recevoir.

La disposition de l'avant-creuset oscillant permet de supprimer le bouchon de fermeture du trou de coulée qu'il faut percer pour retirer la fonte, et de supprimer aussi la rigole de coulée dans laquelle le métal liquide se refroidit.

Fig. 324. — Avant-creuset oscillant Bonvillain-Ronceray.

Tuyères

A la hauteur des orifices dans lesquels pénètrent les tuyères G est disposée, tout autour du cubilot, une capacité cylindrique K faite en tôle de fer : c'est la *boîte à vent,* qui sert de conduit au vent sous pression et qui le distribue aux diverses tuyères. Cette boîte doit être étanche pour éviter les pertes de vent. Elle porte généralement, au droit de chaque tuyère, un regard, par l'œilleton duquel on peut, à chaque instant, se rendre compte de l'état de la tuyère et voir si elle n'est pas obstruée. L'orifice de la tuyère tend, en effet, à s'encrasser, par suite du contact des scories provenant des matériaux incandescents qui se trouvent dans le cubilot.

Il importe de ne pas laisser les orifices des tuyères s'obstruer. Pour pouvoir parer efficacement à cet engorgement, certaines boîtes à vent de cubilots sont disposées pour alimenter deux séries de tuyères, qui ne sont mises en action que successivement. La manœuvre d'une vanne permet de diriger le vent sur l'une ou l'autre série. On laisse une série en action pendant un certain temps, une demi-heure, par exemple, puis, on intercepte la communication du vent avec ces tuyères et on l'établit avec l'autre série. La série des tuyères qui n'est pas en action, subit l'effet de la température, et les dépôts accumulés à son extrémité, par suite du refroidissement produit par le passage de l'air, fondent et s'écoulent dans la cuve, dégageant ainsi le bec des tuyères. En mettant en action, alternativement, chaque série de tuyères pendant une demi-heure, on évite l'encrassage de leur orifice.

Les tuyères sont, dans certains cubilots, disposées en deux groupes superposés. Le groupe inférieur comporte une rangée de *tuyères principales* qui servent à entretenir la combustion dans la cuve. Le groupe supérieur, qui est placé à une hauteur, au-dessus de l'autre, égale à environ le diamètre de la cuve, comprend les *tuyères secondaires,* dont la section est moindre que celle des autres tuyères et par lesquelles on insuffle de l'air destiné à agir sur l'oxyde de carbone provenant de la combustion inférieure.

Fig. 325. — Ensemble de cubillot Bonvillain-Ronceray.

La même boîte à vent alimente parfois toutes ces tuyères, et parfois on dispose une boîte à vent pour chacun des groupes. Un seul conduit d'air alimente les deux boîtes à vent dans lesquelles l'admission de l'air est reglée par la manœuvre de registres.

L'orifice des tuyères doit avoir une section telle que la répartition du vent puisse être faite le plus régulièrement possible dans la cuve. La combustion est, de la sorte, bien uniforme. Les tuyères ont un orifice à section rectangulaire dans laquelle la largeur est plus grande que la hauteur.

On fait les tuyères en fonte et on les encastre dans la garniture réfractaire de la cuve.

L'air sous pression est fourni au cubilot par des ventilateurs. Ces appareils, mus mécaniquement, produisent, par la rotation de leur arbre, une aspiration d'air dans l'atmosphère et le refoulement de cet air dans le conduit L dans la boîte à vent K et de là, par les tuyères, dans le cubilot.

La pression du vent le plus souvent employée correspond, par centimètre carré, à une colonne d'eau de $0^m,250$ à $0^m,300$ de hauteur. Cette pression peut atteindre une hauteur d'eau de $0^m,500$.

Mise en marche et conduite du cubilot

Pour fondre les gueuses métalliques que l'on introduit dans le cubilot, on place, dans la cuve de cet appareil, un combustible que l'on porte à l'incandescence pour produire la température de fusion du métal. Le combustible le plus souvent employé est le coke; on utilise aussi le charbon de bois, lorsque la fonderie est installée à proximité de forêts permettant d'obtenir ce charbon de bois à un prix modique.

Les cubilots fonctionnant au charbon de bois ont une hauteur d'environ 6 mètres, tandis que ceux qui sont chargés avec du coke ont une hauteur d'environ $3^m,50$. Pour mettre un cubilot en fonctionnement, il convient de procéder au séchage de la garniture réfractaire maçonnée, si celle-ci est neuve. Pour cela, on allume dans le cubilot un feu de bois, puis un feu de coke, que l'on doit maintenir pendant environ douze heures. Le feu ne doit pas être trop vif pour que le séchage s'effectue lentement et que la vapeur d'eau, produite dans le cubilot, puisse être aisément évacuée par les interstices qui ont été ménagés entre les matériaux. La sole du cubilot, c'est-à-dire la partie inférieure du creuset, reçoit une couche de sable, que l'on comprime pour obtenir une surface bien unie facilitant la coulée de la fonte.

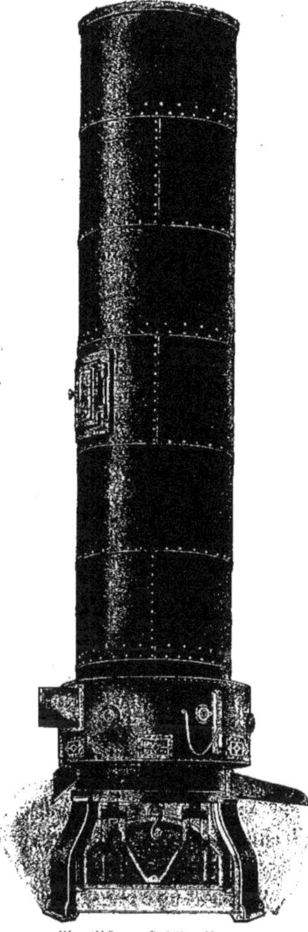

Fig. 316. — Cubilot Newten. Vue d'ensemble. (Fenwick frères.)

On dispose, ensuite, sur la sole, des copeaux et du bois en remplissant la partie de la cuve constituant le creuset.

La porte servant à vider le cubilot, appelée porte de vidange ou de décrassage, et qui est souvent indépendante de la porte sur laquelle est disposé le trou de coulée, n'est pas hermétiquement fermée. On bouche son orifice avec des morceaux de coke de façon à permettre le tirage. De même, les tuyères sont disposées pour laisser s'établir un courant d'air facilitant le tirage.

On place, au-dessus du bois, une charge de coke qui dépasse les orifices des tuyères d'une hauteur égale au diamètre de la cuve, environ.

On allume et lorsque, grâce aux orifices de tirage ménagés, le feu est bien pris, on obture l'orifice de vidange déjà garni de coke, en disposant sur ce coke une couche de vieux sable de fonderie qui intercepte toute communication entre l'intérieur du cubilot et l'atmosphère. On pose, sur la couche de sable, une plaque de tôle qui ferme d'une façon absolue l'orifice de vidange, en laissant ouvert, toutefois, le trou de décrassage. Le trou de coulée est aussi maintenu ouvert.

Pendant que la couche de coke s'allume progressivement, on charge le cubilot. On jette, par la porte, placée à la partie supérieure, des couches successives de *fonte,* de *coke* et de *castine.*

La *castine,* qui est du carbonate de chaux, est un *fondant.* Elle se combine avec les cendres de coke qui, seules, ne fondraient qu'à une température très élevée. Cette combinaison détermine la fusion à une température plus basse et produit ainsi un laitier bien fluide.

Lorsque le coke d'allumage placé dans le fond du cubilot est porté au blanc au niveau des tuyères, on ferme les volets de regard des tuyères et on admet le vent sous pression dans le cubilot. A ce moment, le cubilot doit être rempli.

Le vent introduit dans le cubilot est, petit à petit, admis avec une pression de plus en plus grande. Il contribue à activer la combustion dans la cuve et, tout en montant vers le gueulard, en traversant la charge de produits, il s'échappe en partie par les orifices de coulée et de vidange qui ont été laissés ouverts.

Les gaz provenant de la combustion s'échappent aussi en partie vers le haut, et en partie vers le bas par les trous de coulée et de vidange. Leur circulation, dans le creuset, porte ses parois à une haute température qui facilite le maintien à l'état liquide de la fonte qui s'y écoule. Cette disposition a donc une grande importance, car si les gaz chauds ne circulaient pas dans le creuset en échauffant la sole et ses parois, la fonte se refroidirait très rapidement dans le creuset, ce qui provoquerait des difficultés lors de la coulée.

Pendant que le cubilot fonctionne, on doit surveiller le bout des tuyères en action, à l'aide du regard qui est établi au-dessus de chacune d'elles. Cette extrémité doit rester rouge. Toutes les tuyères doivent, en outre, être portées à cette même température pour que la combustion s'effectue uniformément sur toute la section du cubilot.

Il convient que la régularité de cette combustion soit parfaitement assurée, sinon les produits chargés dans le cubilot ne subiraient pas tous la haute température nécessaire à la fusion et une partie de ces produits risqueraient de tomber dans le creuset insuffisamment liquéfiés, provoquant le refroidissement du métal qu'il contient déjà et pouvant aussi déterminer l'engorgement du conduit de coulée.

L'examen de l'extrémité des tuyères permet aussi de parer à leur obstruction. Lorsque les tuyères sont disposées en deux séries, on peut, en alternant l'admission du vent, ainsi que nous l'avons indiqué plus haut, réchauffer les tuyères obstruées et fondre les dépôts. On peut aussi obtenir ce réchauffage en allumant du bois et du charbon de bois que l'on introduit, par le regard, dans la tuyère.

La fonte liquide s'écoule dans le creuset du cubilot. On la laisse, parfois, se répandre au dehors avant de fermer complètement le trou de coulée, afin de bien réchauffer la sole du creuset.

L'orifice de coulée est tamponné avec une bonde faite en sable réfractaire. Au centre de la bonde est pratiqué un trou qui est laissé ouvert jusqu'à la sortie de la fonte liquide. A ce moment, ce trou est bouché par un tampon d'argile. Le trou de vidange a été également fermé.

Le creuset se remplit de fonte liquide, et lorsque la quantité qu'il en contient est suffisante, on procède à la coulée.

Pour cela, on détruit le tampon qui obture l'orifice de coulée, et la fonte liquide est reçue dans des récipients spéciaux nommés *poches de coulée,* qui servent à la transporter et à la verser dans les moules qui sont prêts à la recevoir.

La première coulée est ordinairement utilisée pour fondre des pièces qui n'exigent pas une très grande finesse, mais au fur et à mesure que le fonctionnement du cubilot se poursuit, la fonte est plus liquide, le soufre qu'elle contient se trouvant de plus en plus éliminé et les coulées peuvent se faire, dès lors, normalement.

Pendant que la fonte coule dans le creuset, la charge des produits contenus dans le cubilot descend. Pour obtenir un fonctionnement continu de l'appareil, on dispose de nouvelles charges en les intercalant, comme nous l'avons indiqué, et on peut, à chaque remplissage du creuset, effectuer une coulée.

Le fonctionnement normal du cubilot est assuré lorsque les produits descendent d'une façon très régulière; la combustion est alors uniforme et la fonte arrive bien liquéfiée dans le creuset. Il se produit parfois des arrêts dans la descente des produits, qui empêchent le fonctionnement normal de l'appareil. Ce sont des *accrochages* pouvant provenir de diverses causes.

Les matériaux introduits dans la cuve, et surtout les blocs de métal, peuvent se coincer et empêcher ceux qui sont placés au-dessus de descendre. C'est pour éviter cet inconvénient que les blocs métalliques traités doivent toujours être divisés en morceaux de dimensions réduites. Si un accrochage dû à cette cause se produit vers le haut de la cuve, on provoque la descente des produits à l'aide d'un ringard en fer que l'on introduit à la partie supérieure du cubilot.

S'il se produit, dans une partie de la cuve, au-dessus des tuyères, un refroidissement accidentel, la fonte, insuffisamment liquéfiée, coule contre la paroi de la cuve, sous forme de pâte et reste collée contre cette paroi sur laquelle elle fait saillie en provoquant un accrochage. On peut, parfois, éviter cet accrochage lorsqu'on s'aperçoit, à temps, de l'arrêt de la fonte en surveillant le fonctionnement du cubilot par le regard des tuyères. A l'aide d'un ringard on peut la décoller de la paroi.

Si l'accrochage est déjà établi, il faut, après avoir arrêté l'admission du vent sous pression et vidé le creuset, placer sous la saillie formée contre la paroi, du charbon de bois. La combustion du charbon de bois, activée par le vent que l'on admet de nouveau, provoque la fusion de la fonte collée à la paroi et supprime l'accrochage.

La charge peut descendre, à ce moment, assez brusquement pour produire un refoulement de gaz par les orifices qui sont restés ouverts, ce qui est dangereux pour les ouvriers qui sont placés devant ces orifices. Il convient donc de prendre des précautions pour éviter des accidents.

Après chaque opération de coulée, le cubilot est réparé. La sole et la garniture réfractaire sont, principalement, remises en bon état, afin de supprimer toute fissure.

Des fissures dans la sole risqueraient de laisser écouler la fonte liquide au-dessous du creuset; des fissures dans la garniture pourraient, en donnant passage aux gaz chauds, produire l'échauffement de la paroi extérieure du cubilot et même sa perforation.

Lorsque l'enveloppe est portée à une trop haute température, il convient de la refroidir et de ne pas laisser séjourner pendant trop longtemps la fonte liquide dans le creuset. On peut, tout en effectuant la coulée, maintenir la paroi extérieure froide en l'arrosant constamment avec de l'eau. La réparation est faite après l'arrêt et le refroidissement du cubilot.

Pour arrêter le fonctionnement du cubilot, on laisse la fusion poursuivre son cours normal, mais on n'introduit plus aucune charge dans l'appareil.

Lorsque les produits qu'il contient sont complètement réduits par la combustion et la fusion, on tire du creuset toute la fonte liquide qui peut y être contenue, puis, en ouvrant la porte de vidange, on extrait du fond du cubilot les matières diverses qui peuvent s'y être déposées.

On a établi des modèles divers de cubilots. La figure 327 représente la coupe du cubilot Newten, qui comporte des *tuyères différentielles*. Les orifices de ces tuyères vont en s'élargissant en allant de la boîte à vent vers l'intérieur de la cuve. En leur milieu, sont disposées deux cloisons formant chicanes qui ont pour fonction de diriger le vent qui passe dans la tuyère, de façon à le répartir uniformément jusqu'à la partie centrale du cubilot.

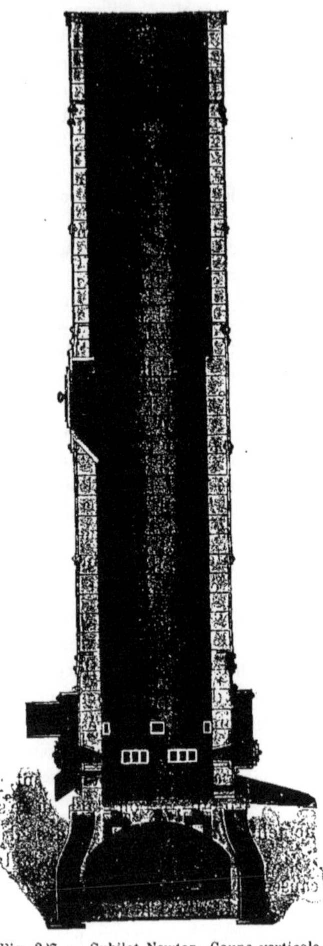

Fig. 327. — Cubilot Newten. Coupe verticale. (Fenwick frères.)

On peut aussi obtenir la fonte liquide au moyen de fours, mais ce sont surtout les autres métaux : acier, bronze, laiton, aluminium, etc., qui sont fondus dans les fours spéciaux.

Outils de coulée

La fonte extraite du cubilot ne peut pas être directement coulée dans les moules qui sont placés en plusieurs points de l'atelier.

Il est nécessaire d'utiliser des récipients intermédiaires que l'on place sous le trou de coulée du creuset pour recevoir la fonte liquide et que l'on transporte, une fois remplis, aux points où se trouvent les moules dans lesquels on verse le métal en fusion qu'ils contiennent. Ces récipients sont appelés *poches de coulée*.

Les poches ont des dimensions appropriées aux dimensions des moules à couler, c'est-à-dire au poids de la fonte qu'ils doivent recevoir. Elles sont faites en fer.

Les plus petites poches sont les poches à main que l'on nomme aussi cuiller; elles comportent un manche très court et ne servent que pour fondre des métaux très fusibles sur un foyer quelconque.

Pour recevoir la fonte provenant d'un cubilot, on peut employer un autre type de poche à main, lorsque le poids de la pièce à obtenir n'est pas considérable.

Cette poche (Fig. 328) est munie d'un

manche en fer forgé assez long pour pouvoir être saisi des deux mains. L'une des mains doit être placée vers le bas, c'est-à-dire du côté de la poche, et l'autre, vers l'extrémité du manche. On reçoit le métal liquide dans la poche et on la transporte au-dessus du moule pour effectuer la coulée. Comme la température de la fonte est élevée et échauffe fortement le manche, surtout dans sa partie inférieure, la main qui est posée sur cette partie doit être protégée contre la chaleur par un gant ou une enveloppe protectrice quelconque.

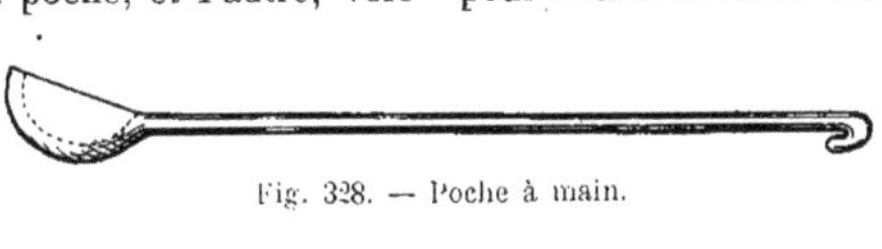

Fig. 328. — Poche à main.

On peut aussi, dans le cas d'une charge qu'un homme seul peut transporter, se servir d'une poche non munie de manche, ayant une forme sensiblement cylindrique, dans laquelle on verse la fonte et que l'on transporte en la saisissant avec une sorte de tenaille de forme appropriée.

Lorsque le poids de métal liquide est trop considérable pour que la poche puisse être transportée par un seul homme, on la munit d'un manche spécial qui sert, en même temps, à la transporter et à la renverser pour couler la fonte dans le moule.

Le manche est constitué par une bride cylindrique (Fig. 329) en fer pouvant s'emboîter extérieurement sur la poche, dont la forme est légèrement conique, et s'y fixer un peu plus haut que la moitié de sa hauteur. Cette bride est solidaire, de chaque côté, d'une tige en fer faisant office de manche. Parfois l'une des tiges est droite et l'autre est en forme de fourche.

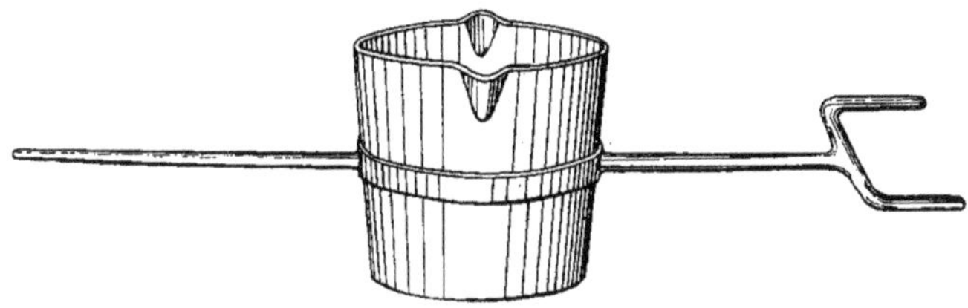

Fig. 329. — Poche à fourche.

Dans d'autres cas, les deux tiges sont terminées en fourchette (Fig. 330).

On transporte, à deux hommes, à l'aide de ces manches, la poche contenant de la fonte, et arrivée au-dessus du moule, l'un des manœuvres ou les deux, suivant que le manche comporte une ou deux fourches, effectuent le renversement de la poche. Le métal, guidé par un bec disposé

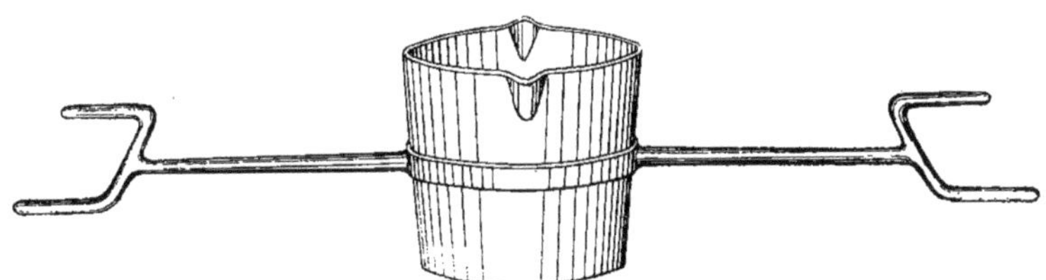

Fig. 330. — Poche à double fourche.

sur la poche, se déverse dans le moule.

Si le poids de métal contenu dans la poche est trop lourd, celle-ci doit être transportée au-dessus du moule par un engin spécial. On utilise pour cela soit un support à roues, sorte de brouette que l'on peut déplacer aisément et conduire en un point quelconque de l'atelier, soit une grue, les moules étant placés dans son rayon d'action.

Dans ce dernier cas, la poche est supportée par un double crochet suspendu lui-même au crochet de la grue. La poche est munie d'un manche à simple ou double fourche, pour aider à son renversement lorsque la grue a placé la poche au-dessus du moule à couler.

Fig. 331. — Poche montée sur wagonnet. (Fenwick frères.)

La poche montée sur brouette est également munie d'un manche à fourche et de deux tourillons tournant dans des supports reposant sur le sol par l'intermédiaire des roues ou de pieds.

Parfois, la poche est montée sur un wagonnet circulant sur rails dans l'atelier (Fig. 331). La poche oscille également sur deux tourillons tournant dans deux supports et est munie d'un manche à fourche.

Lorsque le poids de métal fondu à couler est considérable, on emploie des poches comportant des dispositions spéciales pour être manipulées à l'aide d'une grue.

Les deux poches *Northern* représentées par les figures 332 et 333 sont de cette catégorie. Ces poches doivent être très solides et très résistantes, car il importe que la sécurité du personnel de la fonderie soit complètement assurée pendant la manœuvre.

Les poches ont une forme légèrement conique. Le corps est fait en tôle d'acier d'une grande épaisseur. Le fond est embouti et fixé au corps extérieur au moyen de rivets, dont la tête intérieure est plate. Une garniture réfractaire est disposée à l'intérieur de la poche.

Une frette d'une seule pièce est rentrée à force sur la poche. Deux tourillons diamétralement opposés sont solidaires de supports rivés au corps extérieur.

La suspension de la poche est réalisée à l'aide d'une anse constituée par une barre d'acier d'une seule pièce pliée à la forme voulue et dont les deux bras verticaux embrassent les tourillons et supportent la poche. Ces deux bras verticaux de l'anse sont parfois, pour les poids considérables, entretoisés par une traverse en fer ou en acier rivée à ses deux extrémités (Fig. 333).

La poche est munie, à sa partie supérieure, d'un ou de plusieurs becs de coulée, portant un dispositif, constitué par une sorte de pont, destiné à *écumer* le métal fondu et à retenir les impuretés qui surnagent à sa surface.

En dehors des becs de coulée supérieurs, la poche peut comporter aussi un orifice de coulée disposé à la partie inférieure, sur son fond même.

Un mécanisme à levier permet de découvrir l'orifice pour couler le métal, sans que l'on ait besoin de renverser la poche.

Lorsque la coulée s'effectue par un bec supérieur, comme la poche est suspendue par son anse à la chaîne de la grue, il faut pouvoir la faire osciller sans à-coups, pour verser le métal régulièrement, en un jet continu dans le moule et éviter des projections qui pourraient occasionner de graves accidents.

Fig. 332. — Poche de grue, à engrenages. (Fenwick frères.)

On ne peut, pour des poids de fonte considérables, songer à renverser la poche à l'aide de poignées en fourche. La manœuvre s'effectue aisément et sans danger à l'aide d'un dispositif mécanique soit à engrenages, soit à vis sans fin. Dans tous les cas, la manœuvre est irréversible, c'est-à-dire que lorsque la poche est placée, par le mécanisme, dans une certaine position oblique, elle ne peut, d'elle-même, revenir se placer verticalement. Il faut, pour la ramener en cette position, une manœuvre inverse du mécanisme.

Les poches représentées par les figures 332 et 333 sont munies d'un mécanisme de manœuvre comportant une vis engrenant avec une roue dentée.

Fig. 333. — Poche de grue, à engrenages. (Fenwick frères.)

Le mouvement de rotation de la vis sans fin lui est donné par un volant, et par l'intermédiaire de pignons coniques.

Le volant est fixé à l'extrémité d'une longue tige, de sorte que l'on peut, en manœuvrant le volant, surveiller la coulée du métal et être un peu protégé contre la chaleur provenant de la poche.

La vis et ses organes de commande sont solidaires de l'un des bras-supports. La roue tangente est solidaire du tourillon de la poche et l'entraîne dans son mouvement d'oscillation.

La poche représentée figure 332 comporte des dispositions de commande semblables à celles de l'autre poche. Comme elle est destinée à supporter un poids de fonte plus faible, l'anse n'est pas entretoisée par une traverse. En outre, elle ne porte pas d'orifice de coulée inférieure.

Fig. 334. — Poche cylindrique Bonvillain-Ronceray.

La poche cylindrique Bonvillain et Ronceray (Fig. 334) a son axe disposé horizontalement. Elle est fermée, de chaque côté, par un fond rivé sur une collerette, et un bec, placé sur le corps cylindrique, permet de remplir la poche de fonte et de la verser dans le moule. Les deux tourillons sont placés, sur chaque face latérale, dans l'axe du cylindre.

La poche est suspendue par deux bras verticaux en acier réunis, à leur partie supérieure, par une double entretoise rivée. Un crochet fixé au milieu de la longueur de l'entretoise sert à suspendre la poche à la grue.

Le mécanisme de renversement est un dispositif à engrenages mû par une double manivelle.

Opération de coulée

La coulée est une opération qui doit être effectuée avec le plus grand soin, car de la façon dont elle est faite dépend la réussite du moulage.

Il convient, d'abord, que la poche qui reçoit la fonte liquide se déversant du creuset soit chauffée, au préalable, pour que le métal ne s'y refroidisse pas.

Il faut aussi que toutes les impuretés qui surnagent à la surface du métal liquide soient enlevées et ne pénètrent pas dans les creux du moule. Ces matières pourraient rendre la pièce fondue impropre au travail qu'elle doit effectuer en créant au sein de la masse métallique de cette pièce, un défaut d'homogénéité et une diminution de résistance.

La surface supérieure du métal est, pour cela, *écumée* à l'aide d'un outil de fer garni d'argile, sorte de palette qui permet d'éloigner les scories du bec de coulée de la poche et de les sortir même du récipient. On emploie, aussi, parfois, une règle en bois.

Le métal à couler doit être bien liquide, c'est-à-dire être porté à une température suffisamment élevée, car, pendant la coulée, il risquerait de se refroidir et de n'avoir plus la fluidité indispensable à la réussite du moulage.

Il ne faut pas, cependant, que la température du métal fondu soit trop haute, parce qu'elle pourrait produire une quantité trop considérable de gaz dans le moule et donner naissance à des soufflures et à des creux occasionnés par un retrait excessif.

Il faut avoir le soin, lorsque le métal admis dans la poche est porté à une température trop élevée, de le laisser refroidir avant de le verser dans le moule.

L'expérience permet aux fondeurs de discerner, à l'aspect et à la couleur du métal liquide, le moment où sa température a atteint le degré voulu et où la coulée peut commencer.

Lorsqu'on verse le métal en fusion dans le moule par le conduit de coulée, il est indispensable de verser le métal sans aucune interruption jusqu'à ce que le moule soit complètement rempli et que le conduit de coulée soit, lui-même, plein.

Si, en effet, pendant la coulée, une interruption se produisait dans le jet de métal fondu, la séparation provoquerait, à la fois, à la surface du métal versé dans le moule et à l'extrémité de la seconde partie du jet, une oxydation et un refroidissement qui donneraient lieu à la formation d'une sorte de croûte sur chacune de ces surfaces. Le métal liquide de second jet en arrivant sur le métal déjà contenu dans le moule ne s'unirait pas intimement à lui comme si le métal était entré d'un même jet sans interruption. Il se produirait alors, dans la pièce fondue, une sorte de séparation entre le métal des deux jets, ce qui diminuerait la qualité et la résistance de cette pièce.

Ce défaut de coulée est désigné sous le nom de *coulée froide*.

Le conduit de coulée doit être plein lorsqu'on arrête la coulée, car l'on est sûr, ainsi, que le moule lui-même, qui est toujours placé plus bas que ce conduit, est bien rempli. En outre, la colonne de métal ainsi établie, formant pression à l'intérieur du moule, empêche la formation de poches vides qui constitueraient des creux dans la pièce fondue.

Pour éviter dans certains moules la formation de ces vides, on prévoit une *masselotte* dont nous avons indiqué précédemment la disposition.

La masselotte est produite par le remplissage d'un évent spécial de grande section et placé toujours à la partie supérieure du moule. Le métal liquide, en même temps qu'il remplit le conduit de coulée, remplit aussi l'évent de masselotte.

La section de cet évent et sa hauteur, c'est-à-dire le volume du métal liquide qu'il peut contenir, sont établis pour que ce métal liquide ne se refroidisse qu'après le métal coulé dans le moule. De la sorte, à mesure que le retrait exerce son action dans le moule, le métal liquide constituant la masselotte, pénètre dans ce moule pour remplir les vides qui peuvent s'y produire. Il suffit, pour compenser tous les effets nuisibles des retraits dans le moule qui se manifestent jusqu'à son complet refroidissement, de maintenir du métal liquide dans la masselotte. On perce, pour cela, la croûte qui se forme, sur sa surface supérieure ou, même, on la réchauffe et on verse, s'il y a lieu, du métal fondu par dessus pour maintenir la colonne liquide.

Les poches vides et les creux occasionnés par le retrait se produisent assez souvent dans la masselotte, ce qui n'offre aucun inconvénient puisque après refroidissement, cette partie métallique est séparée de la pièce fondue.

La plupart des gaz qui s'échappent par les évents et les trous d'air percés dans les moules peuvent produire, mélangés avec l'air, des mélanges explosifs. Pour éviter tout accident, il est préférable de les faire brûler à leurs orifices de sortie du moule.

Lorsque la pièce fondue et refroidie est sortie du moule, il faut lui donner un aspect qui plaise à l'œil, la nettoyer et enlever les petites saillies de métal, les bavures, qui sont produites par l'infiltration du métal liquide entre les joints que comporte le moule. Cette opération prend le nom d'*ébarbage*. L'ébarbage se fait généralement soit à la lime, soit au burin. On enlève à la lime, ou on gratte les parties de la pièce auxquelles adhèrent encore des morceaux de sable. On emploie le burin pour détacher de la pièce les jets provenant du conduit de coulée et des évents, et pour enlever les bavures.

L'ébarbage a une certaine importance, car il permet de donner à la pièce un fini qui fait valoir l'opération de moulage.

Il ne s'effectue pas toujours à la main. On emploie aussi, surtout pour les pièces de poids réduits qui sont faites en grande quantité, des procédés mécaniques qui sont de plus en plus utilisés.

On les nettoie en les décapant à l'acide. On les place dans un récipient contenant de l'acide sulfurique fortement étendu d'eau et on les laisse tremper pendant un certain temps. Les crasses qui se trouvent à la surface des pièces disparaissent et ces pièces sortent du bain parfaitement nettoyées. On les lave à l'eau et on les fait sécher ou on les essuie.

Les procédés mécaniques comportent des outils divers. On emploie les burins pneumatiques, appareils actionnés par l'air comprimé, que l'on peut aisément déplacer et qui permettent de produire, sans effort, une grande quantité de travail. Nous avons décrit précédemment ces types d'outils.

On se sert aussi de meules en émeri, actionnées mécaniquement, pour régulariser et dresser des surfaces. Les meules offrent le grand avantage de pouvoir être utilisées malgré la dureté de la croûte formant la surface extérieure des pièces fondues. Elles permettent d'effectuer très rapidement et très régulièrement les retouches nécessaires, qui demandent un temps beaucoup plus long pour être faites à la lime, avec plus de difficultés.

Les autres dispositifs mécaniques employés pour ébarber les pièces sont les machines à jet de sable et les tonneaux.

Les *tonneaux* sont des récipients ayant une forme rappelant celle des tonneaux. Ils sont munis de tourillons pouvant tourner dans des paliers supportés par un bâti. L'axe ainsi constitué peut recevoir un mouvement de rotation qui lui est donné par un moteur quelconque ou une transmission d'atelier. On place dans le tonneau les pièces à ébarber et à nettoyer. Ces pièces, qui sont généralement petites, souvent semblables ou différant peu les unes des autres, se heurtent, roulent les unes sur les autres en se frottant entre elles et contre les parois du récipient. Elles se nettoient ainsi et se polissent sur leur surface extérieure. Leur prix de revient d'ébarbage est, de la sorte, très réduit.

La machine à jet de sable, actionnée par l'air comprimé, permet de projeter du sable, avec une grande force, à l'aide d'une lance que l'on manœuvre à la main, sur la pièce à décaper. L'action de tous les grains de sable, par suite de leur choc sur le métal, a pour effet de donner à la surface de la pièce un aspect propre et poli.

FONTE DE MÉTAUX DIVERS

FONTE DE L'ACIER.
FONTE MALLÉABLE.
FONTE DU CUIVRE, — DU BRONZE.

Nous venons d'examiner les procédés employés pour réaliser les moules des pièces faites en fonte de fer, et leur coulée. Ces pièces sont le plus généralement employées dans l'industrie mécanique, mais, cependant, on utilise aussi un grand nombre de pièces faites en acier coulé, en bronze, en laiton, en aluminium, etc.

Les procédés employés pour obtenir la fusion et la coulée de ces métaux diffèrent un peu de ceux que nous avons décrits précédemment. Nous allons indiquer les caractères essentiels de chacun de ces procédés.

Fonte de l'acier Les aciers de moulage, ou aciers fondus, diffèrent des aciers forgés en ce que leur résistance est moins grande. Ils sont plus cassants, mais par une opération de recuit, on leur redonne de la souplesse.

Les aciers fondus sont des aciers durs ou demi-durs qui remplacent, dans certains cas, avantageusement la fonte, dont la résistance et la dureté seraient insuffisantes.

Pour obtenir des pièces en acier fondu, on emploie des procédés de moulage semblables à ceux que nous avons examinés et qui se rapportent aux pièces faites en fonte de fer.

On constitue donc les moules soit à l'aide de modèles; soit par troussage.

Cependant les moules doivent être plus solides que ceux qui sont utilisés pour couler la fonte. La pression dans les moules d'acier est, en effet, supérieure, par suite de la nature même de l'acier coulé qui est moins fluide que la fonte. Il tend, par conséquent, à se refroidir plus rapidement, et nécessite de ce fait une pression plus grande pour éviter la formation de creux dans les pièces coulées.

Pour la même raison, la coulée de l'acier dans le moule doit se faire très rapidement pour que toutes les empreintes que comporte le moule soient remplies aussi vite que possible, afin que l'acier n'ait pas le temps de se refroidir.

Le moule est disposé verticalement pour effectuer la coulée et le métal liquide est admis à sa partie inférieure. Il monte, au fur et à mesure que la coulée se continue, jusqu'à la partie supérieure du moule en chassant le gaz et l'air, qui n'ont pas ainsi à supporter la pression du métal.

Les évents par lesquels ces gaz sont évacués, ont une plus grande section que ceux que l'on dispose sur les moules des pièces en fonte. On prévoit aussi, sur la plupart des moules de pièces en acier, des masselottes qui deviennent, dans ce cas, nécessaires. Ces masselottes, sortes de réservoirs de métal en fusion que l'on maintient liquide en le chauffant, permettent, en alimentant le moule et en exerçant une pression sur le métal fondu qu'il contient, de remplir tous les espaces vides qui pourraient se créer dans le moule.

Le sable employé pour les moulages, en acier doit être très réfractaire, car il doit résister à une température plus élevée que celle des moulages en fonte. L'acier est en effet porté, pour sa fusion, à une température supérieure à celle de la fonte, afin qu'il se maintienne bien fluide pendant le plus long temps possible.

C'est le sable naturel qui est employé pour les moulages en acier, c'est-à-dire qu'on ne lui fait subir aucune préparation qui pourrait diminuer ses qualités de perméabilité.

Lorsque les moules destinés à recevoir l'acier fondu sont terminés, il convient de procéder à leur étuvage à haute température. Ces moules doivent être parfaitement secs lorsque l'on coule l'acier en fusion.

Les noyaux faisant partie des moules comportent des armatures. Ils sont faits également en sable réfractaire et sont constitués pour faciliter le retrait et pour permettre la dilatation de l'armature. On entoure parfois les armatures de tresses de paille, qui sont détruites à la coulée et laissent un vide favorisant le mouvement du métal fondu et de l'armature.

Les noyaux ne sont placés dans les moules qu'après un premier séchage de ce moule. On place ensuite les noyaux sur les parties qui servent à les recevoir et à les guider et on procède à un second étuvage du moule avant la coulée.

L'acier en fusion n'est pas obtenu, comme la fonte, avec le cubilot. On emploie pour fondre l'acier des fours spéciaux : fours Martin-Siemens, convertisseurs, fours à creusets. Ces fours comportent parfois des dispositions qui les transforment en récipients oscillants. On peut, aussi, fondre l'acier à l'aide du four électrique.

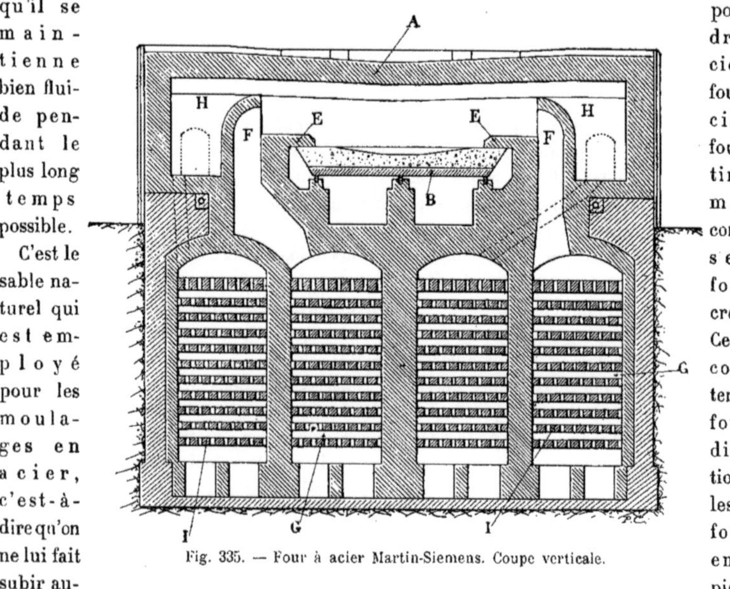

Fig. 335. — Four à acier Martin-Siemens. Coupe verticale.

Le four Martin-Siemens, que nous avons décrit au début de l'*Outillage,* permet d'obtenir de l'acier fondu en traitant de la fonte à laquelle on mélange des vieux fers, de sorte que le carbone contenu dans la fonte se répartit dans une masse métallique plus considérable, et le produit obtenu est de l'acier, qui contient une proportion de carbone inférieure à celle de la fonte et supérieure à celle du fer.

Le four Martin-Siemens (Fig. 335 et 336),

est un four à réverbère à voûte surbaissée A, dont la sole B, faite en forme de cuvette, est inclinée du côté de l'orifice de coulée C. Du côté opposé à l'orifice de coulée est percée une ouverture D, fermée par une porte, par laquelle on a accès à l'intérieur du four.

La sole du four est constituée par une plaque métallique sur laquelle on dispose une garniture faite en matériaux différents suivant la nature de la fonte que l'on traite. On obtient ainsi soit une *sole acide,* soit une *sole basique,* soit une *sole neutre.*

La sole acide, faite avec du sable siliceux servant d'agglomérant à des débris de briques pulvérisés, est employée lorsque la fonte ne contient pas du phosphore et lorsqu'on traite de la fonte blanche contenant une faible proportion de carbone et de silicium. La sole basique est employée pour traiter les fontes phosphoreuses. La garniture de la sole est constituée par de la *dolomie,* carbonate de chaux et de magnésie que l'on calcine et pulvérise et que l'on mélange avec du goudron.

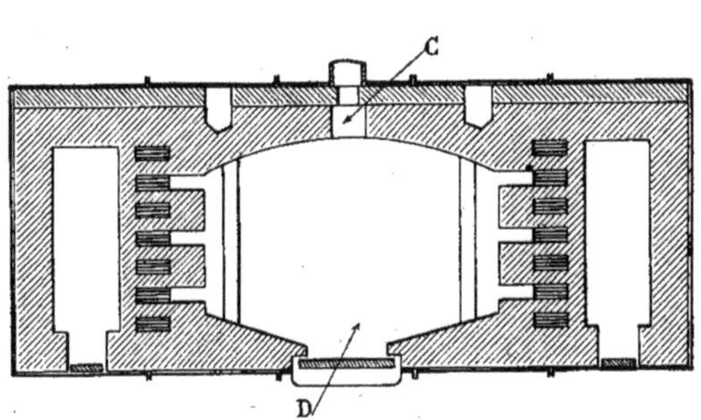

Fig. 336. — Four à acier Martin-Siemens. Coupe horizontale.

Le phosphore contenu dans la fonte, qu'il faut éliminer de la masse métallique, car il diminue les qualités de l'acier, est réduit et brûlé.

Les fours à sole acide donnent des aciers durs ; ceux à sole basique donnent des aciers doux.

Le revêtement de la sole peut être constitué pour supporter l'action des silicates acides et des bases : chaux et magnésie. Il est fait en fer chromé, et la sole ainsi formée est une sole neutre.

Le four proprement dit est placé au-dessus de *régénérateurs* G. Ce sont des chambres de réchauffage qui ont pour objet de porter à une température élevée l'air et les gaz qui sont admis dans le four pour fondre le métal. Le métal est ainsi maintenu très fusible entre 1.500 et 1.800 degrés.

Les produits à fondre sont placés sur la sole du four. En plus de la fonte et du fer, on y ajoute d'autres matières, suivant la qualité de l'acier que l'on veut obtenir.

On admet dans le four l'air et le gaz dans des proportions voulues.

Le gaz brûle; l'air active sa combustion. L'air et les gaz, après avoir traversé les régénérateurs, arrivent, portés à une haute température, par les conduits F et H, au-dessus de la sole. Les produits qui y sont disposés fondent et l'acier liquide est recueilli par le trou de coulée C.

Le convertisseur est un four oscillant. Nous avons examiné précédemment les dispositions données au convertisseur Bessemer pour obtenir l'acier. Ce convertisseur, que nous reproduisons (Fig. 337), a de grandes dimensions lorsqu'il s'agit, dans les installations métallurgiques, d'affiner la fonte pour fabriquer l'acier. Pour obtenir de l'acier liquide en vue de la coulée dans des moules, on emploie des convertisseurs de dimensions plus réduites.

Le convertisseur est constitué par une enveloppe métallique munie d'un revêtement intérieur de grande épaisseur. Il peut osciller autour de deux tourillons et de l'air sous pression peut être admis à sa partie inférieure. Le convertisseur, chauffé au rouge blanc, reçoit la fonte à traiter. On lui donne alors un mouvement oscillant à l'aide d'un mécanisme qui fait tourner le pignon denté solidaire d'un des tourillons. Le courant d'air traverse la masse métallique liquide, qui se trouve brassée par le mouvement oscillant du four. L'action de l'air sur le carbone de la fonte et les divers produits qu'elle contient, la transforme en acier.

Suivant la composition de la fonte traitée, on arrête l'opération au moment propice, déterminé par la couleur des flammes qui sortent du convertisseur par le gueulard. L'examen des scories qui surnagent au-dessus du métal liquide permet aussi d'apprécier le moment où l'opération doit être arrêtée.

Le revêtement intérieur du convertisseur, qui reste en contact permanent avec le métal fondu, a une composition qui diffère suivant la nature de la fonte traitée. Comme la sole du four Martin-Siemens, cette garniture est acide ou basique, acide lorsque la fonte employée ne contient pas de phosphore, basique lorsque la fonte est, au contraire, phosphoreuse. Le convertisseur est appelé respectivement convertisseur acide ou convertisseur basique.

L'obtention de l'acier fondu au moyen du four électrique est surtout appliquée, dans l'industrie métallurgique, à la fabrication de l'acier, c'est-à-dire que les installations électro-métallurgiques ont une importance qui dépasse généralement les besoins d'une fonderie de pièces en acier. C'est néanmoins un procédé de fonte qui donne de l'acier de bonne qualité, et qui peut être utilisé principalement pour l'obtention d'*aciers spéciaux*.

Le procédé de fusion de l'acier au convertisseur est plus économique que le procédé de fusion au four Martin-Siemens,

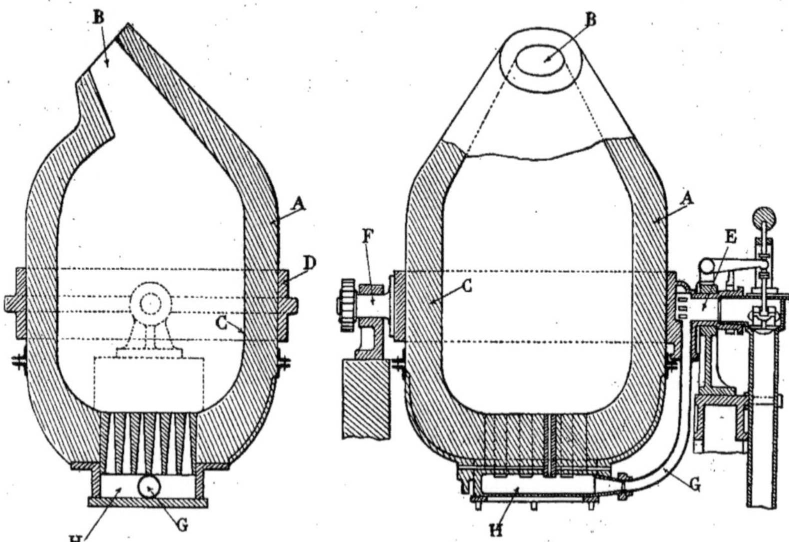

Fig. 337. — Convertisseur Bessemer. Coupes verticales.

mais, par contre, l'acier que l'on obtient a une composition moins bien définie, et pour avoir des aciers spéciaux, c'est-à-dire contenant en proportions déterminées certains produits, il est préférable d'employer le four.

Une autre qualité d'acier fondu supérieure, utilisée pour la confection de pièces mécaniques qui doivent être à la fois précises et résistantes, est l'*acier fondu au creuset*. C'est une deuxième fusion de l'acier préalablement obtenue avec l'un des procédés précédents.

On place cet acier dans des creusets A (Fig. 338), récipients ayant généralement une forme ovoïde et qui sont faits en matériaux pouvant résister à une haute température. Cette carapace réfractaire est constituée par de l'argile, à laquelle on mélange du coke pulvérisé ou du graphite, le tout séché et cuit. Le creuset est muni d'un couvercle qui en fait un vase clos dans lequel s'effectue, sous l'action de la chaleur, la fusion de l'acier et s'opèrent les réactions entre les seuls produits placés dans le récipient.

Les creusets sont placés dans un four spécialement aménagé pour les recevoir.

Ils sont rangés par séries sur une cloison horizontale F. Un orifice G, pratiqué longitudinalement dans la voûte du four, permet d'y introduire les creusets et de les sortir. Des voussoirs H ferment cet orifice en formant joint.

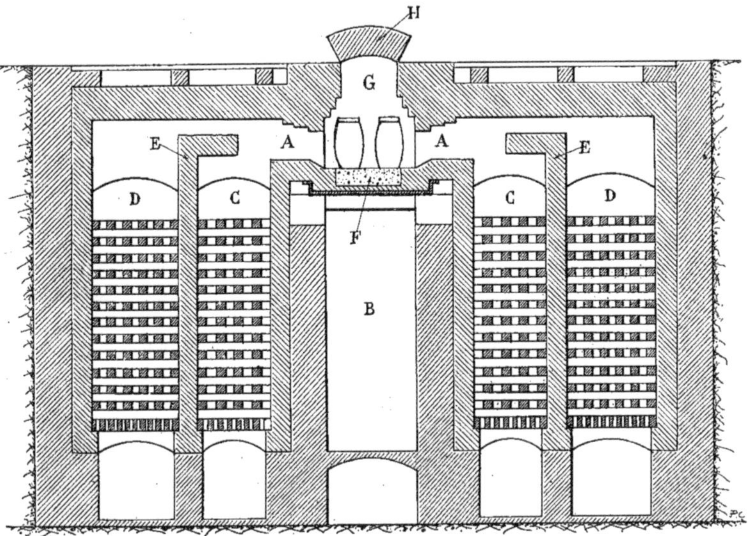

Fig. 338. — Four à creusets, à régénérateurs.

Le four nommé *four à creusets* peut utiliser des combustibles gazeux produits dans des gazogènes spécialement aménagés, et comporter des régénérateurs C et D que le gaz combustible et l'air, admis pour activer sa combustion, traversent pour s'échauffer.

L'air et le gaz circulant respectivement dans leurs conduits, formés par des cloisons maçonnées E, arrivent a la partie supérieure du four, autour des creusets; la combustion du gaz, rendue plus vive par la présence de l'air, porte la température, autour des creusets, à un degré élevé.

Les produits que ceux-ci contiennent fondent, et l'acier liquide, au-dessus duquel surnage toujours une couche de scories, peut être coulé dans le moule après avoir été débarrassé de ces scories.

La coulée dans les moules de l'acier fondu doit être faite, nous l'avons dit, très rapidement, pour éviter le refroidissement du métal. Pour l'acier fondu au creuset, lorsque la pièce à obtenir nécessite le contenu de plusieurs creusets, comme il est absolument indispensable de ne pas interrompre la coulée, on place au-dessus du moule un récipient qui l'alimente par une ouverture pratiquée à sa partie inférieure, et on verse dans ce récipient le contenu de plusieurs creusets donnant un volume de métal suffisant pour remplir le moule.

Pour la coulée de l'acier, on emploie les poches de coulée utilisées pour couler la fonte. Cependant, pour augmenter la rapidité de la coulée, on utilise aussi des poches portant un orifice percé sur leur fond et fermé par un tampon dont la forme rappelle celle d'une quenouille, ce qui a fait donner à ces récipients le nom de *poche à quenouille*. Le tampon, placé en bout d'une tige, est manœuvré par un levier extérieur. Lorsque la poche a reçu l'acier liquide, on la transporte très rapidement au-dessus du moule, soit à bras pour les petits volumes, soit à l'aide de grues ou de ponts roulants marchant à grande vitesse. On ouvre, en manœuvrant le levier, l'orifice de la poche qui doit être disposé au-dessus du conduit de coulée, et l'acier pénètre d'un jet continu dans le moule. Ce métal liquide conserve mieux sa température élevée et, par conséquent, sa fluidité que lorsqu'il est coulé par le bec supérieur de la poche; en outre, les scories qui sont à sa surface ne pénètrent pas dans le moule.

Lorsqu'on a plusieurs moules à alimenter, on peut couler successivement de l'acier dans chacun d'eux en fermant, après chaque coulée, l'orifice avec le tampon manœuvré par le levier, et en amenant rapidement la poche au-dessus d'un autre moule. Une autre manœuvre du levier découvre à nouveau l'orifice de coulée, et le métal liquide remplit le moule.

Les ouvertures et fermetures successives du tampon de la poche offrent l'inconvénient de laisser des traînées de métal liquide qui se répand sur le châssis et les moules et peut les détériorer. Aussi, lorsque la forme des moules s'y prête, et principalement lorsqu'il s'agit de couler des pièces semblables dans une succession de moules qui sont, par conséquent, semblables également, il est préférable de superposer ces moules de façon que les conduits de coulée, traversant de part en part les moules, correspondent, l'entrée évasée de chacun de ces conduits permettant au métal en fusion provenant du moule inférieur de pénétrer aisément dans le moule placé au-dessus. La coulée s'effectue en admettant le métal liquide à la partie basse du moule inférieur. On peut ainsi couler d'un jet continu, sans interruption, jusqu'à remplissage de tous les moules superposés, ce remplissage s'opérant successivement en commençant par le moule le plus bas.

Cette disposition a reçu le nom de *coulée en grappe*.

Il est avantageux d'opérer la coulée de l'acier dans des moules qui ont conservé de leur passage à l'étuve, en vue de leur séchage, une certaine température, car la coulée faite dans un moule froid provoque des bouillonnements dans le métal très chaud qui prend brusquement contact avec des parois froides. Des gaz se dégagent qui peuvent provoquer, dans la masse métallique, des creux ou soufflures. En outre, le refroidissement trop brusque du métal dans les parties peu épaisses du moule peut provoquer des contractions qui produisent des déformations et des criques.

Ces inconvénients peuvent être en grande partie évités en conservant au moule une température élevée pour effectuer la coulée.

Fusion de la fonte malléable La fonte malléable est utilisée pour la confection d'un grand nombre de pièces métalliques qu'il serait trop onéreux de fabriquer en fer et qui ne peuvent être faites en fonte, ce métal étant trop cassant pour leur usage. La fonte malléable est donc une fonte douce à laquelle on ne demande pas une grande résistance. Elle est obtenue par le recuit de la fonte coulée à la façon ordinaire.

Les fontes plus particulièrement employées pour obtenir la fonte malléable ne doivent contenir qu'une faible proportion de carbone, pas de phosphore, ni soufre, ni manganèse.

Cette fonte spéciale, fondue au cubilot ou au creuset, exige une température plus élevée que la fonte ordinaire pour devenir très fusible.

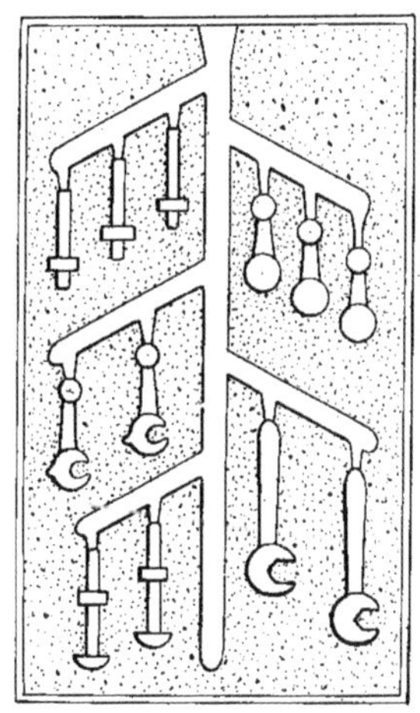

Fig. 339. — Moulage en grappe.

Les pièces à obtenir, souvent semblables et fondues en séries, sont disposées en grappe dans le moule, c'est-à-dire que le même moule en comporte un certain nombre (Fig. 339). Les empreintes de toutes ces pièces sont réunies au conduit de coulée principal par des conduits intermédiaires qui se ramifient, à leur tour, pour aboutir aux empreintes. Ces moules ont, de la sorte, un aspect de grappe auquel ils doivent leur nom.

Les moules sont disposés verticalement pour la coulée

Aussitôt la coulée effectuée, on démoule, de façon à permettre la libre contraction des pièces pendant leur refroidissement. Cette contraction, ou retrait, est beaucoup plus considérable que celle de la fonte ordinaire. Alors que celle-ci se contracte d'environ 10 millimètres par mètre, la fonte malléable a un retrait d'environ 25 millimètres par mètre.

Lorsque les pièces fondues sont refroidies, on les sépare en enlevant les jets de coulée et on les met dans les creusets A (Fig. 340) que l'on place dans un four à recuire B.

Les creusets, en fonte, sont disposés par séries, superposés, et les espaces libres séparant les pièces posées par couches sont remplis avec de l'oxyde rouge de fer, de l'oxyde de zinc, de la chaux ou d'autres produits appropriés à la nature de la fonte à recuire. Les creusets sont hermétiquement clos et le four est chauffé. Le combustible brûle sur deux grilles C et maintient dans le four une température d'environ 1.000 degrés.

Le carbone que contient la fonte s'élimine et la pièce devient moins cassante, plus souple, plus malléable. Comme, d'autre part, le silicium et le manganèse qu'elle contient s'oxydent, le métal devient mou. Ces propriétés suffisent à donner aux pièces faites en fonte malléable les qualités nécessaires à l'usage auquel elles sont destinées.

La durée du recuit peut atteindre de 3 à 5 jours suivant l'épaisseur des pièces, et il faut avoir le soin de laisser refroidir le four pendant 24 heures avant d'enlever les creusets et de sortir les pièces. Un brusque refroidissements détruirait les qualités de souplesse du métal.

Fusion du cuivre Le procédé de moulage des pièces en cuivre ne diffère pas des procédés appliqués au moulage des pièces de fonte. Comme ce sont, généralement, des pièces de faibles dimensions; on les dispose, dans le moule, en grappe par séries, chaque série étant alimentée par un conduit auxiliaire communiquant avec le conduit de coulée principal. La coulée s'effectue en plaçant le moule verticalement.

Le laiton ou cuivre jaune est un alliage de cuivre et de zinc dans la proportion de 60 à 70 % de cuivre et de 40 à 30 % de zinc.

La fusion du cuivre s'effectue dans des fours à creusets. Les creusets sont placés dans le four sur un support fait en briques réfractaires. Ces creusets peuvent être faits en terre réfractaire, mais le plus souvent ils sont fabriqués en plombagine, car ils résistent bien plus longtemps à la température du four. Dans le four à creusets, ceux-ci sont entourés de coke dont la combustion provoque la fusion du cuivre qu'ils contiennent.

Lorsque la quantité de cuivre à fondre est considérable, on procède à sa fusion au moyen du four à reverbère.

Le *laiton* est obtenu en plaçant dans les creusets disposés dans le four, du cuivre et du carbonate de zinc, ou *calamine*, ou du cuivre et du sulfate de zinc, ou *blende*. Lorsque ces produits sont en fusion, l'alliage se forme et on coule le laiton, qui est très employé pour la confection d'un grand nombre de pièces de mécanique, de quincaillerie, d'appareillage, de robinetterie, etc.

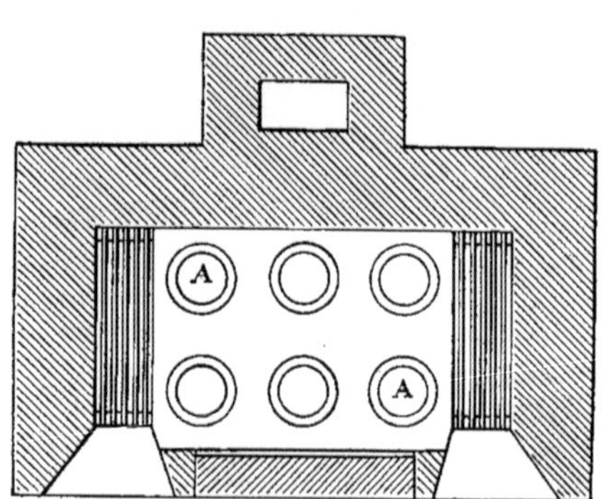

Fig. 340. — Four à creusets pour fonte malléable.

Les moules des pièces en laiton comportent des châssis en fer, car la température de coulée doit être élevée, le cuivre devenant facilement pâteux lorsque la température n'atteint pas un degré suffisant. La présence du zinc dans le laiton rend toutefois, cet alliage plus fusible. Le sable employé pour faire les moules des pièces en laiton doit être du sable neuf; on prépare parfois la couche en plâtre, et on place dans le moule le plus grand nombre possible de pièces rapprochées les unes des autres en les réunissant par des conduits de coulée.

Les moules sont séchés à l'étuve et peuvent ensuite recevoir la coulée. Le retrait du laiton est d'environ 16 millimètres par mètre pour une proportion de zinc de 30 %.

Le bronze, qui est un autre alliage de cuivre, est également très employé pour la confection d'organes de machines. C'est un alliage de cuivre et d'étain.

Il existe une très grande variété de bronzes suivant les quantités de cuivre et d'étain qu'ils contiennent, et suivant la nature et la proportion de certains autres métaux que l'on fait, assez souvent, entrer dans l'alliage.

Nous avons indiqué précédemment la composition des principales parmi ces variétés (Tome VI, page 99).

La fusion du bronze ne donne pas toujours un alliage bien intime. Il convient aussi de placer, dans le creuset servant à fondre les matériaux neufs, des débris de bronze provenant de coulées précédentes, des jets de coulée ou même des pièces en bronze hors d'usage. La fusion de ces matériaux aide à l'obtention de l'homogénéité de l'alliage.

On moule aussi des pièces faites en aluminium, en zinc, en alliages désignés sous le nom de métaux blancs, parmi lesquels l'*anti-friction ;* les moulages et la coulée des pièces ne présentent aucune autre particularité en dehors de celles que nous venons d'indiquer.

MOULAGE MÉCANIQUE

MOULAGE MÉCANIQUE.
PLAQUES-MODÈLES. — PEIGNES.
MACHINES A MOULER.

Moulage mécanique Les divers procédés de moulage que nous avons successivement examinés s'effectuent à la main, c'est-à-dire sans l'emploi d'un matériel mécanique permettant de réaliser automatiquement les diverses opérations de moulage.

On a, depuis longtemps, cherché à remplacer ces opérations faites à la main, par des opérations mécaniques exigeant moins de temps et pouvant produire une diminution du prix de revient des pièces fondues. De là est né le moulage mécanique, qui, après avoir été utilisé, d'abord sous forme de presses, pour presser mécaniquement le sable dans un châssis contre un modèle et pour démouler, a pris depuis quelques années une extension considérable. D'ailleurs, les perfectionnements qui ont été apportés au matériel employé, l'amélioration des méthodes de fabrication des organes indispensables, permettant de les obtenir à un prix relativement faible, et la rapidité du moulage des pièces en séries, assurent au moulage mécanique un brillant avenir.

Mais si le moulage mécanique offre le grand avantage de pouvoir produire, à des prix inférieurs à ceux des moulages ordinaires, des pièces exactement semblables entre elles et, par conséquent, interchangeables, il exige, on le comprend, des appareils et des pièces de moules plus compliqués que ceux qui sont utilisés dans les procédés de moulage habituels. Les difficultés qui ont été rencontrées pour mettre au point ces appareils ont arrêté, pendant un certain temps, l'essor du moulage mécanique, et ce procédé a été discuté et critiqué parfois dans les milieux professionnels.

Aujourd'hui, cependant, on paraît s'accorder, dans ces mêmes milieux, à reconnaître que le moulage mécanique constitue un progrès sérieux fait dans les méthodes de fonderie, surtout en vue de la fabrication des pièces en séries.

Le moulage mécanique s'effectue à l'aide de machines à mouler. Ces machines ont, ainsi que nous le verrons plus loin, des dispositions différentes suivant les pièces à obtenir; mais, en principe, la machine doit automatiquement faire le travail de l'ouvrier mouleur, c'est-à-dire fouler le sable dans chaque châssis, en créant dans ce sable les empreintes des pièces à fondre, et provoquer le démoulage, tout en conservant aux divers châssis du moule un repérage parfait.

Les modèles utilisés dans les machines à mouler ne sont pas semblables à ceux qui sont ordinairement employés dans les procédés de moulage à la main.

Ils sont remplacés par des *plaques-mo-*

dèles. Ce sont des plaques peu épaisses, mais cependant d'une épaisseur suffisante pour assurer leur rigidité, et qui portent en relief, faisant corps avec elles, le modèle de la pièce à obtenir.

La plaque-modèle, qui a les dimensions des châssis, constitue par une ou deux de ses faces, la surface de joint. De la sorte, lorsqu'une pièce possède une surface plane, la plaque-modèle ne possède de saillie que d'un seul côté : c'est la *plaque simple.* Lorsqu'au contraire la pièce est cylindrique, par exemple, la plaque porte en saillie, sur chacune de ses faces, la moitié du modèle : c'est la *plaque-modèle double.*

Avec les plaques-modèles, on emploie aussi, dans le moulage mécanique, les *peignes,* qui servent, dans certains cas, à maintenir le sable dans le moule pendant la manœuvre des châssis et le démoulage.

Au contraire des plaques-modèles, les peignes portent des ouvertures ayant exactement le contour extérieur du modèle qui vient en saillie sur la plaque-modèle. Il s'ensuit que cette partie en saillie doit pénétrer exactement dans l'ouverture du peigne et il doit en être de même lorsque la plaque porte un certain nombrede saillies, semblables ou non. A ces saillies correspondent, dans le peigne, des ouvertures dans lesquelles elles doivent exactement s'emboiter.

On comprend dès lors la nécessité d'un repérage parfait, d'une part, entre les plaques-modèles et les peignes, et, d'autre part, entre ces deux organes et les châssis du moule.

C'est l'obtention des plaques-modèles et des peignes et leur concordance bien exacte en tous points qui a créé les plus grandes difficultés à l'emploi du moulage mécanique. Ces pièces, en effet, d'abord fabriquées mécaniquement, c'est-à-dire à l'aide des machines-outils ordinaires, et terminées par les mécaniciens pour réaliser l'ajustage de leurs diverses parties, coûtaient très cher.

Les procédés actuellement employés pour la fabrication des organes sont bien simplifiés et permettent de les obtenir à un prix de revient raisonnable.

C'est par moulage, c'est-à-dire par des procédés de fonderie ordinaire, que l'on confectionne les plaques-modèles et les peignes.

Lorsqu'il s'agit de plaques-modèles servant à produire un petit nombre de pièces, on les coule soit en plâtre, soit en ciment armé. Lorsque la reproduction des pièces est considérable, c'est-à-dire, pour une fabrication en grandes séries, il est avantageux de faire la plaque-modèle métallique pour qu'elle conserve, malgré l'usage, exactement tous ses contours bien nets.

Le métal employé n'est pas la fonte de fer, qui ne convient pas, à cause de son retrait, de sa dureté et de sa fragilité. Le bronze est aussi peu employé. On fait, le plus souvent, les plaques-modèles en un métal blanc dont le retrait est très faible et qui, en se moulant très bien, épouse bien exactement les formes des modèles.

Les peignes sont faits en même métal.

Plaques-modèles diverses

Les plaques-modèles, nous l'avons dit, peuvent comporter des dispositions différentes suivant la forme et les dimensions des pièces à mouler, et elles peuvent être employées avec ou sans peigne.

On leur adjoint aussi, lorsque les moules sont compliqués, des pièces spécialement établies pour être facilement démontables et qui permettent un démoulage aisé, même lorsque la pièce possède certaines parties disposées en contre-dépouille, c'est-à-dire dans le sens opposé à la dépouille. Les *dépoussoirs* sont également employés, s'il y a lieu. Ce sont des sortes de cales servant à procéder au démoulage en poussant sur les châssis à soulever.

Pour servir au moulage de pièces de petites dimensions et à l'obtention de faibles séries, que l'on peut avoir à reproduire à certains intervalles, on a établi des plaques-modèles métalliques sectionnées.

La plaque-support, à laquelle on donne les dimensions correspondant à celles de la machine à mouler, est un cadre métallique dans lequel on place un certain nombre de plaques-modèles juxtaposées, ayant une largeur égale à celle du cadre et une longueur appropriée aux pièces qu'il s'agit de mouler.

Dans la longueur de la plaque-support peuvent donc être placées un nombre de plaques-modèles variable. Ces plaques-modèles constituent des sortes de clichés et le procédé est appelé *clichage*, par suite de l'analogie qu'il présente avec les procédés de clichage employés en imprimerie, qui consistent à utiliser des formes dans lesquelles on peut placer des clichés de dimensions variables.

Les pièces, ayant de faibles dimensions, sont répétées sur chacune de ces plaques qui sont complètement métalliques. Leur épaisseur est régulièrement établie et elles sont coulées en partie dans un moule en sable et en partie dans un moule métallique.

Les saillies des plaques représentant les pièces à obtenir, les surfaces formant les joints sont coulées en sable, dans lequel les empreintes sont obtenues à l'aide de modèles dont les formes sont trop diverses pour qu'on établisse des moules métalliques.

Les parties du cliché qui servent à son repérage dans la table support, c'est-à-dire les tenons médians qui doivent s'ajuster dans la rainure centrale de la table, et les bords du cliché, sur tout son pourtour, qui doivent s'ajuster dans la feuillure de la table, sont coulées en *coquille*. Ces diverses parties peuvent, de la sorte, avoir des dimensions bien exactes qui permettent un ajustage parfait et, par conséquent, un excellent repérage.

Les clichés sont maintenus serrés sur la table au moyen de règles à feuillures.

Les plaques-modèles à double face sont constituées par une plaque métallique, sur chaque face de laquelle sont disposées des saillies représentant des parties de modèles correspondant bien exactement entre elles. Les faces de la plaque forment les surfaces de joint des deux châssis composant le moule, et on peut ainsi procéder, en une seule opération, au moulage de ces deux châssis à l'aide d'une seule machine.

Les plaques-modèles doubles sont ainsi désignées parce qu'il faut, dans le cas où on les emploie, deux plaques pour confectionner le moule.

Les plaques-modèles faites en plâtre ou en ciment, pour les faibles séries, sont, pour les séries plus importantes, recouvertes d'une couche métallique de quelques millimètres d'épaisseur qui leur permet de résister à l'usure.

Les plaques-modèles doubles sont utilisées surtout lorsque les dimensions de la pièce à obtenir ou son relief sont importants.

On peut les employer sur une machine disposée pour les recevoir toutes les deux. On peut aussi les utiliser sur une machine ne pouvant recevoir qu'une plaque, en confectionnant d'abord l'empreinte d'une des plaques puis, après le changement de plaque, en exécutant l'autre empreinte. Il est également possible de constituer le moule comportant deux plaques-modèles en se servant de deux machines à mouler, chacune utilisant l'une des deux plaques.

Lorsque les pièces ont une faible saillie et de petites dimensions, on peut avantageusement se servir des *plaques-modèles réversibles* qui remplacent les plaques-modèles doubles, car une seule plaque permet d'obtenir sur une même machine les deux parties du moule, qui sont donc exactement semblables, mais qui, renversées l'une sur l'autre et fixées, donnent un moule comportant des pièces complètes disposées symétriquement par rapport à l'axe des châssis.

Si nous supposons que les pièces à fondre soient semblables à celle que représente la figure 341, pour obtenir le moule de cette pièce A, en supposant que la ligne de joint soit établie suivant B C, on confectionnera une plaque-modèle réversible (Fig. 342), qui portera, disposées symétriquement de chaque côté de l'axe D, des saillies dont l'une E représentera la forme de la pièce au-dessous de la ligne de joint B C et l'autre F, la partie de la pièce placée au-dessus de cette ligne. Les axes de ces saillies devront être exactement placés à la même distance de l'axe D de la plaque.

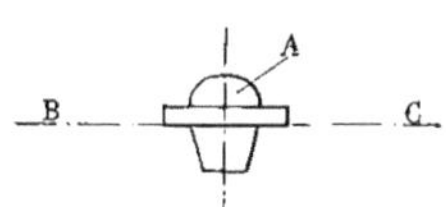

Fig. 341. — Pièce à obtenir.

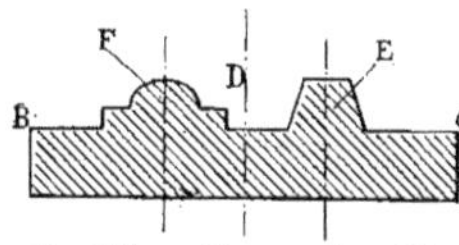

Fig. 342. — Plaque réversible.

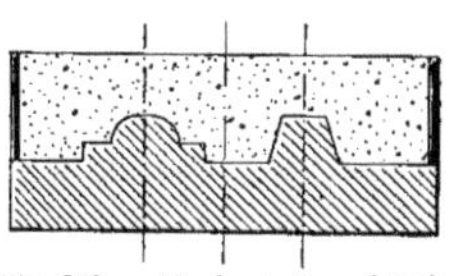

Fig. 343. — Moulage d'un châssis.

Si, à l'aide de cette plaque, on effectue des empreintes dans le sable de deux châssis, on obtiendra évidemment deux châssis G et H exactement semblables; mais comme ces châssis, au lieu d'être placés côte à côte, comme ils le sont sur la figure 344, doivent être placés l'un sur l'autre, il s'ensuit que l'un d'eux devra être retourné par rapport à l'autre, de sorte que son bord de droite viendra se placer au-dessus du bord gauche de l'autre, et inversement, sa partie de gauche sera au-dessus de la partie de droite du châssis qui n'a pas bougé (Fig. 345).

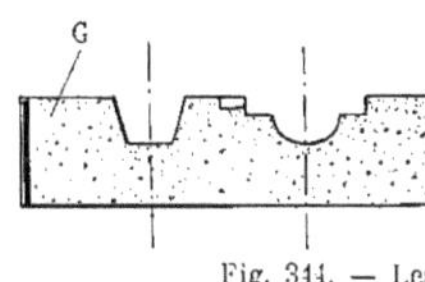

Fig. 344. — Les deux parties du moule.

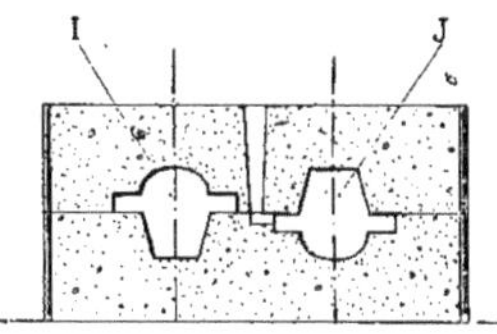

Fig. 345. — Moule terminé.

Les empreintes différentes des deux châssis correspondront ainsi bien exactement, et le moule donnera deux empreintes complètes I et J de la pièce A. En disposant dans le châssis supérieur un conduit de coulée K communiquant avec ces deux empreintes, on peut couler deux pièces obtenues avec une seule plaque réversible.

Il n'est pas indispensable que la ligne de joint soit droite pour utiliser les plaques réversibles. Il suffit que la plaque ait la forme de cette ligne de joint et qu'elle porte, par rapport à son axe de symétrie, d'un côté une saillie, représentant la forme de la partie du modèle placée au-dessus de la ligne de joint, et, de l'autre côté, une saillie représentant la seconde partie du modèle placée au-dessous de la ligne de joint.

Un exemple de plaque-modèle réversible fabriquée dans les ateliers Bonvillain et Ronceray est donné par la figure 346. C'est la plaque-modèle d'un porte-savon. On a disposé sur cette plaque deux séries de saillies pour obtenir quatre pièces. D'un côté, les deux saillies représentent la surface extérieure du porte-savon, de l'autre côté, les deux saillies représentent la surface intérieure de la pièce.

Lorsque les deux châssis sont moulés et superposés, on obtient quatre empreintes complètes de la pièce et la coulée donne quatre porte-savons.

Les peignes, qui portent des ouvertures exactement identiques à la forme extérieure des pièces intéressées, se fabriquent aussi, par les procédés habituels de fonderie.

Machines à mouler Les machines établies pour constituer des moules en utilisant les plaques-modèles et les peignes que nous venons d'examiner, ont des dispositions très variées, de sorte que les types de machines à mouler sont très nombreux. On a fait certains classements de ces machines, suivant les fonctions remplies par leurs organes, le sens de leur mouvement et leurs dispositions, et aussi suivant l'agent moteur les actionnant. Les classifications ont fait ressortir un si grand nombre de catégories diverses, qu'elles deviennent pour ainsi dire sans objet, et dans la description des quelques machines à mouler que nous allons donner, nous passerons de la machine simple à levier aux machines plus importantes complètement automatiques et effectuant rapidement et économiquement des moulages compliqués, en indiquant quelques exemples intermédiaires.

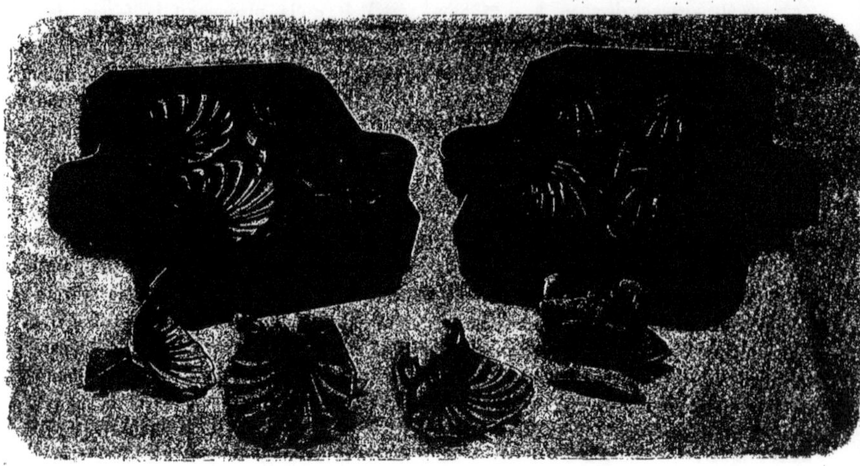

Fig. 346. — Plaque, modèle réversible de porte-savon. (Bonvillain et Ronceray.)

La machine à mouler à levier est actionnée à la main, c'est-à-dire qu'elle n'a, comme agent moteur, que l'effort de l'ouvrier qui la conduit. Elle convient pour les ateliers de fonderie dans lesquels ne se trouvent pas installées une distribution d'air comprimé ou une distribution d'eau sous pression.

Elle comporte, généralement, une plate-forme manœuvrée à l'aide d'un levier qui foule le sable dans le châssis disposé sur la machine, dans lequel on a placé une plaque-modèle. Un second levier, actionnant une seconde plate-forme, sert à effectuer le démoulage.

Les deux figures 347 et 348 représentent une machine à mouler à levier, du type *Pickles*. Cette machine se compose d'un bâti en fonte formé de deux montants, servant de supports, entretoisés par une traverse à leur partie supérieure et prolongés par deux bras verticaux portant, à leur extrémité, des paliers où tourillonnent les pivots d'un cadre destiné à supporter les châssis.

Sur la traverse-entretoise peut venir se

Fig. 347. — Machine à mouler et à démouler par levier. (Fenwick frères.)

reposer une plaque servant à effectuer le démoulage (Fig. 347). Cette plaque de démoulage, supportée par quatre tiges cylindriques, peut prendre un mouvement vertical lorsqu'on actionne le levier de gauche de la machine. Elle est parfaitement guidée dans ce mouvement.

Un second levier, placé à droite, commande, par l'intermédiaire de bras et de tringlés, le mouvement de la plate-forme supérieure. Lorsque cette plate-forme descend, elle vient appuyer sur le châssis fixé sur le cadre oscillant, qui supporte déjà la plaque-modèle. Le foulage du sable que contient le châssis s'effectue entre la plate-forme qui descend et le cadre qui reste fixe.

Lorsque le foulage est obtenu, et que la plaque-modèle a laissé son empreinte dans le sable, on soulève la plate-forme, qui s'efface, à la partie supérieure de sa course, en se plaçant obliquement.

On peut alors faire pivoter le cadre porte-châssis, de façon à le retourner sens dessus dessous. Le châssis se trouve donc, dans cette position, au-dessous du cadre auquel il est maintenu fixé.

On provoque à ce moment, à l'aide du levier de gauche, le mouvement vers le haut de la plaque de démoulage. Cette plaque est amenée au contact du châssis et maintenue en cette position. On peut alors séparer le châssis du cadre auquel il est fixé et ébranler légèrement le modèle. Le châssis repose sur la plaque de démoulage, de sorte qu'en abaissant cette plaque à l'aide du levier, on descend le châssis, le modèle restant fixé au cadre oscillant duquel il est facile de le séparer.

Lorsque la pièce à obtenir peut être entièrement montée dans un seul châssis, le second châssis constituant le moule est plan et placé au-dessus de lui.

Si la forme de la pièce s'y prête, on emploie une plaque-modèle réversible, et

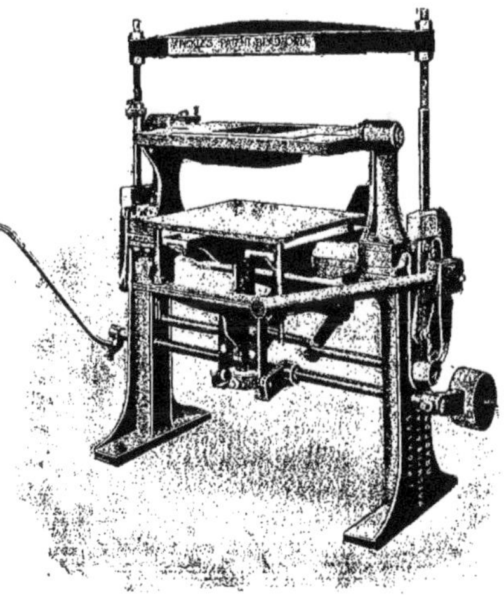

Fig. 348. — Machine à mouler et à démouler par levier. (Fenwick frères.)

dans ce cas on fait deux châssis exactement semblables, que l'on superpose ensuite, et on obtient, ainsi que nous l'avons vu plus haut, deux pièces dans un seul moule.

Lorsque le moule exige deux châssis portant des empreintes différentes, on confectionne d'abord le premier châssis avec une plaque-modèle représentant la partie de la pièce placée au-dessus de la ligne de joint; puis on remplace cette plaque par une autre représentant la partie de la pièce placée au-dessous de cette ligne de joint, et on fait le deuxième châssis. Ces opérations se font évidemment en séries, c'est-à-dire que lorsqu'on a une certaine quantité de moules semblables à obtenir, on fait d'abord toutes les empreintes dans les châssis du haut, avec la même plaque-modèle, que l'on ne démonte et ne remplace par l'autre que pour effectuer tous les châssis du dessous.

Fig. 349. — Machine à démouler à renversement. (Fenwick frères.) Opération de foulage à la main.

Certaines machines, comportant le foulage à la main du sable dans les châssis, sont munies, cependant, d'un dispositif permettant le démoulage régulier.

Le démoulage a, en effet, une très grande importance. Lorsqu'il est fait a la main, il convient de prendre toutes les précautions nécessaires pour enlever bien verticalement le châssis supérieur du moule afin d'en sortir le modèle. Si ce mouvement n'est pas exécuté avec une grande précision, on risque de provoquer dans le moule des arrachements de sable qui nécessitent des retouches parfois longues et onéreuses.

Le démoulage mécanique permet d'obvier à cet inconvénient, car il consiste à établir des organes donnant automatiquement au châssis un mouvement parfaitement vertical, de sorte que le démoulage peut être très bien et très aisément effectué, même avec une faible dépouille du modèle.

La machine à démouler *Tabor* (Fig. 349 et 350) comporte un dispositif à renversement.

Sur le châssis d'un chariot muni de deux roues à l'avant et de deux béquilles à l'arrière, sont montées deux tiges verticales servant de guides à des douilles réunies par une traverse cylindrique horizontale. Cette traverse sert d'axe de rotation à la plaque support du modèle et du châssis. Lorsque cette plaque est disposée vers l'avant du chariot, on peut fouler à la main le sable dans le châssis, pour obtenir, au-dessous l'empreinte du modèle fixe sur la plaque (Fig. 349).

Le foulage achevé, il s'agit d'effectuer le démoulage sans arrachement de sable.

Le châssis et la plaque-modèle étant solidement fixés sur leur support, on fait tourner l'ensemble autour de la traverse cylindrique horizontale, vers l'arrière du chariot. Le châssis vient reposer sur le cadre du chariot ou sur des cales qui y sont disposées et la plaque-support se trouve placée au-dessus. En détachant le châssis de cette plaque, on peut donner à cette dernière pièce un mouvement vertical, pour la soulever au-dessus du châssis. Dans ce mouvement elle est parfaitement guidée par ses douilles, qui coulissent sur les tiges verticales du chariot. Lorsque le modèle est complètement dégagé du châssis, on peut renverser vers l'avant la plaque-support (Fig. 350) et on la replace à sa position initiale. Elle se trouve prête, à nouveau, à recevoir un second châssis pour obtenir une nouvelle empreinte.

Fig. 350. — Machine à démouler à renversement. (Fenwick frères.)

Le châssis posé sur le chariot est terminé comme préparation et enlevé pour permettre une autre opération de moulage.

Dans des machines à renversement semblables, devant supporter de grands châssis, on effectue toujours le foulage du sable à la main, mais le mouvement de renversement vers l'arrière du châssis et de la plaque qui le porte s'effectue à l'aide de l'air comprimé, par l'intermédiaire de pistons et de leviers. Le châssis vient se reposer sur un sommier compensateur. Puis la plaque-support se soulève par l'action de l'air comprimé, à la suite de la manœuvre d'une valve, et cette plaque se renverse en avant pour se placer dans sa position première (Fig. 351 et 352).

La démouleuse universelle Bonvillain et Ronceray est disposée pour effectuer le démoulage par dessus. C'est le châssis supérieur qui est soulevé verticalement par le mécanisme, qui peut être actionné soit à la main, par la manœuvre d'un volant, soit à l'aide d'une pédale. Quel que soit le moyen de commande employé, il aboutit à la compression, dans un conduit, d'un liquide qui est refoulé dans un corps cylindrique vertical placé dans l'axe même de la machine. Le piston contenu dans ce corps cylindrique est sollicité, par la pression, à se déplacer de bas en haut. Ce piston est solidaire d'un plateau rectangulaire qui est placé à sa partie supérieure : c'est le plateau de démoulage, muni à chacun de ses angles d'un bras servant de support à une tige cylindrique verticale nommée *chan-*

delle. Les quatre chandelles sont soulevées en même temps que le plateau de démoulage.

Le moule est posé sur le plate-forme supérieure du bâti de la machine qui entretoise les deux montants verticaux et y occupe une position bien nettement déterminée.

Lorsque le plateau de démoulage et les chandelles montent, par suite de la manœuvre de démoulage, les extrémités de ces chandelles viennent buter sur des goujons dont est munie la plaque-modèle et placés à l'extérieur de son cadre.

pour que le piston et le plateau redescendent lorsqu'on abandonne la pédale ou le levier, soit pour que le plateau reste à son extrémité supérieure de course tant que l'organe de commande n'est pas ramené à sa position de repos.

La table supérieure de la machine porte une ouverture de grandes dimensions pour permettre le passage des dépoussoirs et des supports de fond des pièces. On peut même disposer dans des feuillures pratiquées dans cette table des barreaux métalliques for-

Fig. 351. — Machine à démouler à renversement et à air comprimé. (Fenwick frères.)

La plate-forme supérieure, ou table, est largement ouverte pour donner passage aux dépoussoirs, dans certains cas. On peut utiliser cette machine à démouler avec ou sans peigne.

Les démouleuses universelles hydrauliques des mêmes ateliers sont destinées à des travaux plus importants. Elles sont disposées pour recevoir des châssis ronds ou rectangulaires et elles sont actionnées par la pression hydraulique. C'est un distributeur manœuvré par une pédale ou par un levier qui commande le mouvement du piston de démoulage surmonté du plateau portant les chandelles. Les organes sont établis soit

mant une sorte de grille destinée à soutenir la plaque-modèle. Ces divers barreaux peuvent se déplacer à volonté pour laisser le libre passage des dépoussoirs.

Les machines à mouler automatiques sont le plus souvent actionnées soit par l'air comprimé, soit par l'eau sous pression.

La machine à mouler Tabor, est une *machine pneumatique*, dont l'agent moteur est l'air comprimé.

Elle se compose d'un corps cylindrique dans lequel se meut un piston portant, à sa partie supérieure, une plate-forme servant de support à un cadre muni d'un dispositif vibrateur, lequel a pour fonction de faciliter le démoulage. Le cadre vibrateur porte la plaque-modèle et est relié à la plate-forme par quatre tiges élastiques. En outre, quelques butoirs font également office de supports lorsqu'on foule le sable dans le châssis placé au-dessus du cadre.

qu'on admet de l'air comprimé dans le piston de foulage, il agit sur l'huile qui fait mouvoir le plongeur de démoulage. Celui-ci sépare, à ce moment, le châssis du modèle resté solidaire de la plate-forme et du piston de foulage.

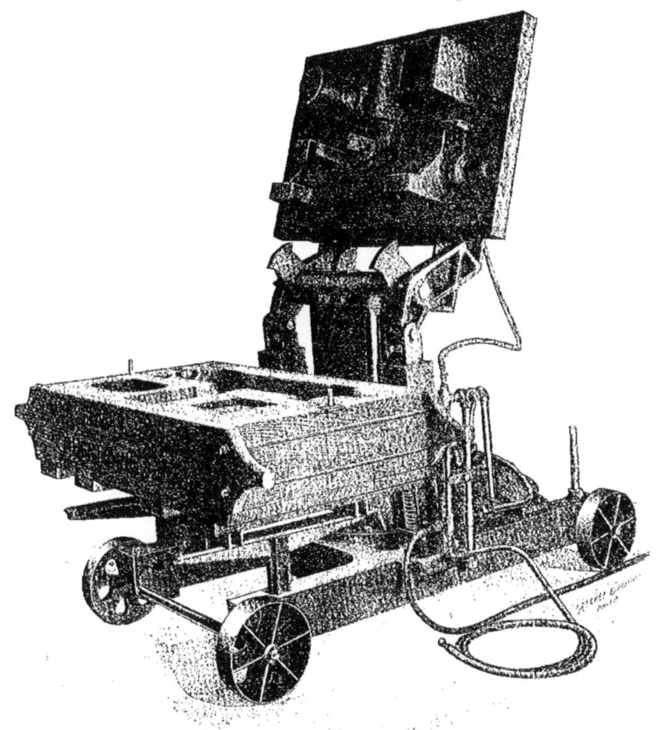

Fig. 352. — Machine à démouler à renversement et à air comprimé. (Fenwick frères.)

Le piston actionné par l'air comprimé presse la plaque-modèle contre le sable du châssis et foule celui-ci. Dans ce piston un second est disposé qui sert à soulever le cadre porte-châssis, et, par conséquent, qui sert à démouler : c'est le plongeur de démoulage. Ce piston est actionné par de l'huile qui est contenue dans le piston de foulage formant corps de pompe. Lors-

L'orifice de passage de l'huile, dont la section est rendue variable par la manœuvre d'une valve automatique, est d'abord faible au commencement du démoulage, puis cet orifice s'agrandit, de sorte que la vitesse de soulèvement augmente, aussitôt le modèle dégagé du châssis, réduisant la durée de l'opération de moulage.

Avant d'effectuer le démoulage, on actionne le vibrateur. L'action de l'air comprimé dans le cylindre qui le constitue provoque la vibration rapide du cadre auquel le dispositif est relié et, par conséquent, du modèle qu'il supporte. Ce modèle se trouve ainsi ébranlé automatiquement, ce qui permet un démoulage facile, même lorsque la dépouille n'est pas considérable. Après cet ébranlement, on provoque le soulèvement du châssis pour effectuer le démoulage.

Le foulage est facilité par l'appui qu'offre un sommier porté par les deux montants verticaux de la machine. Ces deux montants, ayant une section en forme d'U, sont munis d'une crémaillère, à leur partie supérieure, permettant de régler la hauteur du sommier.

Fig. 353. — Machine à mouler Bonvillain et Ronceray. (Tuyaux de descente.)

Sur l'un des montants est disposée une came qui empêche l'ouverture de la valve commandant le foulage, dans le cas où le sommier n'est pas en bonne position.

La manœuvre de la machine se fait par un seul levier dont les diverses positions correspondent aux divers mouvements des organes. Lorsqu'un châssis est mis en place, on le surmonte d'une *rehausse*, sorte de cadre en bois, et on remplit l'ensemble de sable. On place le sommier au-dessus du châssis, et en manœuvrant le levier on provoque le foulage par pression continue ou par à-coups plus brusques.

On oblique ensuite, vers l'arrière, le sommier, et la manœuvre du levier met le vibrateur en marche avant le commencement du démoulage. Cette opération est mise en train par le levier, d'abord lentement, puis rapidement, ainsi que nous l'avons indiqué.

En continuant la manœuvre, le vibrateur s'arrête et le moule reste à la partie supérieure lorsqu'on maintient le levier en position. Lorsque le levier est libéré, il prend automatiquement sa position initiale pour laquelle l'orifice d'admission d'air est obturé. Le cadre porte-châssis descend et on peut enlever le châssis constituant une partie du moule.

Machines à mouler à pression hydraulique Bonvillain et Ronceray

Les Établissements Bonvillain et Ronceray, à Paris, ont établi plusieurs types d'intéressantes machines à mouler dont le fonctionnement est obtenu par une pression d'eau de 50 kilos par centimètre carré.

sions des pièces à obtenir et ont été étudiées en vue d'effectuer avec rapidité l'opération

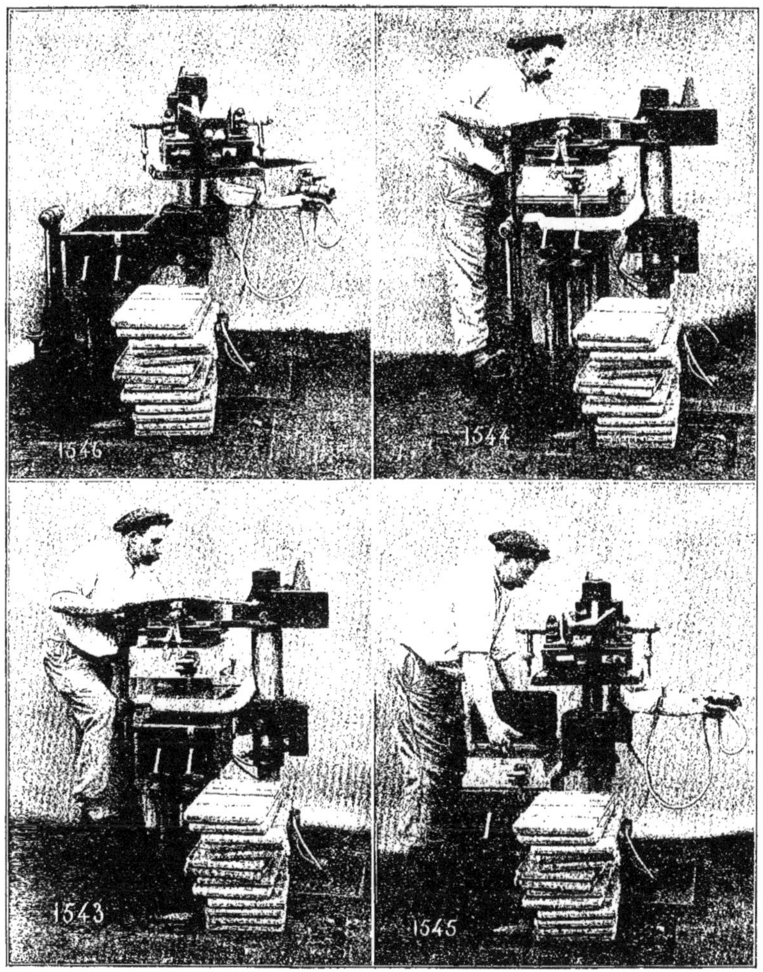

Fig. 354 à 357. — Machine à mouler Bonvillain et Ronceray.

Avant-serrage. Serrage.
Démoulage. Démottage.

Ces diverses machines ont reçu des dispositions appropriées à la forme et aux dimen-

de moulage mécanique et d'obtenir un démoulage très précis.

La machine à mouler universelle représentée par la figure 353, se compose d'une table fixe supportée par un bâti, dans lequel sont disposés les organes servant au démoulage. On peut, de la sorte, donner à ces organes, des guidages et des mouvements bien déterminés, afin d'obtenir le démoulage avec toute la précision désirable.

La partie supérieure de la machine, qui sert à effectuer le serrage du sable, est mobile et peut tourner autour d'un axe vertical cylindrique solidaire du bâti.

Ces organes de serrage peuvent donc s'effacer pour permettre de procéder aux manipulations nécessitées par la mise en place du châssis, de la plaque-modèle, de la rehausse, etc., etc.

Fig. 358. — Machine à mouler rotative Bonvillain et Ronceray. Serrage.

La partie mobile de la machine se compose d'une traverse portant, au milieu de sa longueur, un corps cylindrique dans lequel peut se mouvoir un piston à l'extrémité inférieure duquel est fixé le plateau de serrage.

Le piston est actionné du haut vers le bas par l'eau sous pression. Un dispositif de relevage commandé également hydrauliquement, remonte ce piston après l'opération de serrage.

Lorsque le plateau occupe la position supérieure de sa course, il est à la même hauteur que la face supérieure du châssis posé sur la table fixe. Celui-ci est supporté par la *rehausse*, constituée par un cadre rigide relié aux organes de démoulage.

Ces organes, placés dans le socle, comportent un cylindre dans lequel se meut le piston de démoulage actionné par l'eau sous pression. Un plateau est fixé à la partie supérieure de ce cylindre : c'est le plateau de démoulage muni de quatre tiges à coulisse ou chandelles supportant la rehausse et le châssis.

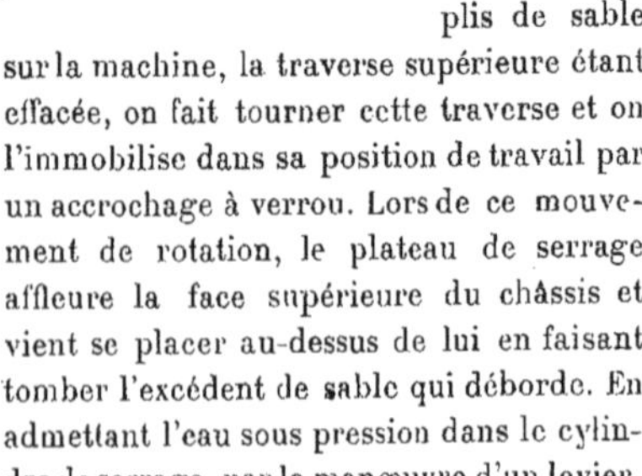

Pour effectuer l'opération de moulage, après avoir placé la plaque-modèle, la rehausse et le châssis remplis de sable sur la machine, la traverse supérieure étant effacée, on fait tourner cette traverse et on l'immobilise dans sa position de travail par un accrochage à verrou. Lors de ce mouvement de rotation, le plateau de serrage affleure la face supérieure du châssis et vient se placer au-dessus de lui en faisant tomber l'excédent de sable qui déborde. En admettant l'eau sous pression dans le cylindre de serrage, par la manœuvre d'un levier, ou d'une pédale, le piston se met en mouvement du haut vers le bas. Le plateau de serrage, en appuyant sur le châssis, le fait descendre, ainsi que la rehausse. Pendant ce mouvement, le sable contenu dans ces organes est comprimé contre la plaque-modèle qui est restée fixe sur la table de la machine. Lorsque la face supérieure de la rehausse a atteint exactement le niveau de la ligne de joint du modèle, le serrage est effectué, car le châssis porte bien les empreintes du modèle, à partir de sa face inférieure, qui correspond alors à la ligne de joint.

Cette disposition permet de serrer le sable par le dessous, c'est-à-dire du côté du modèle, ce qui assure un foulage du sable plus intense sur la surface de joint qu'à la partie supérieure du châssis.

Le serrage achevé, on actionne le mécanisme de démoulage par la manœuvre d'un levier ou d'une pédale qui commande un distributeur. Le releveur hydraulique supérieur remonte le piston et le plateau de serrage, et le piston inférieur de démoulage effectuant son ascension remonte la rehausse et le châssis, qui sont de la sorte séparés du modèle. L'opération est terminée.

Fig. 359. — Machine à mouler rotative Bonvillain et Ronceray. Organes retournés.

La figure 353 est un exemple d'application de cette machine au moulage de tuyaux.

Un second type de machine à mouler Bonvillain et Ronceray, représenté par les figures 354 à 357 dans des positions différentes pendant l'exécution de l'opération de moulage, est plus spécialement employé pour obtenir des pièces n'ayant pas une saillie considérable, pièces de robinetterie, de quincaillerie, de fumisterie, etc. Ces moulages sont effectués sur la machine à l'aide de plaques-modèles à double face portant, par conséquent, des saillies de modèles sur chacune de ses surfaces.

La machine comporte un support fixe formé d'une colonne cylindrique verticale servant d'axe de rotation à une traverse supérieure et à un support de châssis, placé au-dessous de cette traverse.

La traverse supérieure est un bras en fonte de fer, au-dessous duquel est fixé un plateau servant à effectuer le serrage. La traverse peut tourner en pivotant sur la colonne et peut s'effacer pour rendre aisé le remplissage du moule. Lorsqu'elle est amenée en avant, dans sa position de travail, elle est maintenue dans cette position par l'accrochage d'un bras oscillant à un verrou placé en bout de la traverse. Le bras oscillant est solidaire de deux tiges verticales fixées au sol, de sorte que lorsque la traverse est accrochée, elle forme avec les deux tiges et la colonne une sorte de portique constituant la partie fixe de la machine. Le plateau de serrage porté par la traverse reste fixe aussi, et c'est contre lui que le serrage viendra s'effectuer, le mouvement déterminant le foulage du sable étant dirigé du bas vers le haut.

C'est une table mobile, portée par des tiges cylindriques, et très bien guidée, qui reçoit ce mouvement vertical, d'organes de commande hydrauliques. Ces organes sont disposés sous le plancher de façon qu'il ne puisse y pénétrer du sable, qui les détériorerait. Deux pédales verticales sont simplement placées à l'avant de la machine pour les manœuvrer.

Fig. 360. — Machine à mouler Bonvillain et Ronceray. Démoulage.

Comme la machine permet de mouler à la fois dans deux châssis, l'un de ces châssis est placé sur la table mobile ; le second est disposé sur le bras monté sur la colonne au-dessous de la traverse. Ce bras peut pivoter sur la colonne et porte la plaque-modèle à double face placée sur un cadre muni d'un vibrateur destiné à ébranler, par vibrations, cette plaque-modèle avant le démoulage. Le vibrateur est actionné par de l'air comprimé à la pression de 5 à 6 kilos. Le châssis est posé au-dessus de la plaque-modèle.

Pour effectuer un moulage, les organes de la machine étant disposés comme l'indique la figure 354, on remplit de sable les deux châssis. On peut, pour accélérer l'opération, employer deux ouvriers, chargés chacun des manipulations de l'un des châssis et ne se gênant pas dans leur travail, l'un étant placé au-devant de la machine et l'autre derrière.

Les châssis étant remplis de sable, on fait tourner le bras portant la plaque-modèle et un des châssis et on place celui-ci au-dessus de l'autre, le repérage étant obtenu à l'aide de goujons. On fait pivoter la traverse, que l'on accroche, le plateau de serrage se trouvant, dans cette position, au-dessus des châssis (Fig. 355).

L'ouvrier placé en avant de la machine provoque, en appuyant sur une pédale, l'ascension de la table mobile inférieure. Le sable est foulé entre cette table mobile et le plateau de serrage fixe et est serré dans chaque châssis contre la face correspondante de la plaque porte-modèle.

Lorsque le serrage est achevé, le châssis supérieur est accroché, par deux tenons, à deux pinces en forme de ciseaux, tourillonnant sur des paliers placés de chaque côté de la traverse.

Ce châssis restera donc suspendu lorsqu'on procédera à l'opération de démoulage.

Le démoulage (Fig. 356) s'effectue, après avoir actionné le vibrateur, en laissant revenir la pédale de manœuvre qui avait été abaissée pour le serrage; la table mobile et le châssis inférieur descendent; le châssis supérieur resté suspendu à la traverse; la plaque-modèle est, de la sorte, dégagée des deux châssis, et on l'efface en faisant tourner vers l'arrière le bras qui la supporte. On peut, alors faire remonter la table mobile par la manœuvre de la pédale jusqu'à ce que les châssis soient en contact; le châssis supérieur se décroche de la traverse, et repose sur le châssis inférieur, sa position étant assurée par les goujons de repérage.

L'ensemble peut être descendu par le relèvement de la pédale.

Il reste à procéder au *démottage,* c'est-à-dire à la sortie des deux *mottes* de sable formant le moule. La table inférieure restant immobile, on provoque, par l'abaissement de la seconde pédale, la montée d'un plateau intérieur qui soulève les mottes que l'on prend ensuite à la main pour transporter le moule au lieu de la coulée (Fig. 357).

Ces diverses opérations s'effectuent avec une grande rapidité.

Les deux autres types de machines à mouler Bonvillain et Ronceray (Fig. 358 à 364) sont des machines universelles rotatives à serrage hydraulique.

Ces machines ont été établies pour mouler des pièces avec fortes saillies, comportant des pièces démontables et des noyaux de grandes dimensions sans armatures.

Pour que le démoulage puisse s'effectuer sans arrachements ni chutes de sable dans les châssis, on fait tourner la machine d'un demi-tour, lorsque le serrage est terminé, et en maintenant ce serrage, ce qui permet ensuite de démouler le châssis sur le plateau même sur lequel s'est effectué le serrage.

Le retournement de la machine, qui peut se faire soit à la main soit mécaniquement, est obtenu par le montage de tous ses organes sur un axe horizontal pivotant dans des paliers faisant corps avec un bâti fixe.

C'est par l'axe servant de pivot qu'est admise, dans la machine, l'eau sous pression faisant fonctionner les pistons de serrage et de démoulage.

La machine à mouler rotative représentée par les figures 358 à 360, comporte une table inférieure, dans laquelle est pratiqué un trou circulaire de grande dimension, et au-dessus de laquelle est placé un dispositif de rehausse maintenu équilibré par des pistons disposés dans des cylindres recevant l'eau sous pression.

A la partie supérieure est disposé un corps cylindrique monté sur une traverse et dans lequel peut se mouvoir un piston portant fixé, à son extrémité, le plateau de serrage. La traverse s'accroche à la table inférieure, par l'intermédiaire de deux bras oscillants, lorsqu'on veut procéder au serrage d'un châssis.

Le modèle étant alors monté sur la table, et la rehausse et le châssis étant placés au-dessus, on admet l'eau à la pression de 50 kilos par centimètre carré dans le corps cylindrique supérieur, qui comporte aussi un dispositif de rappel hydraulique du piston qu'il contient. L'admission de l'eau sous pression donne au piston un mouvement vertical dirigé du haut vers le bas. Le plateau de serrage appuie sur le châssis et foule le sable, qui a été versé dans ce châssis et la rehausse, contre la plaque-modèle placée à la partie inférieure.

L'empreinte du modèle est obtenue dans le sable du châssis lorsque le serrage est complet.

tourillon, sont rendus solidaires, à leur extrémité supérieure, d'une chaîne qui s'enroule sur un pignon denté fixé sur l'axe. Les deux pistons se déplacent dans des sens contraires et leur mouvement produit la rotation de la machine lorsqu'on appuie sur une pédale de manœuvre. La machine reprend, d'ailleurs, sa position

Fig. 361 et 362. — Machine à mouler rotative Bonvillain et Ronceray, pour coussinets de rails.
Serrage. Démoulage.

Pour démouler sans provoquer des chutes de sable pouvant se produire par suite des fortes saillies des empreintes, on fait faire un demi-tour à tous les organes montés sur l'axe horizontal faisant office de pivot (Fig. 359). Ce sont deux pistons se mouvant, par l'action de l'eau sous pression, dans deux corps cylindriques, qui donnent à la machine son mouvement de rotation. Ces deux pistons, placés à l'arrière du bâti qui supporte l'axe-

primitive, en effectuant un demi-tour en sens inverse du précédent, lorsqu'on cesse d'agir sur la pédale de manœuvre.

Le démoulage s'effectue, lorsque le retournement de la machine est réalisé, en provoquant le rappel du piston de serrage, qui, dans ce cas, descend pendant que les pistons supportant le dispositif de rehausse aident à cette descente. Le châssis, reposant sur le plateau de serrage (Fig. 360) par son fond, est automatiquement dégagé du modèle. Il ne reste plus qu'à décrocher les deux bielles oscillantes d'avant qui maintiennent la traverse et à les laisser retomber pour avoir toute liberté pour enlever le châssis du plateau de la machine . La pression de serrage exercée sur cette machine atteint 12.000 kilos.

ration de moulage est la même que celle de la machine précédente, c'est-à-dire que l'on donne d'abord le serrage, en actionnant le piston supérieur (Fig. 361). En abaissant une pédale avec le pied gauche, on provoque la rotation de la machine, qui fait un demi-tour. Le démoulage s'opère en actionnant, avec le pied droit, une manette qui ouvre le

Fig. 363 et 364. — Machine à mouler rotative Bonvillain et Ronceray.
Démoulage. Serrage.

conduit d'évacuation du cylindre de serrage, lequel se trouve, à ce moment, à la partie inférieure de l'appareil. Le piston de serrage descend, aidé par la pression des pistons de la rehausse, et le châssis se dégage complètement du modèle et reste libre sur le plateau. En libérant la pédale donnant le mouvement de rotation, la machine effectue automatiquement un demi-tour en sens inverse et se replace dans sa position primitive de repos.

La machine à mouler rotative employée pour la fabrication de pièces ayant une très forte saillie, comme les coussinets de rails, par exemple (Fig. 361 et 362), comporte des dispositions semblables, en principe, à celles de la machine précédente. Elle est munie d'une rehausse inférieure équilibrée par l'action de la pression de l'eau sous les pistons, mais elle n'a pas de traverse supérieure, le cylindre de serrage étant relié par un fort bras au bâti de la machine.

La manœuvre à effectuer pour faire l'opé-

La même machine établie pour le moulage de marmites est représentée dans deux positions, par les figures 363 et 364. L'une des positions correspond au serrage complet du moule. On remarquera que la course du piston de serrage est importante et appropriée, évidemment, à la saillie considérable des pièces à obtenir. La seconde position est celle de démoulage. Un dispositif spécial permet de faire tourner la table de 90 degrés autour de la colonne et facilite l'accès du châssis pendant son remplissage de sable.

Toutes ces machines à mouler, par les dispositions qu'elles comportent et les commodités qu'elles offrent, permettent d'effectuer des moulages précis et rapides.

CONCLUSION

Avec ce chapitre s'achève la première partie de l'*Outillage*. Nous y avons successivement examiné le *Petit outillage*, appelé aussi *Outillage à main*, l'*Outillage de forge* et l'*Outillage de fonderie*.

Appliquant, encore une fois, la méthode que nous avons toujours suivie dans les *Merveilles de la Science*, nous avons recherché, dans une partie historique très succincte, l'origine de l'*Outillage*.

Nous avons vu que les outils, créés au fur et à mesure des besoins de l'homme, ont été pour lui des instruments indispensables, qui ont tout d'abord servi à lui assurer son existence, et qui lui ont ouvert ensuite la voie des productions industrielles d'où sont sorties tant de richesses. Et, en effet, les transformations et les progrès de l'outillage ont constamment marché de pair avec les progrès de la Civilisation.

Ces transformations considérables, que nos Lecteurs ont pu apprécier au cours de la description des *outils à main*, apparaîtront peut-être bien plus frappantes dans la seconde partie de l'Outillage que nous allons publier : les Machines-outils. Il convient, cependant, de garder au *Petit outillage* la place importante à laquelle il a droit, car il est à la base même de toute l'industrie mécanique.

Certes, les machines-outils, qui sont de plus en plus établies pour réaliser l'automaticité la plus complète, sont de merveilleux outils dont le rendement, toujours plus considérable, en diminuant les prix de revient, tend à prévenir la concurrence des industries rivales. Mais à ces machines, il faut, non point seulement pour surveiller leur marche, mais encore, pour effectuer leur réglage avec tout le soin et toute la précision désirables, des mécaniciens tout à fait expérimentés; et cela est d'autant plus nécessaire que la machine est elle-même plus complexe et que son fonctionnement est plus automatique.

Or, ces ouvriers mécaniciens très expérimentés, infiniment précieux dans n'importe quel genre d'atelier, ne se sont formés et n'ont commencé à acquérir leur expérience que par la pratique des outils à main.

C'est pour cette raison, d'ailleurs, qu'il convient de réagir de toutes nos forces et en nous aidant de toutes nos ressources, contre la crise de l'apprentissage dont souffre notre pays, et souhaitons, pour que l'industrie française puisse conserver la place qui lui revient parmi l'industrie mondiale, qu'elle renouvelle constamment sa vaillante pépinière, non seulement de bons conducteurs de machines, mais encore, et surtout, d'ouvriers mécaniciens instruits, habiles et expérimentés, qui sauront tirer de l'outillage mis à leur disposition tout le parti que l'on peut en attendre.

Les progrès de l'*Outillage de forge* ne le cèdent en rien, on a pu s'en rendre compte, à ceux de l'outillage mécanique à main.

En effet, si dans les procédés de forge à la main, ces progrès ne se sont surtout affirmés que dans l'installation et l'établissement des forges elles-mêmes, qui, sous des formes bien moins encombrantes, offrent des commodités plus grandes et permettent, par exemple, l'évacuation presque complète des fumées, que de chemin parcouru depuis les anciens *martinets,* dont quelques-uns sont encore utilisés aujourd'hui avec des améliorations, jusqu'à ces merveilleux marteaux-pilons de 100 et de 125 tonnes qu'un seul homme peut aisément actionner!

Les besoins de la grosse métallurgie ont provoqué la création de ces engins à la fois formidables et souples : le marteau-pilon, la presse, le laminoir, dont nous avons indiqué, au cours de ce livre, quelques applications.

De l'*Outillage de fonderie,* qui est peut-être le moins connu, et que nous nous sommes appliqués à analyser dans ses détails, en prenant des exemples pour en montrer tout l'intérêt, se dégage un fait saillant : le progrès des machines à mouler, qui deviennent des machines-outils spéciales pouvant changer, surtout pour les pièces à obtenir en grandes séries, les conditions de la production et, par suite, de la vente et de l'emploi d'organes et d'ustensiles très variés.

En résumé, l'outillage joue dans la vie industrielle un rôle de tout premier plan et nous croirons avoir atteint notre but si nous avons pu y intéresser nos bienveillants Lecteurs.

FIN

TABLE DES MATIÈRES

OUTILLAGE DE FORGE ET DE FONDERIE

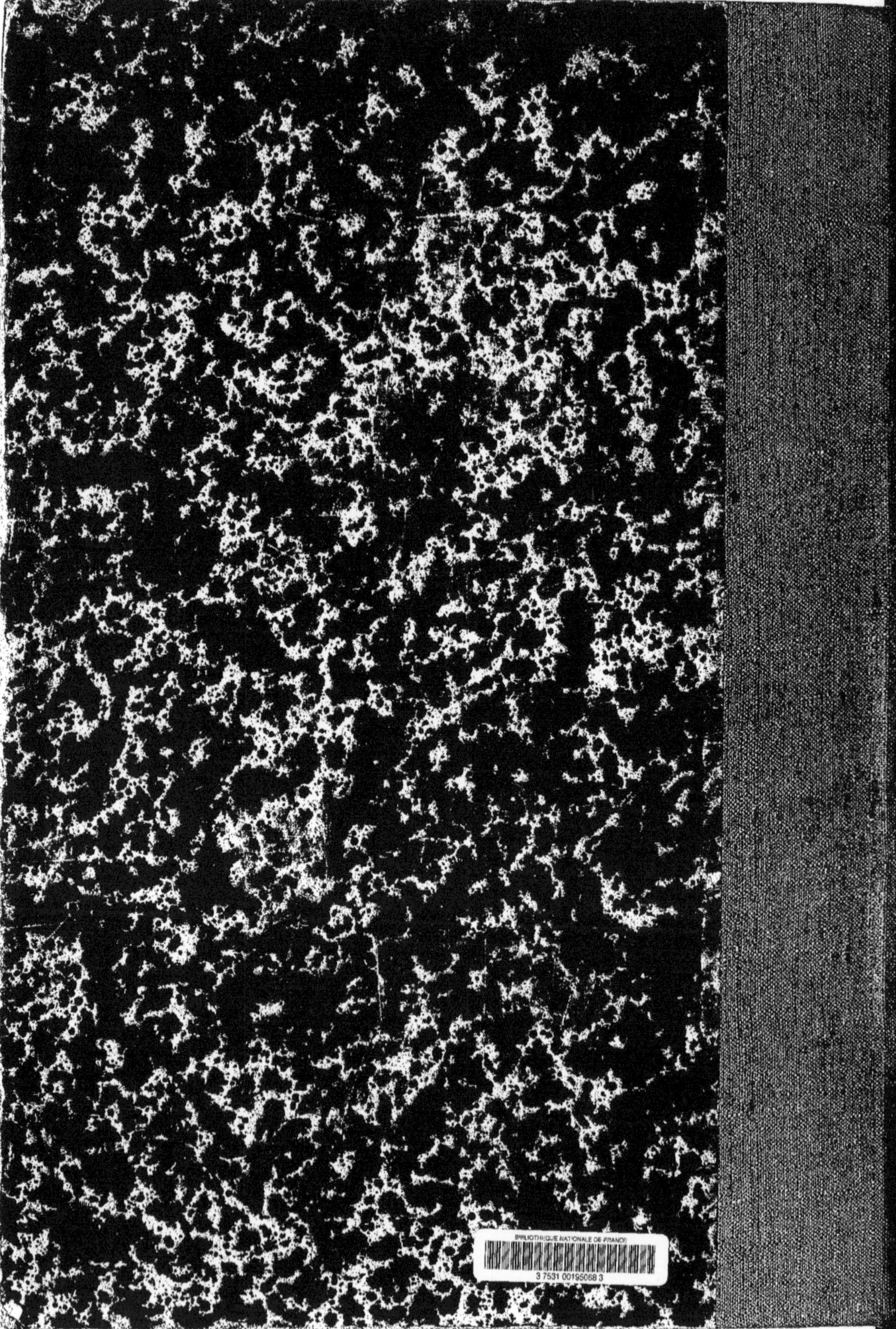

www.ingramcontent.com/pod-product-compliance
Ingram Content Group UK Ltd.
Pitfield, Milton Keynes, MK11 3LW, UK
UKHW012138240726
13966UKWH00001B/50

9 782011 940339